国际制造业经典译丛

齿轮几何与应用原理

（原书第2版）

［美］费多尔·L. 李特文（Faydor L. Litvin）
阿方索·富恩特斯（Alfonso Fuentes）著
张 展 译

机械工业出版社

本书内容丰富，集合了齿轮几何基础知识、渐开线直齿轮、渐开线内齿轮、非圆齿轮、摆线齿轮、平行轴渐开线斜齿轮、渐开线变位齿轮、交错轴渐开线斜齿轮、新型圆弧斜齿轮、面齿轮、圆柱蜗杆、双包络环面蜗杆、弧齿锥齿轮、准双曲面齿轮、行星轮系等几乎所有类型齿轮传动的几何设计知识，以及螺旋面的加工、飞刀的设计、齿面数控加工、量柱（球）距测量法等加工和测量相关内容，对我国齿轮设计和制造行业有很好的借鉴作用，有利于提高我国的齿轮设计和制造水平。

本书可为齿轮原理研究者、设计工程师和制造商、生产人员提供有益帮助，也可供相关专业师生学习参考。

译者序

费多尔·L. 李特文（Faydor L. Litvin）是世界著名的齿轮专家，他的一生专注于齿轮啮合理论的研究与教学工作。李特文教授的职业生涯分为两部分，先是在苏联列宁格勒精密机械与光学学院机械工程系任教授，之后于20世纪70年代末移民美国，在伊利诺伊大学芝加哥分校任教授并在该校的齿轮研究中心任主任。李特文教授是受人尊敬的著名机构运动学和齿轮啮合理论权威，先后指导了包括美国、日本、澳大利亚、保加利亚、中国、意大利、西班牙和俄罗斯等国近百名博士研究生和访问学者，他们中的许多人现已成为业内知名的专家。

本书是李特文教授一生主要的著作之一，他将齿面的宏观几何生成方法与微观几何理论有机结合，创建了其独特的齿轮啮合理论体系，为高性能齿轮的设计与制造提供了坚实的理论基础。

本书内容包括齿轮几何基础知识、渐开线直齿轮、渐开线内齿轮、非圆齿轮、摆线齿轮、平行轴渐开线斜齿轮、渐开线变位齿轮、交错轴渐开线斜齿轮、新型圆弧斜齿轮、面齿轮、圆柱蜗杆、双包络环面蜗杆、弧齿锥齿轮、准双曲面齿轮、行星轮系等几乎所有类型齿轮传动的几何设计知识，以及螺旋面的加工、飞刀的设计、齿面数控加工、量柱（球）距测量法等加工和测量相关内容。

本书是理论水平很高的专著，希望本书的出版可以助力我国高端齿轮理论研究、设计和制造领域人才的培养，进而使整个产业不断创新，形成具有中国特色的核心技术。

本书的出版得到了许多业内专家和企业的大力支持和帮助，在此表示衷心的感谢。

由于译者水平有限，书中难免有翻译不当之处，敬请读者批评指正。

序

本书的主要内容是齿轮啮合原理、计算机辅助设计、齿轮啮合形成和模拟，以及齿轮传动中的应力分析。原书的第 1 版参考了工程领域的先进成果，本版在第 1 版基础上精雕细琢，弥补了不足之处，从而使得本书更加完善，在齿轮传动的设计及制造方面拥有更高的价值。

本书中呈现的齿轮设计新理念如下：

1）开发经过优化的接触斑迹的齿轮传动，降低对装配误差的敏感性，减少传动误差和振动。这些目标是通过同时应用齿轮传动的局部综合影响和计算机辅助啮合、接触的模拟，以及应用预设的二次传动误差函数来实现的，该函数能够修正由装配误差引起的线性传动误差。

2）开发了具有以下特点的增强应力有限元分析方法：①在齿面方程解析表示的基础上，自动建立齿面接触模型；②研究多对齿接触斑迹的形成，以探测并避免巨大接触应力区域。

3）行星轮系中，调整行星架上的行星轮安装和应用几何，改善载荷分布条件。

提出了齿轮制造的新方法：①在面齿轮传动中采用专门形状的磨削蜗杆砂轮进行磨削加工；②针对小齿轮进行双鼓形修整的新型斜齿轮传动的设计制造，可以使接触斑迹局部化，减少传动误差。

本书中阐述的先进齿轮制造理论使作者成为该领域的专家。本书包含了如下复杂问题的解决方案：

1）确定齿面族的包络新方法的开发，包括由双分支包络的形成。

2）避免齿面出现奇异点和在加工过程中出现的根切现象。

3）采用确定包络面主曲率和主方向的新方法，简化接触问题。

开发理念已经应用于齿轮传动设计，包括新型圆弧斜齿轮传动、弧齿锥齿轮传动和蜗杆传动。计算机模拟的啮合、接触及相应的样品试验已经证实了书中展示的理念的有效性。李特文教授和齿轮制造商的代表已经获得关于新制造方法的三项专利。

本书的主要理念由作者及其在芝加哥伊利诺伊大学齿轮研究中心的同事们共同提出，他们也是大量国际期刊的目标作者，并一直受到这些期刊的广泛关注。这个研究中心参与了在美国、意大利、西班牙和日本的众多大学对于齿轮的研究。感谢李特文教授的杰出领导，他是齿轮领域享誉全球的著名专家。本书的出版必定会对齿轮传动理论及设计领域工程师的教育和培训起到极大的促进作用。

意大利都灵理工大学（Politecnico di Torino）

工程学教授 Graziano Curti

前　言

本书与1994年的第1版相比，已进行了彻底的修订和扩充。

本书包含了下列新研究的内容：

1）平行轴、交错轴的变位直齿轮传动、斜齿轮传动，新型的圆弧斜齿轮传动，面齿轮传动的新几何结构，摆线泵的新几何结构，单级行星轮系改善载荷分布条件设计的新方法；减小噪声和振动、改善接触斑迹的弧齿锥齿轮传动设计的新途径。

2）开发了采用有限元法进行齿轮传动应力分析的方法，此方法的优势是基于齿轮齿面解析表示法的接触模型的解析设计。

3）开发了面齿轮传动磨削的新方法，可以定位接触斑迹和减小传动误差的双鼓形小齿轮加工新方法，以及为了减小传动误差采用变位滚切的方法。

4）广泛采用啮合模拟和齿轮接触分析，用以确定装配误差对传动误差和接触斑迹位移的影响，这种方法已应用于本书研讨的几乎所有形式的齿轮传动。

5）作者此前已经对开发现代齿轮传动理论做出了贡献，尤其是本版中所述的：①两分支包络的形成；②多体系啮合模拟的扩展；③探测加工齿面的接触线拥有自行包络；④探测并避免齿面出现奇异点（避免加工过程中出现根切现象）。

在此感谢各公司和社会团体为本书的出版提供大量的科研成果，还要感谢芝加哥伊利诺伊大学齿轮研究中心成员的共同参与合作。

致　谢

本书的翻译出版承蒙同仁专家和以下企业的大力支持与帮助（按首字笔画排序），在此深表感谢！

上齿集团有限公司

山东省德州市金宇机械有限公司

无锡市远方机械有限公司

宁波市镇海减变速机制造有限公司

江苏泰隆减速机股份有限公司

荆州市巨鲸传动机械有限公司

目　录

第1章 坐标变换

1.1 齐次坐标

三维空间内的位置矢量（见图 1.1.1）可用矢量形式表示为

$$\boldsymbol{r}_m = \overrightarrow{O_m M} = x_m \boldsymbol{i}_m + y_m \boldsymbol{j}_m + z_m \boldsymbol{k} \tag{1.1.1}$$

式中，($\boldsymbol{i}_m$、$\boldsymbol{j}_m$、$\boldsymbol{k}_m$) 是坐标轴的单位矢量。

也可用列矩阵表示为

$$\boldsymbol{r}_m = \begin{bmatrix} x_m \\ y_m \\ z_m \end{bmatrix} \tag{1.1.2}$$

下角标 m 表明，位置矢量表示在坐标系 S_m（x_m、y_m、z_m）中。为了减少篇幅，在标记矢量时，我们也可用行矩阵表示位置矢量

$$\boldsymbol{r}_m = [x_m, y_m, z_m]^{\mathrm{T}} \tag{1.1.3}$$

上角标 T 表示矩阵的转置。

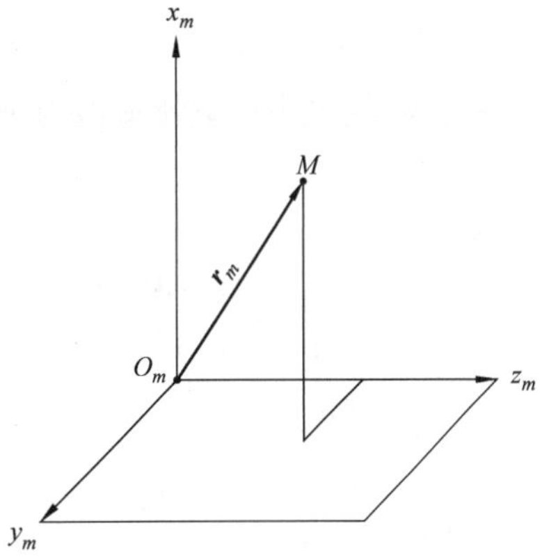

图 1.1.1 在笛卡儿坐标系中的位置矢量

一个点——位置矢量的顶端在一笛卡儿坐标系中用三个数（x，y，z）来确定。一般来说，坐标变换需要利用矩阵的混合运算。在这种运算中，必须使用矩阵的乘法和加法。然而，如果位置矢量用齐次坐标表示，则只需要矩阵乘法。在机械原理中，利用齐次坐标进行坐标变换是由 Dana Vit 和 Hartenberg 1955 年的专著、Litvin 1955 年的专著提出的。在三维空间中，一个点的齐次坐标由四个数（x^*，y^*，z^*，t^*）来确定。这四个数不同时等于零，并且其中只有三个是独立数。假定 $t^* \neq 0$，则普通坐标和齐次坐标之间有如下关系式：

$$\begin{cases} x = \dfrac{x^*}{t^*} \\ y = \dfrac{y^*}{t^*} \\ z = \dfrac{z^*}{t^*} \end{cases} \tag{1.1.4}$$

利用 $t^* = 1$，一个点可用齐次坐标表示为（x，y，z，1）。而一个位置矢量可用下式表示：

$$\boldsymbol{r}_m = \begin{bmatrix} x_m \\ y_m \\ z_m \\ 1 \end{bmatrix} \tag{1.1.5}$$

或

$$\boldsymbol{r}_m = [x_m \quad y_m \quad z_m \quad 1]^{\mathrm{T}}$$

1.2 矩阵表示的坐标变换

假定有两个坐标系 S_m（x_m，y_m，z_m）和 S_n（x_n，y_n，z_n）（见图1.2.1），点 M 用位置矢量表示在坐标系 S_m 中：

$$\boldsymbol{r}_m = [x_m \quad y_m \quad z_m \quad 1]^{\mathrm{T}} \tag{1.2.1}$$

同一点 M 可用在坐标系 S_n 中用位置矢量确定：

$$\boldsymbol{r}_n = [x_n \quad y_n \quad z_n \quad 1]^{\mathrm{T}} \tag{1.2.2}$$

其中矩阵方程为

$$\boldsymbol{r}_n = \boldsymbol{M}_{nm}\boldsymbol{r}_m \tag{1.2.3}$$

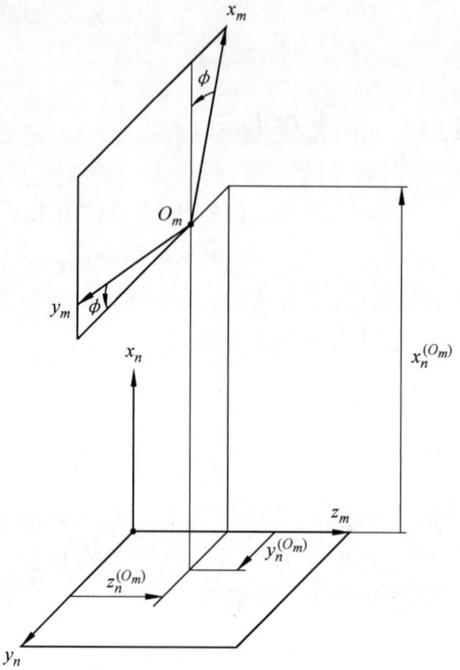

图1.2.1 坐标变换的推导

矩阵 $\boldsymbol{M}_{nm}$ 用下式表示：

$$\boldsymbol{M}_{nm} = \begin{bmatrix} a_{11} & a_{12} & a_{13} & a_{14} \\ a_{21} & a_{22} & a_{23} & a_{24} \\ a_{31} & a_{32} & a_{33} & a_{34} \\ 0 & 0 & 0 & 1 \end{bmatrix}$$

$$= \begin{bmatrix} (\boldsymbol{i}_n \cdot \boldsymbol{i}_m) & (\boldsymbol{i}_n \cdot \boldsymbol{j}_m) & (\boldsymbol{i}_n \cdot \boldsymbol{k}_m) & (\overrightarrow{O_nO_m} \cdot \boldsymbol{i}_n) \\ (\boldsymbol{j}_n \cdot \boldsymbol{i}_m) & (\boldsymbol{j}_n \cdot \boldsymbol{j}_m) & (\boldsymbol{j}_n \cdot \boldsymbol{k}_m) & (\overrightarrow{O_nO_m} \cdot \boldsymbol{j}_n) \\ (\boldsymbol{k}_n \cdot \boldsymbol{i}_m) & (\boldsymbol{k}_n \cdot \boldsymbol{j}_m) & (\boldsymbol{k}_n \cdot \boldsymbol{k}_m) & (\overrightarrow{O_nO_m} \cdot \boldsymbol{k}_n) \\ 0 & 0 & 0 & 1 \end{bmatrix}$$

$$= \begin{bmatrix} \cos(\widehat{x_n, x_m}) & \cos(\widehat{x_n, y_m}) & \cos(\widehat{x_n, z_m}) & x_n^{(O_m)} \\ \cos(\widehat{y_n, x_m}) & \cos(\widehat{y_n, y_m}) & \cos(\widehat{y_n, z_m}) & y_n^{(O_m)} \\ \cos(\widehat{z_n, x_m}) & \cos(\widehat{z_n, y_m}) & \cos(\widehat{z_n, z_m}) & z_n^{(O_m)} \\ 0 & 0 & 0 & 1 \end{bmatrix} \tag{1.2.4}$$

这里，($\boldsymbol{i}_n$，$\boldsymbol{j}_n$，$\boldsymbol{k}_n$）是“新”坐标系三个坐标轴的单位矢量；（$\boldsymbol{i}_m$，$\boldsymbol{j}_m$，$\boldsymbol{k}_m$）是“旧”坐标系三个坐标轴的单位矢量；O_n 和 O_m 是“新”坐标系和“旧”坐标系的原点；在符号 $\boldsymbol{M}_{nm}$ 中的下角标“nm”表明坐标变换是从 S_m 到 S_n。确定矩阵 $\boldsymbol{M}_{nm}$ 的元素 a_{lk}（$l=1，2，3$；$k=1，2，3$）的规则如下：

1）3×3 子矩阵的元素

$$
\boldsymbol{L}_{nm}=\begin{bmatrix} a_{11} & a_{12} & a_{13} \\ a_{21} & a_{22} & a_{23} \\ a_{31} & a_{32} & a_{33} \end{bmatrix} \tag{1.2.5}
$$

表示“旧”单位矢量（$\boldsymbol{i}_m$，$\boldsymbol{j}_m$，$\boldsymbol{k}_m$）在“新”坐标系 S_n 中的方向余弦，例如 $a_{21}=\cos(\widehat{y_n, x_m})$、$a_{32}=\cos(\widehat{z_n, y_m})$ 等。矩阵（1.2.5）中的元素 a_{kl}的两个下角标表示“旧”坐标轴的号数 l 和“新”坐标轴的号数 k。坐标轴 x、y 和 z 分别给定号数 1、2 和 3。

2）元素 a_{14}、a_{24}和 a_{34}表示“旧”原点 O_m 的“新”坐标 $x_n^{(O_m)}$、$y_n^{(O_m)}$ 和 $z_n^{(O_m)}$。

我们记得，矩阵 $\boldsymbol{L}_{nm}$的九个元素用六个方程加以联系，这六个方程表示如下

① 每一行（或列）的各个元素是单位矢量的方向余弦，于是有

$$
\begin{cases} a_{11}^2+a_{12}^2+a_{13}^2=1 \\ a_{11}^2+a_{21}^2+a_{31}^2=1 \end{cases} \tag{1.2.6}
$$

② 由于坐标轴单位矢量的正交性，则有

$$
\begin{cases} [a_{11} \quad a_{12} \quad a_{13}][a_{21} \quad a_{22} \quad a_{23}]^{\mathrm{T}}=0 \\ [a_{11} \quad a_{21} \quad a_{31}][a_{12} \quad a_{22} \quad a_{32}]^{\mathrm{T}}=0 \end{cases} \tag{1.2.7}
$$

矩阵 $\boldsymbol{L}_{nm}$的一个元素可用相应的二次判别式来表示（参见 Strang 1988 年的专著），例如

$$
\begin{cases} a_{11}=\begin{bmatrix} a_{22} & a_{23} \\ a_{32} & a_{33} \end{bmatrix} \\ a_{23}=(-1)\begin{bmatrix} a_{11} & a_{12} \\ a_{31} & a_{32} \end{bmatrix} \end{cases} \tag{1.2.8}
$$

为了确定点 M 的新坐标（x_n，y_n，z_n，1），我们需要利用 4×4 方矩阵和 4×1 列矩阵的乘法规则（列矩阵的行数等于矩阵 $\boldsymbol{M}_{nm}$中的列数）。由方程（1.2.3）可得出

$$
\begin{cases} x_n=a_{11}x_m+a_{12}y_m+a_{13}z_m+a_{14} \\ y_n=a_{21}x_m+a_{22}y_m+a_{23}z_m+a_{24} \\ z_n=a_{31}x_m+a_{32}y_m+a_{33}z_m+a_{34} \end{cases} \tag{1.2.9}
$$

逆坐标变换的目的是在给定的坐标（x_n，y_n，z_n）的情况下，确定坐标（x_m，y_m，z_m）。逆坐标变换可用下式表示：

$$
\boldsymbol{r}_m=\boldsymbol{M}_{mn}\boldsymbol{r}_n \tag{1.2.10}
$$

如果矩阵 $\boldsymbol{M}_{nm}$的判别式不为零，则逆矩阵 $\boldsymbol{M}_{mn}$确实是存在的。

有一简单的规则，可使我们通过正矩阵的元素，来确定逆矩阵的各个元素。假定矩阵 $\boldsymbol{M}_{nm}$用下式给定：

$$
\boldsymbol{M}_{nm}=\begin{bmatrix} a_{11} & a_{12} & a_{13} & a_{14} \\ a_{21} & a_{22} & a_{23} & a_{24} \\ a_{31} & a_{32} & a_{33} & a_{34} \\ 0 & 0 & 0 & 1 \end{bmatrix} \tag{1.2.11}
$$

必要时，矩阵 $\boldsymbol{M}_{mn}$的各元素确定用下式表示：

$$
\boldsymbol{M}_{mn}=\begin{bmatrix} b_{11} & b_{12} & b_{13} & b_{14} \\ b_{21} & b_{22} & b_{23} & b_{24} \\ b_{31} & b_{32} & b_{33} & b_{34} \\ 0 & 0 & 0 & 1 \end{bmatrix} \tag{1.2.12}
$$

其中

$$
\boldsymbol{M}_{mn}=\boldsymbol{M}_{nm}^{-1}
$$

$$
\boldsymbol{M}_{mn}\boldsymbol{M}_{nm}=\boldsymbol{I}
$$

式中，$\boldsymbol{I}$ 是单位矩阵。

3×3 子矩阵 $\boldsymbol{L}_{mn}$ 确定如下：

$$
\boldsymbol{L}_{mn}=\begin{bmatrix} b_{11} & b_{12} & b_{13} \\ b_{21} & b_{22} & b_{23} \\ b_{31} & b_{32} & b_{33} \end{bmatrix}=\begin{bmatrix} a_{11} & a_{21} & a_{31} \\ a_{12} & a_{22} & a_{32} \\ a_{13} & a_{23} & a_{33} \end{bmatrix}=\boldsymbol{L}_{nm}^{\mathrm{T}} \tag{1.2.13}
$$

其余的元素（b_{14}，b_{24} 和 b_{34}）可用下列方程确定：

$$
\begin{cases}
b_{14}=-(a_{11}a_{14}+a_{21}a_{24}+a_{31}a_{34}) \Rightarrow -\begin{bmatrix} :a_{11}: & a_{12} & a_{13} & :a_{14}: \\ :a_{21}: & a_{22} & a_{23} & :a_{24}: \\ :a_{31}: & a_{32} & a_{33} & :a_{34}: \\ :0: & 0 & 0 & :1: \end{bmatrix} \\
b_{24}=-(a_{12}a_{14}+a_{22}a_{24}+a_{32}a_{34}) \Rightarrow -\begin{bmatrix} a_{11} & :a_{12}: & a_{13} & :a_{14}: \\ a_{21} & :a_{22}: & a_{23} & :a_{24}: \\ a_{31} & :a_{32}: & a_{33} & :a_{34}: \\ 0 & :0: & 0 & :1: \end{bmatrix} \\
b_{34}=-(a_{13}a_{14}+a_{23}a_{24}+a_{33}a_{34}) \Rightarrow -\begin{bmatrix} a_{11} & a_{12} & :a_{13}: & :a_{14}: \\ a_{21} & a_{22} & :a_{23}: & :a_{24}: \\ a_{31} & a_{32} & :a_{33}: & :a_{34}: \\ 0 & 0 & :0: & :1: \end{bmatrix}
\end{cases} \tag{1.2.14}
$$

所要相乘的两列用点线标出。

为了完成逐次的坐标变换，我们只需要遵循矩阵代数的相乘规则。例如矩阵方程：

$$
\boldsymbol{r}_p=\boldsymbol{M}_{p(p-1)}\boldsymbol{M}_{(p-1)(p-2)}\cdots\boldsymbol{M}_{32}\boldsymbol{M}_{21}\boldsymbol{r}_1 \tag{1.2.15}
$$

表示从 S_1 到 S_2，从 S_2 到 S_3，…，从 $S_{(p-1)}$ 到 S_p 的逐次坐标变换。

为了完成自由矢量分量的变换，我们只需要应用 3×3 子矩阵 $\boldsymbol{L}$。该矩阵可用去掉相应矩阵 $\boldsymbol{M}$ 的最后一行和最后一列而得出。这个结论从自由矢量的分量（在坐标轴上的投影）与坐标系原点的位置无关这一事实得出。

自由矢量 $\boldsymbol{A}$ 的分量从坐标系 S_m 变换到 S_n，用如下矩阵方程表示：

$$
\boldsymbol{A}_n=\boldsymbol{L}_{nm}\boldsymbol{A}_m \tag{1.2.16}
$$

其中

$$\begin{cases} \boldsymbol{A}_n = \begin{bmatrix} A_{xn} \\ A_{yn} \\ A_{zn} \end{bmatrix} \\ \boldsymbol{L}_{nm} = \begin{bmatrix} a_{11} & a_{12} & a_{13} \\ a_{21} & a_{22} & a_{23} \\ a_{31} & a_{32} & a_{33} \end{bmatrix} \\ \boldsymbol{A}_m = \begin{bmatrix} A_{xm} \\ A_{ym} \\ A_{zm} \end{bmatrix} \end{cases} \tag{1.2.17}$$

齿轮齿面的法线矢量是滑动矢量，因为法线矢量可以沿其啮合线转换。然而，如果考虑到曲面法线矢量所位于的曲面上的那一点将同时进行转换，则我们就可以将曲面的法线矢量变换为自由矢量。

1.3 绕轴线转动

1. 两个主要问题

我们考察的普遍情况，即转动是绕着一个不与所使用坐标系的任一坐标轴相重合的轴线完成的。我们用 $\boldsymbol{c}$ 表示转动轴线的单位矢量（见图 1.3.1），并且假定绕 $\boldsymbol{c}$ 的转动可以沿逆时针方向，也可以沿顺时针方向。

以下我们假定有两个坐标系：固定坐标系 S_a，动坐标系 S_b。这里有两个与绕 $\boldsymbol{c}$ 转动有关的典型问题。第一个问题可表述如下：

假定有一位置矢量刚性固接在一个运动的物体上。位置矢量的初始位置用 $\overrightarrow{OA} = \boldsymbol{\rho}$（见图 1.3.1）来标记。绕 $\boldsymbol{c}$ 转过 ϕ 角以后，矢量 $\boldsymbol{\rho}$ 将占据一个用 $\overrightarrow{OA}^* = \boldsymbol{\rho}^*$ 标记的新位置。在同一坐标系，比如 S_a 中，对两个矢量 $\boldsymbol{\rho}$ 和 $\boldsymbol{\rho}^*$（见图 1.3.1）进行考察。我们的目标是导出一个联系两个矢量 $\boldsymbol{\rho}_a$ 和 $\boldsymbol{\rho}_a^*$ 各个分量的方程（下角标“a”表明，两个矢量表示在同一坐标系 S_a 中）。矩阵方程

$$\boldsymbol{\rho}_a^* = \boldsymbol{L}_a \boldsymbol{\rho}_a \tag{1.3.1}$$

描述了两个矢量 $\boldsymbol{\rho}$ 和 $\boldsymbol{\rho}^*$ 的各分量之间的关系，而这两个矢量表示在同一坐标系 S_a 中。

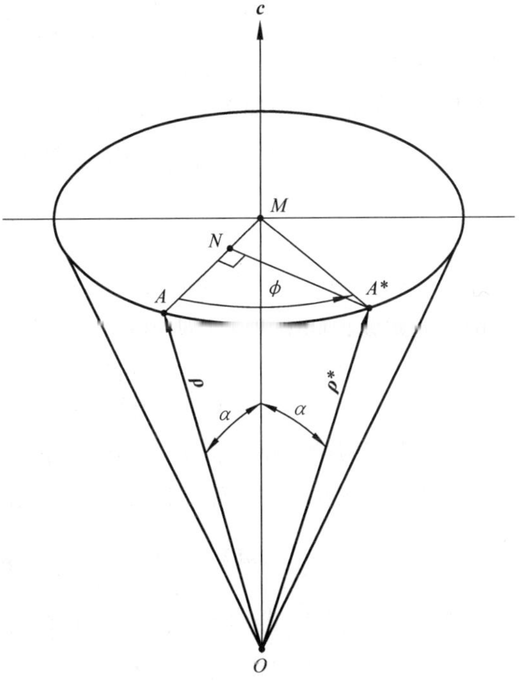

图 1.3.1 刚体的转动

另一个问题涉及同一位置矢量在不同坐标系中的表示问题。我们的目标是导出矩阵方程

中的矩阵 $\boldsymbol{L}_{ba}$。

$$\boldsymbol{\rho}_b = \boldsymbol{L}_{ba}\boldsymbol{\rho}_a \tag{1.3.2}$$

标记 $\boldsymbol{\rho}_a$ 和 $\boldsymbol{\rho}_b$ 表示同一位置矢量 $\boldsymbol{\rho}$ 分别在坐标系 S_a 和 S_b 中。虽然所考察的是同一矢量，但是 $\boldsymbol{\rho}$ 在坐标系 S_a 和 S_b 中各个分量是不同的，我们将其标记为

$$\boldsymbol{\rho}_a = a_1\boldsymbol{i}_a + a_2\boldsymbol{j}_a + a_3\boldsymbol{k}_a \tag{1.3.3}$$

和

$$\boldsymbol{\rho}_b = b_1\boldsymbol{i}_b + b_2\boldsymbol{j}_b + b_3\boldsymbol{k}_b \tag{1.3.4}$$

矩阵 $\boldsymbol{L}_{ba}$ 是一个算子，其将分量 $[a_1 \quad a_2 \quad a_3]^{\mathrm{T}}$ 变换为 $[b_1 \quad b_2 \quad b_3]^{\mathrm{T}}$。以下将证明，两个算子 $\boldsymbol{L}_a$ 和 $\boldsymbol{L}_{ba}$ 是相关的。

例题 1.3.1

求两个矢量 $\boldsymbol{\rho}_a$ 和 $\boldsymbol{\rho}_a^*$ 的各分量之间的关系式。

如前所述，$\boldsymbol{\rho}_a$ 和 $\boldsymbol{\rho}_a^*$ 是两个表示在同一坐标系 S_a 中的位置矢量。矢量 $\boldsymbol{\rho}$ 表示转动之前位置矢量的初始位置，而 $\boldsymbol{\rho}^*$ 表示绕 $\boldsymbol{c}$ 转动之后的位置矢量。以下的推导根据这样的假定，即绕 $\boldsymbol{c}$ 的转动是沿逆时针方向进行的。其推导过程（参见 Suh 和 Radcliffe 1978 年的专著、Shabana 1989 年的专著和其他著作）如下：

解

步骤 1：我们用如下方程表示 $\boldsymbol{\rho}_a^*$（见图 1.3.1）：

$$\boldsymbol{\rho}_a^* = \overrightarrow{OM} + \overrightarrow{MN} + \overrightarrow{NA}^* \tag{1.3.5}$$

其中

$$\overrightarrow{OM} = (\boldsymbol{c}_a \cdot \boldsymbol{\rho}_a)\boldsymbol{c}_a = (\boldsymbol{c}_a \cdot \boldsymbol{\rho}_a^*)\boldsymbol{c}_a \tag{1.3.6}$$

式中，$\boldsymbol{c}_a$ 是在 S_a 中的转动轴线的单位矢量。

步骤 2：矢量 $\boldsymbol{\rho}_a$ 用如下方程表示：

$$\boldsymbol{\rho}_a = \overrightarrow{OM} + \overrightarrow{MA} = (\boldsymbol{c}_a \cdot \boldsymbol{\rho}_a)\boldsymbol{c}_a + \overrightarrow{MA} \tag{1.3.7}$$

于是得出

$$\overrightarrow{MA} = \boldsymbol{\rho}_a - (\boldsymbol{c}_a \cdot \boldsymbol{\rho}_a)\boldsymbol{c}_a \tag{1.3.8}$$

我们强调一下，绕 $\boldsymbol{c}$ 转动的矢量形成一个顶角为 α 的圆锥。于是，两个矢量 $\boldsymbol{\rho}$ 和 $\boldsymbol{\rho}^*$ 是同一圆锥的素线，如图 1.3.1 所示。

步骤 3：矢量 $\overrightarrow{MN}$ 与 $\overrightarrow{MA}$ 具有相同的方向，于是可推出

$$|\overrightarrow{MN}| = |\overrightarrow{MA}^*|\cos\phi = |\overrightarrow{MA}|\cos\phi = \rho\sin\alpha\cos\phi \tag{1.3.9}$$

式中，α 是所形成的圆锥的顶角；$|\overrightarrow{MA}| = \rho\sin\alpha$；$\rho$ 是矢量 $\boldsymbol{\rho}$ 的长度。

从方程（1.3.8）和方程（1.3.9）可得出

$$\overrightarrow{MN} = |\overrightarrow{MN}|\frac{\overrightarrow{MA}}{|\overrightarrow{MA}|} = [\boldsymbol{\rho}_a - (\boldsymbol{c}_a \cdot \boldsymbol{\rho}_a)\boldsymbol{c}_a]\cos\phi \tag{1.3.10}$$

步骤 4：矢量 $\overrightarrow{NA}^*$ 与 $(\boldsymbol{c}_a \times \boldsymbol{\rho}_a)$ 具有相同的方向，并且可用下式表示：

$$\overrightarrow{NA}^* = \frac{\boldsymbol{c}_a \times \boldsymbol{\rho}_a}{|\boldsymbol{c}_a \times \boldsymbol{\rho}_a|}|\overrightarrow{NA}^*| = \sin\phi(\boldsymbol{c}_a \times \boldsymbol{\rho}_a) \tag{1.3.11}$$

这里

$$\overrightarrow{NA}^* = |\overrightarrow{MA}^*|\sin\phi = \rho\sin\alpha\sin\phi$$

$$|\boldsymbol{c}_a \times \boldsymbol{\rho}_a| = \rho\sin\alpha$$

步骤5：从方程（1.3.5）、方程（1.3.6）、方程（1.3.10）和方程（1.3.11）可得出

$$\boldsymbol{\rho}_a^* = \boldsymbol{\rho}_a\cos\phi + (1-\cos\phi)(\boldsymbol{c}_a\cdot\boldsymbol{\rho}_a)\boldsymbol{c}_a + \sin\phi(\boldsymbol{c}_a\times\boldsymbol{\rho}_a) \tag{1.3.12}$$

步骤6：容易证明

$$(\boldsymbol{c}_a\cdot\boldsymbol{\rho}_a)\boldsymbol{c}_a = \boldsymbol{c}_a\times(\boldsymbol{c}_a\times\boldsymbol{\rho}_a) + \boldsymbol{\rho}_a \tag{1.3.13}$$

因为

$$\boldsymbol{c}_a\times(\boldsymbol{c}_a\times\boldsymbol{\rho}_a) = (\boldsymbol{c}_a\cdot\boldsymbol{\rho}_a)\boldsymbol{c}_a - \boldsymbol{\rho}_a(\boldsymbol{c}_a\cdot\boldsymbol{c}_a)$$

步骤7：从方程（1.3.12）和方程（1.3.13）可得出

$$\boldsymbol{\rho}_a^* = \boldsymbol{\rho}_a + (1-\cos\phi)[\boldsymbol{c}_a\times(\boldsymbol{c}_a\times\boldsymbol{\rho}_a)] + \sin\phi(\boldsymbol{c}_a\times\boldsymbol{\rho}_a) \tag{1.3.14}$$

方程（1.3.14）通称为Rodrigues公式。根据Cheng和Gupta 1989年所完成的研究工作，这个方程理所当然应称为Euler－Rodrigues公式。

步骤8：进一步推导的目标，是用矩阵形式表示Euler－Rodrigues公式。

矢积（$\boldsymbol{c}_a\times\boldsymbol{\rho}_a$）可以矩阵形式表示如下：

$$\boldsymbol{c}_a\times\boldsymbol{\rho}_a = \boldsymbol{C}^{\mathrm{s}}\boldsymbol{\rho}_a \tag{1.3.15}$$

式中，$\boldsymbol{C}^{\mathrm{s}}$ 是斜对称矩阵，用下式表示：

$$\boldsymbol{C}^{\mathrm{s}} = \begin{bmatrix} 0 & -c_3 & c_2 \\ c_3 & 0 & -c_1 \\ -c_2 & c_1 & 0 \end{bmatrix} \tag{1.3.16}$$

矢量 $\boldsymbol{c}_a$ 用下式表示：

$$\boldsymbol{c}_a = c_1\boldsymbol{i}_a + c_2\boldsymbol{j}_a + c_3\boldsymbol{k}_a \tag{1.3.17}$$

步骤9：从方程（1.3.14）~方程（1.3.16）可推出Euler－Rodrigues公式的如下矩阵表示：

$$\boldsymbol{\rho}_a^* = [\boldsymbol{I} + (1-\cos\phi)(\boldsymbol{C}^{\mathrm{s}})^2 + \sin\phi\boldsymbol{C}^{\mathrm{s}}]\boldsymbol{\rho}_a = \boldsymbol{L}_a\boldsymbol{\rho}_a \tag{1.3.18}$$

式中，$\boldsymbol{I}$ 是 3×3 单位矩阵。

在推导方程（1.3.14）和方程（1.3.18）时，我们曾经假定转动是沿着逆时针方向进行的。对转动沿顺时针方向进行的情况，必须将 $\sin\phi$ 前面的运算符号改为相反的符号。包括两个转动方向的矩阵 $\boldsymbol{L}_a$ 的表达式如下：

$$\boldsymbol{L}_a = \boldsymbol{I} + (1-\cos\phi)(\boldsymbol{C}^{\mathrm{s}})^2 \pm \sin\phi\boldsymbol{C}^{\mathrm{s}} \tag{1.3.19}$$

$\sin\phi$ 前上面的符号对应逆时针方向的转动，而下面的符号对应顺时针方向的转动。在两种情况下，必须用同一方程（1.3.17）表示单位矢量 $\boldsymbol{c}$，该方程只确定 $\boldsymbol{c}$ 的方向，而不确定转动的方向。转动方向与方程（1.3.19）中 $\sin\phi$ 前面固有的运算符号有关。

例题1.3.2

如前所述，我们的目标是推导出变换同一矢量的各个分量的矩阵方程（1.3.2）中的算子 $\boldsymbol{L}_{ba}$［参见方程（1.3.3）和方程（1.3.4）］。下面将证明，所求的算子可表示为

$$\boldsymbol{L}_{ba} = \boldsymbol{L}_a^{\mathrm{T}} = \boldsymbol{I} + (1-\cos\phi)(\boldsymbol{C}^{\mathrm{s}})^2 \mp \sin\phi\boldsymbol{C}^{\mathrm{s}} \tag{1.3.20}$$

通过改变回转角 ϕ 的符号，可以从方程（1.3.19）给出的算子 $\boldsymbol{L}_a$ 得到算子 $\boldsymbol{L}_{ba}$。方程（1.3.20）中 $\sin\phi$ 前面的两个运算符号分别对应 S_a 和 S_b 相重合时，是通过逆时针方向转动，还是通过顺时针方向转动的两种情况。这项证明的根据是同一矢量的分量，比如，如

图1.3.1所示的矢量$\overrightarrow{OA}$，在两个坐标系S_a和S_b中的各个分量。

解

步骤1：我们开始先假定，矢量$\overrightarrow{OA}$在S_a中表示为

$$\boldsymbol{\rho}_a=[a_1 \quad a_2 \quad a_3]^{\mathrm{T}} \tag{1.3.21}$$

步骤2：为了确定矢量$\overrightarrow{OA}$在S_b中的各分量，我们首先假定，坐标系S_b和上述提到的位置矢量作为一个刚体绕$\boldsymbol{c}$进行转动。转过角ϕ以后，位置矢量$\overrightarrow{OA}$将占据位置$\overrightarrow{OA}^*$，并且在S_b中可表示为

$$\overrightarrow{OA}^*=a_1\boldsymbol{i}_b+a_2\boldsymbol{j}_b+a_3\boldsymbol{k}_b \tag{1.3.22}$$

显然，矢量$\overrightarrow{OA}^*$在S_b中的各分量和矢量$\overrightarrow{OA}$在S_a中的各分量相同。

步骤3：现在我们考察在S_b中的两个矢量$\overrightarrow{OA}^*$和$\overrightarrow{OA}$。矢量$\overrightarrow{OA}^*$绕$\boldsymbol{c}$做顺时针方向转动以后，将与$\overrightarrow{OA}$重合。矢量$\overrightarrow{OA}^*$和$\overrightarrow{OA}$在S_b中的各分量用类似于方程（1.3.19）的方程相联系。不同之处是我们现在必须认为，从$\overrightarrow{OA}^*$到$\overrightarrow{OA}$的转动是沿顺时针方向进行的。于是，我们得到

$$(\overrightarrow{OA})_b=\boldsymbol{L}_b(\overrightarrow{OA}^*)_b=[\boldsymbol{I}+(1-\cos\phi)(\boldsymbol{C}^{\mathrm{s}})^2-\sin\phi\boldsymbol{C}^{\mathrm{s}}](\overrightarrow{OA}^*)_b \tag{1.3.23}$$

用$[b_1 \quad b_2 \quad b_3]^{\mathrm{T}}$标记$(\overrightarrow{OA})_b$的各分量，我们可得

$$[b_1 \quad b_2 \quad b_3]^{\mathrm{T}}=[\boldsymbol{I}+(1-\cos\phi)(\boldsymbol{C}^{\mathrm{s}})^2-\sin\phi\boldsymbol{C}^{\mathrm{s}}][a_1 \quad a_2 \quad a_3]^{\mathrm{T}} \tag{1.3.24}$$

步骤4：现在我们已得到同一矢量$\overrightarrow{OA}$分别在坐标系S_a和S_b中的各个分量。描述$\overrightarrow{OA}$各分量变换的矩阵方程如下：

$$(\overrightarrow{OA})_b=\boldsymbol{L}_{ba}(\overrightarrow{OA})_a \tag{1.3.25}$$

对于沿逆时针方向进行从S_a到S_b转动的情况，则有

$$\boldsymbol{L}_{ba}=\boldsymbol{I}+(1-\cos\phi)(\boldsymbol{C}^{\mathrm{s}})^2-\sin\phi\boldsymbol{C}^{\mathrm{s}} \tag{1.3.26}$$

同理，对于沿顺时针方向进行从S_a到S_b的转动情况，则得

$$\boldsymbol{L}_{ba}=\boldsymbol{I}+(1-\cos\phi)(\boldsymbol{C}^{\mathrm{s}})^2+\sin\phi\boldsymbol{C}^{\mathrm{s}} \tag{1.3.27}$$

算子$\boldsymbol{L}_{ba}$的一般描述和对应的坐标变换如下：

$$\boldsymbol{\rho}_b=\boldsymbol{L}_{ba}\boldsymbol{\rho}_a=[\boldsymbol{I}+(1-\cos\phi)(\boldsymbol{C}^{\mathrm{s}})^2\mp\sin\phi\boldsymbol{C}^{\mathrm{s}}]\boldsymbol{\rho}_a \tag{1.3.28}$$

$\sin\phi$前上面和下面的运算符号，分别对应于沿逆时针和顺时针方向进行从S_a到S_b转动的两种情况。

在辨别坐标系S_a和S_b时，我们不使用这两个术语——固定坐标系和动坐标系。我们只认为S_a是以前的坐标系，而S_b是新坐标系，并且还要考虑从S_a到S_b的转动是如何完成的，是沿逆时针方向，还是沿顺时针方向。

2. 矩阵$\boldsymbol{L}_{ba}$

利用方程（1.3.26）和方程（1.3.27），我们可以通过转动轴线的单位矢量$\boldsymbol{c}$的各个分量和回转角ϕ，来表示矩阵$\boldsymbol{L}_{ba}$的各个元素。于是，我们得

$$\boldsymbol{L}_{ba}=\begin{bmatrix} a_{11} & a_{12} & a_{13} \\ a_{21} & a_{22} & a_{23} \\ a_{31} & a_{32} & a_{33} \end{bmatrix} \tag{1.3.29}$$

其中

$$\begin{cases} a_{11}=\cos\phi(1-c_1^2)+c_1^2 \\ a_{12}=(1-\cos\phi)c_1c_2\pm\sin\phi c_3 \\ a_{13}=(1-\cos\phi)c_1c_3\mp\sin\phi c_2 \\ a_{21}=(1-\cos\phi)c_1c_2\mp\sin\phi c_3 \\ a_{22}=\cos\phi(1-c_2^2)+c_2^2 \\ a_{23}=(1-\cos\phi)c_2c_3\pm\sin\phi c_1 \\ a_{31}=(1-\cos\phi)c_1c_3\pm\sin\phi c_2 \\ a_{32}=(1-\cos\phi)c_2c_3\mp\sin\phi c_1 \\ a_{33}=\cos\phi(1-c_3^2)+c_3^2 \end{cases} \tag{1.3.30}$$

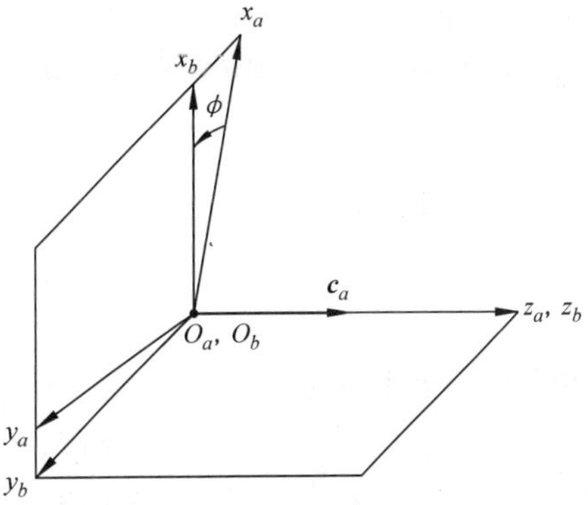

图 1.3.2　用转动推导的坐标变换

当转动轴线与 S_a 的一个坐标轴相重合时，我们必须使方程（1.3.30）中单位矢量 $\boldsymbol{c}_a$ 的两个分量等于零。例如，在绕 z_a 轴完成转动的情况下（见图 1.3.2），则有

$$\boldsymbol{c}_a=\boldsymbol{k}_a=[0\quad 0\quad 1]^{\mathrm{T}} \tag{1.3.31}$$

我们再强调一下，在所有坐标变换的情况下，只有矩阵 $\boldsymbol{L}_{ba}$ 的各个元素［方程（1.3.30）］与转动方向有关，而 $\boldsymbol{c}_a$ 的各个分量与转动方向无关。单位矢量 $\boldsymbol{c}$ 可以在两坐标系 S_a 和 S_b 的任意一个坐标系中，用如下方程表示：

$$\boldsymbol{c}=c_1\boldsymbol{i}_a+c_2\boldsymbol{j}_a+c_3\boldsymbol{k}_a=c_1\boldsymbol{i}_b+c_2\boldsymbol{j}_b+c_3\boldsymbol{k}_b \tag{1.3.32}$$

这一点意味着，转动轴线的单位矢量 $\boldsymbol{c}$ 在两坐标系 S_a 和 S_b 中，具有相同的分量。很容易证明

$$[c_1\quad c_2\quad c_3]^{\mathrm{T}}=\boldsymbol{L}_{ba}[c_1\quad c_2\quad c_3]^{\mathrm{T}} \tag{1.3.33}$$

虽然这一观察结果的意义尚未在文献中得到公认，然而在本书中，将其显示出来对建立坐标变换是有优越性的。

方程（1.3.32）的证明根据如下。转动轴线 c 的单位矢量 $\boldsymbol{c}$ 的指向，是沿着两个坐标系 S_a 和 S_b 所共有的轴线的。于是，当两坐标系 S_a 和 S_b 中，一个相对另一个绕轴线 c 转动时，$\boldsymbol{c}$ 的方向是不改变的。例如，假定 S_a 的单位矢量，比如 $\boldsymbol{i}_a$ 的指向是沿着 $\overrightarrow{OA}$ 的，那么 S_b 的单位矢量 $\boldsymbol{i}_b$ 的指向是沿 $\overrightarrow{OA}^*$ 的（参见图 1.3.1）。两个单位矢量 $\boldsymbol{i}_a$ 和 $\boldsymbol{i}_b$ 都是同一圆锥的两条素线，因此

$$\boldsymbol{c}\cdot\boldsymbol{i}_a=\boldsymbol{c}\cdot\boldsymbol{i}_b=c_1$$

同理，我们可以证明

$$\boldsymbol{c}\cdot\boldsymbol{j}_a=\boldsymbol{c}\cdot\boldsymbol{j}_b=c_2$$

$$\boldsymbol{c}\cdot\boldsymbol{k}_a=\boldsymbol{c}\cdot\boldsymbol{k}_b=c_3$$

于是，方程（1.3.32）得到证实。

3. 使用另外的辅助坐标系

一般说来，转动轴线是不与 S_a 的任一坐标轴相重合的。在转动开始时，动坐标系 S_b 与 S_a 相重合。因此，坐标系 S_b 中没有与转动轴线相重合的坐标轴。我们的目标是使用另外的两个辅助坐标系 S_m 和 S_n，其能使我们选取其坐标轴中的一个与转动轴线相重合。辅助坐标系 S_m 与 S_a 刚性固接，辅助坐标系 S_n 也与 S_b 刚性固接。

确定矩阵 $\boldsymbol{L}_{ma}$ 的结构根据如下。我们将 $\boldsymbol{L}_{ma}$ 表示为

$$\boldsymbol{L}_{ma}=\begin{bmatrix} a_1 & a_2 & a_3 \\ b_1 & b_2 & b_3 \\ d_1 & d_2 & d_3 \end{bmatrix} \tag{1.3.34}$$

如果三个单位矢量（$\boldsymbol{a}$、$\boldsymbol{b}$ 和 $\boldsymbol{d}$）中的一个与 $\boldsymbol{c}$ 相重合，则 S_m 相应的坐标轴也将与 $\boldsymbol{c}$ 相重合。我们限于讨论 z_m 轴与 $\boldsymbol{c}$ 相重合的情况。其余两种情况则可类似地加以讨论。对于前述情况，则有

$$\boldsymbol{d}=[c_1 \quad c_2 \quad c_3]^{\mathrm{T}} \tag{1.3.35}$$

和

$$\boldsymbol{L}_{ma}=\begin{bmatrix} a_1 & a_2 & a_3 \\ b_1 & b_2 & b_3 \\ c_1 & c_2 & c_3 \end{bmatrix} \tag{1.3.36}$$

单位矢量 $\boldsymbol{a}$ 和 $\boldsymbol{b}$ 表示为

$$\begin{cases} \boldsymbol{a}=[\boldsymbol{i}_m\cdot\boldsymbol{i}_a \quad \boldsymbol{i}_m\cdot\boldsymbol{j}_a \quad \boldsymbol{i}_m\cdot\boldsymbol{k}_a] \\ \boldsymbol{b}=[\boldsymbol{j}_m\cdot\boldsymbol{i}_a \quad \boldsymbol{j}_m\cdot\boldsymbol{j}_a \quad \boldsymbol{j}_m\cdot\boldsymbol{k}_a] \end{cases} \tag{1.3.37}$$

显然

$$\boldsymbol{L}_{ma}\boldsymbol{c}_a=[0 \quad 0 \quad 1]^{\mathrm{T}} \tag{1.3.38}$$

因为 $\boldsymbol{a}\cdot\boldsymbol{c}=0$，$\boldsymbol{b}\cdot\boldsymbol{c}=0$ 和 $\boldsymbol{c}\cdot\boldsymbol{c}=1$。当选取两个单位矢量（$\boldsymbol{a}$ 和 $\boldsymbol{b}$）之一，比如说 $\boldsymbol{b}$ 时，我们必须考虑到如下的关系式：

$$b_1c_1+b_2c_2+b_3c_3=0 \tag{1.3.39}$$

由于 $\boldsymbol{c}$ 和 $\boldsymbol{b}$ 具有正交性，则

$$b_1^2+b_2^2+b_3^2=1 \tag{1.3.40}$$

因为 $\boldsymbol{b}$ 是单位矢量。方程（1.3.39）和方程（1.3.40）联系着 $\boldsymbol{b}$ 的三个分量中的两个，而它们之间只有一个分量可以选取。

在确定 $\boldsymbol{c}$ 和 $\boldsymbol{b}$ 之后，我们可以利用矢积确定单位矢量 $\boldsymbol{a}$：

$$\boldsymbol{a}=\boldsymbol{b}\times\boldsymbol{c} \tag{1.3.41}$$

动坐标系 S_n 相对于 S_m 和 S_a（S_m 和 S_a 是刚性固接的）的运动，是绕轴线 z_m 转过 ϕ 角。根据方程（1.3.29）和方程（1.3.30），可以确定出矩阵 $\boldsymbol{L}_{nm}$。从 S_a 到 S_n 的坐标变换根据如下矩阵方程进行：

$$\boldsymbol{\rho}_n=\boldsymbol{L}_{nm}\boldsymbol{L}_{mn}\boldsymbol{\rho}_a \tag{1.3.42}$$

我们在上述已讨论过用矩阵方程（1.3.30）表示的从 S_a 到 S_b 的坐标变换。

在运动开始时，坐标系 S_b 与 S_a 相重合，坐标系 S_n（刚性固接到 S_b）与 S_m（刚性固接到 S_a）相重合。根据这些理由，我们可以推导出下列矩阵方程：

$$L_{nb}=L_{ma} \tag{1.3.43}$$

$$L_{nm}L_{ma}=L_{nb}L_{ba}=L_{ma}L_{ba} \tag{1.3.44}$$

$$L_{ma}^{-1}L_{nm}L_{ma}=L_{ba} \tag{1.3.45}$$

我们还可以证明如下矩阵的正确性：

$$L_{ba}[c_1 \quad c_2 \quad c_3]^{\mathrm{T}}=L_{ma}^{-1}L_{nm}L_{ma}[c_1 \quad c_2 \quad c_3]^{\mathrm{T}}=[c_1 \quad c_2 \quad c_3]^{\mathrm{T}} \tag{1.3.46}$$

和

$$L_{nm}L_{ma}[c_1 \quad c_2 \quad c_3]^{\mathrm{T}}=L_{ma}L_{ba}[c_1 \quad c_2 \quad c_3]^{\mathrm{T}}=\boldsymbol{m}=[m_1 \quad m_2 \quad m_3]^{\mathrm{T}} \tag{1.3.47}$$

式中，$\boldsymbol{m}$ 是 S_m 的作为转动轴线的那一坐标轴的单位矢量（$\boldsymbol{m}$ 的两个分量等于0，而第三个分量等于1）。

矩阵方程（1.3.44）~方程(1.3.47)在例题1.5.4中加以说明。

1.4 转动和移动的4×4矩阵

一般说来，两坐标系的原点是不重合的，并且其方向也是不同的。在这样的情况下，坐标变换可以利用齐次坐标和4×4矩阵，其分别描述绕定轴线的转动与一个坐标系相对于另一坐标系的移动。

假定同一点必须表示在两个坐标系 S_p 和 S_q 中（见图1.4.1）。S_p 和 S_q 的原点不重合，并且这两个坐标系的坐标轴的方向也不相同。在这样的情况下，使用辅助坐标系 S_n 和矩阵 $\boldsymbol{M}_{np}$，描述从 S_p 变换到 S_n 是有效的。坐标系 S_n 和 S_q 具有公共原点，并且从 S_p 到 S_q 的坐标变换可以根据 Euler - Rodrigues 公式进行。

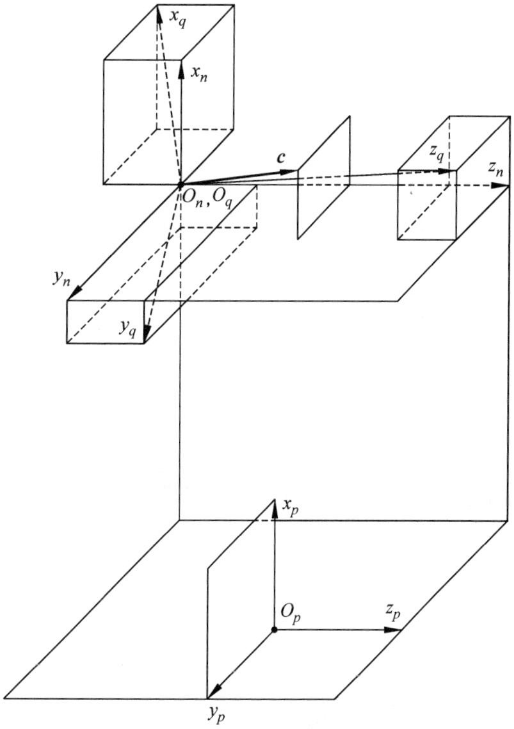

图1.4.1 坐标系的应用

从 S_p 到 S_q 的坐标变换可用如下矩阵方程表示：

$$\boldsymbol{r}_q=\boldsymbol{M}_{qn}\boldsymbol{M}_{np}\boldsymbol{r}_p=\boldsymbol{M}_{qp}\boldsymbol{r}_p \tag{1.4.1}$$

4×4矩阵描述从 S_p 到 S_n 的变换，并且用下式表示：

$$\boldsymbol{M}_{np}=\begin{bmatrix}1&0&0&a\\0&1&0&b\\0&0&1&c\\0&0&0&1\end{bmatrix} \tag{1.4.2}$$

4×4矩阵 $\boldsymbol{M}_{qn}$ 描述绕着具有单位矢量 $\boldsymbol{c}$ 的固定轴线的转动，并且用下式表示：

$$\boldsymbol{M}_{qn}=\begin{bmatrix}a_{11}&a_{12}&a_{13}&0\\a_{21}&a_{22}&a_{23}&0\\a_{31}&a_{32}&a_{33}&0\\0&0&0&1\end{bmatrix} \tag{1.4.3}$$

$\boldsymbol{M}_{qn}$的 3×3 子矩阵用方程（1.3.29）和方程（1.3.30）来确定。逆坐标变换用如下方程表示：

$$\boldsymbol{r}_p=\boldsymbol{M}_{pq}\boldsymbol{r}_q=\boldsymbol{M}_{qp}^{-1}\boldsymbol{r}_q \tag{1.4.4}$$

$$\boldsymbol{M}_{qp}^{-1}=\boldsymbol{M}_{np}^{-1}\boldsymbol{M}_{qn}^{-1}=\boldsymbol{M}_{pn}\boldsymbol{M}_{nq} \tag{1.4.5}$$

1.5 坐标变换实例

本节所述的坐标变换实例，是根据基于转动和移动 4×4 矩阵的应用。学习这些问题，可使读者从中获得齿轮啮合原理中坐标变换的实际经验。

例题 1.5.1

坐标 S_1 和 S_2 刚性固接到相对于固定坐标系 S_f 进行转动和移动的齿轮和齿条刀具上（见图 1.5.1）。坐标系 S_1 中的点 M 用位置矢量 $\overrightarrow{O_1M}=\boldsymbol{r}_1$ 来表示。

（i）确定同一点在坐标系 S_2 中的位置矢量 $\boldsymbol{r}_2$。

（ii）通过矩阵 M_{21} 各元素表示逆矩阵 $\boldsymbol{M}_{12}=\boldsymbol{M}_{21}^{-1}$，并且在 $\boldsymbol{r}_2$ 给定的的情况下，确定位置矢量 $\boldsymbol{r}_1$。

解

（i）从 S_1 到 S_2 的坐标变换根据如下矩阵方程进行：

$$\boldsymbol{r}_2=\boldsymbol{M}_{21}\boldsymbol{r}_1=\boldsymbol{M}_{2f}\boldsymbol{M}_{f1}\boldsymbol{r}_1 \tag{1.5.1}$$

转动矩阵 $\boldsymbol{M}_{f1}$ 描述绕轴线 z_f 的转动，z_f 轴的单位矢量为

$$\boldsymbol{c}_f=[0\quad 0\quad 1]^{\mathrm{T}} \tag{1.5.2}$$

从 S_1 到 S_2 的转动是沿顺时针方向进行的，因此必须选取方程（1.3.30）中下面的运算符号。考虑到 $c_1=c_2=0$，$c_3=1$，我们得如下转动矩阵 $\boldsymbol{M}_{f1}$ 的表达式：

$$\boldsymbol{M}_{f1}=\begin{bmatrix}\cos\phi & -\sin\phi & 0 & 0\\ \sin\phi & \cos\phi & 0 & 0\\ 0 & 0 & 1 & 0\\ 0 & 0 & 0 & 1\end{bmatrix} \tag{1.5.3}$$

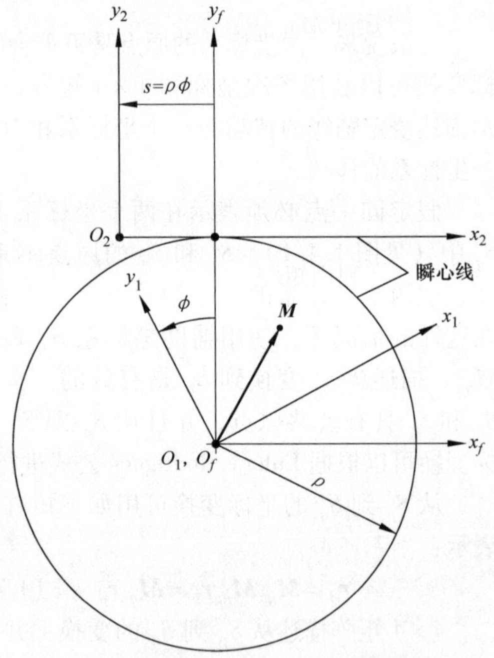

图 1.5.1 直线 – 回转运动中的瞬心线

从图 1.5.1 的图中，可得

$$(\overrightarrow{O_2O_f})_f=[\rho\phi\quad -\rho\quad 0]^{\mathrm{T}}$$

并且移动矩阵为

$$\boldsymbol{M}_{2f}=\begin{bmatrix}1 & 0 & 0 & \rho\phi\\ 0 & 1 & 0 & -\rho\\ 0 & 0 & 1 & 0\\ 0 & 0 & 0 & 1\end{bmatrix} \tag{1.5.4}$$

位置矢量 $\boldsymbol{r}_2$ 和 $\boldsymbol{r}_1$ 为

$$\begin{cases}\boldsymbol{r}_2=[x_2 \quad y_2 \quad z_2 \quad 1]^{\mathrm{T}}\\ \boldsymbol{r}_1=[x_1 \quad y_1 \quad z_1 \quad 1]^{\mathrm{T}}\end{cases} \tag{1.5.5}$$

从方程（1.5.1）~方程(1.5.5) 可得出

$$\boldsymbol{M}_{21}=\begin{bmatrix}\cos\phi & -\sin\phi & 0 & \rho\phi\\ \sin\phi & \cos\phi & 0 & -\rho\\ 0 & 0 & 1 & 0\\ 0 & 0 & 0 & 1\end{bmatrix} \tag{1.5.6}$$

并且

$$\begin{cases}x_2=x_1\cos\phi-y_1\sin\phi+\rho\phi\\ y_2=x_1\sin\phi+y_1\cos\phi-\rho\\ z_2=z_1\end{cases} \tag{1.5.7}$$

（ii）矩阵 $\boldsymbol{M}_{21}$ 不是奇异的，从而逆坐标变换是可能的。为了确定逆矩阵 $\boldsymbol{M}_{12}=\boldsymbol{M}_{21}^{-1}$，我们利用方程（1.2.10）~方程(1.2.13)，从而可得出

$$\boldsymbol{M}_{12}=\begin{bmatrix}\cos\phi & \sin\phi & 0 & \rho(\sin\phi-\phi\cos\phi)\\ -\sin\phi & \cos\phi & 0 & \rho(\cos\phi+\phi\sin\phi)\\ 0 & 0 & 1 & 0\\ 0 & 0 & 0 & 1\end{bmatrix} \tag{1.5.8}$$

然后，利用矩阵方程

$$\boldsymbol{r}_1=\boldsymbol{M}_{12}\boldsymbol{r}_2 \tag{1.5.9}$$

我们得出

$$\begin{cases}x_1=x_2\cos\phi+y_2\sin\phi+\rho(\sin\phi-\phi\cos\phi)\\ y_1=-x_2\sin\phi+y_2\cos\phi+\rho(\cos\phi+\phi\sin\phi)\\ z_1=z_2\end{cases} \tag{1.5.10}$$

例题 1.5.2

坐标系 $S_1(x_1, y_1, z_1)$ 和 $S_2(x_2, y_2, z_2)$ 刚性固接到齿轮 1 和齿轮 2，两齿轮传递平行轴之间的转动（见图 1.5.2）。齿轮的两回转角 ϕ_1 和 ϕ_2 用如下方程相联系：

$$\frac{\phi_2}{\phi_1}=\frac{\rho_1}{\rho_2} \tag{1.5.11}$$

式中，ρ_1 和 ρ_2 是齿轮两瞬心线的半径（参见 3.2 节）；E 是两转动轴线之间的最短距离。

固定坐标系 S_f 刚性固接到齿轮箱体上。S_p 是辅助坐标系，其他刚性固接到齿轮箱体上。

（i）推导出从 S_2 到 S_1 的坐标变换方程。

（ii）推导出从 S_1 到 S_2 的坐标变换方程。

解

（i）从 S_2 到 S_1 的坐标变换根据如下矩阵方程进行：

$$\boldsymbol{r}_1=\boldsymbol{M}_{12}\boldsymbol{r}_2=\boldsymbol{M}_{1f}\boldsymbol{M}_{fp}\boldsymbol{M}_{p2}\boldsymbol{r}_2 \tag{1.5.12}$$

式中，$\boldsymbol{M}_{1f}$ 和 $\boldsymbol{M}_{p2}$ 为转动矩阵；$\boldsymbol{M}_{fp}$ 为移动矩阵。

这里有

$$
\left\{\begin{array}{l}
\boldsymbol{r}_2=\begin{bmatrix} x_2 \\ y_2 \\ z_2 \\ 1 \end{bmatrix} \\
\boldsymbol{M}_{p2}=\begin{bmatrix} \cos\phi_2 & \sin\phi_2 & 0 & 0 \\ -\sin\phi_2 & \cos\phi_2 & 0 & 0 \\ 0 & 0 & 1 & 0 \\ 0 & 0 & 0 & 1 \end{bmatrix} \\
\boldsymbol{r}_1=\begin{bmatrix} x_1 \\ y_1 \\ z_1 \\ 1 \end{bmatrix} \\
\boldsymbol{M}_{1f}=\begin{bmatrix} \cos\phi_1 & \sin\phi_1 & 0 & 0 \\ -\sin\phi_1 & \cos\phi_1 & 0 & 0 \\ 0 & 0 & 1 & 0 \\ 0 & 0 & 0 & 1 \end{bmatrix} \\
\boldsymbol{M}_{fp}=\begin{bmatrix} 1 & 0 & 0 & 0 \\ 0 & 1 & 0 & E \\ 0 & 0 & 1 & 0 \\ 0 & 0 & 0 & 1 \end{bmatrix}
\end{array}\right. \tag{1.5.13}
$$

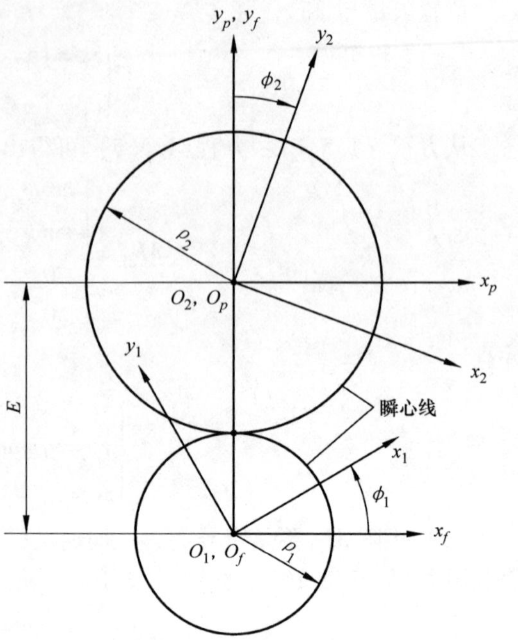

图 1.5.2　具有相反方向的回转运动的瞬心线

从方程（1.5.13）可得

$$
\boldsymbol{M}_{12}=\begin{bmatrix} \cos(\phi_1+\phi_2) & \sin(\phi_1+\phi_2) & 0 & E\sin\phi_1 \\ -\sin(\phi_1+\phi_2) & \cos(\phi_1+\phi_2) & 0 & E\cos\phi_1 \\ 0 & 0 & 1 & 0 \\ 0 & 0 & 0 & 1 \end{bmatrix} \tag{1.5.14}
$$

利用方程（1.5.12）和方程（1.5.14），我们可得

$$
\left\{\begin{array}{l}
x_1=x_2\cos(\phi_1+\phi_2)+y_2\sin(\phi_1+\phi_2)+E\sin\phi_1 \\
y_1=-x_2\sin(\phi_1+\phi_2)+y_2\cos(\phi_1+\phi_2)+E\cos\phi_1 \\
z_1=z_2
\end{array}\right. \tag{1.5.15}
$$

（ii）逆矩阵 $\boldsymbol{M}_{21}=\boldsymbol{M}_{12}^{-1}$ 可以通过 $\boldsymbol{M}_{12}$ 的各元素表示如下［参见方程（1.2.10）~方程（1.2.14）］：

$$
\boldsymbol{M}_{21}=\begin{bmatrix} \cos(\phi_1+\phi_2) & -\sin(\phi_1+\phi_2) & 0 & E\sin\phi_2 \\ \sin(\phi_1+\phi_2) & \cos(\phi_1+\phi_2) & 0 & -E\cos\phi_2 \\ 0 & 0 & 1 & 0 \\ 0 & 0 & 0 & 1 \end{bmatrix} \tag{1.5.16}
$$

逆坐标变换基于矩阵方程

$$\boldsymbol{r}_2 = \boldsymbol{M}_{21}\boldsymbol{r}_1 \tag{1.5.17}$$

从此方程可得

$$\begin{cases} x_2 = x_1\cos(\phi_1 + \phi_2) - y_1\sin(\phi_1 + \phi_2) + E\sin\phi_2 \\ y_2 = x_1\sin(\phi_1 + \phi_2) + y_1\cos(\phi_1 + \phi_2) - E\cos\phi_2 \\ z_2 = z_1 \end{cases} \tag{1.5.18}$$

例题 1.5.3

假定两齿轮绕两个平行轴线以相同方向传递回转运动（见图 1.5.3）。坐标系 S_1 和 S_2 刚性固接到齿轮 1 和 2；S_f 和 S_p 是固定坐标系；E 是最短距离；ρ_1 和 ρ_2 是两齿轮瞬心线的半径（参见 3.2 节）。

（i）求矩阵 $\boldsymbol{M}_{21}$，确定矩阵 $\boldsymbol{M}_{12} = \boldsymbol{M}_{21}^{-1}$。

（ii）进行从 S_1 到 S_2 以及 S_2 到 S_1 的坐标变换。

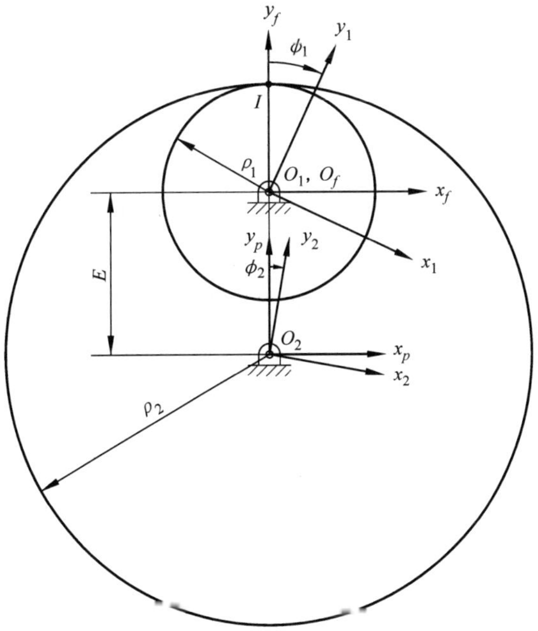

图 1.5.3　具有相同方向的回转运动的瞬心线

解

（i）$\boldsymbol{M}_{21} = \boldsymbol{M}_{2p}\boldsymbol{M}_{pf}\boldsymbol{M}_{f1}$

$$= \begin{bmatrix} \cos(\phi_1 - \phi_2) & \sin(\phi_1 - \phi_2) & 0 & -E\sin\phi_2 \\ -\sin(\phi_1 - \phi_2) & \cos(\phi_1 - \phi_2) & 0 & E\cos\phi_2 \\ 0 & 0 & 1 & 0 \\ 0 & 0 & 0 & 1 \end{bmatrix} \tag{1.5.19}$$

$\boldsymbol{M}_{12} = \boldsymbol{M}_{21}^{-1}$

$$= \begin{bmatrix} \cos(\phi_1 - \phi_2) & -\sin(\phi_1 - \phi_2) & 0 & E\sin\phi_1 \\ \sin(\phi_1 - \phi_2) & \cos(\phi_1 - \phi_2) & 0 & -E\cos\phi_1 \\ 0 & 0 & 1 & 0 \\ 0 & 0 & 0 & 1 \end{bmatrix} \tag{1.5.20}$$

（ii）
$$\begin{cases} x_2 = x_1\cos(\phi_1-\phi_2)+y_1\sin(\phi_1-\phi_2)-E\sin\phi_2 \\ y_2 = -x_1\sin(\phi_1-\phi_2)+y_1\cos(\phi_1-\phi_2)+E\cos\phi_2 \\ z_2 = z_1 \end{cases} \quad (1.5.21)$$

$$\begin{cases} x_1 = x_2\cos(\phi_1-\phi_2)-y_2\sin(\phi_1-\phi_2)+E\sin\phi_1 \\ y_1 = x_2\sin(\phi_1-\phi_2)+y_2\cos(\phi_1-\phi_2)-E\cos\phi_1 \\ z_1 = z_2 \end{cases} \quad (1.5.22)$$

例题 1.5.4

这个例题的目的，是要证明方程（1.3.44）~方程(1.3.47)。图 1.5.4a 所示为最初相互重合的两个坐标系 S_a 和 S_b。坐标系 S_b 沿逆时针方向绕着具有单位矢量的轴线转动。

解

$$\boldsymbol{c}_a = [0 \quad \sin\gamma \quad \cos\gamma]^{\mathrm{T}} \quad (1.5.23)$$

根据方程（1.3.30），矩阵 $\boldsymbol{L}_{ba}$ 表示如下：

$$\boldsymbol{L}_{ba} = \begin{bmatrix} \cos\phi & \sin\phi\cos\gamma & -\sin\phi\sin\gamma \\ -\sin\phi\cos\gamma & \cos\phi\cos^2\gamma+\sin^2\gamma & (1-\cos\phi)\sin\gamma\cos\gamma \\ \sin\phi\sin\gamma & (1-\cos\phi)\sin\gamma\cos\gamma & \cos\phi\sin^2\gamma+\cos^2\gamma \end{bmatrix} \quad (1.5.24)$$

图 1.5.4b 所示为刚性固接到 S_a 的辅助坐标系 S_m。坐标轴 z_m 与 $\boldsymbol{c}_a$ 相重合，$\boldsymbol{c}_a$ 的各分量是用方程（1.3.36）所表示的矩阵 $\boldsymbol{L}_{ma}$ 的第三行中的元素。坐标轴 x_m 与 x_a 相重合。根据方程（1.3.30），矩阵 $\boldsymbol{L}_{ma}$ 为

$$\boldsymbol{L}_{ma} = \begin{bmatrix} 1 & 0 & 0 \\ 0 & \cos\gamma & -\sin\gamma \\ 0 & \sin\gamma & \cos\gamma \end{bmatrix} \quad (1.5.25)$$

彼此刚性固接的坐标系 S_n 和 S_b 绕 $\boldsymbol{c}_m=\boldsymbol{k}_m$ 转过 ϕ 角。根据方程（1.3.30），矩阵 $\boldsymbol{L}_{nm}$ 用下式表示：

$$\boldsymbol{L}_{nm} = \begin{bmatrix} \cos\phi & \sin\phi & 0 \\ -\sin\phi & \cos\phi & 0 \\ 0 & 0 & 1 \end{bmatrix} \quad (1.5.26)$$

矩阵的乘积 $\boldsymbol{L}_{nm}\boldsymbol{L}_{ma}=\boldsymbol{L}_{na}$ 为

$$\boldsymbol{L}_{na} = \begin{bmatrix} \cos\phi & \sin\phi\cos\gamma & -\sin\phi\sin\gamma \\ -\sin\phi & \cos\phi\cos\gamma & -\cos\phi\sin\gamma \\ 0 & \sin\gamma & \cos\gamma \end{bmatrix} \quad (1.5.27)$$

利用方程(1.5.24)~方程(1.5.27)，我们可以确定，矩阵方程（1.3.43）和（1.3.45）确实是成立的。在所讨论的情况下，从方程（1.3.46）和（1.3.47）可推导出

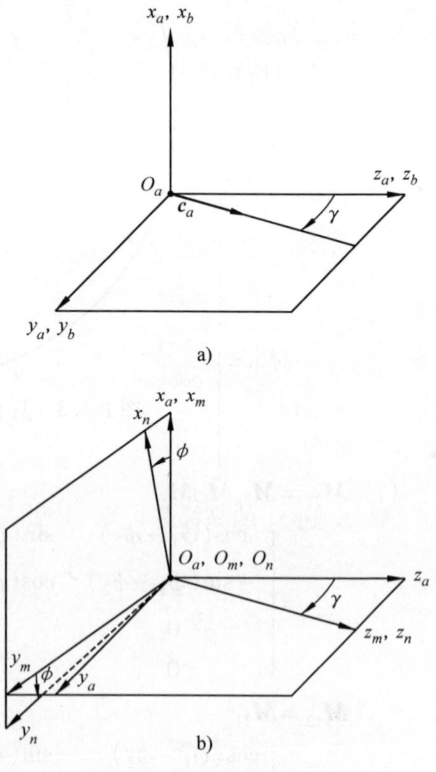

图 1.5.4 辅助坐标系

a）坐标系 S_a 和 S_b b）坐标系 S_a、S_m 和 S_n

$$L_{ba}[0\quad \sin\gamma\quad \cos\gamma]^{T}=L_{ma}^{-1}L_{nm}L_{ma}[0\quad \sin\gamma\quad \cos\gamma]^{T}=[0\quad \sin\gamma\quad \cos\gamma]^{T} \tag{1.5.28}$$

$$L_{nm}L_{ma}[0\quad \sin\gamma\quad \cos\gamma]^{T}=L_{ma}L_{ba}[0\quad \sin\gamma\quad \cos\gamma]^{T}=[0\quad 0\quad 1]^{T} \tag{1.5.29}$$

例题 1.5.5

齿轮 1 和 2 绕轴线 z_f 和 z_p 转动，两轴线形成的交错角为 γ，其最短距离为 E（见图 1.5.5）。坐标系 S_1、S_2 和 S_f 分别刚性固接到齿轮 1、齿轮 2 和机架上。辅助坐标系 S_m 和 S_p 也刚性固接到机架上。推导出从 S_1 到 S_2 和从 S_2 到 S_1 的坐标变换方程。

提示：从 S_1 到 S_2 的坐标变换根据如下矩阵方程进行：

$$\boldsymbol{r}_2=\boldsymbol{M}_{21}\boldsymbol{r}_1=\boldsymbol{M}_{2p}\boldsymbol{M}_{pm}\boldsymbol{M}_{mf}\boldsymbol{M}_{f1}\boldsymbol{r}_1 \tag{1.5.30}$$

式中，矩阵 $\boldsymbol{M}_{2p}$ 描述绕轴线 z_p 的转动；矩阵 $\boldsymbol{M}_{pm}$ 描述绕轴线 x_m 转动到得出交错角 γ；$\boldsymbol{M}_{mf}$ 是移动长矩阵；矩阵 $\boldsymbol{M}_{f1}$ 描绘绕轴线 z_f 的转动。

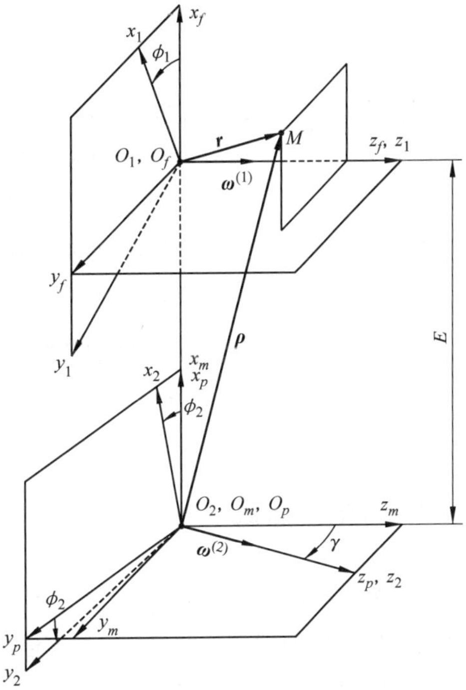

图 1.5.5　坐标变换的普遍情况

解

矩阵 $\boldsymbol{M}_{21}$ 表示如下：

$$\boldsymbol{M}_{21}=\begin{bmatrix} \cos\phi_1\cos\phi_2+\cos\gamma\sin\phi_1\sin\phi_2 & -\sin\phi_1\cos\phi_2+\cos\gamma\cos\phi_1\sin\phi_2 & -\sin\gamma\sin\phi_2 & E\cos\phi_2 \\ -\cos\phi_1\sin\phi_2+\cos\gamma\sin\phi_1\cos\phi_2 & \sin\phi_1\sin\phi_2+\cos\gamma\cos\phi_1\cos\phi_2 & -\sin\gamma\cos\phi_2 & -E\sin\phi_2 \\ \sin\gamma\sin\phi_1 & \sin\gamma\cos\phi_1 & \cos\gamma & 0 \\ 0 & 0 & 0 & 1 \end{bmatrix} \tag{1.5.31}$$

从 S_1 到 S_2 的坐标变换用如下方程表示：

$$\begin{cases} x_2=x_1(\cos\phi_1\cos\phi_2+\cos\gamma\sin\phi_1\sin\phi_2) \\ \qquad +y_1(-\sin\phi_1\cos\phi_2+\cos\gamma\cos\phi_1\sin\phi_2) \\ \qquad -z_1\sin\gamma\sin\phi_2+E\cos\phi_2 \\ y_2=x_1(-\cos\phi_1\sin\phi_2+\cos\gamma\sin\phi_1\cos\phi_2) \\ \qquad +y_1(\sin\phi_1\sin\phi_2+\cos\gamma\cos\phi_1\cos\phi_2) \\ \qquad -z_1\sin\gamma\cos\phi_2-E\sin\phi_2 \\ z_2=x_1\sin\gamma\sin\phi_1+y_1\sin\gamma\cos\phi_1+z_1\cos\gamma \end{cases} \tag{1.5.32}$$

逆矩阵 $\boldsymbol{M}_{12}=\boldsymbol{M}_{21}^{-1}$ 用下式表示：

$$
\boldsymbol{M}_{12}=\begin{bmatrix}
\cos\phi_1\cos\phi_2+\cos\gamma\sin\phi_1\sin\phi_2 & -\cos\phi_1\sin\phi_2+\cos\gamma\sin\phi_1\cos\phi_2 & \sin\gamma\sin\phi_1 & -E\cos\phi_1\\
-\sin\phi_1\cos\phi_2+\cos\gamma\cos\phi_1\sin\phi_2 & \sin\phi_1\sin\phi_2+\cos\gamma\cos\phi_1\cos\phi_2 & \sin\gamma\cos\phi_1 & E\sin\phi_1\\
-\sin\gamma\sin\phi_2 & -\sin\gamma\cos\phi_2 & \cos\gamma & 0\\
0 & 0 & 0 & 1
\end{bmatrix}\tag{1.5.33}
$$

从 S_2 到 S_1 的坐标变换用如下方程表示：

$$
\left\{\begin{aligned}
x_1&=x_2(\cos\phi_1\cos\phi_2+\cos\gamma\sin\phi_1\sin\phi_2)+\\
&\quad y_2(-\cos\phi_1\sin\phi_2+\cos\gamma\sin\phi_1\cos\phi_2)+\\
&\quad z_2\sin\gamma\sin\phi_1-E\cos\phi_1\\
y_1&=x_2(-\sin\phi_1\cos\phi_2+\cos\gamma\cos\phi_1\sin\phi_2)+\\
&\quad y_2(\sin\phi_1\sin\phi_2+\cos\gamma\cos\phi_1\cos\phi_2)+\\
&\quad z_2\sin\gamma\cos\phi_1+E\sin\phi_1\\
z_1&=-x_2\sin\gamma\sin\phi_2-y_2\sin\gamma\cos\phi_2+z_2\cos\gamma
\end{aligned}\right.\tag{1.5.34}
$$

1.6 用于推导曲线

坐标变换的技巧可成功地用来推导出某些曲线。假定所要推导的曲线，是由进行规定运动的点形成的。相应地，假定曲面也是由进行规定运动的曲线形成的（参见1.7节）。

1. 外摆线的形成

考察处于外相切的两个圆（见图1.6.1a）。这两个圆是瞬心线，并且它们的运动是纯滚动，两圆的半径为 ρ_1 和 ρ_2。与圆2刚性固接的点 M 在与圆1刚性固接的坐标系中，给出一条长幅外摆线［如图1.6.1a所示的坐标系 S_1（x_1，y_1）中］。M_O 和 M 是描迹点的两个位置。

利用从 S_2 到 S_1 的坐标变换，可以推导出长幅外摆线的方程。坐标系 S_1 和 S_2 如图1.6.1b所示。从 S_2 到 S_1 的坐标变换已经在例题1.5.2中用方程（1.5.15）给出。产形点 M 用下式表示在 S_2 中（见图1.6.1b）：

$$
[x_2^{(M)}\quad y_2^{(M)}\quad z_2^{(M)}\quad 1]^{\mathrm{T}}=[0\quad -a\quad 0\quad 1]^{\mathrm{T}}\tag{1.6.1}
$$

其中

$$
a=O_2M>\rho_2
$$

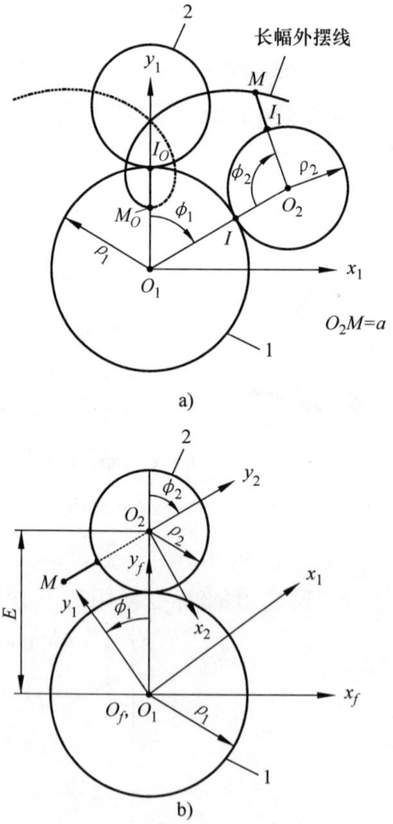

图1.6.1 长幅外摆线的形成
a）长幅外摆线形成图 b）长幅外摆线的坐标变换推导图

从方程（1.5.15）和（1.6.1）可推导出下列长幅外摆线方程：

$$\begin{cases} x_1 = -a\sin(\phi_1+\phi_2)+E\sin\phi_1 \\ y_1 = -a\cos(\phi_1+\phi_2)+E\cos\phi_1 \end{cases} \tag{1.6.2}$$

其中

$$E=\rho_1+\rho_2$$

$$\phi_2=\phi_1\frac{\rho_1}{\rho_2}$$

$a<\rho_2$ 时，点 M 形成短幅外摆线；$a=\rho_2$ 时，形成普通外摆线。

2. 渐开线的形成

以下，我们将区分普通渐开线、长幅渐开线和短幅渐开线。图1.6.2所示的为刚性固接在直线 BD 上的点所形成的长幅渐开线；直线 BD 沿半径为 ρ 的圆滚动。推导出长幅渐开线根据从 S_2 到 S_1 的坐标变换方程（1.5.10）进行（见图1.5.1和图1.6.3）。产形点用下式表示在 S_2 中（见图1.6.3）：

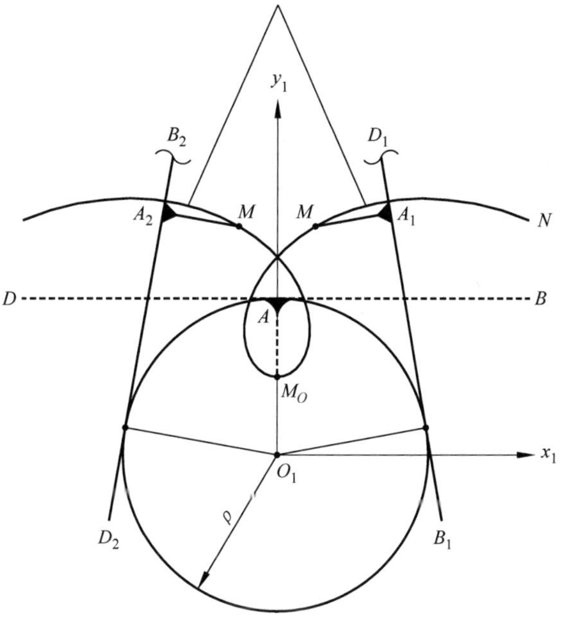

图1.6.2 长幅渐开线形成图

$$[x_2^{(M)} \quad y_2^{(M)} \quad z_2^{(M)} \quad 1]^{\mathrm{T}}=[0 \quad -a \quad 0 \quad 1]^{\mathrm{T}} \tag{1.6.3}$$

从方程（1.6.3）和方程（1.5.10）可推导出长幅渐开线方程：

$$\begin{cases} x_1 = -a\sin\phi+\rho(\sin\phi-\phi\cos\phi) \\ y_1 = -a\cos\phi+\rho(\cos\phi+\phi\sin\phi) \end{cases} \tag{1.6.4}$$

如果 $a=0$，将形成普通渐开线；如果 $y_2^{(M)}=a>0$，将形成短幅渐开线。

例题1.6.1

如果点 M 用下式表示在 S_2 中：

$$\overrightarrow{O_2M}=[0 \quad -\rho \quad 0 \quad 1] \tag{1.6.5}$$

推导出点 M 在 S_1 中所形成的曲线的方程，证明所形成的曲线为阿基米德螺线。

解

根据方程（1.6.4）和方程（1.6.5），所形成的曲线用下式表示：

$$\begin{cases}x_1=-\rho\phi\cos\phi\\ y_1=\rho\phi\sin\phi\end{cases}\tag{1.6.6}$$

在极坐标（r，ϕ）中，该曲线的方程为

$$r=(x_1^2+y_1^2)^{\frac{1}{2}}=\rho\phi\tag{1.6.7}$$

式中，ϕ 为极角。

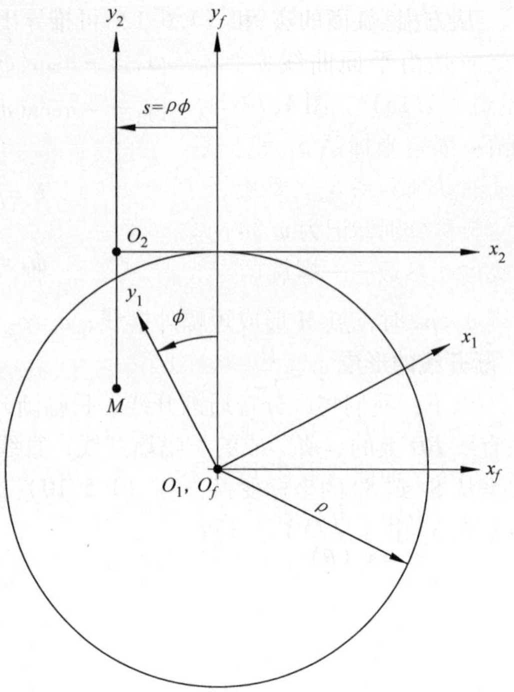

图 1.6.3　渐开线的形成

3. 摆线的形成

当半径为 ρ 的圆沿直线滚动时，刚性固接在圆上的点 M 将形成长幅外摆线（见图 1.6.4）坐标系 S_1 刚性固接在圆上，而坐标系 S_2 刚性固接在直线上（见图 1.5.1）。产形点用下式表示在 S_1 中：

$$\overrightarrow{O_1M}=[0\quad -a\quad 0\quad 1]^{\mathrm{T}}\tag{1.6.8}$$

从 S_1 到 S_2 的坐标变换用方程（1.5.7）表示。从方程（1.5.7）和方程（1.6.8）可得

$$\begin{cases}x_2=-a\sin\phi+\rho\phi\\ y_2=a\cos\phi-\rho\end{cases}\tag{1.6.9}$$

如果 $a<\rho$，将形成短幅摆线；如果 $a=\rho$，则形成普通摆线。

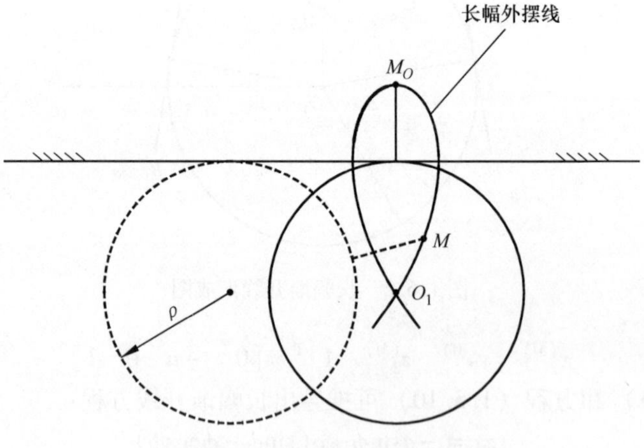

图 1.6.4　长幅外摆线的形成

1.7　用于推导曲面

坐标变换的技巧也可用于推导曲面方程，该曲面是作为具有相同形状的曲线的线族形成

的。我们用螺旋面的实例来说明这种技巧，螺旋面是由平面曲线做螺旋运动形成的（见图1.7.1a）。图1.7.1b所示为两个坐标系：固定坐标系 S_1 和相对于 S_1 做螺旋运动的动坐标系 S_a。螺旋运动的回转角和轴向位移分别标记为 ψ 和 $p\psi$。这里的 p 是螺旋运动参数——螺旋的节距，并用下式给定：

$$p=\frac{H}{2\pi} \tag{1.7.1}$$

式中，H 是对应于一次完整旋转的轴向位移。

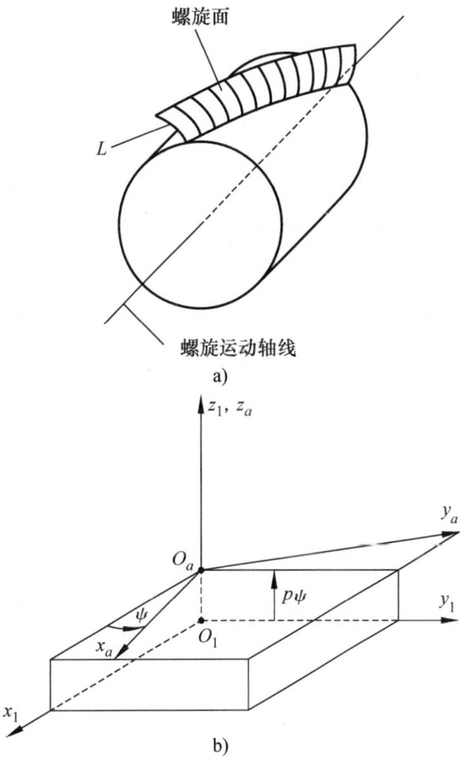

图1.7.1 螺旋面的形成

a）平面曲线做螺旋运动形成的螺旋面图 b）坐标系 S_a 和 S_1

假定平面曲线 L 在坐标系 S_a（x_a，y_a，z_a）中，用如下方程表示（见图1.7.1b）：

$$\begin{cases} x_a=x_a(\theta) \\ y_a=y_a(\theta) \quad (\theta_1\leqslant\theta\leqslant\theta_2) \\ z_a=0 \end{cases} \tag{1.7.2}$$

式中，参数 θ 是独立变量。

所形成的曲面在坐标系 S_1 中，用如下矩阵方程来确定：

$$\boldsymbol{r}_1=\boldsymbol{M}_{1a}\boldsymbol{r}_a \tag{1.7.3}$$

其中

$$\begin{cases} \boldsymbol{r}_1=\begin{bmatrix} x_1 \\ y_1 \\ z_1 \\ 1 \end{bmatrix} \\ \boldsymbol{M}_{1a}=\begin{bmatrix} \cos\psi & -\sin\psi & 0 & 0 \\ \sin\psi & \cos\psi & 0 & 0 \\ 0 & 0 & 1 & p\psi \\ 0 & 0 & 0 & 1 \end{bmatrix} \\ \boldsymbol{r}_a=\begin{bmatrix} x_a(\theta) \\ y_a(\theta) \\ z_a(\theta) \\ 1 \end{bmatrix} \end{cases} \tag{1.7.4}$$

从矩阵方程（1.7.3）和方程（1.7.4）可得

$$\begin{cases} x_1=x_a(\theta)\cos\psi-y_a(\theta)\sin\psi \\ y_1=x_a(\theta)\sin\psi+y_a(\theta)\cos\psi \\ z_1=p\psi \end{cases} \tag{1.7.5}$$

其中

$$\theta_1 \leqslant \theta \leqslant \theta_2$$
$$\psi_1 \leqslant \psi \leqslant \psi_2$$

方程（1.7.5）表示所形成的具有曲面的坐标为 θ 和 ψ 的螺旋面。所谓的曲面坐标指的是曲面上的点唯一地由给定的 θ 和 ψ 的值所确定（参见第5章）。

例题 1.7.1

回转曲面是用平面曲线绕固定轴线 z_1 转动而形成的。图1.7.2所示为曲面的轴向截面。产形曲线（见图1.7.3a）在坐标系 S_a（x_a，y_a，z_a）中，用如下方程表示：

$$\begin{cases} x_a = x_a(\theta) \\ y_a = 0 \\ z_a = z_a(\theta) \end{cases} \tag{1.7.6}$$

回转角（见图1.7.3b）范围是 $0 \leqslant \psi \leqslant 2\pi$。应用形成曲面的矩阵法，可推导出所形成曲面的方程。

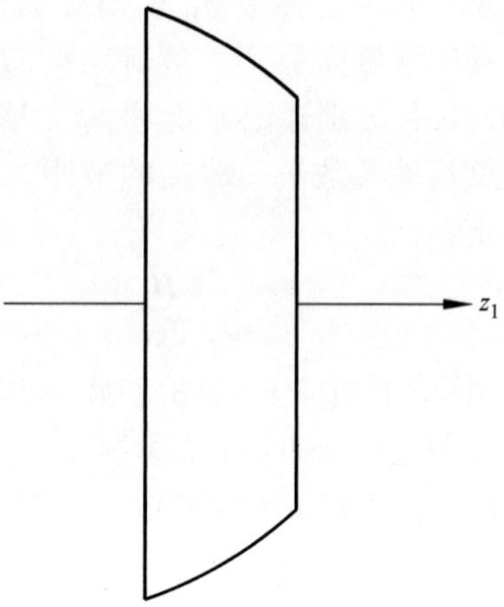

图1.7.2　回转曲面的轴向截面

解

$$\begin{cases} x_1 = x_a(\theta)\cos\psi \\ y_1 = x_a(\theta)\sin\psi \quad (\theta_1 \leqslant \theta \leqslant \theta_2,\ 0 \leqslant \psi \leqslant 2\pi) \\ z_1 = z_a(\theta) \end{cases} \tag{1.7.7}$$

例题 1.7.2

利用例题1.7.1的条件，确定用圆心为 C 的一段圆弧所形成曲面的方程（见图1.7.4）。

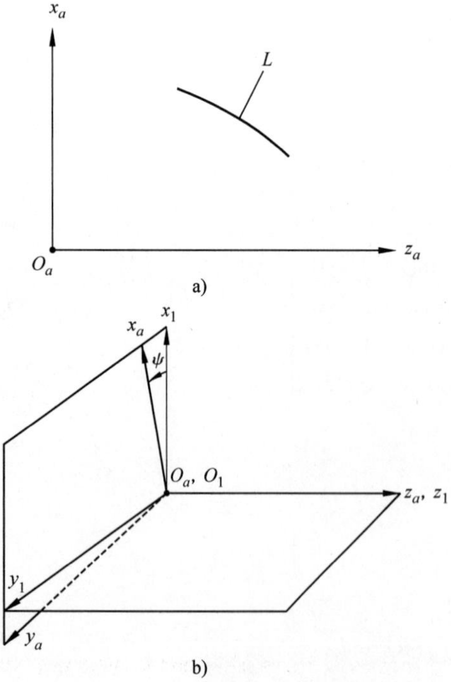

图1.7.3　回转曲面的形成（一）

a）平面曲线在坐标系 S_a 中的表示　b）坐标系 S_a 和 S_1

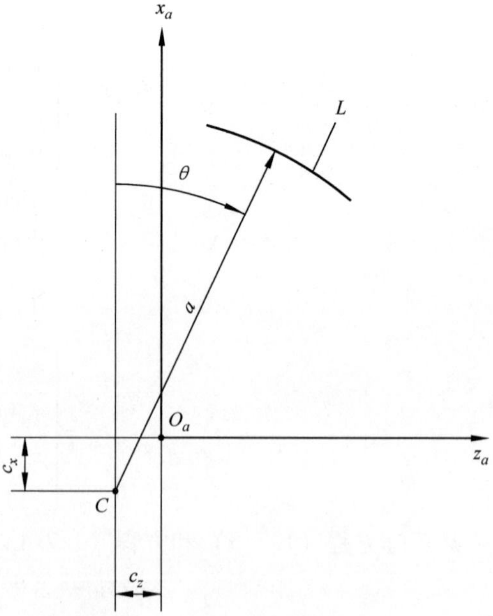

图1.7.4　回转曲面的形成（二）

解

$$\begin{cases}x_1=(a\cos\theta+c_x)\cos\psi\\ y_1=(a\cos\theta+c_x)\sin\psi \quad (\theta_1\leqslant\theta\leqslant\theta_2, 0\leqslant\psi\leqslant2\pi, c_x<0, c_z<0)\\ z_1=(a\sin\theta+c_z)\end{cases}\tag{1.7.8}$$

例题 1.7.3

球面可能是用方程（1.7.7）所表示的曲面的特殊情况。确定球心在 O_a 的球面方程（见图 1.7.4）。

解

$$\begin{cases}x_1=a\cos\theta\cos\psi\\ y_1=a\cos\theta\sin\psi \quad (\theta_1\leqslant\theta\leqslant\theta_2,\quad 0\leqslant\psi\leqslant2\pi)\\ z_1=a\sin\theta\end{cases}\tag{1.7.9}$$

例题 1.7.4

直线 AL 表示在坐标系 S_a 中（见图 1.7.5）。直线 AL 上流动点的位置用参数 θ 来确定。坐标系 S_a 与直线 AL 一起进行绕轴线 z_1 的转动。推导出在 S_1 中所形成的锥面方程。

解

$$\begin{cases}x_1=(d-\theta\cos\alpha)\cos\psi\\ y_1=(d-\theta\cos\alpha)\sin\psi\\ z_1=\theta\sin\alpha\end{cases}\tag{1.7.10}$$

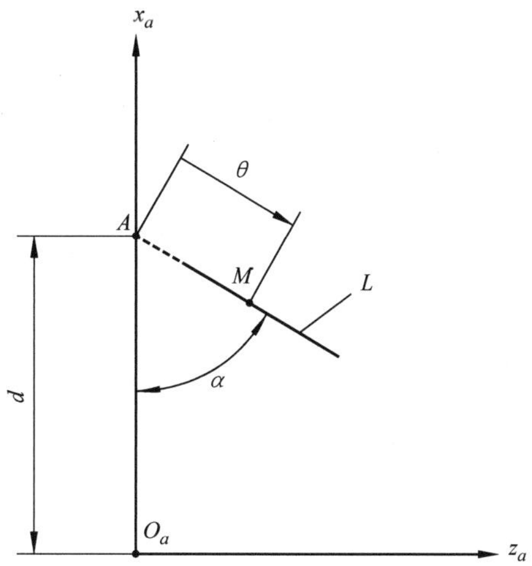

图 1.7.5 圆锥的形成

例题 1.7.5

螺旋面是用刀片的直线刀刃 MO_a 形成的（见图 1.7.6a）。我们假定有三个坐标系 S_a、S_1 和 S_f，它们分别刚性固接到刀片、所要加工的螺旋毛坯和切齿机床的机架（见图 1.7.6b）。当螺旋毛坯转过 θ 角后，刀片移动距离 $p\theta$，这里的 p 为螺旋参数。在 S_a 中，刀片的刀刃用如下方程表示（见图 1.7.6a）：

$$\begin{cases}x_a=0\\ y_a=u\cos\alpha\\ z_a=-u\sin\alpha\end{cases}\tag{1.7.11}$$

式中，u 是确定刀刃流动位置的变参数；α 为刀片的齿形角。推导出所形成的螺旋面方程。

解

$$\begin{cases}x_1=-u\cos\alpha\sin\theta\\ y_1=u\cos\alpha\cos\theta\\ z_a=-u\sin\alpha+p\theta\end{cases}\tag{1.7.12}$$

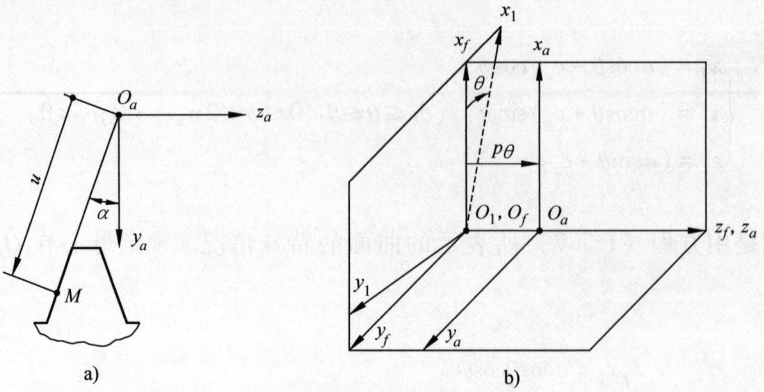

图 1.7.6　螺旋面的生成

a）产形刀片图　b）坐标系 S_1、S_a 和 S_f

第2章 相对速度

2.1 矢量表示

利用相对速度的概念来推导啮合方程(参见6.1节)以及瞬心线和瞬轴面(参见第3章)。假定两个构件分别以角速度$\boldsymbol{\omega}^{(1)}$和$\boldsymbol{\omega}^{(2)}$绕交错轴转动(见图2.1.1)。矢量$\boldsymbol{\omega}^{(1)}$通过固定坐标系$S_f$的原点，$S_f$刚性固接在齿轮的机架上。交错角为$\gamma$，最短距离为$E$。点$M$是两个转动件的公共点。构件1的点$M^{(1)}$对构件2的点$M^{(2)}$的相对速度用如下方程表示：

$$\boldsymbol{v}^{(12)}=\boldsymbol{v}^{(1)}-\boldsymbol{v}^{(2)} \tag{2.1.1}$$

式中，$\boldsymbol{v}^{(i)}$是构件i的点$M^{(i)}$的速度($i=1,2$)。

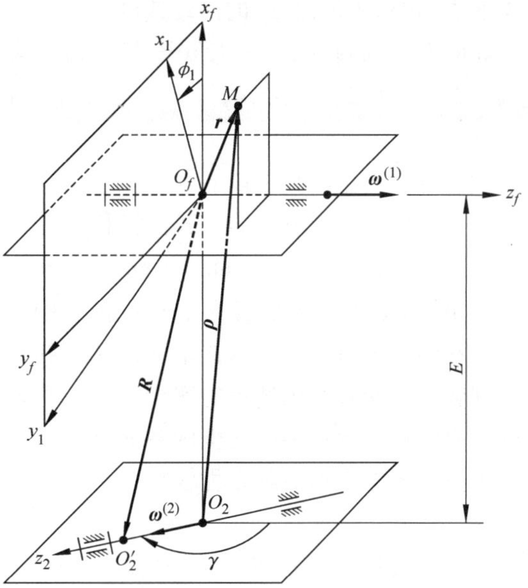

图2.1.1 绕交错轴的转动

速度$\boldsymbol{v}^{(1)}$用如下方程表示：

$$\boldsymbol{v}^{(1)}=\boldsymbol{\omega}^{(1)}\times\boldsymbol{r} \tag{2.1.2}$$

式中，$\boldsymbol{r}$是位置矢量，该矢量是从$\boldsymbol{\omega}^{(1)}$的作用线上的任一点，例如点$O_f$，引到点$M$的矢量。同理，我们可用如下方程表示速度$\boldsymbol{v}^{(2)}$：

$$\boldsymbol{v}^{(2)}=\boldsymbol{\omega}^{(2)}\times\boldsymbol{\rho} \tag{2.1.3}$$

式中，$\boldsymbol{\rho}$是从$\boldsymbol{\omega}^{(2)}$的作用线上的任一点，例如点$O_2$，引到点$M$的矢量。$\boldsymbol{v}^{(2)}$的另一方程根据用一个通过$O_f$的相等矢量和一个矢量矩来替换具有作用线$O_2O_2'$的滑动矢量$\boldsymbol{\omega}^{(2)}$，矢量矩为

$$\boldsymbol{m}=\boldsymbol{R}\times\boldsymbol{\omega}^{(2)} \tag{2.1.4}$$

式中，$\boldsymbol{R}$是从O_f引到$\boldsymbol{\omega}^{(2)}$的作用线上任一点$O_2'$的位置矢量。

例如，我们可以选取O_2'与O_2相重合以及$\boldsymbol{R}=\overrightarrow{O_fO_2}=\boldsymbol{E}$。要注意，矢量矩$\boldsymbol{m}$具有线速度的单位和物理意义。用通过点$O_f$的相等矢量和矢量矩$\boldsymbol{m}$替代$\boldsymbol{\omega}^{(2)}$，我们可以将速度$\boldsymbol{v}^{(2)}$表示如下：

$$\boldsymbol{v}^{(2)}=(\boldsymbol{\omega}^{(2)}\times\boldsymbol{r})+(\boldsymbol{R}\times\boldsymbol{\omega}^{(2)}) \tag{2.1.5}$$

考虑到$\boldsymbol{R}=\overrightarrow{O_fO_2}+\overrightarrow{O_2O_2'}$和$\boldsymbol{r}=\overrightarrow{O_fO_2}+\boldsymbol{\rho}$，不难证明方程(2.1.3)和方程(2.1.5)是相

等的。于是，我们得到

$$\boldsymbol{v}^{(2)}=\boldsymbol{\omega}^{(2)}\times(\boldsymbol{r}-\boldsymbol{R})=\boldsymbol{\omega}^{(2)}\times\boldsymbol{\rho} \tag{2.1.6}$$

相对速度$\boldsymbol{v}^{(12)}$的最终表达式如下：

$$\boldsymbol{v}^{(12)}=[(\boldsymbol{\omega}^{(1)}-\boldsymbol{\omega}^{(2)})\times\boldsymbol{r}]-(\boldsymbol{E}\times\boldsymbol{\omega}^{(2)}) \tag{2.1.7}$$

式中，$\boldsymbol{E}=\overrightarrow{O_fO_2}$；$\boldsymbol{r}=\overrightarrow{O_fM}$。

构件2的点M对构件1的点M的相对速度$\boldsymbol{v}^{(21)}$为

$$\boldsymbol{v}^{(21)}=-\boldsymbol{v}^{(12)}=[(\boldsymbol{\omega}^{(2)}-\boldsymbol{\omega}^{(1)})\times\boldsymbol{r}]+(\boldsymbol{E}\times\boldsymbol{\omega}^{(2)}) \tag{2.1.8}$$

现在考虑点$M^{(1)}$和$M^{(2)}$是齿轮齿面Σ_1和Σ_2上的点，假定点$M^{(1)}$和点$M^{(2)}$构成Σ_1和Σ_2的相切点M，那么这两个齿面在点M将具有一条公法线，并且$\boldsymbol{v}^{(12)}$（及$\boldsymbol{v}^{(21)}$）位于在点M切于Σ_1和Σ_2的平面上。因此，我们可以认为，点$M^{(1)}$对点$M^{(2)}$的相对速度是相切点M处齿面Σ_1相对于齿面Σ_2的滑动速度。

我们需要强调一下，速度$\boldsymbol{v}^{(12)}$是指位于参考标架2（齿轮齿面Σ_2）中的观察者所看到的构件1（齿面Σ_1）相对构件2（齿面Σ_2）的运动速度。同理，观察者也可从参考标架1上观察$\boldsymbol{v}^{(21)}$。

滑动速度矢量$\boldsymbol{v}^{(12)}$可以表示在S_f、S_1和S_2三个坐标系的任一个中。为了辨别滑动速度是在哪一个坐标系中表示的，我们将利用$\boldsymbol{v}^{(12)}$的如下表达式：

$$\boldsymbol{v}_i^{(12)}=[(\boldsymbol{\omega}_i^{(1)}-\boldsymbol{\omega}_i^{(2)})\times\boldsymbol{r}_i]-(\boldsymbol{E}_i\times\boldsymbol{\omega}_i^{(2)}) \qquad (i=1,f,2) \tag{2.1.9}$$

下角标i表明该矢量表示在坐标系S_i中。

现在假定矢量$\boldsymbol{v}^{(12)}$表示在坐标系S_f，并且还必须将$\boldsymbol{v}^{(12)}$表示在坐标系S_1和S_2中。对于这个问题，有两种可供选择的解法。第一种方法根据方程（2.1.9）求解，并且将这个方程中的所有矢量表示在相应的坐标系中。

另一种方法根据矩阵方程求解：

$$\boldsymbol{v}_m^{(12)}=\boldsymbol{L}_{mf}\boldsymbol{v}_f^{(12)} \qquad (m=1,2) \tag{2.1.10}$$

但是，矢量$\boldsymbol{v}_m^{(12)}$的各分量仍然用如下位置矢量的分量来表示：

$$\boldsymbol{r}_f=[x_f \quad y_f \quad z_f]^{\mathrm{T}} \tag{2.1.11}$$

为了用分量（x_m，y_m，z_m）表示$\boldsymbol{v}_m^{(12)}$，我们必须利用矩阵方程（2.1.12）。

$$\boldsymbol{r}_f=\boldsymbol{M}_{fm}\boldsymbol{r}_m \tag{2.1.12}$$

以下结合例题2.1.2，举例说明所讨论的方法。

例题2.1.1

齿轮1和2在两平行轴之间以角速度$\boldsymbol{\omega}^{(1)}$和$\boldsymbol{\omega}^{(2)}$传递回转运动（见图2.1.2）。推导出点$M$的滑动速度$\boldsymbol{v}^{(12)}$，并且将其表示在坐标系$S_f$中。

解

这个问题可根据矢量方程（2.1.9）求解，

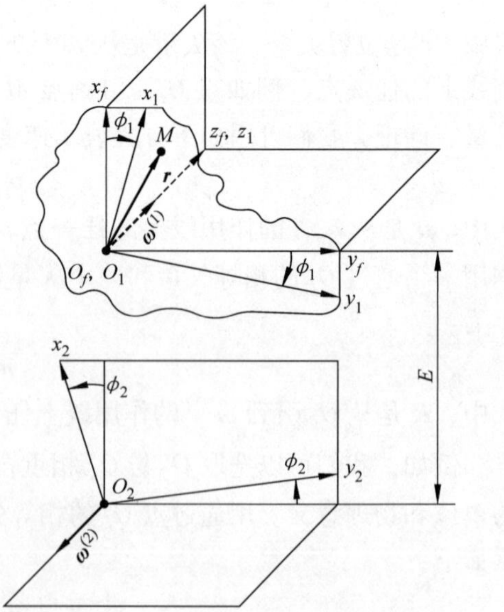

图2.1.2　绕两平行轴的转动

其中的各矢量在坐标系 S_f 表示如下：

$$
\begin{cases}
\boldsymbol{\omega}_f^{(1)} = [0 \quad 0 \quad \omega^{(1)}]^{\mathrm{T}} \\
\boldsymbol{\omega}_f^{(2)} = [0 \quad 0 \quad -\omega^{(2)}]^{\mathrm{T}} \\
\boldsymbol{r}_f = [x_f \quad y_f \quad z_f]^{\mathrm{T}} \\
\boldsymbol{E}_f = [-E \quad 0 \quad 0]^{\mathrm{T}}
\end{cases} \tag{2.1.13}
$$

利用表达式（2.1.13），从方程（2.1.9）可推导出

$$
\boldsymbol{v}_f^{(12)} = [-y_f(\omega^{(1)} + \omega^{(2)})]\boldsymbol{i}_f + [x_f(\omega^{(1)} + \omega^{(2)}) + E\omega^{(2)}]\boldsymbol{j}_f \tag{2.1.14}
$$

式中，$\boldsymbol{i}_f$ 和 $\boldsymbol{j}_f$ 是坐标系 S_f 的单位矢量。

例题 2.1.2

利用例题 2.1.1 的主要条件，将滑动速度 $\boldsymbol{v}_1^{(12)}$ 表示在坐标系 S_1 中。

解

方法 1：该方法根据方程（2.1.9）求解，方程中的矢量在坐标系 S_1 中用如下的表达式表示：

$$
\begin{cases}
\boldsymbol{\omega}_1^{(1)} = [0 \quad 0 \quad \omega^{(1)}]^{\mathrm{T}} \\
\boldsymbol{\omega}_1^{(2)} = [0 \quad 0 \quad -\omega^{(2)}]^{\mathrm{T}} \\
\boldsymbol{r}_1 = [x_1 \quad y_1 \quad z_1]^{\mathrm{T}} \\
\boldsymbol{E}_1 = \boldsymbol{E}_{1f}\boldsymbol{E}_f = [-E\cos\phi_1 \quad E\sin\phi_1 \quad 0]^{\mathrm{T}}
\end{cases} \tag{2.1.15}
$$

这里

$$
\boldsymbol{L}_{1f} = \begin{bmatrix} \cos\phi_1 & \sin\phi_1 & 0 \\ -\sin\phi_1 & \cos\phi_1 & 0 \\ 0 & 0 & 1 \end{bmatrix} \tag{2.1.16}
$$

从方程（2.1.9）、方程（2.1.15）和方程（2.1.16）可得

$$
\begin{aligned}
\boldsymbol{v}_1^{(12)} = & [-(\omega^{(1)} + \omega^{(2)})y_1 + \omega^{(2)}E\sin\phi_1]\boldsymbol{i}_1 + \\
& [(\omega^{(1)} + \omega^{(2)})x_1 + \omega^{(2)}E\cos\phi_1]\boldsymbol{j}_1
\end{aligned} \tag{2.1.17}
$$

方法 2：假定用方程（2.1.14）表示 $\boldsymbol{v}_f^{(12)}$，确定 $\boldsymbol{v}_1^{(12)}$ 在坐标系 S_1 中的表示。

其解法包括以下两个步骤。

步骤 1：类似于方程（2.1.10），用式（2.1.16）表示 $\boldsymbol{L}_{1f}$，用式（2.1.14）表示 $\boldsymbol{v}_f^{(12)}$。于是我们可推导出

$$
\begin{aligned}
\boldsymbol{v}_1^{(12)} & = \boldsymbol{L}_{1f}\boldsymbol{v}_f^{(12)} \\
& = [-(\omega^{(1)} + \omega^{(2)})y_f\cos\phi_1 + (\omega^{(1)} + \omega^{(2)})x_f\sin\phi_1 + \omega^{(2)}E\sin\phi_1]\boldsymbol{i}_1 + \\
& \quad [(\omega^{(1)} + \omega^{(2)})y_f\sin\phi_1 + (\omega^{(1)} + \omega^{(2)})x_f\cos\phi_1 + \omega^{(2)}E\cos\phi_1]\boldsymbol{j}_1
\end{aligned} \tag{2.1.18}
$$

步骤 2：方程（2.1.18）中仍含有坐标（x_f，y_f），我们可用矩阵方程按照（x_1，y_1，ϕ_1）来表示（x_f，y_f）。

$$
\boldsymbol{r}_f = \begin{bmatrix} \cos\phi_1 & -\sin\phi_1 & 0 & 0 \\ \sin\phi_1 & \cos\phi_1 & 0 & 0 \\ 0 & 0 & 1 & 0 \\ 0 & 0 & 0 & 1 \end{bmatrix} \boldsymbol{r}_1 \tag{2.1.19}
$$

矩阵方程（2.1.19）允许我们按照 x_1 和 ϕ_1（和 y_1，ϕ_1）条件来表示 x_f（和 y_f）。从方程（2.1.18）和方程（2.1.19）可得到方程（2.1.17）来表示$\boldsymbol{v}_1^{(12)}$。

例题 2.1.3

假定有三个参考标架 1、2 和 f，共分别刚性固接在齿轮、齿条和该齿轮传动的机架上（见图 2.1.3）。齿条以速度$\boldsymbol{v}$直移，而齿轮以角速度 $\boldsymbol{\omega}$ 转动，假定$|\boldsymbol{v}|/\boldsymbol{\omega}$ 是常数。瞬时回转中心 I 位于与速度$\boldsymbol{v}$垂直的直线 $\overrightarrow{O_fI}$ 上。I 的位置满足矢量方程（参见 3.1 节）。

$$\boldsymbol{v} = \boldsymbol{\omega} \times \overrightarrow{O_fI} \tag{2.1.20}$$

点 I 是齿条和齿轮的两瞬心线的相切点。齿轮的瞬心线是一个圆，其半径为

$$\rho = \frac{|\boldsymbol{v}|}{\omega} \tag{2.1.21}$$

两瞬心线的相对运动是绕点 I 的纯滚动，齿条的位移和齿轮的回转角 ϕ 有如下关系：

$$s = \rho\phi \tag{2.1.22}$$

求解这个问题的目的，是要确定在点 M (x_2, y_2, z_2)处的滑动速度$\boldsymbol{v}_2^{(21)}$。

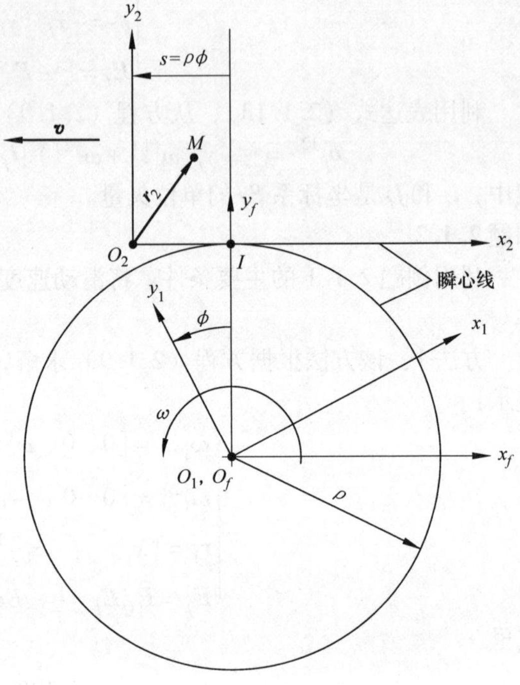

图 2.1.3　回转运动变换为直移运动

解

$$\boldsymbol{v}_2^{(21)} = \boldsymbol{v}_2^{(2)} - \boldsymbol{v}_2^{(1)} \tag{2.1.23}$$

式中，$\boldsymbol{v}_2^{(2)} = \boldsymbol{v}_2$ 是表示在 S_2 中的齿条速度；$\boldsymbol{v}_2^{(1)}$ 是齿轮在点 M 的速度，其也表示在坐标系 S_2 中。

齿轮以角速度 $\boldsymbol{\omega}$ 绕 O_1 转动。用通过 O_2 的相等矢量和相应的矢量矩 $\boldsymbol{m}$ 来替换通过 O_1 的滑动矢量 $\boldsymbol{\omega}$，我们得到

$$\boldsymbol{v}_2^{(1)} = (\boldsymbol{\omega}_2 \times \boldsymbol{r}_2) + (\boldsymbol{R}_2 \times \boldsymbol{\omega}_2) \tag{2.1.24}$$

其中

$$\boldsymbol{R}_2 = \overrightarrow{O_2O_1} \tag{2.1.25}$$

$\boldsymbol{v}_2^{(21)}$ 的最终表达式为

$$\boldsymbol{v}_2^{(21)} = \boldsymbol{v}_2 - (\boldsymbol{\omega}_2 \times \boldsymbol{r}_2) - (\boldsymbol{R}_2 \times \boldsymbol{\omega}_2) \tag{2.1.26}$$

方程（2.1.26）中的矢量在坐标系 S_2 中表示如下：

$$\begin{cases} \boldsymbol{v}_2^{(2)} = -v\boldsymbol{i}_2 = -\omega\rho\boldsymbol{i}_2 \\ \boldsymbol{\omega}_2 = \omega\boldsymbol{k}_2 \\ \boldsymbol{R}_2 = \overrightarrow{O_2O_1} = \rho\phi\boldsymbol{i}_2 - \rho\boldsymbol{j}_2 \\ \boldsymbol{r}_2 = x_2\boldsymbol{i}_2 + y_2\boldsymbol{j}_2 \end{cases} \tag{2.1.27}$$

从方程（2.1.26）和方程（2.1.27）可得

$$\boldsymbol{v}_2^{(21)} = \omega[y_2\boldsymbol{i}_2 + (\rho\phi - x_2)\boldsymbol{j}_2] \tag{2.1.28}$$

例题 2.1.4

假定参考标架 S_1、S_2 和 S_f 已表示在图 1.5.5 中。齿轮 1 以角速度 $\boldsymbol{\omega}^{(1)}$ 绕 z_f 轴转动。齿轮 2 以角速度 $\boldsymbol{\omega}^{(2)}$ 绕轴线 $\overrightarrow{O_2O_2}'$ 转动（见图 2.1.1），$\overrightarrow{O_2O_2}'$ 与轴线 z_2 重合（见图 1.5.5 和图 2.1.1），两轴线 z_f 和 z_2 构成交错角 γ，两轴线之间的最短距离为 E。推导出滑动速度 $\boldsymbol{v}^{(12)}$ 的方程，并将其表示在坐标系 S_f 和 S_1 中。

解

$$\boldsymbol{v}_f^{(12)}=\begin{bmatrix}-y_f(\omega^{(1)}-\omega^{(2)}\cos\gamma)-z_f\omega^{(2)}\sin\gamma\\ x_f(\omega^{(1)}-\omega^{(2)}\cos\gamma)-E\omega^{(2)}\cos\gamma\\ (x_f+E)\omega^{(2)}\sin\gamma\end{bmatrix} \tag{2.1.29}$$

$$v_{1x}^{(12)}=y_1(\omega^{(1)}-\omega^{(2)}\cos\gamma)-z_1\omega^{(2)}\sin\gamma\cos\phi_1-E\omega^{(2)}\cos\gamma\sin\phi_1 \tag{2.1.30}$$

$$v_{1y}^{(12)}=x_1(\omega^{(1)}-\omega^{(2)}\cos\gamma)+z_1\omega^{(2)}\sin\gamma\sin\phi_1-E\omega^{(2)}\cos\gamma\cos\phi_1 \tag{2.1.31}$$

$$v_{1z}^{(12)}=(x_1\cos\phi_1-y_1\sin\phi_1+E)\omega^{(2)}\sin\gamma \tag{2.1.32}$$

2.2 矩阵表示

滑动速度的矩阵表示是矢量表示以外的另一种方法。矩阵表示的优点是可使设计形式化和计算机化。尤其是在进行啮合模拟时（见 6.1 节）和避免齿面出现奇异点（根切）时（见 6.3 节）。

计算程序如下：

步骤 1：假定矩阵方程为

$$\boldsymbol{r}_2(x_2,y_2,z_2,1)=\boldsymbol{M}_{21}(\phi)\boldsymbol{r}_1(x_1,y_1,z_1,1) \tag{2.2.1}$$

分别描述位置矢量 $\boldsymbol{r}_1$ 和 $\boldsymbol{r}_2$ 在坐标系 S_1 和 S_2 中齐次坐标之间的关系。参数 ϕ 是一般的运动参数。其目标是将相对速度表示在 S_1 和 S_2 中。

步骤 2：从矩阵方程（2.2.1）中得如下关系：

$$\boldsymbol{\rho}_2(x_2,y_2,z_2)=\boldsymbol{L}_{21}(\phi)\boldsymbol{\rho}_1(x_1,y_1,z_1)+[a_{14}(\phi)\quad a_{24}(\phi)\quad a_{34}(\phi)]^{\mathrm{T}} \tag{2.2.2}$$

式中，$\boldsymbol{L}_{21}(\phi)$ 是 $\boldsymbol{M}_{21}$ 的 3×3 子矩阵；代号 a_{kl}（$k=1, 2, 3$；$l=1, 2, 3, 4$）表示矩阵的元素；$\boldsymbol{\rho}_i$（$i=1, 2$）为按照笛卡儿坐标表示的矢量。

步骤 3：对矩阵方程（2.2.2）取导数，则得

$$\dot{\boldsymbol{\rho}}_2(x_2,y_2,z_2)=\{\dot{\boldsymbol{L}}_{21}(\phi)\boldsymbol{\rho}_1(x_1,y_1,z_1)+[\dot{a}_{14}(\phi)\quad \dot{a}_{24}(\phi)\quad \dot{a}_{34}(\phi)]^{\mathrm{T}}\}\dot{\phi} \tag{2.2.3}$$

我们对 $\dot{\boldsymbol{\rho}}_2$ 说明如下：

1）一位于坐标系 S_2 中的观察者在 S_2 的点 M_2 会看到坐标系 S_1 中的点 M_1 相对于观察者所在的 S_2 中的点 M_2 的位移。

2）因为运动参数 ϕ 是变化的，所以 M_1 是运动的。

3）在 ϕ 的变化开始时，点 M_1 与点 M_2 是重合的。

根据上述考察，我们认为 $\dot{\boldsymbol{\rho}}_2$ 与 $\boldsymbol{v}_2^{(12)}$ 一样，我们可以将方程（2.2.3）重写为

$$\boldsymbol{v}_2^{(12)}=\{\dot{\boldsymbol{L}}_{21}(\phi)\boldsymbol{\rho}_1(x_1,y_1,z_1)+[\dot{a}_{14}(\phi)\quad \dot{a}_{24}(\phi)\quad \dot{a}_{34}(\phi)]^{\mathrm{T}}\}\dot{\phi} \tag{2.2.4}$$

标记 2 的意思是表示在坐标系 S_2 中的矢量 $\boldsymbol{v}_2^{(12)}$。

步骤4：$\boldsymbol{v}^{(12)}$在坐标系S_1中的表示方式由如下变换得到

$$\begin{aligned}\boldsymbol{v}_1^{(12)} &= \boldsymbol{L}_{12}(\phi)\boldsymbol{v}_2^{(12)} \\ &= \{\boldsymbol{L}_{12}(\phi)\dot{\boldsymbol{L}}_{21}(\phi)\boldsymbol{\rho}_1(x_1,y_1,z_1) + \boldsymbol{L}_{12}(\phi)[\dot{a}_{14}(\phi) \quad \dot{a}_{24}(\phi) \quad \dot{a}_{34}(\phi)]^{\mathrm{T}}\}\dot{\boldsymbol{\phi}}\end{aligned} \tag{2.2.5}$$

式中，$\boldsymbol{L}_{12}$是$\boldsymbol{L}_{21}$的逆矩阵$\boldsymbol{L}_{12}\boldsymbol{L}_{21}=\boldsymbol{I}$，$\boldsymbol{I}_{12}$是$3\times3$单位矩阵。

注1：乘积$\boldsymbol{L}_{12}\boldsymbol{L}_{21}$是斜对称矩阵（参见2.3节）。

注2：我们可以假定如下矩阵方程：

$$\boldsymbol{r}_1(x_1,y_1,z_1,1) = \boldsymbol{M}_{12}(\phi)\boldsymbol{r}_2(x_2,y_2,z_2,1) \tag{2.2.6}$$

同理，我们可推导得$\boldsymbol{v}_1^{(21)}=\dot{\boldsymbol{\rho}}_1$和$\boldsymbol{v}_2^{(21)}=\boldsymbol{L}_{21}(\phi)\boldsymbol{v}_1^{(21)}$，结果为如下方程：

$$\boldsymbol{v}_1^{(21)} = \{\dot{\boldsymbol{L}}_{12}(\phi)\boldsymbol{\rho}_2(x_2,y_2,z_2) + [\dot{a}_{14}(\phi) \quad \dot{a}_{24}(\phi) \quad \dot{a}_{34}(\phi)]^{\mathrm{T}}\}\dot{\phi} \tag{2.2.7}$$

$$\begin{aligned}\boldsymbol{v}_2^{(21)} &= \boldsymbol{L}_{21}(\phi)\boldsymbol{v}_1^{(21)} \\ &= \{\boldsymbol{L}_{21}(\phi)\dot{\boldsymbol{L}}_{12}(\phi)\boldsymbol{\rho}_2(x_2,y_2,z_2) + \boldsymbol{L}_{21}(\phi)[\dot{a}_{14}(\phi) \quad \dot{a}_{24}(\phi) \quad \dot{a}_{34}(\phi)]^{\mathrm{T}}\}\dot{\phi}\end{aligned} \tag{2.2.8}$$

方程（2.2.4）和方程（2.2.5）中的元素$\dot{a}_{14}(\phi)$、$\dot{a}_{24}(\phi)$和$\dot{a}_{34}(\phi)$，与相应的方程（2.2.7）和方程（2.2.8）中的元素$\dot{a}_{14}(\phi)$、$\dot{a}_{24}(\phi)$和$\dot{a}_{34}(\phi)$并不重合。这些元素分别从矩阵$\boldsymbol{M}_{21}$和$\boldsymbol{M}_{12}$中获得。

例题 2.2.1

假定坐标变换表示在图2.1.3中，推导并表达滑动速度$\boldsymbol{v}_2^{(12)}$和$\boldsymbol{v}_1^{(12)}$。

解

矩阵$\boldsymbol{M}_{21}$表达如下：

$$\boldsymbol{M}_{21}(\phi) = \begin{bmatrix} \cos\phi & -\sin\phi & 0 & \rho\phi \\ \sin\phi & \cos\phi & 0 & -\rho \\ 0 & 0 & 1 & 0 \\ 0 & 0 & 0 & 1 \end{bmatrix} \tag{2.2.9}$$

完成推导后得

$$\boldsymbol{v}_2^{(12)} = \boldsymbol{\omega}^{(1)} \begin{bmatrix} -x_1\sin\phi - y_1\cos\phi + \rho \\ x_1\cos\phi - y_1\sin\phi \\ 0 \end{bmatrix} \tag{2.2.10}$$

$$\boldsymbol{v}_1^{(12)} = \boldsymbol{\omega}^{(1)} \begin{bmatrix} -y_1 + \rho\cos\phi \\ x_1 - \rho\sin\phi \\ 0 \end{bmatrix} \tag{2.2.11}$$

假定矩阵方程为

$$\boldsymbol{r}_1(x_1,y_1,z_1,1) = \boldsymbol{M}_{12}(\phi)\boldsymbol{r}_2(x_2,y_2,z_2,1) \tag{2.2.12}$$

式中

$$\boldsymbol{M}_{12}(\phi) = \begin{bmatrix} \cos\phi & \sin\phi & 0 & \rho(\sin\phi - \phi\cos\phi) \\ -\sin\phi & \cos\phi & 0 & \rho(\cos\phi + \phi\sin\phi) \\ 0 & 0 & 1 & 0 \\ 0 & 0 & 0 & 1 \end{bmatrix} \tag{2.2.13}$$

我们可用位置矢量 $\boldsymbol{r}_2(x_2, y_2, z_2, 1)$ 来表示滑动速度 $\boldsymbol{v}_2^{(12)}$：

$$\boldsymbol{v}_2^{(12)} = \omega^{(1)} \begin{bmatrix} -y_2 \\ x_2 - \rho\phi \\ 0 \end{bmatrix} \tag{2.2.14}$$

2.3 斜对称矩阵的应用

方程（2.2.5）和方程（2.2.8）可直接用于矩阵的计算机运算。同时可以证明，这些方程可通过斜对称矩阵来表达 $\boldsymbol{v}^{(12)}$。

让我们回顾一下，矢积

$$\boldsymbol{v} = \boldsymbol{\omega} \times \boldsymbol{r} \tag{2.3.1}$$

可用矩阵形式表示如下：

$$\boldsymbol{v} = \boldsymbol{\omega}^{\mathrm{s}} \boldsymbol{r} \tag{2.3.2}$$

斜对称矩阵 $\boldsymbol{\omega}^{\mathrm{s}}$ 可表示为

$$\boldsymbol{\omega}^{\mathrm{s}} = \begin{bmatrix} 0 & -\omega_z & \omega_y \\ \omega_z & 0 & -\omega_x \\ -\omega_y & \omega_x & 0 \end{bmatrix} \tag{2.3.3}$$

不难证明

$$\{\boldsymbol{L}_{12}(\phi)\dot{\boldsymbol{L}}_{21}(\phi)\}\dot{\phi} = \begin{bmatrix} 0 & -\omega^{(1)} & 0 \\ \omega^{(1)} & 0 & 0 \\ 0 & 0 & 0 \end{bmatrix} = (\boldsymbol{\omega}_1^{(1)})^{\mathrm{s}} \tag{2.3.4}$$

表示在坐标系 S_1 情况下的斜对称矩阵（见图 1.5.5 和图 2.1.1）

$$\boldsymbol{\omega}_1^{(1)} = \omega^{(1)} \boldsymbol{k}_1 \tag{2.3.5}$$

滑动速度 $\boldsymbol{v}^{(12)}$ 最终在坐标系 S_1 中通过斜对称矩阵表示为

$$\boldsymbol{v}_1^{(12)} = (\boldsymbol{\omega}_1^{(1)})^{\mathrm{s}} \boldsymbol{\rho}_1(x_1, y_1, z_1) + \{\boldsymbol{L}_{12}(\phi)[\dot{a}_{14}(\phi) \quad \dot{a}_{24}(\phi) \quad \dot{a}_{34}(\phi)]^{\mathrm{T}}\}\dot{\phi} \tag{2.3.6}$$

例题 2.3.1

假定坐标变换如图 2.1.3 所示，用角速度矢量的斜对称矩阵来推导和表达滑动速度 $\boldsymbol{v}_1^{(12)}$。

解

由方程（2.2.9）表示矩阵 $\boldsymbol{M}_{21}$，从方程（2.2.9）我们可得

$$\boldsymbol{L}_{21}(\phi) = \begin{bmatrix} \cos\phi & -\sin\phi & 0 \\ \sin\phi & \cos\phi & 0 \\ 0 & 0 & 1 \end{bmatrix} \tag{2.3.7}$$

$$\boldsymbol{L}_{12}(\phi) = \boldsymbol{L}_{21}^{-1}(\phi) = \begin{bmatrix} \cos\phi & \sin\phi & 0 \\ -\sin\phi & \cos\phi & 0 \\ 0 & 0 & 1 \end{bmatrix} \tag{2.3.8}$$

和

$$\dot{a}_{14}(\phi)=\rho\,\dot{\phi}$$
$$\dot{a}_{24}(\phi)=0 \tag{2.3.9}$$
$$\dot{a}_{34}(\phi)=0$$

角速度矢量（$\boldsymbol{\omega}_1^{(1)}$）^{s} 的斜对称矩阵表示如下：

$$(\boldsymbol{\omega}_1^{(1)})^{s}=\omega^{(1)}\begin{bmatrix}0 & -1 & 0\\ 1 & 0 & 0\\ 0 & 0 & 0\end{bmatrix} \tag{2.3.10}$$

应用方程（2.3.6），我们得

$$\boldsymbol{v}_1^{(12)}=\omega^{(1)}\begin{bmatrix}-y_1+\rho\cos\phi\\ x_1-\rho\sin\phi\\ 0\end{bmatrix} \tag{2.3.11}$$

第3章 瞬心线、瞬轴面和啮合节曲面

3.1 瞬心线概念

假定两个构件 1 和 2 相对于一个固定的参考标架 f 做平面运动。我们考虑三种情况。

1）两构件分别以瞬时角速度 $\boldsymbol{\omega}^{(1)}$ 和 $\boldsymbol{\omega}^{(2)}$ 绕两平行轴线 O_1 和 O_2 朝相反方向做回转运动（见图 3. 1. 1）。

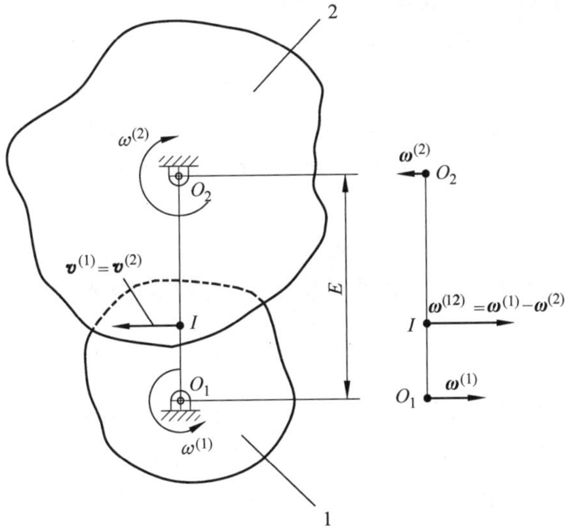

图 3. 1. 1　两平行轴之间具有相反方向的转动

2）两构件分别以角速度 $\boldsymbol{\omega}^{(1)}$ 和 $\boldsymbol{\omega}^{(2)}$ 朝相同的方向做回转运动（见图 3. 1. 2）。

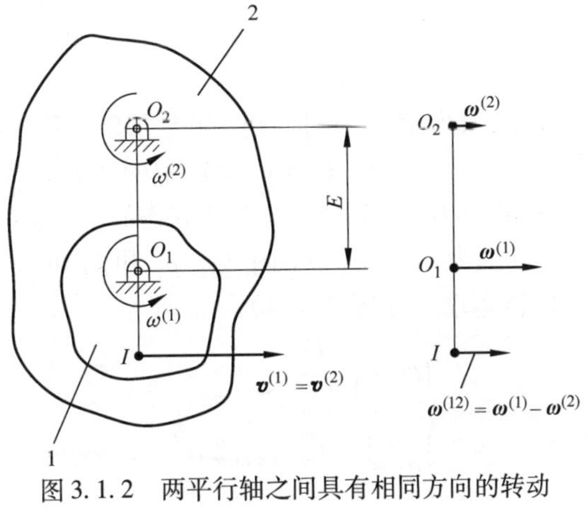

图 3. 1. 2　两平行轴之间具有相同方向的转动

3）一个构件，比如构件1，以角速度 $\boldsymbol{\omega}$ 做回转运动，而另一构件以线速度$\boldsymbol{v}$在运动平面内做直移运动（见图3.1.3）。

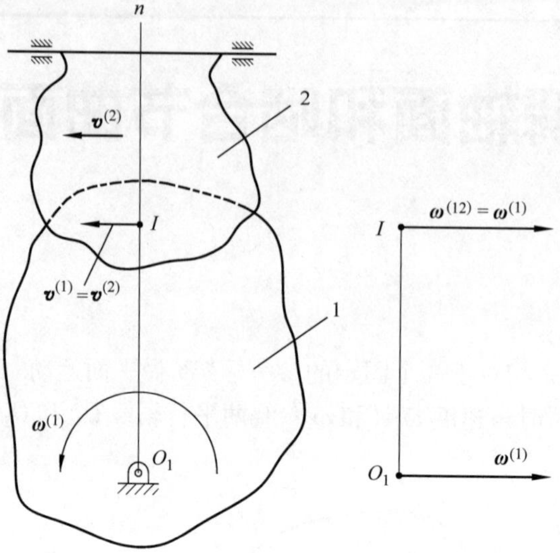

图3.1.3　转动变换成移动

瞬时回转中心记为 I，其是固定坐标系中的一个点，在该点相对速度$\boldsymbol{v}^{(12)}$等于零，即

$$\boldsymbol{v}^{(12)}=\boldsymbol{v}^{(1)}-\boldsymbol{v}^{(2)}=\mathbf{0} \tag{3.1.1}$$

矢量方程为

$$\boldsymbol{v}^{(1)}=\boldsymbol{v}^{(2)} \tag{3.1.2}$$

只有在这样的点 I 处能够成立，即点 I 位于最短距离线O_1O_2上，并且满足方程

$$\frac{\omega^{(1)}}{\omega^{(2)}}=\frac{O_2I}{O_1I} \tag{3.1.3}$$

I 点在中心距 O_1O_2 上的位置保证两矢量$\boldsymbol{v}^{(1)}$和$\boldsymbol{v}^{(2)}$具有相同的方向。方程（3.1.3）保证两矢量$\boldsymbol{v}^{(1)}$和$\boldsymbol{v}^{(2)}$不但具有相同的方向，而且具有相同的大小。

对于最常见的情况，齿轮传动比

$$m_{21}=\frac{\omega^{(2)}}{\omega^{(1)}} \tag{3.1.4}$$

是常数，并且瞬时回转中心 I 保持其在 O_1O_2 上的位置。在某些情况下，齿轮传动比可用函数给出：

$$m_{21}=f(\phi_1)$$

式中，ϕ_1 是输入参数，是构件1的转角，瞬时回转中心在回转运动传递过程中沿 O_1O_2 移动。

瞬心线 i 是瞬时回转中心在坐标系 S_i（$i=1$，2）中的轨迹。我们可以想象出，当坐标系 S_i 绕 O_i 转动时，点 I（其沿 O_1O_2 运动或处于静止状态）会描绘出瞬心线。对于 m_{12}是常数的情况，两瞬心线是半径分别为 ρ_1 和 ρ_2 的两个圆。ρ_1 和 ρ_2 可从下面的方程中确定。

（1）在相反方向进行回转运动（见图3.1.4）

$$\begin{cases}\rho_1=\dfrac{E}{1+m_{12}}\\[2ex]\rho_2=\dfrac{E}{1+m_{21}}=\dfrac{m_{12}E}{1+m_{12}}\end{cases} \tag{3.1.5}$$

式中

$$m_{12}=\frac{1}{m_{21}}$$

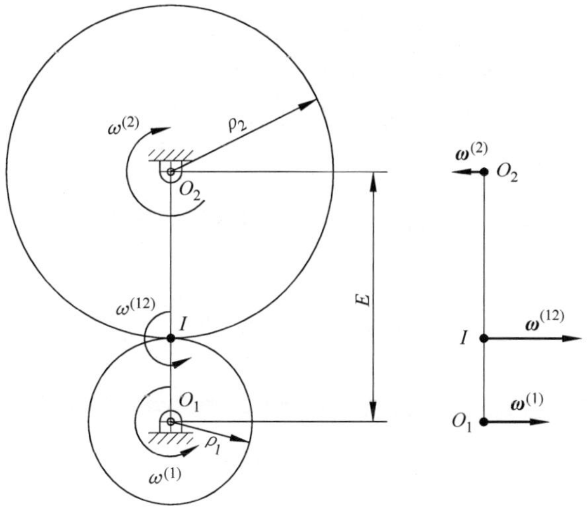

图 3.1.4　处于外相切的两瞬心线

（2）在相同方向进行回转运动（见图 3.1.5）

$$\begin{cases}\rho_1=\dfrac{E}{|1-m_{12}|}\\ \rho_2=\dfrac{E}{|1-m_{21}|}=\dfrac{m_{12}E}{|1-m_{12}|}\end{cases}\tag{3.1.6}$$

瞬心线 1 对瞬心线 2 的相对运动是以角速度绕 I 的纯滚动，有

$$\boldsymbol{\omega}^{(12)}=\boldsymbol{\omega}^{(1)}-\boldsymbol{\omega}^{(2)}\tag{3.1.7}$$

对于 m_{21} 不是常数的情况，瞬心线是非圆曲线，呈封闭或非封闭的。具有这样的瞬心线的齿轮称为非圆齿轮（参见第 12 章和 Litvin 在 1956 年和 1968 年的专著）。

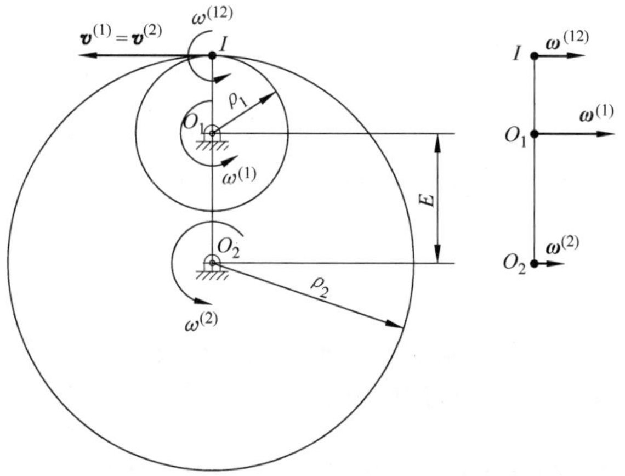

图 3.1.5　处于内相切的两瞬心线

图3.1.6所示的为两条在点I相切的非封闭的瞬心线。如前所述，瞬心线的相对运动是纯滚动。两瞬心线上对应的两个将成为相切点的M_1和M_2，满足如下方程：

$$\overset{\frown}{IM_1}=\overset{\frown}{IM_2},\ \rho_1(\theta_1)+\rho_2(\theta_2)=E \qquad (3.1.8)$$

函数$\rho_i(\theta_i)$（$i=1, 2$）确定两条瞬心线，这里的θ_i是极角。我们强调一下，对于非圆瞬心线，角θ_1和θ_2之间有如下关系：

$$\theta_2=\int_0^{\theta_1} m_{21}(\phi_1)\mathrm{d}\theta_1=\int_0^{\theta_1} m_{21}(\theta_1)\mathrm{d}\theta_1 \qquad (3.1.9)$$

式中，$\theta_i=\phi_i$，ϕ_i是回转角。

但是，测量极角θ_i要沿着与转动方向相反的方向。

显然

$$\phi_2=\int_0^{\phi_1} m_{21}(\phi_1)\mathrm{d}\phi_1 \qquad (3.1.10)$$

如前所述，对于m_{21}是常数的情况，我们就有

$$\phi_2/\phi_1=m_{21} \qquad (3.1.11)$$

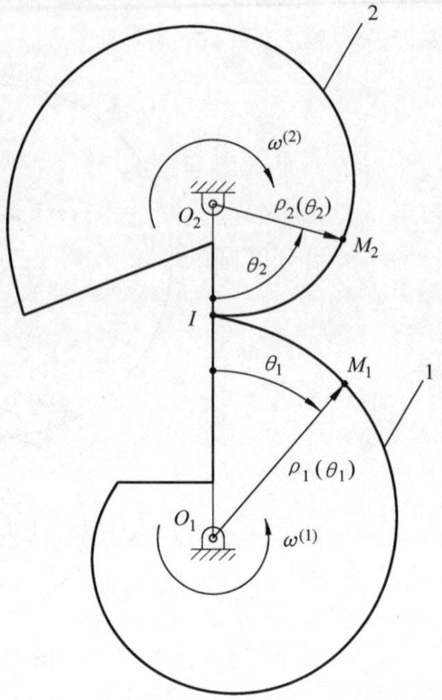

图3.1.6　共轭齿轮的两条非圆瞬心线

现在我们考察回转运动变换为直移运动和进行相反变换的情况（见图3.1.3）。瞬时回转中心I位于直线O_1n，O_1n是从O_1向直移速度$\boldsymbol{v}$引出的垂线。I的位置满足方程

$$O_1I=\frac{v}{\omega} \qquad (3.1.12)$$

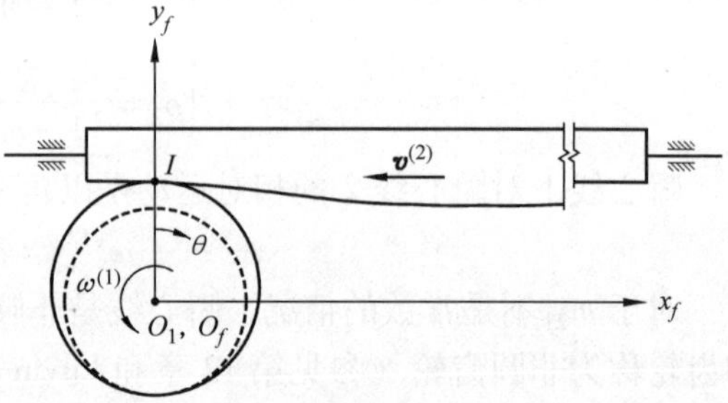

图3.1.7　非圆齿轮和齿条的两瞬心

构件1对构件α的相对运动是以角速度$\boldsymbol{\omega}^{12}=\boldsymbol{\omega}$绕$I$的纯滚动。对于速比$v/\omega$给定为函数$v/\omega=f(\phi)$的情况（$\phi$为构件$I$的回转角），瞬时回转中心在运动变换过程中沿着$O_1n$移动。图3.1.7所示为这种情况下的瞬心线。

通常，速比v/ω是常数，线段OI的长短也是常数，并且两条瞬心线分别是半径为$r=v/\omega$的圆和切于这个圆的直线$a—a$（见图3.2.1）。

3.2　分度圆㊀

分度圆是一个基准圆，其用于确定轮齿要素的比例尺寸。齿顶高和齿根高从分度圆测量，齿厚和两齿之间的距离也以分度圆作为基准。

㊀ 分度圆是具有标准模数和标准压力角之圆，对单个齿轮而言，只有分度圆没有节圆；节圆是一对齿轮传动啮合时，过啮合节点所形成之圆，也就是两传动瞬心线相切之圆。因此pitch circle、standard pitch circle译为“分度圆”；而operating pitch circle、Working pitch circle译为“啮合节圆或节圆”，全书照此。——译者注

对标准齿轮传动而言（因节圆与分度圆重合），分度圆的另一定义基于这样的事实，即分度圆是与齿条刀具相啮合的齿轮的瞬心线（见图3.2.1）。半径为 r 的分度圆是加工过程中齿轮的瞬心线，这是因为被加工齿轮的角速度和齿条刀具的线速度满足如下方程：

$$\frac{v}{\omega}=r \tag{3.2.1}$$

齿条刀具的瞬心线是切于分度圆的直线 a—a。齿轮分度圆的半径 r 可用齿轮的齿数 N 和齿条刀具相邻两齿间的距离 p_c 来表示。由于齿条刀具和齿轮的瞬心线是纯滚动，所以相邻两轮齿沿分度圆的距离等于 p_c，并且

$$r=\frac{Np_c}{2\pi} \tag{3.2.2}$$

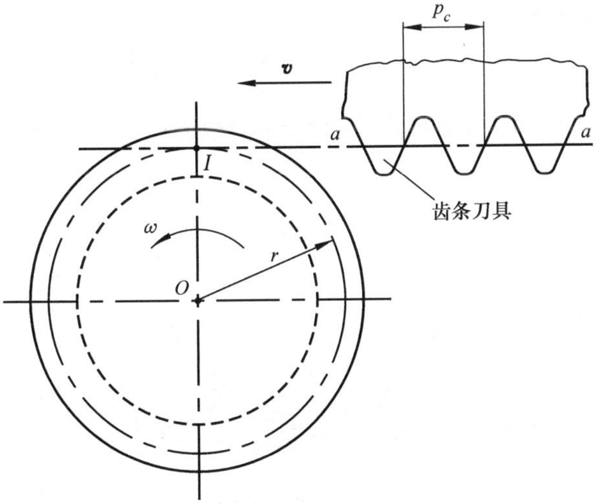

图3.2.1　齿条刀具和直齿外齿轮的瞬心线

比值 π/p_c 称径节 P，其单位为1/in。为了减少所使用刀具的数量，P 的大小已标准化。分度圆的直径可表示为

$$d=\frac{N}{P} \tag{3.2.3}$$

径节

$$P=\frac{N}{d} \tag{3.2.4}$$

表示对应齿轮分度圆直径1in的齿数。

3.3　啮合节圆

齿轮的分度圆可以唯一地根据已知的齿轮齿数 N 和径节 P（或齿距 p_c）来确定。

齿轮的瞬心线可由给定的传动比 $m_{12}=\omega^{(1)}/\omega^{(2)}$ 和实际的中心距 E 来确定。这就是说，如果 m_{12} 具有相同的值，而设计值 E 已经改变，则两瞬心线的半径 ρ_1 和 ρ_2 也将改变［参见方程（3.1.5）和方程（3.1.6）］。

通常，齿轮中心距的改变伴随有齿轮传动比 m_{12} 的改变，这是由所发生的传动误差引起的。渐开线直齿和斜齿轮是这条规律的例外情况。我们必须区分渐开线齿轮设计的两种情况——采用标准中心距和采用非标准中心距（更详细的内容参见第10章）。标准中心距确定为

$$E_O = \frac{N_1 + N_2}{2P} \tag{3.3.1}$$

并且两齿轮的瞬心线与两个分度圆重合。

如果中心距 E 与 E_O 不一致，则齿轮两瞬心线不与两个分度圆重合。在技术文献上使用的术语“啮合节圆”恰好是在齿轮瞬心线的同义词。图3.3.1所示为 $E > E_O$ 的情况下齿轮的瞬心线与分度圆。显然，从方程（3.1.5）和方程（3.1.6）可以看出，分度圆半径和啮合节圆半径之间有如下关系：

$$\frac{\rho_i^{(0)}}{\rho_i} = \frac{E_O}{E} \tag{3.3.2}$$

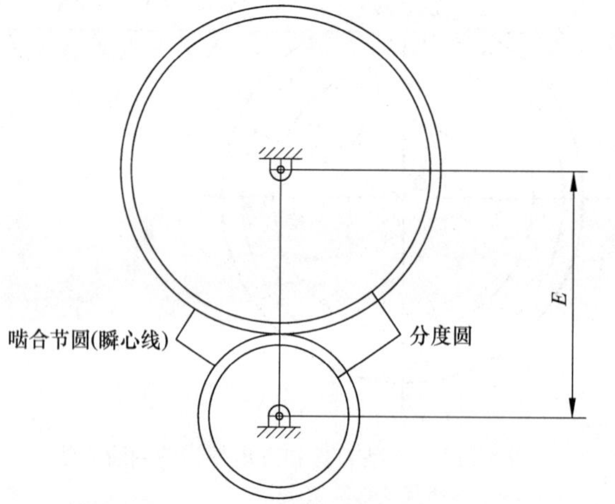

图3.3.1　分度圆和瞬心线

3.4　绕相交轴转动的瞬轴面

图3.4.1所示为回转运动在两个相交轴之间进行传递，两轴线 Oa 和 Ob 构成夹角 γ。两齿轮朝相反方向转动。瞬时回转轴 OI 是齿轮1对齿轮2（或齿轮2对齿轮1）相对运动中的角速度 $\boldsymbol{\omega}^{(12)}$ 的啮合线。这里

$$\boldsymbol{\omega}^{(12)} = \boldsymbol{\omega}^{(1)} - \boldsymbol{\omega}^{(2)} \tag{3.4.1}$$

同理

$$\boldsymbol{\omega}^{(21)} = \boldsymbol{\omega}^{(2)} - \boldsymbol{\omega}^{(1)} \tag{3.4.2}$$

OI 相对于两齿轮轴线的方向用 γ_1 和 γ_2 来确定，角 γ_1 和 γ_2 表示如下：

$$\begin{cases} \tan\gamma_1 = \dfrac{\sin\gamma}{m_{12} + \cos\gamma} \\ \tan\gamma_2 = \dfrac{\sin\gamma}{m_{21} + \cos\gamma} \end{cases} \tag{3.4.3}$$

这里

$$\gamma = \gamma_1 + \gamma_2 \tag{3.4.4}$$

$$\begin{cases} m_{12} = \dfrac{\boldsymbol{\omega}^{(1)}}{\boldsymbol{\omega}^{(2)}} \\ m_{21} = \dfrac{1}{m_{12}} = \dfrac{\boldsymbol{\omega}^{(2)}}{\boldsymbol{\omega}^{(1)}} \end{cases} \tag{3.4.5}$$

式中，m_{12}（或 m_{21}）是齿轮传动比，齿轮传动比还可用分锥角和齿轮齿数来表示：

$$m_{12} = \frac{\sin\gamma_2}{\sin\gamma_1} = \frac{N_2}{N_1} \tag{3.4.6}$$

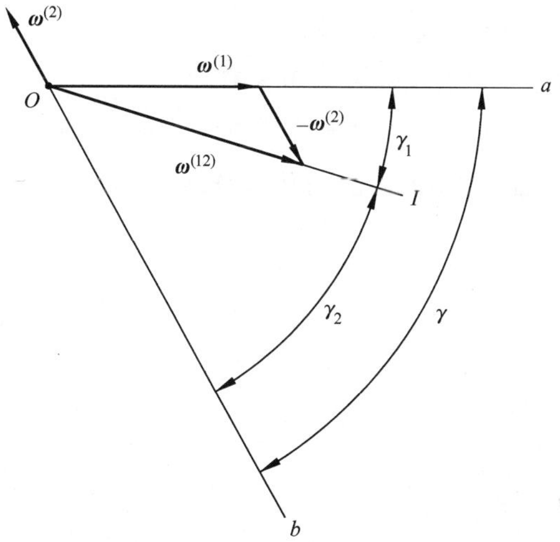

图 3.4.1　瞬轴面：两相交轴之间的回转运动

瞬时回转轴在与回转齿轮 i 刚性固接的动参考标架 S_i（$i=1$，2）中的轨迹形成瞬轴面。在两相交轴之间的回转运动进行传递的情况下，瞬轴面是两个顶角为 γ_1 和 γ_2 的圆锥（见图 3.4.2）。这两个圆锥称为分锥，其相切线是 OI，并且其相对运动是纯滚动——绕 OI 的回转运动。当分锥 2 处于静止时，角速度 $\boldsymbol{\omega}^{(12)} = \boldsymbol{\omega}^{(1)} - \boldsymbol{\omega}^{(2)}$ 表示绕 OI 转动的分锥 1 的角速度。

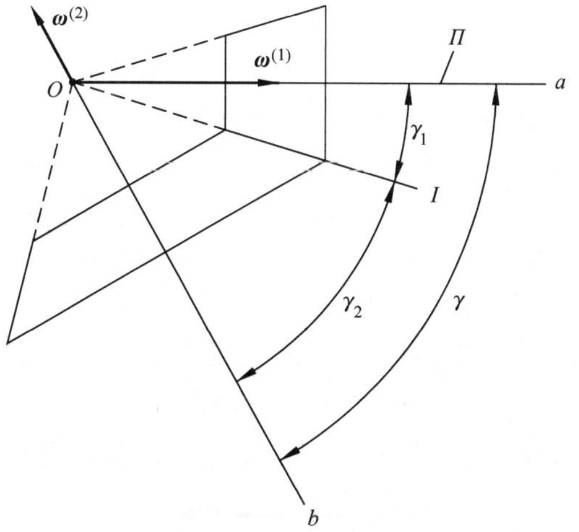

图 3.4.2　平面和锥面作为瞬轴面

例题 3.4.1

假定在齿轮1的分锥变成平面 Π 的情况下，两相交轴之间进行回转运动的传递（见图3.4.2）。齿轮的传动比为 m_{12}，并且两齿轮朝向相反方向进行转动。

（i）确定齿轮2的分锥角。

（ii）用 γ_2 表示两相交轴之间的夹角 γ。

解

（i）从方程（3.4.6）中可得

$$\sin\gamma_2 = m_{12} \tag{3.4.7}$$

（ii）利用方程（3.4.3）中 $\tan\gamma_1$ 的表达式，我们可得

$$\cos\gamma = -m_{12} = -\sin\gamma_2 \tag{3.4.8}$$

方程所给出的 γ 有两个角，表示在图3.4.3中。

$$\gamma = 90^\circ + \gamma_2$$

$$\gamma = 270^\circ - \gamma_2$$

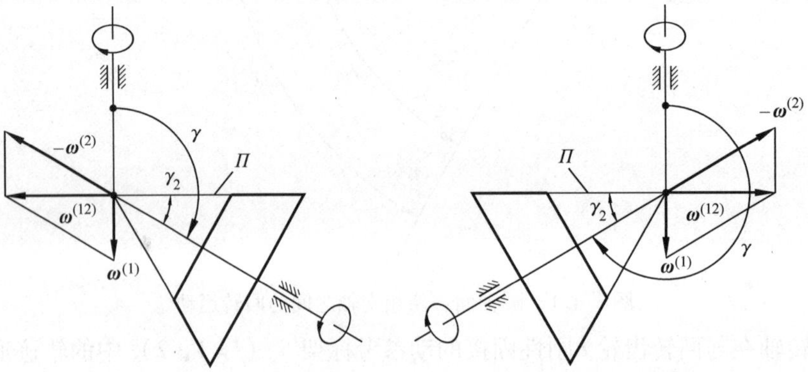

图3.4.3 圆锥瞬轴面相对于平面 Π 的两个位置

3.5 绕交错轴转动的瞬轴面

假定两个构件分别以角速度 $\boldsymbol{\omega}^{(1)}$ 和 $\boldsymbol{\omega}^{(2)}$ 绕两个交错轴转动（见图3.5.1）。转动轴线形成交错角 γ 两轴线之间的最短距离为 E。构件1对构件2的相对运动可以表示为由两个分量组成的运动：a. 以角速度（$-\boldsymbol{\omega}^{(2)}$）绕轴线 z_2 的转动；b. 以角速度 $\boldsymbol{\omega}^{(1)}$ 绕轴线 z_f 的转动。

我们的目的是要证明所描述的相对运动，可以表示为绕轴线 s—s 的螺旋运动。这条轴线与 $\boldsymbol{\omega}^{(1)}$ 和 $\boldsymbol{\omega}^{(2)}$ 的啮合线位于与最短距离线 O_1—O_2 相垂直的平行平面内。这个证明基于这样的概念，即给定的滑动矢量可以用一个具有平行啮合线的相等矢量和一个对应的矢量矩来替换。图3.5.1所示为通过 O_1 的矢量 $\boldsymbol{\omega}^{(1)}$ 用一个通过 B 点的相等矢量和矢量矩来替换：

$$\boldsymbol{m}^{(1)} = \overrightarrow{BO_1} \times \boldsymbol{\omega}^{(1)}$$

同理，通过 O_2 的矢量（$-\boldsymbol{\omega}^{(2)}$）可以用一个通过 B 点的相等矢量和矢量矩来替换：

$$\boldsymbol{m}^{(2)} = \overrightarrow{BO_2} \times (-\boldsymbol{\omega}^{(2)})$$

这样，构件1对构件2的相对运动也可以用两个分量来表示：

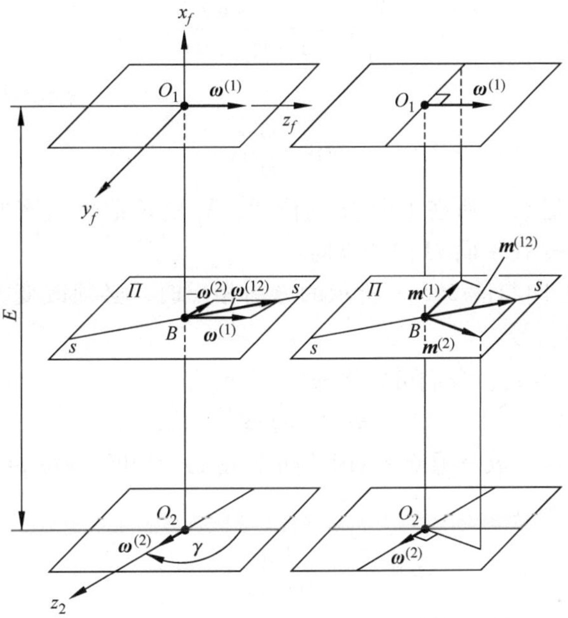

图3.5.1　交错轴之间的回转运动：角速度矢量的替换

1）以角速度绕 s—s 的转动：

$$\boldsymbol{\omega}^{(12)}=\boldsymbol{\omega}^{(1)}+(-\boldsymbol{\omega}^{(2)})=\boldsymbol{\omega}^{(1)}-\boldsymbol{\omega}^{(2)} \tag{3.5.1}$$

2）具有速度的移动：

$$\boldsymbol{m}^{(12)}=\boldsymbol{m}^{(1)}+\boldsymbol{m}^{(2)}=(\overrightarrow{BO_1}\times\boldsymbol{\omega}^{(1)})+[\overrightarrow{BO_2}\times(-\boldsymbol{\omega}^{(2)})] \tag{3.5.2}$$

选取点 B 的某一位置，我们能够使矢量 $\boldsymbol{\omega}^{(12)}$ 和 $\boldsymbol{m}$ 共线。这就是说，构件1对构件2的相对运动将是一个绕轴线 s—s 的螺旋运动。

下面，我们假定有三个参考机架1、2和 f，其分别刚性固接在两个构件和齿轮传动的箱体上。我们将固定坐标系 $S_f(x_f,x_f,z_f)$ 置于参考机架上。坐标轴 x_f 与最短距离的矢量 $\overrightarrow{O_1O_2}=\boldsymbol{E}$ 共线，而 z_f 轴是构件1的转动轴线。矢量 $\boldsymbol{\omega}^{(12)}$ 和 $\boldsymbol{m}^{(12)}$ 用如下方程表示在坐标 S_f 中：

$$\boldsymbol{\omega}_f^{(12)}=[0\quad -\omega^{(2)}\sin\gamma\quad \omega^{(1)}-\omega^{(2)}\cos\gamma]^{\mathrm{T}} \tag{3.5.3}$$

$$\boldsymbol{m}_f^{(12)}=\begin{bmatrix}0\\ X_f\omega^{(1)}-(X_f+E)\omega^{(2)}\cos\gamma\\ (X_f+E)\omega^{(2)}\sin\gamma\end{bmatrix} \tag{3.5.4}$$

式中，X_f 是一个代数值，其确定轴线 x_f 上点 B 的位置；矢量矩 $\boldsymbol{m}^{(12)}$ 的方向由 X_f 的运算符号来确定。

我们可以要求 $\boldsymbol{m}^{(12)}$ 和 $\boldsymbol{\omega}^{(12)}$ 共线，这意味着，相对运动将是螺旋运动。利用方程

$$\boldsymbol{m}^{(12)}=\lambda\boldsymbol{\omega}^{(12)} \tag{3.5.5}$$

以及方程（3.5.3）和方程（3.5.4），我们得到如下螺旋运动轴线 s—s 的方程（见图3.5.1）：

$$X_f=\frac{Em_{21}(\cos\gamma-m_{21})}{1-2m_{21}\cos\gamma+m_{21}^2} \tag{3.5.6}$$

$$\frac{Y_f}{Z_f}=-\frac{m_{21}\sin\gamma}{1-m_{21}\cos\gamma} \tag{3.5.7}$$

其中

$$m_{21}=\frac{\omega^{(2)}}{\omega^{(1)}}$$

方程（3.5.6）确定 $s—s$ 所在平面 Π 的位置；X_f 的负值表示该平面与 x_f 的负轴相交。方程（3.5.7）确定 $s—s$ 在平面 Π 内的方向。

当构件2转动的方向与图3.5.1所示的方向相反时，必须改变方程（3.5.6）和方程（3.5.7）中 m_{21} 的运算符号。

由于 $\boldsymbol{m}^{(12)}$ 和 $\boldsymbol{\omega}^{(12)}$ 共线，我们可以将 $\boldsymbol{m}^{(12)}$ 表示为

$$\boldsymbol{m}^{(12)}=p\boldsymbol{\omega}^{(12)} \tag{3.5.8}$$

式中，p 是螺旋参数，该参数将螺旋运动中的角速度 $\boldsymbol{\omega}^{(12)}$ 和线速度 $\boldsymbol{m}^{(12)}$ 联系起来。

参数 p 用如下方程确定：

$$p=E\frac{m_{21}\sin\gamma}{1-2m_{21}\cos\gamma+m_{21}^2} \tag{3.5.9}$$

如果 m_{21}、γ 和 E 是常数，则螺旋运动瞬时轴线的位置和方向不改变。当构件1和2转动时，螺旋运动的瞬时轴线 $s—s$ 在参考标架1和2中将形成两个曲面——回转双曲面。这样的曲面是在两交错轴之间传递回转运动情况下的瞬轴面。瞬轴面是螺旋运动瞬时轴线在坐标系 $S_i(i=1,2)$ 中形成的轨迹。

推导瞬轴面基于以下的考虑。

1）利用方程（3.5.6）和方程（3.5.7），我们可用如下方程将螺旋运动轴线表示在 S_f 中：

$$\begin{cases}x_f=\dfrac{Em_{21}(\cos\gamma-m_{21})}{1-2m_{21}\cos\gamma+m_{21}^2}\\ y_f=-u\sin\beta\\ z_f=u\cos\beta\end{cases} \tag{3.5.10}$$

式中，$u=BM$ 是变参数，其确定 $s—s$ 上点的位置（见图3.5.2）；β 是定参数，其表示 $s—s$ 和轴线 z_f 所形成的夹角，并且用如下方程确定：

$$\begin{cases}\sin\beta=\dfrac{m_{21}\sin\gamma}{(1-2m_{21}\cos\gamma+m_{21}^2)^{\frac{1}{2}}}\\ \cos\beta=\dfrac{1-m_{21}\cos\gamma}{(1-2m_{21}\cos\gamma+m_{21}^2)^{\frac{1}{2}}}\end{cases} \tag{3.5.11}$$

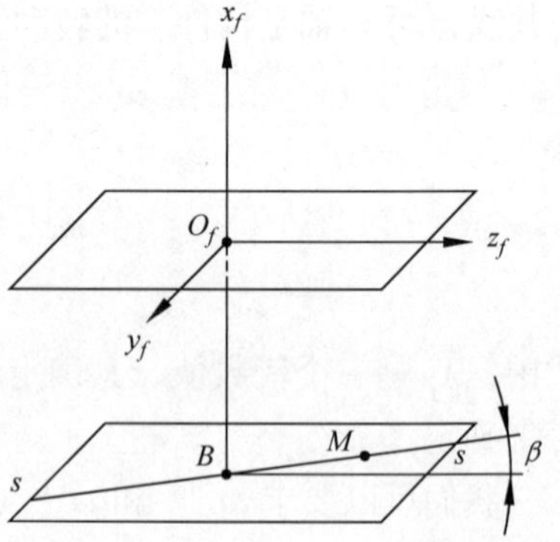

图3.5.2　螺旋运动轴在 S_f 中的表示

2）从 S_f 分别到 S_1 和 S_2 的坐标变换，可推导出在 S_1 和 S_2 中的如下双曲面方程：

$$\begin{cases}x_1=-r_o\cos\phi_1-u\sin\beta\sin\phi_1\\ y_1=r_o\sin\phi_1-u\sin\beta\cos\phi_1\\ z_1=u\cos\beta\end{cases} \tag{3.5.12}$$

$$\begin{cases} x_2 = (E - r_o)\cos\phi_2 - u\sin(\beta + \gamma)\sin\phi_2 \\ y_2 = -(E - r_o)\sin\phi_2 - u\sin(\beta + \gamma)\cos\phi_2 \\ z_2 = u\cos(\beta + \gamma) \end{cases} \tag{3.5.13}$$

式中，$r_o = -X_f$、u 和 ϕ_i（$i=1, 2$）是曲面坐标（参见5.2节中曲面坐标的定义）。

图3.5.3中所示为回转双曲面。两个共轭的双曲面沿着一条直线相互接触，该直线是螺杆运动轴（见图3.5.4）。两双曲面的相对运动是带有滑动的滚动（绕着和沿着螺旋运动的轴线）。

在两交错轴之间进行回转运动的齿轮传动有三种型式：准双曲面齿轮传动、蜗杆传动和交错轴斜齿轮传动。

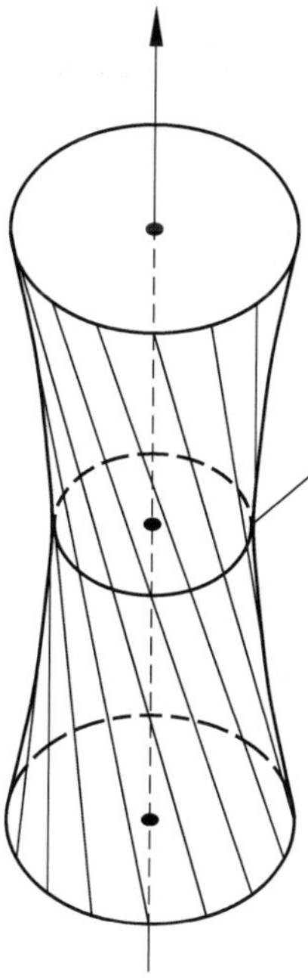

图3.5.3　回转的双曲面

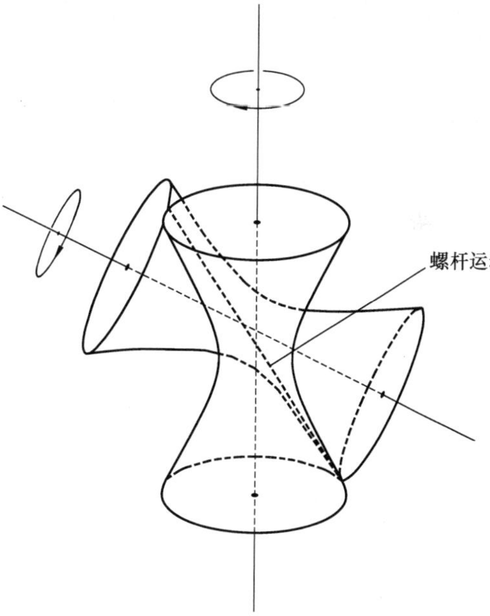

图3.5.4　共轭的双曲面

3.6　交错轴齿轮的啮合节曲面

齿轮瞬轴面这个概念，对于使滑动速度可视化是非常有用的，但是未曾在设计中得到应用。原因是主动齿轮和从动齿轮的尺寸必须满足许多要求，而齿轮瞬轴面所选取的尺寸无法满足这些要求。因此，交错轴齿轮的设计是基于啮合节曲面这一考虑，而不是基于瞬轴面的概念。

啮合节曲面是：a. 用于蜗杆传动和交错轴的斜齿轮传动的两个圆柱；b. 用于准双曲面齿轮传动的两个圆锥。所选取的曲面在技术文献中称为“啮合节曲面”，其必须满足下列条件的要求。

1）两圆柱（圆锥）轴线形成的交错角，以及两轴线之间的最短距离，都必须与所设计的两齿轮相同。

2）两圆柱（圆锥）必须在设计的齿轮表面的平均接触点处相切。

3）两圆柱（圆锥）相切点 P 处的相对滑动速度 $\boldsymbol{v}^{(12)}$ 必须位于与两圆柱（圆锥）相切的平面内，并且 $\boldsymbol{v}^{(12)}$ 必须沿着所设计的齿轮上两条螺旋线的公切线方向前进。这里的术语“螺旋线”是个通用术语。实际上，我们必须考察位于啮合圆柱（圆锥）上的空间曲线，而该曲线是齿轮齿面与啮合圆柱（圆锥）的交线。对于斜齿轮和圆柱蜗杆，这条交线确实是螺旋线。对于弧齿锥齿轮和准双曲面齿轮，这条交线是一条不同于螺旋线的空间曲线。

4）啮合节圆柱（圆锥）的相切点 P 将同时是齿轮两齿面的相切点，条件是齿面在 P 点要有一条公法线 $\boldsymbol{N}^{(12)}$，同时 $\boldsymbol{N}^{(12)}$ 垂直于 $\boldsymbol{v}^{(12)}$（参见6.1节）。

以下将要证明，对于给定的齿轮传动比 m_{12}，两个圆柱（圆锥）的半径在相切点 P 处的比值不是唯一的。因此，前面提出的啮合节曲面的要求，必须补充啮合节曲面参数之间的附加关系式。

啮合节曲面的概念，诸如交错轴斜齿轮传动、蜗杆传动、准双曲面齿轮传动，将举例论述于下面的章节。

第4章 平面曲线

4.1 参数表示

假定有一坐标系 S (x, y)。从坐标系 S 的原点引经曲线上流动点的位置矢量用矢量函数表示：

$$\boldsymbol{r}(\theta)=x(\theta)\boldsymbol{i}+y(\theta)\boldsymbol{j}\quad(\boldsymbol{r}(\theta)\in C^0,\theta\in G)\tag{4.1.1}$$

式中，$\boldsymbol{i}$ 和 $\boldsymbol{j}$ 是两个坐标轴的单位矢量。符号 C^0 表示 $x(\theta)$ 和 $y(\theta)$ 是连续函数；G 表示变参数 θ 的开区间 $a<\theta<b$。函数 $x(\theta)$ 和 $y(\theta)$ 将曲线上的点与变参数 θ 联系起来。

简单曲线表示曲线上的点与参数 θ 之间为一一对应。简单曲线没有自交点。自交曲线的实例为长幅渐开线（见图 1.6.2）和长幅外摆线（见图 1.6.1）。在某些情况下，为了避免自交点的出现，只是对变参数 θ 的区间（a, b）充分地加以限制。

如下情况下，参数曲线是正则曲线：

$$\boldsymbol{r}(\theta)\in C^1\quad(\boldsymbol{r}_\theta\neq\boldsymbol{0},\theta\in G)\tag{4.1.2}$$

这里

$$\boldsymbol{r}_\theta=\frac{\mathrm{d}\boldsymbol{r}}{\mathrm{d}\theta}=x_\theta\boldsymbol{i}+y_\theta\boldsymbol{j}\tag{4.1.3}$$

其中

$$x_\theta=\frac{\mathrm{d}x}{\mathrm{d}\theta}$$

$$y_\theta=\frac{\mathrm{d}y}{\mathrm{d}\theta}$$

不等式 $\boldsymbol{r}_\theta\neq\boldsymbol{0}$ 意味着

或

$$|x_\theta|+|y_\theta|\neq0\quad 或\quad x_\theta^2+y_\theta^2\neq0$$

符号 C^1 表示函数 $x(\theta)$ 和 $y(\theta)$ 具有至少到一阶的连续导数。

4.2 隐函数表示

方程

$$\phi(x,y)=0\quad((x,y)\in G)\tag{4.2.1}$$

不一定表示一条平面曲线。相反地，其仅表示（x, y）平面上的点集。这些点中的某些点可能只是弧立点，而另一些点可能形成一条曲线。

假定方程（4.2.1）是给定的。有一组满足方程（4.2.1）的参数：

$$P=(x_0,y_0) \tag{4.2.2}$$

在局部意义上，即在点 P 的邻域内，简单正则曲线的存在是有保证的，只要曲线由以下方程表示：

$$\phi(x,y)=0 \quad (\phi\in C^1,|\phi_x|+|\phi_y|\neq 0) \tag{4.2.3}$$

表达式（4.2.3）中的不等式也可表示为

$$\phi_x^2+\phi_y^2\neq 0 \tag{4.2.4}$$

不等式（4.2.3）意味着两个偏导数不能同时为零。假定仅仅由于 $\phi_y\neq 0$，不等式（4.2.4）成立。这样，在点 P 的领域内［参见方程（4.2.2）］，方程（4.2.1）可以用函数 $y(x)$ 解出，并且该函数表示一条简单正则曲线。

4.3 平面曲线的切线和法线

平面曲线切线的概念基于所谓的射线的极限位置（参见 Zalgaller 1975 年的专著）。假定有一射线集合，这些射线是通过曲线上的点 M 及其邻近点 M_i（$i=1$，2，…，n）引出的。当点 M_i 趋近于点 M 时，所有射线都趋近于某一极限位置。在图 4.3.1a 所示的情况下，存在两条具有重合啮合线的极限射线。这两条射线形成曲线在点 M 处的切线。点 M 被认为是曲线的正常点。如图 4.3.1b 所示，曲线点 M 处仅有一条极限射线。这样，在这些点处只存在一条“半”切线。图 4.3.1b 上所示的 M 被称为回归点，这种点是奇异点的一种变型。切线 $\boldsymbol{T}$ 仅存在于曲线的正常点处。一个切线 $\boldsymbol{T}$ 不存在，或者其为零的曲线上的点被认为是奇异点。

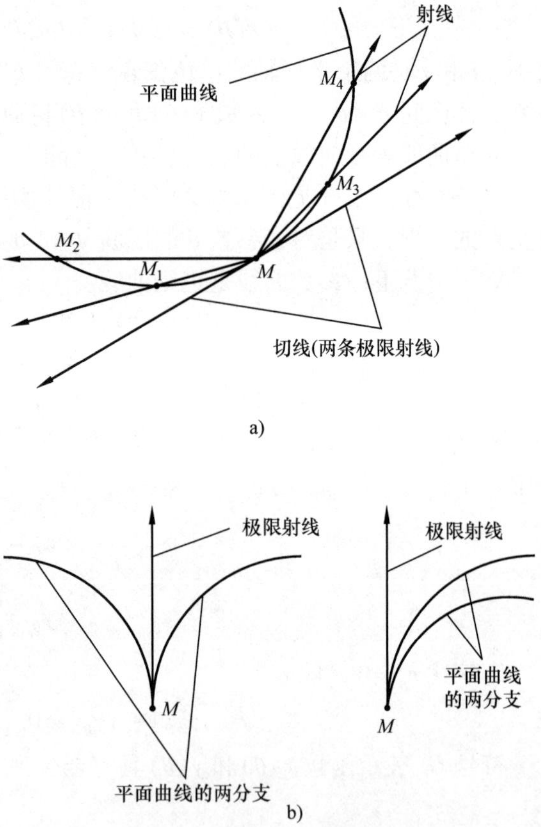

图 4.3.1　极限射线和切线

a）射线和切线图　b）极限射线和平面曲线的两分支图

考察确定切线 $\boldsymbol{T}$ 的两种情况。

1）曲线用参数形式表示为

$$\boldsymbol{r}(\theta)\in C^1 \quad (\boldsymbol{r}_\theta\neq\boldsymbol{0},\ \theta\in G)$$

于是

$$\boldsymbol{T}=\boldsymbol{r}_\theta=x_\theta\boldsymbol{i}+y_\theta\boldsymbol{j} \tag{4.3.1}$$

2）曲线用隐函数表示为

$$\phi(x,y)=0 \quad (\phi\in C^1,\ (x,y)\in G,\ \phi_x^2+\phi_y^2\neq 0)$$

于是，切线用如下方程表示：

$$T_x\phi_x+T_y\phi_y=0 \tag{4.3.2}$$

对于上述两种情况，曲线的奇异点分别用 $\boldsymbol{r}_\theta=\boldsymbol{0}$ 和 $\phi_x^2+\phi_y^2=0$ 加以确定。回归点是奇异点的特殊情况，在该点存在一条“半”切线（见图 4.3.1b）。我们仅限于讨论参数曲线，并且认为（参见 Rashevski 1956 年的专著）：

1）如果回归点存在，则

$$\boldsymbol{r}_{\theta}=\mathbf{0}$$

$$\boldsymbol{r}_{\theta\theta}\neq\mathbf{0}$$

2）回归点处切线的方向用矢量 $\boldsymbol{r}_{\theta\theta}$ 确定。

以下我们将考虑正常点。曲线的单位切线矢量 $\boldsymbol{t}$ 用如下方程确定：

$$\boldsymbol{t}=\frac{\boldsymbol{T}}{|\boldsymbol{T}|}=\frac{1}{m}(T_x\boldsymbol{i}+T_y\boldsymbol{j}) \tag{4.3.3}$$

式中，$m=(T_x^2+T_y^2)$。

平面曲线的法线垂直于其切线，并且用如下方程表示：

或

$$\boldsymbol{N}=\boldsymbol{T}\times\boldsymbol{k} \text{ 或 } \boldsymbol{N}^*=\boldsymbol{k}\times\boldsymbol{T} \tag{4.3.4}$$

这里，$\boldsymbol{k}$ 是 z 轴的单位矢量，矢量 $\boldsymbol{N}$ 和 $\boldsymbol{N}^*$ 具有相反的方向。

因此，我们将用到如下方程：

$$\boldsymbol{N}=\boldsymbol{T}\times\boldsymbol{k}=\begin{vmatrix}\boldsymbol{i} & \boldsymbol{j} & \boldsymbol{k}\\ T_x & T_y & 0\\ 0 & 0 & 1\end{vmatrix}=\begin{bmatrix}T_y\\ -T_x\\ 0\end{bmatrix} \tag{4.3.5}$$

单位矢量由下式确定：

$$\boldsymbol{n}=\frac{\boldsymbol{N}}{|\boldsymbol{N}|}=\frac{1}{\sqrt{T_x^2+T_y^2}}(T_y\boldsymbol{i}-T_x\boldsymbol{j}) \qquad (\text{假定 } \boldsymbol{N}\neq 0) \tag{4.3.6}$$

还需要推导出一个从给定点引至曲线的切线或法线的方程。假定曲线的切线是从点 $D(X,Y)$ 引出的（见图 4.3.2a），并且点 D 的位置矢量为

$$\overrightarrow{OD}=\overrightarrow{OM}+\overrightarrow{MD}=x\boldsymbol{i}+y\boldsymbol{j}+\lambda_T(T_x\boldsymbol{i}+T_y\boldsymbol{j}) \tag{4.3.7}$$

这里，点 $M(x, y)$ 是直线 MD 与曲线的切点；λ_T 是一个数量，并且用其来联系 $\overrightarrow{MD}$ 和 $\boldsymbol{T}$（$\overrightarrow{MD}=\lambda_T\boldsymbol{T}$）。从方程（4.3.7）得

$$\frac{X-x}{T_x}-\frac{Y-y}{T_y}=0 \tag{4.3.8}$$

我们可以得到分别用参数形式［见方程（4.1.2）］和隐函数［见方程（4.2.3）］所表示的曲线的切线方程：

$$\frac{X-x(\theta)}{x_\theta}-\frac{Y-y(\theta)}{y_\theta}=0 \tag{4.3.9}$$

$$(X-x)\phi_x+(Y-y)\phi_y=0 \tag{4.3.10}$$

类似地，我们可以推导出从点 E（见图 4.3.2b）引至曲线的法线方程。对于以上两种情况，这些方程表示如下：

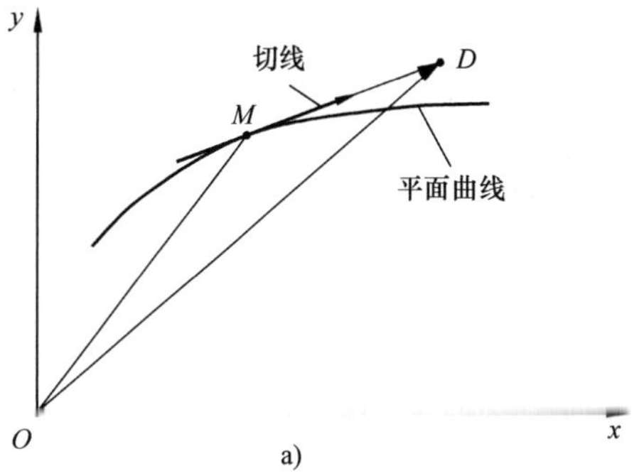

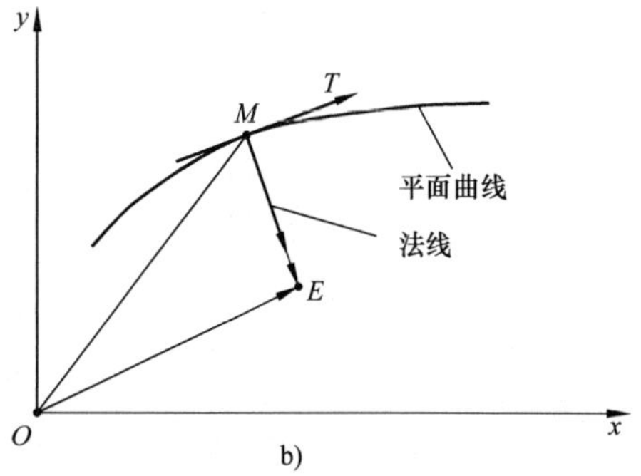

图 4.3.2　平面曲线的切线和法线示意

a）平面曲线的切线　b）平面曲线的切线和法线

$$\frac{X-x(\theta)}{y_\theta}+\frac{Y-y(\theta)}{x_\theta}=0 \tag{4.3.11}$$

$$\frac{X-x}{\phi_x}-\frac{Y-y}{\phi_y}=0 \tag{4.3.12}$$

用来作为齿轮齿形的某些曲线，可以用一个圆或一条直线沿另一圆滚动来形成。显然，曲线的法线一定通过瞬时回转中心。

图4.3.3所示为表示一条平面曲线——长幅外摆线，其由点M形成，M与圆2刚性固接。在每一瞬时，圆2对圆1的相对运动都可以表示为绕瞬时回转中心I的转动，转动角速度为

$$\boldsymbol{\omega}^{(21)}=\boldsymbol{\omega}^{(2)}+\boldsymbol{\omega}^{(1)} \qquad \left(\omega^{(2)}=\frac{\mathrm{d}\psi}{\mathrm{d}t},\omega^{(1)}=\frac{\mathrm{d}\theta}{\mathrm{d}t}\right)$$

我们利用下述想法，可容易地确定曲线在点M的切线$\boldsymbol{T}$和法线$\boldsymbol{N}$。

1）当圆2绕I转动时，点M沿曲线的切线$\boldsymbol{T}$运动。这样，$\boldsymbol{T}$垂直于MI。

2）法线$\boldsymbol{N}$在点M的方向重合于MI，并且按照矢积如下。该法线由M指向I。

$$\boldsymbol{N}=\boldsymbol{T}\times\boldsymbol{k}$$

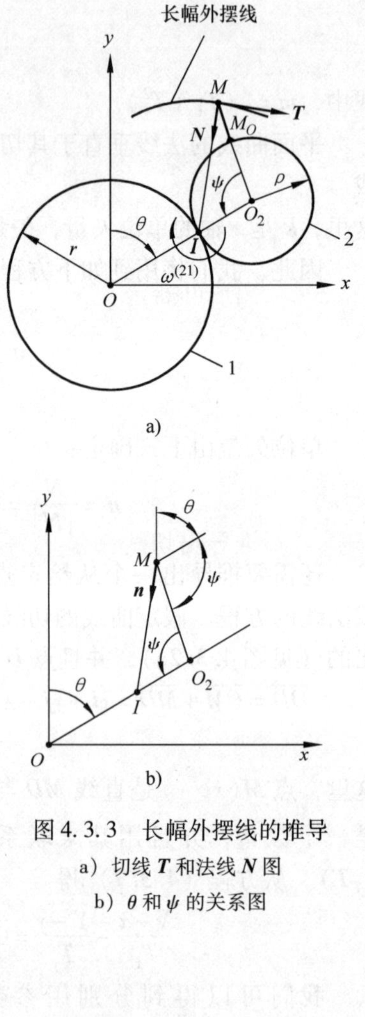

图4.3.3　长幅外摆线的推导

a）切线$\boldsymbol{T}$和法线$\boldsymbol{N}$图

b）θ和ψ的关系图

例题4.3.1

渐开线是由直线上的点M沿一半径为r_b的圆（基圆）做纯滚动形成的。渐开线有两种可能参数表示法（参见10.2节）。

解

表示法1（见图4.3.4a）：

$$\begin{cases}\boldsymbol{r}(\theta)=\dfrac{r_b}{\cos\theta}[\sin(\mathrm{inv}\theta)\boldsymbol{i}+\cos(\mathrm{inv}\theta)\boldsymbol{j}]\\ \mathrm{inv}\theta=\tan\theta-\theta \quad \left(-\dfrac{\pi}{2}<\theta<\dfrac{\pi}{2}\right)\end{cases} \tag{4.3.13}$$

方程（4.3.13）可推导出

$$OM=\frac{r_b}{\cos\theta}$$

$$x=OM\sin\psi$$

$$y=OM\cos\psi$$

$$\overset{\frown}{M_OB}=r_b(\psi+\theta)$$

$$MB=r_b\tan\theta$$

$$\overset{\frown}{M_OB}=MB$$

$$\psi=\tan\theta-\theta=\mathrm{inv}\theta$$

表示法2（见图4.3.4b）：

$$\boldsymbol{R}(u)=r_b[(\sin u-u\cos u)\boldsymbol{i}+(\cos u+u\sin u)\boldsymbol{j}]$$

$$(-\infty<u<\infty) \tag{4.3.14}$$

为了取得上式，我们利用了如下关系式：

$$\overrightarrow{OM}=\overrightarrow{OB}+\overrightarrow{BM}$$

$$x=\overrightarrow{OB}\cdot\boldsymbol{i}+\overrightarrow{BM}\cdot\boldsymbol{i}$$

$$Y=\overrightarrow{OB}\cdot\boldsymbol{j}+\overrightarrow{BM}\cdot\boldsymbol{j}$$

$$MB=\widehat{M_OB}=r_bu$$

利用连续强单调函数，将参数 θ 换成 u，可以从方程（4.3.13）推导出参数表示式（4.3.14）。

$$\theta(u)=\arctan u\quad(-\infty<u<\infty) \tag{4.3.15}$$

关于式（4.3.15）可以用图 4.3.4 上的图形加以证实，从该图形可推导出

$$\overline{MB}=r_b\tan\theta\qquad(\text{见图 4.3.4a})$$

$$\overline{MB}=\widehat{M_OB}=r_bu\qquad(\text{见图 4.3.4b})$$

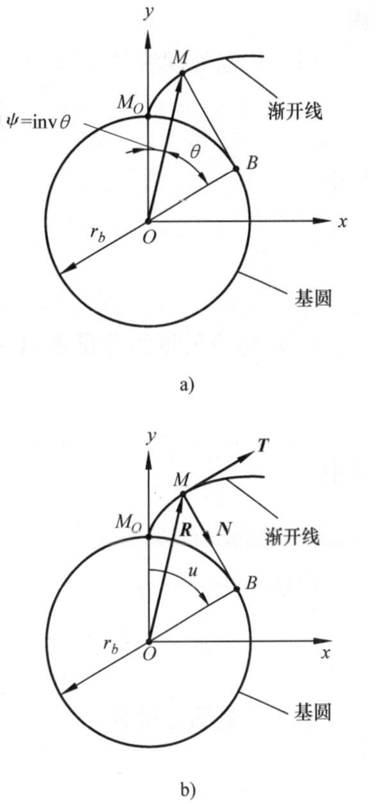

图 4.3.4　渐开线的参数表示法

a）用参数 θ　b）用参数 u

例题 4.3.2

考察用方程（4.3.14）表示的渐开线 $\boldsymbol{R}(u)$。

（i）推导出切线矢量 $\boldsymbol{T}$、单位切线矢量 $\boldsymbol{t}$、法线矢量 $\boldsymbol{N}=\boldsymbol{T}\times\boldsymbol{k}$ 和单位法线矢量 $\boldsymbol{n}$ 的方程。

（ii）用几何来说明法线矢量 $\boldsymbol{N}$ 的方向。

（iii）确定回归点和“半”切线在该点的方向。

解

（i）

$$\boldsymbol{T}=\boldsymbol{R}_u=r_bu(\sin u\,\boldsymbol{i}+\cos u\,\boldsymbol{j}) \tag{4.3.16}$$

$$\boldsymbol{t}=\sin u\,\boldsymbol{i}+\cos u\,\boldsymbol{j}\quad(\text{假定 } u\neq0) \tag{4.3.17}$$

$$\boldsymbol{N}=r_bu(\cos u\,\boldsymbol{i}-\sin u\,\boldsymbol{j}) \tag{4.3.18}$$

$$\boldsymbol{n}=\cos u\,\boldsymbol{i}-\sin u\,\boldsymbol{j}\quad(\text{假定 } u\neq0) \tag{4.3.19}$$

（ii）在瞬时点 M 的法线矢量 $\boldsymbol{N}$ 的方向与基圆切线 MB 的方向重合。

（iii）回归点用 $\boldsymbol{R}_u=\boldsymbol{0}$ 和 $\boldsymbol{R}_{uu}\neq\boldsymbol{0}$ 来确定，其中

$$\boldsymbol{R}_{uu}=r_b[(\sin u+u\cos u)\boldsymbol{i}+(\cos u-u\sin u)\boldsymbol{j}] \tag{4.3.20}$$

从方程（4.3.16）和方程（4.3.20）可推导出，$u=0$ 对应于回归点。在 $u=0$ 的情况下，方程（4.3.20）给出 $\boldsymbol{R}_{uu}=r_b\boldsymbol{j}$。这样，“半”切线在点 M_O 的指向沿 y 轴的正向。

例题 4.3.3

长幅外摆线的形成如图 4.3.3 所示。曲线上流动点 M 的位置矢量 $\overrightarrow{OM}$ 表示为

$$\overrightarrow{OM}=\overrightarrow{OO_2}+\overrightarrow{O_2M}$$

（i）须将长幅外摆线表示在坐标系 $S(x,y)$ 中。

（ii）推导出切线矢量 $\boldsymbol{T}$、单位切线矢量 $\boldsymbol{t}$、法线矢量 $\boldsymbol{N}$ 和单位法线矢量 $\boldsymbol{n}$ 的方程。

（iii）研究奇异点的存在。

解

（i）长幅外摆线的方程为

$$\begin{cases}x=(r+\rho)\sin\theta-a\sin(\theta+\psi)\\ y=(r+\rho)\cos\theta-a\cos(\theta+\psi)\end{cases} \tag{4.3.21}$$

其中

$$a=O_2M$$

$$\psi=\frac{r}{\rho}\theta$$

（ii）切线矢量的分量表示为

$$\begin{cases}T_x=x_\theta=(r+\rho)[\cos\theta-m\cos(\theta+\psi)]\\ T_y=y_\theta=-(r+\rho)[\sin\theta-m\sin(\theta+\psi)]\end{cases} \tag{4.3.22}$$

其中

$$m=\frac{a}{\rho}$$

单位切线矢量为

$$\boldsymbol{t}=(1-2m\cos\psi+m^2)^{-\frac{1}{2}}\{[\cos\theta-m\cos(\theta+\psi)]\boldsymbol{i}-[\sin\theta-m\sin(\theta+\psi)]\boldsymbol{j}\} \tag{4.3.23}$$

法线矢量的分量为

$$\begin{cases}N_x=T_y\\ N_y=-T_x\end{cases} \tag{4.3.24}$$

单位法线矢量的分量为

$$\begin{cases}n_x=t_y\\ n_y=t_x\end{cases} \tag{4.3.25}$$

（iii）因为 $\boldsymbol{T}=\boldsymbol{0}$，所以长幅外摆线没有奇异点。

例题 4.3.4

考察由点 M_O（见图 4.3.3a）形成的普通外摆线。

（i）推导出曲线表示在坐标系 $S(x, y)$ 中的方程（见图 4.3.3a）。

（ii）推导出切线矢量 $\boldsymbol{T}=\boldsymbol{r}_\theta$ 和其导数 $\boldsymbol{r}_{\theta\theta}$ 的方程。

（iii）研究奇异点和回归点的存在。

解

（i）普通外摆线用如下方程表示：

$$x=(r+\rho)\sin\theta-\rho\sin(\theta+\psi)$$
$$y=(r+\rho)\cos-\rho\cos(\theta+\psi)$$

（ii）切线矢量 $\boldsymbol{T}$ 为

$$\boldsymbol{T}=\boldsymbol{r}_\theta=(r+\rho)\{[\cos\theta-\cos(\theta+\psi)]\boldsymbol{i}-[\sin\theta-\sin(\theta+\psi)]\boldsymbol{j}\}$$

其导数 $\boldsymbol{r}_{\theta\theta}$ 为

$$\boldsymbol{r}_{\theta\theta}=(r+\rho)\{[-\sin\theta+(1+\frac{r}{\rho})\sin(\theta+\psi)]\boldsymbol{i}-[\cos\theta-(1+\frac{r}{\rho})\cos(\theta+\psi)]\boldsymbol{j}\}$$

（iii）奇异点的方程为 $\boldsymbol{r}_\theta=\mathbf{0}$。这样的点出现在 $\psi=2\pi n$（$n=0$，1，2，…）和 $\theta=2\pi n\rho/r$ 的位置。因为 $\boldsymbol{r}_{\theta\theta}\neq\mathbf{0}$，所以上述的奇异点为回归点。

“半”切线的方向可用下式确定：

$$\boldsymbol{r}_{\theta\theta}=\frac{(r+\rho)r}{\rho}\left[\sin\left(\frac{2\pi n\rho}{r}\right)\boldsymbol{i}+\cos\left(\frac{2\pi n\rho}{r}\right)\boldsymbol{j}\right]\quad(n=0,1,2,\cdots)$$

“半”切线和与 y 轴形成角度 $\theta=2\pi n\rho/r$ 的位置矢量重合。

4.4　平面曲线的曲率

1. 引言

为了简化推导，我们考虑用矢量函数表示曲线：

$$\boldsymbol{r}(s)\in C^2\quad(s\in E)\tag{4.4.1}$$

式中，s 是曲线的弧长。

考察曲线上分别与 s 和（$s+\Delta s$）对应的两个相邻的点 M 和 N（见图 4.4.1a）。点 M 和 N 之间的弧长为 Δs，而 $\Delta\alpha$ 是点 M 和 N 处的两条切线之间的夹角。

当点 N 趋近于点 M 时，比值 $\Delta\alpha/\Delta s$ 的极限称为曲线在点 M 处的曲率（标记为 κ）。我们也可以考察反比值 $\Delta s/\Delta\alpha$，该比值称为曲线在点 M 处的曲率半径（标记为 ρ_c）。这里的 ρ_c 是极限（密切）圆的半径，极限圆是当两个相邻点 N 和 N' 趋近于点 M 时，通过点 M 和该两相邻点绘出的（见图 4.1.1b）。圆心 C 称为曲率中心。利用泰勒展开式能够确定出曲线与密切圆的偏差（参见下文）。微分几何中已经证明，曲线和密切圆在流动点 M 处具有二阶相切（参见下文）。

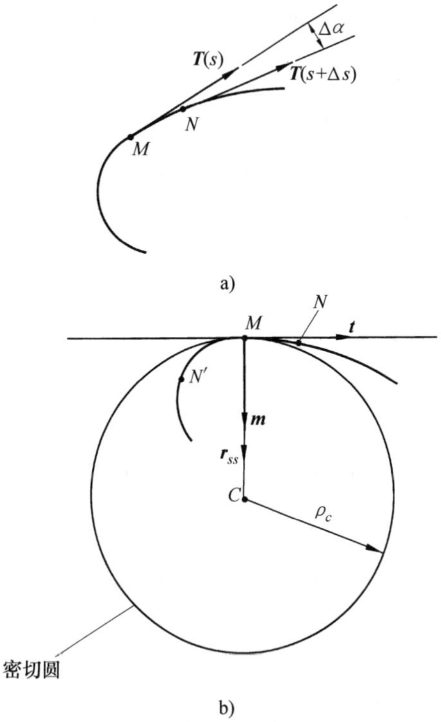

图 4.4.1　平面曲线的曲率推导

a）相邻点 N 和 M 的两切线　b）点 M 的密切圆

2. 弗雷内基本三棱形

右手弗雷内基本三棱形是由如图 4.4.2 所示的三个单位矢量 $\boldsymbol{t}$、$\boldsymbol{m}$ 和 $\boldsymbol{b}$ 组成的。这里

$$\begin{cases}\boldsymbol{t}=\boldsymbol{m}\times\boldsymbol{b}\\ \boldsymbol{m}=\boldsymbol{b}\times\boldsymbol{t}\\ \boldsymbol{b}=\boldsymbol{t}\times\boldsymbol{m}\end{cases}\tag{4.4.2}$$

单位矢量确定为

$$\boldsymbol{t}(s)=\frac{\mathrm{d}\boldsymbol{r}}{\mathrm{d}s}=\boldsymbol{r}_s\tag{4.4.3}$$

矢量 $\boldsymbol{t}$ 是曲线在流动点 M 处的单位切线矢量；因为 $|\mathrm{d}\boldsymbol{r}|=\mathrm{d}s$，所以 $\boldsymbol{t}$ 是单位矢量。

单位矢量 $\boldsymbol{m}$ 确定为

$$\boldsymbol{m}=\frac{\boldsymbol{r}_{ss}}{|\boldsymbol{r}_{ss}|}\tag{4.4.4}$$

式中，$\boldsymbol{r}_{ss}=\partial^2\boldsymbol{r}/\partial s^2$。

我们的中间目标是证明单位矢量 $\boldsymbol{m}(s)$ 的以下性质。

1）单位矢量 $\boldsymbol{m}(s)$ 位于表示曲线的平面，并且 $\boldsymbol{m}(s)$ 是平面曲线的单位法线矢量。

2）单位矢量 $\boldsymbol{m}(s)$ 是这样的一个平面曲线的单位法线矢量，其从曲线上的流动点 M 指向曲率中心 C（见图4.4.1b）。

论点1）的证明基于以下步骤。

步骤1：单位矢量 $\boldsymbol{a}(\theta)$ 的推导矢量 $\boldsymbol{a}_\theta = (\mathrm{d}/\mathrm{d}\theta)(\boldsymbol{a}(\theta))$ 垂直于 $\boldsymbol{a}(\theta)$，这里 θ 是矢量函数 $\boldsymbol{a}(\theta)$ 的变量。

这一论点的证明基于以下理由：

①
$$[\boldsymbol{a}(\theta)]^2 = \boldsymbol{a}(\theta) \cdot a(\boldsymbol{\theta}) = 1 \tag{4.4.5}$$

这是因为 $\boldsymbol{a}(\theta)$ 是单位矢量。对方程（4.4.5）的两边求导，我们得

$$\boldsymbol{a} \cdot \boldsymbol{a}_\theta = 0 \tag{4.4.6}$$

② 方程（4.4.6）证实，单位矢量 $\boldsymbol{a}(\theta)$ 的推导矢量 $\boldsymbol{a}_\theta$ 垂直于 $\boldsymbol{a}(\theta)$。

步骤2：我们考察平面曲线的矢量方程 $\boldsymbol{r}(s)$。曲线的单位法线矢量表示为

$$\boldsymbol{t} = \frac{\mathrm{d}}{\mathrm{d}s}(\boldsymbol{r}(s)) = \boldsymbol{r}_s \tag{4.4.7}$$

矢量

$$\boldsymbol{r}_{ss} = \frac{\mathrm{d}}{\mathrm{d}s}(\boldsymbol{t}(s)) = \boldsymbol{t}_s \tag{4.4.8}$$

是单位矢量的推导矢量。这样，类似于方程（4.4.5），我们有

$$\boldsymbol{r}_{ss} \cdot \boldsymbol{t} = 0 \tag{4.4.9}$$

单位矢量 $\boldsymbol{m}$ 具有与 $\boldsymbol{r}_{ss}$ 相同的方向［参见方程（4.4.4）］，因此 $\boldsymbol{m}$ 垂直于单位切线矢量 $\boldsymbol{t}$。

步骤3：在弗雷内基本三棱形内，$\boldsymbol{b}$ 垂直于曲线（见图4.4.2）所在的平面 Π，并且表示为

$$\boldsymbol{b} \doteq \boldsymbol{t} \times \boldsymbol{m} = \frac{\boldsymbol{r}_s \times \boldsymbol{r}_{ss}}{|\boldsymbol{r}_{ss}|} = \frac{\boldsymbol{r}_s \times \boldsymbol{r}_{ss}}{|\boldsymbol{r}_s \times \boldsymbol{r}_{ss}|} \tag{4.4.10}$$

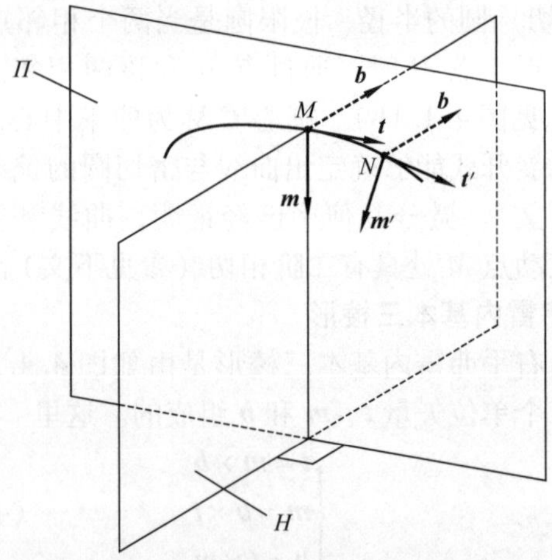

图4.4.2　平面曲线的弗雷内基本三棱形

矢量 $\boldsymbol{r}_s$ 已位于平面 Π。在步骤2中，证明了 $\boldsymbol{r}_{ss}$ 垂直于 $\boldsymbol{t}$。只要 $\boldsymbol{r}_{ss}$ 也位于平面 Π 内，方程（4.4.10）就是成立的。矢量 $\boldsymbol{m}$ 是平面曲线的单位法线矢量，因为其垂直于单位切线矢量 $\boldsymbol{t}$，并且位于表示曲线的平面 Π。

论点2）强调单位法线矢量 $\boldsymbol{m}$ 是从点 M 指向密切圆的圆心 C。该理论点的证明基于泰勒展开式和以下步骤。

步骤1：假定曲线用矢量函数 $\boldsymbol{r}(s)$ 表示。点 M 和 N 是曲线上的两个相邻点，并且 $\overline{MN}$ 是 N 相对于 M 的位移矢量（见图4.4.1b）。

步骤2：位移矢量 $\overrightarrow{MN}$ 可以用泰勒展开式表示为

$$\overrightarrow{MN} = \boldsymbol{r}(s+\Delta s) - \boldsymbol{r}(s) = \boldsymbol{r}_s \Delta s + \boldsymbol{r}_{ss}\frac{\Delta s^2}{2} + \boldsymbol{r}_{sss}\frac{\Delta s^2}{6} + \cdots \tag{4.4.11}$$

推导矢量 $\boldsymbol{r}_s$、$\boldsymbol{r}_{ss}$和 $\boldsymbol{r}_{sss}$是在曲线上的点 M 取得的。

步骤3：从微分几何中知道，平面曲线与密切圆在曲线的流动点 M 处为二阶相切（见图4.4.1b）。这样，在考察矢量$\overrightarrow{MN}$时，我们可以仅采用泰勒展开式的前两项。

矢量 $\boldsymbol{r}_s\Delta s$ 的指向沿着曲线的切线。矢量 $\boldsymbol{r}_{ss}$（$\Delta s^2/2$）（$\Delta s^2>0$）的指向沿着曲线的法线，并可决定曲线离开切线的偏移量。曲线与密切圆处于二阶相切，所以密切圆和曲线离开切线的偏移量是相等的。因此，曲线离开切线的偏移量是朝向点 C 的，即曲线的曲率中心。

步骤4：矢量 $\boldsymbol{m}$ 具有与 $\boldsymbol{r}_{ss}$（$\Delta s^2/2$）相同的方向。于是 $\boldsymbol{m}$ 是平面曲线的单位法线矢量，在曲线正常点处，其总是指向曲线的曲率中心，论点2）得到证明。

利用至少具有三项的泰勒展开式（4.4.11），我们可以使得曲线离开密切圆的偏移量形象化。这个偏移量可用 $\boldsymbol{r}_{sss}$（$\Delta s^3/6$）来表示，这里的 Δs 对点 N 为正值，对点 N'为负值（见图4.4.1b）。这一点意味着，曲线离开密切圆的偏移量对点 N 和 N'具有不同的符号。在点 M 的偏移量为零。

3. 弗雷内方程

假定有两个基本三棱形：（$\boldsymbol{t}$，$\boldsymbol{m}$，$\boldsymbol{b}$）和（$\boldsymbol{t}'$，$\boldsymbol{m}'$，$\boldsymbol{b}$），其位于曲线的两相邻点 M 和 N（见图4.4.2）。基本三棱形（$\boldsymbol{t}$，$\boldsymbol{m}$，$\boldsymbol{b}$）与基本三棱形（$\boldsymbol{t}'$，$\boldsymbol{m}'$，$\boldsymbol{b}$）重合时，其所完成的运动可表示为两个运动分量：

① 沿曲线从 M 到 N 的移动（基本三棱形的单位矢量 $\boldsymbol{t}$、$\boldsymbol{m}$、$\boldsymbol{b}$ 保持其原来的方向不变）。

② 绕 $\boldsymbol{b}$ 的转动［这样，基本三棱形（$\boldsymbol{t}$、$\boldsymbol{m}$、$\boldsymbol{b}$）将与基本三棱形（$\boldsymbol{t}$、$\boldsymbol{m}'$、$\boldsymbol{b}$）重合］。

我们将绕 $\boldsymbol{b}$ 的回转角表示为

$$\mathrm{d}\boldsymbol{\alpha}=\mathrm{d}\alpha\,\boldsymbol{b} \tag{4.4.12}$$

矢量 $\boldsymbol{m}$ 和 $\boldsymbol{t}$ 顶端的位移用如下方程表示：

$$\mathrm{d}\boldsymbol{m}=\mathrm{d}\boldsymbol{\alpha}\times\boldsymbol{m}=\begin{vmatrix}\boldsymbol{t} & \boldsymbol{m} & \boldsymbol{b}\\ 0 & 0 & \mathrm{d}\alpha\\ 0 & 1 & 0\end{vmatrix}=-\mathrm{d}\alpha\,\boldsymbol{t} \tag{4.4.13}$$

$$\mathrm{d}\boldsymbol{t}=\mathrm{d}\boldsymbol{\alpha}\times\boldsymbol{t}=\begin{vmatrix}\boldsymbol{t} & \boldsymbol{m} & \boldsymbol{b}\\ 0 & 0 & \mathrm{d}\alpha\\ 1 & 0 & 0\end{vmatrix}=\mathrm{d}\alpha\,\boldsymbol{m} \tag{4.4.14}$$

考虑到 $\mathrm{d}\alpha/\mathrm{d}s=\kappa$，从方程（4.4.13）和（4.4.14），可得

$$\boldsymbol{m}_s=-\kappa\boldsymbol{t} \tag{4.4.15}$$

$$\boldsymbol{t}_s=\kappa\boldsymbol{m} \tag{4.4.16}$$

方程（4.4.15）和方程（4.4.16）称为弗雷内方程。

4. 用矢量函数 $\boldsymbol{r}(s)$表示曲线的曲率

下面，我们将认为，曲线表示在平面（x，y）内，并且方程（4.4.15）和方程（4.4.16）中的矢量可以表示如下：

$$\begin{cases}\boldsymbol{m}_s=m_{sx}\boldsymbol{i}+m_{sy}\boldsymbol{j}\\ \boldsymbol{t}=\boldsymbol{r}_s=x_s\boldsymbol{i}+y_s\boldsymbol{j}\\ \boldsymbol{t}_s=\boldsymbol{r}_{ss}=x_{ss}\boldsymbol{i}+y_{ss}\boldsymbol{j}\\ \boldsymbol{m}=m_x\boldsymbol{i}+m_y\boldsymbol{j}\end{cases} \tag{4.4.17}$$

式中，$\boldsymbol{i}$ 和 $\boldsymbol{j}$ 分别为坐标轴 x 和 y 的单位矢量。

从方程（4.4.15）可推导出确定曲线曲率的如下方程：

$$\kappa = -\boldsymbol{m}_s \cdot \boldsymbol{t} \tag{4.4.18}$$

重复一下，$\boldsymbol{t}$ 是单位矢量。

$$\kappa = -\frac{m_{sx}}{x_s} = -\frac{m_{sy}}{y_s} \tag{4.4.19}$$

从方程（4.4.16）可推导出如下确定曲率 κ 的方程：

$$\kappa = \boldsymbol{r}_{ss} \cdot \boldsymbol{m} \tag{4.4.20}$$

$$\kappa = |\boldsymbol{r}_{ss}| = |\boldsymbol{r}_s \times \boldsymbol{r}_{ss}| \tag{4.4.21}$$

推导方程（4.4.20）基于如下步骤。

1）我们考察方程（4.4.16），并且考虑到 $\boldsymbol{m}$ 是单位矢量。于是，我们得到

$$\kappa = \boldsymbol{t}_s \cdot \boldsymbol{m} = \frac{\mathrm{d}}{\mathrm{d}s}(\boldsymbol{t}) \cdot \boldsymbol{m} \tag{4.4.22}$$

其中

$$\begin{cases} \boldsymbol{t} = \boldsymbol{r}_s \\ \dfrac{\mathrm{d}}{\mathrm{d}s}(\boldsymbol{t}) = \boldsymbol{r}_{ss} \end{cases} \tag{4.4.23}$$

2）从方程（4.4.22）和（4.4.23），可推导出方程（4.4.20）。

推导方程（4.4.21）基于如下理由。

① 考虑到 $\boldsymbol{m}$ 是单位矢量，我们从方程（4.4.16）得

$$\kappa = |\boldsymbol{t}_s| = |\boldsymbol{r}_{ss}| \tag{4.4.24}$$

② 从确定单位矢量 $\boldsymbol{b}$ 的方程（4.4.10）可推导出

$$|\boldsymbol{r}_{ss}| = |\boldsymbol{r}_s \times \boldsymbol{r}_{ss}| \tag{4.4.25}$$

③ 方程（4.4.24）和方程（4.4.25）可以证实所给出的方程（4.4.21）。

我们着重指出，用方程（4.4.18）~方程（4.4.21）所确定的曲线曲率总为正值。曲率半径 $\overrightarrow{MC}$ 的方向（见图4.4.1b）与单位法线矢量 $\boldsymbol{m}(s)$ 的方向相同。

5. 用矢量函数 $\boldsymbol{r}(\theta)$ 表示参数曲线的曲率

通常，平面曲线用矢量函数 $\boldsymbol{r}(\theta)$ 表示为参数式。我们的目标是推导出直接确定曲线的曲率 $\kappa(\theta)$，以及单位矢量 $\boldsymbol{t}(\theta)$、$\boldsymbol{m}(\theta)$ 和 $\boldsymbol{b}(\theta)$ 的方程。

可以证明，曲线 $\boldsymbol{r}(\theta)$ 的曲率可用如下方程表示：

$$\kappa(\theta) = -\frac{\boldsymbol{m}_\theta \cdot \boldsymbol{r}_\theta}{\boldsymbol{r}_\theta^2} \tag{4.4.26}$$

$$\kappa(\theta) = -\frac{m_{\theta x}}{x_\theta} = -\frac{m_{\theta y}}{y_\theta} \tag{4.4.27}$$

$$\kappa(\theta) = \frac{\boldsymbol{t}_\theta \cdot \boldsymbol{m}(\theta)}{|\boldsymbol{r}_\theta|} \tag{4.4.28}$$

$$\kappa(\theta) = \frac{t_{\theta x}}{|\boldsymbol{r}_\theta| m_x} = \frac{t_{\theta y}}{|\boldsymbol{r}_\theta| m_y} \tag{4.4.29}$$

$$\kappa(\theta) = \frac{|\boldsymbol{r}_\theta \times \boldsymbol{r}_{\theta\theta}|}{|\boldsymbol{r}_\theta|^3} \tag{4.4.30}$$

$$\kappa(\theta)=\frac{\boldsymbol{r}_{\theta\theta}\cdot\boldsymbol{m}(\theta)}{\boldsymbol{r}_{\theta}^{2}} \tag{4.4.31}$$

推导方程（4.4.26）~方程(4.4.31）基于以下步骤。

1）我们假定平面曲线用矢量函数 $\boldsymbol{r}(s(\theta))$ 来表示，这里的 s 为弧长。

2）对上述的矢量函数求导，我们得到如下辅助关系式：

$$\boldsymbol{r}_{\theta}=\boldsymbol{r}_{s}\frac{\mathrm{d}s}{\mathrm{d}\theta} \tag{4.4.32}$$

其中

$$\frac{\mathrm{d}s}{\mathrm{d}\theta}=|\boldsymbol{r}_{\theta}|,\quad |\boldsymbol{r}_{s}|=1 \tag{4.4.33}$$

因为

$$\boldsymbol{r}_{\theta\theta}=\boldsymbol{r}_{ss}\left(\frac{\mathrm{d}s}{\mathrm{d}\theta}\right)^{2}+\boldsymbol{r}_{s}\left(\frac{\mathrm{d}^{2}s}{\mathrm{d}\theta^{2}}\right) \tag{4.4.34}$$

容易证明

$$\boldsymbol{r}_{s}\times\boldsymbol{r}_{ss}=\frac{\boldsymbol{r}_{\theta}\times\boldsymbol{r}_{\theta\theta}}{\left(\frac{\mathrm{d}s}{\mathrm{d}\theta}\right)^{3}}=\frac{\boldsymbol{r}_{\theta}\times\boldsymbol{r}_{\theta\theta}}{|\boldsymbol{r}_{\theta}|^{3}} \tag{4.4.35}$$

3）利用方程（4.4.15）和方程（4.4.16），以及辅助关系式（4.4.32）~式(4.4.35)，经过变换后，我们得到所给出的方程（4.4.26）~方程(4.4.31)。

我们着重指出，在所推导出的方程中，曲率 κ 总为正值，并且曲率半径矢量 $\overrightarrow{MC}$ 的方向与矢量 $\boldsymbol{m}(\theta)$ 的方向相同。

弗雷内基本三棱形的单位矢量 $\boldsymbol{t}(\theta)$、$\boldsymbol{b}(\theta)$ 和 $\boldsymbol{m}(\theta)$ 的方向用如下方程表示：

$$\boldsymbol{t}(\theta)=\frac{\boldsymbol{r}_{\theta}}{|\boldsymbol{r}_{\theta}|} \tag{4.4.36}$$

$$\boldsymbol{b}(\theta)=\frac{\boldsymbol{r}_{\theta}\times\boldsymbol{r}_{\theta\theta}}{|\boldsymbol{r}_{\theta}\times\boldsymbol{r}_{\theta\theta}|} \tag{4.4.37}$$

$$\boldsymbol{m}(\theta)=\boldsymbol{b}(\theta)\times\boldsymbol{t}(\theta)=\frac{(\boldsymbol{r}_{\theta}\times\boldsymbol{r}_{\theta\theta})\times\boldsymbol{r}_{\theta}}{|\boldsymbol{r}_{\theta}\times\boldsymbol{r}_{\theta\theta}||\boldsymbol{r}_{\theta}|} \tag{4.4.38}$$

为了推导出方程 $\boldsymbol{b}(\theta)$，我们曾经用过表达式（4.4.35）和方程（4.4.10）。

为了深入一步讨论，重要的是要认识到，矢量 $\boldsymbol{m}(\theta)$ 与 $\boldsymbol{r}_{ss}$ 具有相同的方向，并且与 $\boldsymbol{r}_{\theta\theta}$ 形成锐角。不等式

$$\boldsymbol{r}_{\theta\theta}\cdot\boldsymbol{m}(\theta)>0\quad(\boldsymbol{r}_{\theta\theta}\neq\boldsymbol{0},\boldsymbol{m}(\theta)\neq\boldsymbol{0}) \tag{4.4.39}$$

是由方程（4.4.34）得出的，从该方程可推导出

$$\boldsymbol{r}_{\theta\theta}\cdot\boldsymbol{r}_{ss}=\boldsymbol{r}_{ss}^{2}\left(\frac{\mathrm{d}s}{\mathrm{d}\theta}\right)^{2}=(\boldsymbol{r}_{ss}^{2})\cdot(\boldsymbol{r}_{\theta}^{2})>0 \tag{4.4.40}$$

重复一下，$\boldsymbol{r}_{s}$、$\boldsymbol{r}_{ss}=0$，因为这两个矢量是垂直的。矢量 $\boldsymbol{m}$ 具有与 $\boldsymbol{r}_{ss}$ 相同的方向。

确定曲线曲率最有效的方程是方程（4.4.30）和变型的方程（4.4.31）（参见下文）。其他的来自式（4.4.26）~式(4.4.29）的这一组方程比较复杂，因为它们要求确定的推导的矢量 $\boldsymbol{m}_{\theta}=(\mathrm{d}/\mathrm{d}\theta)(\boldsymbol{m})$ 和 $\boldsymbol{t}_{\theta}=(\mathrm{d}/\mathrm{d}\theta)(\boldsymbol{t})$ 是复杂的。

6. 方程（4.4.31）的变型式

方程（4.4.31）的变型式基于用如下的矢量方程表示平面曲线的单位法线矢量：

$$\boldsymbol{n}=\frac{\boldsymbol{k}\times\boldsymbol{r}_\theta}{|\boldsymbol{r}_\theta|} \tag{4.4.41}$$

或

$$\boldsymbol{n}=\frac{\boldsymbol{r}_\theta\times\boldsymbol{k}}{|\boldsymbol{r}_\theta|} \tag{4.4.42}$$

这里，$\boldsymbol{k}$ 是垂直于平面（x，y）的单位矢量，而曲线表示在平面内。矢量方程（4.4.41）或方程（4.4.42）确定平面曲线的单位法线矢量为垂直于曲线的切线，且位于平面（x，y）的单位矢量。矢量 $\boldsymbol{n}$ 可能与 $\boldsymbol{m}$ 重合，也可能与 $\boldsymbol{m}$ 相反。这意味着，$\boldsymbol{n}$ 的方向可能与曲率半径 $\overrightarrow{MC}$ 重合，也可能与其相反（见图4.4.1b）。方程（4.4.31）的变型式表示为

$$\kappa(\theta)=\frac{\boldsymbol{r}_{\theta\theta}\cdot\boldsymbol{n}}{\boldsymbol{r}_\theta^2} \tag{4.4.43}$$

方程（4.4.43）确定曲率 κ 为代数值。κ 的正（负）值指示曲率中心位于单位法线矢量 $\boldsymbol{n}$ 为正（负）值的方向。这个规则对于用矢量方程（4.4.41）或方程（4.4.42）表示单位法线矢量 $\boldsymbol{n}$ 的两种方法都是有效的。

容易证明，$\boldsymbol{n}$ 相对于 $\boldsymbol{m}$ 的方向可用数积 $\boldsymbol{m}\cdot\boldsymbol{n}$ 的符号来确定：正（负）号显示 $\boldsymbol{n}$ 与 $\boldsymbol{m}$ 同（反）向。我们假定单位法线矢量 $\boldsymbol{n}$ 用矢量方程（4.4.42）来确定。利用方程（4.4.42）和方程（4.4.38），我们得到

$$\boldsymbol{m}\cdot\boldsymbol{n}=\frac{[(\boldsymbol{r}_\theta\times\boldsymbol{r}_{\theta\theta})\times\boldsymbol{r}_\theta]\cdot(\boldsymbol{r}_\theta\times\boldsymbol{k})}{|\boldsymbol{r}_\theta\times\boldsymbol{r}_{\theta\theta}|\boldsymbol{r}_\theta^2} \tag{4.4.44}$$

从方程（4.4.44）可推导出（参阅矢量代数）

$$\boldsymbol{m}\cdot\boldsymbol{n}=\frac{\boldsymbol{r}_{\theta\theta}\cdot(\boldsymbol{r}_\theta\times\boldsymbol{k})}{|\boldsymbol{r}_\theta\times\boldsymbol{r}_{\theta\theta}|}=\frac{x_{\theta\theta}y_\theta-y_{\theta\theta}x_\theta}{|y_{\theta\theta}x_\theta-x_{\theta\theta}y_\theta|} \tag{4.4.45}$$

如果

$$x_{\theta\theta}y_\theta-y_{\theta\theta}x_\theta>0 \tag{4.4.46}$$

则用方程（4.4.42）确定的 $\boldsymbol{n}$ 的方向与 $\boldsymbol{m}$ 的方向一致。

7. 利用速度和加速度表示方程（4.4.43）

假定平面曲线用矢量方程 $\boldsymbol{r}(\theta)$ 表示。一点沿曲线运动的速度 $\boldsymbol{v}_r$ 和加速度 $\boldsymbol{a}_r$ 用如下方程表示：

$$\boldsymbol{v}_r=(x_\theta\boldsymbol{i}+y_\theta\boldsymbol{j})\frac{\mathrm{d}\theta}{\mathrm{d}t} \tag{4.4.47}$$

$$\boldsymbol{a}_r=(x_{\theta\theta}\boldsymbol{i}+y_{\theta\theta}\boldsymbol{j})\left(\frac{\mathrm{d}\theta}{\mathrm{d}t}\right)^2+(x_\theta\boldsymbol{i}+y_\theta\boldsymbol{j})\frac{\mathrm{d}^2\theta}{\mathrm{d}t^2}=\boldsymbol{a}_r^{(n)}+\boldsymbol{a}_r^{(t)} \tag{4.4.48}$$

下角标 r 表示点沿着曲线运动，并且是对曲线做相对运动。上角标（n）和（t）表示加速度的法向和切向分量。从方程（4.4.43）、方程（4.4.47）和方程（4.4.48）可推导出确定曲线曲率的如下方程：

$$\kappa=\frac{\boldsymbol{a}_r\cdot\boldsymbol{n}}{\boldsymbol{v}_r^2}=\frac{\boldsymbol{a}_r^{(n)}\cdot\boldsymbol{n}}{\boldsymbol{v}_r^2} \tag{4.4.49}$$

这是因为 $\boldsymbol{a}_r^{(t)} \cdot \boldsymbol{n} = 0$

容易证明，方程（4.4.43）和方程（4.4.49）是恒等的。

8. 用显函数或隐函数表示曲线的曲率

假定曲线表示为

$$y(x) \in C^2 \quad (x_1 < x < x_2) \tag{4.4.50}$$

或

$$F(x,y) = 0 \quad (F \in C^2, |F_x| + |F_y| \neq 0) \tag{4.4.51}$$

如前所述，曲率表示为

$$\kappa = \frac{\mathrm{d}\alpha}{\mathrm{d}s} \tag{4.4.52}$$

对于用函数（4.4.50）给出的曲线，我们有

$$\tan\alpha = \frac{\mathrm{d}y}{\mathrm{d}x} = y_x \tag{4.4.53}$$

$$\mathrm{d}s = \sqrt{\mathrm{d}x^2 + \mathrm{d}y^2} = \sqrt{1 + y_x^2}\,\mathrm{d}x \tag{4.4.54}$$

对方程（4.4.53）求导，我们得

$$\frac{1}{\cos^2\alpha}\mathrm{d}\alpha = \frac{\mathrm{d}^2 y}{\mathrm{d}x^2}\mathrm{d}x = y_{xx}\mathrm{d}x$$

和

$$\mathrm{d}\alpha = \cos^2\theta y_{xx}\mathrm{d}x = \frac{1}{1 + \tan^2\alpha} y_{xx}\mathrm{d}x = \frac{y_{xx}}{(1 + y_x^2)}\mathrm{d}x \tag{4.4.55}$$

从方程（4.4.52）、方程（4.4.54）和方程（4.4.55）得

$$\kappa = \frac{y_{xx}}{(1 + y_x^2)^{\frac{3}{2}}} \tag{4.4.56}$$

对于用方程（4.4.51）表示的曲线，我们得

$$F_x\mathrm{d}x + F_y\mathrm{d}y = 0$$

假定 $F_y \neq 0$，我们得

$$\frac{\mathrm{d}y}{\mathrm{d}x} = \frac{F_x}{F_y} \tag{4.4.57}$$

$$\frac{\mathrm{d}^2 y}{\mathrm{d}x^2} = \frac{2F_xF_yF_{xy} - F_x^2F_{yy} - F_{xx}F_y^2}{F_y^3} \tag{4.4.58}$$

$$\kappa = \frac{2F_xF_yF_{xy} - F_x^2F_{yy} - F_{xx}F_y^2}{(F_x^2 + F_y^2)^{\frac{3}{2}}} \tag{4.4.59}$$

在对方程（4.4.57）求导时，我们曾经假定

$$F_x = F_x(x,y)$$

$$F_y = F_y(x,y)$$

$$\frac{\partial}{\partial x}(F_x) = F_{xx} + F_{xy}\frac{\mathrm{d}y}{\mathrm{d}x} = F_{xx} - F_{xy}\frac{F_x}{F_y}$$

$$\frac{\partial}{\partial x}(F_y) = F_{yx} + F_{yy}\frac{\mathrm{d}y}{\mathrm{d}x} = F_{yx} - F_{yy}\frac{F_x}{F_y}$$

例题 4.4.1

渐开线用如下方程表示：

$$\begin{cases} x_1 = \rho(\sin\phi - \phi\cos\phi) \\ y_1 = \rho(\cos\phi + \phi\sin\phi) \end{cases} \tag{4.4.60}$$

式中，ϕ 是曲线的参数；ρ 为基圆的半径。

假定描绘点 M 位于滚动直线，并且 $a = |\overrightarrow{AM_O}| = 0$（见图 1.6.2），则从长幅渐开线方程（1.6.4）可推导出以上两个方程。渐开线的单位法线矢量表示为

$$\boldsymbol{n} = \boldsymbol{t} \times \boldsymbol{k} \tag{4.4.61}$$

式中，$\boldsymbol{k}$ 是 z 轴的单位矢量；$\boldsymbol{t}$ 是平面曲线的单位切线矢量。

利用方程（4.4.43）确定渐开线的曲率。

解

$$\kappa = \frac{1}{\rho\phi} \quad (\text{假定 } \phi \neq 0)$$

例题 4.4.2

长幅外摆线（见图 1.6.1）用方程（1.6.2）表示。我们考察普通外摆线［假定方程（1.6.2）中的 $a = |\overrightarrow{O_2M}| = \rho_2$］。外摆线的单位法线矢量用方程（4.4.61）表示。利用方程（4.4.43）确定定外摆线的曲率。

提示：经过变换以后，外摆线的切向矢量 $\boldsymbol{T}_1$ 的分量表示如下：

$$\begin{cases} T_{x1} = 2\sin\dfrac{\phi_1}{2}\left[\sin\left(\phi_1 + \dfrac{\phi_2}{2}\right)\right]E \\ T_{y1} = 2\sin\dfrac{\phi_2}{2}\left[\cos\left(\phi_1 + \dfrac{\phi_2}{2}\right)\right]E \end{cases} \tag{4.4.62}$$

解

$$\kappa = \frac{\rho_1 + 2\rho_2}{4\rho_2(\rho_1 + \rho_2)\sin\dfrac{\phi_2}{2}} \quad (\text{假定 } \phi_2 \neq 0)$$

第5章 曲面

5.1 曲面的参数表示

曲面的参数表示是指曲面上流动点的位置矢量用两个变量 u 和 θ 来联系，并且用如下矢量方程表示：

$$\boldsymbol{r}(u,\theta)=f(u,\theta)\boldsymbol{i}+g(u,\theta)\boldsymbol{j}+s(u,\theta)\boldsymbol{k} \tag{5.1.1}$$

式中，$\boldsymbol{i}$、$\boldsymbol{j}$ 和 $\boldsymbol{k}$ 为坐标轴的单位矢量；如果 u 和 θ 给定的话，函数确定曲面上点的笛卡儿坐标为

$$\begin{cases} f(u,\theta)=x(u,\theta) \\ g(u,\theta)=y(u,\theta) \\ s(u,\theta)=z(u,\theta) \end{cases} \tag{5.1.2}$$

我们可以想象在参数（u，θ）的平面内有一长方形 G（见图 5.1.1）。矢量方程（5.1.1）建立了长方形 G 内的给定点和曲面上单一点 $\boldsymbol{r}$（u，θ）的对应关系。一般来说无法保证一一对应，可能曲面上的给定点 $\boldsymbol{r}(u, \theta)$ 对应于长方形 G 上的不止一个点。参数组（u，θ）和位置矢量 $\boldsymbol{r}(u, \theta)$ 之间一一对应的曲面称作简单曲面，这样的曲面没有交点。

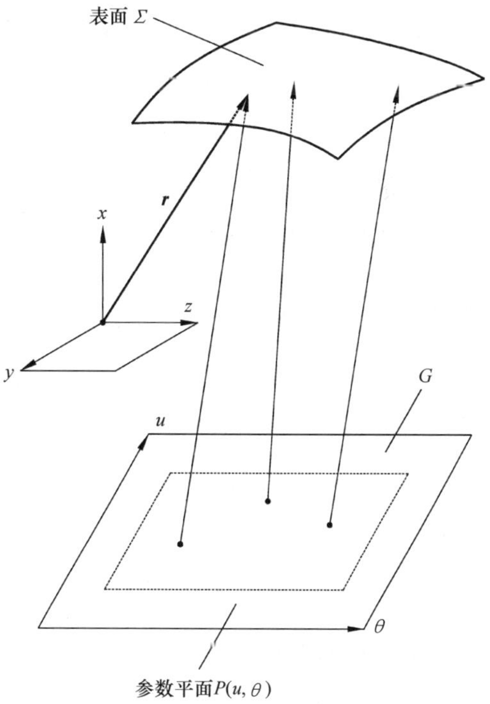

图 5.1.1 曲面的映射

5.2 曲面上的曲线坐标

参数（u，θ）称作曲面上的曲线坐标（高斯坐标）。设想两曲线坐标中一个是固定的，例如 $\theta=\theta_O$，而另一个坐标（u）是变化的。这样，方程

$$\boldsymbol{r}(u,\theta_O)=x(u,\theta_O)\boldsymbol{i}+y(u,\theta_O)\boldsymbol{j}+z(u,\theta_O)\boldsymbol{k} \tag{5.2.1}$$

表示曲面上的一条曲线，该线称作 u 线。类似地，设 $u=u_O$，利用 $\boldsymbol{r}(u_O, \theta)$，我们可以确定曲面上的 θ 线。这样，曲面可能被 u 线和 θ 线覆盖，如图 5.2.1 所示。

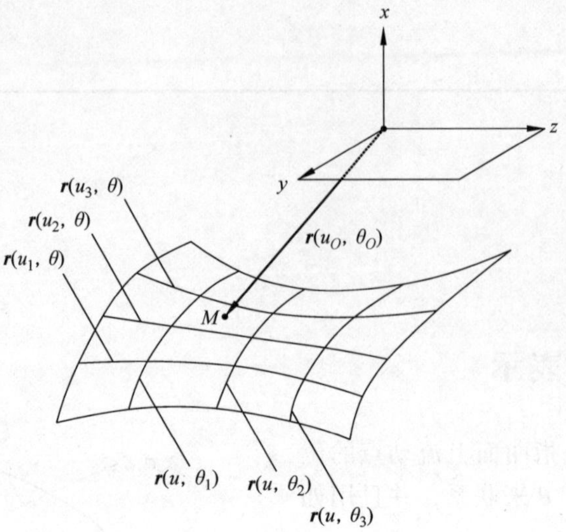

图 5.2.1　曲面上的坐标线

5.3　切面和曲面的法线

假定点 M_O 固定在曲面上，并且该点的位置矢量用 $\boldsymbol{r}(u_O, \theta_O)$ 表示。相邻点用下式表示：

$$\boldsymbol{r}(u,\theta)=\boldsymbol{r}(u_O+\Delta u,\theta_O+\Delta\theta)$$

M 相对于 M_O 的位置决定于所选取的一组 Δu 和 $\Delta\theta$。从点 M_O 到点 M 引一条射线。该射线与曲线相交，并且其方向取决于比值 $\Delta u/\Delta\theta$。当点 M 趋近 M_O 时［当（u，θ）趋近于（u_O，θ_O）时，射线的位置称作射线的极限位置（参见 Zalgaller 1975 年的专著）。在极限位置的射线切于曲面。因为 M 相对于 M_O 的位置取决于（Δu，$\Delta\theta$），所以在 M_O 的邻域内，有一点 M 的集合，还有一极限射线的集合，这些极限射线是从 M_O 引出的，并且是曲面的切线。如果极限射线集合充满一个平面，则我们认为曲面在点 M_O 有一个切面。

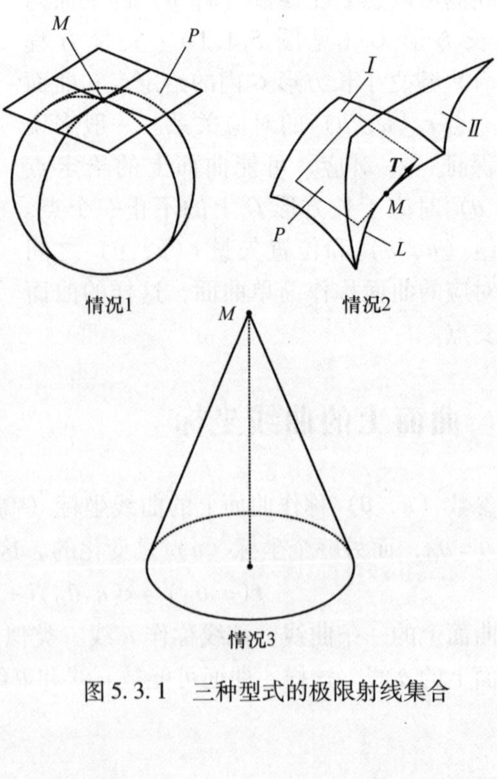

图 5.3.1　三种型式的极限射线集合

图 5.3.1 所示的为表示三种型式的极限射线集合。在第一种情况下，极限射线集合充满于点 M 切于曲线的平面 P。在第二种情况下，曲面的两个分支有一条公共线 L，即所谓的脊线。以 L 上的点 M 引出的极限射线集合仅充满于半个平面，这个半平

面被在点 M 对 L 引出的切线 $\boldsymbol{T}$ 所限制。在第三种情况下，点 M 是锥顶，并且极限射线集合充满于锥面，在点 M 不存在切面。

曲面上这样的点称为正常点，在该点极限射线集合充满于全部平面。曲面在这种点处有切面。曲面上这样的点称为奇异点，在该点切面不存在。曲面的切面 P（如果存在这样的平面）由一对矢量 $\boldsymbol{r}_u$ 和 $\boldsymbol{r}_\theta$ 确定，这两个矢量分别是 u 线和 θ 线的切线（见图5.3.2）。假定 $\boldsymbol{r}_u \neq 0$ 和 $\boldsymbol{r}_\theta \neq 0$，并且矢量 $\boldsymbol{r}_u$ 和 $\boldsymbol{r}_\theta$ 不共线。在曲面上点 $\boldsymbol{r}(u_O, \theta_O)$ 处的切面 P 用如下方程表示：

$$\boldsymbol{A} \cdot (\boldsymbol{r}_u \times \boldsymbol{r}_\theta) = 0 \qquad (5.3.1)$$

这里

$$\boldsymbol{A} = \boldsymbol{R} - \boldsymbol{r}(u_O, \theta_O) = \overrightarrow{MM}^*$$

位置矢量 $\boldsymbol{R}$ 是从与 $\boldsymbol{r}(u_O, \theta_O)$ 相同的原点引至切面的任意点 M^*。从方程(5.3.1)推导出，矢量 $\boldsymbol{A} = \overrightarrow{MM}^*$ 位于通过取在点 $\boldsymbol{r}(u_O, \theta_O)$ 的矢量 $\boldsymbol{r}_u$ 和 $\boldsymbol{r}_\theta$ 所引出的平面。曲面的法线矢量 $\boldsymbol{N}$ 垂直于切面 P，并且用如下方程表示：

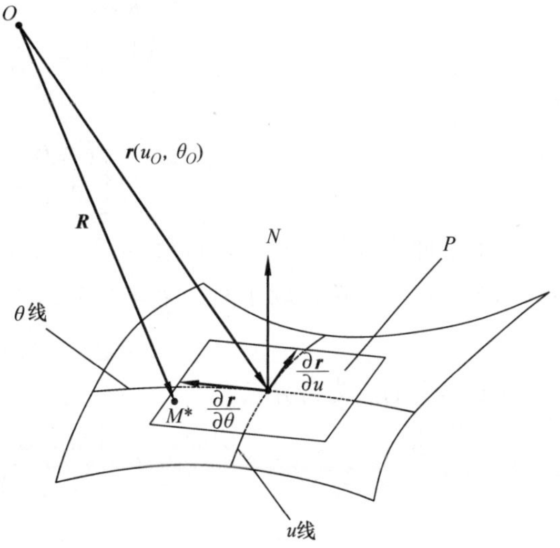

图5.3.2　曲面的切面

$$\boldsymbol{N} = \boldsymbol{r}_u \times \boldsymbol{r}_\theta \qquad (5.3.2)$$

曲面法线矢量的方向决定于矢积（5.3.2）的两个因子的顺序。曲面的法线矢量用坐标轴上的投影表示为

$$\boldsymbol{N} = \begin{vmatrix} \boldsymbol{i} & \boldsymbol{j} & \boldsymbol{k} \\ x_u & y_u & z_u \\ x_\theta & y_\theta & z_\theta \end{vmatrix} = \begin{vmatrix} y_u & z_u \\ y_\theta & z_\theta \end{vmatrix}\boldsymbol{i} + \begin{vmatrix} z_u & x_u \\ z_\theta & x_\theta \end{vmatrix}\boldsymbol{j} + \begin{vmatrix} x_u & y_u \\ x_\theta & y_\theta \end{vmatrix}\boldsymbol{k} \qquad (5.3.3)$$

单位法线矢量用下式表示：

$$\boldsymbol{n} = \frac{\boldsymbol{N}}{|\boldsymbol{N}|} = \frac{N_x}{|\boldsymbol{N}|}\boldsymbol{i} + \frac{N_y}{|\boldsymbol{N}|}\boldsymbol{j} + \frac{N_z}{|\boldsymbol{N}|}\boldsymbol{k} \qquad (5.3.4)$$

条件是

$$|\boldsymbol{N}| = (N_x^2 + N_y^2 + N_z^2)^{\frac{1}{2}} \neq 0$$

曲面上的点 $\boldsymbol{r}(u_O, \theta_O)$ 是奇异点，条件为

$$\boldsymbol{r}_u \times \boldsymbol{r}_\theta = \boldsymbol{0} \qquad (5.3.5)$$

只要矢积中的两个矢量至少有一个等于零，或者两个矢量共线，则曲面上就会出现奇异点。

5.4　曲面用隐函数表示

方程

$$F(x, y, z) = 0 \qquad (5.4.1)$$

可以表示曲面，或者仅仅表示一个点集。为了表示曲面，方程（5.4.1）必须补充如下附加条件：

$$\begin{cases} F \in C^1 \\ |F_x| + |F_y| + |F_z| \neq 0 \end{cases} \tag{5.4.2}$$

或

$$\begin{cases} F \in C^1 \\ F_x^2 + F_y^2 + F_z^2 \neq 0 \end{cases} \tag{5.4.3}$$

具备条件式（5.4.2）或式（5.4.3）的方程（5.4.1），在点 $M_O(x_O, y_O, z_O)$ 的邻域内局部地表示一简单正则曲面，而且点 M_O 的坐标满足方程（5.4.1）。如果

$$F_x = F_y = F_z = 0 \tag{5.4.4}$$

则曲面上的点为奇异点。

在正则曲面上一点处的切面，可用如下方程表示：

$$F_x(x_O, y_O, z_O)(X - x_O) + F_y(x_O, y_O, z_O)(Y - y_O) + F_z(x_O, y_O, z_O)(Z - z_O) = 0 \tag{5.4.5}$$

式中，X、Y 和 Z 是切面 P 内一点的坐标（图 5.3.2 上的点 M^*）；x_O、y_O、z_O 是曲面上点 M 的坐标；偏导数 F_x、F_y 和 F_z 取自点 M。

在点（x_O，y_O，z_O）处的曲面法线矢量 $\boldsymbol{N}$ 为

$$\boldsymbol{N} = F_x(x_O, y_O, z_O)\boldsymbol{i} + F_y(x_O, y_O, z_O)\boldsymbol{j} + F_z(x_O, y_O, z_O)\boldsymbol{k} \tag{5.4.6}$$

曲面的单位法线矢量 $\boldsymbol{n}$ 为

$$\boldsymbol{n} = \frac{F_x\boldsymbol{i} + F_y\boldsymbol{j} + F_z\boldsymbol{k}}{m} \tag{5.4.7}$$

式中，$m = (F_x^2 + F_y^2 + F_z^2)^{\frac{1}{2}}$。

5.5 曲面实例

直纹面表示一个直线族。这样的曲面可以由一条产形直线做某一运动而形成（见图 5.5.1）。直纹面最简单的几种情况是：锥面和柱面（其是由绕某一固定轴线回转的直线形成的）、螺旋面（阿基米德螺旋面）和渐开线斜齿轮的齿面（渐开线螺旋面）。后两种曲面是由直线做螺旋运动形成的（参见下文）。

一般说来，当直纹面上的点沿直线 L 移动时，其单位法线矢量的指向将改变方向（见图 5.5.1）。这个规律的例外情况是可展直纹面，这种直纹面可以展开在平面上，可展直纹面的单位法线矢量的方向对曲面直线上的所有点都是相同的。可展直纹面的典型实例是锥面、柱面和渐开线螺旋面（参见下文）。

1. 回转曲面

这种曲面（见图 5.5.2）可以用平面曲线绕 z 轴回转而形成：曲线 L 位于通过 z 轴的平面内。

假定形成回转曲面的平面曲线 L 在辅助坐标系 S_a 中（见图 5.5.3a）用如下方程表示：

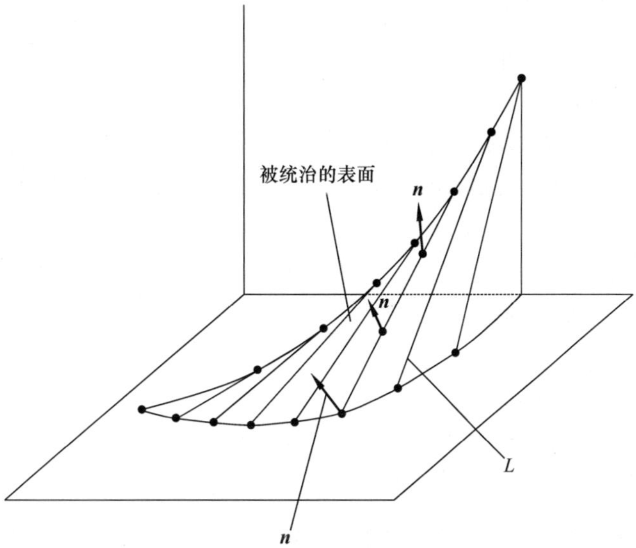

图 5.5.1　直纹面

$$\begin{cases} x_a = f(\theta), \\ y_a = 0 \\ z_a = g(\theta) \end{cases} \tag{5.5.1}$$

辅助坐标系绕 z 轴转动，并且由 $S_a(x_a, y_a, z_a)$ 到 $S(x, y, z)$ 的坐标变换（见图 5.5.3b）用如下矩阵表示：

$$\begin{bmatrix} x \\ y \\ z \\ 1 \end{bmatrix} = \begin{bmatrix} \cos\psi & -\sin\psi & 0 & 0 \\ \sin\psi & \cos\psi & 0 & 0 \\ 0 & 0 & 1 & 0 \\ 0 & 0 & 0 & 1 \end{bmatrix} \begin{bmatrix} x_a \\ y_a \\ z_a \\ 1 \end{bmatrix} \tag{5.5.2}$$

从方程（5.5.1）和方程（5.5.2）推导出

$$\begin{cases} x = f(\theta)\cos\psi \\ y = f(\theta)\sin\psi \quad (\theta_1 < \theta < \theta_2, 0 \leqslant \psi \leqslant 2\pi) \\ z = g(\theta) \end{cases} \tag{5.5.3}$$

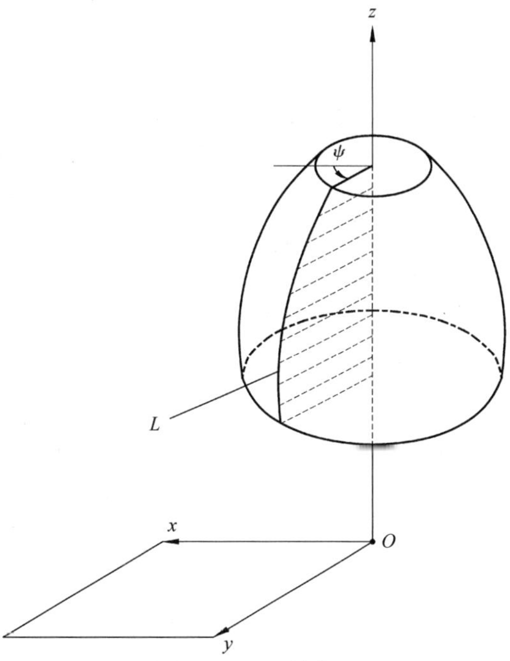

图 5.5.2　回转曲面

例题 5.5.1

假定有一用方程（5.5.3）表示的回转曲面。确定：

（i）θ 线和 u 线的方程，并解释其几何意义。

（ii）曲面的法线矢量 $\boldsymbol{N}$ 和单位法线矢量 $\boldsymbol{n}$ 的方程。

解

（i）θ 线用如下方程表示：

$$\begin{cases} x=f(\theta)\cos\psi_0 \\ y=f(\theta)\sin\psi_0 \\ z=g(\theta) \end{cases} \tag{5.5.4}$$

其中 ψ_0 是常数，并且该 θ 线位于过 z 轴且与 x 轴构成夹角 $\psi=\psi_0$ 的平面内（见图5.5.2）。

ψ 线用如下方程表示：

$$\begin{cases} x=f(\theta_O)\cos\psi \\ y=f(\theta_O)\sin\psi \\ z=g(\theta_O) \end{cases} \tag{5.5.5}$$

方程（5.5.5）表示一个圆，其半径为

$$\rho=(x^2+y^2)^{\frac{1}{2}}=f(\theta_O)$$

该圆位于平面 $z=g$（θ_O），而圆心在 z 轴上。

（ii）利用矢积 $\boldsymbol{r}_\theta\times\boldsymbol{r}_\psi$，曲面法线矢量在各坐标轴上的投影表示如下：

$$\begin{cases} N_x=f(\theta)g'(\theta)\cos\psi \\ N_y=-f(\theta)g'(\theta)\sin\psi \\ N_z=f(\theta)f'(\theta) \end{cases} \tag{5.5.6}$$

单位法线矢量可用下式求出［假定 $f(\theta)\neq 0$］：

$$\begin{cases} n_x=-\dfrac{g'(\theta)\cos\psi}{A} \\ n_y=\dfrac{g'(\theta)\sin\psi}{A} \\ n_z=\dfrac{f'(\theta)}{A} \end{cases} \tag{5.5.7}$$

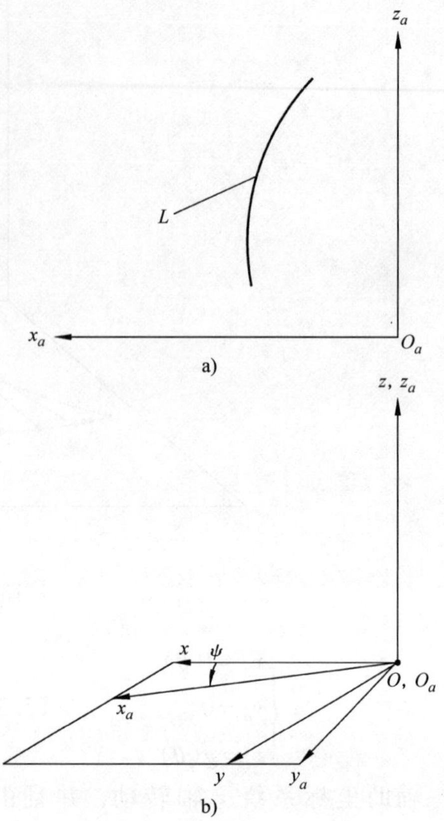

图5.5.3 回转曲面的形成
a）平面曲线 L 的表示 b）坐标系 S_a 和 S 球面

其中

$$A^2=[f'(\theta)]^2+[g'(\theta)]^2$$

$$f'(\theta)=\frac{\mathrm{d}}{\mathrm{d}\theta}f(\theta)$$

$$g'(\theta)=\frac{\mathrm{d}}{\mathrm{d}\theta}g(\theta)$$

2. 球面

这种曲面（见图5.5.4）是回转曲面的一种特殊情况。平面产形曲线 L 是一个半径为 ρ，圆心位于坐标系 $S(x,y,z)$ 原点 O 处的圆。球面是由圆绕 z 轴做回转运动而形成的；L_I 和 L_{II} 是产形圆的两个位置，而 ψ 是绕 z 轴的回转角。

假定还有一个与产形圆固接的辅助坐标系 S_a（见图5.5.5）。在坐标系 S_a 中，产形圆用如下方程表示：

$$\begin{cases} x_a=\rho\cos\theta \\ y_a=0 \\ z_a=\rho\sin\theta \end{cases} \tag{5.5.8}$$

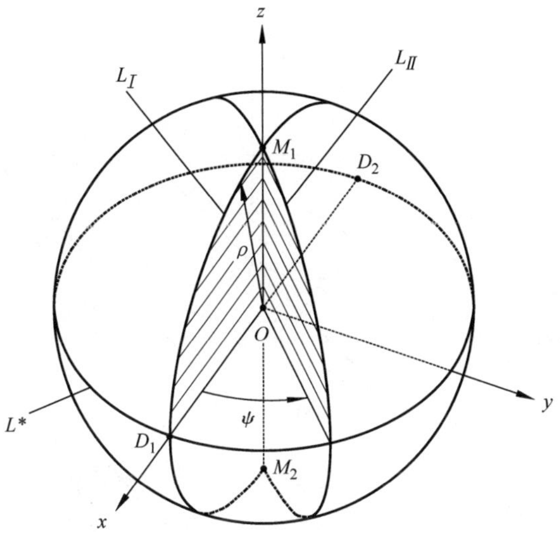

图 5.5.4 球面

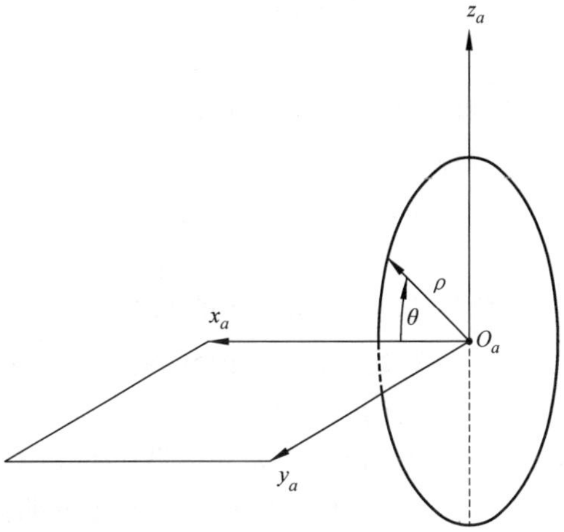

图 5.5.5 产形圆

利用矩阵方程（5.5.2）和方程（5.5.8），我们可将球面方程表示如下：

$$\begin{cases} x_a = \rho\cos\theta\cos\psi \\ y_a = \rho\cos\theta\sin\psi \quad (0<\theta<2\pi, 0<\psi<2\pi) \\ z_a = \rho\sin\theta \end{cases} \tag{5.5.9}$$

曲面的法线矢量 $\boldsymbol{N}=\boldsymbol{r}_\theta\times\boldsymbol{r}_\psi$ 由以下方程给定：

$$\begin{cases} N_x = -\rho^2\cos^2\theta\cos\psi \\ N_y = -\rho^2\cos^2\theta\sin\psi \\ N_z = -\rho^2\cos^2\theta\sin\theta \end{cases} \tag{5.5.10}$$

当 $\cos\theta=0$ 时，法线矢量 $\boldsymbol{N}$ 等于零。于是，点 M_1 和 M_2（见图 5.5.4）是奇异点。

我们必须区分奇异点和假奇异点。假奇异点的出现仅仅是由于所选的参数表示而导致的结果，通过改变参数表示中的参数，假奇异点可变成正常点。为了证明这一点，我们假定球面是由圆 L^* 绕 x 轴做回转运动形成的（见图 5.5.4）。在坐标系 S_a 中（见图 5.5.6a），圆 L^* 用以下方程表示：

$$\begin{cases} x_a = \rho\cos u \\ y_a = \rho\sin u \\ z_a = 0 \end{cases} \tag{5.5.11}$$

由 S_a 到 S 的坐标变换（见图 5.5.6b）用以下矩阵方程表示：

$$\begin{bmatrix} x \\ y \\ z \\ 1 \end{bmatrix} = \begin{bmatrix} 1 & 0 & 0 & 0 \\ 0 & \cos\phi & -\sin\phi & 0 \\ 0 & \sin\phi & \cos\phi & 0 \\ 0 & 0 & 0 & 1 \end{bmatrix} \begin{bmatrix} x_a \\ y_a \\ z_a \\ 1 \end{bmatrix} \tag{5.5.12}$$

由方程（5.5.11）和方程（5.5.12）得

$$\begin{cases} x=\rho\cos u \\ y=\rho\sin u\cos\phi \\ z=\rho\sin u\sin\phi \end{cases} \tag{5.5.13}$$

曲面的法线矢量 $\boldsymbol{N}^*$ 用以下方程给定：

$$\begin{aligned} \boldsymbol{N}^* &= \boldsymbol{r}_u \times \boldsymbol{r}_\phi \\ &= \rho^2\sin u(\cos u\ \boldsymbol{i} + \sin u\cos\phi\ \boldsymbol{j} + \sin u\sin\phi\ \boldsymbol{k}) \end{aligned} \tag{5.5.14}$$

曲面上对应于 $\sin u=0$ 的两个点 D_1 和 D_2（见图5.5.4）是奇异点，因为在这些点 $\boldsymbol{N}^*=0$。曲面上所有其他的点，包括点 M_1 和 M_2（见图5.5.4），都是正常点。我们可以看出，由参数表示［见方程（5.5.9）］导致的曲面上点 M_1 和 M_2 的奇异性，当采用新的参数表示时［见方程（5.5.14）］便消失了。但是，在这同时，却出现了曲面上的点 D_1 和 D_2 的奇异性。

事实上，球面上没有奇异点，这就是说，曲面的法线在曲线所有点处都具有确定的方向。在假奇异点，如 M_1 和 M_2 以及 D_1 和 D_2 处的法线方向，可以用新的参数表示来确定。

考察参数表示［见方程（5.5.13）］和曲线的法线矢量方程［见方程（5.5.14）］以后，我们求出，曲面的单位法线矢量为（假定 $\sin u\neq 0$）

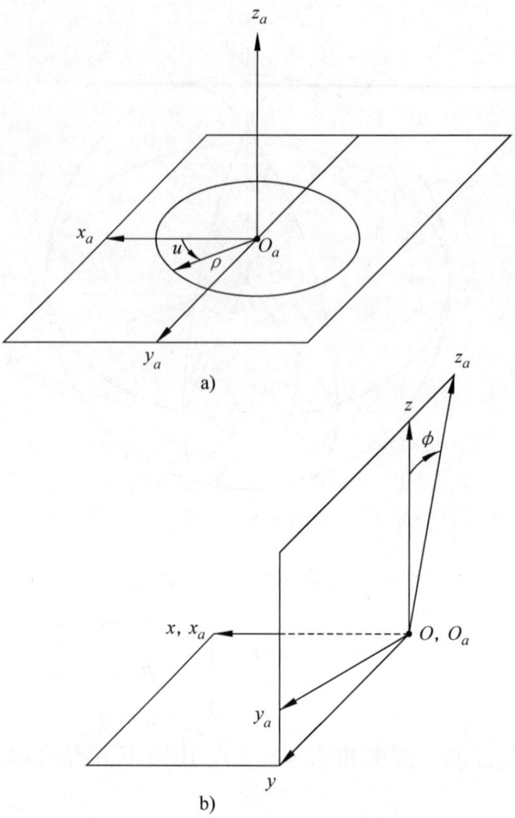

图5.5.6　球面的形成

a）在 S_a 中半径为 ρ 的圆　b）坐标系 S_a 和 S

$$\boldsymbol{n}^* = \frac{\boldsymbol{N}^*}{|\boldsymbol{N}^*|} = \cos u\ \boldsymbol{i} + \sin u\cos\phi\ \boldsymbol{j} + \sin u\sin\phi\ \boldsymbol{k} \tag{5.5.15}$$

3. 圆锥面

这种曲面可以用直线 L 绕一轴线的转动来形成，而直线 L 与该轴线组成夹角 ψ_c（在图5.5.7中为 x 轴）。锥面的曲线坐标为 θ 和 $u=|\overrightarrow{AM}|$，这里的 A 是锥顶点，锥面方程为

$$\begin{cases} x=\rho\cot\psi_c - u\cos\psi_c \\ y=u\sin\psi_c\sin\theta \\ z=u\sin\psi_c\cos\theta \end{cases} \quad (0\leqslant u\leqslant u_1, 0\leqslant\theta\leqslant 2\pi) \tag{5.5.16}$$

利用下列的考虑，也可以推导出方程（5.5.16）。

1）在辅助坐标系 S_a 中（见图5.5.8a），产形直线用以下方程表示：

$$\begin{cases} x_a=\rho\cos\psi_c - u\cos\psi_c \\ y_a=0 \\ z_a=u\sin\psi_c \end{cases} \tag{5.5.17}$$

2）由 S_a 到 S 的坐标变换（见图5.5.8b）为

$$\begin{bmatrix} x \\ y \\ z \\ 1 \end{bmatrix} = \begin{bmatrix} 1 & 0 & 0 & 0 \\ 0 & \cos\theta & \sin\theta & 0 \\ 0 & -\sin\theta & \cos\theta & 0 \\ 0 & 0 & 0 & 0 \end{bmatrix} \begin{bmatrix} x_a \\ y_a \\ z_a \\ 1 \end{bmatrix} \tag{5.5.18}$$

由方程（5.5.17）和方程（5.5.18）可推导出方程（5.5.16）。

锥面是直纹可展曲面的一个实例。锥面的法线矢量及其单位法线矢量可以表示为

$$\boldsymbol{N} = \boldsymbol{r}_u \times \boldsymbol{r}_\theta = -u\sin\psi_c(\sin\psi_c\,\boldsymbol{i} + \cos\psi_c\sin\theta\,\boldsymbol{j} + \cos\psi_c\cos\theta\,\boldsymbol{k}) \tag{5.5.19}$$

$$\boldsymbol{n} = \frac{\boldsymbol{N}}{|\boldsymbol{N}|} = -(\sin\psi_c\,\boldsymbol{i} + \cos\psi_c\sin\theta\,\boldsymbol{j} + \cos\psi_c\cos\theta\,\boldsymbol{k}) \quad (u\sin\psi_c \neq 0) \tag{5.5.20}$$

从方程（5.5.20）得出，曲面的单位法线矢量 $\boldsymbol{n}$ 是只有一个曲线坐标 θ 的函数。因此，曲面的单位法线矢量对直线 L 上的所有点都是相同的（见图 5.5.7）。

对应于 $u=0$ 的锥顶点是曲面的奇异点。这个结论是由方程（5.5.19）得出的，而 $u=0$ 时，式中 $\boldsymbol{N}=0$。

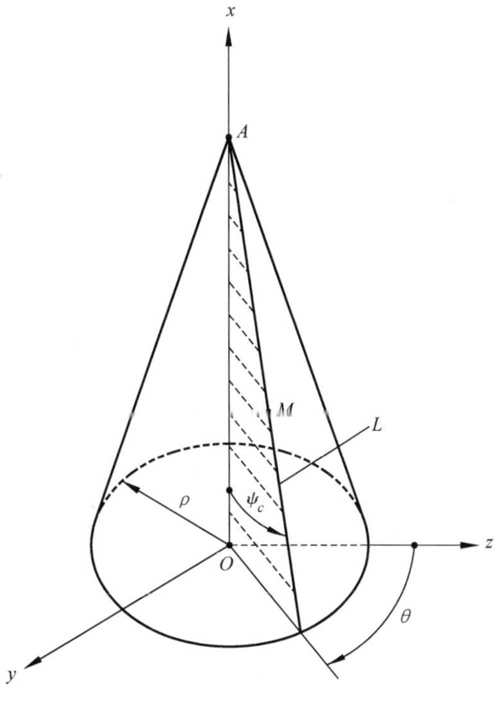

图 5.5.7　圆锥面

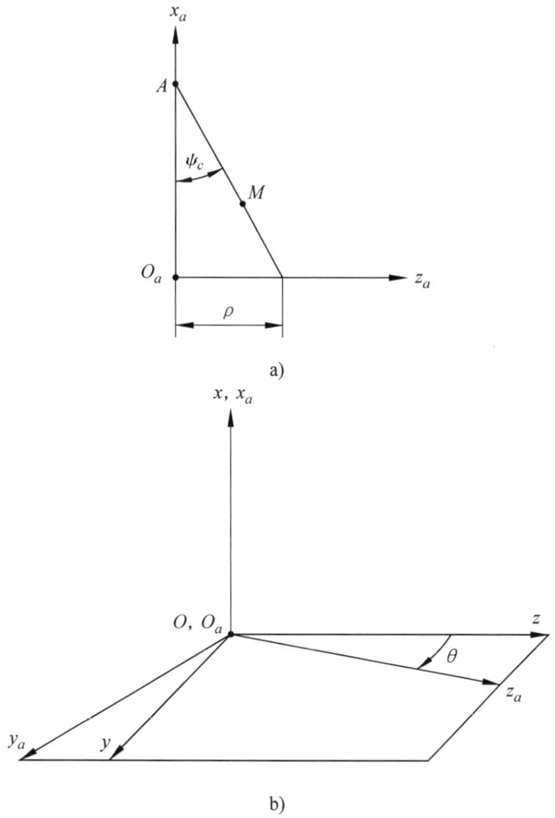

图 5.5.8　圆锥面的形成

a）在 S_a 中产形直线的表示　b）坐标系 S_a 和 S

4. 螺旋面

螺旋面是由一条线做螺旋运动而形成的曲面。这条产形线可以是曲线，也可以是直线。螺旋面广泛应用于齿轮领域。斜齿的圆柱齿轮的齿面和蜗杆传动的圆柱蜗杆的齿面都是螺旋面。

5. 螺旋面的一般方程

我们假定平面曲线 L 做螺旋运动，这个螺旋运动的轴线垂直于 L 线所在的平面。在这种运动中，曲线 L 形成一螺旋面。

在辅助坐标系 S_a 中，我们用如下方程组表示曲线（见图 5.5.9a）：

$$\begin{cases} x_a = r_a(\theta)\cos\theta \\ y_a = r_a(\theta)\sin\theta \quad (r_a = |\overrightarrow{O_aM}|, \theta_1 < \theta < \theta_2) \\ z_a = 0 \end{cases} \tag{5.5.21}$$

螺旋运动的轴线 z 轴（见图 5.5.9b），并且螺旋参数为 h。螺旋参数 h 表示沿 z 轴的位移，该位移对应于绕 z 轴回转的角度为一弧度。对于右旋螺旋运动，h 的符号为正号。

由 S_a 到 S 的坐标变换用以下矩阵方程表示：

$$\begin{bmatrix} x \\ y \\ z \\ 1 \end{bmatrix} = \begin{bmatrix} \cos\psi & -\sin\phi & 0 & 0 \\ \sin\psi & \cos\psi & 0 & 0 \\ 0 & 0 & 1 & h\psi \\ 0 & 0 & 0 & 0 \end{bmatrix} \begin{bmatrix} x_a \\ y_a \\ z_a \\ 1 \end{bmatrix} \tag{5.5.22}$$

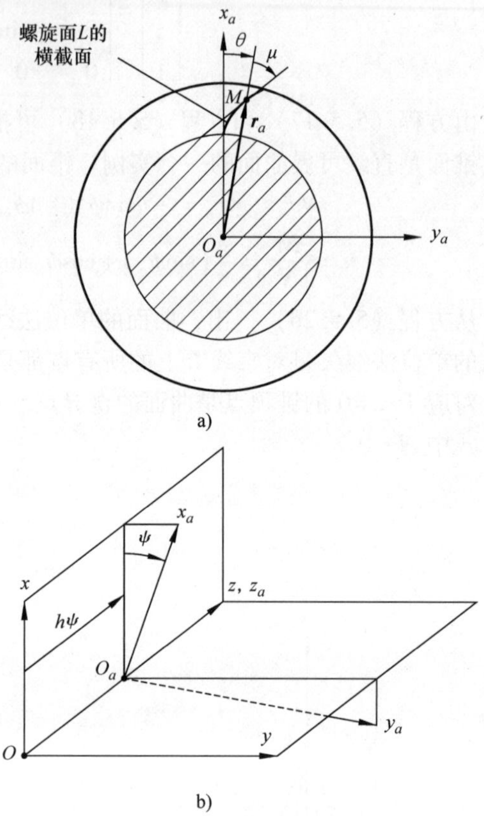

图 5.5.9 螺旋面的形成

a）在 S_a 中平面曲线 L 的表示 b）坐标系 S_a 和 S

由方程（5.5.21）和方程（5.5.22）得

$$\begin{cases} x = r_a(\theta)\cos(\theta + \psi) \\ y = r_a(\theta)\sin(\theta + \psi) \quad (\theta_1 < \theta < \theta_2, 0 < \psi < 2\pi) \\ z = h\psi \end{cases} \tag{5.5.23}$$

螺旋面的法线矢量为

$$\boldsymbol{N} = \frac{\partial \boldsymbol{r}}{\partial \theta} \times \frac{\partial \boldsymbol{r}}{\partial \psi} = \frac{r_a(\theta)}{\sin u}[h\sin(\theta + \psi_c + u)\boldsymbol{i} - h\cos(\theta + \psi_c + u)\boldsymbol{j} + r_a(\theta)\cos u\boldsymbol{k}] \tag{5.5.24}$$

其中

$$\mu = \arctan\left(\frac{r_a(\theta)}{\mathrm{d}r_a(\theta)/\mathrm{d}\theta}\right)$$

螺旋面的单位法线矢量为［假定 $r_a(\theta) \neq 0$］

$$\boldsymbol{n} = \frac{\boldsymbol{N}}{|\boldsymbol{N}|} = \frac{1}{\sqrt{h^2 + r_a^2\cos^2\mu}}[h\sin(\theta + \psi + u)\boldsymbol{i} - h\cos(\theta + \psi + \mu)\boldsymbol{j} + r_a(\theta)\cos\mu\ \boldsymbol{k}] \tag{5.5.25}$$

6. 直纹螺旋面

直纹螺旋面是由直线 L 做螺旋运动形成的。螺旋运动的轴线和产形线可能形成一交错角，也可能彼此相交。已知与生产形线 L 固接的两坐标系 S_a 和 S_b（见图 5.5.10a），以及坐标系 S，螺旋面表示在坐标系 S 内（见图 5.5.10b、c）。坐标系 S_a 相对于 S 做螺旋运动，而 z 是螺旋运动的轴线。在螺旋运动中，坐标系 S_a 的每一点都在圆柱上形成一条螺旋线。点 M 在半径为 $O_aM=\rho$ 的圆柱上形成一条螺旋线，而 MT 是螺旋线在点 M 处的切线（见图 5.5.10a、b）。我们考察彼此固接的两条线 MT 和 MN。线 MN 是产形线，当该线做螺旋运动时，将形成螺旋面。

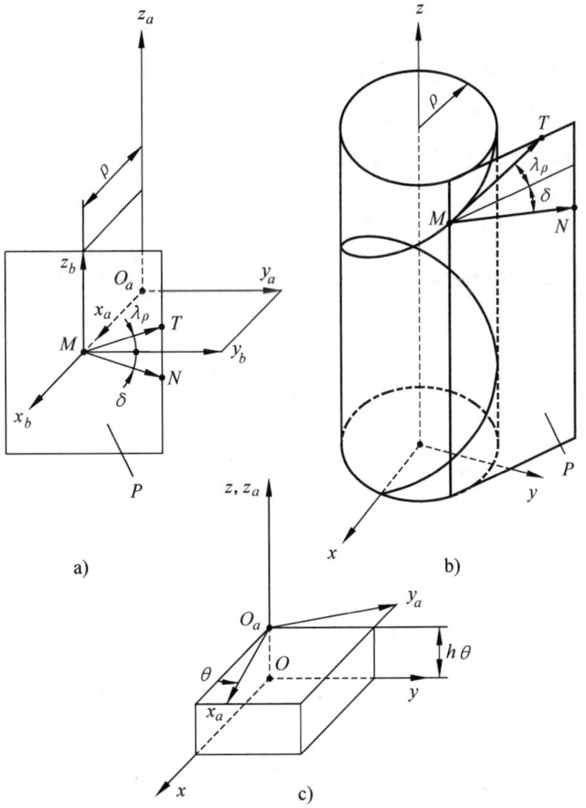

图 5.5.10 直纹螺旋面的形成

a）在 S_a 和 S_b 中产形线 L 的表示 b）在半径为 ρ 的圆柱上螺旋线、螺旋线的切线 MT 和产形线 MN 的表示 c）坐标系 S_a 和 S

利用坐标变换的规则，我们可以推导出螺旋面的方程。假定产形线在坐标系 S_a 中，用如下方程组表示：

$$\begin{cases} x_b=0 \\ y_b=u\cos\delta \\ z_b=-u\sin\delta \end{cases} \tag{5.5.26}$$

式中，$u=MN$。

从 S_b 到 S 的坐标变换用如下矩阵方程表示：

$$\boldsymbol{r}=\boldsymbol{M}_{Oa}\boldsymbol{M}_{ab}\boldsymbol{r}_b$$

$$\begin{bmatrix} x \\ y \\ z \\ 1 \end{bmatrix} = \begin{bmatrix} \cos\theta & -\sin\theta & 0 & 0 \\ \sin\theta & \cos\theta & 0 & 0 \\ 0 & 0 & 1 & h\theta \\ 0 & 0 & 0 & 0 \end{bmatrix} \begin{bmatrix} 1 & 0 & 0 & \rho \\ 0 & 1 & 0 & 0 \\ 0 & 0 & 1 & 0 \\ 0 & 0 & 0 & 1 \end{bmatrix} \begin{bmatrix} x_b \\ y_b \\ z_b \\ 1 \end{bmatrix} \tag{5.5.27}$$

方程（5.5.26）和方程（5.5.27）可将螺旋面的方程表示如下：

$$\boldsymbol{r} = (\rho\cos\theta - u\cos\delta\sin\theta)\boldsymbol{i} + (\rho\sin\theta + u\cos\delta\cos\theta)\boldsymbol{j} + (b\theta - u\sin\delta)\boldsymbol{k} \tag{5.5.28}$$

矢量方程（5.5.28）表示一直纹面。u 线（曲面参数 θ 认为是固定的）是直线，而 θ 线是螺旋线。矢量方程（5.5.28）是螺旋面的一般方程。在特殊情况下，如果平面产形曲线 L 是直纹螺旋面的端截面，则方程（5.5.28）可以表示直纹螺旋面。

直纹螺旋面［见方程（5.5.28）］的法线矢量为

$$\boldsymbol{N} = \frac{\partial \boldsymbol{r}}{\partial u} \times \frac{\partial \boldsymbol{r}}{\partial \theta} = [(h\cos\delta + \rho\sin\delta)\cos\theta - u\cos\delta\sin\delta\sin\theta]\boldsymbol{i} + [(h\cos\delta + \rho\sin\delta)\sin\theta + u\cos\delta\sin\delta\cos\theta]\boldsymbol{j} + u\cos^2\delta\boldsymbol{k} \tag{5.5.29}$$

单位法线矢量为

$$\boldsymbol{n} = \frac{\boldsymbol{N}}{|\boldsymbol{N}|} = \frac{\boldsymbol{N}}{m} \tag{5.5.30}$$

其中

$$m^2 = (h\cos\delta + \rho\sin\delta)^2 + u^2\cos^2\delta \tag{5.5.31}$$

直纹螺旋面有两种重要的特殊情况。在第一种情况下，产形线 L 与圆柱面上的螺旋线的切线矢量 $\boldsymbol{T}$ 相重合。直线 L 形成螺旋面，即渐开线螺旋面。令 $\delta = -\lambda_\rho$（见图5.5.10a），从方程（5.5.28）我们可以得到这种曲面的方程如下：

$$\boldsymbol{r} = (\rho\cos\theta - u\cos\lambda_\rho\sin\theta)\boldsymbol{i} + (\rho\sin\theta + u\cos\lambda_\rho\cos\theta)\boldsymbol{j} + (h\theta + u\sin\lambda_\rho)\boldsymbol{k} \tag{5.5.32}$$

这种曲面的法线矢量 $\boldsymbol{N}$ 和单位法线矢量 $\boldsymbol{n}$ 的方程可分别由方程（5.5.29）~方程（5.5.31）推导出，在推导中，令 $\delta = -\lambda_\rho$，而 $\tan\lambda_\rho = h/\rho$，这样，我们得

$$h\cos\delta + \rho\sin\delta = h\cos\lambda_\rho - \rho\sin\lambda_\rho = 0 \tag{5.5.33}$$

$$m^2 = (h\cos\delta + \rho\sin\delta)^2 + u^2\cos^2\delta = u^2\cos^2\lambda_\rho \tag{5.5.34}$$

和

$$\boldsymbol{N} = u\cos\lambda_\rho(\sin\lambda_\rho\sin\theta\,\boldsymbol{i} - \sin\lambda_\rho\cos\theta\,\boldsymbol{j} + \cos\lambda_\rho\,\boldsymbol{k}) \tag{5.5.35}$$

由于 $u\cos\lambda_\rho \neq 0$，渐开线螺旋面的所有点都是正常点，而在这些点处的单位法线矢量方程为

$$\boldsymbol{n} = \sin\lambda_\rho(\sin\theta\,\boldsymbol{i} - \cos\theta\,\boldsymbol{j}) + \cos\lambda_\rho\boldsymbol{k} \tag{5.5.36}$$

单位法线矢量 $\boldsymbol{n}$ 的方向与曲面参数 u 无关。这种情况表示，对于产形线 L 上的所有点，单位法线矢量都具有相同的方向，并且渐开线螺旋面是直纹可展曲面。

直纹螺旋面的第二种特殊情况是阿基米德螺旋面。这种曲面是由不与螺旋运动轴相错，而与其相交的直线形成的。阿基米德螺旋面不仅用在蜗杆上，而且还在螺杆上，这种螺杆用直刃刀片进行加工。令 $\rho = 0$，从方程（5.5.28）可推导出阿基米德螺旋面的方程。这样可得出

$$\boldsymbol{r} = u\cos\delta(-\sin\theta\,\boldsymbol{i} + \cos\theta\,\boldsymbol{j}) + (h\theta - u\sin\delta)\boldsymbol{k} \tag{5.5.37}$$

令 $\rho = 0$，并且用公因子 $\cos\delta$（假定 $\delta \neq 90°$）除以法线矢量的三个投影，可从方程

(5.5.29) 推导出法线矢量 **N** 的方程。这样我们得到

$$\boldsymbol{N}=(h\cos\theta-u\sin\delta\sin\theta)\boldsymbol{i}+(h\sin\theta+u\sin\delta\cos\theta)\boldsymbol{j}+u\cos\delta\boldsymbol{k} \tag{5.5.38}$$

单位法线矢量 **n** 为

$$\boldsymbol{n}=\frac{\boldsymbol{N}}{m} \tag{5.5.39}$$

其中

$$m=(h^2+u^2)^{\frac{1}{2}} \tag{5.5.40}$$

阿基米德螺旋面的法线 **N** 的方向，取决于点在产形直线上的位置（决定于 u）。阿基米德螺旋面不是可展曲面，而是曲面。

对于螺旋面坐标与曲面上法线矢量投影之间的关系式，在 Litvin 1968 年和 1989 年的两部专著中推荐的这种关系式可表示为

$$yN_x-xN_y-hN_z=0 \tag{5.5.41}$$

或

$$yn_x-xn_y-hn_z=0 \tag{5.5.42}$$

将上述推导出的螺旋面坐标的表达式，以及曲面法线矢量 **N** 和单位法线矢量 **n** 投影的表达式代入方程（5.5.41）和方程（5.5.42），就可以证实这一结论。

方程（5.5.41）和方程（5.5.42）的运动学解释基于以下的启示。

我们考察螺旋面的螺旋运动。在这种运动中的螺旋参数 h 与螺旋面的螺旋参数相同。螺旋面上固定点给出一条螺旋线，而螺旋运动的速度矢量 $\boldsymbol{v}$ 是螺旋线的切线。螺旋线位于螺旋面，从而速度矢量 $\boldsymbol{v}$ 也是螺旋面的切线。因此，如下方程必定成立：

$$\boldsymbol{n}\cdot\boldsymbol{v}=\boldsymbol{N}\cdot\boldsymbol{v}=0 \tag{5.5.43}$$

螺旋运动的速度矢量可以用如下方程确定：

$$\begin{aligned}\boldsymbol{v}&=(\boldsymbol{\omega}\times\boldsymbol{r})+h\boldsymbol{\omega}\\&=\begin{vmatrix}\boldsymbol{i}&\boldsymbol{j}&\boldsymbol{k}\\0&0&\omega\\x&y&z\end{vmatrix}+h\omega\boldsymbol{k}\\&=\omega(-y\boldsymbol{i}+x\boldsymbol{j}+h\boldsymbol{k})\end{aligned} \tag{5.5.44}$$

曲面的法线矢量和单位法线矢量确定如下：

$$\begin{cases}\boldsymbol{N}=N_x\boldsymbol{i}+N_y\boldsymbol{j}+N_z\boldsymbol{k}\\\boldsymbol{n}=n_x\boldsymbol{i}+n_y\boldsymbol{j}+n_z\boldsymbol{k}\end{cases} \tag{5.5.45}$$

从方程（5.5.43）~方程（5.5.45）推导出关系式（5.5.41）和式（5.5.42）。在以 z 轴作回转轴的回转曲面情况下，我们需要在方程（5.5.40）和方程（5.5.42）中取螺旋参数 $h=0$。

7. 螺旋面的横截面

螺旋面的横截面是用垂直于 z 轴，即螺旋运动轴的平面切割螺旋面而形成的。该截面可以用螺旋面的方程和方程 $z=c$ 来表示，这里的 c 是常数。为了简化变换，我们可以令 $z=0$。对应于 $z=0$ 和 $z=c$ 的螺旋面的两横截面是在两个不同位置的相同的平面曲线。绕 z 轴转过角度

$$\psi = \frac{c}{h} \tag{5.5.46}$$

以后，一条端面截线与另一条相重合。

我们确定用平面 $z=0$ 截出的螺旋面［见方程（5.5.28）］的端面截线。利用关系式

$$u = \frac{h}{\sin\delta}\theta \tag{5.5.47}$$

我们得到

$$\begin{cases} x = \rho\cos\theta - \theta\sin\theta\cot\delta \\ y = \rho\sin\theta + \theta\cos\theta h\cot\delta \\ z = 0 \end{cases} \tag{5.5.48}$$

端面截线可用极坐标形式表示为

$$\begin{cases} r(\theta) = (x^2+y^2)^{\frac{1}{2}} = [\rho^2 + (\theta h\cot\delta)^2]^{\frac{1}{2}} \\ \tan q = \dfrac{y}{x} = \dfrac{\rho\tan\theta + \theta h\cot\delta}{\rho - \theta\tan\theta h\cot\delta} \end{cases} \tag{5.5.49}$$

式中，q 是位置矢量 $\boldsymbol{r}(\theta)$ 与 x 轴所形成的夹角。

端面截线是长幅渐开线。这样的曲线形成如图5.5.11所示。假定直线 S 沿半径为 $OA = h\cot\delta$ 的圆滚动。点 B 与直线 S 固接（见图5.5.11），其位置由下式确定：

$$|\overrightarrow{AB}| = |\overrightarrow{AO}| + |\overrightarrow{OB}| = h\cot\delta + \rho$$

滚动直线 S 的一个瞬时位置为 IA^*，B^* 是以上所考察 B 所给出的长幅渐开线上的一点。

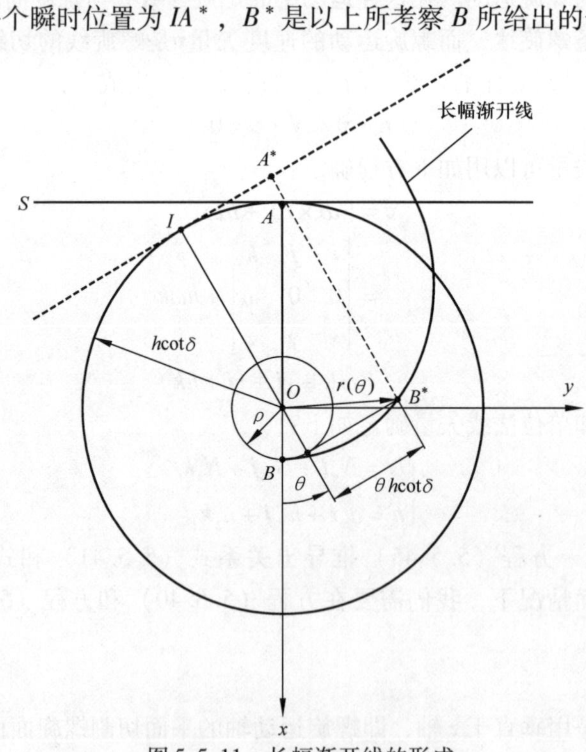

图5.5.11　长幅渐开线的形成

例题5.5.2

假定有一用平面 $z=0$ 切割渐开线螺旋面［见方程（5.5.32）］所形成的端面截面。证

明端面截线是对应半径为 ρ 基圆的渐开线，并且用 θ 和 ρ 表示极径 $r(\theta)$。

解

$$r(\theta)=\rho(1+\theta^2)^{\frac{1}{2}}\quad(\rho\tan\lambda_\rho=h)$$

例题 5.5.3

假定有一用平面 $z=0$ 的切割阿基米德螺旋面［见方程（5.5.37）］所形成的端面截线。证明端面截线是阿基米德螺线，并用 θ、h 和 δ 表示极径 $r(\theta)$。

解

$$r(\theta)=\theta h\cot\delta$$

第6章 共轭曲面和共轭曲线

6.1 包络存在的必要条件：曲面族的包络

1. 引言

假定坐标系 S_1、S_2 和 S_f 分别与齿轮 1、2 和机架 f（齿轮箱体）刚性固接。齿轮 1 设有正则曲面 Σ_1，该曲面在 S_1 中表示为

$$\boldsymbol{r}_1(u,\theta)\quad\left(\frac{\partial \boldsymbol{r}_1}{\partial u}\times\frac{\partial \boldsymbol{r}_1}{\partial \theta}\neq\boldsymbol{0},\ (u,\theta)\in E\right)\tag{6.1.1}$$

齿轮必须传递规定的运动（如绕两交错轴的转动），并且在每一瞬时都保持线接触。两齿轮轴线的位置和方向及函数 $\phi_2(\phi_1)$是给定的，这里的 ϕ_2 和 ϕ_1 是从动齿轮和主动齿轮的转角。如果齿轮 2 的齿面确定为曲面族 Σ_ϕ 的包络，而该曲面族是在 S_2 中由齿面 Σ_1 形成的，则所需要的齿轮两齿面的接触型式（每一瞬时在一条线上）是能够得到保证的。

包络原理用微分几何表示是由 Favard 1957 年的专著和 Zalgaller 1975 年的专著提出的，齿轮啮合原理是由 Litvin 1968 年、1989 年、1994 年的专著和 Sheveleva 1999 年的专著提出的。

接下来将考察 Σ_2 存在的必要和充分条件。Σ_2 存在的必要条件保证 Σ_2（如果存在的话）与 Σ_1 相切。Σ_2 存在的充分条件保证 Σ_2 确实与 Σ_1 相切，并且 Σ_2 是正则曲面。必须强调的是，对于 Σ_1 是刀具曲面，并且 Σ_1 加工 Σ_2 的场合，瞬时线接触也是常用的。

本节仅对 Σ_2 存在的必要条件进行讨论。充分条件将在 6.4 节中进行说明。解决所讨论问题的两种方法可表述为：a. 已经提出的微分几何经典解法；b. 齿轮啮合原理中提出的比较简便的解法。

2. 曲面族 Σ_ϕ 的参数表示

根据以下矩阵方程确定 Σ_ϕ：

$$\boldsymbol{r}_2=\boldsymbol{M}_{21}\boldsymbol{r}_1=\boldsymbol{M}_{2f}\boldsymbol{M}_{f1}\boldsymbol{r}_1\tag{6.1.2}$$

这里，矩阵 $\boldsymbol{M}_{2f}$和 $\boldsymbol{M}_{f1}$的各个元素是相关参数 ϕ_2 和 ϕ_1 的函数，而 $\boldsymbol{r}_1$ 的坐标是 u 和 θ 的函数。从矩阵方程（6.1.2）可推导出，Σ_2 可用以下矢量方程表示：

$$\boldsymbol{r}_2=\boldsymbol{r}_2(u,\theta,\phi)\tag{6.1.3}$$

式中，$\phi_1\equiv\phi$，是广义的运动参数；$\phi_2=\phi_2(\phi_1)=\phi_2(\phi)$。在 ϕ 值给定的情况下，方程（6.1.3）是曲面获 Σ_ϕ 的一个曲面。

偏导矢$\partial\boldsymbol{r}_2/\partial u$ 和$\partial\boldsymbol{r}_2/\partial\theta$ 表示坐标 S_2 中曲面 Σ_1 上两条坐标曲线的切线，而曲面 Σ_1 属于曲面族 Σ_ϕ。Σ_1 在 S_2 中的位置和方向取决于所选取的参数 ϕ。

曲面 $\boldsymbol{\Sigma}_1$ 的法线矢量 $\boldsymbol{N}_2^{(1)}$ 在 S_2 中表示如下：

$$\boldsymbol{N}_2^{(1)}=\frac{\partial \boldsymbol{r}_2}{\partial u}\times\frac{\partial \boldsymbol{r}_2}{\partial \theta} \tag{6.1.4}$$

$\boldsymbol{N}_2^{(1)}$ 的下角标 2 表明法线矢量表示在 S_2 中，而上角标“1”表示所考察的是 $\boldsymbol{\Sigma}_1$ 的法线矢量。颠倒矢积中两因子的顺序，可将法线的方向改变为相反的方向。

3. 微分几何中采用的解法

微分几何中提出的解法是用如下方程，给出 Σ_2 存在的必要条件：

$$f(u,\theta,\phi)=\left(\frac{\partial \boldsymbol{r}_2}{\partial u}\times\frac{\partial \boldsymbol{r}_2}{\partial \theta}\right)\cdot\frac{\partial \boldsymbol{r}_2}{\partial \phi}=0 \tag{6.1.5}$$

方程（6.1.5）的曲线坐标（u，θ）和广义运动参数 ϕ 加以联系。这就是可以将这个方程称作啮合方程的理由。方程（6.1.5）是曲面族（6.1.3）包络存在的必要条件。如果这个方程得到满足，并且包络确实存在的话，则包络在 S_2 中，可用联立方程（6.1.3）和方程（6.1.5）来表示；这两个方程用三个相关的曲面参数（u，θ，ϕ）表示包络。

4. 工程解法

容易证明，矢量$\partial\boldsymbol{r}_2/\partial\phi$ 和$\boldsymbol{v}_2^{(12)}$ 具有相同的方向，$\boldsymbol{v}_2^{(12)}$ 是曲面 $\boldsymbol{\Sigma}_1$ 上的点 M_1 相对于 $\boldsymbol{\Sigma}_2$ 上的点 M_2 的速度（点 M_1 和 M_2 相互重合，并且形成两曲面 $\boldsymbol{\Sigma}_1$ 和 $\boldsymbol{\Sigma}_2$ 的相切点）。

显然，方程

$$\left(\frac{\partial \boldsymbol{r}_2}{\partial u}\times\frac{\partial \boldsymbol{r}_2}{\partial \theta}\right)\cdot\boldsymbol{v}_2^{(12)}=\left(\frac{\partial \boldsymbol{r}_2}{\partial u}\times\frac{\partial \boldsymbol{r}_2}{\partial \theta}\right)\cdot\boldsymbol{v}_2^{(21)}=0 \tag{6.1.6}$$

可用来替代方程（6.1.5）。采用新的记法，我们可将方程（6.1.6）表示如下：

$$f(u,\theta,\phi)=\boldsymbol{N}_2^{(1)}\cdot\boldsymbol{v}_2^{(12)}=\boldsymbol{N}_2^{(1)}\cdot\boldsymbol{v}_2^{(21)}=0 \tag{6.1.7}$$

方程（6.1.7）中的数积与所取的坐标系无关，因而我们可将啮合方程表示为

$$\boldsymbol{N}_i^{(12)}\cdot\boldsymbol{v}_i^{(12)}=\boldsymbol{N}_i\cdot\boldsymbol{v}_i^{(21)}=f(u,\theta,\phi)=0\quad(i=1,2,f) \tag{6.1.8}$$

矢量$\boldsymbol{v}_i^{(12)}$（同理，$\boldsymbol{v}_i^{(21)}=-\boldsymbol{v}_i^{(12)}$）可用运动学法或用矩阵算子（参见第 2 章）求出。曲面 $\boldsymbol{\Sigma}_1$ 的法线矢量在 S_1 中用下式表示：

$$\boldsymbol{N}_1^{(1)}=\frac{\partial \boldsymbol{r}_1}{\partial u}\times\frac{\partial \boldsymbol{r}_1}{\partial \theta} \tag{6.1.9}$$

为了将法线矢量表示在坐标 $S_j(j=f,\ 2)$ 中，我们利用如下矩阵方程：

$$\boldsymbol{N}_j^{(1)}=L_{j1}N_1^{(1)} \tag{6.1.10}$$

为了简化啮合方程（6.1.8）的推导，比较可取的是利用坐标系 S 或 S_f，而不是 S_2。

所讨论的推导啮合方程的这种解法，比根据方程（6.1.5）所进行的推导要简化得多。

注意：当螺旋面绕其轴线做螺旋运动时，啮合方程（6.1.8）将变成恒等式。在这样的运动中，所形成的曲面族仅是一个曲面，即这同一个产形螺旋面，因而包络是不存在的。

5. 特殊情况

对于齿轮 1 和 2 绕平行轴或相交轴线做回转运动的情况，滑动速度$\boldsymbol{v}^{(12)}$或$\boldsymbol{v}^{(21)}$可表示为绕瞬时回转轴线的速度。从方程（6.1.8）可得到，曲面 $\boldsymbol{\Sigma}_1$ 和 $\boldsymbol{\Sigma}_2$ 在其相切点处的公法线通过瞬时回转轴线。于是，啮合方程可推导如下：

$$\frac{X_1-x_1(u,\theta)}{N_{x1}(u,\theta)}=\frac{Y_1-y_1(u,\theta)}{N_{y1}(u,\theta)}=\frac{Z_1-z_1(u,\theta)}{N_{z1}(u,\theta)} \tag{6.1.11}$$

式中，X_1、Y_1、Z_1 是位于瞬时回转轴线上的点的笛卡儿坐标。

瞬时回转轴线位于通过两齿轮的分别记为 z_1 和 z_2 的回转轴线所引出的平面。在知道了瞬时回转轴线的方向后，我们可以将 X_1、Y_1、Z_1 联系起来，然后推导出啮合方程。

6. 用隐函数表示 Σ_1

假定产形齿面 Σ_1 用隐函数表示：

$$F(x_1,x_2,z_1)=0 \quad \left(F\in C^1, \left(\frac{\partial F}{\partial x_1}\right)^2+\left(\frac{\partial F}{\partial y_1}\right)^2+\left(\frac{\partial F}{\partial z_1}\right)^2\neq 0\right) \tag{6.1.12}$$

为了推导出在 S_2 中所形成的曲面族 Σ_ϕ，需要替换方程（6.1.12）中的 x_1、y_1 和 z_1：

$$\begin{aligned} x_1&=x_1(x_2,y_2,z_2,\phi)\\ y_1&=y_1(x_2,y_2,z_2,\phi)\\ z_1&=z_1(x_2,y_2,z_2,\phi)\end{aligned} \tag{6.1.13}$$

式中，ϕ 是广义运动参数。方程（6.1.13）可用如下矩阵方程推导出来：

$$\boldsymbol{r}=\boldsymbol{M}_{12}\boldsymbol{r}_2 \tag{6.1.14}$$

利用方程（6.1.12）和方程（6.1.13），我们可将曲面族 Σ_ϕ 的方程表示为

$$\begin{gathered} G(x_2,y_2,z_2,\phi)=F(x_1(x_2,y_2,z_2,\phi),y_1(x_2,y_2,z_2,\phi),z_1(x_2,y_2,z_2,\phi))=0\\ \left(G\in C^1,\ \left(\frac{\partial G}{\partial x_2}\right)^2+\left(\frac{\partial G}{\partial y_2}\right)^2+\left(\frac{\partial G}{\partial z_2}\right)^2\neq 0\right)\end{gathered} \tag{6.1.15}$$

曲面族 Σ_ϕ 的包络存在的必要条件为（参见 Zalgaller 1975 年的专著和 Litvin 1968 年、1989 年的专著）

$$\frac{\partial G}{\partial \phi}=0 \tag{6.1.16}$$

7. 平面齿轮啮合

所讨论的推导啮合方程的方法，对于平面齿轮也是有效的。在参数化表示的情况下，齿轮 1 的齿廓 Σ_1 为 $\boldsymbol{r}_1$（θ），且有

$$\frac{\partial \boldsymbol{r}_1}{\partial \theta}\neq \boldsymbol{0} \tag{6.1.17}$$

Σ_1 的法线矢量 $\boldsymbol{N}_1^{(1)}$ 为

$$\boldsymbol{N}_1^{(1)}=\frac{\partial \boldsymbol{r}_1}{\partial \theta}\times \boldsymbol{k}_1 \tag{6.1.18}$$

式中，$\boldsymbol{k}_1$ 是齿轮轴线 z_1 的单位矢量。

假定我们将齿廓表示在平面 $z_1=0$ 中，则啮合方程可推导如下：

$$f(\theta,\phi)=\left(\frac{\partial \boldsymbol{r}_1}{\partial \theta}\times \boldsymbol{k}_1\right)\cdot \boldsymbol{v}_1^{(12)}=\left(\frac{\partial \boldsymbol{r}_1}{\partial \theta}\times \boldsymbol{k}_1\right)\cdot \boldsymbol{v}_1^{(21)}=0 \tag{6.1.19}$$

推导啮合方程的另一方法基于如下方程：

$$\frac{X_1-x_1}{N_{x1}}=\frac{Y_1-y_1}{N_{y1}} \tag{6.1.20}$$

式中，（X_1，Y_1）是瞬时回转中心在 S_1 中的笛卡儿坐标。方程（6.1.20）的运动学解释基于 Lewis 定理，该定理表述如下。

共轭齿形必须是这样的，其在相切点处的公法线与回转中心线 $\overline{O_1O_2}$ 相交（见

图6.1.1），并且将其分为两段，即$\overline{O_1I}$和$\overline{O_2I}$，两线段有如下关系式：

$$\frac{\overline{O_2I}}{\overline{O_1I}}=\frac{\omega^{(1)}}{\omega^{(2)}}=m_{12}\quad(\overline{O_1I}+\overline{O_2I}=E)\tag{6.1.21}$$

这里，$m_{12}=m_{12}(\phi)$。a. 对非圆齿轮是规定的齿轮传动比函数；b. 对圆形齿轮是常数。

图6.1.2所示为以变传动比m_{12}传递回转运动的两个齿轮的齿形。法线$\boldsymbol{N}$与中心距$\overline{O_1O_2}$的交点I在运动过程中沿$\overline{O_1O_2}$运动。

方程（6.1.19）或方程（6.1.20）给出的啮合方程为

$$f(\theta,\phi)=0\tag{6.1.22}$$

从动齿轮的齿形$\boldsymbol{\Sigma}_2$在S_2中用如下方程表示：

$$\boldsymbol{r}_2=\boldsymbol{M}_{21}\boldsymbol{r}_1\quad(f(\theta,\phi)=0)\tag{6.1.23}$$

考虑平面曲线$\boldsymbol{\Sigma}_1$位于平面$z_1=0$，并且用隐函数来表示，我们可以用方程（6.1.12）和方程（6.1.16），并令$z_1=z_2=6$来确定$\boldsymbol{\Sigma}_2$。

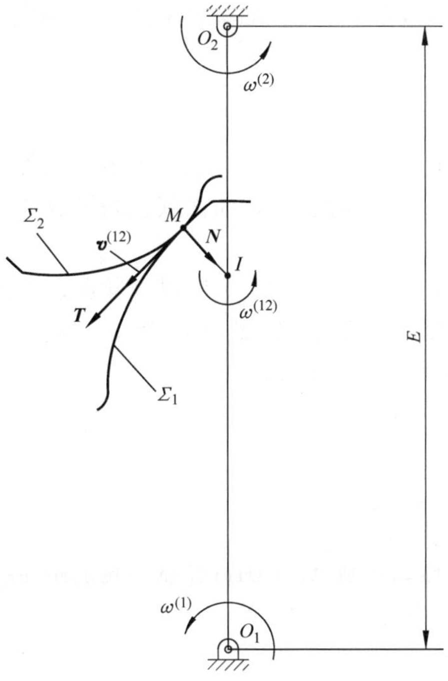

图6.1.1 Lewis定理的视图

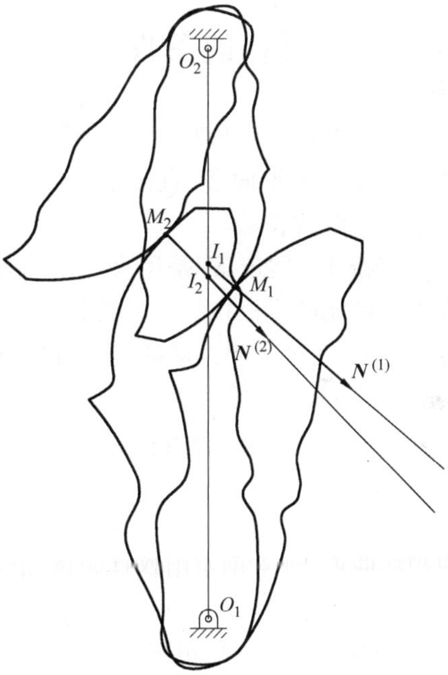

图6.1.2 传递变传动比的回转运动

6.2 基本运动关系

Litvin 1968年、1969年、1989年的专著中所提出的基本运动关系，给出了处于啮合状态的一对齿轮在接触点处的速度（位移）和接触法线之间的关系。

我们仍然假定坐标系S_1、S_2和S_f分别与齿轮1、齿轮2和机架f刚性固接。下面，我们认为，接触点的速度可表示为两个分量：a. 与齿轮在一起的牵连运动，该分量标记为$\boldsymbol{v}_{tr}^{(i)}$；b. 沿齿面$\boldsymbol{\Sigma}_1$的相对运动，这个分量标记为$\boldsymbol{v}_r^{(i)}$（$i=1$，2）。由于齿轮两齿面的接触具有连

续性，所以接触点处的合成速度对于两个齿轮必须是相同的。于是

$$\boldsymbol{v}^{(abs)}=\boldsymbol{v}_{tr}^{(1)}+\boldsymbol{v}_{r}^{(1)}=\boldsymbol{v}_{tr}^{(2)}+\boldsymbol{v}_{r}^{(2)} \tag{6.2.1}$$

由方程（6.2.1）得

$$\boldsymbol{v}_{r}^{(2)}=\boldsymbol{v}_{r}^{(1)}+\boldsymbol{v}_{tr}^{(1)}-\boldsymbol{v}_{tr}^{(2)}=\boldsymbol{v}_{r}^{(1)}+\boldsymbol{v}^{(12)} \tag{6.2.2}$$

式中，$\boldsymbol{v}^{(12)}$是滑动速度（见2.1节）

利用类似的条件，我们得到如下的接触法线顶端速度之间的关系式：

$$\dot{\boldsymbol{n}}_{r}^{(2)}=\dot{\boldsymbol{n}}_{r}^{(1)}+(\boldsymbol{\omega}^{(12)}\times\boldsymbol{n}) \tag{6.2.3}$$

式中，$\dot{\boldsymbol{n}}_{r}^{(i)}$是接触法线顶端相对运动（沿着齿面）的速度，不包括法线牵连速度；$\boldsymbol{\omega}^{(12)}=\boldsymbol{\omega}^{(1)}-\boldsymbol{\omega}^{(2)}$；$\boldsymbol{n}$是曲面的单位法线矢量。

方程（6.2.2）和方程（6.2.3）的优点，是能使我们在断面Σ_2的方程尚不知道或者直接应用在十分复杂的情况下时，求出$\boldsymbol{v}_{r}^{(2)}$和$\dot{\boldsymbol{n}}_{r}^{(2)}$。下面将证明，利用方程（6.2.2）和方程（6.2.3），我们能够得出 a. 齿轮根切问题的简单解法；b. 建立起共轭齿轮齿面曲率之间的关系。

6.3 不产生根切的条件

在 Litvin 1968 年、1975 年和 1989 年的专著中，已经求出不产生根切的普遍条件。考虑了两种情况：a. 产形面Σ_1直接用两参数形式表示；b. 齿面Σ_1是曲面族包络形成的，因此可用三个相关参数表示。

（1）情况1　假定Σ_1是用来加工齿轮面Σ_2的刀具齿面。Σ_2上出现奇异点是齿面在加工过程中，可能产生根切的一种警告。在加工过程中，所出现的Σ_2上的奇异点的教学解释，可用方程$\boldsymbol{v}_{r}^{(2)}=0$来说明，从该式中可推导出［参见方程（6.2.2）］

$$\boldsymbol{v}_{r}^{(1)}+\boldsymbol{v}^{(12)}=\boldsymbol{0} \tag{6.3.1}$$

方程（6.3.1）和啮合方程微分式

$$\frac{\mathrm{d}}{\mathrm{d}t}[f(u,\theta,\phi)]=0 \tag{6.3.2}$$

可使我们在曲面Σ_1上确定出这样一条曲线L，该线将形成Σ_2上的奇异点。我们用曲线L限定Σ_1，可以避免在Σ_2上出现奇异点。确定这条曲线基于以下的考虑。

1）从方程（6.3.1）可得

$$\frac{\partial\boldsymbol{r}_1}{\partial u}\frac{\mathrm{d}u}{\mathrm{d}t}+\frac{\partial\boldsymbol{r}_1}{\partial\theta}\frac{\mathrm{d}\theta}{\mathrm{d}t}=-\boldsymbol{v}_1^{(12)} \tag{6.3.3}$$

这里，$\partial\boldsymbol{r}_1/\partial u$、$\partial\boldsymbol{r}_1/\partial\theta$和$\boldsymbol{v}_1^{(12)}$对空间和平面齿轮啮合分别为三维和二维矢量。这些矢量表示在坐标系S_1中。

2）从方程（6.3.2）可推导出

$$\frac{\partial f}{\partial u}\frac{\mathrm{d}u}{\mathrm{d}t}+\frac{\partial f}{\partial\theta}\frac{\mathrm{d}\theta}{\mathrm{d}t}=-\frac{\partial f}{\partial\phi}\frac{\mathrm{d}\phi}{\mathrm{d}t} \tag{6.3.4}$$

3）方程（6.3.3）和方程（6.3.4）是一个含有两个未知数$\frac{\mathrm{d}u}{\mathrm{d}t}$和$\frac{\mathrm{d}\theta}{\mathrm{d}t}$的具有四个线性方程的方程组，$\frac{\mathrm{d}\phi}{\mathrm{d}t}$已知。如果如下矩阵具有的秩$r=2$，则方程的未知数具有确定的解。

$$\boldsymbol{A}=\begin{bmatrix}\dfrac{\partial \boldsymbol{r}_1}{\partial u} & \dfrac{\partial \boldsymbol{r}_1}{\partial \theta} & -\boldsymbol{v}_1^{(12)}\\ \dfrac{\partial f}{\partial u} & \dfrac{\partial f}{\partial \theta} & -\dfrac{\partial f}{\partial \phi}\dfrac{\mathrm{d}\phi}{\mathrm{d}t}\end{bmatrix} \tag{6.3.5}$$

从上述矩阵可推导出

$$\boldsymbol{\Delta}_1=\begin{vmatrix}\dfrac{\partial x_1}{\partial u} & \dfrac{\partial x_1}{\partial \theta} & -v_{x1}^{(12)}\\ \dfrac{\partial y_1}{\partial u} & \dfrac{\partial y_1}{\partial \theta} & -v_{y1}^{(12)}\\ f_u & f_\theta & -f_\phi\dfrac{\mathrm{d}\phi}{\mathrm{d}t}\end{vmatrix}=0 \tag{6.3.6}$$

$$\boldsymbol{\Delta}_2=\begin{vmatrix}\dfrac{\partial x_1}{\partial u} & \dfrac{\partial x_1}{\partial \theta} & -v_{x1}^{(12)}\\ \dfrac{\partial z_1}{\partial u} & \dfrac{\partial z_1}{\partial \theta} & -v_{z1}^{(12)}\\ f_u & f_\theta & -f_\phi\dfrac{\mathrm{d}\phi}{\mathrm{d}t}\end{vmatrix}=0 \tag{6.3.7}$$

$$\boldsymbol{\Delta}_3=\begin{vmatrix}\dfrac{\partial y_1}{\partial u} & \dfrac{\partial y_1}{\partial \theta} & -v_{y1}^{(12)}\\ \dfrac{\partial z_1}{\partial u} & \dfrac{\partial z_1}{\partial \theta} & -v_{z1}^{(12)}\\ f_u & f_\theta & -f_\phi\dfrac{\mathrm{d}\phi}{\mathrm{d}t}\end{vmatrix}=0 \tag{6.3.8}$$

$$\boldsymbol{\Delta}_4=\begin{vmatrix}\dfrac{\partial x_1}{\partial u} & \dfrac{\partial x_1}{\partial \theta} & -v_{x1}^{(12)}\\ \dfrac{\partial y_1}{\partial u} & \dfrac{\partial y_1}{\partial \theta} & -v_{y1}^{(12)}\\ \dfrac{\partial z_1}{\partial u} & \dfrac{\partial z_1}{\partial \theta} & -v_{z1}^{(12)}\end{vmatrix}=0 \tag{6.3.9}$$

从方程（6.3.9）可推导出

$$\left(\frac{\partial \boldsymbol{r}_1}{\partial u}\times\frac{\partial \boldsymbol{r}_1}{\partial \theta}\right)\cdot \boldsymbol{v}_1^{(12)}=\boldsymbol{N}_1^{(1)}\cdot \boldsymbol{v}_1^{(1)}=f(u,\theta,\phi)=0 \tag{6.3.10}$$

方程（6.3.10）恰恰是啮合方程［参见方程（6.1.8）］，并且该方程得到满足，因为所考察的是齿面 Σ_1 和 Σ_2 的相切点。于是，只有方程（6.3.6）~方程(6.3.8）应当用来确定曲面 Σ_2 上奇异性的条件。

同时满足方程（6.3.6）~方程(6.3.8）的条件，可表示为

$$\boldsymbol{m}=f_u\left[\frac{\partial \boldsymbol{r}_1}{\partial \theta}\times \boldsymbol{v}^{(12)}\right]-f_\theta\left[\frac{\partial \boldsymbol{r}_1}{\partial u}\times \boldsymbol{v}^{(12)}\right]+f_\phi\frac{\mathrm{d}\phi}{\mathrm{d}t}\left[\frac{\partial \boldsymbol{r}_1}{\partial u}\times\frac{\partial \boldsymbol{r}_1}{\partial \theta}\right]=\boldsymbol{0} \tag{6.3.11}$$

满足矢量方程（6.3.11）是有保证的，其条件是 a. 方程（6.3.6）~方程(6.3.8）中至少有一个成立；b. 矢量 $\boldsymbol{m}$ 不垂直于 S_1 的任一坐标轴。

Σ_2 上存在奇异性的充要条件，可用下式表示：

$$\Delta_1^2+\Delta_2^2+\Delta_3^2=F(u,\theta,\phi)=0 \qquad (6.3.12)$$

有一种简单的方法，可以消除被加工曲面 Σ_2 的奇异性和根切。方程

$$\boldsymbol{r}_1=\boldsymbol{r}_1(u,\theta) \quad (f(u,\theta,\phi)=0,F(u,\theta,\phi)=0) \qquad (6.3.13)$$

确定一条 L 线，必须用该线限定产形曲面 Σ_1。在许多情况下，通过对加工 Σ_2 的产形曲面 Σ_1 进行适当的安装调整，这一点是能够达到的。

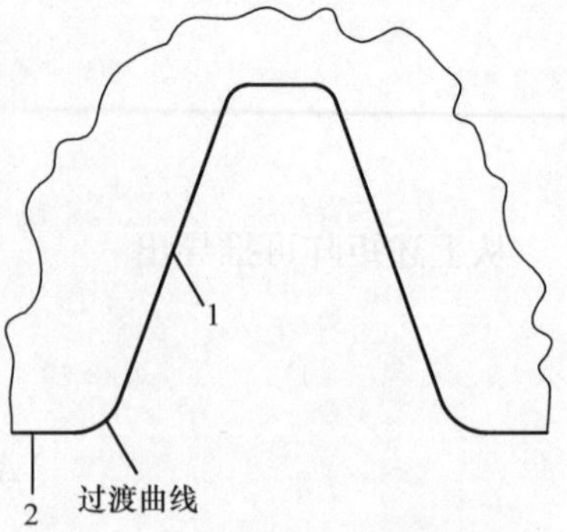

图 6.3.1　齿条刀具刀齿的齿廓

图 6.3.1 和图 6.3.2 所示的图形用齿条刀具加工渐开线直齿外齿轮的实例，说明了根切现象。齿条刀具的齿形（见图 6.3.1）由直线 1、直线 2 和齿条过渡曲线组成，直线 1 形成齿轮的渐开线，直线 2 又形成齿轮的齿根圆，而齿条过渡曲线形成齿轮的过渡曲线。

图 6.3.2a 所示为齿条刀具的齿形族和被加工齿轮的齿廓。齿轮齿廓的渐开线没有奇异点，齿轮的过渡曲线和渐开线相切，并且啮轮的轮齿没有根切。图 6.3.2b 中齿条过渡曲线已经将齿轮的渐开线齿形根切掉——齿轮的过渡曲线和渐开线齿形不再相切，而是彼此相交。根切的原因是齿条刀具的安装调整没有排除掉在齿轮的渐开线齿廓上出现奇异点。应用方程（6.3.13）以避免根切的实例将在 6.13 节中加以说明。

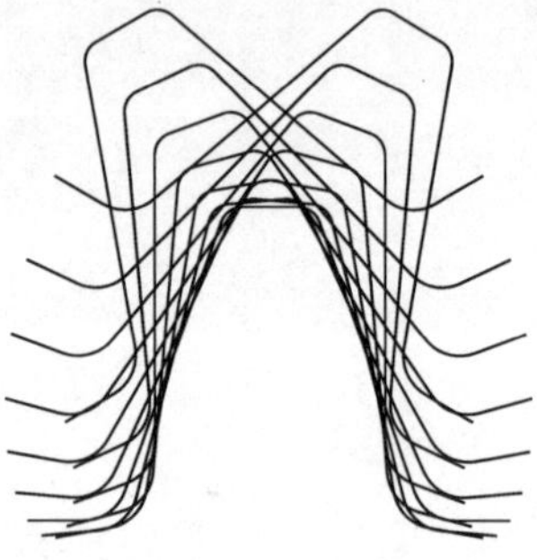
a)

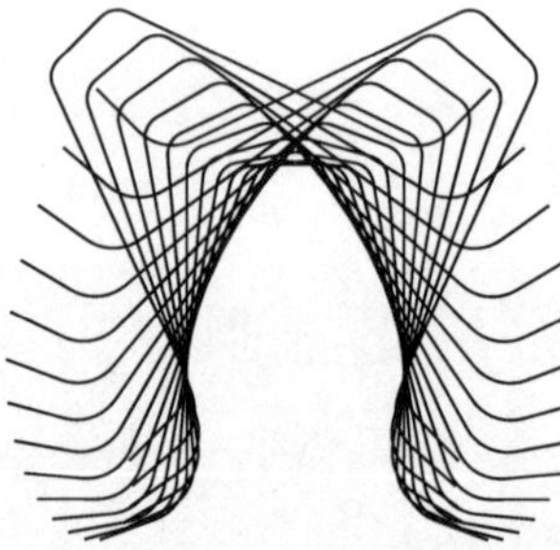
b)

图 6.3.2　用齿条刀具加工渐开线
a）齿条刀具的齿形族和被加工齿轮的齿廓　b）齿条过渡曲线已经将齿轮的渐开线齿形根切掉

（2）情况 2　我们假定产形面 Σ_1 是由曲面族包络而形成的，该曲面族为

$$\boldsymbol{r}(u,\theta,\phi) \quad (f(u,\theta,\psi)=0) \qquad (6.3.14)$$

式中，ψ 是 Σ_1 加工过程中运动的普遍参数。$f(u,\theta,\psi)=0$ 为产形面 Σ_1 的啮合方程。

曲面 Σ_1 生成曲面 Σ_2，我们的目标是确定曲面 Σ_2 的奇异性。计算过程如下所述。

步骤 1：我们假定（见 6.4 节）

$$|f_u|+|f_\theta|\neq 0 \qquad (6.3.15)$$

因为 $f_\theta=0$，我们设定这个不等式是成立的。于是，我们遵照隐函数组存在定理（参见 Korn 和 Korn 1968 年的专著），方程 $f(u,\theta,\psi)=0$ 可由如下函数求得：

$$\theta=\theta(u,\psi) \qquad (6.3.16)$$

曲面 Σ_1 可用下式表示：

$$\boldsymbol{r}_1(u,\theta(u,\psi),\psi)=\boldsymbol{R}_1(u,\psi) \qquad (6.3.17)$$

步骤 2：曲面 Σ_2 是曲面 $\boldsymbol{R}_1(u,\psi)$ 族的包络，曲面 Σ_2 可表示为

$$\boldsymbol{r}_2(u,\psi,\mu)=\boldsymbol{M}_{21}(\mu)\boldsymbol{R}_1(u,\psi) \tag{6.3.18}$$

$$\left(\frac{\partial \boldsymbol{r}_2}{\partial u}\times\frac{\partial \boldsymbol{r}_2}{\partial \psi}\right)\cdot\frac{\partial \boldsymbol{r}_2}{\partial \mu}=q(u,\psi,\mu)=0 \tag{6.3.19}$$

偏微分$\partial \boldsymbol{r}_2/\partial\mu$是当量的滑动速度$\boldsymbol{v}^{(12)}$。

步骤3：类似应用情况1的考虑，我们可得如下推论。

Σ_2在点处产生奇异性的矩阵

$$\boldsymbol{B}=\begin{bmatrix}\dfrac{\partial \boldsymbol{R}_1}{\partial u} & \dfrac{\partial \boldsymbol{R}_1}{\partial \psi} & -\boldsymbol{v}_1^{(12)}\\ \dfrac{\partial q}{\partial u} & \dfrac{\partial q}{\partial \psi} & -\dfrac{\partial q}{\partial u}\dfrac{\mathrm{d}u}{\mathrm{d}t}\end{bmatrix} \tag{6.3.20}$$

秩$r=2$，这里

$$\frac{\partial \boldsymbol{R}_1}{\partial u}=\frac{\partial \boldsymbol{r}_1}{\partial u}+\frac{\partial \boldsymbol{r}_1}{\partial \theta}\frac{\partial \theta}{\partial u}=\frac{\partial \boldsymbol{r}_1}{\partial u}-\frac{\partial \boldsymbol{r}_1}{\partial \theta}\frac{f_u}{f_\theta} \tag{6.3.21}$$

$$\frac{\partial \boldsymbol{R}_1}{\partial \psi}=\frac{\partial \boldsymbol{r}_1}{\partial \psi}+\frac{\partial \boldsymbol{r}_1}{\partial \theta}\frac{\partial \theta}{\partial \psi}=\frac{\partial \boldsymbol{r}_1}{\partial \psi}-\frac{\partial \boldsymbol{r}_1}{\partial \theta}\frac{f_\psi}{f_\theta} \tag{6.3.22}$$

式中，f_u、f_θ和f_ψ是$f(u,\theta,\psi)$的微分［见方程（6.3.14）］，关系式为

$$\begin{cases}\dfrac{\partial \theta}{\partial u}=-\dfrac{f_u}{f_\theta}\\ \dfrac{\partial \theta}{\partial \psi}=-\dfrac{f_\psi}{f_\theta}\end{cases} \tag{6.3.23}$$

类似6.4节这些应用推导确定。

步骤4：根据秩$r=2$矩阵$\boldsymbol{B}$的要求，可使我们确定一函数

$$p(u,\theta,\mu)=0 \tag{6.3.24}$$

方程（6.3.24）、方程（6.3.18）和方程（6.3.19）可使我们确定在曲面Σ_1上正常点的线L，以及在曲面Σ_2上产生的奇异点。由于曲面Σ_1上受线L的限制，可使Σ_2上的根切得以避免。在曲面Σ_2上奇异点的产生，可由线L从S_1到S_2的坐标变换确定。

6.4　曲面族包络存在的充分条件

1. 经典方法

曲面族（用参数表示）包络存在的充分条件保证包络是确实存在的。包络与曲面族的各曲面相切，并且包络是正则曲面。这些条件可用Zalgaller 1975年的专著中所提出的如下定理来表示，也可参见有关这个定理的英文出版物——Litvin 1989年的专著。

定理：给定一正则产形曲面Σ_1，该曲面在S_1中表示为

$$\boldsymbol{r}_1(u,\theta)\in C^2\quad\left(\frac{\partial \boldsymbol{r}_1}{\partial u}\times\frac{\partial \boldsymbol{r}_1}{\partial \theta}\neq\boldsymbol{0},(u,\theta)\in E\right) \tag{6.4.1}$$

曲面Σ_1和S_2中，形成的曲面族Σ_ϕ用$\boldsymbol{r}_2(u,\theta,\phi)$表示。

假定在点$M(u_O,\theta_O,\phi_O)$处下列条件成立：

$$(\boldsymbol{r}_u\times\boldsymbol{r}_\theta)\cdot\boldsymbol{r}_\phi=f(u,\theta,\phi)=0\quad(f\in C^1) \tag{6.4.2}$$

$$f_u^2+f_\theta^2\neq 0 \tag{6.4.3}$$

和

$$\boldsymbol{N}=f_u(\boldsymbol{r}_\theta\times\boldsymbol{r}_\phi)-f_\theta(\boldsymbol{r}_u\times\boldsymbol{r}_\phi)+f_\phi(\boldsymbol{r}_u\times\boldsymbol{r}_\theta)\neq\boldsymbol{0} \tag{6.4.4}$$

其中

$$\boldsymbol{r}_u=\frac{\partial\boldsymbol{r}_2}{\partial u}$$

$$\boldsymbol{r}_\theta=\frac{\partial\boldsymbol{r}_2}{\partial \theta}$$

$$\boldsymbol{r}_\phi=\frac{\partial\boldsymbol{r}_2}{\partial \phi}$$

$$f_u=\frac{\partial f}{\partial u}$$

$$f_\theta=\frac{\partial f}{\partial \theta}$$

$$f_\phi=\frac{\partial f}{\partial \phi}$$

于是，曲面族的包络在点 M 的领域内是存在的，为

$$\boldsymbol{r}_2=(u,\theta,\phi)\quad (f(u,\theta,\phi)=0) \tag{6.4.5}$$

注意：矢量 $\boldsymbol{N}$ 是包络面的法线，不等式（6.4.4）保证包络是正则曲面。上述定理提供了在一点的领域内包络局部存在的充分条件。整个包络可作为局部求得的许多包络片的集合来确定。

步骤 1：因为 $f_\theta\neq 0$，假设不等式（6.4.3）是成立的。于是，遵循隐函数数组存在的定理（参见 Korn 和 Korn 1968 年的专著），啮合方程 $f(u,\ \theta,\ \phi)\ =0$ 在 M 的邻域内，用如下函数可得到解：

$$\theta=\theta(u,\phi)\in C' \tag{6.4.6}$$

步骤 2：矢量函数 $\boldsymbol{r}_2(u,\ \theta,\ \phi)$ 和方程 $f(u,\ \theta,\ \phi)\ =0$，如果考虑用三个相关参数 $(u,\ \theta,\ \phi)$ 来表示包络的模拟。用方程（6.4.6），我们可以将包络表示为

$$\boldsymbol{r}(u,\theta(u,\phi),\phi)=\boldsymbol{R}(u,\phi) \tag{6.4.7}$$

步骤 3：包络面的法线表示如下：

$$\boldsymbol{N}=\boldsymbol{R}_u\times\boldsymbol{R}_\phi=(\boldsymbol{r}_u\times\boldsymbol{r}_\phi)+(\boldsymbol{r}_\theta\times\boldsymbol{r}_\phi)\frac{\partial\theta}{\partial u}+(\boldsymbol{r}_n\times\boldsymbol{r}_\theta)\frac{\partial\theta}{\partial\phi} \tag{6.4.8}$$

步骤 4：从啮合的微分方程 $f(u,\theta,\phi)=0$ 和方程（6.4.6）中，我们得

$$f_u\mathrm{d}u+f_\theta\mathrm{d}\theta+f_\phi\mathrm{d}\phi=0 \tag{6.4.9}$$

$$\frac{\partial\theta}{\partial u}\mathrm{d}u-\mathrm{d}\theta+\frac{\partial\theta}{\partial\phi}\mathrm{d}\phi=0 \tag{6.4.10}$$

并且得

$$\frac{f_u}{\dfrac{\partial\theta}{\partial u}}=-\frac{f_\theta}{1}=\frac{f_\phi}{\dfrac{\partial\theta}{\partial\phi}} \tag{6.4.11}$$

从方程（6.4.8）和方程（6.4.11），并取数值 $f_0\neq 0$，得不等式（6.4.4）。

2. Litvin 1968 年、1989 年的专著中提出的工程解法

产形曲面 Σ_1 用两个独立参数表示。曲面族 Σ_1 包络存在的充分条件公式化如下。

定理：正则产形面 Σ_1 表示如下：

$$\boldsymbol{r}(u,\theta)\in C^2\quad\left(\frac{\partial \boldsymbol{r}_1}{\boldsymbol{u}}\times\frac{\partial \boldsymbol{r}_1}{\partial\theta}\neq\boldsymbol{0},(u,\theta)\in E\right)\tag{6.4.12}$$

在坐标系 S_2 中生成的曲面族 Σ_1 通常表示如下：

$$\boldsymbol{r}_2(u,\theta,\phi)=\boldsymbol{M}_{21}(\phi)\boldsymbol{r}_1(u,\theta)\tag{6.4.13}$$

式中，$\boldsymbol{M}_{21}$是描述从 S_1 到 S_2 的坐标变换的矩阵；ϕ 是运动的普遍参数。

假设在点 $M(u_O,\theta_O,\phi_O)$满足如下条件：

$$\boldsymbol{N}_1\cdot\boldsymbol{v}_1^{(12)}=\left(\frac{\partial \boldsymbol{r}_1}{\partial u}\times\frac{\partial \boldsymbol{r}_1}{\partial\theta}\right)\cdot\boldsymbol{v}_1^{(12)}=f(u,\theta,\phi)=0\tag{6.4.14}$$

$$f_u^2+f_\theta^2\neq0\tag{6.4.15}$$

其中$f_u=\partial f/\partial u$，$\partial f/\partial\theta$ 和$\boldsymbol{v}_1^{(12)}$ 由矩阵 M_{21}的微分和相应的变换确定（见 2.2 节）。

并且 4×3 矩阵（6.4.16）的秩 $r=3$。

$$\boldsymbol{A}=\begin{bmatrix}\dfrac{\partial \boldsymbol{r}_1}{\partial u} & \dfrac{\partial \boldsymbol{r}_1}{\partial\theta} & \boldsymbol{v}_1^{(12)}\\ f_u & f_\theta & f_\phi\end{bmatrix}\tag{6.4.16}$$

这意味着矩阵 A 的第三阶行列式 Δ_i（$i=1$，2，3）不同于零（$\Delta_1^2+\Delta_2^2+\Delta_3^2\neq0$），包络 Σ_2 是正则曲面［见 6.3 节中 Δ_1、Δ_2 和 Δ_3 的方程（6.3.6）~方程(6.3.8)］。

当定理的条件满足时，则在 M 的领域内确实存在包络 Σ_2，而且是正则曲面，可用表达式（6.4.5）表示在 S_2 中。

注意：奇异性的避免和不等式（6.4.15）的成立基于以下程序。

步骤 1：如果包络 Σ_2 产生奇异性（见 6.3 节），则

$$\Delta_1^2+\Delta_2^2+\Delta_3^2=F(u,\theta,\phi)=0\tag{6.4.17}$$

步骤 2：下面我们考虑曲面参数（u，θ）的空间，取啮合方程 ϕ = 常数（见图 6.4.1），得 Σ_1 和 Σ_2 相切线 $L_{12}(\phi)$。

步骤 3：从方程 $F(u,\theta,\phi)=0$ 可使我们得线 $Q(u,\theta,\phi)$（见图 6.4.1）。

步骤 4：分区域 $B\in(u,\theta)$，其中线 $Q(u,\theta,\phi)$与 Σ_1 和 Σ_2 的相切线 $L_{12}(u,\theta,\phi)$并不相交，Σ_2 上为正常点。图 6.4.1 所示为安装图，其中根据齿形加工面齿轮（见 18.6 节）。在区域$\theta>\theta^*$、$u<u^*$ 内可避免面齿轮出现奇异性。

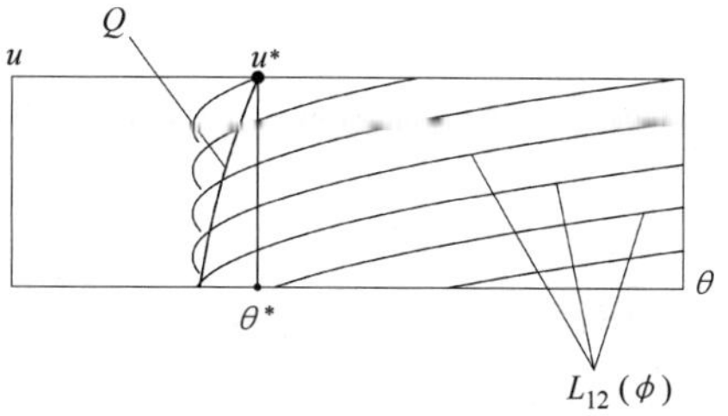

图 6.4.1　包络 Σ_2 奇异性分设有区域的确定

3. 用隐函数形式表示包络存在的充分条件

产形曲面族在 S_2 中表示如下：

$$\begin{aligned}G(x,y,z,\phi)=0\quad&(G\in C^2,(Gx)^2+(Gy)^2+(Gz)^2\neq0,\\&(x,y,z)\in A,\quad a<\phi<b)\end{aligned}\tag{6.4.18}$$

包络存在的充分条件的定理存在的状态（参见 Zalgaller 1975 年的著作）如下：

假定在点 $M(u_O,\theta_O,\phi_O)$ 处下列条件得到满足：

$$\begin{cases}G(x_O,y_O,z_O,\phi_O)=0\\ G_\phi=0\\ G_{\phi\phi}\neq 0\\ \Delta=\left|\dfrac{D(G,G_\phi)}{D(x,y)}\right|+\left|\dfrac{D(G,G_\phi)}{D(x,z)}\right|+\left|\dfrac{D(G,G_\phi)}{D(y,z)}\right|\neq 0\end{cases} \tag{6.4.19}$$

于是，包络存在于局部，即点 M 的邻域内，该包络是用下列方程表示的正则曲面

$$\begin{cases}G(x,y,z,\phi)=0\\ G_\phi(x,y,z,\phi)=0\end{cases} \tag{6.4.20}$$

6.5 接触线和啮合面

共轭曲面 Σ_1 和 Σ_2 在每一瞬时彼此沿一条线相切，该线称为接触线或特征线。齿轮齿面上瞬时接触线的位置取决于运动参数 ϕ。

曲面 Σ_1 上接触线可用如下表达式表示：

$$\begin{cases}\boldsymbol{r}_1(u,\theta)=x_1(u,\theta)\boldsymbol{i}_1+y_1(u,\theta)\boldsymbol{j}_1+z_1(u,\theta)\boldsymbol{k}_1\\ f(u,\theta,\phi^{(i)})=0\end{cases} \tag{6.5.1}$$

式中，$\phi^{(i)}$ 是运动参数（$i=1$，2，…）。

为了确定瞬时接触线上的流动点 M（见图6.5.1），必须采用下列步骤。

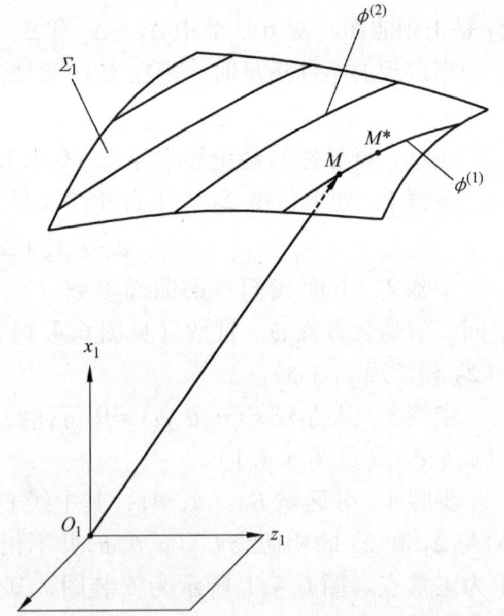

图6.5.1 齿面上的接触线

步骤1：固定运动参数 ϕ，例如取 $\phi=\phi^{(1)}$。

步骤2：选择一个曲面参数，例如 θ，然后从方程中求出 u。

$$f(u,\theta,\phi^{(1)})=0$$

步骤3：利用矢量函数，确定点 M 在 S_1 中的坐标（x_1，y_1，z_1）：

$$\boldsymbol{r}_1(u,\theta)=x_1(u,\theta)\boldsymbol{i}_1+y_1(u,\theta)\boldsymbol{j}_1+z_1(u,\theta)\boldsymbol{k}_1$$

步骤4：为了确定同一瞬时接触线上的另一点 M^*，要保持同样大小的 $\phi=\phi^{(1)}$，但要改变曲面的参数 θ，并且要应用上述的步骤。

类似的步骤可用来确定曲面 Σ_2 上其他的瞬时接触线。

曲面 Σ_2 上的瞬时接触线用如下方程表示：

$$\begin{cases}\boldsymbol{r}_2=\boldsymbol{r}_2(u,\theta,\phi^{(i)})\\ f(u,\theta,\phi^{(i)})=0\end{cases} \tag{6.5.2}$$

其中

$$\boldsymbol{r}_2=\boldsymbol{M}_{21}\boldsymbol{r}_1$$

式中，$\phi^{(i)}$ 是所选取的运动参数 ϕ 的值；$\boldsymbol{M}_{21}$ 是表示从 S_1 到 S_2 的坐标变换的 4×4 矩阵。

计算瞬时接触线上各点的方法与上面类似。

啮合面是表示在与机架刚性固接的固定坐标系 S_f 中的瞬时接触线族。啮合面用如下方程表示：

$$\begin{cases}\boldsymbol{r}_f=\boldsymbol{r}_f(u,\theta,\phi)\\ f(u,\theta,\phi)=0\end{cases} \tag{6.5.3}$$

其中

$$\boldsymbol{r}_f=\boldsymbol{M}_{f1}\boldsymbol{r}_1$$

式中，$\boldsymbol{M}_{f1}$ 是描述从 S_1 到 S_f 的坐标变换的 4×4 矩阵。

6.6　产形曲面 Σ_1 上接触线族的包络

通常，产形曲面 E_ρ 上的瞬时接触线覆盖该曲面的整个工作部分。然而，存在这样的情况（这种情况还是不少的），即产形曲面上的瞬时接触线具有包络，因而其仅覆盖产形曲面的一部分。图 6.6.1 所示为产形曲面 Σ_ρ 上的瞬时接触线族 L_ϕ。曲线 E_ρ 是瞬时接触线族的包络，其将 Σ_ρ 分成两部分：a. 包括瞬时接触线及其包络 E_ρ 的部分 A；b. 没有瞬时接触线的部分 B。曲线 G 是曲面 Σ_ρ 的边缘，其形成被加工齿轮齿面 Σ_r 的过渡曲面。润滑条件和热传导在包络 E_ρ 附近是不利的。这就是应当将包络从啮合中消除的原因。适当地选取齿轮的设计参数，这一点是可以达到的。

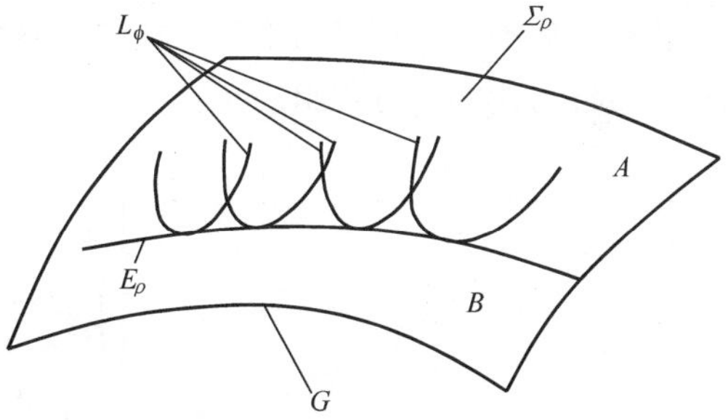

图 6.6.1　接触线族的包络

包络 E_ρ 的存在，是伴随着被加工齿面 Σ_r 的两分支形成的（见 6.7 节），其中 Σ_r 是产形曲面 Σ_ρ 族的包络。在产形曲面 Σ_ρ 上存在 E_ρ 的充要条件是遵守如下定理（Litvin 等人 2016 年的专著中推荐）。

定理：产形曲面 Σ_ρ 表示如下：

$$\boldsymbol{\rho}(u,\theta)\in C^3\quad(\boldsymbol{\rho}_u\times\boldsymbol{\rho}_\theta=\boldsymbol{0},(u,\theta)\in G,a<\phi<b) \tag{6.6.1}$$

在点（u_O，θ_O，ϕ_O）遵守如下条件（标记为 M）：

$$f(u,\theta,\phi)=(\boldsymbol{\rho}_u\times\boldsymbol{\rho}_\theta)\cdot v^{(\rho r)}=0 \tag{6.6.2}$$

$$f_\phi(u,\theta,\phi)=0 \tag{6.6.3}$$

$$f_{\phi\phi}\neq0 \tag{6.6.4}$$

$$\begin{vmatrix}f_u & f_\theta\\ f_{\phi u} & f_{\phi\theta}\end{vmatrix}\neq0 \tag{6.6.5}$$

如果满足上述条件，则包络 E_ρ 存在，而且是正则曲线，其为

$$\boldsymbol{\rho}(u,\theta)\quad(f(u,\theta,\phi)=0,f_\phi(u,\theta,\phi)=0) \tag{6.6.6}$$

定理的证明基于以下考虑。

步骤 1：假定不等式（6.6.5）是成立的，并且 $|f_u|+|f_\theta|\neq0$，我们可在曲面 Σ_ρ 上确定

一曲线，表示如下：

$$\boldsymbol{R}(\phi)=\boldsymbol{\rho}[u(\phi),\theta(\phi)] \tag{6.6.7}$$

曲线的切线表示如下：

$$\boldsymbol{R}_\phi=\frac{f_{\phi\phi}}{\begin{vmatrix} f_u & f_\theta \\ f_{\phi u} & f_{\phi\theta} \end{vmatrix}}(\boldsymbol{\rho}_u f_\theta-\boldsymbol{\rho}_\theta f_u) \tag{6.6.8}$$

这里

$$\boldsymbol{\rho}_u f_\theta-\boldsymbol{\rho}_\theta f_u=\boldsymbol{T}_\rho \tag{6.6.9}$$

式中，$\boldsymbol{T}_\rho$ 是在产形曲面 Σ_ρ 上接触线的切线。

步骤2：所提供的不等式（6.6.4）和不等式（6.6.5）成立，并且 $\boldsymbol{R}_\phi\neq 0$，与接触线的切线共线，$\boldsymbol{R}(\phi)$是正则曲线，而且在 Σ_ρ 上的接触线是包络的。

我们用图解说明具有渐开线蜗杆的普通蜗杆传动的情况下，接触线包络的存在。考察表明包络 E_ρ 是存在的。图6.6.2所示为在渐开线蜗杆齿面上的 E_ρ。

接触线族的包络可容易地表示在曲面参数 u 和 θ 的平面内，在这样的平面内，包络存在的充分条件可用如下方程组表示：

$$\begin{cases} f(u,\theta,\phi)=0 \\ f_\phi=q(u,\theta,\phi)=0 \\ \dfrac{D(f,q)}{D(u,\theta)}\neq 0 \\ f_{\phi\phi}\neq 0 \end{cases} \tag{6.6.10}$$

图6.6.3所示为空间中渐开线蜗杆的接触线及其包络在参数（u，θ）的平面内的投影，绘图基于 Litvin 和 Kin 1992 年的专著中所完成的研究结果。

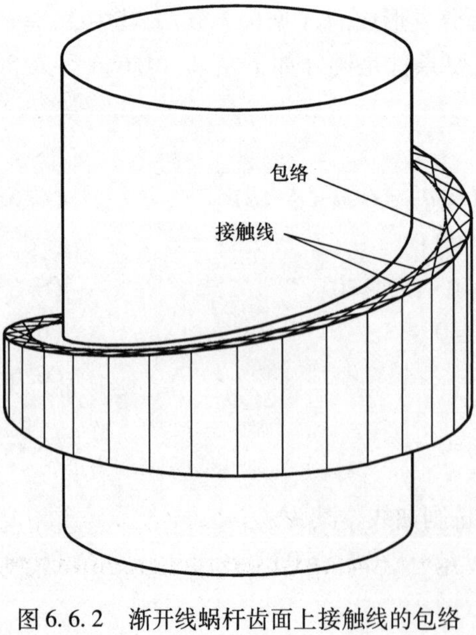

图6.6.2　渐开线蜗杆齿面上接触线的包络

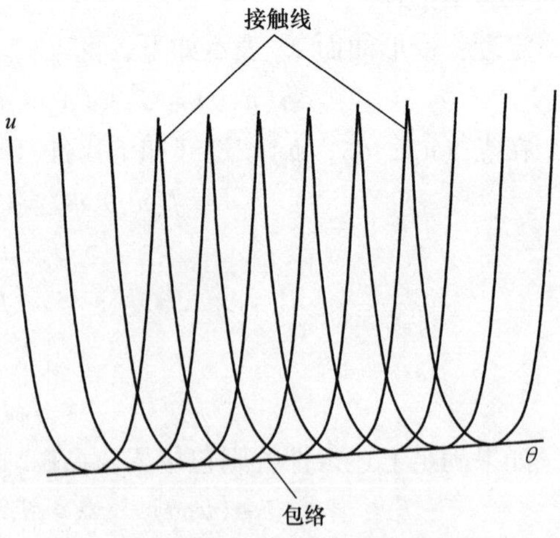

图6.6.3　曲面参数空间中的接触线在参数（u，θ）平面内的投影

6.7　曲线和曲面参数族包络支线的形成

由分支生成曲面（曲线）意味着必须分别对两支线进行计算机模拟。详细问题的解答在 Litvin 等人 2001 年的专著中提出。

1. 蜗轮齿面的支线

考察具有渐开线蜗杆的普通蜗杆传动，在 6.6 节中证实了在蜗杆齿面的接触线上有包络 E_ρ。图 6.7.1a 所示为 E_ρ 在蜗杆齿面参数（θ，u）的平面内是一直线。点 D 是包络 E_ρ（见图 6.7.1b）与流动线接触的切点。啮合方程 $f(u,\theta,\phi)=0$ 的微分 f_ϕ 在 D 等于零。参数 ϕ 在方程 $f=0$ 时，是运动的普遍参数。我们可以考察每一流动接触线有两条支线，用微分 f_ϕ（见图 6.7.1b）的符号加以识别，蜗轮齿面 Σ_2（其是蜗杆齿面 Σ_1 族的包络）是由 $\Sigma_2^{(1)}$ 和 $\Sigma_2^{(2)}$（见图 6.7.2）指定的两支线完成的。支线的公共线是 E_ρ^*，其在蜗轮齿面 Σ_2 上表示为 E_ρ 的映像。

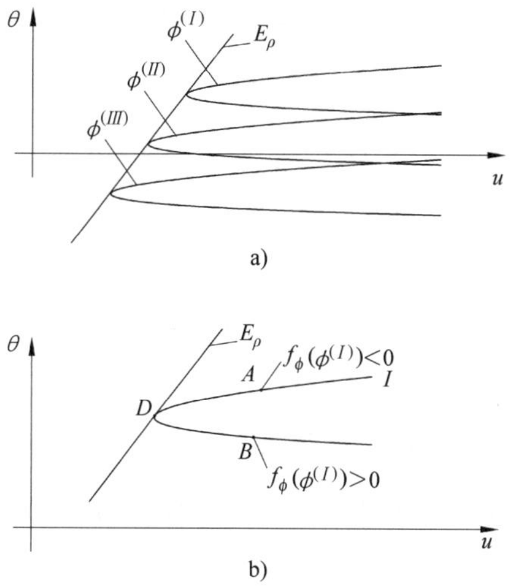

图 6.7.1　接触线在参数（θ，u）空间的包络
a）接触线和包络 E_ρ　b）每个接触线的两支线 A 和 B 的图解说明

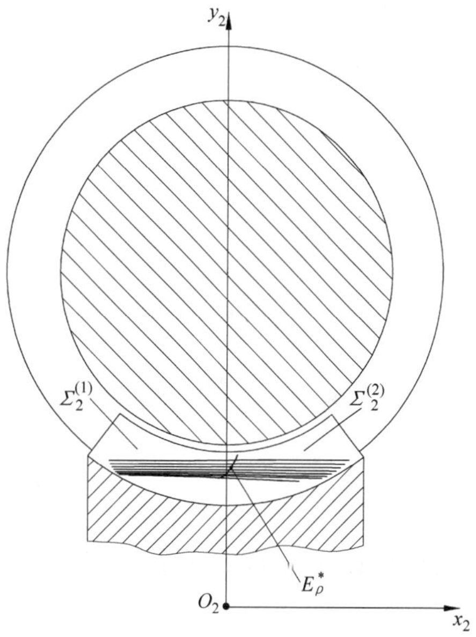

图 6.7.2　包络 Σ_2 的支线

2. 摆线齿轮泵齿廓的支线

图 6.7.3 所示为摆线齿轮泵的原理图。图 6.7.4 所示为齿轮 1 和齿轮 2 的瞬心线，分别以半径 r_1 和 r_2 的两圆做内相切。产形齿廓是半径为 ρ 的圆。图 6.7.5 所示为齿轮 1 的产形齿廓（其是半径为 ρ 的圆），在齿轮 2 上由标记为 $\sigma_2^{(1)}$ 和 $\sigma_2^{(2)}$ 的两条支线形成产形齿廓。两支线的公共点标记为 M。我们可用 $f(\theta,\phi)=0$ 表示齿轮 1 和齿轮 2 的啮合方程，其中 θ 是齿轮 1 产形齿廓的参数（见图 6.7.4），ϕ 是运动的普遍参数。

考察完成后引出如下结果（参见 Vecchiato 2001 年的专著、Demenego 等人 2002 年的专著）：

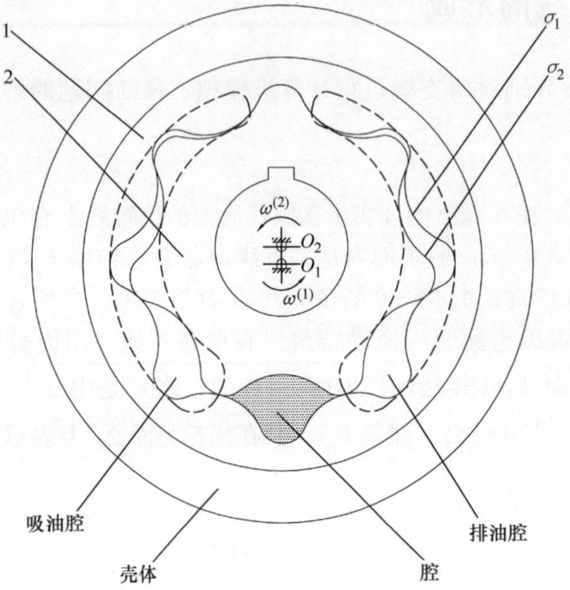

图 6.7.3　摆线齿轮泵的原理图

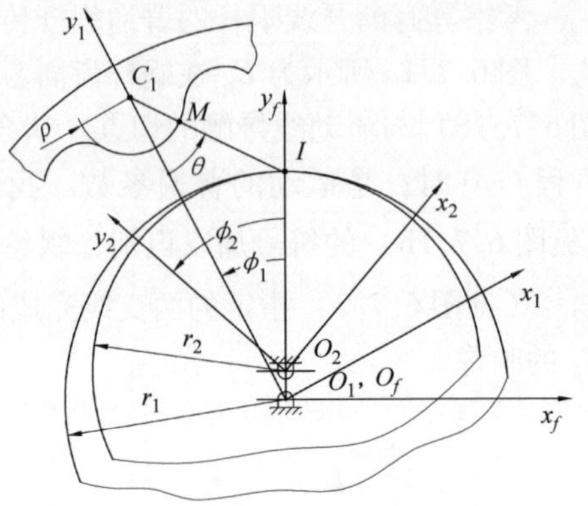

图 6.7.4　齿轮 1 的产形齿廓 $\Sigma_1^{(1)}$ 和其使用的坐标系

1）在两支线 $\sigma_2^{(1)}$ 和 $\sigma_2^{(2)}$ 的公共点 M 处啮合方程的偏微分 f_ϕ 等于零（见图 6.7.5）。

2）齿轮 1 和齿轮 2 齿廓的相切点在产形齿廓 $\Sigma_1^{(1)}$ 上做往复运动（见图 6.7.6）。在其运动的 Σ_1 上往复运动起始处，相切点的运动速度等于零。

我们应强调齿轮 1 提供两齿廓，标记为 $\Sigma_1^{(1)}$（其是半径为 ρ 的圆）和齿廓 $\Sigma_1^{(2)}$（见图 6.7.6）。我们可以考虑齿廓 $\Sigma_1^{(1)}$ 和 $\Sigma_1^{(2)}$ 为两支线的包络。这样包络考虑是一假想的加工过程，其中齿轮 2 的齿廓 $\sigma_2^{(2)}$ 是产形齿廓。于是，齿廓 $\sigma_2^{(2)}$ 族的包络将是由齿廓 $\Sigma_1^{(1)}$ 和 $\Sigma_1^{(2)}$ 两支线组合形成的（见图 6.7.6）。在实际设计中，齿廓 $\Sigma_1^{(2)}$ 必须与圆弧齿廓 $\Sigma_1^{(1)}$ 连接起来。

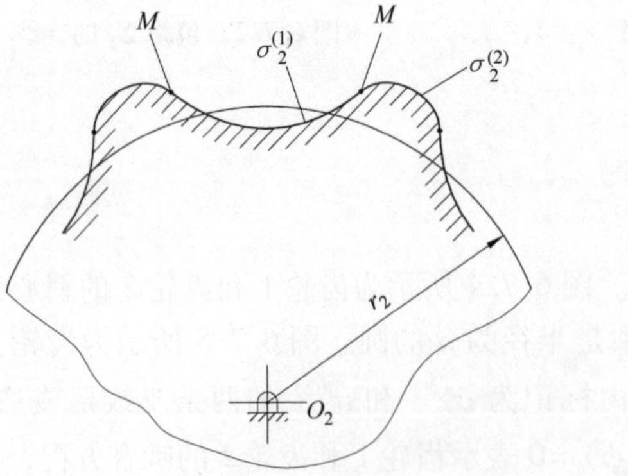

图 6.7.5　由支线 $\sigma_2^{(1)}$ 和 $\sigma_2^{(2)}$ 形成的包络 σ_2 图

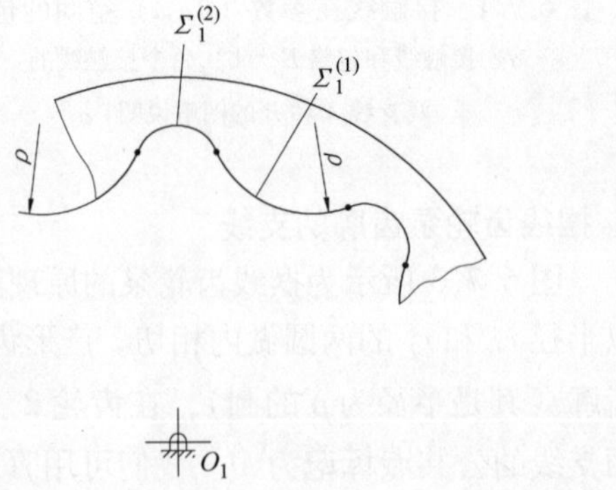

图 6.7.6　齿轮 1 的齿顶高和齿根高的齿廓 $\Sigma_1^{(1)}$ 和 $\Sigma_1^{(2)}$

6.8 根据接触法线的 Wildhaber 定则

本书提出的原理，使得我们能够在“位于河一侧的”根切和接触线族包络原理，与“位于河另一侧”的极限接触法线的 Wildhaber 定则之间架设一座桥梁。极限接触法线的 Wildhaber 定则（极限压力角）是根据齿轮齿面力传递的特殊情况提出的（参见 Wildhaber 1956 年的专著）。然而，Wildhaber 方程可以而且应当用几何方法加以解释。利用 Σ_1 上接触线族包络的概念和 Σ_2 上奇异性的概念，这一工作是能够完成的。这里的 Σ_1 和 Σ_2 分别是产形齿面和被加工齿面。

一般说来，在 Σ_2 上形成奇异点的 Σ_1 上的界限线 L，与 Σ_1 上的接触线的包络 E 彼此是不相交的，也就是说，其没有公共点。我们曾经证明过，用 Wildhaber 方法得出这样一种特殊而罕见的情况，即两条线 L 和 E 具有公共点 M，而且该点还是两齿面 Σ_1 和 Σ_2 的相切点。在我们的解释中，确定 M 基于以下考虑。

因为点 M 是接触点，所以啮合方程在点 M 及其邻域内是满足的，于是

$$\boldsymbol{n}^{(i)}\cdot\boldsymbol{v}^{(12)}=\boldsymbol{n}^{(i)}\cdot\{[(\boldsymbol{\omega}^{(1)}-\boldsymbol{\omega}^{(2)})\times\boldsymbol{r}^{(i)}]-(\boldsymbol{R}\times\boldsymbol{\omega}^{(2)})\}=0\quad(i=1,2)\tag{6.8.1}$$

$$\frac{\mathrm{d}}{\mathrm{d}t}(\boldsymbol{n}^{(i)}\cdot\boldsymbol{v}^{(12)})=0\quad(i=1,2)\tag{6.8.2}$$

$\boldsymbol{v}^{(12)}$ 的推导在第 2 章已经讨论过。

在推导方程（6.8.2）时，我们考察两种情况：a. 在不是包络的切线的任一方向上，$\boldsymbol{v}_r^{(1)}=\boldsymbol{0}$ 和 $\dot{\boldsymbol{n}}_r^{(1)}=\boldsymbol{0}$；b. 对于 Σ_2 上的奇异点，$\boldsymbol{v}_r^{(2)}=\boldsymbol{0}$ 和 $\dot{\boldsymbol{n}}_r^{(2)}=\boldsymbol{0}$。同时考虑 a. 和 b. 两个条件，可以得到点 M 是瞬时接触线族包络上的点，而且还是 Σ_2 上的奇异点。用这两个条件来考察方程（6.8.2），可推出如下方程：

$$\boldsymbol{n}\cdot[(\boldsymbol{\omega}^{(1)}\times\boldsymbol{v}_{tr}^{(2)})-(\boldsymbol{\omega}^{(2)}\times\boldsymbol{v}_{tr}^{(1)})]=0\tag{6.8.3}$$

式中，$\boldsymbol{v}_{tr}^{(i)}$（$i=1$，2）是接触点在与齿面一起的牵连运动中的速度（参见 6.2 节）。

方程（6.8.1）和方程（6.8.3）确定极限接触法线的方向。这条法线垂直于由矢量 $\boldsymbol{a}$ 和 $\boldsymbol{b}$ 所形成的平面，这里

$$\boldsymbol{a}=\boldsymbol{v}^{(12)}=\boldsymbol{v}_{tr}^{(1)}-\boldsymbol{v}_{tr}^{(2)}\tag{6.8.4}$$

$$\boldsymbol{b}=(\boldsymbol{\omega}^{(1)}\times\boldsymbol{v}_{tr}^{(2)})-(\boldsymbol{\omega}^{(2)}\times\boldsymbol{v}_{tr}^{(1)})\tag{6.8.5}$$

Wildhaber 的极限接触法线定则，已成功地用于设计端面铣刀分度加工的收缩齿锥双曲面齿轮。这种齿轮是根据工作齿侧面和非工作齿侧面具有不同的压力设计的，这是因为要保证与极限压力角相等的偏差。Wildhaber 方法的缺点是，不能分别确定 Σ_1 上瞬时接触线族的包络和 Σ_2 上的奇异点。

6.9 过渡区域的加工

1. 平面齿轮啮合

平面齿轮的过渡区域是一条曲线，该曲线将齿轮齿廓的工作部分与齿根圆相连接。

图 6.9.1 所示为用来加工渐开线直齿外齿轮的齿条刀具的刀齿。刀具齿廓的部分 1 形成齿轮的渐开线齿廓，刀具齿廓的部分 3 是一条直线，并且形成齿轮的齿根圆，刀具齿廓的部

分2是一段半径为ρ的圆弧，该圆弧形成齿轮的过渡曲线。齿轮的过渡曲线是圆弧族的包络，该包络是在与齿轮刚性固接的坐标系S_2中形成的（见图6.9.2）。

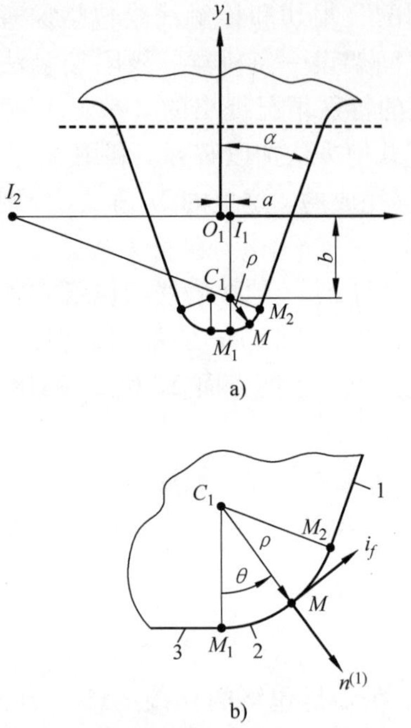

图6.9.1　齿条刀具的刀齿及其过渡曲线

a）齿条刀齿和坐标轴x_f、y_f

b）半径为ρ的过渡曲线圆

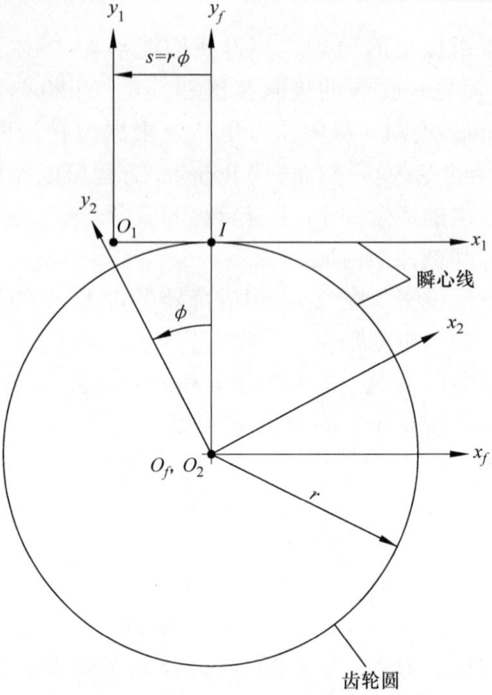

图6.9.2　齿条刀具和齿轮的瞬心线

为了确定齿条刀具的两个位置，在这些位置，圆弧的两个端点M_1和M_2（见图6.9.1）形成齿轮过渡曲线上的对应点，我们必须推导出齿条刀具和齿轮的啮合方程。推导这样的方程可以基于如下定理：齿条刀具的点在齿条刀具齿形的法线通过瞬时回转中心I的位置处形成齿轮的相应点（见图6.9.2）。啮合方程可用下式表示：

$$f(\phi,\theta)=0 \tag{6.9.1}$$

式中，θ是圆弧的参数（见图6.9.1b）；ϕ是齿轮的转角（见图6.9.2）。

令方程（6.9.1）中的$\theta=0$和$\theta=90°-\alpha$，我们可以确定出对应的ϕ值和对应的齿条刀具的两个位置，在这些位置点M_1和M_2形成齿轮过渡曲线上的两个端点。从图6.9.1a的图形中明显看出，点M_1和M_2形成齿轮的过渡曲线是在齿条刀具这样的位置，此时，两个点I_1和I_2（见图6.9.1a）将与图6.9.2所示的瞬时回转中心I相重合。

现在我们考察用点M（齿条刀具的刀刃）形成齿轮过渡曲线的情况（见图6.9.3）。齿根过渡曲线的方程可以作为刀刃M在坐标系S_2中描出的轨迹来求出。这个轨迹可用如下矩阵方程表示：

$$\boldsymbol{r}_2=\boldsymbol{M}_{21}\boldsymbol{r}_1^{(M)} \tag{6.9.2}$$

式中，$\boldsymbol{r}_1^{(M)}$是列矩阵，其表示刀刃M在坐标系S_1中的坐标。

图6.9.3所示为齿条刀具在与机架刚性固接的坐标系S_f中的三个位置。在初始位置

（见图6.9.3a），动坐标 S_1 的原点 O_1 与瞬时回转中心 I 相重合。图6.9.3b所示为齿条刀具在齿轮过渡曲线与用直线 a 所形成的齿根圆有相切时的位置。在图6.9.3c中所示的位置，齿轮的过渡曲线与由直线 b 所形成的渐开线相切。

2. 空间齿轮啮合

我们应当区别加工齿轮过渡曲面的两种情况：a. 用刀具曲面；b. 用刀的刀刃线。例如，在加工蜗杆蜗轮的情况下，蜗轮的过渡曲面是由螺旋线（滚刀刀刃）加工的。相应地，在加工弧齿锥齿轮和准双曲面齿轮的情况下，刀具是一锥面（见图6.9.4），而齿轮的过渡曲面是由刀具上半径为 r_c 的圆加工的。用刀具曲面加工的齿轮过渡曲面的形成问题，可以作为曲面的包络的形成问题加以探讨（参见6.1节）。

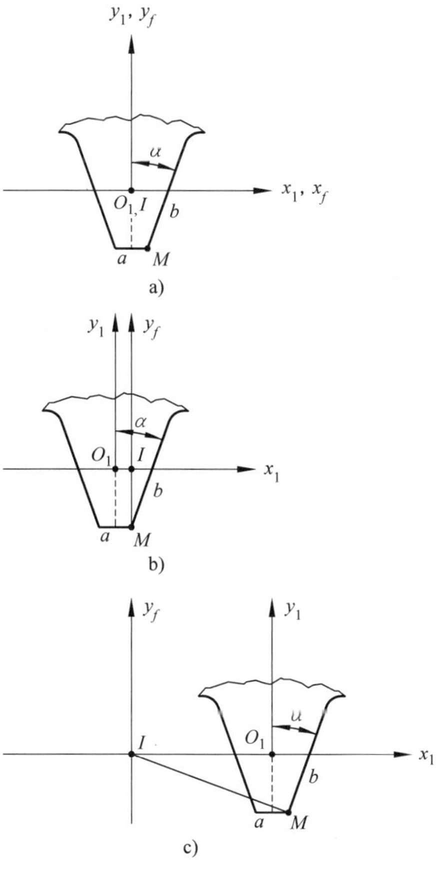

图6.9.3　由刀刃 M 形成齿轮过渡曲线的情况

a）在坐标系 S_1 中的初始位置和产形点 M　b）在 S_1 中的第二位置和相关 S_f 中的产形点 M　c）在 S_1 中的第三位置和相关 S_f 中的点 M

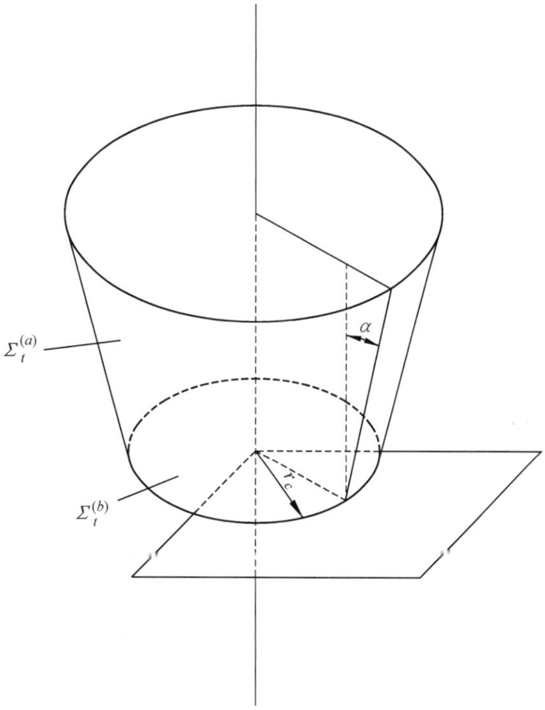

图6.9.4　产形锥面

让我们研究用刀具的刀刃形成齿轮过渡曲面的问题。齿轮过渡曲面可表示在刚性固接在齿轮上的坐标系 S_g 中，可用如下矩阵方程表示：

$$\boldsymbol{r}_g(\theta,\phi)=\boldsymbol{M}_{gt}(\phi)\boldsymbol{r}_t(\theta) \tag{6.9.3}$$

式中，$\boldsymbol{r}_t(\theta)$是在坐标系S_t中的刀具刀刃；$\boldsymbol{M}_{gt}$（ϕ）是描述从S_t到S_g的坐标变换（矩阵的各元素与广义运动参数ϕ有关）的矩阵；$\boldsymbol{r}_g(\theta,\ \phi)$是在坐标系$S_g$中，具有曲面坐标$\theta$和$\phi$的齿轮过渡曲面。

确定齿轮过渡曲面的法线有两种可能的方法供选用。第一种方法基于如下方程：

$$\boldsymbol{N}_g^{(g)}=\frac{\partial \boldsymbol{r}_g}{\partial \theta}\times\frac{\partial \boldsymbol{r}_g}{\partial \phi} \tag{6.9.4}$$

第二种方法用如下方程将齿轮过渡曲面的法线表示在坐标系S_t中。

$$\boldsymbol{N}_t^{(g)}=\frac{\partial \boldsymbol{r}_t}{\partial \theta}\times\boldsymbol{v}_t^{(tg)} \tag{6.9.5}$$

这里

$$\boldsymbol{v}_t^{(tg)}=\boldsymbol{v}_t^{(t)}-\boldsymbol{v}_t^{(g)}$$

是两齿面Σ_t和Σ_g相切点处的滑动矢量，下角标t说明各矢量表示在坐标系S_t中，上角标t和g分别表示齿面Σ_t和Σ_g。

为了将齿轮过渡曲面的法线表示在坐标系S_g中，需要利用如下矩阵方程：

$$\boldsymbol{N}_g^{(g)}=\boldsymbol{L}_{gt}\boldsymbol{N}_t^{(g)} \tag{6.9.6}$$

式中，$\boldsymbol{L}_{gt}$是描述矢量从S_t坐标变换到S_g的3×3矩阵。

刀具的产形线是刀具上两个面$\Sigma_t^{(a)}$和$\Sigma_t^{(b)}$的交线。例如，在加工准双曲面齿轮和弧齿锥齿轮的情况下，产形线，即半径为r_c的圆，是锥面$\Sigma_t^{(a)}$和垂直于圆锥轴线的平面$\Sigma_t^{(b)}$的交线；这个平面被这个半径为r_c的圆来限制（见图6.9.4）。齿轮齿面（见图6.9.5）由三部分组成：a. 用$\Sigma_t^{(a)}$加工的$\Sigma_g^{(a)}$；b. 用刀具面$\Sigma_t^{(b)}$加工的$\Sigma_g^{(b)}$；c. 过渡曲面$\Sigma_g^{(f)}$。曲线L_1和L_2分别是齿轮过渡曲面$\Sigma_g^{(a)}$和$\Sigma_g^{(b)}$的相切线（假定根切已经避免）。在齿轮过渡曲面与$\Sigma_g^{(a)}$和$\Sigma_g^{(b)}$的切线L_i（$i=1,\ 2$）上，齿轮过渡曲面与相邻齿面的法线是共线的。于是

$$\dot{\boldsymbol{r}}_t(\theta)\times\boldsymbol{v}_t^{(tg)}=\lambda\boldsymbol{N}_t^{(i)}\quad(i=a,b) \tag{6.9.7}$$

方程（6.9.7）和方程（6.9.3）可以确定齿轮齿面上的相切线L_1和L_2。

利用上述的方法，准双曲面小齿轮的过渡曲面已经在Litvin1989年的专著中求出。小齿轮轮齿两侧面的中部横截面示于图6.9.6和图6.9.7。图6.9.8所示为准双曲面小齿轮的横截面。齿形是不对称的，因为轮齿两侧面是用具有不同刀片角刀片加工的。

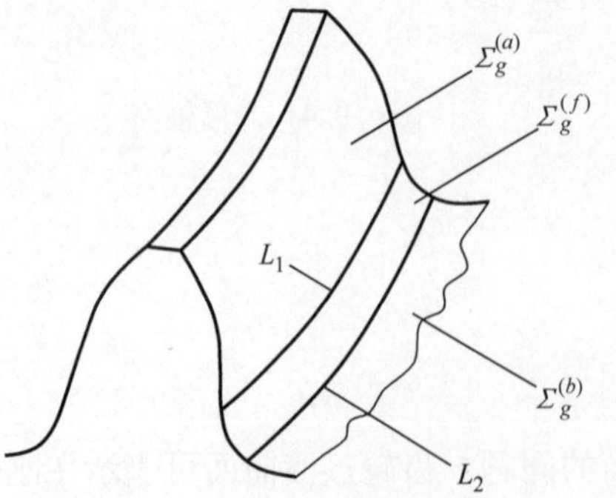

图6.9.5　齿轮轮齿的三个子曲面

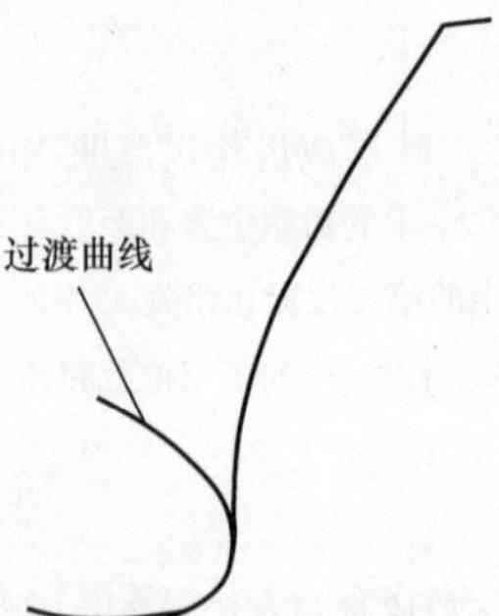

图6.9.6　过渡曲线和齿面的横截面：准双曲面小齿轮的凸面

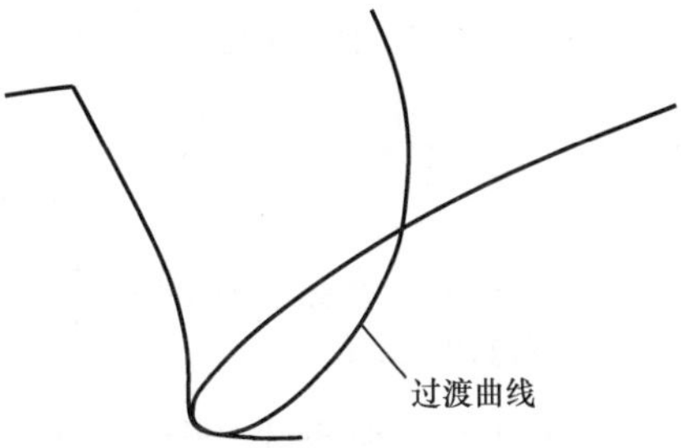

图 6.9.7　过渡曲线和齿面的横截面：准双曲面小齿轮的凹面

图 6.9.8　准双曲面小齿轮的横截面

6.10　双参数包络

1. 引言

产形曲面 Σ_1 在 S_1 中表示为

$$\boldsymbol{r}_1(u,\theta)\quad\left(\frac{\partial \boldsymbol{r}_1}{\partial u}\times\frac{\partial \boldsymbol{r}_1}{\partial \theta}\neq\boldsymbol{0},\quad (u,\theta)\in E\right)\tag{6.10.1}$$

Σ_1 相对坐标系 S_2 的运动用两个独立参数 ϕ 和 ψ 来确定。Σ_1 在 S_2 中形成曲面族表示为

$$\boldsymbol{r}_2(u,\theta,\phi,\psi)=\boldsymbol{M}_{21}(\phi,\psi)\boldsymbol{r}_1(u,\theta)\tag{6.10.2}$$

式中，$\boldsymbol{M}_{21}$是描述从 S_1 到 S_2 的坐标变换的矩阵。我们的目标是确定曲面 Σ_2 为双参数曲面族方程（6.10.2）的包络。

双参数包络已经在微分几何中研究过，并且过去只具有理论上的兴趣。我们考察一个最简单的例子，并且可以把双参数问题加以具体化。在这个例子中，Σ_1 是一个球面，其球心沿坐标轴 x_2 和 y_2 进行独立的直移运动 ψ 和 ϕ。Σ_1 和 S_2 中所形成的双参数的包络是两个平面组 $z_2=\pm\rho$，其中 ρ 是球面 Σ_1 的半径。

对于用刀具的进给运动加工齿面的情况，例如当用滚刀（蜗杆磨）完成铣削（磨削）直齿和斜齿齿轮，用面铣刀连续加工弧齿锥齿轮和准双曲面齿轮，以及其他类似情况时，应用双参数包络法有一定的优点。我们必须强调，用进给运动的方法加工齿面其实是单参数包络，因为两个运动参数 ψ 和 ϕ 不是独立的，而是有联系的。这一结论来自这样的事实，机床实现两个运动 ψ 和 ϕ，而机床的运动链是由一个动力源来驱动的。因此，存在一个联系两个输入参数的函数 $\psi(\phi)$。

我们可以设想两种被加工的曲面：a. 曲面 Σ_2^*，其是单参数曲面族的包络，这个包络是在两个运动参数不独立，并且用函数 $\psi(\phi)$ 加以联系的情况下形成的；b. 曲面 Σ_2 是双参数曲面族的包络，并且两个运动参数 ψ 和 ϕ 是独立的。曲面 Σ_2 是一个假想曲面，是抽象的产物，而真实曲面 Σ_2^* 与 Σ_2 有偏差，如图 6.10.1 所示。偏差 Δh 取决于所应用的、与 ϕ 有关

的时给运动 ψ，这里的 ϕ 是主滚切运动的广义参数。于是，Δh 取决于函数 $\psi(\phi)$ 的斜率。通常，$\psi(\phi)$ 是一个具有很小斜率的线性函数。

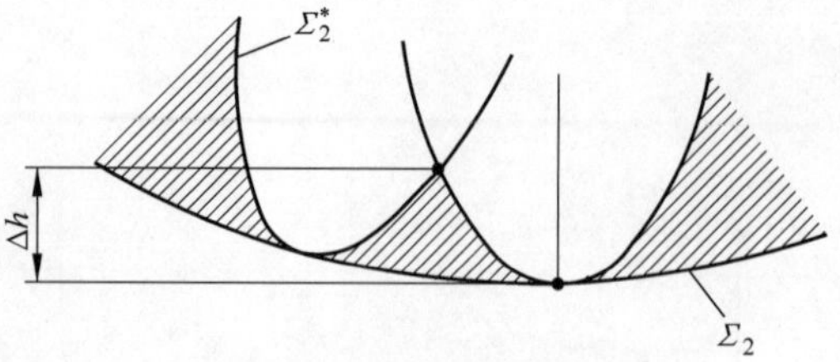

图 6.10.1　曲面的偏差

2. 啮合方程

假定产形曲面 Σ_1 和 Σ_1 的法线 $\boldsymbol{N}_1$ 是给定的，而法线表示为

$$\boldsymbol{N}_1=\frac{\partial \boldsymbol{r}_1}{\partial u}\times\frac{\partial \boldsymbol{r}_1}{\partial \theta} \tag{6.10.3}$$

我们用 $\boldsymbol{v}^{(12,\phi)}$ 和 $\boldsymbol{v}^{(12,\psi)}$ 表示滑动速度 $\boldsymbol{v}^{(12,q)}$，这里 $q=\phi$，ψ 是变参数。在推导 $\boldsymbol{v}^{(12,\phi)}$ 时，我们将认为 ϕ 是变参数，而 ψ 是固定的。必须以类似方式解释标记 $\boldsymbol{v}^{(12,\psi)}$。

双参数包络研究的课题是由 Litvin 等人 1975 年的专著和 Litvin 和 Seol 1996 年的专著提出的，并证明了双参数包络 Σ_2 存在的必要条件如下：

$$\begin{cases}\boldsymbol{N}_1\cdot\boldsymbol{v}_1^{(12,\phi)}=0\\ \boldsymbol{N}_1\cdot\boldsymbol{v}_1^{(12,\psi)}=0\end{cases} \tag{6.10.4}$$

方程（6.10.4）中的下角标 1 表明矢量在 S_1 中，方程（6.10.4）和矢量函数 $\boldsymbol{r}_1(u,\theta)$ 表示 Σ_1 和求得的包络 Σ_2 在 Σ_1 上的流动相切点。

在不丧失普遍性的情况下，我们利用 $\mathrm{d}\phi/\mathrm{d}t=1$ 来确定 $\boldsymbol{v}_1^{(12,\phi)}$，而利用 $\mathrm{d}\psi/\mathrm{d}t$ 来确定 $\boldsymbol{v}_1^{(12,\psi)}$。为简化起见，我们将 $\boldsymbol{v}_1^{(12,\phi)}$ 和 $\boldsymbol{v}_1^{(12,\psi)}$ 分别标记为 $\boldsymbol{v}_1^{(\phi)}$ 和 $\boldsymbol{v}_1^{(\psi)}$。方程组

$$\begin{cases}\boldsymbol{N}_1\cdot\boldsymbol{v}_1^{(\phi)}=0\\ \boldsymbol{N}_1\cdot\boldsymbol{v}_1^{(\psi)}=0\end{cases} \tag{6.10.5}$$

与方程（6.10.1）和方程（6.10.3）加以联立，可推导出啮合方程组

$$\begin{cases}f(u,\theta,\phi,\psi)=0\\ g(u,\theta,\phi,\psi)=0\end{cases} \tag{6.10.6}$$

3. 包络 Σ_2 的方程

曲面族（6.10.2）的包络 Σ_2 用如下方程表示：

$$\begin{aligned}&\boldsymbol{r}_2(u,\theta,\phi,\psi)=\boldsymbol{M}_{21}(\phi,\psi)\boldsymbol{r}_1(u,\theta)\\&(f(u,\theta,\phi,\psi)=0,g(u,\theta,\phi,\psi)=0)\end{aligned} \tag{6.10.7}$$

4. 啮合线

啮合线是 Σ_1 和 Σ_2 的接触点表示在固定坐标系 S_f 中的轨迹。啮合线用如下方程表示：

$$\begin{aligned}&\boldsymbol{r}_f(u,\theta,\phi,\psi)=\boldsymbol{M}_{f1}(\phi,\psi)\boldsymbol{r}_1(u,\theta)\\&(f(u,\theta,\phi,\psi)=0,g(u,\theta,\phi,\psi)=0)\end{aligned} \tag{6.10.8}$$

式中，$\boldsymbol{M}_{f1}$ 是描述从 S_1 到 S_2 的坐标变换的矩阵。

5. 不产生根切的条件

接触点在其沿 Σ_2 运动中的速度 $\boldsymbol{v}_r^{(2)}$ 用和方程（6.2.2）相类似的方程来表示：

$$\boldsymbol{v}_{r1}^{(2)} = \boldsymbol{v}_{r1}^{(1)} + \boldsymbol{v}_1^{(\phi)} \frac{\mathrm{d}\phi}{\mathrm{d}t} + \boldsymbol{v}_1^{(\psi)} \frac{\mathrm{d}\psi}{\mathrm{d}t} \tag{6.10.9}$$

其中

$$\boldsymbol{v}_{r1}^{(1)} = \frac{\partial \boldsymbol{r}_1}{\partial u}\frac{\mathrm{d}u}{\mathrm{d}t} + \frac{\partial \boldsymbol{r}_1}{\partial \theta}\frac{\mathrm{d}\theta}{\mathrm{d}t}$$

如果$\boldsymbol{v}_{r1}^{(2)} = 0$，将出现 $\boldsymbol{\Sigma}_2$ 上的奇异点。方程

$$\frac{\partial \boldsymbol{r}_1}{\partial u}\frac{\mathrm{d}u}{\mathrm{d}t} + \frac{\partial \boldsymbol{r}_1}{\partial \theta}\frac{\mathrm{d}\theta}{\mathrm{d}t} + \boldsymbol{v}_1^{(\phi)} \frac{\mathrm{d}\phi}{\mathrm{d}t} + \boldsymbol{v}_1^{(\psi)} \frac{\mathrm{d}\psi}{\mathrm{d}t} = 0 \tag{6.10.10}$$

表示 $\boldsymbol{\Sigma}_1$ 上这样的正常点，该点将在 $\boldsymbol{\Sigma}_2$ 上形成奇异点。啮合方程（6.10.6）在上述的点及其邻域内是成立的。所以，我们可以对方程（6.10.6）微分，并且可得

$$f_u \frac{\mathrm{d}u}{\mathrm{d}t} + f_\theta \frac{\mathrm{d}\theta}{\mathrm{d}t} + f_\phi \frac{\mathrm{d}\phi}{\mathrm{d}t} + f_\psi \frac{\mathrm{d}\psi}{\mathrm{d}t} = 0 \tag{6.10.11}$$

$$g_u \frac{\mathrm{d}u}{\mathrm{d}t} + g_\theta \frac{\mathrm{d}\theta}{\mathrm{d}t} + g_\phi \frac{\mathrm{d}\phi}{\mathrm{d}t} + g_\psi \frac{\mathrm{d}\psi}{\mathrm{d}t} = 0 \tag{6.10.12}$$

方程(6.10.10) ~ 方程(6.10.12)表示一个含有四个未知数的、具有五个相关的齐次方程的方程组，四个未知数为 $\mathrm{d}u/\mathrm{d}t$、$\mathrm{d}\theta/\mathrm{d}t$、$\mathrm{d}\phi/\mathrm{d}t$ 和 $\mathrm{d}\psi/\mathrm{d}t$。这些方程中的系数所构成的矩阵是一个 5 ×4 矩阵。如果系数矩阵的所有五个四次判别式都同时等于零，则上述的方程组存在，而且保证未知数有非无效解。可以证明，五个判别式中的两个同时等于零，而附加条件为

$$\Delta_1^2 + \Delta_2^2 + \Delta_3^2 = 0 \tag{6.10.13}$$

这里

$$\Delta_1 = \begin{vmatrix} \dfrac{\partial x_1}{\partial u} & \dfrac{\partial x_1}{\partial \theta} & v_{x1}^{(\phi)} & v_{x1}^{(\psi)} \\ \dfrac{\partial y_1}{\partial u} & \dfrac{\partial y_1}{\partial \theta} & v_{y1}^{(\phi)} & v_{y1}^{(\psi)} \\ f_u & f_\theta & f_\phi & f_\psi \\ g_u & g_\theta & g_\phi & g_\psi \end{vmatrix} \tag{6.10.14}$$

$$\Delta_2 = \begin{vmatrix} \dfrac{\partial x_1}{\partial u} & \dfrac{\partial x_1}{\partial \theta} & v_{x1}^{(\phi)} & v_{x1}^{(\psi)} \\ \dfrac{\partial z_1}{\partial u} & \dfrac{\partial z_1}{\partial \theta} & v_{z1}^{(\phi)} & v_{z1}^{(\psi)} \\ f_u & f_\theta & f_\phi & f_\psi \\ g_u & g_\theta & g_\phi & g_\psi \end{vmatrix} \tag{6.10.15}$$

$$\Delta_3 = \begin{vmatrix} \dfrac{\partial y_1}{\partial u} & \dfrac{\partial y_1}{\partial \theta} & v_{y1}^{(\phi)} & v_{y1}^{(\psi)} \\ \dfrac{\partial z_1}{\partial u} & \dfrac{\partial z_1}{\partial \theta} & v_{z1}^{(\phi)} & v_{z1}^{(\psi)} \\ f_u & f_\theta & f_\phi & f_\psi \\ g_u & g_\theta & g_\phi & g_\psi \end{vmatrix} \tag{6.10.16}$$

方程（6.10.13）可化为关系式

$$F(u,\theta,\phi,\psi)=0 \tag{6.10.17}$$

方程（6.10.17）和方程（6.10.6）和矢量函数$\boldsymbol{r}_1(u,\theta)$加以联立，可以确定在$\Sigma_2$上形成奇异点的$\Sigma_1$上的界限线$L$。用限制$\Sigma_1$的办法从$\Sigma_1$上的工作部分消除界限线$L$，可以避免$\Sigma_2$的根切。

6.11 啮合轴

1. 基本概念

应用啮合轴对共轭曲面的相切并呈线接触对在某些情况下的图解分析是十分有用的（见下）。啮合轴的定义基于如下考虑（参见 Litvin 1968、1969 年的专著；Argyris 等人 1998 年的专著）。

步骤1：假设提供绕交错轴z_1和z_2转动的形式，交错角为γ，最短距离为E（见图6.11.1），瞬时角速度为$\omega^{(1)}$和$\omega^{(2)}$。产形齿轮面Σ_1是给定的。应用6.1节所示的方法，我们可以确定啮合方程$f(u,\theta,\phi)=0$，按普遍的运动参数ϕ，确定在任何位置上瞬时相切线$L_{12}(\phi)$，点M属于相切线$L_{12}(\phi^{(1)})$。

步骤2：齿轮1相对齿轮2的相对速度可按滑动矢量$\boldsymbol{\omega}^{(12)}$和矢量矩$\boldsymbol{m}$确定如下：

$$\boldsymbol{\omega}^{(12)}=\boldsymbol{\omega}^{(1)}-\boldsymbol{\omega}^{(2)} \tag{6.11.1}$$

$$\boldsymbol{m}(-\boldsymbol{m}^{(2)})=\overrightarrow{O_fO_2}\times\boldsymbol{\omega}^{(1)} \tag{6.11.2}$$

其中，矢量$\boldsymbol{\omega}^{(12)}$通过坐标系$S_1$的原点$O_f$。

步骤3：我们知道，从运动学观看来看，矢量$\boldsymbol{\omega}^{(I)}$和$\boldsymbol{\omega}^{(II)}$是存在分量的（见图6.11.1和图6.11.2）。如果$\boldsymbol{\omega}^{(I)}$和$\boldsymbol{\omega}^{(II)}$满足如下方程，则可提供同样的相对运动。

$$\boldsymbol{\omega}^{(I)}-\boldsymbol{\omega}^{(II)}=\boldsymbol{\omega}^{(12)} \tag{6.11.3}$$

$$\overrightarrow{O_fO^{(I)}}\times\boldsymbol{\omega}^{(I)}+\overrightarrow{O_fO^{(II)}}\times(-\boldsymbol{\omega}^{(II)})=\overrightarrow{O_fO_2}\times(-\boldsymbol{\omega}^{(2)}) \tag{6.11.4}$$

步骤4：我们现在来考虑矢量$\boldsymbol{\omega}^{(I)}$和$\boldsymbol{\omega}^{(II)}$和子分量的附加条件，如果公法线$\boldsymbol{N}$应在角速度$\boldsymbol{\omega}^{(I)}$和$\boldsymbol{\omega}^{(II)}$啮合线——接触面交线$L^{(I)}$和$L^{(II)}$的相切点$M^O$上，则要求用如下方程表示：

$$\frac{X^{(i)}-x}{N_x}=\frac{Y^{(i)}-y}{N_y}=\frac{Z^{(i)}-z}{N_z}\quad(i=I,II) \tag{6.11.5}$$

这里（见图6.11.1和图6.11.2）

$$\overline{O_fP^{(i)}}=(X^{(i)},Y^{(i)},Z^{(i)}) \tag{6.11.6}$$

$$\overline{O_fM}=r(x,y,z) \tag{6.11.7}$$

$$\boldsymbol{N}=(N_x,N_y,N_z) \tag{6.11.8}$$

这是在 Litvin 1968、1989 年的专著中提供的。如果公法线$\boldsymbol{N}$在接触点M^O相交，则是啮合轴。

于是，包络存在的必要条件是满足如下方程：

$$\boldsymbol{N}\cdot(\boldsymbol{v}^{(I)}-\boldsymbol{v}^{(II)})=0 \tag{6.11.9}$$

然而，曲面 Σ_1 和 Σ_2 在基点 M^O 相切，并满足上述方程。

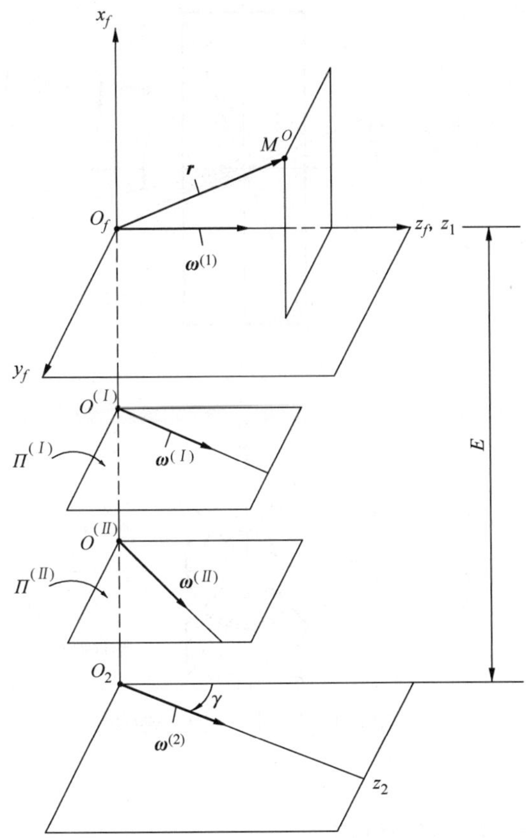

图6.11.1　啮合轴的推导

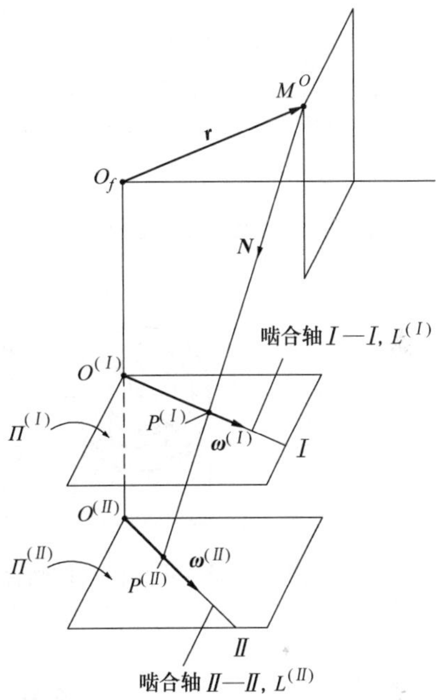

图6.11.2　接触面的法线与啮合轴相交

步骤5：如果 Σ_1 和 Σ_2 不仅在点 M^O 相切，而且在任意点相切，并满足方程（6.11.4）~方程(6.11.8)，则啮合线 $L^{(I)}$ 和 $L^{(II)}$ 称为啮合轴。然而，本节所述的啮合轴仅在特殊情况下存在：a. 当蜗杆为螺旋面时的圆柱蜗杆传动和锥蜗杆传动；b. 用周缘有刀刃的刀具加工螺旋面。

2. 具有圆柱蜗杆的蜗杆传动

图6.11.3 和图6.11.4 所示的交错角分别为 $\gamma=\pi/2$ 和 $\gamma\neq\pi/2$ 时，啮合轴 $I—I$ 和 $II—II$ 在坐标系 S_f 中的位置和方向。轴 z_f 是蜗杆的回转轴，而 x_f 与蜗杆和蜗轮两轴线之间的最短距离 E 的直线相重合。标准蜗杆传动啮合轴的坐标见表6.11.1。

表6.11.1 中的 $K^{(i)}$ 和 $X^{(i)}$ 表明了啮合轴的方向，以及其与 x_f 轴交点的位置。这里，$K^{(i)}=Z^{(i)}/Y^{(i)}$，其中 $Z^{(i)}$ 和 $Y^{(i)}$（$i=I$，II）是啮合轴上流动点的坐标。而啮合轴位于与蜗杆和蜗轮轴线之间的最短距离线相垂直的平面内。图6.11.5 所示为右旋蜗杆情况下，啮合轴在三维空间内的位置和方向。

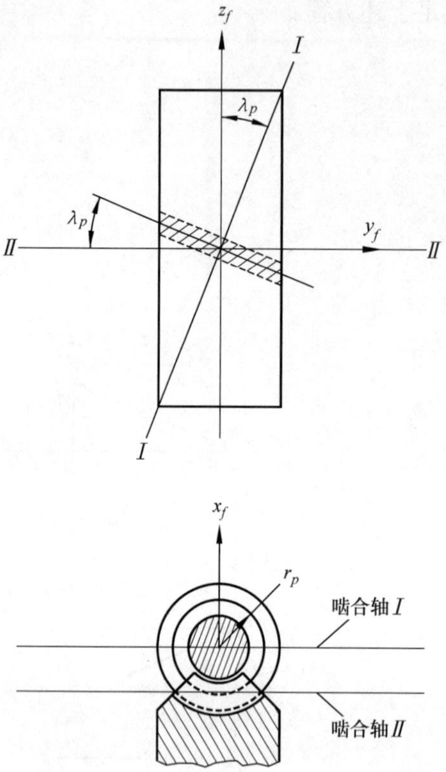

图 6.11.3　正交传动的啮合轴

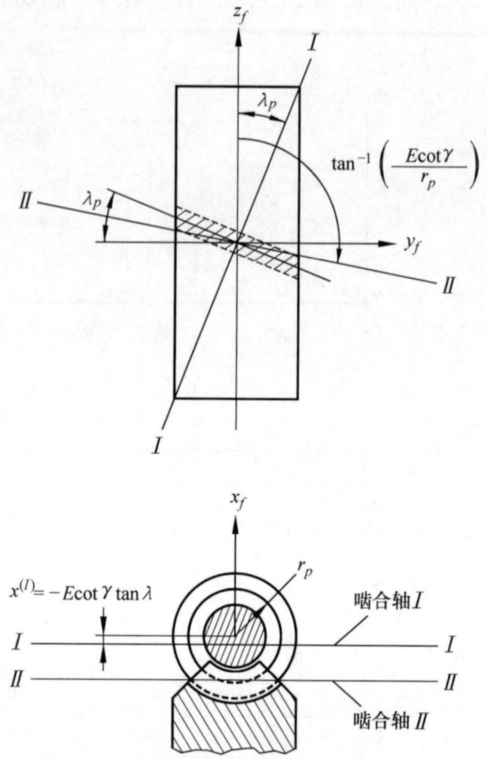

图 6.11.4　非正交传动啮合轴

表 6.11.1　标准蜗杆传动啮合轴的坐标

γ	蜗杆螺旋齿	$K^{(I)}$	$X^{(I)}$	$K^{(II)}$	$X^{(II)}$
$\gamma\neq\frac{\pi}{2}$	右旋	$\cot\lambda_p$	$-E\cot\gamma\tan\lambda_p$	$\frac{E\cot\gamma}{r_p}$	$-\gamma_p$
	左旋	$-\cot\lambda_p$	$E\cot\gamma\tan\lambda_p$	$\frac{E\cot\gamma}{r_p}$	$-\gamma_p$
$\gamma=\frac{\pi}{2}$	右旋	$\cot\lambda_p$	0	0	$-\gamma_p$
	左旋	$-\cot\lambda_p$	0	0	$-\gamma_p$

我们在这里的讨论仅限于具有圆柱蜗杆的普通蜗杆传动。然而，啮合轴同样存在于锥蜗杆和圆柱蜗杆的面蜗轮传动中。当用螺旋面滚刀时，啮合轴的基本概念适用于该滚刀加工普通蜗轮和面蜗轮的情况。面齿轮传动设计的新趋势（包括蜗杆传动和面蜗轮传动）是将蜗杆齿面进行双鼓形修整和将蜗杆齿面从螺旋面进行变位。因此，啮合轴的概念不适用于蜗杆和蜗轮（面蜗轮）的啮合，而仅适用于螺旋面滚刀加工蜗轮（面蜗轮）。

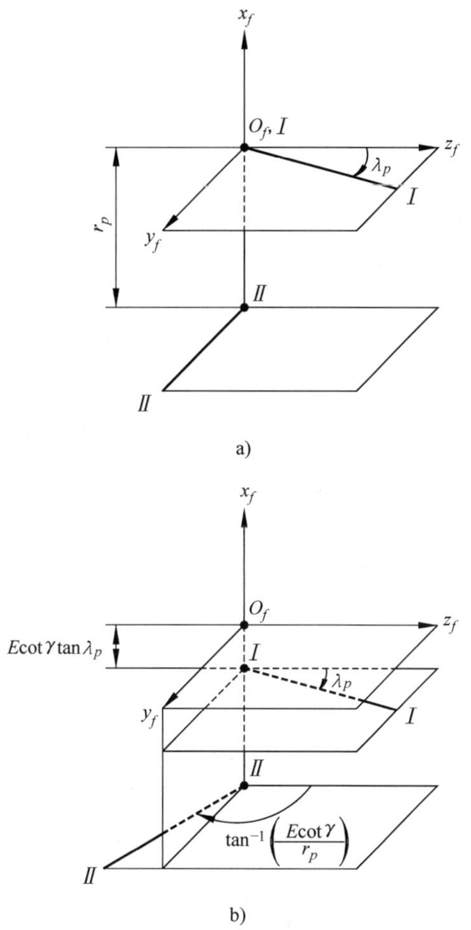

图6.11.5　啮合轴在三维空间内的位置和方向

a）正交蜗杆传动中（$\gamma=\frac{\pi}{2}$），啮合轴 I —I 和 II —II

b）非正交蜗杆传动中（$\gamma\neq\frac{\pi}{2}$），啮合轴 I —I 和 II —II

3. 用周缘有刀刃的刀具加工蜗杆（见图6.11.6）

坐标系 S_c 与刀具刚性固接，坐标系 S_O 与机架刚性固接。在加工过程中，蜗杆以螺旋参数 p 绕轴线 z_O 做螺旋运动。刀具绕其轴线 z_c 转动形成所要求的切削速度，但是该转动与齿面形成过程无关。于是，我们可略去刀具的转动，并且认为坐标系 S_c 和 S_O 是刚性固接。z_c 轴和 z_O 轴之间的交错角为 γ_c，通常 $\gamma_c=\lambda_p$；最短距离为 E_c。

在这种情况下，有两根啮合轴：一根为 I —I，与 z_c 轴重合；另一根为 II —II，位于与最短距离线相垂直的平面内（见图6.11.7）。蜗杆轴与啮合轴 II —II 之间的最短距离为

$$a=X_O^{(II)}=p\cot\gamma_c \tag{6.11.10}$$

啮合轴 II —II 和蜗杆轴线所形成的夹角 δ 表示为

$$\delta=\arctan\left(\frac{p}{E_c}\right) \tag{6.11.11}$$

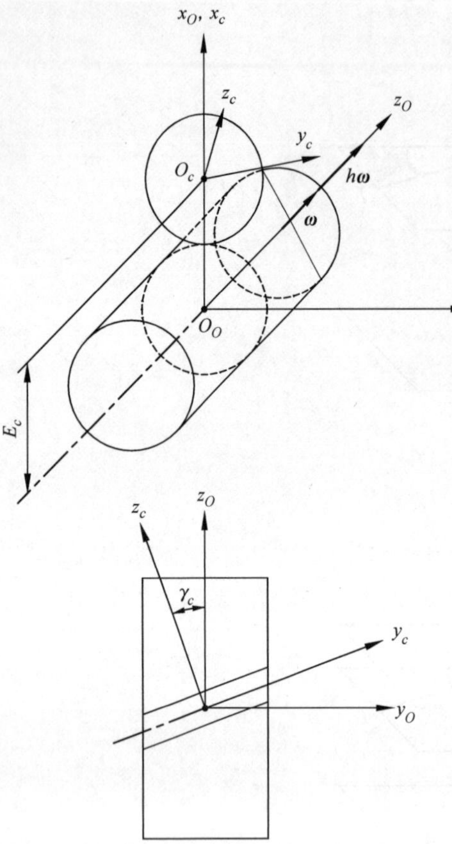

图6.11.6　用周缘有刀刃的刀具加工蜗杆

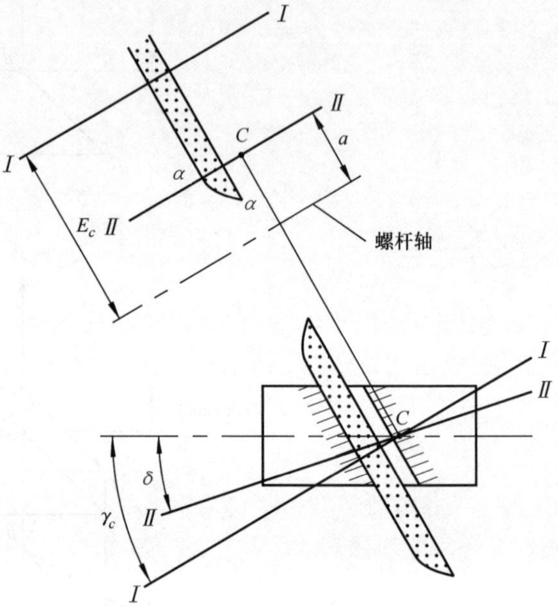

图6.11.7　加工蜗杆时的啮合轴

6.12　啮合枢纽点

啮合面可以表示为两齿面的瞬时接触线在与机架刚性固接的固定坐标系中的轨迹。一般说来，用平面截啮合面得到的截线是一条平面曲线。存在一些特殊情况，如果以下条件得到满足，啮合面的截线是一条直线（Litvin 1968 年、1989 年的专著中已经证明）。

1）两齿轮以恒定角速度比传递两交错轴之间的转动。

2）两配对齿轮之一的齿面是螺旋面。

3）啮合面用一平面截剖，该平面平行于两齿轮回转轴线之间最短距离 E，并且与 E 有一定的距离。

当上述条件得到满足时，啮合面上将有一些直线，两齿面的接触线与这些直线相交。这些交点被称为啮合枢纽点，因为我们可以这样想像，各接触线均连接到作为啮合面截线所得到的直线上。

图6.12.1 和图6.12.2 所示为蜗杆和蜗轮两齿面的接触线在平面（x_f，y_f）上的投影。这些接触线是由具有 FⅠ型和 FⅡ型凹齿面蜗杆的蜗杆传动的（参见第 19 章），而 FⅠ型和 FⅡ型蜗杆的凹齿面分别用 Niemann 和 Heyer 1953 年的专著（见图 6.12.1）和 Litvin 1968

年、1989 年的专著（见图 6. 12. 2）中推荐的方法来加工。点 ε、f、ε' 和 f' 是啮合枢纽点组成的直线的投影。改变枢纽点直线的位置，可以改进接触线的形状，以便得到较好的润滑条件。

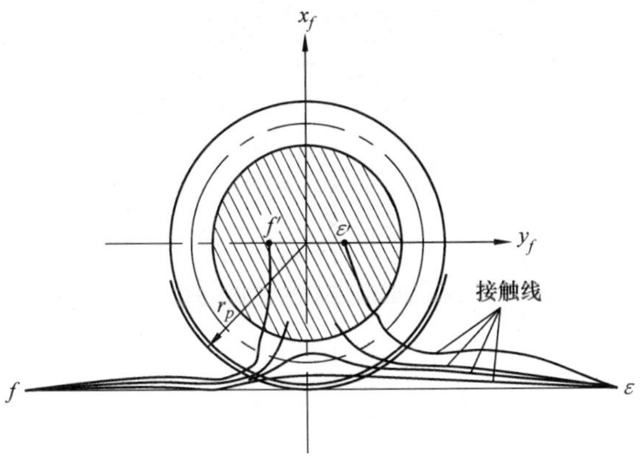

图 6. 12. 1　F Ⅰ 型蜗杆的接触线

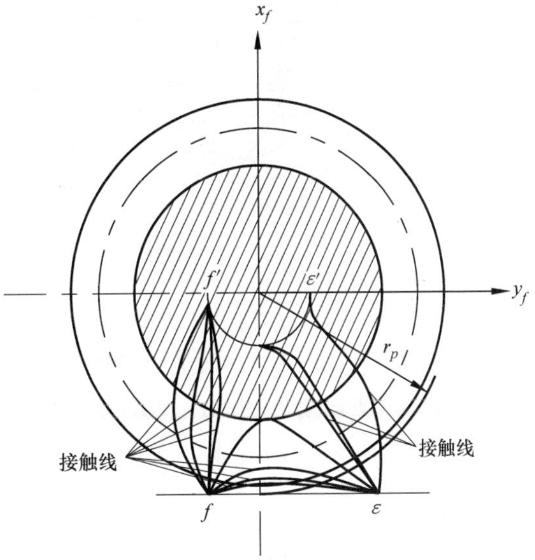

图 6. 12. 2　F Ⅱ 型蜗杆的接触线

枢纽点线的存在基于以下理由：

1）因为蜗杆齿面是螺旋面，所以存在两条啮合轴。蜗杆与蜗轮两齿面在任一接触点的法线都与两根啮合轴相交（参见 6. 11 节）。

2）可能存在这样的极限情况，此时两齿面的公法线与一根啮合轴相交，而与另一根平行（法线交另一根啮合轴于无穷远）。

情况 1 如图 6. 12. 3 所示，为交错角是 90°的蜗杆传动的蜗杆齿面在两个位置的端截面。蜗杆齿面法线 $n—n$ 与啮合轴 $I—I$ 相交，并且与啮合轴 $II—II$ 平行。上啮合枢纽点直线分别为 $f'—f'$ 和 $\varepsilon'—\varepsilon'$。

情况 2 如图 6. 12. 4 所示，为蜗杆齿面在另外两个位置的端截面。蜗杆齿面的法线 $n—n$ 与啮合轴 $II—II$ 相交。下啮合枢纽点直线分别为 $f—f$ 和 $\varepsilon—\varepsilon$。

对于交错角 $\gamma \neq 90°$ 的一般情况，我们用下列方程表示啮合枢纽点直线（参见表 6. 11. 1）。

1）上啮合枢纽点直线用下式确定：

$$x_f = X_f^{(I)} = \mp E\cot\gamma\tan\lambda_p \tag{6.12.1}$$

$$n_{xf} = 0 \tag{6.12.2}$$

$$\frac{n_{zf}}{n_{yf}} = K^{(II)} = \frac{E\cot\gamma}{r_p} \tag{6.12.3}$$

式中，（x_f，y_f，z_f）是蜗杆和蜗轮两齿面接触点的坐标；（n_{xf}，n_{yf}，n_{zf}）是两个子面公法线的单位矢量的投影。确定（x_f，y_f，z_f）和（n_{xf}，n_{yf}，n_{zf}）是在蜗杆转到这样角度的情况下，此时两配对齿面瞬时接触线上的一个点，同时是上枢纽点直线上的点。

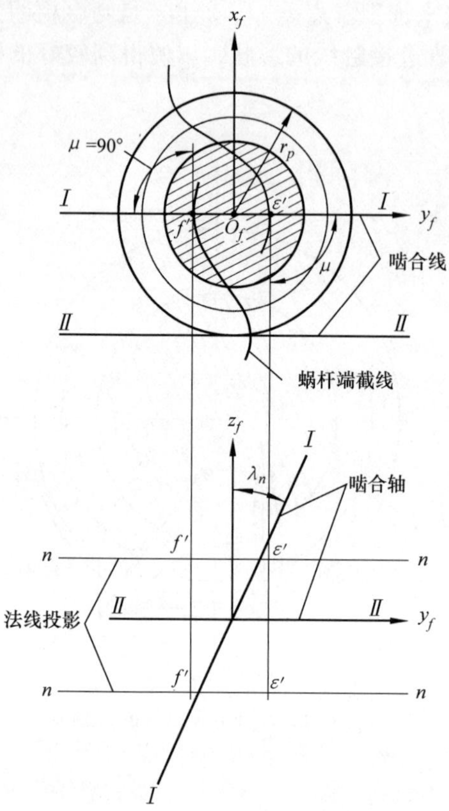

图 6.12.3　情况 1 的啮合枢纽点

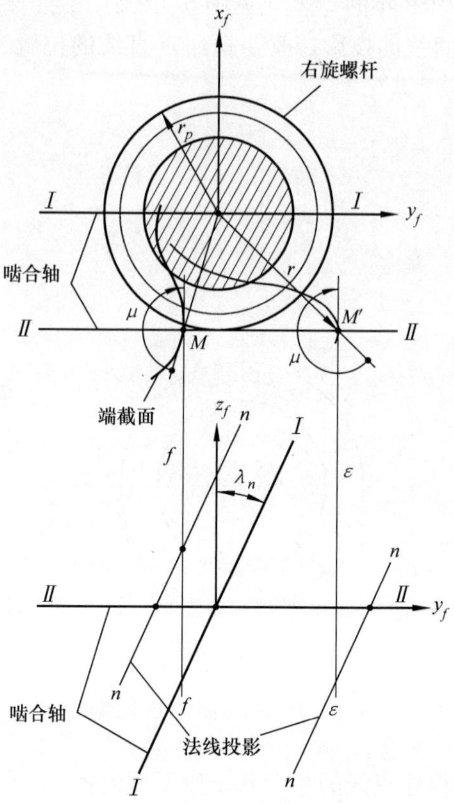

图 6.12.4　情况 2 的啮合枢纽点

由方程（6.12.1）得出，上枢纽点直线与啮合轴 I—I 相交。从方程（6.12.2）和方程（6.12.3）可推导出，配对齿面的公法线平行于啮合轴II—II。

2）下啮合枢纽点直线用以下方程表示：

$$x_f = X_f^{(II)} = -r_p \tag{6.12.4}$$

$$n_{xf} = 0 \tag{6.12.5}$$

$$\frac{n_{zf}}{n_{yf}} = K^{(I)} = \pm \cot\lambda_p \tag{6.12.6}$$

方程（6.12.4）~方程(6.12.6）是根据同样的理由而得出的。方程（6.12.1）和方程（6.12.6）中，上面和下面的符号分别对应右旋和左旋蜗杆的螺旋齿。

6.13　例题

本节所论述的问题，旨在接触研究推导啮合方程、啮合线、包络（被加工齿形）和极切条件等。为了简化起见，我们基本上仅限于讨论平面齿轮的实例。

例题 6.13.1

坐标系 S_1、S_2 和 S_f 分别与齿条刀具、被加工的直齿外齿轮和机架刚性固接（见图6.13.1）。齿条刀具的齿形是直线，该直线在 S_1 中用如下方程表示：

$$\begin{cases} x_1 = u\sin\alpha \\ y_1 = u\cos\alpha \end{cases} \quad (-u_1 < u < u_2) \qquad (6.13.1)$$

式中，α 是齿形角（压力角）；u 是变参数，该参数用来确定齿条刀具上的滚动点位置（对于点 M，$u>0$；对于点 M^*，$u<0$）。

瞬时回转中心为 I。齿轮瞬心线是半径为 r 的圆，而齿条刀具的瞬心线与 x_1 轴重合（见图6.13.1）。齿条刀具的位移 s 和齿轮转角 ϕ 有如下关系式：

$$s = r\phi \qquad (6.13.2)$$

本例题是要推导啮合方程

$$f(u,\phi)=0 \qquad (6.13.3)$$

并且利用两种方法，还要考虑到：

（a）产形齿形在接触点处的法线通过瞬时回转中心 I。

（b）流动接触点用如下方程确定：

$$\boldsymbol{N}_1 \cdot \boldsymbol{v}_1^{(12)} = 0 \qquad (6.13.4)$$

式中，$\boldsymbol{N}_1$ 是产形齿形的法线矢量；而$\boldsymbol{v}_1^{(12)}$ 是滑动速度。两个矢量均表示在 S_1 中。

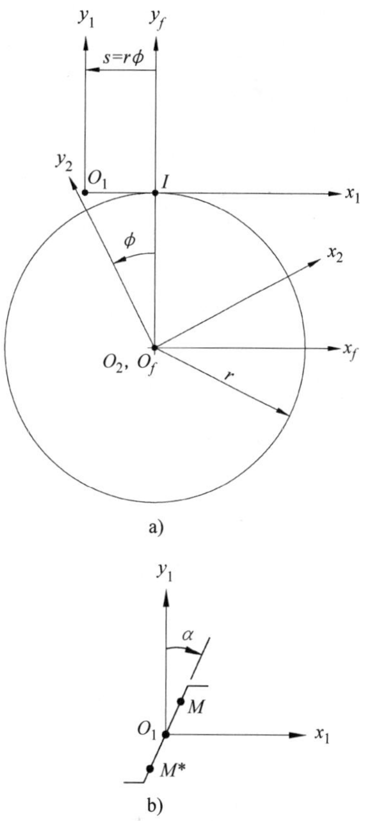

图6.13.1　加工直齿外齿轮所使用的坐标系
a）坐标系 S_1 和 S_2　b）对于点 M，$u>0$ 和对于点 M^*，$u<0$

解

方法1：我们考察方程

$$\frac{X_1 - x_1}{N_{x1}} - \frac{Y_1 - y_1}{N_{y1}} = 0 \qquad (6.13.5)$$

这里

$$\begin{aligned} X_1 &= r\phi \\ Y_1 &= 0 \end{aligned} \qquad (6.13.6)$$

是表示在 S_1 中的 I 的坐标。

$$\boldsymbol{N}_1 = \boldsymbol{T}_1 \times \boldsymbol{k}_1 = [\cos\alpha \quad -\sin\alpha \quad 0]^{\mathrm{T}} \qquad (6.13.7)$$

式中，$\boldsymbol{T}_1$ 和 $\boldsymbol{N}_1$ 是产形齿形的切线矢量和法线矢量；$\boldsymbol{k}_1$ 是 z_1 轴的单位矢量。

从方程（6.13.5）~方程(6.13.7)可推导下啮合方程的如下表达式：

$$f(u,\phi) = u - r\phi\sin\alpha = 0 \qquad (6.13.8)$$

方法2：滑动速度$\boldsymbol{v}_1^{(12)}$ 用如下方程表示：

$$\begin{aligned} \boldsymbol{v}_1^{(12)} &= \boldsymbol{v}_1^{(1)} - \boldsymbol{v}_1^{(2)} = -r\omega\boldsymbol{i}_1 - [(\boldsymbol{\omega}_1 \times \boldsymbol{r}_1) + (\boldsymbol{R}_1 \times \boldsymbol{\omega}_1)] \\ &= \begin{bmatrix} -r\omega \\ 0 \\ 0 \end{bmatrix} - \begin{bmatrix} -\omega u\cos\alpha \\ \omega u\sin\alpha \\ 0 \end{bmatrix} - \begin{bmatrix} -\omega r \\ -\omega r\phi \\ 0 \end{bmatrix} = \begin{bmatrix} \omega u\cos\alpha \\ \omega(-u\sin\alpha + r\phi) \\ 0 \end{bmatrix} \end{aligned} \qquad (6.13.9)$$

其中

$$\boldsymbol{R}_1 = [r\phi \quad -r \quad 0]^{\mathrm{T}}$$

表示点 O_2 在 S_1 中的坐标。从方程（6.13.4）、方程（6.13.7）和方程（6.13.9）可以推导出和用方程（6.13.8）相同的表达式表示的啮合方程。

例题 6.13.2

利用例题 6.13.1 的条件，推导出齿条刀具和被加工齿轮在啮合中的啮合线方程。

解 啮合方程表示如下：

$$\begin{cases} \boldsymbol{r}_f = \boldsymbol{M}_{f1}\boldsymbol{r}_1 \\ f(u,\phi) = u - r\phi\sin\alpha = 0 \end{cases} \tag{6.13.10}$$

于是，我们得

$$\begin{cases} x_f = u\sin\alpha - r\phi \\ y_f = u\cos\alpha + r \\ u - r\phi\sin\alpha = 0 \end{cases} \tag{6.13.11}$$

从方程（6.13.11）得

$$\begin{cases} x_f = -r\phi\cos^2\alpha \\ y_f = r + r\phi\sin\alpha\cos\alpha \end{cases} \tag{6.13.12}$$

啮合线 LK（见图 6.13.2）是通过 I 的一条直线，并且与 x_f 轴形成夹角（$\pi-\alpha$）。线 IK 上的各个点对应于 $\phi \geqslant 0$；线段 IL 上的各个点对应于 $\phi \leqslant 0$。

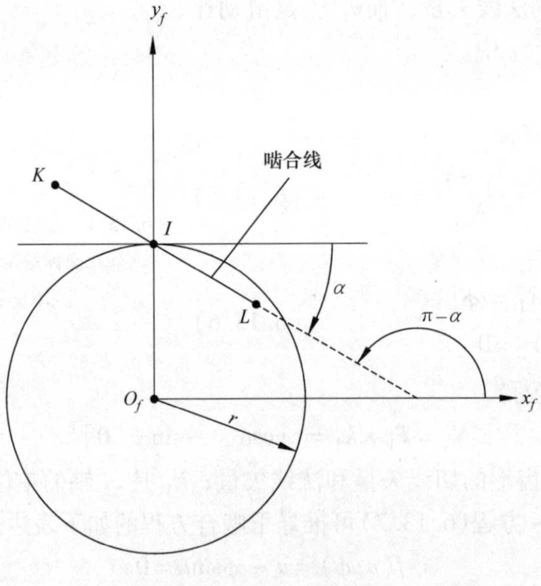

图 6.13.2 啮合线

例题 6.13.3

利用例题 6.13.1 的条件，推导出被加工齿轮的齿形方程。

解

被加工齿轮的齿形用如下方程表示：

$$\boldsymbol{r}_2 = \boldsymbol{M}_{21}\boldsymbol{r}_1 = \boldsymbol{M}_{2f}\boldsymbol{M}_{f1}\boldsymbol{r}_1 \tag{6.13.13}$$

$$f(u,\phi) = u - r\phi\sin\alpha = 0 \tag{6.13.14}$$

其中

$$M_{21}=\begin{bmatrix}\cos\phi & \sin\phi & r(-\phi\cos\phi+\sin\phi)\\ -\sin\phi & \cos\phi & r(\phi\sin\phi+\cos\phi)\\ 0 & 0 & 1\end{bmatrix} \tag{6. 13. 15}$$

这里，矩阵方程（6. 13. 13）描述从 S_1 到 S_2 的坐标变换；方程（6. 13. 14）是啮合方程。

由方程（6. 13. 13）~方程(6. 13. 15）可出推导出被加工齿轮齿形的如下表达式

$$\begin{cases}x_2=u\sin(\phi+\alpha)+r(\sin\phi-\phi\cos\phi)\\ y_2=u\cos(\phi+\alpha)+r(\cos\phi+\phi\sin\phi)\\ u-r\phi\sin\alpha=0\end{cases} \tag{6. 13. 16}$$

方程（6. 13. 16）用有联系的参数 u 和 ϕ，以双参数形式表示被加工齿形（其是平面曲线)。然而，在这种特殊情况下，因为啮合方程对参数 u 是线性的，所以能够从方程（6. 13. 16）中消去 u，并且以单参数形式将被加工齿形表示如下：

$$\begin{cases}x_2=r\sin\phi-r\phi\cos\alpha\cos(\phi+\alpha)\\ y_2=r\cos\phi+r\phi\cos\alpha\sin(\phi+\alpha)\end{cases} \tag{6. 13. 17}$$

我们可以证明，方程（6. 13. 17）表示一条渐开线，其对应半径为 $r_b=r\cos\alpha$ 的基圆。为了证明这一点，我们设置坐标系 S_e（x_e，y_e)，轴 x_e（见图 6. 13. 3）与轴 x_2 形成定角

$$q=\mathrm{inv}(\alpha)=\tan\alpha-\alpha$$

坐标变换的矩阵表示为

$$\boldsymbol{r}_e=\boldsymbol{M}_{e2}\boldsymbol{r}_2 \tag{6. 13. 18}$$

其中

$$M_{e2}=\begin{bmatrix}\cos q & \sin q & 0\\ -\sin q & \cos q & 0\\ 0 & 0 & 1\end{bmatrix} \tag{6. 13. 19}$$

方程（6. 13. 16）~方程(6. 13. 19）可推导出

$$x_e=r\sin(\phi+q)-r\phi\cos\alpha\cos(\phi+\alpha+q)$$
$$y_e=r\cos(\phi+q)+r\phi\cos\alpha\sin(\phi+\alpha+q)$$

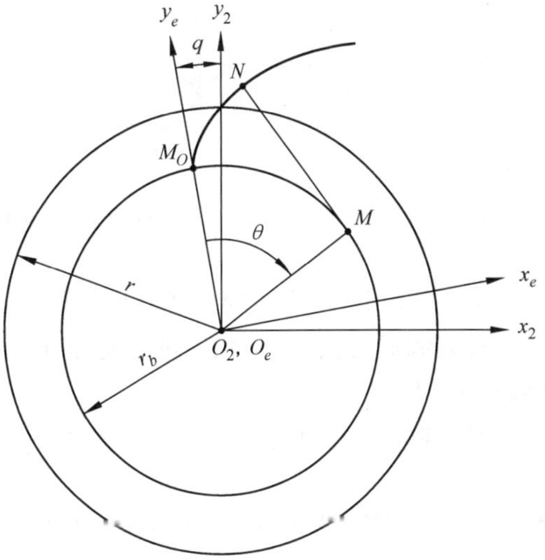

图 6. 13. 3　表示加工出的渐开线

利用一些替换

$$\phi+\alpha+q=\phi+\alpha+\mathrm{inv}(\alpha)=\phi+\tan\alpha=\theta$$
$$\phi=\theta-\tan\alpha$$
$$\phi+q=\theta-\alpha$$
$$r_b=r\cos\alpha$$

我们得

$$\begin{cases}x_e=r_b(\sin\theta-\theta\cos\theta)\\ y_e=r_b(\cos\theta+\theta\sin\theta)\end{cases} \tag{6. 13. 20}$$

方程（6. 13. 20）表示一条渐开线（见图 6. 13. 3)，这个结果——图 6. 13. 1 中的齿条刀

具加工出的一条渐开线，可以用如下的理由加以解释：

（a）由齿条刀具与齿轮啮合所形成的啮合线是一条直线（见图6.13.2）。

（b）流动的接触线在固定坐标系 S_f 中保持固定的方向，并且与啮合线重合。

（c）表示在坐标系 S_2 中的接触法线形成一直线族（见图6.13.4）；该直线族的包络是半径为 r_b 的圆，并且这些接触法线切于它们的包络。

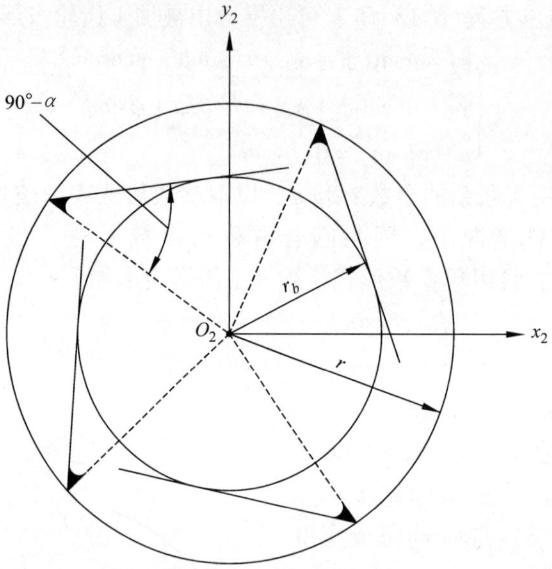

图6.13.4　坐标系 S_2 中的接触法线

（d）图6.13.4所示的直线族也是被加工齿轮齿形的接触法线族，这些直线的包络是被加工齿形的渐屈线，而被加工的齿形是半径为 r_b 的圆的渐开线。

例题6.13.4

利用例题6.13.1的条件，利用微分几何中提出的方法，推导出被加工齿形的方程（参见6.1节）。

解

步骤1：利用矩阵方程，将被加工齿形族的方程表示在 S_2 中：

$$\boldsymbol{r}_2=\boldsymbol{M}_{21}\boldsymbol{r}_1 \tag{6.13.21}$$

从方程（6.13.21）和方程（6.13.1）可推导出

$$\begin{cases}x_2=u\sin(\phi+\alpha)+\gamma(\sin\phi-\phi\cos\phi)\\ y_2=u\cos(\phi+\alpha)+\gamma(\cos\phi+\phi\sin\phi)\end{cases} \tag{6.13.22}$$

步骤2：推导出如下的啮合方程：

$$\left(\frac{\partial \boldsymbol{r}_2}{\partial u}\times\boldsymbol{k}_2\right)\cdot\frac{\partial \boldsymbol{r}_2}{\partial\phi}=0 \tag{6.13.23}$$

矢量 $\partial\boldsymbol{r}_2/\partial u\times\boldsymbol{k}_2$ 表示 S_2 中产形齿形的法线矢量，并且 $\partial\boldsymbol{r}_2/\partial\phi$ 与 $\boldsymbol{v}_2^{(12)}$ 共线。

经过变换后，方程（6.13.22）和方程（6.13.23）将给出啮合方程：

$$f(u,\phi)=u-r\phi\sin\alpha=0$$

被加工齿形方程表示如下：

$$\begin{cases} x_2 = u\sin(\phi+\alpha) + r(\sin\phi - \phi\cos\phi) \\ y_2 = u\cos(\phi+\alpha) + r(\cos\phi - \phi\sin\phi) \\ f(u,\phi) = u - r\phi\sin\alpha = 0 \end{cases} \tag{6.13.24}$$

该方程与前面推导出的方程（6.13.16）一致（参见例题6.13.3）。

例题 6.13.5

利用例题6.13.1的条件，确定齿条刀具的根限安装位置，这种安装位置将使齿轮被加工的齿形避免根切。

解

齿条刀具齿形的界限点是这样的点，其在齿轮的齿形上形成奇异点。齿条刀具的界限点可用如下啮合方程确定：

$$f(u,\phi) = u - r\phi\sin\alpha = 0 \tag{6.13.25}$$

根切方程为

$$F(u,\phi) = 0 \tag{6.13.26}$$

利用方程（参见6.3节）可求得

$$\begin{vmatrix} \frac{\partial x_1}{\partial u} & v_{x1}^{(12)} \\ f_u & f_\phi \frac{d\phi}{dt} \end{vmatrix} = \begin{vmatrix} \frac{\partial y_1}{\partial u} & v_{y1}^{(12)} \\ f_u & f_\phi \frac{d\phi}{dt} \end{vmatrix} = 0 \tag{6.13.27}$$

从方程（6.13.1）、方程（6.13.9）、方程（6.13.25）和方程（6.13.27），可求得

$$\begin{vmatrix} \frac{\partial x_1}{\partial u} & v_{x1}^{(12)} \\ f_u & f_\phi \frac{d\phi}{dt} \end{vmatrix} = \begin{vmatrix} \sin\alpha & \omega u\cos\alpha \\ 1 & -\omega r\sin\alpha \end{vmatrix} = 0 \tag{6.13.28}$$

于是，我们得到 u 的界限值为

$$u = -r\tan\alpha\sin\alpha \tag{6.13.29}$$

同理，利用方程（6.13.1）、方程（6.13.9）、方程（6.13.25）和方程（6.13.27），我们得

$$\begin{vmatrix} \frac{\partial y_1}{\partial u} & v_{y1}^{(12)} \\ f_u & f_\phi \frac{d\phi}{dt} \end{vmatrix} = \begin{vmatrix} \cos\alpha & \omega(-u\sin\alpha + r\phi) \\ 1 & -\omega r\sin\alpha \end{vmatrix} = 0$$

于是，考虑到方程（6.13.25），我们得到与方程（6.13.29）给出的 u 相同的界限值。

图6.13.5图解说明了齿条刀具的极限安装位置，此时，点 F 形成啮合齿形上的奇异点。点 F 的参数 u 是负的（回顾图6.13.1中的 M 和 M^* 的符号），并且用方程（6.13.29）确定。

例题 6.13.6

齿轮过渡曲线是用圆心位于 C_1 的齿条刀具的圆弧形成的（见图6.9.1）。坐标 S_1、S_2 和 S_f 分别刚性固接到齿条刀具、齿轮和机架上（见图6.13.1）。利用下列步骤推导出齿轮过渡曲线的方程：a. 将齿条刀具的圆弧 Σ_1 表示在坐标系 S_1 中；b. 利用接触线通过瞬时回

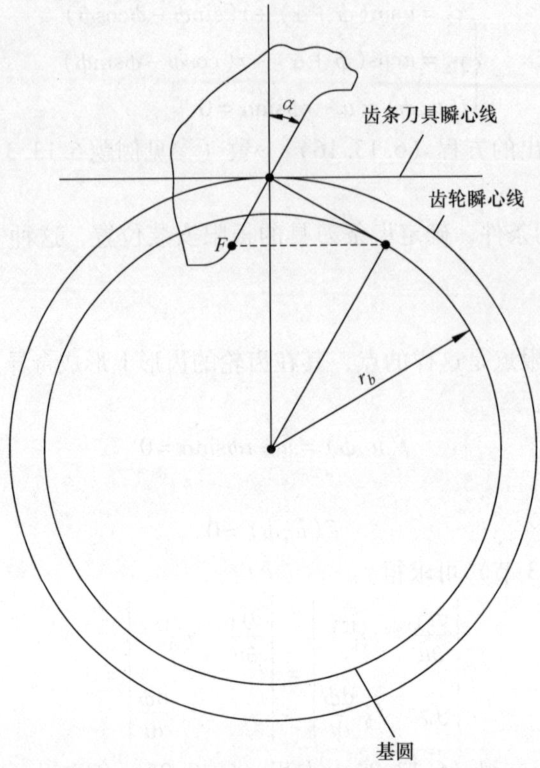

图 6.13.5　齿条刀具极限安装的位置

转中心 I 的规律，推导出啮合方程；c. 将齿轮过渡曲线 Σ_2 的方程表示在坐标系 S_2 中。

解

步骤1：（推导出齿形 Σ_1 的方程）圆弧的流动点 M 的位置矢量（见图6.9.1）用下式表示：

$$\overrightarrow{O_1M}=\overrightarrow{O_1C_1}+\overrightarrow{C_1M} \tag{6.13.30}$$

从上式可推导出

$$\begin{cases}x_1=a+\rho\sin\theta\\ y_1=-b-\rho\cos\theta\end{cases} \tag{6.13.31}$$

这里

$$a=\frac{\pi-5\tan\alpha}{4P}-\frac{\rho(1-\sin\alpha)}{\cos\alpha}$$

$$b=\frac{1.25}{P}-\rho$$

式中，P 是径节；$1.25/P$ 是齿条刀具的齿顶高。

产形齿形 Σ_1 的法线矢量为

$$\boldsymbol{N}_1=\frac{\partial \boldsymbol{r}_1}{\partial\theta}\times\boldsymbol{k}_1=\rho(\sin\theta\boldsymbol{i}_1-\cos\theta\boldsymbol{j}_1) \tag{6.13.32}$$

式中，$\boldsymbol{i}_1$、$\boldsymbol{j}_1$、$\boldsymbol{k}_1$ 是 S_1 的坐标轴的单位矢量。

步骤2：啮合方程为

$$f(\theta,\phi)=\frac{X_1(\phi)-x_1(\theta)}{N_{x1}}-\frac{Y_1(\phi)-y_1(\theta)}{N_{y1}}=0 \tag{6.13.33}$$

其中（见图6.13.1）

$$X_1(\phi)=r\phi$$

$$Y_1(\phi)=0$$

从方程（6.13.31）~方程(6.13.33）可推导出

$$f(\theta,\phi)=r\phi-a+b\tan\theta=0 \tag{6.13.34}$$

步骤3：（齿轮过渡曲线的方程）被加工齿轮的过渡曲线用下式表示：

$$\boldsymbol{r}_2=\boldsymbol{M}_{21}\boldsymbol{r}_1=\boldsymbol{M}_{2f}\boldsymbol{M}_{f1}\boldsymbol{r}_1 \quad (f(\theta,\phi)=0) \tag{6.13.35}$$

从这些方程可推导出

$$\begin{cases}x_2=\rho\sin(\theta-\phi)+a\cos\phi-b\sin\phi+r(\sin\phi-\phi\cos\phi)\\ y_2=-\rho\cos(\theta-\phi)-a\sin\phi-b\cos\phi+r(\cos\phi+\phi\sin\phi)\\ r\phi-a+b\tan\theta=0\end{cases} \tag{6.13.36}$$

对于齿轮齿数为10和齿条刀具齿形角为20°的情况，齿轮的过渡曲线表示在图6.13.6中。齿轮被根切，但是利用齿条刀具相对于齿轮的特殊安装位置，根切是能够避免的（参见第10章）。

例题6.13.7

假定坐标系与问题6.13.1中的相同（见图6.13.1）。齿条刀具的齿形 Σ_1 是用如下方程表示的圆弧（见图6.13.7）：

$$\boldsymbol{r}_1(\theta)=(a+\rho\cos\theta)\boldsymbol{i}_1+(b+\rho\sin\theta)\boldsymbol{j}_1 \tag{6.13.37}$$

式中，a 和 b 是点 K（圆弧中心）的坐标，根据点 K 位置的不同，参数 a 和 b 可以是正，也可以是负的。

齿形 Σ_1 形成齿轮的齿形 Σ_2。确定 Σ_1 上形成的 Σ_2 的奇异点的界限点。

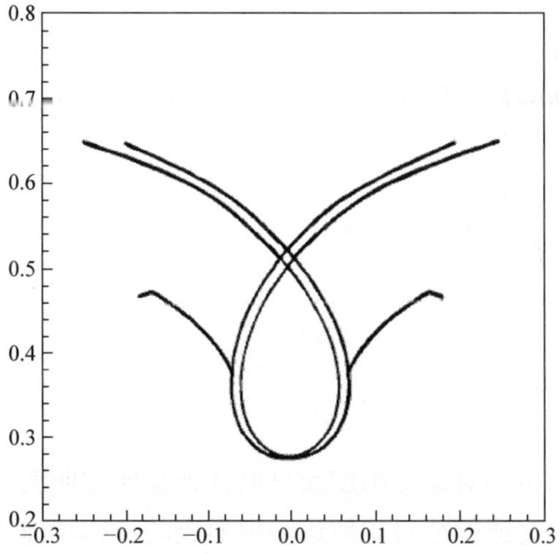

图6.13.6　渐开线齿廓和齿轮过渡曲线

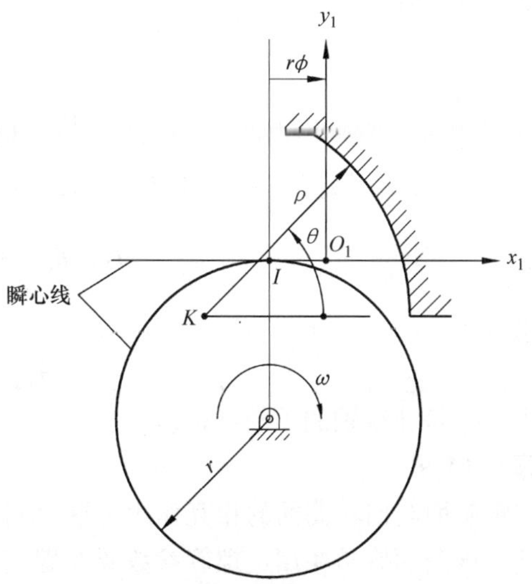

图6.13.7　具有圆弧齿廓的齿条刀具

提示：a. 推导出啮合方程；b. 求出相对速度$\boldsymbol{v}_1^{(12)}$；c. 利用不产生根切的过程（参见例题6.13.5）和啮合方程，确定界限点。

解

$$\sin^3\theta = \frac{b\sin\theta}{r} - \frac{b^2}{\rho r} = 0 \tag{6.13.38}$$

例题 6.13.8

一根用插齿刀加工的花键轴的齿形 $\boldsymbol{\Sigma}_1$ 用如下方程表示（见图6.13.8）：

$$\boldsymbol{r}_1(\theta) = h\boldsymbol{i}_1 + \theta\boldsymbol{j}_1 \quad (\theta_{\min} \leqslant \theta \leqslant \theta_{\max}) \tag{6.13.39}$$

加工时的角速度比为

$$m_{21} = \frac{\omega^{(2)}}{\omega^{(1)}} = \frac{r_1}{r_2} = \frac{N_1}{N_2}$$

式中，r_1 和 r_2 是两瞬心线的半径；N_1 和 N_2 分别是花键轴和刀具的齿数。

如果刀具齿形是正则曲线（曲线上没有奇异点），则由齿形引起的刀具齿形 $\boldsymbol{\Sigma}_2$ 的根切（Σ_1 和 Σ_2 的干涉）是不会出现的。推导出联系 θ 的界限值、花键轴的瞬心线的半径 r_1 和角速度比 m_{21} 的方程。

提示：a. 求出啮合方程；b. 推导出相对速度$\boldsymbol{v}_1^{(12)}$的方程；c. 利用啮合方程和不产生根切的方程（参见例题6.13.5），确定 $\boldsymbol{\Sigma}_1$ 上的界限点。

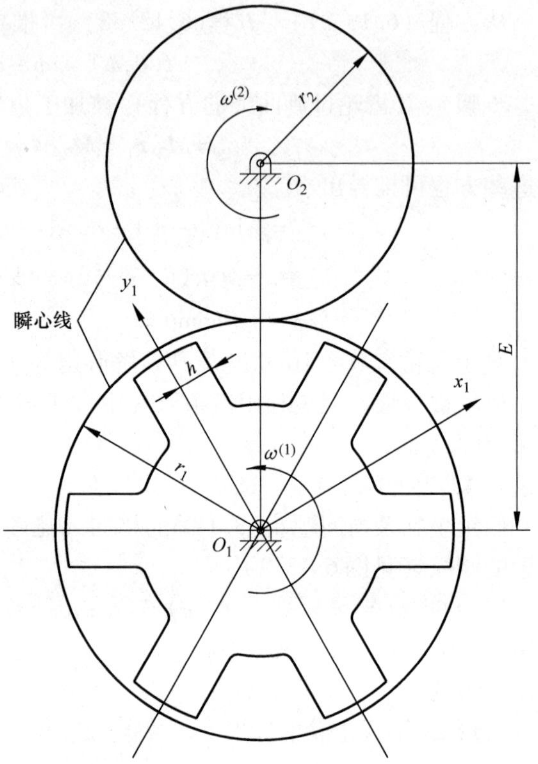

图6.13.8　花键轴的加工

解

$$r_1^2 - \theta^2 - \left(\frac{1+m_{21}}{2+m_{21}}\right)^2 h^2 = 0$$

假定 m_{21}是给定的。为了避免根切，需要满足下列不等式

$$r_1^2 \geqslant \theta_{\max}^2 + \left(\frac{1+m_{21}}{\alpha+m_{21}}\right)^2 h^2$$

这里

$$\theta_{\max}^2 = r_a^2 - h^2$$

式中，r_a 是花键轴的顶圆半径。

例题 6.13.9

螺旋面与回转曲面的相互作用是这个问题的主要对象。螺旋面可以认为是回转曲面族的包络，该曲面族是在用定螺旋参数或变螺旋参数完成的相对螺旋运动中形成的。回转曲面可以是圆柱面、锥面、球面或其他曲面。

所讨论的问题与空间凸轮和从动杆的相互作用，以及用刀具加工螺杆有关。从动杆（刀具）配以回转曲面，并且相对于凸轮（螺杆）做规定的螺旋运动。

图 6.13.9a 所示为分别与工件、刀具和机架刚性固接的坐标系 S_1、S_c 和 S_f；轴 z_1 是螺杆的轴线。当工件转过 ϕ 角时，刀具沿 z_f 轴移动距离 $s(\phi)$，这里的 $s(\phi)$ 是规定的函数。导致 $\mathrm{d}s/\mathrm{d}t$ 表示为

$$\frac{\mathrm{d}s}{\mathrm{d}t}=p(\phi)\omega$$

式中，$p(\phi)$ 是变螺旋参数；ϕ 是转角。在特殊情况下，$p(\phi)$ 是常数，并且表示普通的螺旋参数 $p=H/2\pi$，H 是导程——左螺旋运动中，对应转一圈的轴向位移。

本例题的解决将以普遍形式表示，并包括以下推导：

（i）刀具曲面 $\boldsymbol{\Sigma}_c$ 的方程。

（ii）啮合方程。

（iii）被加工螺杆曲面 $\boldsymbol{\Sigma}_1$ 的方程。

（iv）$\boldsymbol{\Sigma}_1$ 上不产生根切的条件。

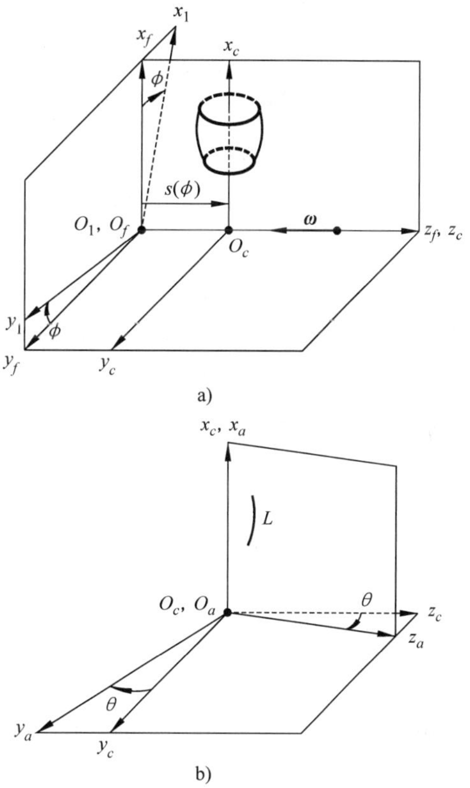

图 6.13.9　用指形刀具加工螺旋面

a）坐标系 S_f、S_1 和 S_c　b）用平面曲线 L 加工刀具曲面 Σ_c，以及刀具坐标系 S_c 和辅助坐标系 S_a 的演示

解

（i）刀具曲面方程。人们可以想象出，刀具曲面 $\boldsymbol{\Sigma}_c$ 是由绕 X_c 转动的平面曲线 L 形成的。曲线 L 在辅助坐标系 S_a 中（见图 6.13.9b）用如下方程表示：

$$x_a=f_1(u)$$
$$y_a=0$$
$$z_a=f_2(u)$$

式中，u 是决定 L 上流动点的变参数。

利用从 S_a 到 S_c 的坐标变换方程，我们得到 $\boldsymbol{\Sigma}_c$ 的如下方程：

$$\begin{cases} x_c=f_1(u) \\ y_c=f_2(u)\sin\theta \\ z_c=f_2(u)\cos\theta \end{cases} \tag{6.13.40}$$

$\boldsymbol{\Sigma}_c$ 的法线矢量为

$$\boldsymbol{N}_c=\frac{\partial \boldsymbol{r}_c}{\partial u}\times\frac{\partial \boldsymbol{r}_c}{\partial \theta}=\begin{bmatrix} -\dfrac{\partial f_2}{\partial u} \\ \dfrac{\partial f_1}{\partial u}\sin\theta \\ \dfrac{\partial f_1}{\partial u}\cos\theta \end{bmatrix} \tag{6.13.41}$$

注意：从 $\boldsymbol{N}_c$ 的最终表达式中，已经消去了公因子 $f_2(u)$。

（ii）啮合方程。相对速度 $\boldsymbol{v}^{(c1)}$ 在 S_c 中用如下方程表示：

$$\boldsymbol{v}_c^{(c1)}=\boldsymbol{v}_c^{(c)}-\boldsymbol{v}_c^{(1)}=p(\phi)\omega\boldsymbol{k}_c-\boldsymbol{\omega}_c\times\boldsymbol{r}_c=\omega\begin{bmatrix}-f_2(u)\sin\theta\\ f_1(u)\\ p(\phi)\end{bmatrix}\tag{6.13.42}$$

利用方程

$$\boldsymbol{N}_c\cdot\boldsymbol{v}_c^{(c1)}=0$$

我们得啮合方程如下：

$$\left[f_2(u)\frac{\partial f_2}{\partial u}+f_1(u)\frac{\partial f_1}{\partial u}\right]\sin\theta+p(\phi)\frac{\partial f_1}{\partial u}\cos\theta=f(u,\theta,\phi)=0\tag{6.13.43}$$

（iii）被加工螺杆曲面 Σ_1 的方程。利用从 s_c 到 s_1 的坐标变换和啮合方程，我们得

$$\begin{cases}x_1=f_1(u)\cos\phi-f_2(u)\sin\phi\sin\theta\\ y_1=f_1(u)\sin\phi+f_2(u)\cos\phi\sin\theta\\ z_1=f_2(u)\cos\theta+s(\phi)\\ f(u,\theta,\phi)=0\end{cases}\tag{6.13.44}$$

（iv）不产生根切的条件。利用方程

$$\begin{vmatrix}\dfrac{\partial x_c}{\partial u} & \dfrac{\partial x_c}{\partial\theta} & v_{xc}^{(c1)}\\ \dfrac{\partial y_c}{\partial u} & \dfrac{\partial y_c}{\partial\theta} & v_{yc}^{(c1)}\\ f_u & f_\theta & f_\phi\dfrac{\mathrm{d}\phi}{\mathrm{d}t}\end{vmatrix}=\begin{vmatrix}\dfrac{\partial x_c}{\partial u} & \dfrac{\partial x_c}{\partial\theta} & v_{xc}^{(c1)}\\ \dfrac{\partial z_c}{\partial u} & \dfrac{\partial z_c}{\partial\theta} & v_{zc}^{(c1)}\\ f_u & f_\theta & f_\phi\dfrac{\mathrm{d}\phi}{\mathrm{d}t}\end{vmatrix}=\begin{vmatrix}\dfrac{\partial y_c}{\partial u} & \dfrac{\partial y_c}{\partial\theta} & v_{yc}^{(c1)}\\ \dfrac{\partial z_c}{\partial u} & \dfrac{\partial z_c}{\partial\theta} & v_{zc}^{(c1)}\\ f_u & f_\theta & f_\phi\dfrac{\mathrm{d}\phi}{\mathrm{d}t}\end{vmatrix}\tag{6.13.45}$$

我们得

$$F(u,\theta,\phi)=0\tag{6.13.46}$$

为了避免 Σ_1 的根切，产形齿面 Σ_c 必须用下式确定的曲线加以限制。

$$\boldsymbol{r}_c(u,\theta)\quad(f(u,\theta,\phi)=0,\ F(u,\theta,\phi)=0)\tag{6.13.47}$$

例题 6.13.10

利用表示在例题 6.13.9 中普遍的方法，考察用圆柱体生成螺杆曲面的问题。函数 $s(\phi)$ 是线性函数，并且 $\mathrm{d}s/\mathrm{d}\phi=p$，$p$ 是定螺旋参数。推导出产形齿面 Σ_c 的方程、啮合方程和被加工曲面 Σ_1 的方程，并且确定不产生根切的条件。

提示：假定刀具曲面是用直线形成的，该直线在 S_a 中，用如下方程表示：

$$\begin{cases}x_a=f_1(u)=u\\ y_a=0\\ z_a=f_2(u)=\rho\end{cases}\tag{6.13.48}$$

式中，ρ 是圆柱半径。

解

产形曲面 Σ_c 的方程为

$$\begin{cases}x_c=u\\ y_c=\rho\sin\theta\\ z_c=\rho\cos\theta\end{cases}\tag{6.13.49}$$

Σ_c 的法线矢量为

$$\boldsymbol{N}_c = [0 \quad \sin\theta \quad \cos\theta]^{\mathrm{T}} \tag{6.13.50}$$

相对速度为

$$\boldsymbol{v}_c^{(c1)} = \omega[-\rho\sin\theta \quad u \quad p]^{\mathrm{T}} \tag{6.13.51}$$

啮合方程为

$$\boldsymbol{n}_c \cdot \boldsymbol{v}_c^{(c1)} = \omega(u\sin\theta + p\cos\theta) = f(u,\theta) = 0 \tag{6.13.52}$$

在这种特殊情况下，啮合方程不包含运动参数 ϕ。啮合方程提供两个解，每一个解适用于被加工曲面的一个侧面。

在这种特殊情况下，被加工曲面可以用双参数形式来表示，因为啮合方程是关于 u 的线性方程。于是，我们得

$$\begin{cases} x_1 = -p\cot\theta\cos\phi - \rho\sin\phi\sin\theta \\ y_1 = -p\cot\theta\sin\phi + \rho\cos\phi\sin\theta \\ z_1 = \rho\cos\theta + p\phi \end{cases} \tag{6.13.53}$$

由方程（6.13.45）推导出

$$p^2 - \rho^2\sin^4\theta = 0 \tag{6.13.54}$$

从上式推导出

$$\cos 2\theta = 1 - \frac{2p}{\rho} \tag{6.13.55}$$

同时考察方程（6.13.54）和啮合方程（6.13.52），能使我们从如下方程中确定 u 的界限值

$$u = \pm\frac{\rho}{2}\sin 2\theta \tag{6.13.56}$$

只应取 u 的正值。

我们可以变换方程（6.13.54）和方程（6.13.56），在变换时要考虑到以下的关系式（见图 6.13.10）：螺旋参数 $p = H/2\pi$，H 为导程；轴向距离 $t = H/N$，N 是螺杆螺纹的头数；我们可以选取 $\rho = t/4 = H/4N$。于是，我们得到 θ 的如下界限值：

$$\cos 2\theta = 1 - \frac{4N}{\pi} \tag{6.13.57}$$

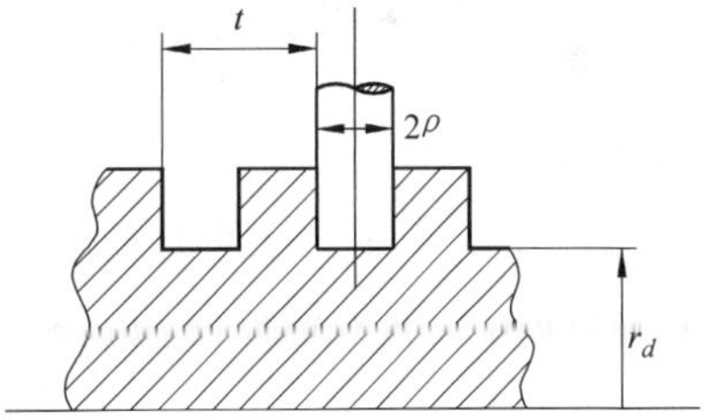

图 6.13.10 用圆柱刀具加工螺杆的设计参数

如果 $\cos 2\theta \geqslant -1$，从此式可推导出 $2N/\pi \leqslant 1$，则 θ 的实数解是存在的。这就是说，只有单头螺纹的螺杆可能出现根切（$N = 1$）。

将 $N = 1$ 和 $\rho = H/4$ 代入方程（6.13.57）和方程（6.13.56），我们可以推导出 u 的如下界限值：

$$u = \frac{H}{2\pi}\left(\frac{\pi - 2}{2}\right)^{\frac{1}{2}} \tag{6.13.58}$$

方程（6.13.58）可确定根圆半径 r_d 的界限值（见图 6.13.10）。如果满足下式，则甚至对单头螺纹也不会出现根切。

$$r_d > \frac{H}{2\pi}\left(\frac{\pi - 2}{2}\right)^{\frac{1}{2}} \tag{6.13.59}$$

第7章

曲面和曲线的曲率

7.1 引言

齿面接触的计算机模拟（参见第9章）和不可展直纹面的磨削（参见第26章），均需要应用曲面曲率的知识。曲面曲率的主要概念已经由许多杰出的科学家通过微分几何进行了研究。本章内容仅提供曲面曲率基本方程的简要知识。对于更详细的内容，建议读者参阅Nurbourne和Martin 1988年的专著、Finikov 1961年的专著、Favard 1957年的专著、Rashevski 1956年的专著、Vigodsky 1949年的专著。本章包括以下基本内容：

- 空间曲线在三维空间和在曲面上的表示。
- 短程曲率和法曲率。
- 曲线和曲面的挠率。
- 第一和第二基本齐式。
- 主曲率和主方向及曲面上点的三种型式。

7.2 三维空间的空间曲线

1. 密切圆

图7.2.1所示为空间曲线L_1ML_2。密切面是这样的平面的极限位置，该平面在曲线上的点M_1和M_2趋近于M的情况下，通过点M_1、M和M_2。曲线在其正常点M的密切面是由曲线的切线和同一点的加速度矢量形成的。

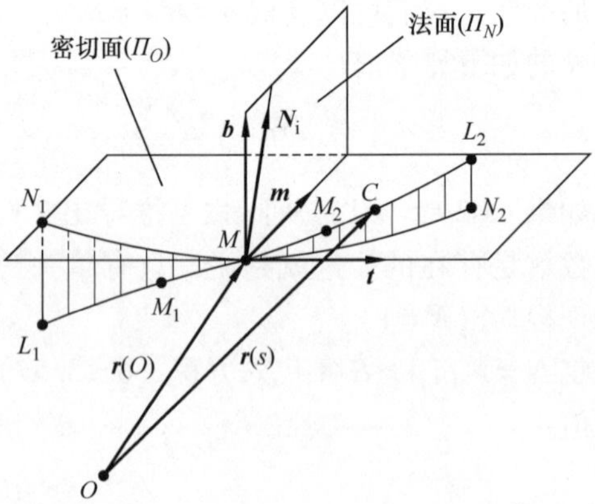

图7.2.1 空间曲线L_1ML_2的密切面和法面

密切面和曲线二阶相切。密切面是一个特殊的切面：在相切点的两侧，曲线离开密切面的偏差具有不同的符号，并且曲线在平面的上边和下边（参见图7.2.1的点L_1和L_2）。一个例外是相切点是逗留点时的情况，在这种点，用$\boldsymbol{r}(s)$表示的曲线的二阶导矢$\boldsymbol{r}_{ss}$等于零。这里，s是曲线的弧长。

2. 空间曲线的基本三棱形

我们假定坐标系与曲线刚性固接。位置矢量$\overrightarrow{OC}=\boldsymbol{r}(s)$确定曲线流动点 C（见图 7.2.1）；$s=\overparen{MC}$是曲线的弧长；M 是起始点。假定曲线 L_1ML_2 的一小段位于密切面 Π_O（见图 7.2.1）。平面 Π_N 垂直于平面 Π_O，并且通过曲线的点 M。

我们将曲线的法线 $\boldsymbol{N}$ 定义为垂直于曲线的矢量。曲线在点 $\boldsymbol{M}$ 处的法线 $\boldsymbol{N}$ 有无限多条，所有这些法线 $\boldsymbol{N}$ 都位于平面 Π_N，因为单位切线矢量 $\boldsymbol{t}$ 垂直于 Π_N。例如，矢量 $\boldsymbol{N}_i$ 是曲线法线集合中的一条（见图 7.2.1），必须对法线集合中的两条法线进行详细说明。

1）具有单位矢量 $\boldsymbol{m}$ 的主法线，其位于密切面 Π_O 而且是 Π_O 和 Π_N 的交线（见图 7.2.1）。

2）副法线 $\boldsymbol{b}$，其同时垂直于 $\boldsymbol{t}$ 和 $\boldsymbol{m}$。

我们可以在曲线的流动点标出三个相互正交的矢量（见图 7.2.1）：切线矢量 $\boldsymbol{t}$、主法线矢量 $\boldsymbol{m}$ 和副法线矢量 $\boldsymbol{b}$。这些矢量在固定坐标中的方向随曲线上点的位置而变化。现在我们可以认为基本三棱形 S_c 为一具有三个相互垂直矢量 $\boldsymbol{e}_c$（$\boldsymbol{i}_c$，$\boldsymbol{j}_c$，$\boldsymbol{k}_c$）的刚体，$\boldsymbol{e}_c$（$\boldsymbol{i}_c$，$\boldsymbol{j}_c$，$\boldsymbol{k}_e$）构成一右手基本三棱形（见图 7.2.2）。基本三棱形的原点沿曲线运动，而三个单位矢量 $\boldsymbol{i}_c$、$\boldsymbol{j}_c$ 和 $\boldsymbol{k}_c$ 分别是 $\boldsymbol{t}$、$\boldsymbol{m}$ 和 $\boldsymbol{b}$。单位矢量 $\boldsymbol{t}$、$\boldsymbol{m}$ 和 $\boldsymbol{b}$ 取在曲线的流动点，并且基本三棱形 S_c 的原点在这一时刻位于该流动点。

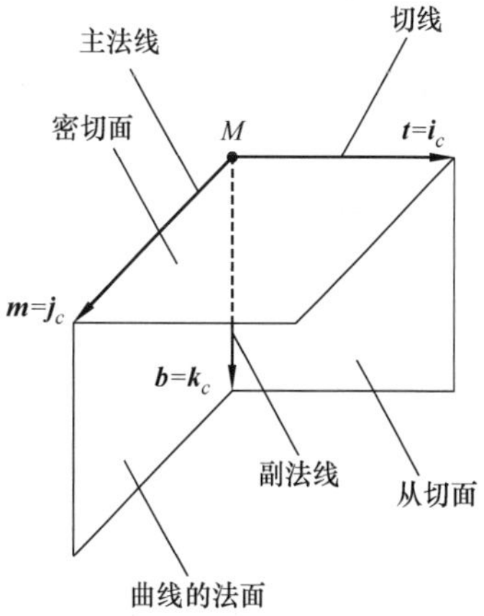

图 7.2.2　曲线的基本三棱形

用矢函数 $\boldsymbol{r}(s)$的导矢表示单位矢量 $\boldsymbol{t}$、$\boldsymbol{m}$ 和 $\boldsymbol{b}$ 基于以下考虑。

1）单位矢量 $\boldsymbol{t}$、$\boldsymbol{m}$ 和 $\boldsymbol{b}$ 形成右手基本三棱形（见图 7.2.1 和图 7.2.2），于是

$$\begin{cases}\boldsymbol{t}=\boldsymbol{m}\times\boldsymbol{b}\\ \boldsymbol{m}=\boldsymbol{b}\times\boldsymbol{t}\\ \boldsymbol{b}=\boldsymbol{t}\times\boldsymbol{m}\end{cases}\tag{7.2.1}$$

2）单位矢量 $\boldsymbol{t}$ 的指向沿着曲线的切线，所以

$$\boldsymbol{t}(s)=\frac{\mathrm{d}\boldsymbol{r}}{\mathrm{d}s}=\boldsymbol{r}_s\tag{7.2.2}$$

矢量 $\boldsymbol{r}_s$ 是单位矢量，因为$|\mathrm{d}\boldsymbol{r}|=\mathrm{d}s$。

3）曲线的主法线垂直于曲线的切线矢量 $\boldsymbol{t}=\boldsymbol{r}_s$。导矢 $\boldsymbol{r}_{ss}=(\mathrm{d}/\mathrm{d}s)(\boldsymbol{r}_s)$垂直于 $\boldsymbol{r}_s$，并且位于密切面，因而主法线的单位矢量表示为

$$\boldsymbol{m}(s)=\frac{\boldsymbol{r}_{ss}}{|\boldsymbol{r}_{ss}|}\tag{7.2.3}$$

4）考虑到方程（7.2.1）中 $\boldsymbol{b}$ 的表达式，我们得到副法线的如下方程：

$$\boldsymbol{b}(s)=\boldsymbol{t}\times\boldsymbol{m}=\frac{\boldsymbol{r}_s\times\boldsymbol{r}_{ss}}{|\boldsymbol{r}_{ss}|}$$

因为 $\boldsymbol{b}$ 的方向和矢量（$\boldsymbol{r}_s\times\boldsymbol{r}_{ss}$）的方向相同，而 $\boldsymbol{b}$ 是单位矢量，我们得到

$$\boldsymbol{b}(s)=\frac{\boldsymbol{r}_s\times\boldsymbol{r}_{ss}}{|\boldsymbol{r}_s\times\boldsymbol{r}_{ss}|}$$

$\boldsymbol{b}$ 的最终表达式为

$$\boldsymbol{b}(s)=\frac{\boldsymbol{r}_s\times\boldsymbol{r}_{ss}}{|\boldsymbol{r}_{ss}|}=\frac{\boldsymbol{r}_s\times\boldsymbol{r}_{ss}}{|\boldsymbol{r}_s\times\boldsymbol{r}_{ss}|} \tag{7.2.4}$$

从方程（7.2.4）可推导出

$$|\boldsymbol{r}_{ss}|=|\boldsymbol{r}_s\times\boldsymbol{r}_{ss}| \tag{7.2.5}$$

并且这个关系式将用于以下的推导。

标记 $\boldsymbol{t}(s)$、$\boldsymbol{m}(s)$ 和 $\boldsymbol{b}(s)$ 表示这三个单位矢量是 s 的函数，s 是曲线的弧长。改变 s 的测量方向将导致 $\boldsymbol{t}$ 和 $\boldsymbol{b}$ 的方向变为相反的方向，但是 $\boldsymbol{m}$ 的方向不变。在逗留点处曲线离开曲线的偏差不小于三阶，因为在这样的点处 $\boldsymbol{r}_{ss}=0$。$\boldsymbol{m}$ 的方向必须根据导矢 $\boldsymbol{r}_{sss}$，甚至 $\boldsymbol{r}_{ssss}$ 来确定。

3. Frenet - Serret 方程

上述这些方程能使我们推导出矩阵方程

$$\boldsymbol{e}_{sc}=\boldsymbol{L}_c\boldsymbol{e}_c \tag{7.2.6}$$

其中

$$\boldsymbol{e}_c=[\boldsymbol{t}_c\quad \boldsymbol{m}_c\quad \boldsymbol{b}_c]^{\mathrm{T}}$$

$$\boldsymbol{e}_{sc}=\frac{\mathrm{d}}{\mathrm{d}s}(\boldsymbol{e}_c)=[\boldsymbol{t}_{sc}\quad \boldsymbol{m}_{sc}\quad \boldsymbol{b}_{sc}]^{\mathrm{T}}$$

下标 c 表明矢量表示在 S_c 中。矢量，比如说 $\boldsymbol{t}_{sc}$ 的下标 sc 表示所考察的导矢（d/ds）($\boldsymbol{t}_c$)，并且表示在 S_c 中。矩阵 $\boldsymbol{L}_c$ 是一个 3×3 斜对称矩阵，其元素用空间曲线的曲率和挠率来表示（参见下文）。推导 $\boldsymbol{e}_{sc}$ 和 $\boldsymbol{L}_c$ 的步限如下。

步骤1：确定 $\boldsymbol{t}_s$（下标 c 已去掉）。

空间曲线的曲率 κ_O 确定为

$$\kappa_O=\lim\left|\frac{\Delta\phi}{\Delta s}\right|_{\Delta s\to 0} \tag{7.2.7}$$

式中，$\Delta\phi$ 是由取在曲线的给定点和邻近点处两条切线所形成的夹角；Δs 是相邻两点的弧长；κ_O 中的下角标 O 表示所考察的曲率适用于密切面上的一小段曲线。

从矢量分析中知道，由于 $\boldsymbol{t}(s)$ 是单位矢量，所以导矢 $\boldsymbol{t}_s$ 垂直于 $\boldsymbol{t}$，而 $\boldsymbol{t}_s$ 的数值方程用下式表示：

$$|\boldsymbol{t}_s|=\lim\left|\frac{\Delta\phi}{\Delta s}\right|_{\Delta s\to 0} \tag{7.2.8}$$

式中，$\Delta\phi$ 是由单位矢量 $\boldsymbol{t}(s)$ 和 $\boldsymbol{t}(s+\Delta s)$ 形成的夹角。我们基于以下理由推导方程（7.2.8）。

1）图7.2.3a 所示为两个单位矢量 $\boldsymbol{t}(s)$ 和 $\boldsymbol{t}(s+\Delta s)$（曲线在相邻两点 M_1 和 M_2 处的切线）形成夹角 $\Delta\phi$。

2）图7.2.3b 所示为从同一原点 O 引出两个矢量 $\boldsymbol{t}(s)$ 和 $\boldsymbol{t}(s+\Delta s)$，这里

$$\boldsymbol{t}(s+\Delta s)=\boldsymbol{t}(s)+\Delta\boldsymbol{t} \tag{7.2.9}$$

3）显然，$\widehat{A_1A_2}=\Delta\phi$，因为 $|\overrightarrow{OA_1}|=|\overrightarrow{OA_2}|=1$，而 $|\Delta\boldsymbol{t}|\approx\Delta\phi$。于是，我们得

$$|\boldsymbol{t}_s|=\left|\frac{\mathrm{d}\boldsymbol{t}}{\mathrm{d}s}\right|=\lim\left|\frac{\Delta\phi}{\Delta s}\right|_{\Delta s\to 0} \tag{7.2.10}$$

从方程（7.2.7）、方程（7.2.8）和方程（7.2.10），可推导出

$$|\boldsymbol{t}_s| = \kappa_O \tag{7.2.11}$$

如上所述，$\boldsymbol{t}_s$ 垂直于 $\boldsymbol{t}$，并且与 $\boldsymbol{r}_{ss}$ 和 $\boldsymbol{m}$ 有相同的方向。因此，$\boldsymbol{t}_s$ 最终表达式为

$$\boldsymbol{t}_s = \kappa_O \boldsymbol{m} \tag{7.2.12}$$

步骤2：确定 $\boldsymbol{b}_s$。

考虑方程（7.2.1）中 $\boldsymbol{b}$ 的矢积，经过微分后，我们得

$$\boldsymbol{b}_s = \frac{\mathrm{d}}{\mathrm{d}s}(\boldsymbol{b}) = (\boldsymbol{t}_s \times \boldsymbol{m}) + (\boldsymbol{t} \times \boldsymbol{m}_s) \tag{7.2.13}$$

考虑到方程（7.2.12）和 $\boldsymbol{m}_s \cdot \boldsymbol{m} = 0$，我们得

$$\boldsymbol{b}_s = \boldsymbol{t} \times \boldsymbol{m}_s = (\boldsymbol{m} \times \boldsymbol{b}) \times \boldsymbol{m}_s = -(\boldsymbol{m}_s \cdot \boldsymbol{b})\boldsymbol{m} \tag{7.2.14}$$

从方程（7.2.14）得出，导矢 $\boldsymbol{b}_s$ 和 $\boldsymbol{m}$ 的方向相反，并且 $|\boldsymbol{b}_s| = |\boldsymbol{m}_s \cdot \boldsymbol{b}|$。

利用类似步骤1中所论述的那些理由，我们可以将 $|\boldsymbol{b}_s|$ 解释为挠率 τ：

1）

$$\tau = \lim \left|\frac{\Delta\theta}{\Delta s}\right|_{\Delta s \to 0} \tag{7.2.15}$$

式中，$\Delta\theta$ 是在两个相邻点处所确定的两个密切面（或两个矢量 $\boldsymbol{b}$）之间所形成的夹角。

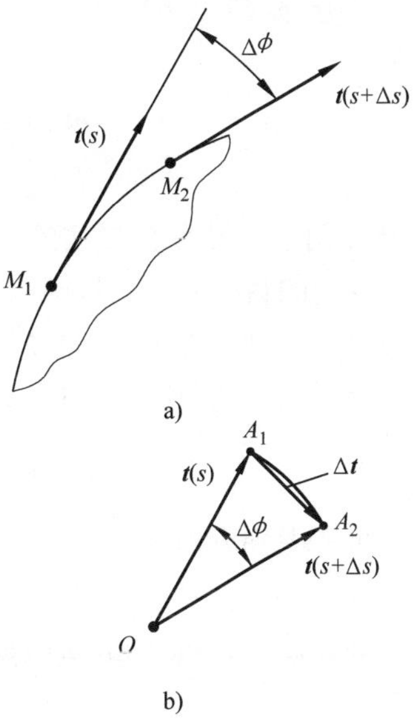

图7.2.3　推导导矢 $\frac{\mathrm{d}}{\mathrm{d}s}$（$\boldsymbol{t}_s$）

a）两个单位矢量 $\boldsymbol{t}$（s）和 $\boldsymbol{t}$（$s+\Delta s$）形成夹角 $\Delta\phi$　b）从同一原点 O 引出两个矢量 $\boldsymbol{t}$（s）和 $\boldsymbol{t}$（$s+\Delta s$）

2）从线性代数知道（参见步骤1和类似于图7.2.3上的图形）

$$\lim \left|\frac{\Delta\theta}{\Delta s}\right|_{\Delta s \to 0} = |\boldsymbol{b}_s| \tag{7.2.16}$$

由方程（7.2.14）~方程(7.2.16）推导出如下方程

$$\boldsymbol{b}_s = -\tau \boldsymbol{m} \tag{7.2.17}$$

步骤3：考察方程（7.2.1）中 $\boldsymbol{m}$ 的矢积，经过微分后，我们得

$$\begin{aligned}\boldsymbol{m}_s &= \frac{\mathrm{d}}{\mathrm{d}s}(\boldsymbol{m}) \\ &= (\boldsymbol{b}_s \times \boldsymbol{t}) + (\boldsymbol{b} \times \boldsymbol{t}_s) \\ &= \boldsymbol{b}_s \times (\boldsymbol{m} \times \boldsymbol{b}) + (\boldsymbol{t} \times \boldsymbol{m}) \times \boldsymbol{t}_s \\ &= -(\boldsymbol{b}_s \cdot \boldsymbol{m})\boldsymbol{b} - (\boldsymbol{t}_s \cdot \boldsymbol{m})\boldsymbol{t}\end{aligned} \tag{7.2.18}$$

从方程（7.2.12）、方程（7.2.17）和方程（7.2.18）推导出

$$\boldsymbol{m}_s = \tau \boldsymbol{b} - \kappa_O \boldsymbol{t} \tag{7.2.19}$$

步骤4：总括所得到的结果

$$\boldsymbol{e}_s = \begin{bmatrix} \boldsymbol{t}_s \\ \boldsymbol{m}_s \\ \boldsymbol{b}_s \end{bmatrix} = \begin{bmatrix} \kappa_O \boldsymbol{m} \\ \tau \boldsymbol{b} - \kappa_O \boldsymbol{t} \\ -\tau \boldsymbol{m} \end{bmatrix} \tag{7.2.20}$$

步骤5：矩阵方程（7.2.6）最终表达式。

从方程（7.2.6）和方程（7.2.20）可推导出

$$\begin{bmatrix} \boldsymbol{t}_{sc} \\ \boldsymbol{m}_{sc} \\ \boldsymbol{b}_{sc} \end{bmatrix} = \begin{bmatrix} \kappa_O \boldsymbol{m}_c \\ \tau \boldsymbol{b}_c - \kappa_O \boldsymbol{t}_c \\ -\tau \boldsymbol{m}_c \end{bmatrix} = \begin{bmatrix} 0 & \kappa_O & 0 \\ -\kappa_O & 0 & \tau \\ 0 & -\tau & -0 \end{bmatrix} \begin{bmatrix} \boldsymbol{t}_c \\ \boldsymbol{m}_c \\ \boldsymbol{b}_c \end{bmatrix} \tag{7.2.21}$$

4. 确定用 $\boldsymbol{r}(s)$ 表示的曲线的 κ_O 和 τ

我们的目标是用矢量函数 $\boldsymbol{r}(s)$ 的导矢来表示 κ_O 和 τ。我们记得，基本三棱形 $\boldsymbol{e}_c$ 的单位矢量已经分别用方程（7.2.2）~方程（7.2.4）表示出。

确定曲线的曲率 κ_O 基于以下的考虑。从方程（7.2.11）可推导出

$$|\boldsymbol{t}_s| = \left|\frac{\mathrm{d}}{\mathrm{d}s}(\boldsymbol{t})\right| = \left|\frac{\mathrm{d}}{\mathrm{d}s}(\boldsymbol{r}_s)\right| = |\boldsymbol{r}_{ss}| = \kappa_O$$

再考虑到方程（7.2.5），我们得

$$\kappa_O = |\boldsymbol{r}_{ss}| = |\boldsymbol{r}_s \times \boldsymbol{r}_{ss}| \tag{7.2.22}$$

容易证明，曲率 κ_O 也可以用如下方程表示：

$$\kappa_O = |\boldsymbol{r}_{ss}| = \frac{\boldsymbol{r}_{ss}^2}{|\boldsymbol{r}_{ss}|} = \boldsymbol{r}_{ss} \cdot \frac{\boldsymbol{r}_{ss}}{|\boldsymbol{r}_{ss}|} = \boldsymbol{r}_{ss} \cdot \boldsymbol{m} \tag{7.2.23}$$

方程（7.2.23）将用于进一步的推导。

推导用矢量函数 $\boldsymbol{r}(s)$ 的导矢表示的挠率 τ 基于以下的考虑：

步骤1：推导 $\boldsymbol{r}_{ss}$。

从方程（7.2.23）推导出

$$\boldsymbol{r}_{ss} = \kappa_O \boldsymbol{m} \tag{7.2.24}$$

步骤2：推导 $\boldsymbol{r}_{sss}$。

对方程（7.2.24）微分，可以推导出

$$\boldsymbol{r}_{sss} = \kappa_s \boldsymbol{m} + \kappa_O \boldsymbol{m}_s \tag{7.2.25}$$

式中，$\kappa_s = (\mathrm{d}/\mathrm{d}s)(\kappa_O)$。

利用方程（7.2.19）和方程（7.2.25），我们得

$$\boldsymbol{r}_{sss} = \kappa_s \boldsymbol{m} + \kappa_O(\tau \boldsymbol{b} - \kappa_O \boldsymbol{t}) \tag{7.2.26}$$

步骤3：推导 $\boldsymbol{r}_s \times \boldsymbol{r}_{ss}$。

利用方程（7.2.24），并且考虑到

$$\boldsymbol{r}_s = \boldsymbol{t}$$

$$\boldsymbol{t} \times \boldsymbol{m} = \boldsymbol{b}$$

我们得

$$\boldsymbol{r}_s \times \boldsymbol{r}_{ss} = \boldsymbol{t} \times \kappa_O \boldsymbol{m} = \kappa_O \boldsymbol{b} \tag{7.2.27}$$

步骤4：推导 $\boldsymbol{r}_{sss} \cdot (\boldsymbol{r}_s \times \boldsymbol{r}_{ss})$。

从方程（7.2.26）和方程（7.2.27）推导出

$$\boldsymbol{r}_{sss} \cdot (\boldsymbol{r}_s \times \boldsymbol{r}_{ss}) = \kappa_O^2 \tau \tag{7.2.28}$$

步骤5：求 τ 的最终表达式。

从方程（7.2.22）、方程（7.2.27）和方程（7.2.28），可推导出

$$\tau = \frac{\boldsymbol{r}_{sss} \cdot (\boldsymbol{r}_s \times \boldsymbol{r}_{ss})}{\boldsymbol{r}_{ss}^2} = \frac{\boldsymbol{r}_{sss} \cdot \boldsymbol{b}}{\kappa_O} \tag{7.2.29}$$

方程（7.2.22）和方程（7.2.29）能使我们确定用矢量函数 $\boldsymbol{r}(s)$ 表示的曲线的曲率 κ_O 和挠率 τ。

5. 确定用矢量函数 $\boldsymbol{r}(\theta)$ 表示的曲线的 κ_O 和 τ

用矢量函数 $\boldsymbol{r}(s)$ 表示空间曲线，能使我们简化 Frenet - Serret 方程的推导。通常，空间曲线用矢量函数 $\boldsymbol{r}(\theta)$ 表示，这里的 θ 是曲线的参数。我们的目标是确定适用于这种曲线表示的曲线率 κ_O 和曲线挠率 τ 的方程。为此目的，我们可以利用对曲线 $\boldsymbol{r}(s)$ 推导出的方程，并考虑到 s 和 θ 之间有函数关系 $s(\theta)$。这样，所要讨论的曲线可以表示为 $\boldsymbol{r}(s(\theta))$。对这个矢量函数微分，我们可推导出

$$\boldsymbol{r}_\theta = \boldsymbol{r}_s \frac{\mathrm{d}s}{\mathrm{d}\theta} \tag{7.2.30}$$

这里

$$\frac{\mathrm{d}s}{\mathrm{d}\theta} = |\boldsymbol{r}_\theta| \quad （因为 |\boldsymbol{r}_s| = 1） \tag{7.2.31}$$

$$\boldsymbol{r}_{\theta\theta} = \boldsymbol{r}_{ss}\left(\frac{\mathrm{d}s}{\mathrm{d}\theta}\right)^2 + \boldsymbol{r}_s\left(\frac{\mathrm{d}^2 s}{\mathrm{d}\theta^2}\right) \tag{7.2.32}$$

$$\boldsymbol{r}_{\theta\theta\theta} = \boldsymbol{r}_{sss}\left(\frac{\mathrm{d}s}{\mathrm{d}\theta}\right)^3 + 3\boldsymbol{r}_{ss}\left(\frac{\mathrm{d}s}{\mathrm{d}\theta}\right)\left(\frac{\mathrm{d}^2 s}{\mathrm{d}\theta^2}\right) + \boldsymbol{r}_s\left(\frac{\mathrm{d}^3 s}{\mathrm{d}\theta^3}\right) \tag{7.2.33}$$

由方程（7.2.30）~方程(7.2.33）推导出

$$\boldsymbol{r}_s \times \boldsymbol{r}_{ss} = \frac{\boldsymbol{r}_\theta \times \boldsymbol{r}_{\theta\theta}}{\left(\frac{\mathrm{d}s}{\mathrm{d}\theta}\right)^3} = \frac{\boldsymbol{r}_\theta \times \boldsymbol{r}_{\theta\theta}}{|\boldsymbol{r}_\theta|^3} \tag{7.2.34}$$

从方程（7.2.33)、方程（7.2.34）和方程（7.2.31）可推导出

$$\boldsymbol{r}_s \cdot (\boldsymbol{r}_{ss} \times \boldsymbol{r}_{sss}) = \frac{\boldsymbol{r}_\theta \cdot (\boldsymbol{r}_{\theta\theta} \times \boldsymbol{r}_{\theta\theta\theta})}{\left(\frac{\mathrm{d}s}{\mathrm{d}\theta}\right)^6} = \frac{\boldsymbol{r}_\theta \cdot (\boldsymbol{r}_{\theta\theta} \times \boldsymbol{r}_{\theta\theta\theta})}{|\boldsymbol{r}_\theta|^6} \tag{7.2.35}$$

方程（7.2.30)、方程（7.2.34）和方程（7.2.35）是确定单位矢量 $\boldsymbol{t}$、$\boldsymbol{m}$ 和 $\boldsymbol{b}$ 以及推导 $\boldsymbol{r}(\theta)$ 给定的曲线的 κ_O 和 τ 的基本公式。用矢量函数的导矢 $\boldsymbol{r}$（θ）表示 $\boldsymbol{t}$、$\boldsymbol{m}$ 和 $\boldsymbol{b}$ 基于以下推导：

步骤1：单位矢量 $\boldsymbol{t}$ 可以表示为

$$\boldsymbol{t} = \frac{\boldsymbol{r}_\theta}{|\boldsymbol{r}_\theta|} \tag{7.2.36}$$

步骤2：为了推导 $\boldsymbol{b}$，我们利用方程（7.2.4）和方程（7.2.34)，于是得出

$$\boldsymbol{b} = \frac{\boldsymbol{r}_\theta \times \boldsymbol{r}_{\theta\theta}}{|\boldsymbol{r}_\theta \times \boldsymbol{r}_{\theta\theta}|} \tag{7.2.37}$$

步骤3：单位矢量 $\boldsymbol{m}$ 表示为

$$\boldsymbol{m} = \boldsymbol{b} \times \boldsymbol{t} \tag{7.2.38}$$

从方程（7.2.36）~方程(7.2.38）可以推导出

$$\boldsymbol{m} = \boldsymbol{b} \times \boldsymbol{t} = \frac{(\boldsymbol{r}_\theta \times \boldsymbol{r}_{\theta\theta}) \times \boldsymbol{r}_\theta}{|\boldsymbol{r}_\theta \times \boldsymbol{r}_{\theta\theta}|\,|\boldsymbol{r}_\theta|} \tag{7.2.39}$$

为了进一步讨论，认识到矢量 $\boldsymbol{m}$ 与 $\boldsymbol{r}_{ss}$ 具有相同的方向，并且与 $\boldsymbol{r}_{\theta\theta}$ 形成锐角是很重要

的。不等式

$$\boldsymbol{r}_{\theta\theta} \cdot \boldsymbol{m} > 0 \quad (\boldsymbol{r}_{\theta\theta} \neq 0) \tag{7.2.40}$$

基于方程（7.2.32），从方程（7.2.32）可推导出

$$\boldsymbol{r}_{\theta\theta} \cdot \boldsymbol{r}_{ss} = \boldsymbol{r}_{ss}^2 \left(\frac{\mathrm{d}s}{\mathrm{d}\theta}\right)^2 \tag{7.2.41}$$

如前所述，我们曾经用 $\boldsymbol{e}_s(s)$ 标记三维矢量，该三维矢量表示为［参见方程（7.2.20）］

$$\boldsymbol{e}_s(s) = [\boldsymbol{t}_s \quad \boldsymbol{m}_s \quad \boldsymbol{b}_s]^{\mathrm{T}}$$

类似的三维矢量 $\boldsymbol{e}_\theta(\theta)$ 可表示为

$$\boldsymbol{e}_\theta(\theta) = [\boldsymbol{t}_\theta \quad \boldsymbol{m}_\theta \quad \boldsymbol{b}_\theta]^{\mathrm{T}} = \frac{\mathrm{d}s}{\mathrm{d}\theta}\boldsymbol{e}_s = |\boldsymbol{r}_\theta| [\boldsymbol{t}_s \quad \boldsymbol{m}_s \quad \boldsymbol{b}_s]^{\mathrm{T}} \tag{7.2.42}$$

我们最终的目标是确定用矢量函数 $\boldsymbol{r}(\theta)$ 表示的空间曲线的 κ_O 和 τ 的方程。推导这样的方程基于下文所述的步骤。

6. 确定 κ_O

从方程（7.2.22）、方程（7.2.23）、方程（7.2.31）、方程（7.2.32）和方程（7.2.39）可推导出

$$\begin{aligned}\kappa_O &= \frac{\boldsymbol{r}_{\theta\theta} \cdot \boldsymbol{m}}{\boldsymbol{r}_\theta^2} = \frac{|\boldsymbol{r}_\theta \times \boldsymbol{r}_{\theta\theta}|}{|\boldsymbol{r}_\theta|^3} \\ &= \frac{[(x_\theta y_{\theta\theta} - x_{\theta\theta} y_\theta)^2 + (x_\theta z_{\theta\theta} - x_{\theta\theta} z_\theta)^2 + (y_\theta z_{\theta\theta} - y_{\theta\theta} z_\theta)^2]^{\frac{1}{2}}}{(x_\theta^2 + y_\theta^2 + z_\theta^2)^{\frac{3}{2}}}\end{aligned} \tag{7.2.43}$$

我们也可以用 $\boldsymbol{m}$、$\boldsymbol{v}_r$ 和 $\boldsymbol{a}_r$ 表示 κ_O。这里，$\boldsymbol{v}_r$ 和 $\boldsymbol{a}_r$ 是一点沿空间曲线运动的速度和加速度，用如下方程表示：

$$\boldsymbol{v}_r = \boldsymbol{r}_\theta \frac{\mathrm{d}\theta}{\mathrm{d}t} \tag{7.2.44}$$

$$\boldsymbol{a}_r = \boldsymbol{r}_{\theta\theta}\left(\frac{\mathrm{d}\theta}{\mathrm{d}t}\right)^2 + \boldsymbol{r}_\theta^2\left(\frac{\mathrm{d}^2\theta}{\mathrm{d}t^2}\right) \tag{7.2.45}$$

下标 r 表明，所考察的点沿着曲线的相对运动，不同于点与曲线一起运动时该点的牵连运动。

我们的目标是证明曲率可用如下方程表示：

$$\kappa_O = \frac{\boldsymbol{a}_r \cdot \boldsymbol{m}}{\boldsymbol{v}_r^2} \tag{7.2.46}$$

从方程（7.2.44）~方程(7.2.46）可推导出

$$\kappa_O = \frac{\boldsymbol{r}_{\theta\theta} \cdot \boldsymbol{m}}{\boldsymbol{r}_\theta^2}$$

该式与方程（7.2.43）中的表达式一致，这证明了方程（7.2.46）的正确性。加速度矢量 $\boldsymbol{a}_r$［参见方程（7.2.45）］有两个分量：$\boldsymbol{a}_1 = \boldsymbol{r}_\theta(\mathrm{d}^2\theta/\mathrm{d}t^2)$ 和 $\boldsymbol{a}_2 = \boldsymbol{r}_{\theta\theta}(\mathrm{d}\theta/\mathrm{d}t)^2$。分量 $\boldsymbol{a}_1$ 与切线矢量 $\boldsymbol{t}$ 共线，并且其方向与 $\boldsymbol{t}$ 相同，也可能相反，这由 $\mathrm{d}^2\theta/\mathrm{d}t^2$ 的符号来决定的。第二个分量位于密切面，并且与 $\boldsymbol{m}$ 形成锐角（见图 7.2.4）。

7. 推导 τ

我们曾用［参见方程（7.2.29）］表示过曲线的挠率 τ：

$$\tau(s)=\frac{\boldsymbol{r}_{sss}\cdot\boldsymbol{b}}{\kappa_O} \qquad (7.2.47)$$

其中［参见方程（7.2.43）］

$$\kappa_O=\frac{|\boldsymbol{r}_\theta\times\boldsymbol{r}_{\theta\theta}|}{|\boldsymbol{r}_\theta|^3}$$

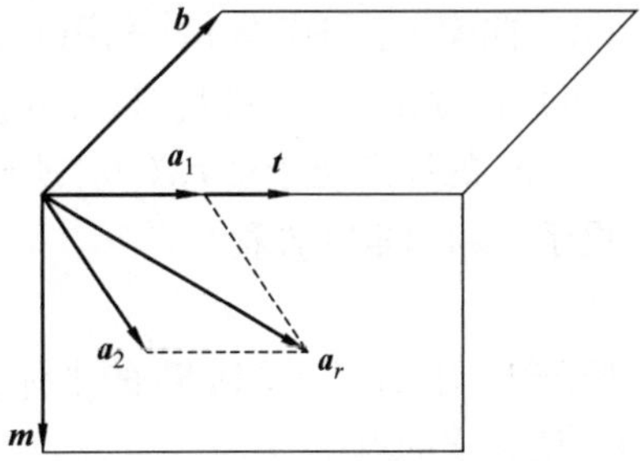

图 7.2.4　空间曲线的加速度矢量表示

从方程（7.2.4）、方程（7.2.34）、方程（7.2.35）、方程（7.2.43）和方程（7.2.47）可推导出

$$\tau(\theta)=\frac{(\boldsymbol{r}_\theta\times\boldsymbol{r}_{\theta\theta})\cdot\boldsymbol{r}_{\theta\theta\theta}}{(\boldsymbol{r}_\theta\times\boldsymbol{r}_{\theta\theta})^2} \qquad (7.2.48)$$

挠率的符号可能是正的，也可能是负的（参见下文）。

8. 空间曲线在其一点处的结构

密切面分空间曲线 L_1ML_2 为两部分，其分别在密切面的上边和下边（见图7.2.1）；只有曲线的点 M 位于密切面。曲线在基本三棱形各平面上的投影如图7.2.5所示。当点沿曲线朝逆时针方向从 M 运动到 C（见图7.2.1），并且挠率是正的时，曲线的 L_1M 部分在密切面下边，而 ML_2 在密切面的上边。用语“下边”和“上边”适用于从 $\boldsymbol{b}$ 进行观察。在挠率为负但与 s 的方向是相同的情况下，曲线的 L_1M 部分将在密切面的上边，而 ML_2 在该平面的下边。显然，在平面曲线上的任一点，挠率均为零。

正挠率和负挠率相当于术语右旋和左旋螺纹（参见例题7.2.1）。

9. 密切面方程

假定曲线用矢量函数 $\boldsymbol{r}(\theta)$ 表示，并且 $\boldsymbol{r}(\theta_O)$ 是起始点的位置矢量。矢量 $\boldsymbol{r}_\theta$ 和 $\boldsymbol{r}_{\theta\theta}$ 形成密切面。矢量 $\boldsymbol{R}=\boldsymbol{r}(\theta)-\boldsymbol{r}(\theta_O)$ 又位于密切面，从而 $\boldsymbol{R}$、$\boldsymbol{r}_\theta$ 和 $\boldsymbol{r}_{\theta\theta}$ 共面。于是，方程

$$[\boldsymbol{r}(\theta)-\boldsymbol{r}(\theta_O)]\cdot(\boldsymbol{r}_\theta\times\boldsymbol{r}_{\theta\theta})=0 \qquad (7.2.49)$$

表示曲线的点 $\boldsymbol{r}(\theta_O)$ 处的密切面。

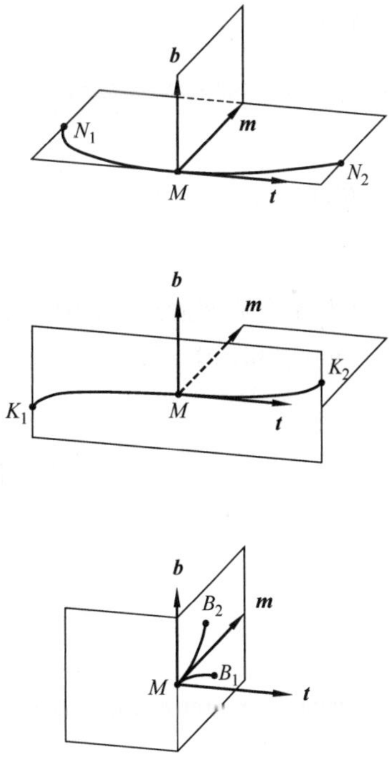

图 7.2.5　空间曲线在基本三棱形各平面上的投影

例题 7.2.1

假定有一右旋螺旋线，在坐标系 S_O 中，用如下方程表示：

$$x_O=\rho\cos\theta$$
$$y_O=\rho\sin\theta \qquad (p>0)$$
$$z_O=p\theta$$

式中，$p=\rho\tan\lambda$，λ 是导程角。利用 $\theta=0$，求出曲线的起始点。

确定：

（i）单位矢量 $\boldsymbol{t}_O$、$\boldsymbol{m}_O$ 和 $\boldsymbol{b}_O$［分别利用方程（7.2.36）、方程（7.2.37）和方程（7.2.39），并且将各矢量表示在坐标系 S_O 中］。

（ii）曲率 κ_O 和挠率 τ［利用方程（7.2.43）和方程（7.2.48）］。

（iii）推导出以 S_O 到 S_c（$\boldsymbol{t}_c$、$\boldsymbol{m}_c$、$\boldsymbol{b}_c$）坐标变换的矩阵方程，这里的 S_c 是曲线的基本三棱形，S_c 的原点位于由 $\boldsymbol{r}_O(\theta_O)$ 所确定的点。

提示：利用矩阵方程

$$\boldsymbol{r}_c=\boldsymbol{M}_{cp}\boldsymbol{M}_{pO}\boldsymbol{r}_O$$

矩阵 M_{pO} 描述从 S_O 到 S_p 的坐标变换；S_p 的坐标轴与 S_O 的坐标轴平行；原点 O_p 置于由 $\boldsymbol{r}_O(\theta_O)$ 所确定的点。

（iv）推导出螺旋线在 S_c 中的方程，绘出螺旋线在 S_c 的坐标平面上的投影。证明螺旋线在 O_c 的邻域内的形成与表示在图 7.2.5 中的结构相类似。

解

（i）

$$\boldsymbol{t}_O=[0\quad \cos\lambda\quad \sin\lambda]^{\mathrm{T}}$$

$$\boldsymbol{m}_O=[-1\quad 0\quad 0]^{\mathrm{T}}$$

$$\boldsymbol{b}_O=[0\quad -\sin\lambda\quad \cos\lambda]^{\mathrm{T}}$$

（ii）

$$\kappa_O=\frac{\rho}{\rho^2+p^2}=\frac{\cos^2\lambda}{\rho}$$

$$\tau=\frac{p}{\rho^2+p^2}=\frac{\sin^2\lambda}{p}$$

（对于右旋螺旋线，$\tau>0$，因为 $p>0$；对左旋螺旋线，$\tau<0$，因为 $p<0$）

（iii）矩阵 $\boldsymbol{M}_{cO}$ 为

$$\boldsymbol{M}_{cO}=\begin{bmatrix}0 & \cos\lambda & \sin\lambda & 0\\ -1 & 0 & 0 & \rho\\ 0 & -\sin\lambda & \cos\lambda & 0\\ 0 & 0 & 0 & 1\end{bmatrix}$$

（iv）

$$x_c=\rho\sin\theta\cos\lambda+p\theta\sin\lambda$$

$$y_c=\rho(1-\cos\theta)$$

$$z_c=-\rho\sin\theta\sin\lambda+p\theta\cos\lambda$$

证明在 $\theta=0$ 的邻域内，曲线类似于如图 7.2.5 中所示的曲线。

7.3 曲面的曲线

我们必须区分空间曲线的两种情况：a. 在三维空间中用单参数形式确空间曲线（参见 7.2 节）；b. 表示在三维空间中的位于给定曲面的空间曲线（参见下文）。在第二种情况下，空间曲线用双参数形式确定，但是两个参数是有联系的。在后一种情况下，曲线的某些特点与给定曲面的性质有关（参见下文）。

1. 曲面曲线的基本三棱形

假定有一正则曲面 Σ 用如下方程表示：

$$\boldsymbol{r}(u,\theta)\in C^2\qquad(\boldsymbol{r}_u\times\boldsymbol{r}_\theta\neq\boldsymbol{0},\ (u,\theta)\in A)\tag{7.3.1}$$

如果矢量函数 $\boldsymbol{r}(u,\theta)$ 的曲面参数之间的关系用如下方程表示，则曲面 $\boldsymbol{\Sigma}$ 的曲线是可确定的：

$$f(u,\theta)=0 \quad (\text{提供} f_u^2+f_\theta^2\neq 0) \tag{7.3.2}$$

图 7.3.1a 所示为两条曲线 L_n 和 L_O，其通过曲面上的同一点 M，并且有相同的切线。曲线 L_n 是一条平面曲线，其是由通过单位切线矢量 $\boldsymbol{t}$ 和单位法线矢量 $\boldsymbol{n}$ 的曲面的法面截剖曲面而得到的。曲线 L_O 是一条空间曲线，局部地鉴别该曲线要借助于密切面的方向和曲线的曲率和挠率（参见 7.2 节）。考虑到空间曲线位于一个曲面，我们可以确定更多的参数，以便在局部鉴别该曲线。

在 7.2 节中，我们介绍过曲线的基本三棱形 $S_c(\boldsymbol{i}_c,\boldsymbol{j}_c,\boldsymbol{k}_c)$，这里 $\boldsymbol{i}_c=\boldsymbol{t}$ 是单位切线矢量，$\boldsymbol{j}_c=\boldsymbol{m}$ 是曲线的主法线的单位矢量，$\boldsymbol{k}_c=\boldsymbol{b}$ 是曲线的副法线单位矢量（见图 7.2.2 和图 7.3.1b）。另外，我们设置表示在图 7.3.1b 中的曲面基本三棱形 $S_f(\boldsymbol{i}_f,\boldsymbol{j}_f,\boldsymbol{k}_f)$，这里 $\boldsymbol{i}_f=\boldsymbol{t}$ 是空间曲线的单位切线矢量，$\boldsymbol{j}_f=\boldsymbol{d}$ 是垂直于 $\boldsymbol{t}$ 且位于在点 M 切于曲面的平面内的单位矢量，$\boldsymbol{k}_f=\boldsymbol{n}$ 是曲面的单位法线矢量。下标 f 表明所考察的是曲面（德国的 Fläche）的基本三棱形及其坐标轴。

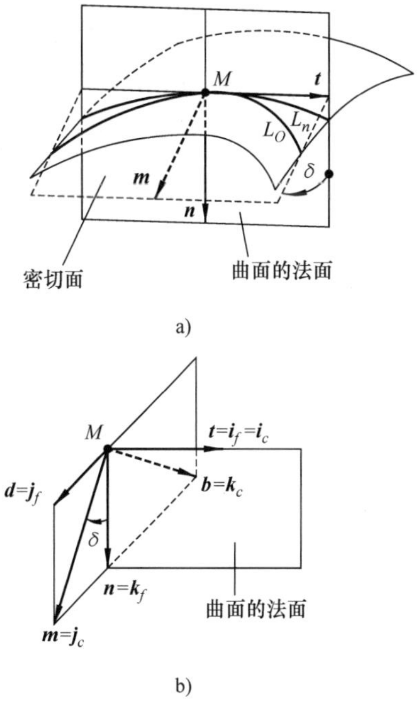

图 7.3.1 曲面的基本三棱形

a）曲线 L_n 和曲线 L_O 通过曲面上同一点 M

b）曲面的基本三棱形及单位法线矢量

单位切线矢量 $\boldsymbol{i}_f=\boldsymbol{i}_c=\boldsymbol{t}$ 确定为

$$\begin{cases}\boldsymbol{t}=\dfrac{\boldsymbol{T}}{|\boldsymbol{T}|}\\[2ex] \boldsymbol{T}=\boldsymbol{r}_u+\boldsymbol{r}_\theta\dfrac{\mathrm{d}\theta}{\mathrm{d}u}=\boldsymbol{r}_u-\boldsymbol{r}_\theta\dfrac{f_u}{f_\theta}\end{cases} \quad (f_\theta\neq 0) \tag{7.3.3}$$

参见方程（7.3.1）和方程（7.3.2）。曲面的单位法线矢量表示为

$$\begin{cases}\boldsymbol{n}=\dfrac{\boldsymbol{N}}{|\boldsymbol{N}|}\\ \boldsymbol{N}=\boldsymbol{r}_u\times\boldsymbol{r}_\theta\end{cases} \quad (\boldsymbol{n}=\boldsymbol{k}_f) \tag{7.3.4}$$

变换方程（7.3.4）中矢积的顺序，我们可以将 $\boldsymbol{n}$ 的方向改其为相反的方向，并且得到 $\delta<90°$，其中 δ 是由 $\boldsymbol{n}$ 和 $\boldsymbol{m}$ 形成的。我们记得，$\boldsymbol{m}$ 的方向与 $\boldsymbol{r}_{ss}$ 相同，并且不能随意选取。单位矢量 $\boldsymbol{t}$、$\boldsymbol{d}$ 和 $\boldsymbol{n}$ 形成右手基本三棱形 S_f。

2. 确定导矢 $\boldsymbol{t}_s$、$\boldsymbol{d}_s$、$\boldsymbol{n}_s$

假定两个基本三棱形的公共原点沿曲面上给定的曲线运动。三维矢量 $\boldsymbol{e}_f(\boldsymbol{t},\boldsymbol{d},\boldsymbol{n})$ 和 $\boldsymbol{e}_c(\boldsymbol{t},\boldsymbol{m},\boldsymbol{b})$ 是曲线弧长 s 的函数；角 δ 也是 s 的函数。我们的目标是确定导矢 $\boldsymbol{t}_s$、$\boldsymbol{d}_s$ 和 $\boldsymbol{n}_s$。推导的步骤如下。

步骤 1：从 S_c 到 S_f 的坐标变换，用如下矩阵方程表示

$$\boldsymbol{e}_f=\boldsymbol{L}_{fc}\boldsymbol{e}_c \tag{7.3.5}$$

这里（见图7.3.1b）

$$L_{fc}=\begin{bmatrix}1 & 0 & 0\\ 0 & \sin\delta & -\cos\delta\\ 0 & \cos\delta & \sin\delta\end{bmatrix} \tag{7.3.6}$$

步骤2：对方程（7.3.5）微分，可得

$$\frac{\mathrm{d}}{\mathrm{d}s}(\boldsymbol{e}_f)=\frac{\mathrm{d}}{\mathrm{d}s}(\boldsymbol{L}_{fc})\boldsymbol{e}_c+\boldsymbol{L}_{fc}\frac{\mathrm{d}}{\mathrm{d}s}(\boldsymbol{e}_c) \tag{7.3.7}$$

这里

和

$$\frac{\mathrm{d}}{\mathrm{d}s}(\boldsymbol{L}_{fc})=\begin{bmatrix}0 & 0 & 0\\ 0 & \delta_s\cos\delta & \delta_s\sin\delta\\ 0 & -\delta_s\sin\delta & \delta_s\cos\delta\end{bmatrix} \tag{7.3.8}$$

其中

$$\delta_s=\left(\frac{\mathrm{d}}{\mathrm{d}s}\right)(\delta)$$

步骤3：我们注意到［参见方程（7.2.6）］

$$\frac{\mathrm{d}}{\mathrm{d}s}(\boldsymbol{e}_c)=\boldsymbol{e}_{sc}=\boldsymbol{L}_c\boldsymbol{e}_c \tag{7.3.9}$$

和

$$\boldsymbol{e}_c=\boldsymbol{L}_{cf}\boldsymbol{e}_f \tag{7.3.10}$$

其中

$$\boldsymbol{L}_{cf}=(\boldsymbol{L}_{fc})^{\mathrm{T}} \tag{7.3.11}$$

从方程（7.3.7）、方程（7.3.9）和方程（7.3.10）可推导出

$$\boldsymbol{e}_{sf}=\left[\frac{\mathrm{d}}{\mathrm{d}s}(\boldsymbol{L}_{fc})+\boldsymbol{L}_{fc}\boldsymbol{L}_c\right]\boldsymbol{L}_{cf}\boldsymbol{e}_f=\boldsymbol{L}_f\boldsymbol{e}_f \tag{7.3.12}$$

其中

$$\boldsymbol{L}_f=\left[\frac{\mathrm{d}}{\mathrm{d}s}(\boldsymbol{L}_{fc})+\boldsymbol{L}_{fc}\boldsymbol{L}_c\right]\boldsymbol{L}_{cf} \tag{7.3.13}$$

是曲面曲线基本三棱形的曲率矩阵。

步骤4：矩阵 $\boldsymbol{L}_f$ 是斜对称矩阵，并且表示为

$$\boldsymbol{L}_f=\begin{bmatrix}0 & \kappa_O\sin\delta & \kappa_O\cos\delta\\ -\kappa_O\sin\delta & 0 & \tau+\delta_s\\ -\kappa_O\cos\delta & -(\tau+\delta_s) & 0\end{bmatrix}+\begin{bmatrix}0 & \kappa_g & \kappa_n\\ -\kappa_g & 0 & t\\ -\kappa_n & -t & 0\end{bmatrix} \tag{7.3.14}$$

这里，$\kappa_g=\kappa_O\sin\delta$ 是短程曲率，$\kappa_n=\kappa_O\cos\delta$ 是法曲率，而 $t=\tau+\delta_g$ 是曲面挠率。短程曲率和法曲率的概念将在下文中讨论。

步骤5：从方程（7.3.12）和方程（7.3.14）可推导出如下的$(\mathrm{d}/\mathrm{d}s)(\boldsymbol{e}_f)$的最终表达式

$$\begin{cases}\boldsymbol{t}_s=\kappa_g\boldsymbol{d}+\kappa_n\boldsymbol{n}=\kappa_g\boldsymbol{j}_f+\kappa_n\boldsymbol{k}_f\\ \boldsymbol{d}_s=-\kappa_g\boldsymbol{t}+t\boldsymbol{n}=-\kappa_g\boldsymbol{i}_f+t\boldsymbol{k}_f\\ \boldsymbol{n}_s=-\kappa_n\boldsymbol{t}-t\boldsymbol{d}=-\kappa_n\boldsymbol{i}_f-t\boldsymbol{j}_f\end{cases} \tag{7.3.15}$$

方程（7.3.15）被称作 Bonnet－Kovalevski 关系式（参见 Favard 1957 年的专著）。

我们必须强调，一定要将法曲率 κ_n 和曲面挠率 t 当作空间曲线所在曲面的性质。只有

曲线的短程挠率 κ_g 可以认为是唯一地而且是在局部意义上（在给定的邻域区）确定空间曲线的参数。

图 7.3.3 所示为空间曲线 L_O 的集合，这些空间曲线位于曲面之上，并且在曲面上的点 M 处彼此相切。曲面 Σ 是给定的。矢量 $\boldsymbol{t}$ 是曲线 L_O 集合的公切线的单位矢量。所有这些曲线具有相同的法曲率 κ_n，如 Meusnier 定理所述（参见下文和图 7.3.4），并且还具有相同的曲面挠率，如 Bonnet 定理所述［参见下面的 7.9 节方程（7.9.17）］。L_O 集合的各曲线彼此之间只有短程曲率不相同。下面将证明，如果曲线上的点 M 和单位切线矢量 $\boldsymbol{t}$ 的方向是确定的，则给定曲面的 κ_n 和 t 就可以求出。

确定 κ_n 和 t 的方程分别列于 7.4 节和 7.9 节。当考察具有最佳的近似磨削时，需要关于 κ_g 和 t 的知识（参见第 26 章）。当考察最初处于线接触的具有安装误差的两齿面啮合时，关于 t 的知识也是需要的（参见 9.6 节）。短程曲率 κ_g 的具体形象在本节说明（参见下文）。曲面挠率的具体形象基于短程线的概念，将在 7.9 节加以讨论。

3. 速度和加速度

假定一点沿曲面的曲线运动。该点运动的速度和加速度表达式可用以确定曲线曲率的过程。曲面的曲线用方程（7.3.1）和方程（7.3.2）来确定。联系曲面参数的函数 $\theta(u)\in C^2$ 在曲线的点 M 处及其邻域内是已知的。

速度 $\boldsymbol{v}_r$ 用如下方程表示：

$$\boldsymbol{v}_r=\boldsymbol{r}_u\frac{\mathrm{d}u}{\mathrm{d}t}+\boldsymbol{r}_\theta\frac{\mathrm{d}\theta}{\mathrm{d}t}=\left(\boldsymbol{r}_u+\boldsymbol{r}_\theta\frac{\mathrm{d}\theta}{\mathrm{d}u}\right)\frac{\mathrm{d}u}{\mathrm{d}t}=\boldsymbol{T}\frac{\mathrm{d}u}{\mathrm{d}t}\tag{7.3.16}$$

其中

$$\boldsymbol{T}=\boldsymbol{r}_u+\boldsymbol{r}_\theta\frac{\mathrm{d}\theta}{\mathrm{d}u}$$

是曲线在点 M 的切线。加速度用如下方程表示：

$$\begin{aligned}\boldsymbol{a}_r&=\frac{\mathrm{d}}{\mathrm{d}t}(\boldsymbol{v}_r)\\&=\left[\boldsymbol{r}_{uu}+2\boldsymbol{r}_{u\theta}\frac{\mathrm{d}\theta}{\mathrm{d}u}+\boldsymbol{r}_{\theta\theta}\left(\frac{\mathrm{d}\theta}{\mathrm{d}u}\right)^2\right]\left(\frac{\mathrm{d}u}{\mathrm{d}t}\right)^2+\boldsymbol{T}\frac{\mathrm{d}^2u}{\mathrm{d}t^2}+\boldsymbol{r}_\theta\frac{\mathrm{d}^2\theta}{\mathrm{d}u^2}\left(\frac{\mathrm{d}u}{\mathrm{d}t}\right)^2\\&=(\boldsymbol{a}+\boldsymbol{c})\left(\frac{\mathrm{d}u}{\mathrm{d}t}\right)^2+\boldsymbol{T}\frac{\mathrm{d}^2u}{\mathrm{d}t^2}\end{aligned}\tag{7.3.17}$$

其中

$$\boldsymbol{a}=\boldsymbol{r}_{uu}+2\boldsymbol{r}_{u\theta}\frac{\mathrm{d}\theta}{\mathrm{d}u}+\boldsymbol{r}_{\theta\theta}\left(\frac{\mathrm{d}\theta}{\mathrm{d}u}\right)^2\tag{7.3.18}$$

$$\boldsymbol{c}=\boldsymbol{r}_\theta\frac{\mathrm{d}^2\theta}{\mathrm{d}u^2}\tag{7.3.19}$$

切线 $\boldsymbol{T}$ 的方向取决于导数 $\mathrm{d}\theta/\mathrm{d}u$。我们的目标是在空间曲线的切线矢量 $\boldsymbol{T}$ 和角 δ 为给定的情况下，求出 $\mathrm{d}^2\theta/\mathrm{d}u^2$，角 δ 由法线和密切面形成（见图 7.3.1）

加速度矢量必须位于密切面，这一要求可用如下方程表示（见图 7.3.2）：

$$\boldsymbol{a}_r\cdot(\boldsymbol{t}\times\boldsymbol{m})=\boldsymbol{a}_r\cdot\boldsymbol{b}=0\tag{7.3.20}$$

加速度矢量的分量 $\boldsymbol{T}(\mathrm{d}^2u/\mathrm{d}t^2)$ 垂直于 $\boldsymbol{b}$（见图 7.3.1）。于是

$$(\boldsymbol{a}+\boldsymbol{c})\cdot\boldsymbol{b}=0\tag{7.3.21}$$

为了进一步推导，我们利用矩阵方程（7.3.5）、矩阵（7.3.6）和联系两基本三棱形 $\boldsymbol{e}_c=$

$[\boldsymbol{t}\quad \boldsymbol{m}\quad \boldsymbol{b}]^{\mathrm{T}}$ 和 $\boldsymbol{e}_f=[\boldsymbol{t}\quad \boldsymbol{d}\quad \boldsymbol{n}]^{\mathrm{T}}$ 的逆矩阵方程（见图7.3.1b），于是

$$\begin{bmatrix}\boldsymbol{t}\\ \boldsymbol{d}\\ \boldsymbol{n}\end{bmatrix}=\begin{bmatrix}1 & 0 & 0\\ 0 & \sin\delta & -\cos\delta\\ 0 & \cos\delta & \sin\delta\end{bmatrix}\begin{bmatrix}\boldsymbol{t}\\ \boldsymbol{m}\\ \boldsymbol{b}\end{bmatrix} \qquad (7.3.22)$$

$$\begin{bmatrix}\boldsymbol{t}\\ \boldsymbol{m}\\ \boldsymbol{b}\end{bmatrix}=\begin{bmatrix}1 & 0 & 0\\ 0 & \sin\delta & \cos\delta\\ 0 & -\cos\delta & \sin\delta\end{bmatrix}\begin{bmatrix}\boldsymbol{t}\\ \boldsymbol{d}\\ \boldsymbol{n}\end{bmatrix} \qquad (7.3.23)$$

从矩阵方程（7.3.23）推导出

$$\boldsymbol{b}=-\cos\delta\boldsymbol{d}+\sin\delta\boldsymbol{n}=\cos\delta(\boldsymbol{t}\times\boldsymbol{n})+\sin\delta\boldsymbol{n} \qquad (7.3.24)$$

利用方程（7.3.21）和方程（7.3.24），并且考虑到

$$\boldsymbol{c}=\boldsymbol{r}_\theta(\mathrm{d}^2\theta/\mathrm{d}u^2)$$

垂直于 $\boldsymbol{n}$，我们得

$$\frac{\mathrm{d}^2\theta}{\mathrm{d}u^2}=-\frac{\cos\delta\boldsymbol{a}\cdot(\boldsymbol{t}\times\boldsymbol{n})+\sin\delta(\boldsymbol{a}\cdot\boldsymbol{n})}{\cos\delta[\boldsymbol{r}_\theta\cdot(\boldsymbol{t}\times\boldsymbol{n})]} \qquad (7.3.25)$$

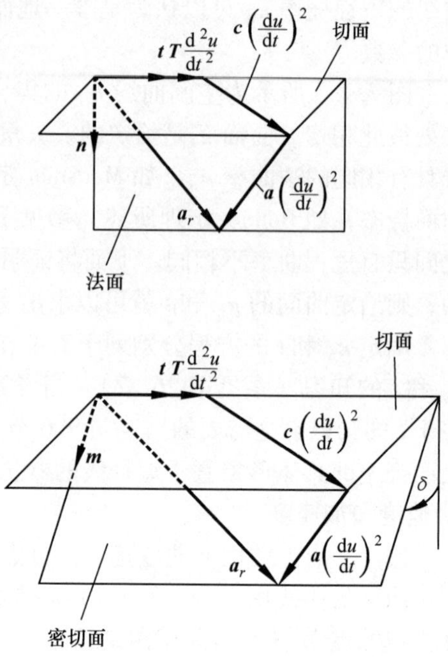

图7.3.2 曲面上空间曲线的加速度矢量表示

有一种特殊情况，此时空间曲线是短程线（参见7.9节）。在这种情况下，$\delta=0$，密切面与法面重合，加速度矢量位于法面，而导致（$\mathrm{d}^2\theta/\mathrm{d}u^2$）确定为

$$\frac{\mathrm{d}^2\theta}{\mathrm{d}u^2}=-\frac{\boldsymbol{a}\cdot(\boldsymbol{t}\times\boldsymbol{n})}{\boldsymbol{r}_\theta\cdot(\boldsymbol{t}\times\boldsymbol{n})}=-\frac{\boldsymbol{a}\cdot(\boldsymbol{T}\times\boldsymbol{N})}{\boldsymbol{r}_\theta\cdot(\boldsymbol{T}\times\boldsymbol{N})} \qquad (7.3.26)$$

我们强调指出，方程（7.3.25）和方程（7.3.26）提供两个不同的（$\mathrm{d}^2\theta/\mathrm{d}u^2$）值。

图7.3.2所示的图解说明了以上两种情况下的加速度矢量的方向和分量。加速度矢量方向的改变，是由导数 $\mathrm{d}^2\theta/\mathrm{d}u^2$ 的变化引起的，该导数将影响矢量 $\boldsymbol{c}$ 的模［参见方程（7.3.19）］。

下面我们将要证明，确定曲面曲线的法曲率基于数积 $\boldsymbol{a}_r\cdot\boldsymbol{n}$。从方程（7.3.17）可以得到

$$\boldsymbol{a}_r\cdot\boldsymbol{n}=\boldsymbol{a}\cdot\boldsymbol{n}\left(\frac{\mathrm{d}u}{\mathrm{d}t}\right)^2 \qquad (7.3.27)$$

因为

$$\boldsymbol{c}\cdot\boldsymbol{n}=\left(\boldsymbol{r}_\theta\frac{\mathrm{d}^2\theta}{\mathrm{d}u^2}\right)\cdot\boldsymbol{n}=0$$

$$\boldsymbol{T}\cdot\boldsymbol{n}=0$$

这就是说，奇数 $\mathrm{d}^2u/\mathrm{d}\theta^2$ 幸而不包含在确定曲线法曲率的过程中。

4. 法曲率

曲线 L_n 是一条平面曲线（见图7.3.1），其是用曲面的法线和曲线的切线所确定的法面截割曲面而得到的。考虑到曲线 L_n 的密切面与曲面的法面相重合，我们可以认为曲线 L_n 是空间曲线的一个特例。曲线 L_n 的法曲率可以用类似于方程（7.2.46）的如下方程表示：

$$\kappa_n = \frac{\boldsymbol{a}_{rn} \cdot \boldsymbol{n}}{\boldsymbol{v}_{\mathrm{r}}^2} \tag{7.3.28}$$

考虑到两矢量 $\boldsymbol{T}(\mathrm{d}^2u/\mathrm{d}t^2)$ 和 $\boldsymbol{c}_n$（$\boldsymbol{a}_{rn}$ 的三个分量中的两个）垂直于 $\boldsymbol{n}$，我们得

$$\kappa_n = \frac{\boldsymbol{a} \cdot \boldsymbol{n}}{\boldsymbol{T}^2} \tag{7.3.29}$$

这里 $\boldsymbol{a}$ 用方程（7.3.18）表示，并且

$$\boldsymbol{T} = \boldsymbol{r}_u + \boldsymbol{r}_\theta \frac{\mathrm{d}\theta}{\mathrm{d}u} \tag{7.3.30}$$

是曲面曲线的切线。

κ_n 的正、负号表示曲率中心位于 $\boldsymbol{n}$ 的正、负向。

5. 空间曲线的曲率

空间曲线的曲率 κ_O，可以用方程（7.2.46）确定，该方程曾被推导出用于表示在三维空间中的曲线，于是

$$\kappa_O = \frac{\boldsymbol{a}_r \cdot \boldsymbol{m}}{\boldsymbol{v}_r^2} \tag{7.3.31}$$

用 $\boldsymbol{T}(\mathrm{d}^2u/\mathrm{d}t^2)$ 表示的加速度分量垂直于 $\boldsymbol{m}$，从而我们得

$$\kappa_O = \frac{(\boldsymbol{a} + \boldsymbol{c}_O) \cdot \boldsymbol{m}}{\boldsymbol{T}^2} \tag{7.3.32}$$

我们的目标是用曲线 L_n 的法曲率和角 δ 表示 κ_O，角 δ 由矢量 $\boldsymbol{m}$ 和 $\boldsymbol{n}$ 形成（见图7.3.1）。曲线 L_n 和 L_O 在点 M 有公切线。推导的步骤如下。

步骤1：由矩阵方程（7.3.23）推导出

$$\boldsymbol{m} = \sin\delta\boldsymbol{d} + \cos\delta\boldsymbol{n} \tag{7.3.33}$$

从矩阵方程（7.3.22）推导出

$$\boldsymbol{d} = \sin\delta\boldsymbol{m} - \cos\delta\boldsymbol{b} \tag{7.3.34}$$

利用方程（7.3.33）和方程（7.3.34），我们得

$$\boldsymbol{m} = \frac{-\sin\delta\boldsymbol{b} + \boldsymbol{n}}{\cos\delta} \tag{7.3.35}$$

步骤2：我们同时考虑方程（7.3.32）和方程（7.3.35），并且注意到矢量（$\boldsymbol{a} + \boldsymbol{c}_O$）位于密切面，因而有

$$(\boldsymbol{a} + \boldsymbol{c}_O) \cdot \boldsymbol{b} = 0$$

于是，我们得

$$\frac{(\boldsymbol{a} + \boldsymbol{c}_O) \cdot \boldsymbol{m}}{\boldsymbol{T}^2} = \frac{(\boldsymbol{a} \cdot \boldsymbol{c}_O) \cdot \boldsymbol{n}}{\cos\delta\boldsymbol{T}^2} = \frac{\boldsymbol{a} \cdot \boldsymbol{n}}{\cos\delta\boldsymbol{T}^2} \tag{7.3.36}$$

从方程（7.3.29）和方程（7.3.36）可推导出

$$\kappa_O = \left| \frac{\kappa_n}{\cos\delta} \right| \tag{7.3.37}$$

根据方程（7.3.37），我们强调指出，随着曲率中心的位置在法线的正侧和负侧的不同，曲率 κ_O 可能是正的，也可能是负的，然而曲率 κ_O 永远是正的。方程（7.3.37）能使我们通过 L_n 的法曲率和角 δ 来确定曲面上空间曲线 L_O 的曲率，角 δ 由密切面和法线形成。

图7.3.3所示为曲面的空间曲线 L_O 的集合和法面 Π 截割曲面而得到的平面曲线 L_n。所有曲线在点 M 有相同的切线矢量 $\boldsymbol{t}$。Meusnier 定理说明，对于按以下条件所确定的曲线的集合，乘积 $\kappa_O\,|\cos\delta|$ 是相同的：a. 所有这些曲线通过曲面的同一点 M，并且在点 M 有公共的单位切线矢量 $\boldsymbol{t}$；b. 这些曲线具有不同的密切面，但是所有这些密切面都通过 $\boldsymbol{t}$。

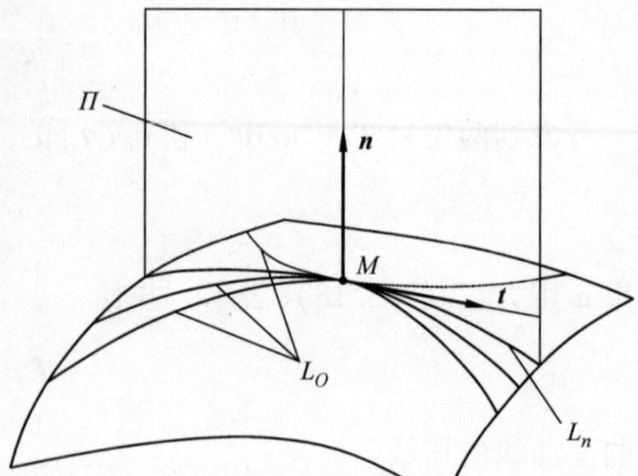

图7.3.3　曲面的法截线和曲面的空间曲线

球面是用来图解说明 Meusnier 定理的最简单的实例。图7.3.4所示为法面 Π 和通过公共点 M 的密切面 P。球面被两平面 Π 和 P 截出的两条截线分别是半径为 R 和 ρ 的两个圆 L_n 和 L_O。角 δ 由曲面的法线矢量 $\boldsymbol{n}$ 和曲线 L_O 的主法线矢量 $\boldsymbol{m}$ 形成。图7.3.4的图形说明

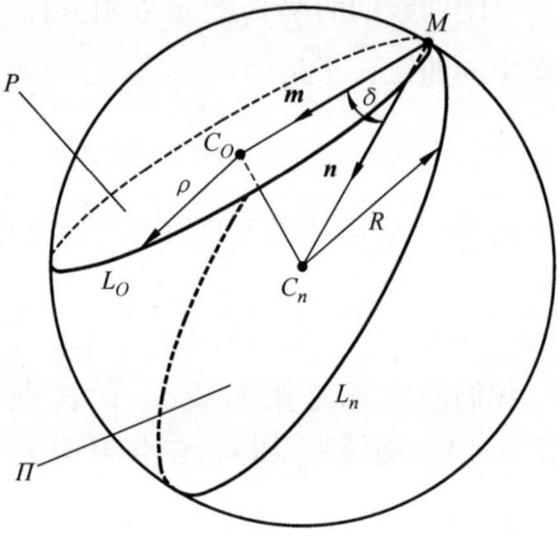

图7.3.4　Meusnier 定理应用在球面上

$$\begin{cases}\cos\delta = \dfrac{\rho}{R}\\[2ex] \sin\delta = \dfrac{e}{R} = \dfrac{(R^2-\rho^2)^{\frac{1}{2}}}{R}\end{cases}\tag{7.3.38}$$

这里 $e=\overline{C_OC_n}$ 是从球面的球心 C_n 引到平面 P 的垂线的长度。方程（7.3.38）证实

$$\kappa_O = \frac{\kappa_n}{\cos\delta}$$

这里

$$\kappa_O = \frac{1}{\rho}$$

$$\kappa_n = \frac{1}{R}$$

6. 短程曲率

从方程组（7.3.15）中的第一个方程得出，位于密切面内的曲线曲率，可以用两个分量 κ_g 和 κ_n 表示。考虑到 $\boldsymbol{t}_s=\boldsymbol{r}_{ss}$，我们可以把这个方程表示为如下形式：

$$\boldsymbol{r}_{ss} = \kappa_g\boldsymbol{d} + \kappa_n\boldsymbol{n}\tag{7.3.39}$$

这个方程可以用以下理由来解释。

1）图7.3.5所示为曲面 Σ 上的一条空间曲线 L_O。单位矢量 $\boldsymbol{t}$、$\boldsymbol{d}$ 和 $\boldsymbol{n}$ 表示曲面的基本三棱形（见图7.3.5a和图7.3.1b）。这里，$\boldsymbol{t}$ 是曲线 L_O 的单位切线矢量；$\boldsymbol{d}$ 位于切面，并且垂直于 $\boldsymbol{t}$；$\boldsymbol{n}$ 是曲面的单位法线矢量。单位矢量 $\boldsymbol{m}$ 是 L_O 的主法线，并且位于密切面。矢量 $\boldsymbol{r}_{ss}=\kappa_O\boldsymbol{m}$（参见7.2节）。

2）现在假定空间曲线分别投影到切面 T 和法面 N。两个投影用 L_T 和 L_N 来标记。我们强调指出，如果在局部考察 L_N（见图7.3.5b）和 L_n（见图7.3.3），则其之间没有差别。两条曲线在切点 M 具有相同的法曲率。

3）矢量 $\kappa_O \boldsymbol{m}$ 表示为两个矢量 $\kappa_g \boldsymbol{d}$ 和 $\kappa_n \boldsymbol{n}$ 之和。数量 κ_g 表示曲线 L_T 的曲率，而数量 κ_n 表示曲线 L_n 的曲率。

4）从方程（7.3.39）推导出两个关系式

$$\kappa_O(\boldsymbol{m}\cdot\boldsymbol{n})=\kappa_O\cos\delta=\kappa_n \tag{7.3.40}$$

$$\kappa_g=\boldsymbol{r}_{ss}\cdot\boldsymbol{d}=\kappa_O\sin\delta \tag{7.3.41}$$

方程（7.3.40）表示曲率 κ_n 与密切面的曲线曲率 κ_O 之间的关系。这个方程在上面已经求出［参见方程（7.3.33）］。方程（7.3.41）表示短程曲率 κ_g 与密切面内曲线曲率 κ_O 之间的关系。

直接计算 κ_g 基于以下方程：

① 利用方程（7.3.41），我们得

$$\kappa_g=\boldsymbol{r}_{ss}\cdot\boldsymbol{d}=\boldsymbol{r}_{ss}\cdot(\boldsymbol{n}\times\boldsymbol{t})=\boldsymbol{r}_s\cdot(\boldsymbol{r}_{ss}\times\boldsymbol{n}) \tag{7.3.42}$$

因为 $\boldsymbol{t}=\boldsymbol{r}_s$。

如果曲线 L_O 用矢量函数 $\boldsymbol{r}(s)$ 表示，这里的 s 是弧长，则可应用这个方程。

② 现在我们假定曲线用矢量函数 $\boldsymbol{r}(t)$ 表示，这里的 t 是选取的参数。我们可以考察函数 $t(s)$，从而得到

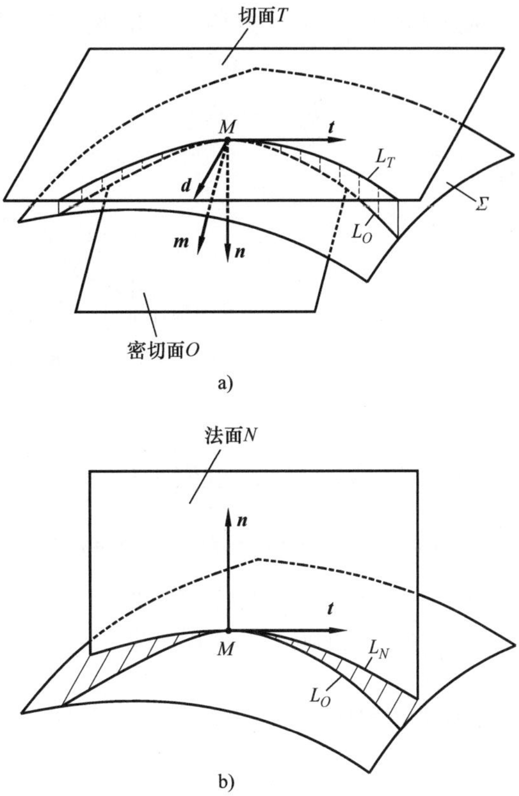

图 7.3.5　法曲率和短程曲率
a）切面 T　b）法面 N

$$\boldsymbol{r}_s=\boldsymbol{r}_t\frac{\mathrm{d}t}{\mathrm{d}s} \tag{7.3.43}$$

考虑到 $|\boldsymbol{r}_s|=1$（参见 7.2 节），从而得

$$\boldsymbol{r}_s=\frac{\boldsymbol{r}_t}{|\boldsymbol{r}_t|} \tag{7.3.44}$$

导矢 $\boldsymbol{r}_{ss}$ 表示为

$$\boldsymbol{r}_{ss}=\boldsymbol{r}_{tt}\left(\frac{\mathrm{d}t}{\mathrm{d}s}\right)^2+\boldsymbol{r}_t\frac{\mathrm{d}^2t}{\mathrm{d}s^2}=\frac{\boldsymbol{r}_{tt}}{|\boldsymbol{r}_t|}+\boldsymbol{r}_t\frac{\mathrm{d}^2t}{\mathrm{d}s^2} \tag{7.3.45}$$

利用方程（7.3.42）、方程（7.3.44）和方程（7.3.45），我们推导出

$$\kappa_g=\frac{\boldsymbol{r}_t\cdot(\boldsymbol{r}_{tt}\times\boldsymbol{n})}{|\boldsymbol{r}_t|^3} \tag{7.3.46}$$

③ 我们将考察表示在曲面 $\boldsymbol{r}(u,\theta)$ 上的一条曲线，该曲线用如下方程表示：

$$\boldsymbol{r}=\boldsymbol{r}(u(t),\theta(t)) \tag{7.3.47}$$

我们可以利用方程（7.3.46）来确定短程曲率 κ_g。

$$\boldsymbol{r}_t=\boldsymbol{r}_u\frac{\mathrm{d}u}{\mathrm{d}t}+\boldsymbol{r}_\theta\frac{\mathrm{d}\theta}{\mathrm{d}t} \tag{7.3.48}$$

$$\boldsymbol{r}_{tt}=\boldsymbol{r}_{uu}\left(\frac{\mathrm{d}u}{\mathrm{d}t}\right)^2+2\boldsymbol{r}_{u\theta}\left(\frac{\mathrm{d}\theta}{\mathrm{d}t}\right)\left(\frac{\mathrm{d}u}{\mathrm{d}t}\right)+\boldsymbol{r}_{\theta\theta}\left(\frac{\mathrm{d}\theta}{\mathrm{d}t}\right)^2+\boldsymbol{r}_u\frac{\mathrm{d}^2u}{\mathrm{d}t^2}+\boldsymbol{r}_\theta\frac{\mathrm{d}^2\theta}{\mathrm{d}t^2} \tag{7.3.49}$$

从方程（7.3.46）、方程（7.3.48）和方程（7.3.49）可推导出

$$\kappa_g=\frac{\dfrac{\boldsymbol{N}}{|\boldsymbol{N}|}\cdot(\boldsymbol{T}\times\boldsymbol{a})+|\boldsymbol{N}|\left[\left(\dfrac{\mathrm{d}u}{\mathrm{d}t}\right)\left(\dfrac{\mathrm{d}^2\theta}{\mathrm{d}t^2}\right)-\left(\dfrac{\mathrm{d}\theta}{\mathrm{d}t}\right)\left(\dfrac{\mathrm{d}^2u}{\mathrm{d}t^2}\right)\right]}{|\boldsymbol{T}|^3} \tag{7.3.50}$$

这里

$$\boldsymbol{T}=\boldsymbol{r}_u\frac{\mathrm{d}u}{\mathrm{d}t}+\boldsymbol{r}_\theta\frac{\mathrm{d}\theta}{\mathrm{d}t}$$

$$\boldsymbol{a}=\boldsymbol{r}_{uu}\left(\frac{\mathrm{d}u}{\mathrm{d}t}\right)^2+2\boldsymbol{r}_{u\theta}\left(\frac{\mathrm{d}\theta}{\mathrm{d}t}\right)\left(\frac{\mathrm{d}u}{\mathrm{d}t}\right)+\boldsymbol{r}_{\theta\theta}\left(\frac{\mathrm{d}\theta}{\mathrm{d}t}\right)^2$$

$$\boldsymbol{N}=\boldsymbol{r}_u\times\boldsymbol{r}_\theta$$

$$\boldsymbol{n}=\frac{\boldsymbol{N}}{|\boldsymbol{N}|}$$

考虑参数 t 表示时间，我们从方程（7.3.46）得出

$$\kappa_g=\frac{\boldsymbol{v}_r\cdot(\boldsymbol{a}_r\times\boldsymbol{n})}{|\boldsymbol{v}_r|^3} \tag{7.3.51}$$

在某些情况下，空间曲线 L_O 可以表示齿轮齿面上的接触迹线。如果在主接触点 $\kappa_g=0$，则曲线 L_O 在该点的局部是短程曲线。

例题 7.3.1

圆柱面可用如下方程表示：

$$\begin{cases}x=\rho\cos\theta\\ y=\rho\sin\theta\\ z=u\end{cases} \tag{7.3.52}$$

假定圆柱面上的螺旋线用如下方程给定：

$$u=h\theta \tag{7.3.53}$$

其中

$$h=\rho\tan\lambda \tag{7.3.54}$$

式中，λ 是螺旋线的导程角。

（i）推导出 $\boldsymbol{n}$、$\boldsymbol{v}_r$ 和 $\boldsymbol{a}_r$ 的方程。

（ii）确定短程曲率 κ_g［参见方程（7.3.51）］。

解

（i）$\boldsymbol{n}=\dfrac{\boldsymbol{r}_u\times\boldsymbol{r}_\theta}{|\boldsymbol{r}_u\times\boldsymbol{r}_\theta|}=-\cos\theta\boldsymbol{i}-\sin\theta\boldsymbol{j}$

$$\boldsymbol{v}_r=\rho\frac{\mathrm{d}\theta}{\mathrm{d}t}(-\sin\theta\boldsymbol{i}+\cos\theta\boldsymbol{j}+\tan\lambda\boldsymbol{k})$$

$$\boldsymbol{a}_r=\rho\left(\frac{\mathrm{d}\theta}{\mathrm{d}t}\right)^2(-\cos\theta\boldsymbol{i}-\sin\theta\boldsymbol{j})+\rho\frac{\mathrm{d}^2\theta}{\mathrm{d}t^2}(-\sin\theta\boldsymbol{i}+\cos\theta\boldsymbol{j}+\tan\lambda\boldsymbol{k})$$

（ii）$\kappa_g=0$

7.4 第一和第二基本齐式

曲面的第一和第二基本齐式的概念（由著名数学家 Gauss 提出的），对于确定曲面的法

曲率、主曲率和主方向是很重要的。

1. 第一基本齐式

假定有一用矢量函数（7.3.1）给定的正则曲面。曲面的单位法线矢量用方程表示

$$\boldsymbol{n}(u,\theta)=\frac{\boldsymbol{r}_u\times\boldsymbol{r}_\theta}{|\boldsymbol{r}_u\times\boldsymbol{r}_\theta|} \tag{7.4.1}$$

曲面的第一基本齐式定义为

$$\begin{aligned} I &= \mathrm{d}\boldsymbol{r}^2 \\ &= (\boldsymbol{r}_u\mathrm{d}u+\boldsymbol{r}_\theta\mathrm{d}\theta)^2 \\ &= \boldsymbol{r}_u^2\mathrm{d}u^2+2(\boldsymbol{r}_u\cdot\boldsymbol{r}_\theta)\mathrm{d}u\mathrm{d}\theta+\boldsymbol{r}_\theta^2\mathrm{d}\theta^2 \\ &= E\mathrm{d}u^2+2F\mathrm{d}u\mathrm{d}\theta+G\mathrm{d}\theta^2 \end{aligned} \tag{7.4.2}$$

这里

$$\mathrm{d}\boldsymbol{r}=\boldsymbol{r}_u\mathrm{d}u+\boldsymbol{r}_\theta\mathrm{d}\theta \tag{7.4.3}$$

$$\begin{cases} E=\boldsymbol{r}_u^2 \\ F=\boldsymbol{r}_u\cdot\boldsymbol{r}_\theta \\ G=\boldsymbol{r}_\theta^2 \end{cases} \tag{7.4.4}$$

方程（7.4.2）中最右边是含有微分 du 和 dθ 的二次齐式。

2. 第二基本齐式

曲面的第二基本齐式定义为

$$II=\mathrm{d}^2\boldsymbol{r}\cdot\boldsymbol{n}=-\mathrm{d}\boldsymbol{r}\cdot\mathrm{d}\boldsymbol{n} \tag{7.4.5}$$

数积等式

$$\mathrm{d}^2\boldsymbol{r}\cdot\boldsymbol{n}=-\mathrm{d}\boldsymbol{r}\cdot\mathrm{d}\boldsymbol{n} \tag{7.4.6}$$

是在考虑到 d$\boldsymbol{r}$ 位于切平面，并对如下方程微分而得出的：

$$\mathrm{d}\boldsymbol{r}\cdot\boldsymbol{n}=0 \tag{7.4.7}$$

让我们将第二基本齐式的表达式展开。利用方程

$$II=\mathrm{d}^2\boldsymbol{r}\cdot\boldsymbol{n} \tag{7.4.8}$$

对方程（7.4.3）微分，可以得出

$$\mathrm{d}^2\boldsymbol{r}=\mathrm{d}(\boldsymbol{r}_u\mathrm{d}u+\boldsymbol{r}_\theta\mathrm{d}\theta)=\boldsymbol{r}_{uu}\mathrm{d}u^2+2\boldsymbol{r}_{u\theta}\mathrm{d}u\mathrm{d}\theta+\boldsymbol{r}_{\theta\theta}\mathrm{d}\theta^2+\boldsymbol{r}_u\mathrm{d}^2u+\boldsymbol{r}_{\theta\theta}\mathrm{d}^2\theta$$

和

$$\begin{aligned} II &= \mathrm{d}^2\boldsymbol{r}\cdot\boldsymbol{n} \\ &= (\boldsymbol{r}_{uu}\cdot\boldsymbol{n})\mathrm{d}u^2+2(\boldsymbol{r}_{u\theta}\cdot\boldsymbol{n})\mathrm{d}u\mathrm{d}\theta+(\boldsymbol{r}_{\theta\theta}\cdot\boldsymbol{n})\mathrm{d}\theta^2+(\boldsymbol{r}_u\cdot\boldsymbol{n})\mathrm{d}^2u+(\boldsymbol{r}_\theta\cdot\boldsymbol{n})\mathrm{d}^2\theta \\ &= L\mathrm{d}u^2+2M\mathrm{d}u\mathrm{d}\theta+N\mathrm{d}\theta^2 \quad (\boldsymbol{r}_u\cdot\boldsymbol{n}=0,\boldsymbol{r}_\theta\cdot\boldsymbol{n}=0) \end{aligned} \tag{7.4.9}$$

其中

$$\begin{cases} L=\boldsymbol{r}_{uu}\cdot\boldsymbol{n} \\ M=\boldsymbol{r}_{u\theta}\cdot\boldsymbol{n} \\ N=\boldsymbol{r}_{\theta\theta}\cdot\boldsymbol{n} \end{cases} \tag{7.4.10}$$

方程（7.4.9）的右边是一个含有 du 和 dθ 的二次齐式

表达式（7.4.9）可以用如下方程得出：

$$II=-\mathrm{d}\boldsymbol{r}\cdot\mathrm{d}\boldsymbol{n} \qquad (7.4.11)$$

3. 基本齐式的说明

第一基本齐式总是正的，并且与沿曲线运动的速度$\boldsymbol{v}_r$有如下的关系：

$$\boldsymbol{v}_r^2=\frac{1}{\mathrm{d}t^2} \qquad (7.4.12)$$

式中，t是时间。

第二基本齐式表明曲线上的点M^*离开切面的偏差（见图7.4.1）。偏差用矢量表示

$$\overrightarrow{BM}^*=l\boldsymbol{n}$$

这里，l是一有符号的值，并且如果矢量$\overrightarrow{BM}^*$和$\boldsymbol{n}$是有相同方向，l是正值。可以证明

$$l=\frac{II}{2} \qquad (7.4.13)$$

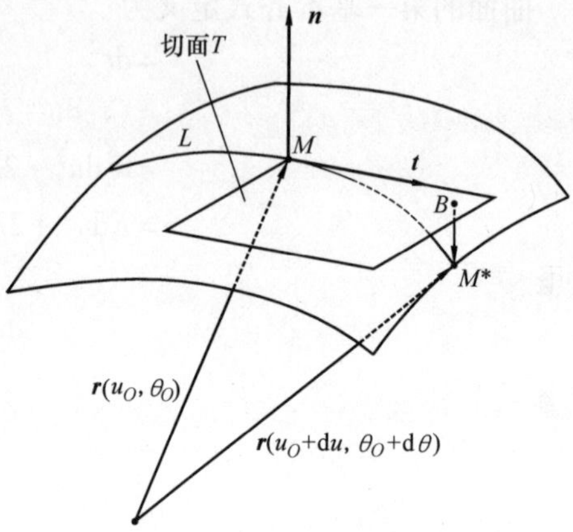

图7.4.1　曲面上的偏差

第二基本齐式、沿曲线运动的加速度和曲面的单位法线矢量用如下方程联系：

$$\boldsymbol{a}_r\cdot\boldsymbol{n}=\frac{II}{\mathrm{d}t^2} \qquad (7.4.14)$$

式中，t是时间。

4. 确定法曲率

法曲率用如下方程确定：

$$\kappa_n=\frac{II}{I} \qquad (7.4.15)$$

可以根据以下推导对方程（7.4.15）进行几何解释。

步骤1：开始仅考察平面曲线的曲率（见图7.4.2a）。曲线用矢量函数$\boldsymbol{r}(s)$表示，这里s是弧长。点M和N是曲线上两个无限接近的点：$\overrightarrow{OM}=\boldsymbol{r}(s)$；$\overrightarrow{ON}=\boldsymbol{r}(s+\mathrm{d}s)$；$\mathrm{d}\boldsymbol{r}=\boldsymbol{r}(s+\mathrm{d}s)-\boldsymbol{r}(s)$；$\mathrm{d}s=\widehat{MN}$。曲线在点$M$和$N$处的单位法线矢量分别为$\boldsymbol{a}(s)$和$\boldsymbol{a}(s+\mathrm{d}s)$。曲线在点$M$处的曲率定义为

$$k=\frac{\mathrm{d}\alpha}{\mathrm{d}s}=\frac{1}{\rho}\quad(\rho=MC) \qquad (7.4.16)$$

步骤2：当点M沿曲线运动到点N时，单位法线矢量$\boldsymbol{a}(s)$通过移动和绕$\boldsymbol{b}$转过角$\mathrm{d}\alpha$后将占据$\boldsymbol{a}(s+\mathrm{d}s)$的位置（见图7.4.2b）。单位法线矢量$\boldsymbol{a}(s)$顶端的转动矢量为

$$\mathrm{d}\boldsymbol{a}=\mathrm{d}\alpha(\boldsymbol{b}\times\boldsymbol{a}) \qquad (7.4.17)$$

矢量$\boldsymbol{t}$、$\boldsymbol{b}$和$\boldsymbol{a}$是相互垂直的，并且形成一原点为M的固定右手基本三棱形。矢量$\boldsymbol{t}$是曲线的单位切线矢量，并且表示为

$$\boldsymbol{t}=\frac{\mathrm{d}\boldsymbol{r}}{\mathrm{d}s}\quad(\mathrm{d}s=|\mathrm{d}\boldsymbol{r}|) \qquad (7.4.18)$$

矢量$\boldsymbol{b}$可表示为

$$\boldsymbol{b}=\boldsymbol{t}\times\boldsymbol{a} \qquad (7.4.19)$$

从方程（7.4.17）和方程（7.4.19）可推导出

$$\mathrm{d}\boldsymbol{a} = \mathrm{d}\alpha[(\boldsymbol{t} \times \boldsymbol{a}) \times \boldsymbol{a}] = -\mathrm{d}\alpha\boldsymbol{t} \tag{7.4.20}$$

步骤3：容易证明，由方程（7.4.18）和方程（7.4.20）可推导出

$$\mathrm{d}\boldsymbol{a} \cdot \mathrm{d}\boldsymbol{r} = -(\mathrm{d}\alpha)(\mathrm{d}s) \tag{7.4.21}$$

从而曲线的曲率可表示为

$$k = \frac{\mathrm{d}\boldsymbol{a} \cdot \mathrm{d}\boldsymbol{r}}{\mathrm{d}\boldsymbol{r}^2} = \frac{\mathrm{d}\alpha}{\mathrm{d}s} \tag{7.4.22}$$

步骤4：观察考察曲面的法截线 L_n（见图7.4.3）。平面 Π_t 在点 M 处切于曲面，而矢量 $\boldsymbol{t}$ 是在 Π_t 上选取的单位切线矢量。矢量 $\boldsymbol{n}$ 是曲面在点 M 的单位法线矢量。平面曲线 L_n 是由单位矢量 $\boldsymbol{n}$ 和 $\boldsymbol{t}$ 形成的法面截割曲面而得到的。$\widehat{MN}$是 L_n 的无限小的线段。

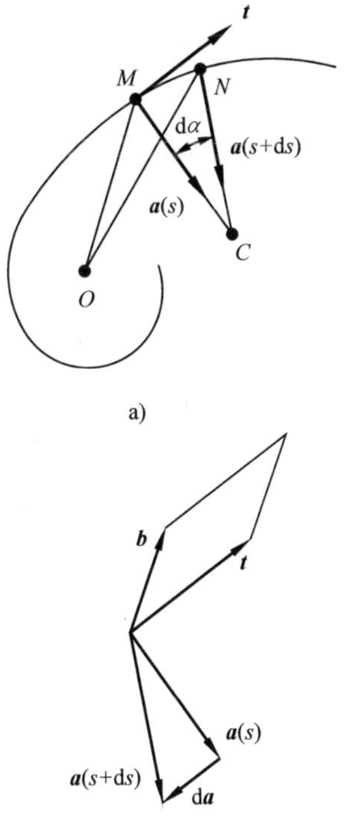

图7.4.2 平面曲线的曲率推导

a）平面曲线上的点 M 和 N b）点 M 沿曲线运动到点 N

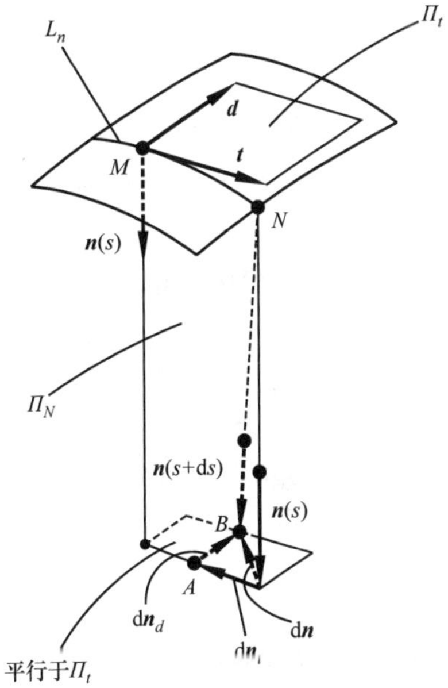

图7.4.3 法曲率的推导

下面，我们将平面曲线的单位法线矢量 $\boldsymbol{a}$ 和曲面单位法线矢量 $\boldsymbol{n}$ 区别开来。$\overrightarrow{NA}$是平面曲线在点 N 的法线矢量；$\overrightarrow{NB}$是曲面在点 N 的法线矢量。显然，在点 M 处 $\boldsymbol{a}=\boldsymbol{n}$。然而，曲面的法线矢量$\overrightarrow{NB}$和平面曲线的法线矢量$\overrightarrow{NA}$一般说来彼此不相重合的。我们分别用 $\boldsymbol{n}(s)$ 和 $\boldsymbol{n}(s+\mathrm{d}s)$ 来标记曲面在点 M 和 N 处的单位法线矢量。因为 $\boldsymbol{n}(s)$ 为单位法线矢量，微导矢 $\mathrm{d}\boldsymbol{n}$ 垂直于 $\boldsymbol{n}$。这样，$\mathrm{d}\boldsymbol{n}$ 位于切面，并且可以表示为

$$\mathrm{d}\boldsymbol{n} = \mathrm{d}\boldsymbol{n}_t + \mathrm{d}\boldsymbol{n}_d$$

式中，$\boldsymbol{t}$ 和 $\boldsymbol{d}$ 是形成切面的正交矢量。

曲面的法曲率 κ_n 是法截线 L_n 的曲率，并且用类似于方程（7.4.22）的方程来表示，于是

$$\kappa_n = \frac{\mathrm{d}\boldsymbol{n}_t \cdot \mathrm{d}\boldsymbol{r}}{\mathrm{d}\boldsymbol{r}^2} \tag{7.4.23}$$

其中

$$\mathrm{d}\boldsymbol{r} = \mathrm{d}s\ \boldsymbol{t} \quad (\mathrm{d}s = \widehat{MN})$$

考虑到 $\mathrm{d}\boldsymbol{n}_d$ 垂直于 $\boldsymbol{t}$，我们可将 κ_n 表示为

$$\kappa_n = \frac{\mathrm{d}\boldsymbol{n} \cdot \mathrm{d}\boldsymbol{r}}{\mathrm{d}\boldsymbol{r}^2} \tag{7.2.24}$$

步骤5：变换方程（7.2.24）基于以下理由：

1）曲面上点的无限小的位移 $\mathrm{d}\boldsymbol{r}$ 是在切面上完成的，于是

$$\mathrm{d}\boldsymbol{r} \cdot \boldsymbol{n} = 0 \tag{7.4.25}$$

2）在点 M 的邻域内，方程（7.4.25）成立，所以我们可以对其进行微分。于是，我们得

$$\mathrm{d}\boldsymbol{r} \cdot \mathrm{d}\boldsymbol{n} + \mathrm{d}^2\boldsymbol{r} \cdot \boldsymbol{n} = 0 \tag{7.4.26}$$

从方程（7.4.24）和方程（7.4.26）可推导出

$$\kappa_n = \frac{\mathrm{d}^2\boldsymbol{r} \cdot \boldsymbol{n}}{\mathrm{d}\boldsymbol{r}^2} \tag{7.4.27}$$

并且方程（7.4.15）得到证实。

7.5 主方向和主曲率

我们曾记得确定齿面 Σ 的法曲率基于如下理由：

1）用矢量函数 $\boldsymbol{r}(u,\theta)$ 确定齿面 Σ。

2）Σ 上点 M 的法线按下式确定：

$$\boldsymbol{N} = \boldsymbol{r}_u \times \boldsymbol{r}_\theta$$

或者

$$\boldsymbol{N} = \boldsymbol{r}_\theta \times \boldsymbol{r}_u$$

这里点 M 处取导矩。

3）在点 M 处曲面 Σ 上的切线由下式确定：

$$\boldsymbol{T} = \boldsymbol{r}_u \mathrm{d}u + \boldsymbol{r}_\theta \mathrm{d}\theta$$

$\boldsymbol{T}$ 的方向取决于比值 $\mathrm{d}\theta/\mathrm{d}u$。

4）Σ 的法曲率是平面曲线的曲率，是由 Σ 与平面 Π 上的 $\boldsymbol{N}$ 和 $\boldsymbol{T}$ 相交形成的。平面 Π 在点 M 处的方向根据曲面 Σ 的切线 $\boldsymbol{T}$ 的方向确定。因此，Π 的方向根据比值 $\mathrm{d}\theta/\mathrm{d}u$ 确定。

5）曲面 Σ 上点 M 处的平面曲线是由设立的法面 Π 与 Σ 相交而形成的。每一曲线 L_n 的法曲率 κ_n，可由方程（7.4.2）、方程（7.4.9）和方程（7.4.15）来确定。其根据是应用第一和第二基本齐式方法进行的（参见7.4节）。

6）法曲率 κ_n 的极值称为主曲率，单位矢量 $\boldsymbol{t}$ 分别有两个方向（切线矢量 $\boldsymbol{T}$ 的方向）称为主方向，也已证明，主方向的单位矢量 $\boldsymbol{t}$ 相互垂直（见下文）。主方向的另一重要性质是矢量 $\boldsymbol{v}_r$ 和 $\dot{\boldsymbol{n}}_r$（见下文）在主方向上共线（Rodrigues 公式）。

主曲率和主方向的确定方法如下所述。

1. 方法1

考察正则曲面上的点 M（见图7.5.1a）。矢量 $\boldsymbol{r}_u$ 和 $\boldsymbol{r}_\theta$ 是曲面上两坐标曲线的切线，并且 $\boldsymbol{T}$ 是一点沿曲面的无限小位移。方向角 u（或 λ）是变参数，但是对所选取点 M，$\nu=\mu+\lambda$ 是常数。我们的目标是证明两个主方向是相互垂直的，并推导出确定主曲率和主方向的方程。

步骤1：推导单位切线矢量 $\boldsymbol{t}$ 的表达式。

切线矢量 $\boldsymbol{T}$ 可用下式表示（见图7.5.1b）：

$$\boldsymbol{T}=a\boldsymbol{e}_u+b\boldsymbol{e}_\theta \tag{7.5.1}$$

其中

$$\boldsymbol{e}_u=\frac{\boldsymbol{r}_u}{|\boldsymbol{r}_u|}$$

$$\boldsymbol{e}_\theta=\frac{\boldsymbol{r}_\theta}{|\boldsymbol{r}_\theta|}$$

从图7.5.1b可得出

$$\begin{cases}\dfrac{a}{|\boldsymbol{T}|}=\dfrac{\sin\mu}{\sin\nu}\\[2ex]\dfrac{b}{|\boldsymbol{T}|}=\dfrac{\sin\lambda}{\sin\nu}\end{cases} \tag{7.5.2}$$

这里，$\nu=\mu+\lambda$。利用方程（7.5.1）和方程（7.5.2），我们得

$$\boldsymbol{t}=\frac{\boldsymbol{e}_u\sin\mu+\boldsymbol{e}_\theta\sin(\nu-\mu)}{\sin\nu} \tag{7.5.3}$$

其中

$$\begin{cases}\boldsymbol{t}=\dfrac{\boldsymbol{T}}{|\boldsymbol{T}|}\\[1ex]\cos\nu=\boldsymbol{e}_u\cdot\boldsymbol{e}_\theta\\[1ex]\sin\nu=|\boldsymbol{e}_u\times\boldsymbol{e}_\theta|\end{cases} \tag{7.5.4}$$

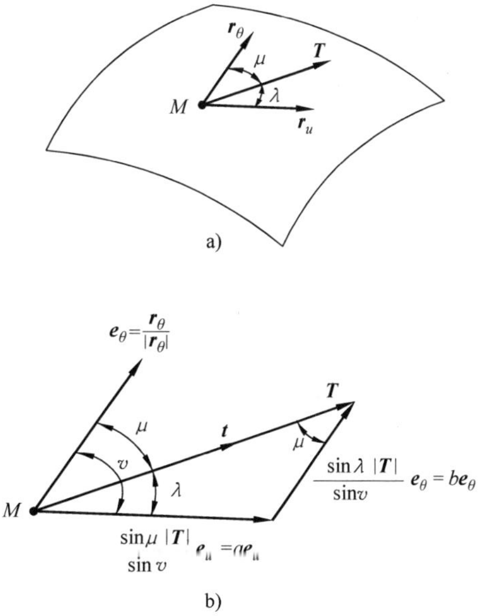

图7.5.1　主方向的确定

a）曲面坐标线上点 M 处切线矢量 $\boldsymbol{r}_\theta$ 和 $\boldsymbol{r}_u$ 的表示

b）单位矢量 $\boldsymbol{e}_u$ 和 $\boldsymbol{e}_\theta$ 的数值 a 和 b 之间的关系式的推导

步骤2：$\boldsymbol{v}$和 $\boldsymbol{t}=\boldsymbol{v}/|\boldsymbol{v}|$ 的表达式如下：

$$\boldsymbol{v}=\boldsymbol{r}_u\frac{\mathrm{d}u}{\mathrm{d}t}+\boldsymbol{r}_\theta\frac{\mathrm{d}\theta}{\mathrm{d}t} \tag{7.5.5}$$

$$\boldsymbol{t}=\left(\boldsymbol{r}_u\frac{\mathrm{d}u}{\mathrm{d}t}+\boldsymbol{r}_\theta\frac{\mathrm{d}\theta}{\mathrm{d}t}\right)\frac{1}{|\boldsymbol{v}|} \tag{7.5.6}$$

步骤3：推导 $\mathrm{d}u/\mathrm{d}t$ 和 $\mathrm{d}\theta/\mathrm{d}t$ 的表达式。

由方程（7.5.3）和方程（7.5.6）可推导出

$$\boldsymbol{r}_u\left[\left(\frac{\mathrm{d}u}{\mathrm{d}t}\right)\left(\frac{1}{|\boldsymbol{v}|}\right)-\left(\frac{\sin\mu}{\sin\nu}\right)\left(\frac{1}{|\boldsymbol{r}_u|}\right)\right]+\boldsymbol{r}_\theta\left[\left(\frac{\mathrm{d}\theta}{\mathrm{d}t}\right)\frac{1}{|\boldsymbol{v}|}-\left(\frac{\sin(\nu-\mu)}{\sin\nu}\right)\frac{1}{|\boldsymbol{r}_\theta|}\right]=0 \tag{7.5.7}$$

在 $\boldsymbol{r}_u$ 和 $\boldsymbol{r}_\theta$ 为任何值的情况下，方程（7.5.7）必须得到满足，这样导致

$$\begin{cases}\dfrac{\mathrm{d}u}{\mathrm{d}t}=\dfrac{\sin\mu}{\sin\nu}\dfrac{|\boldsymbol{v}|}{|\boldsymbol{r}_u|}\\[2ex]\dfrac{\mathrm{d}\theta}{\mathrm{d}t}=\dfrac{\sin(\nu-\mu)}{\sin\nu}\dfrac{|\boldsymbol{v}|}{|\boldsymbol{r}_\theta|}\end{cases} \tag{7.5.8}$$

步骤4：推导加速度 $\boldsymbol{a}_r$ 的表达式。

$$\boldsymbol{a}_r=\boldsymbol{r}_{uu}\left(\frac{\mathrm{d}u}{\mathrm{d}t}\right)^2+\alpha\boldsymbol{r}_{u\theta}\left(\frac{\mathrm{d}u}{\mathrm{d}t}\right)\left(\frac{\mathrm{d}\theta}{\mathrm{d}t}\right)+\boldsymbol{r}_{\theta\theta}\left(\frac{\mathrm{d}\theta}{\mathrm{d}t}\right)^2+\boldsymbol{r}_u\frac{\mathrm{d}^2u}{\mathrm{d}t^2}+\boldsymbol{r}_\theta\frac{\mathrm{d}^2\theta}{\mathrm{d}t^2} \tag{7.5.9}$$

步骤5：推导法曲率的方程。

$$\kappa_n=\frac{\boldsymbol{a}_r\cdot\boldsymbol{n}}{\boldsymbol{v}_r^2}=\left[L\left(\frac{\mathrm{d}u}{\mathrm{d}t}\right)^2+2M\left(\frac{\mathrm{d}u}{\mathrm{d}t}\right)\left(\frac{\mathrm{d}\theta}{\mathrm{d}t}\right)+N\left(\frac{\mathrm{d}\theta}{\mathrm{d}t}\right)^2\right]\frac{1}{\boldsymbol{v}^2} \tag{7.5.10}$$

其中

$$L=\boldsymbol{r}_{uu}\cdot\boldsymbol{n}$$

$$M=\boldsymbol{r}_{u\theta}\cdot\boldsymbol{n}$$

$$N=\boldsymbol{r}_{\theta\theta}\cdot\boldsymbol{n}$$

从方程（7.5.8）和方程（7.5.10）得出

$$\kappa_n=A\sin^2\mu+2B\sin(\nu-\mu)\sin\mu+C\sin^2(\nu-\mu) \tag{7.5.11}$$

其中

$$\begin{cases}A=\dfrac{L}{\boldsymbol{r}_u^2\sin^2\nu}\\ B=\dfrac{M}{|\boldsymbol{r}_u||\boldsymbol{r}_\theta|\sin^2\nu}\\ C=\dfrac{N}{\boldsymbol{r}_\theta^2\sin^2\nu}\end{cases} \tag{7.5.12}$$

步骤6：确定 κ_n 的极值。

由方程（3.5.11）和

$$\frac{\mathrm{d}\kappa_n}{\mathrm{d}\mu}=0 \tag{7.5.13}$$

可以推导出

$$\tan2\mu=\frac{C\sin2\nu-2B\sin\nu}{A-2B\cos\nu+C\cos2\nu} \tag{7.5.14}$$

从方程（7.5.14）得到 μ 的两个解——μ_I 和 $\mu_{II}=\mu_I+\pi/2$。这意味着主方向确实是垂直的。

步骤7：确定主曲率。

利用 μ 的两个解和方程（7.5.11），我们得到所求的主曲率。

步骤8：主方向的表述。

前面提到的 μ 的两个解和方程（7.5.3），使人们能够用解析方法表示主方向的单位矢量。我们强调指出，一般情况下，曲面上任一点存在的两个正交的主方向，都具有不同的主曲率。球面是一个例外，这种曲面上的任一方向都可以认为是主方向，并且对前面的所有法截线、法曲率都是相同的。另外一种情况，所有方向上曲面的法曲率都为零。对于平面和在某一点（所谓的平点）变成平面的曲面，这种情况确实存在。

2. Rodrigue 公式

根据 Rodrigue 公式，对于主方向，矢量 $\boldsymbol{v}_r$ 和 $\dot{\boldsymbol{n}}_r$ 是共线的。主曲率 κ_I 和 κ_{II} 满足如下方程：

$$\kappa_{I,II}\boldsymbol{v}_r = -\dot{\boldsymbol{n}}_r \tag{7.5.15}$$

假定正则曲面及其单位法线矢量用方程（7.3.1）和方程（7.4.1）表示。矢量$\boldsymbol{v}_r$和$\dot{\boldsymbol{n}}_r$表示如下：

$$\boldsymbol{v}_r = \boldsymbol{r}_u\frac{\mathrm{d}u}{\mathrm{d}t} + \boldsymbol{r}_\theta\frac{\mathrm{d}\theta}{\mathrm{d}t} \tag{7.5.16}$$

$$\dot{\boldsymbol{n}}_r = \boldsymbol{n}_u\frac{\mathrm{d}u}{\mathrm{d}t} + \boldsymbol{n}_\theta\frac{\mathrm{d}\theta}{\mathrm{d}t} \tag{7.5.17}$$

我们假定单位法线矢量确定为

$$\boldsymbol{n} = \boldsymbol{n}(\mu,\theta) \tag{7.5.18}$$

从 Rodrigue 公式可推导出

$$\frac{n_{xu}\frac{\mathrm{d}u}{\mathrm{d}t} + n_{x\theta}\frac{\mathrm{d}\theta}{\mathrm{d}t}}{x_u\frac{\mathrm{d}u}{\mathrm{d}t} + x_\theta\frac{\mathrm{d}\theta}{\mathrm{d}t}} = \frac{n_{yu}\frac{\mathrm{d}u}{\mathrm{d}t} + n_{y\theta}\frac{\mathrm{d}\theta}{\mathrm{d}t}}{y_u\frac{\mathrm{d}u}{\mathrm{d}t} + y_\theta\frac{\mathrm{d}\theta}{\mathrm{d}t}} = \frac{n_{zu}\frac{\mathrm{d}u}{\mathrm{d}t} + n_{z\theta}\frac{\mathrm{d}\theta}{\mathrm{d}t}}{z_u\frac{\mathrm{d}u}{\mathrm{d}t} + z_\theta\frac{\mathrm{d}\theta}{\mathrm{d}t}} = -\kappa_{I,II} \tag{7.5.19}$$

3. 方法2

为子确定$\dot{\boldsymbol{n}}_r$，直接应用 Rodrigue 公式需要对如下根式微分：

$$|\boldsymbol{N}| = (N_x^2 + N_y^2 + N_z^2)^{\frac{1}{2}}$$

对于罕见的一些情况，当所考察的是可展曲面时（锥面、渐开线螺旋面等），这种情况是可以避免的。在一般情况下，需要对推导进行简化，而利用下列步骤可以做到这一点。

步骤1：根据 Rodrigue 公式，我们有

$$\boldsymbol{n}_u\mathrm{d}u + \boldsymbol{n}_\theta\mathrm{d}\theta = -\kappa_{I,II}(\boldsymbol{r}_u\mathrm{d}u + \boldsymbol{r}_\theta\mathrm{d}\theta) \tag{7.5.20}$$

步骤2：矢量$\boldsymbol{n}_u$、$\boldsymbol{n}_\theta$、$\boldsymbol{r}_u$和$\boldsymbol{r}_\theta$位于切面，而矢量方程（7.5.20）可以用如下的两个数量方程来代替：

$$(\boldsymbol{n}_u\cdot\boldsymbol{r}_u)\mathrm{d}u + (\boldsymbol{n}_\theta\cdot\boldsymbol{r}_u)\mathrm{d}\theta = -\kappa_{I,II}[(\boldsymbol{r}_u\cdot\boldsymbol{r}_u)\mathrm{d}u + (\boldsymbol{r}_\theta\cdot\boldsymbol{r}_u)\mathrm{d}\theta] \tag{7.5.21}$$

$$(\boldsymbol{n}_u\cdot\boldsymbol{r}_\theta)\mathrm{d}u + (\boldsymbol{n}_\theta\cdot\boldsymbol{r}_\theta)\mathrm{d}\theta = -\kappa_{I,II}[(\boldsymbol{r}_u\cdot\boldsymbol{r}_\theta)\mathrm{d}u + (\boldsymbol{r}_\theta\cdot\boldsymbol{r}_\theta)\mathrm{d}\theta] \tag{7.5.22}$$

步骤3：显然

$$\begin{cases}\boldsymbol{r}_u\cdot\boldsymbol{n} = 0\\ \boldsymbol{r}_\theta\cdot\boldsymbol{n} = 0\end{cases} \tag{7.5.23}$$

和

$$\frac{\partial}{\partial u}(\boldsymbol{r}_u\cdot\boldsymbol{n}) = \boldsymbol{r}_{uu}\cdot\boldsymbol{n} + \boldsymbol{r}_u\cdot\boldsymbol{n}_u = 0 \tag{7.5.24}$$

$$\frac{\partial}{\partial\theta}(\boldsymbol{r}_u\cdot\boldsymbol{n}) = \boldsymbol{r}_{u\theta}\cdot\boldsymbol{n} + \boldsymbol{r}_u\cdot\boldsymbol{n}_\theta = 0 \tag{7.5.25}$$

$$\frac{\partial}{\partial\theta}(\boldsymbol{r}_\theta\cdot\boldsymbol{n}) = \boldsymbol{r}_{\theta\theta}\cdot\boldsymbol{n} + \boldsymbol{r}_\theta\cdot\boldsymbol{n}_\theta = 0 \tag{7.5.26}$$

$$\frac{\partial}{\partial u}(\boldsymbol{r}_\theta\cdot\boldsymbol{n}) = \boldsymbol{r}_{u\theta}\cdot\boldsymbol{n} + \boldsymbol{r}_\theta\cdot\boldsymbol{n}_u = 0 \tag{7.5.27}$$

于是，我们得

$$\boldsymbol{r}_{uu}\cdot\boldsymbol{n} = -(\boldsymbol{r}_u\cdot\boldsymbol{n}_u) \tag{7.5.28}$$

$$\boldsymbol{r}_{u\theta}\cdot\boldsymbol{n} = -(\boldsymbol{r}_u\cdot\boldsymbol{n}_\theta) = -(\boldsymbol{r}_\theta\cdot\boldsymbol{n}_u) \tag{7.5.29}$$

$$\boldsymbol{r}_{\theta\theta}\cdot\boldsymbol{n}=-(\boldsymbol{r}_{\theta}\cdot\boldsymbol{n}_{\theta})\tag{7.5.30}$$

我们也记得［参见方程（7.4.10）］

$$\begin{cases}\boldsymbol{r}_{uu}\cdot\boldsymbol{n}=L(u,\theta)\\ \boldsymbol{r}_{u\theta}\cdot\boldsymbol{n}=M(u,\theta)\\ \boldsymbol{r}_{\theta\theta}\cdot\boldsymbol{n}=N(u,\theta)\end{cases}\tag{7.5.31}$$

和［参见方程（7.4.4）］

$$\begin{cases}\boldsymbol{r}_{u}\cdot\boldsymbol{r}_{u}=E\\ \boldsymbol{r}_{u}\cdot\boldsymbol{r}_{\theta}=F\\ \boldsymbol{r}_{\theta}\cdot\boldsymbol{r}_{\theta}=G\end{cases}\tag{7.5.32}$$

从方程（7.5.21）、方程（7.5.22）、方程（7.5.28）和方程（7.5.32），可得到两个基本方程

$$L\mathrm{d}u+M\mathrm{d}\theta=\kappa_{\mathrm{I},\mathrm{II}}(E\mathrm{d}u+F\mathrm{d}\theta)\tag{7.5.33}$$

$$M\mathrm{d}u+N\mathrm{d}\theta=\kappa_{\mathrm{I},\mathrm{II}}(F\mathrm{d}u+G\mathrm{d}\theta)\tag{7.5.34}$$

步骤4：从方程（7.5.33）和方程（7.5.34）中消去 $\kappa_{\mathrm{I},\mathrm{II}}$，我们得

$$(LF-ME)\left(\frac{\mathrm{d}u}{\mathrm{d}\theta}\right)^2+(LG-NE)\frac{\mathrm{d}u}{\mathrm{d}\theta}+(MG-NF)=0\quad（假定\ \mathrm{d}\theta\neq0）\tag{7.5.35}$$

或

$$(MG-NF)\left(\frac{\mathrm{d}\theta}{\mathrm{d}u}\right)^2+(LG-NE)\frac{\mathrm{d}\theta}{\mathrm{d}u}+(LF-ME)=0\quad（假定\ \mathrm{d}u\neq0）\tag{7.5.36}$$

通常，方程（7.5.35）和方程（7.5.36）提供 $\mathrm{d}u/\mathrm{d}\theta$（$\mathrm{d}\theta/\mathrm{d}u$）的两个解，这两个解对应曲面上一点处的两个主方向，该点的 L、M、N、F、G 和 E 具有已知值。于是，利用方程（7.5.33）和方程（7.5.34），我们得到主曲率。主方向的单位矢量可用如下方程求出：

$$\boldsymbol{e}_i=\frac{\boldsymbol{r}_u\dfrac{\mathrm{d}u}{\mathrm{d}\theta}+\boldsymbol{r}_\theta}{\left|\boldsymbol{r}_\theta\dfrac{\mathrm{d}u}{\mathrm{d}\theta}+\boldsymbol{r}_\theta\right|}\quad（假定\ \mathrm{d}\theta\neq0;i=\mathrm{I},\mathrm{II}）\tag{7.5.37}$$

$$\boldsymbol{e}_i=\frac{\boldsymbol{r}_u+\boldsymbol{r}_\theta\dfrac{\mathrm{d}\theta}{\mathrm{d}u}}{\left|\boldsymbol{r}_u+\boldsymbol{r}_\theta\dfrac{\mathrm{d}\theta}{\mathrm{d}u}\right|}\quad（假定\ \mathrm{d}u\neq0;i=\mathrm{I},\mathrm{II}）\tag{7.5.38}$$

有一些特殊情况，当两个主方向至少有一个与相应的坐标曲线的切线重合时，应用前面所述的步骤是有某些困难的。以下的两种特殊情况可以说明上述论点。

4. 特殊情况1

假定有一渐开线螺旋面，该面表示为 $\boldsymbol{r}(u,\theta)$ 的直纹可展曲面；$\boldsymbol{r}(u,\theta_O)$（$\theta_O$ 是常数）是产形线。研究表明，一个主方向与产形线重合，所以 $\mathrm{d}\theta=0$。还可证明，在这种情况下，$L=0$，$M=0$。两个主方向可以用方程（7.5.36）确定。从该方程可以推导出 $\mathrm{d}\theta/\mathrm{d}u$ 的以下两个解：

$$\left(\frac{\mathrm{d}\theta}{\mathrm{d}u}\right)_{\mathrm{I}}=0$$

$$\left(\frac{\mathrm{d}\theta}{\mathrm{d}u}\right)_{II} = -\frac{E}{F}$$

利用方程（7.5.33）和方程（7.5.34），我们可得到如下结论：

当$\frac{\mathrm{d}\theta}{\mathrm{d}u}=0$时，有

$$\kappa_I = 0$$

当$\frac{\mathrm{d}\theta}{\mathrm{d}u}=-\frac{E}{F}$时，有

$$\kappa_{II} = \frac{NE}{GE - F^2}$$

5. 特殊情况 2

一回转曲面用 $\boldsymbol{r}(u,\theta)$ 表示，$\boldsymbol{r}(u,\theta_0)$（$\theta_0$ 是常数）是产形线。两坐标曲线的切线是相互垂直的，所以 $F=\boldsymbol{r}_u\cdot\boldsymbol{r}_\theta=0$。研究还表明，$M=\boldsymbol{r}_{u\theta}\cdot\boldsymbol{n}=0$。

在这种特殊情况下，主方向与两条坐标曲线的切线重合。应用方程（7.5.35）可以证明这一点，从该方程可得到 $\mathrm{d}u=0$。另一主方向对应于 $\mathrm{d}\theta=0$，而这一结果基于以下理由：a. 我们知道，两个主方向是相互垂直的；b. 主方向的解 $\mathrm{d}u=0$ 意味着，主方向的单位矢量与 $\boldsymbol{r}_\theta$ 共线；c. 另一主方向的单位矢量与 $\boldsymbol{r}_u$ 共线，因为 $F=\boldsymbol{r}_u\cdot\boldsymbol{r}_\theta=0$，并且主方向是相互垂直的。同一结果还可以用方程（7.5.36）和方程 $F=0$ 求出。

回转曲面的两个主曲率可以用基本方程（7.5.33）和方程（7.5.34）求出，从这些方程推导出

$$\kappa_I = \frac{N}{G} \quad （假定\ \mathrm{d}\theta\neq 0）$$

$$\kappa_{II} = \frac{L}{E} \quad （假定\ \mathrm{d}u\neq 0）$$

例题 7.5.1

假定有一用方程（见图 7.5.2）表示的锥面

$$\begin{cases} x = u\cos\alpha \\ y = u\sin\theta\cos\theta \\ z = u\sin\alpha\sin\theta \end{cases} \qquad (7.5.39)$$

式中，(u,θ) 是曲面的坐标；$u=|\overrightarrow{OM}|$；α 是顶角。

曲面的单位法线矢量用如下方程确定：

$$\boldsymbol{n} = \frac{\boldsymbol{r}_u\times\boldsymbol{r}_\theta}{|\boldsymbol{r}_u\times\boldsymbol{r}_\theta|} = [\sin\alpha \quad -\cos\alpha\cos\theta \quad -\cos\alpha\sin\theta]^{\mathrm{T}}$$

$$（假定\ u\sin\alpha\neq 0） \qquad (7.5.40)$$

（i）确定辅助参数：ν［利用方程（7.5.4）］；系数 A、B 和 C［利用方程（7.5.12）］。

（ii）确定主方向 μ 的解［利用方程（7.5.14）］和主方向的单位矢量［利用方程（7.5.37）］。

（iii）确定主曲率 κ_I 和 κ_{II}。

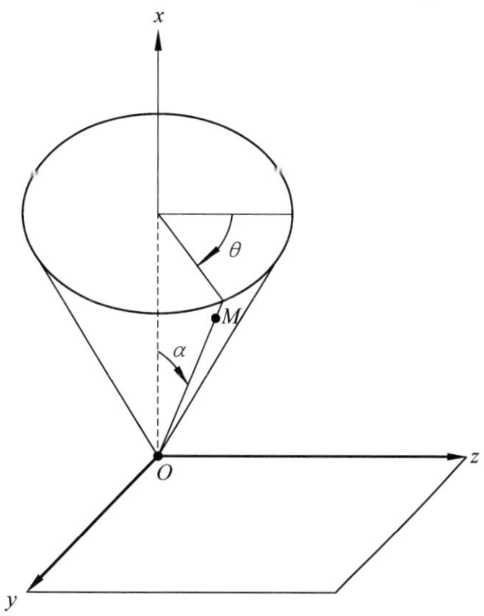

图 7.5.2　圆锥曲面

解

（i）

$$\nu = 90^\circ$$
$$A = 0$$
$$B = 0$$
$$C = \frac{1}{u\tan\alpha}$$

（ii）

$$\mu_{I} = 90^\circ$$
$$\boldsymbol{e}_{I} = \boldsymbol{e}_{u} = \frac{\boldsymbol{r}_{u}}{|\boldsymbol{r}_{u}|} = [\cos\alpha \quad \sin\alpha\cos\theta \quad \sin\theta\sin\theta]^{\mathrm{T}}$$
$$\mu_{II} = 0$$
$$\boldsymbol{e}_{II} = \boldsymbol{e}_{\theta} = \frac{\boldsymbol{r}_{\theta}}{|\boldsymbol{r}_{\theta}|} = [0 \quad -\sin\theta \quad \cos\theta]^{\mathrm{T}}$$

（iii）

$$\kappa_{I} = 0$$
$$\kappa_{II} = \frac{1}{u\tan\alpha}$$

例题 7.5.2

假定有一用如下方程表示的球面：

$$\boldsymbol{r} = [\rho\cos\theta\cos\alpha \quad \rho\cos\theta\sin\theta \quad \rho\sin\theta]^{\mathrm{T}} \tag{7.5.41}$$

该曲面的单位法线矢量用如下方程表示：

$$\boldsymbol{n} = \frac{\boldsymbol{r}_{u} \times \boldsymbol{r}_{\theta}}{|\boldsymbol{r}_{u} \times \boldsymbol{r}_{\theta}|} = [\cos u\cos\theta \quad \sin u\cos\theta \quad \sin\theta]^{\mathrm{T}} \quad （假定 \rho\cos\theta \neq 0） \tag{7.5.42}$$

曲面的法线矢量 $\boldsymbol{N}$ 在 $\cos\theta = 0$ 的两个点处等于零，但是这两个点恰好是伪奇异点（参见5.5节）。

（i）确定辅助参数：ν［利用方程（7.5.4）］，系数 A、B 和 C［利用方程（7.5.12）］。

（ii）确定主方向 μ 的值，如果存在的话［利用方程（7.5.14）］。

（iii）推导出法曲率方程［利用方程（7.5.11）］。

解

（i）

$$\nu = 90^\circ$$
$$A = -\frac{1}{\rho}$$
$$B = 0$$
$$C = -\frac{1}{\rho}$$

（ii）主方向 μ 的值是不确定的。

（iii）法曲率为 $\kappa_{n} = -\frac{1}{\rho}$，并且与 μ 无关。

例题 7.5.3

假定用如下方程表示阿基米德蜗杆的齿面

$$\begin{cases} x = u\cos\alpha\cos\theta \\ y = u\cos\alpha\sin\theta \\ z = p\theta - u\sin\alpha \end{cases} \tag{7.5.43}$$

式中，(u,θ)是曲面坐标；p 是螺旋参数；α 是设计常数。

蜗杆齿面是直纹面，并且是由绕蜗杆轴线（Z 轴）做螺旋运动的直线形成的。曲面的单位法线矢量用如下方程表示

$$\boldsymbol{n}=\frac{\boldsymbol{N}}{|\boldsymbol{N}|}=\frac{\boldsymbol{r}_u\times\boldsymbol{r}_\theta}{|\boldsymbol{r}_u\times\boldsymbol{r}_\theta|}=(u^2+p^2)^{-\frac{1}{2}}\begin{bmatrix}u\sin\alpha\cos\theta+p\sin\theta\\ u\sin\alpha\sin\theta-p\cos\theta\\ u\cos\alpha\end{bmatrix}\quad(\text{假定 }\cos\alpha\neq 0)\qquad(7.5.44)$$

利用方法 1 推导如下参数：

（i）角 ν 和 $\nu/2$［利用方程（7.5.4）］。

（ii）系数 A、B 和 C［利用方程（7.5.12）］。

（iii）确定蜗杆齿面上主方向的角 μ［利用方程（7.5.14）］。

（iv）主方向的单位矢量 $\boldsymbol{t}$［利用方程（7.5.3）］。

（v）主曲率［利用方程（7.5.11）］。

解

（i）

$$\cos\nu=\frac{p\sin\alpha}{\sqrt{u^2\cos^2\alpha+p^2}}$$

$$\sin\nu=\frac{\cos\alpha\sqrt{u^2+p^2}}{\sqrt{u^2\cos^2\alpha+p^2}}$$

$$\tan\frac{\nu}{2}=\frac{p\sin\alpha+\sqrt{u^2\cos^2\alpha+p^2}}{\cos\alpha\sqrt{u^2+p^2}}$$

（ii）

$$A=0$$

$$B=-\frac{p(u^2\cos^2\alpha+p^2)^{\frac{1}{2}}}{(u^2+p^2)^{\frac{3}{2}}\cos\alpha}$$

$$C=-\frac{u^2\tan\alpha}{(u^2+p^2)^{\frac{3}{2}}}$$

（iii）

$$\tan 2\mu=\frac{2[p(u^2\cos^2\alpha+p^2)^{\frac{1}{2}}-u^2\sin\alpha\cos\nu]\sin\nu}{2[p(u^2\cos^2\alpha+p^2)^{\frac{1}{2}}-u^2\sin\alpha\cos\nu]\cos\nu+u^2\sin\alpha}$$

$$=\frac{2p(u^2+p^2)^{\frac{3}{2}}}{\tan\alpha[u^2(u^2\cos^2\alpha+p^2)-2p^2(u^2+p^2)]}$$

这些方程给出 μ 的两个解——μ_{I} 和 $\mu_{\text{II}}=\mu_{\text{I}}+\pi/2$。

（iv）

$$\boldsymbol{e}_i=\frac{\boldsymbol{e}_u\sin u_i+\boldsymbol{e}_\theta\sin(\nu-\mu_i)}{\sin\nu}\qquad(i=\text{I},\ \text{II})$$

（v）

$$\kappa_i=[2B\sin\mu_i+C\sin(\nu-\mu_i)]\sin(\nu-\mu_i)\qquad(i=\text{I},\text{II})$$

例题 7.5.4

根据例题 7.5.3 的条件，利用方法 2 推导出如下参数：

（i）第一和第二基本齐式的系数 E、F、G、L、M 和 N［分别用方程（7.4.4）和方程（7.4.10）］。

（ii）对应主方向的 $(\mathrm{d}u/\mathrm{d}\theta)_i=h_i$　$(i=\text{I},\ \text{II})$［利用方程（7.5.35）］。

（iii）主曲率［利用方程（7.5.33）和方程（7.5.34）］。

（iv）主方向单位矢量［利用方程（7.5.37）］。

解

（i）

$$E=1$$
$$F=-p\sin\alpha$$
$$G=u^2\cos^2\alpha+p^2$$
$$L=0$$
$$M=\frac{p\cos\alpha}{(u^2+p^2)^{\frac{1}{2}}}$$
$$N=-\frac{u^2\sin\alpha\cos\alpha}{(u^2+p^2)^{\frac{1}{2}}}$$

（ii）

$$h_i=\frac{-u^2\sin\alpha\pm(u^2\sin^2\alpha+4p^2u^2+4p^4)^{\frac{1}{2}}}{2p}\quad(i=\mathrm{I},\mathrm{II})$$

上面和下面的符号分别对应 $i=\mathrm{I}$，II。

（iii）

$$\kappa_i=\frac{Lh_i+M}{Eh_i+F}\quad(i=\mathrm{I},\mathrm{II})$$

（iv）

$$e_i=\frac{\boldsymbol{r}_u h_i+\boldsymbol{r}_\theta}{|\boldsymbol{r}_u h_i+\boldsymbol{r}_\theta|}\quad(i=\mathrm{I},\mathrm{II})$$

7.6 Euler 方程

Euler 方程建立了曲面的法曲率和主曲率之间的关系，并且表达为

$$\kappa_n=\kappa_{\mathrm{I}}\cos^2 q+\kappa_{\mathrm{II}}\sin^2 q \tag{7.6.1}$$

式中，q 是由矢量 $\overrightarrow{MN}$ 和单位矢量 $\boldsymbol{e}_{\mathrm{I}}$ 形成的夹角（图7.6.1）；矢量 $\overrightarrow{MN}$ 是在曲面的切面上选取的方向，而 κ_n 是曲面在这个方向上的法曲率。单位矢量 $\boldsymbol{e}_{\mathrm{I}}$ 和 $\boldsymbol{e}_{\mathrm{II}}$ 沿着两个主方向，而 κ_{I} 和 κ_{II} 是主曲率。

推导方程（7.6.1）基于如下考虑。

1）在任一不同于 $\boldsymbol{e}_{\mathrm{I}}$ 和 $\boldsymbol{e}_{\mathrm{II}}$ 的方向上（图7.6.1），矢量 $\boldsymbol{v}_r$ 和 $\dot{\boldsymbol{n}}_r$ 的方向是不共线的［见方程（7.5.15）］。

2）利用法曲率方程（7.4.24），经过变换后，我们得

$$\kappa_n=\frac{\dot{\boldsymbol{n}}_r\cdot\boldsymbol{v}_r}{\boldsymbol{v}_r^2}=\frac{\dot{\boldsymbol{n}}_{r\mathrm{I}}\boldsymbol{v}_{r\mathrm{I}}+\dot{\boldsymbol{n}}_{r\mathrm{II}}\boldsymbol{v}_{r\mathrm{II}}}{\boldsymbol{v}_{r\mathrm{I}}^2+\boldsymbol{v}_{r\mathrm{II}}^2} \tag{7.6.2}$$

3）根据 Rodrigue 公式，矢量 $\boldsymbol{v}_{ri}$ 和 $\dot{\boldsymbol{n}}_{ri}$（$i=\mathrm{I}$，$\mathrm{II}$）在主方向上是共线的，并且

$$\kappa_i v_{ri}=-\dot{n}_{ri}\quad(i=\mathrm{I},\mathrm{II}) \tag{7.6.3}$$

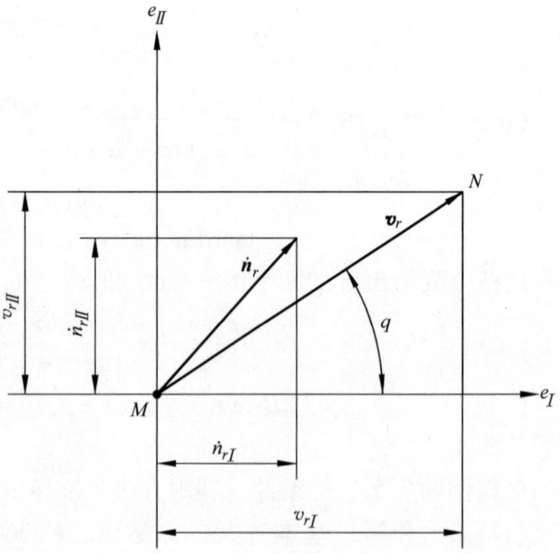

图7.6.1 矢量 $\dot{\boldsymbol{n}}_r$ 和 $\boldsymbol{v}_r$ 的分解

4）从方程（7.6.2）和方程（7.6.3）可推导出

$$\kappa_n = \frac{\kappa_I v_{rI}^2 + \kappa_{II} v_{rII}^2}{v_{rI}^2 + v_{rII}^2} \tag{7.6.4}$$

5）根据图 7.6.1 上的图形，我们有

$$\begin{cases} \cos q = \dfrac{v_{rI}}{(v_{rI}^2 + v_{rII}^2)^{\frac{1}{2}}} \\ \sin q = \dfrac{v_{rI}}{(v_{rI}^2 + v_{rII}^2)^{\frac{1}{2}}} \end{cases} \tag{7.6.5}$$

6）同时考虑方程（7.6.4）和方程（7.6.5），我们得 Euler 方程（7.6.1）。

7.7 Gaussian 曲率和曲面上点的三种型式

曲面上一点处的 Gaussian 曲率 K 用下式表示

$$K = \kappa_I \kappa_{II} = \frac{LN - M^2}{EG - F^2}$$

K 的符号取决于主曲率 κ_I 和 κ_{II} 的符号，我们还可以通过（$LN - M^2$）的符号确定 K 的符号，因为（$EG - F^2$）总是正的。

曲面上的点有三种型式：

1）椭圆点——当主曲率具有相同的符号，而 Gaussian 曲率 $K>0$ 时（见图 7.7.1）

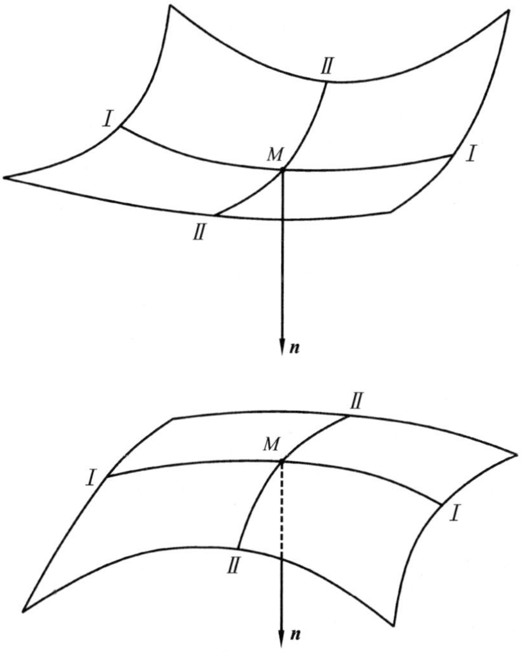

图 7.7.1　曲面上的椭圆点

2）双曲点——当主曲率具有不同的符号，而 Gaussian 曲率 $K<0$ 时（见图 7.7.2）。曲面在所考察的点 M 附近呈马鞍状。在点 M 处有这样两个方向，在这些方向上的法曲率等于

零。上述的两个方向称为渐进方向。

3）抛物点——当两个曲率之一为零时（见图7.7.3上的方向I）。

确定渐近方向有两种不同的方法。第一种方法根据Euler方程（7.6.1），当$\kappa_n=0$时，从该方程推导出

$$\tan q = \pm\sqrt{\frac{\kappa_I}{\kappa_{II}}} \tag{7.7.1}$$

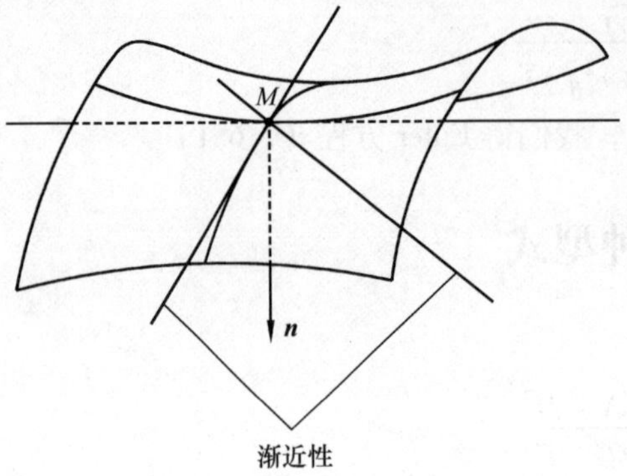

图7.7.2　曲面上的双曲点

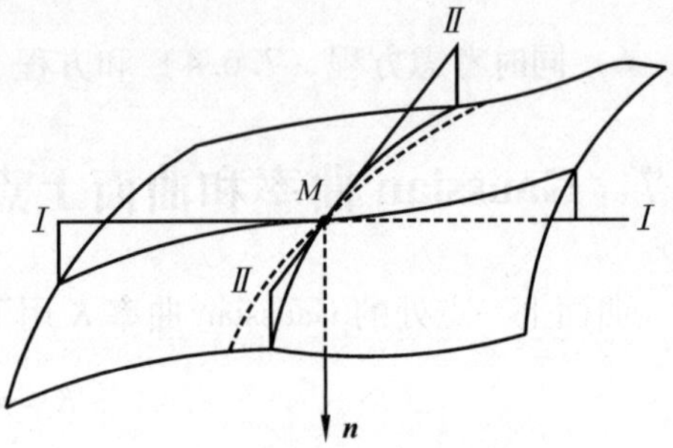

图7.7.3　曲面上的抛物点

方程（7.7.1）提供渐近方向的两个实效解。对应π的q的不同解，决定了方向相同。另一种方法应用方程（7.5.11），$\kappa_n=0$时，从该方程推导出

$$\tan\mu = \frac{\sin\nu}{\cos\nu - \dfrac{B \mp (B^2 - AC)^{\frac{1}{2}}}{C}} \tag{7.7.2}$$

方程（7.7.2）提供渐近方向μ的两个解（不考虑相差180°的解）。

特别感兴趣的是确定直纹面的曲率。这种曲面是由直线做某种运动形成的。

直纹面矢量方程$\boldsymbol{r}(u,\theta)$中的曲面参数u决定产形直线上点的位置。在此方向上的二阶导矢$\boldsymbol{r}_{uu}$以及系数L和A均等于零。

直纹面有两种类型：a. 具有双曲点的直纹面；b. 具有抛物点的直纹面。从方程（7.7.2）明显看出，具有双曲点的直纹面有两个渐近方向，这两个方向可以用以下μ值来确定

$$\mu_I = \nu \tag{7.7.3}$$

$$\tan\mu_{II} = \frac{\sin\nu}{\cos\nu - \dfrac{2B}{C}} \quad （假定 B\neq 0） \tag{7.7.4}$$

现在让我们考察$A=B=0$的这样直纹面。对方程（7.5.11）和方程（7.5.12）加以分析，得到以下结果。

1）直纹面上的两个主方向用如下条件确定：

$$\begin{cases} \nu - \mu_I = 0 \\ |\nu - \mu_{II}| = 90° \end{cases} \tag{7.7.5}$$

2）主曲率为

$$\begin{cases} K_I = 0 \\ K_{II} = C \end{cases} \tag{7.7.6}$$

可以证明，对于可展直纹面，条件 $B=0$ 是成立的，同时注意到如下所考虑的各点。

1）从方程 $B=0$，可推导出

$$M = \boldsymbol{r}_{u\theta} \cdot \boldsymbol{n} = 0 \tag{7.7.7}$$

和

$$\boldsymbol{r}_{\mu\theta} = \boldsymbol{0} \tag{7.7.8}$$

或 $\boldsymbol{r}_{u\theta}$位于切面；$\boldsymbol{n} \neq \boldsymbol{0}$，因为所考察的是正则曲面。

2）显然

$$\boldsymbol{r}_{\theta} \cdot \boldsymbol{n} = 0 \tag{7.7.9}$$

和

$$\frac{\partial}{\partial u}(\boldsymbol{r}_{\theta} \cdot \boldsymbol{n}) = \boldsymbol{r}_{\theta u} \cdot \boldsymbol{n} + \boldsymbol{r}_{\theta} \cdot \boldsymbol{n}_{u} = 0 \tag{7.7.10}$$

3）从方程（7.7.8）和方程（7.7.10）推导出 $\boldsymbol{n}_u = \boldsymbol{0}$（对于正则曲面 $\boldsymbol{r}_{\theta} = \boldsymbol{0}$）。这意味着，曲面上沿产形线的单位法线是相同的。这样的曲面是可展直纹面。

锥面和渐开线螺旋面是可展直纹面的实例，并且这种曲面的点是抛物点。阿基米德蜗杆的曲面是不可展的直纹面，曲面上的点是双曲点，并且在这种曲面上有两个渐近方向。

例题 7.7.1

假定有一直螺旋面，其是方螺杆的齿面。在方程（7.5.43）中，取 $\alpha=0$，我们可得直螺旋面的方程。

证明这种特殊情况下，$A=0$，$C=0$，$\nu=90°$，并且确定渐近方向［利用方程(7.5.11)］。

解

$$\mu_I = 90°$$
$$\mu_{II} = 0°$$

渐近方向与坐标曲线方向重合。

7.8　Dupin 标线

Dupin 标线是平面曲线，其用图形说明曲面上点 M 邻域内的法曲率变化。这样的曲线上点的位置矢量用 $\boldsymbol{\rho}$ 标记，这里 $|\boldsymbol{\rho}| = \sqrt{|\rho_n|}$是法曲率的半径（见图 7.8.1）。坐标轴 η 和 ζ 位于与曲面相切的切面 T，并且其沿着主方向的单位矢量 $\boldsymbol{e}_I$ 和 $\boldsymbol{e}_{II}$ 的方向。法曲率 κ_n 与主曲率 κ_I 和 κ_{II}，用 Euler 方程（7.6.1）来联系，并且 $|\kappa_n| = 1/\rho$。Dupin 标线在坐标系（η，ξ）中表示如下：

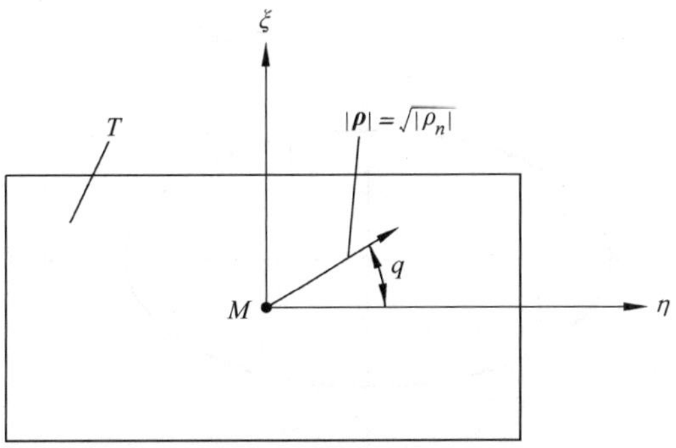

图 7.8.1　推导 Dupin 标线

$$\begin{cases}\eta = \sqrt{|\rho|}\cos q \\ \xi = \sqrt{|\rho|}\sin q\end{cases} \tag{7.8.1}$$

我们将考察曲面的椭圆点、双曲点和抛物点的 Dupin 标线。

1. 椭圆点

从方程（7.6.1）和方程（7.8.1）推导出

$$\frac{\eta^2}{\rho_I} + \frac{\xi^2}{\rho_{II}} = 1 \tag{7.8.2}$$

式中，$\rho_I = 1/\kappa_I$，$\rho_{II} = 1/\kappa_{II}$。

Gaussian 曲率 $K = \kappa_I \kappa_{II}$ 是正的，并且在适当选取曲面法线的方向后，我们可以认为 ρ_I 和 ρ_{II} 是正的。方程（7.8.2）表示一椭圆，其轴为 $a = \sqrt{\rho_I}$，$b = \sqrt{\rho_{II}}$（见图 7.8.2）。

2. 双曲点

Gaussian 曲率 $K = \kappa_I \kappa_{II}$ 是负的。我们可以假定，所选取的曲面法线的方向保证 κ_I 是正的。从方程（7.6.1）和方程（7.8.1）推导出如下 Dupin 标线的方程：

$$\frac{n^2}{a^2} - \frac{\xi^2}{b^2} = \pm 1$$

该式是两条共轭双曲线的方程（见图 7.8.3）。这里，$a = \sqrt{\rho_I}$，$b = \sqrt{\rho_{II}}$，两条双曲线具有相同的渐近线，其方向用方程（7.7.1）确定。

3. 抛物点

Gaussian 曲率等于零。假定 $K = \kappa_I \kappa_{II} = 0$，因为 $\kappa_{II} = 0$，我们得出，Dupin 标线用如下方程表示

$$\frac{n^2}{\rho_I} = 1$$

并且 Dupin 标线是两条直线（见图 7.8.4）。

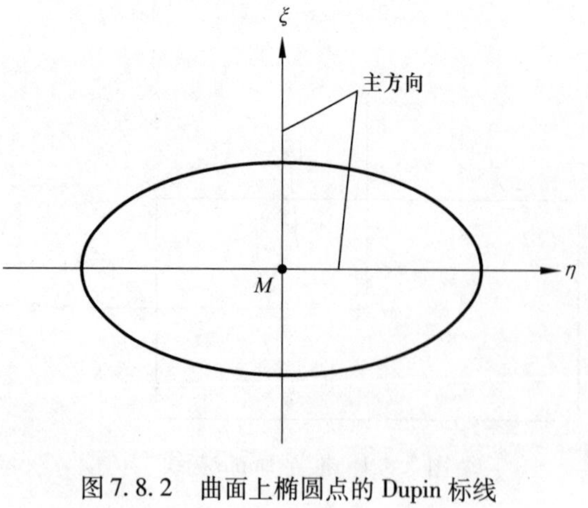

图 7.8.2　曲面上椭圆点的 Dupin 标线

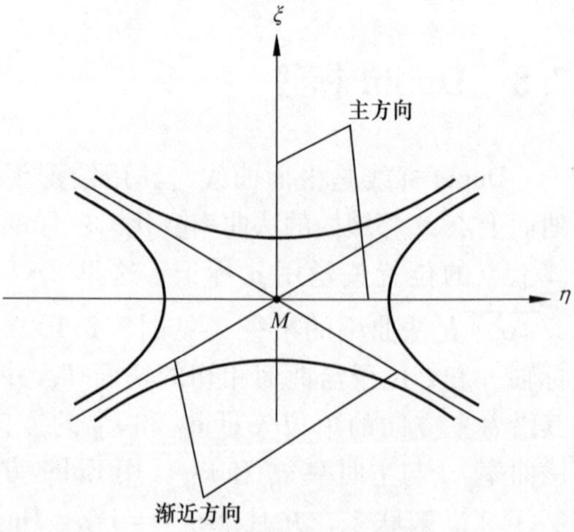

图 7.8.3　曲面上双曲点的 Dupin 标线

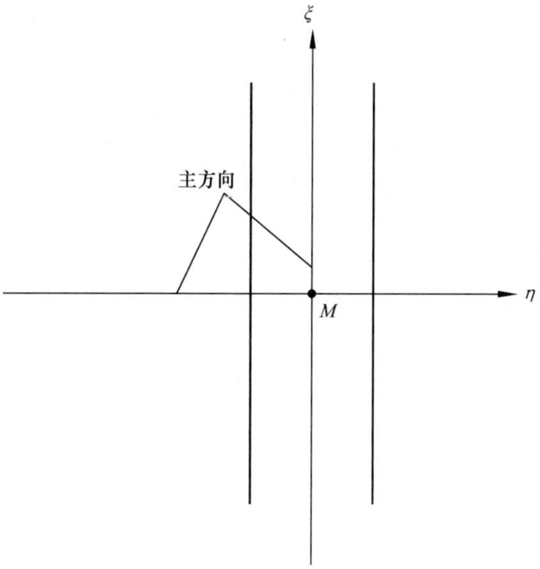

图 7.8.4　曲面上抛物点的 Dupin 标线

7.9　短程线和曲面挠率

1. 短程线

曲面挠率的几何说明基于曲面上短程线的概念。如果曲面上的线在其任一点 M 处的主法线与曲面在点 M 的法线重合，或者曲面上的线是直线，则曲面上这样的线是短程线。从这个定义得出，短程线在其任一点处的短程曲率等于零。

当所考察的为曲面上的一曲线集合（见图 7.3.3），该曲线集合通过曲面上的点 M，并且在点 M 处有一公共的单位切线矢量 $\boldsymbol{t}$ 时，在这样的曲线集合中，将有唯一的一条具有短程线性质的曲线。这条曲线对应于所考察的切线矢量。这就是说，因为在曲面的正常点处切线矢量 $\boldsymbol{t}$ 的数量有无限多，所以通过点 M 的短程线的数量也有无限多。

在微分几何中证明过，通过曲面上两个点 M 和 N 的短程线 C 是 M 和 N 之间的最短距离。但是，如果 G 是一条封闭曲线，则应当认为是较小的弧$\overset{\frown}{MN}$。

图 7.9.1 所示为用方程（7.9.3）展示的短程线各种实例。通过球面上点 M 的任一大圆都是短程线。图 7.9.1 所示为通过球面上点 M 的数量为无限多的短程线。

在回转曲面情况下（见图 7.9.2），曲面上具有公共点 M 的短程线为通过点 M 的母线 G；数量为无限多的曲线 L。L 上的流动点 M_i 用下式确定，根据 Clariaut 定理（参见 Favard 1957 年的专著），得

$$\rho_i \sin\beta_i = \text{常数} \tag{7.9.1}$$

式中，ρ_i 是点 M 距回转曲面轴线的距离。

回转曲面上一个特例是圆柱曲面（见图 7.9.3）。在点 M 处的短程线为母线、圆柱面上的圆和数量为无限多的具有角度 β_i 的螺旋线；两条这样的螺旋线如图 7.9.3 所示。在直纹面（可展或不可展）的情况下，通过曲面上点 M 的短程线中的一条是形成直纹面的母线（该母线为直线）。

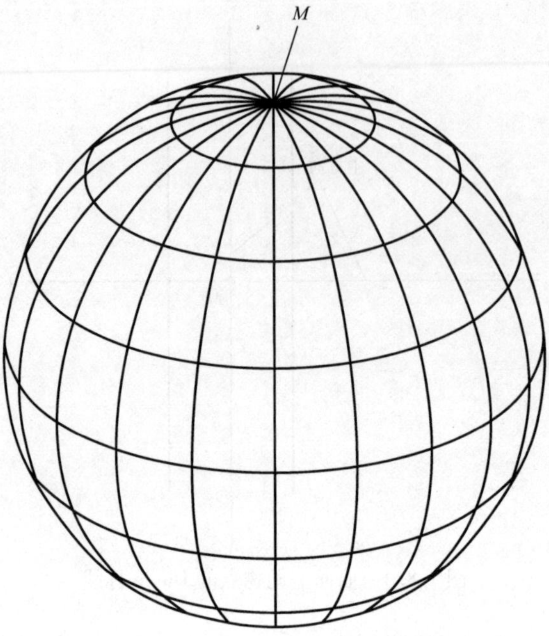

图 7.9.1　球面上的短程线

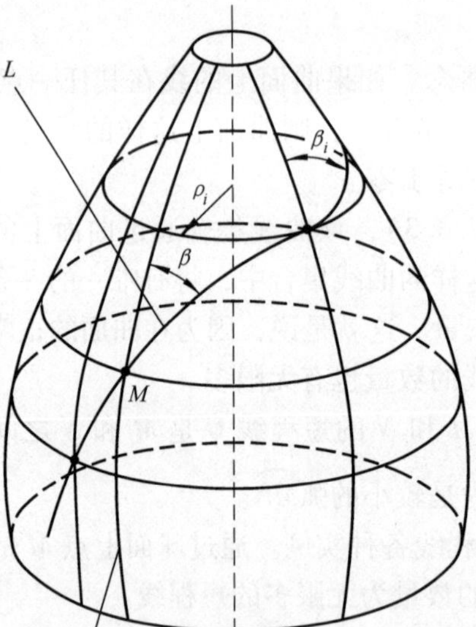

图 7.9.2　回转曲面上的短程线

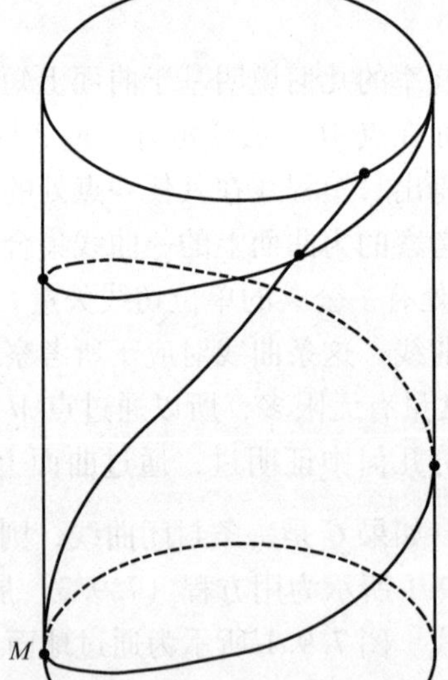

图 7.9.3　圆柱曲面上的短程线

2. 与短程线曲线挠率相同的曲面挠率

根据 Bonner 定理（参见 Favard 1957 年的专著），曲面的挠率对于在曲面点 M 彼此处于相切的整个曲线集合都是相同的（见图 7.3.3）。这些曲线中的一条是短程线，该线对于所考察的公共单位切线矢量 $\boldsymbol{t}$ 是唯一的。这样，短程线的曲线挠率和任意一条与短程线相切的曲面曲线的曲面挠率是相同的。

我们在前面已经求得曲面挠率t［参见式（7.3.14）］，表示为

$$t=\tau+\delta_s \quad \left(\delta_s=\frac{\mathrm{d}}{\mathrm{d}s}(\delta)\right) \tag{7.9.2}$$

式中，δ是曲线的主法线与曲面的法线所形成的夹角。在短程线的情况下，在曲线上的任一点，δ都等于0或180°，从而$\delta_s=0$。这样$t=\tau_g$，其中τ_g是短程线挠率。这就是说，曲面的挠率与短程线的挠率是相等的。

曲面的挠率和短程线的挠率还可以解释为，当一点沿短程线运动时，曲面的法面（该法面是通过短程线的切线引出的）进行扭转的程度（我们记得，短程线的流动密切面与相应曲面的法面重合）。

这一点可以根据以下理由分析证明。

1）从方程（7.2.14）和方程（7.2.17）得出，空间曲线的挠率可表示为

$$\tau=-\boldsymbol{b}_s\cdot\boldsymbol{m}=\boldsymbol{m}_s\cdot\boldsymbol{b} \tag{7.9.3}$$

2）当空间曲线是曲线上的短程线时，$\boldsymbol{b}=-\boldsymbol{d}$，因为对于短程线，$\boldsymbol{m}$与$\boldsymbol{n}$重合，并且短程线的挠率为

$$\tau_g=-\boldsymbol{n}_s\cdot\boldsymbol{d} \tag{7.9.4}$$

根据图7.9.4上的图形，导矢$\boldsymbol{n}_s$可以表示为

$$\boldsymbol{n}_s=a\boldsymbol{t}+b\boldsymbol{d} \tag{7.9.5}$$

这里，a和b是$\boldsymbol{n}_s$在单位矢量$\boldsymbol{t}$和$\boldsymbol{d}$上的投影，可按下式确定：

$$\begin{cases}a=\boldsymbol{n}_s\cdot\boldsymbol{t}\\ b=\boldsymbol{n}_s\cdot\boldsymbol{d}\end{cases} \tag{7.9.6}$$

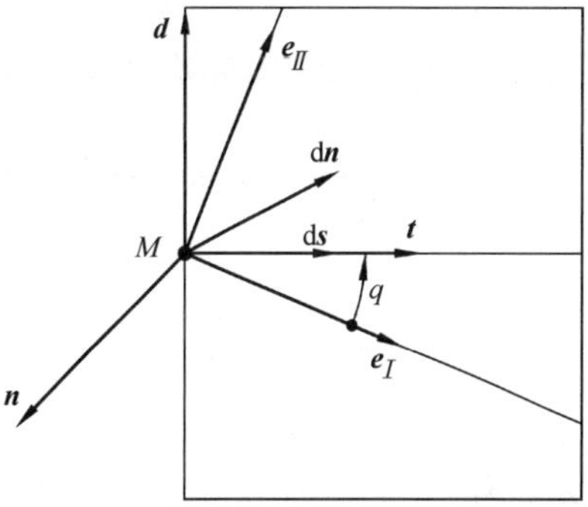

图7.9.4　曲面挠率的说明

从方程（7.9.4）和方程（7.9.5）可推导出

$$t=\tau_g=-\boldsymbol{n}_s\cdot\boldsymbol{d}=-b \tag{7.9.7}$$

式中，b是当点沿曲线的单位切线矢量$\boldsymbol{t}$运动时，曲面的法面进行扭转的程度。

3. 曲面挠率与曲面主曲率之间的关系式

我们考察两种情况：

1）曲面上的点M处的主曲率和主方向是已知的。单位矢量$\boldsymbol{t}$用角q确定（见图7.9.4）。我们的目标是确定$\boldsymbol{t}$方向上的曲面挠率。

2）在切面上给定两个由单位矢量$\boldsymbol{t}^{(1)}$和$\boldsymbol{t}^{(2)}$确定的方向，这两个单位矢量形成夹角μ（见图7.9.5）。曲面的法曲率（$\kappa_n^{(1)}$，$\kappa_n^{(2)}$）和曲面挠率$t^{(1)}$是已知的。我们的目标是确定曲面的主曲率（κ_I，κ_{II}）和夹角$q^{(1)}$（或$q^{(2)}$）。

1）情况1。

图7.9.4所示为曲面的基本三棱形$\boldsymbol{e}_f(\boldsymbol{t},\boldsymbol{d},\boldsymbol{n})$，这$\boldsymbol{t}$是曲面曲线的单位切线矢量；$\boldsymbol{n}$是曲面的单位法线矢量；单位矢量$\boldsymbol{t}$和$\boldsymbol{d}$形成切面；基本三棱形的原点是曲面曲线的流动点$M$；单位矢量$\boldsymbol{e}_I$和$\boldsymbol{e}_{II}$表示主方向；主曲率为$\kappa_I$和$\kappa_{II}$；夹角$q$由单位矢量$\boldsymbol{e}_I$和$\boldsymbol{t}$形成的。

我们的目标是用κ_I、κ_{II}和q表示曲面的挠率t。推导基于方程组（7.3.15）的第三个方程。

假定基本三棱形沿曲面曲线进行运动，而矢量d$\boldsymbol{s}$表示沿$\boldsymbol{t}$的位移。基本三棱形的移动将伴有曲面法线单位矢量$\boldsymbol{n}$的方向改变，变化量用d$\boldsymbol{n}$表示（见图7.9.4）。一般说来，d$\boldsymbol{n}$

和 d$\boldsymbol{s}$ 不共线。方程组（7.3.15）第三个方程表示为

$$\boldsymbol{n}_s=\frac{\mathrm{d}\boldsymbol{n}}{\mathrm{d}s}=-\kappa_n\boldsymbol{t}-t\boldsymbol{d} \tag{7.9.8}$$

用主曲率表示的 t 的推导步骤如下。

步骤1：用 $\boldsymbol{e}_I$ 和 $\boldsymbol{e}_{II}$ 乘方程（7.9.8）的两侧，我们得（见图7.9.4）

$$\mathrm{d}n_I=(-\kappa_n\cos q+t\sin q)\mathrm{d}s \tag{7.9.9}$$

$$\mathrm{d}n_{II}=(-\kappa_n\sin q-t\cos q)\mathrm{d}s \tag{7.9.10}$$

步骤2：位移矢量 d$\boldsymbol{s}$ 可表示为

$$\mathrm{d}\boldsymbol{s}=(\cos q\boldsymbol{e}_I+\sin q\boldsymbol{e}_{II})\mathrm{d}s=\mathrm{d}s_I\boldsymbol{e}_I+\mathrm{d}s_{II}\boldsymbol{e}_{II} \tag{7.9.11}$$

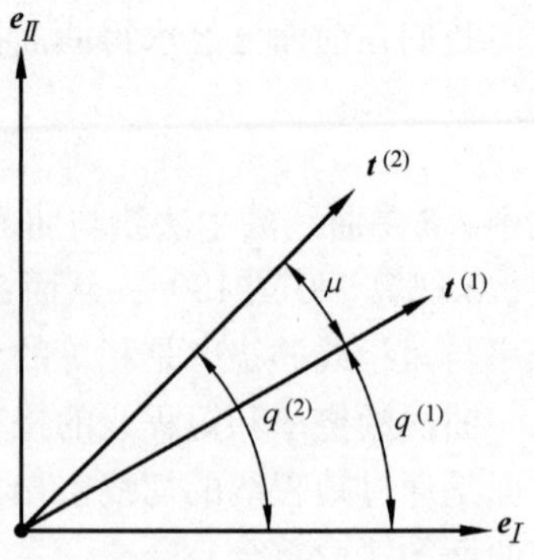

图7.9.5 曲面的主方向和两条曲面曲线切线的方向

其中

$$\begin{cases}\mathrm{d}s_I=\mathrm{d}s\cos q\\ \mathrm{d}s_{II}=\mathrm{d}s\sin q\end{cases} \tag{7.9.12}$$

步骤3：根据 Rodrigue 公式，我们有

$$\begin{cases}\dfrac{\mathrm{d}n_I}{\mathrm{d}s_I}=-\kappa_I\\ \dfrac{\mathrm{d}n_{II}}{\mathrm{d}s_{II}}=-\kappa_{II}\end{cases} \tag{7.9.13}$$

于是，有

$$\begin{cases}\mathrm{d}n_I=-\kappa_I\cos q\mathrm{d}s\\ \mathrm{d}n_{II}=-\kappa_{II}\sin q\mathrm{d}s\end{cases} \tag{7.9.14}$$

步骤4：从方程（7.9.9）、方程（7.9.10）和方程（7.9.14）推导出如下未知数为 κ_n 和 t 的线性方程组：

$$-\kappa_I\cos q=-\kappa_n\cos q+t\sin q \tag{7.9.15}$$

$$-\kappa_{II}\sin q=-\kappa_n\sin q-t\cos q \tag{7.9.16}$$

步骤5：对曲面挠率 t 解两个方程，可得

$$t=0.5(\kappa_{II}-\kappa_I)\sin 2q \tag{7.9.17}$$

方程（7.9.17）是由 Sophia Germain（参见 Nutbourne 和 Martin 1988 年的专著）和 O. Bonnet（参见 Favard 1957 年的专著）提出的。显然，当切线和主方向重合（当 q 等于 0 或 90°）时，曲面挠率等于零。

注意：线性方程（7.9.15）和方程（7.9.16）组成的方程组的解 κ_n 是 Euler 方程：

$$\kappa_n=\kappa_I\cos^2 q+\kappa_{II}\sin^2 q \tag{7.9.18}$$

式中，κ_n 是曲面沿 $\boldsymbol{t}$ 方向的法曲率。

2）情况2。

输入数据是在 $\boldsymbol{t}^{(1)}$ 和 $\boldsymbol{t}^{(2)}$ 方向上给定的法曲率 $\kappa_n^{(1)}$ 和 $\kappa_n^{(2)}$，以及对 $\boldsymbol{t}^{(1)}$ 给定的曲面挠率 $t^{(1)}$；角 μ 由 $\boldsymbol{t}^{(1)}$ 和 $\boldsymbol{t}^{(2)}$ 形成。我们的目标是确定主曲率 κ_I 和 κ_{II} 的角 $q^{(1)}$（或 $q^{(2)}$）（见图7.9.5）。求解这个问题应基于法曲率 $\kappa_n^{(1)}$ 和 $\kappa_n^{(2)}$ 的 Euler 方程和方程（7.9.17）。于是，我

们得到如下由三个方程组成的方程组：

$$\begin{cases}\kappa_I(1+\cos 2q^{(1)})+\kappa_{II}(1-\cos 2q^{(1)})=2\kappa_n^{(1)}\\ \kappa_I[1+\cos 2(q^{(1)}+\mu)]+\kappa_{II}[1-\cos 2(q^{(1)}+\mu)]=2\kappa_n^{(2)}\\ \kappa_I-\kappa_{II}=-\dfrac{2t^{(1)}}{\sin 2q^{(1)}}\end{cases}\tag{7.9.19}$$

我们可以认为方程组（7.9.19）是用含两个未知数 κ_I 和 κ_{II} 的三个相关的线性方程组成的方程组。增广矩阵的秩一定等于2，于是可推导出

$$\tan 2q^{(1)}=\frac{t^{(1)}(1-\cos 2\mu)}{\kappa_n^{(2)}-\kappa_n^{(1)}-t^{(1)}\sin 2\mu}\tag{7.9.20}$$

方程（7.9.19）的 κ_I 和 κ_{II} 的解为

$$\kappa_I=\kappa_n^{(1)}-t^{(1)}\tan q^{(1)}\tag{7.9.21}$$

$$\kappa_{II}=\kappa_n^{(1)}+t^{(1)}\tan q^{(1)}\tag{7.9.22}$$

方程（7.9.20）~方程(7.9.22）能使我们求出曲面的主曲率和主方向（见图7.9.5)。

4. 在 $t^{(1)}$ 和 $t^{(2)}$ 方向上的曲面法曲率与挠率之间的关系式

从方程（7.9.17）推导出

$$\frac{t^{(2)}}{t^{(1)}}=\frac{\sin 2(q^{(1)}+\mu)}{\sin 2q^{(1)}}\tag{7.9.23}$$

于是，利用方程（7.9.20）和方程（7.9.23)，我得到所求的关系式

$$\frac{t^{(1)}+t^{(2)}}{\kappa_n^{(2)}-\kappa_n^{(1)}}-\cos\mu=0\tag{7.9.24}$$

第8章 共轭曲面的曲率关系及接触椭圆

8.1 引言

假设存在两个实体（1 和 2）互相接触且存在一定的相对运动，相互作用的曲面分别为 Σ_1 和 Σ_2，同时假设这两个曲面（Σ_1 和 Σ_2）之间连续相切。在使用刀具加工齿面以及使用齿面进行传动时，上述条件是十分典型的。

下文中我们将会对两种相切情况进行区分：a. 相互作用的曲面 Σ_1 和 Σ_2 在每一个瞬间都处于线接触的状态，并且实体 2 上的曲面 Σ_2 就是由实体 1 上的曲面 Σ_1 在坐标系 S_2 中生成的曲面族的包络；b. 任意时刻，曲面 Σ_1 和 Σ_2 都处于点接触的状态（曲面 Σ_1 和 Σ_2 仅在局部接触）。

我们假设曲面 Σ_1 以及相切点 P 的位置是给定的（情况 a 时，P 为曲面 Σ_1 的特征；情况 b 时，P 为曲面 Σ_1 和 Σ_2 之间的唯一切点）；在 P 点的传动函数 ϕ_2（ϕ_1）和 P 点的导数 $\partial/\partial\phi_1(\phi_2(\phi_1))$ 也是给定的（“特征”即是上文中所述包络曲面与曲面 Σ_2 之间的瞬时相切线）。下文的目标是确认 a. 相接触的两曲面在 P 点的主曲率以及曲面方向之间的直接关系式，b. 曲面 Σ_1 和 Σ_2 的法曲率之间的关系，以及 c. 相对法曲率。

这些问题的解决对于使用计算机模拟接触曲面之间的受力接触是非常关键的。解决方案基于如下想法：a. 在一个固定坐标系（可移动实体的参考系）中的接触点的速度能够由两个分量来表示——与曲面 Σ_i 的牵连运动，在曲面 Σ_i 上的相对运动（$i=1$，2）；b. 曲面上的位移可以分解为各自曲面主方向上的独立分量之和；c. 另一个相似的表达方法是将运动分解为两个互相垂直的分量，其中一个分量与（包络曲面和另一曲面的）接触线相切。

对于将单一曲面上的运动分解至曲面的主方向上，已经由 Sophia Germain（参见 Nutbourne 和 Martin 1988 年的专著）完成，用以表现曲面在曲面主曲率上的挠率。在 Litvin 1969 年的专著中完成了两个接触曲面间的运动于他们的主方向上的分解的工作。在 Litvin 和 Hsiao 1993 年的专著中亦对这种方法进行了介绍以及拓展，使其能适用于更加普遍的应用。本书也会对此进行论述。

8.2 基本方程

从相互作用的两个曲面连续相切的条件，可推导出接触点速度之间的如下关系式：

$$\boldsymbol{v}_{tr}^{(1)}+\boldsymbol{v}_r^{(1)}=\boldsymbol{v}_{tr}^{(2)}+\boldsymbol{v}_r^{(2)} \tag{8.2.1}$$

于是

$$\boldsymbol{v}_r^{(2)}=\boldsymbol{v}_r^{(1)}+\boldsymbol{v}_{tr}^{(1)}-\boldsymbol{v}_{tr}^{(2)}=\boldsymbol{v}_r^{(1)}+\boldsymbol{v}^{(12)} \tag{8.2.2}$$

下标 r 和 tr 分别表示接触点的相对运动（沿曲面）和牵连运动（与曲面一起）的速度；$\boldsymbol{v}^{(12)}$ 是曲面相切点的滑动速度，其用如下方程确定：

$$\boldsymbol{v}^{(12)}=\boldsymbol{\omega}^{(12)}\times\boldsymbol{r}^{(1)}-\boldsymbol{R}\times\boldsymbol{\omega}^{(2)} \tag{8.2.3}$$

式中，$\boldsymbol{r}^{(1)}$ 是从 $\boldsymbol{\omega}^{(1)}$ 作用线上的点引至相切点的位置矢量；而 $\boldsymbol{R}$ 是从 $\boldsymbol{\omega}^{(1)}$ 作用线上的点引至 $\boldsymbol{\omega}^{(2)}$ 作用线上的点的位置矢量。

同理，我们得

$$\dot{\boldsymbol{n}}_r=\dot{\boldsymbol{n}}_r^{(1)}+(\boldsymbol{\omega}^{(1)}-\boldsymbol{\omega}^{(2)})\times\boldsymbol{n}=\dot{\boldsymbol{n}}_r^{(1)}+(\boldsymbol{\omega}^{(12)}\times\boldsymbol{n}) \tag{8.2.4}$$

式中，$\dot{\boldsymbol{n}}_r^{(i)}$ 是曲面单位法线矢量沿曲面运动时（除去牵连运动外）其顶端的速度；$\boldsymbol{n}$ 是曲面的单位法线矢量；$\boldsymbol{\omega}^{(i)}$ 是构件 i 的角速度（假定具有相互作用面的两个构件做回转运动）。

方程（8.2.2）和方程（8.2.4）的优点是能够在还不知道 Σ_2 方程的情况下，确定出曲面 Σ_2 的 $\boldsymbol{v}_r^{(2)}$ 和 $\dot{\boldsymbol{n}}_r^{(2)}$。

为了进一步推导，要用方程（8.2.2）和方程（8.2.4），我们还要利用啮合方程的微分式：

$$\frac{\mathrm{d}}{\mathrm{d}t}(\boldsymbol{n}\cdot\boldsymbol{v}^{(12)})=0 \tag{8.2.5}$$

啮合方程

$$\boldsymbol{n}\cdot\boldsymbol{v}^{(12)}=0 \tag{8.2.6}$$

是曲面族包络存在的必要条件（参见6.1节）。利用方程（8.2.3）~方程（8.2.6），经过变换后，我们得到如下方程：

$$(\boldsymbol{n}_r^{(i)}\cdot\boldsymbol{v}^{(12)})-[\boldsymbol{v}_r^{(i)}\cdot(\boldsymbol{\omega}^{(12)}\times\boldsymbol{n})]+\boldsymbol{n}\cdot[(\boldsymbol{\omega}^{(1)}\times\boldsymbol{v}_{tr}^{(2)})-(\boldsymbol{\omega}^{(2)}\times\boldsymbol{v}_{tr}^{(1)})]-$$
$$(\boldsymbol{\omega}^{(1)})^2m'_{21}\boldsymbol{n}\cdot[\boldsymbol{k}_2\times(\boldsymbol{r}^{(1)}-\boldsymbol{R})]=0\quad(i=1,2) \tag{8.2.7}$$

这里

$$m_{21}(\phi_1)=\frac{\omega^{(2)}}{\omega^{(1)}}$$

$$m'_{21}=\frac{\partial}{\partial\phi_1}[m_{21}(\phi_1)]$$

8.3　平面齿轮啮合：两曲率之间的关系式

平面曲线族包络的方程要比形成曲线族的曲线的方程复杂得多。因此，在只有产形线方程和包络形成过程的运动参数的情况下，求出包络的曲率，是值得关注的一种有前景的方法。这种方法首先由 Litvin 在 1969 年的专著中提出。

1. 平面齿轮啮合

平面齿轮啮合可以看成是8.4节~8.6节中所讨论的空间齿轮啮合的一种特例。为了使研究简化，我们先讨论平面齿轮啮合的情况，这与上面指出的各节没有关系。

假定有如下条件：

1）应用三个坐标系 S_1、S_2 和 S_f。坐标系 S_1 和 S_2 与主动齿轮和从动齿轮 1 和 2 刚性固接；坐标系 S_f 与机架刚性固接。

2）齿形 Σ_1 表示为

$$\boldsymbol{r}_1(\theta_1) \in C^2 \quad \left(\theta_1 \in G, \frac{\mathrm{d}\boldsymbol{r}_1}{\mathrm{d}\theta_1} \neq \boldsymbol{0}\right) \tag{8.3.1}$$

3）齿轮的转角 ϕ_1 和 ϕ_2 用如下函数联系：

$$\phi_2(\phi_1) \in C^2 \quad (a < \phi_1 < b) \tag{8.3.2}$$

4）啮合方程用如下方程确定：

$$\boldsymbol{n}_f^{(1)} \cdot \boldsymbol{v}_f^{(12)} = \boldsymbol{n}_f^{(1)} \cdot [(\boldsymbol{\omega}_f^{(12)} \times \boldsymbol{r}_f^{(1)}) - (\overrightarrow{O_1O_2} \times \boldsymbol{\omega}_f^{(2)})] = f(\theta_1, \phi_1) = 0 \tag{8.3.3}$$

5）齿形 $\boldsymbol{\Sigma}_1$ 的曲率表示为

$$\kappa_1 \boldsymbol{v}_r^{(1)} = -\dot{\boldsymbol{n}}_r^{(1)} \tag{8.3.4}$$

齿形 $\boldsymbol{\Sigma}_2$ 的曲率表示为

$$\kappa_2 \boldsymbol{v}_r^{(2)} = -\dot{\boldsymbol{n}}_r^{(2)} \tag{8.3.5}$$

这里的问题是要通过 κ_1 和运动参数来确定齿形 $\boldsymbol{\Sigma}_2$ 的曲率 κ_2。这个问题的解法基于方程（8.2.2）、方程（8.2.4）和方程（8.2.5），我们将这些方程表示为

$$\boldsymbol{v}_r^{(2)} = \boldsymbol{v}_r^{(1)} + \boldsymbol{v}^{(12)} \tag{8.3.6}$$

$$\dot{\boldsymbol{n}}_r^{(2)} = \dot{\boldsymbol{n}}_r^{(1)} + (\boldsymbol{\omega}^{(12)} \times \boldsymbol{n}^{(1)}) \tag{8.3.7}$$

$$\frac{\mathrm{d}}{\mathrm{d}t}(\boldsymbol{n}^{(1)} \cdot \boldsymbol{v}^{(12)}) = 0 \tag{8.3.8}$$

方程（8.3.8）正好是啮合方程对时间的微分式。为了简化起见，去掉了方程（8.3.8）中的下标 f［参见方程（8.3.3）］。

我们将方程（8.3.8）变换成

$$\frac{\mathrm{d}}{\mathrm{d}t}(\boldsymbol{n}^{(1)} \cdot \boldsymbol{v}^{(12)}) = (\dot{\boldsymbol{n}}^{(1)} \cdot \boldsymbol{v}^{(12)}) + \left(\boldsymbol{n}^{(1)} \cdot \frac{\mathrm{d}}{\mathrm{d}t}(\boldsymbol{v}^{(12)})\right) = 0 \tag{8.3.9}$$

这里

$$\dot{\boldsymbol{n}}^{(1)} = \dot{\boldsymbol{n}}_{tr}^{(1)} + \dot{\boldsymbol{n}}_r^{(1)} = (\boldsymbol{\omega}^{(1)} \times \boldsymbol{n}^{(1)}) + \dot{\boldsymbol{n}}_r^{(1)} \tag{8.3.10}$$

我们用下式表示导矢：

$$\frac{\mathrm{d}}{\mathrm{d}t}(\boldsymbol{v}^{(12)}) = \frac{\mathrm{d}}{\mathrm{d}t}\left\{[(\boldsymbol{\omega}^{(1)} - \boldsymbol{\omega}^{(2)}) \times \boldsymbol{r}^{(1)}] - (\boldsymbol{E} \times \boldsymbol{\omega}^{(2)})]\right\} \tag{8.3.11}$$

式中，$\boldsymbol{E} = \overrightarrow{O_fO_2}$。

在方程的解不是普通性的情况下，我们假定齿轮1以定角速度 $\boldsymbol{\omega}^{(1)}$ 沿逆时针方向转动。齿轮2的角速度为

$$\boldsymbol{\omega}^{(2)} = \mp \omega^{(2)} \boldsymbol{k} = \mp \frac{\omega^{(1)}}{m_{12}(\phi_1)} \boldsymbol{k} \tag{8.3.12}$$

其中

$$m_{12}(\phi_1) = \frac{\mathrm{d}\phi_1}{\mathrm{d}\phi_2} = \frac{1}{\frac{\mathrm{d}}{\mathrm{d}\phi_1}(\phi_2(\phi_1))}$$

导矢 $\dot{\boldsymbol{\omega}}^{(2)}$ 为

$$\dot{\boldsymbol{\omega}}^{(2)} = \mp \frac{\mathrm{d}}{\mathrm{d}\phi_1}\left(\frac{\omega^{(1)}}{m_{12}(\phi_1)}\right)\frac{\mathrm{d}\phi_1}{\mathrm{d}t}\boldsymbol{k}$$
$$= \pm \frac{m'_{12}(\omega^{(1)})^2}{(m_{12})^2}\boldsymbol{k}$$

$$= \pm \frac{m'_{12}\omega^{(1)}\omega^{(2)}}{m_{12}}\boldsymbol{k}$$

$$= -\frac{m'_{12}\omega^{(1)}}{m_{12}}\boldsymbol{\omega}^{(2)} \tag{8.3.13}$$

这里，方程（8.3.12）和方程（8.3.13）中上面（下面）的符号对应齿轮相反（相同）方向的转动，$m'_{12}=(\mathrm{d}/\mathrm{d}\phi_1)(m_{12}(\phi_1))$，$\boldsymbol{k}$ 是 z_f 轴的单位矢量。

现在我们变换方程（8.3.11）：

$$\frac{\mathrm{d}}{\mathrm{d}t}(\boldsymbol{v}^{12}) = (-\dot{\boldsymbol{\omega}}^{(2)}\times\dot{\boldsymbol{r}}^{(1)}) + (\boldsymbol{\omega}^{(12)}\times\dot{\boldsymbol{r}}^{(1)}) - (\boldsymbol{E}\times\dot{\boldsymbol{\omega}}^{(2)})$$

$$= (-\dot{\boldsymbol{\omega}}^{(2)}\times\boldsymbol{r}^{(1)}) + [\boldsymbol{\omega}^{(12)}\times(\boldsymbol{v}_{tr}^{(1)}+\boldsymbol{v}_r^{(1)})] - (\boldsymbol{E}\times\dot{\boldsymbol{\omega}}^{(2)}) \tag{8.3.14}$$

注意到$\dot{\boldsymbol{r}}^{(1)}=\boldsymbol{v}_{abs}^{(1)}=\boldsymbol{v}_{tr}^{(1)}+\boldsymbol{v}_r^{(1)}$。根据方程（8.3.13）替换 $\dot{\boldsymbol{\omega}}^{(2)}$，我们得到

$$\frac{\mathrm{d}}{\mathrm{d}t}(\boldsymbol{v}^{(12)}) = \frac{m'_{12}}{m_{12}}\omega^{(1)}[(\boldsymbol{\omega}^{(2)}\times\boldsymbol{r}^{(1)}) + (\boldsymbol{E}\times\boldsymbol{\omega}^{(2)})] + (\boldsymbol{\omega}^{(12)}\times\boldsymbol{v}_r^{(1)}) + (\boldsymbol{\omega}^{(12)}\times\boldsymbol{v}_{tr}^{(1)})$$

$$= \frac{m'_{12}}{m_{12}}\omega^{(1)}\boldsymbol{v}_{tr}^{(2)} + (\boldsymbol{\omega}^{(12)}\times\boldsymbol{v}_r^{(1)}) + (\boldsymbol{\omega}^{(12)}\times\boldsymbol{v}_{tr}^{(1)}) \tag{8.3.15}$$

从方程（8.3.9）、方程（8.3.10）和方程（8.3.15）推导出

$$\frac{\mathrm{d}}{\mathrm{d}t}(\boldsymbol{n}^{(1)}\cdot\boldsymbol{v}^{(12)}) = \dot{\boldsymbol{n}}_r^{(1)}\cdot\boldsymbol{v}^{(12)} + \boldsymbol{\omega}^{(1)}\cdot(\boldsymbol{n}^{(1)}\times\boldsymbol{v}^{(12)}) + \boldsymbol{n}^{(1)}\cdot(\boldsymbol{\omega}^{(12)}\times\boldsymbol{v}_r^{(1)}) + \boldsymbol{n}^{(1)}\cdot(\boldsymbol{\omega}^{(12)}\times\boldsymbol{v}_{tr}^{(1)}) + \frac{m'_{12}}{m_{12}}\omega^{(1)}(\boldsymbol{n}^{(1)}\cdot\boldsymbol{v}_{tr}^{(2)}) = 0 \tag{8.3.16}$$

考虑到下列关系式，我们可以进一步变换方程（8.3.16）：

$$\boldsymbol{\omega}^{(1)}\cdot(\boldsymbol{n}^{(1)}\times\boldsymbol{v}^{(12)}) = -\boldsymbol{n}^{(1)}\cdot(\boldsymbol{\omega}^{(1)}\times\boldsymbol{v}_{tr}^{(1)}) + \boldsymbol{n}^{(1)}\cdot(\boldsymbol{\omega}^{(1)}\times\boldsymbol{v}_{tr}^{(2)}) \tag{8.3.17}$$

$$\boldsymbol{n}^{(1)}\cdot(\boldsymbol{\omega}^{(12)}\times\boldsymbol{v}_{tr}^{(1)}) = \boldsymbol{n}^{(1)}\cdot[(\boldsymbol{\omega}^{(1)}\times\boldsymbol{v}_{tr}^{(1)}) - (\boldsymbol{\omega}^{(2)}\times\boldsymbol{v}_{tr}^{(1)})] \tag{8.3.18}$$

从方程（8.3.17）和方程（8.3.18）推导出

$$\boldsymbol{\omega}^{(1)}\cdot(\boldsymbol{n}^{(1)}\times\boldsymbol{v}^{(12)}) + \boldsymbol{n}^{(1)}\cdot(\boldsymbol{\omega}^{(12)}\times\boldsymbol{v}_{tr}^{(1)}) = \boldsymbol{n}^{(1)}\cdot[(\boldsymbol{\omega}^{(1)}\times\boldsymbol{v}_{tr}^{(2)}) - (\boldsymbol{\omega}^{(2)}\times\boldsymbol{v}_{tr}^{(1)})] \tag{8.3.19}$$

再对方程（8.3.19）进行变换，可以推导出

$$\boldsymbol{\omega}^{(1)}\times\boldsymbol{v}_{tr}^{(2)} = [\boldsymbol{\omega}^{(1)}\times(\boldsymbol{\omega}^{(2)}\times\boldsymbol{r}^{(1)})]\times[\boldsymbol{\omega}^{(1)}\times(\boldsymbol{E}\times\boldsymbol{\omega}^{(2)})]$$

$$= \boldsymbol{\omega}^{(2)}(\boldsymbol{\omega}^{(1)}\cdot\boldsymbol{r}^{(1)}) - \boldsymbol{r}^{(1)}(\boldsymbol{\omega}^{(1)}\cdot\boldsymbol{\omega}^{(2)}) + \boldsymbol{E}(\boldsymbol{\omega}^{(1)}\cdot\boldsymbol{\omega}^{(2)}) - \boldsymbol{\omega}^{(2)}(\boldsymbol{\omega}^{(1)}\cdot\boldsymbol{E})$$

$$= (\boldsymbol{E}-\boldsymbol{r}^{(1)})(\boldsymbol{\omega}^{(1)}\cdot\boldsymbol{\omega}^{(2)}) \tag{8.3.20}$$

这里 $\boldsymbol{\omega}^{(1)}\cdot\boldsymbol{r}^{(1)}=0$ 和 $\boldsymbol{\omega}^{(1)}\cdot\boldsymbol{E}=0$，因为这些数积中的两个矢量垂直。类似地有

$$\boldsymbol{\omega}^{(2)}\times\boldsymbol{v}_{tr}^{(1)} = \boldsymbol{\omega}^{(2)}\times(\boldsymbol{\omega}^{(1)}\times\boldsymbol{r}^{(1)})$$

$$= \boldsymbol{\omega}^{(1)}(\boldsymbol{\omega}^{(2)}\cdot\boldsymbol{r}^{(1)}) - \boldsymbol{r}^{(1)}(\boldsymbol{\omega}^{(1)}\cdot\boldsymbol{\omega}^{(2)})$$

$$= -\boldsymbol{r}^{(1)}(\boldsymbol{\omega}^{(1)}\cdot\boldsymbol{\omega}^{(2)}) \tag{8.3.21}$$

从方程（8.3.19）~方程(8.3.21）推导出

$$\boldsymbol{n}^{(1)} \cdot [(\boldsymbol{\omega}^{(1)} \times \boldsymbol{v}_{tr}^{(2)}) - (\boldsymbol{\omega}^{(2)} \times \boldsymbol{v}_{tr}^{(1)})] = (\boldsymbol{n}^{(1)} \cdot \boldsymbol{E})(\boldsymbol{\omega}^{(1)} \cdot \boldsymbol{\omega}^{(2)}) \tag{8.3.22}$$

方程（8.3.16）的最终表达式如下：

$$\begin{aligned}\frac{\mathrm{d}}{\mathrm{d}t}(\boldsymbol{n}^{(1)} \cdot \boldsymbol{v}^{(12)}) &= \dot{\boldsymbol{n}}_r^{(1)} \cdot \boldsymbol{v}^{(12)} + \boldsymbol{n}^{(1)} \cdot (\boldsymbol{\omega}^{(12)} \times \boldsymbol{v}_r^{(1)}) + \\ &\quad (\boldsymbol{n}^{(1)} \cdot \boldsymbol{E})(\boldsymbol{\omega}^{(1)} \cdot \boldsymbol{\omega}^{(2)}) + \frac{m'_{12}}{m_{12}}\omega^{(1)}(\boldsymbol{n}^{(1)} \cdot \boldsymbol{v}_{tr}^{(2)}) \\ &= 0\end{aligned} \tag{8.3.23}$$

为了得到共轭齿形的曲率 κ_1 和 κ_2 之间的直接关系式，我们利用由方程（8.3.23）和方程（8.3.4）~方程(8.3.7）组成的方程组。我们可以变换这个方程组，并且得到具有两个未知数$\boldsymbol{v}_r^{(1)}$ 和$\boldsymbol{v}_r^{(2)}$ 的由三个方程组成的方程组。为了进行这些变换，我们给出

$$\begin{cases} v_r^{(1)} = \boldsymbol{v}_r^{(1)} \cdot \boldsymbol{i}_t \\ v_r^{(2)} = \boldsymbol{v}_r^{(2)} \cdot \boldsymbol{i}_t \\ v^{(12)} = \boldsymbol{v}^{(12)} \cdot \boldsymbol{i}_t \end{cases} \tag{8.3.24}$$

这里，$\boldsymbol{i}_t$ 是共轭齿形公切线的单位矢量，矢量$\boldsymbol{v}_r^{(2)}$ 和$\boldsymbol{v}^{(12)}$在齿形相切点处共线，并且必须认为$v_r^{(1)}$、$v_r^{(2)}$ 和 $v^{(12)}$是代数量（其可以是正的，也可以是负的）。

其次，我们利用方程（8.3.24）替换矢量 $\dot{\boldsymbol{n}}_r^{(1)}$。从方程（8.3.23）和方程（8.3.24）推导出

$$\begin{aligned}&-\kappa_1 v_r^{(1)}(\boldsymbol{v}^{(12)} \cdot \boldsymbol{i}_t) + v_r^{(1)}\boldsymbol{i}_t \cdot (\boldsymbol{n}^{(1)} \times \boldsymbol{\omega}^{(12)}) \\ &= -(\boldsymbol{n}^{(1)} \cdot \boldsymbol{E})(\boldsymbol{\omega}^{(1)} \cdot \boldsymbol{\omega}^{(2)}) - \frac{m'_{12}}{m_{12}}\omega^{(1)}(\boldsymbol{n}^{(1)} \cdot \boldsymbol{v}_{tr}^{(2)})\end{aligned} \tag{8.3.25}$$

我们可以将单位法线矢量表示为

$$\boldsymbol{n}^{(1)} = \boldsymbol{i}_t \times \boldsymbol{k}$$

从该式推导出

$$\begin{aligned}\boldsymbol{i}_t \cdot (\boldsymbol{n}^{(1)} \times \boldsymbol{\omega}^{(12)}) &= -\boldsymbol{i}_t \cdot [\boldsymbol{\omega}^{(12)} \times (\boldsymbol{i}_t \times \boldsymbol{k})] \\ &= -\boldsymbol{i}_t \cdot [\boldsymbol{i}_t(\boldsymbol{\omega}^{(12)} \cdot \boldsymbol{k}) - \boldsymbol{k}(\boldsymbol{\omega}^{(12)} \cdot \boldsymbol{i}_t)] \\ &= -\boldsymbol{\omega}^{(12)} \cdot \boldsymbol{k}\end{aligned} \tag{8.3.26}$$

这里，$\boldsymbol{k}$ 是 z 轴的单位矢量，并且

$$\boldsymbol{\omega}^{(12)} \cdot \boldsymbol{i}_t = 0$$

因为这两个矢量垂直。

从方程（8.3.24）~方程(8.3.26）推导出

$$[\kappa_1(\boldsymbol{v}^{(12)} \cdot \boldsymbol{i}_t) + (\boldsymbol{\omega}^{(12)} \cdot \boldsymbol{k})]v_r^{(1)} = b_1 \tag{8.3.27}$$

其中

$$b_1 = (\boldsymbol{n}^{(1)} \cdot \boldsymbol{E})(\boldsymbol{\omega}^{(1)} \cdot \boldsymbol{\omega}^{(2)}) + \frac{m'_{12}}{m_{12}}\omega^{(1)}(\boldsymbol{n}^{(1)} \cdot \boldsymbol{v}_{tr}^{(2)})$$

从方程（8.3.6）可推导出

$$-v_r^{(1)} + v_r^{(2)} = \boldsymbol{v}^{(12)} \cdot \boldsymbol{i}_t \tag{8.3.28}$$

从方程（8.3.7）、方程（8.3.4）、方程（8.3.5）和方程（8.3.26）推导出

$$\kappa_1 v_r^{(1)} - \kappa_2 v_r^{(2)} = \boldsymbol{\omega}^{(12)} \cdot \boldsymbol{k} \tag{8.3.29}$$

方程（8.3.27）~方程(8.3.29）是含两个未知数的由三个线性方程组成的方程组，如下所示

$$a_{i1}x_1 + a_{i2}x_2 = b_i \quad (i=1,2,3) \tag{8.3.30}$$

其中

$$a_{11} = \kappa_1(\boldsymbol{v}^{(12)} \cdot \boldsymbol{i}_t) + (\boldsymbol{\omega}^{(12)} \cdot \boldsymbol{k})$$

$$a_{12} = 0$$

$$b_1 = (\boldsymbol{n}^{(1)} \cdot \boldsymbol{E})(\boldsymbol{\omega}^{(1)} \cdot \boldsymbol{\omega}^{(2)}) + \frac{m_{12}'}{m_{12}}\omega^{(1)}(\boldsymbol{n}^{(1)} \cdot \boldsymbol{v}_{tr}^{(2)})$$

$$a_{21} = -1$$

$$a_{22} = 1$$

$$b_2 = \boldsymbol{v}^{(12)} \cdot \boldsymbol{i}_t$$

$$a_{31} = \kappa_1$$

$$a_{32} = -\kappa_2$$

$$b_3 = \boldsymbol{\omega}^{(12)} \cdot \boldsymbol{k}$$

$$x_1 = v_r^{(1)}$$

$$x_2 = v_r^{(2)}$$

从线性代数知道，仅当方程组的矩阵

$$\begin{bmatrix} a_{11} & a_{12} \\ a_{21} & a_{22} \\ a_{31} & a_{32} \end{bmatrix}$$

和增广矩阵

$$\begin{bmatrix} a_{11} & a_{12} & b_1 \\ a_{21} & a_{22} & b_2 \\ a_{31} & a_{32} & b_3 \end{bmatrix}$$

具有相同的秩时，方程（8.3.30）才有唯一解。这样将得到条件

$$\begin{vmatrix} a_{11} & a_{12} & b_1 \\ a_{21} & a_{22} & b_2 \\ a_{31} & a_{32} & b_3 \end{vmatrix} = \begin{vmatrix} a_{11} & 0 & b_1 \\ -1 & 1 & b_2 \\ \kappa_1 & -\kappa_2 & b_3 \end{vmatrix} = 0 \tag{8.3.31}$$

用以上的表达式替换行列式（8.3.31）中的系数，我们得

$$\kappa_2 = \frac{\kappa_1[b_1 - (\boldsymbol{v}^{(12)} \cdot \boldsymbol{i}_t)(\boldsymbol{\omega}^{(12)} \cdot \boldsymbol{k})] - (\omega^{(12)})^2}{\kappa_1(v^{(12)})^2 + (\boldsymbol{\omega}^{(12)} \cdot \boldsymbol{k})(\boldsymbol{v}^{(12)} \cdot \boldsymbol{i}_t) + b_1} \tag{8.3.32}$$

系数 b_1 的表达式上面已经列出。方程（8.3.32）是联系平面齿轮啮合中，两齿形曲率的基本方程。

考察两齿形 Σ_1 和 Σ_2 在节点处接触的特殊情况。在这一点，$\boldsymbol{v}^{(12)} = \boldsymbol{0}$，从而齿形 Σ_2 的曲率为

$$\kappa_2 = \kappa_1 - \frac{(\omega^{(12)})^2}{b_1} \tag{8.3.33}$$

2. 移动变换为转动和转动变换为移动

假定齿条刀具1加工齿轮2，齿轮 Σ_1 是给定的，需要确定齿形 Σ_1 和 Σ_2 的两曲率之间的关系式。我们设置三个坐标系 S_1、S_2 和 S_f，如图8.3.1a所示。假设

$$\frac{v_{tr}^{(1)}}{\omega}=r=\text{常数}$$

式中，$v_{tr}^{(1)}$ 是齿条平移的速度；ω 是齿轮旋转的角速度；r 是齿轮瞬心线半径。

齿形 Σ_1 和 Σ_2 之间的关系式，是基于方程(8.3.4)~方程(8.3.7)和方程(8.3.16)。但是，对于所考察的这种情况，由于给出了新的运动变换条件，必须推导出新方程以代替方程(8.3.7)和方程(8.3.16)。考虑到移动变换为转动，我们有

$$\boldsymbol{\omega}^{(1)}=\mathbf{0}$$
$$\boldsymbol{\omega}^{(2)}=\boldsymbol{\omega}$$
$$\boldsymbol{\omega}^{(12)}=\boldsymbol{\omega}^{(1)}-\boldsymbol{\omega}^{(2)}=-\boldsymbol{\omega}$$

我们用来代替方程(8.3.7)和方程(8.3.16)的方程如下：

$$\dot{\boldsymbol{n}}_r^{(2)}=\dot{\boldsymbol{n}}_r^{(1)}-(\boldsymbol{\omega}\times\boldsymbol{n}^{(1)}) \qquad (8.3.34)$$

$$\dot{\boldsymbol{n}}_r^{(1)}\cdot\boldsymbol{v}^{(12)}-\boldsymbol{n}^{(1)}\cdot(\boldsymbol{\omega}\times\boldsymbol{v}_r^{(1)})-\boldsymbol{n}^{(1)}\cdot(\boldsymbol{\omega}\times\boldsymbol{v}_{tr}^{(1)})=0 \qquad (8.3.35)$$

这里，如果齿条刀具的齿廓不是直线，则 $\dot{\boldsymbol{n}}_r^{(1)}\neq\mathbf{0}$。

我们假定 $\boldsymbol{v}_{tr}^{(1)}$ 和 $\boldsymbol{\omega}$ 是常矢量，以推演方程(8.3.35)。三矢量的混合积 $\boldsymbol{n}^{(1)}\cdot(\boldsymbol{\omega}\times\boldsymbol{v}_{tr}^{(1)})$ 可以表示为

$$\begin{aligned}\boldsymbol{n}^{(1)}\cdot(\boldsymbol{\omega}\times\boldsymbol{v}_{tr}^{(1)})&=(\boldsymbol{i}_t\times\boldsymbol{k})\cdot(\boldsymbol{\omega}\times\boldsymbol{v}_{tr}^{(1)})\\&=\begin{vmatrix}(\boldsymbol{i}_t\cdot\boldsymbol{\omega}) & (\boldsymbol{i}_t\cdot\boldsymbol{v}_{tr}^{(1)})\\(\boldsymbol{k}\cdot\boldsymbol{\omega}) & (\boldsymbol{k}\cdot\boldsymbol{v}_{tr}^{(1)})\end{vmatrix}\\&=-(\boldsymbol{i}_t\cdot\boldsymbol{v}_{tr}^{(1)})(\boldsymbol{\omega}\cdot\boldsymbol{k})\end{aligned} \qquad (8.3.36)$$

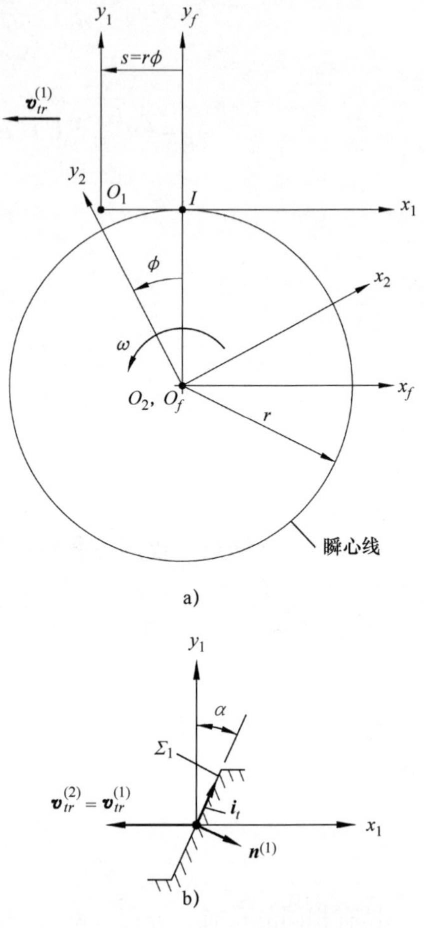

图8.3.1 移动变换为转动

a）接触点为节点 I b）刀具的齿形 Σ_1 是直线

因为 $\boldsymbol{i}_t\cdot\boldsymbol{\omega}=0$，$\boldsymbol{k}\cdot\boldsymbol{v}_{tr}^{(1)}=0$（这是两矢量垂直的缘故），所以

$$\dot{\boldsymbol{n}}_r^{(1)}\cdot\boldsymbol{v}^{(12)}-\boldsymbol{n}^{(1)}\cdot(\boldsymbol{\omega}\times\boldsymbol{v}_r^{(1)})=-(\boldsymbol{i}_t\cdot\boldsymbol{v}_{tr}^{(1)})(\boldsymbol{k}\cdot\boldsymbol{\omega}) \qquad (8.3.37)$$

从方程(8.3.4)~方程(8.3.6)、方程(8.3.34)和方程(8.3.37)，可以推导出含有两个未知数，由三个线性方程组成的方程组

$$a_{i1}x_1+a_{i2}x_2=b_i \quad (i=1,2,3) \qquad (8.3.38)$$

这里

$$x_1=v_r^{(1)}$$
$$x_2=v_r^{(2)}$$
$$a_{11}=\kappa_1(\boldsymbol{v}^{(12)}\cdot\boldsymbol{i}_t)-(\boldsymbol{\omega}\cdot\boldsymbol{k})$$

$$a_{12}=0$$
$$b_1=(\boldsymbol{v}_{tr}^{(1)}\cdot\boldsymbol{i}_t)(\boldsymbol{\omega}\cdot\boldsymbol{k})$$
$$a_{21}=-1$$
$$a_{22}=1$$
$$b_2=(\boldsymbol{v}^{(12)}\cdot\boldsymbol{i}_t)$$
$$a_{31}=\kappa_1$$
$$a_{32}=-\kappa_2$$
$$b_3=-(\boldsymbol{\omega}\cdot\boldsymbol{k})$$

对于线性方程组（8.3.38）进行类似于上述的讨论，可以得出

$$\begin{vmatrix} a_{11} & 0 & b_1 \\ -1 & 1 & b_2 \\ \kappa_1 & -\kappa_2 & b_3 \end{vmatrix}=0$$

从上式推导出

$$\kappa_2=\frac{\kappa_1 b_1-a_{11}b_3}{a_{11}b_2+b_1}=\frac{\kappa_1[(\boldsymbol{\omega}\cdot\boldsymbol{k})(\boldsymbol{v}_{tr}^{(1)}+\boldsymbol{v}^{(12)})\cdot\boldsymbol{i}_t]-\omega^2}{\kappa_1(v^{(12)})^2+(\boldsymbol{\omega}\cdot\boldsymbol{k})(\boldsymbol{v}_{tr}^{(1)}\cdot\boldsymbol{i}_t)} \tag{8.3.39}$$

下面考察接触点为节点 I 时的情况（见图 8.3.1a）。这时，

$$\boldsymbol{v}^{(12)}=\boldsymbol{0}$$
$$\boldsymbol{v}_{tr}^{(1)}=\boldsymbol{v}_{tr}^{(2)}$$

从而由方程（8.3.39）推导出

$$\kappa_2=\kappa_1-\frac{\omega^2}{(\boldsymbol{\omega}\cdot\boldsymbol{k})(\boldsymbol{v}_{tr}^{(2)}\cdot\boldsymbol{i}_t)} \tag{8.3.40}$$

如果用齿条刀具加工渐开线齿轮，则刀具的齿形 Σ_1 是直线（见图 8.3.1b），并且齿形的曲率 $\kappa_1=0$。从方程（8.3.40）推导出（见图 8.3.1b）

$$\kappa_2=\frac{\omega^2}{(\boldsymbol{\omega}\cdot\boldsymbol{k})(\boldsymbol{v}_{tr}^{(2)}\cdot\boldsymbol{i}_t)}=\frac{1}{r\sin\alpha} \tag{8.3.41}$$

曲率 κ_2 的正号表示曲率中心位于单位法线矢量的正向

$$\boldsymbol{n}^{(1)}=\boldsymbol{i}_t\times\boldsymbol{k}$$

关于被加工齿形 Σ_2 的曲率更复杂的情况，将在例题 8.3.3 中讨论。

例题 8.3.1

假定齿轮 1 的齿形是一条与半径为 r_{b1} 的基圆相对应的渐开线。齿轮 1 的瞬心线是半径为 r_1 的圆。两半径之比为

$$\frac{r_{b1}}{r_1}=\cos\alpha$$

我们考察接触点与节点 I 相重合的特殊情况（见图 8.3.2）。角速度比 m_{12} 是常数，并且表示为

$$m_{12}=\frac{\omega^{(1)}}{\omega^{(2)}}=\frac{r_2}{r_1} \tag{8.3.42}$$

式中，r_1 和 r_2 是齿轮瞬心线的半径。

假定齿形 Σ_1 的曲率 κ_1 是给定的，确定齿轮齿形 Σ_2 在接触点处的曲率。

解

在节点 I，滑动速度 $\boldsymbol{v}^{(12)}=\boldsymbol{0}$，而齿形的曲率用方程（8.3.33）来表述。因为角速度比为常数，导致 $m'_{12}=0$，而

$$b_1=(\boldsymbol{n}^{(1)}\cdot\boldsymbol{E})(\boldsymbol{\omega}^{(1)}\cdot\boldsymbol{\omega}^{(2)})$$

矢量 $\boldsymbol{n}^{(1)}$ 和 $\boldsymbol{E}$ 形成夹角 $90^\circ+\alpha$。两齿轮转动方向相反，从而

$$\boldsymbol{\omega}^{(1)}\cdot\boldsymbol{\omega}^{(2)}=-\omega^{(1)}\omega^{(2)}$$

$$\boldsymbol{\omega}^{(12)}=\boldsymbol{\omega}^{(1)}-\boldsymbol{\omega}^{(2)}$$

$$|\boldsymbol{\omega}^{(12)}|=\omega^{(1)}+\omega^{(2)}$$

在点 I，齿形 Σ_1 的曲率半径为 IK，并且曲率为

$$\kappa_1=\frac{1}{r_1\sin\alpha}$$

因为曲率 κ_1 的中心位于法线的正向，所以曲率 $\kappa_1>0$。

系数 b_1 可以表示为

$$b_1=(\boldsymbol{n}^{(1)}\cdot\boldsymbol{E})(\boldsymbol{\omega}^{(1)}\cdot\boldsymbol{\omega}^{(2)})=\omega^{(1)}\omega^{(2)}(r_1+r_2)\sin\alpha$$

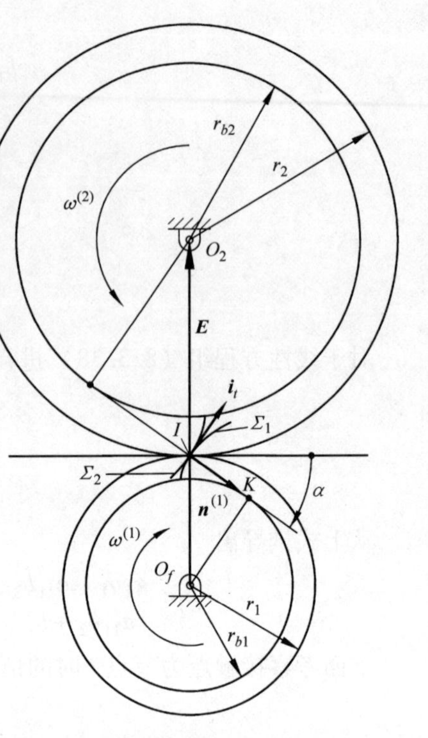

图 8.3.2　两渐开线齿轮的相切

于是，我们得到

$$\frac{(\omega^{(12)})^2}{b_1}=\frac{(\omega^{(1)}+\omega^{(2)})^2}{\omega^{(1)}\omega^{(2)}(r_1+r_2)\sin\alpha}=\frac{r_1+r_2}{r_1r_2\sin\alpha}$$

和［参见方程（8.3.33）］

$$\kappa_2=\frac{1}{r_1\sin\alpha}-\frac{r_1+r_2}{r_1r_2\sin\alpha}=-\frac{1}{r_2\sin\alpha}\tag{8.3.43}$$

曲率 κ_2 的负号表示齿形 Σ_2 的曲率中心位于法线的负向。

方程（8.3.43）可以用比较简单的方法求得；然而，应用一段方程（8.3.32）和方程（8.3.33）可以说明，这些方程甚至对这种特殊情况也是有效的。

例题 8.3.2

考虑具有平底从动杆的凸轮机构（见图 8.3.3）。我们设置分别与从动杆、凸轮和机架刚性固接的坐标系 S_1、S_2 和 S_f。已经给出位移函数

$$s(\phi)\in C^2\quad(0<\phi<2\pi)\tag{8.3.44}$$

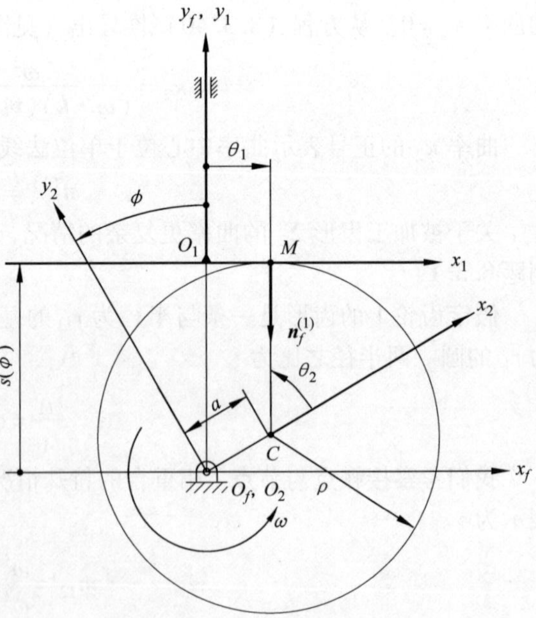

图 8.3.3　具有平底从动杆的凸轮

和用如下方程表示的外形 Σ_1：

$$\begin{aligned} x_1 &= \theta_1 \\ y_1 &= 0 \end{aligned} \quad (a < \theta_1 < b) \tag{8.3.45}$$

确定凸轮外形 Σ_2 的方程，啮合线和凸轮曲率 $\kappa_2(\phi)$。

解

啮合方程：我们在坐标系 S_f 中，用下式表示外形 Σ_1：

$$\boldsymbol{r}_f^{(1)} = \theta_1 \boldsymbol{i}_f + S(\phi)\boldsymbol{j}_f \tag{8.3.46}$$

外形 Σ_1 的法线矢量为

$$\boldsymbol{N}_f^{(1)} = \frac{\partial \boldsymbol{r}_f^{(1)}}{\partial \theta_1} \times \boldsymbol{k}_f = -\boldsymbol{j}_f \tag{8.3.47}$$

滑动速度用下式表示：

$$\begin{aligned} \boldsymbol{v}_f^{(12)} &= \boldsymbol{v}_{tr}^{(1)} - \boldsymbol{v}_{tr}^{(2)} \\ &= \frac{\mathrm{d}\boldsymbol{s}}{\mathrm{d}t} - \boldsymbol{\omega} \times \boldsymbol{r}_f^{(1)} \\ &= \frac{\mathrm{d}s}{\mathrm{d}\phi}\omega \boldsymbol{j}_f - \begin{vmatrix} \boldsymbol{i}_f & \boldsymbol{j}_f & \boldsymbol{k}_f \\ 0 & 0 & \omega \\ x_f^{(1)} & y_f^{(1)} & 0 \end{vmatrix} \\ &= \omega\left[s(\phi)\boldsymbol{i}_f + \left(\frac{\mathrm{d}s}{\mathrm{d}\phi} - \theta_1\right)\boldsymbol{j}_f \right] \end{aligned} \tag{8.3.48}$$

啮合方程用下式确定：

$$\boldsymbol{N}_f^{(1)} \cdot \boldsymbol{v}_f^{(12)} = f(\theta_1, \phi) = -\omega\left(\frac{\mathrm{d}s}{\mathrm{d}\phi} - \theta_1\right) = 0 \tag{8.3.49}$$

从方程（8.3.49）可推导出

$$f(\theta_1, \phi) = \theta_1 - \frac{\mathrm{d}s}{\mathrm{d}\phi} = 0 \tag{8.3.50}$$

这个方程确定接触点 M 的位置（见图 8.3.3）为参数 ϕ 的函数。

外形 Σ_2 的方程：外形 Σ_2 确定如下：

$$\begin{aligned} \boldsymbol{r}_2 = \boldsymbol{M}_{21}\boldsymbol{r}_1 = \boldsymbol{M}_{2f}\boldsymbol{r}_f^{(1)} \\ f(\theta_1, \phi) = 0 \end{aligned} \tag{8.3.51}$$

这里

$$\boldsymbol{M}_{21} = \boldsymbol{M}_{2f}\boldsymbol{M}_{f1} = \begin{bmatrix} \cos\phi & \sin\phi & s(\phi)\sin\phi \\ -\sin\phi & \cos\phi & s(\phi)\cos\phi \\ 0 & 0 & 1 \end{bmatrix}$$

从方程（8.3.50）、方程（8.3.51）和方程（8.3.45）推导出

$$\begin{cases} x_2 = \theta_1\cos\phi + s(\phi)\sin\phi \\ y_2 = -\theta_1\sin\phi + s(\phi)\cos\phi \\ \theta_1 - \dfrac{\mathrm{d}s}{\mathrm{d}\phi} = 0 \end{cases} \tag{8.3.52}$$

用 $\mathrm{d}s/\mathrm{d}\phi$ 替换 x_2 和 y_2 中的 θ_1，我们得到外形 Σ_2 的如下方程：

$$\begin{cases} x_2 = s(\phi)\sin\phi + \dfrac{\mathrm{d}s}{\mathrm{d}\phi}\cos\phi \\ y_2 = s(\phi)\cos\phi - \dfrac{\mathrm{d}s}{\mathrm{d}\phi}\sin\phi \end{cases} \tag{8.3.53}$$

啮合线：我们用下式表示啮合线

$$\boldsymbol{r}_f(\theta_1, \phi) \quad (f(\theta_1, \phi) = 0) \tag{8.3.54}$$

从上式可推导出

$$\boldsymbol{r}_f = \frac{\mathrm{d}s}{\mathrm{d}\phi}\boldsymbol{i}_f + s(\phi)\boldsymbol{j}_f \tag{8.3.55}$$

凸轮曲率：为了确定凸轮的曲率，我们利用方程（8.3.4）~方程(8.3.7)，从这些方程中推导出

$$-\kappa_2(\boldsymbol{v}_r^{(1)} + \boldsymbol{v}^{(12)}) = -\kappa_1\boldsymbol{v}_r^{(1)} + (\boldsymbol{\omega}^{(12)} \times \boldsymbol{n}^{(1)})$$

对于所考虑的情况，$\kappa_1 = 0$（外形 Σ_1 为直线），$\boldsymbol{\omega}^{(12)} = -\boldsymbol{\omega}$，同时我们得到

$$-\kappa_2(\boldsymbol{v}_r^{(1)} + \boldsymbol{v}^{(12)}) = \boldsymbol{\omega} \times \boldsymbol{n}^{(1)} \tag{8.3.56}$$

从方程（8.3.46）推导出

$$\boldsymbol{v}_r^{(1)} = \frac{\partial \boldsymbol{r}_f^{(1)}}{\partial \theta_1}\frac{\mathrm{d}\theta_1}{\mathrm{d}t} = \frac{\mathrm{d}\theta_1}{\mathrm{d}t}\boldsymbol{i}_f \tag{8.3.57}$$

对方程（8.3.50）微分，得

$$\frac{\mathrm{d}\theta_1}{\mathrm{d}t} = \frac{\mathrm{d}^2 s}{\mathrm{d}\phi^2}\omega \tag{8.3.58}$$

于是

$$\boldsymbol{v}_r^{(1)} = \omega\frac{\mathrm{d}^2 s}{\mathrm{d}\phi^2}\boldsymbol{i}_f \tag{8.3.59}$$

从方程（8.3.48）和方程（8.3.50）推导出

$$\boldsymbol{v}_f^{(12)} = \omega s(\phi)\boldsymbol{i}_f \tag{8.3.60}$$

从方程（8.3.56）~方程(8.3.60）推导出

$$\kappa_2\omega\left[\frac{\mathrm{d}^2 s}{\mathrm{d}\phi^2} + s(\phi)\right]\boldsymbol{i}_f = \begin{vmatrix} \boldsymbol{i}_f & \boldsymbol{j}_f & \boldsymbol{k}_f \\ 0 & 0 & \omega \\ 0 & -1 & 0 \end{vmatrix} = \omega\boldsymbol{i}_f$$

和

$$\kappa_2 = \frac{1}{\dfrac{\mathrm{d}^2 s}{\mathrm{d}\phi^2} + s(\phi)} \tag{8.3.61}$$

凸轮的外形 Σ_2 必须为曲率中心位于单位法线矢量 $\boldsymbol{n}_f^{(1)}$ 正方向的凸形曲线（见图8.3.3）。如果下列的不等式成立，则曲率 κ_2 是正的：

$$s(\phi) + \frac{\mathrm{d}^2 s}{\mathrm{d}\phi^2} > 0 \tag{8.3.62}$$

例题 8.3.3

图8.3.4a 所示为加工渐开线直齿外齿轮的齿条刀具的刀齿。齿条刀具的直线刀刃形成渐开线，而中心位于 C_1，半径为 ρ 的圆弧（见图8.3.4）形成齿轮的过渡曲线。齿条刀具的位移 s 和齿轮的转角 ϕ 有如下关系：

$$s = r\phi \tag{8.3.63}$$

式中，r 是齿轮分度圆半径。

推导出齿轮过渡曲线及其曲率方程。使用坐标如图 8.3.1a 所示。

解

齿形 $\boldsymbol{\Sigma}_1$ 的方程：齿形 $\boldsymbol{\Sigma}_1$ 上流动点 M 的位置（见图 8.3.4a）矢量为

$$\boldsymbol{r}_1(\theta_1) = \overrightarrow{O_1M} = \overrightarrow{O_1C_1} + \overrightarrow{C_1M} \tag{8.3.64}$$

将这个矢量投影到坐标轴 x_1 和 y_1（见图 8.3.4），我们得到齿形 $\boldsymbol{\Sigma}_1$ 的如下方程

$$\begin{cases} x_1 = a + \rho\sin\theta_1 \\ y_1 = b - \rho\cos\theta_1 \end{cases} \tag{8.3.65}$$

其中

$$[x_1(\theta_1), y_1(\theta_1)] \in C^1 \quad (0 < \theta_1 < 90° - \alpha)$$

这里，$a = x_1^{(C_1)}$ 和 $b = y_1^{(C_1)}$ 是点 C_1 的坐标。

齿形 $\boldsymbol{\Sigma}_1$ 是简单正则曲线。齿形 $\boldsymbol{\Sigma}_1$ 的单位法线矢量 $\boldsymbol{n}_1$ 为

$$\boldsymbol{n}_1 = \frac{\dfrac{\partial \boldsymbol{r}_1}{\partial \theta_1} \times \boldsymbol{k}_1}{\left|\dfrac{\partial \boldsymbol{r}_1}{\partial \theta_1} \times \boldsymbol{k}_1\right|} = \sin\theta_1 \boldsymbol{i}_1 - \cos\theta_1 \boldsymbol{j}_1 \tag{8.3.66}$$

啮合方程：我们用啮合方程表示接触点的单位法线通过瞬时回转中心（节点）I：

$$\frac{X_1(\phi) - x_1(\theta_1)}{n_{x1}(\theta_1)} - \frac{Y_1(\phi) - y_1(\theta_1)}{n_{y1}(\theta_1)} = f(\theta_1, \phi) = 0 \tag{8.3.67}$$

这里（见图 8.3.1a）

$$\begin{cases} X_1(\phi) = r\phi \\ Y_1 = 0 \end{cases} \tag{8.3.68}$$

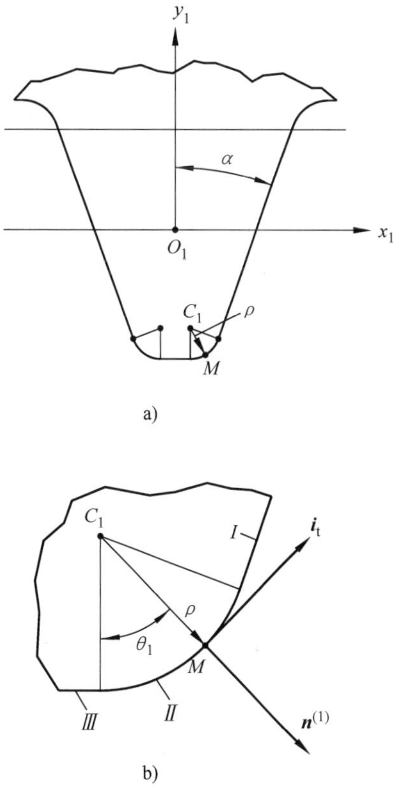

图 8.3.1　齿条刀具的过渡曲线
a）齿条刀具的刀齿　b）过渡曲线

从方程（8.3.65）~ 方程(8.3.68）推导出

$$f(\theta_1, \phi) = r\phi - a - b\tan\theta_1 = 0 \tag{8.3.69}$$

齿形 $\boldsymbol{\Sigma}_2$ 的方程：齿形 $\boldsymbol{\Sigma}_2$ 用如下方程表示：

$$\begin{cases} \boldsymbol{r}_2 = \boldsymbol{M}_{21}\boldsymbol{r}_1 \\ f(\theta_1, \phi) = 0 \end{cases} \tag{8.3.70}$$

这里（见图 8.3.1a）

$$\boldsymbol{M}_{21} = \boldsymbol{M}_{2f}\boldsymbol{M}_{f1} = \begin{bmatrix} \cos\phi & \sin\phi & -r\phi\cos\phi + r\sin\phi \\ -\sin\phi & \cos\phi & r\phi\sin\phi + r\cos\phi \\ 0 & 0 & 1 \end{bmatrix}$$

从方程（8.3.65）、方程（8.3.69）和方程（8.3.70）可推导出

$$\begin{cases} x_2 = a\cos\phi + b\sin\phi - \rho\sin(\phi - \theta_1) - r\phi\cos\phi + r\sin\phi \\ y_2 = -a\sin\phi + b\cos\phi - \rho\cos(\phi - \theta_1) + r\phi\sin\phi + r\cos\phi \\ r\phi - a - b\tan\theta_1 = 0 \end{cases} \tag{8.3.71}$$

啮合线：我们用如下方程表示啮合线：

$$\boldsymbol{r}_f = \boldsymbol{M}_{f1}\boldsymbol{r}_1 \quad (f(\theta_1, \phi) = 0)$$

从以上方程可推导出

$$\begin{cases} \boldsymbol{r}_f = (a + \rho\sin\theta_1 - r\phi)\boldsymbol{i}_f + (b - \rho\cos\theta_1 + r)\boldsymbol{j}_f \\ r\phi - a - b\tan\theta_1 = 0 \end{cases} \tag{8.3.72}$$

齿形 Σ_2 的曲率：为了确定曲率 κ_2，我们利用方程（8.3.39）。这里

$$\kappa_1 = -\frac{1}{\rho}$$

$$\boldsymbol{i}_t = \frac{\dfrac{\partial \boldsymbol{r}_f}{\partial \theta_1}}{\left|\dfrac{\partial \boldsymbol{r}_f}{\partial \theta_1}\right|} = \cos\theta_1 \boldsymbol{i}_f + \sin\theta_1 \boldsymbol{j}_f$$

$$\boldsymbol{v}_{tr}^{(1)} = -r\omega\boldsymbol{i}_f$$

$$\begin{aligned} \boldsymbol{v}^{(12)} &= \boldsymbol{v}_{tr}^{(1)} - \boldsymbol{v}_{tr}^{(2)} \\ &= -r\omega\boldsymbol{i}_f - (\boldsymbol{\omega} \times \boldsymbol{r}_f) \\ &= -r\omega\boldsymbol{i}_f - \begin{vmatrix} \boldsymbol{i}_f & \boldsymbol{j}_f & \boldsymbol{k}_f \\ 0 & 0 & \omega \\ x_f & y_f & 0 \end{vmatrix} \\ &= \omega[(b - \rho\cos\theta_1)\boldsymbol{i}_f + (b\tan\theta_1 - \rho\sin\theta_1)\boldsymbol{j}_f] \end{aligned}$$

$$(v^{(12)})^2 = \omega^2\left(\frac{b}{\cos\theta_1} - \rho\right)^2$$

我们推导出$\boldsymbol{v}^{(12)}$的方程，并且利用啮合方程（8.3.69）消去 $r\phi$。于是，我们有［参见方程（8.3.39）］

$$\kappa_2(\theta_1) = -\frac{r\cos^3\theta_1 - b\cos\theta_1}{b^2 + \rho(r\cos^3\theta_1 - b\cos\theta_1)} \tag{8.3.73}$$

$$(0 < \theta_1 < 90° - \alpha, b\text{ 是负的})$$

κ_2 的负号表明被加工成的过渡曲线的曲率中心位于法线的负向（见图8.3.4b）。因此，齿条刀具和齿轮的过渡曲线在切齿期间处于内相切。

图8.3.4b所示为齿条刀具的齿形 Σ_1 形成齿形 Σ_2，其包括三段曲线。这三段曲线是由直线Ⅰ形成的渐开线、由圆弧Ⅱ形成的过渡曲线，以及由直线Ⅲ形成的属于齿根的圆。过渡曲线在其与渐开线切点处的曲率，对应参数 $\theta_1 = 90° - \alpha$。过渡曲线在其与根圆切点处的曲率对应 $\theta_1 = 0$。

8.4 共轭齿面主曲率之间的直接关系式

推导曲率的矩阵基于以下想法：a. 接触点和曲面单位法线矢量的顶端，在其沿曲面运

动中的移动速度用方程（8.2.2）和方程（8.2.4）来联系；b. 移动运动被分解，并且考察沿接触曲面主方向上的位移。点 P 是 Σ_1 和 Σ_2 的相切点（见图8.4.1）。在点 P 处，Σ_1 的两个主方向的单位矢量用 $\boldsymbol{e}_f$ 和 $\boldsymbol{e}_h$ 标记；κ_f 和 κ_h 是 Σ_1 的对应主曲率。单位矢量 $\boldsymbol{e}_s$ 和 $\boldsymbol{e}_q$ 表示 Σ_2 上的主方向；κ_s 和 κ_q 是 Σ_2 的对应主曲率。角 σ 是由 $\boldsymbol{e}_f$ 和 $\boldsymbol{e}_s$ 形成的，并且从 $\boldsymbol{e}_f$ 到 $\boldsymbol{e}_s$ 沿逆时方向测量。

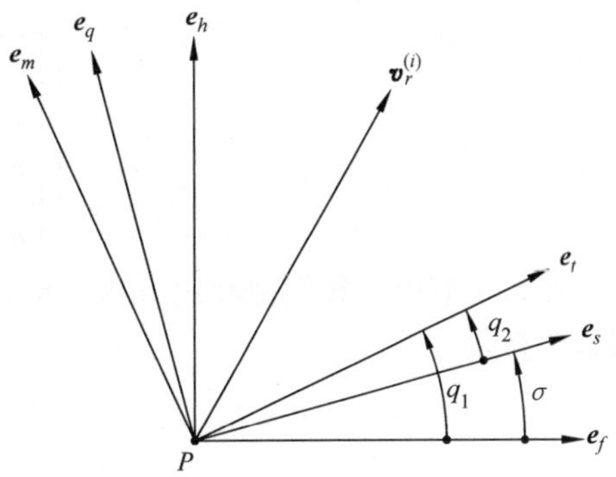

图8.4.1　切面上的单位矢量

1. 辅助方程

下面，我们考察在二维空间内，分别与齿轮1和2（曲面 Σ_1 和 Σ_2）刚性固接的坐标系 $S_a(\boldsymbol{e}_f,\boldsymbol{e}_h)$ 和 $S_b(\boldsymbol{e}_s,\boldsymbol{e}_q)$。两坐标系之间的坐标变换基于如下矩阵的应用：

$$\begin{cases}\boldsymbol{L}_{ba}=\begin{bmatrix}\cos\sigma & \sin\sigma\\ -\sin\sigma & \cos\sigma\end{bmatrix}\\ \boldsymbol{L}_{ab}=\begin{bmatrix}\cos\sigma & -\sin\sigma\\ \sin\sigma & \cos\sigma\end{bmatrix}\end{cases} \tag{8.4.1}$$

在下面推导中，我们采用如下记号：

$$\begin{cases}\boldsymbol{v}_r^{(1)}=\begin{bmatrix}v_f^{(1)}\\ v_h^{(1)}\end{bmatrix}\\ \dot{\boldsymbol{n}}_r^{(1)}=\begin{bmatrix}\dot{n}_f^{(1)}\\ \dot{n}_h^{(1)}\end{bmatrix}\end{cases} \tag{8.4.2}$$

矢量 $\boldsymbol{v}_r^{(1)}$ 和 $\dot{\boldsymbol{n}}_r^{(1)}$ 表示在与曲面 Σ_1 刚性固接的坐标 $S_a(\boldsymbol{e}_f,\boldsymbol{e}_h)$ 中。我们还需要将矢量 $\boldsymbol{v}_r^{(1)}$ 和 $\dot{\boldsymbol{n}}_r^{(1)}$ 表示在与齿轮2刚性固接的坐标系 $S_b(\boldsymbol{e}_s,\boldsymbol{e}_q)$ 中。显然

$$\begin{cases}\begin{bmatrix}v_s^{(1)}\\ v_q^{(1)}\end{bmatrix}=\boldsymbol{L}_{ba}\begin{bmatrix}v_f^{(1)}\\ v_h^{(1)}\end{bmatrix}\\ \begin{bmatrix}\dot{n}_s^{(1)}\\ \dot{n}_q^{(1)}\end{bmatrix}=\boldsymbol{L}_{ba}\begin{bmatrix}\dot{n}_f^{(1)}\\ \dot{n}_h^{(1)}\end{bmatrix}\end{cases} \tag{8.4.3}$$

上标（1）表明，所考察的是沿曲面 Σ_1 的移动；两对下标 f 和 h 与 s 和 q 表明，相应的矢量分别在坐标系 $S_a(\boldsymbol{e}_f,\boldsymbol{e}_h)$ 和 $S_b(\boldsymbol{e}_s,\boldsymbol{e}_q)$ 中加以考察。

同理，我们使用记号

$$\begin{cases}\boldsymbol{v}_r^{(2)}=\begin{bmatrix}v_s^{(2)}\\ v_q^{(2)}\end{bmatrix}\\ \dot{\boldsymbol{n}}_r^{(2)}=\begin{bmatrix}n_s^{(2)}\\ n_q^{(2)}\end{bmatrix}\end{cases} \tag{8.4.4}$$

和

$$\begin{cases}\begin{bmatrix} v_f^{(2)} \\ v_h^{(2)} \end{bmatrix} = \boldsymbol{L}_{ab}\begin{bmatrix} v_s^{(2)} \\ v_q^{(2)} \end{bmatrix} \\ \begin{bmatrix} \dot{n}_f^{(2)} \\ \dot{n}_h^{(2)} \end{bmatrix} = \boldsymbol{L}_{ab}\begin{bmatrix} \dot{n}_s^{(2)} \\ \dot{n}_q^{(2)} \end{bmatrix}\end{cases} \tag{8.4.5}$$

在8.2节中，我们曾经用方程（8.2.2）和方程（8.2.4）表示出移动速度之间的如下基本关系式：

$$\boldsymbol{v}_r^{(2)} = \boldsymbol{v}_r^{(1)} + \boldsymbol{v}^{(12)}$$

$$\dot{\boldsymbol{n}}_r^{(2)} = \dot{\boldsymbol{n}}_r^{(1)} + (\boldsymbol{\omega}^{(12)} \times \boldsymbol{n})$$

假定在这些方程中，所有矢量均表示在同一坐标系，比方说 S_a，我们得

$$\begin{bmatrix} v_f^{(2)} \\ v_h^{(2)} \end{bmatrix} = \begin{bmatrix} v_f^{(1)} \\ v_h^{(1)} \end{bmatrix} + \begin{bmatrix} v_f^{(12)} \\ v_h^{(12)} \end{bmatrix} \tag{8.4.6}$$

$$\begin{bmatrix} \dot{n}_f^{(2)} \\ \dot{n}_h^{(2)} \end{bmatrix} = \begin{bmatrix} \dot{n}_f^{(1)} \\ \dot{n}_h^{(1)} \end{bmatrix} + \begin{bmatrix} (\boldsymbol{\omega}^{(12)} \times \boldsymbol{n}) \cdot \boldsymbol{e}_f \\ (\boldsymbol{\omega}^{(12)} \times \boldsymbol{n}) \cdot \boldsymbol{e}_h \end{bmatrix} \tag{8.4.7}$$

当方程（8.2.2）和方程（8.2.4）中，所有矢量均表示在坐标系 $S_b(\boldsymbol{e}_s, \boldsymbol{e}_q)$时，可推导出类似的方程，即

$$\begin{bmatrix} v_s^{(2)} \\ v_q^{(2)} \end{bmatrix} = \begin{bmatrix} v_s^{(1)} \\ v_q^{(1)} \end{bmatrix} + \begin{bmatrix} v_s^{(12)} \\ v_q^{(12)} \end{bmatrix} \tag{8.4.8}$$

$$\begin{bmatrix} \dot{n}_s^{(2)} \\ \dot{n}_q^{(2)} \end{bmatrix} = \begin{bmatrix} \dot{n}_s^{(1)} \\ \dot{n}_q^{(1)} \end{bmatrix} + \begin{bmatrix} (\boldsymbol{\omega}^{(12)} \times \boldsymbol{n}) \cdot \boldsymbol{e}_s \\ (\boldsymbol{\omega}^{(12)} \times \boldsymbol{n}) \cdot \boldsymbol{e}_q \end{bmatrix} \tag{8.4.9}$$

矢量$\boldsymbol{v}_r^{(i)}$ 和$\dot{\boldsymbol{n}}_r^{(i)}$ 的分量用 Rodigue 公式（参见7.5节）来联系：

$$\dot{\boldsymbol{n}}_r^{(i)} = -\boldsymbol{\kappa}_{I,II}^{(i)}\dot{\boldsymbol{v}}_r^{(i)} \qquad (i=1,2) \tag{8.4.10}$$

式中，$\boldsymbol{\kappa}_{I,II}^{(i)}$ 是曲面 $\boldsymbol{\Sigma}_i$ 的主曲率［上文中用（κ_f，κ_h）和（κ_s，κ_q）标记］。

从方程（8.4.10）推导出

$$\begin{bmatrix} \dot{n}_f^{(1)} \\ \dot{n}_h^{(1)} \end{bmatrix} = \boldsymbol{K}_1\begin{bmatrix} v_f^{(1)} \\ v_h^{(1)} \end{bmatrix} = \begin{bmatrix} -\kappa_f & 0 \\ 0 & -\kappa_h \end{bmatrix}\begin{bmatrix} v_f^{(1)} \\ v_h^{(1)} \end{bmatrix} \tag{8.4.11}$$

矢量 $\dot{\boldsymbol{n}}_r^{(1)}$ 和$\boldsymbol{v}_r^{(1)}$ 表示在坐标系 $S_a(\boldsymbol{e}_f, \boldsymbol{e}_h)$中，并且用方程(8.4.11)联系这两个矢量的分量。同理，我们得

$$\begin{bmatrix} \dot{n}_s^{(2)} \\ \dot{n}_q^{(2)} \end{bmatrix} = \boldsymbol{K}_2\begin{bmatrix} v_s^{(2)} \\ v_q^{(2)} \end{bmatrix} = \begin{bmatrix} -\kappa_s & 0 \\ 0 & -\kappa_q \end{bmatrix}\begin{bmatrix} v_s^{(2)} \\ v_q^{(2)} \end{bmatrix} \tag{8.4.12}$$

这里，$\boldsymbol{K}_i(i=1,2)$是曲面 $\boldsymbol{\Sigma}_i$ 的曲率矩阵。

我们的下一目标是推导出联系如下分量的方程：a. 表示在 $S_b(\boldsymbol{e}_s, \boldsymbol{e}_q)$中的矢量 $\dot{\boldsymbol{n}}_r^{(1)}$ 和$\boldsymbol{v}_r^{(1)}$ 的分量；b. 表示在 $S_a(\boldsymbol{e}_f, \boldsymbol{e}_h)$中$\dot{\boldsymbol{n}}_r^{(2)}$ 和$\boldsymbol{v}_r^{(2)}$ 的分量。应用常规的坐标变换可以达到这个目标。对方程（8.4.3）和方程（8.3.11）进行变换，可推导出

$$\begin{bmatrix} \dot{n}_s^{(1)} \\ \dot{n}_q^{(1)} \end{bmatrix} = \boldsymbol{L}_{ba}\boldsymbol{K}_1\boldsymbol{L}_{ab}\begin{bmatrix} v_s^{(1)} \\ v_q^{(1)} \end{bmatrix} \tag{8.4.13}$$

对方程（8.4.12）进行类似的变换，可推导出

$$\begin{bmatrix} \dot{n}_f^{(2)} \\ \dot{n}_h^{(2)} \end{bmatrix} = \boldsymbol{L}_{ab}\boldsymbol{K}_2\boldsymbol{L}_{ba}\begin{bmatrix} v_f^{(2)} \\ v_h^{(2)} \end{bmatrix} \tag{8.4.14}$$

2. 基本的线性方程组

我们的下一目标是推导出如下的由四个线性方程组成的方程组

$$\boldsymbol{AX} = \boldsymbol{B} \tag{8.4.15}$$

其中

$$\boldsymbol{X} = [\, v_f^{(2)} \quad v_h^{(2)} \quad v_s^{(1)} \quad v_q^{(1)} \,]^{\mathrm{T}} \tag{8.4.16}$$

这里

$$v_f^{(2)} = \boldsymbol{v}_r^{(2)} \cdot \boldsymbol{e}_f$$
$$v_h^{(2)} = \boldsymbol{v}_r^{(2)} \cdot \boldsymbol{e}_h$$
$$v_s^{(1)} = \boldsymbol{v}_r^{(1)} \cdot \boldsymbol{e}_s$$
$$v_q^{(1)} = \boldsymbol{v}_r^{(1)} \cdot \boldsymbol{e}_q^{(1)}$$

4×4 矩阵 $\boldsymbol{A}$ 和 4×1 矩阵 $\boldsymbol{B}$ 的表达式将在下面给出。

我们可以认为方程组（8.4.15）由两个子方程组组成，每一子方程组含有两个线性方程。推导含有两个未知数$v_f^{(2)}$ 和$v_h^{(2)}$ 的第一子方程组基于如下的步骤。

步骤1：同时考察方程（8.4.7）和方程（8.4.14），我们得到

$$\begin{bmatrix} \dot{n}_f^{(1)} \\ \dot{n}_h^{(1)} \end{bmatrix} + \begin{bmatrix} (\boldsymbol{\omega}^{(12)} \times \boldsymbol{n}) \cdot \boldsymbol{e}_f \\ (\boldsymbol{\omega}^{(12)} \times \boldsymbol{n}) \cdot \boldsymbol{e}_h \end{bmatrix} = \boldsymbol{L}_{ab}\boldsymbol{K}_2\boldsymbol{L}_{ab}\begin{bmatrix} v_f^{(2)} \\ v_h^{(2)} \end{bmatrix} \tag{8.4.17}$$

步骤2：利用方程（8.4.11）和方程（8.4.6），我们得到

$$\begin{bmatrix} \dot{n}_f^{(1)} \\ \dot{n}_h^{(1)} \end{bmatrix} = \boldsymbol{K}_1\begin{bmatrix} v_f^{(1)} \\ v_h^{(1)} \end{bmatrix} = \boldsymbol{K}_1\begin{bmatrix} v_f^{(2)} \\ v_h^{(2)} \end{bmatrix} - \boldsymbol{K}_1\begin{bmatrix} v_f^{(12)} \\ v_h^{(12)} \end{bmatrix} \tag{8.4.18}$$

步骤3：从方程（8.4.17）和方程（8.4.18）推导出第一个含两个未知数（$v_f^{(2)}$ 和 $v_h^{(2)}$）的由两个线性方程组成的子方程组如下：

$$(\boldsymbol{K}_1 - \boldsymbol{L}_{ab}\boldsymbol{K}_2\boldsymbol{L}_{ba})\begin{bmatrix} v_f^{(2)} \\ v_h^{(2)} \end{bmatrix} = \boldsymbol{K}_1\begin{bmatrix} v_f^{(12)} \\ v_h^{(12)} \end{bmatrix} + \begin{bmatrix} (\boldsymbol{n} \times \boldsymbol{\omega}^{(12)}) \cdot \boldsymbol{e}_f \\ (\boldsymbol{n} \times \boldsymbol{\omega}^{(12)}) \cdot \boldsymbol{e}_h \end{bmatrix} \tag{8.4.19}$$

推导第二个含两个未知数（$v_s^{(1)}$ 和 $v_q^{(1)}$）的两个线性方程组成的子方程组基于类似于上面所采用的步骤。

步骤1：从方程（8.4.13）和方程（8.4.9）推导出

$$\begin{bmatrix} \dot{n}_s^{(2)} \\ \dot{n}_q^{(2)} \end{bmatrix} - \begin{bmatrix} (\boldsymbol{\omega}^{(12)} \times \boldsymbol{n}) \cdot \boldsymbol{e}_s \\ (\boldsymbol{\omega}^{(12)} \times \boldsymbol{n}) \cdot \boldsymbol{e}_q \end{bmatrix} = \boldsymbol{L}_{ba}\boldsymbol{K}_1\boldsymbol{L}_{ab}\begin{bmatrix} v_s^{(1)} \\ v_q^{(1)} \end{bmatrix} \tag{8.4.20}$$

步骤2：利用方程（8.4.12）和方程（8.4.8），我们得到

$$\begin{bmatrix} \dot{n}_s^{(2)} \\ \dot{n}_q^{(2)} \end{bmatrix} = \boldsymbol{K}_2\begin{bmatrix} v_s^{(2)} \\ v_q^{(2)} \end{bmatrix} = \boldsymbol{K}_2\begin{bmatrix} v_s^{(1)} \\ v_q^{(1)} \end{bmatrix} + \boldsymbol{K}_2\begin{bmatrix} v_s^{(12)} \\ v_q^{(12)} \end{bmatrix} \tag{8.4.21}$$

步骤3：利用方程（8.4.20）和方程（8.4.21），能使我们推导出第二个含有两个未知数（$v_s^{(1)}$ 和 $v_q^{(1)}$）由两个线性方程组成的子方程组如下：

$$(\boldsymbol{L}_{ba}\boldsymbol{K}_1\boldsymbol{L}_{ab} - \boldsymbol{K}_2)\begin{bmatrix} v_s^{(1)} \\ v_q^{(1)} \end{bmatrix} = \boldsymbol{K}_2\begin{bmatrix} v_s^{(12)} \\ v_q^{(12)} \end{bmatrix} - \begin{bmatrix} (\boldsymbol{\omega}^{(12)} \times \boldsymbol{n}) \cdot \boldsymbol{e}_s \\ (\boldsymbol{\omega}^{(12)} \times \boldsymbol{n}) \cdot \boldsymbol{e}_q \end{bmatrix} \tag{8.4.22}$$

上述讨论的最终结果如下：将方程（8.4.19）和方程（8.4.22）联立，就是所求的方程组（8.4.15），该方程组由四个线性方程组成，且含有用矩阵（8.4.16）表示的四个未知数。

矩阵 $\boldsymbol{A}$ 是对称的，并且用接触曲面 Σ_1 和 Σ_2 的主曲率，以及 Σ_1 和 Σ_2 上的两个主方向之间形成的夹角 σ 来表示。

$$\boldsymbol{A}=\begin{bmatrix} b_{11} & b_{12} & 0 & 0 \\ b_{21} & b_{22} & 0 & 0 \\ 0 & 0 & b_{33} & b_{34} \\ 0 & 0 & b_{43} & b_{44} \end{bmatrix} \tag{8.4.23}$$

利用方程（8.4.19）和方程（8.4.22），经变换后，我们得

$$b_{11}=-\kappa_f+0.5(\kappa_s+\kappa_q)+0.5(\kappa_s-\kappa_q)\cos 2\sigma \tag{8.4.24}$$

$$b_{12}=b_{21}=0.5(\kappa_s-\kappa_q)\sin 2\sigma \tag{8.4.25}$$

$$b_{22}=-\kappa_h+0.5(\kappa_s+\kappa_q)-0.5(\kappa_s-\kappa_q)\cos 2\sigma \tag{8.4.26}$$

$$b_{33}=\kappa_s-0.5(\kappa_f+\kappa_h)-0.5(\kappa_f-\kappa_h)\cos\sigma \tag{8.4.27}$$

$$b_{34}=b_{43}=0.5(\kappa_f-\kappa_h)\sin 2\sigma \tag{8.4.28}$$

$$b_{44}=\kappa_q-0.5(\kappa_f+\kappa_h)+0.5(\kappa_f-\kappa_h)\cos 2\sigma \tag{8.4.29}$$

列矢量 $\boldsymbol{B}$ 表示为

$$\boldsymbol{B}=[\,b_{15} \quad b_{25} \quad b_{35} \quad b_{45}\,]^{\mathrm{T}} \tag{8.4.30}$$

其中

$$b_{15}=-(\boldsymbol{\omega}^{(12)}\cdot\boldsymbol{e}_h)-\kappa_f(v^{(12)}\cdot\boldsymbol{e}_f) \tag{8.4.31}$$

$$b_{25}=(\boldsymbol{\omega}^{(12)}\cdot\boldsymbol{e}_f)-\kappa_h(v^{(12)}\cdot\boldsymbol{e}_h) \tag{8.4.32}$$

$$b_{35}=-(\boldsymbol{\omega}^{(12)}\cdot\boldsymbol{e}_q)-\kappa_s(v^{(12)}\cdot\boldsymbol{e}_s) \tag{8.4.33}$$

$$b_{45}=(\boldsymbol{\omega}^{(12)}\cdot\boldsymbol{e}_s)-\kappa_q(v^{(12)}\cdot\boldsymbol{e}_q) \tag{8.4.34}$$

在以下讨论中，我将考察三种情况。

1）情况1。两曲面 Σ_1 和 Σ_2 在每一瞬时都处于线接触，并且点 P 位于瞬时接触线、主曲率 κ_f 和 κ_h 以及点 P 处的运动参数是给定的。这里的目标是确定 Σ_2 的 κ_s、κ_q 和 σ。

2）情况2。两曲面 Σ_1 和 Σ_2 还是处于线接触，但是我们假定曲面 Σ_2 的主曲率 κ_s 和 κ_q 是给定的。这里的目标是确定 κ_f、κ_h 和 σ。

3）情况3。两曲面 Σ_1 和 Σ_2 在每一瞬时都处于线接触，并且点 P 是流动的相切点。这里的目标是确定联系 κ_f、κ_h、κ_s、κ_q 和 σ 的方程。

（1）情况1　对于这种情况，我们利用含两个未知数 $v_f^{(2)}$ 和 $v_h^{(2)}$ 的由三个线性方程组成的方程组。这个方程组包括方程组（8.4.15）的前两个线性方程。第三个线性方程是啮合方程的微分式（8.2.7），在该式中，我们取 $i=1$，并且将其表示如下

$$\begin{aligned} &\dot{\boldsymbol{n}}_r^{(1)}\cdot\boldsymbol{v}^{(12)}-[\boldsymbol{v}_r^{(1)}\cdot(\boldsymbol{\omega}^{(12)}\times\boldsymbol{n})]+\\ &\boldsymbol{n}\cdot[(\boldsymbol{\omega}^{(1)}\times\boldsymbol{v}_{tr}^{(2)})-(\boldsymbol{\omega}^{(2)}\times\boldsymbol{v}_{tr}^{(1)})]-\\ &(\omega^{(1)})^2 m_{21}'\boldsymbol{n}\cdot[\boldsymbol{k}_2\times(\boldsymbol{r}^{(1)}-\boldsymbol{R})]=0 \end{aligned} \tag{8.4.35}$$

我们利用下列步骤变换方程（8.4.35）。

步骤1：将数积 $\dot{\boldsymbol{n}}_r^{(1)}\cdot\boldsymbol{v}^{(12)}$ 中的两个矢量表示在坐标系 $S_a(\boldsymbol{e}_f,\boldsymbol{e}_h)$ 中，我们得到

$$\boldsymbol{v}^{(12)} \cdot \dot{\boldsymbol{n}}_r^{(1)} = \begin{bmatrix} v_f^{(12)} \\ v_h^{(12)} \end{bmatrix}^{\mathrm{T}} \begin{bmatrix} \dot{n}_f^{(1)} \\ \dot{n}_h^{(1)} \end{bmatrix} \tag{8.4.36}$$

步骤2：利用方程（8.4.11），我们得到

$$\boldsymbol{v}^{(12)} \cdot \dot{\boldsymbol{n}}_r^{(1)} = \begin{bmatrix} v_f^{(12)} \\ v_h^{(12)} \end{bmatrix}^{\mathrm{T}} \boldsymbol{K}_1 \begin{bmatrix} v_f^{(1)} \\ v_h^{(1)} \end{bmatrix} \tag{8.4.37}$$

步骤3：从方程（8.4.37）和方程（8.4.6）推导出

$$\begin{aligned} \boldsymbol{v}^{(12)} \cdot \dot{\boldsymbol{n}}_r^{(1)} &= \begin{bmatrix} v_f^{(12)} \\ v_h^{(12)} \end{bmatrix}^{\mathrm{T}} \boldsymbol{K}_1 \begin{bmatrix} v_f^{(1)} \\ v_h^{(1)} \end{bmatrix} - \begin{bmatrix} v_f^{(12)} \\ v_h^{(12)} \end{bmatrix}^{\mathrm{T}} \boldsymbol{K}_1 \begin{bmatrix} v_f^{(12)} \\ v_h^{(12)} \end{bmatrix} \\ &= \begin{bmatrix} v_f^{(12)} \\ v_h^{(12)} \end{bmatrix}^{\mathrm{T}} \boldsymbol{K}_1 \begin{bmatrix} v_f^{(2)} \\ v_h^{(2)} \end{bmatrix} + \kappa_f (v_f^{(12)})^2 + \kappa_h (v_h^{(12)})^2 \end{aligned} \tag{8.4.38}$$

步骤4：下一步骤旨在变换三重混合积 $[-\boldsymbol{v}_r^{(1)} \cdot (\boldsymbol{\omega}^{(12)} \times \boldsymbol{n})]$。将三重混合积中的矢量表示在坐标系 $S_a(\boldsymbol{e}_f, \boldsymbol{e}_h)$ 中，我们得到

$$-\boldsymbol{v}_r^{(1)} \cdot (\boldsymbol{\omega}^{(12)} \times \boldsymbol{n}) = \begin{bmatrix} (\boldsymbol{n} \times \boldsymbol{\omega}^{(12)}) \cdot \boldsymbol{e}_f \\ (\boldsymbol{n} \times \boldsymbol{\omega}^{(12)}) \cdot \boldsymbol{e}_h \end{bmatrix}^{\mathrm{T}} \begin{bmatrix} v_f^{(1)} \\ v_h^{(1)} \end{bmatrix} \tag{8.4.39}$$

步骤5：从方程（8.4.39）和方程（8.4.6）推导出

$$-\boldsymbol{v}_r^{(1)} \cdot (\boldsymbol{\omega}^{(12)} \times \boldsymbol{n}) = \begin{bmatrix} (\boldsymbol{n} \times \boldsymbol{\omega}^{(12)}) \cdot \boldsymbol{e}_f \\ (\boldsymbol{n} \times \boldsymbol{\omega}^{(12)}) \cdot \boldsymbol{e}_h \end{bmatrix}^{\mathrm{T}} \begin{bmatrix} v_f^{(2)} \\ v_h^{(2)} \end{bmatrix} - (\boldsymbol{n} \times \boldsymbol{\omega}^{(12)}) \cdot \boldsymbol{v}^{(12)} \tag{8.4.40}$$

步骤6：利用方程（8.4.38）和方程（8.4.40），我们将方程（8.4.35）表示为

$$\begin{aligned} &\left\{ \begin{bmatrix} v_f^{(12)} \\ v_h^{(12)} \end{bmatrix}^{\mathrm{T}} \boldsymbol{K}_1 + \begin{bmatrix} (\boldsymbol{n} \times \boldsymbol{\omega}^{(12)}) \cdot \boldsymbol{e}_f \\ (\boldsymbol{n} \times \boldsymbol{\omega}^{(12)}) \cdot \boldsymbol{e}_h \end{bmatrix}^{\mathrm{T}} \right\} \begin{bmatrix} v_f^{(2)} \\ v_h^{(2)} \end{bmatrix} \\ &= -\boldsymbol{n} \cdot [(\boldsymbol{\omega}^{(1)} \times \boldsymbol{v}_{tr}^{(2)}) - (\boldsymbol{\omega}^{(2)} \times \boldsymbol{v}_{tr}^{(1)})] + \\ &\quad (\omega^{(1)})^2 m'_{21} (\boldsymbol{n} \times \boldsymbol{k}_2) \cdot (\boldsymbol{r}^{(1)} - \boldsymbol{R}) + \\ &\quad (\boldsymbol{n} \times \boldsymbol{\omega}^{(12)}) \cdot \boldsymbol{v}^{(12)} - \kappa_f (v_f^{(12)})^2 - \kappa_h (v_h^{(12)})^2 \end{aligned} \tag{8.4.41}$$

最后，利用方程（8.4.41）和方程组（8.4.15）中前两个方程，我们得到含两个未知数 $v_f^{(2)}$ 和$v_h^{(2)}$ 的由三个线性方程组成的以下方程组：

$$t_{i1} v_f^{(2)} + t_{i2} v_h^{(2)} = t_{i3} \quad (i = 1, 2, 3) \tag{8.4.42}$$

这里

$$\begin{aligned} t_{11} &\equiv b_{11} \\ t_{12} = t_{21} &\equiv b_{12} \\ t_{22} &\equiv b_{22} \\ t_{13} = t_{31} &\equiv b_{15} \\ t_{23} \equiv t_{32} &\equiv b_{25} \\ t_{33} = -\boldsymbol{n} \cdot [(\boldsymbol{\omega}^{(1)} &\times \boldsymbol{v}_{tr}^{(2)}) - (\boldsymbol{\omega}^{(2)} \times \boldsymbol{v}_{tr}^{(1)})] + \\ &(\omega^{(1)})^2 m'_{21} (\boldsymbol{n} \times \boldsymbol{k}_2) \cdot (\boldsymbol{r}^{(1)} - \boldsymbol{R}) + \\ &(\boldsymbol{n} \times \boldsymbol{\omega}^{(12)}) \cdot \boldsymbol{v}^{(12)} - \kappa_f (v_f^{(12)})^2 - \kappa_h (v_h^{(12)})^2 \end{aligned} \tag{8.4.43}$$

为了进一步推导，重要的是认识到方程组（8.4.42）的方程组矩阵和增广矩阵的秩都

等于1，由此可见，两接触曲面在每一瞬时都处于线接触，接触点沿曲面的移动不是唯一的，所以方程组（8.4.42）中的未知数 $v_f^{(2)}$ 和 $v_h^{(2)}$ 的解也不是唯一的。方程组矩阵和增广矩阵的秩等于1这一条件，能使我们推导出确定 $\boldsymbol{\Sigma}_2$ 上的主方向及其主曲率的如下方程：

$$\tan 2\sigma=\frac{-2t_{13}t_{23}}{t_{23}^2-t_{13}^2-(\kappa_f-\kappa_h)t_{33}} \tag{8.4.44}$$

$$\kappa_q-\kappa_s=\frac{-2t_{13}t_{23}}{t_{33}\sin 2\sigma}=\frac{t_{23}^2-t_{13}^2-(\kappa_f-\kappa_h)t_{33}}{t_{33}\cos 2\sigma} \tag{8.4.45}$$

$$\kappa_q+\kappa_s=\kappa_f+\kappa_h+\frac{t_{13}^2+t_{23}^2}{t_{33}^2} \tag{8.4.46}$$

方程（8.4.44）~方程(8.4.46）的优点是，在 $\boldsymbol{\Sigma}_1$ 上的主曲率和主方向，以及共轭曲面的运动参数为已知的情况下，有可能确定曲面 $\boldsymbol{\Sigma}_2$ 上的主曲率和主方向。关于接触曲面的主曲率和主方向的知识，对于确定弹性曲面的瞬时接触椭圆是必要的。

（2）情况2　推导步骤类似于情况1中所讨论的那样。我们考察由三个线性方程组成的如下方程组：

$$a_{i1}v_s^{(1)}+a_{i2}v_q^{(1)}=a_{i3}\quad (i=1,2,3) \tag{8.4.47}$$

方程组（8.4.47）的前两个方程已经表示为线性方程组（8.4.15）的第三和第四个方程。方程组（8.4.47）中的第三个方程是啮合方程（8.2.7）的微分式（$i=2$），我们通过 $\boldsymbol{v}_r^{(1)}$ 和 $\dot{\boldsymbol{n}}_r^{(1)}$ 来表示。其中

$$\begin{cases}a_{11}=b_{33}\\ a_{12}=a_{21}=b_{34}\\ a_{22}=b_{44}\\ a_{13}=a_{31}=-\kappa_s v_s^{(12)}-\boldsymbol{\omega}^{(12)}\cdot(\boldsymbol{n}\times\boldsymbol{e}_s)\\ a_{23}=a_{32}=-\kappa_q v_q^{(12)}-\boldsymbol{\omega}^{(12)}\cdot(\boldsymbol{n}\times\boldsymbol{e}_q)\\ a_{33}=-\boldsymbol{n}\cdot[(\boldsymbol{\omega}^{(1)}\times\boldsymbol{v}_{tr}^{(2)})-(\boldsymbol{\omega}^{(2)}\times\boldsymbol{v}_{tr}^{(1)})]+\\ \qquad [(\omega^{(1)})^2 m_{21}'(\boldsymbol{n}\times\boldsymbol{k}_2)]\cdot(\boldsymbol{r}^{(1)}-\boldsymbol{R})-\\ \qquad \boldsymbol{n}\cdot(\boldsymbol{\omega}^{(12)}\times\boldsymbol{v}^{(12)})+\kappa_s(v_s^{(12)})^2+\kappa_q(v_q^{(12)})^2\end{cases} \tag{8.4.48}$$

方程组矩阵和增广矩阵的秩等于1，这一点如同对情况1解释过的那样。κ_f、κ_h 和 σ 的解如下：

$$\tan 2\sigma=\frac{2a_{13}a_{23}}{a_{23}^2-a_{13}^2+(\kappa_s-\kappa_q)a_{33}} \tag{8.4.49}$$

$$\kappa_f-\kappa_h=\frac{2a_{13}a_{23}}{a_{33}\sin 2\sigma}=\frac{a_{23}^2+a_{13}^2-(\kappa_s-\kappa_q)a_{33}}{a_{33}\cos 2\sigma} \tag{8.4.50}$$

$$\kappa_f+\kappa_h=(\kappa_s+\kappa_q)-\frac{a_{13}^2+a_{23}^2}{a_{33}} \tag{8.4.51}$$

（3）情况3　两曲面 $\boldsymbol{\Sigma}_1$ 和 $\boldsymbol{\Sigma}_2$ 在每一瞬时都处点接触。接触点沿曲面运动的速度具有确定的方向，方程组（8.4.47）必定有唯一的解，并且方程组矩阵的秩等于2。从这一条件可推导出

$$\begin{vmatrix} a_{11} & a_{12} & a_{13} \\ a_{12} & a_{22} & a_{23} \\ a_{13} & a_{23} & a_{33} \end{vmatrix} = F(\kappa_f, \kappa_h, \kappa_s, \kappa_q, \sigma, m'_{21}) = 0 \tag{8.4.52}$$

接触曲面的主曲率和主方向之间的关系式只有一个。考虑到一个曲面的主曲率是给定的，比方说 Σ_1 的主曲率已知，我们可以综合出无限多数量的共轭曲面 Σ_2，其均满足 m'_{21} 的同一值和其他运动参数，更详细的情况在 Litvin 和 Zhang 1991 年的专著中给出。

8.5 共轭曲面法曲率之间的直接关系式

我们仍然考察接触曲面 Σ_1 和 Σ_2 处于线接触或点接触的两种情况。图 8.4.1 中的图形平面是 Σ_1 和 Σ_2 的切面，P 是两曲面的相切点。在线接触情况下，点 P 位于瞬时特征线（瞬时接触线），而在点接触情况下，点 P 是唯一相切点。假定有三个基本三棱形：$S_c(\boldsymbol{e}_t, \boldsymbol{e}_m, \boldsymbol{e}_n)$，$S_a(\boldsymbol{e}_f, \boldsymbol{e}_h, \boldsymbol{e}_n)$，$S_b(\boldsymbol{e}_s, \boldsymbol{e}_q, \boldsymbol{e}_n)$。这里，$\boldsymbol{e}_n \equiv \boldsymbol{n}$ 是曲面单位法线矢量；$\boldsymbol{e}_f$ 和 $\boldsymbol{e}_h$ 是曲面 Σ_1 上主方向的单位矢量；$\boldsymbol{e}_s$ 和 $\boldsymbol{e}_q$ 是曲面 Σ_2 上主方向的单位矢量；$\boldsymbol{e}_t$ 和 $\boldsymbol{e}_m$ 是在切面上选取的两个相互垂直的方向。角 q_1、q_2 和 $\sigma = q_1 - q_2$ 标记由上述相应单位矢量之间形成的夹角。

我们的目标是确定曲面 Σ_1 和 Σ_2 的沿 $\boldsymbol{e}_t$ 和 $\boldsymbol{e}_m$ 的法曲率 $\kappa_t^{(i)}$、$\kappa_m^{(i)}$（$i=1$，2）之间的关系式。解决这个问题的方法基于运动分解的两个步骤。第一个分解步骤沿主方向，而第二个沿 $\boldsymbol{e}_t$ 和 $\boldsymbol{e}_m$ 的方向。推导基于应用方程（8.2.2）、方程（8.2.4）、方程（8.2.7）。为了简化起见，我们标记 $\boldsymbol{v}_r^{(i)} = \boldsymbol{v}^{(i)}$，$\dot{\boldsymbol{n}}_r^{(i)} = \dot{\boldsymbol{n}}^{(i)}$，$\boldsymbol{v}^{(12)} = \boldsymbol{v}$，$\boldsymbol{\omega}^{(12)} = \boldsymbol{\omega}$，并且将方程（8.2.2）和方程（8.2.4）表示如下：

$$\begin{aligned} \boldsymbol{v}^{(1)} - \boldsymbol{v}^{(2)} &= -\boldsymbol{v} \\ \dot{\boldsymbol{n}}^{(1)} - \dot{\boldsymbol{n}}^{(2)} &= -(\boldsymbol{\omega} \times \boldsymbol{n}) \end{aligned} \tag{8.5.1}$$

我们可以将矢量 $\boldsymbol{v}^{(i)}$ 和 $\dot{\boldsymbol{n}}^{(i)}$（$i=1$，2）在坐标系 S_c、S_a 和 S_b 中表示如下：

$$\boldsymbol{a}^{(1)} = a_t^{(1)}\boldsymbol{e}_t + a_m^{(1)}\boldsymbol{e}_m = a_f^{(1)}\boldsymbol{e}_f + a_h^{(1)}\boldsymbol{e}_h = a_s^{(1)}\boldsymbol{e}_s + a_q^{(1)}\boldsymbol{e}_q$$
$$(\boldsymbol{a}^{(1)} = \boldsymbol{v}^{(1)} \text{或} \boldsymbol{a}^{(1)} = \dot{\boldsymbol{n}}^{(1)}) \tag{8.5.2}$$

$$\boldsymbol{b}^{(2)} = b_t^{(2)}\boldsymbol{e}_t + b_m^{(2)}\boldsymbol{e}_m = b_f^{(2)}\boldsymbol{e}_f + b_h^{(2)}\boldsymbol{e}_h = b_s^{(2)}\boldsymbol{e}_s + b_q^{(2)}\boldsymbol{e}_q$$
$$(\boldsymbol{b}^{(2)} = \boldsymbol{v}^{(2)} \text{或} \boldsymbol{b}^{(2)} = \dot{\boldsymbol{n}}^{(2)}) \tag{8.5.3}$$

除方程（8.5.1）以外，我们还要考察啮合方程的微分式（8.2.7）。下面将这些方程应用于如下三种情况。

（1）情况 1　两曲面 Σ_1 和 Σ_2 处于线接触，并且点 P 是瞬时接触线上的一点。Σ_1 在点 P 的法曲率 $\kappa_t^{(1)}$ 和 $\kappa_m^{(1)}$，以及角 q_1 是给定的。我们的目标是确定 $\kappa_t^{(2)}$ 和 $\kappa_m^{(2)}$ 和 q_2（见图 8.4.1）。

以下将证明，求解这个问题需要推导出含两个未知数 $v_t^{(2)}$ 和 $v_m^{(2)}$ 的三个线性方程。这个方程组表示为

$$\begin{bmatrix} c_{11} & c_{12} \\ c_{21} & c_{22} \\ c_{31} & c_{32} \end{bmatrix} \begin{bmatrix} v_t^{(2)} \\ v_m^{(2)} \end{bmatrix} = \begin{bmatrix} d_1 \\ d_2 \\ d_3 \end{bmatrix} \tag{8.5.4}$$

利用含未知数 $v_f^{(2)}$ 和 $v_h^{(2)}$ 的方程组（8.4.42），我们可以推导出以上方程组。还将证明，系数 $c_{kl}(k=1,2,3;l=1,2)$ 和 $d_k(k=1,2,3)$ 表示如下：

$$c_{11}=\kappa_t^{(2)}-\kappa_t^{(1)} \tag{8.5.5}$$

$$c_{12}=c_{21}=t^{(2)}-t^{(1)} \tag{8.5.6}$$

$$c_{22}=\kappa_m^{(2)}-\kappa_m^{(1)} \tag{8.5.7}$$

$$c_{31}=d_1=-t^{(1)}v_m^{(12)}-\kappa_t^{(1)}v_t^{(12)}-(\boldsymbol{\omega}^{(12)}\cdot\boldsymbol{e}_m) \tag{8.5.8}$$

$$c_{32}=d_2=-t^{(1)}v_t^{(12)}-\kappa_m^{(1)}v_m^{(12)}+(\boldsymbol{\omega}^{(12)}\cdot\boldsymbol{e}_t) \tag{8.5.9}$$

$$\begin{aligned}d_3=&-\kappa_t^{(1)}(v_t^{(12)})^2-\kappa_m^{(1)}(v_m^{(12)})^2-2t^{(1)}v_t^{(12)}v_m^{(12)}+\\&(\boldsymbol{n}\times\boldsymbol{\omega}^{(12)})\cdot\boldsymbol{v}^{(12)}-\boldsymbol{n}\cdot[(\boldsymbol{\omega}^{(1)}\times\boldsymbol{v}_{tr}^{(2)})-(\boldsymbol{\omega}^{(2)}\times\boldsymbol{v}_{tr}^{(1)})]+\\&(\omega^{(1)})^2m_{21}'(\boldsymbol{n}\times\boldsymbol{k}_2)\cdot(\boldsymbol{r}^{(1)}-\boldsymbol{R})\end{aligned} \tag{8.5.10}$$

记号 $t^{(1)}$ 表示对应沿 $\boldsymbol{e}_t$ 位移的 $\boldsymbol{\Sigma}_1$ 的曲面挠率，并且表示为（参见7.9节）。

$$t^{(1)}=0.5(\kappa_m^{(1)}-\kappa_t^{(1)})\tan 2q_1 \tag{8.5.11}$$

下面对方程（8.5.5）~方程(8.5.11）的推导加以解释。

1）推导方程组（8.5.4）的前两个方程基于如下步骤：

步骤1：假定方程组（8.4.42）的前两个方程已经表示为

$$\begin{bmatrix}t_{11} & t_{12}\\ t_{12} & t_{22}\end{bmatrix}\begin{bmatrix}v_f^{(2)}\\ v_h^{(2)}\end{bmatrix}=\begin{bmatrix}t_{13}\\ t_{23}\end{bmatrix} \tag{8.5.12}$$

这里［参见方程（8.4.42)］，$t_{11}=b_{11}$，$t_{12}=b_{12}$，$t_{22}=b_{22}$，$t_{13}=b_{15}$ 和 $t_{23}=b_{25}$。系数 b_{ml}（$m=1$，2；$l=1$，2，5），曾经用方程（8.4.24)、方程（8.4.25)、方程（8.4.26)、方程（8.4.31）和方程（8.4.32）来表示。

步骤2：二维空间内从 $S_c(\boldsymbol{e}_t,\boldsymbol{e}_m)$ 到 $S_a(\boldsymbol{e}_f,\boldsymbol{e}_h)$ 的坐标变换（见图8.4.1）基于如下矩阵方程：

$$\begin{bmatrix}v_f^{(2)}\\ v_t^{(2)}\end{bmatrix}=\boldsymbol{L}_{ac}\begin{bmatrix}v_t^{(2)}\\ v_m^{(2)}\end{bmatrix} \tag{8.5.13}$$

其中

$$\boldsymbol{L}_{ac}=\begin{bmatrix}\cos q_1 & -\sin q_1\\ \sin q_1 & \cos q_1\end{bmatrix} \tag{8.5.14}$$

步骤3：利用方程（8.5.12)、方程（8.4.43)、方程（8.5.13）和方程（8.5.14)，经过变换后，我们得

$$\boldsymbol{L}_{ca}\begin{bmatrix}b_{11} & b_{12}\\ b_{12} & b_{22}\end{bmatrix}\boldsymbol{L}_{ac}\begin{bmatrix}v_t^{(12)}\\ v_m^{(2)}\end{bmatrix}=\boldsymbol{L}_{ca}\begin{bmatrix}b_{15}\\ b_{25}\end{bmatrix} \tag{8.5.15}$$

式中

$$\boldsymbol{L}_{ca}=\boldsymbol{L}_{ac}^{\mathrm{T}}$$

步骤4：现在我们使用如下记号：

$$\boldsymbol{L}_{ca}\begin{bmatrix}b_{11} & b_{12}\\ b_{12} & b_{22}\end{bmatrix}\boldsymbol{L}_{ac}=\begin{bmatrix}c_{11} & c_{12}\\ c_{12} & c_{22}\end{bmatrix} \tag{8.5.16}$$

$$\boldsymbol{L}_{ca}\begin{bmatrix} b_{15} \\ b_{25} \end{bmatrix} = \begin{bmatrix} d_1 \\ d_2 \end{bmatrix} \tag{8.5.17}$$

步骤5：利用方程（8.5.16）、方程（8.5.17）和联系主曲率与法曲率的 Euler 方程（参见7.6节），我们得到上述的 c_{11}、c_{12}、c_{22}、d_1 和 d_2 的方程。

2）推导方程组（8.5.4）的第三个方程。

为此目的，我们利用方程组（8.4.42）的第三个方程，该方程表示为

$$t_{31}v_f^{(2)} + t_{32}v_h^{(2)} = b_{15}v_f^{(2)} + b_{25}v_h^{(2)} = t_{33} \tag{8.5.18}$$

［参见方程（8.4.43）的 t_{31} 和 t_{32}］。变换方程（8.5.18）基于如下步骤。

步骤1：利用方程（8.5.18）和方程（8.5.13），我们得到

$$[b_{15} \quad b_{25}]\boldsymbol{L}_{ac}\begin{bmatrix} v_t^{(2)} \\ v_m^{(2)} \end{bmatrix} = t_{33} \tag{8.5.19}$$

步骤2：矩阵乘积［b_{15}　b_{25}］$\boldsymbol{L}_{ac}$可以变换为

$$\begin{aligned} [b_{15} \quad b_{25}]\boldsymbol{L}_{ac} &= [b_{15} \quad b_{25}]\boldsymbol{L}_{ca}^{\mathrm{T}} \\ &= \left\{\boldsymbol{L}_{ca}\begin{bmatrix} b_{15} \\ b_{25} \end{bmatrix}\right\}^{\mathrm{T}} \\ &= \left\{\begin{bmatrix} \cos q_1 & \sin q_1 \\ -\sin q_1 & \cos q_1 \end{bmatrix}\begin{bmatrix} b_{15} \\ b_{25} \end{bmatrix}\right\}^{\mathrm{T}} \end{aligned} \tag{8.5.20}$$

步骤3：由矩阵乘积（8.5.20）推导出矩阵，其元素我们用 c_{31} 和 c_{32} 标记。于是

$$\left\{\begin{bmatrix} \cos q_1 & \sin q_1 \\ -\sin q_1 & \cos q_1 \end{bmatrix}\begin{bmatrix} b_{15} \\ b_{25} \end{bmatrix}\right\}^{\mathrm{T}} = [c_{31} \quad c_{32}] \tag{8.5.21}$$

步骤4：方程（8.5.21）和方程（8.5.19）能将方程（8.5.18）表示为

$$[c_{31} \quad c_{32}]\begin{bmatrix} v_t^{(2)} \\ v_m^{(2)} \end{bmatrix} = d_3 \tag{8.5.22}$$

式中，$d_3 \equiv t_{33}$。

步骤5：分别利用对应 b_{15} 和 b_{25} 的方程（8.4.31）和方程（8.4.32），以及联系主曲率和法曲率的 Euler 方程，我们得到 c_{31} 和 c_{32} 的方程（8.5.8）和方程（8.5.9）。

步骤6：为了推导出 d_3 的表达式，我们必须变换 t_{33} 方程中的 κ_f、κ_h、$v_f^{(12)}$ 和 $v_h^{(12)}$ 的表达式，t_{33} 已经在方程组（8.4.43）中给出。为此目的，我们利用如下方程：

$$\begin{bmatrix} v_f^{(12)} \\ v_h^{(12)} \end{bmatrix} = \boldsymbol{L}_{ac}\begin{bmatrix} v_t^{(12)} \\ v_m^{(12)} \end{bmatrix} = \begin{bmatrix} \cos q_1 & -\sin q_1 \\ \sin q_1 & \cos q_1 \end{bmatrix}\begin{bmatrix} v_t^{(12)} \\ v_m^{(12)} \end{bmatrix} \tag{8.5.23}$$

$$\kappa_f = \frac{\kappa_t^{(1)}\cos^2 q_1 - \kappa_m^{(1)}\sin^2 q_1}{\cos 2q_1} \tag{8.5.24}$$

$$\kappa_h = \frac{\kappa_m^{(1)}\cos^2 q_1 - \kappa_t^{(1)}\sin^2 q_1}{\cos 2q_1} \tag{8.5.25}$$

矩阵方程（8.5.23）类似于方程（8.5.13）。方程（8.5.24）和方程（8.5.25）基于联系曲面主曲率和法曲率的 Euler 方程（参见7.6节）。利用 t_{33} 的方程和方程（8.5.23）~方程(8.5.25)，我们得到给出的 d_3 的方程（8.5.10）。

3）推导共轭曲面法曲率之间的直接关系式。

推导方法基于研究含两个未知数由三个线性方程组成的超越方程组（8.5.4）。增广矩阵为

$$\boldsymbol{C}=\begin{bmatrix} c_{11} & c_{12} & d_1 \\ c_{12} & c_{22} & d_2 \\ d_1 & d_2 & d_3 \end{bmatrix} \tag{8.5.26}$$

矩阵 $\boldsymbol{C}$ 是对称的，并且其秩等于1，因为两曲面处于线接触，并且接触点沿曲面的移动是不确定的。所以，我们有

$$\begin{cases} \dfrac{c_{11}}{c_{12}}=\dfrac{c_{12}}{c_{22}}=\dfrac{d_1}{d_2} \\ \dfrac{c_{11}}{d_1}=\dfrac{c_{12}}{d_2}=\dfrac{d_1}{d_2} \\ \dfrac{c_{12}}{d_1}=\dfrac{c_{22}}{d_2}=\dfrac{d_2}{d_3} \end{cases} \tag{8.5.27}$$

经过变换后，我们将得到如下关系式：

$$\kappa_t^{(2)}=\kappa_t^{(1)}+\frac{d_1^2}{d_3} \tag{8.5.28}$$

$$\kappa_m^{(2)}=\kappa_m^{(1)}+\frac{d_2^2}{d_3} \tag{8.5.29}$$

$$\tan 2q_2=\frac{1}{\kappa_m^{(2)}-\kappa_t^{(2)}}\left[\tan 2q_1(\kappa_m^{(1)}-\kappa_t^{(1)})+\frac{2d_1d_2}{d_3}\right] \tag{8.5.30}$$

［参见 d_1、d_2 和 d_3 的表达式（8.5.8）~式（8.5.10）］。方程（8.5.28）~方程（8.5.30）能使我们确定曲面 Σ_2 的法曲率 $\kappa_t^{(2)}$、$\kappa_m^{(2)}$ 和 q_2。

（2）情况2　两曲面 Σ_1 和 Σ_2 处于线接触，并且 L 是瞬时接触线。L 上的 P 处的 $\kappa_t^{(2)}$、$\kappa_m^{(2)}$、q_2 和 m'_{21} 是给定的。我们的目标是确定 $\kappa_t^{(1)}$、$\kappa_m^{(1)}$ 和 q_1。

在这种情况下，我们一开始就考察含未知数 $v_s^{(1)}$ 和 $v_q^{(1)}$ 的由三个线性方程组成的方程组（8.4.47）。利用类似于情况1所讨论的方法，我们得到

$$\kappa_t^{(1)}=\kappa_t^{(2)}-\frac{l_1^2}{l_3} \tag{8.5.31}$$

$$\kappa_m^{(1)}=\kappa_m^{(2)}-\frac{l_2^2}{l_3} \tag{8.5.32}$$

$$\tan 2q_1=\frac{1}{\kappa_t^{(1)}-\kappa_m^{(1)}}\left[\tan 2q_2(\kappa_t^{(2)}-\kappa_m^{(2)})+\frac{2l_1l_2}{l_3}\right] \tag{8.5.33}$$

其中

$$l_1=-t^{(2)}v_m^{(12)}-\kappa_t^{(2)}v_t^{(12)}-(\boldsymbol{\omega}^{(12)}\cdot\boldsymbol{e}_m) \tag{8.5.34}$$

$$l_2=-t^{(2)}v_t^{(12)}-\kappa_m^{(2)}v_m^{(12)}+(\boldsymbol{\omega}^{(12)}\cdot\boldsymbol{e}_t) \tag{8.5.35}$$

$$\begin{aligned} l_3=&\kappa_t^{(2)}(v_t^{(12)})^2+\kappa_m^{(2)}(v_m^{(12)})^2+2t^{(2)}v_t^{(12)}v_m^{(12)}- \\ &(\boldsymbol{n}\times\boldsymbol{\omega}^{(12)})\cdot\boldsymbol{v}^{(12)}-\boldsymbol{n}\cdot[(\boldsymbol{\omega}^{(1)}\times\boldsymbol{v}_{tr}^{(2)})-(\boldsymbol{\omega}^{(2)}\times\boldsymbol{v}_{tr}^{(1)})]+ \\ &(\omega^{(1)})^2m'_{21}(\boldsymbol{n}\times\boldsymbol{k}_2)\cdot(\boldsymbol{r}^{(1)}-\boldsymbol{R}) \end{aligned} \tag{8.5.36}$$

$$t^{(2)}=0.5(\kappa_m^{(2)}-\kappa_t^{(2)})\tan 2q_2 \tag{8.5.37}$$

方程（8.5.31）~方程(8.5.33）能使我们确定曲面 Σ_1 的法曲率 $\kappa_t^{(1)}$ 和 $\kappa_m^{(t)}$ 以及角 q_1。

（3）情况 3　两曲面 Σ_1 和 Σ_2 在点 P 为点接触。对于未知数 $v_t^{(2)}$ 和 $v_m^{(2)}$，线性方程组（8.5.4）有唯一解。增广矩阵的秩等于 2。由 $\det(\boldsymbol{C})=0$ 这个条件得出关系式

$$F(\kappa_t^{(1)},\kappa_m^{(1)},\kappa_t^{(2)},\kappa_m^{(2)},q_1,m'_{21})=0 \tag{8.5.38}$$

这种情况意味着，在综合具有瞬时点接触的曲面时，只有一个约束条件。

特殊情况：两曲面 Σ_1 和 Σ_2 处于线接触，而 $\boldsymbol{e}_t$ 的指向是沿着接触线在点 P 的切线 $\boldsymbol{e}_t^*$。在这种情况下，我们有［参见方程（8.5.31）~方程(8.5.33)］

$$\begin{cases} l_1=0 \\ \kappa_t^{(1)}=\kappa_t^{(2)}=\kappa_t \\ \kappa_m^{(2)}-\kappa_m^{(1)}=\dfrac{l_2^2}{l_3} \\ \dfrac{\tan 2q_1}{\tan 2q_2}=\dfrac{\kappa_t-\kappa_m^{(2)}}{\kappa_t-\kappa_m^{(1)}} \end{cases} \tag{8.5.39}$$

$$t^{(2)}=t^{(1)}=\frac{-\kappa_t v_t^{(12)}+\boldsymbol{\omega}^{(12)}\cdot\boldsymbol{e}_m}{v_m^{(12)}} \tag{8.5.40}$$

所完成的研究的附带结果是，在沿接触线的切线 $\boldsymbol{e}_t^*$ 的位移方向上两曲面的挠率相等。还可能确定沿与 $\boldsymbol{e}_t^*$ 相垂直的 $\boldsymbol{e}_m^*$ 方向上接触点速度分量 $v_m^{(i)}=\boldsymbol{v}_r^{(i)}\cdot\boldsymbol{e}_m^*$（参见 8.6 节）。但是，分量 $v_t^{(i)}$ 是不确定的。

8.6　曲率矩阵的对角线化

我们曾记得，方程（8.4.15）的矩阵 $\boldsymbol{A}$ 是对称的，并且用方程（8.4.23）表示。矩阵 $\boldsymbol{A}$ 的元素用共轭曲面的主曲率来表示，因而我们称其为曲率矩阵。我们的目标是证明矩阵 $\boldsymbol{A}$ 的特征矢量的指向沿着单位矢量 $\boldsymbol{e}_t$ 和 $\boldsymbol{e}_m$（见图 8.4.1），这里，$\boldsymbol{e}_t$ 是接触线切线的单位矢量。还要证明，特征值是相法曲率的极值。这一研究的附带结果是能够确定相对速度 $\boldsymbol{v}_r^{(i)}$（$i=1$，2）沿 $\boldsymbol{e}_m$ 方向的分量（见图 8.4.1）。然而，沿接触线切线方向上的 $\boldsymbol{v}_r^{(i)}$ 的分量是不能确定的，因为在两曲面为线接触的情况下，$\boldsymbol{v}_r^{(1)}$（或 $\boldsymbol{v}_r^{(2)}$）的方向是不确定的。

初始的线性方程组是方程（8.4.15）。矩阵 $\boldsymbol{A}$ 的对角线化基于矩阵方程

$$\boldsymbol{U}^{\mathrm{T}}\boldsymbol{A}\boldsymbol{U}=\boldsymbol{W} \tag{8.6.1}$$

这里，$\boldsymbol{U}$ 是坐标变换矩阵，用下式表示：

$$\boldsymbol{U}=\begin{bmatrix} 0 & 0 & \cos q_1 & -\sin q_1 \\ 0 & 0 & \sin q_1 & \cos q_1 \\ \cos q_2 & -\sin q_2 & 0 & 0 \\ \sin q_2 & \cos q_2 & 0 & 0 \end{bmatrix} \tag{8.6.2}$$

于是，我们得到对角线化矩阵为

$$\boldsymbol{W}=\begin{bmatrix}0&0&0&0\\0&w_{22}&0&0\\0&0&0&0\\0&0&0&w_{44}\end{bmatrix}\tag{8.6.3}$$

这里

①
$$w_{11}=w_{33}=\kappa_t^{(2)}-\kappa_t^{(1)}=0\tag{8.6.4}$$

这是因为沿接触线切线方向的法曲率对两曲面来说是相同的。

②
$$w_{12}=w_{21}=t^{(2)}-t^{(1)}=0\tag{8.6.5}$$

因为在接触线切线方向上的曲面挠率对两曲面来说是相同的［参见方程（8.5.40）］。

③
$$\begin{cases}w_{33}=w_{11}=0\\w_{34}=w_{43}=t^{(2)}-t^{(1)}=0\end{cases}\tag{8.6.6}$$

④ 根据变换的结果，我们有

$$w_{22}=w_{44}=\kappa_m^{(2)}-\kappa_m^{(1)}\tag{8.6.7}$$

式中，$\kappa_m^{(i)}$ 是沿 $\boldsymbol{e}_m$ 的法曲率（图8.4.1）。

可以证明，曲率矩阵的特征值，表示相对法曲率 κ_R 的极值。这一证明可以通过考虑 κ_R 的方程来实现：

$$\kappa_R(q)=\kappa_n^{(2)}(q)-\kappa_n^{(1)}(q)\tag{8.6.8}$$

其中

$$\begin{cases}\kappa_n^{(2)}=\kappa_s\cos q+\kappa_q\sin q\\\kappa_n^{(1)}=\kappa_f\cos^2(q+\sigma)+\kappa_h\sin^2(q+\sigma)\end{cases}\tag{8.6.9}$$

而 $\kappa_n^{(i)}$ 表示曲面的法曲率。变角度 q 表示切面内被考察的法曲率所在的方向。κ_R 的极值用$\partial\kappa_R/\partial q=0$ 来确定，从该式可推导出：a. 两个极值 κ_R 的方向分别与 $\boldsymbol{e}_t^*$ 和 $\boldsymbol{e}_m^*$ 相重合；b. κ_R 在这两个方向上的极值为沿 $\boldsymbol{e}_t^*$ 的 $\kappa_R=0$ 和沿 $\boldsymbol{e}_m^*$ 的 $\kappa_R=\kappa_m^{(2)}-\kappa_m^{(1)}$。

利用对角线矩阵，我们还可以求出确定分量$v_m^{(i)}=\boldsymbol{v}_r^{(i)}\cdot\boldsymbol{e}_m^*\ (i=1,2)$的方程，其中 $\boldsymbol{e}_m^*$ 是与特征线的切线相垂直的单位矢量。矢量 $\boldsymbol{e}_t^*$ 和 $\boldsymbol{e}_m^*$ 在图8.4.1中表示为 $\boldsymbol{e}_t$ 和 $\boldsymbol{e}_m$。

我们在上面曾经提到，初始的线性方程组为［参见方程（8.4.15）］

$$\boldsymbol{AX}=\boldsymbol{B}$$

利用以下变换

$$\boldsymbol{X}=\boldsymbol{UY}\tag{8.6.10}$$

和

$$\boldsymbol{Y}=\boldsymbol{U}^{\mathrm{T}}\boldsymbol{X}\tag{8.6.11}$$

我们可以变换方程组（8.4.15）。这里，矩阵 $\boldsymbol{U}$ 描述切面内的坐标变换（参见图8.4.1），并且用方程（8.6.2）表示。我们利用新的标记，将矩阵 $\boldsymbol{X}$ 表示为［参见方程（8.4.16）］

$$\boldsymbol{X}=[\dot{s}_f^{(2)}\quad\dot{s}_h^{(2)}\quad\dot{s}_s^{(1)}\quad\dot{s}_q^{(1)}]^{\mathrm{T}}\tag{8.6.12}$$

从方程（8.4.15）和方程（8.4.16）推导出

$$\boldsymbol{AUY}=\boldsymbol{B}\tag{8.6.13}$$

和

$$\boldsymbol{U}^{\mathrm{T}}\boldsymbol{A}\boldsymbol{U}\boldsymbol{Y}=\boldsymbol{U}^{\mathrm{T}}\boldsymbol{B} \tag{8.6.14}$$

如上所述［参见方程（8.6.1）］，有

$$\boldsymbol{U}^{\mathrm{T}}\boldsymbol{A}\boldsymbol{U}=\boldsymbol{W} \tag{8.6.15}$$

矩阵 $\boldsymbol{W}$ 在上面用方程（8.6.3）和方程（8.6.7）表示。我们用 $\boldsymbol{E}$ 标记矩阵乘积 $\boldsymbol{U}^{\mathrm{T}}\boldsymbol{B}$。于是，我们得到

$$\boldsymbol{E}=\boldsymbol{W}\boldsymbol{Y} \tag{8.6.16}$$

其中

$$\boldsymbol{E}=[e_1\quad e_2\quad e_3\quad e_4]^{\mathrm{T}} \tag{8.6.17}$$

从方程（8.6.16）、方程（8.6.3）、方程（8.6.7）、方程（8.6.11）、方程（8.6.2）和方程（8.6.12）推导出

$$e_1=e_3=0 \tag{8.6.18}$$

$$e_2=(-\dot{s}_s^{(1)}\sin q_2+\dot{s}_q\cos q_2)(\kappa_m^{(2)}-\kappa_m^{(1)}) \tag{8.6.19}$$

$$e_4=(-\dot{s}_f^{(2)}\sin q_1+\dot{s}_h^{(1)}\cos q_1)(\kappa_m^{(2)}-\kappa_m^{(1)}) \tag{8.6.20}$$

其中

$$\begin{cases}\cos q_2=\boldsymbol{e}_t\cdot\boldsymbol{e}_s\\-\sin q_2=\boldsymbol{e}_m\cdot\boldsymbol{e}_s\end{cases} \tag{8.6.21}$$

$$\begin{cases}\cos q_1=\boldsymbol{e}_t\cdot\boldsymbol{e}_f\\-\sin q_1=\boldsymbol{e}_m\cdot\boldsymbol{e}_f\end{cases} \tag{8.6.22}$$

容易证明

$$\dot{s}_m^{(1)}=\boldsymbol{v}_r^{(1)}\cdot\boldsymbol{e}_m=-\dot{s}_s^{(1)}\sin q_2+\dot{s}_q^{(1)}\cos q_2 \tag{8.6.23}$$

为此，要利用以下条件。

① 令矢量 $\boldsymbol{v}_r^{(1)}$ 表示为

$$\boldsymbol{v}_r^{(1)}=\dot{s}_s^{(1)}\boldsymbol{e}_s+\dot{s}_q^{(1)}\boldsymbol{e}_q \tag{8.6.24}$$

② 从坐标系（$\boldsymbol{e}_s$，$\boldsymbol{e}_q$）到坐标系（$\boldsymbol{e}_t$，$\boldsymbol{e}_m$）的坐标变换用如下矩阵方程（见图 8.4.1）表示

$$\begin{bmatrix}\dot{s}_t^{(1)}\\\dot{s}_m^{(1)}\end{bmatrix}=\begin{bmatrix}\cos q_2&\sin q_2\\-\sin q_2&\cos q_2\end{bmatrix}\begin{bmatrix}\dot{s}_s^{(1)}\\\dot{s}_q^{(1)}\end{bmatrix} \tag{8.6.25}$$

利用方程（8.6.25），可以证实方程（8.6.23）。

从方程（8.6.19）和方程（8.6.23）可推导出

$$\dot{s}_m^{(1)}=\frac{e_2}{\kappa_m^{(2)}-\kappa_m^{(1)}} \tag{8.6.26}$$

同理，我们得到

$$\dot{s}_m^{(2)}=\frac{e_4}{\kappa_m^{(2)}-\kappa_m^{(1)}}=\dot{s}_m^{(1)}+(\boldsymbol{v}^{(12)}\cdot\boldsymbol{e}_m) \tag{8.6.27}$$

为了推导出 e_2 和 e_4 的方程，我们考察矩阵方程

$$\boldsymbol{E}=\boldsymbol{U}^{\mathrm{T}}\boldsymbol{B} \tag{8.6.28}$$

其中 $\boldsymbol{B}$ 用方程（8.4.30）~方程(8.4.34）表示，进一步的推导基于如下关系式：

$$t=t^{(1)}=t^{(2)} \tag{8.6.29}$$

$$t^{(1)}=0.5(\kappa_h-\kappa_f)\sin 2q_1=0.5(\kappa_m^{(1)}-\kappa_t)\tan 2q_1 \quad (8.6.30)$$

$$t^{(2)}=0.5(\kappa_q-\kappa_s)\sin 2q_2=0.5(\kappa_m^{(2)}-\kappa_t)\tan 2q_2 \quad (8.6.31)$$

最后，我们得到

$$e_2=-\kappa_m^{(2)}(\boldsymbol{v}^{(12)}\cdot\boldsymbol{e}_m)-t(\boldsymbol{v}^{(12)}\cdot\boldsymbol{e}_t)+(\boldsymbol{\omega}^{(12)}\cdot\boldsymbol{e}_t) \quad (8.6.32)$$

$$e_4=-\kappa_m^{(1)}(\boldsymbol{v}^{(12)}\cdot\boldsymbol{e}_m)-t(\boldsymbol{v}^{(12)}\cdot\boldsymbol{e}_t)+(\boldsymbol{\omega}^{(12)}\cdot\boldsymbol{e}_t) \quad (8.6.33)$$

方程（8.6.26）、方程（8.6.27）、方程（8.6.32）和方程（8.6.33）表示相对速度 $\boldsymbol{v}_r^{(1)}$ 和$\boldsymbol{v}_r^{(2)}$ 的法向分量。$\dot{s}_t^{(1)}$ 和$\dot{s}_t^{(2)}$ 的解是不确定的。

8.7 接触椭圆

1. 弹性变形基本方程

由于齿面的弹性变形，齿面在一点的瞬时接触扩展为一椭圆区域。瞬时接触的椭圆对称中心与理论相切点相重合。所形成的接触痕迹为一组接触椭圆。我们的目标是确定接触椭圆在切于两接触曲面的平面内的方向和接触椭圆的大小。这个问题是可以解决的，只要已知两接触曲面的主曲率、表示曲面上两个主方向的单位矢量 $\boldsymbol{e}_I^{(1)}$ 和 $\boldsymbol{e}_I^{(2)}$ 之间所形成的夹角 δ，以及两曲面在理论相切点 M 处的弹性变形 δ。弹性变形 δ 与作用的载荷有关，但是我们将认为 δ 是给定的，该值从试验数据可以知道。通常，考察接触椭圆是在齿轮作用以小载荷，并且 δ 取为 6.35μm 的情况下进行的。下面将证明接触椭圆长轴和短轴的比值与 δ 无关。

图 8.7.1 所示为两曲面 Σ_1 和 Σ_2 在点 M 相切。曲面的单位法线矢量和切面用 $\boldsymbol{n}$ 和 Π 来标记。曲面变形的区域用虚线表示，并且分别用曲面 Σ_1 和 Σ_2 的 $K_1M_1L_1$ 和 $K_2M_2L_2$ 来表示。两接触曲面在点 M 处的变形分别用 δ_1 和 δ_2 来标记。而在点 M 处的弹性逼近量为 $\delta=\delta_1+\delta_2$。

记号 N 和 N' 表示曲面上的点，其是弹性变形后曲面相切的候选点（见图 8.7.1）。弹性变形前两曲面在点 N 和 N' 之间有一间隙，如图 8.7.1 所示。点 N 和 N' 相对于 M 的位置用坐标 $(\rho, l^{(i)})$ $(i=1,2)$ 确定，如图 8.7.2 所示。这里 $l^{(i)}$ 是 $N^{(i)}$ 离开 M 的垂直偏距，该偏距与所考察的曲面横截面内的曲线 $K_iML_i(i=1,2)$ 的曲率有关（见图 8.7.1）

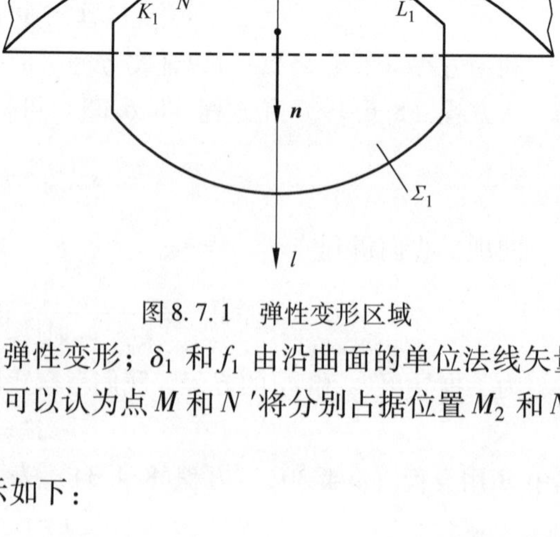

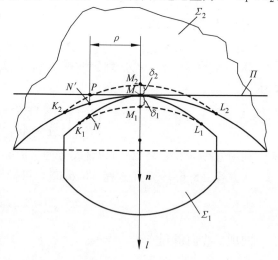

图 8.7.1 弹性变形区域

现假定两曲面 Σ_1 和 Σ_2 在接触力作用下产生变形，为了进一步推导，我们可以认为两曲面 Σ_1 和 Σ_2 是分别变形的。曲面 Σ_1 的点 M 和 N 将分别占据位置 M_1 和 N_1，如图 8.7.2a 所示。这里 $|\overrightarrow{MM_1}|=\delta_1$，$|\overrightarrow{NN_1}|=f_1$，式中 δ_1 和 f_1 分别是曲面 Σ_1 在点 M 和 N 的弹性变形；δ_1 和 f_1 由沿曲面的单位法线矢量 $\boldsymbol{n}$ 测量。同理，我们考察曲面 Σ_2 的弹性变形，可以认为点 M 和 N' 将分别占据位置 M_2 和 N_2（见图 8.7.2b）。

点 M_1、M_2、N_1 和 N_2 离开切面的偏距表示如下：

$$\begin{cases}\boldsymbol{\Delta}(M_1)=\delta_1\boldsymbol{n}\\ \boldsymbol{\Delta}(M_2)=-\delta_2\boldsymbol{n}\\ \boldsymbol{\Delta}(N_1)=(l^{(1)}+f_1)\boldsymbol{n}\\ \boldsymbol{\Delta}(N_2)=(l^{(2)}-f_2)\boldsymbol{n}\end{cases} \tag{8.7.1}$$

两曲面在点 M_1 和 M_2 处的间隙为

$$\overrightarrow{M_2M_1}=(\delta_1+\delta_2)\boldsymbol{n} \tag{8.7.2}$$

当齿轮 1 和 2 进行转动时，两曲面 Σ_1 和 Σ_2 处于连续相切。如果共轭齿轮之一，比方说齿轮 2，绕齿轮的转动轴线转过一小角度 $\Delta\phi_2$，则两曲面在点 M_1 和 M_2 之间的假想间隙将消失。两曲面 Σ_1 和 Σ_2 在点 M_1 和 M_2 处的相切条件如下：

$$(\Delta\phi_2\times\boldsymbol{r}_2)\cdot\boldsymbol{n}=\delta=\delta_1+\delta_2 \tag{8.7.3}$$

这里，$\boldsymbol{r}_2$ 是 M_2 的位置矢量，其是齿轮 2 转动轴线上的任一点引至 M_2 的位置矢量。齿轮 2 转过角度 $\Delta\phi_2$ 相当于 M_2 沿曲面的单位法线矢量 $\boldsymbol{n}$ 的位移$(\delta_1+\delta_2)\boldsymbol{n}$。

考虑到 ρ 相对于 $\boldsymbol{r}_2$ 来说很小，我们可以认为由齿轮转动引起的 N_2 的位移和 M_2 的位移相同。如果

$$\boldsymbol{\Delta}(N_2)+\delta\boldsymbol{n}=\boldsymbol{\Delta}(N_1)$$

成立，或

$$[(l^{(2)}-f_2)+(\delta_1+\delta_2)]\boldsymbol{n}=(l^{(1)}+f_1)\boldsymbol{n} \tag{8.7.4}$$

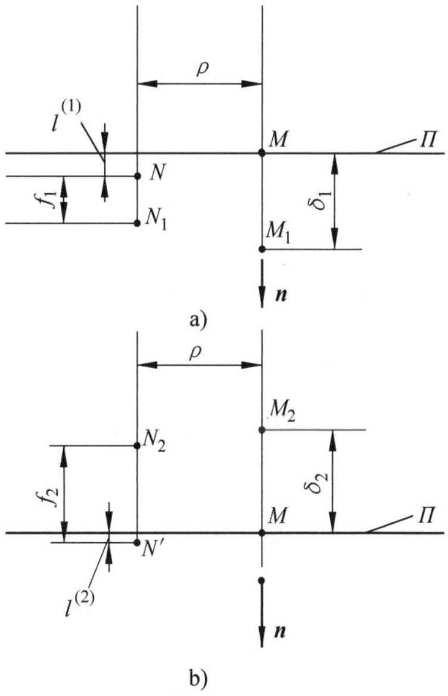

图 8.7.2 弹性变形基本方程的推导

a) 曲面 Σ_1 的弹性变形

b) 曲面 Σ_2 的弹性变形

成立，则随着两曲面 Σ_1 和 Σ_2 在点 M_1 和 M_2 的相切，将同时保持两曲面在点 N_1 和 N_2 相切。

从方程（8.7.4）可推导出

$$|l^{(1)}-l^{(2)}|=(\delta_1+\delta_2)-(f_1+f_2) \tag{8.7.5}$$

方程（8.7.5）的右边总是正的，因为 $\delta_1>f_1$ 且 $\delta_2>f_2$。对于变形区域以内和该区域边缘处的两接触曲面所有共轭点，方程（8.7.5）是满足的。然而，在变形区域的边缘，$f_1=0$ 且 $f_2=0$，因而方程（8.7.5）变为

$$|l^{(1)}-l^{(2)}|=\delta_1+\delta_2=\delta \tag{8.7.6}$$

在变形区域以外有

$$|l^{(1)}-l^{(2)}|>\delta \tag{8.7.7}$$

而在变形区以内有

$$|l^{(1)}-l^{(2)}|<\delta \tag{8.7.8}$$

2. 确定接触椭圆

我们可以建立偏距 $l^{(i)}(i=1,2)$ 与曲面曲率的关系如下。假定曲面 Σ 用下式表示：

$$\boldsymbol{r}(u,\theta)\in C^2\quad(\boldsymbol{r}_u\times\boldsymbol{r}_\theta\neq\boldsymbol{0},(u,\theta)\in E) \tag{8.7.9}$$

这里，$(\mu,\ \theta)$ 表示曲面坐标。曲面 Σ 上的曲线$\overrightarrow{MM'}$表示为

$$\boldsymbol{r}=\boldsymbol{r}[u(s),\theta(s)] \tag{8.7.10}$$

式中，s 是弧长。

我们用 Δs 来标记连接曲线上相邻两点 M 和 M' 所形成的弧的长度，这里，$\Delta s=\widehat{MM'}$。位置矢量 $\boldsymbol{r}$ 的增量用 $\Delta\boldsymbol{r}$ 标记，这里，$\Delta\boldsymbol{r}=\overrightarrow{MM'}$。用泰勒级数展开式 $\Delta\boldsymbol{r}$，我们得

$$\overrightarrow{MM'}=\Delta\boldsymbol{r}=\frac{\mathrm{d}\boldsymbol{r}}{\mathrm{d}s}\Delta s+\frac{\mathrm{d}^2\boldsymbol{r}}{\mathrm{d}s^2}\frac{(\Delta s)^2}{2!}+\frac{\mathrm{d}^3\boldsymbol{r}}{\mathrm{d}s^3}\frac{(\Delta s)^3}{3!}+\cdots \tag{8.7.11}$$

这里

$$\frac{\mathrm{d}\boldsymbol{r}}{\mathrm{d}s}=\frac{\partial\boldsymbol{r}}{\partial u}\frac{\mathrm{d}u}{\mathrm{d}s}+\frac{\partial\boldsymbol{r}}{\partial\theta}\frac{\mathrm{d}\theta}{\mathrm{d}s}$$

$$\frac{\mathrm{d}^2\boldsymbol{r}}{\mathrm{d}s^2}=\frac{\partial^2\boldsymbol{r}}{\partial u^2}\left(\frac{\mathrm{d}u}{\mathrm{d}s}\right)^2+2\frac{\partial^2\boldsymbol{r}}{\partial u\partial\theta}\frac{\mathrm{d}u}{\mathrm{d}s}\frac{\mathrm{d}\theta}{\mathrm{d}s}+\frac{\partial^2\boldsymbol{r}}{\partial\theta^2}\left(\frac{\mathrm{d}\theta}{\mathrm{d}s}\right)^2$$

图8.7.3中平面 Π 在点 M 切于曲面。点 P 表示点 M' 在平面 Π 上的投影。矢量

$$\overrightarrow{PM'}=l\boldsymbol{n} \tag{8.7.12}$$

在点 P 垂直于平面 Π，而 l 表示曲线上的点 M' 离开切面的偏距。如果 $\overrightarrow{PM'}$ 与 $\boldsymbol{n}$ 具有相同的方向，则偏距 l 是正的。从方程 $\overrightarrow{MM'}=\Delta\boldsymbol{r}$ 和 $\overrightarrow{MM'}=\overrightarrow{MP}+l\boldsymbol{n}$ 可推导出

$$\overrightarrow{MP}+l\boldsymbol{n}=\frac{\mathrm{d}\boldsymbol{r}}{\mathrm{d}s}\Delta s+\frac{\mathrm{d}^2\boldsymbol{r}}{\mathrm{d}s^2}\frac{(\Delta s)^2}{2!}+\frac{\mathrm{d}^3\boldsymbol{r}}{\mathrm{d}s^3}\frac{(\Delta s)^3}{3!}+\cdots \tag{8.7.13}$$

矢量 $\overrightarrow{MP}$ 与 $\boldsymbol{n}$ 是相互垂直的。用 $\boldsymbol{n}$ 数乘方程（8.7.13）的两边，并且限制 l 的表达式低于三次项，我们得到

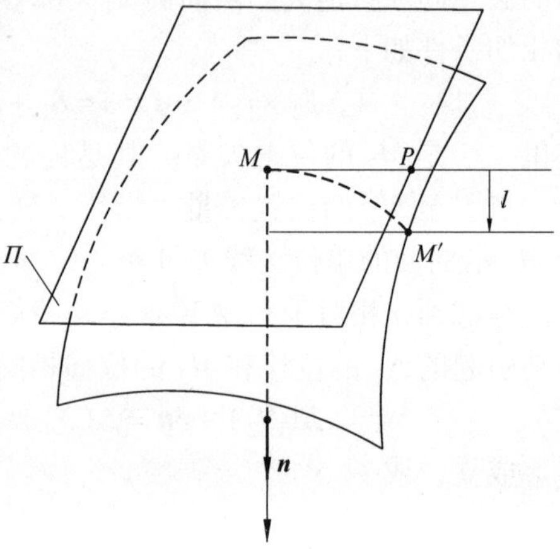

图8.7.3　确定偏距 l

$$l=\left(\frac{\mathrm{d}^2\boldsymbol{r}}{\mathrm{d}s^2}\cdot\boldsymbol{n}\right)\frac{\Delta s^2}{2} \tag{8.7.14}$$

在第7章中曾经提到过，曲面的法曲率可用下式表示：

$$\kappa_n=\frac{\mathrm{d}^2\boldsymbol{r}}{\mathrm{d}s^2}\cdot\boldsymbol{n} \tag{8.7.15}$$

于是，考虑 $\Delta s\approx|\overrightarrow{MP}|=\rho$，所以

$$l=\kappa_n\frac{\Delta s^2}{2}=\frac{1}{2}\kappa_n\rho^2 \tag{8.7.16}$$

曲面 $\Sigma_i(i=1,2)$ 的法曲率和主曲率用 Euler 方程来联系（参见第7章）。于是

$$\kappa_n^{(i)}=\kappa_{I}^{(i)}\cos^2 q_i+\kappa_{II}^{(i)}\sin^2 q_i \tag{8.7.17}$$

式中，q_i 是矢量 $e_{I}^{(i)}$ 和 $\overrightarrow{MP}$ 形成的夹角（见图8.7.4）。

我们曾经把两接触面上的点 N 和 N'（见图8.7.1）表示为弹性变形以后的曲面的相切点。点 P 是点 N 和 N' 在切面上的投影。点 N 和 N' 离开切面的偏距（在弹性变形之前）用如下方程确定：

$$l^{(1)}=\frac{\rho^2}{2}(\kappa_{I}^{(1)}\cos^2 q_1+\kappa_{II}^{(1)}\sin^2 q_1) \tag{8.7.18}$$

$$l^{(2)}=\frac{\rho^2}{2}(\kappa_I^{(2)}\cos^2 q_2+\kappa_{II}^{(2)}\sin^2 q_2) \tag{8.7.19}$$

角 q_1 和 q_2 分别由矢量 $\boldsymbol{e}_I^{(1)}$ 和 $\overrightarrow{MP}$，以及 $\boldsymbol{e}_I^{(2)}$ 和 $\overrightarrow{MP}$ 形成（见图 8.7.4）；$\kappa_I^{(i)}$ 和 $\kappa_{II}^{(i)}$（$i=1$，2）是曲面 Σ_1 和 Σ_2 的主曲率。

我们选取切面上的两坐标轴(η,ζ)（见图 8.7.4）作为所要确定的接触椭圆的两根轴。矢量 $\overrightarrow{MP}$ 在平面(η,ξ)内的方向用角 μ 确定。在接触区的边缘，我们有［参见方程(8.7.6)］

$$l^{(1)}-l^{(2)}=\pm\delta \tag{8.7.20}$$

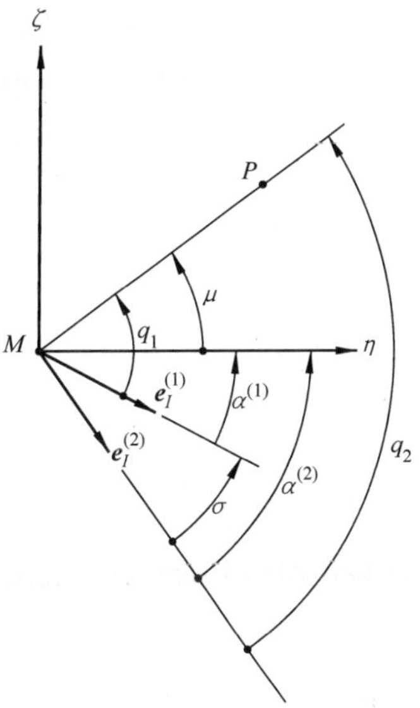

图 8.7.4　接触椭圆的推导

确定接触椭圆的大小及其相对于 $\boldsymbol{e}_I^{(1)}$（或 $\boldsymbol{e}_I^{(2)}$）的方向基于方程（8.7.18）~方程（8.7.20），并且要考虑到如下的关系式（见图 8.7.4）：

$$\begin{cases} q_1=\alpha^{(1)}+\mu \\ q_2=\alpha^{(2)}+\mu \\ \rho^2=\eta^2+\xi^2 \\ \cos\mu=\dfrac{\eta}{\rho} \\ \sin\mu=\dfrac{\xi}{\rho} \end{cases} \tag{8.7.21}$$

经过变换后，我们得到

$$\begin{aligned} &\eta^2(\kappa^{(1)}\cos^2\alpha^{(1)}+\kappa_{II}^{(1)}\sin^2\alpha^{(1)}-\kappa_I^{(2)}\cos^2\alpha^{(2)}-\kappa_{II}^{(2)}\sin^2\alpha^{(12)})+ \\ &\xi^2(\kappa^{(1)}\sin^2\alpha^{(1)}+\kappa_{II}^{(1)}\cos^2\alpha^{(1)}-\kappa_I^{(2)}\sin^2\alpha^{(2)}-\kappa_{II}^{(2)}\cos^2\alpha^{(2)})- \\ &\eta\xi(g_1\sin 2\alpha^{(1)}-g_2\sin 2\alpha^{(2)})=\pm 2\delta \end{aligned} \tag{8.7.22}$$

其中

$$g_1=\kappa_I^{(1)}-\kappa_{II}^{(1)}$$
$$g_2=\kappa_I^{(2)}-\kappa_{II}^{(2)}$$

确定坐标轴 η 和 ξ 相对于 $\boldsymbol{e}_I^{(1)}$ 的方向的夹角 $\alpha^{(1)}$ 可以任意选取。例如，可以选取 $\alpha^{(1)}$ 满足方程

$$g_1\sin 2\alpha^{(1)}-g_2\sin 2\alpha^{(2)}=0 \tag{8.7.23}$$

其中（见图 8.7.4）

$$\alpha^{(2)}=\alpha^{(1)}+\sigma \tag{8.7.24}$$

从方程（8.7.23）和方程（8.7.24）可推导出

$$\tan 2\alpha^{(1)}=\frac{g_2\sin 2\sigma}{g_1-g_2\cos 2\sigma} \tag{8.7.25}$$

方程（8.7.25）给出 $2\alpha^{(1)}$ 的两个解，我们将选用如下方程表示的解：

$$\cos 2\alpha^{(1)}=\frac{g_1-g_2\cos 2\sigma}{(g_1^2-2g_1g_2\cos 2\sigma+g_2^2)^{\frac{1}{2}}} \tag{8.7.26}$$

$$\sin 2\alpha^{(1)} = \frac{g_2 \sin 2\alpha}{(g_1^2 - 2g_1 g_2 \cos 2\sigma + g_2^2)^{\frac{1}{2}}} \tag{8.7.27}$$

方程（8.7.26）、方程（8.7.27）和方程（8.7.24）确定坐标轴 η 和 ξ 相对于两接触曲面主方向的方向。从这些方程推导出

$$\cos^2\alpha^{(1)} = 0.5[1 + m(g_1 - g_2\cos 2\sigma)] \tag{8.7.28}$$

$$\sin^2\alpha^{(1)} = 0.5[1 - m(g_1 - g_2\cos 2\sigma)] \tag{8.7.29}$$

$$\cos^2\alpha^{(2)} = 0.5[1 + m(g_1\cos 2\sigma - g_2)] \tag{8.7.30}$$

$$\sin^2\alpha^{(2)} = 0.5[1 - m(g_1\cos 2\sigma - g_2)] \tag{8.7.31}$$

其中

$$m = \frac{1}{(g_1^2 - 2g_1 g_2 \cos 2\sigma + g_2^2)^{\frac{1}{2}}} \tag{8.7.32}$$

方程（8.7.22）和方程（8.7.23）证实，接触区域在切面上的投影是椭圆。接触椭圆用如下方程确定：

$$B\eta^2 + A\xi^2 = \pm\delta \tag{8.7.33}$$

椭圆的两个轴用如下方程确定：

$$\begin{cases} 2a = 2\left|\dfrac{\delta}{A}\right|^{\frac{1}{2}} \\ 2b = 2\left|\dfrac{\delta}{B}\right|^{\frac{1}{2}} \end{cases} \tag{8.7.34}$$

其中

$$A = \frac{1}{4}[\boldsymbol{\kappa}_\Sigma^{(1)} - \boldsymbol{\kappa}_\Sigma^{(2)} - (g_1^2 - 2g_1 g_2 \cos 2\sigma + g_2^2)^{\frac{1}{2}}] \tag{8.7.35}$$

$$B = \frac{1}{4}[\boldsymbol{\kappa}_\Sigma^{(1)} - \boldsymbol{\kappa}_\Sigma^{(2)} + (g_1^2 - 2g_1 g_2 \cos 2\sigma + g_2^2)^{\frac{1}{2}}] \tag{8.7.36}$$

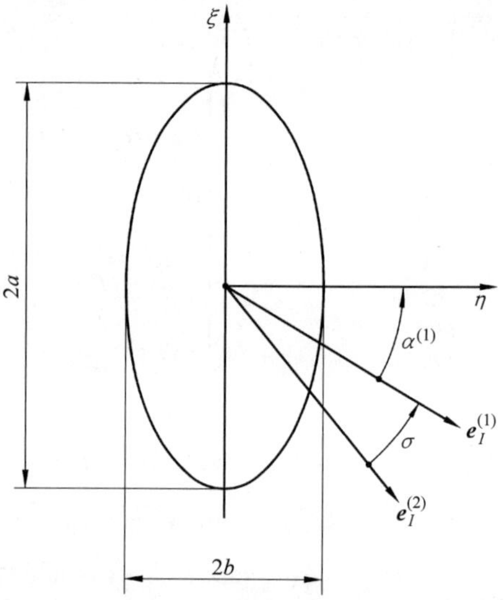

图 8.7.5　接触椭圆

$$\begin{cases} \boldsymbol{\kappa}_\Sigma^{(i)} = \boldsymbol{\kappa}_I^{(i)} + \boldsymbol{\kappa}_{II}^{(i)} \\ g_i = \boldsymbol{\kappa}_I^{(i)} - \boldsymbol{\kappa}_{II}^{(i)} \end{cases} \tag{8.7.37}$$

椭圆在切面上的方向用方程（8.7.26）和方程（8.7.27）确定。接触椭圆表示在图8.7.5中。

第9章 啮合和接触的计算机模拟

9.1 引言

啮合与承压接触的计算机模拟技术能够很大程度地从本质上提高齿轮设计的技术以及齿轮传动的质量。轮齿接触分析（TCA）软件是面向如下基础问题的解决方案：

假设给定：啮合齿轮对齿面关系式、交错角以及回转中心轴之间的最小距离。啮合齿轮对的齿面接触为点接触。这样就可以计算出：a. 传动误差；b. 齿轮齿面上接触点的轨迹；c. 能够表示为瞬时接触椭圆的承压接触。

当分析承压接触时，考虑齿轮齿面的弹性形变，两齿轮之间的接触区域将会由点接触扩散为一个椭圆形区域，接触椭圆的中心则被认为是其理论接触点。同时认为表面弹性相关参数已经给出（比如通过实验数据获得），这样，承压接触的问题就能被当作一个几何问题来解决了（参见 8.7 节）。

TCA 的主要思路是分析啮合的齿面之间的相切关系，确定瞬时接触椭圆需要相切齿面的主方向以及曲率。此问题的显著简化方法是，使用刀具的主曲率和方向来表达被加工齿面的主曲率和方向（参见 8.4 节）。

TCA 的主要目标是分析齿轮啮合及承压接触。齿轮分析的目标是确定加工刀具参数来优化啮合条件和接触状况。使用 TCA 软件来寻找这样的参数需要大量的计算时间。使用局部综合法可以直接确定齿轮刀具的加工参数（参见 9.3 节），这样就可以避免上述困难了。这些参数能够使平均接触点以及其周围的啮合及接触条件得到优化。局部综合法以及 TCA 法在设计螺旋锥齿轮时是被同步使用的（参见第 21 章）。

在分析原本处于线接触的齿面的啮合及接触状况时，会出现一个特别的问题，如在这些传动中——直齿轮传动、平行轴线的斜齿轮传动和蜗轮蜗杆传动。然而，轮齿表面的线接触只会在理论中出现，此时齿轮传动中不存在制造以及安装误差。实际生产过程中，由于安装误差的存在，线接触会被点接触代替。那问题就变成，如何确定传动过渡点，这个点位于理论接触线上，是实际接触开始的地方。传动过渡点确定后，就能在其周围区域寻找属于接触轨迹的下一个接触点了，然后 TCA 程序分析由此开始。

本章节论述了啮合与承压接触的计算机模拟、局部综合法、借助有限元分析法设计齿轮传动，以及轮齿表面的边缘接触分析。

9.2 传动误差抛物函数的预设计

应用传动误差的抛物函数的预设计，由安装误差所引起的传动误差的线性非连续性函数，几乎可能完全被吸收，这是齿轮传动减小噪声和振动的关键。这种方法的概念是基于下面的叙述考虑的（参见 Litvin 1994 年的专著）。

1）理想的齿轮轮系的传动函数是线性的，可表示为

$$\phi_2 = \frac{N_1}{N_2}\phi_1 \tag{9.2.1}$$

式中，N_i 和 $\phi_i(i=1,2)$ 分别为小齿轮（$i=1$）和大齿轮（$i=2$）的齿数与转角。

2）由于安装误差（改变了交错角，改变了非渐开线齿轮传动情况下的最短中心矩，引起了弧齿锥齿轮传动、准双曲面齿轮传动、蜗杆传动等的轴线位移等），使齿副在啮合周期内的传动函数几乎变成分段的线性函数（见图 9.2.1）。这种形式的传动误差函数可由啮合模拟证实。

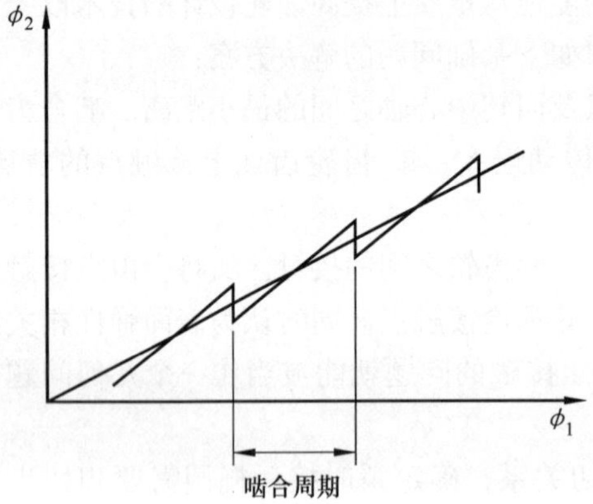

图 9.2.1　线性函数总和的传动函数和传动误差的逐段线性函数

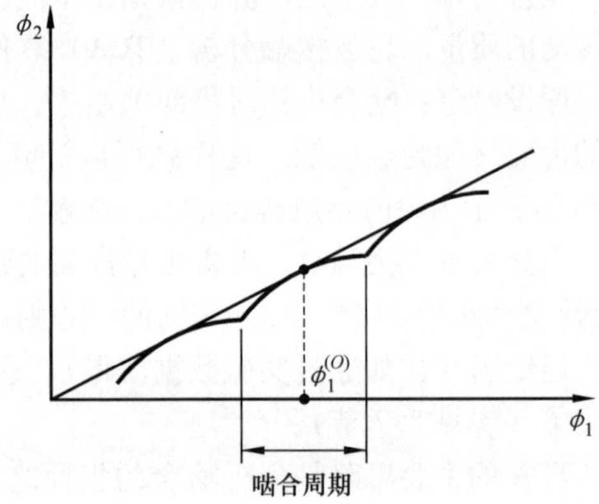

图 9.2.2　线性函数总和的传动函数和传动误差的抛物函数的预设计

在循环的过渡中，由于角速度的跳动，加速度接近无限大，引起了大的振动。

由于预设计的传动误差的抛物函数被传动误差的线性函数所吸收，传动函数的形状如图 9.2.2 所示。在这种情况下，啮合的传递不随加速的跳动而变化，如图 9.2.1 所示。

1. 应用传动误差的预设计的抛物函数的作用

我们讨论应用预设计的传动误差的抛物函数的作用时，应考虑线性函数 $\Delta\phi_2^{(2)} = b\phi_1$ 与抛物函数 $\Delta\phi_1^{(1)} = -a\phi_1^2$ 的相互作用。函数 $\Delta\phi_2^{(2)}$ 是由齿轮传动的安装误差引起的，函数 $\Delta\phi_2^{(1)}$ 是 $\Delta\phi_2^{(2)}$ 被吸收的预设计函数。

很容易证明，函数 $\Delta\phi_2^{(1)}(\phi_1)$ 及 $\Delta\phi_2^{(2)}$（ϕ_1）之和与抛物函数 $\Delta\phi_2^{(1)}(\phi_1)$ 的倾斜是一样的。新的预设计抛物函数 $\Delta\psi_2 = -a\psi_2^2$（见图 9.2.3）仅仅是相对于初始给定的抛物函数来说，做些位移变换而已。这意味着预设计的传动误差的抛物函数确实可以吸收由安装误差引起的传动误差的线性函数。关于 $\Delta\phi_2^{(1)}(\phi_1)$ 的位移函数 $\Delta\psi_2(\psi_1)$ 由 $c = b/2a$ 和 $d = b^2/4a$（见图 9.2.3a）来确定。我们应强调，函数 $\Delta\psi_2(\psi_1)$ 的端点位于与函数 $\Delta\phi_2^{(1)}(\phi_1)$ 对比的非对称的位置上（见图 9.2.3a）。然而，啮合的每一循环中（见图 9.2.3b），传动误差的函数可作为一个连续的抛物函数求得。

在齿轮传动安装误差计算设计过程中，传动误差的合成函数是由应用轮齿接触分析的计

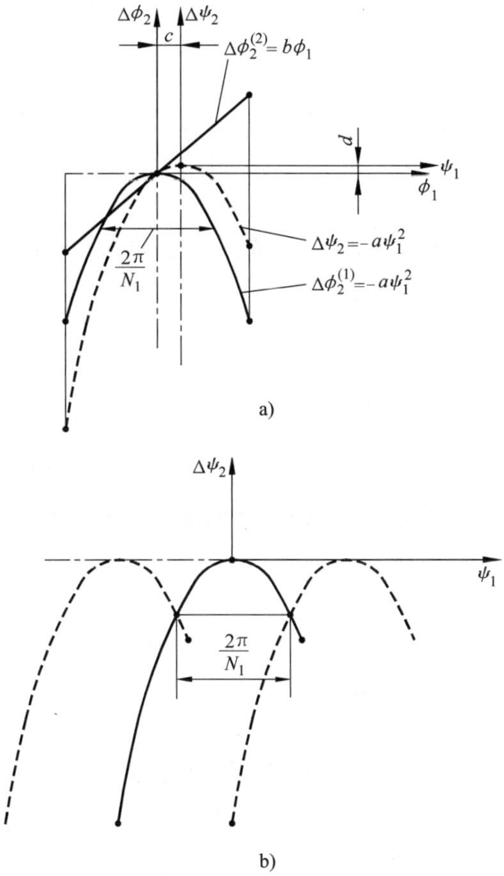

图 9.2.3　抛物函数和线性函数的相互影响

a）传动误差　b）啮合的每一循环

算机程序获得的。在某些设计中，可能会产生传动误差函数是抛物函数但不连续的情况。这一结果表明对中性误差（由函数 $\Delta\phi_2^{(2)}=b\phi_1$ 的系数 b 模拟）也很大。因此，具有抛物系数 a 的预设计的抛物函数 $\Delta\phi_2^{(1)}(\phi_1)=-a\phi_1^2$ 不能吸收传动误差的线性函数。将增大抛物系数 a 来达到吸收之目的，但伴随着最大误差

$$|\Delta\phi_2^{(1)}|_{\max}=a\left(\frac{\pi}{N_1}\right)^2 \tag{9.2.2}$$

的增大，高精密齿轮传动的设计要求减小对中的公差。

注意：设计时应采用传动误差为负的抛物函数而不是正的抛物函数，这样大齿轮就会滞后于相关的小齿轮，将有利于弹性变形，增加传动的重合度。

2. 确定导数 m'_{21}

我们记得，理想的齿轮传动的传动函数应用线性函数（9.2.1）来表示。传动函数在预先设计的传动误差的抛物函数中为

$$\phi_2(\phi_1)=\frac{N_1}{N_2}\phi_1-a\phi_1^2 \tag{9.2.3}$$

根据 $\phi_2(\phi_1)$的第一和第二推导，得

$$m_{21}(\phi)=\frac{\mathrm{d}}{\mathrm{d}\phi_1}[\phi_2(\phi_1)]=\frac{N_1}{N_2}-2a\phi_1 \tag{9.2.4}$$

$$m'_{21}(\phi)=\frac{\mathrm{d}^2}{\mathrm{d}\phi_1^2}[\phi_2(\phi_1)]=-2a \tag{9.2.5}$$

预设计的抛物函数可表示为

$$\Delta\phi_2(\phi_1)=-a\phi_1^2=-\frac{1}{2}m'_{21}\phi_1^2 \tag{9.2.6}$$

导数 $m'_{21}(\phi_1)$用于局部接触综合的过程。

9.3 局部接触的综合法

局部接触综合是在 Litvin 1968 年的专著中提出的，之后在弧齿锥齿轮传动、准双曲面齿轮传动和面蜗轮传动中综合得到应用。齿轮传动的局部接触综合应提供：a. 在中部（选取的）接触点 M 具有所需要的传动比；b. 所希望的齿面上接触轨迹切线的方向角 η_2（见图 9.3.1）；c. 所希望的点 M 处接触椭圆长轴的长度 $2a$（见图 9.3.1）；d. 预设计的最大传动误差控制等级（如 8″ ~10″）的抛物函数。图 9.3.1 中角 η_2 是由接触轨迹的切线 $\boldsymbol{t}_2$ 和在齿面 Σ_2 上的主方向 $\boldsymbol{e}_s$ 构成的。局部接触综合更详细的论述，见于 21.5 节中有关弧齿锥齿轮综合的内容。

通常局部接触综合应用在轮齿接触分析和迭代过程开发的综合上。局部接触综合应用在弧齿锥齿轮传动和准双曲齿轮传动上基于如下假设：齿轮机床已经调整好，在中部接触点的主方向和主曲率也已知。局部接触综合法可以确定小齿轮机床的调整，改善中部接触点 M 和点 M 相邻处的啮合与接触条件。

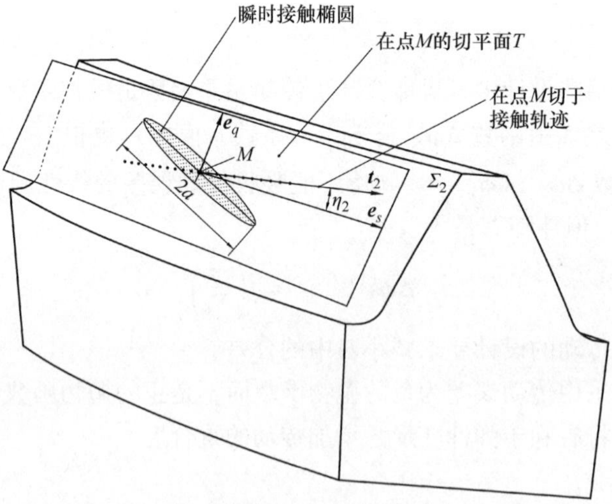

图 9.3.1　应用局部接触综合的参数 η_2 和 a 的图

1. 接触轨迹的方向之间的关系式

如前所述，速度$\boldsymbol{v}_r^{(1)}$ 和$\boldsymbol{v}_r^{(2)}$ 用如下方程来联系（参见 8.2 节）

$$\boldsymbol{v}_r^{(2)}=\boldsymbol{v}_r^{(1)}+\boldsymbol{v}^{(12)} \tag{9.3.1}$$

式中，$\boldsymbol{v}_r^{(i)}(i=1,2)$是接触点沿曲面$\Sigma_i$运动的速度。

矢量$\boldsymbol{v}_r^{(1)}$、$\boldsymbol{v}_r^{(2)}$和$\boldsymbol{v}^{(12)}$位于切平面，矢量$\boldsymbol{v}_r^{(1)}$和$\boldsymbol{v}_r^{(2)}$切于接触轨迹。下面，我们将假定Σ_2上的主曲率和主方向是已知的。其次，可以认为，两接触轨迹的切线与单位矢量$\boldsymbol{e}_s$构成夹角为η_1和η_2（见图9.3.2），其中，$\boldsymbol{e}_s$和$\boldsymbol{e}_q$是Σ_2上主方向的单位矢量。通常，曲面Σ_2上的接触轨迹切线的方向是选取的。我们的目标是导出这样的方程，它们能使我们用Σ_2在点M处的η_2和主曲率来确定η_1及分量$v_s^{(1)}$和$v_q^{(1)}$——$\boldsymbol{v}_r^{(1)}$在$\boldsymbol{e}_s$和$\boldsymbol{e}_q$上的投影（见图9.3.2）。

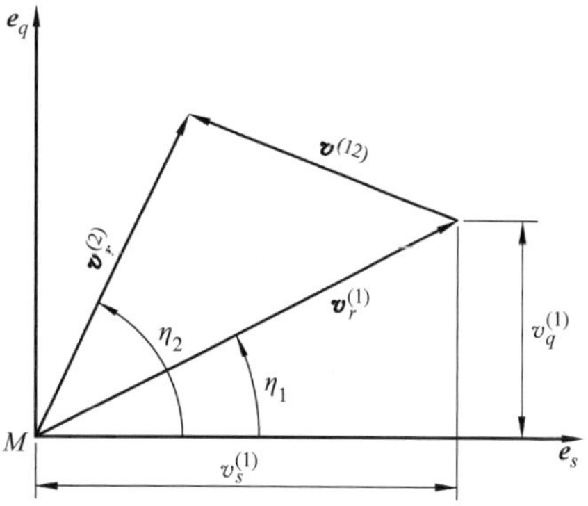

图9.3.2　接触轨迹切线的推导

$$\begin{cases}v_s^{(2)}=v_s^{(1)}+v_s^{(12)}\\ v_q^{(2)}=v_q^{(1)}+v_q^{(12)}\end{cases} \tag{9.3.2}$$

和

$$v_q^{(i)}=v_s^{(i)}\tan\eta_i \quad (i=1,2) \tag{9.3.3}$$

啮合微分方程［方程（8.2.7）取$i=2$］和方程（9.3.2）、方程（9.3.3），我们得到

$$\tan\eta_1=\frac{-a_{31}v_q^{(12)}+(a_{33}+a_{31}v_s^{(12)})\tan\eta_2}{a_{33}+a_{32}(v_q^{(12)}-v_s^{(12)}\tan\eta_2)} \tag{9.3.4}$$

$$v_s^{(1)}=\frac{a_{33}}{a_{13}+a_{23}\tan\eta_1} \tag{9.3.5}$$

$$v_q^{(1)}=\frac{a_{33}\tan\eta_1}{a_{13}+a_{23}\tan\eta_1} \tag{9.3.6}$$

系数a_{31}、a_{32}和a_{33}已经用方程（8.4.48）给出。对η_2规定一个定值（即对Σ_2上的接触轨迹选取一个方向），我们便可求出$\tan\eta_1$、$v_s^{(1)}$和$v_q^{(1)}$。如前所述，系数a_{31}、a_{32}和a_{33}只取决于Σ_2上的主曲率和主方向。

2. 接触椭圆长轴的大小、接触椭圆的方向和两接曲面的主曲率与主方向之间的关系式

我们的目标是建立小齿轮齿面Σ_1的参数$\sigma^{(12)}$、κ_f和κ_h与瞬时接触椭圆长轴长度的关系。所考察的这个椭圆在中部接触点，并且两接触面的弹性逼近量δ是从试验数据得出的已知值。推导上述的关系式基于如下步骤。

步骤1：我们用关系式$a_{11}=b_{33}$、$a_{12}=b_{34}$和$a_{22}=b_{44}$进行变换［参见方程（8.4.48）、方程（8.4.27）~方程（8.4.29），确定其中b_{33}、b_{34}和b_{44}］，得到

$$\begin{cases}a_{11}+a_{22}=\kappa_\Sigma^{(2)}-\kappa_\Sigma^{(1)}\equiv\kappa_\Sigma\\ a_{11}-a_{22}=g_2-g_1\cos2\sigma^{(12)}\\ (a_{11}-a_{22})^2+4a_{12}^2=g_2^2-2g_1g_2\cos2\sigma^{(12)}+g_1^2\end{cases} \tag{9.3.7}$$

式中，$\kappa_\Sigma^{(1)}=\kappa_f+\kappa_h$；$\kappa_\Sigma^{(2)}=\kappa_s+\kappa_q$；$g_1=\kappa_f-\kappa_h$；$g_2=\kappa_s-\kappa_q$。

步骤2：从方程（8.7.34）和方程（8.7.35）知道

$$a=\sqrt{\left|\frac{\delta}{A}\right|} \tag{9.3.8}$$

$$A=\frac{1}{4}\left(\kappa_{\Sigma}^{(1)}-\kappa_{\Sigma}^{(2)}-\sqrt{g_1^2-2g_1g_2\cos 2\sigma^{(12)}+g_2^2}\right) \tag{9.3.9}$$

式中，a 是接触椭圆的长轴。从方程（9.3.7）和方程（9.3.9）导出

$$[(a_{11}+a_{22})+4A]^2=(a_{11}-a_{22})^2+4a_{12}^2 \tag{9.3.10}$$

步骤3：现在我们可以考察含未知数 a_{11}、a_{12} 和 a_{22} 的具有三个线性方程的方程组

$$\begin{cases} v_s^{(1)}a_{11}+v_q^{(1)}a_{12}=a_{13} \\ v_s^{(1)}a_{12}+v_q^{(1)}a_{22}=a_{23} \\ a_{11}+a_{22}=\kappa_{\Sigma} \end{cases} \tag{9.3.11}$$

步骤4：方程组（9.3.11）中的未知数 a_{11}、a_{12} 和 a_{22} 的解，可通过 a_{13}、a_{23}、κ_{Σ}、$v_s^{(1)}$ 和 $v_q^{(1)}$ 来表示。然后，使用方程（9.3.10），我们可求出 κ_{Σ} 的下列方程：

$$\kappa_{\Sigma}=\frac{4A^2-(n_1^2+n_2^2)}{2A-(n_1\cos 2\eta_1+n_2\sin 2\eta_1)} \tag{9.3.12}$$

这里

$$\begin{cases} n_1=\dfrac{a_{13}^2-a_{23}^2\tan\eta_1}{(1+\tan^2\eta_1)a_{33}} \\ n_2=\dfrac{(a_{13}\tan\eta_1+a_{23})(a_{13}+a_{23}\tan\eta_1)}{(1+\tan^2\eta_1)a_{33}} \\ |A|=\dfrac{\delta}{a^2} \end{cases} \tag{9.3.13}$$

方程（9.3.12）的优点是，假定接触椭圆的长轴 $2a$ 和弹性逼近量 δ 是给定的，我们可求出 κ_{Σ}。

步骤5：所求的分别标记为 κ_f、κ_h 和 $\sigma^{(12)}$ 的小齿轮的主曲率和主方向，可用如下方程确定：

$$\kappa_{\Sigma}^{(1)}=\kappa_{\Sigma}^{(2)}-\kappa_{\Sigma} \tag{9.3.14}$$

$$\tan 2\sigma^{(12)}=\frac{2a_{22}}{g_2-(a_{11}-a_{22})}=\frac{2n_2-\kappa_{\Sigma}\sin 2\eta_1}{g_2-2n_1+\kappa_{\Sigma}\cos 2\eta_1} \tag{9.3.15}$$

$$g_1=\frac{2a_{12}}{\sin 2\sigma^{(12)}}=\frac{2n_2-\kappa_{\Sigma}\sin 2\eta_1}{\sin 2\sigma^{(12)}} \tag{9.3.16}$$

$$\kappa_f\equiv\kappa_{\mathrm{I}}^{(1)}=\frac{\kappa_{\Sigma}^{(1)}+g_1}{2} \tag{9.3.17}$$

$$\kappa_h\equiv\kappa_{\mathrm{II}}^{(1)}=\frac{\kappa_{\Sigma}^{(1)}-g_1}{2} \tag{9.3.18}$$

步骤6：小齿轮主方向单位矢量 $\boldsymbol{e}_f$ 和 $\boldsymbol{e}_h$ 的方向，可用如下方程表示：

$$\boldsymbol{e}_{\mathrm{I}}^{(1)}=\boldsymbol{e}_f=\cos\sigma^{(12)}\boldsymbol{e}_s-\sin\sigma^{(12)}\boldsymbol{e}_q \tag{9.3.19}$$

$$\boldsymbol{e}_{\mathrm{II}}^{(1)}=\boldsymbol{e}_h=\sin\sigma^{(12)}\boldsymbol{e}_s+\cos\sigma^{(12)}\boldsymbol{e}_q \tag{9.3.20}$$

接触椭圆相对于 $\boldsymbol{e}_f$ 的方向用角 $\alpha^{(1)}$ 确定（见图9.3.3），这个角可用如下方程表示：

$$\cos 2\alpha^{(1)}=\frac{g_1-g_2\cos 2\sigma^{(12)}}{(g_1^2-2g_1g_1\cos 2\sigma^{(12)}+g_2^2)^{\frac{1}{2}}} \tag{9.3.21}$$

$$\sin 2\alpha^{(1)}=\frac{g_2\sin 2\sigma^{(12)}}{(g_1^2-2g_1g_12\cos 2\sigma^{(12)}+g_2^2)^{\frac{1}{2}}} \tag{9.3.22}$$

接触椭圆的短轴 $2b$ 用如下方程确定：

$$b=\sqrt{\left|\frac{\delta}{B}\right|} \tag{9.3.23}$$

$$B=\frac{1}{4}(\kappa_{\Sigma}^{(1)}-\kappa_{\Sigma}^{(2)}+\sqrt{g_1^2-2g_1g_2\cos 2\sigma^{(12)}+g_2^2}) \tag{9.3.24}$$

下面介绍局部接触综合的计算步骤。输入数据为：$\boldsymbol{\kappa}_s$、$\boldsymbol{\kappa}_q$、$\boldsymbol{e}_s$、$\boldsymbol{e}_q$、$\boldsymbol{r}^{(M)}$、$\boldsymbol{\omega}^{(12)}$、$\boldsymbol{v}^{(12)}$和 δ。选取的参数为 η_2、m'_{21} 和 $2a$，输出数据为 $\boldsymbol{\kappa}_f$、$\boldsymbol{\kappa}_h$、$\boldsymbol{\sigma}^{(12)}$、$\boldsymbol{e}_f$ 和 $\boldsymbol{e}_h$。

步骤 1：选取 η_2，从方程（9.3.4）确定 η_1。

步骤 2：从方程（9.3.5）和方程（9.3.6）确定 $v_s^{(1)}$ 和 $v_q^{(1)}$。

步骤 3：从方程组（9.3.13）的第三个方程确定 A。

步骤 4：从方程（9.3.12）确定 κ_{Σ}。

步骤 5：利用方程（9.3.14）~方程（9.3.18）确定 $\boldsymbol{\sigma}^{(12)}$、$\boldsymbol{\kappa}_f$ 和 $\boldsymbol{\kappa}_h$。

步骤 6：利用方程（9.3.21）~方程（9.3.24）确定接触椭圆的方向及其短轴。

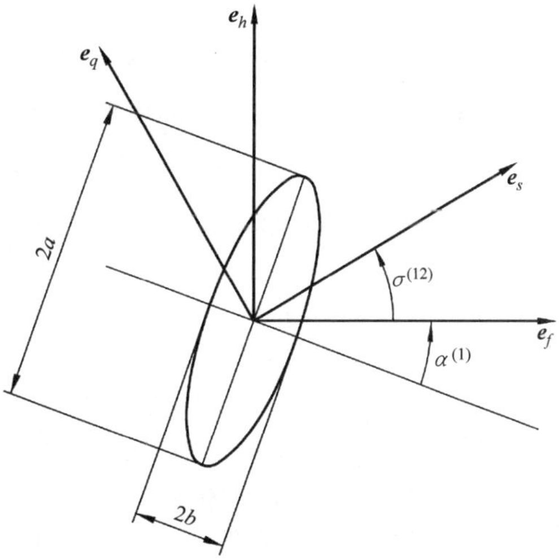

图 9.3.3　接触椭圆的方向和大小

为了确定小齿轮机床刀具安装调整值，我们需要考察每一瞬时，小齿轮和刀具的啮合处于线接触（例如第 21 章）。

9.4　轮齿接触分析

轮齿接触分析的计算机程序的目的是对接触轨迹限制在局部的两齿面的啮合和接触进行模拟。这种接触轨迹形成每一瞬时的接触点轮齿接触分析主要目标是确定：a. 两齿面的接触轨迹；b. 由安装误差引起的传动误差；c. 如同一组瞬时接触椭圆那样的接触轨迹。此时认为两齿面是已知的，两齿轮的轴线的位置和方向是给定的，同时要考虑安装误差。

1. 连续相切的条件

我们设置三个分别与齿轮 1、齿轮 2 和机架刚性固接的坐标系 S_1、S_2 和 S_f。另一附加的固定坐标系 S_q 用来模拟安装误差。

两齿面 Σ_1 和 Σ_2 分别用如下函数表示在坐标系 S_1 和 S_2 中：

$$\boldsymbol{r}_i(u_i,\theta_i)\in C^2\quad\left(\frac{\partial \boldsymbol{r}_i}{\partial u_i}\times\frac{\partial \boldsymbol{r}_i}{\partial \theta_i}\neq\boldsymbol{0},\ (u_i,\theta_i)\in E_i\quad(i=1,2)\right) \tag{9.4.1}$$

曲面单位法线矢量表示如下：

$$\boldsymbol{n}_i=\frac{\dfrac{\partial \boldsymbol{r}_i}{\partial u_i}\times\dfrac{\partial \boldsymbol{r}_i}{\partial \theta_i}}{\left|\dfrac{\partial \boldsymbol{r}_i}{\partial u_i}\times\dfrac{\partial \boldsymbol{r}_i}{\partial \theta_i}\right|} \tag{9.4.2}$$

假定配有齿面 $\boldsymbol{\Sigma}_1$ 的齿轮1绕着位于 S_f 中的固定轴线进行转动，这样在坐标系 S_f 中形成齿轮的齿面族。这个齿面族可以用如下矩阵方程确定：

$$\boldsymbol{r}_f^{(1)}=\boldsymbol{M}_{f1}\boldsymbol{r}_1 \tag{9.4.3}$$

齿面 $\boldsymbol{\Sigma}_1$ 的单位法线矢量在 S_f 中用如下矩阵方程表示：

$$\boldsymbol{n}_f^{(1)}=\boldsymbol{L}_{f1}\boldsymbol{n}_1 \tag{9.4.4}$$

配有齿面 $\boldsymbol{\Sigma}_2$ 的齿轮2绕着位于 S_q 中另一固定轴线转动，我们将安装误差都归并到齿轮2，并且 S_q 相对于 S_f 的位置和方向模拟齿轮传动的安装误差。利用矩阵方程

$$\boldsymbol{r}_f^{(2)}=\boldsymbol{M}_{fq}\boldsymbol{M}_{q2}\boldsymbol{r}_2 \tag{9.4.5}$$

和

$$\boldsymbol{n}_f^{(2)}=\boldsymbol{L}_{fq}\boldsymbol{L}_{q2}\boldsymbol{n}_2 \tag{9.4.6}$$

我们将具有安装误差的齿轮传动的齿面 $\boldsymbol{\Sigma}_2$ 和齿面的单位法线矢量表示在坐标系 S_f 中。$\boldsymbol{L}$ 是 3×3 矩阵，并且它们可以从相应的矩阵 $\boldsymbol{M}$ 中通过消去 $\boldsymbol{M}$ 的最后一行和最后一列而得出。

两接触曲面必须处于连续相加。如果它们的位置矢量和法线在任一瞬时都重合，则这要求是可以达到的（见图9.4.1）。这样有

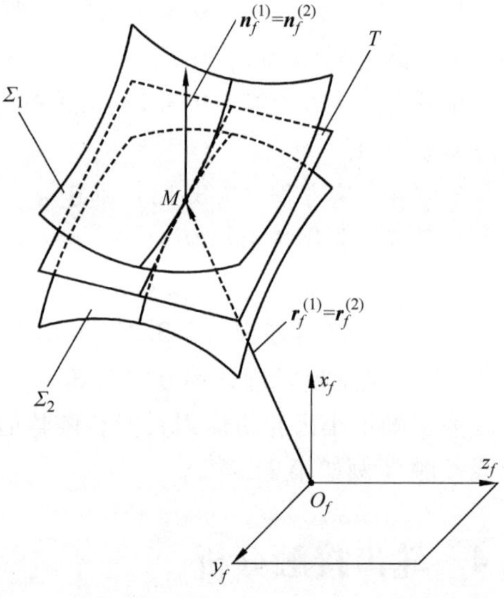

图9.4.1 理想齿轮传动中两齿面的相切

$$\boldsymbol{r}_f^{(1)}(u_1,\theta_1,\phi_1)=\boldsymbol{r}_f^{(2)}(u_2,\theta_2,\phi_2) \tag{9.4.7}$$

$$\boldsymbol{n}_f^{(1)}(u_1,\theta_1,\phi_1)=\boldsymbol{n}_f^{(2)}(u_2,\theta_2,\phi_2) \tag{9.4.8}$$

式中，ϕ_1 和 ϕ_2 是齿轮转角。从矢量方程（9.4.7）导出三个数量方程，但是从方程（9.4.8）只可导出两个独立的数量方程，因为

$$|\boldsymbol{n}_f^{(1)}|=|\boldsymbol{n}_f^{(2)}|=1 \tag{9.4.9}$$

我们需要曲面两法线的共线性，并用方程

$$\boldsymbol{N}^{(1)}(u_1,\theta_1,\phi_1)=\lambda\boldsymbol{N}^{(2)}(u_2,\theta_2,\phi_2) \tag{9.4.10}$$

替换方程（9.4.8）。然而方程（9.4.8）是更可取的，因为其可用来作为重要运动关系式的基础。

2. 啮合分析

方程（9.4.7）和方程（9.4.8）可以表示为

$$\boldsymbol{r}_f^{(1)}(u_1,\theta_1,\phi_1)-\boldsymbol{r}_f^{(2)}(u_2,\theta_2,\phi_2)=\boldsymbol{0} \tag{9.4.11}$$

$$\boldsymbol{n}_f^{(1)}(u_1,\theta_1,\phi_1)-\boldsymbol{n}_f^{(2)}(u_2,\theta_2,\phi_2)=\boldsymbol{0} \tag{9.4.12}$$

从矢量方程（9.4.11）和方程（9.4.12）导出含六个未知数 u_1、θ_1、ϕ_1、u_2、θ_2 和 ϕ_2 的五个独立的数量方程。这里

$$f_i(u_1,\theta_1,\phi_1,u_2,\theta_2,\phi_2)=0 \quad (f_i\in C^1, i=1,2,3,4,5) \tag{9.4.13}$$

齿轮啮合分析的目的是要从方程（9.4.13）中得到函数

$$\{u_1(\phi_1),\theta_1(\phi_1),u_2(\phi_1),\theta_2(\phi)_1,\phi_2(\phi_1)\}\in C^1 \tag{9.4.14}$$

根据隐函数组存在的定理（参见 Korn 和 Korn 1968 年的专著和 Litvin 1989 年的专著）我们可以证明，函数（9.4.14）在一点的邻域内是存在的：

$$P^0=(u_1^O,\theta_1^O,\phi_1^O,u_2^O,\theta_2^O,\phi_2^O) \tag{9.4.15}$$

前提是下列条件正确：函数 $[f_1, f_2, f_3, f_4, f_5]\in C^1$；方程（9.4.13）在点 P^0 是成立的；下列的雅可比行列式（Jacobian D）等于零，即

$$\frac{D(f_1,f_2,f_3,f_4,f_5)}{D(u_1,\theta_1,u_2,\theta_2,\phi_2)}=\begin{vmatrix}\frac{\partial f_1}{\partial u_1} & \frac{\partial f_1}{\partial \theta_1} & \frac{\partial f_1}{\partial u_2} & \frac{\partial f_1}{\partial \theta_2} & \frac{\partial f_1}{\partial \phi_2}\\ \vdots & \vdots & \vdots & \vdots & \vdots\\ \frac{\partial f_5}{\partial u_1} & \frac{\partial f_5}{\partial \theta_1} & \frac{\partial f_5}{\partial u_2} & \frac{\partial f_5}{\partial \theta_2} & \frac{\partial f_5}{\partial \phi_2}\end{vmatrix}\neq 0 \tag{9.4.16}$$

函数（9.4.14）可以提供点接触齿轮啮合状况的全部数据。函数 $\phi_2(\phi_1)$ 表示两齿轮转角之间的关系（运动规律）。函数

$$\boldsymbol{r}_1(u_1,\theta_1),\ u_1(\phi_1),\ \theta_1(\phi_1) \tag{9.4.17}$$

确定齿面 Σ_1 上的接触轨迹。同理，函数

$$\boldsymbol{r}_2(u_2,\theta_2),\ u_2(\phi_2),\ \theta_2(\phi_2) \tag{9.4.18}$$

确定齿面 Σ_2 上的接触轨迹。齿面 $\Sigma_i(i=1,2)$ 上接触点迹线是齿轮齿面工作线。齿轮的齿面只在工作线上各点处接触配对齿面。齿轮两齿面的啮合线用如下函数表示：

$$\boldsymbol{r}_f^{(1)}(u_1,\theta_1,\phi_1),\ u_1(\phi_1),\ \theta_1(\phi_1) \tag{9.4.19}$$

或

$$\boldsymbol{r}_f^{(2)}(u_2,\theta_2,\phi_2),\ u_2(\phi_1),\ \phi_2(\phi_1),\ \theta_2(\phi_1) \tag{9.4.20}$$

在某些情况下，当解方程（9.4.13）时，可以选取不足 ϕ_1 的变参数，例如 u_1。我们可以在方程（9.4.15）所给出的点 P^0 的邻域内解这些方程，前提是相应的函数行列式不等于零，即

$$\frac{D(f_1,f_2,f_3,f_4,f_5)}{D(\theta_1,\phi_1,u_2,\theta_2,\phi_2)}\neq 0$$

方程（9.4.13）的解将用如下函数求出：

$$\{\phi_1(u_1),\theta_1(u_1),u_2(u_1),\theta_2(u_1),\phi_2(u_1)\}\in C^1 \tag{9.4.21}$$

在某些情况下，齿面不能直接用双参数形式，而是用三参数形式表示，并且附加用啮合方程给出的参数之间的关系式。例如，蜗杆传动的某些类型的蜗轮齿面表示为

$$\boldsymbol{r}_2(u_2,\theta_2,\psi)\quad (f(u_2,\theta_2,\psi)=0) \tag{9.4.22}$$

式中，ψ 是齿面形成过程中的运动参数。这样，所求解的非线性方程组将包含具有七个未知

数的六个独立方程。

用数值解非线性方程组要基于应用相应的子程序，例如More等人1980年的专著和Visual Numerics公司。解的第一次估算值可以由局部接触综合法给出的数据求出。

我们用以下简单的平面齿轮啮合的实例，说明以上讨论的轮齿接触分析的方法。

例题9.4.1

假定有三个分别刚性固接在主动齿轮1、从动齿轮2和机架f的坐标系S_1、S_2和S_f（见图9.4.2）。齿轮1配有渐开线齿廓Σ_1，该齿廓在S_1中用如下方程表示（见图9.4.3）：

$$\begin{cases} x_1 = r_{b1}(\sin\theta_1 - \theta_1\cos\theta_1) \\ y_1 = r_{b1}(\cos\theta_1 + \theta_1\sin\theta_1) \\ z_1 = 0 \end{cases} \tag{9.4.23}$$

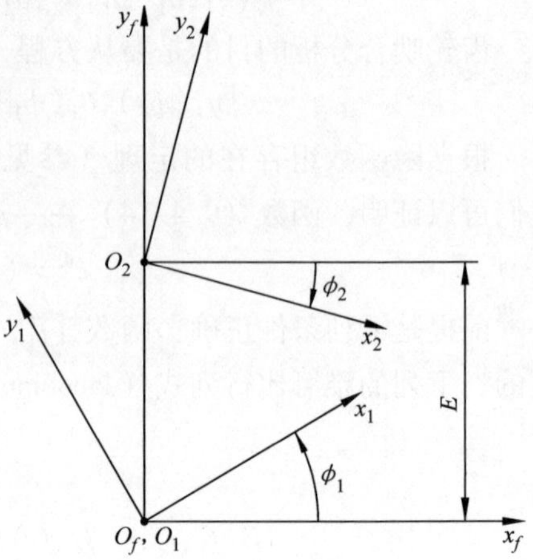

图9.4.2　使用的坐标系

齿轮2配有渐开线齿廓Σ_2，该齿廓在S_2中用如下方程表示（见图9.4.4）：

$$\begin{cases} x_2 = r_{b2}(-\sin\theta_2 + \theta_2\cos\theta_2) \\ y_2 = r_{b2}(-\cos\theta_2 - \theta_2\sin\theta_2) \\ z_2 = 0 \end{cases} \tag{9.4.24}$$

解

应用轮齿接触分析的基本原理，能使我们利用以下步骤确定出Σ_1和Σ_2在坐标系S_f中的啮合状况。

1）我们分别在坐标系S_1和S_2中，确定Σ_1和Σ_2的单位法线矢量$\boldsymbol{n}_1$和$\boldsymbol{n}_2$。Σ_1和Σ_2的单位法线矢量在两齿廓的相切点一定有相同的方向。

2）然而，我们将齿廓Σ_1和Σ_2表示在坐标系S_f中，并且导出两齿廓的相切方程。

3）利用相切方程，我们能够得到具有如下结构的三个方程：

$$f_1[(\theta_1 - \phi_1), (\theta_2 + \phi_2)] = 0 \tag{9.4.25}$$

$$f_2[(\theta_1 - \phi_1), r_{b1}, r_{b2}, E] = 0 \tag{9.4.26}$$

$$f_3[\theta_1, \theta_2, r_{b1}, r_{b2}, E, (\theta_1 - \phi_1)] = 0 \tag{9.4.27}$$

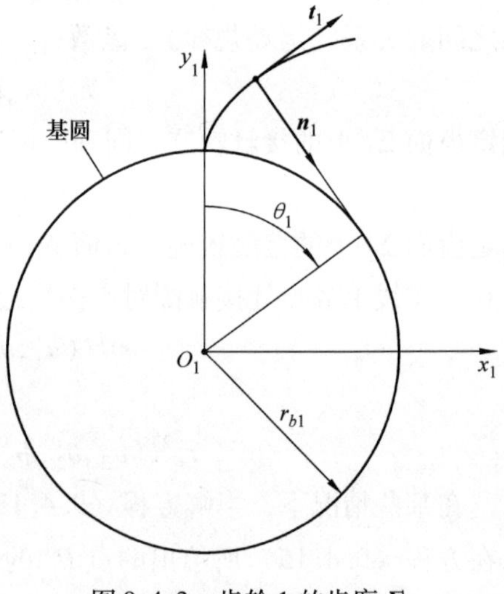

图9.4.3　齿轮1的齿廓Σ_1

4）对所得方程加以分析，可以证明，比值$\mathrm{d}\phi_1/\mathrm{d}\phi_2$是常数，并且表示为

$$\frac{\mathrm{d}\phi_1}{\mathrm{d}\phi_2} = -\frac{\mathrm{d}\theta_1}{\mathrm{d}\theta_2} = \frac{r_{b2}}{r_{b2}}$$

5）我们可以用矢量函数$\boldsymbol{r}_f^{(1)}(\theta_1 - \phi_1)$确定啮合线，并且可以证明，啮合线是一条直线。啮合线的方向可用数积$\boldsymbol{a}_f \cdot (-\boldsymbol{i}_f)$确定，其中

$$\boldsymbol{a}_f = \frac{\dfrac{\partial \boldsymbol{r}_f^{(1)}}{\partial\theta_1}}{\left|\dfrac{\partial \boldsymbol{r}_f^{(1)}}{\partial\theta_1}\right|}$$

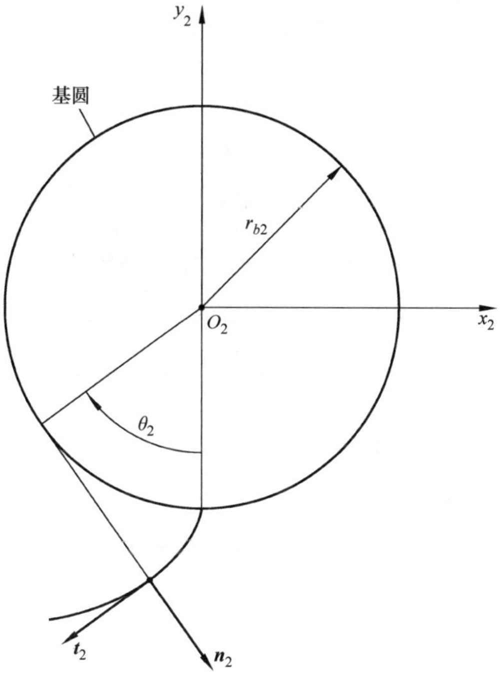

图 9.4.4　齿轮 2 的齿廓 Σ_2

是啮合线的单位矢量。

推导步骤如下。

步骤 1：从方程（9.4.23）导出 Σ_1 的单位法线矢量的如下表达式：

$$\boldsymbol{n}_1=\boldsymbol{t}_1\times\boldsymbol{k}_1=\cos\theta_1\boldsymbol{i}_1-\sin\theta_1\boldsymbol{j}_1\quad(\text{假定 }\theta_1\neq 0)\tag{9.4.28}$$

式中，$\boldsymbol{t}_1$ 是 Σ_1 的单位切线矢量；$\boldsymbol{k}_1$ 是 z_1 轴的单位矢量。

步骤 2：同理，利用方程（9.4.24），我们得到

$$\boldsymbol{n}_2=\boldsymbol{k}_2\times\boldsymbol{t}_2=\cos\theta_2\boldsymbol{i}_2-\sin\theta_2\boldsymbol{j}_2\tag{9.4.29}$$

式中，$\boldsymbol{t}_2$ 是 Σ_2 的单位切线矢量；$\boldsymbol{k}_2$ 是 z_2 轴的单位矢量。

方程（9.4.29）中因子的顺序保证了 $\boldsymbol{n}_2$ 的方向如图 9.4.4 所示。

步骤 3：利用矩阵方程

$$\begin{cases}\boldsymbol{r}_f^{(i)}=\boldsymbol{M}_{fi}\boldsymbol{r}_i(\theta_i)\\ \boldsymbol{n}_f^{(i)}=\boldsymbol{L}_{fi}\boldsymbol{n}_i(\theta_i)\end{cases}\quad(i=1,2)\tag{9.4.30}$$

我们将推导出如下的相切方程：

$$\begin{cases}\boldsymbol{r}_f^{(1)}(\theta_1,\phi_1)=\boldsymbol{r}_f^{(2)}(\theta_2,\phi_2)\\ \boldsymbol{n}_f^{(1)}(\theta_1,\phi_1)=\boldsymbol{n}_f^{(2)}(\theta_2,\phi_2)\end{cases}\tag{9.4.31}$$

步骤 4：从矢量方程（9.4.31）推导出如下数量方程的方程组：

$$r_{b1}[\sin(\theta_1-\phi_1)-\theta_1\cos(\theta_1-\phi_1)]-r_{b2}[-\sin(\theta_2+\phi_2)+\theta_2\cos(\theta_2+\phi_2)]=0\tag{9.4.32}$$

$$r_{b1}[\cos(\theta_1-\phi_1)+\theta_1\sin(\theta_1-\phi_1)]-r_{b2}[-\cos(\theta_2+\phi_2)-\theta_2\sin(\theta_2+\phi_2)-E=0\tag{9.4.33}$$

$$\cos(\theta_1-\phi_1)-\cos(\theta_2+\phi_2)=0 \tag{9.4.34}$$

$$\sin(\theta_1-\phi_1)-\sin(\theta_2+\phi_2)=0 \tag{9.4.35}$$

步骤5：对方程（9.4.34）和方程（9.4.35）加以分析，我们得到

$$\theta_1-\phi_1=\theta_2+\phi_2 \tag{9.4.36}$$

将方程（9.4.32）和方程（9.4.33）加以联立，可导出如下关系式：

$$\cos(\theta_1-\phi_1)-\frac{r_{b1}+r_{b2}}{E}=0 \tag{9.4.37}$$

$$r_{b1}\theta_1+r_{b2}\theta_2-E\sin(\theta_1-\phi_1)=0 \tag{9.4.38}$$

方程（9.4.36）~方程(9.4.38）具有以上所讨论的方程（9.4.25）~方程(9.4.27）的结构。

方程（9.4.36）~方程(9.4.38）导出

$$\theta_1-\phi_1=\theta_2+\phi_2=\text{常数} \tag{9.4.39}$$

$$r_{b1}\theta+r_{b2}\theta_2=\text{常数} \tag{9.4.40}$$

步骤6：对方程（9.4.39）和方程（9.4.40）进行微分，我们得到传动比为常数，并且可以表示为

$$m_{12}=\frac{\mathrm{d}\phi_1}{\mathrm{d}\phi_2}=-\frac{\mathrm{d}\theta_1}{\mathrm{d}\theta_2}=\frac{r_{b2}}{r_{b1}} \tag{9.4.41}$$

步骤7：啮合线用如下方程表示：

$$\begin{aligned}\boldsymbol{r}_f^{(1)}=&r_{b1}[\sin(\theta_1-\phi_1)-\theta_1\cos(\theta_1-\phi_1)]\boldsymbol{i}_f+\\&r_{b1}[\cos(\theta_1-\phi_1)+\theta_1\sin(\theta_1-\phi_1)]\boldsymbol{j}_f\end{aligned} \tag{9.4.42}$$

式中，$(\theta_1-\phi_1)$ 是常数［参见方程（9.4.39）］。矢量函数 $\boldsymbol{r}_f^{(1)}(\theta_1)$ 是线性函数，因为 $(\theta_1-\phi_1)$ 是常数，所以啮合线为一直线。

啮合线的单位矢量表示为

$$\boldsymbol{a}_f=\frac{\dfrac{\partial\boldsymbol{r}_f^{(1)}}{\partial\theta_1}}{\left|\dfrac{\partial\boldsymbol{r}_f^{(1)}}{\partial\theta_1}\right|}=-\cos(\theta_1-\phi_1)\boldsymbol{i}_f+\sin(\theta_1-\phi_1)\boldsymbol{j}_f \tag{9.4.43}$$

啮合线的方向用如下数积确定

$$\boldsymbol{a}_f\cdot(-\boldsymbol{i}_f)=\cos(\theta_1-\phi_1)=\frac{r_{b1}+r_{b2}}{E} \tag{9.4.44}$$

啮合线通过位于 y_f 轴上的点 I。从方程（9.4.42）推出，当 $x_f^{(I)}=0$ 时，我们有

$$y_f^{(I)}=\frac{r_{b1}}{\cos(\theta_1-\phi_1)} \tag{9.4.45}$$

利用方程（9.4.44）和方程（9.4.45），我们得到

$$y_f^{(I)}=\left(\frac{r_{b1}}{r_{b1}+r_{b2}}\right)E=\frac{E}{1+m_{12}} \tag{9.4.46}$$

啮合线如图9.4.5所示，容易证明，啮合线是齿轮两基圆的切线。我们强调指出，啮合线的位置和方向与所选择的中心距 E 有关（假定基圆半径 r_{b1} 和 r_{b2} 是给定的）。

9.5 齿轮传动设计有限元分析

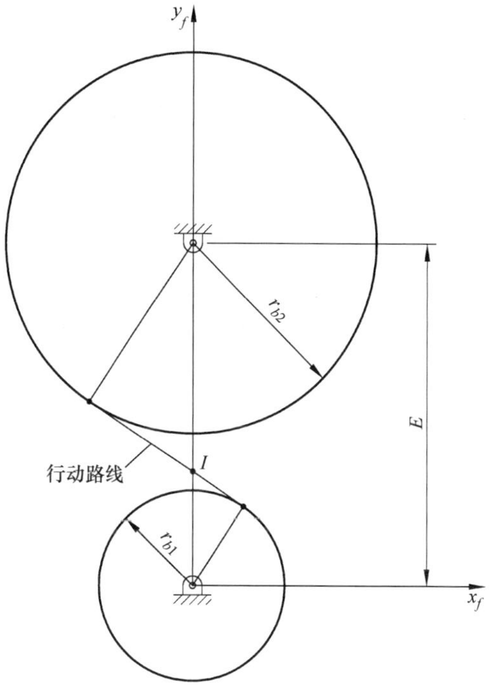

图 9.4.5 啮合线的位置和方向

应用有限元分析我们可以进行如下行为：a. 应力分析；b. 探讨接触区的形成；c. 探测在啮合周期内严重接触应力区域。

因此提出如下要求：a. 开发齿轮传动有限元网格分割；b. 确定接触面；c. 建立承载传动齿轮的边界条件。

这部分内容包括作者对齿轮设计提出的有限元分析法，此方法建立在由 Hibbit、Karlsson & Sirensen 公司 1998 年的专著中提出的采用通用计算机程序的基础上。

研究开发的主要特点如下：

1）有限元的网格分割是利用齿面与轮缘的方程自动生成。有限元网格分割的节点作为齿面上的点。从此，随着 CAD（计算机辅助设计）三维立体建模水平的发展，可避免精度的损失。对大小齿轮应力分析的边界条件也可自动建立。

2）对于有限元模块的自动生成模式归纳在开发的计程机程序中。因此，对于啮合周期的任何接触位置（状态）都可方便而快速地完成有限元单元的生成。

此外，可以研究接触区的形成，并且也可以检测边缘接触及严重接触区的情况。

对于开发有限元模块的 CAD 软件的应用，目前处于有限元分析的中间阶段，并具有下列缺点：

1）用数值方法由样条线构成线模型。线模型由齿轮齿的平面截面组成，这些平面截面用来开发三维模型。

2）三维模型的有限元网格分割需要应用有限元分析软件。

3）必须设置有限元网格分割的边界条件。

4）增加齿轮齿面的平面截面可改善（提高）线模型与三维模型的精度，但计算时间上的成本很高。

5）上述的开发必须由熟练的 CAD 软件使用者来完成，在时间上的花费也是昂贵的，而且必须给出在各种试验条件下、各种啮合位置的不同齿轮几何图形的设计。

本节提出的改进探讨没有上述问题，步骤概括如下：

步骤 1：利用小齿轮或大齿轮的轮齿面的两边方程和相对应的边缘区段方程可用解析法表示设计体的体积。图 9.5.1a 所示为渐开线变位斜齿轮一个齿型的设计体。

步骤 2：图 9.5.1b 所示为辅助中间面 1 ~6，也是用解析法确定的。面 1 ~6 将这齿分割成 6 个部分，并将轮齿离散化成可控的有限个单元。

步骤3：分析确定的节点坐标，由计算沿轮齿的纵向与横向所需要的单元数取得（见图9.5.1c）。我们强调：有限单元网格分割的所有节点是用解析法确定的，那些位于轮齿中间面的节点，是属于有效面上的确实点。

步骤4：有限元模块用已确定节点的单元离散化可按上述步骤完成，如图9.5.1d所示。

步骤5：可自动建立大小齿轮的边界条件，具体如下：

1）在齿轮轮缘区段的两侧与底部的节点被认为是固定的（见图9.5.2a）。

2）小齿轮轮缘区段的两侧与底部构成一个刚性面（见图9.5.2b）。刚性面是不能产生变形的三维几何体，但能实现刚体的位移和转动（参见 Hibbit，Karlsson & Sirensen 公司1998年的专著）。其成本效益也是很高的，因为称为刚体基准节点（见图9.5.2b）的单个节点的位移和转动是与刚性面相关的变量。刚体基准节点位于小齿轮回转任意角度的轴上，除绕小齿轮转轴回转外，其他自由度固定为零。转矩直接施加在刚体基准节点的剩余自由度上（见图9.5.2b）。

步骤6：有限元计算机程序对于接触系统接触面的确定和主动与从动面的确定一样会自动完成。通常，主动面选择比较刚性的面，如果刚性相当，则选择网格比较粗大的面。

图9.5.3～图9.5.5所示分别为整体弧齿锥齿轮传动、整体斜齿轮传动、带锥蜗杆的面蜗轮传动的有限元模型的实例。

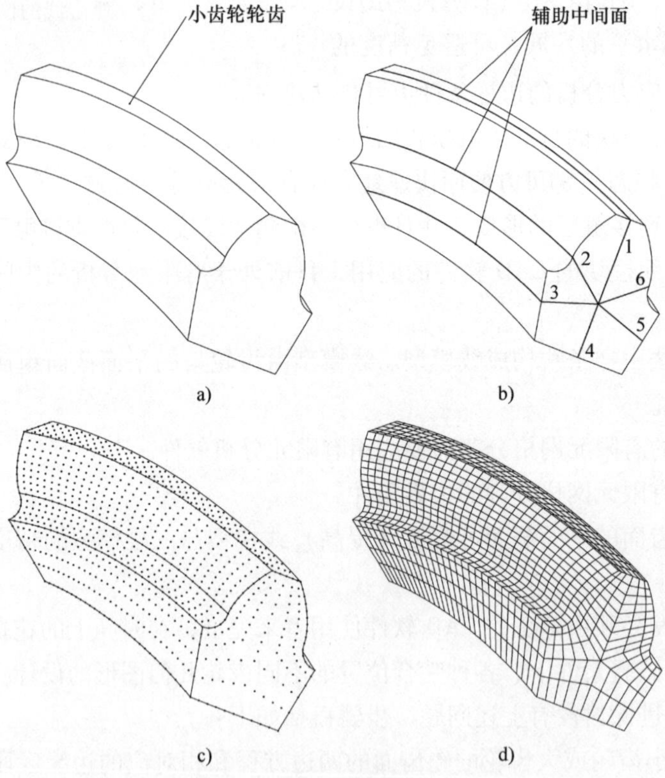

图9.5.1 图解

a）设计体的体积 b）辅助中间面 c）确定整体节点

d）用有限的单元将模块离散化

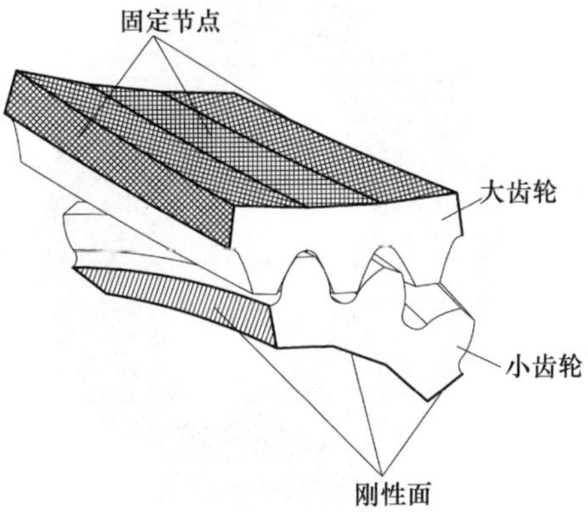

a)

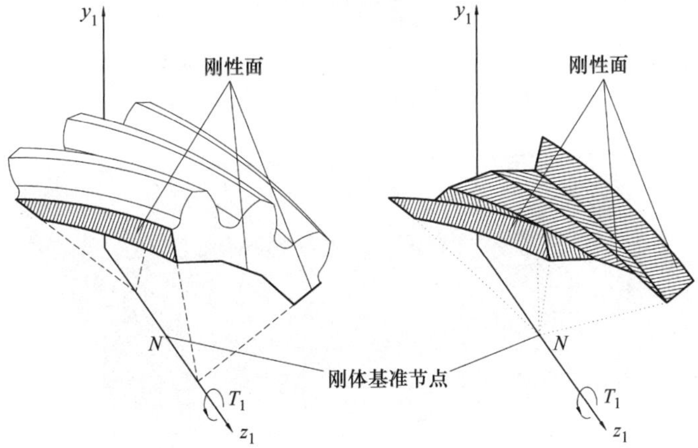

b)

图 9.5.2　大小齿轮的边界条件

a）大齿轮的边界条件　b）小齿轮的边界条件和转矩作用于小齿轮的原理图

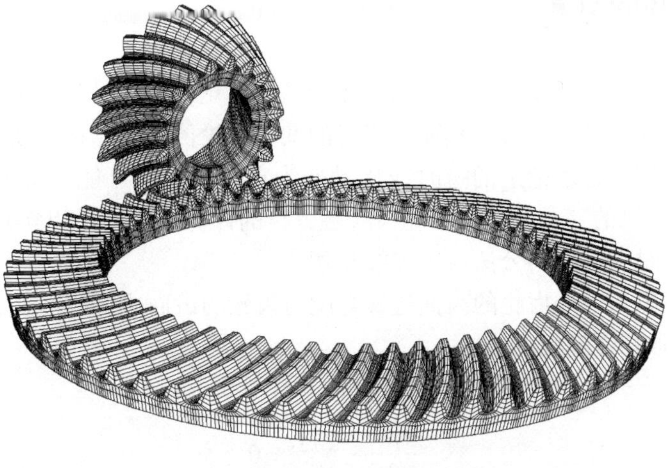

图 9.5.3　整体弧齿锥齿轮传动的有限元模型

图 9.5.4　整体斜齿轮传动的有限元模型

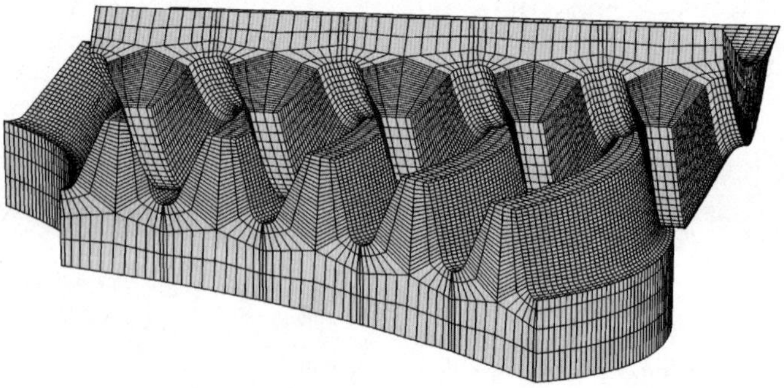

图 9.5.5　带锥蜗杆的面蜗轮传动的有限元模型

9.6　边缘接触的分析

大多数预期的齿轮设计基于齿轮齿面的接触区局部化，具有局部化接触区的齿轮齿面在任何瞬时呈点接触而不是线接触。然而，现行的某些齿轮传动中，在齿面上仍是线接触。事实上，由于对中性误差，理论上的瞬时线接触变为点接触，但可能伴随着边缘接触（见下文）。齿面瞬时点接触的啮合模拟可用轮齿接触分析的计算机程序予以实现（参见 9.4 节），这基于两齿面在瞬时点接触的公法线上连续相切。

边缘接触的意思是一个齿轮的齿面边缘与配对齿轮的齿面边缘相啮合，而非齿面相切。

边缘接触可用如下方程表示：

$$\boldsymbol{r}_f^{(1)}(u_1(\theta_1),\theta_1,\phi_1)=\boldsymbol{r}_f^{(2)}(u_2,\theta_2,\phi_2) \tag{9.6.1}$$

$$\frac{\partial \boldsymbol{r}_f^{(1)}}{\partial\theta_1}\cdot \boldsymbol{N}_f^{(2)}=0 \tag{9.6.2}$$

这里，$\boldsymbol{r}_f^{(1)}(u_1(\theta_1),\theta_1,\phi_1)$ 表示小齿轮齿面的边缘；$\partial \boldsymbol{r}_f^{(1)}/\partial\theta_1$ 是边缘的切线。方

程（9.6.1）和方程（9.6.2）是一个含有四个未知数 θ_1、u_2、θ_2 和 ϕ_2 的具有四个非线性方程的方程组，ϕ_1 是输入参数。对大齿轮齿面边缘与小齿轮齿面相切，可以导出类似的方程组。

边缘接触出现在两种情况中：a. 两齿面初始处于线接触；b. 两齿面初始处于点接触。对两种情况分别加以讨论。

1. 两齿面初始处于线接触的边缘接触

我们开始讨论直齿外齿轮的情况。图 9.6.1a 所示为理想齿轮传动的两齿面沿线 L_1—L_2 相切。现假设两齿轮有安装误差，并且齿轮的两轴线交错或相交。这样，小齿轮齿面的边缘 E_1 将与大齿轮齿面 Σ_2 在点 M 相切，齿轮齿面上的接触轨迹如图 9.6.2a 所示。运动的传递伴随着如图 9.6.2b 所示的传动误差函数。在啮合周期终点处的啮合转换伴随角速度跳动，并且不可避免地会产生振动和噪声。

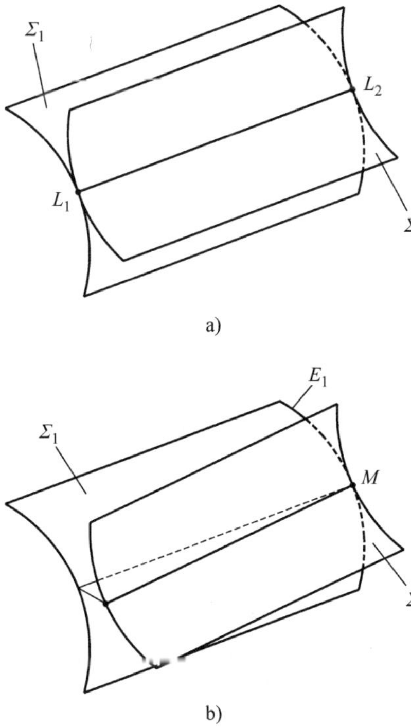

图 9.6.1　直齿外齿轮两齿面的边缘接触
a）理想传动　b）边缘接触

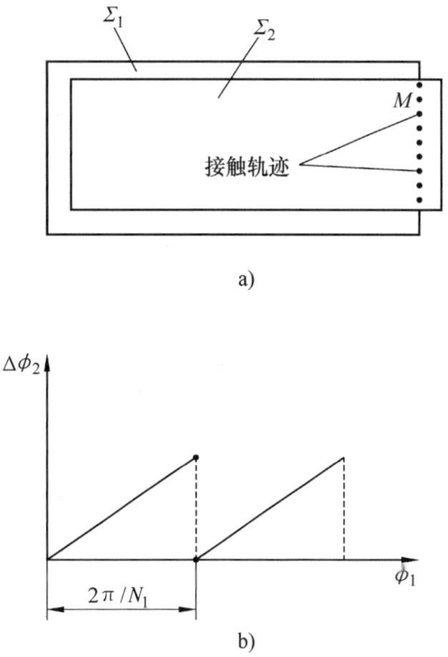

图 9.6.2　具有边缘接触的齿轮传动的接触轨迹和传动误差
a）接触轨迹　b）传动误差函数

用类似的方法，我们可以分析由角度安装误差，如齿轮两轴线的交错角和齿轮螺旋角的差异，所引起的平行轴斜齿轮的边缘接触。

修改齿面拓扑结构可以避免最初是线接触的错位齿轮的边缘接触。这种拓扑结构必须提供以下条件：a. 保证齿面点接触，但接触椭圆的长轴要有足够的大小；b. 在齿轮齿面上的接触轨迹有合适的方向；c. 预设计传动误差的抛物函数，以吸收由齿轮安装误差引起的非连续的近似于线性的传动误差函数（见 9.2 节）。

2. 两齿面初始处于点接触的边缘接触

齿轮齿面的瞬时点接触是典型情况，例如准双曲面齿轮传动和弧齿锥齿轮传动。在

Gleason商用的准双曲面齿轮传动轮齿接触分析程序中，已经论述过准双曲面齿轮的边缘接触的可能性。

如果同时考虑传动误差的函数和齿轮齿面的接触轨迹形状，就可以发现准双曲面齿轮传动中的边缘接触。我们用图9.6.3～图9.6.5来说明这一论点，它们分别显示了传动误差函数及小齿轮和大齿轮齿面上的接触路径。图9.6.3中ϕ_1轴上的点$\phi_1(A)$和$\phi_1(B)$表示一对轮齿的啮合周期开始和结束时的ϕ_1值。这些点也对应于三对相邻齿的传递误差函数的交点。图9.6.4和图9.6.5分别显示了小齿轮和大齿轮齿面的接触轨迹。避免小齿轮边缘E_1与齿轮齿面Σ_2相切的充分条件是点B（见图9.6.4）在小齿轮齿的范围内。同理，避免E_2与Σ_1相切的充分条件可以表述为点A必须在大齿轮齿的范围内（见图9.6.5）。从图9.6.4和图9.6.5可以看出，若不满足上述条件，则会出现E_1和E_2的边缘接触。

图9.6.3显示仅在如下区域内有齿面对齿面的接触：

$$\phi_1(A^*) \leqslant \phi_1 \leqslant \phi_1(B^*) \tag{9.6.3}$$

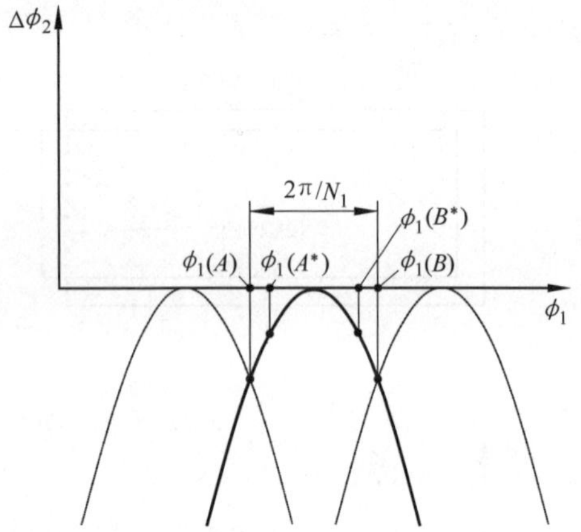

图9.6.3 传动误差函数

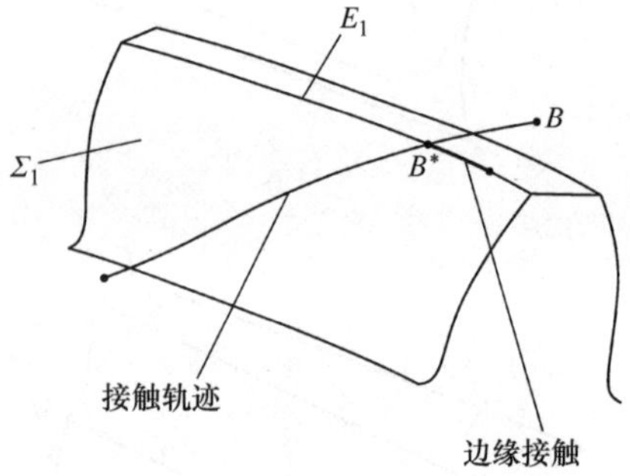

图9.6.4 小齿轮齿面上的接触轨迹

这里，B^*和A^*是接触轨迹分别与小齿轮和大齿轮齿顶边缘的交点（见图9.6.4和图9.6.5），$\phi_1(A^*)$和$\phi_1(B^*)$表示小齿轮的转角、大齿轮的齿面将在A^*和B^*处分别与该小齿轮相切。E_2边缘接触（见图9.6.5）将出现在$\phi_1<\phi_1(A^*)$。类似地，E_1边缘接触（见图9.6.4）将出现在$\phi_1>\phi_1(B^*)$。

由于存在边缘接触，传动误差的合成函数是由对应于E_1和E_2边缘接触，以及齿面对齿面相切的三个函数组成的（见图9.6.6）。

我们已经讨论了在一个啮合周期内出现两次边缘接触的情况。

同理，我们可以考察边缘接触只出现一次的情况，而合成的传动误差通过两个函数的组合来确定。

通过适当地选取机床刀具的安装调整值，可以避免边缘接触，这样的安装调整可利用局部接触综合法和轮齿接触分析法来得到。局部接触综合法将使我们能够获得最合适的接触轨迹切线的方向。应用轮齿接触分析是对避免边缘接触的要求是否已经达到的最后检验。

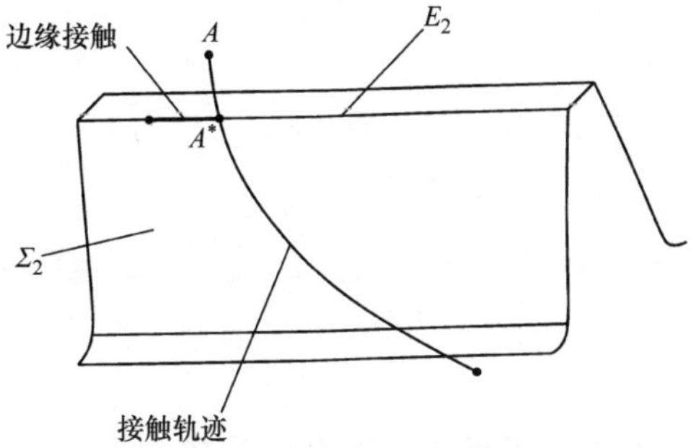

图 9.6.5　大齿轮齿面上的接触轨迹

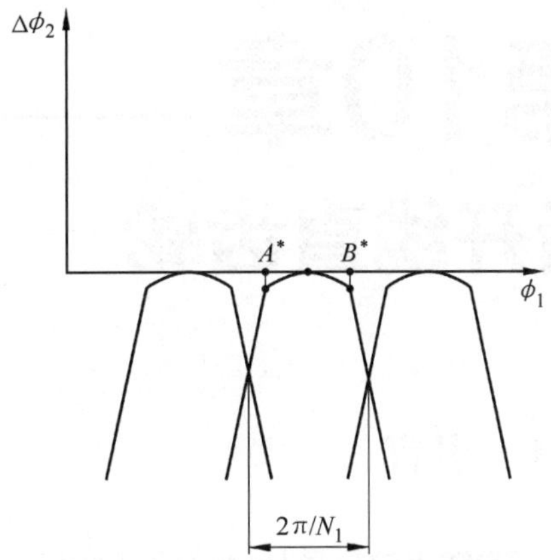

图 9.6.6　传动误差的合成函数

第10章 渐开线直齿轮

10.1 引言

渐开线齿轮最早是由欧拉（Euler）提出的。由于如下优点，渐开线齿轮在工业上有着广泛的应用：a. 制造渐开线齿轮的刀具能达到很高的精度；b. 只需要调节刀具的安装参数就可以比较方便地调整齿厚以及加工出非标准的中心距；c. 可以使用标准化参数的刀具来加工非标准的齿轮；d. 变化齿轮的中心距不会造成传动误差。

Novikov – Wildhaber 齿轮的发明在理论上非常吸引人，同时也在某些场景下找到了其应用。然而，这种齿轮只能应用于斜齿轮，无法完全替代传统的渐开线齿轮。本书 17 章介绍了基于最新研究的新型 Novikov – Wildhaber 齿轮。

在渐开线直齿轮传动中，两齿轮时时刻刻都处于线接触的状态，故这种传动方式对安装误差非常敏感。因此，我们必须将它们的承压接触区域限制在局部。有种常用做法是，将啮合齿轮中的一个齿轮的齿面修整为鼓形。一般倾向于修整小齿轮的齿面，因为其需要修整的齿数相较于大齿轮要少。这种直齿轮的齿廓被设计成渐开线形状。修整为鼓形的小齿轮齿面和传统渐开线齿轮齿面的啮合，是最小化传动误差以及寻找合适的承压接触位置的研究的目标。经过修整的渐开线直齿轮限制了承压接触的区域，也降低了传动误差等级，Litvin 2000 年的专著对此做出了研究。

为了更好地理解之后的章节，建议读者复习瞬心轨迹的基本概念（3.1 节）、平面曲线的几何特性（第 4 章）、平面曲线族和曲面族的包络的确定方法（第 6 章），以及相对速度的概念（第 2 章）。

10.2 渐开线曲线的几何学

下面，我们将考察普通的、长幅的和短幅的渐开线曲线（参见 1.6 节）。我们将从平面曲线的渐屈线和渐开线一般定义开始。

1. 渐屈线和渐开线

假定平面曲线 I 是给定的（见图 10.2.1）。各线段 $M_iN_i(i=1,2,\cdots,n)$ 是曲线 I 在点 M_i 处的曲率半径，而点 N_i 是曲率中心。曲率中心 N_i 的轨迹是曲线 I 的渐屈线 E。曲线 I 的渐屈线 E 的主要特征如下：

1）曲线 I 在点 M_i 处的法线 M_iN_i 是渐屈线 E 的切线。

2）正则曲线 I 的渐屈线是曲线 I 的法线族 M_iN_i 的包络。

假定 E 是给定的，作为 E 展开的结果，我们可以确定 E 的渐开线 I。设想有一条不可伸

长的贴在曲线 E 上的细线 MN。当这条细线从曲线 E 上打开拉直时，细线的 M 点将描绘出渐开线 I。

2. 用于直齿外齿轮的渐开线

现考察渐屈线 E 是圆的一种特殊情况。这种特殊情况下的渐开线 I 是直齿外齿轮的齿廓。该渐屈线，即半径为 r_b 的圆（见图 10.2.2），称为基圆。渐开线的两个分支如图 10.2.2所示。它们是沿基圆分别朝顺时针方向和逆时针方向进行滚动运动的直线上的点 M_O 形成的。两个分支中的每一支都是轮齿各自的一个侧边（见图 10.2.3）。

渐开线的解析表示基于如下考虑（见图 10.2.2）。

1）渐开线的流动点 M 用如下矢量方程确定

$$\overrightarrow{OM} = \overrightarrow{OP} + \overrightarrow{PM} \tag{10.2.1}$$

其中

$$\overrightarrow{OP} = r_b[\sin\phi \quad \cos\phi]^{\mathrm{T}} \tag{10.2.2}$$

$$\overrightarrow{PM} = PM[-\cos\phi \quad \sin\phi]^{\mathrm{T}} \tag{10.2.3}$$

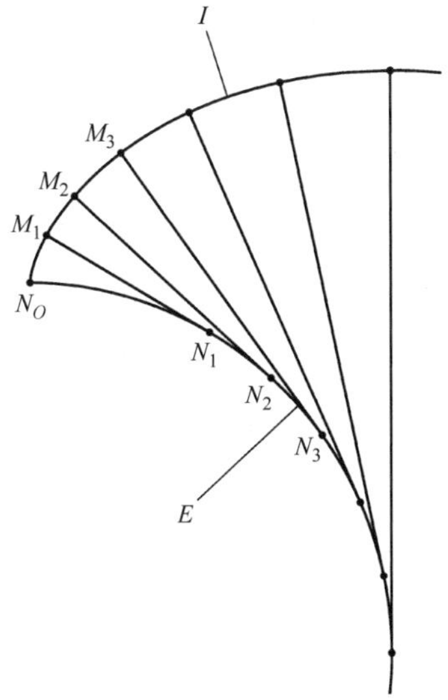

图 10.2.1　渐屈线和渐开线

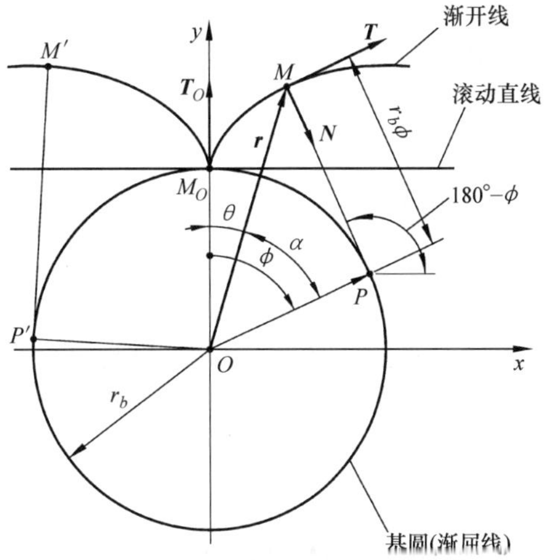

图 10.2.2　推导渐开线的方程

2）由于是无滑动的纯滚动，我们有

$$PM = \overset{\frown}{M_OP} = r_b\phi \tag{10.2.4}$$

式中，ϕ 是纯滚动运动中的转角。

3）由方程(10.2.1)～方程(10.2.4) 得

$$\begin{cases} x = r_b(\sin\phi - \phi\cos\phi) \\ y = r_b(\cos\phi + \phi\sin\phi) \end{cases} \tag{10.2.5}$$

渐开线的另一种表示法基于采用变参数 α（见图 10.2.2）。渐开线方程的推导可以按如下步骤完成：

$$\begin{cases} x = r\sin\theta \\ y = r\cos\theta \end{cases} \tag{10.2.6}$$

其中

$$\begin{cases} r = \dfrac{r_b}{\cos\alpha} \\ r_b(\theta+\alpha) = \overset{\frown}{M_O P} \\ \overset{\frown}{M_O P} = MP \\ MP = r_b\tan\alpha \\ \theta = \tan\alpha - \alpha \end{cases} \tag{10.2.7}$$

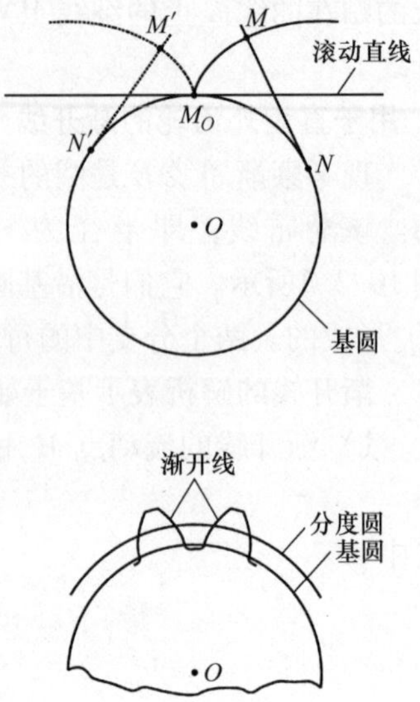

图 10.2.3　渐开线的两个分支

函数 $\theta(\alpha)$ 标记为 $\mathrm{inv}\alpha$。从方程（10.2.6）和方程（10.2.7）得

$$\begin{cases} x = \dfrac{r_b}{\cos\alpha}\sin(\mathrm{inv}\alpha) \\ y = \dfrac{r_b}{\cos\alpha}\cos(\mathrm{inv}\alpha) \end{cases} \tag{10.2.8}$$

函数

$$\mathrm{inv}\alpha = \tan\alpha - \alpha \tag{10.2.9}$$

可以用给定的 α 值直接运算确定。逆运算时，即 $\mathrm{inv}\alpha$ 是给定的，求 α 的值，需要解非线性方程

$$\alpha - \tan\alpha + \mathrm{inv}\alpha = 0$$

这里 $\mathrm{inv}\alpha$ 认为是给定的。

利用解非线性方程的 IMSL 计算程序的子程序，就可得到方程的解（参见 More 等人 1980 年或 Visual Numerics 公司 1998 年的成果）。反函数 $\alpha(\theta)(\theta = \tan\alpha - \alpha)$ 的近似的，但是具有高精度的如下表示式是由 Cheng 1992 年的文章提出的：

$$\alpha = (3\theta)^{\frac{1}{3}} - \frac{2}{5}\theta + \frac{9}{175}3^{\frac{2}{3}}\theta^{\frac{5}{3}} - \frac{2}{175}3^{\frac{1}{3}}\theta^{\frac{7}{3}} + \cdots \quad (\theta < 1.8) \tag{10.2.10}$$

3. 长幅和短幅渐开线

这些曲线是由偏离滚动直线的点 M 给出的（见图 10.2.4 和图 10.2.5）。该直线沿半径 r_b 的圆滚动。

利用类似于以上所讨论的方法，我们得到如下方程：

$$\begin{cases} x = (r_b \mp h)\sin\phi - r_b\phi\cos\phi \\ y = (r_b \mp h)\cos\phi + r_b\phi\sin\phi \end{cases} \tag{10.2.11}$$

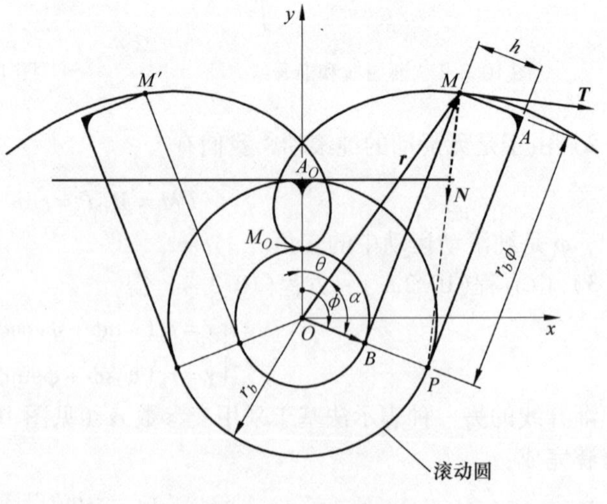

图 10.2.4　长幅渐开线

方程（10.2.11）中，上面的运算符号对应长幅渐开线（见图 10.2.4），而下面的对应短幅渐开线（见图 10.2.5）。参数 h

是点 M 相对滚动直线的偏距。渐开线的两个分支是由直线分别沿顺时针方向和逆时针方向滚动形成的。两个分支的公共点是 M_O，并且点 M_O 是正则曲线上的点（参见例题 10.2.2）。点 P 是滚动直线的瞬时回转中心。

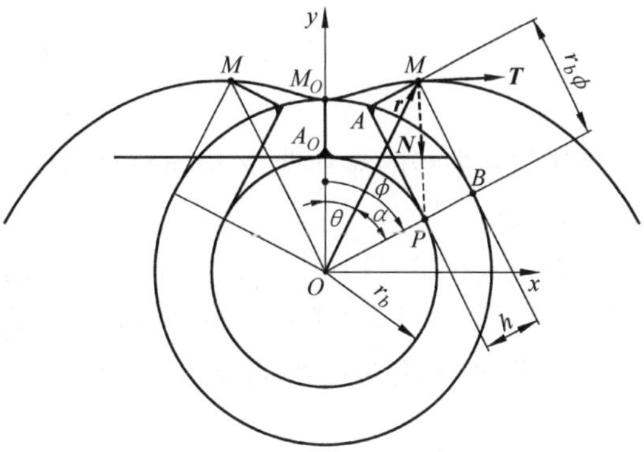

图 10.2.5　短幅渐开线

当 $h=r_b$ 时是一种特殊情况，长幅渐开线变成阿基米德螺线（见图 10.2.6），该螺线用如下方程确定：

$$M_OM=r=r_b\phi$$

也可参见例题 1.6.1。当 $h=0$ 时，是另一种特殊情况，曲线［方程（10.2.11）］是一条普通渐开线。长幅渐开线的一个实例是由圆弧（齿条刀具的过渡曲线）的中心在相对运动中描绘出的轨迹（参见 6.8 节）。

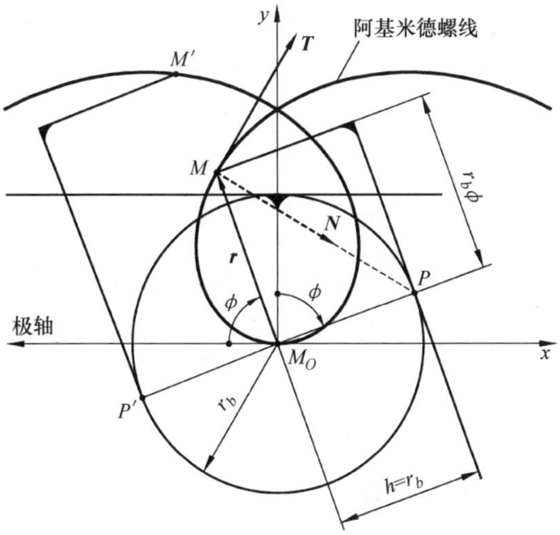

图 10.2.6　阿基米德螺线

例题 10.2.1

假定有一长幅和短幅渐开线的方程（10.2.11）。导出切线 $\boldsymbol{T}$ 和法线 $\boldsymbol{N}=\boldsymbol{T}\times\boldsymbol{k}$ 的方程，这里 $\boldsymbol{k}$ 是 z 轴的单位矢量。

解

$$T_x=\mp h\cos\phi+r_b\phi\sin\phi$$
$$T_y=\pm h\sin\phi+r_b\phi\cos\phi$$
$$N_x=\pm h\sin\phi+r_b\phi\cos\phi$$
$$N_y=\pm h\cos\phi-r_b\phi\sin\phi$$

例题 10.2.2

在坐标系 S_a（见图 10.2.7）中，表示出长幅渐开线的法线 $\boldsymbol{N}$，并确定 $\boldsymbol{N}$ 的方向。

解

$$N_{xa}=h$$
$$N_{ya}=-r_b\phi$$

该法线从曲线的流动点 M 指向瞬时回转中心 P。

例题 10.2.3

取方程（10.2.11）中的 $h=0$，考察普通渐开线的方程。奇异点是用曲线的切线 $\boldsymbol{T}=\mathbf{0}$ 这一条件确定的。求出并观察该曲线的奇异点（也可参见例题4.3.2）。

解

$$T_x=r_b\phi\sin\phi$$
$$T_y=r_b\phi\cos\phi$$

在位置 $\phi=0$ 处，$T_x=T_y=0$（图 10.2.2 中的点 M_O）。

注意：在点 M_O 处仅存在曲线的“半”切线（参见4.3 节）。这条“半”切线的方向可用如下方程（参见 Rashevski 1956 年的专著）表示：

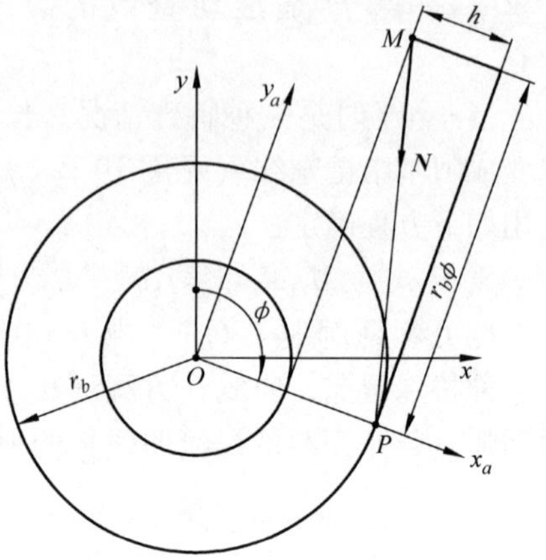

图 10.2.7　渐开线法线的几何说明

$$T_{x\phi}=\frac{\partial T_x}{\partial\phi}=r_b(\phi\cos\phi+\sin\phi)$$

$$T_{y\phi}=\frac{\partial T_y}{\partial\phi}=r_b(-\phi\sin\phi+\cos\phi)$$

考虑到点 M_O 处 $\phi=0$，我们得到这一结论：点 M_O 处的“半”切线T的方向与基圆法线$\overrightarrow{M_OB}$的方向相反（见图 10.2.2）。

10.3　用各种刀具加工渐开线

在工业界广泛应用齿条刀具、滚刀和插齿刀和加工直齿齿轮。

1. 用齿条刀具加工

用齿条刀具加工直齿外齿轮如图10.3.1 所示。被加工齿轮以角速度 ω 绕点 O 转动，并且齿条刀具以速度$\boldsymbol{v}$进行移动。速度的绝对值$|\boldsymbol{v}|$与角速度 ω 之间的关系用如下方程表示：

$$\frac{v}{\omega}=r_p=\frac{N}{2P}\qquad(10.3.1)$$

式中，r_p 是分度圆半径；N 是齿轮的齿数；P 是径节。

分度圆是切齿时齿轮的瞬心线。切齿时

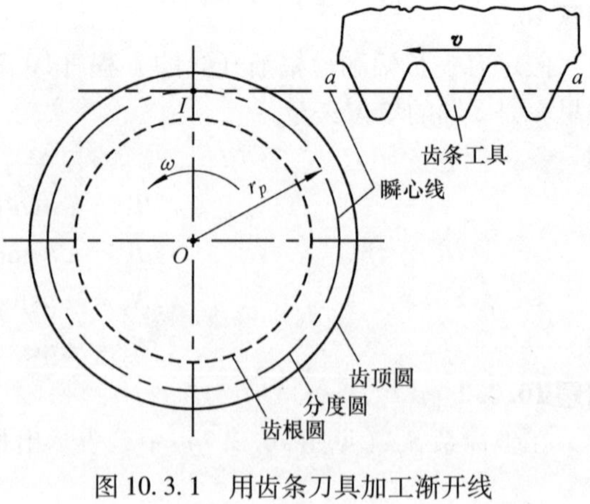

图 10.3.1　用齿条刀具加工渐开线

齿条刀具的瞬心线是直线 a—a，该直线切于分度圆，并且平行于速度 $\boldsymbol{v}$（见图 10.3.1）。点 I 是瞬时回转中心。

在切齿时，齿条刀具平行于齿轮的回转轴线做往复运动。齿轮的齿形 Σ_2 是作为齿条刀具齿形族 Σ_1 的包络加工成的，该包络表示在与被加工齿轮刚性固接的坐标系 S_2 中。齿形 Σ_2 是一条普通渐开线。Σ_2 的渐屈线是半径为 r_b 的基圆（见图 10.3.2），r_b 由下式确定：

$$r_b = \frac{N\cos\alpha_c}{2P} = r_p\cos\alpha_c = \frac{v}{\omega}\cos\alpha_c \tag{10.3.2}$$

式中，α_c 是齿条刀具的齿形角。

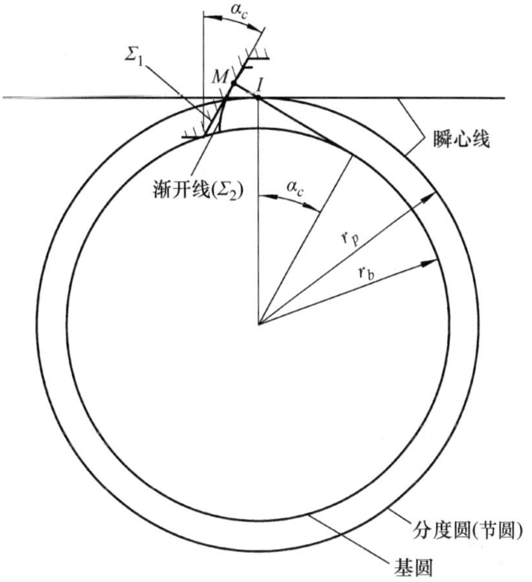

图 10.3.2　齿条与渐开线齿轮的啮合

应用包络理论（参见 6.1 节和例题 6.13.1），我们可以证明，具有直线齿形 Σ_1 的齿条刀具可加工出渐开线 Σ_2。同样的渐开线 Σ_2（具有相同的基圆半径 r_b）可以用具有各种齿形角 α_c 的刀具来加工，但要相应地改变 v/ω 的比值［参见方程（10.3.2）］。这一结论在用平面砂轮磨削渐开线齿轮的实践中会用到，这时 α_c 是平面砂轮的倾斜角。

图 10.3.2 图解说明齿条刀具与齿轮的啮合：I 是瞬时回转中心；M 是 Σ_1 和 Σ_2 的流动相切点；Σ_1 和 Σ_2 的公法线通过 I，并且切于基圆。

2. 齿条刀具的设计参数

为了使齿条形象化，将齿条刀具看作是具有无限多齿数的齿轮的极限情况是有帮助的。图 10.3.3 所示为一个渐开线直齿外齿轮，分度圆半径和基圆半径分别为 r_p 与 r_b，其有如下关系式［参见方程（10.3.2）］：

$$r_b = r_p\cos\alpha_c = \frac{N}{2P}\cos\alpha_c$$

这里，α_c 确定渐开线在点 P 的法线 PK 的方向。P 点的曲率半径 PK 为

$$r_b\tan\alpha_c = PK = \frac{N}{2P}\sin\alpha_c \tag{10.3.3}$$

现在，假设齿轮齿数 N 已经增加，而 P 和 α_c 值仍保持不变。当 $N' > N$ 时，分度圆半径和基圆半径分别为 r'_p 与 r'_b，这两个圆的圆心是 O'。曲率中心是 K'，而曲率半径 $PK' = r'_b\tan\alpha_c$ 变大。

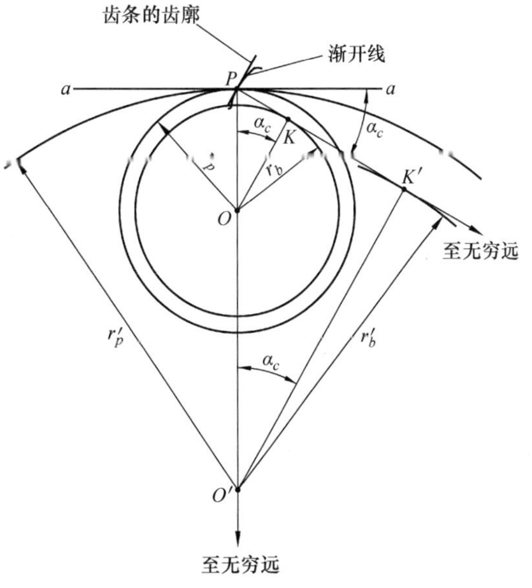

图 10.3.3　齿条是齿轮的特殊情况

显然，当齿轮中心 O 沿 OO' 移至无限远时，P 点的曲率中心也沿 PK' 移至无穷远，而齿轮的渐开线齿廓将变成一条垂直于 PK 的直线（见图 10.3.3）；齿轮分度圆变成直线 a—a。这样，当齿数 N 趋向无限大时，齿轮变成齿条。

为了减少所使用的刀具数目，齿条刀具的设计参数已经标准化（见图 10.3.4）。标准化参数是：$P=\pi/p_c$（参见 10.4 节）、α_c、齿条刀具齿顶高和齿根高的尺寸，以及顶隙参数 c。我们必须区分与直齿外齿轮相啮合的普通齿条和指定用来加工直齿外齿轮的齿条刀具。齿条刀具的齿顶高比普通齿条的齿顶高要大些。只有齿条刀具设有刀齿阴影部分。齿条刀具过渡曲线的形状如图 6.9.1 所示。

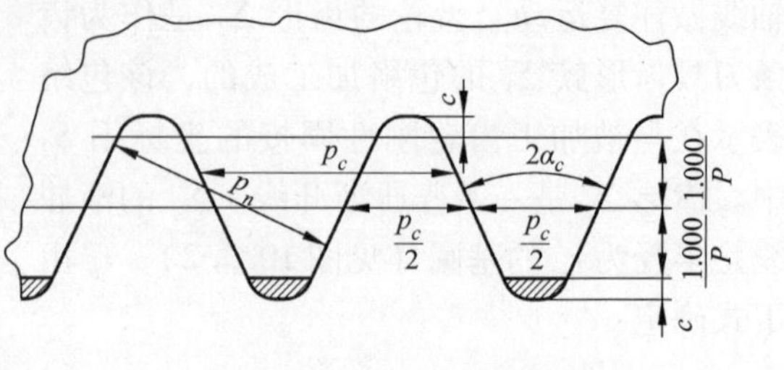

图 10.3.4　齿条刀具的参数

同一把齿条刀具可以用来加工具有给定的 P 值和 α_c 值但齿数不同的齿轮。

3. 用滚刀加工

用滚刀加工齿轮如图 10.3.5 所示。可以把滚刀看成是一个蜗杆（通常是具有单头的蜗杆，如图 10.3.5a 所示。在蜗杆上沿轴向开出一些沟槽，以便形成一系列的切削刀刃。蜗杆的轴向截面可以看作是齿条。滚刀的转动模拟假想齿条的直移动。当切齿时，滚刀与被加工齿轮绕其各自的轴线转动（见图 10.3.5b）。滚刀除转动外，还平行齿轮的轴线做直移运动；这种运动是滚刀的进给运动。

滚刀和齿轮的两个回转角 ϕ_h 和 ϕ_g 的关系如下：

$$\frac{\phi_h}{\phi_g}=\frac{N_g}{N_h} \tag{10.3.4}$$

式中，N_g 是齿轮的齿数；N_h 是滚刀的头数，通常 $N_h=1$。滚刀与被加工齿轮的啮合可以看作是齿条与齿轮的啮合。滚刀的转动模拟假想齿条的直移动。

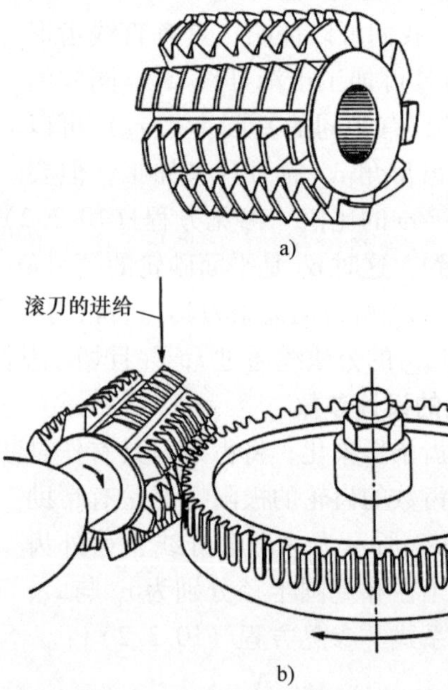

图 10.3.5　用滚刀加工

a）滚刀　b）切齿

4. 用插齿刀加工

用插齿刀加工轮齿模拟两个齿轮的啮合，两个齿轮之一是插齿刀（见图 10.3.6）。具有半径为 r_{bc} 的渐开线插齿刀加工具有半径为 r_{bg} 的直齿外齿轮，r_{bg} 确定为

$$r_{bg}=\frac{N_g}{N_c}r_{bc} \tag{10.3.5}$$

式中，N_c 和 N_g 分别是插齿刀和被加工齿轮的齿数。被加工齿轮的齿形 Σ_2 是插齿刀齿形族 Σ_1 的包络，该包络是在相对运动中形成的（见图 10.3.7）。

用插齿刀进行齿轮加工的最大优点是能够制造内齿轮。由于内齿轮具有较高的效率，所以这种齿轮在行星轮系中得到了广泛的应用。

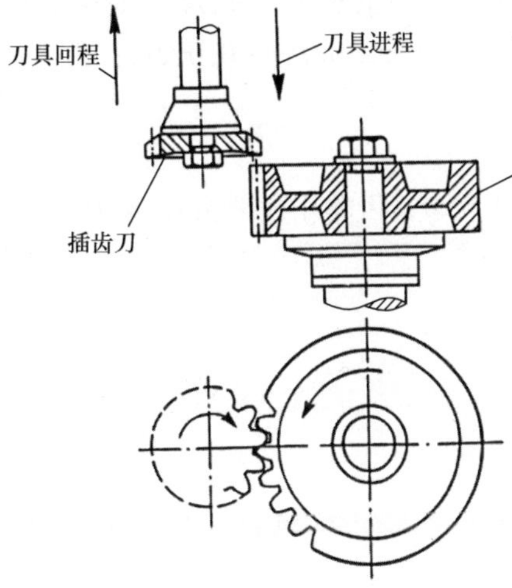

图 10.3.6　用插齿刀加工

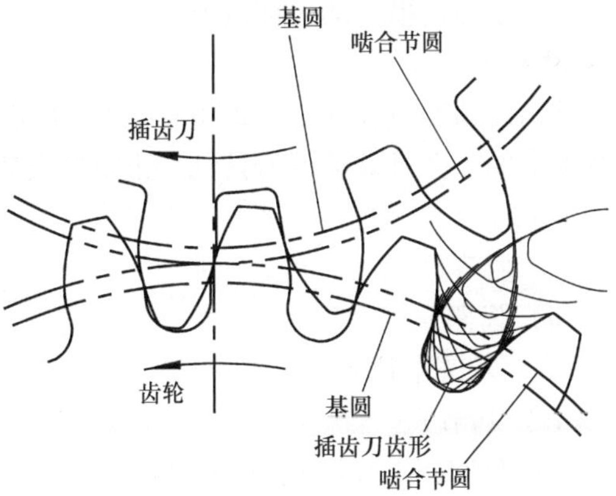

图 10.3.7　齿轮和插齿刀的啮合

10.4　轮齿元素的比例尺寸

分度圆是轮齿元素比例尺寸的基准圆（见图 10.4.1）。齿轮 p_c 是齿轮相邻两轮齿之间沿分度圆量得的距离。齿距是分度圆上的一段圆弧。齿条刀具相邻两轮齿之间的距离（见图 10.3.4）是直线上等于 p_c 的一段线段（我们知道，对标准齿轮而言，分度圆是与齿条刀具啮合时的瞬心线）。

径节表示为

$$P=\frac{N}{d}=\frac{\pi}{p_c} \tag{10.4.1}$$

并且定义为齿轮的每英寸直径所对应的齿数。关系式（10.4.1）基于以下考虑。

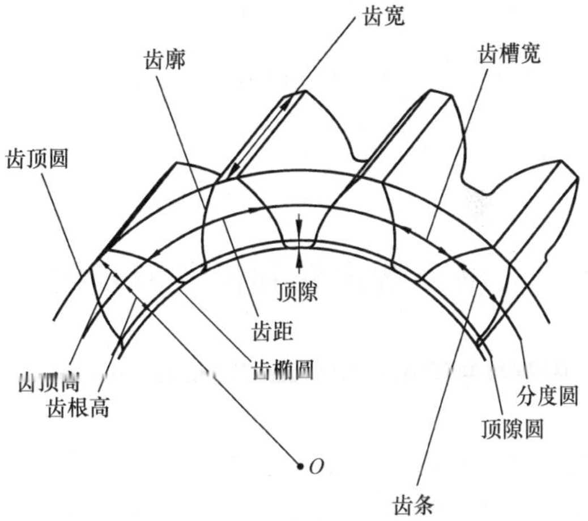

图 10.4.1　轮齿的参数

步骤 1：分度圆周长度为

$$L=p_cN=\pi d \tag{10.4.2}$$

式中，N 是齿轮的齿数。

步骤 2：以方程（10.4.2）导出关系式（10.4.1）。比值 N/d 称为径节。

模数 m 表示为

$$m=\frac{p_c}{\pi}=\frac{d}{N}$$

模数的单位是 mm，而 P 的单位为 1/in。

齿顶高 a 是齿顶圆与分度圆之间的径向距离。

齿根高 b 是分度圆与齿根圆之间的径向距离。

齿厚 t 和齿槽宽 w 是沿分度圆量得的弧长。

在标准齿轮（具有标准的轮齿元素比例尺寸）的情况下，我们有 $a=1/P$；对于大齿距齿轮（$P=20$ 以下），$b=1.250/P$；对于小齿距齿轮，$b=(1.200/P)+0.002\text{in}$；顶隙 $c=b-a$；齿厚与齿槽宽的公称值为 $t=w=p_c/2$。

例题 10.4.1

已知齿顶圆直径 $d_a=2.200\text{in}$（测量得出）；齿数 $N=20$；齿轮用齿形角 $\alpha_c=20°$的齿条刀具加工的，并且该齿条刀具具有正常的安装位置。

确定：

（i）径节 P。

（ii）齿距 p_c。

（iii）基圆半径 r_b。

（iv）基节 p_b。

（v）分度圆上齿厚 t 的公称值。

解

（i）$P=10\ 1/\text{in}$。

（ii）$p_c=\dfrac{\pi}{10}\text{in}$。

（iii）$r_b=r_p\cos20°=0.94\text{in}$。

（iv）$p_b=\dfrac{\pi}{10}\cos20°\text{in}=0.094\pi\text{in}$。

（v）$t=\dfrac{\pi}{20}\text{in}$。

10.5 渐开线齿轮和齿条刀具的啮合

1. 齿条刀具的正常和非正常的安装

我们记得，切齿时齿轮的瞬心线是节圆（对标准齿轮而言也是分度圆），这是因为切齿时直移速度 v 和角速度 ω 用方程（10.3.1）相联系。齿条刀具的瞬心线切于齿轮瞬心线且平行于$\boldsymbol{v}$的直线。

当齿条刀具的中线切于齿轮的分度圆时，我们称齿条刀具相对于齿轮的这种安装称为标准安装。图 10.5.1 中齿条刀具被偏移了距离 e；齿条刀具的中线标记为Ⅱ—Ⅱ，并且齿条刀具的瞬心线是Ⅰ—Ⅰ。我们称齿条刀具这样的安装为非标准安装。齿条刀具的变位能使我们改变齿轮的齿厚，也可避免根切。

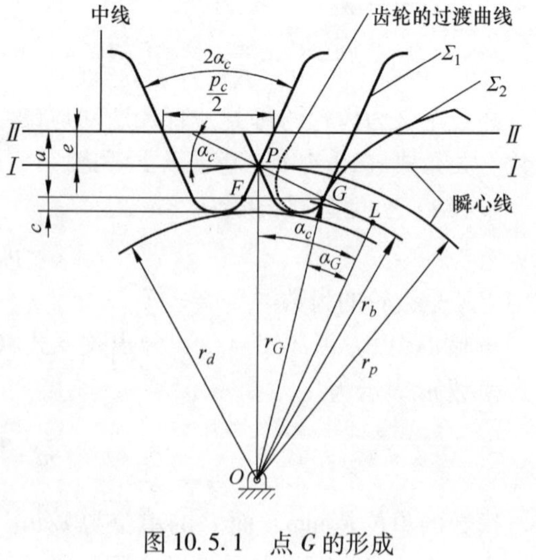

图 10.5.1　点 G 的形成

我们必须强调，不论是标准安装还是非标准安装，齿轮与齿条刀具的瞬心线都是相同的，因为对刀具的两种安装方式，比值 v/ω 保持相同。用非标准安装的齿条刀具所加工出来的渐开线齿轮称为非标准齿轮（即变位齿轮）。

2. 不产生根切的条件

用齿条刀具切齿时不产生根切的条件，可用6.3节中讲述的一般方法来确定（也可参见例题10.5.1～例题10.5.3）。在这一节，为了形象地说明渐开线齿轮根切的情况，介绍一种基于简单几何条件的方法。我们先讨论齿条刀具极限安装位置这一概念。必须强调，一般说来，用齿条刀具加工出的渐开线初始点可以位于基圆的外边。

我们用 F 标记齿条刀具齿形 Σ_1 的直线与齿条刀具过渡曲线的切点。显然，渐开线 Σ_2 的初始点是当 Σ_1 与 Σ_2 在啮合线上的点 G 相切时加工出来的。因此，渐开线初始点 G 位于齿轮半径为 $r_G=OG$ 的圆周上，并且 $r_G \neq r_b$。这意味着通常 G 点不与位于基圆上的渐开线的初始点 M_O 相重合（见图10.2.2）。用齿条刀具加工出的渐开线的真正的初始点 G 而不是 M_O。

从图10.5.1我们可以导出如下方程：

$$\tan\alpha_G=\frac{GL}{r_b}=\tan\alpha_c-\frac{4P(a-e)}{N\sin 2\alpha_c} \tag{10.5.1}$$

$$r_G=\frac{N\cos\alpha_c}{2P\cos\alpha_G} \tag{10.5.2}$$

方程（10.5.1）和方程（10.5.2）能使我们确定渐开线初始点所在圆周的半径 r_G。利用这些方程，根据各种 $r_G \geqslant r_b$ 或 $\alpha_G \geqslant 0$，我们也能确定不产生根切的条件。如果我们利用不产生根切的最少齿数这一概念，可以导出更简单的表达式。图10.5.2所示为表示在点 F 在啮合线上的点 L 形成渐开线初始点的这一特殊情况。当且仅当加工具有一定齿数的小齿轮时，上述情况才可能存在。在我们以上的讨论中，假定齿条刀具在标准安装位置（齿条刀具的中线 a—a 是分度圆的切线）。利用 $\alpha_G=0$ 和 $e=0$，从方程（10.5.1）可导出

$$N_{\min}=\frac{2Pa}{\sin^2\alpha_c} \tag{10.5.3}$$

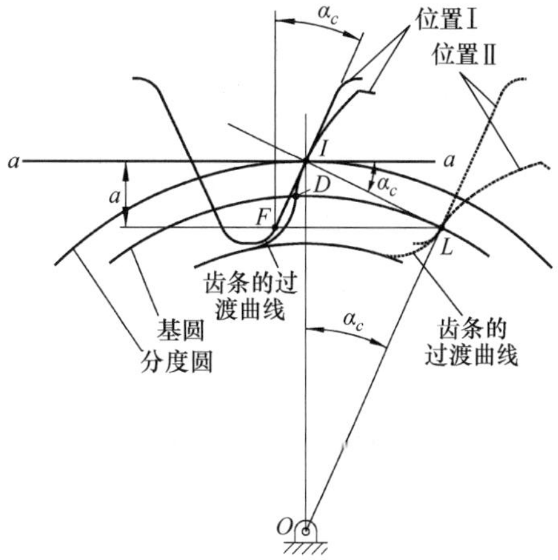

图10.5.2　齿条刀具的极限安装位置

当 $a=1/P$ 时，我们得到

$$N_{\min}=\frac{2}{\sin^2\alpha_c} \tag{10.5.4}$$

小齿轮的最少齿数 $N_{\min}$ 为设计者指明，当 $N \geqslant N_{\min}$ 时，小齿轮可以在齿条刀具位于标准安装位置的情况下进行加工。这里，N 是所设计的小齿轮的齿数。当 $N<N_{\min}$ 时，必须保持齿条刀具具有非标准安装位置。齿条刀具相应的变位量 e（见图10.5.1），可利用 $\alpha_G \geqslant 0$ 这一条件以方程（10.5.1）求出，这样我们得到

$$\tan\alpha_c-\frac{4P(a-e)}{N\sin 2\alpha_c} \geqslant 0 \tag{10.5.5}$$

当 $a=1/P$ 时，从表达式（10.5.5）导出

$$\frac{N\sin^2\alpha_c-2(1-Pe)}{N\sin\alpha_c\cos\alpha_c}\geqslant 0 \tag{10.5.6}$$

将方程（10.5.6）和方程（10.5.4）加以联立，我们得到

$$Pe\geqslant\frac{N_{\min}-N}{N_{\min}} \tag{10.5.7}$$

这里，Pe 是一个无量纲的代数值。用 ξ 标记 Pe，我们得到

$$\xi\geqslant\frac{N_{\min}-N}{N_{\min}} \tag{10.5.8}$$

现在，我们可以考察两种情况。

1）$N<N_{\min}$。这样 $\xi>0$，并且齿条刀具必须由齿轮中心向外移动 ξ 的最小值为

$$\xi_{\min}=\frac{N_{\min}-N}{N_{\min}} \tag{10.5.9}$$

选取 $\xi>\xi_{\min}$，由于轮齿可能变尖，我们必须限制 ξ 的值（见例题 10.6.2）。

2）$N>N_{\min}$。这样，$\xi\leqslant 0$，而齿条刀具可以向齿轮中心移动，或者安装位置可以是标准的（$\xi=0$）。

3. 齿轮的齿厚和齿根高的变位

齿轮刀具的位移影响齿厚和齿根高的变化。下面，我们将考察沿齿轮分度圆量得的齿厚（齿槽宽）的变化。沿分度圆量得的齿轮齿槽宽等于沿齿条刀具瞬心线 I—I 量得的齿条刀具的齿厚。在齿条刀具标准安装的情况下，齿轮齿槽宽的公称值为

$$w=s_c=\frac{p_c}{2}=\frac{\pi}{2P} \tag{10.5.10}$$

式中，s_c 为齿条刀具在中心线 a—a 上的齿厚。当齿条刀具采用非标准安装时，齿条刀具沿其瞬心线 I—I 的齿厚为（见图 10.5.3b）

$$s_c^*=s_c-2e\tan\alpha_c=\frac{p_c}{2}-2e\tan\alpha_c \tag{10.5.11}$$

齿轮的齿槽宽

$$w=s_c^*=\frac{p_c}{2}-2e\tan\alpha_c \tag{10.5.12}$$

齿根圆半径用如下方程确定

$$r_{\mathrm{d}}=r_p-b+e \tag{10.5.13}$$

而齿根高为（$b-e$）。为了使轮齿的全齿高一直具有适当的值，在准备供切齿用的齿轮毛坯时，需要改变齿顶圆的半径。

例题 10.5.1

假定齿条刀具具有标准安装位置（$e=0$）。渐开线初始点所在圆的半径 r_G 用方程（10.5.1）和方程（10.5.2）表示。取 $a=1/P$，用 N、α_c 和 P 表示半径 r_G。

解

$$r_G=\frac{(N^2\sin^2\alpha_c-4N\sin^2\alpha_c+4)^{\frac{1}{2}}}{2P\sin\alpha_c} \tag{10.5.14}$$

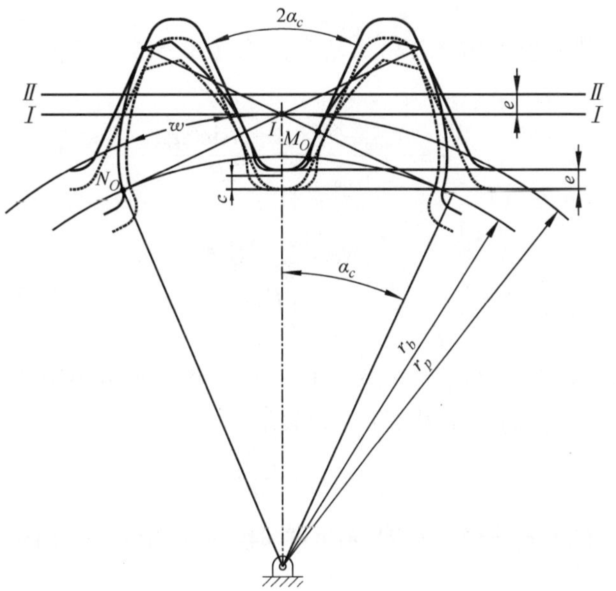

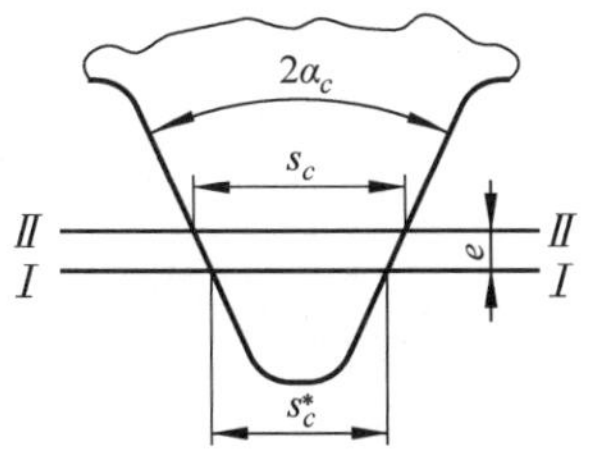

图 10.5.3　图解

a）标准齿轮和非标准齿轮的加工　b）齿条刀具的齿厚

例题 10.5.2

假设半径 r_C 用方程（10.5.14）表示。当渐开线初始点位于基圆上时，导出含 N 和 α_c 的方程。

解

$$N=\frac{2}{\sin^2\alpha_c}$$

例题 10.5.3

利用方程（10.5.4）变换表达式（10.5.8）。用 N 和 α_c 表示 ξ。

解

$$\xi \geqslant \frac{2-N\sin^2\alpha_c}{2}$$

例题 10.5.4

利用齿形角为 α_c 的齿条刀具加工齿数 $N>N_{\min}$ 的齿轮，径节为 P，齿条刀具的齿顶高为 $b=1.25P$，而齿条刀具采用非标准安装（$e<0$）。用 N、α_c 和 P 表示根切仍可避免的齿轮根

圆的最小半径。

提示：利用求 r_d 的方程（10.5.13）。从表达式（10.5.7）得出，下述情况下，仍可避免根切：

$$e=\frac{N_{\min}-N}{PN_{\min}}=\frac{2-N\sin^2\alpha_c}{2P}$$

解

$$r_d=\frac{N\cos^2\alpha_c-0.5}{2P} \tag{10.5.15}$$

例题 10.5.5

当齿条刀具采用非标准安装时，方程（10.5.15）将确定齿根圆的半径。当齿条刀具采用标准安装时，齿根圆半径的半径用如下方程表示：

$$r_d^*=r_p-\frac{1.25}{P}$$

当（i）$r_d>r_d^*$、（ii）$r_d=r_d^*$、（iii）$r_d<r_d^*$ 时，确定用 α_c 表示的 N。

解

（i）$N<\dfrac{2}{\sin^2\alpha_c}$。

（ii）$N=\dfrac{2}{\sin^2\alpha_c}$。

（iii）$N>\dfrac{2}{\sin^2\alpha_c}$。

10.6 在不同圆周上量得的各齿厚之间的关系式

假定分度圆上量得齿厚 $t_p=\widehat{AA'}$ 是给定的（见图10.6.1）。我们的目标是求出给定的半径 r_x 的圆周上的齿厚 $t_x=\widehat{BB'}$，t_x 必须用 P、压力角 α_c、齿数 N 和半径 r_x 表示。

半个齿厚与对应 β（或 β_x）之间的关系如下：

$$\beta=\frac{\widehat{AA'}}{2r_p}=\frac{t_p}{2r_p} \tag{10.6.1}$$

$$\beta_x=\frac{t_x}{2r_x} \tag{10.6.2}$$

从图10.6.1上的图形可导出

$$\beta_x=\beta+\mathrm{inv}\alpha_c-\mathrm{inv}\alpha_x \tag{10.6.3}$$

这里，$\mathrm{inv}\alpha_c=\tan\alpha_c-\alpha_c$，$\mathrm{inv}\alpha_x=\tan\alpha_x-\alpha_x$，且

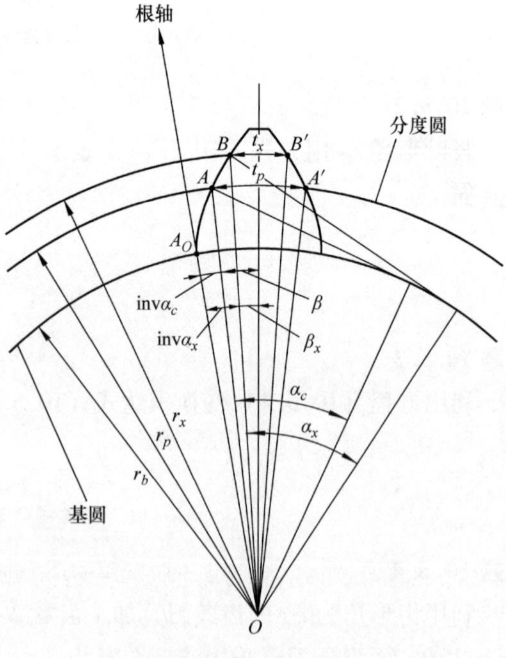

图10.6.1 推导齿厚

$$\cos\alpha_x = \frac{r_b}{r_x} = \frac{N\cos\alpha_c}{2Pr_x} \tag{10.6.4}$$

标准齿轮的公称值 t_p 为

$$t_p = \frac{p_c}{2} = \frac{\pi}{2P} \tag{10.6.5}$$

方程（10.6.1）~方程(10.6.3）导出

$$t_x = r_x\left[\frac{t_p}{r_p} + 2(\mathrm{inv}\alpha_c - \mathrm{inv}\alpha_x)\right] \tag{10.6.6}$$

t_x 的计算步骤如下所示。

步骤1：确定 $\cos\alpha_x$

$$\cos\alpha_x = \frac{N\cos\alpha_c}{2Pr_x}$$

步骤2：确定 $\mathrm{inv}\alpha_x$

$$\mathrm{inv}\alpha_x = \tan\alpha_x - \alpha_x$$

步骤3：用方程（10.6.6）确定 t_x。

例题 10.6.1

确定标准齿轮在基圆上的齿厚［利用方程（10.6.6）］。

解

$$t_b = r_b\left(\frac{\pi}{N} + 2\mathrm{inv}\alpha_c\right) \tag{10.6.7}$$

例题 10.6.2

确定轮齿变尖时尖点所在圆的半径。

（i）对标准齿轮。

（ii）对非标准齿轮。

解

（i）

$$\mathrm{inv}\alpha_x = \frac{\pi}{2N} + \mathrm{inv}\alpha_c \tag{10.6.8}$$

$$r_x = \frac{N\cos\alpha_c}{2P\cos\alpha_x} \tag{10.6.9}$$

（ii）在非标准齿轮的情况下，我们有［参见方程（10.5.12）］

$$t_p = p_c - w = \frac{p_c}{2} + 2e\tan\alpha_c = \frac{\pi}{2P} + 2e\tan\alpha_c \tag{10.6.10}$$

$$\mathrm{inv}\alpha_x = \frac{\pi}{2N} + \frac{2eP\tan\alpha_c}{N} + \mathrm{inv}\alpha_c \tag{10.6.11}$$

$$r_x = \frac{N\cos\alpha_c}{2P\cos\alpha_x}$$

10.7　渐开线外齿轮的啮合

图10.7.1所示为两个配对齿轮的渐开线齿廓 β—β 和 γ—γ。这两条渐开线分别是用半

径为 r_{b1} 和 r_{b2} 的两个基圆的展开线得出的。

1. 齿轮传动比的恒定性

运动的传递是以固定的角速度比进行的，这是因为渐开线的公法线 KL 交中心连线 O_1O_2 于一个固定的位置（图 10.7.1 中的 I 点）。这个点是瞬时回转中心，上述论点的证明基于平面齿轮啮合的基本定理，即 Lewis 定理（参见 6.1 节）。

2. 啮合线

啮合线是两个齿轮基圆的公切线 KL。直线 KL 也是齿轮两齿廓的公法线。

3. 齿轮的瞬心线

半径为 O_1I 和 O_2I 的两个圆是两个齿轮的瞬心线。一般说来，齿轮的瞬心线不与其分度圆相重合（参见下文）。

4. 压力角

压力角 α 是由啮合线 KL 与齿轮瞬心线的切线构成的。一般说来，压力角 α 与齿条刀具的齿形角 α_c 不同，仅在特殊情况下，等式 $\alpha=\alpha_c$ 才会成立（参见下文）。

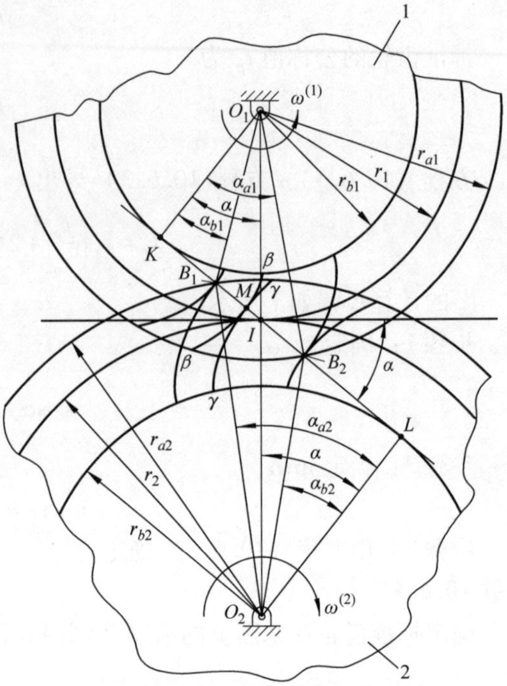

图 10.7.1　渐开线齿轮的啮合

5. 中心距变化

中心距的变化不会影响齿轮的传动比 m_{12}，但随之会发生压力角及齿轮瞬心线半径的变化。这个论点的证明基于如下理由。

1）假定齿轮的齿廓 $\beta—\beta$ 和 $\gamma—\gamma$ 是给定的，我们必须认为相应的两个基圆也是给定的（见图 10.7.1）。我们记得，齿廓 $\beta—\beta$ 和 $\gamma—\gamma$ 分别是用半径 r_{b1} 和 r_{b2} 的两个基圆展开线得出的。

2）图 10.7.2 所示为具有相同基圆的两对齿轮已经安装好，初始的中心距为 E（见图 10.7.2a），后来的中心距为 $E'=E+\Delta E$（见图 10.7.2b）。第一种情况下的公法线是 KL，而第二种情况下的公法线是 $K'L'$。公法线与中心连线的交点（分别为 I 和 I'）在运动传递过程中不改变其位置。因此，在上述两种情况下，齿轮传动比是常数。

3）由于中心距的变化，新压力角为 $\alpha'\neq\alpha$，并且两齿轮瞬心线的半径 $r'_i(i=1,2)$ 也与以前的半径 r_i 不同。

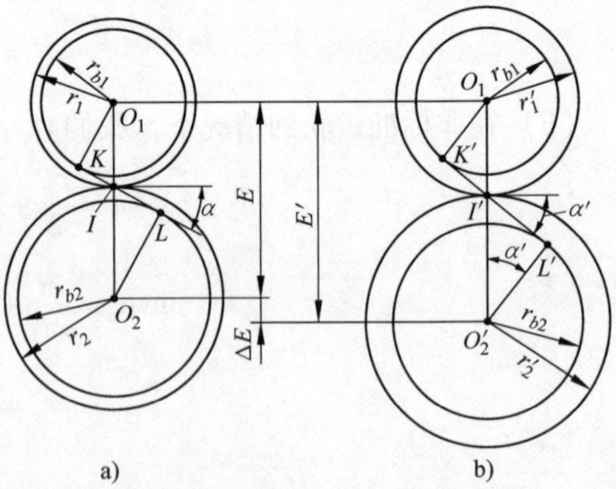

图 10.7.2　中心距变化的影响

4）容易证明，对于两种安装情况，齿轮的传动比是相同的，这一结论可利用如下方程得出：

$$m_{12}=\frac{\omega^{(1)}}{\omega^{(2)}}=\frac{r_2}{r_1}=\frac{r_{b2}}{r_{b1}}=\frac{r'_2}{r'_1} \tag{10.7.1}$$

6. 渐开线齿廓是等距曲线

渐开线齿轮传动的优点是各齿廓均为等距曲线（见图 10.7.3），因为其是用齿廓均为平行直线的齿条刀具加工的（见图 10.3.4）。沿齿廓公法线量得的齿轮两齿廓之间的距离 p_b（见图 10.7.3）等于齿条刀具齿廓之间的距离 p_n（见图 10.3.4），并且按下式确定：

$$p_b=p_n=p_c\cos\alpha_c$$

考虑到渐开线形成的方法，我们得到（见图 10.7.3）

$$p_b=\overset{\frown}{MN}$$

式中，$\overset{\frown}{MN}$是沿基圆量得的相邻两渐开线之间的距离。

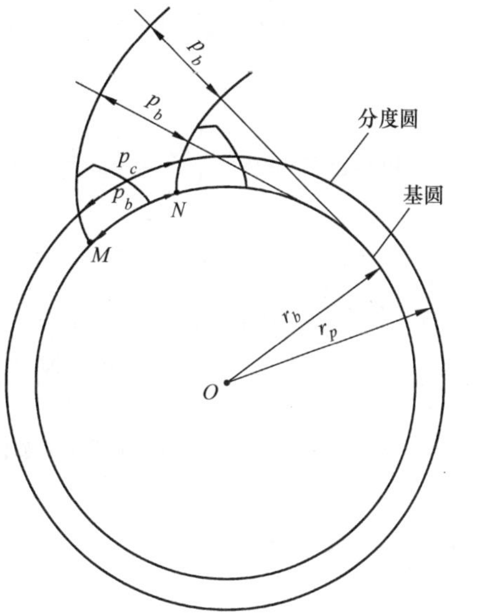

图 10.7.3　渐开线齿廓是等距曲线

因为相邻的两条渐开线是等距曲线，所以它们在一个称为啮合转换的位置处有公法线，一对齿轮退出啮合时，被另一对轮齿所替换。这种情况在齿轮的偏心是制造（或安装）误差时特别重要。偏心齿轮的传动函数是非线性的，但是只有齿廓是渐开线时，传动函数及其一阶导数在转换点是连续的。这意味着，渐开线齿轮的偏心在转换点不会引起冲击。

7. 渐开线齿廓的滑动

处于啮合状态的两渐开线齿廓在啮合线 KL 上的一点相切。当两齿廓在点 I，即瞬时回转中心相切时，一个齿廓对另一齿廓的相对运动是纯滚动。当两齿廓在 KL 线上除点 I 以外的其他点相切时，相对运动是滚动兼滑动（见图 10.7.4）。我们的目标是确定滑动速度。

令两齿廓在 KL 线上的点 M 相切，这意味着，齿廓 Σ_1 上的点 M_1 和齿廓 Σ_2 上的点 M_2 相重合。点 M_1 对点 M_2 的相对速度为

$$\boldsymbol{v}^{(12)}=\boldsymbol{v}^{(1,M)}-\boldsymbol{v}^{(2,M)}=(\boldsymbol{\omega}^{(1)}\times\overrightarrow{O_1M})-(\boldsymbol{\omega}^{(2)}\times\overrightarrow{O_2M}) \tag{10.7.2}$$

在点 I 的滑动速度等于零。当相切点通过点 I 时，滑动速度的方向将在点 I 的邻域内改变。

8. 干涉

干涉是指配对齿轮之一的渐开线齿形与另一齿轮的过渡相啮合。确定不发生干涉的条件基于如下想法。

1）利用方程（10.5.1）确定渐开线齿廓与过渡曲线的切点的参数 α_G，这里

$$\tan\alpha_{Gi}=\tan\alpha_c-\frac{4P(a-e_i)}{N_i\sin2\alpha_c}\quad(i=1,2) \tag{10.7.3}$$

2）图 10.7.1 所示为啮合线的工作部分 B_1—B_2。这里，点 B_1 是从动齿廓 γ—γ 的顶点与主动齿廓 β—β 的相切点；点 B_2 是主动齿廓 β—β 的顶点与从动齿廓 γ—γ 的相切点。在点

B_1 和点 B_2 的压力角可用如下方程确定：

$$\tan\alpha_{b1}=\frac{(r_{b1}+r_{b2})\tan\alpha-r_{b2}\tan\alpha_{a2}}{r_{b1}}=\tan\alpha-\frac{N_2}{N_1}(\tan\alpha_{a2}-\tan\alpha) \quad (10.7.4)$$

$$\tan\alpha_{b2}=\tan\alpha-\frac{N_1}{N_2}(\tan\alpha_{a1}-\tan\alpha) \quad (10.7.5)$$

式中，$\alpha_{ai}(i=1,2)$是渐开线齿廓顶点（渐开线齿廓与齿顶圆的交点）处的压力角。

3）如果如下不等式成立，则干涉将可避免：

$$\alpha_{Gi}\leqslant\alpha_{bi} \quad (i=1,2) \quad (10.7.6)$$

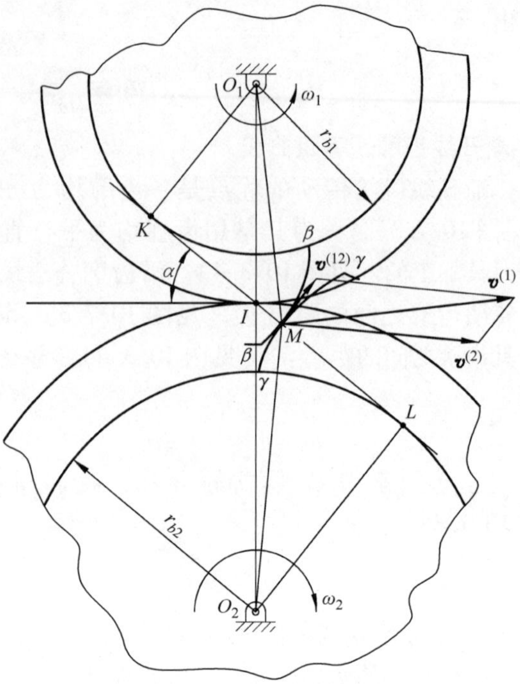

图10.7.4 推导滑动速度

10.8 重合度

重合度是处于啮合的轮齿之间的载荷分配的重要准则。我们先讨论齿距角的定义，齿距角是对应于齿距 p_c 的角 θ_N。这里（见图10.8.1）

$$\theta_{Ni}=\frac{p_c}{r_{pi}}=\frac{2p_cP}{N_i}=\frac{2\pi}{N_i} \quad (i=1,2) \quad (10.8.1)$$

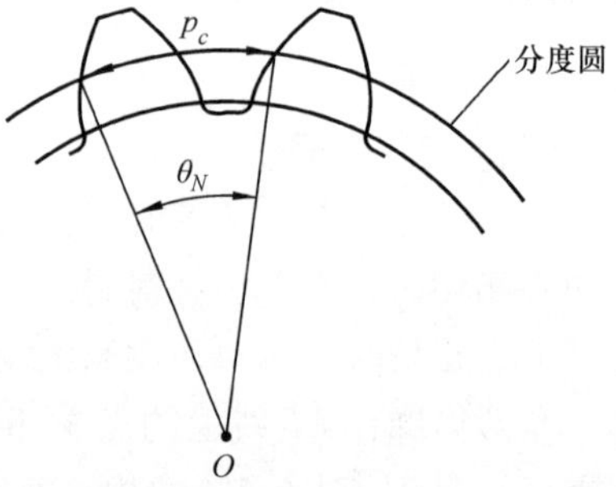

图10.8.1 齿距角

图10.7.1所示为齿廓 β—β 和 γ—γ 在三个啮合位置时的情况。点 B_1 和点 B_2 分别表示同一对齿廓在啮合开始和啮合终止时处于啮合线上的相切点。这些点是作为啮合线与大齿轮齿顶圆的交点（点 B_1）和啮合线与小齿轮齿顶圆交点（点 B_2）求出的。点 M 是两齿廓的流动相切点。

现在，让我们考察一对齿廓从啮合开始到啮合终止的一个啮合周期内配对齿轮的转角。显然，对于这样的循环，小齿轮与大齿轮的转角分别是$\angle B_1O_1B_2$和$\angle B_1O_2B_2$。相邻两齿廓的相切是一个连续过程，只要

$$\angle B_1O_1B_2\geqslant\frac{2\pi}{N_1}$$

$$\angle B_1O_2B_2\geqslant\frac{2\pi}{N_2}$$

重合度用如下方程表示：

$$m_c=\frac{\angle B_1O_iB_2}{\theta_{Ni}} \quad (i=1,2) \quad (10.8.2)$$

重合度的另一种表示法基于如下方程：

$$m_c = \frac{l}{p_b} = \frac{l}{p_c \cos\alpha_c} = \frac{Pl}{\pi \cos\alpha_c} \tag{10.8.3}$$

式中，$l = B_1B_2$是啮合线工作部分的长度——啮合周期内接触点沿啮合线的位移；p_b 是相邻两齿廓沿其公法线量得的距离。

利用图 10.7.1，我们得到

$$KB_2 + B_1L = KL + l \tag{10.8.4}$$

因此

$$l = KB_2 + B_1L - KL = (r_{a1}^2 - r_{b1}^2)^{\frac{1}{2}} + (r_{a2}^2 - r_{b2}^2)^{\frac{1}{2}} - E\sin\alpha \tag{10.8.5}$$

或

$$l = r_{b1}\tan\alpha_{a1} + r_{b2}\tan\alpha_{a2} - (r_{b1} + r_{b2})\tan\alpha \tag{10.8.6}$$

这样，我们可以得到 m_c 的另外两个表达式

$$m_c = P\frac{(r_{a1}^2 - r_{b1}^2)^{\frac{1}{2}} + (r_{a2}^2 - r_{b2}^2)^{\frac{1}{2}} - E\sin\alpha}{\pi\cos\alpha_c} \tag{10.8.7}$$

和

$$m_c = \frac{N_1(\tan\alpha_{a1} - \tan\alpha) + N_2(\tan\alpha_{a2} - \tan\alpha)}{2\pi} \tag{10.8.8}$$

其中

$$\cos\alpha_{ai} = \frac{r_{bi}}{r_{ai}} = \frac{N_i\cos\alpha_c}{2Pr_{ai}} \quad (i = 1, 2)$$

我们必须强调，如果 $E \neq (N_1 + N_2)/2P$，则 $\alpha \neq \alpha_c$［参见方程（10.9.16）］。重合度随齿数 N_1 和 N_2 的增加而增大。当 N_2 趋近无限多而大齿轮成为齿条时，小齿轮具有最大 m_c 值（参见例题 10.8.1）。对于具有加高齿的轮齿传动，可得到大的重合度。

在基节 p_b 具有误差的情况下，重合度等于 1，而啮合转换伴随着冲击。

例题 10.8.1

图 10.8.2 所示为齿轮和齿条所组成的传动装置。齿轮的齿数 N 是给定的，$r_a = r_p + 1/P$，齿条的齿顶高为 $1/P$。

确定

（i）啮合线工作部分的长度 $l = B_1B_2$。

（ii）重合度。

解

（i）$$l = \frac{1}{P}\left[\frac{N\cos\alpha_c}{2}(\tan\alpha_a - \tan\alpha_c) + \frac{1}{\sin\alpha_c}\right]$$

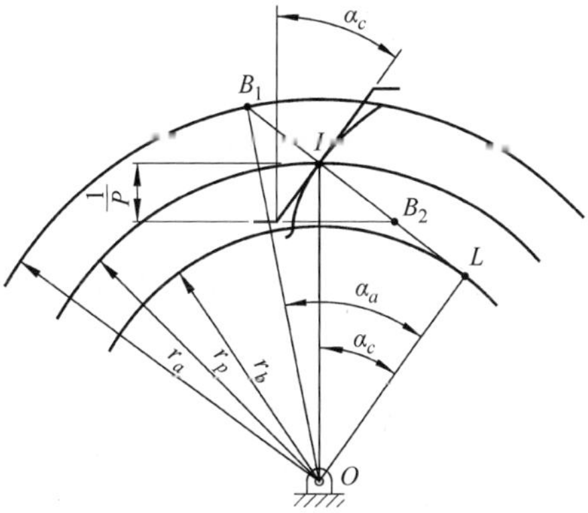

图 10.8.2　重合度公式的推导

其中

$$\cos\alpha_a = \frac{r_b}{r_a} = \frac{N\cos\alpha_c}{N+2}$$

（ii）$$m_c = \frac{1}{\pi}\left[\frac{N(\tan\alpha_a - \tan\alpha_c)}{2} + \frac{2}{\sin 2\alpha_c}\right]$$

10.9 非标准齿轮

非标准齿轮应用在如下场合：

1）避免齿数 $N<2/\sin^2\alpha_c$ 的小齿轮发生根切。

2）用增加齿高的办法，获得重合度 $m_c\geqslant 2$。

3）设计中心距具有特定值的齿轮传动装置。

4）增加齿厚和减小弯曲应力。

非标准齿轮是用加工标准齿轮的标准化刀具加工的，但刀具相对被加工齿轮的安装位置要进行变位。

利用图10.9.1上的图形，说明齿轮传动装置的中心距必须为一特定值，齿轮1、2和3具有相同的齿距 p_c，$N_2\neq N_3$，但是中心距 E_{12} 必须等于中心距 E_{13}。如果两齿轮中的一个（2或3）设计成具有改变了齿厚的非标准齿轮，则条件 $E_{12}=E_{13}$ 有可能得到满足。

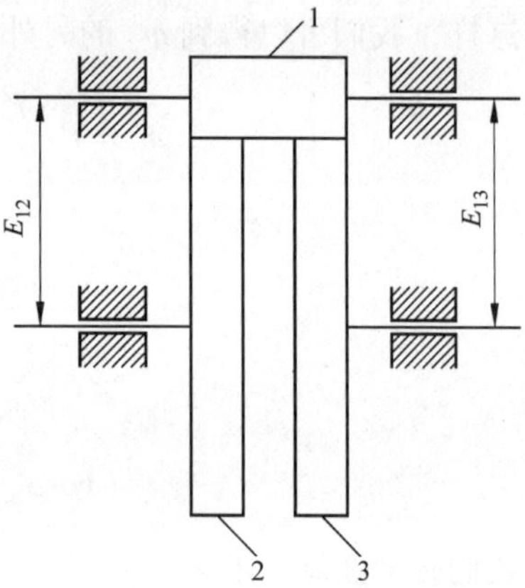

图10.9.1　非标准齿轮在轮系中的应用

我们提醒读者，当采用齿条刀具的非标准的安装时，齿条刀具的中线 m—m 相对于分度圆的切线 a—a 移动了距离 e（见图10.9.2）。变位量 e 垂直于 $\boldsymbol{v}$，并且必须认为是代数值：如果变位量离开齿轮的中心 O，则 $e>0$；如果变位量朝向 O，则 $e<0$；齿条刀具标准安装意味着 $e=0$。齿轮和齿条刀具的瞬心线对所有三种情况齿条刀具的安装类型（$e>0$、$e<0$ 和 $e=0$）都是相同的，因为加工齿轮时保持有同样的 v/ω 比值。齿条刀具的非标准安装会导致被加工齿轮的齿厚发生变化。如果 $e>0$，则齿槽宽减小，而齿厚增大。

有两种非标准齿轮的齿制：

1）高度变位制（Long-Short Addendum System），这种变位制的特征为具有如下关系：

$$e_p+e_g=0$$

2）角度变位制（General Nonstandard Gear System），这种变位制具有如下关系：

$$e_p+e_g\neq 0$$

下标 p 和 g 分别表示加工小齿轮和大齿轮时齿条刀具的变位量。

1. 高度变位制

这种变位制的主要特点如下：

1）$e_p+e_g=0$，这意味着齿条刀具的变位量 e_p 和 e_g 的绝对值是相同的，但其相对于小齿轮和大齿轮的中心 O_p 和 O_g 的方向是相反的。

2）压力角 $\alpha=\alpha_c$。

3）齿轮的中心距为 $E=(N_1+N_2)/2P$。

4）沿两分度圆量得的小齿轮和大齿轮的齿厚不同于标准齿轮的齿厚。

5）小齿轮和大齿轮的瞬心线与其分度圆相重合。

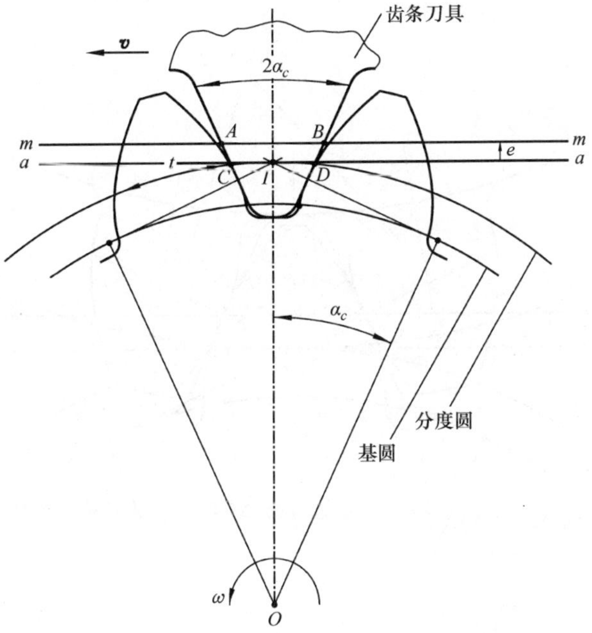

图 10.9.2　齿条刀具的非标准的安装

6）小齿轮和大齿轮的齿顶高和齿根高与标准齿轮不同。

如果下述的不等式得到满足，则所讨论的非标准齿轮变位制可以采用

$$N_p + N_g \geqslant 2N_{\min} = \frac{4}{\sin^2 \alpha_c} \tag{10.9.1}$$

基于以下理由可以证明这一结论。

1）如果［参见表达式（10.5.7）］如下不等式成立，则小齿轮和大齿轮的根切可以避免：

$$e_p \geqslant \frac{N_{\min} - N_p}{PN_{\min}} \tag{10.9.2}$$

$$e_g \geqslant \frac{N_{\min} - N_g}{PN_{\min}} \tag{10.9.3}$$

2）考虑 $e_p + e_g = 0$，我们得到不等式（10.9.1）。

2. 高度变位制：计算程序

我们假定：a. 小齿轮齿数为 $N_p < N_{\min}$，这样必须避免小齿轮的根切；b. 大齿轮和小齿轮的齿数和为（见图 10.9.3）

$$N_p + N_g \geqslant 2N_{\min}$$

步骤 1：确定齿条刀具的安装位置为

$$e_p = \frac{N_{\min} - N_p}{PN_{\min}} \tag{10.9.4}$$

$$e_g = -e_p \tag{10.9.5}$$

步骤 2：确定分度圆上的齿厚为

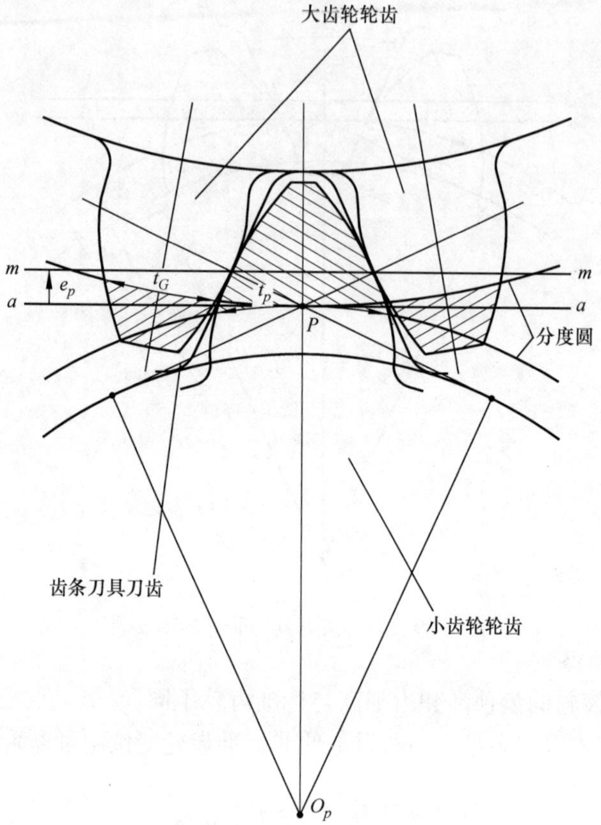

图 10.9.3　高度变位制

$$t_p = \frac{\pi}{2P} + 2e_p\tan\alpha_c \tag{10.9.6}$$

$$t_g = \frac{\pi}{2P} + 2e_g\tan\alpha_c \tag{10.9.7}$$

容易证明

$$t_p = w_g$$

式中，w_g 为大齿轮的齿槽宽。这一等式得自如下关系式：

$$\begin{aligned} w_g &= p_c - t_g = \frac{\pi}{P} - \left(\frac{\pi}{2P} + 2e_g\tan\alpha_c\right) \\ &= \frac{\pi}{2P} - 2e_g\tan\alpha_c \\ &= \frac{\pi}{2P} + 2e_p\tan\alpha_c \end{aligned}$$

因为 $e_g = -e_p$，由于有如下关系式：

$$t_p = w_g$$
$$t_g = w_p$$

所以小齿轮和大齿轮可按标准中心距

$$E = r_p + r_g = \frac{N_p}{2P} + \frac{N_g}{2P} \tag{10.9.8}$$

组装。

步骤 3：确定小齿轮和大齿轮的齿根高。

1）对于大齿距齿轮（$P = 1 \sim 20$），有

$$b_p = \frac{1.250}{P} - e_p \tag{10.9.9}$$

$$b_g = \frac{1.250}{P} - e_g \tag{10.9.10}$$

2）对于小齿距齿轮（$P = 20 \sim 200$），有

$$b_p = \frac{1.200}{P} + 0.002 - e_p \tag{10.9.11}$$

$$b_g = \frac{1.200}{P} + 0.002 - e_g \tag{10.9.12}$$

步骤 4：确定小齿轮和大齿轮的齿顶高为

$$a_p = \frac{1}{P} + e_p \tag{10.9.13}$$

$$e_g = \frac{1}{P} + e_g \tag{10.9.14}$$

3. 角度变位制：计算程序

这种变位制主要特点如下：a. $e_p + e_g \neq 0$；b. 中心距 $E' \neq (N_1 + N_2)/2P$；c. 压力角 $\alpha \neq \alpha_c$；d. 两齿轮的瞬心线与分度圆不相同；e. 齿轮元素的比例尺寸和齿厚均被变位。有一种特殊情况，此时配对齿轮之一（譬如说，齿数 N_g 的齿轮）用标准安装的齿条刀具来加工（$e_g = 0$，但是 $e_p \neq 0$）。

步骤 1：确定压力角。

压力角用如下方程表示：

$$\mathrm{inv}\alpha = \mathrm{inv}\alpha_c + \frac{2(e_p + e_g)P}{N_p + N_g}\tan\alpha_c \tag{10.9.15}$$

推导方程（10.9.15）基于以下考虑。

1）小齿轮分度圆上的齿厚为［参见方程（10.6.10）］

$$t_p = \frac{\pi}{2P} + 2e_p\tan\alpha_c \tag{10.9.16}$$

2）小齿轮瞬心线（即小齿轮啮合节圆）上的齿厚用 t'_p 标记（见图 10.9.4），并且可确定为［参见方程（10.6.6）和图 10.9.4］

$$\frac{t'_p}{r'_p} = \frac{t_p}{r_p} - 2(\mathrm{inv}\alpha - \mathrm{inv}\alpha_c) = \frac{\pi + 4e_pP\tan\alpha_c}{N_p} - 2(\mathrm{inv}\alpha - \mathrm{inv}\alpha_c) \tag{10.9.17}$$

3）同理，利用图 10.9.5，我们得到

$$\frac{w'_g}{r'_g} = \frac{\pi - 4e_gP\tan\alpha_c}{N_g} + 2(\mathrm{inv}\alpha - \mathrm{inv}\alpha_c) \tag{10.9.18}$$

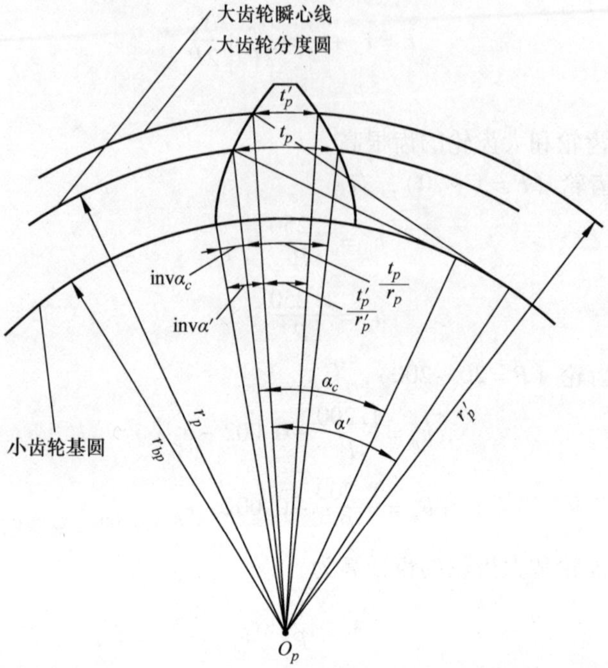

图 10.9.4 小齿轮瞬心线上的齿厚

式中，w'_g是大齿轮在其半径为r'_g的瞬心线上的齿槽宽；r'_g是预计的大齿轮瞬心线半径。

半径为r'_p和r'_g的两瞬心线彼此相互滚动，并且$t'_p = w'_g$，因此

$$\frac{t'_p}{r'_p} = \frac{w'_g}{r'_g} = \frac{r'_g}{r'_p} = \frac{N_g}{N_p} = m_{pg} \tag{10.9.19}$$

式中，m_{pg}是小齿轮到大齿轮传递运动的角速度比。从方程（10.9.17）~方程（10.9.19）可导出方程（10.9.15）。

步骤2：确定啮合中心距。图10.9.6所示为啮合中心距E'和啮合压力角α安装的小齿轮和大齿轮。显然

$$\begin{aligned} E' &= r'_p + r'_g \\ &= \frac{r_{bp}}{\cos\alpha} + \frac{r_{bg}}{\cos\alpha} \\ &= \frac{(r_p + r_g)\cos\alpha_c}{\cos\alpha} \\ &= \frac{(N_p + N_g)\cos\alpha_c}{2P\cos\alpha} \end{aligned} \tag{10.9.20}$$

容易证明［参见方程（10.9.15）］，当$e_p + e_g = 0$时，$\alpha = \alpha_c$。在这种情况下，从方程（10.9.20）可导出

$$E' = \frac{N_p + N_g}{2P}$$

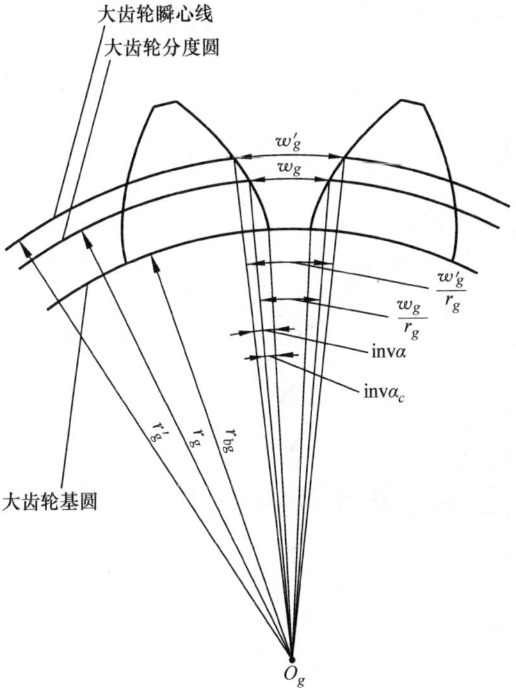

图 10.9.5　大齿轮瞬心线上的齿槽宽

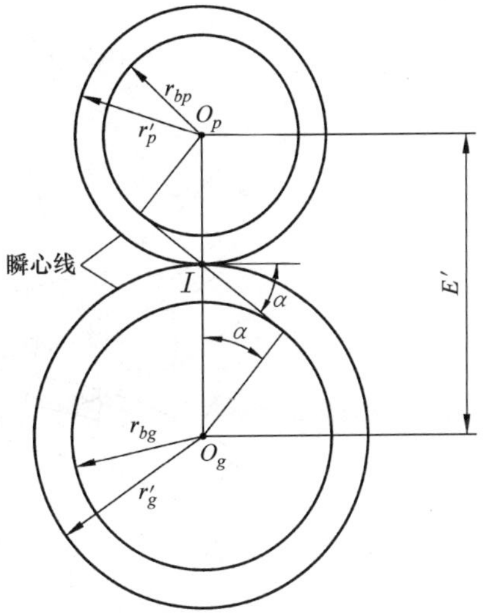

图 10.9.6　非标准齿轮的瞬心线

注意：齿轮的瞬心线不同于分度圆，可按下式确定：

$$\begin{cases} r'_p = \dfrac{r_{b1}}{\cos\alpha} \\ r'_g = \dfrac{r_{b2}}{\cos\alpha} \quad (\alpha \neq \alpha_c) \end{cases} \tag{10.9.21}$$

步骤3：确定齿根圆半径：

$$r_{di} = r_i - b + e_i \quad (i = p, g) \tag{10.9.22}$$

这里，b 是齿条刀具的齿顶高，表示为

$$b = \frac{1.250}{P} \qquad \text{对于大齿距齿轮}\left(P = 1 \sim 20\,\frac{1}{\text{in}}\right)$$

$$b = \frac{1.200}{P} + 0.002\text{in} \qquad \text{对小齿距齿轮}$$

步骤4：确定齿顶圆的半径。

下面推导一个齿轮的齿顶圆与另一齿轮的齿根圆之间的顶隙 c。利用如下方程，这一要求可以得到满足（见图 10.9.7）：

$$\begin{cases} r_{ap} + r_{dg} + c = E' \\ r_{ag} + r_{dp} + c = E' \end{cases} \tag{10.9.23}$$

从方程（10.9.23）可导出

$$r_{ap} = E' - r_{dg} - c \tag{10.9.24}$$

$$r_{ag} = E' - r_{dp} - c \tag{10.9.25}$$

对于大齿距齿轮（$P<20$），顶隙为 $c=0.250/P$；对于小齿距齿轮（$P\geqslant 20\ \frac{1}{\text{in}}$），$c=0.200/P+0.002\text{in}$。

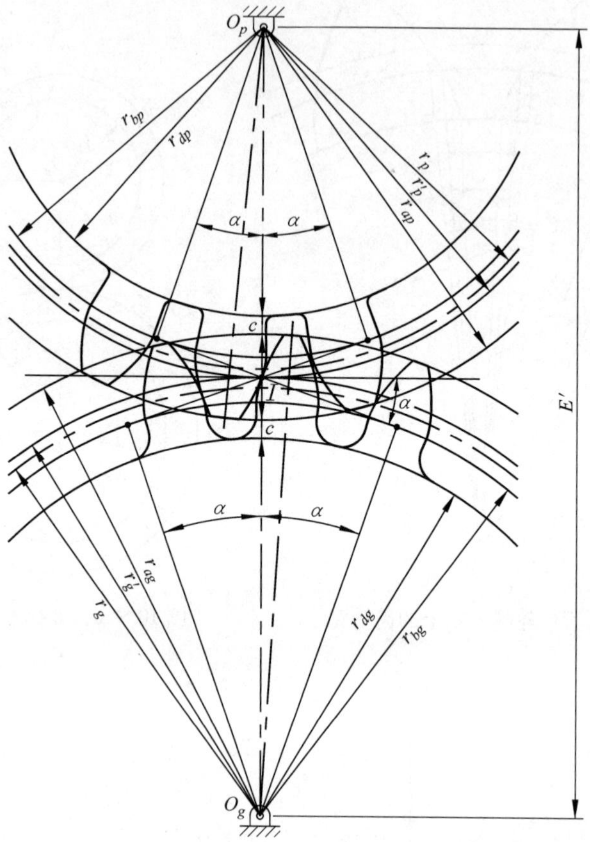

图 10.9.7　推导小齿轮和大齿轮的齿顶圆半径

在角度变位制的情况下，保持顶隙的标准值同时，伴随着全齿高 h 的减小。推导全齿高 h 基于如下方程（图 10.9.7）：

$$E'=r_{dp}+r_{dg}+h+c=r_{dp}+r_{dg}+h+(b-a) \tag{10.9.26}$$

这里，r_{dp}和 r_{dg}用方程（10.9.22）表示，a 和 b 分别是齿条刀具的齿顶高和齿根高。我们可以将方程（10.9.26）表示为

$$E'=E+\Delta E=r_p+r_g+\Delta E=\frac{N_p+N_g}{2P}+\Delta E \tag{10.9.27}$$

式中，ΔE 是标准中心距 E 的变动量。

从方程（10.9.26）、方程（10.9.22）和方程（10.9.27）可导出

$$h=h_0-[(e_p+e_g)-\Delta E] \tag{10.9.28}$$

式中，$h_0=a+b$ 是标准全齿高。

可以证明，$e_p+e_g>\Delta E$。图 10.9.8 所示为按齿条刀具的变位量为 e_p 和 e_g 加工出的两个非标准齿轮，然后按如下中心距进行组装：

$$E'=(r_p+r_g)+(e_p+e_g)=E+(e_p+e_g)$$

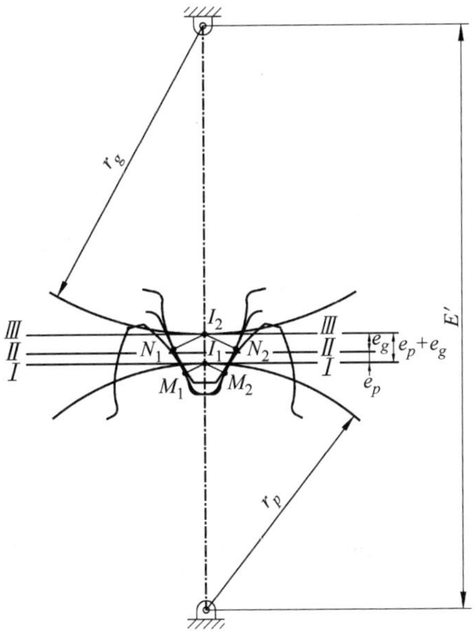

图 10.9.8　变位量之和（e_p+e_g）的直观图

齿条刀具同时与小齿轮和大齿轮相切。点 I_1 和 I_2 是齿条刀具分别与小齿轮和大齿轮的瞬时回转中心。小齿轮和大齿轮的分度圆是齿条刀具分别与小齿轮和大齿轮在啮合过程中的瞬心线，点 M_1 和 M_2，以及点 N_1 和 N_2 是齿条刀具分别与小齿轮和大齿轮的相切点。然而，如果按如下中心距进行安装则小齿轮与大齿轮的两齿廓是不相切的：

$$E'=r_p+r_g+e_p+e_g=\frac{N_1+N_2}{2P}+\Delta E$$

其中

$$\Delta E=e_p+e_g$$

如果两齿轮的中心距 E'满足方程（10.9.20）和方程（10.9.15），则它们的两齿廓是相切的。这些方程可以保证 $\Delta E<e_p+e_g$。这意味着［参见方程（10.9.28）］$h<h_0$，并且一般说来，非标准齿轮的全齿高小于标准齿轮的全齿高。然而，如果 $e_p+e_g=0$，则在高度变位制的情况下，非标准齿轮的全齿高和标准齿轮的全齿高是相同的。

第11章 渐开线内齿轮

11.1 引言

现在讨论由内齿轮和外齿轮组成的齿轮传动。应用这种传动装置能够减少由于齿廓滑动造成的功率损失，其理论基础是减少了相对角速度 $\boldsymbol{\omega}^{(12)}$（$\boldsymbol{\omega}^{(12)}=\boldsymbol{\omega}^{(1)}-\boldsymbol{\omega}^{(2)}$），这里 $|\boldsymbol{\omega}^{(12)}|=|\boldsymbol{\omega}^{(1)}-\boldsymbol{\omega}^{(2)}|$（两齿轮同向转动）。然而，如要大幅度降低 $|\boldsymbol{\omega}^{(12)}|$，需要两齿轮齿数之差 ΔN 非常小。选定 ΔN 时需要考虑装配时可能发生干涉，以及加工内齿轮可能发生根切。使用内齿轮的另一个好处是其整体尺寸相对较小。存在内齿轮的传动系有行星齿轮传动，起重机、挖掘机中的传动等。

渐开线直齿内齿轮加工时的根切问题以及和对应的小齿轮装配时的干涉问题已经被很多学者分析研究过了。渐开线内齿轮的根切现象最初由 Schreier 1961 年的专著提出。Polder 1991 年的专著在此基础上进行了拓展，在延长内摆线族的包络的想法上做出了贡献。Dudley 1962 年的专著研究了内齿轮以及其对应的小齿轮轴向/径向装配时的干涉问题，并归纳出了选用最小齿数差（N_2-N_1）的实用表格。这里 N_2 为内齿轮齿数，N_1 为外齿轮齿数。

本章中对于这两个问题的解答基于 Litvin、Hsiao、Wang 和 Zhou 1994 年的专著中的研究。覆盖到了如下两点：

1）将齿轮根部圆角生成为准内摆线、普通长幅内摆线，以及普通长幅内摆线族的包络的运动学过程。

2）基于轮齿接触分析（TCA）软件模拟啮合过程的方法，研究内齿轮以及对应外齿轮径向装配的干涉问题。

术语准内摆线的含义是，轮齿根部圆角在如下条件下生成：a. 插齿刀和内齿轮转动轴之间的距离 E_c 不是常数；b. E_c 和齿轮转动角度 ϕ_2 之间存在函数关系 $E_c(\phi_2)$，该函数模拟的是插齿刀加工过程中的径向进给运动。上述研究是在压力角为20°、25°和30°的情况下进行的。

11.2 齿轮过渡曲线的形成

假定坐标系 S_c、S_2 和 S_f 分别为与刀具（插齿刀）、被加工齿轮和切齿机床的机架刚性固接（见图 11.2.1）。刀具和齿轮的回转角 ϕ_c 和 ϕ_2 用如下方程联系：

$$m_{c2}=\frac{\phi_c}{\phi_2}=\frac{N_2}{N_c} \tag{11.2.1}$$

由于下列加工情况的不同，中心距 E_c 是恒定的或者是变化的。

1）情况 1 为轴向加工。中心距 E_c 为常数，并且刀具完成平行于齿轮轴线的往复运动。在这种情况下

$$E_c = r_{p2} - r_{pc} = \frac{N_2 - N_c}{2P} \tag{11.2.2}$$

2）情况 2 为轴向－径向加工。刀具完成以上所述的往复运动，此外，还做垂直于刀具和齿轮轴线的径向连续运动。在这种情况下，变化的中心距用线性函数 $E_c(\phi_2)$ 来表示。

3）情况 3 为轴向和径向步进加工。假定内齿轮加工由 k 个工步完成。在每一工步中心距 E_c 都为常数，并且两回转角用方程（11.2.1）联系。在第一工步时，中心距 E_c 调整到最小，第 k 个工步时调整成最大。

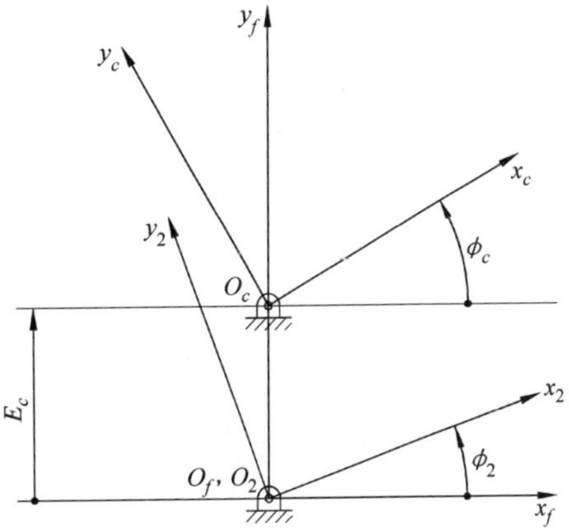

图 11.2.1　使用的坐标系

在以上所有的情况下，齿根曲线都是由刀具顶点 M 在坐标系 S_2 中形成的（见图 11.2.2），并且可以解析地用如下矩阵方程表示：

$$\boldsymbol{r}_2^{(M)}(\phi_2, E_c) = \boldsymbol{M}_{2c}(\phi_2, E_c)\boldsymbol{r}_c^{(M)} \tag{11.2.3}$$

其中

$$\boldsymbol{M}_{2c} = \boldsymbol{M}_{2f}\boldsymbol{M}_{fc} = \begin{bmatrix} \cos(\phi_c - \phi_2) & -\sin(\phi_c - \phi_2) & 0 & E_c\sin\phi_2 \\ \sin(\phi_c - \phi_2) & \cos(\phi_c - \phi_2) & 0 & E_c\cos\phi_2 \\ 0 & 0 & 1 & 0 \\ 0 & 0 & 0 & 1 \end{bmatrix} \tag{11.2.4}$$

$$\boldsymbol{r}_c^{(M)} = r_{ac}[-\sin\Delta \quad \cos\Delta \quad 0 \quad 1]^{\mathrm{T}} \tag{11.2.5}$$

其中

$$\Delta = \frac{s_{ac}}{2r_{ac}} \tag{11.2.6}$$

利用图 11.2.2，我们可以确定插齿刀刀齿元素诸参数之间的关系式（参见本章最后的专门术语）：

$$\frac{s_{ac}}{2r_{ac}} = \frac{s_{pc}}{2r_{pc}} - (\mathrm{inv}\alpha_{ac} - \mathrm{inv}\alpha_c) \tag{11.2.7}$$

$$\cos\alpha_{ac} = \frac{r_{bc}}{r_{ac}} = \frac{N_c\cos\alpha_c}{2r_{ac}P} \tag{11.2.8}$$

$$\mathrm{inv}\alpha_{ac} = \tan\alpha_{ac} - \alpha_{ac} \tag{11.2.9}$$

$$\cos\alpha_c = \frac{r_{bc}}{r_{pc}} = \frac{2r_{bc}P}{N_c} \tag{11.2.10}$$

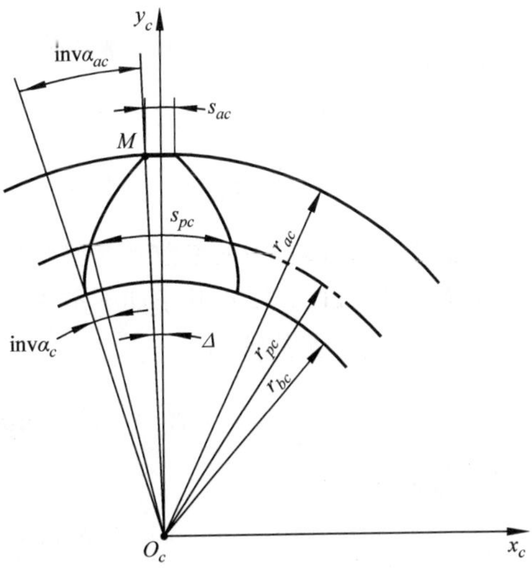

图 11.2.2　表示产形点

在标准齿轮情况下，我们有

$$r_{ac}=\frac{N_c+2.5}{2P}$$

$$r_{pc}=\frac{N_c}{2P}$$

$$r_{bc}=\frac{N_c}{2P}\cos\alpha_c$$

$$s_{pc}=\frac{\pi}{2P}$$

从方程（11.2.3）~方程（11.2.5）中，我们得到

$$\begin{aligned}\boldsymbol{r}_2^{(M)}(\phi_2,E_c)=&[-r_{ac}\sin(\phi_c-\phi_2+\Delta)+E_c\sin\phi_2]\boldsymbol{i}_2+\\&[r_{ac}\cos(\phi_c-\phi_2+\Delta)+E_c\cos\phi_2]\boldsymbol{j}_2\end{aligned}\tag{11.2.11}$$

其中

$$\phi_c=\phi_2\frac{N_2}{N_c}$$

利用矢量函数 $\boldsymbol{r}_2^{(M)}(\phi_2,E_c)$，我们可以将上述三种情况的齿轮过渡曲线表示为：a. 普通长幅内摆线；b. 准内摆线；c. 普通长幅内摆线族的包络（见下文）。齿轮齿廓的根切是齿轮过渡曲线与齿轮齿廓工作部分相交的结果。对上述三种情况的根切研究将在11.3节中加以讨论。

1. 普通长幅内摆线

当 E_c 为常数，并且用方程（11.2.2）表示时，齿根过渡曲线可用方程（11.2.11）确定。

2. 准内摆线

我们考察在加工过程中，中心距 E_c 是连续变化的情况。$E_c(\phi_c)$ 为一线性函数，因为只有 ϕ_c(或 ϕ_2) 和 E_c 之间的线性关系才能由切齿机床的传动装置来提供。准内摆线由方程（11.2.11)来表示，而中心距 E_c 表示成关于 ϕ_2 的线性函数：

$$E_c(\phi_2)=E_c^{(1)}+\frac{2.25}{2P\pi a}\phi_2\tag{11.2.12}$$

这里，$E_c^{(1)}=E_c(0)$ 为中心距的初始值，由下式表示：

$$E_c^{(1)}=r_{a2}-r_{ac}=\left(r_{p2}-\frac{1}{P}\right)-\left(r_{pc}+\frac{1.25}{P}\right)=\frac{N_2-N_c}{2P}-\frac{2.25}{P}\tag{11.2.13}$$

方程（11.2.12）中的参数 a 是整个加工过程中齿轮2将要完成的转数。

推导方程（11.2.12）基于如下条件：

1）$E_c(\phi_2)$ 的最终值为

$$E_c^{(2)}=E_c(2\pi a)=r_{p2}-r_{pc}=\frac{N_2-N_c}{2P}\tag{11.2.14}$$

2）显然

$$\frac{E_c(\phi_2)-E_c^{(1)}}{E_c^{(2)}-E_c^{(1)}}=\frac{\phi_2}{2\pi a}\tag{11.2.15}$$

3）方程（11.2.13）~方程(11.2.15）可以证实方程（11.2.12)。

准内摆线示于图 11.2.3。我们强调一下，如图 11.2.3 所示，如果遵守以下条件，加工出的准内摆线的初始点和最终点均位于同一齿槽：在加工过程中，齿轮在插齿刀完成整转数 a 和 b；a 和 b 满足方程

$$\frac{a}{b}=\frac{\phi_2}{\phi_c}=\frac{N_c}{N_2} \tag{11.2.16}$$

图 11.2.3　准内摆线

3. 长幅内摆线族的包络

我们假定内齿轮由 k 个工步加工，每一工步的中心距 E_c 均为常数，但每一工步 E_c 的大小是不同的，其大小在范围 $E_c^{(1)} \sim E_c^{(2)}$ 内。符合上述条件的方程（11.2.11）是一长幅内摆线族（见图 11.2.4）。我们把方程（11.2.11）解释为具有两个独立参数 ϕ_2 和 E_c 的方程，这里的 E_c 为曲线族的参数。考虑到该曲线族用矢量函数 $\boldsymbol{r}_2(\phi_2, E_c)$ 表示在坐标系 S_2 中，我们可以确定该曲线族的包络（见 6.1 节）为

$$\begin{cases}\boldsymbol{r}_2=\boldsymbol{r}_2^{(M)}(\phi_2, E_c)\\ \dfrac{\partial \boldsymbol{r}_2}{\partial \phi_2}\times\dfrac{\partial \boldsymbol{r}_2}{\partial E_c}=\boldsymbol{0}\end{cases} \tag{11.2.17}$$

利用方程（11.2.11）和方程（11.2.17），我们得到如下包络方程组：

$$\begin{cases}E_{x2}=\dfrac{r_{ac}}{N_c}[-N_c\sin(\phi_c+\Delta)\cos\phi_2+N_2\cos(\phi_c+\Delta)\sin\phi_2]\\ E_{y2}=\dfrac{r_{ac}}{N_c}[N_c\sin(\phi_c+\Delta)\sin\phi_2+N_2\cos(\phi_c+\Delta)\cos\phi_2]\end{cases} \tag{11.2.18}$$

图 11.2.4 所示的为长幅内摆线族、该曲线族的包络，以及这些曲线在渐开线内齿轮齿槽内的位置。

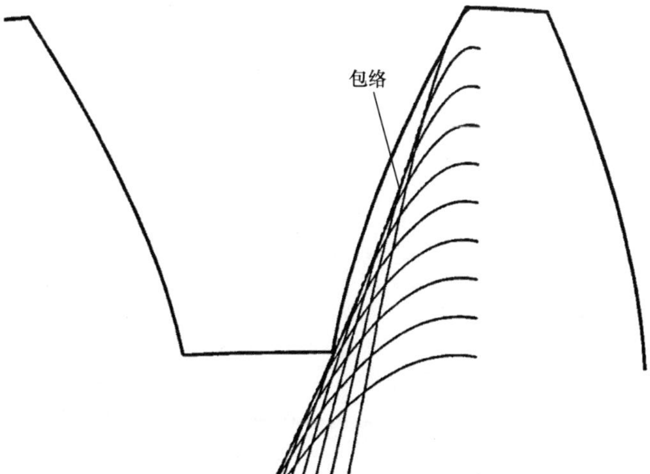

图 11.2.4　长幅内摆线族及其包络

11.3 不产生根切的条件

我们考察如下两种加工情况下，渐开线内齿轮不产生根切的条件：a. 插齿刀和齿轮之间的中心距为常数，并且安装 $E_c = E_c^{(2)}$ 时的轴向加工；b. 具有两个独立参数 ϕ_2 和 E_c 的双参数加工，E_c 在范围 $E_c^{(1)} \sim E_c^{(2)}$ 内变化（相对于 ϕ_2 独立变化）。不产生根切的条件，可确定为齿轮渐开线的齿廓与齿根曲线不相交的条件。

1. 渐开线内齿轮的齿廓

图 11.3.1 所示为以参数形式表示在辅助坐标系 S_a 中的渐开线齿廓；θ_i 为曲线参数。推导渐开线齿廓方程基于关系式 $MN = \widehat{M_O N}$（见第 10 章）。图 11.3.2 所示为以 y_2 轴为齿槽对称轴的渐开线齿廓。渐开线齿廓方程如下：

$$\boldsymbol{r}_2(\theta_2) = r_{b2}\begin{bmatrix} \sin(\theta_2 - q_2) - \theta_2\cos(\theta_2 - q_2) \\ \cos(\theta_2 - q_2) + \theta_2\sin(\theta_2 - q_2) \\ 0 \\ 1 \end{bmatrix} \tag{11.3.1}$$

其中

$$q_2 = \mathrm{inv}\alpha_c + \frac{\pi}{2N_2} \tag{11.3.2}$$

为了进一步推导，我们需要齿顶圆上的齿槽宽 w_{a2}。容易证明

$$w_{a2} = 2r_{a2}(q_2 - \mathrm{inv}\alpha_{a2}) \tag{11.3.3}$$

其中

$$\cos\alpha_{a2} = \frac{r_{b2}}{r_{a2}} = \frac{N_2\cos\alpha_c}{2Pr_{a2}} \tag{11.3.4}$$

$$\mathrm{inv}\alpha_{a2} = \tan\alpha_{a2} - \alpha_{a2} \tag{11.3.5}$$

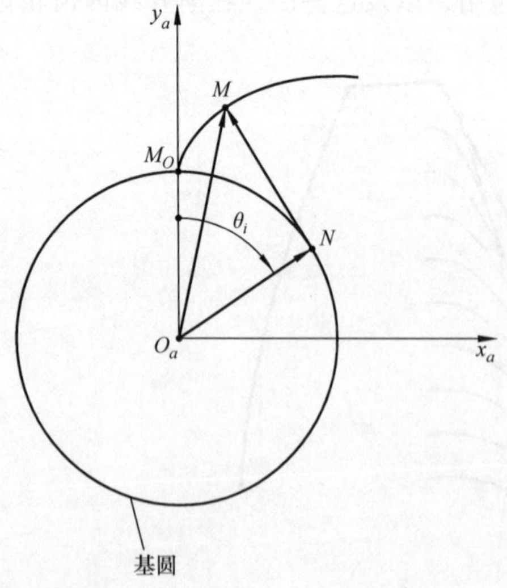

图 11.3.1　在 S_a 中表示渐开线齿廓

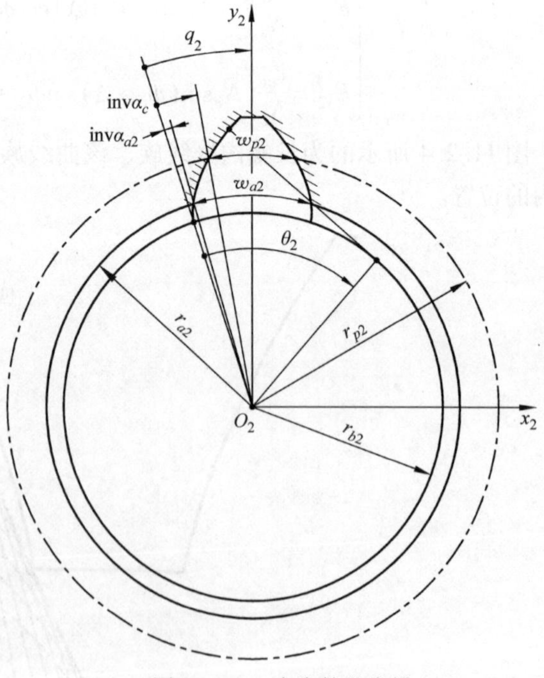

图 11.3.2　内齿轮的齿槽

2. 轴向加工不产生根切

现在我们考察当长幅内摆线与轮齿的渐开线在齿顶圆处相交时的极限情况。渐开线上 K 点的坐标为（见图 11.3.3）

$$\begin{cases} x_2 = -r_{a2}\sin\left(\dfrac{w_{a2}}{2r_{a2}}\right) \\ y_2 = r_{a2}\cos\left(\dfrac{w_{a2}}{2r_{a2}}\right) \end{cases} \tag{11.3.6}$$

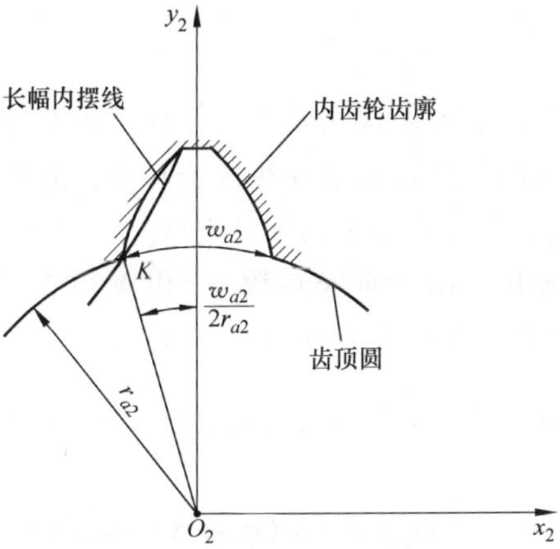

图 11.3.3　确定不产生根切的条件

利用方程（11.2.11），我们可用如下方程表示长幅内摆线：

$$\begin{cases} x_2 = -r_{ac}\sin(\phi_c - \phi_2 + \Delta) + \dfrac{N_2 - N_c}{2P}\sin\phi_2 \\ y_2 = r_{ac}\cos(\phi_c - \phi_2 + \Delta) + \dfrac{N_2 - N_c}{2P}\cos\phi_2 \end{cases} \tag{11.3.7}$$

其中

$$\phi_c = \psi_2 \frac{N_2}{N_c}$$

方程（11.3.6）和方程（11.3.7）是含有两个未知数 ϕ_2 和 N_c，并有两个非线性方程的方程组（N_2 是给定的）。

$$\begin{cases} -r_{ac}\sin(\phi_c - \phi_2 + \Delta) + E_c\sin\phi_2 = -r_{a2}\sin\left(\dfrac{w_{a2}}{2r_{a2}}\right) \\ r_{ac}\cos(\phi_c - \phi_2 + \Delta) + E_c\cos\phi_2 = r_{a2}\cos\left(\dfrac{w_{a2}}{2r_{a2}}\right) \end{cases} \tag{11.3.8}$$

其中

$$E_c = \frac{N_2 - N_c}{2P}$$

方程组 N_c 的解，可确定出齿轮不产生根切的条件所允许的最大刀齿数。该解的第一次估算基于下面的想法。

步骤 1：变换方程组（11.3.8），我们得到

$$\cos(\phi_c+\Delta)=\frac{r_{a2}^2-r_{ac}^2-E_c^2}{2E_c r_{ac}} \tag{11.3.9}$$

对第一次估算，我们取 $N_c=0.9N_2$，并且从方程（11.3.9）确定出 ϕ_c。求得参数 ϕ_2 为

$$\phi_2=\phi_c\frac{N_c}{N_2} \tag{11.3.10}$$

步骤2：知道了第一次估算的 N_c、ϕ_c 和 ϕ_2，利用数值法（参见 More 等人 1980 年的专著和 Visual Numerics 公司 1998 年的成果），我们可确定出方程组（11.3.8）关于 N_c 的精确解。

3. 双参数加工

加工内齿轮是由连续变化的 E_c 值来完成的，并且齿轮的齿根曲线确定为长幅内摆线族的包络。图 11.3.4 所示为包络与齿轮的渐开线齿廓相交，并且产了生根切的情况。当包络与渐开线齿廓相交于点 K 时，是不产生根切的极限情况（见图 11.3.3）。从包络与渐开线齿廓在点 K 的相交条件可以导出，由含有未知数 ϕ_2 和 N_c（N_2 已知）的方程（11.3.6）和（11.2.18）所组成的，并有两个非线性方程的如下方程组：

$$\begin{cases}\dfrac{r_{ac}}{N_c}[-N_c\sin(\phi_c+\Delta)\cos\phi_2+N_2\cos(\phi_c+\Delta)\sin\phi_2]=-r_{a2}\sin\left(\dfrac{w_{a2}}{2r_{a2}}\right)\\ \dfrac{r_{ac}}{N_c}[N_c\sin(\phi_c+\Delta)\sin\phi_2+N_2\cos(\phi_c+\Delta)\cos\phi_2]=r_{a2}\cos\left(\dfrac{w_{a2}}{2r_{a2}}\right)\end{cases} \tag{11.3.11}$$

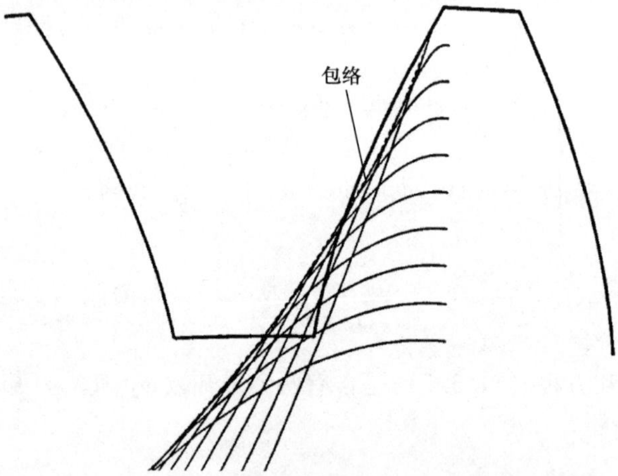

图 11.3.4　双参数加工的根切

方程组（11.3.11）的解的第一次估算基于那种类似于前面已讨论过的想法。

步骤1：变换方程组（11.3.11），我们得到

$$\cos^2(\phi_c+\Delta)=\frac{r_{a2}^2-r_{ac}^2}{r_{ac}^2\left[\left(\dfrac{N_2}{N_c}\right)^2-1\right]} \tag{11.3.12}$$

对第一次估算，我们取 $N_c=0.8N_2$，并且由方程（11.3.12）得到（$\phi_c+\Delta$）。参数 ϕ_2 由方程（11.3.10）确定。

步骤 2：知道了第一次估算的 N_c、ϕ_c 和 ϕ_2，并且利用方程组（11.3.11）的解的子程序，我们可求出 N_c 的精确解。

基于以上算法得出的计算结果，我们能够开发出一种确定插齿刀最多齿数 N_c 的线图，该线图是将 N_c 作为 N_2 和压力角 α_c 的函数。对轴向加工和双参数加工开发出的这种线图，如图 11.3.5 所示。表 11.3.1（参见 Litvin 等人 1994 年的专著），可使我们确定出不同压力角时插齿刀的最多齿数。

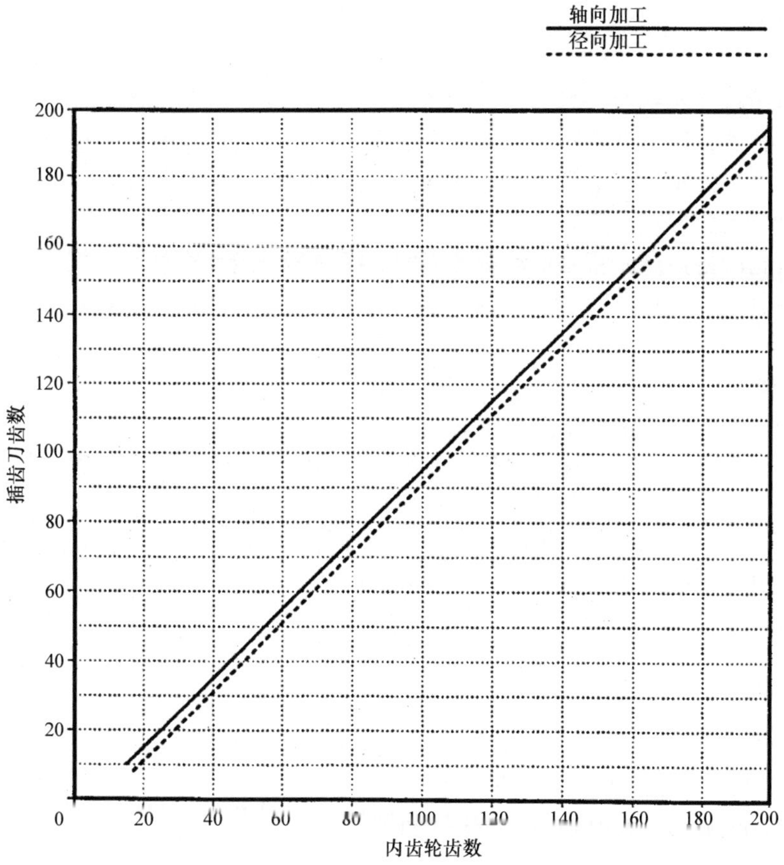

图 11.3.5 压力角 $\alpha_c = 30°$的设计线图

表 11.3.1 插齿刀的最多齿数

压力角	加工方法	内齿轮齿数	插齿刀齿数
$\alpha_c = 20°$	轴向	$25 \leqslant N_2 \leqslant 31$	$N_c \leqslant 0.82N_2 - 3.20$
	轴向	$32 \leqslant N_2 \leqslant 200$	$N_c \leqslant 1.004N_2 - 9.162$
	双参数	$36 \leqslant N_2 \leqslant 200$	$N_c \leqslant N_2 - 17.6$
$\alpha_c = 25°$	轴向	$17 \leqslant N_2 \leqslant 31$	$N_c \leqslant 0.97N_2 - 5.40$
	轴向	$32 \leqslant N_2 \leqslant 200$	$N_c \leqslant N_2 - 6.00$
	双参数	$23 \leqslant N_2 \leqslant 200$	$N_c \leqslant N_2 - 11.86$
$\alpha_c = 30°$	轴向	$15 \leqslant N_2 \leqslant 200$	$N_c \leqslant N_2 - 4.42$
	双参数	$17 \leqslant N_2 \leqslant 200$	$N_c \leqslant N_2 - 8.78$

11.4　装配引起的干涉

我们假定用齿数为 N_c 的插齿刀加工齿数为 N_2 的内齿轮，并且遵守不产生根切的条件。然后，我们考察内齿轮与齿数为 $N_1>N_c$ 的小齿轮的装配问题。现在的问题是，极限齿数 N_1 是多少才能使我们避免由装配引起的干涉。下面，我们将考虑两种可能的装配方法——轴向装配和径向装配。

1. 轴向装配

轴向装配是这样完成的，装配中心距 $E^{(2)}=(N_2-N_1)/2P$ 的最终值开始安装好，并用小齿轮的轴向移动，使小齿轮和内齿轮进入啮合。径向装配的意思，是使小齿轮与内齿轮进入啮合、借助于小齿轮的中心距的直移移动。由于小齿轮的径向移动，中心距 E 从 $(N_2-N_1-4)/2P$ 变化到 $(N_2-N_1)/2P$。

如果小齿轮的齿顶点在相对运动中形成的进线与渐开线齿廓相交，则轴向装配的传动会出现干涉。该迹线为一长幅内摆线，解决办法基于应用于轴向加工的相同方法。小齿轮的极限齿数 N_1 稍大于 N_c，这是因为与插齿刀的齿顶高相比，小齿轮的齿顶高尺寸变小。

2. 径向装配

研究径向装配引起的干涉基于如下想法：

1）在固定坐标系 S_f 中，我们把几个内齿轮齿槽和小齿轮轮齿的齿廓方程用下列矢量函数来表示：

$$\boldsymbol{r}_f^{(2)}(\theta_2, j\delta_2, N_2),\ \boldsymbol{r}_f^{(1)}(\theta_1, j\delta_1, E, N_1) \tag{11.4.1}$$

这里，θ_i 为渐开线齿廓的参数（$i=1$，2）；$\delta_i=(2\pi)/N_i$ 为齿距的对应角；j 为齿槽（轮齿）数；E 为由装配而设置的变中心距，上标 1 和 2 分别表示小齿轮和内齿轮；N_2 认为是给定的。

2）如果小齿轮和内齿轮的渐开线齿廓发生干涉，则

$$\boldsymbol{r}_f^{(2)}(\theta_2, j\delta_2, N_2)-\boldsymbol{r}_f^{(1)}(\theta_1, j\delta_1, E, N_1)=0 \tag{11.4.2}$$

3）方程（11.4.2）可提供具有两个数量方程的方程组：

$$f_j(\theta_2, \theta_1, j\delta_2, j\delta_1, E, N_1, N_2)=0\quad (j=0,1,2,\cdots m) \tag{11.4.3}$$

我们考察最不利的情况，此时干涉点处于小齿轮和内齿轮的齿顶圆上（见图11.4.1），因而参数 θ_1 和 θ_2 是已知的。如果方程组（11.4.3）有解，我们可确定出（N_1，E）。解 $N_1=N_1^{(r)}$ 将确定出采用径向装配时，所允许的小齿轮的最多齿数 $N_1^{(r)}$。

两齿轮径向装配以后，最终的中心距 $E^{(2)}$ 也就安装好了。当小齿轮和内齿轮进行回转运动时，小齿轮的齿顶点将形成一条长幅内摆线。利用小齿轮齿数 $N_1\leqslant N_1^{(a)}$，内摆线与内齿轮渐开线齿廓的干涉将得以避免，这里的 $N_1^{(a)}$ 是轴向装配时所允许的小齿轮齿数。所设计的小齿轮齿数不应超过 $N_1^{(a)}$ 和 $N_1^{(r)}$。

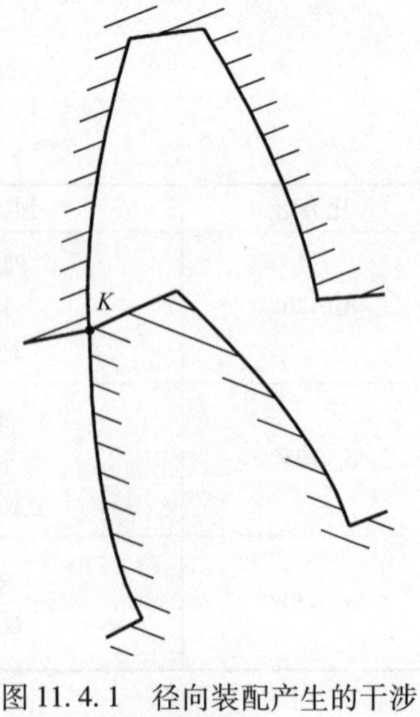

图11.4.1　径向装配产生的干涉

图 11.4.2 所示为小齿轮与内齿轮径向装配的计算机模拟图形。所完成的计算结果，适用于 $N_1 = 25$，$N_2 = 40$，径节 $P = 8\ 1/\text{in}$和压力角 $\alpha_c = 20°$的齿轮传动。

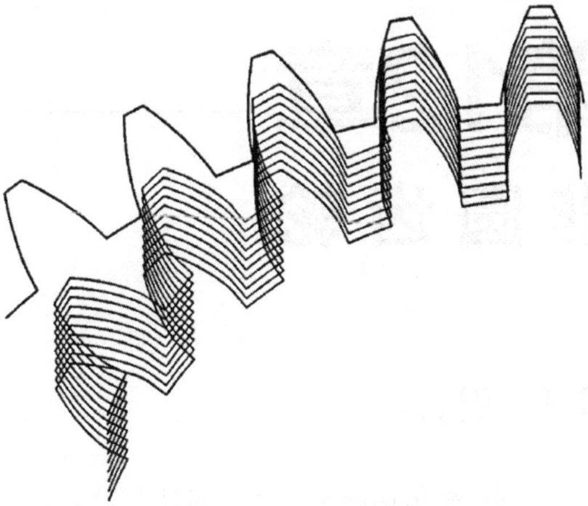

图 11.4.2　径向装配

如果小齿轮的齿数 $N_1^{(r)}$ 满足不等式 $N_1^{(r)} \leqslant {}_c^{(r)}$，而 $N_c^{(r)}$ 是利用双参数加工所允许的插齿刀的齿数，则我们可以免去研究径向装配引起的干涉（见表 11.3.1）。

11.5　专门术语

E_c　齿轮与插齿刀两轴线之间的距离（见图 11.2.1）

N_1　小齿轮齿数

N_2　内齿轮齿数

N_c　插齿刀齿数

P　径节

j　齿数

m_{ij}　齿轮 i 到齿轮 j 的传动比

r_{a1}　小齿轮的齿顶圆半径

r_{a2}　内齿轮的齿顶圆半径（见图 11.3.2）

r_{ac}　插齿刀的齿顶圆半径（见图 11.2.2）

r_{b1}　小齿轮的基圆半径

r_{b2}　内齿轮的基圆半径（见图 11.3.2）

r_{bc}　插齿刀的基圆半径（见图 11.2.2）

r_{p2}　内齿轮的分度圆半径（见图 11.3.2）

r_{pc}　插齿刀的分度圆半径（见图 11.2.2）

s_{ac}　插齿刀齿顶圆上的齿厚（见图 11.2.2）

s_{pc}　插齿刀分度圆上的齿厚（见图 11.2.2）

w_{a2}　内齿轮齿顶圆上的齿槽宽（见图 11.3.2）

w_{p2}　内齿轮分度圆上的齿槽宽（见图 11.3.2）

2Δ　插齿刀齿顶圆上齿厚的对应角（见图 11.2.2）

α_c　插齿刀压力角

θ_i　渐开线内齿轮齿廓的参数（$i=1$，2）（见图 11.3.1）

ϕ_2　内齿轮回转角（见图 11.2.1）

ϕ_c　插齿刀回转角（见图 11.2.1）

第12章 非圆齿轮

12.1 引言

非圆齿轮传递两平行轴之间具有规定的齿轮传动比函数的回转运动。其函数如下：

$$m_{12}=\frac{\omega^{(1)}}{\omega^{(2)}}=f(\phi_1)$$

式中，ϕ_1 是主动齿轮的转角。

两回转轴之间的中心距为常数。应用非圆齿轮传动最典型的实例是：a. 作为连杆机构的传动装置以改变位移函数或速度函数；b. 产生规定的函数。

图 12.1.1 所示为用椭圆齿轮驱动的马氏间歇机构。应用椭圆齿轮能改变该机构曲柄转动时的角速度。用椭圆齿轮驱动的曲柄滑块机构如图 12.1.2 所示，该机构的运动图如图 12.1.3a所示。应用椭圆齿轮传动能使我们改变滑块的速度函数 $v(\phi)$（见图 12.1.3b）。卵形齿轮传动（见图 12.1.4）可应用于测量流体流量的 Bopp 和 Reuter 流量计。图中所示为卵形齿轮传动的三个不同位置，图 12.1.5 所示为具有非封闭瞬心线的非圆齿轮传动，其应用在产生各种函数的仪器中。

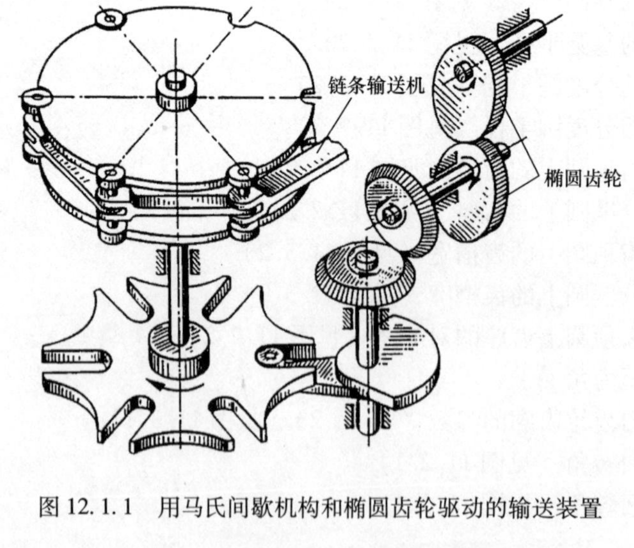

图 12.1.1 用马氏间歇机构和椭圆齿轮驱动的输送装置

图 12.1.6 所示为一驱动装置中的非圆齿轮，它能在超过齿轮转一圈的循环中，传递两平行轴之间的回转运动。这种齿轮在一循环中，除完成回转运动外还进行轴向移动。

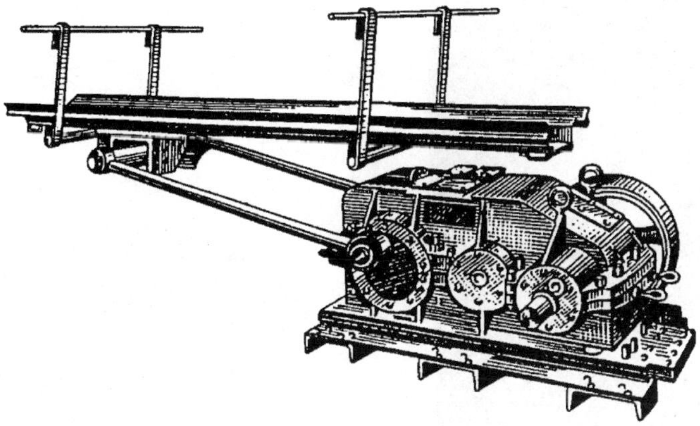

图 12.1.2 应用曲柄滑块机构和椭圆齿轮传动的输送装置

虽然非圆齿轮的现代加工法能够使制造者利用与加工直齿圆柱齿轮相同的刀具来提供共轭齿廓，但这种齿轮尚未得到广泛的应用。以下各节的内容都是基于 Litvin 1956 年的专著。

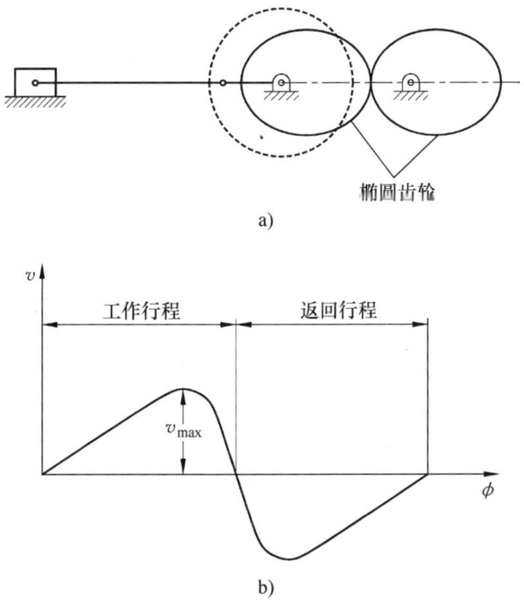

图 12.1.3 椭圆齿轮传动与曲柄滑块机构构形的组合机构
a）机构运动图 b）速度函数图

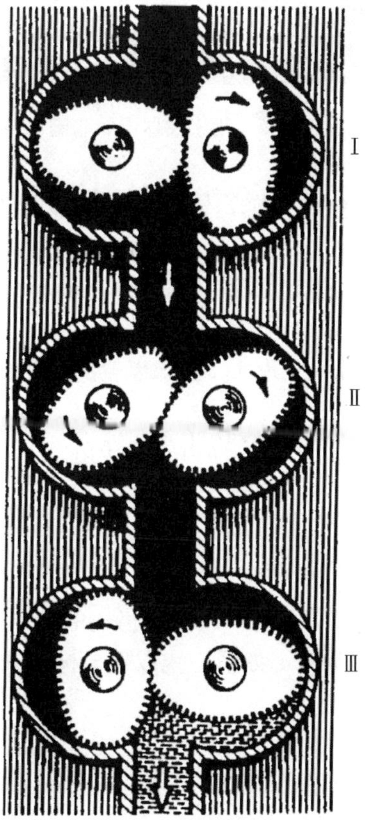

图 12.1.4 流量计中的卵形齿轮传动

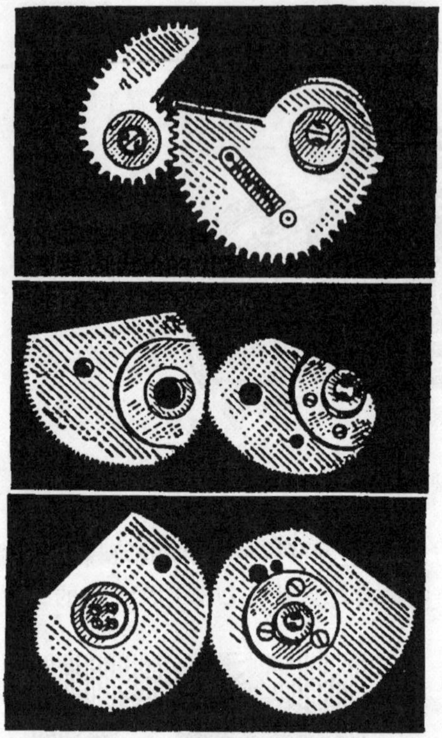

图 12.1.5　用于仪器中的非圆齿轮传动

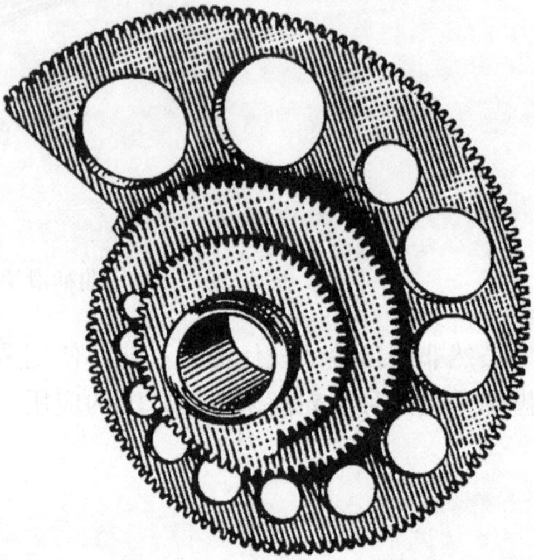

图 12.1.6　螺旋形的非圆齿轮

12.2　非圆齿轮传动的瞬心线

我们将考虑两种工况，假定 a. 齿轮传动比函数 $m_{12}(\phi_1)$ 是给定的；b. 所要产生的函数 $y(x)$ 是给定的。

1）工况 1。已知齿轮的传动比函数

$$m_{12}(\phi_1) \in C^1 \quad (0 \leqslant \phi_1 \leqslant \phi_1^*) \tag{12.2.1}$$

式中，ϕ_1 是主动齿轮的转角。

这里

$$m_{12}(\phi_1) = \frac{\omega^{(1)}}{\omega^{(2)}} = \frac{\mathrm{d}\phi_1}{\mathrm{d}\phi_2}$$

式中，$\omega^{(i)}(i=1,2)$ 是齿轮的角速度。

齿轮 1 的瞬心线以极坐标形式用如下方程表示：

$$r_1(\phi_1) = E\frac{1}{m_{12}(\phi_1) \pm 1} \tag{12.2.2}$$

式中，E 为中心距。从动齿轮 2 的瞬心线用如下方程确定：

$$\begin{cases} r_2(\phi_2) = E\dfrac{m_{12}(\phi_1)}{m_{12}(\phi_1) \pm 1} \\ \phi_2 = \displaystyle\int_0^{\phi_1} \frac{\mathrm{d}\phi_1}{m_{12}(\phi_1)} \end{cases} \tag{12.2.3}$$

函数 $\phi_2(\phi_1) \in C^2$ 为一单调递增函数，并且齿轮传动比函数 $m_{12}(\phi_1) \in C^1$ 必须为正值。应当限制 $m_{12\max}$和 $m_{12\min}$的差值，以避免出现不希望的压力角（见 12.12 节）。我们必须将齿轮 i 的转角 ϕ_i 和极角 θ_i 区别开来，极角决定瞬心线（$i=1$，2）的位置矢量。角 ϕ_i 和角 θ_i 相等，但沿相反方向进行测量。

切线相对于瞬心线流动位置矢量的方向用角 μ 来表示，其中

$$\tan\mu_i = \frac{r_i(\phi_i)}{\dfrac{\mathrm{d}r_i}{\mathrm{d}\phi_i}} \tag{12.2.4}$$

由方程（12.2.1）、方程（12.2.3）和方程（12.2.4），得

$$\tan\mu_1 = \frac{m_{12}(\phi_1) \pm 1}{m'_{12}(\phi_1)} \tag{12.2.5}$$

$$\tan\mu_2 = \frac{m_{12}(\phi_1) \pm 1}{m'_{12}(\phi_1)} \tag{12.2.6}$$

其中

$$m'_{12} = (\partial/\partial\phi_1)[m_{12}(\phi_1)]$$

函数 $\mu_i(\phi_1)(i=1,2)$用来确定齿轮啮合过程中，压力角的变化（见 12.12 节）。在上述具有两个运算符号的表达式中，正（负）号对应于外（内）啮合齿轮。角 μ_i 在与 θ_i 相同的方向上进行测量。

下面论述的仅限于外啮合的非圆齿轮。在 μ_1 和 μ_2 的表达式中，下标的 1 和 2 分别表示齿轮 1 和 2。

2）工况 2。所要产生的函数 $y(x)$是给定的。假定已知

$$y(x) \in C^2 \quad (x_2 \geqslant x \geqslant x_1)$$

两齿轮的转角可确定如下：

$$\begin{cases} \phi_1 = k_1(x - x_1) \\ \phi_2 = k_2[y(x) - y(x_1)] \end{cases} \tag{12.2.7}$$

式中，k_1 和 k_2 是具有定值的比例系数。方程（12.2.7）以参数形式表示齿轮的位移函数。

齿轮传动比函数为

$$m_{12} = \frac{\mathrm{d}\phi_1}{\mathrm{d}\phi_2} = \frac{k_1}{k_2 y_x} \tag{12.2.8}$$

这里，$y_x = \mathrm{d}y/\mathrm{d}x$；$y_x(x) \in C^1$，$x_1 \leqslant x \leqslant x_2$。两齿轮的瞬心线用如下方程表示：

$$\begin{cases} \phi_1 = k_1(x - x_1) \\ r_1 = E\dfrac{k_2 y_x}{k_1 + k_2 y_x} \end{cases} \tag{12.2.9}$$

$$\begin{cases} \phi_2 = k_2[y(x) - y(x_1)] \\ r_2 = E\dfrac{k_1}{k_1 + k_2 y_x} \end{cases} \tag{12.2.10}$$

当导数 y_x 在区间 $x_1 \leqslant x \leqslant x_2$ 改变其符号时，用非圆齿轮直接产生 $y(x)$是不可能的。这种障碍可用以下方法加以克服：

① 假定用非圆齿轮产生函数，来代替 $y(x)$。

$$F_1(x)=y(x)+k_3x \quad (k_3 \text{ 为常数}) \tag{12.2.11}$$

② 一对圆形齿轮同时产生函数。

$$F_2(x)=k_3x \tag{12.2.12}$$

③ 函数 $F_1(x)$ 和 $F_2(x)$ 可输入齿轮差动机构，这样，给定的函数 $y(x)$ 将作为差动机构从动轴的转角而得到实现。

比例系数的最大值可由如下方程确定：

$$\begin{cases} k_{1\max}=\dfrac{\phi_{1\max}}{x_2-x_1} \\ k_{2\max}=\dfrac{\phi_{2\max}}{y(x_2)-y(x_1)} \end{cases} \tag{12.2.13}$$

对于具有非封闭瞬心线的齿轮，$\phi_{i\max}=300°\sim330°$。知道函数 $y_x(x)$ 和系数 k_1、k_2 以后，我们能够确定函数 $\mu_1(\phi_1)$，并且估算出压力角的变化。在某些情况下，需要使用两对非圆齿轮的轮系来减小压力角的最大值（见12.8节）。

12.3 封闭瞬心线

选定用来连续传递回转运动的非圆齿轮传动必须具有封闭的瞬心线。这对 $m_{12}(\phi_1)$ 就提出了下列要求：齿轮传动比函数必须是周期函数，并且其周期 T 与齿轮1和2的转动周期 T_1 和 T_2 有如下关系：

$$T=\frac{T_1}{n_2}=\frac{T_2}{n_1} \tag{12.3.1}$$

式中，n_1 和 n_2 是整数。

现在我们来考虑下列的设计实例：

1）齿轮的瞬心线已经设计为封闭曲线。

2）齿轮1和2完成连续转动，n_1 和 n_2 为两齿轮的转数。

现在的问题是，满足什么样的要求才得以使齿轮2的瞬心线也是封闭曲线。问题的解答基于如下想法：

1）我们假定齿轮1的瞬心线是由周期函数 $r_1(\phi_1)\in C^2$ 和 $r_1(2\pi)=r_1(2\pi/n_1)=r_1(0)$ 表示的封闭曲线。

2）当齿轮1完成的转角为 $\phi_1=2\pi/n_1$ 时，齿轮2转过的转角必须是 $\phi_2=2\pi/n_2$。

3）考虑到

$$\frac{2\pi}{n_2}=\int_0^{\frac{2\pi}{n_1}}\frac{\mathrm{d}\phi_1}{m_{12}(\phi_1)} \tag{12.3.2}$$

和

$$m_{12}(\phi_1)=\frac{r_2(\phi_1)}{r_1(\phi_1)}=\frac{E-r_1(\phi_1)}{r_1(\phi_1)} \tag{12.3.3}$$

我们得

$$\frac{2\pi}{n_2}=\int_0^{\frac{2\pi}{n_1}}\frac{r_1(\phi_1)}{E-r_1(\phi_1)}\mathrm{d}\phi_1 \tag{12.3.4}$$

中心距 E 为某一定值的情况下，方程（12.3.4）能够得到满足。根据这个定值，齿轮2

的瞬心线将为一封闭曲线。

假定齿轮的瞬心线为一椭圆（见图 12.3.1），$n_1=1$ 和 $n_2=n$。齿轮 1 的回转中心是椭圆的焦点 O_1。齿轮 1 的瞬心线以极坐标形式用如下方程表示：

$$r_1(\phi_1)=\frac{p}{1+e\cos\phi_1} \tag{12.3.5}$$

这里，$p=a(1-e^2)$，$e=c/a$（见图 12.3.1）。

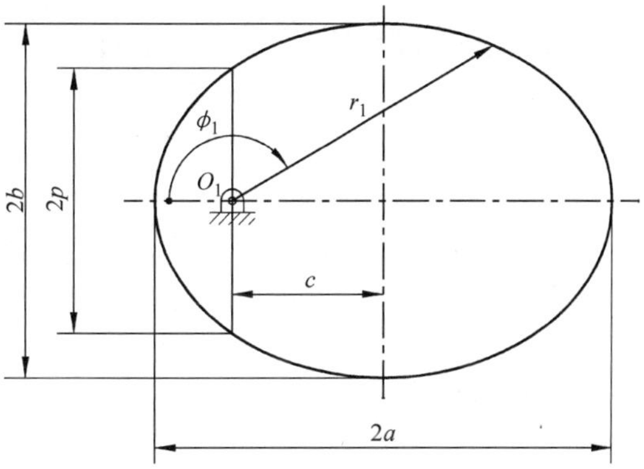

图 12.3.1 椭圆瞬心体

由方程（12.3.4）得

$$\frac{2\pi}{n}=\int_0^{2\pi}\frac{p}{E-p+Ee\cos\phi_1}\mathrm{d}\phi_1$$
$$=\frac{2\pi p}{[(E-p)^2-E^2e^2]^{\frac{1}{2}}} \tag{12.3.6}$$

方程（12.3.6）的推导基于如下理由：

(a) $\int_0^{2\pi}\frac{\mathrm{d}\phi}{a+b\cos\phi}=\int_{-\pi}^{\pi}\frac{\mathrm{d}\phi}{a+b\cos\phi}$

其中

$$a=E-p$$
$$b=Ee$$

(b) 用下式进行替换

$$\tan\frac{\phi}{2}=y$$

可导出

$$\int\frac{\mathrm{d}\phi}{a+b\cos\phi}=\frac{2}{(a+b)}\int\frac{\mathrm{d}y}{1+\left[\left(\frac{a-b}{a+b}\right)^{\frac{1}{2}}y\right]^2}$$
$$=\frac{2}{(a^2-b^2)^{\frac{1}{2}}}\int\frac{\mathrm{d}z}{1+z^2}$$
$$=\frac{2}{(a^2-b^2)^{\frac{1}{2}}}\arctan z$$

其中

$$z=\left(\frac{a-b}{a+b}\right)^{\frac{1}{2}}y=\left(\frac{a-b}{a+b}\right)^{\frac{1}{2}}\tan\frac{\phi}{2}$$

(c) 最后，我们得到

$$\int_{-\pi}^{\pi}\frac{\mathrm{d}\phi}{a+b\cos\phi}=\frac{2}{(a^2-b^2)^{\frac{1}{2}}}\left\{\arctan\left[\left(\frac{a-b}{a+b}\right)^{\frac{1}{2}}\tan\left(\frac{\phi}{2}\right)\right]\right\}\Bigg|_{-\pi}^{\pi}$$
$$=\frac{2\pi}{(a^2-b^2)^{\frac{1}{2}}}$$

上述推导证实了方程（12.3.6）。

利用方程（12.3.6），我们得到 E 的如下表达式：

$$E=\frac{p}{1-e^2}\left\{1+[1+(n^2-1)(1-e^2)]^{\frac{1}{2}}\right\} \tag{12.3.7}$$

当 $n=1$ 时，我们得到

$$E=\frac{2p}{1-e^2}=2a$$

并且齿轮 2 的瞬心线也是椭圆。

12.4 椭圆齿轮和变位椭圆齿轮

椭圆瞬心线的变位基于 Litvin 1956 年的专著提出的以下想法。

1）假定椭圆瞬心线上的流动点 M 是由以下的位置矢量（见图 12.4.1a）确定的。

$$\overrightarrow{O_1M}=\boldsymbol{r}_1(\phi_1)\quad(0\leqslant\phi_1\leqslant\pi)\qquad(12.4.1)$$

2）我们将变位瞬心线上的对应点 M^* 确定为

$$\overrightarrow{O_1M}^*=\boldsymbol{r}_1^*\left(\frac{\phi_1}{m_I}\right)\quad(0\leqslant\phi_1\leqslant\pi,\ |\boldsymbol{r}_1^*|=|\boldsymbol{r}_1|)\qquad(12.4.2)$$

3）瞬心线变位的同样原理也用于椭圆的下半部（见图 12.4.1b），变位系数为 m_{II}，一般来说，$m_{II}\neq m_I$。

4）初始椭圆的瞬心线和变位椭圆的瞬心线如图 12.4.1c所示。

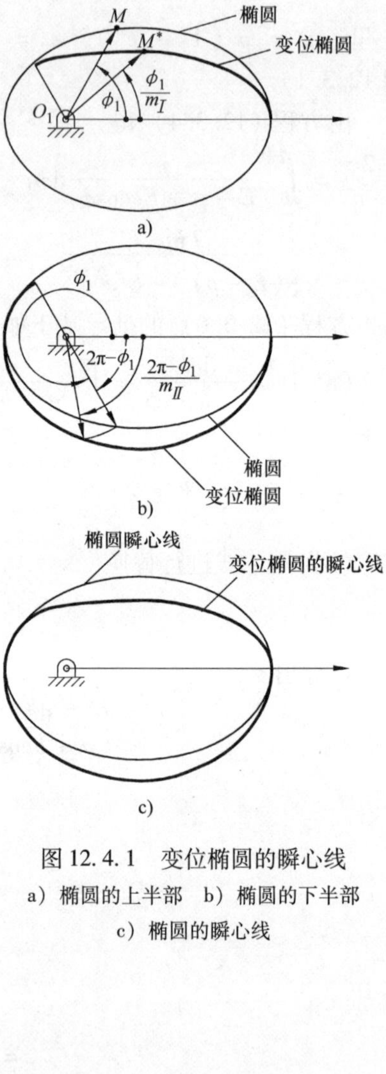

图 12.4.1 变位椭圆的瞬心线

a）椭圆的上半部 b）椭圆的下半部 c）椭圆的瞬心线

图 12.4.2 所示为，$m_I=\frac{3}{2}$，$n_1=n_2=1$ 和 $e_1=0.5$ 的情况下，两个相同椭圆瞬心线的变位。图中所示的图形说明了瞬心线的变位原理。具有变位椭圆瞬心线的非圆齿轮传动以不对称的齿轮传动比函数 $m_{12}(\phi_1)$ 传递回转运动。这种函数对具有椭圆瞬心线的非圆齿轮传动是对称的。

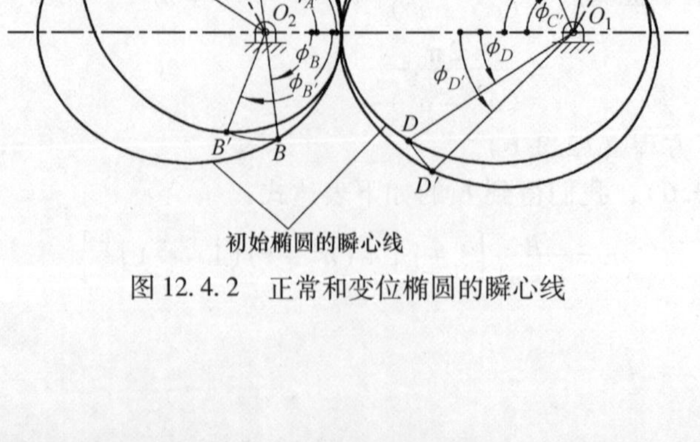

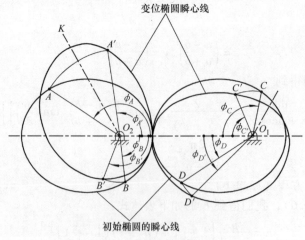

图 12.4.2 正常和变位椭圆的瞬心线

图 12.4.3 和图 12.4.4 所示为两种主动轮具有椭圆瞬心线的非圆齿轮传动装置。当从动轮转过一圈时，主动轮分别转过两圈和三圈。在 Litvin 1956 年的专著中证明过，从动轮的瞬心线为变位椭圆。

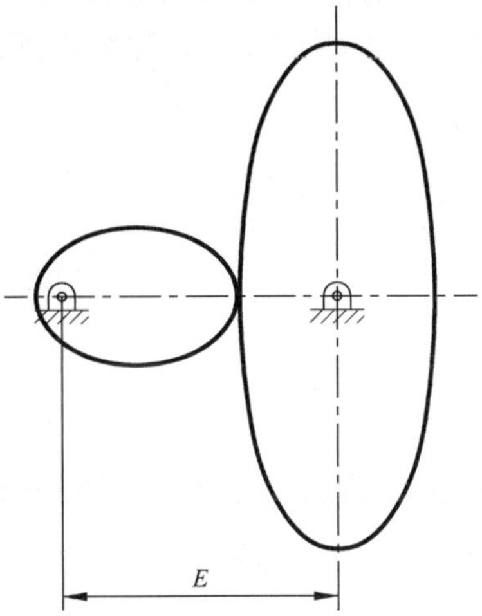

图 12.4.3 主动轮转两圈时，椭圆瞬心线与卵形瞬心线的共轭

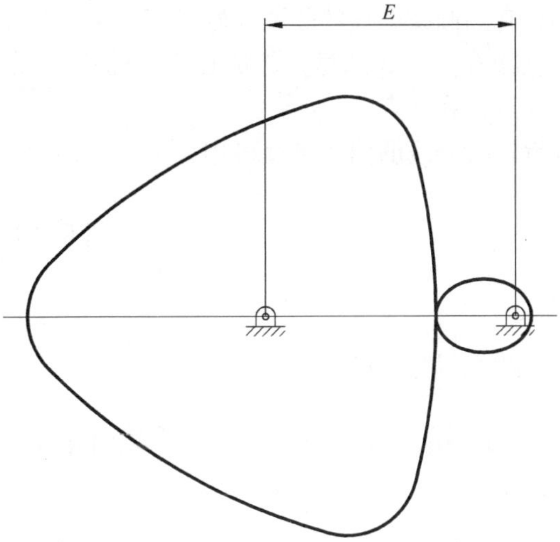

图 12.4.4 主动轮转三圈时，椭圆瞬心线与相配瞬心线的共轭

具有相同瞬心线的两个卵形齿轮（见图 12.4.5）是变位椭圆齿轮的特殊情况，此时变位系数为 $m_I = m_{II} = m = 2$（见图 12.4.1）。齿轮瞬心线用如下方程表示：

$$r_1 = \frac{a(1-e^2)}{1-e\cos 2\phi_1} = \frac{p}{1-e\cos 2\phi_1} \tag{12.4.3}$$

齿轮的回转中心是卵形齿轮的对称中心。卵形齿轮常用于液体流量计（见图 12.1.4）。

由一卵形瞬心线和一变位椭圆瞬心线构成的齿轮传动装置如图 12.4.6 所示。对应从动轮转一圈，主动轮转两圈。

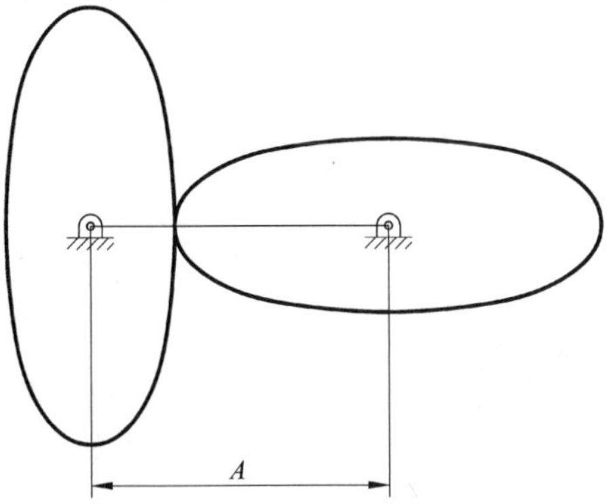

图 12.4.5 卵形齿轮瞬心线

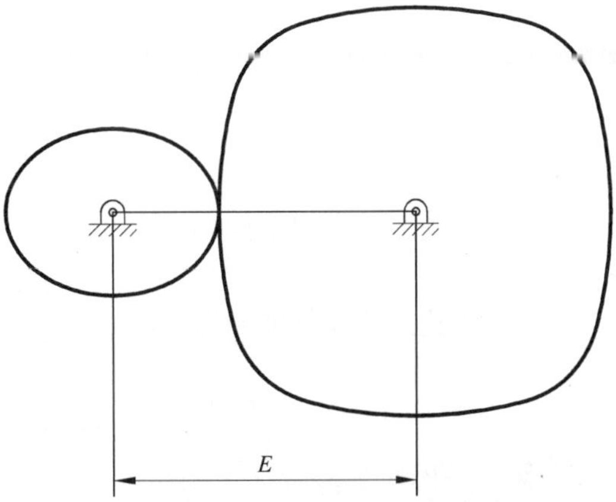

图 12.4.6 主动轮转四圈时，椭圆瞬心线与相配瞬心线的共轭

12.5 瞬心线为凸形的条件

具有凹凸瞬心线的非圆齿轮可用插齿刀加工而不能用滚刀来加工。齿轮瞬心线为凸形的条件意味着$\rho>0$，这里ρ是瞬心线的曲率半径。在凹凸瞬心线的情况下，齿轮瞬心线上有这样的点，在该点$\rho=\infty$。

齿轮瞬心线的曲率半径可用如下方程表示：

$$\rho=\frac{\left[r^2+\left(\frac{\mathrm{d}r}{\mathrm{d}\phi}\right)^2\right]^{\frac{3}{2}}}{r^2+\left(\frac{\mathrm{d}r}{\mathrm{d}\phi}\right)^2-r\frac{\mathrm{d}^2r}{\mathrm{d}\phi^2}} \tag{12.5.1}$$

从瞬心线为凸形的条件（$\rho>0$）可得

$$r^2+2\left(\frac{\mathrm{d}r}{\mathrm{d}\phi}\right)^2-r\frac{\mathrm{d}^2r}{\mathrm{d}\phi^2}>0 \tag{12.5.2}$$

利用方程（12.2.2）和方程（12.2.3），我们可以用函数$m_{12}(\phi_1)$及其导数表示瞬心线为凸形的条件：

1）对主动齿轮，我们有

$$1+m_{12}(\phi_1)+m''_{12}(\phi_1)\geqslant 0 \tag{12.5.3}$$

2）对从动齿轮，我们得到

$$1+m_{12}(\phi_1)+(m'_{12}(\phi_1))^2-m_{12}(\phi_1)m''_{12}(\phi_1)\geqslant 0 \tag{12.5.4}$$

这里，$m'_{12}=(\mathrm{d}/\mathrm{d}\phi_1)(m_{12}(\phi_1))$，$m''_{12}=(\mathrm{d}^2/\mathrm{d}^2\phi_1)(m_{12}(\phi_1))$。当不等式（12.5.3）和不等式（12.5.4）变成等式时，瞬心线上有$\rho=\infty$这样的点。

在产生给定函数$f(x)$的情况下，我们分别求出主动齿轮和从动齿轮的瞬心线为凸形的如下条件：

$$k_1k_2[f'(x)]^3+k_1^2[f'(x)]^2+2[f''(x)]^2-f'''(x)f'(x)\geqslant 0 \tag{12.5.5}$$

$$k_2[f'(x)]^3[k_1+k_2f'(x)]+f'(x)f'''(x)-[f''(x)]^2\geqslant 0 \tag{12.5.6}$$

例题 12.5.1

假定卵形瞬心线给定为［见方程（12.4.3）］

$$r_1=\frac{a(1-e^2)}{1-e\cos2\phi_1}$$

确定瞬心线为凸形的条件。

解

齿轮传动比函数及其推导为

$$m_{12}(\phi_1)=\frac{E-r_1(\phi_1)}{r_1(\phi_1)}=\frac{1-2e\cos2\phi_1+e^2}{1-e^2} \tag{12.5.7}$$

因为$E=2a$。

$$\begin{cases} m'_{12}(\phi_1)=\dfrac{4e\sin2\phi_1}{1-e^2} \\ m''_{12}(\phi_1)=\dfrac{8e\cos2\phi_1}{1-e^2} \end{cases} \tag{12.5.8}$$

从方程（12.5.3）、方程（12.5.7）和方程（12.5.8）得

$$1+3e\cos 2\phi_1 \geqslant 0 \tag{12.5.9}$$

从而得出 $e \leqslant 1/3$。

12.6 偏心圆齿轮与非圆齿轮的共轭

图 12.6.1 所示为偏心圆齿轮 1 的回转中心 O_1 不与半径为 a 的圆的几何中心重合。齿轮 2 的瞬心线必须与偏心圆，即齿轮 1 的瞬心线共轭。这种传动装置可用于 $n=1, 2, 3, \cdots, n$ 的情况，这里的 n 是齿轮 2 转动的总圈数。

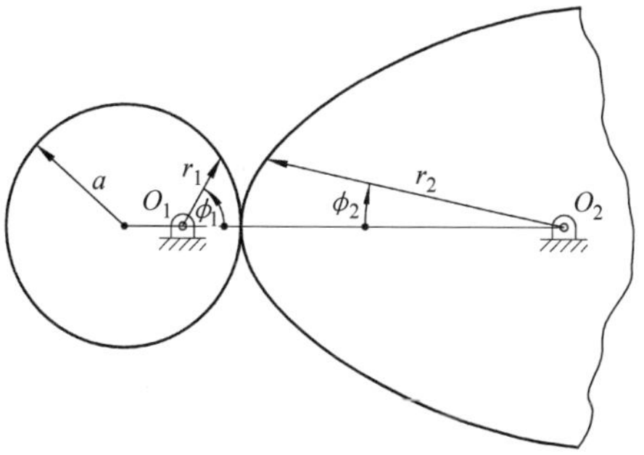

图 12.6.1 偏心圆瞬心线与其配对瞬心线共轭

偏心圆齿轮的瞬心线可用如下方程表示：

$$\begin{aligned} r_1(\phi_1) &= (a^2-e^2\sin^2\phi_1)^{\frac{1}{2}}-e\cos\phi_1 \\ &= a[(1-\varepsilon^2\sin^2\phi_1)^{\frac{1}{2}}-\varepsilon\cos\phi_1] \end{aligned} \tag{12.6.1}$$

式中，$\varepsilon=e/a$，e 是偏心距。齿轮传动比函数 $m_{21}(\phi_1)$ 为

$$m_{21}(\phi_1)=\frac{r_1(\phi_1)}{E-r_1(\phi_1)}=\frac{c}{c-(1-\varepsilon^2\sin^2\phi_1)^{\frac{1}{2}}+\varepsilon\cos\phi_1}-1 \tag{12.6.2}$$

其中

$$c=E/a$$

$$m_{21\max}=(1+\varepsilon)/[c-(1+\varepsilon)]$$

$$m_{21\min}=(1-\varepsilon)/[c-(1-\varepsilon)]$$

若如下方程能够成立［见方程（12.3.4）］，则齿轮 2 的瞬心线为一封闭曲线：

$$\frac{2\pi}{n}=\int_0^{2\pi}\left[\frac{c}{c-(1-\varepsilon^2\sin^2\phi_1)^{\frac{1}{2}}+\varepsilon\cos\phi_1}-1\right]\mathrm{d}\phi_1 \tag{12.6.3}$$

利用迭代电算过程，方程（12.6.3）中 c 的解可数值求出，c 的第一次估算为（参见 Litvin 1968 年的专著）

$$c=(1+n)\left[1-\frac{(n-12)\varepsilon^2}{4n}\right] \tag{12.6.4}$$

齿轮 2 的瞬心线用如下方程确定：

$$r_2=E-r_1=a[c-(1-\varepsilon^2\sin^2\phi_1)^{\frac{1}{2}}+\varepsilon\cos\phi_1] \tag{12.6.5}$$

$$\phi_2=\int_0^{\phi_1}\frac{(1-\varepsilon^2\sin^2\phi_1)^{\frac{1}{2}}-\varepsilon\cos\phi_1}{c-(1-\varepsilon^2\sin^2\phi_1)^{\frac{1}{2}}+\varepsilon\cos\phi_1}\mathrm{d}\phi_1 \tag{12.6.6}$$

齿轮 2 瞬心线的曲率半径为

$$\rho_2=\frac{ar_1(\phi_1)[E-r_1(\phi_1)]}{[r_1(\phi_1)]^2+Ee\cos\phi_1} \tag{12.6.7}$$

齿轮 2 的瞬心线为凸形的条件为

$$[r_1(\phi_1)]^2+Ee\cos\phi_1 \geqslant 0 \tag{12.6.8}$$

12.7 相同的瞬心线

在某些不常有的情况下，配对齿轮的瞬心线可设计成相同的。如果以下条件得到满足，这个目标是可以达到的。

$$\phi_{2\max} = F(\phi_{1\max}) = \phi_{1\max} \tag{12.7.1}$$

这里，$F(\phi_1) = \phi_2$ 为位移函数。

$$F(\phi_{1\max} - F(\phi_1)) = \phi_{1\max} - \phi_1 \tag{12.7.2}$$

图12.7.1所示为满足方程（12.7.1）和方程（12.7.2）的位移函数 $F(\phi_1)$。图线上的点 m 和 m' 是该函数的共轭点，在这些点处，我们有

$$\begin{cases} \phi'_2 = \phi_1 = \beta \\ \phi'_1 = \phi_2 = \delta \\ \tan\alpha = \dfrac{\mathrm{d}\phi_2}{\mathrm{d}\phi_1} = \dfrac{\mathrm{d}\phi'_1}{\mathrm{d}\phi'_2} \end{cases} \tag{12.7.3}$$

容易证明，具有相同瞬心线的两椭圆齿轮可满足上述要求。

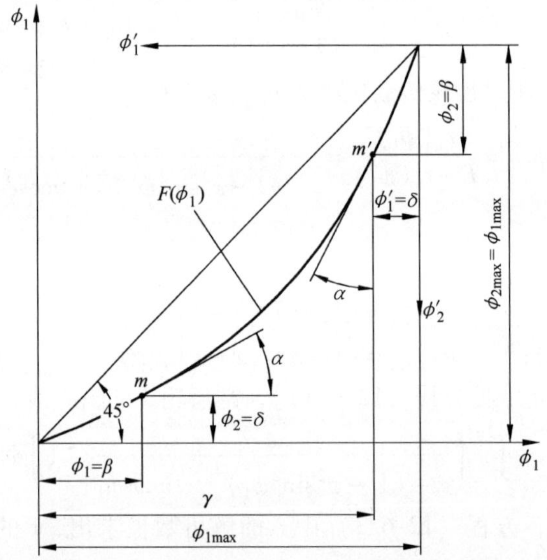

图12.7.1 具有相同瞬心线的齿轮位移函数

设计具有相同瞬心线的非圆齿轮的另一实例，是齿轮产生如下函数的情况：

$$y = \frac{1}{x} \quad (x_2 \geqslant x \geqslant x_1) \tag{12.7.4}$$

该设计基于如下关系式：

$$\begin{cases} \phi_1 = k_1(x - x_1) \\ \phi_2 = k_2\left(\dfrac{1}{x_1} - \dfrac{1}{x}\right) \end{cases} \tag{12.7.5}$$

$$\begin{cases} k_1 = \dfrac{\phi_{1\max}}{x_2 - x_1} \\ k_2 = \dfrac{\phi_{2\max}}{\dfrac{1}{x_1} - \dfrac{1}{x}} \end{cases} \tag{12.7.6}$$

其中

$$\phi_{1\max} = \phi_{2\max}$$

齿轮的位移函数为

$$\phi_2 = F(\phi_1) = \frac{a_2\phi_1}{a_3 + a_4\phi_1} \tag{12.7.7}$$

这里，$a_2 = k_2$，$a_3 = k_1x_1^2$，$a_4 = x_1$。系数 a_2、a_3 和 a_4 的关系如下：

$$\phi_{2\max} = \phi_{1\max} = \frac{a_2\phi_{1\max}}{a_3 + a_4\phi_{1\max}} \tag{12.7.8}$$

由上式可得

$$\frac{a_2 - a_3}{a_4} = \phi_{1\max} \tag{12.7.9}$$

利用方程（12.7.7），我们可得所需的函数关系式（12.7.2）表示如下：

$$\frac{a_2(\phi_{1\max} - F(\phi_1))}{a_3 + a_4(\phi_{1\max} - F(\phi_1))} = \phi_{1\max} - \phi_1 \tag{12.7.10}$$

容易证明，用 $\phi_{1\max}$的表达式（12.7.8）和 $F(\phi_1)$的表达式（12.7.7）可以满足方程（12.7.10）。因此，设计相同瞬心线的条件是成立的，并且函数 $y = 1/x$ 可用具有这种瞬心线的非轮齿轮来产生。

12.8 非圆齿轮组合机构的设计

非圆齿轮的组合机构（见图 12.8.1）能使我们产生导数 $y_x(x)$变化大的函数 $y(x)$。应用只由一对非圆齿轮组成的机构可能产生不合要求的压力角。有许多重要的原因要求齿轮 1 和齿轮 3，以及齿轮 2 和齿轮 4 分别具有相同的瞬心线。设计这样的非圆齿轮组合机构将在本节加以讨论。

我们使用 α 和 δ 标记齿轮 1 和齿轮 4 的转角（见图 12.8.1），然后引进如下方程：

$$\begin{cases} \alpha = k_1(x - x_1) \\ \delta = k_4(y - y_1) \end{cases} \tag{12.8.1}$$

其中

$$\begin{cases} k_1 = \dfrac{\alpha_{\max}}{x_2 - x_1} \\ k_4 = \dfrac{\delta_{\max}}{y_2 - y_1} \end{cases} \tag{12.8.2}$$

因为必须保证以上成对齿轮的瞬心线相同，这就要求

$$\alpha_{\max} = \beta_{\max} = \gamma_{\max} = \delta_{\max} \tag{12.8.3}$$

显然，$\beta = \gamma$，因为齿轮 2 和齿轮 3 作为一个刚体进行转体。瞬心线相同的条件可用如下方程表示：

$$\psi(\alpha) = f(f(\alpha)) \tag{12.8.4}$$

其中

$$\delta = \psi(\alpha) \tag{12.8.5}$$

是所要产生的函数。需要确定转角β和α（δ和β）相关的函数

$$\begin{cases}\beta=f(\alpha)\\ \delta=f(\beta)\end{cases}$$

换句话说，假定函数$\psi(\alpha)$是给定的，我们需要确定函数$f(\alpha)$。

一般说来，利用迭代计算法，方程（12.8.4）只能用数值来求解。该方法基于这样的想法，即如果对于定值α_i来说$f(\alpha_i)$是已知的，并且$f(\alpha_i)\neq\alpha_i$，利用方程

$$\begin{cases}\alpha_{i+1}=f(\alpha_i)\\ f(\alpha_{i+1})=\psi(\alpha_i)\end{cases}\tag{12.8.6}$$

我们能以离散形式用数值确定所求的函数$f(\alpha)$。

上述过程可用图解说明（见图12.8.2），更详细的内容已在Litvin 1968年的专著中给出。

方程（12.8.4）数值解的第一次估算基于如下的近似解：

$$f(\alpha)\approx(\psi(\alpha)\alpha^n)^{\frac{1}{1+n}}\tag{12.8.7}$$

其中

$$n=\left(\frac{\alpha\psi'(\alpha)}{\psi(\alpha)}\right)^{\frac{1}{2}}$$

$f(\alpha)$的另一近似解是由Kislitsin 1955年的专著中提出的：

$$f(\alpha)\approx\frac{\psi(\alpha)+\alpha(\psi'(\alpha))^{\frac{1}{2}}}{1+(\psi'(\alpha))^{\frac{1}{2}}}\tag{12.8.8}$$

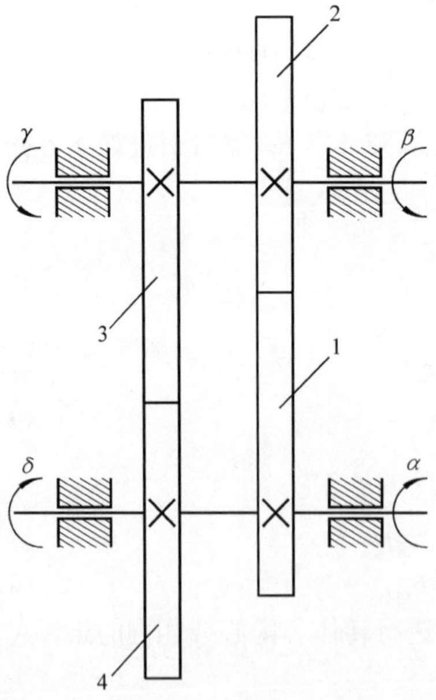

图12.8.1　对于齿轮1和齿轮3与齿轮2和齿轮4，瞬心线都相同的齿轮组合机构

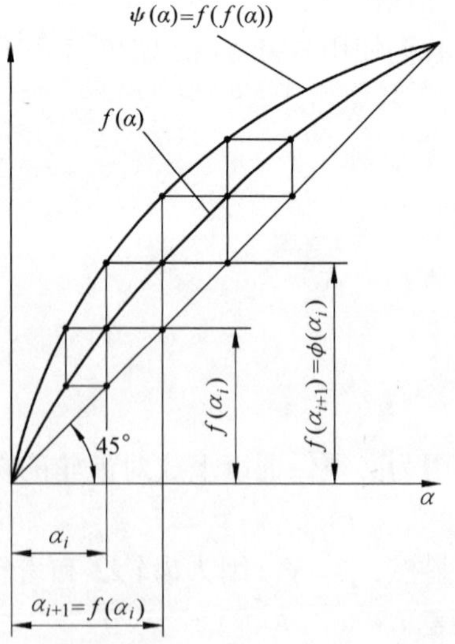

图12.8.2　解方程$\psi(\alpha)=f(f(\alpha))$的迭代法

12.9 应用非圆靠模齿轮的加工法

最初加工非圆齿轮是基于模拟非圆齿轮与刀具啮合的装置的应用。图 12.9.1 所示为同类装置，在这种装置中，非圆靠模齿轮 1 与靠模齿条 2 相啮合。齿条刀具和被加工齿轮分别用 3 和 4 来标记。Bopp 和 Reuter 开发的装置基于模拟非圆靠模蜗轮 c 与等同于滚刀 d 的蜗杆 f 的啮合（见图 12.9.2）；a 为正在被加工的直齿非圆齿轮、凸轮 b 及从动件 e 构成凸轮机构，该机构规定用来模拟 c 和 f 之间的可变距离。重锤 g 保持凸轮与从动件之间的不断接触。

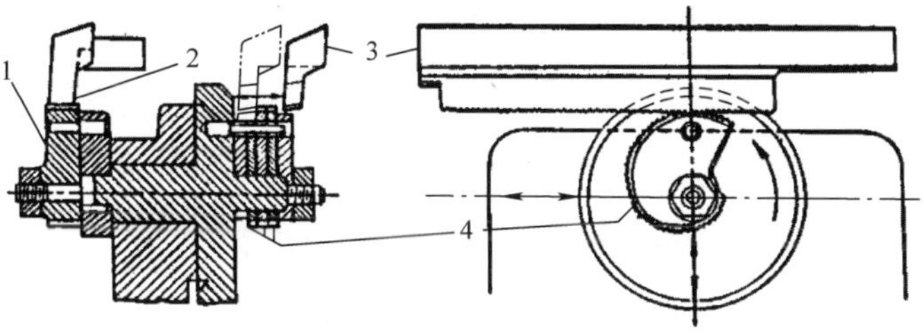

图 12.9.1 应用非圆靠模齿轮和齿条刀具加工非圆齿轮

1—非圆靠模齿轮 2—靠模齿条 3—齿条刀具 4—被加工齿轮

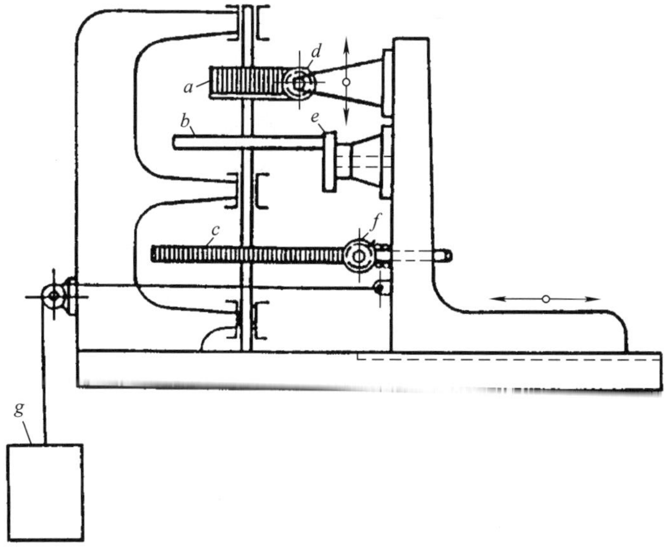

图 12.9.2 应用非圆蜗轮加工非圆齿轮

12.10 加工非圆齿轮的包络法

应用以上所讨论的装置，主要的困难是需要制造非圆靠模齿轮。加工非圆齿轮的一般方法是在 Litvin 1956 年、1968 年的专著中推荐的，实现这种方法不需要使用靠模齿轮，而是采用将设计用来加工圆形齿轮的现有设备进行改装的方法，或者是采用计算机数控机床。基于这种想法的专利已由 Litvin 及其同事在 1949—1951 年提出，所推荐的方法基于下列想法。

1）非圆齿轮是用与制造圆形齿轮相同的刀具（齿条刀具、滚刀和插齿刀）加工的。

2）两非圆齿轮的共轭齿廓是由刀具瞬心线沿给定的齿轮瞬心线的假想滚动来形成的。

3）刀具瞬心线沿正在被加工的齿轮主线的假想滚动是由切齿过程中，刀具和齿轮的两个运动之间的适当关系来实现的。

图12.10.1说明了齿条刀具加工的两个配对非圆齿轮的齿形的共轭原理。齿轮瞬心线1和2及齿条瞬心线3都在瞬时回转中心I处相切。齿条刀具的瞬心线为一直线。如果每一瞬心线在点I处的瞬时速度在大小和方向上都相同，则可以形成每一瞬心线沿另一瞬心线的纯滚动。当两齿轮分别绕O_1和O_2进行转动时，齿条刀具沿齿轮瞬心线的切线$t—t$和中心距E做直线移动，并且绕I进行转动。如果下列矢量方程成立，则形成齿条刀具沿齿轮瞬心线的纯滚动（见图12.10.1）

$$\boldsymbol{v}^{(3)}=\boldsymbol{v}^{(1)}=\boldsymbol{v}^{(2)} \tag{12.10.1}$$

其中

$$\boldsymbol{v}^{(i)}=\boldsymbol{\omega}^{(i)}\times\overrightarrow{O_iI}\quad(i=1,2)$$

是齿轮绕O_i转动时的速度。

$$\boldsymbol{v}^{(3)}=\boldsymbol{v}_t^{(3)}+\boldsymbol{v}_e^{(3)}$$

式中，$\boldsymbol{v}_t^{(3)}$和$\boldsymbol{v}_e^{(3)}$分别沿方向$t—t$和$O_1—O_2$的齿条刀具的速度。齿条刀具绕I转动的速度在点I处等于零。我们必须强调，瞬时回转中心I在啮合过程中是沿中心距运动的。并且对于I的任一瞬时位置，方程（12.10.1）都必须得到遵守。

当齿条刀具和被加工齿轮进行如上所述的相关运动时，齿条刀具将加工成齿轮1和齿轮2的共轭齿廓。这里所讨论的加工原理，对于用插齿刀（渐开线插齿刀更好）替代齿条刀具的情况也是有效的。

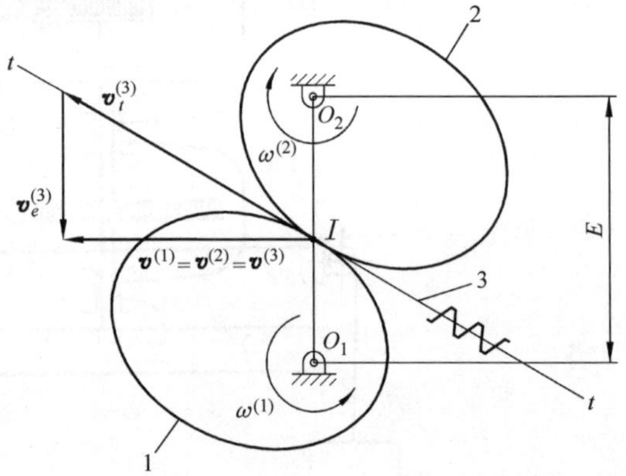

图12.10.1　加工非圆齿轮的一般原理

1. 用齿条刀具加工：变位之间的关系

在讨论加工原理时，我们曾经研究过三条瞬心线的纯滚动（见图12.10.1）。为了确定刀具与齿轮之间的运动关系，我们可以考虑只有齿条刀具和被加工齿轮两条瞬心线的纯滚动条件。

假定齿轮瞬心线1与齿条刀具瞬心线2在流动点M处相切（见图12.10.2a）。齿条刀具以速度$\boldsymbol{v}^{(2)}$沿两瞬心线的公切线$t—t$做直移运动，而齿轮以角速度$\boldsymbol{\omega}^{(1)}$绕点$O_1$进行转动，并且垂直于$t—t$方向做直移运动。如果$M$是瞬时回转中心，并且如下各速度之间的关系式成立，则可形成瞬心线相切点M处的纯滚动：

$$\boldsymbol{v}^{(2)}=\boldsymbol{v}_{rot}^{(1)}+\boldsymbol{v}_{tr}^{(1)} \tag{12.10.2}$$

其中

$$\boldsymbol{v}_{rot}^{(1)}+\boldsymbol{v}_{tr}^{(1)}=\boldsymbol{v}^{(1)}$$

$$\boldsymbol{v}_{rot}^{(1)}=\boldsymbol{\omega}^{(1)}\times\overrightarrow{O_1M}$$

式中，$\boldsymbol{v}^{(1)}$是瞬心线1上点M的合成速度；$\boldsymbol{v}_{rot}^{(1)}$是齿轮在回转运动中的速度；$\boldsymbol{v}_{tr}^{(1)}$是齿轮在

直移运动中的速度。

现在假定了三个坐标系（见图 12. 10. 2b）：与切齿机床机架刚性固接的固定坐标系 S_f；与齿轮刚性固接的 S_1；与齿条刀具刚性固接的 S_2。两坐标轴 x_f 和 x_2 与齿条刀具的瞬心线重合。控制齿条刀具与被加工齿轮的运动可用如下函数来实现：

$$x_f^{(O_2)}(\theta_1),\ \phi_1(\theta_1),y_f^{(O_1)}(\theta_1) \tag{12.10.3}$$

式中，变量 θ_1 是齿轮瞬心线的参数；O_2 是 S_2 的原点；O_1 是 S_1 的原点。函数（12. 10. 3）的导数在附录 12. A 中给出。

基于上述原理，制造非圆齿轮的问题已经采用以下方法解决：a. 采用加上两个凸轮机构的改装的切齿机床（Litvin 1956 年、1968 年的专著中提出的）；b. 采用计算机数控机床［由 F. Cunningham（参见 Smith 1995 年的专著）提出］。设计上述凸轮机构和开发计算机数控机床程序基于下述想法。

1）利用函数（12. 10. 3），我们还能够确定如下函数（见图 12. 10. 3）：

$$\phi_1(x_f^{(O_2)}),y_f^{(O_1)}(\phi_1) \tag{12.10.4}$$

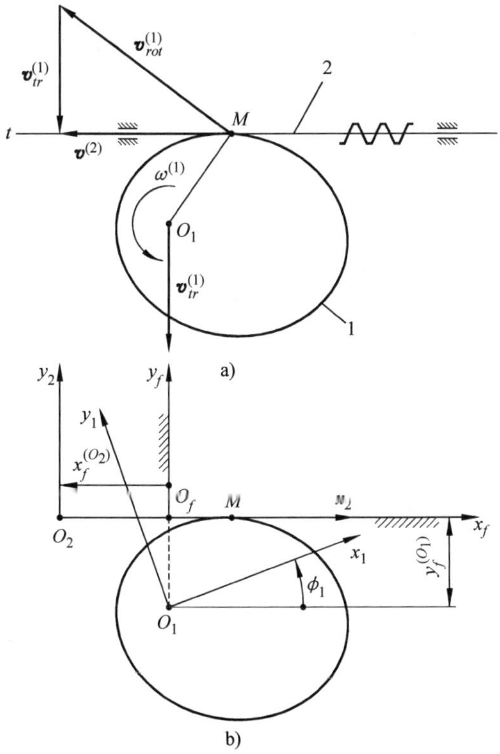

图 12. 10. 2　用齿条刀具加工的位移函数的推导

a）齿轮瞬心线 1 与齿条刀具瞬心线 2 在点 M 处相切　b）三个坐标系

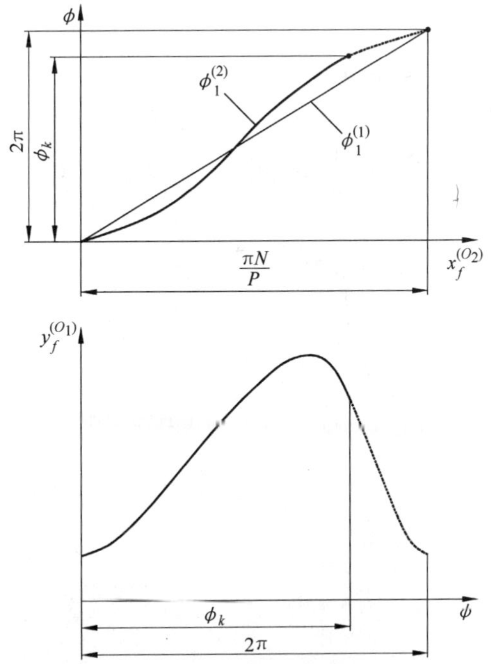

图 12. 10. 3　用于加工的位移函数的延拓

2）函数 $\phi_1(x_f^{(O_2)})$ 可表示为线性函数 $\phi_1^{(1)}$ 和非线性函数之和：

$$\phi_1^{(2)}=\phi_1(x_f^{(O_2)})-\phi_1^{(1)}=\phi_1(x_f^{(O_2)})-m(x_f^{(O_2)}) \tag{12.10.5}$$

这里，$m=2P/N$，P 是径节，N 是齿轮齿数。

3）所推荐的凸轮机构分别产生函数 $\phi_1^{(2)}(x_f^{(O_2)})$ 和 $y_f^{(O_1)}(\phi_1)$。

4）在瞬心线为封闭曲线的情况下，函数（12.10.4）可以在区间 $0<\phi_1<\phi_k$ 内确定，这时 $\phi_k<2\pi$。然而，因为用滚刀加工齿轮需要齿轮转好几圈，所以必须延拓函数（12.10.4），并且使函数 $\phi_1^{(2)}(x_f^{(O_2)})$ 和 $y_f^{(O_1)}(\phi_1)$ 为周期函数。

图 12.10.4 所示为用滚刀加工非圆齿轮切齿机床最初模型之一，该切齿机床是由加工圆形齿轮切齿机床改装而成的，其改装基于采用双附加凸轮机构（由 Litvin 和 Pavlov 1951 年的专著中提出）。

2. 用插齿刀加工

使用插齿刀能使我们加工 a. 具有凹凸瞬心线齿轮；b. 非圆内齿轮。在加工过程中，插齿刀以角速度 $\boldsymbol{\omega}^{(2)}$ 绕 O_2 转动，而齿轮以角速度 $\boldsymbol{\omega}^{(1)}$ 绕 O_1 转动，并且以速度 $\boldsymbol{v}_{trI}^{(1)}$ 和 $\boldsymbol{v}_{trII}^{(1)}$ 在两个垂直方向上进行直移运动，$\boldsymbol{v}_{trI}^{(1)}$ 和 $\boldsymbol{v}_{trII}^{(1)}$ 在点 I 分别与瞬心线的公法线 $\boldsymbol{n}$ 和公切线共线（见图 12.10.5）。利用如下方程可形成两瞬心线的纯滚动：

$$\boldsymbol{v}_{rot}^{(1)}+\boldsymbol{v}_{trI}^{(1)}+\boldsymbol{v}_{trII}^{(1)}=\boldsymbol{v}^{(1)}=\boldsymbol{v}^{(2)} \tag{12.10.6}$$

式中，$\boldsymbol{v}^{(1)}$ 是齿轮瞬心线上点 I 的合成速度，表示为三个分量之和；$\boldsymbol{v}^{(2)}$ 是插齿刀瞬心线上点 I 的速度。两瞬心线的相切点 I 在加工过程中不改变其位置。在附录 12.B 中给出了齿轮和插齿刀的位移函数的推导。

图 12.10.4　非圆齿轮展成切齿机床的最初模型之一

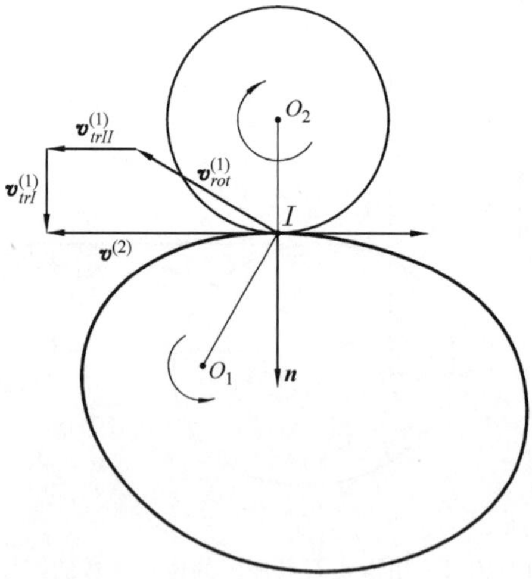

图 12.10.5　用插齿刀加工时的速度多边形

12.11　齿廓的渐屈线

以上论述非圆齿轮的加工方法（12.10 节），保证齿廓的法线 a_in_i 和齿轮瞬心线的切线

$a_i t_i$ 在其交点 a_i 处构成角 α_c（见图 12. 11. 1）。这里的 α_c 是齿条刀具的齿形角。下面，我们要区别齿轮瞬心线的渐屈线和齿轮齿廓的渐屈线。

图 12. 11. 2 所示为齿轮瞬心线 b—b 和瞬心线的渐屈线 a—a。点 C_i 为齿轮齿廓渐屈线上的流动点。可以证明，齿廓渐屈线的曲率半径 A_iC_i 与齿轮瞬心线的半径 A_iB_i 构成角 α_c，并且上述两个半径用如下方程加以联系：

$$l_i = \rho_i \cos\alpha_c \tag{12.11.1}$$

其中

$$l_i = A_iC_i$$

$$A_iB_i = \rho_i$$

在渐开线圆形齿轮情况下，渐开线轮齿的左侧和右侧齿廓具有相同的渐屈线和基圆。非圆齿轮的左侧和右侧齿廓具有不同的渐屈线，如图 12. 11. 3 所示。这里，点 M 是瞬心线上的流动点；K 为点 M 处的曲率中心；L 和 N 是两齿廓渐屈线上的流动点。

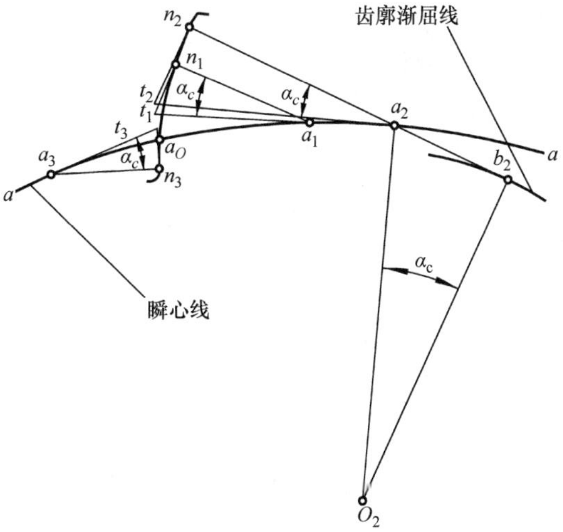

图 12. 11. 1　齿轮相对于齿轮瞬心线的切线的方向

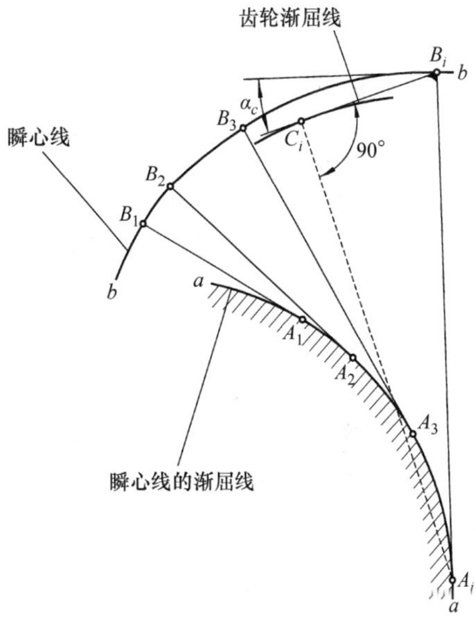

图 12. 11. 2　齿轮的瞬心线、瞬心线的渐屈线和齿廓的渐屈线

非圆齿轮齿廓的近似表示根据用渐开线圆形齿轮的分度圆来局部替换非圆齿轮的瞬心线。图 12. 11. 4 所示为序数为 1 的齿廓被近似地表示为分度圆半径为 ρ_A 的渐开线圆形齿轮的齿廓，这里的 ρ_A 是非圆齿轮瞬心线左点 A 处的曲率半径。同理，序数为 10 的齿廓也可近似地表示分度圆半径为 ρ_B 的圆形齿轮的齿廓。

起替换作用的圆形齿轮的齿数确定为

$$N_i = 2P\rho_i \tag{12.11.2}$$

式中，ρ_i 是非圆齿轮瞬心线的曲率半径；P 是加工用的刀具的径节。

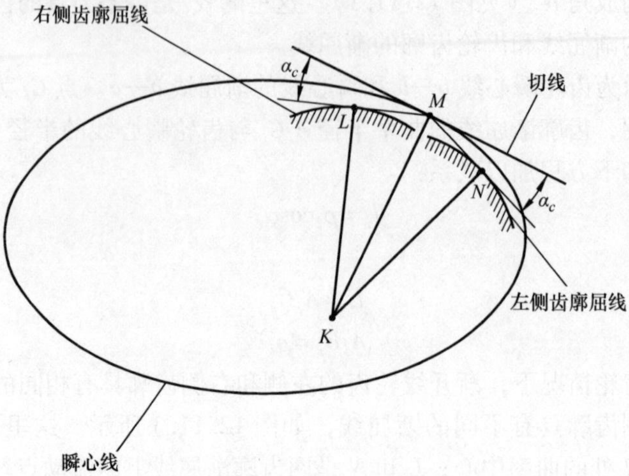

图 12.11.3　齿轮的瞬心线、左侧和右侧齿廓的渐屈线

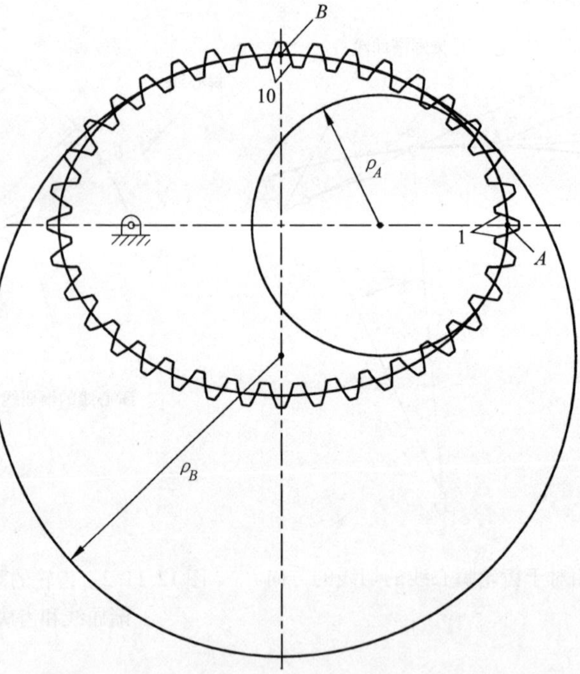

图 12.11.4　用相应的圆形齿轮局部表示非圆齿轮

12.12　压力角

考察图 12.12.1，该图表示两非圆齿轮的共轭齿廓。两齿轮的回转中心为 O_1 和 O_2，驱动转矩和阻力矩为 m_1 与 m_2，两齿廓在瞬时回转中心 I 处相切。两齿廓公法线的指向沿着 n—n 方向。压力角 α_{12} 是由被驱动点 I 处的速度 $\boldsymbol{v}_{I2}$ 和由主动轮 1 传递到从动轮 2 上的反作用

力 $\boldsymbol{R}_n^{(12)}$ 所构成的（两齿廓间的摩擦力忽略不计）。该压力角用如下方程确定：

1）如图 12.12.1 所示，主动齿廓为左侧时，我们有

$$\alpha_{12}(\theta_1)=\mu_1(\theta_1)+\alpha_c-\frac{\pi}{2} \tag{12.12.1}$$

2）主动齿廓为右侧时，我们有

$$\alpha_{12}(\theta_1)=\mu_1(\theta_1)-\alpha_c-\frac{\pi}{2} \tag{12.12.2}$$

压力角 $\alpha_{12}(\theta_1)$ 在运动过程中是变化的，因为 μ_1 不是常数。与图 12.12.1 中的图形相比，α_{12} 的负号表示齿廓法线通过另一个象限。

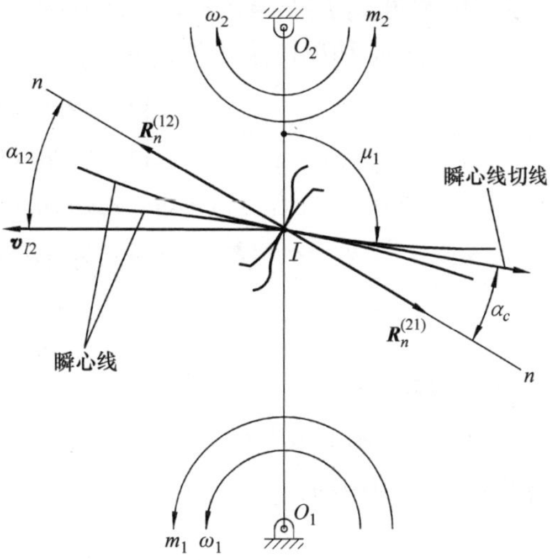

图 12.12.1 非圆齿轮压力角

附录 12.A 用齿条刀具加工非圆齿轮的位移函数

1. 齿轮瞬心线

齿轮的瞬心线以极坐标形式，用 θ_1 和函数 $\rho_1(\theta_1)=|\boldsymbol{\rho}_1(\theta_1)|$ 表示，这里，$\boldsymbol{\rho}_1(\theta_1)=\overrightarrow{O_1M}$ 是流动点 M 的位置矢量（见图 12.A.1）。瞬心线的切线矢量 $\boldsymbol{\tau}_1$ 与 $\boldsymbol{\rho}_1(\theta_1)$ 构成角 μ，这里

$$\tan\mu(\theta_1)=\frac{\rho_1(\theta_1)}{\rho_\theta}$$

其中

$$\rho_\theta=\frac{\mathrm{d}\rho_1}{\mathrm{d}\theta_1} \tag{12.A.1}$$

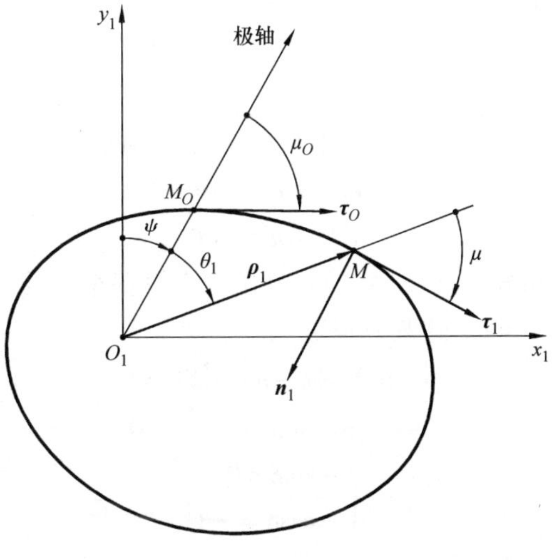

图 12.A.1 齿轮瞬心线及其单位切线矢量和单位法线矢量的表示法

点 M_0 和角 μ_0 用 $\theta_1=0$ 和 $\mu_0=\mu(0)$ 确定。坐标轴 x_1 平行于 $\boldsymbol{\tau}_0$。瞬心线的笛卡儿坐标，单位切线矢量 $\boldsymbol{\tau}_1$ 和单位法线矢量 $\boldsymbol{n}_1$ 用如下方程表示：

$$\begin{cases}x_1=\rho_1(\theta_1)\cos(\theta_1-\mu_0)\\ y_1=-\rho_1(\theta_1)\sin(\theta_1-\mu_0)\end{cases}\tag{12. A. 2}$$

$$\boldsymbol{\tau}_1=[\cos(\theta_1+\mu-\mu_0)\quad -\sin(\theta_1+\mu-\mu_0)\quad 0]^{\mathrm{T}}\tag{12. A. 3}$$

$$\boldsymbol{n}_1=\boldsymbol{\tau}_1\times\boldsymbol{k}_1=[-\sin(\theta_1+\mu-\mu_0)\quad -\cos(\theta_1+\mu-\mu_0)\quad 0]^{\mathrm{T}}\tag{12. A. 4}$$

其中

$$\mu_0=90°-\psi$$

2. 齿条刀具瞬心线

齿条刀具的瞬心线与轴 x_2 重合（见图 12. 10. 2b）。齿条刀具的瞬心线及其单位法线矢量在坐标系 S_2 中表示为

$$\boldsymbol{\rho}_2=[u\quad 0\quad 0\quad 1]^{\mathrm{T}}\tag{12. A. 5}$$

$$\boldsymbol{n}_2=[0\quad -1\quad 0]^{\mathrm{T}}\tag{12. A. 6}$$

3. 坐标变换

我们的下一个目标，是要把齿轮和齿条刀具的瞬心线表示在固定坐标系 S_f 中。从 S_i $(i=1,2)$ 到 S_f 的坐标变换基于如下矩阵方程（见图 12. 10. 2b）：

$$\begin{cases}\boldsymbol{r}_f^{(i)}=\boldsymbol{M}_{fi}\boldsymbol{\rho}_i\\ \boldsymbol{n}_f^{(i)}=\boldsymbol{L}_{fi}\boldsymbol{n}_i\end{cases}\tag{12. A. 7}$$

经过变换，我们得

$$\boldsymbol{r}_f^{(1)}=[\rho_1(\theta_1)\cos q\quad -\rho_1(\theta_1)\sin q+y_f^{(O_1)}\quad 0\quad 1]^{\mathrm{T}}\tag{12. A. 8}$$

这里，$q=\theta_1-\mu_0-\phi_1$，ϕ_1 为齿轮的转角；$y_f^{(O_1)}=\overrightarrow{O_fO_1}\cdot\boldsymbol{j}_f$。

$$\boldsymbol{n}_f^{(1)}=[-\sin\delta\quad -\cos\delta\quad 0]^{\mathrm{T}}\tag{12. A. 9}$$

这里，$\delta=\theta_1+\mu-\mu_0-\phi_1$。

$$\boldsymbol{r}_f^{(2)}=[u+x_f^{(O_2)}\quad 0\quad 0\quad 1]^{\mathrm{T}}\tag{12. A. 10}$$

这里，$x_f^{(O_2)}=\overrightarrow{O_fO_2}\cdot\boldsymbol{i}_2$。

$$\boldsymbol{n}_f^{(2)}=[0\quad -1\quad 0]^{\mathrm{T}}\tag{12. A. 11}$$

4. 瞬心线的相切方程

齿轮和齿条刀具的瞬心线在任一瞬时都是相切的，因此

$$\boldsymbol{r}_f^{(1)}-\boldsymbol{r}_f^{(2)}=\boldsymbol{0}\tag{12. A. 12}$$

$$\boldsymbol{n}_f^{(1)}-\boldsymbol{n}_f^{(2)}=\boldsymbol{0}\tag{12. A. 13}$$

从方程（12. A. 12）和方程（12. A. 13）导出一个方程组，其只含有三个独立的数量方程，因为 $|\boldsymbol{n}_f^{(1)}|=|\boldsymbol{n}_f^{(2)}|=1$。这些方程是

$$\rho_1(\theta_1)\cos q-u-x_f^{(O_2)}=0\tag{12. A. 14}$$

$$-\rho_1(\theta_1)\sin q+y_f^{(O_1)}=0\tag{12. A. 15}$$

$$\begin{cases}-\sin\delta=0\\ -\cos\delta=-1\end{cases}\tag{12. A. 16}$$

从方程（12. A. 16）可推导出

$$\phi_1(\theta_1)=\theta_1+\mu-\mu_0 \tag{12.A.17}$$

其中

$$\mu=\arctan(\rho_1(\theta_1)/\rho_\theta)$$

$$\mu_0=\arctan(\rho_1(0)/\rho_\theta)$$

根据以下理由变换方程（12. A. 14）。

1）运动开始时，我们有 $\phi_1=0$，$\theta_1=0$，坐标原点 O_f 和 O_2 彼此重合，并且 $x_f^{(O_2)}(0)=0$。因而，我们得

$$\rho_1(0)\cos\mu_0=\rho_0\cos\mu_0=u_0 \tag{12.A.18}$$

这里，u_0 可确定 x_2 轴上的两瞬心线相切点的初始位置。

2）两瞬心线的相切点沿齿条刀具瞬心线的位移为

$$s_2=u-u_0 \tag{12.A.19}$$

3）相切点沿齿轮瞬心线的位移确定为

$$s_1=\int_0^{\theta_1}\mathrm{d}s_1(\theta_1)=\int_0^{\theta_1}(\mathrm{d}x_1^2+\mathrm{d}y_1^2)^{\frac{1}{2}}=\int_0^{\theta_1}\frac{\rho_1(\theta_1)}{\sin\mu}\mathrm{d}\theta_1 \tag{12.A.20}$$

由于瞬心线为纯滚动，我们有 $s_1=s_2$，并且

$$u-u_0=u-\rho_0\cos\mu_0=\int_0^{\theta_1}\frac{\rho_1(\theta_1)}{\sin\mu}\mathrm{d}\theta_1 \tag{12.A.21}$$

4）从方程（12. A. 17）可导出

$$q=\theta_1-\mu_0-\phi_1=-\mu \tag{12.A.22}$$

5）从方程（12. A. 14）、方程（12. A. 21）和方程（12. A. 22）可导出下列$x_f^{(O_2)}$ 的最终表达式

$$x_f^{(O_2)}(\theta_1)=\rho_1(\theta_1)\cos\mu-\rho_0\cos\mu_0-s_1 \tag{12.A.23}$$

同理，变换方程（12. A. 15），可得到

$$y_f^{(O_1)}(\theta_1)=-\rho_1(\theta_1)\sin\mu \tag{12.A.24}$$

5. 计算程序

最终位移方程组为

$$\begin{cases}\phi_1(\theta_1)=\theta_1+\mu-\mu_0\\ x_f^{(O_2)}=\rho_1(\theta_1)\cos\mu-\rho_0\cos\mu_0-s_1(\theta_1)\\ y_f^{(O_1)}=-\rho_1(\theta_1)\sin\mu\end{cases} \tag{12.A.25}$$

其中

$$\mu=\arctan\left(\frac{\rho_1(\theta_1)}{\rho_\theta}\right)$$

$$\rho_\theta=\frac{\mathrm{d}\rho_1}{\mathrm{d}\theta_1}$$

$$s_1(\theta_1)=\int_0^{\theta_1}\frac{\rho_1(\theta_1)}{\sin\mu}\mathrm{d}\theta_1$$

一般说来，$s_1(\theta_1)$可用数值积分求出。方程组（12. A. 25）用于数控切齿机床的运动（如果使用机械式切齿机床，则用于凸轮设计）。

附录12.B 用插齿刀加工非圆齿轮的位移函数

所使用的坐标系 S_1、S_2 和 S_f 分别刚性固接到被加工齿轮、插齿刀和切齿机床的机架上。这些坐标系在初始位置的方向都相同，如图12.B.1所示。齿轮瞬心线及其单位法线矢量分别用方程（12.A.2）和方程（12.A.4）表示在 S_1 中。插齿刀的瞬心线是半径为 ρ_2 的圆，该瞬心线及其单位法线矢量在 S_2 中分别用下列方程表示：

$$\boldsymbol{\rho}_2(\theta_2)=\rho_2[\sin\theta_2 \quad -\cos\theta_2 \quad 0 \quad 1]^{\mathrm{T}} \tag{12.B.1}$$

$$\boldsymbol{n}_2=[\sin\theta_2 \quad -\cos\theta_2 \quad 0]^{\mathrm{T}} \tag{12.B.2}$$

从 S_1 和 S_2 到 S_f 的坐标变换（见图12.B.2）基于如下方程：

$$\boldsymbol{\rho}_f^{(i)}(\theta_i,\phi_i)=\boldsymbol{M}_{fi}\boldsymbol{\rho}_i(\theta_i,\phi_i) \quad (i=1,2) \tag{12.B.3}$$

$$\boldsymbol{n}_f^{(i)}(\theta_i,\phi_i)=\boldsymbol{L}_{fi}\boldsymbol{n}_i(\theta_i,\phi_i) \quad (i=1,2) \tag{12.B.4}$$

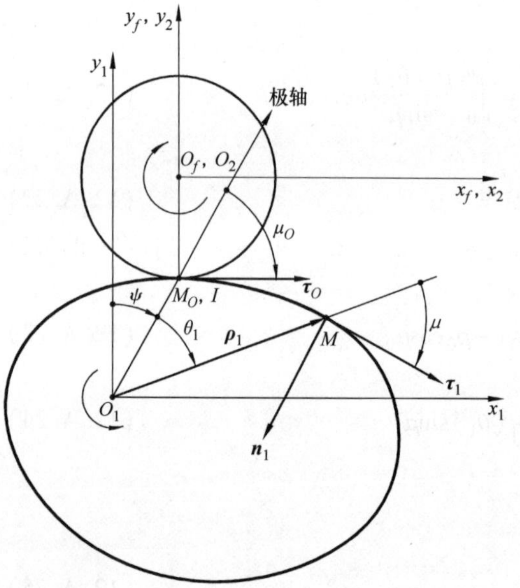

图12.B.1 用插齿刀加工所用的坐标系

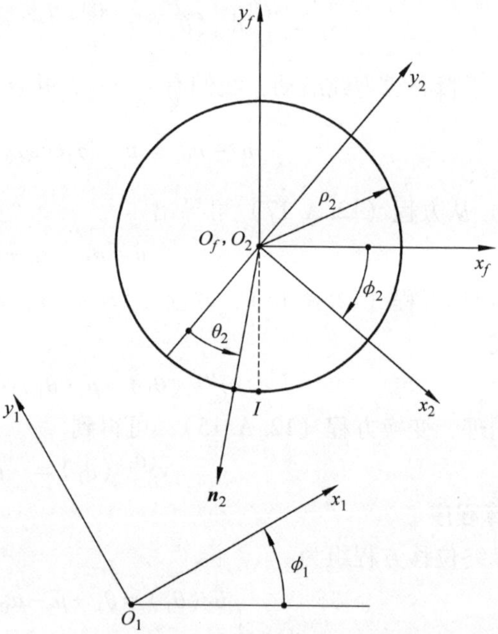

图12.B.2 用插齿刀加工的位移函数的推导

齿轮和插齿刀的两瞬心线在用 $[0 \quad -\rho_2 \quad 0 \quad 1]^{\mathrm{T}}$ 表示的点 I 处彼此相切。瞬心线的相切方程给出如下位移函数：

$$\phi_1(\theta_1)=\theta_1+\mu-\mu_0 \tag{12.B.5}$$

$$x_f^{(O_1)}(\theta_1)=-\rho_1(\theta_1)\cos\mu \tag{12.B.6}$$

$$y_f^{(O_1)}(\theta_1)=-\rho_2-\rho_1(\theta_1)\sin\mu \tag{12.B.7}$$

$$\phi_2(\theta_1)=\frac{1}{\rho_2}\int_0^{\theta_1}\frac{\rho_1(\theta_1)}{\sin\mu}\mathrm{d}\theta_1 \tag{12.B.8}$$

位移函数式（12.B.5）~式(12.B.8）能使我们控制加工过程中插齿刀和被加工齿轮的运动。

第13章
摆线齿轮

13.1 引言

摆线齿轮传动的应用早于渐开线齿轮传动，其在钟表设计中已经有了广泛的应用。虽然渐开线齿轮在很多的领域已经取代了摆线齿轮，但是在钟表工业中，依旧在使用摆线齿轮传动。摆线齿轮传动不只是应用于仪器仪表之中，也会应用于机器中，这体现了其在机械设计中的重要地位，如罗茨鼓风机（Roots Blower，见 13.8 节）、压缩机的螺旋转子（见图 13.1.1）和泵的螺旋转子（见图 13.1.2）。

本章介绍了摆线的几何特征以及生成方式、加缪定理（Camus' Theorem）及其应用、外啮合及内啮合的针齿轮传动、瞬心线的摆线齿轮传动，以及罗茨鼓风机（Roots Blower）。

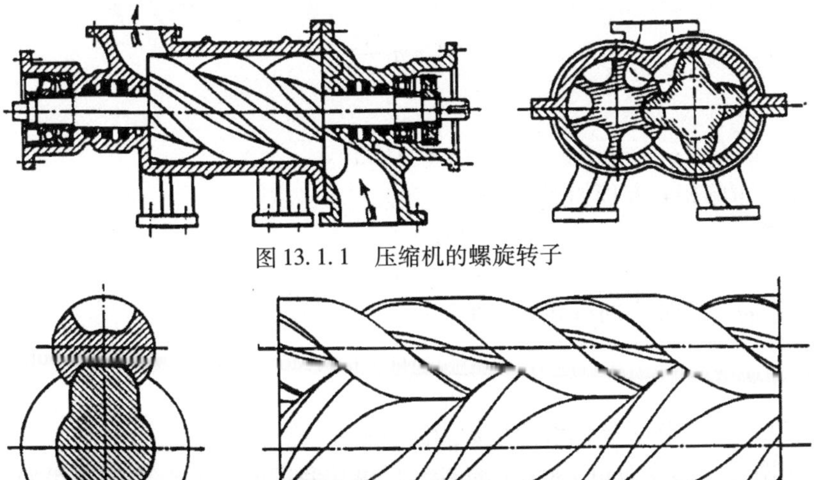

图 13.1.1 压缩机的螺旋转子

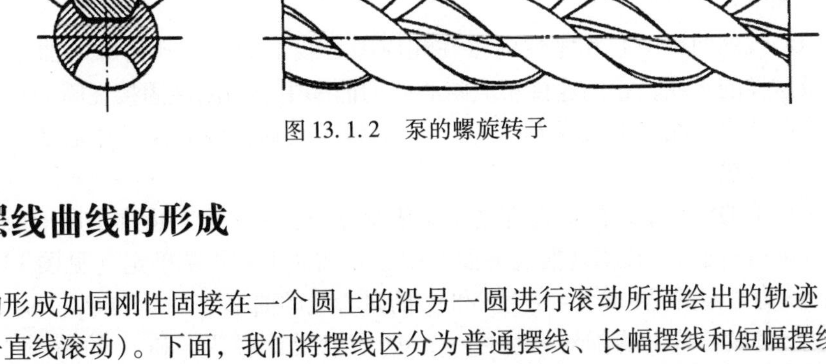

图 13.1.2 泵的螺旋转子

13.2 摆线曲线的形成

摆线的形成如同刚性固接在一个圆上的沿另一圆进行滚动所描绘出的轨迹（在特殊情况下，沿一直线滚动）。下面，我们将摆线区分为普通摆线、长幅摆线和短幅摆线。

图 13.2.1 所示为长幅外摆线的形成，该线如同刚性固接在半径为 r 的滚动圆上的点 M

的轨迹。当产形点 M 是滚动圆上的点时，该点将形成一条普通外摆线，但是，当点 M 在半径为 r 的圆的内侧时，该点将形成一条短幅内摆线。

半径为 r 和 r_1 的两个圆的切点 P 是瞬时回转中心，滚动圆上点 M 的线速度 $\boldsymbol{v}$ 确定为

$$\boldsymbol{v}=\boldsymbol{\omega}\times\overrightarrow{PM} \tag{13.2.1}$$

矢量 $\boldsymbol{v}$ 的指向沿着所要形成的摆线曲线 Σ 的切线方向，$\overrightarrow{PM}$ 的指向沿着 Σ 在点 M 处的法线方向。

有另外一种形成同样曲线 Σ 的方法。这种形成方法是用半径为 r' 的圆沿半径为 r_1' 的圆进行滚动而实现的。同一描绘点 M 现在是刚性固接在半径为 r' 的圆上。新的瞬时回转中心是 P'，该点是作为两条直线的交点求得的：a. 直线 PM 的近长线——所形成的曲线的法线；b. 直线 $O'P'$，其通过点 O_1，并且平行于 OM。点 O_1 是半径为 r_1 和 r_1' 的两个圆的公共圆心。点 O' 是平行四边形 $OMO'O_1$ 的一个顶点，并且还是半径为 r' 的圆的圆心。用于这种方法的两个圆的半径 r' 和 r_1'，可由如下方程求得：

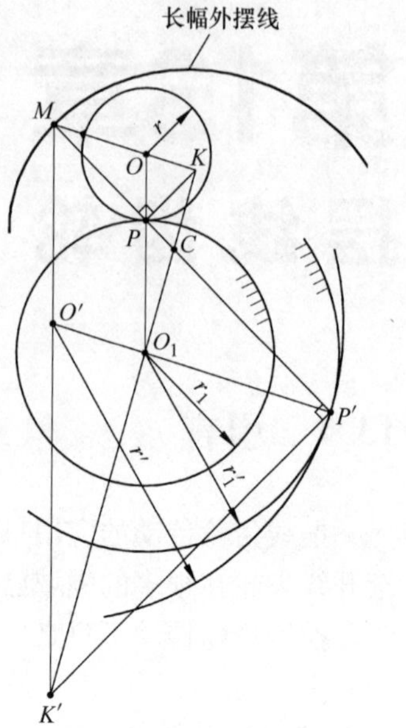

图 13.2.1　长幅外摆线的形成

$$r'=a\frac{r_1+r}{r} \tag{13.2.2}$$

$$r_1'=a\frac{r_1}{r} \tag{13.2.3}$$

其中

$$a=|\overrightarrow{OM}|$$

线段 PM 和 $P'M$ 的相关方程如下：

$$\frac{PM}{P'M}=\frac{r}{r_1+r} \tag{13.2.4}$$

如果角速度 ω_P 和 ω_P' 之间有如下关系：

$$\frac{\omega_P}{\omega_P'}=\frac{r_1+r}{r} \tag{13.2.5}$$

则上述两种方法中，产形点 M 的线速度 $\boldsymbol{v}$ 是相同的。

Bobilier 画图法（参见 Hall 1966 年的专著）可使我们确定所形成的曲线的曲率中心 C。现将定理叙述如下：

假定两瞬心线的曲率中心和刚性固接在相应瞬心线上的两共轭齿廓的曲率中心是已知的。绘出两条这样的直线，它们连接相应瞬心线的曲率中心与刚性固接在瞬心线上的齿廓的曲率中心。这两条直线相交于直线 PK 的点 K，而该直线通过瞬时回转中心 P，并且垂直于两共轭齿廓的公法线。

在我们所讨论的情况下，配对齿廓之一是描绘点 M，另一配对齿廓是所形成的长幅外摆线。根据 Bobilier 画图法，长幅外摆线的曲率中心 C 按照下列步骤确定（见图 13.2.1）。

步骤 1：认为给定的是：a. 半径为 r 和 r_1 的瞬心线的曲率中心 O 和 O_1；b. 点 M 是刚性固接在半径为 r 的瞬心线上的配对齿廓之一；c. 点 P 是半径为 r 和 r_1 的两瞬心线的切点；d. 所形成的曲线的法线 PM。

步骤2：引一直线 MO 连接点 M 和点 O。

步骤3：通过点 P 引一条垂直于法线 PM 的直线 PK。

步骤4：显然，所求的长幅外摆线的曲率中心是点 C。上面所讨论的两条直线 OM 和 O_1C 确定在 K 点彼此相交。

步骤5：Bobilier 画图法可以类似地应用于形成长幅外摆线的另一种方法，这里，滚动的两瞬心线是半径为 r_1' 和 r' 的两个圆。上面所讨论的两条直线 $O'M$ 和 O_1C 彼此相交于直线 $P'K'$ 的点 K'，直线 $P'K'$ 通过点 P'，并且垂直于曲线的法线 $P'M$。

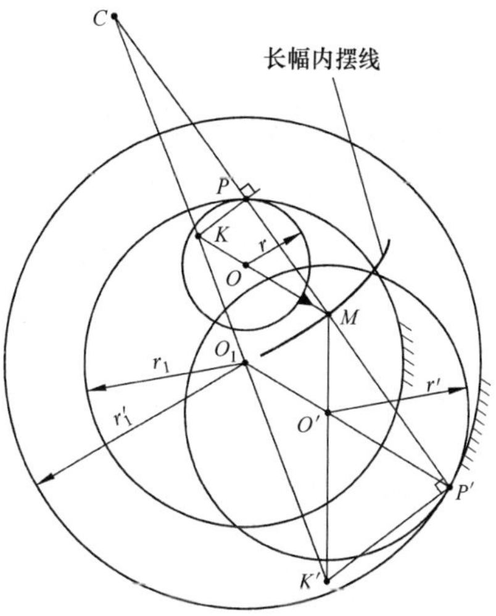

图 13.2.2　长幅内摆线的形成

图 13.2.2 所示为用两种可能的方法形成长幅内摆线。在这种情况下，需要在类似于式（13.2.2）、式（13.2.4）和式（13.2.5）的方程中，用（r_1-r）替换（r_1+r）。Bobilier 画图法在这种场合，还用来图解说明，确定长幅内摆线曲率中心 C 的几何方法。

图 13.2.3 和图 13.2.4 表明了普通外摆线和普通内摆线的形成方法。两种可能的形成方法均可采用。这里

$$\begin{cases} a = r \\ r_1' = r_1 \\ r' = r_1 \pm r \end{cases} \tag{13.2.6}$$

上面（下面）的符号相应于形成普通外摆线（普通内摆线）的场合。

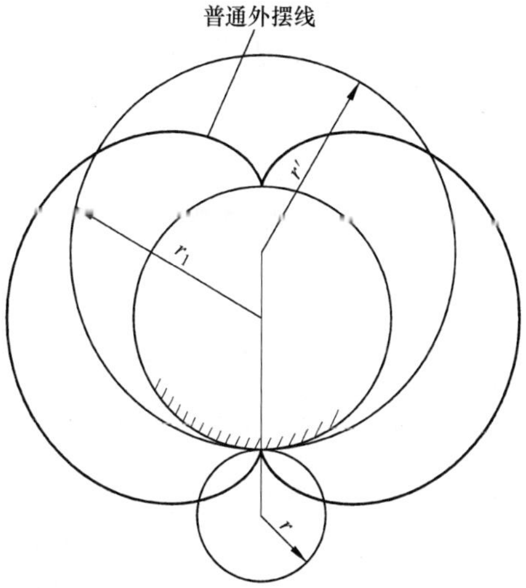

图 13.2.3　普通外摆线的形成

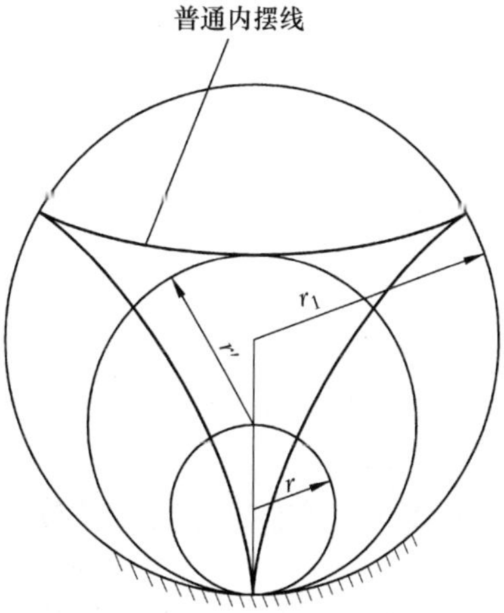

图 13.2.4　普通内摆线的形成

13.3　摆线的方程

1. 长幅外摆线

位置矢量 $\overrightarrow{O_1M}$（见图 13.3.1）表示如下：

$$\overrightarrow{O_1M}=\overrightarrow{O_1O'}+\overrightarrow{O'M} \tag{13.3.1}$$

由于是纯滚动，我们有

$$\psi r=\phi r_1 \tag{13.3.2}$$

经过变换，我们得到如下方程：

$$\begin{cases} x=(r_1+r)\sin\phi-a\sin\left[\phi\left(1+\dfrac{r_1}{r}\right)\right] \\ y=(r_1+r)\cos\phi-a\cos\left[\phi\left(1+\dfrac{r_1}{r}\right)\right] \end{cases} \tag{13.3.3}$$

在普通外摆线的情况下，我们必须取 $a=r$。

2. 长幅内摆线

推导基于类似上述所讨论的方法，利用图 13.3.2 中的图形，我们得

$$\begin{cases} x=(r_1-r)\sin\phi-a\sin\left[\phi\left(\dfrac{r_1}{r}-1\right)\right] \\ y=(r_1-r)\cos\phi+a\cos\left[\phi\left(\dfrac{r_1}{r}-1\right)\right] \end{cases} \tag{13.3.4}$$

在普通内摆线情况下，我们必须取 $a=r$。

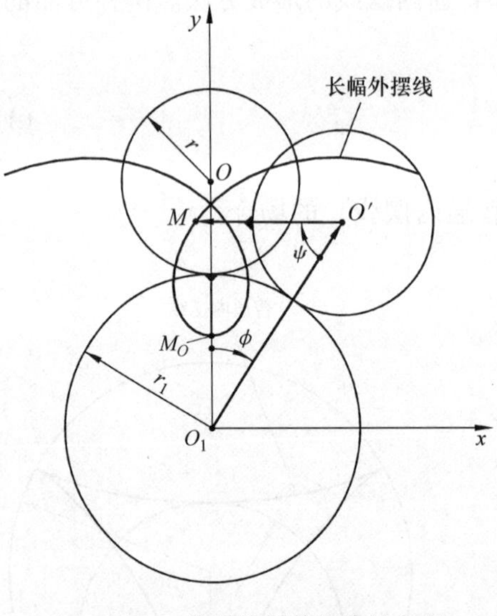

图 13.3.1　推导长幅外摆线的方程

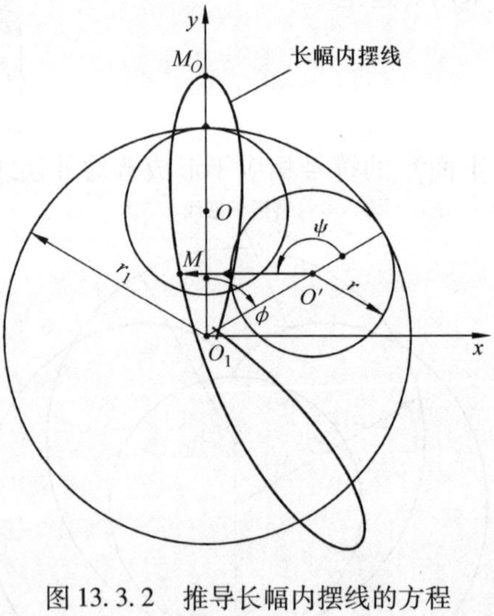

图 13.3.2　推导长幅内摆线的方程

13.4　Camus 定理及其应用

Camus 定理明确阐述了两条摆线共轭的条件。假定两齿轮的瞬心线是给定的。一条辅助瞬心线 a（见图 13.4.1）与瞬心线 1 和 2 相切，并且 P 点是它们的公共瞬时的回转中心。任意选取的点 M 刚性固接在瞬心线 a 上。点 M 在相对运动（相对于瞬心线 1 和 2）中分别绘出曲线 Σ_1 和 Σ_2。Camus 定理说明，曲线 Σ_1 和 Σ_2 可分别作两齿轮 1 和 2 的共轭齿形。

为了证明这个定理，让我们考察瞬心线 1、2 和 a 的瞬时位置。假定瞬心线 1 是固定的，而瞬心线 a 沿瞬心线 1 滚动，我们认为瞬心线 a 相对于瞬心线 1 的运动是绕点 P 的转动。设

想瞬心线 a 绕点 P 转过一个小角度。这样，瞬心线 a 上的点 M 在这一运动中，描绘出一小段曲线 Σ_1（点 M 沿 Σ_1 运动）。直线 MP 是曲线 Σ_1 在 M 点的法线。同理，利用瞬心线 a 相对于瞬心线 2 绕 P 点的转动，点 M 则绘出一小段曲线 Σ_2（点 M 沿 Σ_2 运动），直线 MP 还是齿形 Σ_2 在点 M 的法线。

这样，曲线 Σ_1 和 Σ_2 有一个公共点 M，它们在 M 点相切，并且其公法线 MP 通过点 P，即瞬心线 1 和 2 的瞬时回转中心。根据平面啮合的一般定理（见 6.1 节），所形成的曲线 Σ_1 和 Σ_2 是共轭曲线。

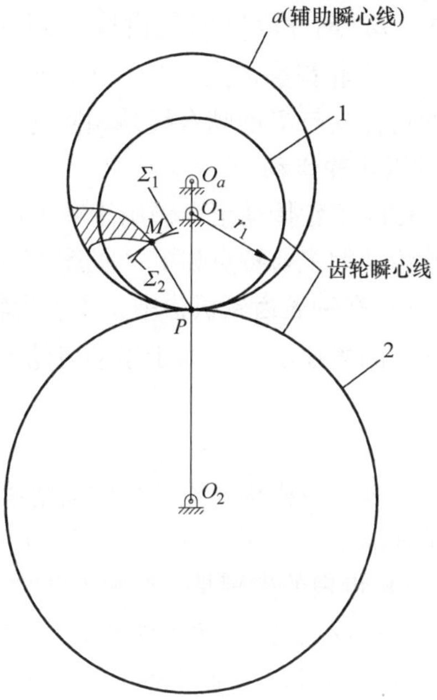

图 13.4.1 图解说明 Camus 定理

1. 齿顶和齿根的齿廓

在综合平面齿轮传动时，为了使齿轮的齿顶和齿根的齿廓共轭，需要应用两次 Camus 定理。

图 13.4.2 所示为具有半径为 r_1 和 r_2 的两条瞬心线 1 和 2，为了形成齿顶和齿根的齿廓，采用具有半径为 r 和 r' 的两条辅助瞬心线 3 和 3′。齿轮 1 和 2 的共轭齿廓的形成步骤如下。

步骤 1：假定辅助瞬心线 3 沿齿轮瞬心线 1 和 2 进行滚动。瞬心线 3 和 1 处于外相切，而瞬心线 3 和 2 处于内相切。辅助瞬心线 3 上的点 P 在刚性固接到齿轮 1 的坐标系 S_1 中，形成外摆线 $P\alpha$ 作为齿轮 1 的齿顶齿廓。相应地，辅助瞬心线 3 的点 P 在刚性固接到齿轮 2 的坐标系 S_2 中，形成内摆线 $P\beta$ 作为齿轮 2 的齿根齿廓。根据 Camus 定理，曲线 $P\alpha$ 和 $P\beta$ 是齿轮 1 和 2 的共轭齿廓。

步骤 2：我们现在来考察另一辅助瞬心线，即圆 3′，沿齿轮瞬心线 1 和 2 的滚动。瞬心线 1 和 3′处于内相切，而瞬心线 2 和 3′处于外相切。圆 3′上的点 P 在坐标系 S_1 中，形成内摆线 $P\beta'$ 作为齿轮 1 的齿根齿廓。相应地，圆 3′上的点 P 在坐标系 S_2 中，形成外摆线 $P\alpha'$ 作为齿轮 2 的齿顶齿廓。

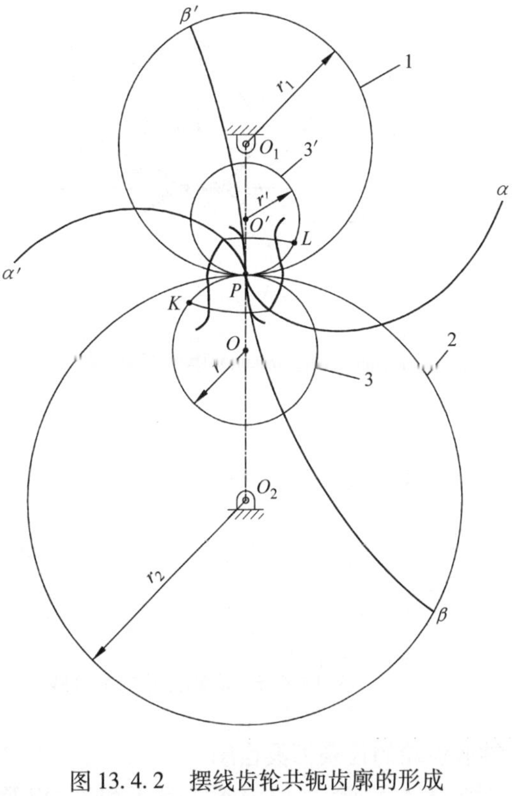

图 13.4.2 摆线齿轮共轭齿廓的形成

与渐开线平面齿轮不一样，摆线齿轮的齿顶齿廓和齿根齿廓是由两段不同的曲线，即为外摆线和内摆线来表示的。摆线齿轮中心距的改变将损坏齿廓的共轭。

如图 13.4.3 所示，摆线齿轮的啮合线是由属于辅助瞬心线 3 和 3′上的两段圆弧组成的。

这里，L_1PK_1 和 $L_1'PK_1'$ 是齿廓两侧的啮合线。啮合线在点 P 的切线矢量 $\boldsymbol{T}$ 垂直于中心距 $\overline{O_1O_2}$。齿轮齿廓的点 P 是一个奇异点。然而，两齿廓在点 P 处的法线矢量 $\boldsymbol{N}$ 却是可确定的。$\boldsymbol{N}$ 的啮合线与 $\boldsymbol{T}$ 的啮合线是相同的。因而，在点 P 的压力角等于零。

2. 钟表齿轮传动

摆线齿轮传动至今仍用于钟表机构中，这是普通摆线齿轮传动中的一个特例。摆线钟表齿轮传动的主要特点如下（见图 13.4.4）：

1）在钟表齿轮机构中，主动齿轮 1 配有齿数 N_1 大于从动齿轮的齿数 N_2。因此，从动齿轮 2 的角速度 $\omega^{(2)}$ 大于主动齿轮 1 的角速度 $\omega^{(1)}$，并且齿轮的传动比为

$$m_{21}=\frac{\omega^{(2)}}{\omega^{(1)}}=\frac{N_1}{N_2}>1$$

钟表齿轮机构要设计成增加角速度，因为转动要传给钟表的表针。我们记得，渐开线齿轮减速器中，N_1 小于 N_2，并且齿轮传动比 $m_{21}<1$。

2）齿根的齿廓是一条由 P 指向 O_i（$i=1$，2）的直线。这样的直线是当 $r'=r_1/2$ 和 $r=r_2/2$ 时所形成的内摆线 $P\beta$ 和 $P\beta'$ 的特例（见图 13.4.2）。这一结论可以用分析长幅内摆线方程（13.3.4）的结果来证明。

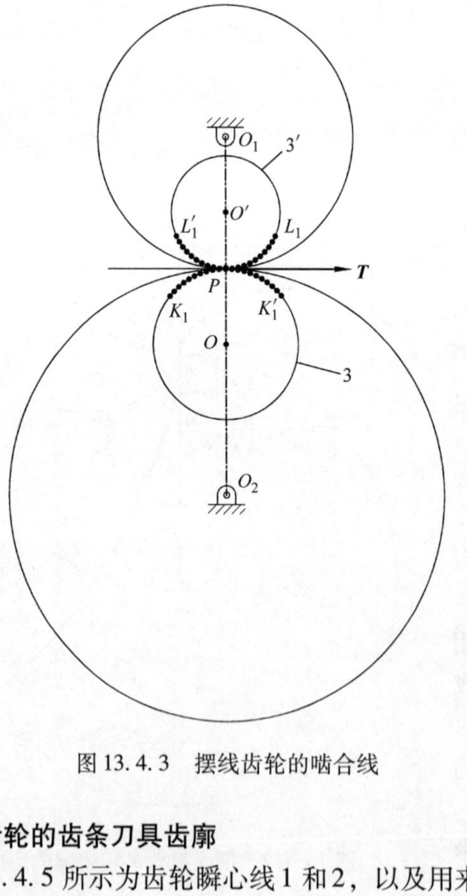

图 13.4.3　摆线齿轮的啮合线

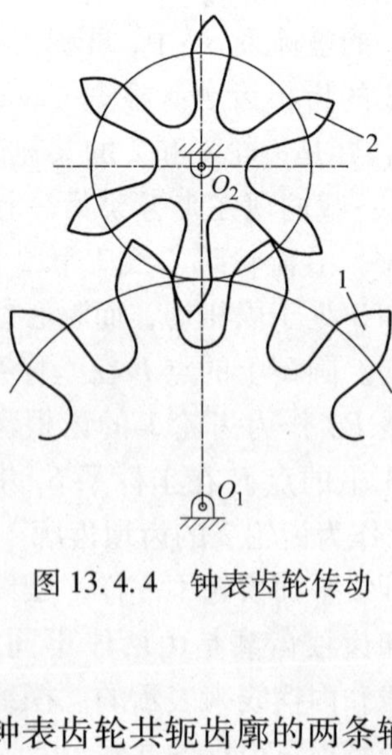

图 13.4.4　钟表齿轮传动

3. 钟表齿轮的齿条刀具齿廓

图 13.4.5 所示为齿轮瞬心线 1 和 2，以及用来形成钟表齿轮共轭齿廓的两条辅助瞬心线 a 和 a^*。两个圆 a 和 a^* 的半径为

$$r_a = \frac{r_2}{2}$$

$$r_a^* = \frac{r_1}{2}$$

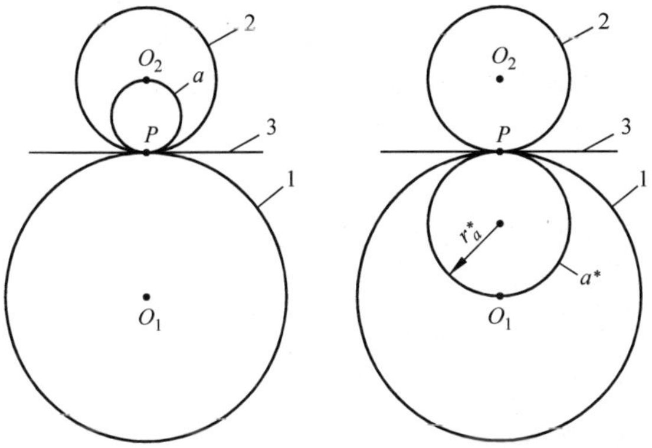

图 13.4.5 齿轮 1、2 和齿条刀具 3 的瞬心线、辅助瞬心线 a 和 a^*

齿条刀具的瞬心线 3 是在 P 点切于齿轮瞬心线的一条直线。齿条工具的齿廓 Σ_3 和 Σ_3^* 是由辅助瞬心线 a 和 a^* 上的点 P 在坐标系 S_3 中形成的普通摆线（见图 13.4.6）。

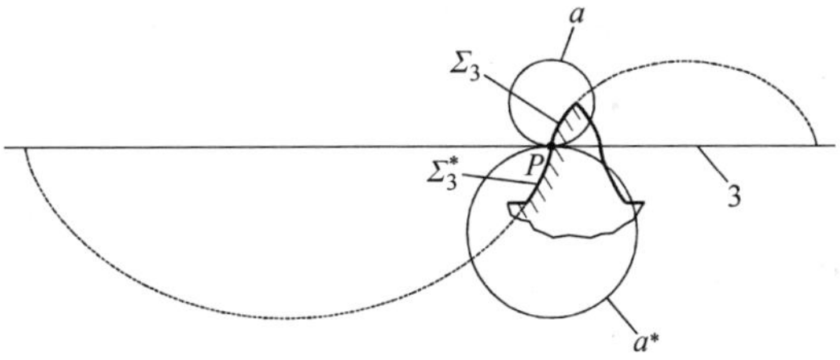

图 13.4.6 齿条刀具的齿廓

13.5 外啮合针齿轮传动

针齿轮传动（见图 13.5.1）是摆线齿轮传动的一种特例。小轮的轮齿是一些圆柱体，而大轮的齿面与圆柱面共轭。针齿轮传动用于起重机的减速器和某些行星轮系，并且还用作钟表齿轮传动。针齿轮传动的主要优点是可以免去加工小齿轮的轮齿，因为小轮被设计成为一个安装在两圆盘之间的若干圆柱体的组合件（见图 13.5.1）。

图 13.5.1 所示为针齿轮传动的两瞬心线处于外相切。此外，我们还得研究瞬心线处于内相切的针齿传动，并且针齿圆弧是从动大齿轮 2 的齿廓，而不是小齿轮 1 的齿廓（见 13.6 节）。针齿传动用于传递平行轴之间的回转运动，并且这种传动可看作平面齿轮传动，其中小齿轮的齿廓是圆，而大齿轮的齿廓是这样的圆共轭的曲线。

1. 齿廓的共轭

针齿轮传动齿廓的共轭可看作是 Camus 定理应用的一个特例，该特例基于以下考虑。

步骤 1：图 13.5.2 所示为小齿轮和大齿轮的瞬心线，即半径为 r_1 和 r_2 两个圆。我们可以认为 Camus 辅助瞬心线与小齿轮的瞬心线，即半径为 r_1 的圆相重合。这个圆上的点 P 在刚性固接到齿轮 2 上的坐标系 S_2 中，形成外摆线 $P\alpha$ 和 $P\beta$。

步骤 2：我们现在可以想象，小齿轮和大齿轮的共轭齿廓是 a. 小齿轮的点 P；b. 作为大齿轮齿廓的两支外摆线 $P\alpha$ 和 $P\beta$。

步骤 3：一个点和一条曲线的相互作用，实际上是不能用作齿廓共轭的。真正的共轭齿廓是 a. 作为小齿轮齿廓的半径为 ρ 的圆；b. 与外摆线 $P\alpha$ 和 $P\beta$ 等距的曲线 dd 和 dd'（见图 13.5.2）。

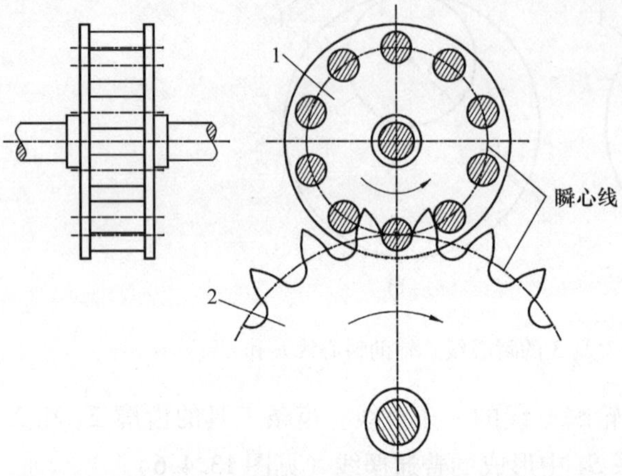

图 13.5.1　针齿轮传动

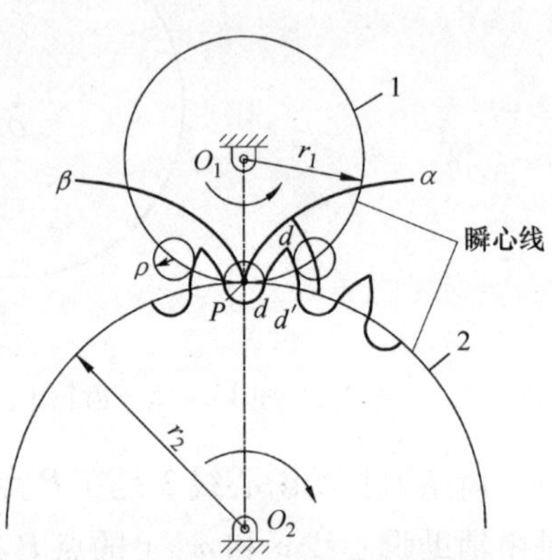

图 13.5.2　针齿轮传动的齿廓共轭

2. 使用的坐标系

以下的研究旨在确定啮合方程、啮合线、齿轮齿廓的方程和用于齿轮加工的齿条刀具的齿廓。

动坐标系 S_1 和 S_2（见图 13.5.3）分别刚性固接到小齿轮和大齿轮上。固定坐标系 S_f 刚性固接到箱体上。动坐标系 S_t 刚性固接到刀具，即齿条刀具上。

3. 啮合方程

假定小针齿轮齿廓，即半径为 ρ 的圆，在坐标系 S_1 中（见图 13.5.4）用如下方程表示：

$$\begin{cases} x_1 = -\rho\sin\theta \\ y_1 = -(r_1 + \rho\cos\theta) \end{cases} \tag{13.5.1}$$

这里，变参数 θ 确定针齿圆上流动点的位置，小针齿轮齿廓的单位法线矢量通过圆心 C，并且表示为

$$\begin{cases} n_{x1} = -\sin\theta \\ n_{y1} = -\cos\theta \end{cases} \tag{13.5.2}$$

小针齿轮与大齿轮的两齿廓在相切点 M 处的法线，一定通过在 S_1 中确定的瞬时的回转中心，为

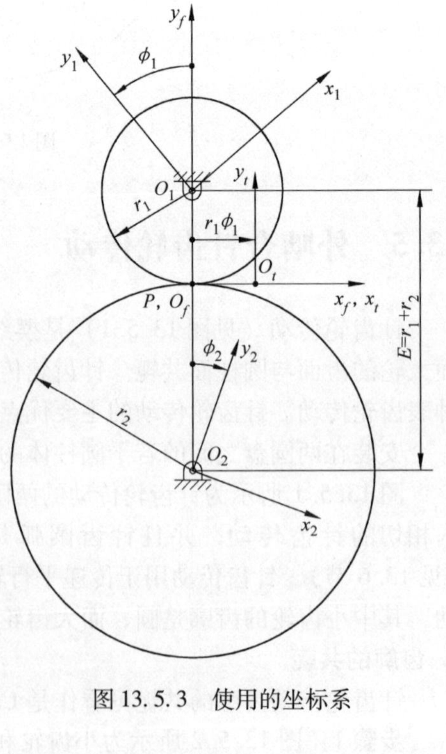

图 13.5.3　使用的坐标系

$$\begin{cases} X_1 = -r_1\sin\phi_1 \\ Y_1 = -r_1\cos\phi_1 \end{cases} \tag{13.5.3}$$

于是

$$\frac{-r_1\cos\phi_1+\rho\sin\theta}{-\sin\theta}=\frac{-r_1\cos\phi_1+r_1+\rho\cos\theta}{-\cos\theta} \tag{13.5.4}$$

利用方程（13.5.4），我们可得到如下形式的啮合方程：

$$\sin(\theta-\phi_1)-\sin\theta=0 \tag{13.5.5}$$

假定 ϕ_1 是给定的，从上式可导出 θ 的两个解。

1）当 ϕ_1 为零时，θ 的任一值均可满足方程（13.5.5）。

2）另一个解为

$$\theta=90°+\frac{\phi_1}{2} \tag{13.5.6}$$

第一个解的运动学解释基于如下想法：

① 当 ϕ_1 为零时，半径为 ρ 的圆的圆心 C 与瞬时回转中心 P 重合，并且该圆的任一法线均通点 P。

② 于是，半径为 ρ 的圆可被复制出来作为齿轮 2 齿廓的一部分。

注意到这两个解，容易证明，大齿轮 2 的每一侧齿廓是由两段曲线组成的。

1）半径为 ρ 的圆弧，用 $90°\geqslant\theta\geqslant0$ 确定。

2）与小针齿轮齿廓（半径为 ρ 的圆）共轭的一段曲线（参见下文）。

4. 啮合线

由图 13.5.4 上的图形可以推导出，M 是在小针齿轮的动转角确定为 $\phi_1\neq0$ 时，啮合线上的流动点。在坐标系 S_f 中，啮合线的位置矢量 $\overrightarrow{PM}$ 用以如下方程确定：

$$\begin{cases} x_f=\left(2r_1\sin\dfrac{\phi_1}{2}-\rho\right)\cos\dfrac{\phi_1}{2} \\ y_f=\left(2r_1\sin\dfrac{\phi_1}{2}-\rho\right)\sin\dfrac{\phi_1}{2} \quad （假定\ \phi_1\neq0） \end{cases} \tag{13.5.7}$$

当 $\phi_1=0$ 时，小齿轮和大齿轮齿廓在半径为 ρ 的圆弧段上所有点均瞬时相切，其中 $90°\leqslant\theta\leqslant-90°$。很容易证明，在 $\rho=0$ 的情况下，啮合线是半径 $r_1=0$ 的一段圆弧。

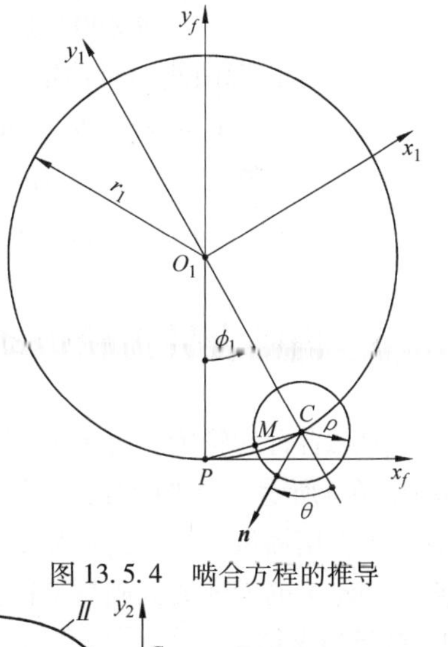

图 13.5.4 啮合方程的推导

5. 大齿轮 2 的齿廓

如上所述，大齿轮 2 的齿廓是由两段曲线 I 和 II 组成的，这两段曲线在坐标系 S_2 中（见图 13.5.5）如下所示：

1）曲线 I 是圆心在点 C（0，r_2），半径为 ρ，并且用 $90°\geqslant\theta\geqslant0$ 所确定的一段圆弧。

2）曲线 II 用如下方程表示：

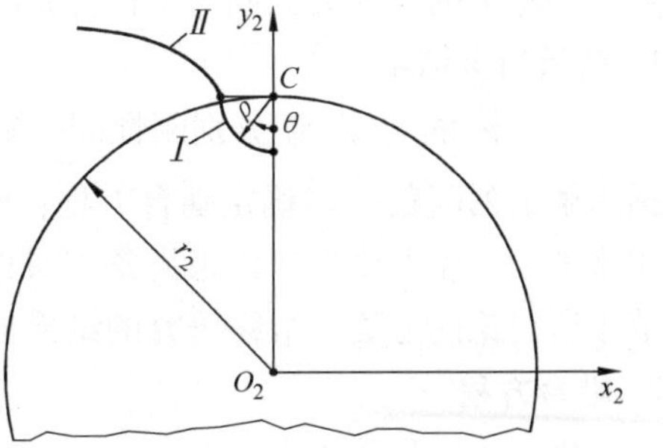

图 13.5.5 大齿轮 2 的齿廓

$$\boldsymbol{r}_2(\theta,\phi_1)=\boldsymbol{M}_{21}(\phi_1,\phi_2)\boldsymbol{r}_1(\theta)$$
$$\left[\theta>90°,\phi_1=2(\theta-90°),\phi_2=\phi_1\frac{r_1}{r_2}\right] \tag{13.5.8}$$

轴 y_2 是齿轮 2 齿槽的对称轴（见图 13.5.5）

利用方程（13.5.8），经变换后，我们得

$$\begin{cases}x_2=r_1\sin(\phi_1+\phi_2)-(r_1+r_2)\sin\phi_2-\rho\sin[\theta-(\phi_1+\phi_2)]\\ y_2=-r_1\cos(\phi_1+\phi_2)+(r_1+r_2)\cos\phi_2-\rho\cos[\theta-(\phi_1+\phi_2)]\\ \left[\theta>90°,\phi_1=2(\theta-90°),\phi_2=\phi_1\dfrac{r_1}{r_2}\right]\end{cases} \tag{13.5.9}$$

取 θ 作为输入参数，我们确定 ϕ_1、ϕ_2、x_2 和 y_2。方程（13.5.9）表示大齿轮 2 轮齿的左侧齿廓。同理，我们可得大齿轮 2 轮齿的右侧齿廓。在方程（13.5.9）中取 $\rho=0$ 时，我们得到外摆线方程。

6. 齿条刀具的齿廓

大齿轮 2 的轮齿是用滚刀加工的，滚刀的设计基于一个与小齿轮和大齿轮都啮合的假想齿条工具。齿条刀具的齿廓也是由表示在坐标系 S_t 中的两段曲线 *I* 和 *II* 组成的。曲线 *I* 是半径为 ρ、圆心在坐标系 S_t 原点的圆弧（见图 13.5.6）。曲线 *I* 用 $90°\geqslant\theta\geqslant0$ 确定。曲线 *II* 用如下方程确定：

$$\boldsymbol{r}_t(\theta,\phi_1)=\boldsymbol{M}_{t1}(\phi_1)\boldsymbol{r}_1(\theta)$$
$$[\theta>90°,\phi_1=2(\theta-90°)] \tag{13.5.10}$$

轴 y_t 是齿廓两侧的对称轴。由方程（13.5.10）得

$$\begin{cases}x_t=-r_1(\phi_1-\sin\phi_1)-\rho\sin(\theta-\phi_1)\\ y_t=r_1(1-\cos\phi_1)-\rho\cos(\theta-\phi_1)\\ [\theta>90°,\phi_1=2(\theta-90°)]\end{cases} \tag{13.5.11}$$

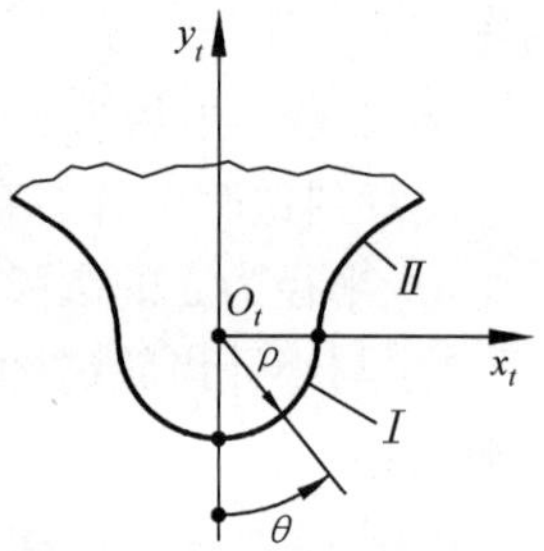

图 13.5.6 齿条刀具的齿廓

13.6 内啮合针齿轮传动

内啮合针齿轮传动用于大型的减速器中，这种针齿轮传动的两瞬心线处于内相切，如图 13.6.1所示。与外啮合针齿轮传动不一样，不是小轮 1 而是大轮 2 配用针齿。这样能使我们免去用插齿刀加工大齿轮 2 的轮齿。考虑到大齿轮 2 的尺寸较大，这是一个重要的优点。小轮 1 的齿廓加工成与半径为 ρ 的圆共轭，该圆是大针齿轮 2 的齿廓。

1. 使用的坐标系

动坐标系 S_1 和 S_2 分别刚性固接到小轮 1 和大轮 2 上。固定坐标系为 S_f。以下的研究包括求解下列问题：a. 确定啮合方程；b. 推导啮合线方程；c. 确定小轮齿廓的方程；d. 确定用来加工小轮 1 轮齿的假想齿条刀具的齿廓。求解以上问题时，应用的方法类似于在 13.5 节中所讨论的方法。最终研究的结果如下文所述。

2. 啮合方程

确定大针齿轮 2 齿廓 Σ_2 和小齿轮齿廓 Σ_1 的流动切点 M 的解有两个（见图 13.6.2）。

1）解1：在位置 $\phi_2=0$ 时，给出 θ_2 的任意值，大轮2的针齿是半径为 ρ_2 的圆，该针齿在坐标系 S_1 中复制出同样的圆。

2）解2：给出如下关系式：

$$\phi_2=2(\theta_2-90°)\quad(\theta_2>90°) \tag{13.6.1}$$

3. 啮合线

啮合线上的动点为 M（见图13.6.2），该点在坐标系 S_f 中用如下方程确定：

$$\begin{cases} x_f=r_2\sin\phi_2+\rho_2\sin(\theta_2-\phi_2) \\ y_f=r_2\cos\phi_2-\rho_2\cos(\theta_2-\phi_2) \\ [\theta_2\geqslant 90°,\phi_2=2(\theta_2-90°)] \end{cases} \tag{13.6.2}$$

若 $\rho_2=0$ 时，很容易证明，啮合线是以 r_2 为半径的圆上的圆弧。

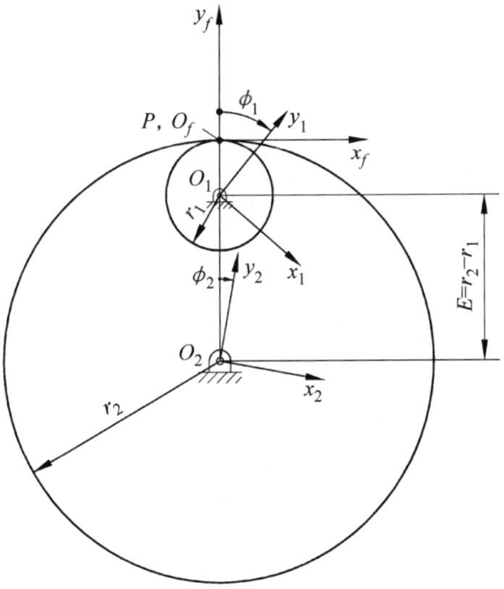

图13.6.1　应用坐标系

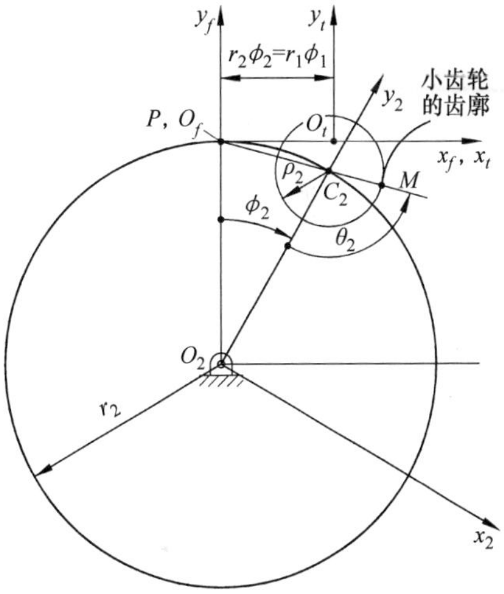

图13.6.2　啮合方程的推导

4. 小齿轮的齿廓

小齿轮的齿廓是由两段曲线 I 和 II 组成的。

1）曲线 I 在 S_1 坐标系中是半径为 ρ_2 的一段圆弧，并且用如下方程表示：

$$\begin{cases} x_1=\rho_2\sin\theta_2 \\ y_1=r_1-\rho_2\cos\theta_2\quad(90°\geqslant\theta_2\geqslant 0) \end{cases} \tag{13.6.3}$$

2）曲线 II 在 S_1 坐标系中用如下方程表示：

$$\begin{cases} x_1=-r_2\sin(\phi_1-\phi_2)+(r_2-r_1)\sin\phi_1+\rho_2\sin[\theta_2+(\phi_1-\phi_2)] \\ y_1=r_2\cos(\phi_1-\phi_2)-(r_2-r_1)\cos\phi_1-\rho_2\cos[\theta_2+(\phi_1-\phi_2)] \\ \left[\theta_2\geqslant 90°,\phi_2=2(\theta_2-90°),\phi_1=\dfrac{r_2}{r_1}\phi_2\right] \end{cases} \tag{13.6.4}$$

方程（13.6.4）表示齿轮1轮齿的右侧齿廓。同理，我们可得齿轮1轮齿的左侧齿廓。在方程（13.6.4）中，取 $\rho_2=0$，我们得到在 S_1 中以半径为 ρ_2 的圆为中心形成的外摆线方程。

5. 假想齿条刀具的齿廓

小齿轮1可以用一把根据假想齿条刀具设计的滚刀来加工。齿条刀具的齿廓在坐标系 S_t

（见图13.6.2）中，是由曲线I和II组成的。

1）曲线I是位于O_t为中心、半径为ρ的圆的一段圆弧。

2）齿条刀具刀齿的右侧齿廓可用如下矩阵方程表示：

$$\boldsymbol{r}_t(\theta_2,\phi_2)=\boldsymbol{M}_{t2}(\phi_2)\boldsymbol{r}_2(\theta_2) \tag{13.6.5}$$

则得

$$\begin{cases}x_t=-r_2(\phi_2-\sin\phi_2)+\rho_2\sin(\theta_2-\phi_2)\\ y_t=-r_2(1-\cos\phi_2)-\rho_2\cos(\theta_2-\phi_2)\\ [\theta_2\geqslant 90°,\phi_2=2(\theta_2-90°)]\end{cases} \tag{13.6.6}$$

坐标轴y_t是齿条刀具的齿廓的对称轴线。

13.7　瞬心线的摆线齿轮传动

1. 基本想法

术语“瞬心线外”的意思是指齿轮的轮齿偏离开齿轮的瞬心线。瞬心外的摆线齿轮传动在大齿轮和小齿轮的齿数差为1的行星轮系中，已经得到了应用。

关于瞬心线外的摆线齿轮传动的想法，可用图13.7.1上的图形进行说明。这里，r_1和r_2是处于内相切的齿轮瞬心线的半径。利用圆2沿圆1的滚动，刚性固接到圆2上的点B_O将在坐标系S_1中描绘出一条普通外摆线B_OB_1。坐标系S_1刚性固接在齿轮1上。

现在，让我们想象，点D_O而不是B_O被刚性固接到瞬心线2上，点D_O在坐标系S_1中将描绘出长幅外摆线$D_O—D_1$。理论上，我们可以认为两“齿廓”——作为齿轮2“齿廓”的点D_O，作为齿轮1齿廓的长幅外摆线，是相互啮合的。但是，实际上，半径ρ_2的针齿圆应当被选作齿轮2的齿廓。齿轮1的齿廓是长幅外摆线$D_O—D_1$的等距曲线。

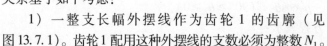

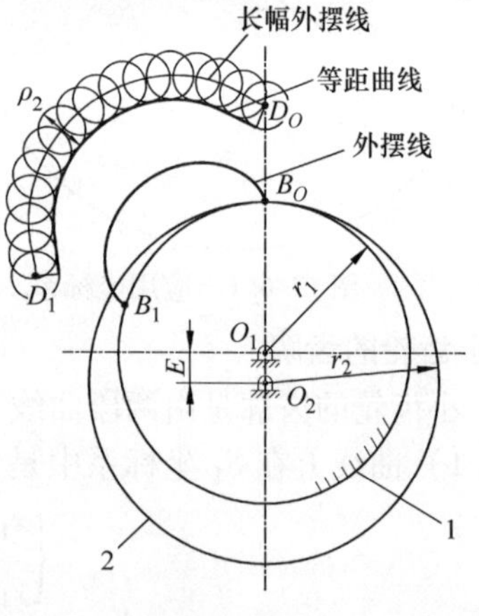

图13.7.1　瞬心线外的摆线齿轮传动

2. 齿轮的齿数之间的关系

确定所求的小齿轮和大齿轮齿数N_1与N_2之间的关系基于如下考虑：

1）一整支长幅外摆线作为齿轮1的齿廓（见图13.7.1）。齿轮1配用这种外摆线的支数必须为整数N_1。

2）长幅外摆线D_OD_1和普通外摆线B_OB_1是在对应瞬心线2的相同转角情况下形成的。

3）现在假定瞬心线2将转动一圈，这条瞬心线上的点B_O将在坐标系S_1中形成N_1+1支普通外摆线。瞬心线1和2的公共切点将在这些瞬心线上描绘出两个相等的圆弧，其长度确定为

$$L=2\pi r_2=2\pi r_1+mp_c \tag{13.7.1}$$

式中，p_c是齿距，即沿瞬心线1量得的点B_O和B_1之间的距离；m是整数，$m\geqslant 1$。

4）显然

$$p_c=\frac{2\pi r_1}{N_1} \tag{13.7.2}$$

5）由方程（13.7.1）和方程（13.7.2）得出

$$r_2 = r_1\left(1 + \frac{m}{N_1}\right) \tag{13.7.3}$$

6）考虑到

$$\frac{r_2}{r_1} = \frac{N_2}{N_1} \tag{13.7.4}$$

我们得

$$N_2 = N_1\left(1 + \frac{m}{N_1}\right) \quad (m = 1, 2, 3, \cdots) \tag{13.7.5}$$

当 $m = 1$ 时，我们得

$$N_2 = N_1 + 1 \tag{13.7.6}$$

这意味着，装在齿轮 2 上的针齿数 N_2 必须比配在齿轮上的外摆线的支数 N_1 至少要多一个。

7）假定瞬心线 I 上的支数是 N_1，并且中心距 E 选定。这样，考虑到

$$r_2 = r_1 + E$$

$$\frac{r_2}{r_1} = \frac{N_2}{N_1}$$

我们得

$$r_1 = EN_1 \tag{13.7.7}$$

$$r_2 = EN_2 = E(N_1 + 1) \tag{13.7.8}$$

这里假定 $N_2 = N_1 + 1$。

8）容易证明

$$p_c = 2\pi E \tag{13.7.9}$$

3. 瞬心线外的摆线齿轮实例

图 13.7.2 中针齿装在齿轮 2 上，而齿轮 1 的齿廓是长幅外摆线。图 13.7.3 所示为一齿轮系，其中齿轮 1 而不是齿轮 2 装有 N_1 个针齿，齿轮 2 上 N_1 个齿的齿廓是长幅内摆线（$N_2 = N_1 + 1$）。在上述的两种情况下，所有的针齿与所有的摆线曲线相切（略去安装误差和制造误差）。但是，它们仅有一半能够承受载荷，而且由于有安装误差，承载齿数可能要少于一半。

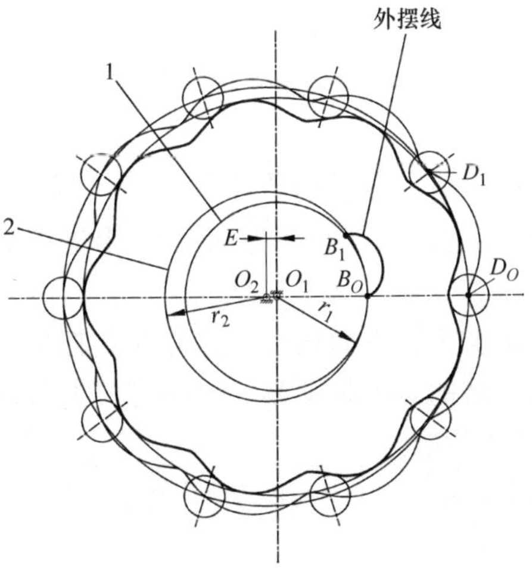

图 13.7.2　瞬心线外的外摆线齿轮系

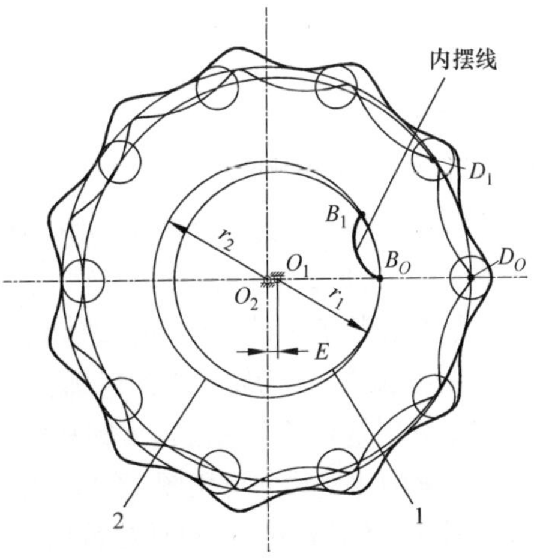

图 13.7.3　瞬心线外的内摆线齿轮系

13.8 罗茨鼓风机

罗茨鼓风机用来作为柴油机和其他设备的空气排放装置。工业中应用具有双叶片或三叶片的转子（见图 13.8.1）。转子的角速比为 1，它们的瞬心线是半径相同的圆（见图 13.8.2）。两个转子由装在转子轴上的两个相同的齿轮驱动。

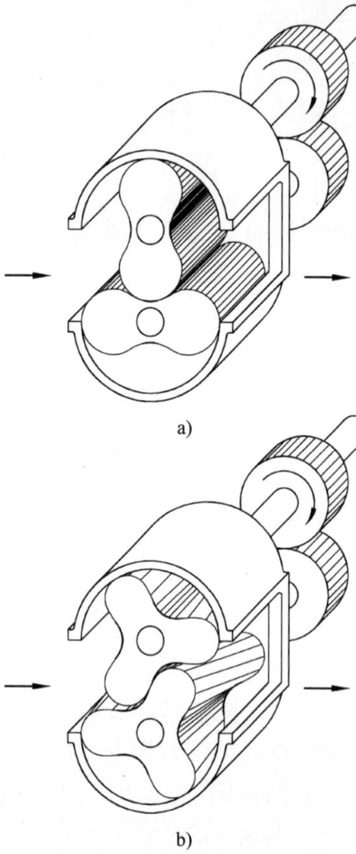

图 13.8.1 罗茨鼓风机

a）双叶片 b）三叶片

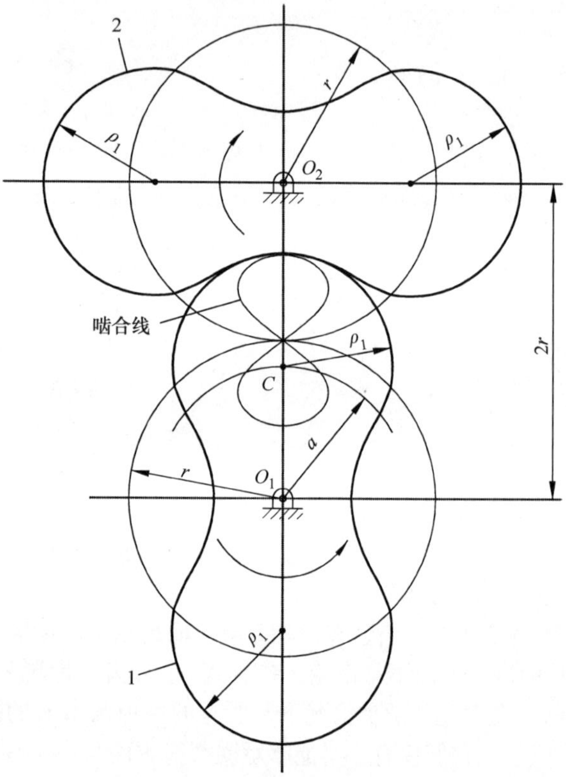

图 13.8.2 转子的齿廓

1. 齿廓的共轭

鼓风机转子 1 的齿廓是半径为 ρ_1、圆心在点 C 的圆；点 C 离转动中心 O_1 的距离为 a。假定转子的瞬心线 1 沿另一个转子的瞬心线 2 滚动。这样，点 C 在坐标系 S_2 中将描绘出短幅外摆线（图 13.8.2 中未给出），坐标系 S_2 刚性固接在转子 2 上。理论上，我们可以认为转子 1 的点 C 和转子 2 的短幅外摆线相互啮合。事实上，下面设计了这样的共轭齿廓：a. 半径为 ρ_1 的圆弧 Σ_1 作为转子 1 的齿廓；b 短幅外摆线的等距曲线 Σ_2 作为转子 2 的齿廓。曲线 Σ_1 和 Σ_2 分别是转子 1 的齿顶齿廓和转子 2 的齿根齿廓。

叶片元素的比例尺寸可用图 13.8.3 中的图形来确定。双叶片和三叶片转子上齿廓 Σ_1 的齿顶角分别等于 90°和 60°。设计参数用如下方程确定：

$$r^2 + a^2 - 2ar\cos q = \rho^2 \tag{13.8.1}$$

这里，对双叶片和三叶片转子，q 分别为45°和30°

2. 使用的坐标系

动坐标系 S_1 和 S_2 分别刚性固接到转子 1 和 2 上（见图 13. 8. 4b）。固定坐标系 S_f 刚性固接在箱体上。我们的下一目标如下：推导出啮合方程，确定啮合线，确定曲线 Σ_2，即转子 2 的齿根齿廓。

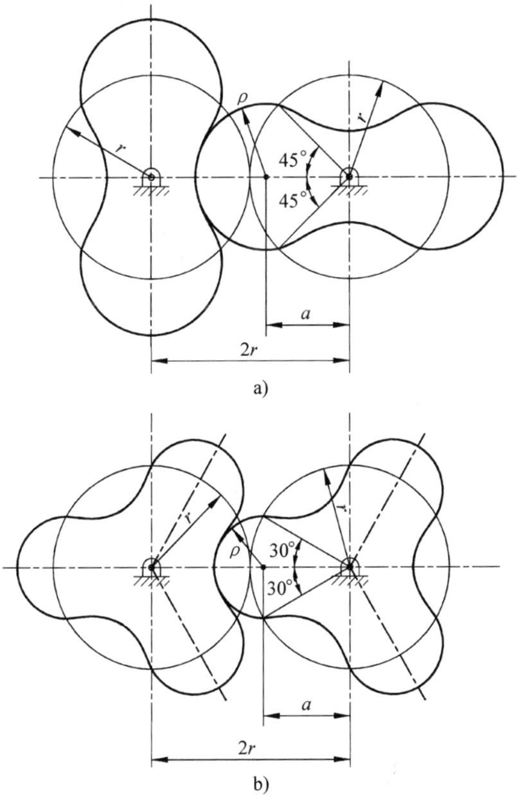

图 13. 8. 3　设计参数之间关系的推导

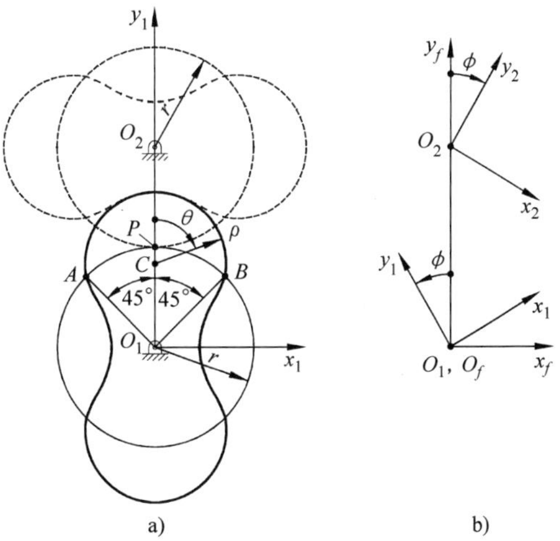

图 13. 8. 4　使用的坐标系

a）坐标系 S_1　b）坐标系 S_2、S_f

3. 啮合方程和啮合线

两叶片转子 1 的齿廓在坐标系 S_1（见图 13. 8. 4）中用如下方程表示：

$$\begin{cases} x_1 = \rho\sin\theta \\ y_1 = a + \rho\cos\theta \\ -\dfrac{(a+\rho)^2 - r^2}{\sqrt{2}ar} \leqslant \tan\dfrac{\theta}{2} \leqslant \dfrac{(a+\rho)^2 - r^2}{\sqrt{2}ar} \end{cases} \tag{13.8.2}$$

利用在 13. 5 节和 13. 6 节中所讨论的推导啮合方程的方法，我们得到

$$f(\theta,\phi) = r\sin(\theta - \phi) - a\sin\theta = 0 \tag{13.8.3}$$

考虑 $a = r$ 和 $\phi = 0$ 这一特殊情况。虽然，在这种情况下，圆弧 Σ_1 的圆心 C 与瞬时回转中心 P 相重，Σ_1 的任意一条法线都通过 P 点，并且 θ 的任何值都满足方程（13. 8. 3）。在实际设计中，不应采用 $a = r$ 这一关系。

啮合线在坐标系 S_f 中用如下方程表示：

$$\begin{cases} \boldsymbol{r}_f = \boldsymbol{M}_{f1}\boldsymbol{r}_1(\theta) \\ f(\theta,\phi)=0 \end{cases} \tag{13.8.4}$$

从上式导出

$$\begin{cases} x_f=\rho\sin(\theta-\phi)-a\sin\phi \\ y_f=\rho\cos(\theta-\phi)+a\cos\phi \\ r\sin(\theta-\phi)-a\sin\theta=0 \end{cases} \tag{13.8.5}$$

4. 转子2齿根曲线 Σ_2 的方程

齿廓 Σ_2 在坐标系 S_2 中，用如下方程表示：

$$\begin{cases} \boldsymbol{r}_2 = \boldsymbol{M}_{21}\boldsymbol{r}_1 \\ f(\theta,\phi)=0 \end{cases} \tag{13.8.6}$$

从上式导出

$$\begin{cases} x_2=\rho\sin(\theta-2\phi)-a\sin2\phi+2r\sin\phi \\ y_2=\rho\cos(\theta-2\phi)+a\cos2\phi-2r\sin\phi \\ r\sin(\theta-\phi)-a\sin\theta=0 \end{cases} \tag{13.8.7}$$

根据 a/r 的不同比值，齿廓 Σ_2 可以表示为：凸曲线、凹－凸曲线、具有奇异性的曲线。可以研究第三种情况来考察 Σ_1 “不根切” Σ_2 的条件（见6.3节）。可以研究第一和第二种情况来考察共轭齿形曲率之间的关系（见8.3节）。研究的结果见表13.8.1。

表13.8.1　Σ_2 的特性

叶片数	凸曲线	凹－凸曲线	具有奇异性的曲线
2	$0<\frac{a}{r}<0.5$	$0.5<\frac{a}{r}<0.9288$	$\frac{a}{r}>0.9288$
3	$0<\frac{a}{r}<0.5$	$0.5<\frac{a}{r}<0.9670$	$\frac{a}{r}>0.9670$

第14章 平行轴渐开线斜齿轮

14.1 引言

摆线齿轮传动（第13章）和渐开线齿轮传动（第10、11、14～16章）的应用领域是不同的。本章包括平行轴渐开线齿轮传动，其设计基于假设在对中齿轮传动情况下，齿轮齿面同时沿线接触（线接触）。虽然在实际啮合的研究中，应考虑对中性误差的影响（见第15～17章）。在本章中，我们初步考虑限于啮合理论的研究，这就允许读者在开始时集中于渐开线齿轮传动的理论研究。然而，我们注重斜齿轮传动的现代设计直接注重接触斑迹局部化（所得的齿面为点接触代替线接触），非对中齿轮传动的啮合模拟和应用分析（见第15～17章）。本章所用的专门术语在14.10节中列出。

14.2 一般原理

斜齿轮传动采用两平行轴之间转向相反、呈外啮合且齿面螺旋方向相反的回转运动。

非标准齿轮传动的瞬轴面的两圆柱体的半径 r_{O1} 和 r_{O2}，其关系为

$$\frac{r_{O2}}{r_{O1}}=\frac{\omega^{(1)}}{\omega^{(2)}}=m_{12} \tag{14.2.1}$$

这两圆柱体称为节圆柱体，此后，我们将标准斜齿轮传动和非标准斜齿轮传动区分开来。节圆柱（瞬轴面）在标准斜齿轮传动中与分度圆柱是重合的，而在非标准齿轮传动中是不重合的，有区别的（见下文）。标准斜齿轮传动的瞬轴面就是齿轮的分度圆柱面，齿轮传动在相对运动中转动的瞬时轴线就是瞬轴面的切线。半径为 r_{O1} 的 r_{O2} 的两圆柱体做无滑动的相互滚动，两节圆柱上的螺旋具有相反的方向，但导程角（或螺旋角）的大小对两条螺旋线是相同的。

斜齿轮齿面是一如方程（1.7.5）所示的螺旋面，在推导这个方程时，曾经假定螺旋面是由端面齿廓绕齿轮轴线做螺旋运动形成的。端面齿廓表示在与齿轮轴线相垂直的平面内。然而，该螺旋面也可由轴向齿廓做螺旋运动来形成，该齿廓是一条表示在通过斜齿轮轴线平面内的曲线。

假定齿面表示为矢量方程

$$\boldsymbol{r}_1=x_1(u,\theta)\boldsymbol{i}_1+y_1(u,\theta)\boldsymbol{j}_1+z_1(u,\theta,p)\boldsymbol{k}_1 \tag{14.2.2}$$

式中，$(u,\ \theta)$ 是齿面参数（高斯坐标）；p 是绕 z_1 轴做螺旋运动的螺旋参数。

该齿面的法向矢量表示为

$$\boldsymbol{N}_1=\frac{\partial \boldsymbol{r}_1}{2\theta}\times\frac{\partial \boldsymbol{r}_1}{2u} \tag{14.2.3}$$

并且对正则曲面 $\boldsymbol{N}_1 \neq 0$。方程（14.2.2）表示的齿面为螺旋面的条件为

$$x_1N_{y1}-y_1N_{x1}+pN_{z1}=x_1n_{y1}-y_1n_{x1}+pn_{z1}=0 \tag{14.2.4}$$

这里，方程（14.2.4）中的螺旋参数 p 可认为是代数值；

$$\boldsymbol{n}_1=\frac{\boldsymbol{N}_1}{|\boldsymbol{N}_1|}$$

是齿面的单位法线矢量；对右旋齿轮有 $p>0$。

图 14.2.1a 所示为一螺旋面，其是一渐开线螺旋面，是由渐开线做螺旋运动形成的；r_b 是基圆柱半径；用半径为 ρ 的圆柱体与螺旋面相交为一螺旋线（见图 14.2.1b：H 是螺旋面的导程；λ_b 是半径为 ρ 的圆柱体上的导程角）。

图 14.2.1c 所示为半径为 ρ 的圆柱体和螺旋线展开在平面上。容易证明

$$\tan\lambda_\rho=\cot\beta_\rho=\frac{H}{2\pi\rho} \tag{14.2.5}$$

式中，λ_ρ 和 β_ρ 分别是导程角和螺旋角；比值 $H/2\pi=p$ 为螺旋参数，对应于转动一个弧度角的螺旋运动的轴向位移。

对于与所考察的螺旋面相交的圆柱体的半径 ρ 来说，由方程（14.2.5）可得出乘积

$$\rho\tan\lambda_\rho=p \tag{14.2.6}$$

是一个不变量。

研究平行轴斜齿轮传动的啮合需要解决下列问题（参见 14.5 节）：确定与给定齿面 Σ_1 共轭的齿面 Σ_2；确定 Σ_1 和 Σ_2 之间的接触线；确定啮合面。

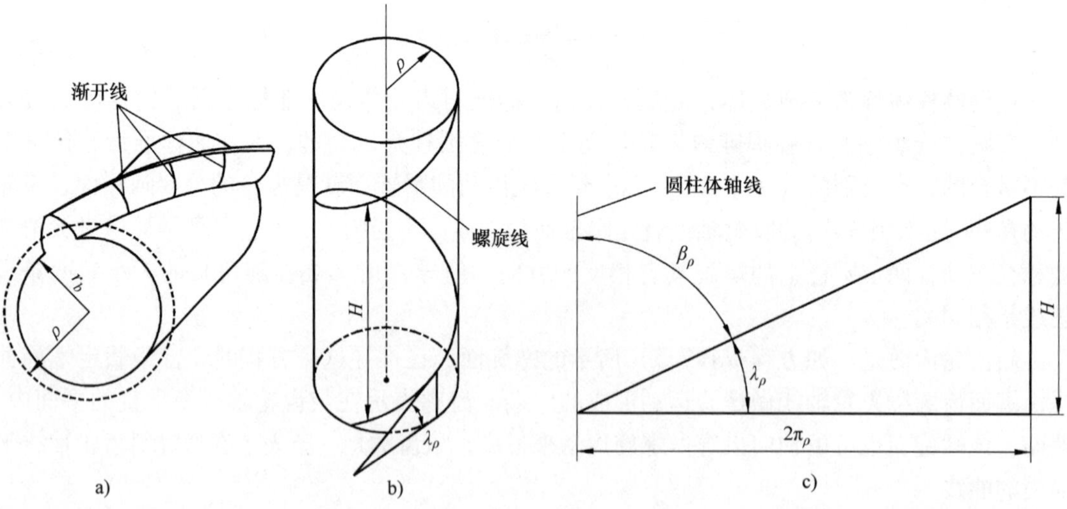

图 14.2.1　圆柱体及其螺旋线展开图

a）螺旋面　b）螺旋线　c）圆柱体和螺旋线展开在平面上

14.3　渐开线螺旋面

渐开线斜齿轮可以看作渐开线多头蜗杆。渐开线斜齿轮的齿面方程与渐开线蜗杆是相同的（参见 19.6 节）。

以下方程论述右旋和左旋齿轮的齿侧面 I 和 II。分别对主动齿轮 1 和从动齿轮 2 所给出的齿面方程依次表示在坐标系 S_1 和 S_2 中，右旋斜齿轮 1 如图 14.3.1 所示。

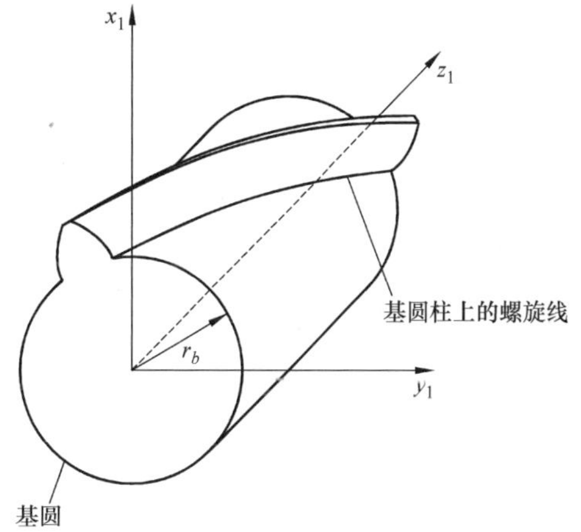

图 14.3.1　右旋斜齿轮

图 14.3.2 所示为平面 $z_1=0$ 所得的齿轮 1 齿面的横截面的交线。轴线 x_1 是齿槽的对称轴线。基圆上的齿槽宽对应角的一半是由轴线 x_1 和位置矢量 $\overrightarrow{O_1B_1}^{(k)}$（$k=I$，$II$）构成的，并且由角 μ_1 确定。这里（见图 14.3.2）

$$\mu_1=\frac{w_{t1}}{2r_{p1}}-\mathrm{inv}\alpha_{t1} \tag{14.3.1}$$

式中，w_{t1}是分度圆上齿槽宽度的公称值；α_{t1}是横截面内齿廓与分度圆交点处的齿形角。

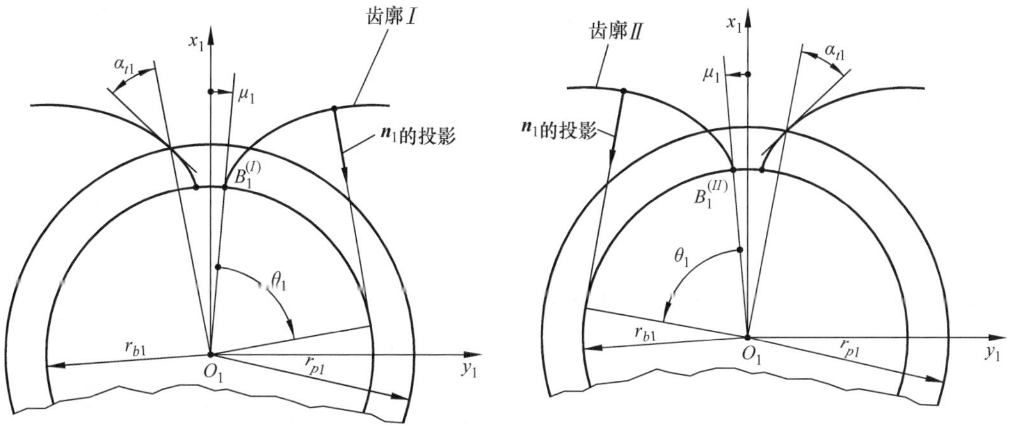

图 14.3.2　斜齿轮 1 的横截面

齿面方程是通过齿面参数（u_1，θ_1）表示的（参见 19.6 节）。参数 θ_1 是从位置矢量 $\overrightarrow{O_1B_1}^{(k)}$（$k=I$、$II$）沿图 14.3.2 所示方向量得的。$\theta_1$ 和 μ_1 的测量方向对齿面 I 为顺时针，对齿面 II 则为逆时针。假定观察者位于 z_1 轴负向。

图 14.3.3 所示为齿轮 2 的齿面在横截面内的齿廓。齿面方程通过齿面参数 u_2 和 θ_2 表示在坐标系 S_2 中。参数 u_2 和 θ_2 的概念基于与 19.6 节所采用的 u_1 和 θ_1 类似的考虑，参数 θ_2 从位置矢量$\overrightarrow{O_2B_2}^{(k)}$（$k=I$，$II$）进行测量，对齿面 I 沿顺时针方向；对齿面 II 则沿逆时针方向，如图 14.3.3 所示。正如前述，观察者位于 z_2 轴的负向。基圆上齿厚对应角的一

半用 η_2 表示，则

$$\eta_2 = \frac{s_{t2}}{2r_{p2}} + \mathrm{inv}\alpha_{t2} \tag{14.3.2}$$

式中，s_{t2}是分度圆上齿厚的公称值；α_{t2}是在横截面上的齿廓与分度圆交点齿形角。

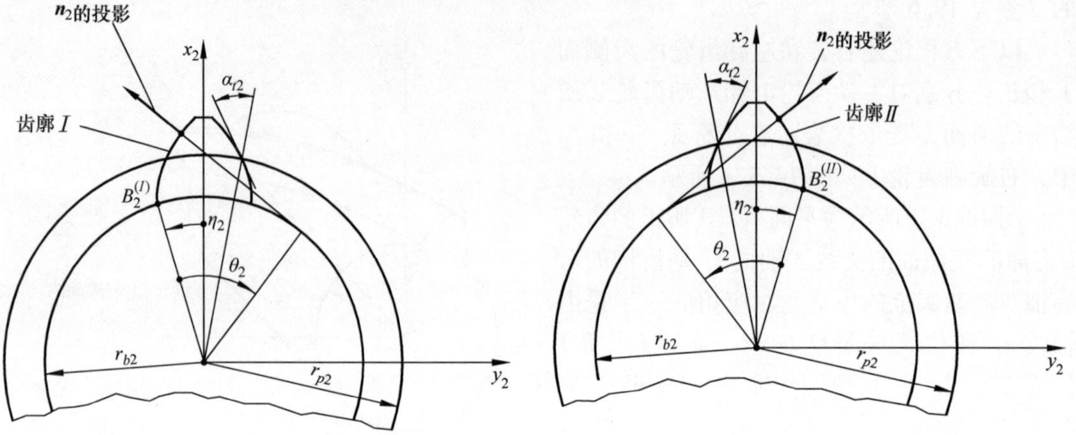

图 14.3.3　斜齿轮 2 的横截面

η_2 的测量方向与 θ_2 的测量方向相反。

齿轮的齿面在 S_i 中用矢量函数表示为

$$\boldsymbol{r}_i(u_i,\theta_i) \quad (i=1,2) \tag{14.3.3}$$

齿轮 1 的齿面的单位法向矢量表示为

$$\boldsymbol{n}_1 = \mp \frac{\dfrac{\partial \boldsymbol{r}_1}{\partial u_1} \times \dfrac{\partial \boldsymbol{r}_1}{\partial \theta_1}}{\left| \dfrac{\partial \boldsymbol{r}_1}{\partial u_1} \times \dfrac{\partial \boldsymbol{r}_1}{\partial \theta_1} \right|} \tag{14.3.4}$$

式中上面和下面的符号分别对应于右旋和左旋齿轮 1 的齿面。当考虑齿轮 1 和齿轮 2 的两齿面切触时，下面选定的齿面单位法线矢量 $\boldsymbol{n}_2$ 的方向，能使我们保持 $\boldsymbol{n}_1$ 与 $\boldsymbol{n}_2$ 重合。

齿轮齿面［方程（14.3.3）］上的 u_i 坐标线（θ_i 固定时）为一直线，该直线在做螺旋运动时将形成齿轮的齿面（参见 19.6 节）。θ_i 线（u_i 固定时）为齿轮齿面螺旋线。无论对于右旋齿轮还是对于左旋齿轮，下列方程中的螺旋参数 p_1 和 p_2 总被认为是正值。

以下是推导出的齿轮齿面和齿面单位法线矢量的方程。

1）右旋齿轮 1 的齿侧面 I（见图 14.3.2）：

$$\begin{cases} x_1 = r_{b1}\cos(\theta_1+\mu_1) + \mu_1\cos\lambda_{b1}\sin(\theta_1+\mu_1) \\ y_1 = r_{b1}\sin(\theta_1+\mu_1) - u_1\cos\lambda_{b1}\cos(\theta_1+\mu_1) \\ z_1 = -u_1\sin\lambda_{b1} + p_1\theta_1 \end{cases} \tag{14.3.5}$$

$$\boldsymbol{n}_1 = [\ -\sin\lambda_{b1}\sin(\theta_1+\mu_1) \quad \sin\lambda_{b1}\cos(\theta_1+\mu_1) \quad -\cos\lambda_{b1}\ ]^{\mathrm{T}} \tag{14.3.6}$$

角 θ_1 和 μ_1 沿顺时针方向测量。

2）右旋齿轮 1 的齿侧面 II（见图 14.3.2）：

$$\begin{cases} x_1 = r_{b1}\cos(\theta_1 + \mu_1) + u_1\cos\lambda_{b1}\sin(\theta_1 + \mu_1) \\ y_1 = -r_{b1}\sin(\theta_1 + \mu_1) + u_1\cos\lambda_{b1}\cos(\theta_1 + \mu_1) \\ z_1 = u_1\sin\lambda_{b1} - p_1\theta_1 \end{cases} \tag{14.3.7}$$

$$\boldsymbol{n}_1 = [-\sin\lambda_{b1}\sin(\theta_1 + \mu_1) \quad -\sin\lambda_{b1}\cos(\theta_1 + \mu_1) \quad \cos\lambda_{b1}]^{\mathrm{T}} \tag{14.3.8}$$

角 θ_1 和 μ_1 沿逆时针方向测量。

3）左旋齿轮 1 的齿侧面Ⅱ（见图 14.3.2）：

$$\begin{cases} x_1 = r_{b1}\cos(\theta_1 + \mu_1) + u_1\cos\lambda_{b1}\sin(\theta_1 + \mu_1) \\ y_1 = -r_{b1}\sin(\theta_1 + \mu_1) + u_1\cos\lambda_{b1}\cos(\theta_1 + \mu_1) \\ z_1 = -u_1\sin\lambda_{b1} + p_1\theta_1 \end{cases} \tag{14.3.9}$$

$$\boldsymbol{n}_1 = [-\sin\lambda_{b1}\sin(\theta_1 + \mu_1) \quad -\sin\lambda_{b1}\cos(\theta_1 + \mu_1) \quad -\cos\lambda_{b1}]^{\mathrm{T}} \tag{14.3.10}$$

角 θ_1 和 μ_1 沿逆时针方向测量。

4）左旋齿轮 1 的齿面Ⅰ（见图 14.3.2）：

$$\begin{cases} x_1 = r_{b1}\cos(\theta_1 + \mu_1) + u_1\cos\lambda_{b1}\sin(\theta_1 + \mu_1) \\ y_1 = r_{b1}\sin(\theta_1 + \mu_1) - u_1\cos\lambda_{b1}\cos(\theta_1 + \mu_1) \\ z_1 = u_1\sin\lambda_{b1} - p_1\theta_1 \end{cases} \tag{14.3.11}$$

$$\boldsymbol{n}_1 = [-\sin\lambda_{b1}\sin(\theta_1 + \mu_1) \quad \sin\lambda_{b1}\cos(\theta_1 + \mu_1) \quad \cos\lambda_{b1}]^{\mathrm{T}} \tag{14.3.12}$$

角 θ_1 和 μ_1 沿顺时针方向测量。

同理，我们可表示出齿轮 2 两齿面的方程。我们提醒读者，测量角 η_2 的方向与 θ_2 的测量方向相反（见图 14.3.3）。

1）右旋齿轮 2 的齿侧面Ⅰ（见图 14.3.3）：

$$\begin{cases} x_2 = r_{b2}\cos(\theta_2 - \eta_2) + u_2\cos\lambda_{b2}\sin(\theta_2 - \eta_2) \\ y_2 = r_{b2}\sin(\theta_2 - \eta_2) - u_2\cos\lambda_{b2}\cos(\theta_2 - \eta_2) \\ z_2 = -u_2\sin\lambda_{b2} + p_2\theta_2 \end{cases} \tag{14.3.13}$$

$$\boldsymbol{n}_2 = [\sin\lambda_{b2}\sin(\theta_2 - \eta_2) \quad -\sin\lambda_{b2}\cos(\theta - \eta_2) \quad \cos\lambda_{b2}]^{\mathrm{T}} \tag{14.3.14}$$

2）右旋齿轮 2 的齿侧面Ⅱ（见图 14.3.3）：

$$\begin{cases} x_2 = r_{b2}\cos(\theta_2 - \eta_2) + u_2\cos\lambda_{b2}\sin(\theta_2 - \eta_2) \\ y_2 = -r_{b2}\sin(\theta_2 - \eta_2) + u_2\cos\lambda_{b2}\cos(\theta_2 - \eta_2) \\ z_2 = u_2\sin\lambda_{b2} - p_2\theta_2 \end{cases} \tag{14.3.15}$$

$$\boldsymbol{n}_2 = [\sin\lambda_{b2}\sin(\theta_2 - \eta_2) \quad \sin\lambda_{b2}\cos(\theta_2 - \eta_2) \quad -\cos\lambda_{b2}]^{\mathrm{T}} \tag{14.3.16}$$

角 θ_2 沿逆时针方向测量。

3）左旋齿轮 2 的齿侧面Ⅱ（见图 14.3.3）：

$$\begin{cases} x_2 = r_{b2}\cos(\theta_2 - \eta_2) + u_2\cos\lambda_{b2}\sin(\theta_2 - \eta_2) \\ y_2 = -r_{b2}\sin(\theta_2 - \eta_2) + u_2\cos\lambda_{b2}\cos(\theta_2 - \eta_2) \\ z_2 = -u_2\sin\lambda_{b2} + p_2\theta_2 \end{cases} \tag{14.3.17}$$

$$\boldsymbol{n}_2 = [\sin\lambda_{b2}\sin(\theta_2 - \eta_2) \quad \sin\lambda_{b2}\cos(\theta_2 - \eta_2) \quad \cos\lambda_{b2}]^{\mathrm{T}} \tag{14.3.18}$$

角 θ_2 沿逆时针方向测量。

4）左旋齿轮 2 的齿侧面Ⅰ（见图 14.3.3）：

$$\begin{cases}x_2=r_{b2}\cos(\theta_2-\eta_2)+u_2\cos\lambda_{b2}\sin(\theta_2-\eta_2)\\ y_2=r_{b2}\sin(\theta_2-\eta_2)-u_2\cos\lambda_{b2}\cos(\theta_2-\eta_2)\\ z_2=u_2\sin\lambda_{b2}-p_2\theta_2\end{cases} \tag{14.3.19}$$

$$\boldsymbol{n}_2=[\sin\lambda_{b2}\sin(\theta_2-\eta_2)\quad -\sin\lambda_{b2}\cos(\theta_2-\eta_2)\quad -\cos\lambda_{b2}]^{\mathrm{T}} \tag{14.3.20}$$

角 θ_2 沿顺时针方向测量。

14.4 斜齿轮与齿条的啮合

我们可以在垂直于 z_1 齿轮轴线的平面 $z_1=0$ 中考察渐开线斜齿轮啮合，譬如齿轮 1，与相应齿条的啮合，用平面 $z_1=0$ 截得齿轮齿面在横截面上为渐开线。这样，我们可以认为齿长为无限小的直齿圆柱齿轮与齿长也是无限小的齿条处于啮合，我们知道，这样的齿条齿廓为一条直线（参见第 10 章）。

推导齿条齿面 $\boldsymbol{\Sigma}_r$ 可表示为确定渐开线螺旋面 $\boldsymbol{\Sigma}_1$ 的曲面族的包络。假定动坐标系 S_1 和 S_r 与齿轮和齿条刚性固接；坐标系 S_f 是固定坐标系（见图 14.4.1）。齿轮和齿条分别完成回转运动和直线运动，其运动的速度关系如下：

$$\frac{v}{\omega}=\rho \tag{14.4.1}$$

齿轮的瞬轴面是半径为 ρ 的圆柱；而齿条的瞬轴面则为一切于上述圆柱并且平行于矢量$\boldsymbol{v}$的平面。瞬时回转轴 P—P 平行于齿轮轴线，并且在坐标系 S_f 中表示为

$$X_f=\rho \qquad Y_f=0 \qquad Z_f=l \tag{14.4.2}$$

这里，(X_f, Y_f, l) 确定 P—P 轴上的流动点；l 为一变参数。瞬时回转轴在坐标系 S_1 中表示为

$$[X_1\quad Y_1\quad Z_1]^{\mathrm{T}}=\boldsymbol{M}_{1f}[X_f\quad Y_f\quad Z_f]^{\mathrm{T}} \tag{14.4.3}$$

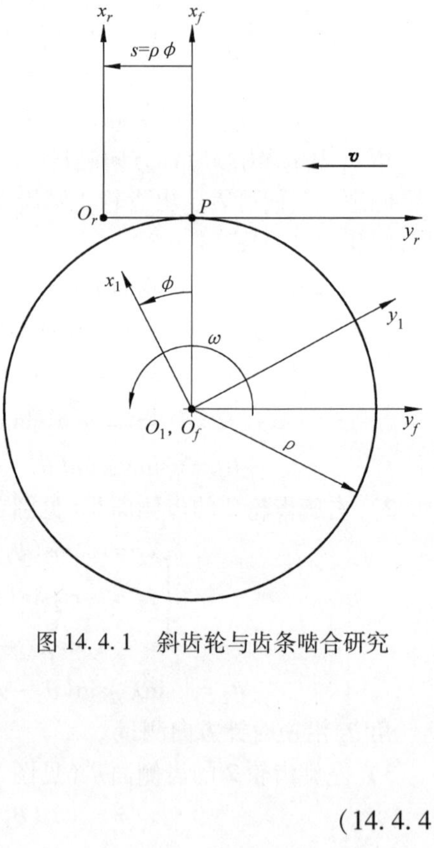

图 14.4.1 斜齿轮与齿条啮合研究

于是得

$$\begin{cases}X_1=\rho\cos\phi\\ Y_1=\rho\sin\phi\\ Z_1=l\end{cases} \tag{14.4.4}$$

在以下推导中，我们认为 Σ_1 是右旋斜齿轮的齿面 I，并且用方程（14.3.5）来表示。我们的目标是推导出与 Σ_1 共轭的齿条齿面 Σ_r 的方程。Σ_r 的推导及其具体化基于下面程序。

1. 啮合方程

我们推导啮合方程，并且认为在 Σ_r 和 Σ_1 的接触线上任一点的渐开线螺旋齿面 Σ_1 的法

线均通过瞬时回转轴 P—P。因此

$$\frac{X_1 - x_1(u,\theta)}{n_{x1}(\theta)} = \frac{Y_1 - y_1(u,\theta)}{n_{y1}(\theta)} = \frac{Z_1 - z_1(u,\theta)}{n_{z1}(\theta)} \tag{14.4.5}$$

式中，x_1（u，θ）、y_1（u，θ）、z_1（u，θ）是渐开线螺旋齿面 $\boldsymbol{\Sigma}_1$ 上一点的坐标；（n_{x1}，n_{y1}，n_{z1}）是 $\boldsymbol{\Sigma}_1$ 在该点处的单位法线矢量的分量［参见方程（14.3.6）］。u_1、θ_1、r_{b1}、ρ_1、α_{t1}和 ϕ_1 各记号的下标 1 已被略去。

从方程（14.3.5）、方程（14.3.6）、方程（14.4.4）和方程（14.4.5）可得到

$$\cos(\theta + \mu - \phi) = \frac{r_b}{\rho} = \cos\alpha_t \tag{14.4.6}$$

式中，α_t 为平面 $z_1 = 0$ 中的压力角（参见第 10 章）。

假定 α_t 和 μ 已经给出，方程（14.4.6）可提供（$\theta + \mu - \phi$）的两个角。我们选定一个解为

$$\theta + \mu - \phi - \alpha_t = f(\theta,\phi) = 0 \tag{14.4.7}$$

方程（14.4.7）即为啮合方程。

2. 齿条齿面 $\boldsymbol{\Sigma}_r$

所求的齿面 $\boldsymbol{\Sigma}_r$ 可表示为

$$\begin{cases} \boldsymbol{r}_r(\theta,\phi) = \boldsymbol{M}_{r1}\boldsymbol{r}_1(\theta) \\ f(\theta,\phi) = 0 \end{cases} \tag{14.4.8}$$

其中

$$\boldsymbol{M}_{r1} = \begin{bmatrix} \cos\phi & \sin\phi & 0 & -\rho \\ -\sin\phi & \cos\phi & 0 & \rho\phi \\ 0 & 0 & 1 & 0 \\ 0 & 0 & 0 & 1 \end{bmatrix} \tag{14.4.9}$$

从方程（14.3.5）、方程（14.4.7）和方程（14.4.9）中，可得到 $\boldsymbol{\Sigma}_r$ 的如下方程

$$\begin{cases} x_r = r_b\cos\alpha_t + u\cos\lambda_b\sin\alpha_t - \rho \\ y_r = r_b\sin\alpha_t - u\cos\lambda_b\cos\alpha_t + \rho\phi \\ z_r = p(\alpha_t - \mu + \phi) - u\sin\lambda_b \end{cases} \tag{14.4.10}$$

式中，（u，ϕ）为齿面参数。齿面 $\boldsymbol{\Sigma}_r$ 的单位法线矢量表示为

$$\boldsymbol{n}_r = \frac{\dfrac{\partial \boldsymbol{r}_r}{\partial \phi} \times \dfrac{\partial \boldsymbol{r}_r}{\partial u}}{\left|\dfrac{\partial \boldsymbol{r}_r}{\partial \phi} \times \dfrac{\partial \boldsymbol{r}_r}{\partial \mu}\right|} = [\,-\sin\lambda_b\sin\alpha_t \quad \sin\lambda_b\cos\alpha_t \quad -\cos\lambda_b\,]^{\mathrm{T}} \tag{14.4.11}$$

3. $\boldsymbol{\Sigma}_r$ 的说明

齿条齿面 $\boldsymbol{\Sigma}_r$ 为一平面，因为方程（14.4.10）用一次齿面参数（u，ϕ）来表示。我们可用如下方程表示该平面：

$$x_r n_{xr} + y_r n_{yr} + z_r n_{zr} - m = 0 \tag{14.4.12}$$

其中

$$\boldsymbol{n}_r=[n_{xr}\quad n_{yr}\quad n_{zr}]^{\mathrm{T}} \tag{14.4.13}$$

是用方程（14.4.11）表示的平面 Σ_r 的单位法线矢量；m 是从坐标系 S_r 的原点 O_r 引至平面 Σ_r 的垂距。进一步的推导不需要确定 m。然而，必要时考虑下列含有三个未知数 u、ϕ 和 m 的具有三个法线方程的方程组，可容易地求出 m：

$$\begin{cases}a_{11}u+a_{13}m=b_1\\a_{21}u+a_{22}\phi+a_{23}m=b_2\\a_{31}u+a_{32}\phi+a_{33}m=b_3\end{cases} \tag{14.4.14}$$

这里

$$\begin{bmatrix}a_{11}&a_{12}&a_{13}&b_1\\a_{21}&a_{22}&a_{23}&b_2\\a_{31}&a_{32}&a_{33}&b_3\end{bmatrix}=\begin{bmatrix}\cos\lambda_b\sin\alpha_t&0&-n_{xr}&r_b\sin\alpha_t\tan\alpha_t\\-\cos\lambda_b\cos\alpha_t&\rho&-n_{yr}&-r_b\sin\alpha_t\\-\sin\lambda_b&p&-n_{zr}&-p(\alpha_t-\mu)\end{bmatrix} \tag{14.4.15}$$

从方程（14.4.10）推导方程（14.4.14）基于如下的考虑因素：

1）我们曾经认为，在方程（14.4.12）中

$$\begin{cases}x_r=mn_{xr}\\y_r=mn_{yr}\\z_r=mn_{zr}\end{cases} \tag{14.4.16}$$

是齿面法线与 Σ_r 的交点坐标。该法线是从坐标 S_r 的原点 O_r 引至 Σ_r 的。

2）螺旋参数 p 可表示为

$$p=\rho\tan\lambda_\rho=r_b\tan\lambda_b \tag{14.4.17}$$

式中，λ_k（$k=\rho$，b）是半径为 ρ 和 r_b 的两圆柱体上的导程角。

4. Σ_r 的截面

利用方程（14.4.12），我们能够确定用平面 $z_r=0$ 和平面 $x_r=0$ 截 Σ_r 所得的截面内以及 Σ_r 法向截面内的齿条齿面 Σ_r 的齿形角。平面 $z_r=0$ 和 Σ_r 的交线为一直线，该直线用如下方程确定：

$$x_rn_{xr}+y_rn_{yr}-m=0 \tag{14.4.18}$$

这条直线的单位矢量可确定为

$$\frac{1}{(\mathrm{d}x_r^2+\mathrm{d}y_r^2)^{\frac{1}{2}}}[\mathrm{d}x_r\quad \mathrm{d}y_r\quad 0]^{\mathrm{T}}$$

齿条的齿形角 α_t 可确定为（见图14.4.2a）

$$\tan\alpha_t=\frac{\mathrm{d}y_r}{\mathrm{d}x_r}=-\frac{n_{xr}}{n_{yr}}$$

其中

$$\cos\alpha_t=\frac{r_b}{\rho}=\frac{\tan\lambda_\rho}{\tan\lambda_b} \tag{14.4.19}$$

现在我们考察平面 $x_r=0$ 与 Σ_r 的交线，该交线切于半径为 ρ 的圆柱（见图14.4.1）。这

个交线结果是一条由以下方程所表示的直线

$$y_r n_{yr} + z_r n_{zr} - m = 0 \tag{14.4.20}$$

该直线的单位矢量表示为

$$\frac{1}{(\mathrm{d}y_r^2 + \mathrm{d}z_r^2)^{\frac{1}{2}}}[0 \quad \mathrm{d}y_r \quad \mathrm{d}z_r]^{\mathrm{T}}$$

在平面 $x_r = 0$ 内，上述单位矢量的方向取决于角 λ_ρ（见图 14.4.2b），而

$$\tan\lambda_\rho = \frac{\mathrm{d}z_r}{\mathrm{d}y_r} = -\frac{n_{yr}}{n_{zr}} = \tan\lambda_b \cos\alpha_t \tag{14.4.21}$$

现在我们将齿条齿面 Σ_r 的法向截面看作平面与 Σ_r 的交线，该平面通过 Σ_r 的法线且垂直于平面 $x_n = 0$（见图 14.4.2b）。坐标系 S_n 与法面呈刚性固接，并且坐标系 S_n 的原点位于齿条齿面 Σ_r 上［正如前述，Σ_r 是由方程（14.4.12）所示的平面］。在坐标系 S_n 中，平面 Σ_r 用如下方程表示：

$$x_n n_{xn} + y_n n_{yn} = 0 \tag{14.4.22}$$

因为原点 O_n 位于平面 Σ_r 上，并且由于 Σ_r 的法线垂直于 z_n，所以 $n_{zn} = 0$（见图 14.4.2c）。

方程（14.4.22）表示一条直线，并且齿条齿面在法向截面上的齿形角用如下方程表示：

$$\tan\alpha_n = \frac{y_n}{x_n} = -\frac{n_{xn}}{n_{yn}} \tag{14.4.23}$$

利用从 S_r 到 S_n 的坐标变换，我们得到［参见方程（14.4.11）］

$$\begin{cases} n_{xn} = n_{xr} = -\sin\lambda_b \sin\alpha_t \\ n_{yn} = n_{yr}\sin\lambda_\rho - n_{zr}\cos\lambda_\rho \\ \quad = \sin\lambda_b \cos\alpha_t \sin\lambda_\rho + \cos\lambda_b \cos\lambda_\rho \\ \quad = \dfrac{\sin\lambda_b \cos\alpha_t}{\sin\lambda_\rho} \end{cases} \tag{14.4.24}$$

（如前所述，$\tan\lambda_b = \tan\lambda_\rho / \cos\alpha_t$）

由方程（14.4.23）和方程（14.4.24）可得到

$$\tan\alpha_n = \tan\alpha_t \sin\lambda_\rho \tag{14.4.25}$$

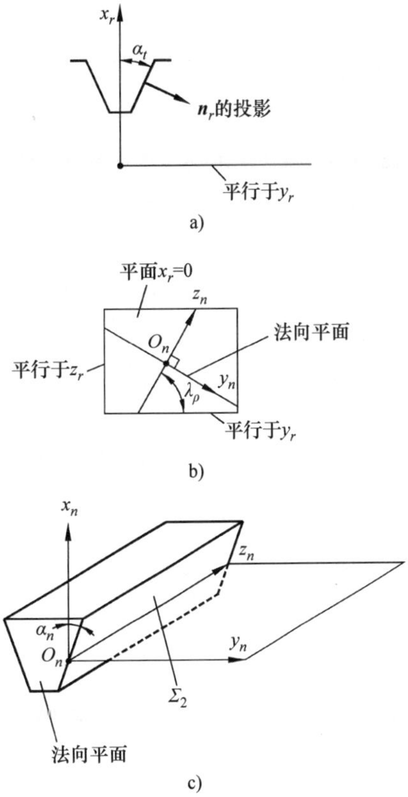

图 14.4.2　齿条刀具的齿面和齿形角

a）齿形角　b）平面 $x_r = 0$　c）齿面

5. Σ_r 上的接触线

Σ_r 与 Σ_1 之间的瞬时接触线 L_{1r} 在坐标系 S_r 中用方程（14.4.10）表示，并且取 ϕ 为常数。L_{1r} 为一直线，其单位矢量 $\boldsymbol{a}$ 在 S_r 中可表示为

$$\boldsymbol{a}_r = \frac{\partial \boldsymbol{r}_r}{\partial u} = [\cos\lambda_b \sin\alpha_t \quad -\cos\lambda_b \cos\alpha_t \quad -\sin\lambda_b]^{\mathrm{T}} \tag{14.4.26}$$

利用从 S_r 到 S_n 的坐标变换，我们可将单位矢量 $\boldsymbol{a}_n$ 表示为

$$\begin{bmatrix} a_{xn} \\ a_{yn} \\ a_{zn} \end{bmatrix} = \begin{bmatrix} 1 & 0 & 0 \\ 0 & \sin\lambda_\rho & -\cos\lambda_\rho \\ 0 & \cos\lambda_\rho & \sin\lambda_\rho \end{bmatrix} \begin{bmatrix} a_{xr} \\ a_{yr} \\ a_{zr} \end{bmatrix} \tag{14.4.27}$$

角 q（见图 14.4.3）可用如下方程确定：

$$\cos q = -\boldsymbol{a}_n \cdot \boldsymbol{k}_n = \frac{\cos\alpha_t}{\cos\alpha_n} \tag{14.4.28}$$

接触线 L_{1r} 是平面 Σ_r（齿条的齿面）上的一平行直线族，这族直线与轴线 z_n 构成角 q（见图 14.4.3）。

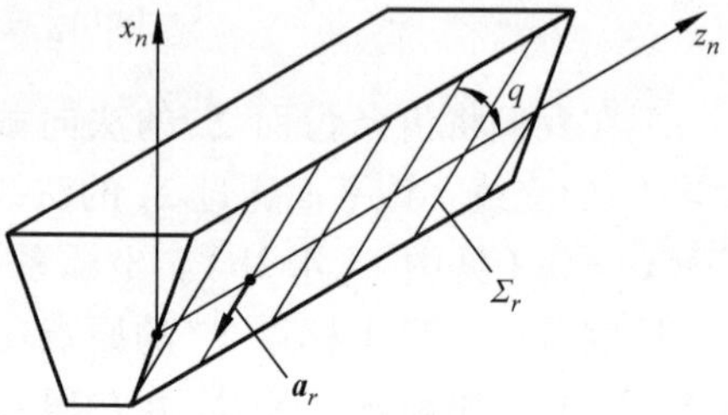

图 14.4.3　齿条齿面上的接触线

6. 齿面 Σ_1 上的接触线 L_{1r}

斜齿轮齿面 Σ_1 上的接触线 L_{1r} 可用齿面方程（14.3.5）和取 ϕ 为一系列定值的啮合方程（14.4.7）来表示。在 S_1 中接触线 L_{1r} 用矢量函数 $\boldsymbol{r}_1(u, \theta(\phi))$ 来表示。

从啮合方程（14.4.7）可得出，如果 ϕ 为定值，则 θ 也为定值。因此，Σ_1 上的瞬时接触线是 u 坐标线，该线切于半径为 r_b 的基圆柱上的螺旋线（见图 14.4.4a）。我们提醒读者，直齿齿轮齿面上的各接触线都是平行于齿轮轴线的直线（见图 14.4.4b）。

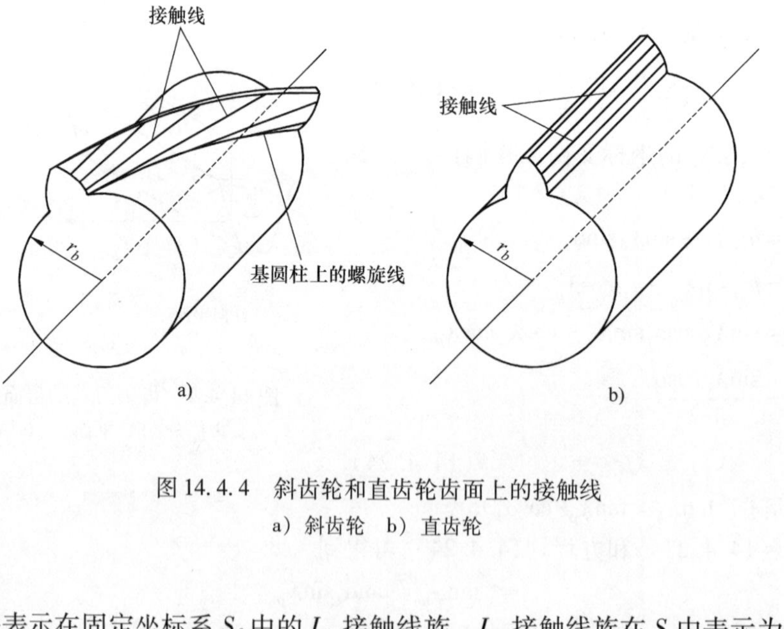

图 14.4.4　斜齿轮和直齿轮齿面上的接触线

a）斜齿轮　b）直齿轮

7. 啮合面

啮合面是表示在固定坐标系 S_f 中的 L_{1r} 接触线族。L_{1r} 接触线族在 S_f 中表示为

$$\begin{cases} \boldsymbol{r}_f = \boldsymbol{M}_{f1}\boldsymbol{r}_1(u,\theta) \\ f(\theta,\phi) = 0 \end{cases} \tag{14.4.29}$$

从方程（14.3.5）、方程（14.4.7）和方程（14.4.29）可得到如下啮合面方程：

$$\begin{cases} x_f = r_b\cos\alpha_t + u\cos\lambda_b\sin\alpha_t \\ y_f = r_b\sin\alpha_t - u\cos\lambda_b\cos\alpha_t \\ z_f = -u\sin\lambda_b + p(\alpha_t + \phi - \mu) \end{cases} \tag{14.4.30}$$

式中，u 和 ϕ 是齿面参数。

显然，啮合面是一平面。瞬时接触线用方程（14.4.29）确定，并认为 ϕ 为定值。啮合面上的接触线族用平面 Π 上的诸平行直线来表示（见图 14.4.5）。这个平面切于半径为 r_b 的基圆柱，并且 AB 是 Π 与基圆柱的切线。啮合面上的流动点 M 的位置矢量 $\overrightarrow{O_fM}$ 表示为（见图 14.4.5）

$$\overrightarrow{O_fM} = \overrightarrow{O_fA} + \overrightarrow{AB} + \overrightarrow{BM} \tag{14.4.31}$$

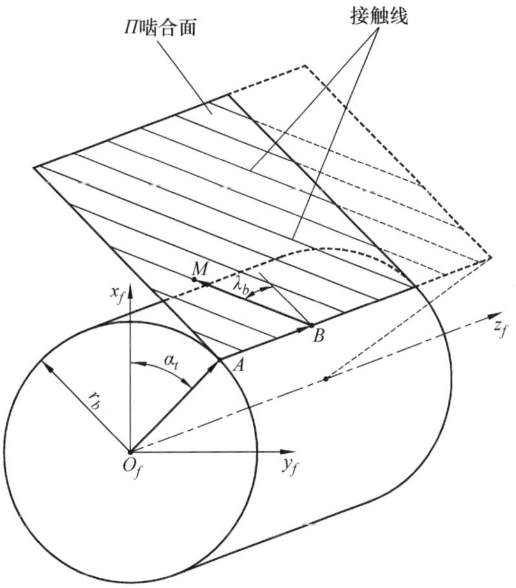

图 14.4.5　斜齿轮与齿条处于啮合时的啮合面

其中

$$\begin{cases} \overrightarrow{O_fA} = [\,r_b\cos\alpha_t \quad r_b\sin\alpha_t \quad 0\,]^{\mathrm{T}} \\ \overrightarrow{AB} = p(\alpha_t + \phi - \mu)\boldsymbol{k}_f \\ \overrightarrow{BM} = [\,u\cos\lambda_b\sin\alpha_t \quad -u\cos\lambda_b\cos\alpha_t \quad -u\sin\lambda_b\,]^{\mathrm{T}} \\ \overrightarrow{O_fM} = [\,x_f \quad y_f \quad z_f\,]^{\mathrm{T}} \end{cases} \tag{14.4.32}$$

式中，ϕ 取常数。

8. 设计参数之间的关系式

下面，我们假定，在加工斜齿轮的过程中，齿轮的瞬时轴面是半径为 $r_p = \rho$ 的分度圆柱。我们把斜齿轮分度圆柱上的导程角和螺旋角分别标记为 λ_p 和 β_p。

图 14.4.6 所示为一假想齿条刀具分别在法向截面 B—B 和端截面 A—A 两个截面内的齿形、设计参数和轮齿元素的比例尺寸（见图 14.4.7）。图 14.4.6 上的记号 $k=n$，t 分别对应上述的两个截面。我们强调一下，齿条刀具的齿高 $2b$ 在两个截面上是相同的。普通齿条（而非齿条刀具）的齿高为（$a+b$）。记号 $p_b^{(k)}$（$k=n$，t）表示，齿条相邻两齿廓之间的距离等于直齿齿轮（$k=n$）的斜齿齿轮（$k=n$，t）在其横截面内的基节。

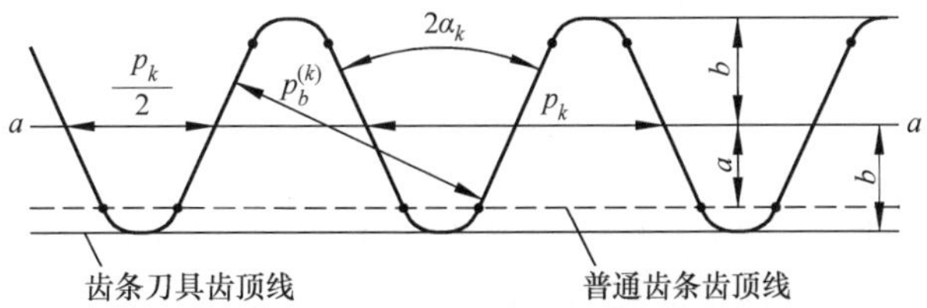

图 14.4.6　齿条刀具在法向截面和端截面内的设计参数（$k=n$，t）

刀具在法向截面内的设计参数是标准化的。标准斜齿齿轮是在齿条刀具的中线 a—a 位

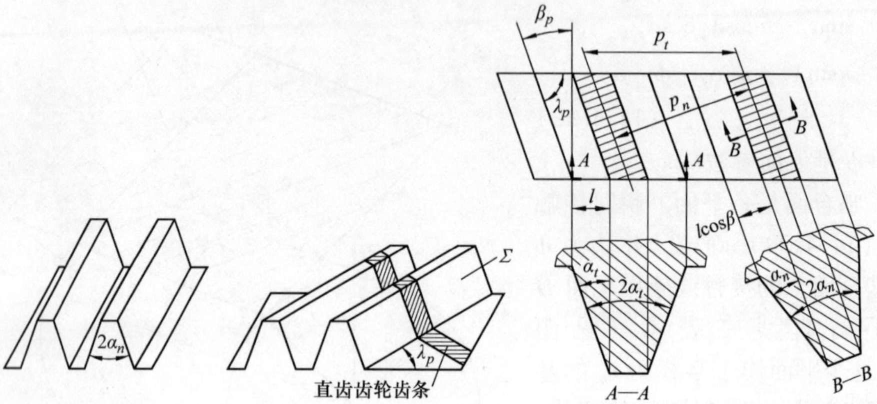

图 14.4.7　斜齿轮齿条刀具的各截面

于与齿轮分度圆柱相切的平面时进行加工的。用于计算标准斜齿轮设计参数的输入数据为 α_n、P_n、λ_p、N、$a=1/P_n$ 和 $b=1.25/P_n$。

设计参数的电算按如下程序进行。

步骤1：确定齿形角 α_t，即

$$\tan\alpha_t=\frac{\tan\alpha_n}{\sin\lambda_p}=\frac{\tan\alpha_n}{\cos\beta_p} \tag{14.4.33}$$

步骤2：确定 p_t 和 P_t，即

$$\begin{cases}p_t=\dfrac{p_n}{\sin\lambda_p}\\ P_t=P_n\sin\lambda_p\end{cases} \tag{14.4.34}$$

步骤3：确定分度圆柱半径 r_p，即

$$r_p=\frac{N}{2P_t}=\frac{N}{2P_n\sin\lambda_p} \tag{14.4.35}$$

步骤4：确定基圆柱半径 r_b，即

$$r_b=r_p\cos\alpha_t=\frac{N\cos\alpha_t}{2P_n\sin\lambda_p} \tag{14.4.36}$$

步骤5：确定基圆柱上的导程角 λ_b，即

$$\tan\lambda_b=\frac{p}{r_b}=\frac{r_p\tan\lambda_p}{r_b} \tag{14.4.37}$$

λ_b 的另一方程为

$$\cos\lambda_b=\cos\lambda_p\cos\alpha_n \tag{14.4.38}$$

方程（14.4.38）的推导基于方程（14.4.17）和方程（14.4.33），以及 $\rho=r_p$。

步骤6：确定齿顶圆柱和齿根圆柱的半径，即

$$r_a=r_p+a=\frac{N+2\sin\lambda_p}{2P_n\sin\lambda_p} \tag{14.4.39}$$

$$r_d=r_p-b=\frac{N-2.5\sin\lambda_p}{2P_n\sin\lambda_p} \tag{14.4.40}$$

步骤 7：确定分度圆上齿宽和齿槽的公称值（横截面内），即

$$s_t = w_t = \frac{p_t}{2} = \frac{p_n}{2\sin\lambda_p} = \frac{\pi}{2P_n\sin\lambda_p} \tag{14.4.41}$$

14.5　配对斜齿轮的啮合

我们使用刚性固接于齿轮 1 和齿轮 2 上的动坐标系 S_1 和 S_2，以及固定坐标系 S_f（见图 14.5.1）。齿轮传动比 m_{12} 为常数，并且两齿轮的回转角 ϕ_1 和 ϕ_2 的关系如下：

$$m_{12} = \frac{\omega^{(1)}}{\omega^{(2)}} = \frac{\rho_2}{\rho_1} = \frac{\phi_1}{\phi_2} \tag{14.5.1}$$

两齿轮轴线之间的最短距离为 E。瞬时回转轴 $P—P$ 平行于齿轮的回转轴（见图 14.5.1），其在坐标系 S_f 中的位置为

$$|\overrightarrow{O_fP}| = \rho_1 = E\frac{1}{1+m_{12}} \tag{14.5.2}$$

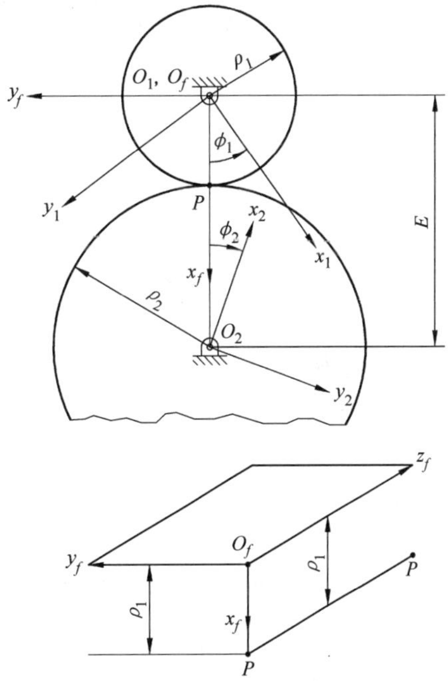

图 14.5.1　用于一对斜齿轮的坐标系

我们假定斜齿轮 1 的齿面 Σ_1 为一渐开线螺旋面，而我们的目标是确定：a. 与齿面 Σ_1 共轭的齿面 Σ_2；b. 两齿面 Σ_1 和 Σ_2 之间的接触线；c. 共轭齿面 Σ_1 和 Σ_2 的啮合面。为了进一步推导，我们假定齿面 Σ_1 及其单位法线矢量用方程（14.3.5）和方程（14.3.6）给定。

1. 啮合方程

推导啮合方程基于如下定理：两齿面 Σ_1 和 Σ_2 在其相切的流动点处的法线必须与瞬时回转轴 $P—P$ 相交。

类似于 14.4 节中所述的那种推导，结果得出如下啮合方程：

$$\cos(\theta_1 + \mu_1 - \phi_1) = \frac{r_{b1}}{\rho_1} = \cos\alpha_O \tag{14.5.3}$$

式中，α_O 是斜齿轮的压力角。

方程（14.5.3）提供两个解。我们选定的解为

$$\theta_1 + \mu_1 - \phi_1 - \alpha_O = f(\theta_1, \phi_1) = 0 \tag{14.5.4}$$

其就是啮合方程。

2. 齿面 Σ_2 的推导

利用如下方程可确定齿面 Σ_2：

$$\begin{cases} \boldsymbol{r}_2(u_1, \theta_1, \phi_1) = \boldsymbol{M}_{21}(\phi_1)\boldsymbol{r}_1(u_1, \theta_1) \\ f(\theta_1, \phi_1) = 0 \end{cases} \tag{14.5.5}$$

其中

$$f(\theta_1, \phi_1) = 0$$

是用方程（14.5.4）表示的啮合方程。矩阵 $\boldsymbol{M}_{21}$ 表示从 S_1 到 S_2 的坐标变换（见图 14.5.1），并表示为

$$\boldsymbol{M}_{21}=\begin{bmatrix} -\cos(\phi_1+\phi_2) & -\sin(\phi_1+\phi_2) & 0 & E\cos\phi_2 \\ \sin(\phi_1+\phi_2) & -\cos(\phi_1+\phi_2) & 0 & -E\sin\phi_2 \\ 0 & 0 & 1 & 0 \\ 0 & 0 & 0 & 1 \end{bmatrix} \tag{14.5.6}$$

这里，ϕ_1 和 ϕ_2 用方程（14.5.1）来联系。

图 14.5.1 所示为两斜齿轮的瞬轴面的半径 ρ_1 和 ρ_2，并计及

$$\begin{cases} E=\rho_1+\rho_2 \\ m_{12}=\dfrac{\omega^{(1)}}{\omega^{(2)}}=\dfrac{\rho_2}{\rho_1} \\ \rho_1=\dfrac{r_{b1}}{\cos\alpha_O} \end{cases} \tag{14.5.7}$$

并且利用方程（14.5.4）~方程（14.5.6）和方程（14.3.5），我们得到 $\boldsymbol{\Sigma}_2$ 的如下方程：

$$x_2=\frac{r_{b1}}{\cos\alpha_O}[m_{12}\cos\phi_2-\sin\alpha_O\sin(\phi_2-\alpha_O)]+u_1\cos\lambda_{b1}\sin(\phi_2-\alpha_O) \tag{14.5.8}$$

$$y_2=-\frac{r_{b1}}{\cos\alpha_O}[m_{12}\sin\phi_2+\sin\alpha_O\cos(\phi_2-\alpha_O)]+u_1\cos\lambda_{b1}\cos(\phi_2-\alpha_O) \tag{14.5.9}$$

$$z_2=-u_1\sin\lambda_{b1}+p_1(m_{12}\phi_2+\alpha_O-\mu_1) \tag{14.5.10}$$

方程（14.5.8）~方程（14.5.10）通过曲面参数（u_1，ϕ_2）表示齿面 $\boldsymbol{\Sigma}_2$。齿面的单位法线矢量表示为

$$\begin{cases} \boldsymbol{n}_2=\dfrac{\boldsymbol{N}_2}{|\boldsymbol{N}_2|} \\ \boldsymbol{N}_2=\dfrac{\partial \boldsymbol{r}_2}{\partial\phi_2}\times\dfrac{\partial \boldsymbol{r}_2}{\partial u_1} \end{cases} \tag{14.5.11}$$

经过推导后，我们得到

$$\boldsymbol{n}_2=-[\sin\lambda_{b1}\sin(\phi_2-\alpha_O)\quad \sin\lambda_{b1}\cos(\phi_2-\alpha_O)\quad \cos\lambda_{b1}]^{\mathrm{T}} \tag{14.5.12}$$

$$[\text{假定 } r_b\tan\alpha_O(1+m_{12})-u_1\cos\lambda_{b1}\neq 0]$$

推导 $\boldsymbol{n}_2$ 的另一方法基于应用方程

$$\boldsymbol{n}_2=\boldsymbol{L}_{21}\boldsymbol{n}_1 \tag{14.5.13}$$

和啮合方程（14.5.4）。这里，$\boldsymbol{L}_{21}$是$\boldsymbol{M}_{21}$的一个（3×3）子矩阵。齿面 $\boldsymbol{\Sigma}_2$ 是螺旋面，这是因为如下方程成立：

$$y_2n_{x2}-x_2n_{y2}-p_2n_{z2}=0 \tag{14.5.14}$$

其中

$$p_2=-p_1m_{12} \tag{14.5.15}$$

因为单位法线矢量的方向与齿面参数 u_1 无关，所以该齿面为一直纹可展螺旋面。容易证明，$\boldsymbol{\Sigma}_2$ 为一渐开线螺旋面，而这一结论基于如下理由：

1）被垂直于齿轮轴线的平面 Π 所截的横截面 Σ_1 为渐开线。

2）两齿轮的啮合在平面 Π 内可表示为两共轭曲线的啮合。因为这两条渐开线之一为渐开线，所以另一条也是渐开线（参见第 10 章）。

3）两渐开线齿轮的传动比为

$$m_{12}=\frac{\omega^{(1)}}{\omega^{(2)}}=\frac{r_{b2}}{r_{b1}} \tag{14.5.16}$$

从方程（14.5.15）和方程（14.5.16）可得出，齿轮 2 的螺旋齿向与齿轮 1 的螺旋齿向是相反的。然而，两齿轮导程角 λ_{b1} 和 λ_{b2} 的大小是相等的。

3. 啮合面

啮合面在坐标系 S_f 中用如下方程表示：

$$\boldsymbol{r}_f=\boldsymbol{M}_{f1}\boldsymbol{r}_1(u_1,\theta_1)\quad (f(\theta_1,\phi_1)=\theta_1+\mu_1-\phi_1-\alpha_O=0) \tag{14.5.17}$$

从方程（14.3.5）和方程（14.5.17）可求出啮合面的如下表达式：

$$\begin{cases}x_f=r_{b1}\cos\alpha_O+u_1\cos\lambda_{b1}\sin\alpha_O\\ y_f=r_{b1}\sin\alpha_O-u_1\cos\lambda_{b1}\cos\alpha_O\\ z_f=-u_1\sin\lambda_{b1}+p_1(\alpha_O-\mu_1+\phi_1)\end{cases} \tag{14.5.18}$$

方程（14.5.18）证明，啮合面为一切于半径 r_{b1} 和 r_{b2} 的两基圆柱且通过瞬时回转轴 P—P 的平面，其取向如图 14.5.2 所示。

参数 ϕ_1 为定值的方程（14.5.18）在坐标系 S_f 中表示两齿面 Σ_1 和 Σ_2 之间的瞬时接触线 L_{12}。在啮合面上的各接触线为平行直线。流动接触点 M 的位置矢量 $\overrightarrow{O_fM}$ 表示为

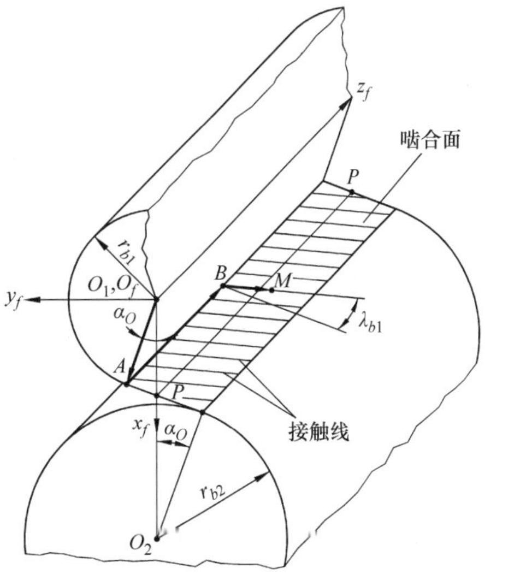

图 14.5.2　斜齿轮的啮合面

$$\overrightarrow{O_fM}=\overrightarrow{O_fA}+\overrightarrow{AB}+\overrightarrow{BM} \tag{14.5.19}$$

其中

$$\overrightarrow{O_fA}=[r_{b1}\cos\alpha_O\quad r_{b1}\sin\alpha_O\quad 0]^{\mathrm{T}} \tag{14.5.20}$$

$$\overrightarrow{AB}=p_1(\alpha_O-\mu_1+\phi_1)\boldsymbol{k}_f \tag{14.5.21}$$

$$\overrightarrow{BM}=[u_1\cos\lambda_{b1}\sin\alpha_O\quad -u_1\cos\lambda_{b1}\cos\alpha_O\quad -u_1\sin\lambda_{b1}]^{\mathrm{T}} \tag{14.5.22}$$

类似于 14.4 节所完成的分析可以证明，表示在坐标系 S_i（$i=1$，2）中的瞬时接触线 L_{12} 是半径为 r_{bi} 的基圆柱上螺旋线的切线（见图 14.4.4a）。

斜齿轮的压力角 α_O，取决于齿条刀具齿形角 α_t 和最短距离 E。容易证明

$$\cos\alpha_O=\frac{r_{b1}+r_{b2}}{E}=\frac{(r_{p1}+r_{p2})\cos\alpha_t}{E}=\frac{(N_{p1}+N_{p2})\cos\alpha_t}{2P_tE} \tag{14.5.23}$$

在标准齿轮传动的情况下，我们有

$$\begin{cases}E=r_{p1}+r_{p2}\\ \alpha_O=\alpha_t\end{cases} \tag{14.5.24}$$

14.6 不产生根切的条件

与渐开线直齿轮相比，渐开线斜齿轮对根切不太敏感。考察渐开线平面齿轮与相应的齿条刀具在垂直于斜齿轮轴线平面内的啮合，就能确定不产生根切的条件（见图14.6.1）。齿条刀具的齿形角为α_t。平面齿轮的瞬心线的分度圆半径为

$$r_p = \frac{N}{2P_t} = \frac{N}{2P_n\cos\beta_p} \tag{14.6.1}$$

在标准斜齿轮的情况下，齿条刀具的中线 m—m 切于分度圆。如果满足下式，则根切可以避免：

$$\frac{1}{P_n} \leqslant PC \tag{14.6.2}$$

$$PC = r_p\sin^2\alpha_t = \frac{N}{2P_t}\sin^2\alpha_t = \frac{N}{2P_n\cos\beta_p}\sin^2\alpha_t \tag{14.6.3}$$

于是，我们得出不产生根切条件为

$$N \geqslant \frac{2\cos\beta_p}{\sin^2\alpha_t} = \frac{2\cos\beta_p(\cos^2\beta_p + \tan^2\alpha_n)}{\tan^2\alpha_n} \tag{14.6.4}$$

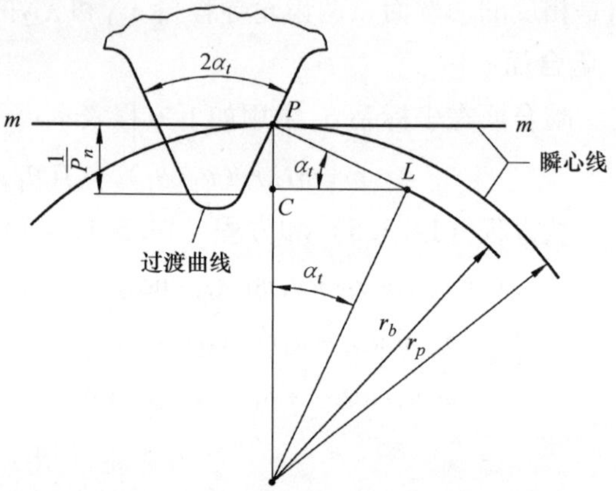

图14.6.1 用于推导渐开线斜齿轮不产生根切的条件

在直齿轮的情况下，我们有$\beta_p=0$，于是

$$N \geqslant \frac{2}{\sin^2\alpha_n} \tag{14.6.5}$$

现在考察斜齿轮的一个数值实例，其输入数据如下：$\beta_p = 45°$，$\alpha_n = 20°$。从不等式（14.6.4）可得出

$$N \geqslant 7$$

显然，齿轮的齿数为整数。我们记得，对于$\alpha_n = 20°$的直齿轮的情况，我们有

$$N \geqslant 17$$

14.7 重合度

重合度可以确定为两个分量之和：

$$m_c = m_c^{(c)} + m_c^{(l)} \tag{14.7.1}$$

这里，上标c和l表明啮合分别是在横截面内和纵向上考虑的。确定重合度$m_c^{(c)}$类似于相应的直齿轮重合度的求法，但要考虑到斜齿轮设计参数之间的特定关系（参见14.4节）。纵向重合度$m_c^{(l)}$可用下面的方程表示（见图14.7.1a）。

$$m_c^{(l)} = \frac{\widehat{AB}}{p_t} \tag{14.7.2}$$

图14.7.1b表示分度圆柱在平面上的展开图，容易证明

$$\widehat{AB} = AB = l\tan\beta_p \tag{14.7.3}$$

式中线段AB是圆弧$\widehat{AB}$的展图，而 l 是斜齿轮的轴向尺寸。从方程（14.7.2）和方程（14.7.3）可导出纵向重合度：

$$m_c^{(l)} = \frac{l\tan\beta_p}{p_t} = \frac{P_t l\tan\beta_p}{\pi} = \frac{P_n l\sin\beta_p}{\pi} \tag{14.7.4}$$

与相应的直齿轮传动相比，斜齿轮传动的重合度比较大。

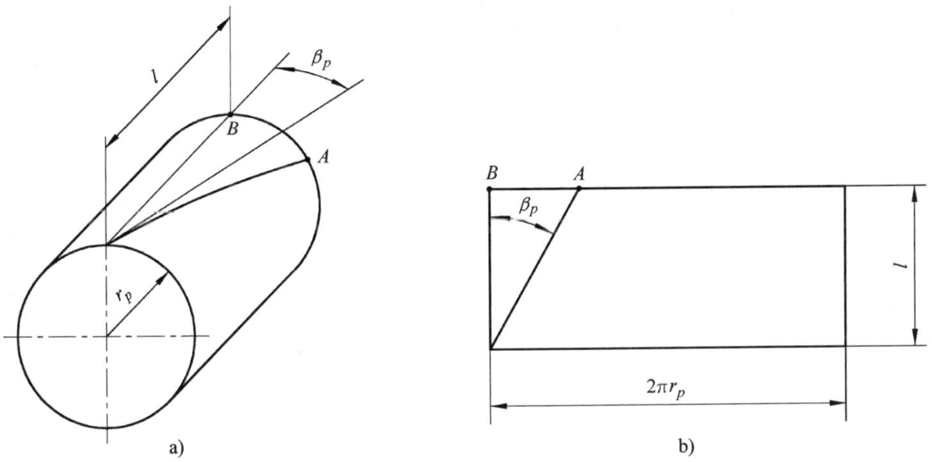

图 14.7.1 用于推导重合度

a）分度圆柱 b）在平面上的展开图

14.8 力的传递

假定已知作用在从动齿轮上的阻力矩 $\boldsymbol{M}_r$，我们的目标是确定中间切触点 P 处接触力的各分量。下面是推导步骤。

步骤 1：如前所述齿面单位法线矢量的推导。假定有一曲面 Σ 和其上的两条线 L_1 和 L_2（见图 14.8.1）。两条线 L_1 和 L_2 彼此相交于点 P；矢量 $\boldsymbol{a}$ 和 $\boldsymbol{b}$ 是这两条线在 P 点的切线，并且在点 P 构成 Σ 的切平面 Π。齿面的单位法线矢量可用如下方程确定：

$$\begin{cases} \boldsymbol{n} = \dfrac{\boldsymbol{N}}{|\boldsymbol{N}|} \\ \boldsymbol{N} = \boldsymbol{a} \times \boldsymbol{b} \end{cases} \tag{14.8.1}$$

步骤 2：两斜齿轮的齿面在每一瞬时，都沿着一条线相互接触。我们考察齿轮两齿面的这样一个瞬时位置，此时瞬时接触线通过点 P、即齿轮两分度圆柱切线的中点（见图 14.8.2）。平面 Π（在图 14.8.2 中未示出）在分度圆柱处切于齿轮 2 的齿面。矢量 $\boldsymbol{a}$ 位于平面 Π，并且切于半径 r_{p2}的分度圆柱上的螺旋线；β_p 为螺旋角；d—d 为垂直于矢量 $\boldsymbol{a}$ 且通过点 P 的平面的迹线。该平面与分度圆柱的交线为一椭圆，其短轴为 $2r_{p2}$，长轴为 $2r_{p2}/\cos\beta_p$。图 14.8.2 还示出了齿轮齿面 Σ_2 的法向截面，矢量 $\boldsymbol{b}$ 在点 P 处切于齿面 Σ_2 的法向截面。

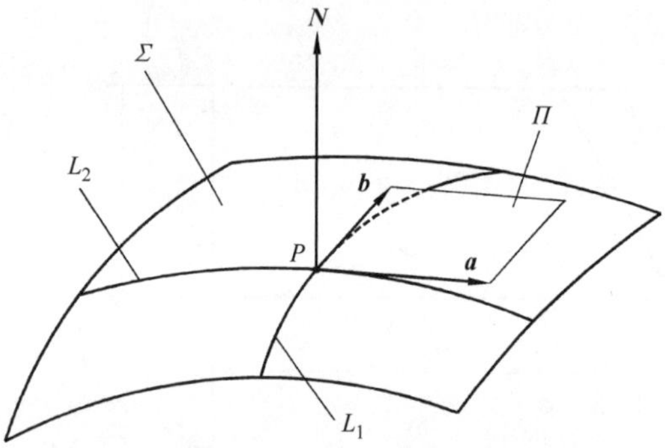

图 14. 8. 1　用于推导齿面的法向矢量

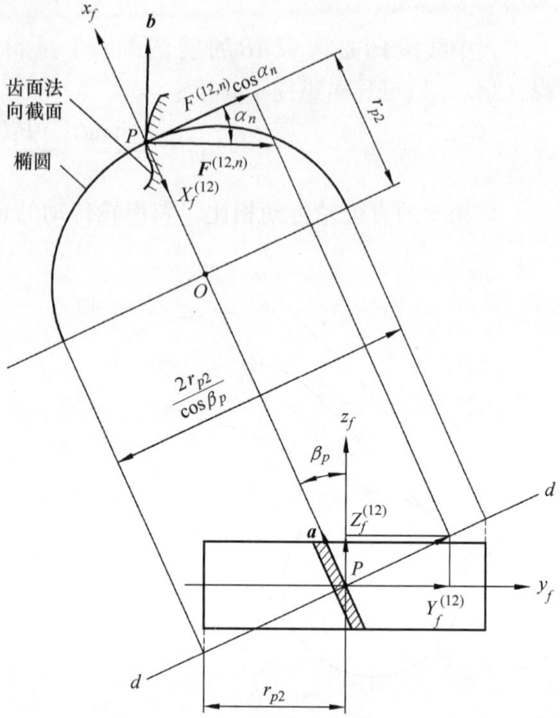

图 14. 8. 2　推导接触力的各分量

步骤 3：矢量 $\boldsymbol{a}$ 和 $\boldsymbol{b}$ 在坐标系 S_f 中可表示为

$$\boldsymbol{a}=[0 \quad -\sin\beta_p \quad \cos\beta_p]^{\mathrm{T}} \tag{14.8.2}$$

$$\boldsymbol{b}=[\cos\alpha_n \quad \sin\alpha_n\cos\beta_p \quad \sin\alpha_n\cos\beta_p]^{\mathrm{T}} \tag{14.8.3}$$

由方程（14. 8. 1）~方程（14. 8. 3）导出

$$\boldsymbol{n}=[-\sin\alpha_n \quad \cos\alpha_n\cos\beta_p \quad \cos\alpha_n\sin\beta_p]^{\mathrm{T}} \tag{14.8.4}$$

步骤 4：在点 P 从齿轮 1 传到齿轮 2 的接触力的法向分量记为 $\boldsymbol{F}^{(12,n)}$，其方向为沿着两接触齿面的法线方向。切向分量，即摩擦力，忽略不计。这里

$$\boldsymbol{F}^{(12,n)}=F^{(12,n)}\boldsymbol{n} \tag{14.8.5}$$

其中

$$F^{(12,n)}=|\boldsymbol{F}^{(12,n)}|$$

$\boldsymbol{F}^{(12,n)}$ 在 S_f 的坐标轴上投影记为 $X_f^{(12)}$、$Y_f^{(12)}$ 和 $Z_f^{(12)}$（见图 14. 8. 3），并且示于图 14. 8. 3上，这里

$$\begin{cases} X_f^{(12)}=-F^{(12,n)}\sin\alpha_n \\ Y_f^{(12)}=F^{(12,n)}\cos\alpha_n\cos\beta_p \\ Z_f^{(12)}=F^{(12,n)}\cos\alpha_n\sin\beta_p \end{cases} \tag{14.8.6}$$

显然，力的传递伴有轴向载荷，因此每一齿轮的成对轴承中至少有一个必须设计成能够承受轴向载荷（见图 14. 8. 3）。

步骤 5：考虑到齿轮 2 的平衡条件，我们能够确定出传递力 $Y_f^{(12)}$ 的大小为

$$Y_f^{(12)}=\frac{M_r}{r_{p2}} \tag{14.8.7}$$

从方程（14.8.7）和方程（14.8.6）可导出

$$F^{(12,n)}=\frac{M_r}{r_{p2}\cos\alpha_n\cos\beta_p} \tag{14.8.8}$$

$$X_f^{(12)}=\frac{M_r\tan\alpha_n}{r_{p2}\cos\beta_p} \tag{14.8.9}$$

$$Z_f^{(12)}=\frac{M_r\tan\beta_p}{r_{p2}} \tag{14.8.10}$$

使接触力的轴向分量变为零，可采用人字轮齿（见图 14.8.4a），或者将配对齿轮中的每一个均设计成两个斜齿轮的组合件。其由一块毛坯做成，并制成旋向相反的斜齿（见图 14.8.4b）。

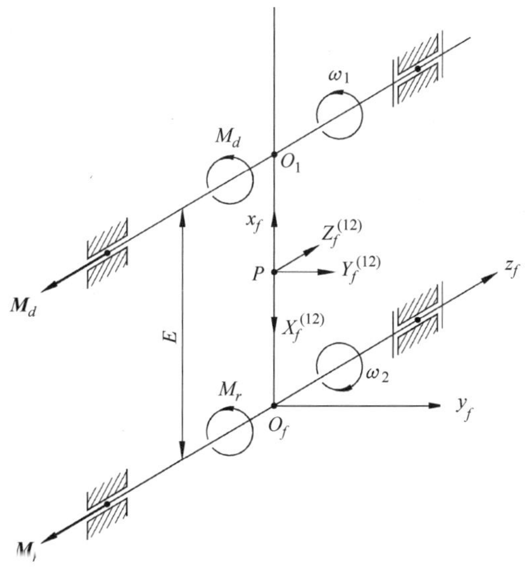

图 14.8.3　接触力的各分量

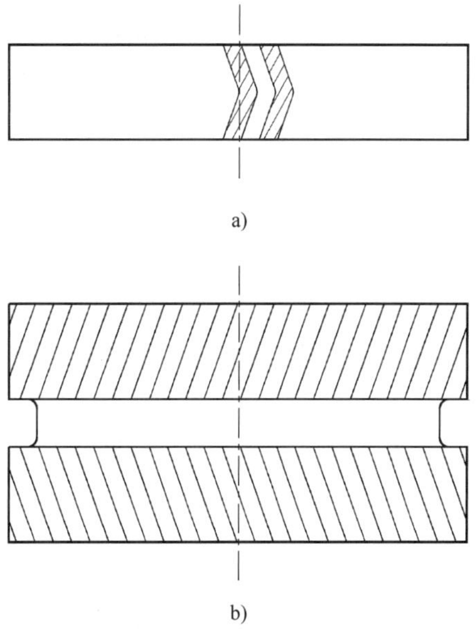

图 14.8.4　无轴向载荷的斜齿轮
a）人字轮齿　b）旋向相反的斜齿

14.9　轮齿接触分析的结果

电算结果表明，齿轮传动对安装引起的角度误差十分敏感，诸如交错角误差 $\Delta\gamma$、小齿轮（大齿轮）分度圆柱上的导程角误差 $\Delta\lambda_{pi}$（$i=1$，2）、滚刀的齿形角误差 $\Delta\alpha_n$。$\Delta\alpha_n$ 是指用于加工配对斜齿轮的两把滚刀的齿形角之差。误差 $\Delta\gamma$ 和 $\Delta\lambda_{pi}$ 引起边缘接触，并且会使传动误差成为逐段近似线性函数，类似于图 9.2.1 所示的那样。由 $\Delta\gamma$ 和 $\Delta\lambda_{pi}$ 引起的齿轮传动的振动是不可避免的。误差 $\Delta\alpha_n$ 引起边缘接触。

为了避免边缘接触和减少振动，斜齿轮传动应用了一种新拓扑结构（参见 Litvin 等人 2003 年的专著）。轮齿齿面的变位应按下列原则进行：a. 应当保证瞬时接触椭圆具有可控尺寸的两齿面的点接触代替齿面的线接触；b. 在普通斜齿轮传动中，小齿轮应进行双鼓形修整的共轭齿廓。小齿轮双鼓形的意思就是横截面上的渐开线的齿廓偏差和纵向螺旋齿面的偏差（参见 Litvin 等人 2003 年的专著），这种修整的目的是为吸收由安装误差引起的传动误差的线性函数预先设定传动误差的抛物线函数。

14.10 专门术语

α_n	法向截面上齿条齿形角（见图 14.4.7）
α_t	端截面上齿条齿形角（见图 14.4.7）
β_k（$k=p$，ρ）	分度圆柱上（$k=p$）上的螺旋角，在分度圆柱上的半径 ρ（$k=\rho$）（见图 14.2.1 和图 14.4.7）
λ_i（$i=p$，b，ρ）	分度圆柱上（$i=p$）、在基圆柱上（$i=b$）、在圆柱上半径 ρ 上的导程角（见图 14.2.1、图 14.4.5 和图 14.4.7）
μ_1	齿轮 1 在基圆上齿槽宽度的半角（见图 14.3.2）
θ、θ_1 和 θ_2	渐开线螺旋面的齿面参数（见图 14.3.2 和图 14.3.3）
ϕ、ϕ_1 和 ϕ_2	齿轮回转角（见图 14.4.1 和图 14.5.1）
η_2	齿轮 2 分度圆上齿厚半角
E	两轴之间最短距离（见图 14.5.1）
$\boldsymbol{F}^{(12,n)}$	接触力的法向分量（见图 14.8.2）
H	导程（见图 14.2.1）
l	斜齿轮的轴向尺寸（见图 14.7.1b）
m_{12}	传动比
m_c	齿轮重合度
$\boldsymbol{N}$	齿面法向矢量
$\boldsymbol{n}$	齿面的单位法向矢量
p_n	沿垂直于齿条斜齿方向测量的齿距（见图 14.4.7）
p_t	端面上齿距（见图 14.4.7）
P_n 和 P_t	对应于 p_n 和 p_t 的径节
$p=H/2\pi$	螺旋参数
q	齿条齿面上直接触线的方向角（见图 14.4.3）
r_b	基圆柱的半径（见图 14.4.4）
r_O	啮合节圆柱（瞬轴面）的半径
r_{pi}	分度圆柱 i 的半径（见图 14.3.2 和图 14.3.3）
s	齿条的位移（见图 14.4.1）
s_t	端截面上分度圆上的齿厚
u	渐开线斜齿轮的齿面参数
w_t	端截面上沿分度圆测量的齿槽宽度
$X_f^{(12)}$、$Y_f^{(12)}$、$Z_f^{(12)}$	接触力的各分量（见图 14.8.2 和图 14.8.3）

第15章 渐开线变位齿轮

15.1 引言

渐开线齿轮传动，其中有直齿轮和斜齿轮，广泛应用于减速器、行星轮系、变速器和其他工业部门。齿轮传动设计与制造（如滚齿、插齿、磨齿）的先进水平是一个国家工业水平的指标之一。斜齿轮的几何、设计和制造方面目前研究的课题，有 Litvin 等人 1995 年、1999 年、2001 年和 2003 年的专著，Stosic1998 年的专著，Feng 等人 1999 年的专著。

渐开线齿轮与摆线针齿轮传动相比，其优点是中心距变化时不会引起传动误差。然而实际上的设计、接触区的测试和传动误差表明，需要对渐开线齿轮进行变位，尤其是斜齿轮。图 15.1.1 所示为渐开线变位斜齿轮传动的三维模型。

现有的渐开线斜齿轮传动设计与制造提供了沿直线的轮齿瞬时接触，共轭齿面的瞬时接触线为一直线 L_0，即为基圆柱上螺旋线的切线（见图 15.1.2）。齿面在 L_0 线上任意点的法线与在啮合过程中做相对运动的瞬时轴线和分度圆柱的切线相交之线是共线的。分度圆柱的概念的讨论见 15.2 节。

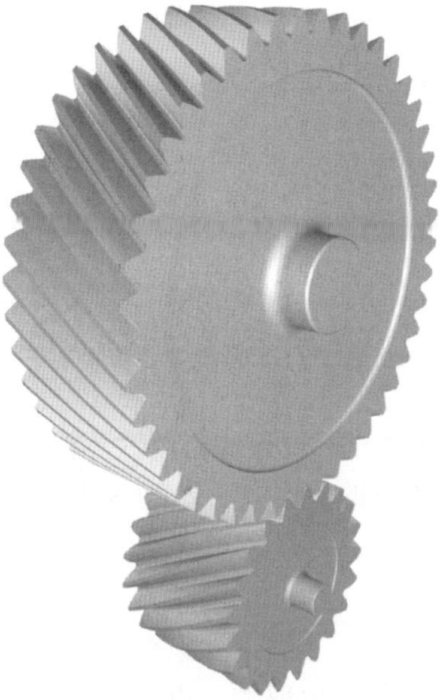

图 15.1.1　渐开线变位斜齿轮传动

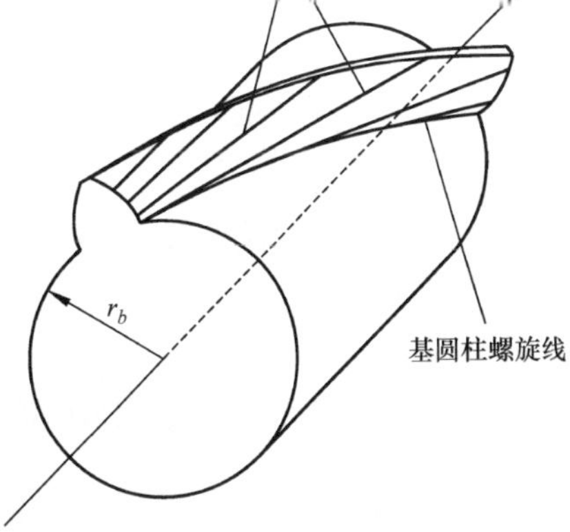

图 15.1.2　渐开线斜齿轮齿面接触线

渐开线齿轮传动对如下制造和装配误差敏感：a. 轴交角的变动量 $\Delta\gamma$；b. 螺旋参数的误差（配对齿轮之一）。角 $\Delta\gamma$ 是由齿轮的轴线形成的，当其是交错而不平行时，产生非对性误差（见图15.4.4）。这种误差引起传动误差非连续性线性函数，其结果是引起振动和噪声，也可以产生边缘接触，其为曲线和齿面啮合而非面对面接触（见15.9节）。在非对中齿轮传动中，传动函数在每一啮合周期中是变化的（对每对齿的啮合作为一个周期）。因此，传动误差的函数在两对轮齿之间的啮合传递是间断的（见图15.4.6a）。

本章包含计算机设计、加工方法、啮合模拟以及提高渐开线变位斜齿轮传动的应力分析。

普通渐开线斜齿轮传动的变位方法基于下列基本概念：

1）齿面以线接触替代瞬时点接触。

2）齿面的点接触是由小齿轮的齿廓方向和纵向鼓形修整实现的，齿轮的齿面是一普通渐开线的螺旋面。

3）齿廓鼓形修整使接触区和小齿轮齿面接触轨迹局部化或使大齿轮纵向修整（见15.4节）。

4）纵向鼓形修整可使我们得到齿轮传动中传动误差的抛物函数，如由非对中传动引起的传动误差的非连续线性函数所吸收的一种函数。因此，其可减小噪声和振动（见15.7节）。图15.1.3所示为小齿轮齿廓鼓形修整和双鼓形修整。

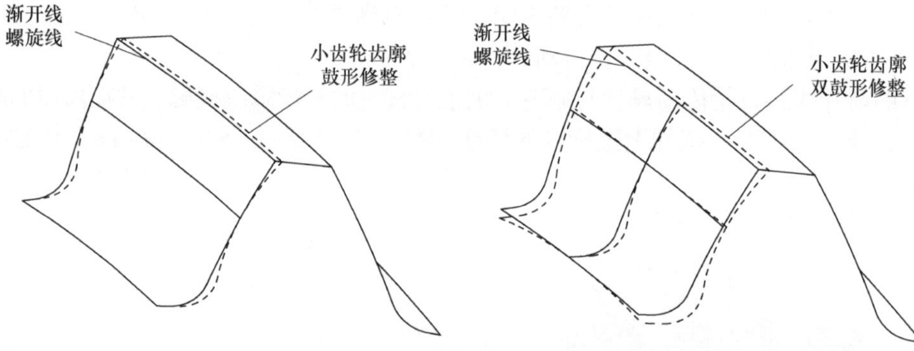

图15.1.3　小齿轮齿廓鼓形修整和双鼓形修整

5）小齿轮齿廓鼓形的修整是由刀具面在齿廓方向的加工变化量来实现的（见15.2节），小齿轮齿面的纵向鼓形修整可用如下方法实现：刀具切入、采用变位滚切（见15.5节和15.6节）。

6）通过几对轮齿接触模型自动化的开发，提高应力分析过程的有效性。根据应用齿面方程推导出模型，不要求建立计算机辅助设计模型，详细的应用方法见15.9节。

15.2　斜齿轮和齿条刀具的瞬轴面

小齿轮和大齿轮齿面加工的概念，是基于应用齿条刀具形成的。齿条刀具是产形刀具，如盘型、蜗杆型刀具的设计基础。瞬轴面是斜齿轮在啮合和加工时考虑的一种概念。

图15.2.1a所示为齿轮1和齿轮2分别以角速度 $\boldsymbol{\omega}^{(1)}$ 和 $\boldsymbol{\omega}^{(2)}$ 绕平行轴线转动的工况，其传动比 $\omega^{(1)}/\omega^{(2)}=m_{12}$，$m_{12}$ 为固定传动比。齿轮的瞬轴面以两半径为 r_{p1} 和 r_{p2} 的圆柱体

的切线 P_1—P_2 为瞬轴线，并绕其转动（见第 3 章）。在瞬轴面上相互做无滑动的纯滚动。

齿条刀具和齿轮的加工是由以下相对运动来完成的：

1）直线移动，速度为

$$\boldsymbol{v} = \boldsymbol{\omega}^{(1)} \times \overrightarrow{O_1P} = \boldsymbol{\omega}^{(2)} \times \overrightarrow{O_2P} \tag{15.2.1}$$

这里，P 在 P_1—P_2 上。

2）齿轮绕轴线转动，其角速度为 $\boldsymbol{\omega}^{(i)}$（$i=1$，2）。

齿条刀具和齿轮 i 啮合的瞬轴面是齿轮瞬轴面相切的平面 Π。

在实际设计中，直线齿廓的齿条刀具用于加工小齿轮和大齿轮的齿面。然而，相互接触的齿面是沿着直线接触的，在非对中齿轮传动中产生边缘接触是不可避免的。

在通常的设计中为点接触（代替线接触），应用两失配的齿条刀具进行加工，如图 15.2.1b所示，其中一齿轮用直线型齿廓刀具加工，另一小齿轮用抛物线齿廓刀具进行加工。这种加工方法为小齿轮提供了鼓形修整。

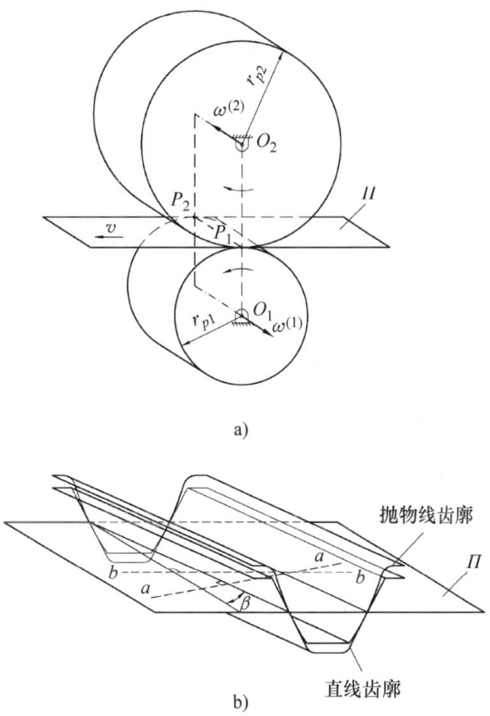

图 15.2.1　小齿轮、大齿轮和齿条刀具的瞬轴面
a）瞬轴面　b）双斜齿条刀具的齿面

如下所述（见 15.5 节和 15.6 节），小齿轮提供新的设计是双鼓形修整（齿向鼓形修整之外，还要齿廓鼓形修整）。小齿轮双鼓形修整（参见 Litvin 等人 2002 年的专著）可避免边缘接触，提供传动误差的有利函数。

1. 法向截面和端截面

齿条刀具的法向截面 a—a 是垂直于平面 Π 得到的，其方向是由角 β 确定的（见图 15.2.1b）。齿条刀具的端截面是由平面的 b—b 方向的截面确定的（见图 15.2.1b）。

2. 失配的齿条刀具

图 15.2.2a 所示为失配齿条刀具的法向截面的齿廓，小齿轮和大齿轮齿条刀具的齿廓分别见图 15.2.2b 和图 15.2.2c。与模数 m 相关的尺寸 s_1、s_2 关系如下：

$$s_1 + s_2 = \pi m \tag{15.2.2}$$

$$s_{12} = \frac{s_1}{s_2} \tag{15.2.3}$$

参数 s_{12} 根据小、大齿轮相对齿厚、相对刚度的许可变位的优化过程选取，通常情况下的设计，我们取 $s_{12}=1$。

齿轮加工的齿条刀具是一种常规刀具，在其法向截面上为直线齿廓。加工小齿轮的齿条刀具为抛物线齿廓。齿条刀具的齿廓在点 Q 和 Q^*（见图 15.2.2a）的切线分别沿着轮齿驱动侧和非工作侧齿廓的法线方向。通常点 P 齿廓的公共线是属于绕 P_1—P_2 转动的瞬轴线（见图 15.2.1a）。

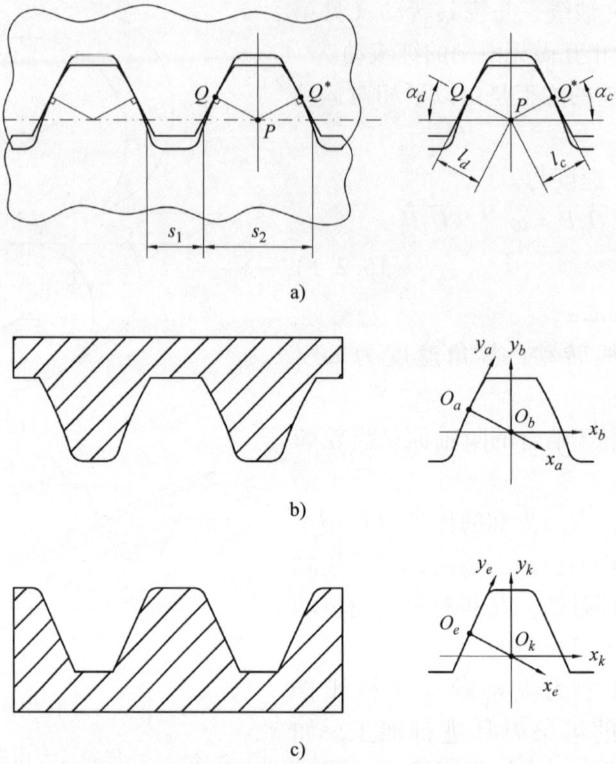

图 15. 2. 2　小齿轮和大齿轮齿条刀具的法向截面

a）失配齿廓　b）小齿轮齿条刀具在坐标系 S_a 和 S_b 中的齿廓

c）大齿轮齿条刀具在坐标系 S_e 和 S_k 中的齿廓

3. 小齿轮抛物型齿条刀具

小齿轮齿条刀具的抛物型齿廓在辅助坐标系 $S_a(x_a,\ y_a)$ 中用参数形式表示为（见图 15. 2. 3）

$$\begin{cases}x_d = a_c u_c^2\\ y_a = u_c\end{cases} \tag{15.2.4}$$

式中，α_c 是抛物系数。原点 s_a 与 Q 重合。

齿条刀具面用 Σ_c 表示，于是推导如下：

1）小齿轮和大齿轮齿条刀具的失配齿廓如图 15. 2. 2a 所示，驱动齿廓的压力角为 α_d，非工作齿廓的压力角为 α_c，点 Q 和 Q^* 的位置表示为 $|\overrightarrow{QP}| = l_d$ 和 $|\overrightarrow{Q^*P}| = l_c$，这里，$l_d$、$l_c$ 确定为

$$l_d = \frac{\pi m}{1+s_{12}} \cdot \frac{\sin\alpha_d\cos\alpha_d\cos\alpha_c}{\sin(\alpha_d+\alpha_c)} \tag{15.2.5}$$

$$l_c = \frac{\pi m}{1+s_{12}} \cdot \frac{\sin\alpha_c\cos\alpha_c\cos\alpha_d}{\sin(\alpha_d+\alpha_c)} \tag{15.2.6}$$

2）坐标系 $S_a(x_a,\ y_a)$ 和 $S_b(x_b,\ y_b)$ 位于齿条刀具（见图 15. 2. 2b）的法向截面的平面上。法向齿廓在 S_b 中用矩阵方程表示为

$$\boldsymbol{r}_b(u_c)=\boldsymbol{M}_{bq}\boldsymbol{r}_a(u_c)=\boldsymbol{M}_{ba}[a_c u_c^2 \quad u_c \quad 0 \quad 1]^{\mathrm{T}} \tag{15.2.7}$$

3）齿条刀具面 $\boldsymbol{\Sigma}_c$ 在坐标系 S_c 上的表示（见图 15.2.4），其中法向齿廓是沿 $c—c$ 做直线运动形成的，于是，我们得面 $\boldsymbol{\Sigma}_c$ 由如下矢量函数确定：

$$\boldsymbol{r}_c(u_c,\theta_c)=\boldsymbol{M}_{cb}(\theta_c)\boldsymbol{r}_b(u_c)=\boldsymbol{M}_{cb}(\theta_c)\boldsymbol{M}_{ba}\boldsymbol{r}_a(u_c) \tag{15.2.8}$$

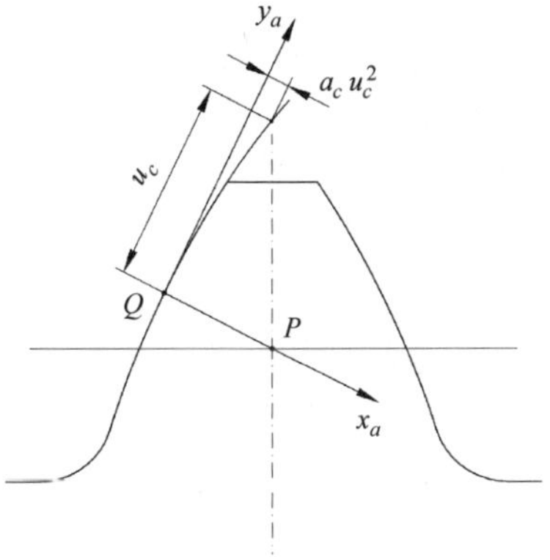

图 15.2.3　小齿轮齿条刀具在法向截面上抛物线齿廓

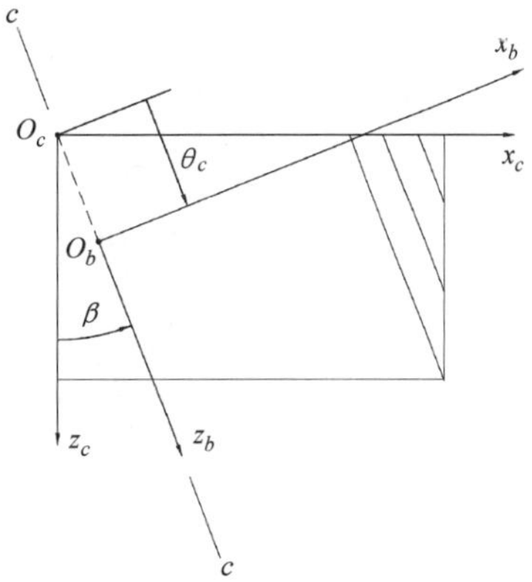

图 15.2.4　小齿轮齿条刀具的推导

4. 大齿轮齿条刀具

我们采用坐标系 S_e、S_k（见图 15.2.2c）和坐标系 S_t（见图 15.3.1b），大齿轮齿条刀具的直线齿廓以参数形式在坐标系 $S_e(x_e,y_e)$ 中表示为

$$\begin{cases} x_e=0 \\ y_e=u_t \end{cases} \tag{15.2.9}$$

坐标从 S_k 变换至 S_t，类似于从 S_b 转换至 S_c（见图 15.2.4），大齿轮齿条刀具面用如下的矩阵方程表示：

$$\boldsymbol{r}_t(u_t,\theta_t)=\boldsymbol{M}_{tk}(\theta_t)\boldsymbol{M}_{ke}\boldsymbol{r}_e(u_t) \tag{15.2.10}$$

15.3　小齿轮和大齿轮齿面的鼓形修整

小齿轮和大齿轮齿面的鼓形修整分别规定为 $\boldsymbol{\Sigma}_\sigma$ 和 Σ_2，其中 Σ_1 表示为小齿轮双鼓形修整。

1. Σ_σ 的加工

小齿轮齿面 $\boldsymbol{\Sigma}_\sigma$ 的鼓形修整是作为小齿轮齿条刀具面 Σ_c 的包络而形成的，$\boldsymbol{\Sigma}_\sigma$ 的推导是基于如下因素：

1）动坐标系 $S_c(x_c,\ y_c)$ 和 $S_\sigma(x_\sigma,\ y_\sigma)$ 分别与小齿轮齿条刀具和小齿轮呈刚性连接（见图 15.3.1a）。固定坐标系 S_m 与加工机床刚性固接。

2）齿条刀具和小齿轮所做相对运动如图 15.3.1a 所示。其中 $s_c=r_{p1}\psi_\sigma$ 是齿条刀具在直线运动的位移，ψ_σ 是小齿轮的转角。

3）用坐标变换，从坐标系 S_c 变至坐标系 S_σ，我们得加工面 $\boldsymbol{\Sigma}_\sigma$ 族，其在坐标系 S_σ 中用如下矩阵方程表示：

$$\boldsymbol{r}_\sigma(u_c,\theta_c,\psi_\sigma)=\boldsymbol{M}_{\sigma c}(\psi_\sigma)\boldsymbol{r}_c(u_c,\theta_c) \tag{15.3.1}$$

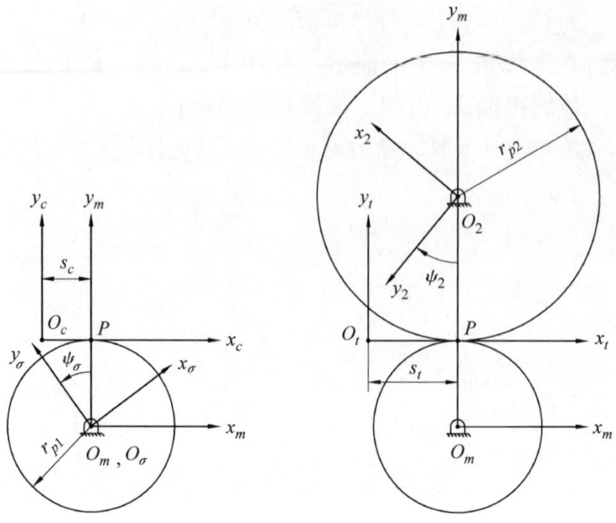

a) b)

图 15. 3. 1　用齿条刀具鼓形修整齿面的加工

a）用齿条刀具 Σ_c 加工小齿轮　b）用齿条刀具 Σ_t 加工大齿轮

4）小齿轮齿面 $\boldsymbol{\Sigma}_\sigma$ 是曲面 $\boldsymbol{r}_\sigma(u_c, \theta_c, \psi_\sigma)$ 族包络而成的，同时要求采用矢量函数 $\boldsymbol{r}_\sigma(u_c, \theta_c, \psi_\sigma)$，啮合方程表示如下（参见 Zalgaller 1975 年的专著、Litvin1994 年的专著和 Litvin 等人 1995 年的专著）。

$$\left(\frac{\partial \boldsymbol{r}_\sigma}{\partial u_c} \times \frac{\partial \boldsymbol{r}_\sigma}{\partial \theta_c}\right) \cdot \frac{\partial \boldsymbol{r}_\sigma}{\partial \psi_\sigma} = f_{c\sigma}(u_c, \theta_c, \psi_\sigma) = 0 \tag{15.3.2}$$

方程 $f_{c\sigma} = 0$ 可用替代方法确定：

$$\boldsymbol{N}_c \cdot \boldsymbol{v}_c^{(c\sigma)} = 0 \tag{15.3.3}$$

式中，$\boldsymbol{N}_c$ 是在 S_c 中 $\boldsymbol{\Sigma}_c$ 上的法向矢量；$\boldsymbol{v}_c^{(c\sigma)}$ 是表示在 S_c 中的相关速度。

上述的坐标变换讨论是基于采用齐次坐标和 4×4 矩阵进行的（见第 1 章）。

2. 大齿轮齿面 Σ_2 的加工

齿面 Σ_2 的加工原理图如图 15. 3. 1b 所示，齿面 Σ_2 由下面两个方程（同时考虑）来表示：

$$\boldsymbol{r}_2(u_t, \theta_t, \psi_2) = \boldsymbol{M}_{2t}(\psi_2)\boldsymbol{r}_t(u_t, \theta_t) \tag{15.3.4}$$

$$f_{t2}(u_t, \theta_t, \psi_2) = 0 \tag{15.3.5}$$

式中，矢量方程 $\boldsymbol{r}_t(u_t, \theta_t)$ 表示齿轮齿条刀具面 $\boldsymbol{\Sigma}_t$；(u_t, θ_t) 是 $\boldsymbol{\Sigma}_t$ 的面参数；矩阵 $\boldsymbol{M}_{2t}(\psi_2)$ 表示从 S_t 至 S_2 的坐标变换；ψ_2 是运动的合成参数，其可以证实产形面是一渐开线螺旋面。

方程（15. 3. 4）和方程（15. 3. 5）表示面 $\boldsymbol{\Sigma}_2$ 由三个相关参数组成。齿轮齿面可用两个参数形式来描述，它是由切于基圆柱上的螺旋线产生的规则面。

3. 曲面参数族包络存在的充要条件

在小齿轮齿面 $\boldsymbol{\Sigma}_\sigma$ 的鼓形修整的情况下，这种条件用公式表示如下（参见 Zalgaller 1975 年的专著和 Litvin 1989 年、1994 年的专著）。

1）考虑矢量函数 $\boldsymbol{r}_\sigma(u_c, \theta_c, \psi_\sigma)$ 为 C^2（级）。

2）我们指定点 $M(u_c^{(0)}, \theta_c^{(0)}, \psi_\sigma^{(0)})$ 的参数组满足在点 M 啮合方程（15.3.2）的要求，并满足如下条件（见条款3）、4））。

3）齿条刀具的产形面是一规则面，在点 M 我们有

$$\frac{\partial \boldsymbol{r}_c}{\partial u_c} \times \frac{\partial \boldsymbol{r}_c}{\partial \theta_c} \neq \boldsymbol{0} \tag{15.3.6}$$

矢量 $\partial \boldsymbol{r}_c/\partial u_c$ 和 $\partial \boldsymbol{r}_c/\partial \theta_c$ 表示在坐标系 S_σ 切于齿条刀具面 Σ_c 的坐标线，不等式（15.3.6）的意思是法线 $\boldsymbol{N}_\sigma^{(c)}$ 至面 Σ_c 的区别是从零开始，规定 $\boldsymbol{N}_\sigma^{(c)}$ 指出在面 Σ_c 上的法线表示在坐标系 S_σ 中。

4）啮合的偏微分方程（15.3.2）满足在 M 的不等式：

$$\left|\frac{\partial f_{c\sigma}}{\partial u_c}\right| + \left|\frac{\partial f_{c\sigma}}{\partial \theta_c}\right| \neq 0 \tag{15.3.7}$$

5）曲面 Σ_σ 上的奇异点，应用 15.8 节所述是可以避免的。

观察条件 1）~5)，包络面 Σ_σ 是一规则曲面，其沿一条线与产形面 Σ_c 接触，Σ_σ 上的法线与 Σ_c 上的法线是共线的。矢量函数 $\boldsymbol{r}_\sigma(u_c, \theta_c, \psi_\sigma)$ 和方程（15.3.2）同时考虑用三个相关参数（u_c, θ_c, ψ_σ）以三个参数形式表示曲面 Σ_σ。

4. 以两参数形式表示包络面 Σ_σ

齿廓鼓形修整曲面 Σ_σ 也可以用两参数形式表示，取如下计及的考虑因素：

1）假定不等式（15.3.7）的观察表明，因为

$$\frac{\partial f_{c\sigma}}{\partial \theta_c} \neq 0 \tag{15.3.8}$$

2）根据隐函数存在的法则（参见 Korn 和 Korn 1968 年的专著），得由于考察不等式（15.3.8），啮合方程（15.3.2）可在 M 相邻点按如下函数求解：

$$\theta_c = \theta_c(u_c, \psi_\sigma) \tag{15.3.9}$$

3）然而，曲面 Σ_σ 可表示为

$$\boldsymbol{R}_\sigma(u_c, \psi_\sigma) = \boldsymbol{r}_\sigma(u_c, \theta_c(u_c, \psi_\sigma), \psi_\sigma) \tag{15.3.10}$$

如果 $\partial f_{c\sigma}/\partial u_c \neq 0$ 可代替不等式（15.3.8），类似的小齿轮齿面可在观察到不等式（15.3.7）的情况下得到。小齿轮齿面鼓形修整在这种情况下，可表示为

$$\boldsymbol{R}_\sigma(\theta_c, \psi_\sigma) = \boldsymbol{r}_\sigma(u_c(\theta_c, \psi_\sigma), \theta_c, \psi_\sigma) \tag{15.3.11}$$

15.4　小齿轮和大齿轮齿面齿廓修整的轮齿接触分析

1. 齿廓鼓形修整螺旋面的啮合：基本概念

关注两齿廓鼓形修整的螺旋面，啮合的概念基于如下考虑进行讨论（参见 Litvin 1962 年、1989 年的专著和 Litvin、Tsay 1985 年的专著）。

1）两平行轴之间螺旋面转动的变换。

2）螺旋齿面为点接触，这是由小齿轮齿面的横截面的变位来达到的，其说明如实例图 15.4.1的安装图所示，其中大齿轮渐开线螺旋面和小齿轮变位的螺旋面示于图中。小齿轮齿廓鼓形修整补偿渐开线齿廓在横截面上产生的偏差，大齿轮和小齿轮齿面为点接触以补

偿由于横截面而产生的失配。

3）配对的每一螺旋面可以表示为在横截面做螺旋运动形成的结果，图 15.4.2 所示为螺旋面的形成是由平面曲线旋绕螺旋面的轴线做螺旋运动产生的。

4）齿廓鼓形修整的螺旋面的螺旋参数 p_1 和 p_2 有如下关系：

$$\frac{p_1}{p_2}=\frac{\omega^{(2)}}{\omega^{(1)}} \tag{15.4.1}$$

式中，$\omega^{(i)}$ （$i=1，2$）是螺旋面的角速度。

5）公法线为在横截面上 M 点齿廓的切线、也是通过点 I 的瞬心线相切（见图 15.4.1）。

6）很容易证明在啮合过程中，横截面上的切点 M 在固定坐标系中沿着直线做直线运动，且通过 M 平行于齿轮轴线。接触点沿线 $M—M$ 的运动，可用两个分量来表示：

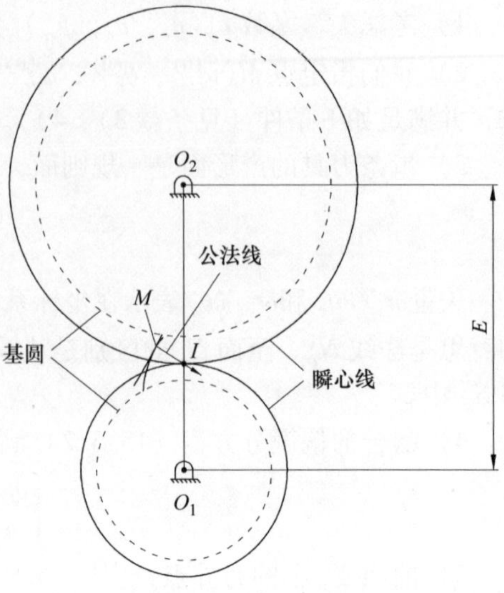

图 15.4.1　横截面上齿廓鼓形修整螺旋面图

① 齿轮 i（$i=1，2$）运动的传递是通过绕齿轮轴线做回转完成的。

② 螺旋面的相对运动为具有参数 p_i 做的螺旋运动。

螺旋运动本质上由以角速度 $\boldsymbol{\Omega}^{(i)}$ 绕齿轮轴线转动和以速度 $p_i\boldsymbol{\Omega}^{(i)}$ 做直线运动两部分组成。在固定坐标系中，接触点运动的结果是以速度为 $p_i\boldsymbol{\Omega}^{(i)}$ 沿线 $M—M$ 做直线运动，因为回转的传递，以 $\boldsymbol{\Omega}^{(i)}=-\boldsymbol{\omega}^{(i)}$ 做相对的运动。

7）很容易验证，接触点在螺旋面沿着由点 M 在螺旋面上做螺旋运动加工出来的螺旋线移动。在螺旋面上的接触路径是螺旋线，其半径 ρ_i、导程角 λ_i 和 $p_i=\rho_i\tan\lambda_i$（$i=1，2$）相关。

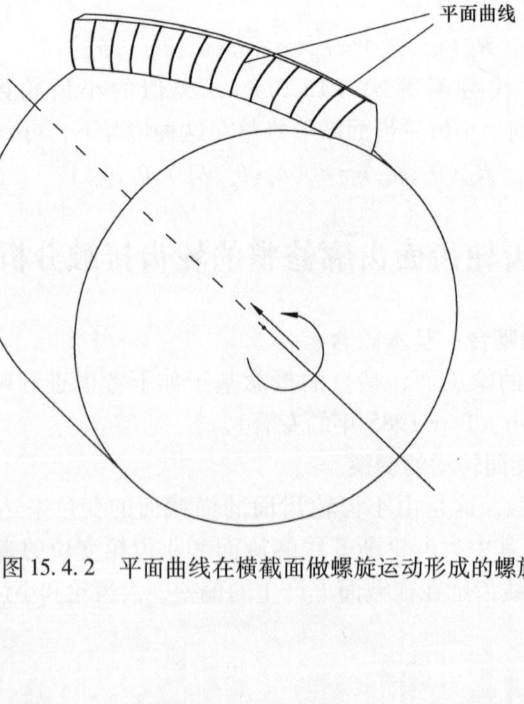

图 15.4.2　平面曲线在横截面做螺旋运动形成的螺旋面

8）配对螺旋面的啮合对中心距的变化不敏感，用图 15.4.3 很容易证明，中心距变化不会引起传动误差，我们设横截面上中心距 $E^* \neq E$。这涉及切点将是 M^* 而非 M，压力角将是 α^* 而非 α，瞬心线新的半径将是 r_i^* （$i=1, 2$）。然而，啮合线在固定坐标系中又是一直线，但现在通过点 M^* 代替 M。啮合线是在固定坐标系中啮合面的切点族。

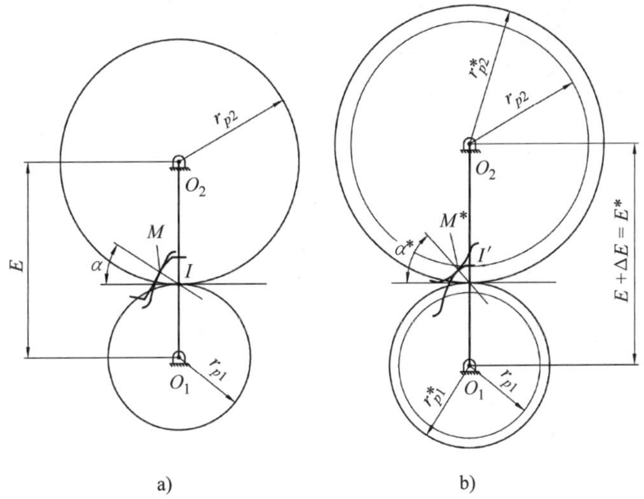

图 15.4.3　齿轮传动的节圆在一直线上

a）无误差时，中心距变动量 $\Delta E=0$　b）$\Delta E \neq 0$

9）考察螺旋面在三维空间的接触，我们可找出面上的公法线和公共的位置矢量在任意点的面切线。法线在固定坐标系的啮合过程中，其方向是不变的。

10）虽然螺旋面齿廓修整对中心距变化不敏感且具有局部面接触，但不应采用这种形式的齿轮传动装置，因为轴交角的变化和导程角不同，将产生传动误差非连续线性函数（见下文），因此将不可避免地产生振动和噪声。这就是采用小齿轮双鼓形修整代替齿廓鼓形修整原因之一，小齿轮应用双鼓形修整可提供传动误差预设计的抛物函数，由装配和制造误差产生的传动误差的线性函数被吸收（见 15.7 节）。

11）从啮合概念考虑，螺旋面双鼓形修整对所有形式 Novikov - Wildhaber 的齿轮传动，包括齿廓鼓形修整的渐开线斜齿轮传动的啮合都是确实有效的。

12）鼓形修整变位斜齿轮传动用轮齿接触分析方法进行解析研究。

2. 解析模拟的算法

啮合和接触模拟已有两种设计工况，包括：a. 小齿轮和大齿轮传动齿廓鼓形修整；b. 小齿轮双鼓形修整（见 15.5 ~ 15.7 节）。两种工况下的输出比较（15.4 节和 15.7 节）表明，小齿轮双鼓形修整减小了齿轮传动的传动误差、噪声和振动。

啮合和接触的模拟算法基于小齿轮和大齿轮的接触齿面连续相切的条件（见 9.4 节）。渐开线齿轮齿廓鼓形修整的算法应用如下：已知齿面 Σ_σ 和 Σ_2 在坐标系 S_σ、S_2 中，与小齿轮和大齿轮刚性固接，我们可取曲面 Σ_σ 和 Σ_2 在固定坐标系 S_f 中，取对中性误差进行计算（见 15.4.4 节）。为此目的，我们进行坐标变换将 S_σ 和 S_2 变至 S_f（见图 15.4.4）。

我们曾记得齿面 Σ_σ 和 Σ_2 为齿廓鼓形修整，因此其在点相切。Σ_σ 和 Σ_2 在公共点 M 相切，意思是它们在点 M 处有相同位置矢量，且曲面法线共线。于是，我们得如下矢量方

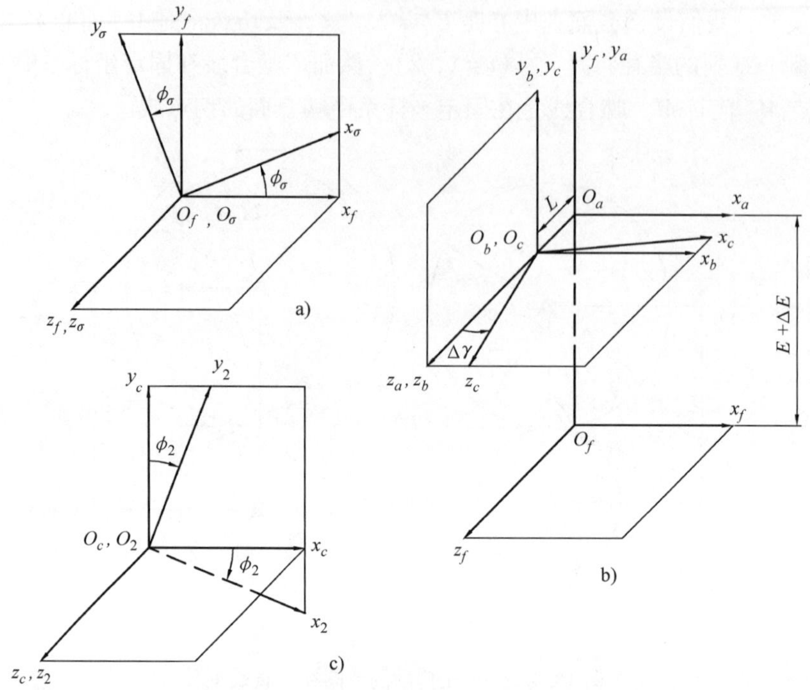

图 15.4.4　非对中传动模拟的坐标系安装简图

a）坐标系 S_σ　b）坐标系 S_c　c）坐标系 S_2

程组：

$$\boldsymbol{r}_f^{(\sigma)}(u_c,\theta_c,\psi_\sigma,\phi_\sigma)-\boldsymbol{r}_f^{(2)}(u_t,\theta_t,\psi_2,\phi_2)=0 \tag{15.4.2}$$

$$\boldsymbol{N}_f^{(\sigma)}(u_c,\psi_\sigma,\phi_\sigma)-v\boldsymbol{N}_f^{(2)}(u_t,\psi_2,\phi_2)=0 \tag{15.4.3}$$

$$f_{c\sigma}(u_c,\theta_c,\psi_\sigma)=0 \tag{15.4.4}$$

$$f_{t2}(u_t,\theta_t,\psi_2)=0 \tag{15.4.5}$$

式中，$f_{c\sigma}=0$ 和 $f_{t2}=0$ 分别是小齿轮和大齿轮的加工齿条刀具 Σ_c、Σ_t 的啮合方程；ϕ_σ 和 ϕ_2 是齿廓鼓形修整大、小齿轮的回转角；$v\neq0$ 是齿面法线的共线方程的无量纲系数。

参数中的 ϕ_σ 作为选择输入之一。由方程（15.4.2）~方程（15.4.5）得到标量方程组的雅可比行列式（Jacobian D）必须不同于零，这是齿面 Σ_σ 和 Σ_2 的点接触的先决条件。根据隐函数组存在定理（参见 Korn 和 Korn 1968 年的专著），遵照不等式 $D\neq0$，可用如下函数解方程组（15.4.2）~（15.4.5）：

$$\left\{u_c(\phi_\sigma),\theta_c(\phi_\sigma),\psi_\sigma(\phi_\sigma),u_t(\phi_\sigma),\theta_t(\phi_\sigma),\psi_2(\phi_\sigma),\phi_2(\phi_\sigma)\right\}\in C^1 \tag{15.4.6}$$

非线性方程组（15.4.2）~（15.4.5）的解法基于应用牛顿迭代法（Newton - Raphson method）的一种迭代法的电算过程（参见 Visual Numerics 公司 1998 年的成果）。

电算过程提供小齿轮和大齿轮齿面的接触轨迹、传动误差函数。我们可在下列坐标系（见图 15.4.4）中进行啮合模拟：

1）动坐标系 S_σ 和 S_2 分别与小齿轮和大齿轮刚性固接（见图 15.4.4a 和 15.4.4c）。

2）我们考察小齿轮和大齿轮的齿面 Σ_σ、Σ_2 在固定坐标系 S_f 中的啮合情况。

3）我们提及齿轮所有的装配误差。一个额外固定坐标系 S_c（见图 15.4.4b 和图 15.4.4c）用于相对于坐标系 S_f 中安装误差 ΔE、$\Delta\gamma$ 的模拟。坐标系 S_2 相对于坐标系 S_c 中旋转的齿轮转动。

4）图 15.4.4b 所示为安装误差 ΔE 和 $\Delta\gamma$。图 15.4.4b 中的参数 L 用于模拟两交错轴线 z_σ、z_2 之间的轴交角误差 $\Delta\gamma$，使两轴最短距离不与 y_f 重合。

一个小齿轮和大齿轮齿面的齿廓鼓形修整实例已知参数如下：$N_1=21$，$N_2=77$，$m=5.08\text{mm}$，$s_{12}=1$，$\beta=30°$，$\alpha_d=\alpha_c=25°$，抛物系数 $a_c=0.002\text{mm}^{-1}$。对中性误差模拟如下：中心距误差 $\Delta E=1\text{mm}$；导程角误差 $\Delta\lambda=3'$；轴交角误差 $\Delta\gamma=3'$，$L=0$；$\Delta\gamma=15'$，$L=15\text{mm}$。

计算结果如下：

1）图 15.4.5 所示为由误差 ΔE 引起接触区的位移。

2）接触轨迹确实是纵向的（见图 15.4.5、15.4.6b 和 15.4.6c）。

3）最短中心距误差 ΔE 不会产生传动误差，传动比 m_{12} 仍固定不变，保持同样大小：

$$m_{12}=\frac{\omega^{(1)}}{\omega^{(2)}}=\frac{N_2}{N_1} \tag{15.4.7}$$

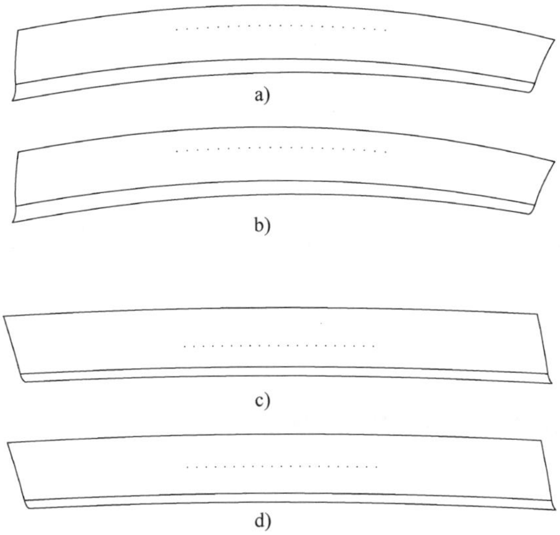

图 15.4.5　由 ΔE 产生的接触区位移的工况

a）当没有中心距误差作用时，小齿轮的齿面接触轨道　b）a 工况应用 $\Delta E=1\text{mm}$ 时

c）当没有作用误差时，大齿轮齿面的接触轨迹　d）c 工况应用 $\Delta E=1\text{mm}$ 时

然而，ΔE 的变化伴随着横截面上的啮合角和节圆柱半径的变化（见图 15.4.3）。

4）图 15.4.6a 所示为齿廓鼓形修整齿面的啮合主要缺点，即产生传动误差的非连续线性函数 $\Delta\gamma$ 和 $\Delta\lambda$。这种函数会产生振动和噪声，这就是小齿轮采用双鼓形修整代替齿廓鼓形修整的原因。误差 $\Delta\gamma$ 和 $\Delta\lambda$ 也会引起小齿轮、大齿轮的齿面接触区的位移。我们调查研究表明，对于 $L\neq0$（见图 15.4.4b 中的参数 L）和 $\Delta\gamma\neq0$ 的情况下，齿轮传动的主要缺点是传动误差函数的不利作用，类似于图 15.4.6 中之一。

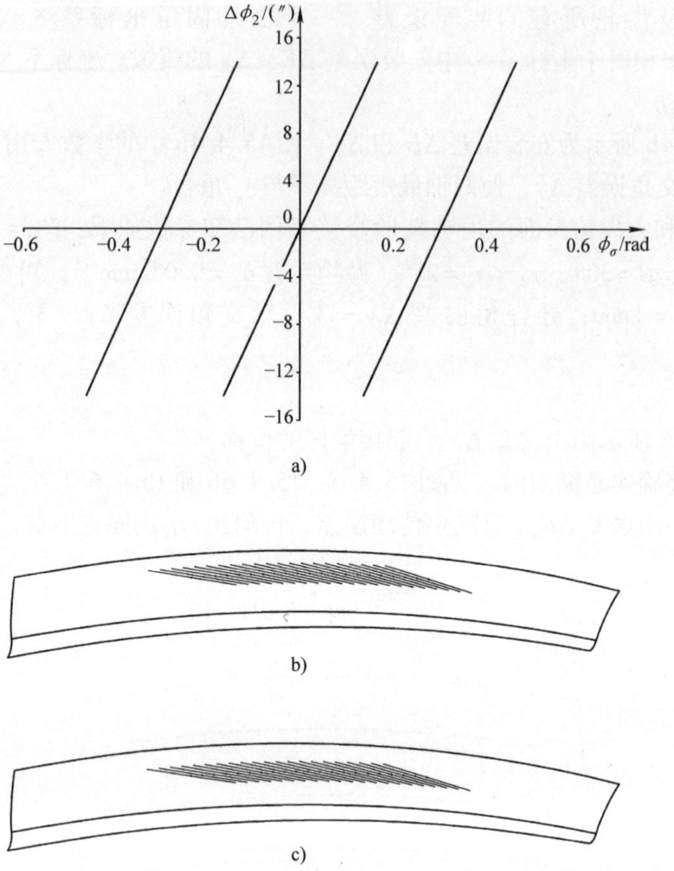

图 15.4.6　齿轮传动中，小齿轮齿面的齿廓鼓形修整，由 $\Delta\gamma$ 产生的接触区位移和传动误差

a）具有误差 $\Delta\gamma=3'$的传动误差函数　b）无误差时的接触轨迹

c）具有误差 $\Delta\gamma=3'$的接触轨迹

15.5　小齿轮用砂轮切入的纵向鼓形修整

我们提醒读者，轴交角误差和导程角误差将产生传动误差的非连续的线性函数（见 15.4 节），齿轮传动的高加速度和振动是不可避免的。除了齿廓鼓形修整外，小齿轮齿面的纵向鼓形修整提供了传动误差的函数形状的变换，减小了振动和噪声。在这一截面上，小齿轮采用砂轮切入进行纵向鼓形修整，同一目的（双鼓形修整）可用蜗杆型砂轮来实现（见 15.6 节）。

砂轮切入的应用基于下面的概念。

1）对小齿轮给予齿廓鼓形修整齿面 Σ_σ。

2）盘状砂轮刀具面 Σ_D 与齿面 Σ_σ 共轭（见图 15.5.1），圆盘砂轮的轴线和小齿轮的齿面 Σ_σ 是交错的，交错角 γ_{Dp} 等于小齿轮分度圆上螺旋角（见图 15.2.2b）。中心距 E_{Dp}（见图 15.2.2a）定义为

$$E_{Dp}=r_{d1}+\rho_D \tag{15.5.1}$$

式中，r_{d1}是小齿轮齿根圆半径；ρ_D 是圆盘砂轮半径。

3）砂轮面 Σ_D 的确定基于如下程序（参见 Litvin 1989 年、1994 年的专著）。

步骤1：砂轮面 Σ_D 是一回转面，因此，通过砂轮的回转轴线 $L_{\sigma D}$上的每一点 Σ_σ 和 Σ_D 的公法线（参见 Litvin 1989 年、1994 年的专著），就是 Σ_σ 和 Σ_D 的切线 $L_{\sigma D}$（见图 15.5.2c）。图 15.5.2c 所示为在面 Σ_D 上得到的线 $L_{\sigma D}$，$L_{\sigma D}$绕 Σ_D 的轴线回转可展示出曲面 Σ_D 上的 $L_{\sigma D}$线族。

步骤2：显而易见，砂轮面 Σ_D 绕小齿轮齿面 E_σ 的轴线做螺旋运动时，则得齿面 E_τ 和 E_σ 重合（见图 15.5.2d）。

4）小齿轮双鼓形修整齿面 Σ_1 的目的，由小齿轮和盘状砂轮的切入运动与螺旋运动的组成实现。图 15.5.3所示为小齿轮双鼓形修整的加工，由下列方法完成。

① 图 15.5.3a 和 15.5.3b 所示为小齿轮与相关的盘状砂轮进行双鼓形修整加工的两个位置，两位置之一是中心距 $E_{Dp}^{(0)}$ 的初始位置之一，另一位置为 $E_{Dp}(\psi_1)$ 现在的位置，最短中心距 $E_{Dp}^{(0)}$ 由方程(15.5.1）确定。

② 坐标系 S_D 与盘状砂轮刚性固接（见图 15.5.3c），且为固定的。

图 15.5.1 用盘状砂轮加工小齿轮

③ 小齿轮的坐标系 S_1 中，相关的盘状砂轮做切入和螺旋运动。辅助坐标系 S_b 和 S_q 用于图 15.5.3c 更好地表示这些运动，描述如下：

螺旋运动由两部分组成：和小齿轮的轴线共线的直线位移 l_p，绕小齿轮轴线的回转运动 ψ_1（见图 15.5.3b 和 c）。l_p 和 ψ_1 的大小由通过小齿轮相关的参数 p 确定：

$$l_p = p\psi_1 \tag{15.5.2}$$

切入运动是由沿着最短中心距方向（见图 15.5.3c）的直线位移 $a_{pl}l_p^2$ 进行的。

这种运动可定为最短中心距 $E_{Dp}(\psi_1)$（见图 15.5.3b 和图 15.5.3c）作为抛物函数：

$$E_{Dp}(\psi_1) = E_{Dp}^{(0)} = a_{pl}l_p^2 \tag{15.5.3}$$

某些线运动 l_p 和 $a_{pl}l_p^2$ 表示为坐标 S_q 相对于坐标系 S_b 的位移，由做回转运动的转角 ψ_1 的坐标系 S_1 相对于坐标系 S_q 做相同的直线运动。

④ 小齿轮齿面 Σ_1 是由小齿轮和盘状砂轮之间做相对运动得到的盘状砂轮面 Σ_D 族包络形成的。

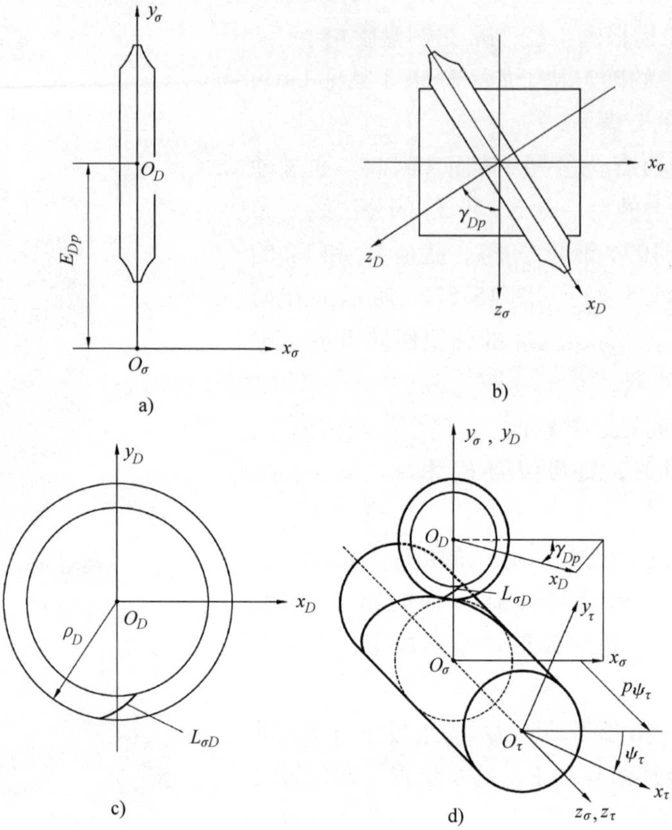

图 15.5.2　确定砂轮面 Σ_D

a）中心距 E_{Dp}　b）交错角 γ_{Dp}

c）齿面 Σ_σ 和 Σ_D 的切线 $L_{\sigma D}$　d）用盘状砂轮面 Σ_D 加工齿面 Σ_τ 面

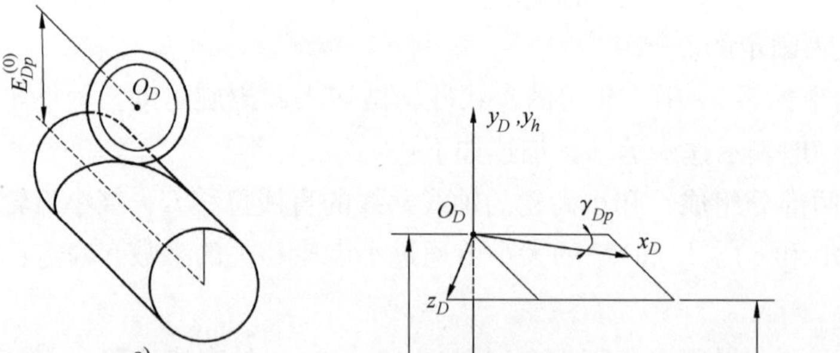

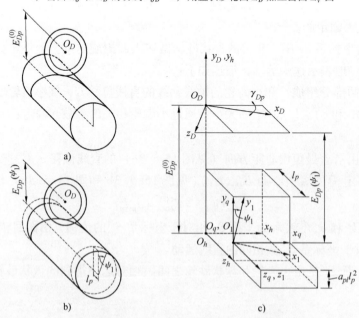

图 15.5.3　小齿轮齿面 Σ_1 的双鼓形修整由盘状砂轮切入加工

a）小齿轮和盘状砂轮的初始位置　b）加工原理图　c）采用的坐标系

15.6　小齿轮双鼓形修整用蜗杆砂轮的磨削

1. 蜗杆砂轮的安装

对于小齿轮用蜗杆砂轮进行磨削的安装可根据双螺旋面的啮合原理进行。图 15.6.1 所示为两左旋螺旋面啮合，其中用蜗杆砂轮和小齿轮进行磨削加工，由图 15.6.2 可得交错角为

$$\gamma_{wp} = \lambda_p + \lambda_w \tag{15.6.1}$$

式中，λ_p 和 λ_w 是蜗杆砂轮和小齿轮分度圆柱上的导程角。

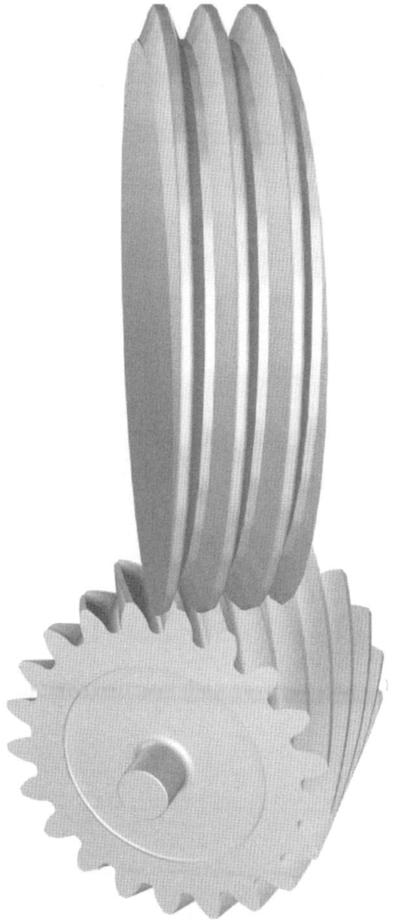

图 15.6.1　用蜗杆砂轮磨削小齿轮的加工

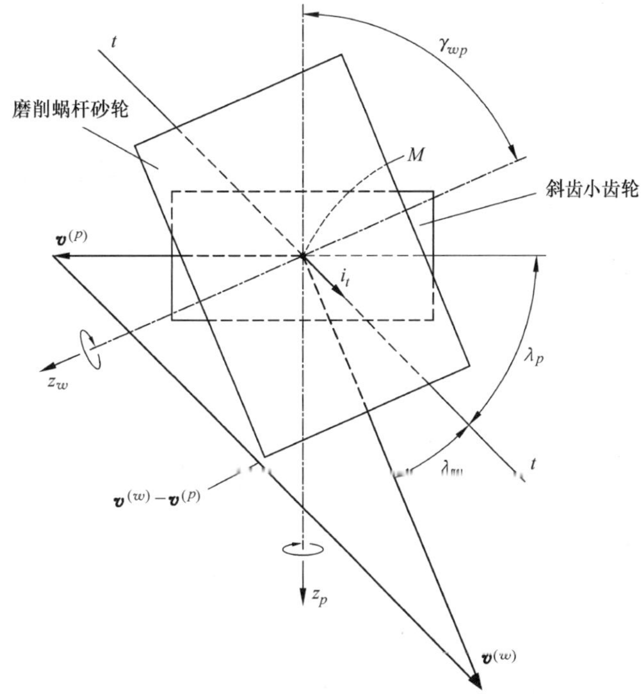

图 15.6.2　磨削蜗杆砂轮的安装

图 15.6.2 所示为沿着两交错线之间的最短距离、在小齿轮和蜗杆砂轮的分度圆柱在点 M 的切线。在点 M 的速度多边形满足如下关系

$$\boldsymbol{v}^{(w)} - \boldsymbol{v}^{(p)} = \mu \boldsymbol{i}_t \tag{15.6.2}$$

式中，$\boldsymbol{v}^{(w)}$ 和 $\boldsymbol{v}^{(p)}$ 是蜗杆砂轮和小齿轮在点 M 的速度；$\boldsymbol{i}_t$ 是沿着螺旋线的公切线方向的单位矢量；μ 是数量系数。方程（15.6.2）表示在 M 点的相关速度与单位矢量是共线的。

2. 蜗杆砂轮螺旋面 Σ_w 的确定

为了得到用齿条刀具齿面 Σ_c（见15.3节）加工的相同的小齿轮齿面 Σ_σ，Σ_w 面的加工可用三个齿面 Σ_c、Σ_σ 和 Σ_w 同时啮合来完成。图15.6.3所示为这些三齿面的瞬轴面，其中小齿轮和蜗杆砂轮瞬轴面之间的最短距离延长。平面 Π 表示齿条刀具的瞬轴面。齿面 Σ_w 可用下列步骤求得：

步骤1：给定齿条刀具抛物线齿面 Σ_c。

步骤2：齿条刀具面 Σ_c 的直线运动，其垂直于小齿轮的轴线，小齿轮的回转运动提供了齿面 Σ_σ 作为齿面 Σ_c 族的包络（见15.3节）。速度$\boldsymbol{v}_1$（见图15.6.3）作用在齿条刀具上，使小齿轮以角速度 $\boldsymbol{\omega}^{(p)}$ 回转。v_1 与 $\boldsymbol{\omega}^{(p)}$ 之间的关系为

$$v_1 = \boldsymbol{\omega}^{(p)} r_p \tag{15.6.3}$$

式中，r_p 是小齿轮分度圆柱的半径。

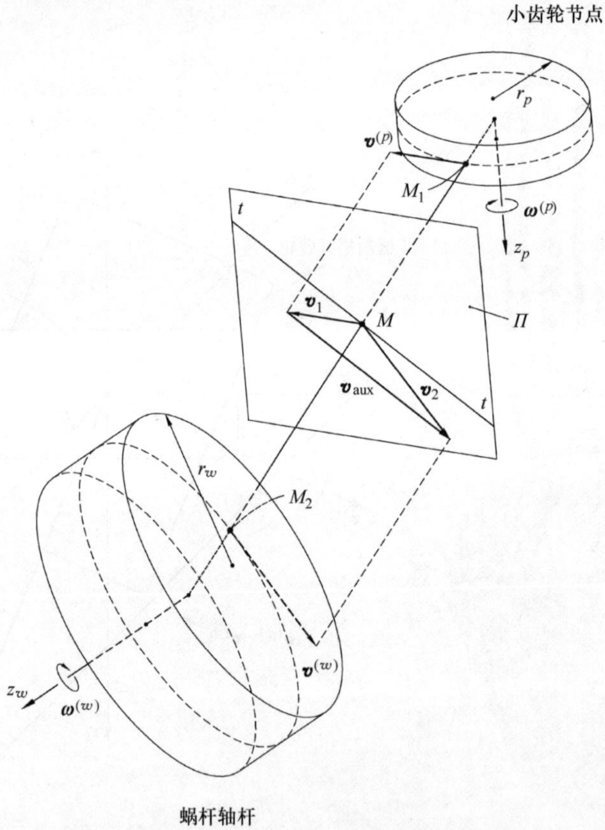

图15.6.3 蜗杆砂轮、小齿轮和齿条刀具瞬轴面图

步骤3：齿面 Σ_c 以速度 v_{aux} 沿斜齿齿条刀具的 t—t 方向形成附加运动（见图15.6.3），这个运动对齿面 Σ_σ 没有影响。矢量方程$\boldsymbol{v}_2 = \boldsymbol{v}_1 + \boldsymbol{v}_{aux}$可使我们得到齿条刀具 Σ_c 垂直于蜗杆砂轮的轴线方向的速度$\boldsymbol{v}_2$。于是，我们可以表示以齿条刀具 Σ_c 加工蜗杆砂轮齿面 Σ_w，齿条刀具以$\boldsymbol{v}_2$ 做直线运动，而蜗杆砂轮以角速度 $\boldsymbol{\omega}^{(w)}$ 做转动。v_2 与 $\boldsymbol{\omega}^{(w)}$ 之间的关系如下

$$v_2 = \boldsymbol{\omega}^{(\omega)} r_w \tag{15.6.4}$$

式中，r_w 是蜗杆砂轮分度圆半径。蜗杆砂轮面 Σ_w 由齿条刀具面 Σ_c 族包络形成。

步骤 4：通过上述讨论，我们可以证明小齿轮齿面鼓形修整 Σ_σ 和蜗杆砂轮螺旋面 Σ_w 可用齿条刀具面 Σ_c 同时加工形成。两种加工齿面 Σ_σ 和 Σ_w 的每一种均与齿条刀具面 Σ_c 线接触，然而，接触线 $L_{c\sigma}$ 和 L_{cw} 并不重合，相互间的交线如图 15.6.4 所示。这里，$L_{c\sigma}$ 和 L_{cw} 表示 Σ_c 和 Σ_σ、Σ_c 和 Σ_w 之间分别是线接触的。线 $L_{c\sigma}$ 和 L_{cw} 是由 Σ_c、Σ_σ 和 Σ_w 之间运动的相关参数任选值确定的。线 L_{cw} 和 $L_{c\sigma}$ 的交点 N（见图 15.6.4）是齿面 Σ_c、Σ_σ 和 Σ_w 的切线公共点。

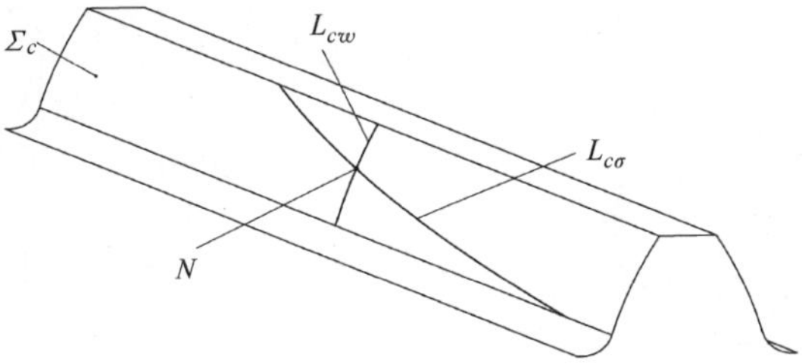

图 15.6.4　线 L_{cw} 和线 $L_{c\sigma}$ 的交点 N

注：小齿轮和蜗杆砂轮齿面分别为 E_σ、Σ_w，齿条刀具 Σ_c 相应的啮合接触线为 $L_{c\sigma}$、L_{cw}

3. 小齿轮的齿廓鼓形修整

小齿轮齿面 Σ_σ 的鼓形修整是用齿条刀具面 Σ_c 得到的，齿面 Σ_σ 可直接用磨削蜗杆砂轮 Σ_w 来完成，具体如下所述。

1）考虑蜗杆砂轮面 Σ_w 和小齿轮齿面 Σ_σ 分别以角速度 $\boldsymbol{\omega}^{(w)}$、$\boldsymbol{\omega}^{(p)}$ 绕交错轴线转动。按上述讨论，Σ_w 和 Σ_σ 是点接触，N 是 Σ_w 和 Σ_σ 同时接触点之一（见图 15.6.4）。

2）由 Σ_w 直接推出 Σ_σ 基于双参数包络过程。这包络过程基于应用双独立运动参数组（参见 Litvin 1994 年的专著、Litvin 和 Seol 1996 年的专著）。

① 蜗杆砂轮和小齿轮相关的回转角参数组之一为

$$m_{wp} = \frac{\omega_{(w)}}{\omega^{(p)}} = \frac{N_P}{N_w} = N_p \qquad (15.6.5)$$

式中，N_w 是蜗杆砂轮螺纹的头数；取 $N_w = 1$；N_p 是小齿轮齿数。

② 第二组运动参数是由两部分组成的：a. 蜗杆砂轮直线运动 $\Delta \boldsymbol{s}_w$ 对小齿轮的轴线是共线的（见图 15.6.5a）；b. 小齿轮绕小齿轮轴线的小回转运动由下式确定：

$$\Delta\psi_p = \frac{\Delta s_w}{p} \qquad (15.6.6)$$

式中，p 是小齿轮螺旋参数。

解析确定由双参数包络形成的包络面过程见 6.10 节。由 Σ_w 加工的 Σ_σ 的原理图如图 15.6.5a所示，为了更好地说明，其中最短中心距显示为延长中心距。Σ_w 和 Σ_σ 的啮合过程中，蜗杆砂轮面 Σ_w 和小齿轮齿廓鼓形修整面绕交错轴线转动。最短中心距确定为

$$E_{wp} = r_p + r_w \qquad (15.6.7)$$

齿面 Σ_w 和 Σ_σ 成点相切。蜗杆砂轮的进给运动是以小齿轮的螺旋参数做螺旋运动提供的。图 15.6.5a 中表示：a. 点 M_1 和点 M_2 在分度圆柱上（这些点相互间并不重合，因为最短中心距是图的延伸）；b. 蜗杆砂轮和齿廓修整的小齿轮分别以角速度 $\boldsymbol{\omega}^{(w)}$、$\boldsymbol{\omega}^{(p)}$ 绕交错轴转动；c. $\Delta \boldsymbol{s}_w$ 和 $\Delta\psi_p$ 是进给运动的螺旋运动的分量；d. r_w 和 r_p 是分度圆柱半径。

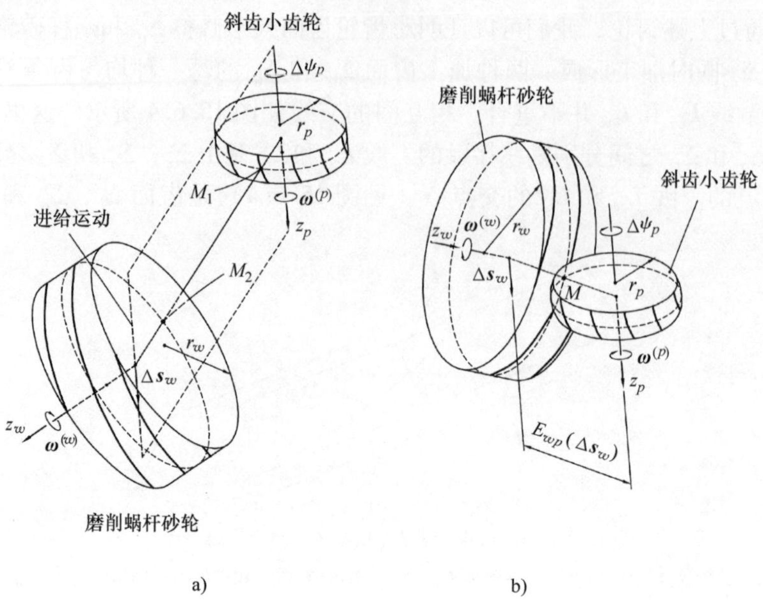

图 15.6.5　加工原理图

a）蜗杆砂轮未切入　b）蜗杆砂轮切入

4. 小齿轮的双鼓形修

我们在前面介绍了用蜗杆砂轮对小齿轮齿面 Σ_σ 进行齿廓鼓形修整。然而，我们最终的目的是用蜗杆砂轮对小齿轮齿面 Σ_1 进行双鼓形修整，为此提出了两种方法。

（1）蜗杆砂轮切入　小齿轮增加的鼓形修整（纵向鼓形修整）是用蜗杆砂轮切入小齿轮进行的，原理如图 15.6.5b 所示。在小齿轮的磨削过程中，用蜗杆切入推导出小齿轮和磨削蜗杆砂轮的轴线之间的最短距离的变化 。小齿轮和磨削蜗杆砂轮之间的瞬时最短中心距为（见图 15.6.5b）。

$$E_{wp}(\Delta s_w)=E_{wp}^{(0)}-a_{pl}(\Delta s_w)^2 \tag{15.6.8}$$

这里，Δs_w 是沿着小齿轮轴线小齿轮中部进行测量的；a_{pl} 是函数 $a_{pl}(\Delta s_w)^2$ 的抛物系数；$E_{wp}^{(0)}$ 是由方程（15.6.7）确定的最短中心距的公称值。按蜗杆切入的方程（15.6.8）可改进小齿轮、大齿轮的啮合过程的传动误差的抛物函数，提供渐开线变位斜齿轮传动的方案。

（2）进给运动的变位滚切　普通的蜗杆砂轮进给运动是由观察分量 Δs_w 和 $\Delta\psi_p$ 之间的线性关系（15.6.6）提供的。为了小齿轮纵向鼓形修整，遵循如下函数：

$$\Delta\psi_p(\Delta s_w)=\frac{\Delta s_w}{p}+a_{mr}(\Delta s_w)^2 \tag{15.6.9}$$

式中，a_{mr} 是抛物函数（15.6.9）的抛物系数。

蜗杆砂轮的变位滚切代替蜗杆砂轮切入，应用函数（15.6.9）可对小齿轮齿面进行修正，并为齿轮传动提供传动误差的抛物函数。

应用上述的两种方法，推导小齿轮双鼓形修整的齿面 Σ_1，这基于齿面 Σ_1 确定为双参数包络过程。

步骤 1：我们考虑齿面 Σ_w 是由齿条刀具面 Σ_c 的包络确定的。Σ_w 的确定是一单参数包络过程。

步骤 2：小齿轮双鼓形修整齿面 Σ_1 通过应用如下方程确定为双参数包络过程：

$$\boldsymbol{r}_1(u_w,\theta_w,\psi_w,\Delta s_w)=\boldsymbol{M}_{1w}(\psi_w,\Delta s_w)\boldsymbol{r}_w(u_w,\theta_w) \tag{15.6.10}$$

$$\boldsymbol{N}_w\cdot\boldsymbol{v}_w^{(w1,\psi_w)}=0 \tag{15.6.11}$$

$$\boldsymbol{N}_w\cdot\boldsymbol{v}_w^{(w1、\Delta s_w)}=0 \tag{15.6.12}$$

这里，(u_w，θ_w）是蜗杆砂轮面的参数；（ψ_w，Δs_w）是双参数包络过程运动的一般参数。矢量方程（15.6.10）表示小齿轮在坐标系 S_1 中蜗杆砂轮面 Σ_w 的面族。方程（15.6.11）和方程（15.6.12）表示两个啮合过程，矢量 $\boldsymbol{N}w$ 表示在坐标系 S_w 中蜗杆砂轮齿面 Σ_w 的法线。若运动参数 ψ_w 是变化的，其他运动参数 Δs_w 保持不变，则矢量 $\boldsymbol{v}_w^{(w1,\psi_w)}$ 表示小齿轮和蜗杆砂轮之间的相关速度。在参数 Δs_w 变化而参数 ψ_w 保持不变的条件下确定矢量 $\boldsymbol{v}_w^{(w1,\Delta s_w)}$。两相关的速度矢量表示在坐标系 S_w 中。

矢量方程（15.6.10）~方程（15.6.12）同时考虑确定小齿轮齿面双鼓形修整作为双参数包络过程的包络（见 6.10 节）。

15.7　小齿轮双鼓形修整的齿轮传动的轮齿接触分析

对小齿轮双鼓形修整的齿轮传动的啮合模拟分析可用 15.4 节所讨论的同样算法，所用的设计参数见表 15.7.1。

表 15.7.1　设计参数

小齿轮齿数 N_1	21
大齿轮齿数 N_2	77
模数 m	5.08mm
驱动侧压力角 α_d	25°
非工作侧压力角 α_c	25°
螺旋角 β	30°
齿条刀具参数 b	1
齿宽	70mm
蜗杆砂轮分度圆半径 r_w	98mm
小齿轮齿条刀具抛物系数 a_c	0.002mm^{-1}
纵向鼓形修整的抛物系数 a_{pl}	0.000085mm^{-1}

齿轮传动无对中性误差时，预设计传动误差的抛物函数提供最大误差为 8″，为纵向鼓形修整的抛物系数 a_{pl} 的大小。图 15.7.1a 和图 15.7.1b 所示分别为传动误差的接触轨迹和函数。输出的轮齿接触分析表明小齿轮和大齿轮的啮合传动误差的抛物函数满足由于采用小齿轮双鼓形修整产生的要求。

轮齿接触分析所选择的方法包括：a. 使用盘状砂轮工具（见 15.5 节）；b. 蜗杆砂轮的切入（见 15.6 节）；c. 进给运动的变位滚切（见 15.6 节）。这些方法所得到的轮齿接触分析输出结果几乎是相同的。

对如下对中性误差进行啮合模拟：a. 中心距误差 $\Delta E=140\mu m$；b 轴交角误差 $\Delta\gamma=3'$；c. 误差 $\Delta\lambda=3'$；d. 误差 $\Delta\gamma$ 和 $\Delta\lambda$ 的综合，并令 $\Delta\gamma-\Delta\lambda=0$。

轮齿接触分析结果如下：

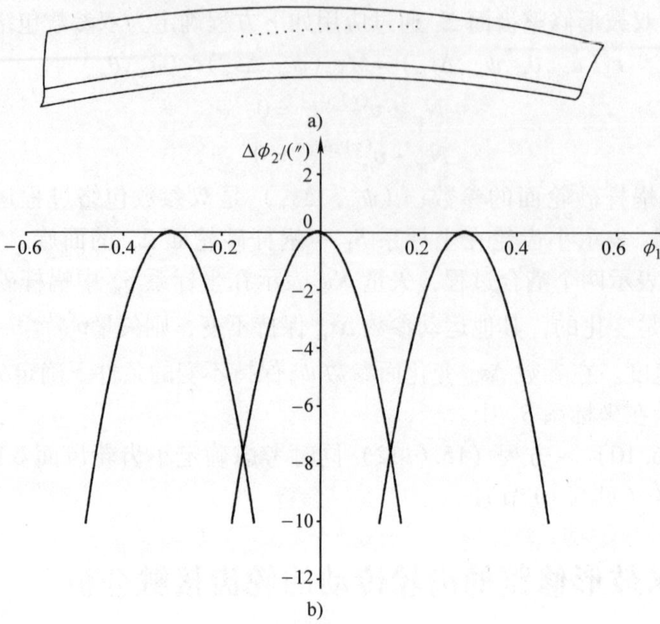

图 15.7.1　齿轮传动轮齿接触分析的输出，其中小齿轮用磨削蜗杆砂轮切入无误差作用

a）接触轨迹　b）传动误差函数

1）图 15.7.1a 所示为同心齿轮传动接触轨迹的方向。

2）图 15.7.2a ~ c 所示分别为由对中性误差 ΔE、$\Delta\gamma$ 和 $\Delta\lambda$ 引起的接触轨迹的位移。非对中性误差 ΔE 不会引起在小齿轮齿面上的接触区位移。由 $\Delta\gamma$ 引起的接触轨迹的位移，可由小齿轮变位 $\Delta\lambda_1$（大齿轮为 $\Delta\lambda_2$）来补偿。图 15.7.2d 所示为接触轨迹的位置可由小齿轮的变位 $\Delta\lambda_1$ 来修复，取 $\Delta\gamma-\Delta\lambda_1=0$。这就意味着变位 $\Delta\lambda_1$ 可以修复接触轨迹的位置。变位 $\Delta\lambda_1$ 或 $\Delta\lambda_2$ 可分别用于小齿轮或大齿轮的磨削加工。

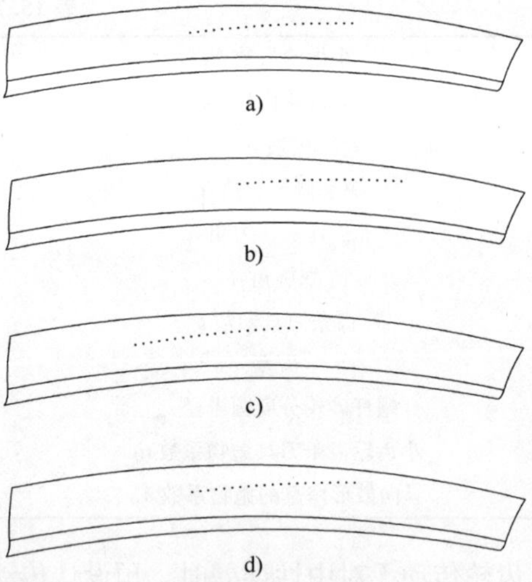

图 15.7.2　在渐开线复位斜齿轮传动中，关于对中性误差对接触轨迹位移影响的啮合模拟（小齿轮用磨削蜗杆砂轮切入加工）：

a）$\Delta E=140\mu m$　b）$\Delta\gamma=3'$

c）$\Delta\lambda=3'$　d）$\Delta\gamma-\Delta\lambda_1=0$

如上所述（见 15.4 节），小齿轮双鼓形修整可提供预设计的抛物函数，因此由 $\Delta\gamma$、$\Delta\lambda$ 和其他误差引起的，传动误差的线性函数，将由预设计的传动误差 $\Delta\phi_2$（ϕ_1）的抛物函数如实吸收。最终的传动误差函数 $\Delta\phi_2$（ϕ_1）仍是一种抛物函数。然而，误差 $\Delta\gamma$ 和 $\Delta\lambda$ 数值增大会使传动误差最后函数 $\Delta\phi_2(\phi_1)$ 的结果变成非连续性。在这种情况下，预设计的抛物函数 $\Delta\phi_2(\phi_1)$ 有较大的数值或有必要限制 $\Delta\gamma$、$\Delta\lambda$ 和其他误差的极限范围。

15.8　根切和齿顶变尖

1. 根切

避免根切是针对小齿轮齿面 Σ_σ 的，其基于如下概念：

1）在加工齿面 Σ_σ 上出现奇异点就说明加工过程的齿面有可能出现根切（参见 Litvin 1989 年、1994 年的专著）。

2）齿面 Σ_σ 上的奇异点是在加工齿面 Σ_c 正常点时，当其在 Σ_σ 上运动的接触点速度等于零时出现的（参见 Litvin 1989 年、1994 年的专著）：

$$\boldsymbol{v}_r^{(\sigma)} = \boldsymbol{v}_r^{(c)} + \boldsymbol{v}^{(c\sigma)} = \boldsymbol{0} \tag{15.8.1}$$

3）方程（15.8.1）和啮合微分方程

$$\frac{\mathrm{d}}{\mathrm{d}t}[f(u_c,\theta_c,\psi_\sigma)] = 0 \tag{15.8.2}$$

允许我们确定在齿面 Σ_c 上确定一线 L，它在 Σ_σ 上产生奇异点。通过线 L 限制 Σ_c，我们可以避免在齿面 Σ_σ 上出现奇异点。

基于下列考虑因素推导出线 L。

① 由方程（15.8.1）可得

$$\frac{\partial \boldsymbol{r}_c}{\partial u_c}\frac{\mathrm{d}u_c}{\mathrm{d}t} + \frac{\partial \boldsymbol{r}_c}{\partial \theta_c}\frac{\mathrm{d}\theta_c}{\mathrm{d}t} = -\boldsymbol{v}_c^{(c\sigma)} \tag{15.8.3}$$

这里，$\partial \boldsymbol{r}_c/\partial u_c$、$\partial \boldsymbol{r}_c/\partial \theta_c$ 和$\boldsymbol{v}_c^{(c\sigma)}$ 分别表示小齿轮齿条刀具在坐标系 S_c 中的三个尺寸矢量。

② 由方程（15.8.2）得

$$\frac{\partial f}{\partial u_c}\frac{\mathrm{d}u_c}{\mathrm{d}t} + \frac{\partial f}{\partial \theta_c}\frac{\mathrm{d}\theta_c}{\mathrm{d}t} = \frac{\partial f}{\partial \psi_\sigma}\frac{\mathrm{d}\psi_\sigma}{\mathrm{d}t} \tag{15.8.4}$$

③ 方程（15.8.3）和方程（15.8.4）分别为在两个未知数 $\mathrm{d}u_c/\mathrm{d}t$、$\mathrm{d}\theta_c/\mathrm{d}t$ 中有四个线性方程。在这方程组中，若矩阵如下所示，则未知数有确定的解：

$$\boldsymbol{A} = \begin{bmatrix} \dfrac{\partial \boldsymbol{r}_c}{\partial u_c} & \dfrac{\partial \boldsymbol{r}_c}{\partial \theta_c} & -\boldsymbol{v}_c^{(c\sigma)} \\ \dfrac{\partial f}{\partial u_c} & \dfrac{\partial f}{\partial \theta_c} & -\dfrac{\partial f}{\partial \psi_\sigma}\dfrac{\mathrm{d}\psi_\sigma}{\mathrm{d}t} \end{bmatrix} \tag{15.8.5}$$

若其秩 $r=2$，则得

$$\Delta_1 = \begin{vmatrix} \dfrac{\partial x_c}{\partial u_c} & \dfrac{\partial x_c}{\partial \theta_c} & -v_{xc}^{(c\sigma)} \\ \dfrac{\partial y_c}{\partial u_c} & \dfrac{\partial y_c}{\partial \theta_c} & -v_{yc}^{(c\sigma)} \\ \dfrac{\partial f}{\partial u_c} & \dfrac{\partial f}{\partial \theta_c} & -\dfrac{\partial f}{\partial \psi_\sigma}\dfrac{\mathrm{d}\psi_\sigma}{\mathrm{d}t} \end{vmatrix} = 0 \tag{15.8.6}$$

$$\Delta_2=\begin{vmatrix}\dfrac{\partial x_c}{\partial u_c} & \dfrac{\partial x_c}{\partial \theta_c} & -v_{xc}^{(c\sigma)}\\ \dfrac{\partial z_c}{\partial u_c} & \dfrac{\partial z_c}{\partial \theta_c} & -v_{zc}^{(c\sigma)}\\ \dfrac{\partial f}{\partial u_c} & \dfrac{\partial f}{\partial \theta_c} & -\dfrac{\partial f}{\partial \psi_\sigma}\dfrac{\mathrm{d}\psi_\sigma}{\mathrm{d}t}\end{vmatrix}=0 \tag{15.8.7}$$

$$\Delta_3=\begin{vmatrix}\dfrac{\partial y_c}{\partial u_c} & \dfrac{\partial y_c}{\partial \theta_c} & -v_{yc}^{(c\sigma)}\\ \dfrac{\partial z_c}{\partial u_c} & \dfrac{\partial z_c}{\partial \theta_c} & -v_{zc}^{(c\sigma)}\\ \dfrac{\partial f}{\partial u_c} & \dfrac{\partial f}{\partial \theta_c} & -\dfrac{\partial f}{\partial \psi_\sigma}\dfrac{\mathrm{d}\psi_\sigma}{\mathrm{d}t}\end{vmatrix}=0 \tag{15.8.8}$$

$$\Delta_4=\begin{vmatrix}\dfrac{\partial x_c}{\partial u_c} & \dfrac{\partial x_c}{\partial \theta_c} & -v_{xc}^{(c\sigma)}\\ \dfrac{\partial y_c}{\partial u_c} & \dfrac{\partial y_c}{\partial \theta_c} & -v_{yc}^{(c\sigma)}\\ \dfrac{\partial z_c}{\partial u_c} & \dfrac{\partial z_c}{\partial \theta_c} & -v_{zc}^{(c\sigma)}\end{vmatrix}=0 \tag{15.8.9}$$

由方程（15.8.9）得啮合方程$f(u_c,\ \theta_c,\ \psi_\sigma)=0$，且不适用于奇异点的考察。要求确定$\Delta_1$、$\Delta_2$、$\Delta_3$必须同时等于零，可表示为

$$\Delta_1^2+\Delta_2^2+\Delta_3^2=0 \tag{15.8.10}$$

由方程（15.8.10）可使我们得到确定奇异点的如下函数：

$$F(u_c,\theta_c,\psi_\sigma)=0 \tag{15.8.11}$$

注意：在大多数的情况下，可满足推出的函数$F=0$，仅满足下列三个方程之一时，可用于代替方程（15.8.10）：

$$\Delta_1=0,\Delta_2=0,\Delta_3=0$$

一种例外的情况是应用方程（15.8.10）满足要求，在6.3节有讨论。

用限制加工小齿轮的齿条刀具面Σ_c上的线L可避免小齿轮的奇异点，线L（见图15.8.1a）按如下程序确定：

① 应用啮合方程$f(u_c,\ \theta_c,\ \psi_\sigma)=0$，我们可得到在参数（$u_c$，$\theta_c$）的平面上小齿轮和齿条刀具的接触线族，每一接触线的确定按运动的固定参数ψ_σ进行。

② 通过同时考虑方程$f=0$和$F=0$（见图15.8.1a），在参数（u_c，θ_c）的空间中确定极限线L。然后，我们可以得到齿条刀具面上的极限线L（见图15.8.1b）。齿条刀具面上的极限线L是由齿条刀具正常点形成的，但这些点将在小齿轮齿面上产生奇异点。

线L对齿条刀具面的限制可使我们能够避免在小齿轮齿面上出现奇异点。小齿轮齿面上的奇异点可由齿条刀具面Σ_c上的线L到面Σ_σ的坐标变换获得。

2. 齿顶变尖

小齿轮齿顶变尖的意思是指其齿顶厚度变成零。图15.8.2a所示为小齿轮齿条刀具和小

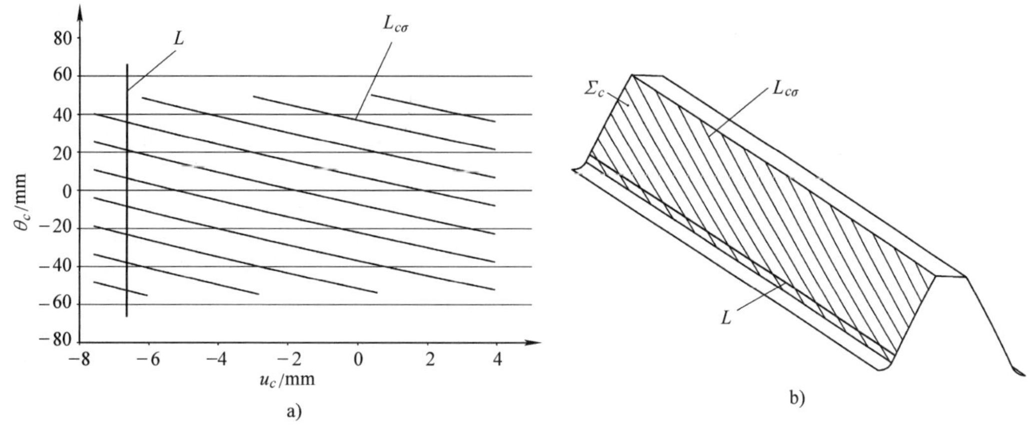

图 15.8.1　接触线 $L_{c\sigma}$ 和极限线 L

a）在平面（u_c，θ_c）上　b）在齿面 Σ_c 上

齿轮的横截面。当小齿轮上的奇异点仍可以避免时，齿条刀具上的点 A_c 加工出小齿轮上的极限点 A_σ。齿条刀具上的 B_c 加工出小齿轮齿廓上的 B_σ 点。参数 s_a 表示小齿轮齿顶宽度；参数 α_t 表示在点 Q 的压力角；参数 h_1 和 h_2 表示齿条刀具齿廓极限点 A_c、B_c 的极限位置。图 15.8.2b 所示为函数 $b_1(N_1)$、$b_2(N_1)$（N_1 为小齿轮的函数）所得的如下数据：$\alpha_d=25°$，$\beta=30°$，小齿轮齿条刀具的抛物系数 $a_c=0.002\text{mm}^{-1}$，$s_a=0.3\text{m}$，参数 $s_{12}=1.0$［见方程（15.2.3）］，模数 $m=1\text{mm}$。

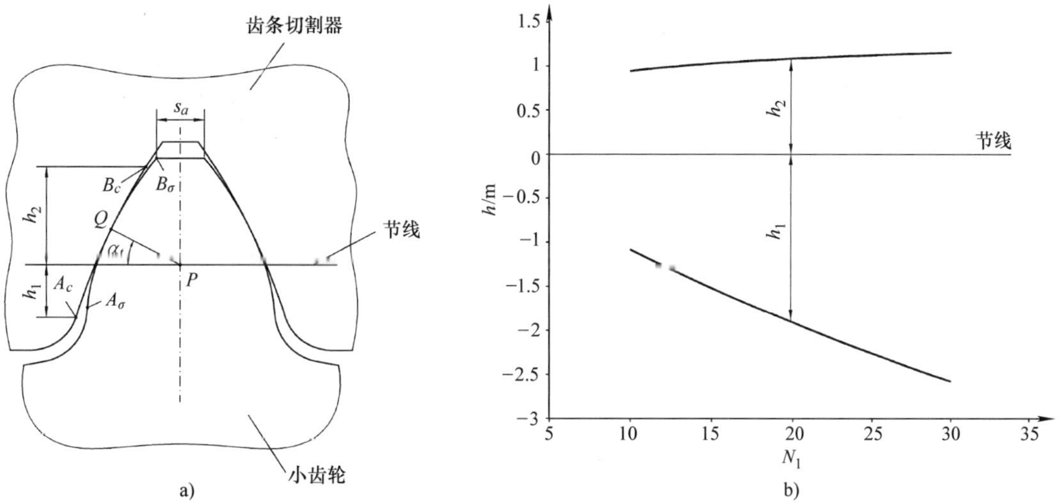

图 15.8.2　齿条刀具的许可尺寸 h_1、h_2

a）齿条刀具和小齿轮的横截面　b）函数 h_1（N_1）和 h_2（N_2）

15.9　应用分析

这个截面上包括应力分析和考察接触面的接触区的形成。应力分析基于有限元方法

（参见 Zienkiewicz 和 Taylor 2000 年的专著）和通用的计算机程序（参见 Hibbit，Karlsson & Sirensen 公司 1998 年的成果）。有限元分析应用的改进方法见 9.5 节。

应力分析开发方法的优点如下：

1）小齿轮和大齿轮在任何位置的齿轮传动有限元模型可自动通过轮齿接触分析（TCA）获得。因为接触面之间至少存在一点接触，应力的收敛性得以保证。

2）不要求假设在接触区的载荷分布，因为通用计算机程序的接触算法（参见 Hibbit，Karlsson & Sironsen 公司 1998 年的成果）通过将转矩作用在小齿轮上分析载荷分布，而假设大齿轮处于静止状态。

3）可以获得任意齿数的有限元模型。图 15.9.1 所示为整个齿轮传动有限元模型的一实例。然而，如果接触的要求是精确定义为椭圆的，就不推荐这种模型了。在这种情况下，能满足三对或五对轮齿模型的要求。图 15.9.2 所示为五对轮齿传动的应力分析模型。

用几对轮齿的模型具有如下优点：

① 从轮齿的承载区域更能满足边界条件。

② 由于齿面弹性变形，两对轮齿可以同时啮合，可以进行研究接触轨迹从开始到结束的载荷的传递。

图 15.9.1　整个齿轮传动的有限元模型

对齿轮传动进行了应力分析设计参数见表 15.7.1。三对接触齿的有限元模型已用于接触轨迹的任选点。单元 C3D8I（参见 Hibbit，Karlsson & Sirensen 公司 1998 年的成果）首先（为了提高模型的不协调性，改善其弯曲运行情况）用于有限元网格的形成。总有限元单元为 45600，具有 55818 个结点，材料为钢，弹性模量 $E=2.068\times10^5$MPa，泊松比为 0.29，作用在小齿轮的转矩为 500N·m。图 15.9.3 所示为作用在小齿轮接触点的中部的所得接触应力和弯曲应力。

也研究了接触应力和弯曲应力沿接触轨迹的变化。图 15.9.4 所示为小齿轮的接触应力和弯曲应力图。普通的渐开线斜齿轮传动，具有轴交角误差 $\Delta\gamma=3'$（见图 15.9.5）的也可进行应力分析。回想一下，对中的普通斜齿轮传动的齿面呈线接触，但其为含有误差 $\Delta\gamma$ 的点接触。电算结果表明，由于误差 $\Delta\gamma$ 产生了边缘接触和严重的接触应力区。

图 15.9.6 所示为具有误差 $\Delta\gamma=3'$的改进的渐开线变位斜齿轮传动中小齿轮有限元分析的结果。图 15.9.6 所示为具有修正几何结构的斜齿轮传动中没有边缘接触和严重接触应力的区域。

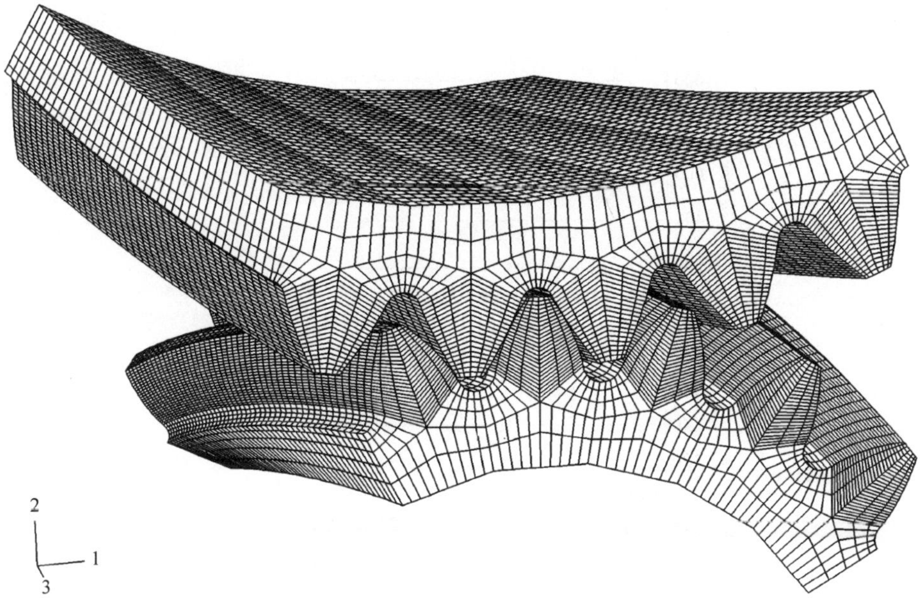

图 15. 9. 2　五对轮齿传动的应力分析接触模型

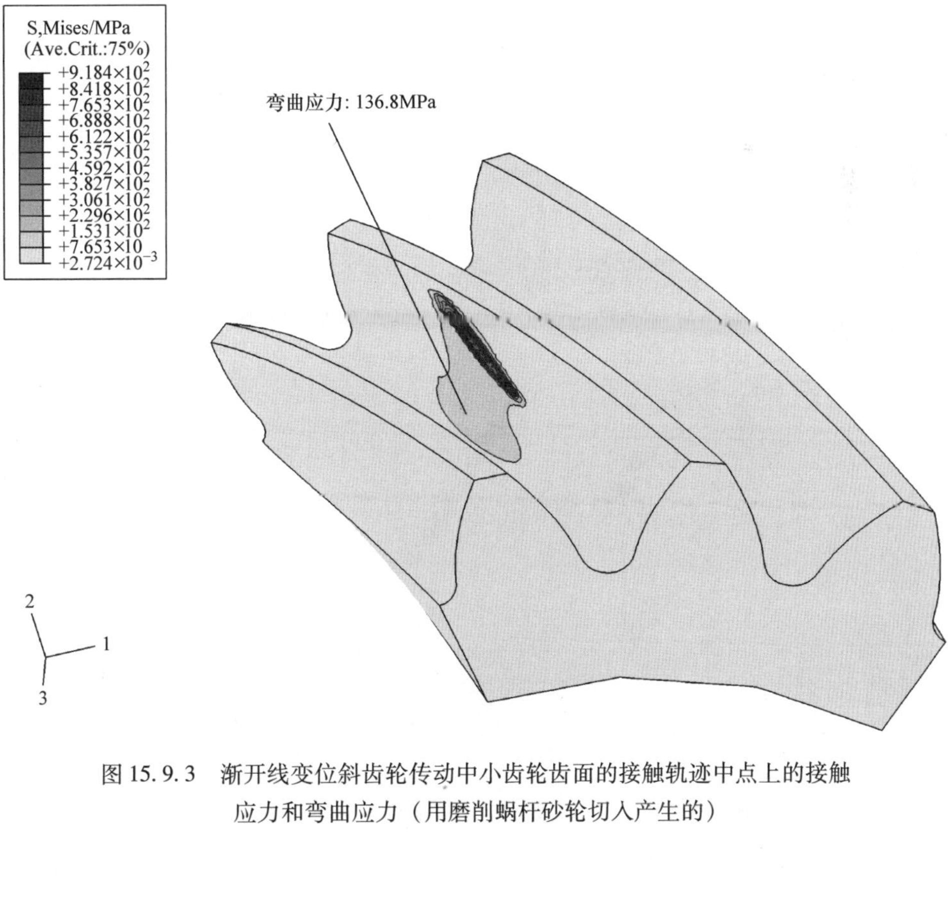

图 15. 9. 3　渐开线变位斜齿轮传动中小齿轮齿面的接触轨迹中点上的接触应力和弯曲应力（用磨削蜗杆砂轮切入产生的）

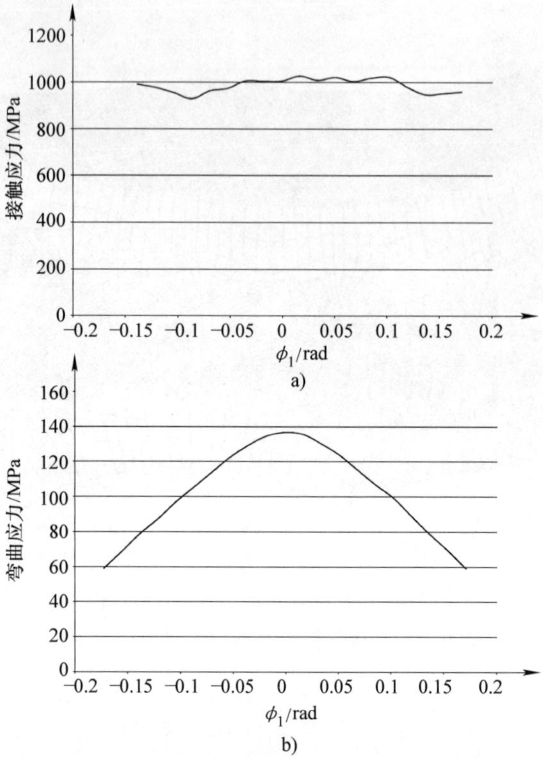

图 15.9.4　小齿轮啮合周期过程中的接触应力和弯曲应力

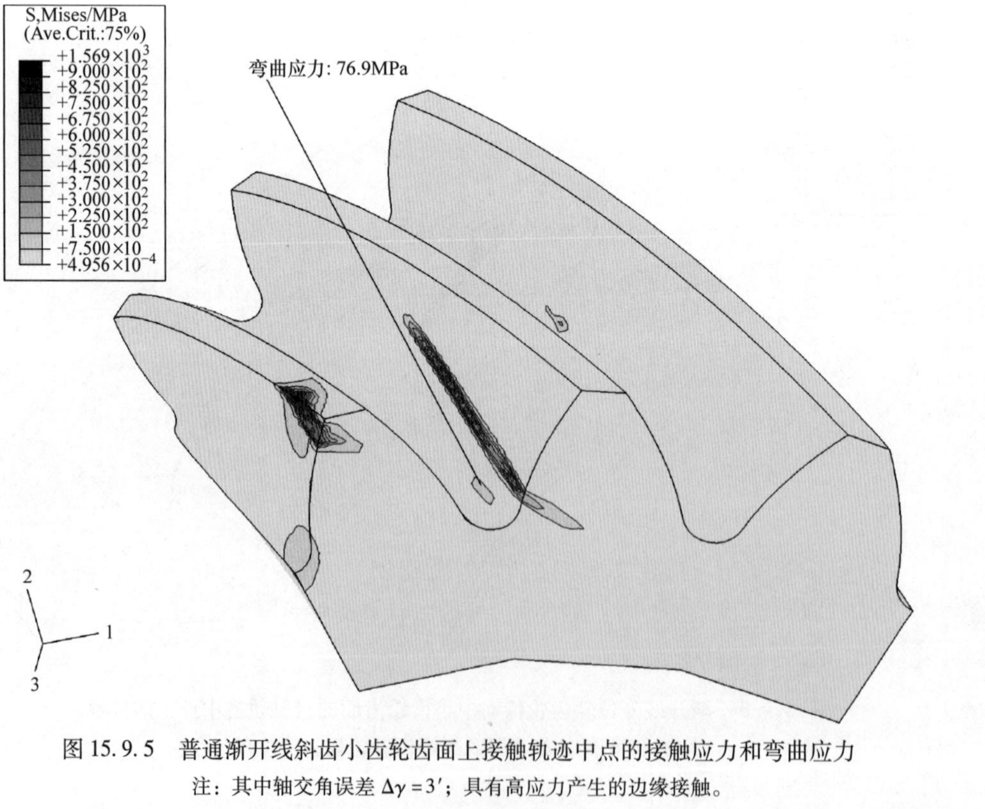

图 15.9.5　普通渐开线斜齿小齿轮齿面上接触轨迹中点的接触应力和弯曲应力

注：其中轴交角误差 $\Delta\gamma=3'$；具有高应力产生的边缘接触。

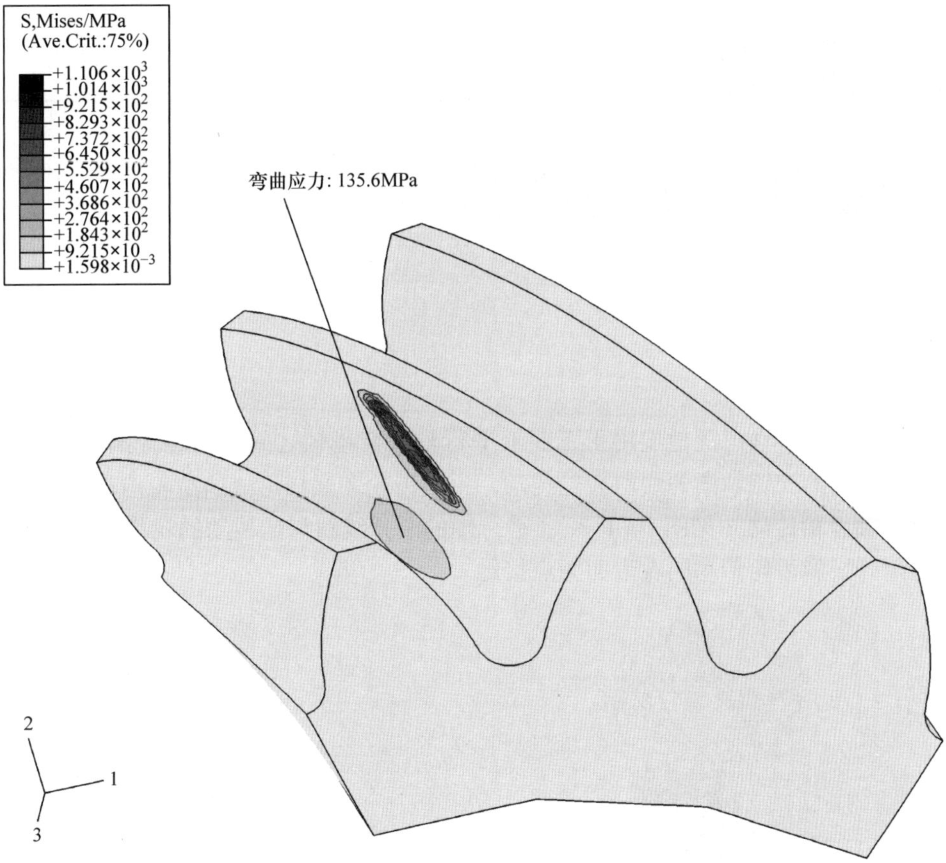

图 15. 9. 6　改进的渐开线变位斜齿轮传动的小齿轮齿面上接触轨迹中点的接触应力和弯曲应力

注：其中轴交角误差 $\Delta\gamma=3'$；考虑避免边缘接触。

第16章
交错轴渐开线斜齿轮

16.1 引言

渐开线斜齿轮传动广泛地应用于工业上平行轴和交错轴之间的回转变换。图 16.1.1 所示为在三维空间的交错轴渐开线斜齿轮传动，由斜齿轮和蜗杆形成的齿轮传动是一种特殊情况下的交错轴齿轮传动（见图 16.1.2）。平行轴的渐开线斜齿轮传动的轮齿面呈线接触，而交错轴的渐开线斜齿轮传动的轮齿面为点接触。

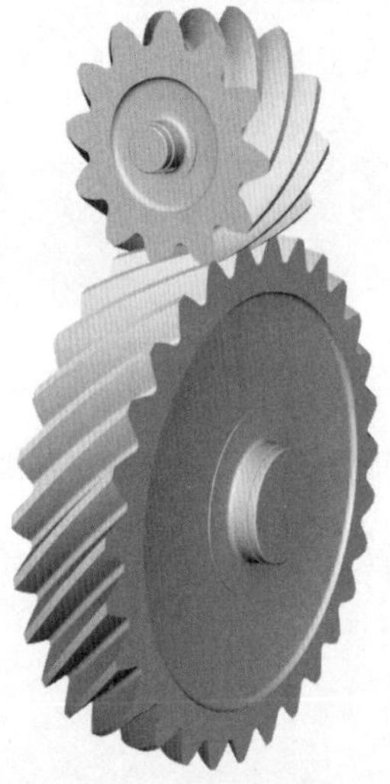

图 16.1.1 在三维空间的交错轴渐开线斜齿轮传动

图 16.1.2 由蜗杆和斜齿轮组成的齿轮传动

渐开线齿轮理论和这个领域的研究成果已有不少论述，如 Litvin 1968 年的专著，Colbourne 1987 年的专著，Townsend 1991 年的专著，Litvin 等人 1999 年、2001 年的专著，对剃齿和珩齿工艺过程探讨的著作有 Townsend 1991 年的专著和 Litvin 等人 2001 年的专著。尽管在这一领域已进行了广泛的调查研究，渐开线斜齿轮传动非对中的质量问题仍是设计者和制造者关切的事情，这种非对中的齿轮传动的主要缺点包括：a. 出现边缘接触；b. 出现大的振动；c. 接触斑迹从中心位置产生偏移。

为了克服上述缺点，以往在齿轮几何方面进行某些修整：a 修整小齿轮的导程角（要求重磨）；b. 在齿廓的顶部和轮齿的边缘进行鼓形修整（基于制造者的经验）。Litvin 等人 2001 年的专著中提出了一种更通用的方法来使接触斑迹局部化。

下面是交错轴渐开线斜齿轮传动的啮合条件在本章的论述。

1）一种专门设计（称为标准型之一）提供接触斑迹的中心位置。

2）啮合线的修整（建立接触点）可表示如下：

① 在非对中齿轮传动中，啮合线的位移结果产生边缘接触的表示法。

② 交错角公称值导致边缘接触的灵敏性关系。

啮合模拟的算法（包括边缘接触的模拟）的表示法，其原理由数值实例提供。

16.2　斜齿轮传动啮合的模拟和分析

1. 基本概念

众所周知（参见 Litvin 1968 年、1989 年的专著），渐开线螺旋面可由一直线$\overline{MD}$（见图 16.2.1）做螺旋运动而形成，而产形线的运动过程中，始终保持与基圆柱相切的螺旋线方向。产形面是一展开面（参见 Litvin 1968 年、1989 年的专著，Zalgaller 1975 年的专著），且沿$\overline{MD}$方向的螺旋面的法线共线。图 16.2.2a 所示为产形面是由与基圆相切沿螺旋线方向的直线族形成的。配对的斜齿轮的齿面（平行轴同心的齿轮传动）沿直线$\overline{MD}$相互接触。

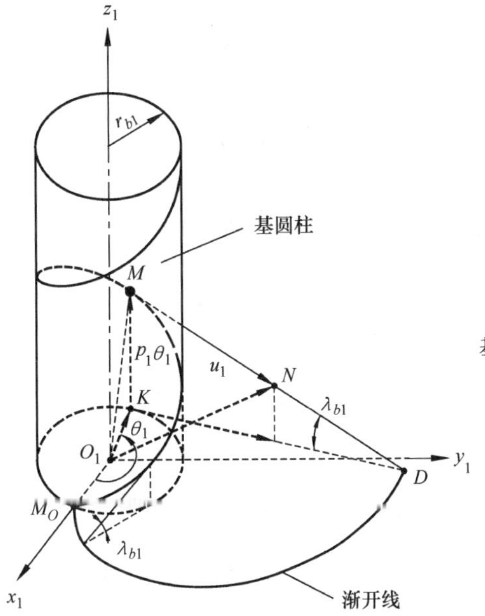

图 16.2.1　渐开线螺旋面形成的示意

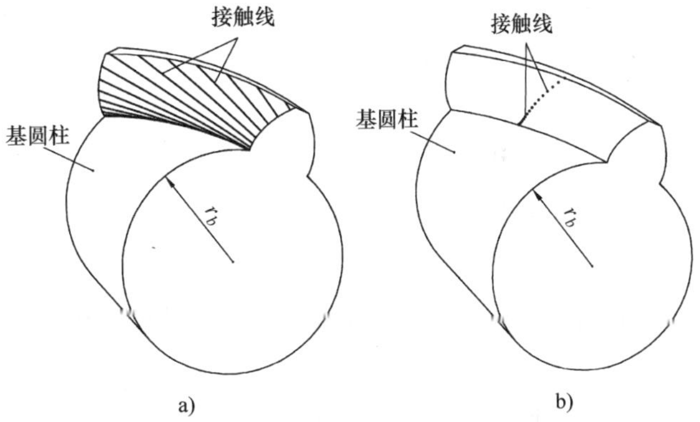

图 16.2.2　斜齿轮传动的接触形式

a）平行轴传动的接触线

b）交错轴传动的接触线

现在假想，应用坐标变换，平行轴的斜齿轮传动的接触线表示在两基圆柱的切线的平面 Π 上。图 16.2.3 所示为小齿轮基圆柱切线的平面 Π，角 α_{Ot1} 是端截面上的压力角，点 O_1 和 O_2 是配对斜齿轮的基圆的中心。

利用坐标变换，我们在平面 Π 上表示平行轴斜齿轮传动的接触线，在平面 Π 上（见图 16.2.3）所示的接触线 L 是平行的直线。平行轴齿轮传动平面 Π 是在与齿轮传动箱体刚性固接的固定坐标系中的啮合平面。

2. 斜齿轮传动的接触线

我们强调接触线 L 的专门特性：

1）现在回想起图 16.2.1 所示的渐开线螺旋面是由直线$\overline{MD}$做螺旋运动而形成的，与渐开线螺旋面的法线（在$\overline{MD}$的瞬时位置）是共线的，其取向不取决于在$\overline{OM}$上点的位置参数。我们可以认为，局部的$\overline{MD}$上存在具有共线的法线的渐开线螺旋面。

2）在任意接触点，渐开线的螺旋面的法线与接触线是垂直的，因此齿面的法线也垂直于表示在平面 Π 的接触线。

3）渐开线螺旋面上的法线在啮合平面 Π 上有相同不变的方向。

图 16.2.4 所示为一平面渐开线齿轮传动。线 T_1—T_2 是基圆半径为 r_{b1}、r_{b2} 的切线，同时，线 T_1—T_2 是啮合渐开线齿廓的公法线。

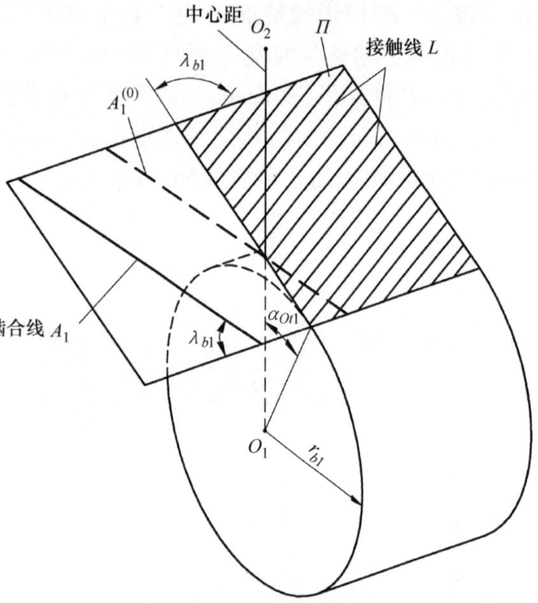

图 16.2.3　在啮合平面 Π 上接触线的示意图

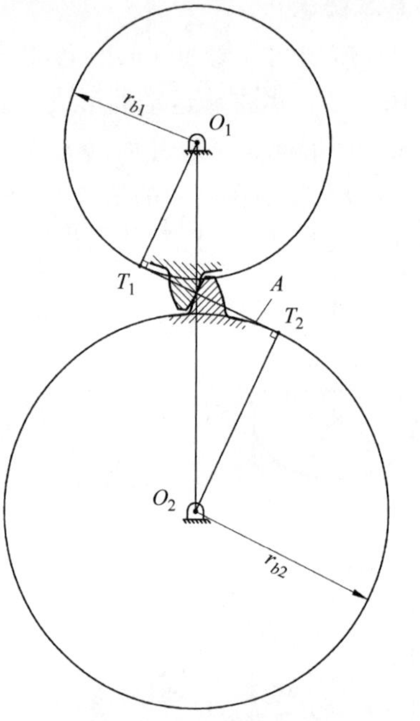

图 16.2.4　渐开线平面齿轮传动的啮合线 A

我们可以扩大调研的范围，在交错轴渐开线斜齿轮传动中，是一平面渐开线齿轮传动的啮合。交错轴斜齿轮传动的齿轮齿面相互间呈点接触（见图 16.2.2b），但不像在平行轴的斜齿轮传动那样在一直线啮合（见图 16.2.2a）。图 16.2.5 所示为交错轴斜齿轮传动的基圆柱。显而易见，交错基圆柱的齿轮传动有公切线，但无公切面。两线 A_1 和 A_2 同时切于基圆柱和基圆螺旋线。我们可称 A_1 和 A_2 为交错轴斜齿轮传动的啮合线，线 A_1 和 A_2 相应表示齿面的啮合侧。

下文中（见附录 16.A 和附录 16.B），关于交错轴斜齿轮传动的设计可通过考察齿轮传动最短中心距和交错角之间的专门关系来进行。这种设计提供相互交叉点的啮合线及其最短的中心距，称为标准型设计。

图 16.2.6 所示为不遵循标准设计规则的啮合线，啮合线 A_1 和 A_2 是交错的，但相互间并不相交。交错轴斜齿轮传动的每个线 A_i 仍切于两个基圆柱和基圆柱螺旋线。两啮合线 A_1 和 A_2 的相错是由齿轮传动的轴交角 γ_O 的公称值误差 $\Delta\gamma$ 的结果或中心距误差 ΔE 导致的结果（见下文）。

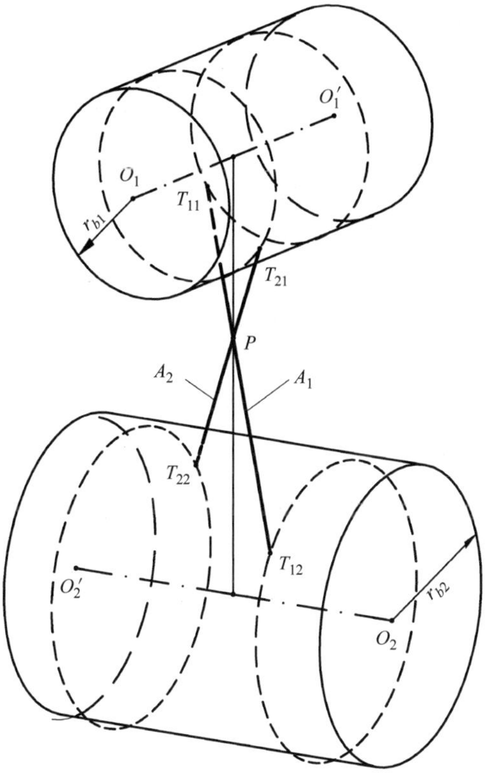

图 16.2.5　交错轴斜齿轮同心传动的啮合线

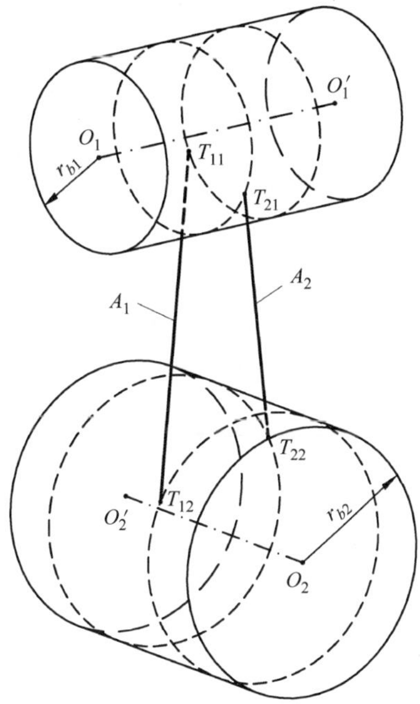

图 16.2.6　有轴交角误差 Δr 的齿轮传动的啮合线

对于非对中的交错轴的斜齿轮传动来说，其啮合线的分析确定对边缘接触的考察是十分重要的。当啮合线从理论位置发生位移并位于齿宽的输出侧时，将产生边缘接触（见图 16.2.7和图 16.2.8）。对于出现边缘接触的分析确定，可推导出如下开发的方法。我们可分别表明在交错轴斜齿轮传动中，啮合线相交和相错的状况（见图 16.2.5 和图 16.2.6）。此外，在交错轴斜齿轮中，重要的是表明小齿轮啮合线在平面上与基圆柱相切，确定啮合线 A_1 在平面 Π 上（见图 16.2.3）要求的方向和位置。

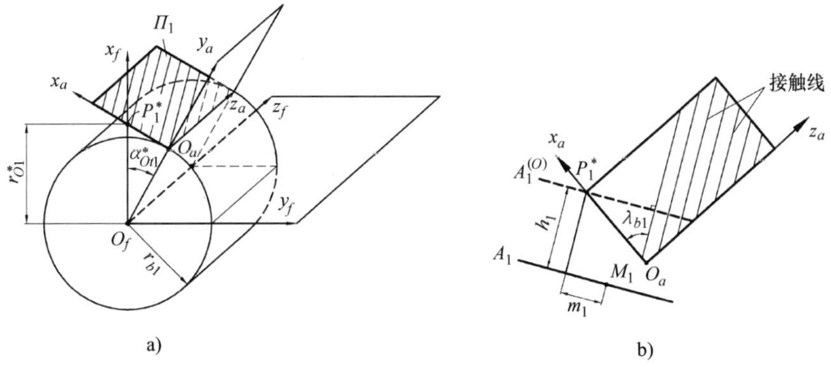

图 16.2.7　图解一

a）平面 Π_1 和在 Π_1 上的接触线　b）啮合线 A_1 和参数 m_1、h_1

A_1 的朝向很容易确定为垂直于接触线 L。啮合线的朝向由小齿轮的螺旋角 λ_{b1} 确定（见图 16.2.3）。下面确定 A_1 在平面 Π 上的位置。对中性误差（轴交角和最短中心距的偏差）

引起啮合线的位移，伴随产生边缘接触。啮合线位置的电算程序如下所述。

（1）工况 1　交错角（轴交角）误差 $\Delta\gamma$

输入电算参数为基圆柱半径 r_{b1} 和 r_{b2}，基圆柱上的导程角 λ_{b1} 和 λ_{b2}，交错角公称值 γ_O，交错角的误差 $\Delta\gamma$。

步骤 1：齿条刀具法向截面的压力角 α^*_{On}（见附录 16.B）由下式确定：

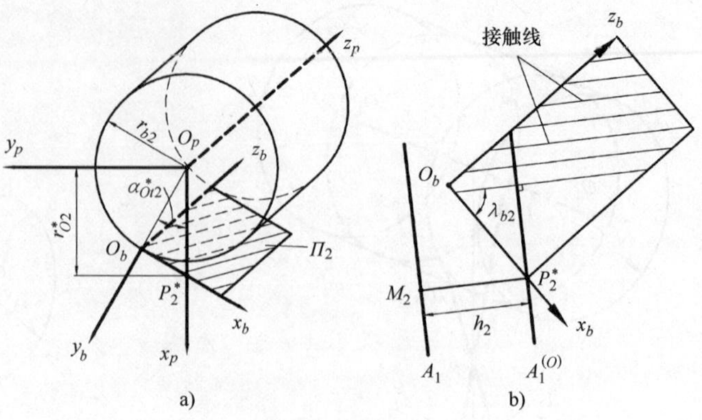

图 16.2.8　图解二

a）平面 Π_2 和在 Π_2 上的接触线　b）啮合线 A_1 和参数 h_2

$$\cos^2\alpha^*_{On}=\frac{\cos^2\lambda_{b1}\pm2\cos\lambda_{b1}\cos\lambda_{b2}\cos\gamma^*_O+\cos^2\lambda_{b2}}{\sin^2\gamma^*_O}\tag{16.2.1}$$

上标 * 表示非对中齿轮传动的参数，公式（16.2.1）中的上、下符号表示相应的斜齿轮的螺旋方向相同或相反。

步骤 2：小齿轮或大齿轮横截面上的压力角 α^*_{Oti}　$(i=1,2)$ 按下式确定：

$$\sin\alpha^*_{Oti}=\frac{\sin\alpha^*_{On}}{\sin\lambda_{bi}}\quad(i=1,2)\tag{16.2.2}$$

步骤 3：半径 r^*_{Oi} 表示用齿条刀具加工斜齿轮的啮合节圆柱，确定如下。

1）斜齿轮啮合节圆柱是用齿条刀具加工的啮合瞬轴面（见 16.4 节）。图 16.4.2 所示为用齿条刀具加工标准斜齿轮的分度圆柱。

2）具有交替角 γ_0 的非对中齿轮传动的半径 r^*_{Oi}（$i=1,2$）之和，与中心距公称值 $E_O=r_{O1}+r_{O2}$ 不同。

3）半径 r^*_{Oi} 由下式确定：

$$r^*_{Oi}=\frac{r_{bi}}{\cos\alpha^*_{Oti}}\quad(i=1,2)\tag{16.2.3}$$

步骤 4：确定啮合线的位移参数 h_1 和 h_2。参数 h_i（$i=1,2$）是由点 P^*_i（$i=1,2$）引垂直于位移啮合线之线的延伸，点 P^*_i 是半径 r^*_{Oti} 的圆柱体与中心距线之交点。

参数 h_1 和 h_2 按如下方程确定：

$$h_1=\frac{r_{b2}+r_{b1}\dfrac{\cos\alpha^*_{Ot2}}{\cos\alpha^*_{Ot1}}-E_O\cos\alpha^*_{Ot2}}{\sin\alpha^*_{Ot2}\sin\gamma^*_O}\sin\lambda_{b1}\tag{16.2.4}$$

$$h_2=\frac{A}{B}\tag{16.2.5}$$

其中

$$A=r_{b1}+r_{b2}\frac{\cos\alpha^*_{Ot1}}{\cos\alpha^*_{Ot2}}-E_O\cos\alpha^*_{Ot1}\tag{16.2.6}$$

$$B=\sin\lambda_{b2}\sin\alpha_{Ot1}\sin\gamma^*_O+\cos\lambda_{b2}(\cos\alpha^*_{Ot1}\sin\alpha^*_{Ot2}-\cos\alpha^*_{Ot2}\sin\alpha_{Ot1}\cos\gamma^*_O)\tag{16.2.7}$$

上述方程的推导基于如下考虑因素：

1）图 16.2.7 所示为坐标系 S_f 和 S_a 与小齿轮刚性固接。平面 Π_1（见图 16.2.7a）切于半径为 r_{b1} 的基圆柱。小齿轮齿面 Σ_1 和加工齿条刀具面 Σ_{r1} 之间的接触线在平面 Π_1 为平行的直线，接触线的朝向取决于角 λ_{b1}（见图 16.2.7b）。

2）非对中齿轮传动的啮合线 A_1 与对中齿轮传动的啮合线 $A_1^{(O)}$ 相比是有位移的，其位移量取决于 h_1。点 M 在线 A_1 上的位置是表示参数 m_1 的（见图 16.2.7b）。

3）图 16.2.8 所示为坐标系 S_b 和 S_p 与齿轮 2 刚性固接。平面 Π_2 切于半径为 r_{b2} 的基圆柱，齿轮齿面 Σ_2 和加工齿条刀具面 Σ_{r2} 之间的接触线表示在平面 Π_2 上，该接触线的朝向取决于角 λ_{b2}。

啮合线 A_1 表示为移位的线。A_1 在平面 Π_2 上（见图 16.2.8b）的朝向确定与接触线正交，其在平面 Π_2 上的位置由参数 h_2 确定，参数 h_2 由电算程序确定。

4）图 16.2.9 所示为坐标系 S_p 和 S_f 的位置与朝向，在平面 Π_1 和 Π_2 上啮合线的位移由参数 h_1、h_2 的电算程序确定，并考虑如下因素：

① 图 16.2.7 所示为啮合线上的点 M_1（在平面 Π 上的位置）由如下位置矢量确定：

$$\boldsymbol{r}_f^{(1)}(h_1, m_1, r_{b1}, \lambda_{b1}, \alpha_{Ot1}^*) \quad (16.2.8)$$

这里，h_1 和 m_1 由参数确定。

② 应用坐标变换，由 S_b 通过 S_p 到 S_f，我们可以用位置矢量确定点 M 在啮合线上的位置（在平面 Π_2 上的位置）为

$$\boldsymbol{r}_f^{(2)}(h_2, r_{b2}, \lambda_{b2}, \alpha_{Ot2}^*, \gamma_O^*, E_O) \quad (16.2.9)$$

③ 所取的点 M_1 和 M_2 在同一啮合线上，矢量方程 $\boldsymbol{r}_f^{(1)}(M_1) = \boldsymbol{r}_f^{(2)}(M_2)$ 可得三个线性方程，用于确定 h_1、h_2 和辅助参数 m_1。

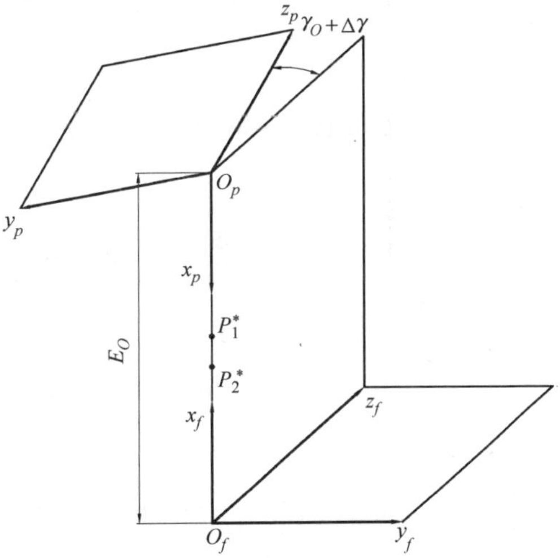

图 16.2.9　固定坐标系 S_f 和 S_p

在平面 Π_1 和 Π_2 上啮合线的位移参数 h_1、h_2 分别按方程（16.2.4）和方程（16.2.5）确定。

对小齿轮和大齿轮的啮合线轴向位移的确定如下：

$$\Delta Z_1 = \frac{h_1}{\sin\lambda_{b1}} \quad (16.2.10)$$

$$\Delta Z_2 = \frac{h_2}{\sin\lambda_{b2}} \quad (16.2.11)$$

（2）工况 2　中心距误差 ΔE

由误差 ΔE 产生的啮合线位移基于上述类似的过程进行确定，并考虑如下因素：

1）$\Delta\gamma = 0$，因此 $\alpha_{On}^* = \alpha_{On}$，$\alpha_{Oti}^* = \alpha_{Oti}$　$(i=1,\ 2)$。

2）然而，由误差 ΔE 产生的中心距按下式确定：

$$E^* = E_O + \Delta E \quad (16.2.12)$$

3）然后，我们按电算过程可得由 ΔE 产生的位移 $h_1(\Delta E)$ 和 $h_2(\Delta E)$，以及相应的轴向位移 ΔZ_1 和 ΔZ_2。

由误差 $\Delta\gamma$ 和 ΔE 产生的在平面上的啮合线位移如图 16.2.10a 和图 16.2.10b 所示，分

别由函数 ΔZ_1（$\Delta\gamma$，γ_O）和 ΔZ_1（ΔE，γ_O）确定。这里，γ_O 是额定交错角，在两种工况下，对较小值的额定交错角 γ_O，位移的敏感性很大，在这种工况下，要求大齿轮过大的轴向尺寸会导致大的位移 ΔZ_1，不可避免地会产生边缘接触。减少位移 ΔZ_1 可用以下方法：a. 改变导程角 λ_{bi} 并重磨其中一个齿轮；b. 进行齿面几何变位（参见 Litvin 等人 2001 年的专著）。

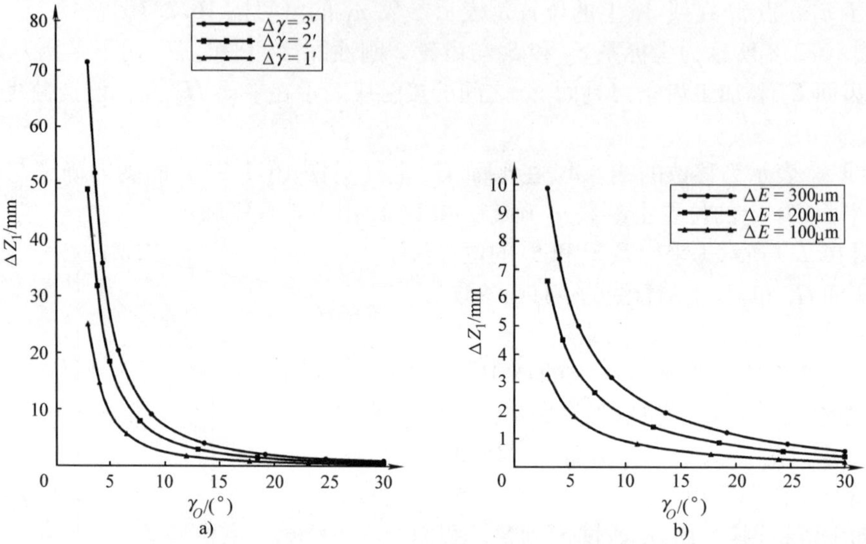

图 16.2.10　由误差产生的在平面上的啮合线位移

a）误差 $\Delta\gamma$　b）误差 ΔE

16.3　交错轴斜齿轮的啮合模拟

交错轴斜齿轮传动的接触和啮合模拟的算法基于齿轮的齿面连续相切的模拟（见 9.4 节）。齿轮传动的齿面 Σ_1 和 Σ_2 的方程和单位法线被认为是在与箱体刚性固接的固定坐标系 S_f 中。连续相切的条件如下：

$$\boldsymbol{r}_f^{(1)}(u_1,\psi_1,\phi_1)-\boldsymbol{r}_f^{(2)}(u_2,\psi_2,\phi_2)=\mathbf{0} \tag{16.3.1}$$

$$\boldsymbol{n}_f^{(1)}(\psi_1,\phi_1)-\boldsymbol{n}_f^{(2)}(\psi_2,\phi_2)=\mathbf{0} \tag{16.3.2}$$

式中，（u_i，ψ_i）　（$i=1$，2）是齿面参数；ϕ_i 是齿轮转角；$\boldsymbol{r}_f^{(i)}$ 是齿面 Σ_i 位置矢量。矢量方程（16.3.1）和方程（16.3.2）可得到五个独立的非线性方程组，含有六个未知数，并且 $|\boldsymbol{n}_f^{(1)}|=|\boldsymbol{n}_f^{(2)}|=0$。参数之一 ϕ_1 表示为所选输入之一，五个非线性方程的解是一个迭代的过程。

上述讨论的五个非线性方程的解基于应用隐函数组存在的条件算法（Korn 和 Korn 1968 年的著作），其函数表示为

$$\{u_1(\phi_1),\psi_1(\phi_1),u_2(\phi_1),\psi_2(\phi_1),\phi_2(\phi_1)\}\in C^1 \tag{16.3.3}$$

这允许我们得到齿轮齿面的接触轨迹和传动函数 ϕ_2（ϕ_1），ϕ_2（ϕ_1）与理论值的差值代表了传动误差，由下式确定：

$$\Delta\phi_2(\phi_1)=\phi_2(\phi_1)-\frac{N_1}{N_2}\phi_1 \tag{16.3.4}$$

矢量方程（16.3.1）和方程（16.3.2）所提供的雅可比行列式（Jacobian D）必须不同于零，这是齿面 Σ_1 和 Σ_2 是点接触而不是线接触的标志。

如上所述，在非对中的齿轮传动中，不排除齿面 Σ_1 和 Σ_2 存在边缘接触（代替面对面）。对这种工况下的边缘接触，我们有啮合曲面到曲线的网格划分，其模拟算法确定如下

$$\boldsymbol{r}_f^{(1)}(u_1(\psi_1),\psi_1,\phi_1)-\boldsymbol{r}_f^{(2)}(u_2,\psi_2,\phi_2)=\boldsymbol{0} \tag{16.3.5}$$

$$\frac{\partial \boldsymbol{r}_f^{(1)}}{\partial \psi_1}\cdot \boldsymbol{n}_f^{(2)}=0 \tag{16.3.6}$$

式中，$\boldsymbol{r}_f^{(1)}(u_1(\psi_1),\psi_1,\phi_1)$ 是在 ϕ_1 为常数时，小齿轮齿面与大齿轮 2 齿面啮合时的边缘瞬时位置；$\boldsymbol{r}_f^{(2)}(u_2,\psi_2,\phi_2)$ 是在 ϕ_2 为常数时大齿轮齿面的瞬时位置；矢量 $\partial\boldsymbol{r}_f^{(1)}/\partial\psi_1$ 是小齿轮边缘的切线。方程（16.3.5）和方程（16.3.6）的意思是齿面 Σ_2 的法线垂直于小齿轮齿面的边缘，且小齿轮边缘和齿面 Σ_2 确定处在啮合状态。同理，方程可用于小齿轮齿面与大齿轮齿面边缘啮合的情况。将开发的计算机程序对轮齿接触分析（TCA）的应用包括改变最短中心距和交错角，不会产生传动误差。然而，偏差 $\Delta\gamma$、ΔE 使接触斑迹在工作区产生位移。

图 16.3.1 所示为交错轴斜齿轮传动时，由于误差 $\Delta\gamma$ 引起的小齿轮齿面的接触斑迹从位置 *I* 移至位置 *II* 的位移情况。应用啮合线方程所得的结果与用数值模拟所得的结果完全一致。

数值实例：蜗杆 - 齿轮传动是具有共轭齿面和零传动误差、由渐开线蜗杆和渐开线斜齿轮组成的齿轮传动。应用蜗杆的螺旋面与其中之一是渐开线螺旋面不同，随之产生的传动误差如图 16.3.2 所示。齿轮传动的设计参数见表 16.3.1。输出的开发的轮齿接触分析计算机程序（见图 16.3.2）展示了阿基米德蜗杆和渐开线斜齿轮相啮合，伴随产生大的传动误差，且传动误差函数是正的而非负的。只有从动齿轮滞后于蜗杆齿轮时，传动误差的负函数才应用于非对中齿轮传动。然后，由于传动中从动齿轮的弹性变形，使传动的重合度增大。啮合模拟结果显示，渐开线斜齿轮与蜗杆的啮合不同于其中之一是渐开线，在设计中不予应用。

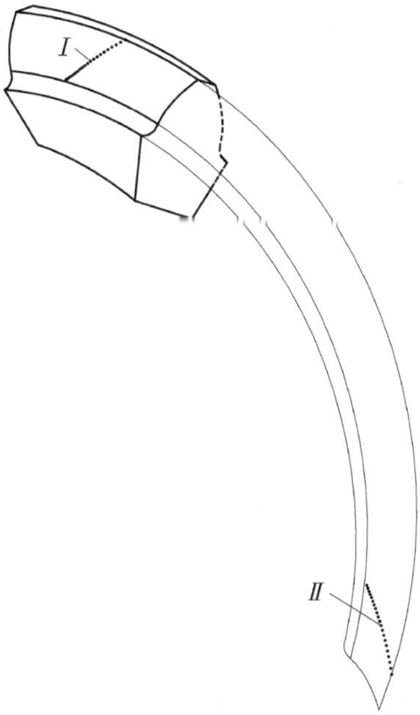

图 16.3.1　对中与非对中齿轮传动齿面接触区示意图：*I* 和 *II* 分别为相应的 $\Delta\gamma=0$ 和 $\Delta\gamma\neq0$ 的接触区

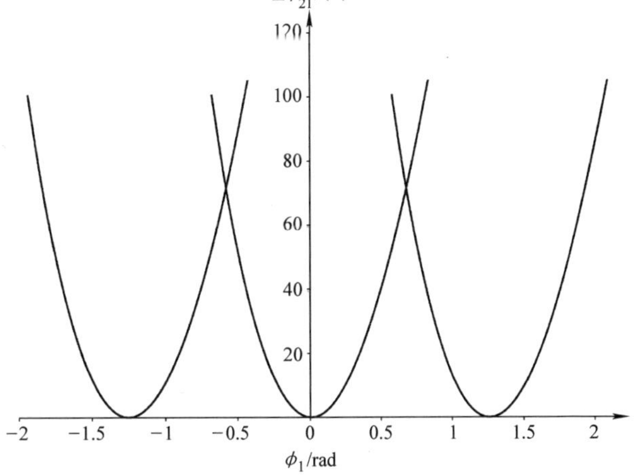

图 16.3.2　由阿基米德蜗杆和渐开线斜齿轮组成的齿轮传动的传动误差函数

表 16.3.1　蜗杆和渐开线斜齿轮参数的设计

蜗杆头数 N_1	5
齿轮齿数 N_2	48
模数 m_{pn}	4.0mm
法向压力角 α_{pn}	25°
蜗杆螺旋角 β_{p1}	70°
齿转螺旋角 β_{p2}	20°
蜗杆齿宽 F_1	70mm
齿轮齿宽 F_2	30mm

16.4　交错轴斜齿轮共轭齿面的加工

1. 斜齿轮的加工

斜齿轮可用滚刀或插齿刀加工。考虑用齿条刀具加工斜齿轮对齿轮加工的概念方面很有帮助。图 16.4.1 所示为斜齿条刀具，加工面 Σ_r 是一平面（见图 16.4.1a），图 16.4.1c 所示为齿条刀具的法向截面和端截面，角 $2\alpha_{pt}$ 和 $2\alpha_{pn}$ 分别表示在端截面和法向截面上的齿形角，参数 $2\alpha_{pt}$ 和 $2\alpha_{pn}$ 之间的关系见附录 16.C 和附录 16.E，齿条刀具的面参数表示为 u_r（见图 16.4.1d）和 l_r（见图 16.4.1a），图 16.4.1d 所示为法向截面，其中 α_{pn} 为法向截面压力角、s_{pn1} 和 s_{pn2} 为法向截面上的齿厚和齿槽宽度。

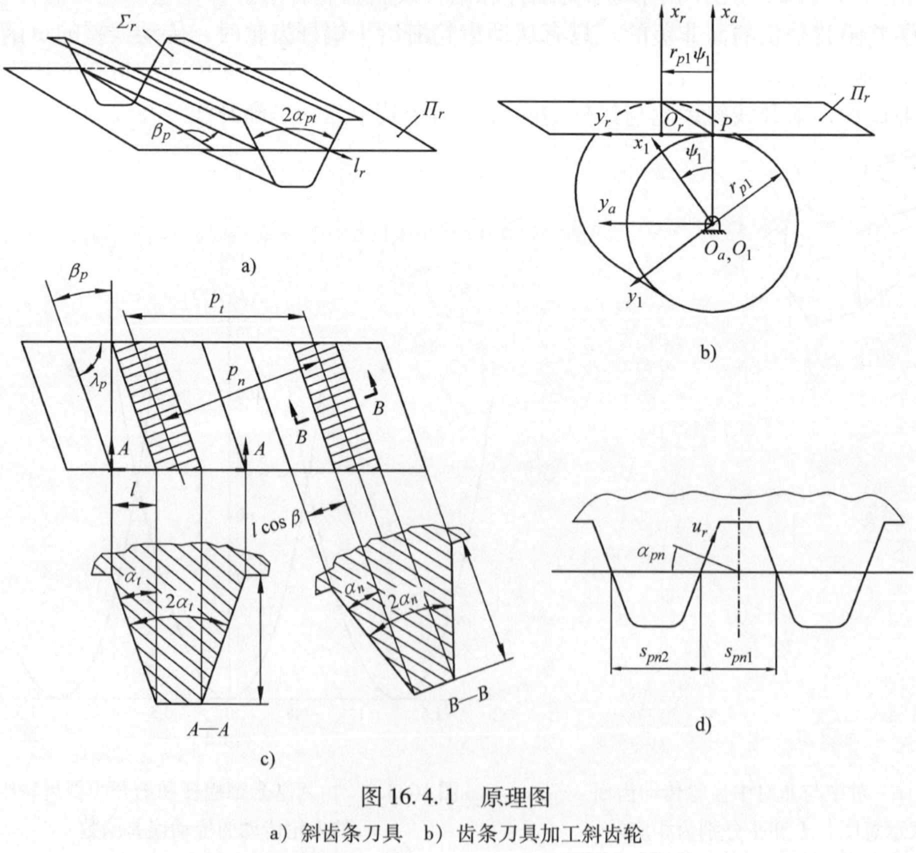

图 16.4.1　原理图

a）斜齿条刀具　b）齿条刀具加工斜齿轮

c）齿条刀具的端截面和法向截面　d）法向截面上相关的 s_{pn1} 和 s_{pn2}

坐标系 S_r 和 S_1 与齿条刀具和小齿轮 1 刚性固接（见图 16.4.1b）。在加工过程中，小齿轮和齿条刀具做相关的转动和位移（见图 16.4.1b）。刀具平面 $\boldsymbol{\Pi}_r$ 和半径为 r_{p1} 的小齿轮圆柱体为瞬轴面，相互在滚动面做相关的运动。

加工面 $\boldsymbol{\Sigma}_r$ 是给定的，小齿轮的齿面 $\boldsymbol{\Sigma}_1$ 要求绕 $\boldsymbol{\Sigma}_r$ 做包络运动，$\boldsymbol{\Sigma}_1$ 基于如下方程确定：

$$\boldsymbol{r}_1(u_r, l_r, \psi_1) = \boldsymbol{M}_{1r}(\psi_1)\boldsymbol{r}_r(u_r, l_r) \tag{16.4.1}$$

$$f_1(u_r, l_r, \psi_1) = 0 \tag{16.4.2}$$

式中，ψ_1 是齿条刀具与斜齿轮啮合运动的加工参数；矢量函数 $\boldsymbol{r}_1(u_r,\ l_r, \psi_1)$ 是在坐标系 S_1 中的齿条刀具面族。啮合方程（16.4.2）可以确定下列方法之一（见第 6 章）。

$$\left(\frac{\partial \boldsymbol{r}_1}{\partial u_r} \times \frac{\partial \boldsymbol{r}_1}{\partial l_r}\right) \cdot \frac{\partial \boldsymbol{r}_1}{\partial \psi_1} = 0 \tag{16.4.3}$$

$$\boldsymbol{N}_r \cdot \boldsymbol{v}_r^{(r1)} = 0 \tag{16.4.4}$$

式中，$\boldsymbol{N}_r$ 是齿条刀具加工平面上的法向矢量；$\boldsymbol{v}_r^{(r1)}$ 是齿条刀具对小齿轮的相对（滑动）速度。矢量 $\boldsymbol{N}_r$ 和$\boldsymbol{v}_r^{(r1)}$ 表示在坐标系 $\boldsymbol{\Sigma}_r$ 上（为了简化推导）。

同时考虑方程（16.4.1）和方程（16.4.2）用三个相关参数表示小齿轮齿面。考虑 u_r 和 l_r 是线性参数。容易消除其中之一，以两参数形式表示齿面 $\boldsymbol{\Sigma}_i$，例如 $\boldsymbol{r}_1(\psi_1,\ u_r)$。加工的小齿轮齿面 $\boldsymbol{\Sigma}_1$ 是渐开线螺旋面之一，这种齿面可以表示为由直线$\overline{MD}$做螺旋运动所形成的。直线$\overline{MD}$如图 16.2.1 所示（见 16.2 节）。

齿条刀具面 Z_r 和 $\boldsymbol{\Sigma}_1$ 的接触线可以表示在不同的坐标系中，例如在坐标系 S_r 中。这种接触线［同时考虑矢量函数 $\boldsymbol{r}_r(u_r,\ l_r)$ 和啮合方程（16.4.2）］在 S_r 中用矢量函数表示为

$$\boldsymbol{r}_r(u_r(\psi_1), l_r(\psi_1)) \tag{16.4.5}$$

其有用的概念是表示在与平面刚性固接的坐标系 S_q 中的接触线 L_{r1}，其与小齿轮 1 的基圆柱相切。然后，我们得接触线族如下：

$$\boldsymbol{r}_q(\psi_1) = \boldsymbol{M}_{qa}\boldsymbol{M}_{ar}\boldsymbol{r}_r(u_r(\psi_1), l_r(\psi_1)) \tag{16.4.6}$$

$\boldsymbol{\Sigma}_r$ 和 $\boldsymbol{\Sigma}_1$ 上的接触线 L_{r_1}是表示在 S_q 中的平行的直线族。这种相类似的接触线的面族如图 16.2.3 所示。

2. 共轭交错轴斜齿轮的加工

定传动比交错轴之间的转动是由交错轴斜齿轮来实现的。小齿轮和大齿轮的加工概念基于应用两产形齿条刀具，其上有两重合的加工平面 $\boldsymbol{\Sigma}_r^{(1)}$ 和 $\boldsymbol{\Sigma}_r^{(2)}$。然而，平面 $\boldsymbol{\Sigma}_r^{(1)}$ 和 $\boldsymbol{\Sigma}_r^{(2)}$ 相互可在其上滑动。s_{pn1} 和 s_{pn2} 的大小（见图 16.4.1d）为用齿条刀具加工的小齿轮、大齿轮在法向截面上的齿厚。参数 s_{pn1} 和 s_{pn2}的关系为

$$s_{pn1} + s_{pn2} = \pi m_{pn} \tag{16.4.7}$$

式中，m_{pn}是模数。共轭交错轴斜齿轮的生成如图 16.4.2 所示。小齿轮 1 和齿轮 2 的轴 z_1 和 z_2 交叉，并形成角 γ_p。在生成标准齿轮的情况下，轴间的最短距离为

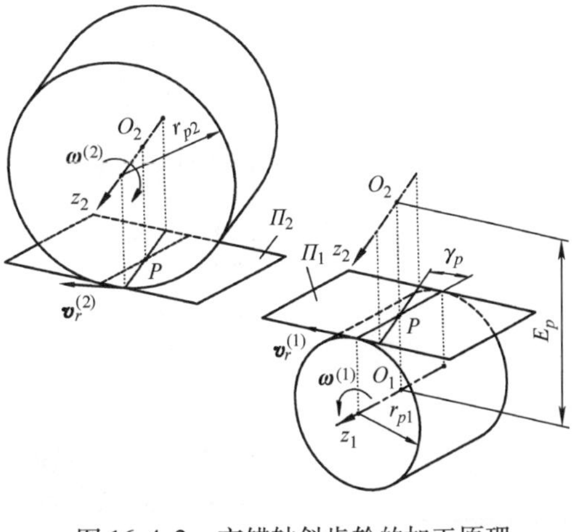

图 16.4.2　交错轴斜齿轮的加工原理

$$E_p = r_{p1} + r_{p2} \tag{16.4.8}$$

式中，$r_{pi}(i=1,2)$ 是分度圆柱半径。

小齿轮 1 的加工过程中，小齿轮绕 z_1 转动的角速度为 $\omega^{(1)}$，齿条刀具 $\Sigma_r^{(1)}$ 的速度为

$$\boldsymbol{v}_r^{(2)} = \boldsymbol{\omega}_1^{(2)} \times \overrightarrow{O_1P} \tag{16.4.9}$$

同理，齿轮 2 的回转角速度 ω_2，齿条刀具 $\Sigma_r^{(2)}$ 的速度为

$$\boldsymbol{v}_r^{(2)} = \boldsymbol{\omega}_1^{(2)} \times \overrightarrow{O_2P} \tag{16.4.10}$$

式中，$\overrightarrow{O_1P}$和$\overrightarrow{O_2P}$是小齿轮、大齿轮的分度圆半径。

平面 Π_1 和 Π_2 垂直于中心距并通过中心距上点 P。斜齿条刀具 $\Sigma_r^{(1)}$ 和 $\Sigma_r^{(2)}$ 是互相重合的加工面，在加工过程中，可互相在其上滑动。角速度 $\omega^{(1)}$ 和 $\omega^{(2)}$ 与 $m_{12}=\omega^{(1)}/\omega^{(2)}$ 有关，这里 m_{12}是传动比。

在加工过程中我们可得到小齿轮和齿轮的齿面 Σ_1 和 Σ_2，它们在任何瞬时都是点接触而不是线接触。齿条刀具加工面 $\Sigma_r^{(1)}$ 和小齿轮 1 齿面 Σ_1 相切于线 L_{1r}，同理，加工面 $\Sigma_r^{(2)}$ 和齿面 Σ_2 也接触于线 L_{2r}。然而，接触线 L_{1r}和 L_{r_2}并不重合。因此，在加工过程中，交错轴斜齿轮在任何瞬时都是点接触（见图 16.2.2b）。

16.5 交错轴斜齿轮的设计

1. 旋向

配对的斜齿轮传动中，螺旋线的方向既可以相同，也可以相反（见图 16.5.1）。如果螺旋角 β_{O1}和 β_{O2}方向相反（见图 16.5.1b），与平行轴的斜齿轮传动情况不同。螺旋角 β_{O1}、β_{O2}和交错角 γ_O 的关系如下：

$$\gamma_O = |\beta_{O1} \pm \beta_{O2}| \tag{16.5.1}$$

这里，上面和下面的符号表示相应齿轮的螺旋方向相同（见图 16.5.1a）或相反（见图 16.5.1b）。

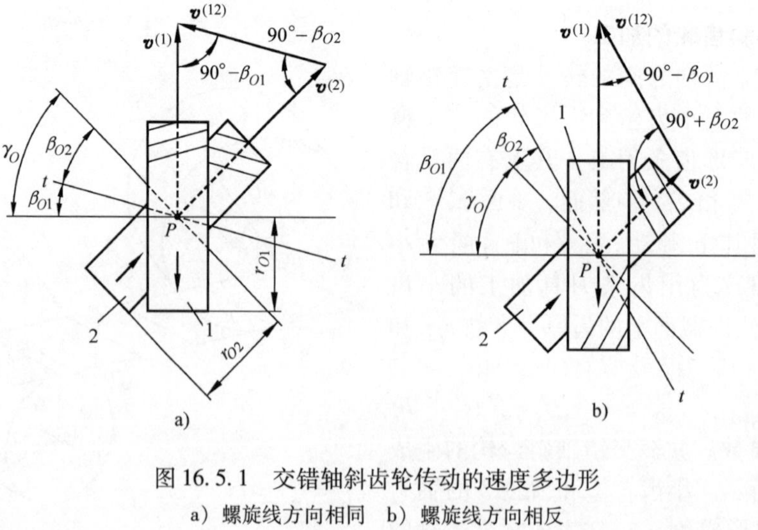

图 16.5.1 交错轴斜齿轮传动的速度多边形

a）螺旋线方向相同 b）螺旋线方向相反

2. 传动比

传动比 m_{12} 的推导是基于图 16.5.1 中的速度多边形进行的。推导的主要概念是，P 点的滑动速度 $v^{(12)}$ 直接沿着公切线 t—t 指向分度圆柱切点 P 处的螺旋线，然后，我们得到

$$m_{12}=\frac{\omega^{(1)}}{\omega^{(2)}}=\frac{r_{O2}\cos\beta_{O2}}{r_{O1}\cos\beta_{O1}}=\frac{r_{O2}\sin\lambda_{O2}}{r_{O1}\sin\lambda_{O1}} \tag{16.5.2}$$

我们着重改变交错轴斜齿轮传动的交错角和最短中心距，不会引起传动误差。于是，传动比 m_{12} 可表示如下：

$$m_{12}=\frac{\omega^{(1)}}{\omega^{(2)}}=\frac{N_2}{N_1} \tag{16.5.3}$$

然而，上述的对中性误差引起接触斑迹的位移，结果可能产生边缘接触（见 16.2 节）

3. 标准齿轮和非标准齿轮

共轭交错轴斜齿轮传动的加工基于应用两斜齿条刀具在同一法向截面进行（见图 16.4.1）。在标准齿轮情况下，平面 Π_1 和 Π_2 分别在齿轮分度圆柱上相切，齿条刀具分别在平面 Π_1 和 Π_2 上移动，平面 Π_1 和 Π_2 在两分度圆柱上相切。最短中心距 E_p 等于两分度圆柱半径之和。每一斜齿条刀具在法向截面上的齿形角 α_{pn}，与用于加工直齿轮的齿条是一样的。节圆柱与分度圆是重合的，额定交错角 γ_p 确定如下：

$$\gamma_p=|\beta_{p1}\pm\beta_{p2}| \tag{16.5.4}$$

式中，β_{p1} 和 β_{p2} 是分度圆柱的螺旋角。

在非标准齿轮情况下，传动也基于应用两斜齿条刀具，齿条刀具也有公共的法向截面。非标准齿轮传动的节圆柱与标准齿轮的分度圆柱不重合（见图 16.5.2）。非标准齿轮传动的最短中心距等于两节圆半径之一，但不等于分度圆半径之和。

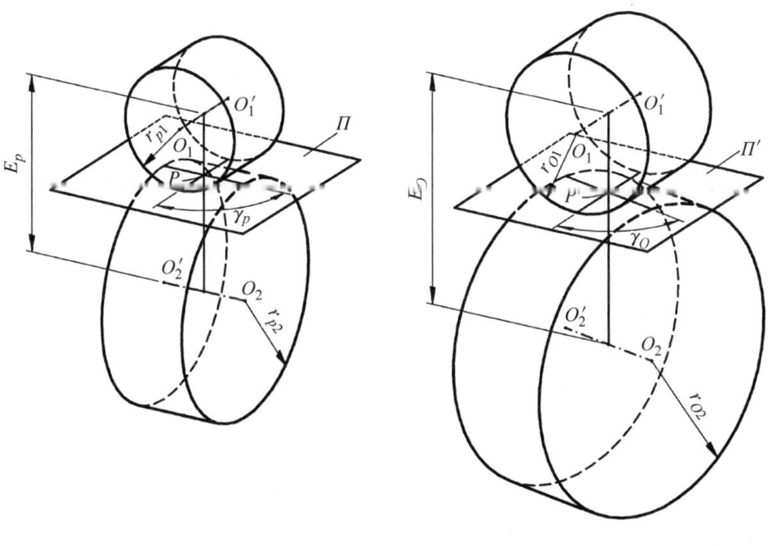

图 16.5.2　节圆柱

a）标准齿轮传动　b）非标准齿轮传动

额定交错角由方程（16.5.1）确定，其中角 β_{O1} 和 β_{O2} 为节圆柱的螺旋角。

下面举例说明标准齿轮和非标准的交错轴斜齿轮传动的设计过程，数值实例 1 为标准齿

轮的设计，数值实例2和3为非标准齿轮的设计。

4. 标准设计

标准设计提供相关参数的公称值——交错角γ_O、法向齿形角α_{pn}和中心距E_O，则可得满意的啮合线A_1和A_2位置。啮合线在点P相交，点P属于最短距离线且为节圆柱相切之点。在上述标准设计中，注意到γ_O和E_O可避免边缘接触。非标准齿轮传动的标准设计条件，也可用标准交错轴斜齿轮传动的设计。

由于交错角γ_O和最短中心距E_O的误差，或在采用专门设计的情况下，γ_O和E_O之间的关系（由标准设计确定）可以不予考虑。然而，啮合线A_1和A_2从理论位置$A_1^{(O)}$和$A_2^{(O)}$上产生位移，变成交错而不相交（见16.2节）。在齿轮的轴向尺寸足够大时，产生的边缘接触是不可避免的。

在标准设计中，作者开发了确定相关参数r_O、α_{On}、E_O的方程，考虑给出了基圆柱半径和在该圆柱上的导程角、法向压力角α_{On}（见附录16.A和附录16.B）。数值实例1、2和3讨论如下，标准设计的条件在附录16.A和附录16.B中论述。

5. 数值实例1：标准齿轮设计

输入参数为$N_1=12$，$N_2=29$，$\beta_{p1}=47.5°$，$\beta_{p2}=42.5°$，$\gamma_p=90°$，$m_{pn}=4.0\text{mm}$，$\alpha_{pn}=25°$。

端面压力角：

$$\alpha_{pt1}=\arctan\left(\frac{\tan\alpha_{pn}}{\cos\beta_{p1}}\right)=34.6143°$$

$$\alpha_{pt2}=\arctan\left(\frac{\tan\alpha_{pn}}{\cos\beta_{p2}}\right)=32.3122°$$

端面模数：

$$m_{pt1}=\frac{m_{pn}}{\cos\beta_{p1}}=5.9207\text{mm}$$

$$m_{pt2}=\frac{m_{pn}}{\cos\beta_{p2}}=5.4254\text{mm}$$

分度圆柱半径：

$$r_{p1}=\frac{m_{pt1}N_1}{2}=35.5245\text{mm}$$

$$r_{p2}=\frac{m_{pt2}N_2}{2}=78.6678\text{mm}$$

基圆柱半径：

$$r_{b1}=r_{p1}\cos\alpha_{pt1}=29.2365\text{mm}$$

$$r_{b2}=r_{p2}\cos\alpha_{pt2}=66.4859\text{mm}$$

基圆柱螺旋角：

$$\lambda_{b1}=\arctan\left(\frac{1}{\cos\alpha_{pt1}\tan\beta_{p1}}\right)=48.0717°$$

$$\lambda_{b2}=\arctan\left(\frac{1}{\cos\alpha_{pt2}\tan\beta_{p2}}\right)=52.2445°$$

最短中心距：

$$E_p = r_{p1} + r_{p2} = 114.1923\text{mm}$$

分度圆柱上齿厚：

$$s_{pt1} = r_{p1}\frac{\pi}{N_1} = 9.3003\text{mm}$$

$$s_{pt2} = r_{p2}\frac{\pi}{N_2} = 8.5221\text{mm}$$

齿顶圆柱和齿根圆柱半径：

$$r_{pa1} = r_{p1} + m_{pn} = 39.5245\text{mm}$$

$$r_{pa2} = r_{p2} + m_{pn} = 82.6678\text{mm}$$

$$r_{pd1} = r_{p1} - 1.25m_{pn} = 30.5245\text{mm}$$

$$r_{pd2} = r_{p2} - 1.25m_{pn} = 73.6678\text{mm}$$

很容易验证涉及交错角和法向压力角的方程（16. B. 10）（见附录 16. B）是否满足标准齿轮传动的标准设计。

6. 数值实例 2：非标准交错轴斜齿轮传动设计方法 1

交错轴斜齿轮传动的设计方法讨论基于下列考虑因素：a. 要设计的齿轮齿厚 s_{pt1} 和 s_{pt2} 应视为给定值（s_{pt1} 和 s_{pt2} 与类似的标准齿轮传动的参数不同）；b. 设计参数 λ_{b1}、λ_{b2}，r_{b1}、r_{b2} 与标准齿轮传动相同。以下表明的设计方法探讨伴随着交错角小的变化，其确定方法与标准齿轮传动相类似。以下就电算过程进行说明。

假定齿厚 $s_{pt1} = 10.9568\text{mm}$，$s_{pt2} = 9.5341\text{mm}$，齿条刀具相应的变位量设置 $\chi_1 = 0.3m_{pn}$，$\chi_2 = 0.2m_{pn}$，非标准交错轴齿轮传动的端面压力角按如下相关方程组确定（见附录 16. D）：

$$N_1 \text{inv}\alpha_{Ot1} + N_2 \text{inv}\alpha_{Ot2} = b \tag{16.5.5}$$

其中

$$b = N_1\left(\frac{s_{pt1}}{2r_{p1}} + \text{inv}\alpha_{pt1}\right) + N_2\left(\frac{s_{pt2}}{2r_{p2}} + \text{inv}\alpha_{pt2}\right) - \pi$$

和（见附录 16. E）

$$\frac{\sin\alpha_{Ot1}}{\sin\alpha_{Ot2}} = \frac{\sin\lambda_{b2}}{\sin\lambda_{b1}} \tag{16.5.6}$$

应用上述两方程，则得

$$\alpha_{Ot1} = 36.1615°$$

$$\alpha_{Ot2} = 33.7277°$$

节圆柱半径：

$$r_{O1} = \frac{r_{b1}}{\cos\alpha_{Ot1}} = 36.2125\text{mm}$$

$$r_{O2} = \frac{r_{b2}}{\cos\alpha_{Ot2}} = 79.9412\text{mm}$$

节圆柱螺旋角：

$$\beta_{O1} = \arctan\left(\frac{r_{O1}}{r_{b1}\tan\lambda_{b1}}\right) = 48.0470°$$

$$\beta_{O2} = \arctan\left(\frac{r_{O2}}{r_{b2}\tan\lambda_{b2}}\right) = 42.9586°$$

非标准交错轴斜齿轮传动是由双齿条刀具加工的，它们具有相同的法向压力角 α_{On}，为

$$\alpha_{On} = \arctan(\tan\alpha_{Oti}\cos\beta_{Oi}) = 26.0398° \quad (i=1,2)$$

新的法向模数 m_{On} 为

$$m_{On} = \frac{2r_{Oi}\cos\beta_{Oi}}{N_i} = 4.0348\text{mm} \quad (i=1,2)$$

新的最短中心距：

$$E_O = r_{O1} + r_{O2} = 116.1537\text{mm}$$

新的交错角：

$$\gamma_O = \beta_{O1} + \beta_{O2} = 91.0055°$$

新的齿顶圆柱半径和齿根圆柱半径：

$$r_{Oa1} = r_{O1} + m_{On} = 40.2473\text{mm}$$

$$r_{Oa2} = r_{O2} + m_{On} = 83.9760\text{mm}$$

$$r_{Od1} = r_{O1} - 1.25m_{On} = 31.1690\text{mm}$$

$$r_{Od2} = r_{O2} - 1.25m_{On} = 78.8977\text{mm}$$

很容易证明方程（16.B.10）所得的参数满足非标准交错轴齿轮传动的要求。

7. 数值实例 3：非标准交错轴斜齿轮传动设计方法 2

非标准齿轮传动的设计数值实例 2（方法 1）表明，交错角略有变化时与标准齿传动是相似的。数值实例 2 主要目的是保持交错角一样，与标准齿轮传动的设计相类似。这种方法基于如下考虑因素：

1）必须指定交错角 $r_O = r_p$ 和传动比 m_{12}。

2）给定普通的齿条刀具的模数 m_{pn} 和法向压力角 α_{pn}。

3）分别采用小齿轮、大齿轮的齿条刀具的 χ_1、χ_2 设定，小齿轮和大齿轮的齿厚必须相互配合。

应注意到齿轮传动所指定的交错角满足齿条刀具斜角的变位要求。电算过程是一个迭代过程，按如下步骤完成。

步骤 1：以 β_{p1}、β_{p2} 的函数确定分度圆柱上的参数。

$$r_{pi} = \frac{m_{pn}N_i}{2\cos\beta_{pi}} \quad (i=1,2)$$

$$\alpha_{pti} = \arctan\frac{\tan\alpha_{pn}}{\cos\beta_{pi}} \quad (i=1,2)$$

$$s_{pti} = \frac{\pi m_{pn}}{2\cos\beta_{pi}} + 2\chi_i m_{pn}\tan\alpha_{pti} \quad (i=1,2)$$

步骤 2：确定基圆柱上的参数。

$$r_{bi} = r_{pi}\cos\alpha_{pti} \quad (i=1,2)$$

$$\lambda_{bi}=\arctan\frac{1}{\tan\beta_{pi}\cos\alpha_{pti}}\quad(i=1,2)$$

$$s_{bti}=r_{bi}\left(\frac{s_{pti}}{r_{pi}}+2\mathrm{inv}\alpha_{pti}\right)\quad(i=1,2)$$

步骤 3：确定节圆柱上的参数。

$$\cos\alpha_{On}=\frac{(\cos^2\lambda_{b1}\pm2\cos\lambda_{b1}\cos\lambda_{b2}\cos\gamma_O+\cos^2\lambda_{b2})^{\frac{1}{2}}}{\sin\gamma_O}$$

$$r_{Oi}=\frac{r_{bi}\sin\lambda_{bi}}{\sqrt{\cos^2\alpha_{On}-\cos^2\lambda_{bi}}}\quad(i=1,2)$$

$$\lambda_{Oi}=\arctan\frac{r_{bi}\tan\lambda_{bi}}{r_{Oi}}\quad(i=1,2)$$

$$\alpha_{Oti}=\arctan\frac{r_{bi}}{r_{Oi}}\quad(i=1,2)$$

$$s_{Oti}=r_{Oi}\left(\frac{s_{bi}}{r_{bi}}-2\mathrm{inv}\alpha_{Oti}\right)\quad(i=1,2)$$

$$m_{On}=\frac{2r_{O1}\sin\lambda_{O1}}{N_1}$$

步骤 4：确定下列函数：

$$f_1=\frac{r_{b2}\sin\lambda_{b2}}{r_{b1}\sin\lambda_{b1}}-m_{12}$$

$$f_2=s_{Ot1}\sin\lambda_{O1}+S_{Ot2}\sin\lambda_{O2}-\pi m_{On}$$

确定 β_{b1} 和 β_{b2} 的迭代过程应用如下：

1）首先，第一次迭代中，应用 β_{p1} 和 β_{p2} 的大小在标准设计中是一样的，通常在步骤 4 的方程中不是同时满足的。

2）在迭代过程中，β_{p1} 和 β_{p2} 是变化的，步骤 1、2 和 3 是重复进行的，直至注意到方程 $f_1=0$ 和 $f_2=0$ 为止。

如下实例中使用了电算。设齿条刀具的 $\chi_1=0.3m_{pn}$，$\chi_2=0.2m_{pn}$，交错角 $\gamma_O=\gamma_p=90°$，则迭代过程得

$$\beta_{p1}=46.9860°$$

$$\beta_{p2}=42.0010°$$

应用步骤 1 ~ 步骤 3 的过程可确定齿轮传动所有参数，新的中心距为

$$E_O=r_{O1}+r_{O2}=115.1898\mathrm{mm}$$

指定的交错角 $\gamma_O=90°$，是因为考虑

$$\gamma_0=180°-\lambda_{O1}-\lambda_{O2}=180°-42.4631°-47.5369°=90.0000°$$

16.6　应力分析

本节介绍应力分析的目的是确定接触应力和弯曲应力，并分析研究由渐开线螺旋蜗杆与渐开线斜齿轮啮合组成的交错轴斜齿轮传动中，所形成的接触区。在由配对斜齿轮组成的齿

轮传动中，对应力分析的方法是类似的。基于有限元法（参见 Zien kiewicz 和 Taylor 2000 年的专著），应用通用的计算机程序（Hibbit, Karlsson & Sirensen 公司 1998 的成果）进行应力分析。有限元模型方法的开发如 9.5 节所述。

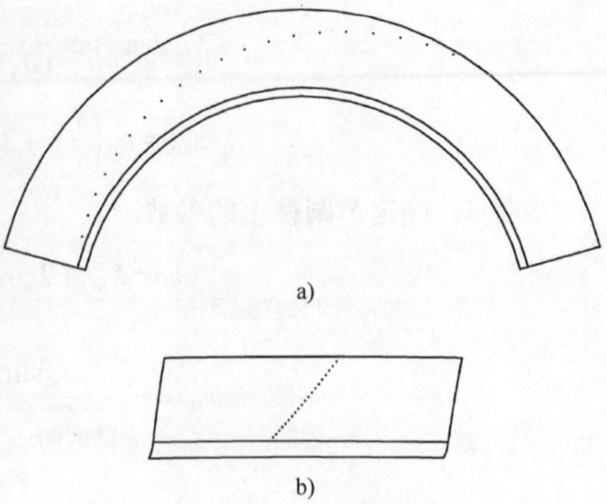

图 16.6.1　接触轨迹
a）蜗杆上　b）齿轮上

有限元分析已在渐开线蜗杆和渐开线斜齿轮传动中实行，应用的设计参数与表 16.3.1 中所列的参数是相同的。在这种情况下，考虑采用的是渐开线蜗杆而不是阿基米德蜗杆，因此不会产生传动误差。轮齿接触分析输出（见图 16.6.1a 和图 16.6.1b）和采用有限元模型的开发方法，自动为每个接触点建立同一模型。

图 16.6.2 所示为渐开线蜗杆上三齿有限元模型，图 16.6.3 所示为整体蜗杆齿轮传动的有限元模型。有限元分析已用于任选点的接触轨迹的三齿模型（见图 16.6.4）。蜗杆齿轮传动体以 60°为界。一阶单元 C3D8I（提高采用不一致的模型用于改善弯曲运行情况）（参见 Hibbit，Karlsson on & Sirensen 公司 1998 的成果）已用于有限元网格的形成。单元总数为 59866，结点数为 74561，材料为钢，弹性模量为 $E=2.068\times10^5$MPa，泊松比为 0.29，作用在蜗杆上的转矩为 40N · m。

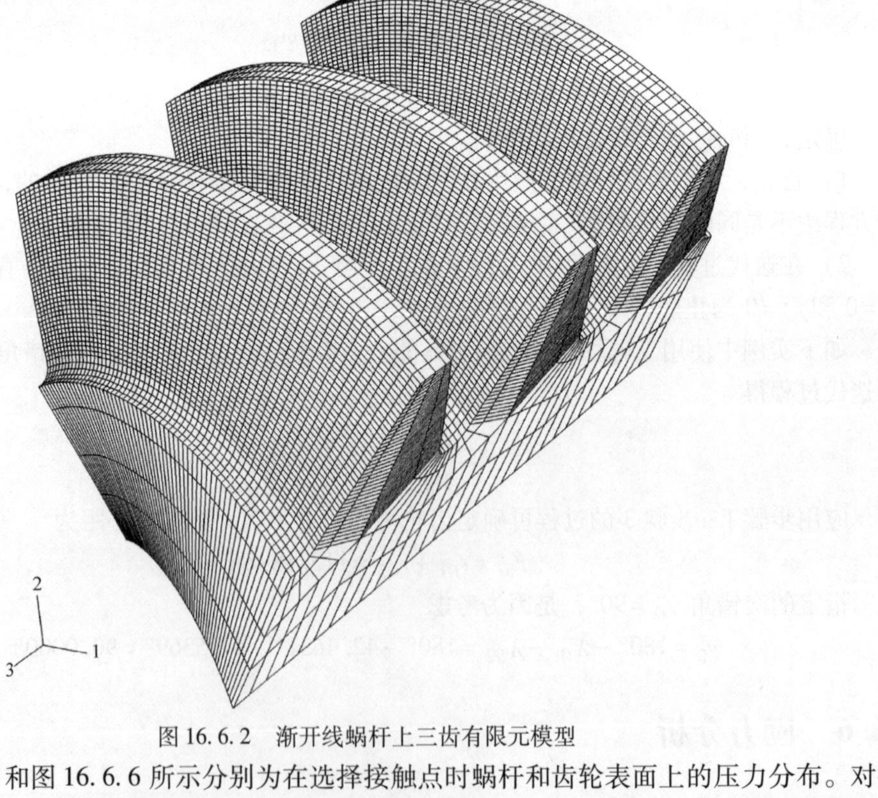

图 16.6.2　渐开线蜗杆上三齿有限元模型

图 16.6.5 和图 16.6.6 所示分别为在选择接触点时蜗杆和齿轮表面上的压力分布。对接触应力和弯曲应力沿着接触轨迹的变化也做了研究。图 16.6.7a 和图 16.6.7b 所示分别为蜗杆和齿轮的接触应力的变化，应用 Von Mises 准则。图 16.6.8a 和图 16.6.8b 所示分别为蜗

杆和齿轮的渐开线上的弯曲应力。严重的接触应力区域对于交错接触轨迹来说是不可避免的结果，从所得的应力分析结果表明，交错轴斜齿轮传动只能用于轻载的齿轮传动。

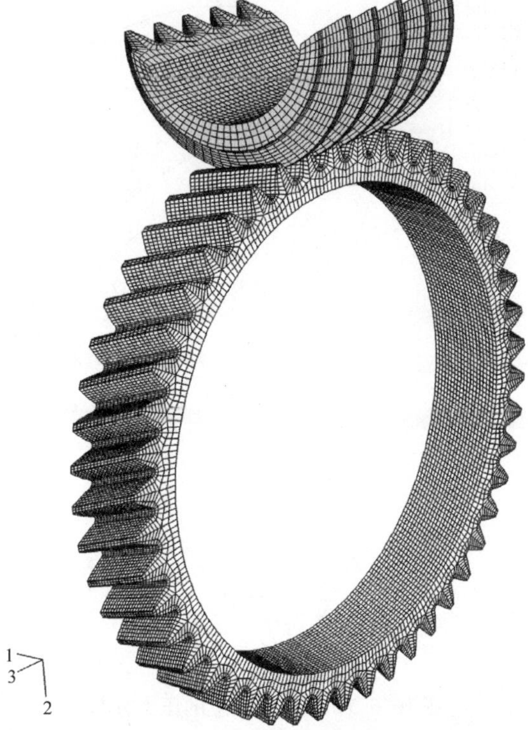

图 16. 6. 3　整体蜗杆齿轮传动的有限元模型

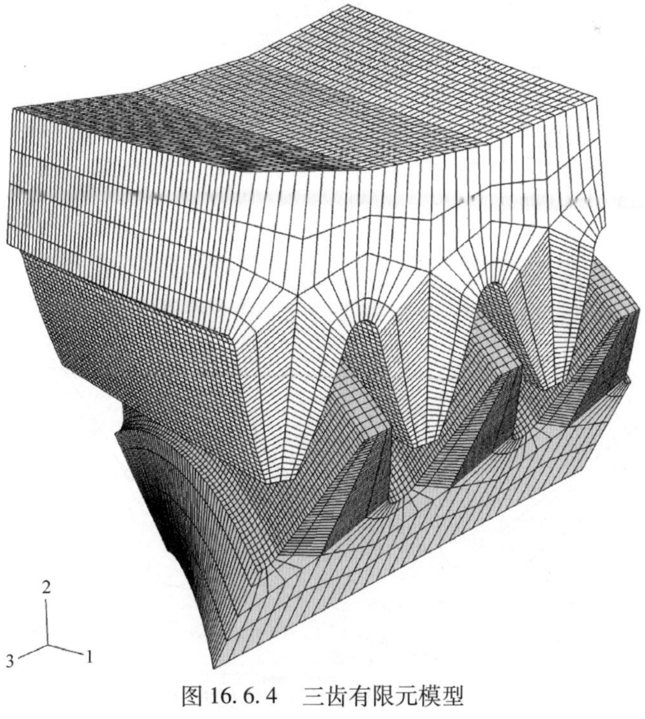

图 16. 6. 4　三齿有限元模型

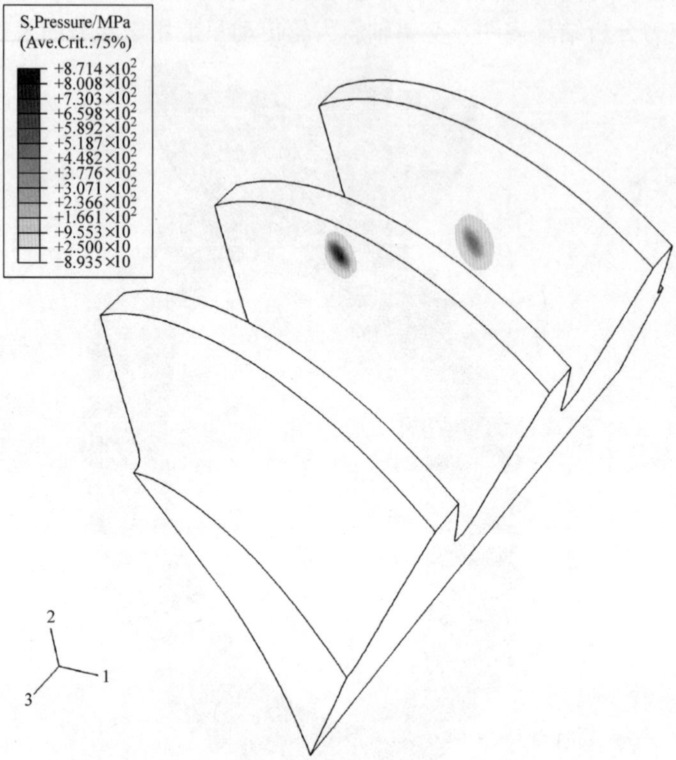

图 16. 6. 5　蜗杆表面上的压力分布

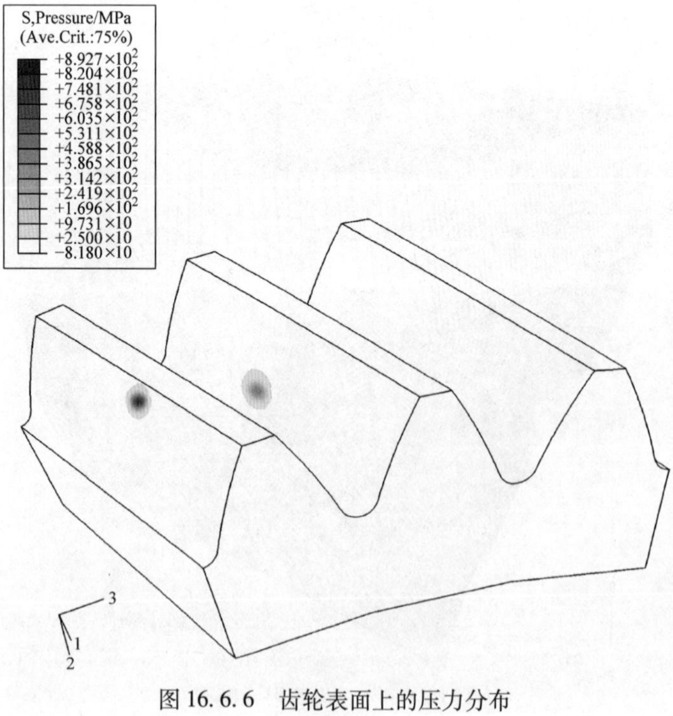

图 16. 6. 6　齿轮表面上的压力分布

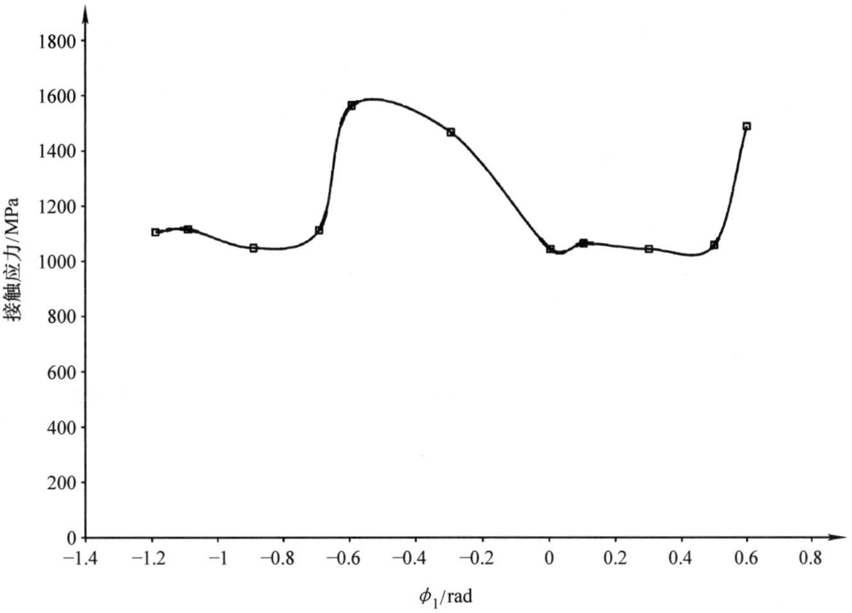

a)

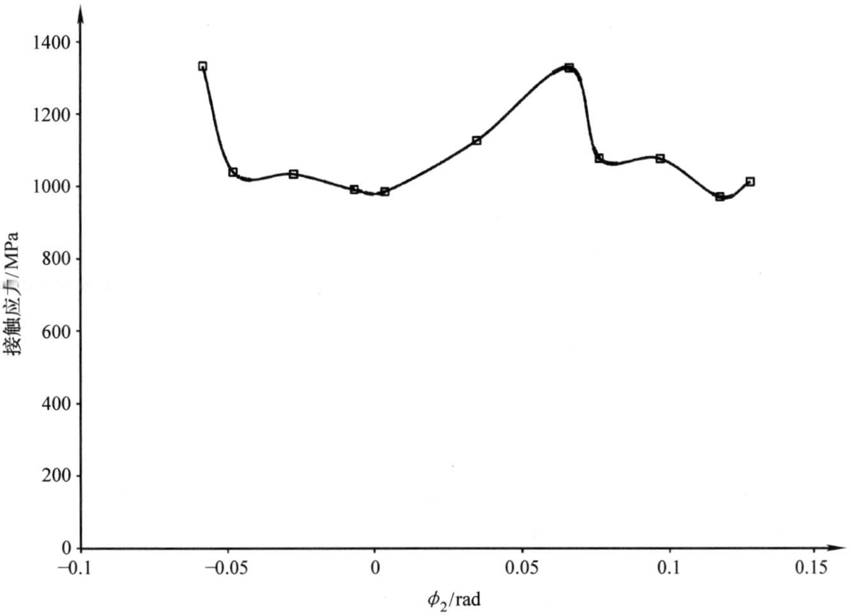

b)

图 16.6.7　接触应力的推导

a）在蜗杆齿面上　b）在齿轮齿面上

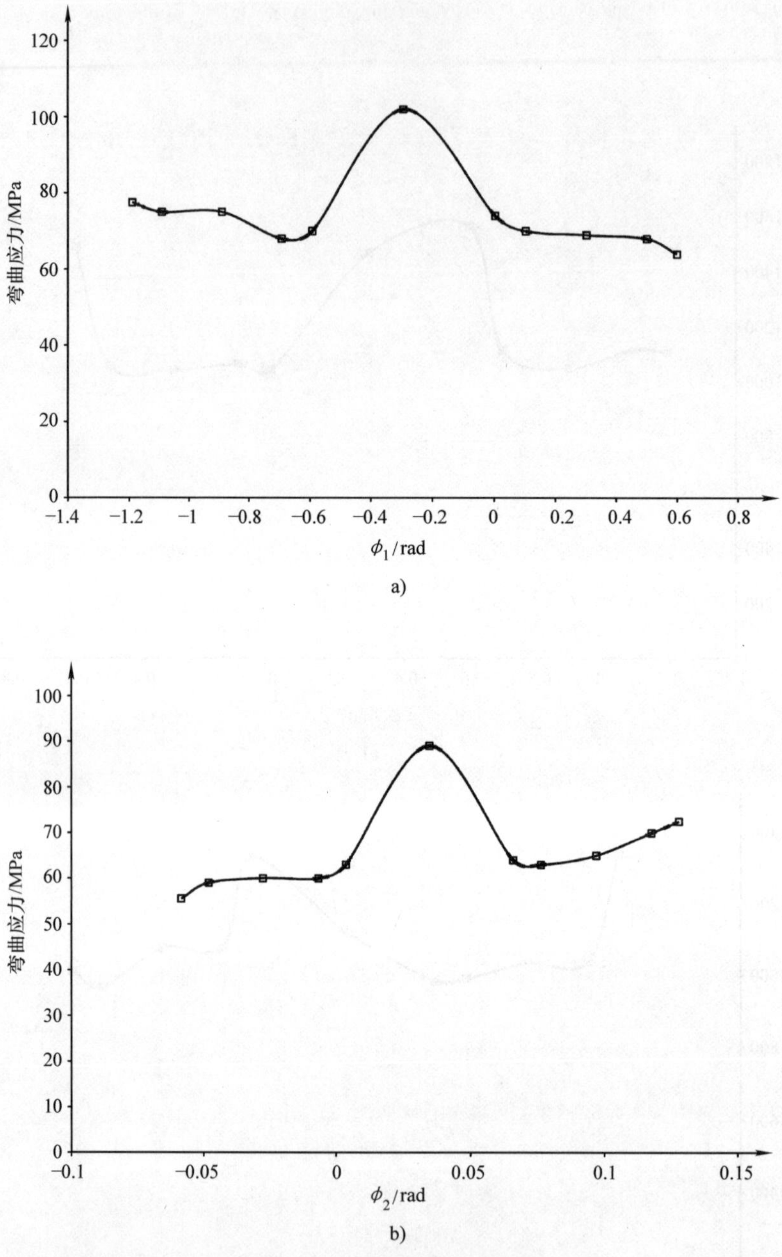

图 16.6.8　弯曲应力的推导

a）在蜗杆齿面上　b）在齿轮齿面上

附录 16. A：标准设计中最短中心距的推导

为了达到最短中心距传动的目的，考虑给定的参数 r_{b1}、λ_{b1}、r_{b2}、λ_{b2} 和 α_{On}。

步骤 1：方程的推导。

$$\cos\lambda_{Oi}=\frac{\cos\lambda_{bi}}{\cos\alpha_{On}}\quad(i=1,2)\tag{16. A. 1}$$

方程推导基于齿条刀具端面齿形和法向齿形之间的两者关系，则得（见 14 章）

$$\tan\alpha_{Oti}=\frac{\tan\alpha_{On}}{\sin\lambda_{Oi}}\quad(i=1,2)\tag{16. A. 2}$$

$$\cos\alpha_{Oti}=\frac{\tan\lambda_{Oi}}{\tan\lambda_{bi}}\quad(i=1,2)\tag{16. A. 3}$$

方程（16. A. 2）和方程（16. A. 3）做如下变换得

$$1+\frac{\tan^2\alpha_{On}}{\sin^2\lambda_{Oi}}=1+\tan^2\alpha_{Oti}=\frac{1}{\cos^2\alpha_{Oti}}=\frac{\tan^2\lambda_{bi}}{\tan^2\lambda_{Oi}}\tag{16. A. 4}$$

然后，我们得到

$$1+\frac{\tan^2\alpha_{On}}{\sin^2\lambda_{Oi}}=\frac{\tan^2\lambda_{bi}}{\tan^2\lambda_{Oi}}\tag{16. A. 5}$$

方程（16. A. 5）做如下变换，则得

$$\sin^2\lambda_{Oi}+\tan^2\alpha_{On}=\cos^2\lambda_{Oi}\tan^2\lambda_{bi}\tag{16. A. 6}$$

$$1-\cos^2\lambda_{Oi}+\tan^2\alpha_{On}=\cos^2\lambda_{Oi}\tan^2\lambda_{bi}\tag{16. A. 7}$$

$$1+\tan^2\alpha_{On}=\cos^2\lambda_{Oi}(1+\tan^2\lambda_{bi})\tag{16. A. 8}$$

$$\frac{1}{\cos^2\alpha_{On}}=\frac{\cos^2\lambda_{Oi}}{\cos^2\lambda_{bi}}\tag{16. A. 9}$$

最后，我们得关系式（16. A. 1）。

步骤 2：考虑给定方程（16. A. 1）和传动中 r_{Oi}、r_{bi}之间的关系，代入其中，则得

$$r_{Oi}\tan\lambda_{Oi}=r_{bi}\tan\lambda_{bi}=p_i\tag{16. A. 10}$$

式中，p_i 是螺旋参数。

然后我们得到

$$r_{Oi}=\frac{r_{bi}\tan\lambda_{bi}}{\tan\lambda_{Oi}}\tag{16. A. 11}$$

和

$$E_O=r_{O1}+r_{O2}=\frac{r_{b1}\tan\lambda_{b1}}{\tan\lambda_{O1}}+\frac{r_{b2}\tan\lambda_{b2}}{\tan\lambda_{O2}}\tag{16. A. 12}$$

将其代入方程（16. A. 1），得 E_O 为

$$E_O=\frac{r_{b1}\sin\lambda_{b1}}{(\cos^2\alpha_{On}-\cos^2\lambda_{b1})^{\frac{1}{2}}}+\frac{r_{b2}\sin\lambda_{b2}}{(\cos^2\alpha_{On}-\cos^2\lambda_{b2})^{\frac{1}{2}}}\tag{16. A. 13}$$

附录 16. B：标准设计方程 $f(\gamma_O,\ \alpha_{On},\ \lambda_{b1},\ \lambda_{b2})=0$ 的推导

考虑给定方程

$$\cos\alpha_{On}=\frac{\cos\lambda_{bi}}{\cos\lambda_{Oi}}\quad(i=1,2)[\text{见方程}(16.\ A.\ 1)]\tag{16. B. 1}$$

则得

$$\frac{\cos\lambda_{O1}}{\cos\lambda_{O2}}=\frac{\cos\lambda_{b1}}{\cos\lambda_{b2}} \tag{16. B. 2}$$

以及方程

$$\gamma_O=|\beta_{O1}\pm\beta_{O2}| \tag{16. B. 3}$$

步骤1：用方程（16. B. 3）表示 $\cos\gamma_O$ 和 $\sin\gamma_O$ 的方程

$$\cos\gamma_O=\cos\beta_{O1}\cos\beta_{O2}\mp\sin\beta_{O1}\sin\beta_{O2} \tag{16. B. 4}$$

$$\sin\gamma_O=\sin\beta_{O1}\cos\beta_{O2}\pm\cos\beta_{O1}\sin\beta_{O2} \tag{16. B. 5}$$

步骤2：将方程（16. B. 4）和方程（16. B. 5）进行变换，计及 $\beta_{Oi}=90°-\lambda_{Oi}$，则得

$$\cos\gamma_O=\sin\lambda_{O1}\sin\lambda_{O2}\mp\cos\lambda_{O1}\cos\lambda_{O2} \tag{16. B. 6}$$

$$\sin\gamma_O=\cos\lambda_{O1}\sin\lambda_{O2}\pm\sin\lambda_{O1}\cos\lambda_{O2} \tag{16. B. 7}$$

步骤3：根据方程（16. B. 6）做进一步变换，则得

$$\sin\lambda_{O1}\sin\lambda_{O2}=\cos\gamma_O\pm\cos\lambda_{O1}\cos\lambda_{O2} \tag{16. B. 8}$$

$$\begin{aligned}\sin^2\gamma_O\cos^2\alpha_{On}&=\cos^2\lambda_{b1}\sin^2\lambda_{b2}\pm2\cos\lambda_{b1}\cos\lambda_{b2}\sin\lambda_{O1}\sin\lambda_{O2}+\cos^2\lambda_{b2}\sin^2\lambda_{O1}\\&=\cos^2\lambda_{b1}\pm2\cos\lambda_{b1}\cos\lambda_{b2}\sin\lambda_{O1}\sin\lambda_{O2}+\cos^2\lambda_{b2}-\frac{2\cos^2\lambda_{b1}\cos^2\lambda_{b2}}{\cos^2\alpha_{On}}\end{aligned} \tag{16. B. 9}$$

步骤4：方程（16. B. 8）和方程（16. B. 9）得最后的表达式如下：

$$\cos^2\alpha_{On}\sin^2\gamma_O=\cos^2\lambda_{b1}\pm2\cos\lambda_{b1}\cos\lambda_{b2}\cos\gamma_O+\cos^2\lambda_{b2} \tag{16. B. 10}$$

方程（16. B. 10）的优点是，当输入参数 λ_{b1} 和 λ_{b2} 时，我们可以得到 α_{On} 和 γ_O 之间的关系。可从齿轮副参数 α_{On} 和 r_O 中选择一个参数。方程（16. B. 10）可用于交错轴斜齿轮传动中标准齿轮和非标准齿轮的标准设计。

附录 16. C：参数 α_{pt} 和 α_{pn} 之间的关系

斜齿条刀具的端截面和法向截面如图 16. 4. 1 所示，参数 α_{pt} 和 α_{pn} 之间关系的推导基于如下考虑因素：a. 在端截面和法向截面上齿廓的高度是一样的；b. 齿距 p_n 和 p_t（见图 16. 4. 1c）是按参数 β_p（λ_p）的关系确定的。于是我们得到

$$\tan\alpha_{pt}=\frac{\tan\alpha_{pn}}{\sin\lambda_p}=\frac{\tan\alpha_{pn}}{\cos\beta_p} \tag{16. C. 1}$$

附录 16. D：方程（16. 5. 5）的推导

方程（16. 5. 5）的推导基于如下考虑因素进行（见第 10 章）：

1）在齿轮分度圆的法向截面上沿着切线方向测量的齿条刀具的齿厚（齿槽宽），与在齿轮分度圆上的齿槽宽度（齿厚）是相等的，这是因为齿轮和齿条刀具的瞬轴面上做无滑动的纯滚动。于是我们有

$$s_{Ot1}\sin\lambda_{O1}+s_{Ot2}\sin\lambda_{O2}=p_{On}=\frac{\pi}{P_{On}}=\pi m_{On} \tag{16. D. 1}$$

2）在任意圆上测量的渐开线齿轮的齿厚之间的关系（见 10.6 节）为

$$s_{Ot1}=\left[\frac{s_{pt1}}{r_{p1}}+2(\mathrm{inv}\alpha_{pt1}-\mathrm{inv}\alpha_{Ot1})\right]r_{O1} \tag{16. D. 2}$$

$$s_{Ot2}=\left[\frac{s_{pt2}}{r_{p2}}+2(\mathrm{inv}\alpha_{pt2}-\mathrm{inv}\alpha_{Ot2})\right]r_{O2} \tag{16. D. 3}$$

式中

$$r_{Oi}=\frac{N_i m_{Oti}}{2} \quad (i=1,2) \tag{16. D. 4}$$

$$m_{Oti}=\frac{m_{On}}{\sin\lambda_{Oi}} \quad (i=1,2) \tag{16. D. 5}$$

由方程（16. D. 1）~方程（16. D. 5）得方程（16. 5. 5）。

附录 16. E：α_{Ot1} 和 α_{Ot2} 的附加关系的推导

我们的目的是证实方程（16. 5. 6）和如下方程：

$$\frac{\sin\alpha_{pt1}}{\sin\alpha_{pt2}}=\frac{\sin\alpha_{Ot1}}{\sin\alpha_{Ot2}} \tag{16. E. 1}$$

此证明基于如下考虑。

1）由方程（16. A. 2）得

$$\frac{\tan\alpha_{Ot1}}{\tan\alpha_{Ot2}}=\frac{\sin\lambda_{O2}}{\sin\lambda_{O1}} \tag{16. E. 2}$$

2）方程

$$\cos\alpha_{Oti}=\frac{r_{bi}}{r_{Oi}}$$

$$r_{bi}\tan\lambda_{bi}=r_{Oi}\tan\lambda_{Oi}$$

得

$$\frac{\cos\alpha_{Ot1}}{\cos\alpha_{Ot2}}=\frac{r_{b1}r_{O2}}{r_{b2}r_{O1}}=\frac{\tan\lambda_{O1}\tan\lambda_{b2}}{\tan\lambda_{O2}\tan\lambda_{b1}} \tag{16. E. 3}$$

3）由方程（16. E. 2）和方程（16. E. 3）得

$$\frac{\sin\alpha_{Ot1}}{\sin\alpha_{Ot2}}=\frac{\cos\lambda_{O2}\tan\lambda_{b2}}{\cos\lambda_{O1}\tan\lambda_{b1}} \tag{16. E. 4}$$

4）由方程（16. E. 4）和方程（16. A. 1），得如下关系式：

$$\frac{\sin\alpha_{Ot1}}{\sin\alpha_{Ot2}}=\frac{\sin\lambda_{b2}}{\sin\lambda_{b1}} \tag{16. E. 5}$$

5）类似的方法得

$$\frac{\sin\alpha_{pt1}}{\sin\alpha_{pt2}}=\frac{\sin\lambda_{b2}}{\sin\lambda_{b1}} \tag{16. E. 6}$$

6）从方程（16. E. 5）和方程（16. E. 6）得方程（16. E. 1）。

第17章 新型圆弧斜齿轮（新型 Novikov-Wildhaber斜齿轮传动）

17.1 引言

Wildhaber（1926 年的专利）和 Novikov（1956 年的专利）提出了基于圆弧齿条刀具加工制成圆弧斜齿轮的方法。然而，两种发明的齿轮齿面之间有很大的区别，Wildhaber 提出的齿轮齿面是线接触，Novikov 提出的齿轮齿面是点接触。图 17.1.1 和图 17.1.2 所示分别为 Novikov 提出的，具有单、双啮合区的第一型式和第二型式的齿轮。

Novikov 提出的点接触齿轮，其小齿轮和大齿轮分别是用失配的齿条刀具加工来实现的。在 Novikov 发明提出以前应用失配原理加工齿面得到接触区局部化，在弧齿锥齿轮和准双曲面齿轮传动中已经获得应用。然而，Novikov 首先做到了：a. 用失配刀具齿面加工圆弧斜齿轮；b. 由于加工齿面和成曲率的偏差较小，因而减小接触应力。

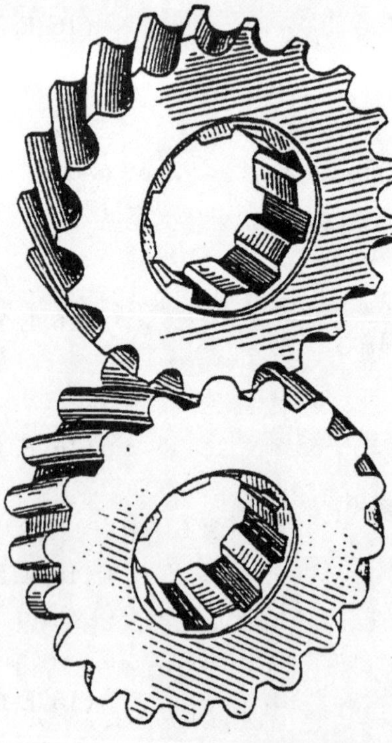

图 17.1.1 Novikov 先前设计的单啮合区齿轮

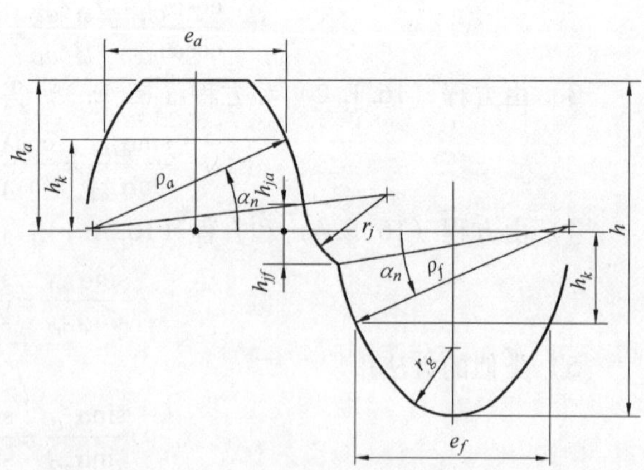

图 17.1.2 具有双啮合区的 Novikov 齿轮的齿条刀具齿廓

Novikov 的设计中存在如下两个缺点：

1）非对中的齿轮传动的传动误差函数是一种非连续线性函数，相邻齿之间的传递伴随着高加速，从而导致大的振动和噪声。

2）特别是 Novikov 设计的第一种齿轮型式，其弯曲应力很大。

Wildhaber – Novikov 齿轮的制造基于应用与失配齿条刀具共轭的两匹配的滚刀加工而成。非对中的 Novikov 齿轮传动要改善其啮合区，通常是通过将齿轮传动在其箱体内进行跑合和研磨来达到的。这就是 Novikov 齿轮传动通常仅用于低速传动装置，而不应用在硬齿面材料和磨削齿面上的原因。

Novikov – Wildbaber 齿轮传动已有如下重大课题研究成果：Wildhaber 1926 年的专著；Novikov 1956 年的专著；Niemann 1961 年的专著；Winter 和 Jooman 1961 年的专著；Litvin 1962 年的专著；Wells 和 Shotter 1962 年的专著；Davidov 1963 年的专著；Chironis 1967 年的专著；Litvin 和 Tsay 1985 年的专著；Litvin 1989 年的专著；Litvin 和 Lu 1995 年的专著；Litvin 等人 2000 年的专著。圆弧斜齿轮现在的新设计，基于在小齿轮齿面上采用双向鼓形修整。在齿廓方向进行鼓形修整可使接触局部化，在齿宽方向纵向修整可提供预先设计的抛物函数的最大传动误差的限制值（Litvin 等人 2001 年的专著）。在最初提出的 Novikov 齿轮只进行齿廓修形，没有进行双向鼓形修整（图 17.1.1 和图 17.1.2），因此这种齿轮传动的噪声是不可避免的。

本章介绍一种新型 Novikov – Wildhaber 齿轮传动（见图 17.1.3），它避免了现有设计的缺点。本章内容包括：a. 小齿轮和大齿轮齿面新设计的各种加工方法；b. 避免根切；c. 应力分析。提出的新型圆弧斜齿轮传动部分基于现行专利（参见 Litvin 等人 2001 年的专利）和文献（参见 Litvin 等人 2000 年的专著）中的构思，具体如下：

1）对 Novikov – Wildhaber 齿轮传动的加工提出应用两失配的抛物齿条刀具替代具有圆弧齿廓的齿条刀具，这将增大轮齿刚度，减小弯曲应力，由于相对曲率的减小，于是接触应力也获得减小。

2）小齿轮齿面采用双向鼓形修整（齿廓方向和齿宽纵向方向），然而，普通的 Novikov – Wildhaber 齿轮传动只进行齿廓方向的鼓形修整。小齿轮的纵向鼓形修整是用刀具切入加工获得的，小齿轮刀具的切入是按抛物函数执行的，这使我们可获得预先按抛物函数设计的传动误差。

图 17.1.3　新型 Novikov – Wildhaber 齿轮的三维模型

3）基于变位滚压（见 17.7 节），提出了获得传动误差的抛物函数的另一种选择。

4）小齿轮和大齿轮的齿面加工可用砂轮或附加滚刀加工的蜗杆磨来完成，磨削加工有可能扩展至具有“无约束变形”齿面的硬齿面齿轮的加工。吸收由不对中（由于存在预设计时提出的传动误差的抛物函数）产生的传动误差，降低噪声。

17.2　斜齿轮和齿条刀具瞬轴面

当斜齿轮在啮合和加工时，应考虑瞬轴面的概念，图 17.2.1a 所示为齿轮 1 和齿轮 2 分

别以角速度 $\boldsymbol{\omega}^{(1)}$ 和 $\boldsymbol{\omega}^{(2)}$ 绕平行轴回转，传动比 $m_{12}=\omega^{(1)}/\omega^{(2)}$。齿轮的瞬轴面是两半径分别为 r_{p1} 和 r_{p2}（见图 17.2.1a）圆柱体的切线，指定的 $P_1—P_2$ 是回转的瞬轴线。在瞬轴面上相互间做无滑动的纯滚动，平面 $\varPi$ 切于齿轮的瞬轴面，齿条刀具的瞬轴面与其以速度 $\boldsymbol{v}$ 做变换运动（见图 17.2.1a），定义为

$$\boldsymbol{v}=\boldsymbol{\omega}^{(1)}\times\overrightarrow{O_1P}=\boldsymbol{\omega}^{(2)}\times\overrightarrow{O_2P} \tag{17.2.1}$$

这里，P 属于 $P_1—P_2$。

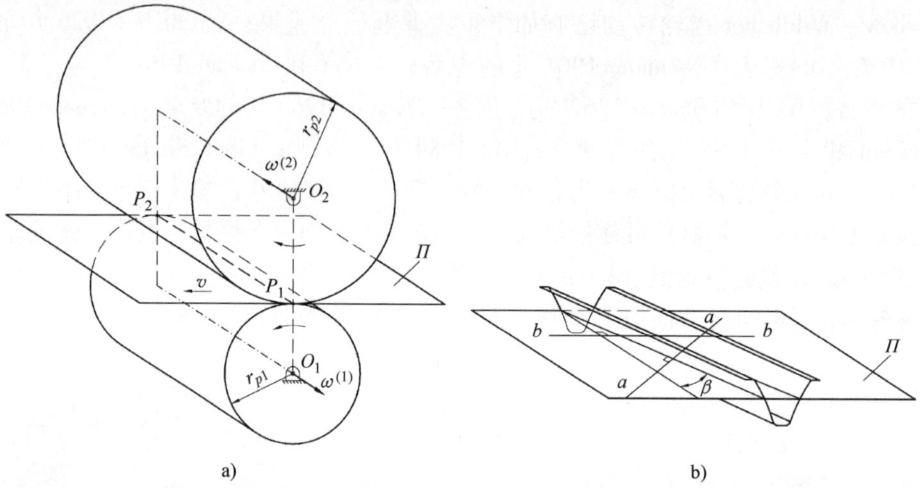

图 17.2.1　小齿轮、大齿轮和齿条刀具的瞬轴面

a）瞬轴面　b）斜齿齿条刀具的齿面

图 17.2.1b 所示为用于加工斜齿轮的齿条刀具的齿面。齿条刀具具有斜齿，安装在平面 $\varPi$ 上（一个圆柱体齿面上）。从图中可以明显地看出，用一把左旋齿条刀具可加工左旋小齿轮和右旋大齿轮。齿条刀具如图 17.2.1b 所示，可加工出齿面在任何瞬时呈线接触的一个小齿轮和一个大齿轮。采用失配齿面的两齿条刀具分别加工小齿轮和大齿轮，则加工出的齿轮齿面呈点接触。

17.3　抛物齿条刀具

本节介绍的齿条刀具的几何形状是加工上述讨论的斜齿轮的刀具（盘状砂轮、滚刀和蜗杆砂轮）的设计基础。

1. 法向截面和端截面

此后，我们将考虑齿条刀具齿面的法向截面和端截面。齿条刀具的法向截面 $a—a$ 是由一平面垂直于平面 $\varPi$ 得到的，其取向由 β 角确定（见图 17.2.1b）。而齿条刀具的端截面以取向 $b—b$ 的平面作为截面而定（见图 17.2.1b）。

2. 失配抛物齿条刀具

如上所述，两失配齿条刀具分别用于加工新型的斜齿轮传动中的小齿轮和大齿轮。图 17.3.1a所示为齿条刀具的法向截面的齿廓，图 17.3.1b 和图 17.3.1c 所示为分别用于加工小齿轮和大齿轮的齿条刀具的齿廓。s_1 和 s_2 的大小由相关的模数 m 和参数 s_{12} 确定如下：

$$s_1 + s_2 = \pi m \tag{17.3.1}$$

$$s_{12} = \frac{s_1}{s_2} \tag{17.3.2}$$

这里，s_{12}是根据大、小齿轮齿厚的相互关系和相关刚度的变位设计的优化过程选用的。对于通常情况下的设计，我们取 $s_{12} = 1$。

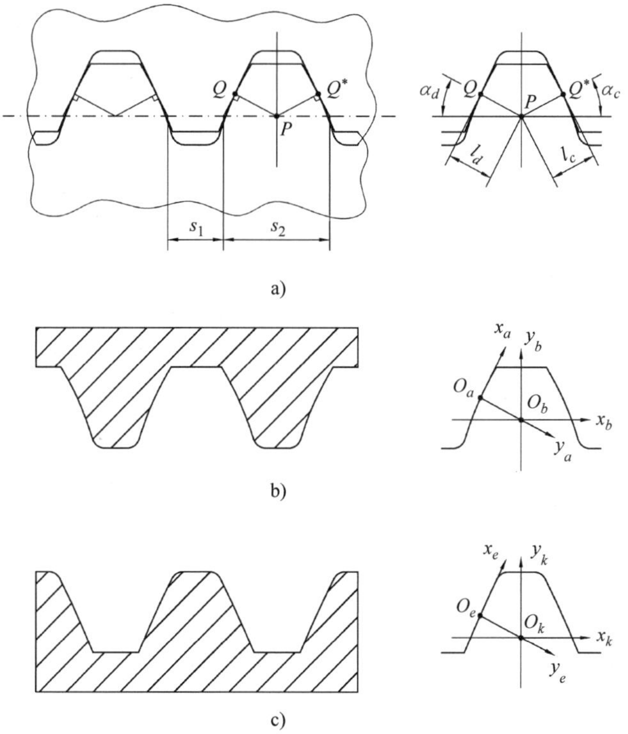

图 17.3.1　小、大齿轮齿条刀具的法向截面

a）失配齿条刀具齿廓　b）在坐标系 S_a 和 S_b 中小齿轮齿条刀具的齿廓

c）在坐标系 S_e 和 S_k 中大齿轮齿条刀具的齿廓

齿条刀具的齿廓为抛物线，而且是内相切。点 Q 和 Q^*（见图 17.3.1a）分别是轮齿驱动面和非工作面的法向齿廓的切点。齿廓的公法线通过节点 P 并绕瞬时轴线 P_1—P_2 旋转（见图 17.2.1a）。齿条刀具的抛物齿廓在辅助坐标系 S_i（x_i，y_i）中以参数形式表示如下（见图 17.3.2）：

$$\begin{cases} x_i = u_i \\ y_i = a_i u_i^2 \end{cases} \tag{17.3.3}$$

式中，a_i 是抛物系数。

Q 是坐标 S_i 的原点。

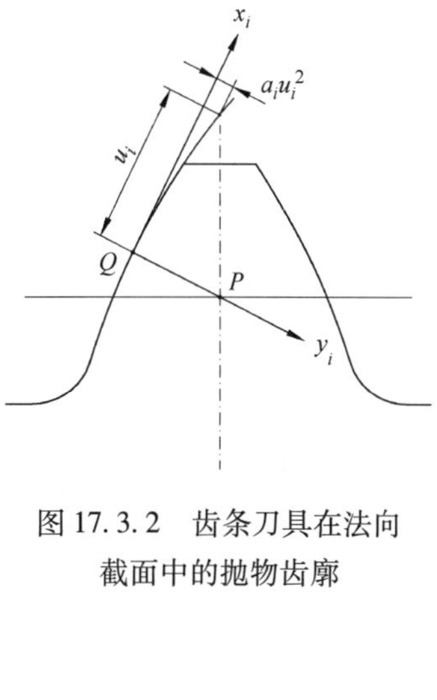

图 17.3.2　齿条刀具在法向截面中的抛物齿廓

3. 小齿轮抛物齿条刀具

齿条刀具的齿面是按 Σ_c 和如下要求设计的：

1）小齿轮和大齿轮齿条刀具的失配齿廓如图 17.3.1a

所示。驱动侧的压力角为 α_d，非工作侧齿廓压力角为 α_c。点 Q 和 Q^* 的位置规定为 $|\overrightarrow{QP}|=l_d$，$|\overrightarrow{Q^*P}|=l_c$。这里，$l_d$ 和 l_c 确定如下：

$$l_d=\frac{\pi m}{1+s_{12}}\cdot\frac{\sin\alpha_d\cos\alpha_d\cos\alpha_c}{\sin(\alpha_d+\alpha_c)} \tag{17.3.4}$$

$$l_c=\frac{\pi m}{1+s_{12}}\cdot\frac{\sin\alpha_c\cos\alpha_c\cos\alpha_d}{\sin(\alpha_d+\alpha_c)} \tag{17.3.5}$$

2）坐标系 S_a 和 S_b 设置在齿条刀具法向截面的平面上（见图 17.3.1b）。法向齿廓在 S_b 中用矩阵方程表示：

$$\boldsymbol{r}_b(u_c)=\boldsymbol{M}_{ba}\boldsymbol{r}_a(u_c)=\boldsymbol{M}_{ba}[u_c\quad a_cu_c^2\quad 0\quad 1]^{\mathrm{T}} \tag{17.3.6}$$

3）在坐标系 S_c 中，齿条刀具齿面用 $\boldsymbol{\Sigma}_c$ 表示（见图 17.3.3)，其中法向齿廓沿 $c—c$ 做直线移动。然后，我们可由矢量函数确定齿面 $\boldsymbol{\Sigma}_c$：

$$\boldsymbol{r}_c(u_c,\theta_c)=\boldsymbol{M}_{cb}(\theta_c)\boldsymbol{r}_b(u_c)=\boldsymbol{M}_{cb}(\theta_c)\boldsymbol{M}_{ba}\boldsymbol{r}_a(u_c) \tag{17.3.7}$$

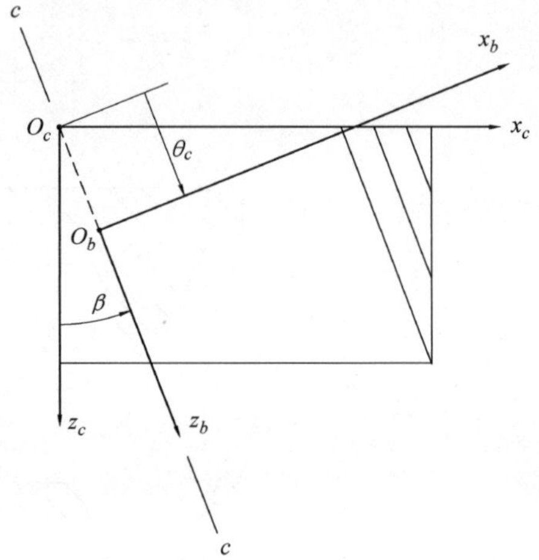

图 17.3.3　小齿轮齿条刀具齿面的推导

4. 大齿轮抛物齿条刀具

我们应用坐标系 S_e、S_k（见图 17.3.1c）和类似于坐标系 S_c 的坐标系 S_t（见图 17.3.3)。坐标系由 S_k 到 S_t 的变换，也是类似于至坐标系从 S_b 到 S_c 的变换。于是，大齿轮齿条刀具的齿面可用如下矩阵方程表示：

$$\boldsymbol{r}_t(u_t,\theta_t)=\boldsymbol{M}_{tk}(\theta_t)\boldsymbol{M}_{ke}\boldsymbol{r}_e(u_t) \tag{17.3.8}$$

5. 变位渐开线斜齿轮的齿条刀具

失配齿条刀具的概念可理解为对渐开线变位斜齿轮的设计做如下延伸：

1）小齿轮齿条刀具是应用抛物线齿廓的一种，而大齿轮齿条刀具是普通的一种，在法向截面上具有直线齿廓。

2）此外，齿廓的鼓形修整，小齿轮齿宽方向的纵向鼓形修整，可提供传动误差的抛物函数（见 17.6 节、17.7 节和 17.8 节）。

3）渐开线变位斜齿轮新设计的原理使接触区局部化，避免了边缘接触，减小了传动误差（见第 15 章）。然而，渐开线变位斜齿轮传动的接触应用比新型 Novikov 齿轮大。

本章 17.10 节将举一渐开线斜齿轮传动的实例，将新型的 Novikov - Wildhaber 斜齿轮传动与渐开线变位斜齿轮传动的应力做比较。

17.4　小齿轮和大齿轮齿面齿廓鼓形修整

小齿轮和大齿轮齿面齿廓鼓形修整分别为 Σ_σ 和 Σ_2，而 Σ_1 是指小齿轮齿面为双鼓形修整。

1. Σ_σ 的加工

小齿轮齿面 Σ_σ 的齿廓鼓形修整是由小齿轮的齿条刀具 Σ_c 的包络生成的。Σ_σ 的推导基于如下考虑：

1）动坐标系 $S_c(x_c, y_c)$ 和 $S_\sigma(x_\sigma, y_\sigma)$ 分别与小齿轮齿条刀具和小齿轮刚性固接（见图 17.4.1a）。固定坐标系 S_m 与加工机床刚性固接。

2）齿条刀具和小齿轮所执行的相对运动如图 17.4.1a 所示，$s_c = r_{p1}\psi_\sigma$ 是齿条刀具直线运动的位移，ψ_σ 是小齿轮旋转运动回转角。

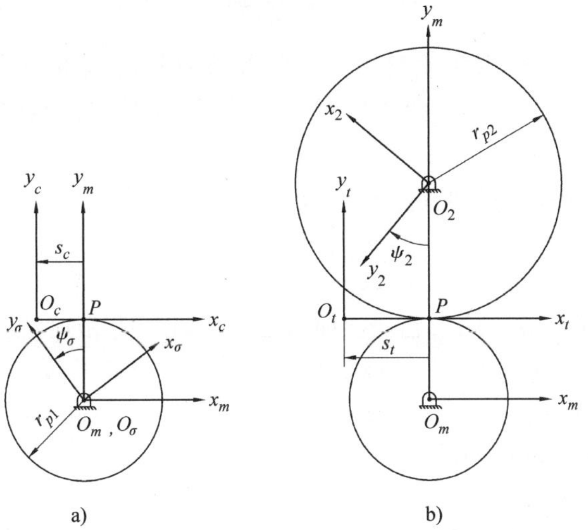

图 17.4.1　用齿条刀具加工齿面的齿廓鼓形修整

a）用齿条刀具 Σ_c 加工小齿轮　b）用齿条刀具 Σ_t 加工大齿轮

3）齿条刀具面族是在坐标系 S_σ 中形成的，由如下矩阵方程确定：

$$\boldsymbol{r}_\sigma(u_c, \theta_c, \psi_\sigma) = \boldsymbol{M}_{\sigma c}(\psi_\sigma)\boldsymbol{r}_c(u_c, \theta_c) \tag{17.4.1}$$

4）小齿轮齿面 Σ_σ 是由齿面 $\boldsymbol{r}_\sigma(u_c, \theta_c, \psi_\sigma)$ 族包络形成的，同时应考虑矢量函数的坐标 $\boldsymbol{r}_\sigma(u_c, \theta_c, \psi_\sigma)$ 和啮合方程

$$f_{c\sigma}(u_c, \theta_c, \psi_\sigma) = 0 \tag{17.4.2}$$

方程 $f_{c\sigma} = 0$ 可用如下两种方法之一确定（见 6.1 节）：

① 齿面 Σ_c 和 Σ_σ 的公法线必须通过瞬时旋转轴线 $P_1—P_2$（见图 17.2.1a）。

② 第二种方法基于如下啮合方程：

$$\boldsymbol{N}_c^{(c)} \cdot \boldsymbol{v}_c^{(c\sigma)} = 0 \tag{17.4.3}$$

式中，$\boldsymbol{N}_c^{(c)}$ 是在 S_c 中表示的 Σ_c 上的法线；$\boldsymbol{v}_c^{(c\sigma)}$ 是在 S_c 中表示的相对速度。

2. 大齿轮齿面 Σ_2 的加工

Σ_2 的加工简图如图 17.4.1b 所示，齿面 Σ_2 由同时考虑的以下两方程式表示：

$$\boldsymbol{r}_2(u_t, \theta_t, \psi_2) = \boldsymbol{M}_{2t}(\psi_2)\boldsymbol{r}_t(u_t, \theta_t) \tag{17.4.4}$$

$$f_{t2}(u_t, \theta_t, \psi_2) = 0 \tag{17.4.5}$$

这里，矢量方程 $\boldsymbol{r}_t(u_t, \theta_t)$ 表示大齿轮齿条刀具齿面 Σ_t；(u_t, θ_t) 是表示 Σ_t 的齿面参数；矩阵 $M_{2t}(\psi_2)$ 表示从 S_t 到 S_2 的坐标变换；ψ_2 是加工的运动参数。方程（17.4.4）和方程（17.4.5）表示齿面 Σ_2 由三个相关参数组成。

3. 齿面参数族包络存在必要和充分的条件

这些条件适用于小齿轮齿面 Σ_σ 鼓形修整的情况，具体如下（见 6.4 节）：

1）考虑矢量函数 $\boldsymbol{r}_\sigma(u_c,\theta_c,\psi_\sigma)$ 为 C^2 级。

2）我们设定的参数组的点 $M(u_c^{(0)},\theta_c^{(0)},\psi_\sigma^{(0)})$ 满足在点 M 的啮合方程（17.4.2）及如下条件（见3）~5）项）。

3）用齿条刀具的加工齿面 Σ_c 是一个规则面，我们在 M 点则有

$$\frac{\partial \boldsymbol{r}_c}{\partial u_c}\times\frac{\partial \boldsymbol{r}_c}{\partial \theta_c}\neq 0 \tag{17.4.6}$$

矢量 $\partial\boldsymbol{r}_c/\partial u_c$ 和 $\partial\boldsymbol{r}_c/\partial\theta_c$ 表示坐标系 S_σ 与齿条刀具的齿面 Σ_c 的坐标线相切。不等式（17.4.6）说明在齿面 Σ_c 上的法向矢量 $\boldsymbol{N}_c^{(c)}$ 不为零。$\boldsymbol{N}_c^{(c)}$ 表示在坐标系 S_c 中齿面 Σ_c 上的法向矢量。

4）啮合方程的偏导数（17.4.2）在点 M 处满足不等式

$$\left|\frac{\partial f_{c\sigma}}{2u_c}\right|+\left|\frac{\partial f_{c\sigma}}{\partial\theta_c}\right|\neq 0 \tag{17.4.7}$$

5）齿面 Σ_σ 上的奇异点可用工艺规程加以避免，如17.9节所述。

根据条件1）~5），包络面 Σ_σ 是规则面，它沿一线与加工面 Σ_c 接触，Σ_σ 上的法线与 Σ_c 上的法线共线。矢量函数 $\boldsymbol{r}_\sigma(u_c,\theta_c,\psi_\sigma)$ 和方程（17.4.2）同时考虑用三相关参数（u_c，θ_c，ψ_σ）表示三参数形式的齿面 Σ_σ。

4. 用两参数形式表示包络 Σ_σ

用两参数形式表示包络 Σ_σ 基于如下考虑：

1）假设观察到不等式（17.4.7）是因为

$$\frac{\partial f_{c\sigma}}{\partial\theta_c}\neq 0 \tag{17.4.8}$$

2）由于函数组定理的存在（参见 Korn 和 Korn 1968 年的专著）得不等式（17.4.8），啮合方程（17.4.2）通过如下函数在点 M 附近求解：

$$\theta_c=\theta_c(u_c,\psi_\sigma) \tag{17.4.9}$$

3）然后，齿面 Σ_σ 可表示为

$$\boldsymbol{R}_\sigma(u_c,\psi_\sigma)=\boldsymbol{r}_\sigma(u_c,\theta_c(u_c,\psi_\sigma),\psi_\sigma) \tag{17.4.10}$$

同理，小齿轮齿面可在观察到不等式（17.4.7）的情况下获得，因为 $\partial f_{c\sigma}/\partial u_c\neq 0$ 代替不等式（17.4.8）。在这种情况下，小齿轮齿面齿廓鼓形修整可表示为

$$\boldsymbol{R}_\sigma(\theta_c,\psi_\sigma)=\boldsymbol{r}_\sigma(u_c,(\theta_c,\psi_\sigma),\theta_c,\psi_\sigma) \tag{17.4.11}$$

5. 两参数形式的大齿轮齿廓鼓形修整齿面的表示

我们曾记得，大齿轮齿面齿廓鼓形修整用矢量函数 $\boldsymbol{r}_2(u_t,\theta_t,\psi_2)$［见方程（17.4.4）和啮合方程（17.4.5）］以三参数形式表示。同样，我们可用两参数形式，如 $\boldsymbol{R}_2(u_c,\psi_2)$ 或 $\boldsymbol{R}_2(\theta_t,\psi_2)$ 表示大齿轮的齿面。

17.5 小齿轮齿廓修整的齿轮传动轮齿接触分析（TCA）

用于啮合模拟的轮齿接触分析（TCA）算法为小齿轮和大齿轮接触齿面连续相切提供了条件（见9.4节）。考虑了两种情况下的啮合和接触模拟：a. 齿轮传动中的小齿轮以齿廓修形；b. 小齿轮以双鼓形修整（见17.6节、17.7节和17.8节）。两种输出工况比较表明，小

齿轮双鼓形修整时，传动误差减小，齿轮传动噪声和振动减小。小齿轮双鼓形修整还可以避免边缘接触。

现举一啮合实例，小、大齿轮齿面进行齿修整，具体数据如下：$N_1=17$，$N_2=77$，$m=5.08\text{mm}$，$s_{12}=0.7$，$\beta=20°$，$\alpha_d=\alpha_c=25°$，$a_c=0.016739\text{mm}^{-1}$，$a_t=0.0155\text{mm}^{-1}$。模拟对中性误差如下：a. 中心距变动量 $\Delta E=70\mu\text{m}$；b. 导程角误差 $\Delta\lambda=2'$；c. 轴交角变动量 $\Delta\gamma=2'$。轴交角变动量 $\Delta\gamma$ 意味着小、大齿轮两轴线交错，两轴间的最短距离 E 在齿轮传动的对称平面上发生了幅度为 L 的位移（图 17.5.1）。

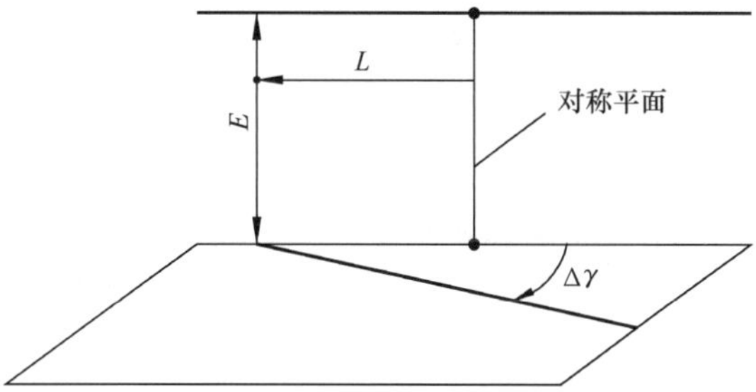

图 17.5.1　在两轴间最短距离上轴交角变化量的影响

L 和 $\Delta\gamma$ 的组合可能产生啮合周期内的啮合与接触的情况如下：

1）小齿轮和大齿轮的齿面相切点形成接触区。

2）边缘接触发生在啮合过程中，其中一条曲线（一个啮合面的边）与一个表面（另一啮合面）啮合。

3）接触是综合 1）、2）情况下的啮合的结果。

研究边缘接触的啮合已在 9.6 节加以讨论。

轮齿接触分析（TCA）的输出以前已有实例，其未发生边缘接触。所得的电算结果如下：

1）接触轨迹确实是沿着纵向方向（见图 17.5.2a 和图 17.5.2b）。

2）中心距误差 ΔE 不会引起传动误差，但会引起接触区的位移。

3）然而，对中性误差 $\Delta\gamma$ 和 $\Delta\lambda$ 引起传动误差 $\Delta\varphi_2(\varphi_\sigma)$ 呈非连续线性函数变化（见图 17.5.2c）。因此，啮合传递从一对齿传至相邻的另一对齿时会产生大的加速度，必然产生噪声和振动。

如果仅做小齿轮齿面的齿廓鼓形修整，则所有型式的 Novikov – Wildhaber 齿轮传动产生的噪声和振动是不可避免的。这对于现有设计的 Novikov – Wildhaber 齿轮也是如此。低于标准的加速度，是对小齿轮进行双鼓形修整后获得的，其传动误差的抛物函数的讨论见 9.2 节。这种由于非对中引起的传动误差的线性函数是能够被吸收的函数。从上述讨论中我们得到如下结论：在齿轮传动设计中，对小齿轮进行双鼓形修整和对大齿轮进行齿廓鼓形修整，是减小噪声和振动，以及使接触区局部化的先决条件。

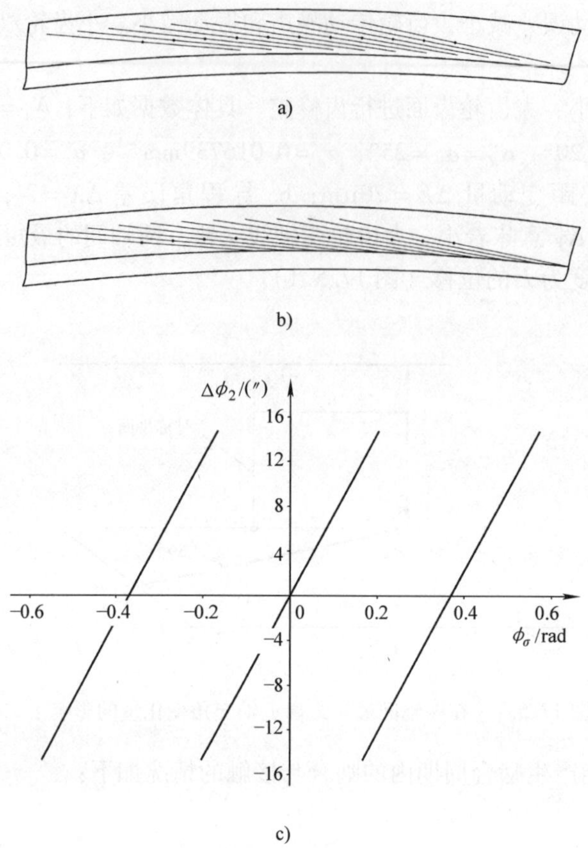

图 17.5.2　齿廓鼓形修整的齿轮传动输出的轮齿接触分析（TCA）

a）具有误差 $\Delta E=70\mu m$ 的接触轨迹　b）具有误差 $\Delta\gamma$ 的接触轨迹

c）具有误差 $\Delta\gamma=2'$ 的传动误差的函数

17.6　小齿轮用切入圆盘砂轮进行纵向鼓形修整

小齿轮齿面纵向鼓形修整，除进行齿廓修整外，还应用传动误差函数形式的变换，可以减小噪声和振动。我们曾记得，轴交角误差和导程角误差引起传动误差非连续性的线性函数的变化（见 17.5 节和图 17.6.2c），齿轮传动不可避免地产生大的加速度和振动，而采用切入圆盘砂轮加工小齿轮可以避免这一缺点。

图 17.6.1 所示为产形圆盘砂轮和小齿轮的三维示意图。圆盘砂轮是一个回转的平面，与齿廓鼓形修整的小齿轮齿面共轭，小齿轮齿廓鼓形修整齿面 Σ_σ 齿面是一螺旋面，由抛物齿条刀具的包络确定（见 17.4 节）。

假设小齿轮加工过程中，小齿轮绕其轴线做螺旋运动，并相对于产形圆盘砂轮保持静止状态。小齿轮的切入运动是沿着小齿轮和圆盘砂轮两轴之间的最短中心距进行的，切入运动按抛物函数执行（见下）。产形圆盘砂轮绕其轴线做回转运动，但回转的角速度与加工过程无关。假设有小齿轮螺旋运动的两个分运动和提供给小齿轮的切入运动，这三个分运动中的一个或两个是提供给产形圆盘砂轮，而不是提供给小齿轮的。

详细的发展研究如下：

1）小齿轮的齿廓鼓形修整齿面 Σ_σ 被认为是给定的。

2）圆盘刀具 Σ_D 确定与齿面 Σ_σ 共轭（见图 17.6.2a）（见第 24 章附加说明）。圆盘砂轮和小齿轮齿面 Σ_σ 两轴线是交错的，交错角 γ_{Dp} 是等于小齿轮分度圆柱的导程角（见图 17.6.2b）。最小中心距 E_{Dp}（见图 17.6.2a）定为

$$E_{Dp} = r_{d1} + \rho_D \tag{17.6.1}$$

式中，r_{d1} 是小齿轮根圆半径；ρ_D 是产形圆盘砂轮半径。

3）圆盘砂轮面 Σ_D 是基于下列程序确定的（见第 24 章）。

步骤 1：圆盘砂轮面 Σ_D 是一回转面，因此，存在一线 $L_{\sigma D}$（见图 17.6.2c）为 Σ_σ 和 Σ_D 的相切线，而且，在 $L_{\sigma D}$ 上的每一点，Σ_σ、Σ_D 的公法线通过圆盘砂轮回转轴线（见第 24 章）。图 17.6.2c 所示的线 $L_{\sigma D}$ 是在 Σ_D 面获得的，绕 Σ_D 轴线回转的 $L_{\sigma D}$ 可将齿面 Σ_D 表示为 $L_{\sigma D}$ 线族。

步骤 2：显而易见，圆盘砂轮 Σ_D 绕小齿轮齿面 Σ_σ 轴线做螺旋运动，提供的齿面与 Σ_σ 是一致的（见图 17.6.2d）。

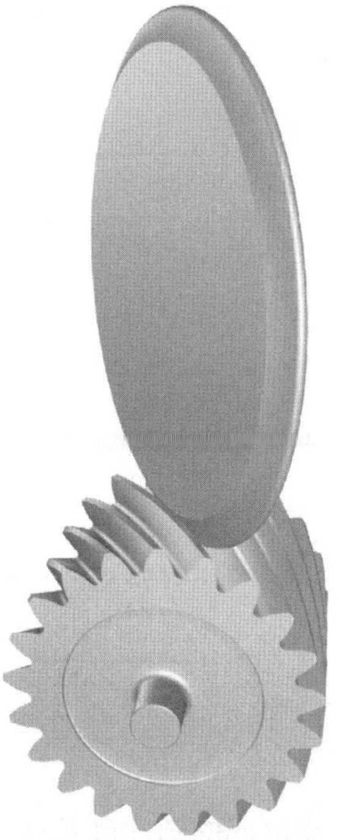

图 17.6.1　圆盘砂轮加工小齿轮

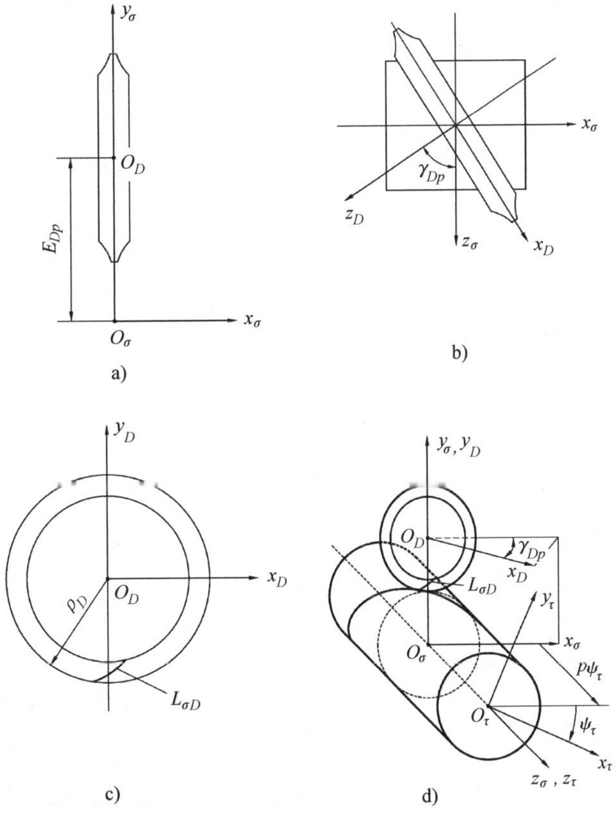

图 17.6.2　圆盘砂轮面 Σ_D 的确定

a）最小中心距 E_{Dp}　b）交错角 γ_{Dp}　c）齿面 Σ_σ 和 Σ_D 的相切线 $L_{\sigma D}$　d）圆盘砂轮面加工的齿面 Σ_τ 的图解

4）我们的目的是得到小齿轮的双鼓形修整齿面 Σ_1，这是通过小齿轮和圆盘砂轮的切入运动与螺旋运动的综合来实现的。小齿轮齿面双鼓形修整加工如图 17.6.3 所示，实现如下：

① 关于圆盘砂轮加工双鼓形修整的小齿轮的两个位置如图 17.6.3a 和图 17.6.3b 所示。具有中心距 $E_{Dp}^{(0)}$ 的两个位置之一是初始位置，另一位置 E_{Dp}（ψ_1）是流动位置，最短距离 $E_{Dp}^{(0)}$ 是按方程（17.6.1）确定的。

② 坐标系 S_D 与产形圆盘砂轮刚性固接（见图 17.6.3c），被认为是固定的。

③ 小齿轮的坐标系 S_1 做螺旋运动，并相对于圆盘砂轮做切入运动。辅助坐标系 S_b、S_q 用于更好地说明图 17.6.3c 所示的这些运动。这些运动描述如下，螺旋运动由两个分量执行：a. 与小齿轮轴线共线的位移 l_p；b. 绕小齿轮轴线的回转运动 ψ_1（见图 17.6.3b 和图 17.6.3c）。l_p和 ψ_1 的大小关系通过小齿轮的螺旋参数 p 表示为

$$l_p = p\psi_1 \tag{17.6.2}$$

切入运动是由沿最短距离方向的平移位移 $a_{pl}l_p^2$ 完成的（见图 17.6.3c）。这种运动允许我们将最短距离 E_{Dp}（ψ_1）（见图 17.6.3b 和图 17.6.3c）定义为抛物线函数：

$$E_{Dp}(\psi_1) = E_{Dp}^{(0)} - a_{pl}l_p^2 \tag{17.6.3}$$

平移位移 l_p和 $a_{pl}l_p^2$表示为坐标系 S_q 相对于坐标系 S_h 的位移，坐标系 S_1 做相同的平移，它相对于坐标系 S_q 做角度 ψ_1 的回转运动。

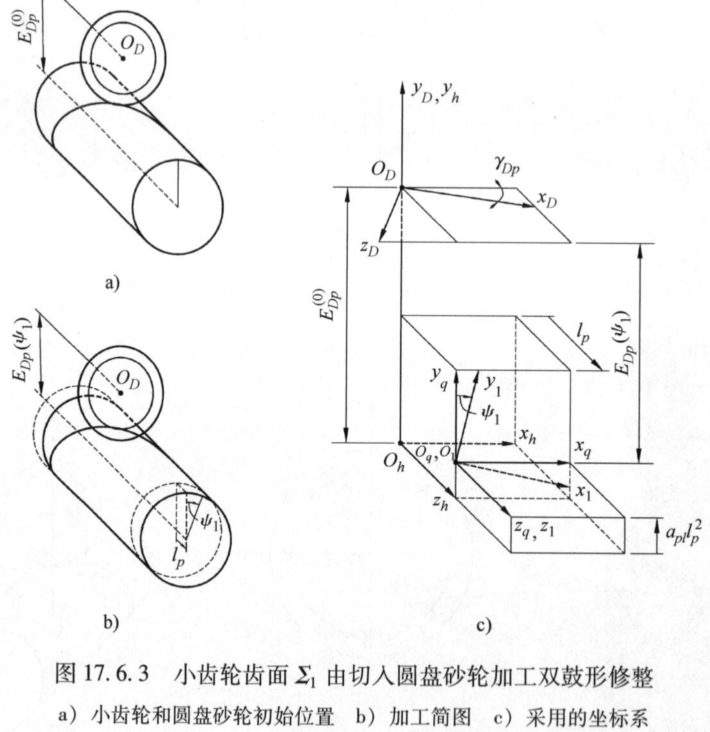

图 17.6.3　小齿轮齿面 Σ_1 由切入圆盘砂轮加工双鼓形修整

a）小齿轮和圆盘砂轮初始位置　b）加工简图　c）采用的坐标系

④ 小齿轮齿面 Σ_1 被确定为在小齿轮和圆盘砂轮之间的相对运动形成的圆盘砂轮面 Σ_D 族的包络。

17.7　小齿轮用蜗杆砂轮加工的双鼓形修整

图 17.7.1 所示为单螺旋产形蜗杆砂轮和小齿轮的三维示意图。图 17.7.1 所示的蜗杆砂

轮面与蜗杆的螺纹相同。详细的开发方法如下所述。

1. 蜗杆砂轮的安装

对小齿轮的产形圆盘砂轮的安装可基本表示为两螺旋面的啮合。图 17.7.2 所示为两左旋螺旋面的啮合，其中分别表示产形蜗杆砂轮和小齿轮的加工。由图 17.7.2 可得交错角为

$$\gamma_{wp} = \lambda_p + \lambda_w \tag{17.7.1}$$

式中，λ_p、λ_w 分别是蜗杆砂轮和小齿轮在分度圆柱上的导程角。

图 17.7.2 所示为蜗杆砂轮和小齿轮的分度圆柱在 M 点相切，M 点在两交错轴间的最短距离上。在点 M 的速度多边形满足如下关系

$$\boldsymbol{v}^{(w)} - \boldsymbol{v}^{(p)} = \mu \boldsymbol{i}_t \tag{17.7.2}$$

式中，$\boldsymbol{v}^{(w)}$、$\boldsymbol{v}^{(p)}$ 分别是蜗杆砂轮和小齿轮在点 M 的速度；$\boldsymbol{i}_t$ 是沿着螺旋面的公切线的单位矢量方向；μ 是无向量系数。方程（17.7.2）表示在点 M 的相关速度与单位矢量 $\boldsymbol{i}_t$ 共线。

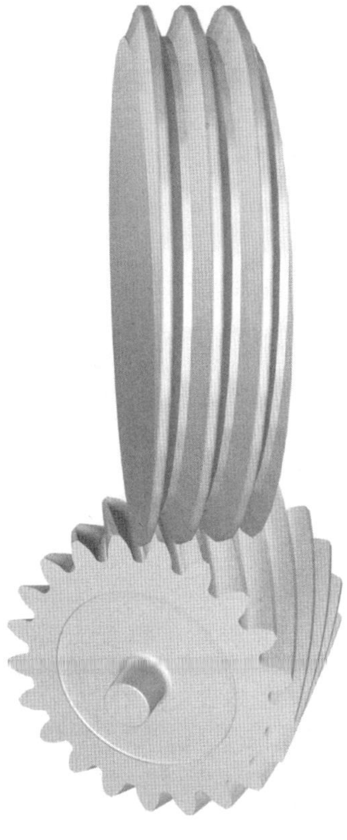

图 17.7.1　用蜗杆砂轮加工小齿轮

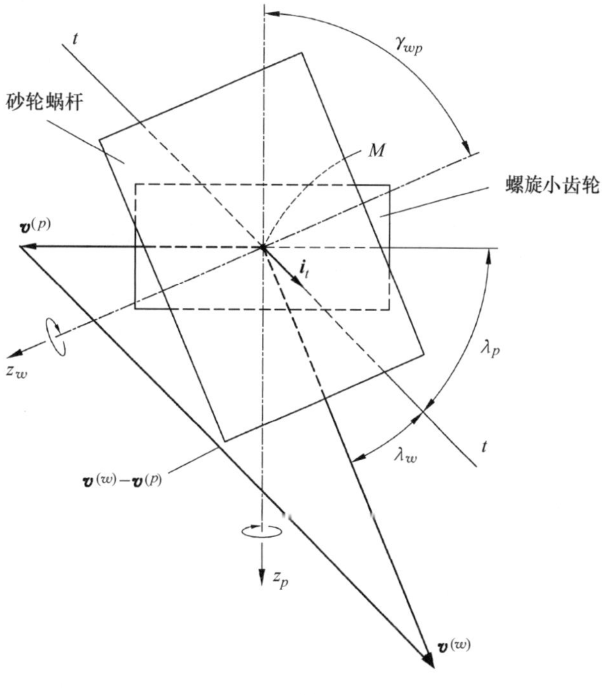

图 17.7.2　产形蜗杆砂轮的安装

2. 蜗杆砂轮螺旋面 Σ_w 的确定

为了得到用齿条刀具面 Σ_c 加工的相同的小齿轮齿面 Σ_σ，面 Σ_w 可以考虑由 Σ_c、Σ_σ 和 Σ_w 三个面同时啮合生成。图 17.7.3 所示为这三个面的瞬轴面，为此，小齿轮和蜗杆砂轮之间的最短距离被延长。平面 Π 表示齿条刀具的瞬轴面。面 Σ_w 由下列步骤求得。

步骤 1：给定齿条刀具的抛物线齿面 Σ_c。

步骤 2：齿条刀具齿面 Σ_c 的平移运动，垂直于小齿轮的轴线，小齿轮的回转运动提供了齿面 Σ_σ 作为齿面 Σ_c 族的包络（见 17.4 节）。齿条刀具的速度$\boldsymbol{v}_1$（见图 17.7.3）对应具

有角速度 $\boldsymbol{\omega}^{(p)}$ 的小齿轮的回转。$\boldsymbol{v}_1$ 与 $\boldsymbol{\omega}^{(p)}$ 之间的关系为

$$\boldsymbol{v}_1 = \omega^{(p)} r_p \tag{17.7.3}$$

式中，r_p 是小齿轮的分度圆柱的半径。

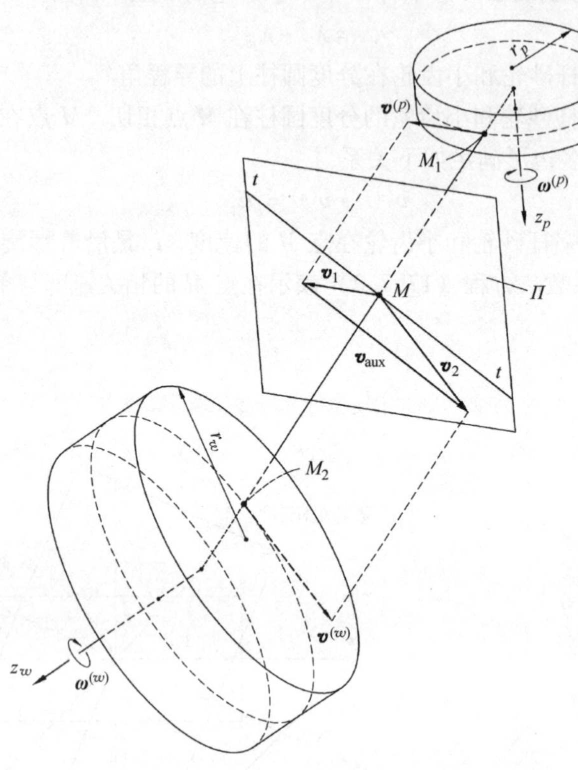

图 17.7.3　蜗杆砂轮、小齿轮和齿条刀具的瞬轴面

步骤3：此外，具有沿着 t—t 方向的速度 $\boldsymbol{v}_{aux}$ 的斜齿条刀具齿（见图 17.7.3）实现齿面 Σ_c 的运动，该运动不影响对齿面 Σ_σ 的加工。矢量方程 $\boldsymbol{v}_2 = \boldsymbol{v}_1 + \boldsymbol{v}_{aux}$ 可使我们得到齿条刀具 Σ_c 在垂直于蜗杆砂轮轴线方向的速度 $\boldsymbol{v}_2$。然后，考虑蜗杆砂轮以角速度 $\boldsymbol{\omega}^{(w)}$ 回转时，齿条刀具以速度 $\boldsymbol{v}_2$ 做平移运动，我们可以用齿条刀具 Σ_c 加工蜗杆砂轮面 Σ_w。v_2 和 $\boldsymbol{\omega}^{(w)}$ 之间的关系为

$$v_2 = \omega^{(w)} r_w \tag{17.7.4}$$

式中，r_w 是蜗杆砂轮分度圆柱半径。

蜗杆砂轮面 Σ_w 是由齿条刀具面族包络形成的。

步骤4：上述讨论使我们能够验证小齿轮齿面 Σ_σ 齿廓鼓形修整加工和蜗杆砂轮螺旋面 Σ_w 加工（由齿条刀具面 Σ_c 加工）同时进行。用齿条刀具面 Σ_c 加工的两齿面 Σ_σ 和 Σ_w 中的每一个都是呈线接触，然而，接触线 $L_{c\sigma}$ 和 L_{cw} 并不重合，而是彼此相交（见图 17.7.4）。这里，$L_{c\sigma}$ 与 L_{cw} 分别表示 Σ_c 与 Σ_σ 之间和 Σ_c 与 Σ_w 之间的接触线。线 $L_{c\sigma}$ 和 L_{cw} 是在 Σ_c、Σ_σ 和 Σ_w 之间运动的相关参数的选定值下得到的。线 L_{cw} 和 $L_{c\sigma}$ 的交点 N（见图 17.7.4）是面 Σ_c、Σ_σ 和 Σ_w 的公切点。

3. 小齿轮齿廓的鼓形修整

以前曾利用齿条刀具齿面 Σ_c 进行小齿轮齿面 Σ_σ 的齿廓鼓形修整，由蜗杆砂轮 Σ_w 加工的 Σ_σ 直接推导可由如下步骤进行。

1）考虑蜗杆砂轮面 Σ_w 和小齿轮齿面 Σ_σ 以角速度 $\boldsymbol{\omega}^{(w)}$ 和 $\boldsymbol{\omega}^{(p)}$ 绕其交错轴之间做转动，从前面的讨论可知，Σ_w 和 Σ_σ 是点接触，N 是 Σ_w 和 Σ_σ 的瞬时接触点之一（见图 17.7.4）。

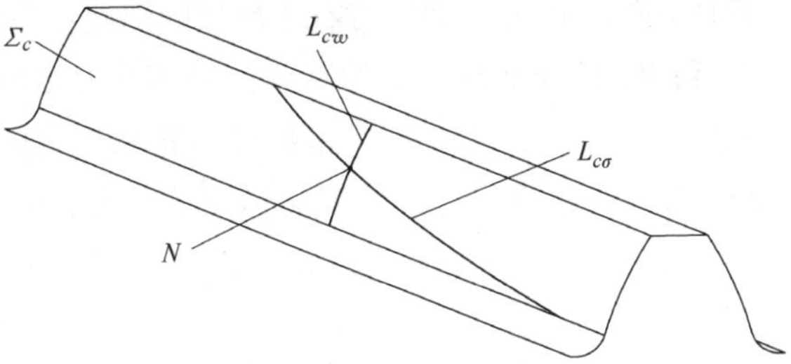

图 17.7.4　接触线 $L_{c\sigma}$ 和 L_{cw} 分别对应小齿轮齿面 Σ_σ 和蜗杆砂轮面 Σ_w 与齿条刀具面 Σ_c 的啮合

2）由 Σ_w 直接推导出 Σ_σ 基于双参数的包络过程（见 6.10 节），其包络过程是基于两组独立的运动参数进行的（参见 Litvin 和 Seol 1996 年的专著）。

① 一组参数与蜗杆砂轮和小齿轮的回转角有关：

$$m_{wp} = \frac{\boldsymbol{\omega}^{(w)}}{\boldsymbol{\omega}^{(p)}} = N_p \tag{17.7.5}$$

这里，蜗杆砂轮的头数为 1；N_p 是小齿轮的齿数。

② 第二组的运动参数作为两个分量的组合提供：a. 蜗杆砂轮的平移运动 $\Delta \boldsymbol{s}_w$ 与小齿轮的轴线是共线的（见图 17.7.5a）；b. 小齿轮绕小齿轮轴线做小的回转运动确定为

$$\Delta\psi_p = \frac{\Delta s_w}{p} \tag{17.7.6}$$

式中，p 是小齿轮的螺旋参数。

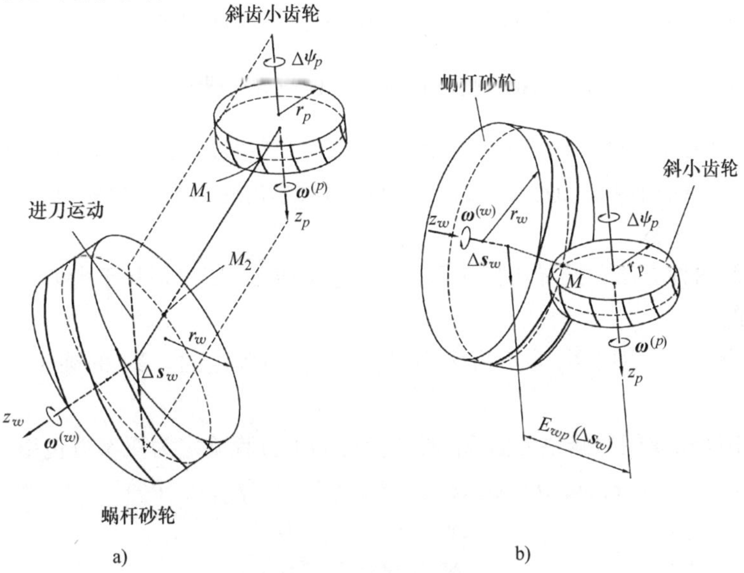

图 17.7.5　加工简图

a）蜗杆砂轮未切入　b）蜗杆砂轮切入

6.10节介绍了作为双参数包络过程的包络面的分析测定。

由 Σ_w 的加工 Σ_σ 的原理如图17.7.5a所示，为了更好地说明，将最短中心距延长。在 Σ_w 和 Σ_σ 啮合过程中，蜗杆砂轮面 Σ_w 和齿廓鼓形修整的小齿轮齿面绕交错轴做回转运动。最短中心距表示为

$$E_{wp}=r_p+r_w \tag{17.7.7}$$

面 Σ_w 和 Σ_σ 为点相切。蜗杆砂轮的进刀运动以带有小齿轮的螺旋参数的螺旋运动形式提供。如图17.7.5a表明：a. M_1 和 M_2 是分度圆柱上的点（这些点相互之间不重合，因为图中最短中心距为显示清楚而延长了）；b. $\boldsymbol{\omega}^{(\omega)}$ 和 $\boldsymbol{\omega}^{(p)}$ 是蜗杆砂轮和齿廓鼓形修整的小齿轮绕交错轴回转的角速度；c. $\Delta \boldsymbol{s}_w$ 和 $\Delta\psi_p$ 是进刀运动的螺旋运动的分量；d. r_w 和 r_p 是分度圆柱的半径。

4. 小齿轮双鼓形修整

上面介绍了用蜗杆砂轮加工小齿轮的齿廓鼓形修整齿面 Σ_σ，然而，我们最终的目的是用蜗杆砂轮加工小齿轮双鼓形修整齿面 Σ_1。下面介绍达到此目的的两种方法。

（1）蜗杆砂轮的切入　此外，小齿轮鼓形修整（纵向鼓形修整）通过蜗杆砂轮切入进行，有关小齿轮的图解原理如图17.7.5b所示。小齿轮用蜗杆砂轮切入的加工过程，就是小齿轮和蜗杆砂轮轴线之间最短距离的变化过程。小齿轮和蜗杆砂轮之间的瞬时最短中心距 E_{wp}（Δs_w）实行为（见图17.7.5b）

$$E_{wp}(\Delta s_w)=E_{wp}^{(0)}-a_{pl}(\Delta s_w)^2 \tag{17.7.8}$$

这里，Δs_w 是沿着小齿轮的轴线在小齿轮的中部进行测量的；a_{pl}是函数 $a_{pl}(\Delta s_w)^2$ 的抛物系数；$E_{wp}^{(0)}$是按方程（17.7.7）规定的最短距离公称值。蜗杆砂轮的切入遵循方程（17.7.8）提供的传动误差的抛物函数，在啮合过程中，小齿轮和大齿轮按新型的Novikov – Wildhaber斜齿轮传动。

（2）进给运动的变位滚动　普通的蜗杆砂轮的进给运动是按两分量 Δs_w 和 $\Delta\psi_p$之间的关系式（17.7.6）进行的，提供的小齿轮纵向鼓形修整按如下函数进行：

$$\Delta\psi_p(\Delta s_w)=\frac{\Delta s_w}{p}+a_{mr}(\Delta s_w)^2 \tag{17.7.9}$$

式中，a_{mr}是抛物函数方程（17.7.9）的抛物系数。变位滚动运动被提供给蜗杆砂轮以代替蜗杆砂轮的切入。应用函数 $\Delta\psi_p$（Δs_w）可使我们对小齿轮齿面进行变位，并提供齿轮传动的传动误差的抛物函数。

采用上述的两种方法，推导小齿轮双鼓形修整的齿面 Σ_1，是基于齿面 Σ_1 确定为双参数包络过程进行的。

步骤1：我们认定齿面 Σ_w 是由齿条刀具面 Σ_c 包络确定的。Σ_w 的确定是一单参数包络过程。

步骤2：小齿轮双鼓形修整齿面 Σ_1 通过应用如下方程确定为双参数包络过程：

$$\boldsymbol{r}_1(u_w,\theta_w,\psi_w,s_w)=\boldsymbol{M}_{1w}(\psi_w,s_w)\boldsymbol{r}_w(u_w,\theta_w) \tag{17.7.10}$$

$$\boldsymbol{N}_w\cdot\boldsymbol{v}_w^{(w1,\psi_w)}=0 \tag{17.7.11}$$

$$\boldsymbol{N}_w\cdot\boldsymbol{v}_w^{(w1,s_w)}=0 \tag{17.7.12}$$

这里，（u_w，θ_w）是蜗杆砂轮齿面参数；（ψ_w、s_w）归结为双参数包络过程的运动参数。矢

量方程（17.7.10）表示在小齿轮坐标系 S_1 中的蜗杆砂轮的齿面 Σ_w 族。方程（17.7.11）和方程（17.7.12）为两个啮合方程。矢量 $\boldsymbol{N}_w$ 表示在坐标系 S_w 中蜗杆砂轮齿面 Σ_w 的法向矢量。矢量 $\boldsymbol{v}_w^{(w1,\psi_w)}$ 表示在运动参数 ψ_w 变化和其他参数 s_w 保持不变的情况下，确定的小齿轮和蜗杆砂轮之间的相对速度。矢量 $\boldsymbol{v}_w^{(w1,s_w)}$ 是在参数 s_w 变化和其他运动参数 ψ_w 保持不变的情况下确定的。两个相对速度矢量都表示在坐标系 S_w 中，矢量方程（17.7.10）~方程(17.7.12)（同时考虑）确定了由参数包络过程（见 6.10 节）而得到的小齿轮双鼓形修整的齿面。

17.8　小齿轮双鼓形修整的齿轮传动的轮齿接触分析

采用 17.5 节中讨论的与大齿轮和齿廓鼓形修整的小齿轮齿面啮合的齿轮传动相同的算法，研究小齿轮双鼓形修整的齿轮传动的啮合模拟。

对轮齿接触分析已得出下面两种情况。

1）新型的 Novikov - Wildhaber 斜齿轮传动。

2）渐开线变位斜齿轮传动，其设计基于如下概念：

① 具有抛物齿廓的小齿轮齿条刀具和具有直纹齿廓的普通齿轮齿条刀具分别用于加工小齿轮和大齿轮。

② 齿轮传动的小齿轮是双鼓形修整的。

对于两种新型的 Novikov - Wildhaber 齿轮传动（情况 1）和渐开线变位斜齿轮传动（情况 2），应用的设计参数见表 17.8.1。

表 17.8.1　设计参数

小齿轮齿数 N_1	17
大齿轮齿数 N_2	77
模数 m	5.08mm
驱动侧压力角 α_d	25°
非工作侧压力 α_c	25°
螺旋角 β	20°
齿条刀具参数 b	0.7
齿宽	90mm
蜗杆砂轮分度圆半径 r_w	98mm
小齿轮齿条刀具抛物系数①a_c	0.016739mm^{-1}
大齿轮齿条刀具抛物系数①a_t	0.0155mm^{-1}
砂轮切入抛物系数①a_{pl}	0.00005mm^{-1}
小齿轮齿条刀具抛物系数②a_c	0.016739mm^{-1}
大齿轮齿条刀具抛物系数②a_t	0.0mm^{-1}
砂轮切入抛物系数②a_{pl}	0.0000315mm^{-1}

① Novikov - Wildhaber 斜齿轮传动。

② 渐开线变位斜齿轮传动。

相同抛物系数的齿廓鼓形修整的小齿轮齿条刀具 a_c，已同时用于加工新型的 Novikov - Wildhaber 齿轮传动和渐开线变位齿轮传动。用于每种情况的纵向鼓形修整的抛物系数 a_{pl}，对不存在对中性误差的齿轮传动预设计的传动误差函数提供了8″的极限偏差，图17.8.1a和图17.8.1b所示分别为情况1和情况2的接触轨迹，图17.8.1c所示为情况1的传动误差函数。与情况2的传动误差函数类似，也提供了8″的最大误差。输出的轮齿接触分析表明，由于小齿轮采用双鼓形修整，大、小齿轮的啮合过程中，确实得到了传动误差抛物函数。

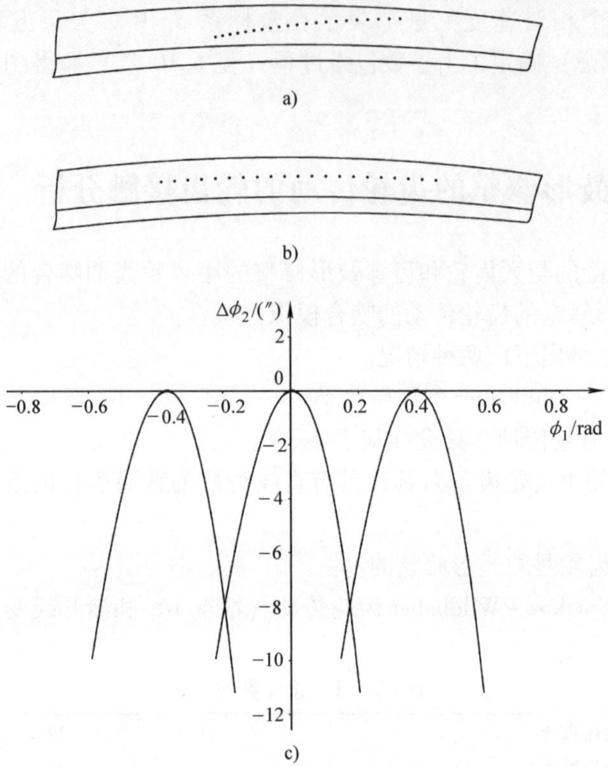

图17.8.1　齿轮传动输出的轮齿接触分析，其中小齿轮为蜗杆砂轮切入加工

a）接触轨迹　b）渐开线变位斜齿轮传动的接触轨迹

c）新型 Novikov – Wildhaber 斜齿轮传动的传动误差函数

轮齿接触分析的方法包括：a. 应用圆盘刀具（见17.6节）；b. 应用切入蜗杆砂轮（见17.7节）；c. 应用进给运动的变位滚动（见17.7节）。通过这些方法所得的输出轮齿接触分析几乎是相同的。对下列对中性误差进行啮合模拟：a. 中心距变动量 $\Delta E = 70\mu m$；b. 轴交角变动量 $\Delta\gamma = 3'$；c. 误差 $\Delta\lambda = 3'$；d. $\Delta\gamma$ 和 $\Delta\lambda$ 的综合误差 $\Delta\gamma + \Delta\lambda = 0$。

已完成的设计参数轮齿接触分析的结果见表17.8.1。

1）图17.8.1a和图17.8.1b所示为沿纵向同心齿轮传动的 Novikov – Wildhaber 齿轮传动和渐开线变位斜齿轮传动的两种设计情况下的接触轨迹。与新型的 Novikov – Wildhaber 斜齿轮传动相比，渐开线变位斜齿轮传动纵向误差要小一些。然而，新型的 Novikov – Wildhaber 齿轮传动的优点是减小了应力（见17.10节）。

2）图17.8.2a ~ 图17.8.2c所示分别为对中性误差 ΔE、$\Delta\gamma$ 和 $\Delta\lambda$ 引起的接触轨迹的位移，对由 $\Delta\gamma$ 产生的接触轨迹的位移可调整小齿轮的 $\Delta\lambda_1$（大齿轮为 $\Delta\lambda_2$）给予补偿。图17.8.2d所示的接触轨迹的位置，在小齿轮处取 $\Delta\gamma + \Delta\lambda_1 = 0$ 来调整 $\Delta\lambda_1$ 可以得到修复。这就意味着，接触轨迹位置的修复，可用调整 $\Delta\lambda_1$ 来达到，$\Delta\lambda_1$ 或 $\Delta\lambda_2$ 的调整可分别在大、

小齿轮加工过程中进行。

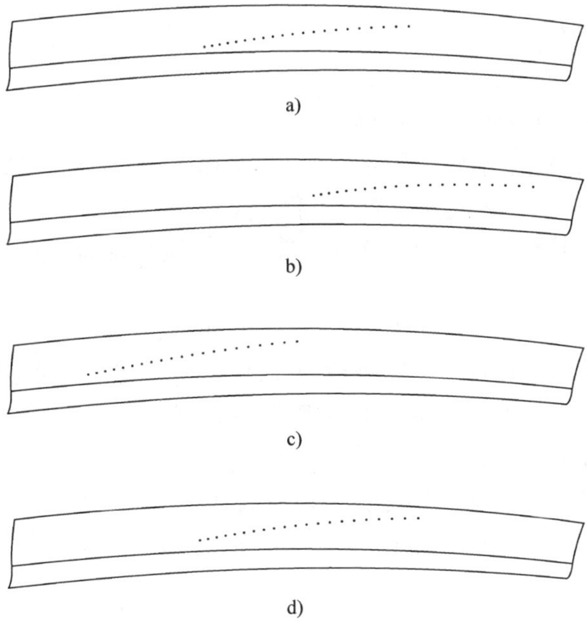

图 17.8.2　对小齿轮用产形蜗杆砂轮切入加工的 Novikov - Wildhaber 斜齿轮传动进行关于对中性误差的位移对接触轨迹影响的啮合模拟

a）$\Delta E = 70\mu m$　b）$\Delta\gamma = 3'$　c）$\Delta\lambda = 3'$　d）$\Delta\gamma + \Delta\lambda = 0$

如前所述（见 17.5 节），小齿轮的双鼓形修整提供了预先设计传动误差的抛物函数。因此，由 $\Delta\gamma$、$\Delta\lambda$ 和其他误差产生的传动误差的线性函数被预先设计的传动误差的抛物函数 $\Delta\phi_2$（ϕ_1）所吸收，最终传动误差函数 $\Delta\phi_2$（ϕ_1）仍是抛物函数之一。然而，随着误差 $\Delta\gamma$、$\Delta\lambda$ 值增大，其最终传动误差函数 $\Delta\phi_2$（ϕ_1）变成一个不连续的函数。这种情况下，预设计的抛物函数 $\Delta\phi_2$（ϕ_1）必须具有更大的量级，否则 $\Delta\gamma$、$\Delta\lambda$ 和其他误差的范围必须受到限制。

17.9　根切和齿顶变尖

在传动中，小齿轮的根切比大齿轮更敏感，这是因为小齿轮有最少齿数问题。

1. 根切

避免小齿轮齿面 Σ_σ 根切基于如下概念：

1）在加工齿面 Σ_σ 出现奇异点，告诫我们齿面在加工过程将产生根切（参见 Litvin 1989 年的专著）。

2）在齿面 Σ_σ 上的奇异点是由在产形面 Σ_c 上的正则点在 Σ_σ 上运动的接触点的速度变为零时加工出来的（参见 Litvin 1989 年、1994 年的专著）。

$$\boldsymbol{v}_r^{(\sigma)} = \boldsymbol{v}_r^{(c)} + \boldsymbol{v}^{(c\sigma)} = 0 \tag{17.9.1}$$

3）方程（17.9.1）和啮合微分方程

$$\frac{\mathrm{d}}{\mathrm{d}t}[f(u_c,\theta_c,\psi_\sigma)]=0 \tag{17.9.2}$$

让我们确定一函数

$$F(u_c,\theta_c,\psi_\sigma)=0 \tag{17.9.3}$$

在齿面 Σ_σ 上奇异点的相关参数 u_c、θ_c 和 ψ_σ。

为避免在加工齿面 Σ_σ 上出现奇异性，在产形齿面 Σ_c 上的限制应基于如下程序：

1）在小齿轮和齿条刀具之间利用啮合方程 $f_{\sigma c}(u_c,\theta_c,\psi_\sigma)=0$，我们可以在参数平面内（$u_c$，$\theta_c$）得到小齿轮和齿条刀具的接触线族。每一接触线都是为一固定运动参数 ψ_σ 而确定的。

2）通过同时考虑方程 $f_{\sigma c}=0$ 和 $F=0$（见图 17.9.1a），在参数（u_c，θ_c）的空间中确定限制齿条刀具面的寻求极限线 L（见图 17.9.1a）。然后，我们可得在齿条刀具面上的极限线 L（见图 17.9.1b）。在齿条刀具面上的极限线 L 由齿条刀具的正则点形成，然而，这些点将形成小齿轮齿面上的奇异点。

齿条刀具极限线 L，可使我们避免在小齿轮齿面上出现奇异点。小齿轮齿面上的奇异点，可由齿条刀具面 Σ_c 上的极限线 L 做坐标变换至齿面 Σ_σ 上而获得。

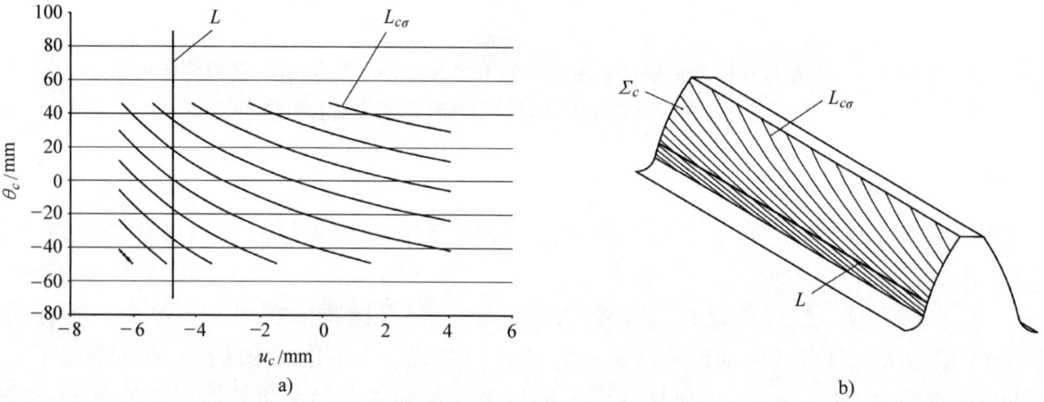

图 17.9.1　接触线 $L_{\sigma c}$ 和极限线 L

a）平面（u_c，θ_c）　b）在面 Σ_c 上

2. 齿顶变尖

小齿轮齿顶变尖是指其齿顶宽度变为零。图 17.9.2a 所示为小齿轮和小齿轮齿条刀具的横截面。齿条刀具的 A_c 点生成点 A_σ，即小齿轮齿面横截面上的极限点，该点仍无奇异性。齿条刀具上 B_c 点生成小齿轮齿廓上的点 B_σ。参数 s_a 表示小齿轮的齿顶厚度，参数 α_t 表示在点 Q 的压力角，参数 h_1 和 h_2 表示齿条刀具齿廓极限点 A_c 和 B_c 的极限位置。图 17.9.2b 所示为函数 $h_1(N_1)$ 和 $h_2(N_1)$（N_1 是小齿轮的齿数）得到的如下数据：$\alpha_d=25°$，$\beta=20°$，小齿轮齿条刀具抛物系数 $a_c=0.016739\text{mm}^{-1}$，$s_a=0.3\text{m}$，参数 $s_{12}=1.0$［见方程（17.3.2）］，模数 $m=1\text{mm}$。函数 $h_1(N_1)$ 和 $h_2(N_2)$ 为 15.8 节讨论所得。

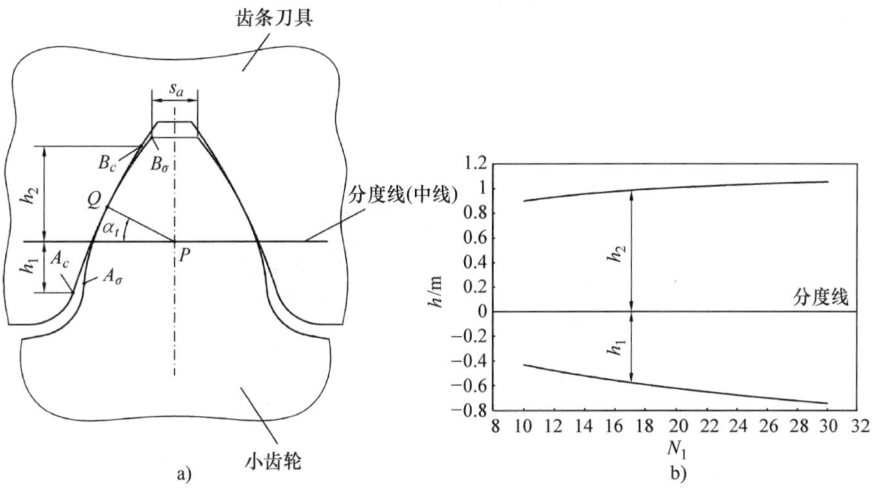

图 17.9.2　齿条刀具允许尺寸 h_1 和 h_2

a）小齿轮和齿条刀具的横截面　b）$h_1(N_1)$ 和 $h_2(N_1)$ 函数

17.10　应力分析

对接触区的生成已经进行了如下应力分析和研究：a. 提出新型的 Novikov – Wildhaber 齿轮传动；b. 提出渐开线变位的斜齿轮传动。第二种类型的齿轮传动由专利（Litvin 等人 2001 年的专利）提出，它由一个双鼓形修整斜齿小齿轮和一个普通渐开线斜齿轮形成。第二种类型的齿轮传动已预设计了具有传动误差的抛物函数，类似于提出的新型 Novikov – Wildhaber 齿轮传动（见 17.8 节）的传动误差函数。

这两种类型的齿轮传动之间的区别在于，Novikov – Wildhaber 齿轮传动是用两个内相切的抛物齿条刀具加工的，而渐开线变位斜齿轮传动是用两个外相切的齿条刀具加工的。小齿轮齿条刀具具有抛物齿廓，大齿轮齿条刀具是普通类型，具有普通的直线齿廓。所得的弯曲应力和接触应力的比较证实了新型的 Novikov – Wildhaber 齿轮传动的几个优点。应力分析是根据有限元法（参见 Zienkie wicz 和 Taylor 2000 年的专著）和通用计算机程序进行的（参见 Hibbit，Karlsson & Sirensen 公司 1998 年的成果）。

1. 有限元法的研发

对有限元法的研发概括如 9.5 节所述，同时有限元法有如下特点：

1）小齿轮、大齿轮在任何位置上的齿轮传动有限元模型可通过轮齿接触分析（TCA）自动获得。因为接触面之间至少存在一接触点，应力的收敛性得以保证。

2）不要求假设接触区的载荷分布，因为通用计算机程序中的接触算法（参见 Hibbit Karlsson & Sirensen 公司 1998 年的成果）将通过对小齿轮施加转矩确定载荷分布，而大齿轮被认为处于静止状态。

3）可获得任何齿数的有限元模型，例如图 17.10.1 所示为一整个齿轮传动的有限元模型。然而，三个或五个轮齿模型更适合考虑更精细的网格，以便精确地确定接触椭圆。在有限元模型中用具有几对齿的轮齿接触具有如下优点：

① 边界条件离轮齿的承载区域足够远。

② 由于轮齿齿面的弹性变形可以同时有两对齿啮合，因此，可研究接触轨迹从开始啮合到终止啮合的传递载荷。

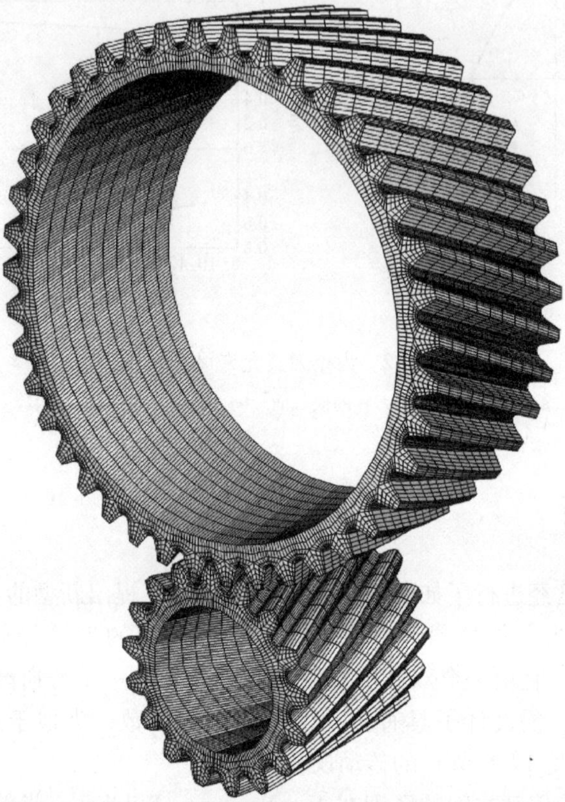

图 17.10.1　整个齿轮传动的有限元模型

2. 数值实例

有限元分析已应用于如下场合：

1）新型的 Novikov – Wildhaber 斜齿轮传动。

2）渐开线变位斜齿轮传动。

已应用的设计参数见表 17.8.1，轮齿接触分析（TCA）的输出（见图 17.8.1a 和图 17.8.1b），允许设计者在任何接触点设计有限元模型。

三齿模型适用于接触轨迹选择的每一点。一阶单元 C3D8（参见 Hibbit，Karlsson & Sirensen 公司 1998 年的专著）（通过不兼容模式增强以改善其弯曲性能）用于形成有限元网格。总节点数为 87360，总单元数为 71460，材料为钢，其弹性模量 $E=2.068\times10^5$MPa，泊松比为 0.29。在两种情况下，均对小齿轮施加 500N · m 的转矩。图 17.10.2 所示为情况 1 在齿宽中部接触点的有限元网格。图 17.10.3 和图 17.10.4 所示分别为情况 1 和情况 2 在齿面中部接触点处的接触应力和弯曲应力。

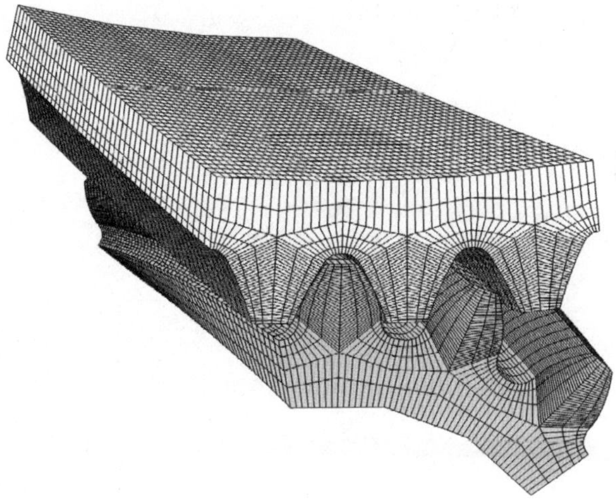

图 17. 10. 2　三对轮齿的有限元模型

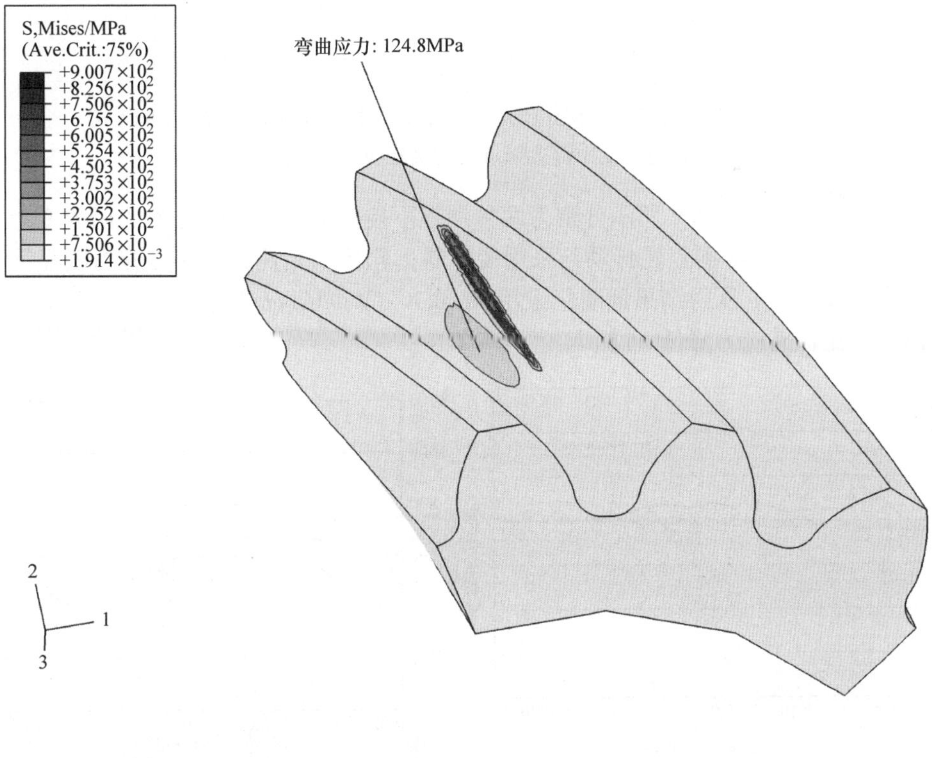

图 17. 10. 3　在 Novikov - Wildhaber 齿轮传动中，用砂轮切入进行加工的小齿轮齿面中部接触点处的接触应力和弯曲应力

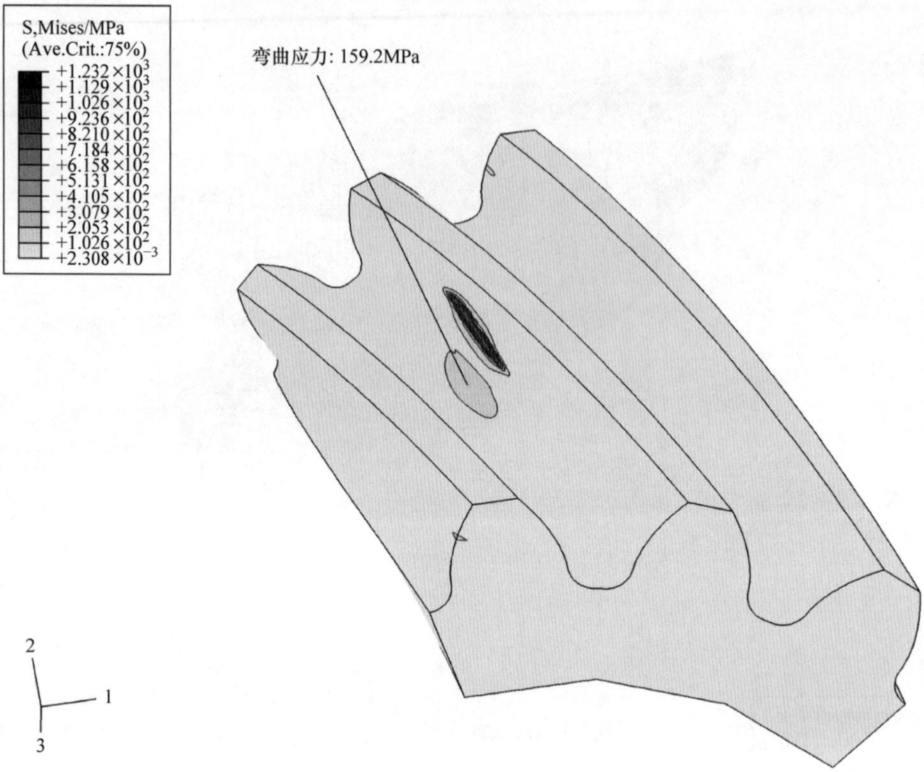

图 17. 10. 4　在渐开线变位斜齿轮中，用蜗杆砂轮切入进行加工的小齿轮齿面中部接触点处的接触应力和弯曲应力

图 17. 10. 5 和图 17. 10. 6 所示分别为两种情况下接触应力和弯曲应力的函数变化。采用新型 Novikov – Wildhaber 斜齿轮传动与采用变位斜齿轮传动相比，其接触应力明显降低，而且弯曲应力也降低了。所得结果证明，采用 Novikov – Wildhaber 齿轮传动与采用渐开线变位斜齿轮传动相比，其应力降低。

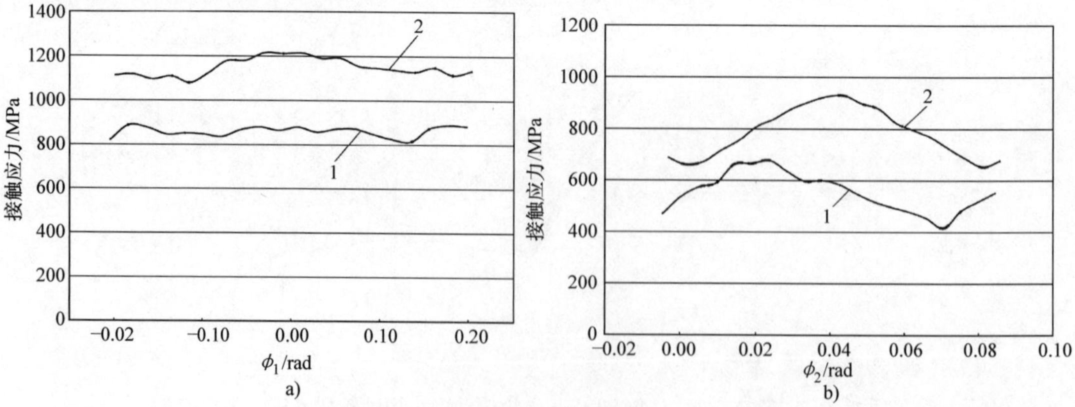

图 17. 10. 5　情况 1 和情况 2 的两个齿轮传动在啮合周期中接触应力函数的变化

a）小齿轮　b）大齿轮

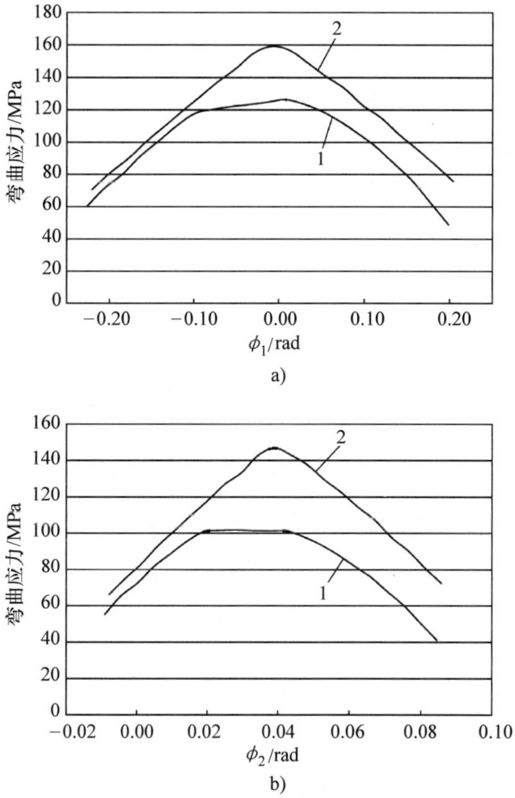

图 17.10.6　情况 1 和情况 2 为两种齿轮传动的啮合周期中弯曲应力函数的变化
a）小齿轮　b）大齿轮

第18章 面 齿 轮

18.1 引言

普通的面齿轮传动是由一渐开线直齿小齿轮和一共轭的面齿轮所组成的（见图18.1.1）。这种齿轮传动可用于交叉轴和交错轴之间的转动变换。一个重要实例是，在直升机上的变速器传动中应用了相交轴面齿轮传动（见图18.1.2）。

图18.1.1 面齿轮传动的三维图形

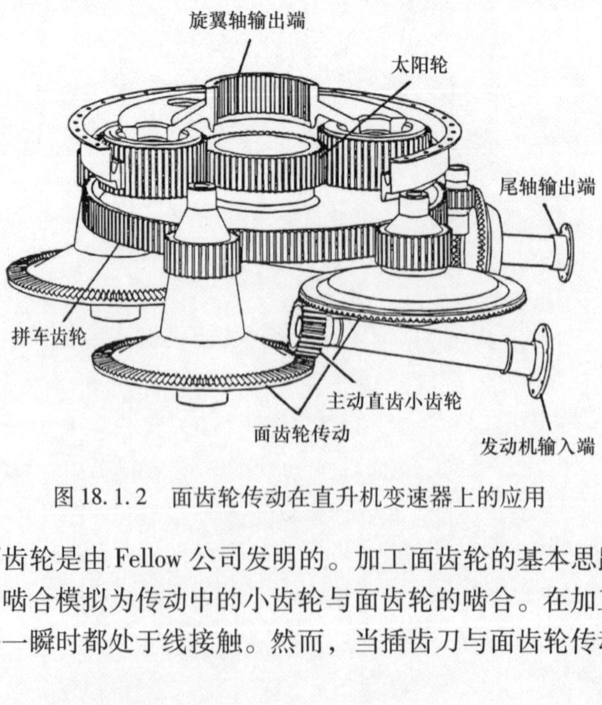

图18.1.2 面齿轮传动在直升机变速器上的应用

用插齿刀制造面齿轮是由Fellow公司发明的。加工面齿轮的基本思路是，将产形插齿刀与被加工的面齿轮的啮合模拟为传动中的小齿轮与面齿轮的啮合。在加工过程中，插齿刀齿面和面齿轮齿面在每一瞬时都处于线接触。然而，当插齿刀与面齿轮传动的小齿轮完全相同时，生成的面齿轮传动对安装误差非常敏感。这会引起接触痕迹不良的移动，甚至两齿面的分离。因此，必须在小齿轮齿面和面齿轮齿面之间形成瞬时点接触以代替线接触。这样，接触将被限制在局部，而面齿轮传动对安装误差也不大敏感。小齿轮齿面与面齿轮齿面之间的点接触是通过应用齿数 $N_s > N_p$ 插齿刀提供的，这里，N_p 是传动中小齿轮的齿数（参见18.4节）。

面齿轮传动的几何关系、设计与制造和近年来的方面已得到了很多研究成果（参见 Davidov 1950 年的专著，Litvin 等人 1992 年、2000 年的专著，Handschub 等人 1996 年的专著）。对传动装置的直齿小齿轮的磨削不会产生困难的，用专用形状的蜗杆型砂轮磨削面齿轮的方法（参见 Litvin 等人 2000 年的专著）已发明出来（见图18.1.3）。对传动装置的直齿小齿轮和面齿轮进行磨削加工的可行性，使我们能硬化齿面并提高许用接触应力。图18.1.3所示的蜗杆磨也可用于滚刀的基本设计，用来加工面齿轮（代替用插齿刀加工）。蜗杆螺纹的圈数限制在避免蜗杆齿面出现异常现象（见18.14节）。具有奇点的螺纹表面在图18.1.3中用“A”表示。

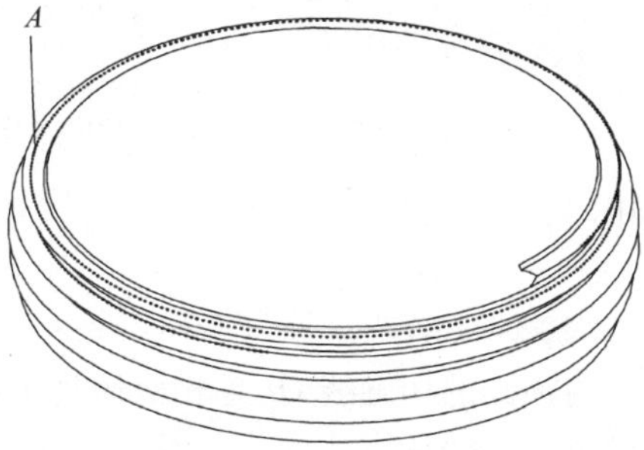

图18.1.3　用于磨削面齿轮的蜗杆

面齿轮轮齿的结构如图18.1.4a所示。齿面由两部分组成：a. 由面齿轮与插齿刀相切的接触线 L_{2s} 形成的工作部分；b. 由插齿刀顶部边缘加工的过渡曲面。线 L^* 是工作部分与过渡曲面的公共线。图18.1.4b所示为轮齿的横截面。

通常在面齿轮传动设计中，应避免在区域 A 产生的根切和区域 B 产生的齿尖（见图18.1.4a和18.6节、18.7节）。

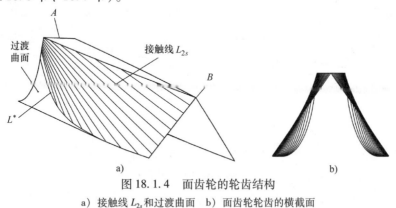

图18.1.4　面齿轮的轮齿结构

a）接触线 L_{2s} 和过渡曲面　b）面齿轮轮齿的横截面

18.2　瞬轴面、节曲面和节点

瞬轴面、节曲面和节点的概念对于使面齿轮传动啮合可视化来说具有重要意义。

1. 瞬轴面

假定回转运动是在构成夹角 γ 的相交轴 $Oa—Ob$ 之间进行的（见图18.2.1a）。齿轮传动比为

$$m_{12}=\frac{\omega^{(1)}}{\omega^{(2)}}=\frac{N_2}{N_1} \tag{18.2.1}$$

式中，$\omega^{(i)}$ 是角速度；N_i 是齿数。对小齿轮，$i=1$；对面齿轮，$i=2$。

瞬轴面是由半角 γ_1 和 γ_2 组成的两圆锥，这两个半角由如下方程确定（见3.4节）：

$$\begin{cases}\cot\gamma_1=\dfrac{m_{12}+\cos\gamma}{\sin\gamma}\\ \cot\gamma_2=\dfrac{m_{21}+\cos\gamma}{\sin\gamma}=\dfrac{1+m_{12}\cos\gamma}{m_{12}\sin\gamma}\end{cases} \tag{18.2.2}$$

其中

$$m_{21}=\frac{1}{m_{12}}$$

两圆锥的切触线 OI 是相对运动中的瞬时回转轴。瞬轴面是在坐标系 S_i（$i=1$，2）中形成的瞬时回转轴直线族，S_i 分别与小齿轮1和大齿轮2刚性固接。瞬轴面是锥齿轮传动节圆锥，这两个节圆锥是锥齿轮传动设计的基础。

2. 节曲面和节点

面齿轮传动是由小齿轮和与小齿轮共轭的面齿轮组成的。面齿轮传动的基准面（分度圆）是：a. 作为小齿轮分度圆的半径为 r_{p1} 的圆柱；b. 作为面齿轮节曲面的锥角为 γ 的圆锥（见图18.2.1b）。在交错角 $\gamma=90°$ 的情况下，面齿轮的节曲面为平面。节线是 $O'M$，即两节曲面的相切线。我们称节线 $O'M$ 与瞬时回转轴 OI 的交点 P 为节点。节点在瞬时回转轴上位置的变化将影响面齿轮轮齿变尖的条件和啮合区的大小（参见18.3节）。点 P 处的相对运动为纯滚动，而在节线 $O'M$ 上的其他点为滑动兼滚动。

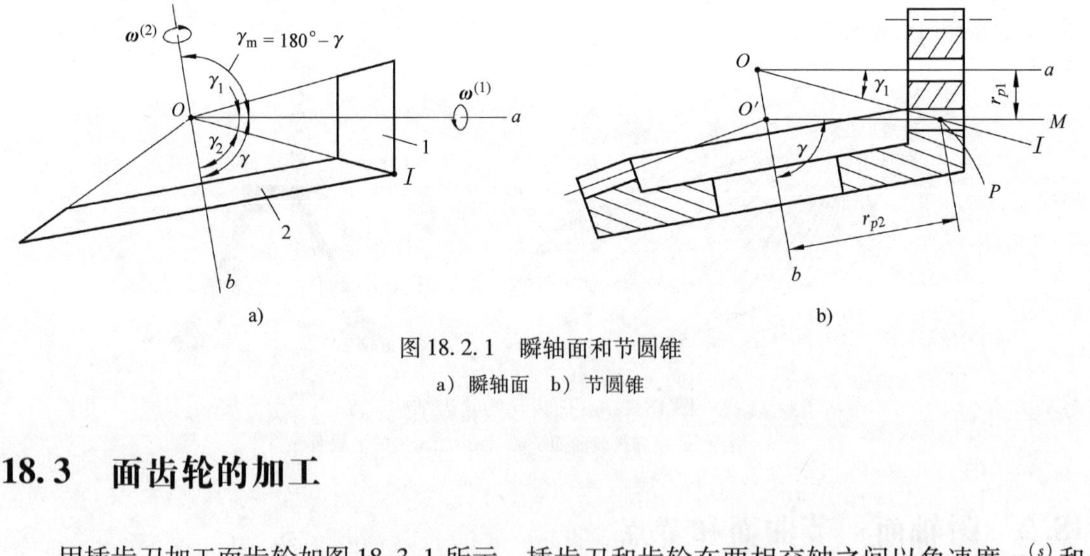

图18.2.1　瞬轴面和节圆锥

a）瞬轴面　b）节圆锥

18.3　面齿轮的加工

用插齿刀加工面齿轮如图18.3.1所示。插齿刀和齿轮在两相交轴之间以角速度 $\omega^{(s)}$ 和 $\omega^{(2)}$ 做回转运动，两角速度之间的关系如下：

$$\frac{\omega^{(s)}}{\omega^{(2)}}=\frac{N_2}{N_s} \tag{18.3.1}$$

式中，N_s 和 N_2 分别是插齿刀和面齿轮的齿数。

插齿刀还沿面齿轮圆锥素线的方向做往复运动（进给运动），该圆锥素线平行于插齿刀的轴线。显然，插齿刀和面齿轮的两轴线形成的夹角 γ 等于由小齿轮和面齿轮两轴线所形成的夹角（见图 18.2.1b）。角 γ_m 大小为 $180° - \gamma$。

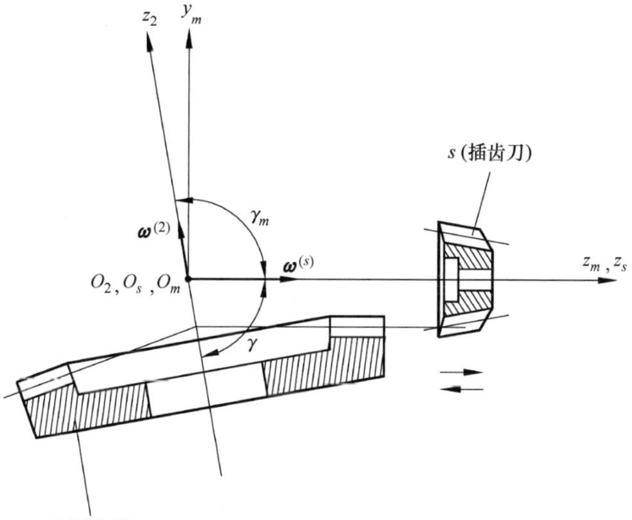

图 18.3.1 面齿轮的加工

18.4 接触区局部化

如果插齿刀是和小齿轮完全一样的复制品，并且具有相同的齿数，则面齿轮的加工过程是对小齿轮与面齿轮啮合的准确模拟。然而，由于面齿轮传动很可能有安装误差，所以这样的加工方法是不能应用在实际场合的。这就是必须将小齿轮和面齿轮之间的接触痕迹限制在局部的原因，而如果加工方法能在小齿轮和面齿轮的两齿面之间形成点接触以代替瞬时线接触，则接触痕迹限制在局部的这一要求就可以实现。

限制接触痕迹在局部基于以下的想法：

1）选取的插齿刀的齿数 N_s 多于小齿轮的齿数 N_1，通常 $N_s - N_1 = 2$ 或 3。

2）加工用的插齿刀的安装位置模拟插齿刀 s 与小齿轮 1 的假想内啮合，如图 18.4.1 所示。

3）插齿刀 s 与小齿轮 1 在啮合中的两瞬轴面是半径 r_{ps} 和 r_{p1} 的两节圆柱（见图 18.4.1）。两节圆柱的切线平行于插齿刀和小齿轮回转轴线，通过节点 P，并且是插齿刀 s 对小齿轮 1 的相对运动中的瞬时回转轴 IA_{s1}。小齿轮与插齿刀的相对运动关系如图 18.4.2 所示。

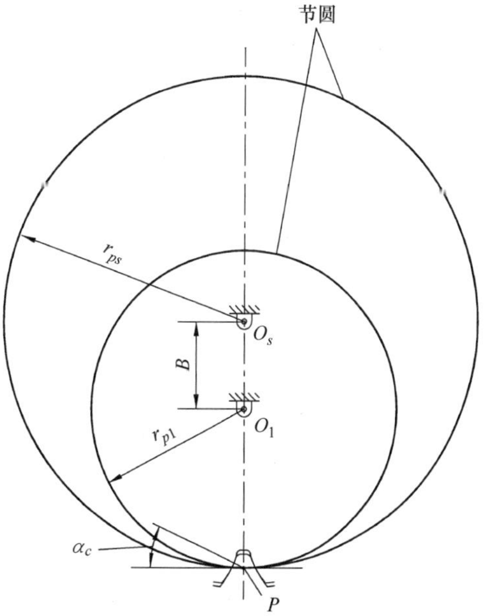

图 18.4.1 小齿轮与插齿刀两齿廓的相切

4）现在我们可以考察三个齿面 Σ_s、Σ_2 和 Σ_1 同时处于啮合的情况。

在用插齿刀加工面齿轮的过程中，两齿面 Σ_s 与 Σ_2 在每一瞬时都处于线接触。在插齿刀与小齿轮的假想啮合过程中，两齿面 Σ_s 与 Σ_1 在每一瞬时也都处线接触。而被加工的面齿轮的齿面 Σ_2 与小齿轮的齿面 Σ_1 在每一瞬时均处于点接触。

5）图 18.4.2 上的图形说明了在 Σ_s、Σ_2 和 Σ_1 的啮合中瞬时回转轴的位置和方向。瞬时回转轴标记为 IA_{s2}、IA_{s1} 和 IA_{12}。下标 $s2$、$s1$ 和 12 表明所考察的是 s 和 2、s 和 1 以及 1 和 2 的相应啮合。由插齿刀的轴线和 IA_{s2} 构成的角 γ_s 用下式确定：

$$\cot\gamma_s = \frac{m_{s2} + \cos\gamma}{\sin\gamma} = \frac{\dfrac{N_2}{N_s} + \cos\gamma}{\sin\gamma} \tag{18.4.1}$$

该式类似于确定 γ_1 的方程（18.2.2）。瞬时回转轴 IA_{s1} 与节线重合，所有三条瞬时回转轴彼此在节点 P 相交。小齿轮和插齿刀两轴线之间的最短距离确定为

$$B = r_{ps} - r_{p1} = \frac{N_s - N_1}{2P_d} \tag{18.4.2}$$

6）我们必须区别表示在插齿刀齿面 Σ_s 上的接触线 L_{s2} 和 L_{s1}（见图 18.4.3a 和 b）。这些接触线分别对应插齿刀与面齿轮 2 的啮合和插齿刀与小齿轮 1 的啮合。齿面 Σ_2 和 Σ_1 的瞬时流动切触点在齿面 Σ_s 上表示为点 M，该点是相应的两条流动接触线 L_{s1} 和 L_{s2} 的交点（见图 18.4.3c）。

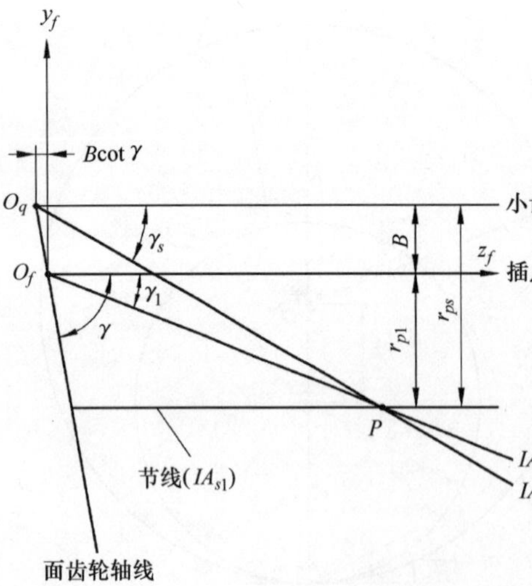

图 18.4.2　瞬时回转轴

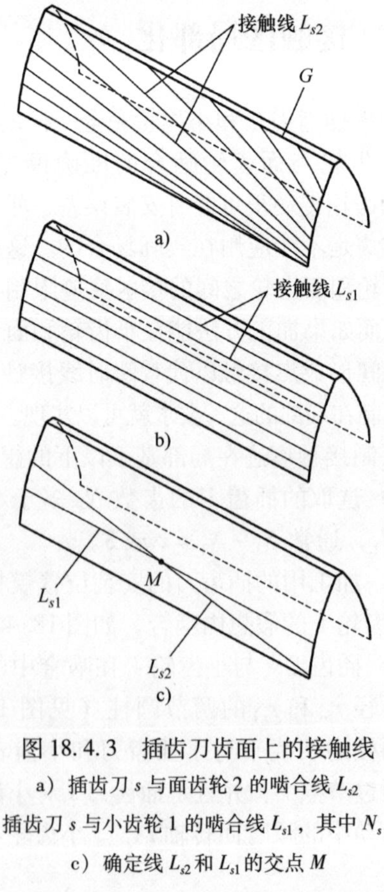

图 18.4.3　插齿刀齿面上的接触线

a）插齿刀 s 与面齿轮 2 的啮合线 L_{s2}

b）插齿刀 s 与小齿轮 1 的啮合线 L_{s1}，其中 $N_s > N_1$

c）确定线 L_{s2} 和 L_{s1} 的交点 M

我们可以通过如下考虑来确定齿面 Σ_1 和 Σ_2 的接触轨迹（Σ_1 和 Σ_2 之间的瞬时接触点）：在产形面 Σ_s 上的瞬时接触点 M 的法线（见图 18.4.3c）必须通过节点 P（见图 18.4.2 和图 18.2.1b）。接触轨迹更详细的讨论见 18.13 节。

18.5 面齿轮齿面的方程

1. 用渐开线插齿刀加工

我们考虑面齿轮传动有两种几何关系：a. 用渐开线插齿刀加工面齿轮（本节所述）；b. 用与抛物齿条刀具共轭的插齿刀加工面齿轮（见 18.9 节）。

2. 插齿刀齿面

平面 $y_s=0$ 是插齿刀齿槽的对称面（见图 18.5.1）。只限于讨论在端截面内具有渐开线齿廓 M_OM 的齿槽的右侧齿面。我们将流动点 M 的位置矢量 $\overrightarrow{O_sM}$ 用如下矢量方程表示：

$$\overrightarrow{O_sM}=\overrightarrow{O_sN}+\overrightarrow{NM}(\,|\overrightarrow{NM}|=\overset{\frown}{M_ON}=r_{bs}\theta_s) \tag{18.5.1}$$

式中，θ_s 是渐开线齿廓的参数。

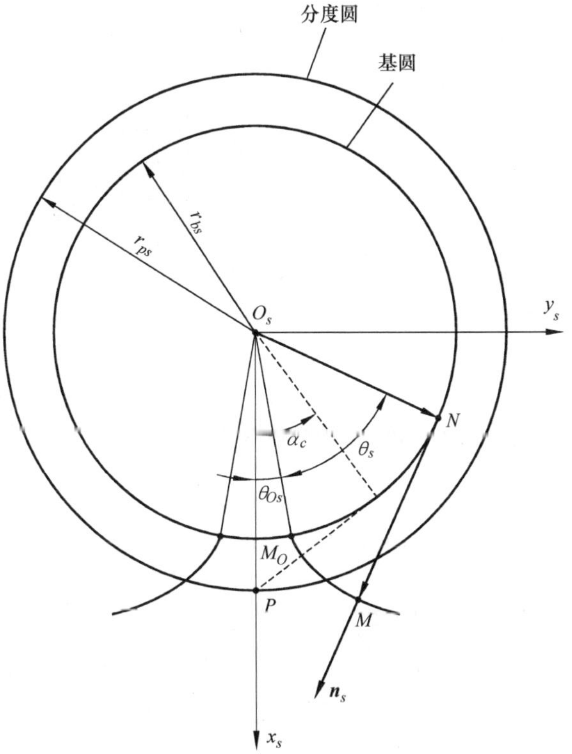

图 18.5.1 插齿刀渐开线齿廓方程的推导

利用方程（18.5.1），并且用 u_s 标记在 z_s 方向上的插齿刀齿面 Σ_s 的参数，我们将 Σ_s 上流动点的位置矢量表示为

$$\boldsymbol{r}_s(u_s,\theta_s)=\begin{bmatrix} r_{bs}[\cos(\theta_{Os}+\theta_s)+\theta_s\sin(\theta_{Os}+\theta_s)] \\ r_{bs}[\sin(\theta_{Os}+\theta_s)-\theta_s\cos(\theta_{Os}+\theta_s)] \\ u_s \\ 1 \end{bmatrix} \tag{18.5.2}$$

这里，r_{bs}是插齿刀基圆的半径；（u_s，θ_s）是 Σ_s 的 Gauss 坐标；θ_{Os}决定插齿刀在基圆上的齿槽宽（见图 18.5.1），并且对于标准插齿刀来说用如下方程表示：

$$\theta_{Os}=\frac{\pi}{2N_s}-\mathrm{inv}\alpha_c \tag{18.5.3}$$

式中，N_s 是插齿刀的齿数；α_c 是压力角。

插齿刀齿面的单位法向矢量为（见图 18.5.1）

$$\boldsymbol{n}_s=\frac{\boldsymbol{N}_s}{|\boldsymbol{N}_s|}=\begin{bmatrix} \sin(\theta_{Os}+\theta_s) \\ -\cos(\theta_{Os}+\theta_s) \\ 0 \end{bmatrix} \tag{18.5.4}$$

3. 面齿轮的齿面 Σ_2

齿面 Σ_2 是由插齿刀的齿面族 Σ_s 包络而成的，我们可用如下坐标系进行推导：a. 动坐标系 S_s 和 S_2 与插齿刀和面齿轮刚性固接（见图 18.5.2）；b. 固定坐标系 S_a 和 S_m。坐标轴 O_ax_a 通过节点 P（见图 18.5.2）。

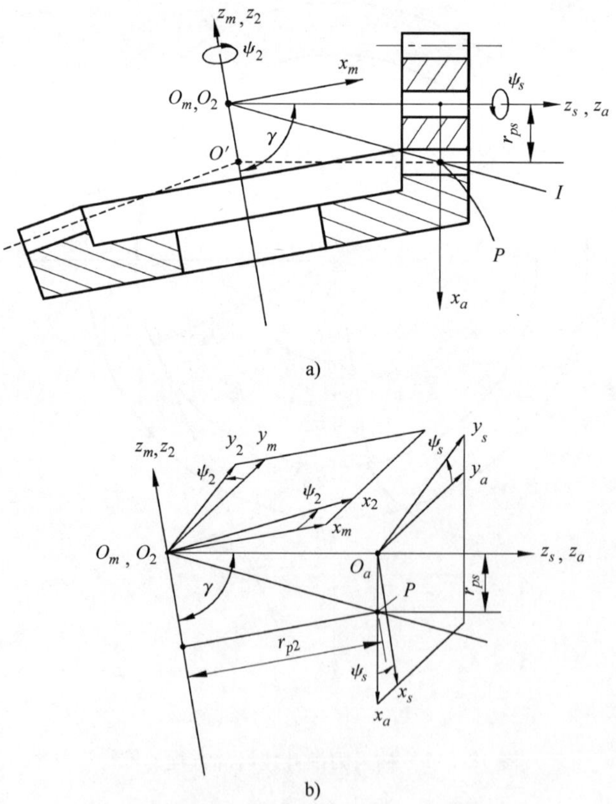

图 18.5.2 用于面齿轮齿面 Σ_2 加工的坐标系

a）刀具的安装 b）坐标变换的推导

在加工过程中，插齿刀和面齿轮分别绕轴 z_a 和 z_m 按如下关系回转：

$$\frac{\psi_s}{\psi_2}=\frac{N_2}{N_s} \tag{18.5.5}$$

插齿刀曲面族 $\boldsymbol{\Sigma}_s$ 在坐标系 S_2 中用如下矩阵方程表示（见图 18.5.2b）：

$$\boldsymbol{r}_2(u_s,\theta_s,\psi_s)=\boldsymbol{M}_{2m}\boldsymbol{M}_{ma}\boldsymbol{M}_{as}(\psi_s)\boldsymbol{r}_s(u_s,\theta_s) \tag{18.5.6}$$

$$\boldsymbol{M}_{as}(\psi_s)=\begin{bmatrix}\cos\psi_s & -\sin\psi_s & 0 & 0\\ \sin\psi_s & \cos\psi_s & 0 & 0\\ 0 & 0 & 1 & 0\\ 0 & 0 & 0 & 1\end{bmatrix} \tag{18.5.7}$$

$$\boldsymbol{M}_{ma}=\begin{bmatrix}-\cos\gamma & 0 & \sin\gamma & r_{p2}\\ 0 & 1 & 0 & 0\\ -\sin\gamma & 0 & -\cos\gamma & -r_{p2}\cos\gamma\\ 0 & 0 & 0 & 1\end{bmatrix} \tag{18.5.8}$$

式中，γ 是插齿刀和面齿轮两轴形成的夹角，如图 18.5.2 所示。

而

$$\boldsymbol{M}_{2m}=\begin{bmatrix}\cos\psi_2 & \sin\psi_2 & 0 & 0\\ -\sin\psi_2 & \cos\psi_2 & 0 & 0\\ 0 & 0 & 1 & 0\\ 0 & 0 & 0 & 1\end{bmatrix} \tag{18.5.9}$$

啮合方程如下所示（见 6.1 节）

$$\boldsymbol{n}_s\cdot\boldsymbol{v}_s^{(s2)}=f_{s2}(u_s,\theta_s,\psi_s)=0 \tag{18.5.10}$$

相对速度$\boldsymbol{v}_s^{(s2)}$ 是基于 2.2 节给出的程序电算确定的。图 18.5.2 中指明由负轴 z_m 和 z_a 形成的夹角 γ、插齿刀与面齿轮的节圆半径 r_{ps}和 r_{p2}，以及节点 P（见图 18.2.1b）。

面齿轮曲面 $\boldsymbol{\Sigma}_2$ 是由矢量方程 $\boldsymbol{r}_2$（u_s，θ_s，ψ_s）和啮合方程 $f_{s2}=0$ 的三参数确定的。曲面 $\boldsymbol{\Sigma}_s$ 可利用隐函数系统存在定理以两参数形式表示。其计算程序如下（参见 Zalgaller 和 Litvin 1977 年的专著）。

1）考虑方程 $f_{s2}=0$ 是满足某点（$u_s^{(0)}$，$\theta_s^{(0)}$，$\psi_s^{(0)}$）的条件，而该点

$$\frac{\partial f_{s2}}{\partial u_s}\neq 0 \tag{18.5.11}$$

2）然后，方程 $f_{s2}=0$ 可满足函数的解

$$u_s=u_s(\theta_s,\psi_s)\in C^1 \tag{18.5.12}$$

并且曲面 $\boldsymbol{\Sigma}_2$ 可表示为

$$\boldsymbol{r}_2(u_s(\theta_s,\psi_s),\theta_s,\psi_s)=\boldsymbol{R}_2(\theta_s,\psi_s) \tag{18.5.13}$$

面齿轮齿面上的接触线 L_{2s}可用矢量函数 $\boldsymbol{R}_2(\theta_s,\psi_s)$ 取 $\psi_s=$常数表示（见图 18.1.4）。

18.6 面齿轮齿面不产生根切的条件（用渐开线产形插齿刀加工）

在曲面 Σ_2 上出现奇异点是出现根切现象的预示，因此，为避免 Σ_2 上的根切现象，就必须避免在 Σ_2 上出现奇异点。在曲面 Σ_2 上出现奇异点，该点处 Σ_2 的法向矢量 $\boldsymbol{N}_2$ 应变为零。法向矢量 $\boldsymbol{N}_2$ 给定为

$$\boldsymbol{N}_2=\frac{\partial \boldsymbol{R}_2}{\partial \theta_s}\times\frac{\partial \boldsymbol{R}_2}{\partial \psi_s} \tag{18.6.1}$$

确定 Σ_2 上奇异点的另一种方法基于如下考虑。

1）在 Σ_2 上的奇异点处如下方程成立已得到证明（参见 Litvin 1989 年的专著）：

$$\boldsymbol{v}_r^{(s)}+\boldsymbol{v}_s^{(s2)}=\mathbf{0} \tag{18.6.2}$$

式中，$\boldsymbol{v}_r^{(s)}$ 是插齿刀在曲面 Σ_s 上运动的接触点的速度。

2）此外，对于方程（18.6.2），我们可用啮合的微分方程 $f_{s2}=0$，则得

$$\frac{\partial f_{s2}}{\partial u_s}\frac{\mathrm{d}u_s}{\mathrm{d}t}+\frac{\partial f_{s2}}{\partial \theta_s}\frac{\mathrm{d}\theta_s}{\mathrm{d}t}+\frac{\partial f_{s2}}{\partial \psi_s}\frac{\mathrm{d}\psi_s}{\mathrm{d}t}=0 \tag{18.6.3}$$

3）应用方程（18.6.2）和方程（18.6.3），得到一个由四个线性方程组成的方程组，其中两个未知数（$\mathrm{d}u_s/\mathrm{d}t$，$\mathrm{d}\theta_s/\mathrm{d}t$）、$\mathrm{d}\psi_s/\mathrm{d}t$ 被认为是给定的。

4）若矩阵如下，则线性方程组的未知数肯定有解：

$$\boldsymbol{A}=\begin{bmatrix}\dfrac{\partial \boldsymbol{r}_s}{\partial u_s} & \dfrac{\partial \boldsymbol{r}_s}{\partial \theta_s} & -\boldsymbol{v}_s^{(2s)}\\[2ex] \dfrac{\partial f_{s2}}{\partial u_s} & \dfrac{\partial f_{s2}}{\partial \theta_s} & -\dfrac{\partial f_{s2}}{\partial \psi_s}\dfrac{\mathrm{d}\psi_s}{\mathrm{d}t}\end{bmatrix} \tag{18.6.4}$$

其秩 $r=2$，然后我们得到

$$\Delta_1^2+\Delta_2^2+\Delta_3^2=0 \tag{18.6.5}$$

这里，Δ_i（$i=1$，2，3）是由矩阵 $\boldsymbol{A}$ 确定的。方程 $\Delta_4=0$（Δ_4 是第四个确定的）由啮合方程得到，因此不予考虑。

Δ_i（$i=1$，2，3，4）给定如下：

$$\Delta_1=\begin{bmatrix}\dfrac{\partial x_s}{\partial u_s} & \dfrac{\partial x_s}{\partial \theta_s} & -v_{xs}^{(s2)}\\[2ex] \dfrac{\partial y_s}{\partial u_s} & \dfrac{\partial y_s}{\partial \theta_s} & -v_{ys}^{(s2)}\\[2ex] \dfrac{\partial f_{s2}}{\partial u_s} & \dfrac{\partial f_{s2}}{\partial \theta_s} & -\dfrac{\partial f_{s2}}{\partial \psi_s}\dfrac{\mathrm{d}\psi_s}{\mathrm{d}t}\end{bmatrix} \tag{18.6.6}$$

$$\Delta_2=\begin{bmatrix}\dfrac{\partial x_s}{\partial u_s} & \dfrac{\partial x_s}{\partial \theta_s} & -v_{xs}^{(s2)}\\[2ex] \dfrac{\partial z_s}{\partial u_s} & \dfrac{\partial z_s}{\partial \theta_s} & -v_{zs}^{(s2)}\\[2ex] \dfrac{\partial f_{s2}}{\partial u_s} & \dfrac{\partial f_{s2}}{\partial \theta_s} & -\dfrac{\partial f_{s2}}{\partial \psi_s}\dfrac{\mathrm{d}\psi_s}{\mathrm{d}t}\end{bmatrix} \tag{18.6.7}$$

$$\Delta_3 = \begin{bmatrix} \dfrac{\partial y_s}{\partial u_s} & \dfrac{\partial y_s}{\partial \theta_s} & -v_{ys}^{(s2)} \\ \dfrac{\partial z_s}{\partial u_s} & \dfrac{\partial z_s}{\partial \theta_s} & -v_{zs}^{(s2)} \\ \dfrac{\partial f_{s2}}{\partial u_s} & \dfrac{\partial f_{s2}}{\partial \theta_s} & -\dfrac{\partial f_{s2}}{\partial \psi_s}\dfrac{\mathrm{d}\psi_s}{\mathrm{d}t} \end{bmatrix} \tag{18.6.8}$$

$$\Delta_4 = \begin{bmatrix} \dfrac{\partial x_s}{\partial u_s} & \dfrac{\partial x_s}{\partial \theta_s} & -v_{xs}^{(s2)} \\ \dfrac{\partial y_s}{\partial u_s} & \dfrac{\partial y_s}{\partial \theta_s} & -v_{ys}^{(s2)} \\ \dfrac{\partial z_s}{\partial u_s} & \dfrac{\partial z_s}{\partial \theta_s} & -v_{zs}^{(s2)} \end{bmatrix} \tag{18.6.9}$$

5）由方程（18.6.5）得到如下关系式：

$$F_{s2}(u_s,\theta_s,\psi_s)=0 \tag{18.6.10}$$

6）利用方程 $F_{s2}=0$ 和 $f_{s2}=0$，我们可在插齿刀齿面获得一条线，其在齿面 Σ_2 上形成一奇异点。设计观察到的参数（u_s，θ_s，ψ_s）的限制，使我们可避免在面齿轮齿面 Σ_2 上出现奇异点。

为了避免在 Σ_2 上出现奇异点，限制参数（u_s，θ_s 和 ψ_s）的程序如下。

步骤1：我们考察插齿刀面参数（u_s，θ_s）的平面，并表示在如下的齿槽中：a. 插齿刀 Σ_s 和曲面 Σ_2 的切线为 L_{s2}；b. 线 Q 上的点（u_s，θ_s，ψ_s）与 Σ_2 上的奇异点相对应。为此目的，我们应用方程 f_{s2}（u_s，θ_s，ψ_s）$=0$ 和方程 F_{s2}（u_s，θ_s，ψ_s）$=0$

步骤2：图18.6.1所示的线 L_{s2} 和线 Q 是平面（u_s，θ_s）在 Σ_2 上奇异点的形象。线 Q 上的点同时满足方程 $f_{s2}=0$ 和 $F_{s2}=0$。

步骤3：通过消除参数（u_s，θ_s）的空间线 Q 可以避免 Σ_2 上的奇异点。考虑奇异点 Q 表示，插齿刀沿其轴线测量的参数，只需要消除插齿刀的线 $K—K^*$，这里 K 是相应插齿刀的齿顶。

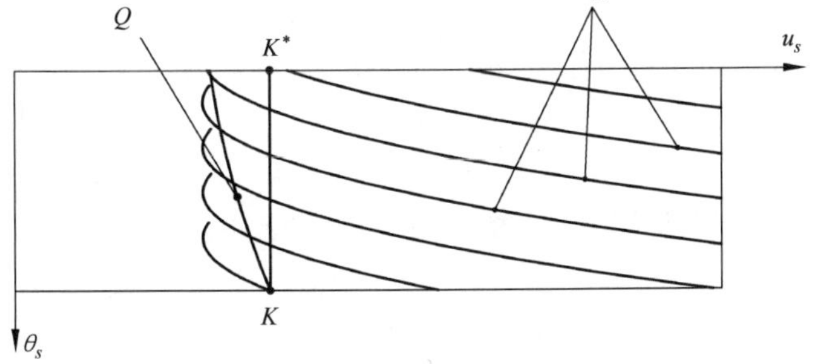

图18.6.1 为了避免奇异点，参数（u_s，θ_s）空间的限制

我们的目标是确定 L_1 的大小，以避免面齿轮齿面 Σ_2 上的奇异点（见图18.6.2）。参数 L_2（见图18.6.2）决定 Σ_2 上无指向性的区域（见18.7节）。L_1 的计算基于如下程序进行。

1）面齿轮奇异线的限制点 K 在插齿刀的齿顶上。限制点 K 的参数 θ_s 由如下方程确定：

$$\theta_s = \frac{(r_{as}^2 - r_{bs}^2)^{\frac{1}{2}}}{r_{bs}} \tag{18.6.11}$$

式中，r_{as} 和 r_{bs} 分别是插齿刀顶圆半径和基圆半径。

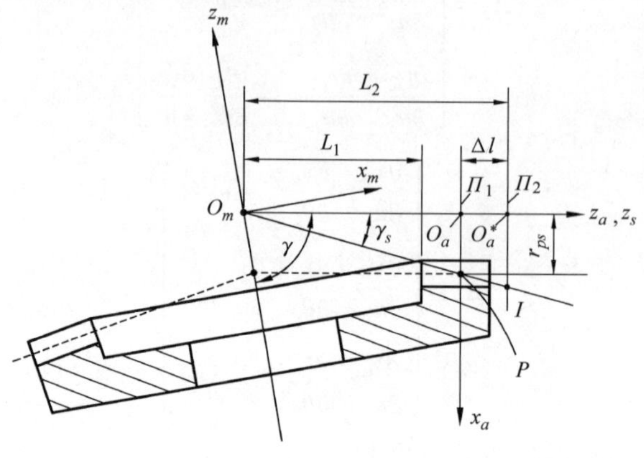

图 18.6.2　面齿轮极限轮齿尺寸 L_1 和 L_2

2）研究表明，对 Σ_2 上奇异点的确定，取 $\Delta_2=0$ 或 $\Delta_3=0$ 代替方程（18.6.4）就足够了。$\Delta_2=0$ 或 $\Delta_3=0$ 包括要素 $\partial z_s/\partial u_s$ 和 $\partial z_s/\partial\theta_s$，而 Δ_1 不包括这些要素。利用 Δ_2 和啮合方程 $f_{s2}=0$ 时，得到两个未知数 ϕ_s 和 u_s 的两个方程式。

3）参数 u_s 决定了 L_1 的大小（见图 18.6.2）。

18.7　用渐开线插齿刀加工面齿轮轮齿的变尖区域

轮齿的变尖意味着轮齿顶部的齿厚等于零。假定两相对的齿面在轮齿的顶部相交，便可确定轮齿变尖区域的位置。解决这个问题的专门计算机程序已由作者开发出来。本章将讨论这个问题的另外一种近似解法。

假定面齿轮用插齿刀加工。插齿刀和面齿轮的两轴线分别标以 z_s 和 z_2（见图 18.5.2a 和图 18.6.2）。加工过程中的瞬时回转轴为 O_mI。考虑插齿刀的横截面是由平面 Π_1 和 Π_2 决定的，这两个平面垂直于轴线 z_s，并通过节点 P 和在瞬时回转轴 O_mP 上选择的点 I（见图 18.6.2）。目标是确定平面 Π_2 上面齿轮齿廓侧相交的位置。

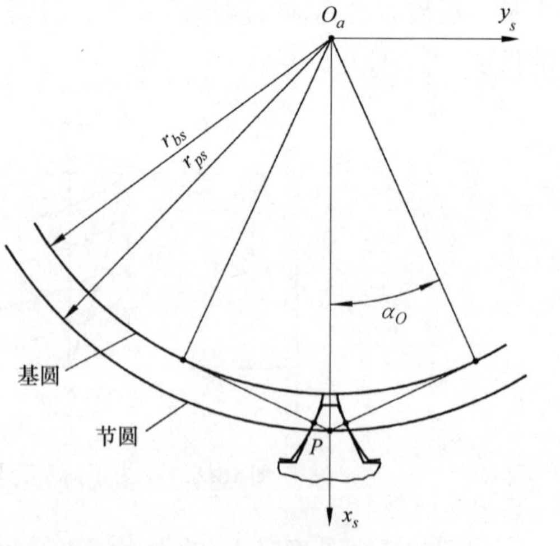

图 18.7.1　面齿轮和插齿刀在平面 Π_1 上的齿廓

插齿刀和面齿轮在平面 Π_1 和 Π_2 上的齿廓如图 18.7.1 和图 18.7.2 所示。面齿轮的齿廓在平面 Π_2 上的交点定为"A"（见图 18.7.2）。点 A 必须位于面齿轮齿顶线上，因此其相对于轴线 y_a 的位置由 $r_{ps}-1/P_d$ 确定（见图 18.7.2）。目标是确定 L_2 的大小，其被定义为平面 Π_1 和 Π_2

之间的距离 Δl（见图 18.6.2）。图 18.6.2 和图 18.7.2 说明了 Δl 和 L_2 的推导过程。L_2 的计算基于如下程序。

步骤 1：确定变尖轮齿的压力角 α（见图 18.7.2）。

我们利用如下矢量方程（见图 18.7.2）：

$$\overrightarrow{O_a^* N} + \overrightarrow{NM} + \overrightarrow{MA} = \overrightarrow{O_a^* A} \tag{18.7.1}$$

（见点 O_a^* 在图 18.6.2 中的位置）

这里

$$\overline{O_a^* A} = r_{ps} - \frac{1}{P_d} = \frac{N_s - 2}{2P_d} \tag{18.7.2}$$

式中，P_d 是分度圆直径；点 M 是平面 Π_2 上插齿刀齿廓与面齿轮齿廓相切的点（见图 18.7.2）；$|\overrightarrow{MA}| = \lambda_s$；$|\overrightarrow{NM}| = r_{bs}\theta_s$。

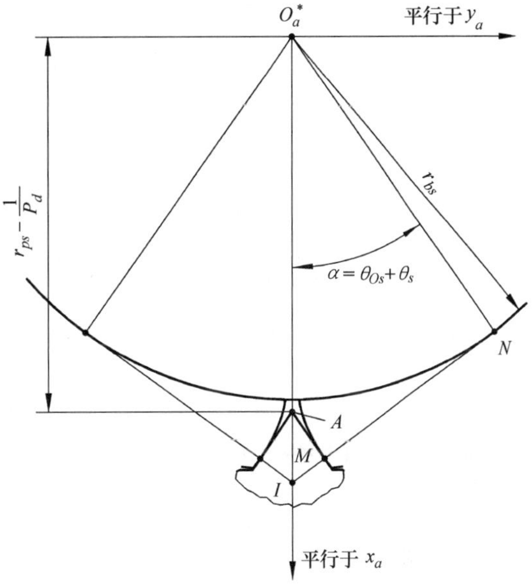

图 18.7.2　面齿轮和插齿刀在平面 Π_2 上的齿廓

由矢量方程（18.7.1）得到含两个未知数 α 和 λ_s 的如下两个数量方程：

$$r_{bs}(\cos\alpha + \theta_s \sin\alpha) - \lambda_s \cos\alpha = \frac{N_s - 2}{2P_d} \tag{18.7.3}$$

$$r_{bs}(\sin\alpha - \theta_s \cos\alpha) - \lambda_s \sin\alpha = 0 \tag{18.7.4}$$

这里，$r_{bs} = [N_s/(2P_d)]\cos\alpha_O$；$\theta_s = \alpha - \theta_{Os}$；$\theta_{Os} = \pi/(2N_s) - \mathrm{inv}\alpha_O$。消去 λ_s，我们得到如下确定 α 的方程：

$$\alpha - \sin\alpha \frac{N_s - 2}{N_s \cos\alpha_O} = \frac{\pi}{2N_s} - \mathrm{inv}\alpha_O \tag{18.7.5}$$

所求的角 α 可通过解非线性方程（18.7.5）得出。

步骤 2：确定 L_2 的大小（见图 18.6.2）。

由图 18.7.2 得

$$\overline{O_a^* I} = \frac{r_{bs}}{\cos\alpha} = \frac{N_s \cos\alpha_O}{2P_d \cos\alpha} \tag{18.7.6}$$

然后，我们得（见图 18.6.2）

$$L_2 = \frac{\overline{O_a^* I}}{\tan\gamma_s} = \frac{N_s \cos\alpha_O}{2P_d \cos\alpha \tan\gamma_s} \tag{18.7.7}$$

知道了 L_1 和 L_2 的大小（见图 18.6.2）后，便可设计无根切和齿顶不变尖的面齿轮传动。

18.8 过渡曲面

过渡曲面可由两种型式来提供：a. 由圆柱体刀具的齿顶高产形线 G 形成（见图 18.4.3a）；b. 由插齿刀齿顶圆弧形成（见图 18.8.1）。

情况1：由产形线G形成过渡曲面（见图18.4.3a）。

利用图18.5.1，我们以矢量函数$\boldsymbol{r}_s$（u_s，θ_s^*），将产形线G（见图18.4.3a）表示在坐标系S_s中，其中

$$\begin{cases}\theta_s^* = \dfrac{(r_{as}^2 - r_{bs}^2)^{\frac{1}{2}}}{r_{bs}} \\ r_{as} = r_{ps} + \dfrac{1.25}{P_d} = \dfrac{N_s + 2.5}{2P_d}\end{cases} \tag{18.8.1}$$

用方程表示在S_2中的过渡曲面

$$\boldsymbol{r}_2(u_s,\psi_s) = \boldsymbol{M}_{2s}(\psi_s)\boldsymbol{r}_s(u_s,\theta_s^*) \tag{18.8.2}$$

情况2：由插齿刀齿顶圆弧形成过渡曲面。

过渡圆弧是作为半径为ρ的圆弧族包络生成的（见图18.8.1）。经调查研究，采用齿顶圆弧插齿刀可降低轮齿弯曲应力10%左右。

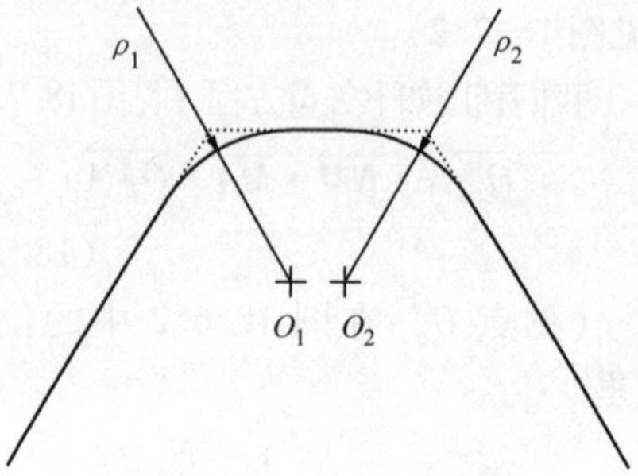

图18.8.1　齿顶圆弧插齿刀

18.9　抛物齿条刀具的几何

1. 基本概念

面齿轮传动的几何第二方案基于（参见Litvin等人2002年的专著）如下思路。

1）两假想的刚性固接的齿条刀具命名为A_1和A_s，被用于加工小齿轮和插齿刀。A_O表示具有直线齿廓的标准齿条刀（见图18.9.1）。

2）齿条刀A_1和A_s的抛物线齿廓与标准齿条刀A_O的直线齿廓产生失配。图18.9.1a中A_1和A_s与A_O出现超常偏差，齿条刀A_1和A_s的一齿侧的抛物线齿廓如图18.9.1b和图18.9.1c所示。

3）小齿轮和插齿刀的齿面Σ_1与Σ_s分别确定为齿条刀A_1和A_s齿面的包络。

4）面齿轮Σ_2的齿面由插齿刀加工而成，并且是连续的二次包络过程，其中由抛物齿条刀A_s加工插齿刀，由插齿刀加工面齿轮。面齿轮齿面Σ_2也可用一种专门形状蜗杆砂轮（滚刀）进行磨齿（或切齿）（见18.14节）。

5）小齿轮和面齿轮的齿面在任何瞬时都是点接触，因为a. 齿条刀具A_1和A_s是偏移的（见图18.9.1a），由于采用两个不同的抛物线系数；b. 小齿轮和插齿刀所提供的齿数不同。

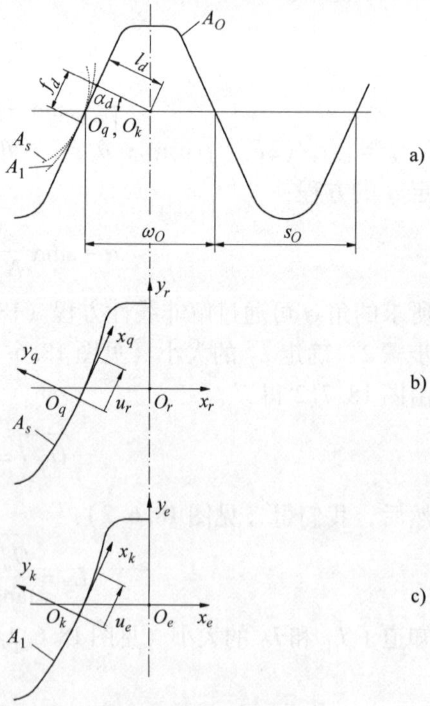

图18.9.1　齿条刀具

a）齿条刀具齿廓图　b）插齿刀的抛物齿廓

c）小齿轮齿条刀具

图 18.9.1b 和图 18.9.1c 分别显示小齿轮和插齿刀的齿条刀的齿廓。应用 a. 和 b. 的两条，我们可以为瞬时接触椭圆的理想大小的观察和传动误差的椭圆函数的预设计提供更大的自由度。

6）另一种加工面齿轮的方法是基于采用一种专门形状的蜗杆，可采用磨削或切削的方法加工（见图 18.1.3）。磨削可以硬化齿面，并提高齿面允许接触应力。以下显示，蜗杆螺纹面的推导是基于插齿刀与面齿轮和蜗杆的同时啮合（见 18.14 节）。

2. 标准和抛物齿条刀

标准齿条刀 A_O 具有直线齿廓（见图 18.9.1a）。指定 A_1 和 A_s 的抛物齿条刀插齿刀和小齿轮啮合。A_s 和 A_1 抛物齿条刀齿廓与齿条刀具 A_O 直线齿廓不一致。

坐标系 S_q 和 S_r 用于插齿齿条刀 A_s 方程的推导。参数 u_r 和抛物线系数 a_r 决定了齿条刀 A_s 的抛物线齿廓（见图 18.9.1b）。分别采用坐标系 S_k 和 S_e 推导齿条刀 A_1 的方程。参数 u_e 和抛物线系数 a_e 决定了齿条刀 A_1 的抛物线齿廓（见图 18.9.1c）。坐标系 S_q 和 S_k 的原点 Q_q 和 Q_k 同时分别表示在图 18.9.1b 和图 18.9.1c 中，以参数 f_d 确定其位置。齿条刀具的齿形就是由齿形角 α_d 的侧边组成的（见图 18.9.1a）。

标准齿条刀 A_O 的设计参数（见图 18.9.1a）为 w_O、s_O 和 α_d。取值说明如下

$$w_O + s_O = p = \frac{\pi}{P} \tag{18.9.1}$$

我们得到

$$\begin{cases} s_O = \dfrac{p}{1+\lambda} = \dfrac{\pi}{(1+\lambda)P} \\ w_O = \dfrac{\lambda p}{1+\lambda} = \dfrac{\lambda\pi}{(1+\lambda)P} \\ \lambda = \omega_O / s_O \end{cases} \tag{18.9.2}$$

式中，p 和 P 分别是齿距和径节。

齿条刀的齿面在坐标系 S_r（见图 18.9.1a）中表示为

$$\boldsymbol{r}_r(u_r,\theta_r) = \begin{bmatrix} (u_r - f_d)\sin\alpha_d - l_d\cos\alpha_d - a_r u_r^2\cos\alpha_d \\ (u_r - f_d)\cos\alpha_d + l_d\sin\alpha_d + a_r u_r^2\sin\alpha_d \\ \theta_r \\ 1 \end{bmatrix} \tag{18.9.3}$$

参数 θ_r 是沿轴 z_r 方向度量的，参数 l_d 如图 18.9.1a 所示。插齿刀齿条的法向矢量 $\boldsymbol{N}_r$ 为

$$\boldsymbol{N}_r(u_r) = \begin{bmatrix} \cos\alpha_d + 2a_r u_r \sin\alpha_d \\ -\sin\alpha_d + 2a_r u_r\cos\alpha_d \\ 0 \end{bmatrix} \tag{18.9.4}$$

同理，我们可用表示小齿轮齿条刀 A_1 的矢量函数 $\boldsymbol{r}_e(u_e,\ \theta_e)$ 和法向函数 $\boldsymbol{N}_e(u_e)$。

18.10 几何的第二方案：插齿刀和小齿轮的齿面偏差

1. 插齿刀齿面

这些适用于导出插齿刀齿面 $\boldsymbol{\Sigma}_s$：a. 与齿条插齿刀和插齿刀刚性固接的动坐标系 S_r、S_s；

b. 固定坐标系 S_n（见图 18.10.1a）。齿条刀 A_s 和插齿刀进行由（$r_{ps}\psi_r$）和 ψ_r 确定的平移和回转的相关运动（见图 18.10.1a）。

插齿刀齿面 $\boldsymbol{\Sigma}_s$ 被确定为齿条刀面 A_s 族的包络，并同时考虑如下方程：

$$\boldsymbol{r}_s(u_r,\theta_r,\psi_r)=\boldsymbol{M}_{sr}(\psi_r)\boldsymbol{r}_r(u_r,\theta_r) \tag{18.10.1}$$

$$\boldsymbol{N}_r(u_r)\cdot\boldsymbol{v}_r^{(sb)}=f_{sr}(u_r,\psi_r)=0 \tag{18.10.2}$$

这里，矢量函数 $\boldsymbol{r}_s(u_r,\theta_r,\psi_r)$ 是在坐标系 S_s 中表示齿条刀 A_s 齿面族；矩阵 $\boldsymbol{M}_{sr}$（ψ_r）描述坐标由 S_r 至 S_s 的变换；矢量函数 $\boldsymbol{N}_r$（u_r）表示齿条刀 A_s 的法向矢量［见方程（18.9.4）］；$\boldsymbol{v}_r^{(sb)}$ 是相对（滑动）速度。

由方程（18.10.2）（啮合方程）可得

$$f_{sr}(u_r,\psi_r)=\frac{x_rN_{yr}-y_rN_{xr}}{r_{ps}N_{yr}}-\psi_r=0 \tag{18.10.3}$$

最后，我们用如下矢量函数表示插齿刀齿面：

$$\boldsymbol{r}_s(u_r(\psi_r),\psi_r,\theta_r)=\boldsymbol{R}_s(\psi_r,\theta_r) \tag{18.10.4}$$

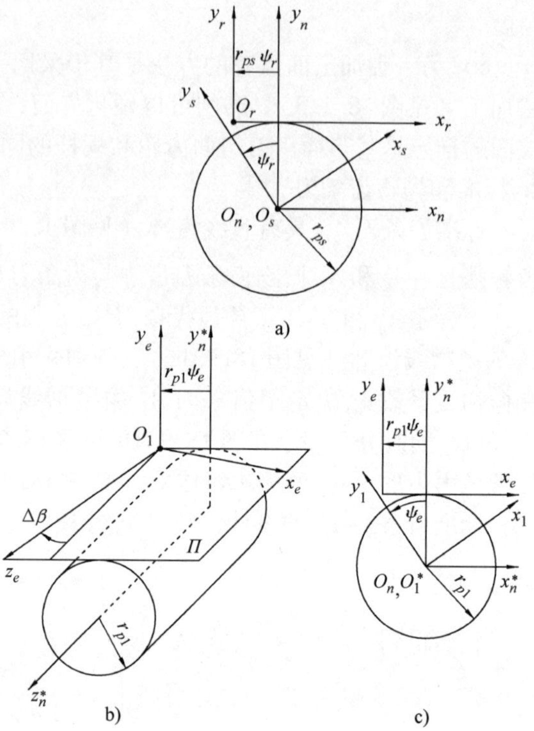

图 18.10.1　用齿条插齿刀加工小齿轮
a）插齿刀的加工　b）安装小齿轮齿条刀
c）小齿轮的加工

插齿刀的法向矢量在坐标系 S_s 中表示为

$$\boldsymbol{N}_s=\frac{\partial\boldsymbol{R}_s}{\partial\psi_r}\times\frac{\partial\boldsymbol{R}_s}{\partial\theta_r} \tag{18.10.5}$$

2. 小齿轮齿面

动坐标系 S_e 和 S_1 分别与小齿轮齿条刀和小齿轮刚性固接（见图 18.10.1b 和 c）；S_n^* 是固定坐标系。安装角 $\Delta\beta$（见图 18.10.1b）用于改善小齿轮与面齿轮之间的接触轨迹（见 18.13 节）。小齿轮齿面推导与插齿刀齿面的推导相似，并基于如下程序确定。

步骤 1：我们得小齿轮齿条刀族在坐标系 S_1 上表示为

$$\boldsymbol{r}_1(u_e,\theta_e,\psi_e)=\boldsymbol{M}_{1e}(\psi_e)\boldsymbol{r}_e(u_e,\theta_e) \tag{18.10.6}$$

这里，$\boldsymbol{M}_{1e}$ 描述从 S_e 经过 S_n^* 到 S_1 的坐标变换（见图 18.10.1b 和 c）。

步骤 2：利用齿条刀和插齿刀之间的啮合方程，我们得到

$$u_e(\psi_e)=\frac{x_eN_{ye}-y_eN_{xe}}{r_{p1}N_{ye}}-\psi_e \tag{18.10.7}$$

步骤 3：我们用矢量函数表示小齿轮齿面如下：

$$\boldsymbol{r}_1(u_e(\psi_e),\psi_e,\theta_e)=\boldsymbol{R}_1(\psi_e,\theta_e) \tag{18.10.8}$$

18.11　几何的第二方案：面齿轮齿面的推导

1. 初步考虑

面齿轮齿面是两次包络过程的结果，其中第一次是抛物齿条刀形成插齿刀齿面（见18.10节），第二次是插齿刀形成面齿轮齿面。第二次包络过程是基于18.5节的算法确定的，其中，第一种几何类型的面齿轮齿面由渐开线插齿刀加工。我们记得几何的第二方案中插齿刀齿面是由矢量函数 $\boldsymbol{R}_s(\psi_r, \theta_r)$ ［见方程（18.10.4）］以双参数形式表示的。上述提及面的法向矢量是由矢量函数式（18.10.5）表示。观察齿面 Σ_2 根切（几何的第二方案）应基于18.6节中讨论的算法进行。

2. 面齿轮齿面 Σ_2 的结构

齿面的型式可由Gaussian曲率定义，即表示所选曲面点处主曲面曲率之积。于是，曲面点 M 处的Gaussian曲率 K 定义为

$$K = K_I K_{II} \qquad (18.11.1)$$

式中，K_I 和 K_{II} 是在点 M 处的主曲面曲率。曲面点的型式（椭圆、抛物线或准双曲面）取决于Gaussian曲率 K 的符号。

直接确定由三个（有时四个）相关参数表示的曲面的Gaussian曲率需要通过复杂的推导和计算。推导和计算可利用产形面和形成面曲率之间的相互关系进行简化（见第8章）。

研究表明，曲面 Σ_2 上有椭圆点（$K>0$），准双曲面点点（$K<0$），如图18.11.1所示。两者子区域的公共线是抛物点的线。面抛物点的区域大小取决于齿条插齿刀的抛物线系数 a_r 的大小。几何的第一方案中曲面 Σ_2 只含准双曲面点。

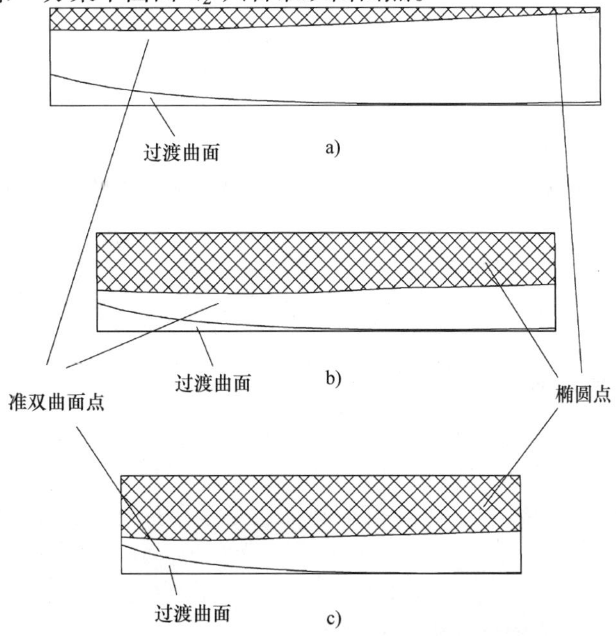

图18.11.1　用齿条刀加工的面齿轮齿面 Σ_2 的椭圆点和准双曲面点区域的抛物系数 a_r

a）$a_r=0.011\text{mm}^{-1}$　b）$a_r=0.021\text{mm}^{-1}$　c）$a_r=0.031\text{mm}^{-1}$

18.12 设计的推荐值

面齿轮传动的弯曲应力取决于无单位的系数 c：

$$c = P_d \Delta l = P_d (L_2 - L_1) \tag{18.12.1}$$

这里，L_2 和 L_1 参见图 18.6.2 上的记号。通常，对大功率传动装置，选取系数 $c = 10$。通过选取较大的齿轮传动比和增加齿数，可增大面齿轮传动的系数 c。这一论点可以用图 18.12.1中第一种几何型式的面齿轮传动的图线来证实。

研究系数 c 对面齿轮轮齿结构的影响，应基于如下因素：假定外半径 L_2 是已知的（根据避免齿顶变尖确定的）。我们能通过增大内半径 L_1 来消除存在过渡曲面的齿根部分（见图 18.6.2和图 18.11.1）。这意味着系数 c 将减小［见方程（18.12.1）］，然而遵循足够的 c 值可使我们获得较匀称的轮齿结构，除去面齿轮轮齿的薄弱部分。

图 18.12.2 所示为齿条刀的抛物线齿廓的抛物系数 a_r 和传动比对第二种几何型式面齿轮的可能齿长的影响。根切和齿顶变尖的考察结果如图 18.12.2 所示，其中传动比 m_{2s} 和抛物系数 a_r 对系数 c 的影响见方程（18.12.1）。

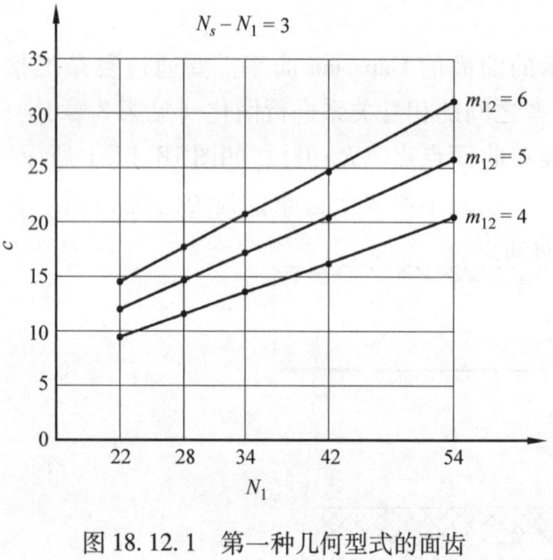

图 18.12.1 第一种几何型式的面齿轮传动的系数 c

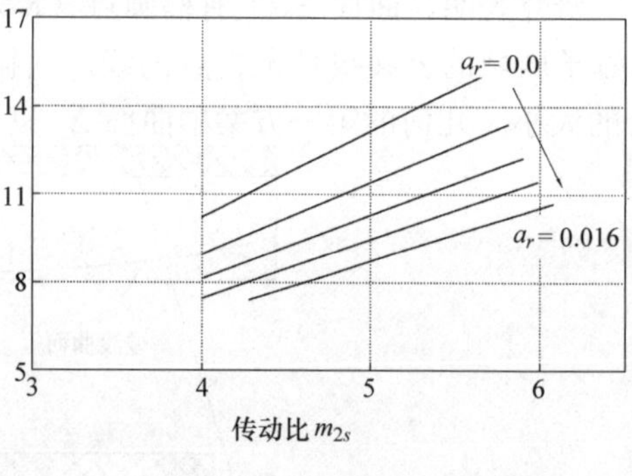

图 18.12.2 抛物线系数 a_r 和传动比 m_{2s} 对系数 c 的影响

18.13 轮齿接触分析（TCA）

轮齿接触分析的目的是对齿面 Σ_1 和 Σ_2 的啮合与接触进行模拟，并可考察对中性误差对传动误差和接触轨迹位移的影响。啮合模拟的算法是基于描述齿面 Σ_1 和 Σ_2 连续相切的方程，见 9.4 节。

1. 使用的坐标系

如下坐标系适用于轮齿接触分析（TCA）：

① 坐标系 S_f，与面齿轮传动的机架刚性固接（见图 18.13.1a）。

② 坐标系 S_1（见图 18.13.1a）和 S_2（见图 18.13.2b），分别与小齿轮和面齿轮刚性固接。

③ 辅助坐标系 S_d、S_e 和 S_q，用于面齿轮传动对中性误差的模拟（见图 18. 13. 2a）和（见图 18. 13. 2b）。

所有非对中性均是指齿轮。参数 ΔE、B 和 $B\cot\gamma$ 决定关于 O_f 的原点 O_q 的位置（见图 18. 13. 1b）。这里，ΔE 是当轴线交错而又不相交时小齿轮和面齿轮两轴线之间的最短距离。坐标系 S_d 和 S_e 相对于 S_q 的位置和方向如图 18. 13. 2a 所示。非对中面齿轮绕轴线 z_e 做回转运动（见图 18. 13. 2b）。

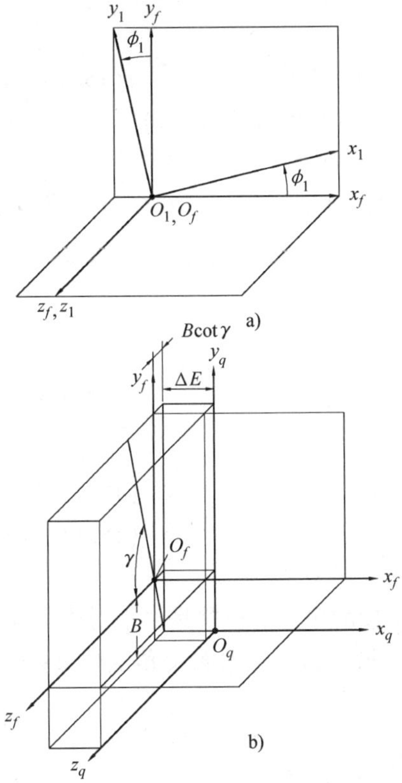

图 18. 13. 1 用于啮合模拟的坐标系一

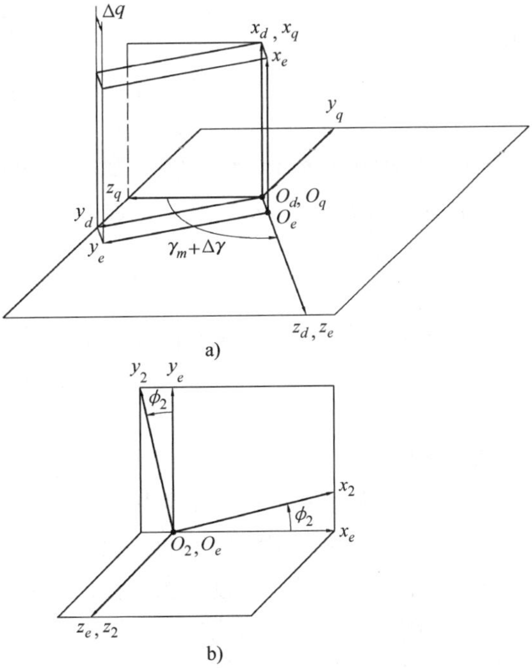

图 18. 13. 2 用于啮合模拟的坐标系二

2. 计算程序

轮齿接触分析的算法是基于齿面 Σ_1 和 Σ_2 连续相切的模拟并按如下程序实现的（见 9. 4 节）。

1）齿面 Σ_1、Σ_2 及其单位法向矢量用如下矢量函数在固定坐标系 S_f 中表示：

$$\boldsymbol{r}_f^{(i)}(u_i,\theta_i,\phi_i) \quad (i=1,2) \tag{18.13.1}$$

$$\boldsymbol{n}_f^{(i)}(u_i,\theta_i,\phi_i) \quad (i=1,2) \tag{18.13.2}$$

2）Σ_1、Σ_2 连续相切用如下矢量方程表示：

$$\boldsymbol{r}_f^{(1)}(u_1,\theta_1,\phi_1)-\boldsymbol{r}_f^{(2)}(u_2,\theta_2,\phi_2)=\boldsymbol{0} \tag{18.13.3}$$

$$\boldsymbol{n}_f^{(1)}(u_1,\theta_1,\phi_1)-\boldsymbol{n}_f^{(2)}(u_2,\theta_2,\phi_2)=\boldsymbol{0} \tag{18.13.4}$$

式中，$(u_i,\ \theta_i)$ $(i=1,\ 2)$ 是 Σ_1、Σ_2 面参数；ϕ_1、ϕ_2 是小齿轮和面齿轮在啮合过程中的回转角。

用矢量方程（18. 13. 3）和方程（18. 13. 4）可得一组五个独立数量方程（因为

$|\boldsymbol{n}_f^{(1)}|=|\boldsymbol{n}_f^{(2)}|=1$)，用六个未知数表示为

$$f_i(u_1,\theta_1,\phi_1,u_2,\theta_2,\phi_2)=0 \quad (f_i\in C^1;i=1,\cdots,5) \tag{18.13.5}$$

3）齿面 Σ_1 和 Σ_2 在每一瞬时都为点接触，参数之一如 ϕ_1 可作为输入参数。根据点接触的要求可得不等式

$$\frac{\partial(f_1,f_2,f_3,f_4,f_5)}{\partial(u_1,\theta_1,u_2,\theta_2,\phi_2)}\neq 0 \tag{18.13.6}$$

然后方程组（18.13.5）的解可用如下函数表示：

$$\{u_1(\phi_1),\theta_1(\phi_1),u_2(\phi_1),\theta_2(\phi_1),\phi_2(\phi_1)\}\in C^1 \tag{18.13.7}$$

用函数（18.13.7）逐次逼近法过程解方程（18.13.3）和方程（18.13.4），并要求作为对参数的初步准则。

$$\boldsymbol{P}^{(0)}(u_1^{(0)},\theta_1^{(0)},\phi_1^{(0)},u_2^{(0)},\theta_2^{(0)},\phi_2^{(0)}) \tag{18.13.8}$$

以满足方程（18.13.3）和方程（18.13.4）。

4）用函数（18.13.7）的解，我们可得如下结果。

① 传动函数 ϕ_2（ϕ_1）和传动误差的函数：

$$\Delta\phi_2(\phi_1)=\phi_2(\phi_1)-\frac{N_1}{N_2}\phi_1 \tag{18.13.9}$$

② 齿面 Σ_1、Σ_2 上的接触路径分别表示如下：

$$\boldsymbol{r}_1(u_1(\phi_1),\theta_1(\phi_1)) \tag{18.13.10}$$

$$\boldsymbol{r}_2(u_2(\phi_1),\theta_2(\phi_1)) \tag{18.13.11}$$

3. 研究结果

第一种几何型式的研究结果如图18.13.3所示，显示了接触斑点的位移是由于对中性误差引起的。可发现面齿轮传动的接触斑点从齿面的一边移向另一边，且对轴交角变化 $\Delta\gamma$ 很敏感于是定向接触斑点导致边缘接触，其中考虑了接触斑点的形成（除了应力分析）。

在装配过程中，调整轴线位移 Δq 可以补偿第一种几何型式的面齿轮传动对轴交角变化 $\Delta\gamma$ 的敏感性（见图18.13.3c）。第一种几何型式的优点是可使面齿轮传动的传动误差等于零。这是应用渐开线插齿刀加工相同齿廓的齿轮的结果。

第二种几何型式的轮齿接触分析的结果如图18.3.4和图18.3.5所示，主要优点如下所述。

1）接触斑点沿纵向分布，可避免边缘接触。

2）应力减小（参见18.15节）

第二种几何型式齿轮对传动误差 $\Delta\gamma$ 的灵敏性也可以通过调整 Δq 来补偿。

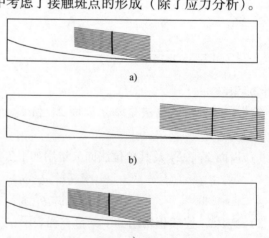

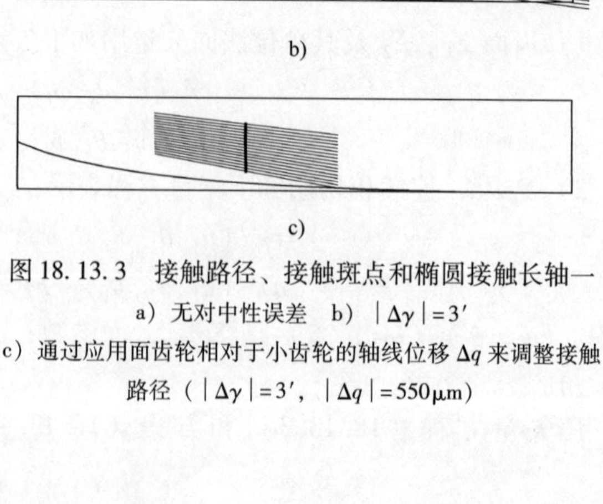

图18.13.3 接触路径、接触斑点和椭圆接触长轴—
a）无对中性误差 b）$|\Delta\gamma|=3'$
c）通过应用面齿轮相对于小齿轮的轴线位移 Δq 来调整接触路径（$|\Delta\gamma|=3'$，$|\Delta q|=550\mu m$）

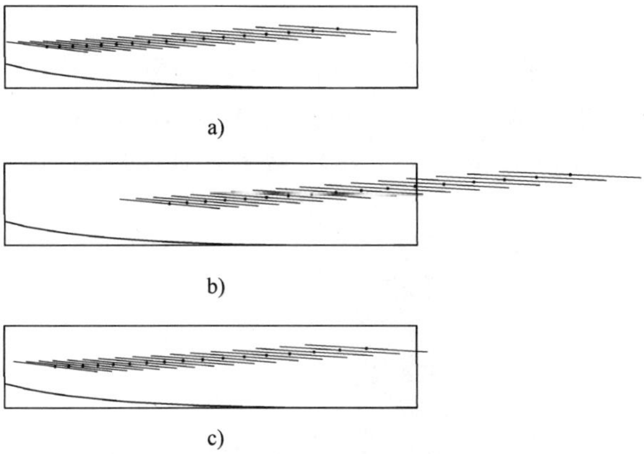

图 18.13.4 接触路径、接触斑点和椭圆接触长轴二

a）无对中性误差 b）$|\Delta\gamma|=2'$ c）通过应用 Δq 来调整接触路径（$|\Delta\gamma|=2'$，$|\Delta q|=350\mu m$）

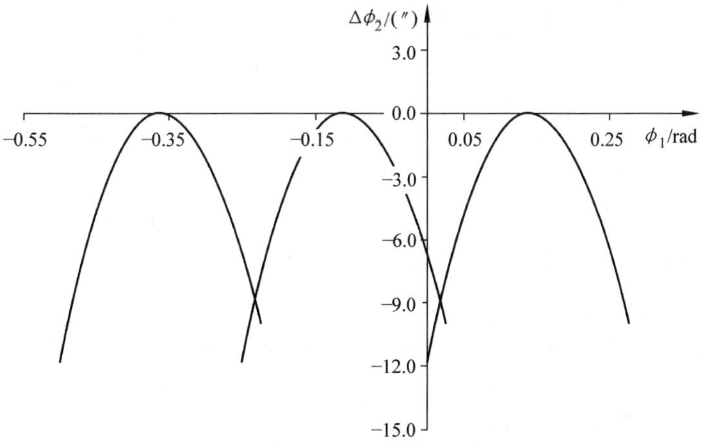

图 18.13.5 推荐几何型式传动误差的抛物线函数

对于第二种几何型式的面齿轮传动来说，齿轮传动的不对中产生传动误差。然而，采用预先设计传动误差的抛物线函数，提供了传动函数误差的合理形状，可以减小出现的最大传动误差（见 9.2 节）。预先设计传动误差抛物函数由如下方法获得：a. 齿轮传动中小齿轮和插齿刀的抛物线齿条刀失配；b. 使用齿数 $N_s > N_p$ 的插齿刀，这里，N_p 是齿轮传动中小齿轮的齿数。

18.14 使用的产形蜗杆

1. 产形蜗杆概念

面齿轮加工普通方法基于：a. 使用渐开线插齿刀；b. 面齿轮的加工是作为插齿刀与面齿轮啮合的模拟完成的。

Eward W. Miller 于 1942 年提出用滚刀加工面齿轮（参见 Miller 1942 年的专著）。下一步骤是由 Litvin 等人（参见 Litvin 等人 2002 年的专著）提出的专利。该专利提出了确定蜗杆加工螺旋面的确切公式，为滚刀、插齿刀和面齿轮的齿面共轭提供必要条件；还提出了蜗杆设计概念，避免蜗杆出现奇异点。上述蜗杆设计可用于面齿轮的磨削和切削加工（参见

Litvin 等人 2002 年的专著）。

Σ_s、Σ_w 和 Σ_2 分别表示为插齿刀、蜗杆和面齿轮的齿面。齿面 Σ_s、Σ_w 和 Σ_2 同时啮合如图 18.14.1 所示。插齿刀齿面 Σ_s 被认为是齿条刀 A_s 刀面族的包络，以矢量函数 $\boldsymbol{R}_s$（ψ_r，θ_r）表示［见方程（18.10.4）］。齿面 Σ_w 和 Σ_2 被生成为插齿刀齿面 Σ_s 族的包络。

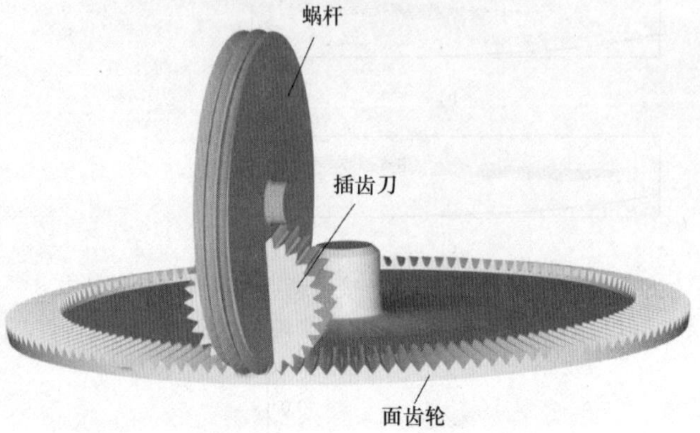

图 18.14.1　面齿轮、蜗杆和插齿刀同时啮合

我们记得，对第二种几何型式，插齿刀提供了非渐开线齿廓（见 18.10 节）。我们在这一部分将讨论采用蜗杆加工第二种几何型式的面齿轮。然而，讨论的思路也可用于第一种几何型式面齿轮的加工。

2. 插齿刀和蜗杆轴线间的交错角

图 18.14.2 所示为固定坐标系 S_a、S_b 和 S_c 用于说明蜗杆相对于插齿刀的安装。动坐标系 S_s 和 S_w 与插齿刀和蜗杆刚性固接。轴 z_s（其与 z_a 重合）是插齿刀的回转轴，轴 z_w（与轴 z_c 重合）是蜗杆的回转轴。轴 z_s 和 z_w 交错，交错角为 $90° \pm \lambda_w$，上面符号（下面符号）对应右旋（或左旋）蜗杆。轴 z_s 和 z_w 之间的最短距离为 Σ_{ws}。

交错角 λ_w 为

$$\lambda_w = \arcsin \frac{r_{ps}}{N_s(E_{ws} + r_{ps})} \quad (18.14.1)$$

式中，r_{ps} 是插齿刀分度圆半径；E_{ws}（见图 18.14.2）为插齿刀和蜗杆轴之间的最短距离。E_{ws} 的大小影响蜗杆的尺寸大小和避免蜗杆齿面奇异点出现的条件（见下文）。

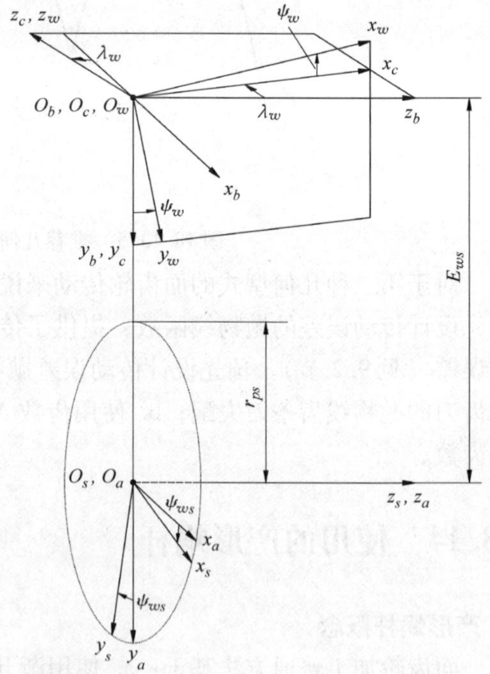

图 18.14.2　坐标系 S_s、S_w 和蜗杆安装图

3. 蜗杆齿面 Σ_w 的确定

蜗杆齿面 Σ_w 在坐标系 S_w 中（见图 18.14.2）按如下方程确定：

$$\boldsymbol{r}_w(\psi_r, \theta_r, \psi_w) = \boldsymbol{M}_{ws}(\psi_w)\boldsymbol{R}_s(\psi_r, \theta_r) \quad (18.14.2)$$

$$\left(\frac{\partial \boldsymbol{R}_s}{\partial \psi_r} \times \frac{\partial \boldsymbol{R}_s}{\partial \theta_r}\right) \cdot \boldsymbol{v}_s^{(sw)} = f_{ws}(\psi_r, \theta_r, \psi_w) = 0 \quad (18.14.3)$$

这里，相对速度$\boldsymbol{v}_s^{(sw)}$由微分方程和矩阵$\boldsymbol{M}_{ws}$变换确定，类似于2.2节的推导；矢量函数$\boldsymbol{r}_w$（ψ_r，θ_r，ψ_w）是表示在S_w中的插齿刀齿面$\boldsymbol{\Sigma}_s$族；矩阵$\boldsymbol{M}_{ws}(\psi_w)$描述从$S_s$至$S_w$的坐标变换；方程（18.14.3）是$\boldsymbol{\Sigma}_s$和$\boldsymbol{\Sigma}_w$之间的啮合方程。参数（$\psi_r$，$\theta_r$）在矢量函数$\boldsymbol{R}_s$（$\psi_r$，$\theta_r$）中表示插齿刀的面参数；参数$\psi_w$是插齿刀加工蜗杆过程中运动的综合参数。我们记得，在蜗杆加工过程中，插齿刀和蜗杆分别绕交错轴z_a、z_w做回转运动（见图18.14.2）。

回转角ψ_{ws}和ψ_w（见图18.14.2）的关联方程如下：

$$\frac{\psi_{ws}}{\psi_w}=\frac{1}{N_s} \tag{18.14.4}$$

式中，N_s是插齿刀齿数。这里假设采用单头蜗杆。

方程（18.14.2）和方程（18.14.3）用三个相关参数表示蜗杆齿面$\boldsymbol{\Sigma}_w$。我们可用如下程序以两参数表示$\boldsymbol{\Sigma}_w$。

1）我们利用隐函数组存在性定理，考虑f_{ws}的一个导数，即$\partial f_{ws}/\partial\theta_r$，其不等于零。

2）然后，我们用函数$\theta_r(\psi_r,\psi_w)\in C^1$解方程$f_{ws}=0$，并用下式表示蜗杆齿面$\boldsymbol{\Sigma}_w$：

$$\boldsymbol{r}_w(\psi_r,\theta_r(\psi_r,\psi_w),\psi_w)=\boldsymbol{R}_w(\psi_r,\psi_w) \tag{18.4.5}$$

4. 对齿面Σ_s、Σ_w和Σ_2同步啮合的概念考虑

插齿刀齿面Σ_s与蜗杆齿面Σ_w和面齿轮齿面Σ_2呈线接触，这种接触形式的获得是由于Σ_w和Σ_2形成插齿刀齿面Σ_s的包络。设Σ_s和Σ_w之间的公切线为L_{ws}，Σ_2和Σ_s之间的公切线为L_{2s}，研究表明线L_{ws}和线L_{2s}并不重合，而是在任何啮合位置相交。

5. 用蜗杆齿面Σ_w加工齿面Σ_2

我们记得，插齿刀齿面Σ_s与蜗杆齿面Σ_w和面齿轮齿面Σ_2呈线接触，然而齿面Σ_w和Σ_2彼此间在任何瞬时是点接触。这意味着用蜗杆齿面Σ_w精磨Σ_2不能作为一个单参数包络过程来完成。基于蜗杆和面齿轮的单参数包络的磨削过程，在要求的齿面Σ_2上仅会出现一个磨伤。因此，用蜗杆基于双参数包络过程加工Σ_2，其中需提供两个独立参数如下：a. 一组蜗杆和面齿轮的回转角（ψ_w，ψ_2）；b. 蜗杆的平移运动l_w。参数ψ_w和ψ_2为蜗杆和面齿轮的回转角，其关联方程如下：

$$\frac{\psi_w}{\psi_2}=\frac{N_2}{N_w} \tag{18.14.6}$$

式中，N_2是面齿轮齿数；N_w是蜗杆螺纹头数。通常采用单头蜗杆并且$N_w=1$。平移运动的参数l_w被提供与插齿刀轴共线（见下文）。齿面Σ_2由双参数蜗杆砂轮包络过程形成，与用插齿刀加工的齿面Σ_2是重合的。

确定蜗杆齿面上奇异点的方法与确定面齿轮齿面Σ_2上奇异点的方法是相同的（见18.6节）。图18.14.3所示为在齿面参数的空间中，插齿刀与蜗杆的切线，分别为现有设计和拟建设计。线Q是插齿刀齿面参数平面上奇异点的形象。图18.14.3使我们能确定插齿刀可避免在蜗杆上产生奇异点的最大转角。这样就可以确定蜗杆螺纹的最大圈数。

图18.14.4a所示为利用插齿刀正则点在插齿刀齿面上形成的线$A^{(1)}$和$A^{(2)}$。线$A^{(1)}$和$A^{(2)}$上的点在蜗杆齿面上产生奇异点蜗杆齿面Σ_w必须限制在两线B之间，避免蜗杆产生根切。

6. 蜗杆的修整

蜗杆的修整是基于具有与生成插齿刀的齿条刀同样齿廓的平面或锥形圆盘上的点逐点加

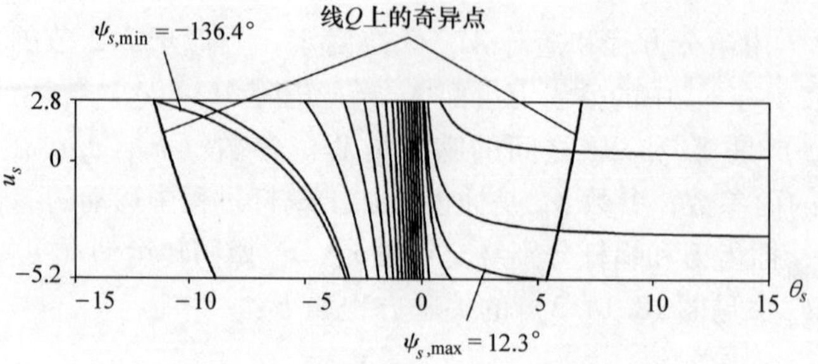

a)

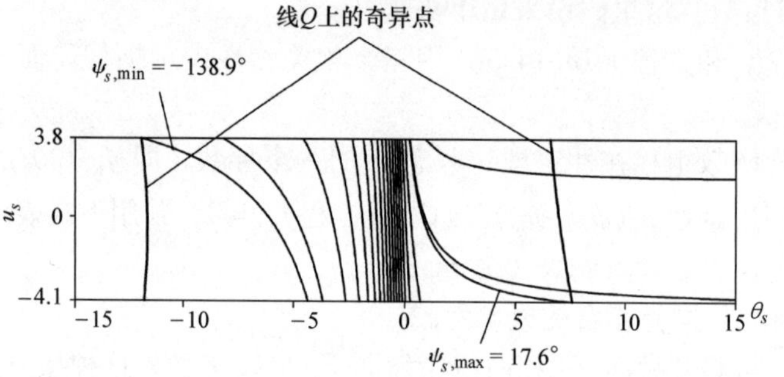

b)

图 18.14.3 在齿面参数（u_s，θ_s）平面上插齿刀和蜗杆之间的接触线

a）第一种几何型式 b）第二种几何型式

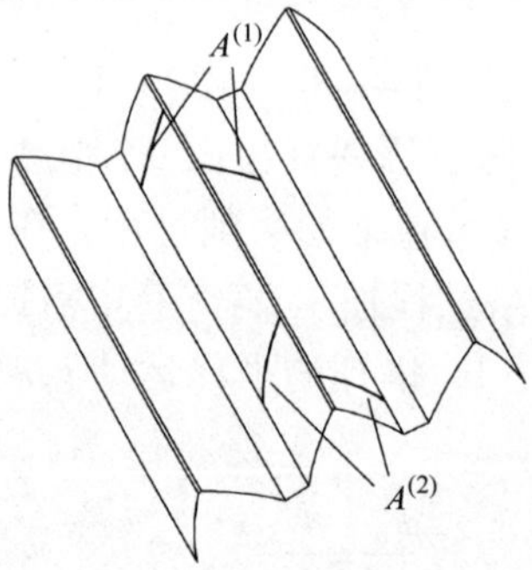

a)

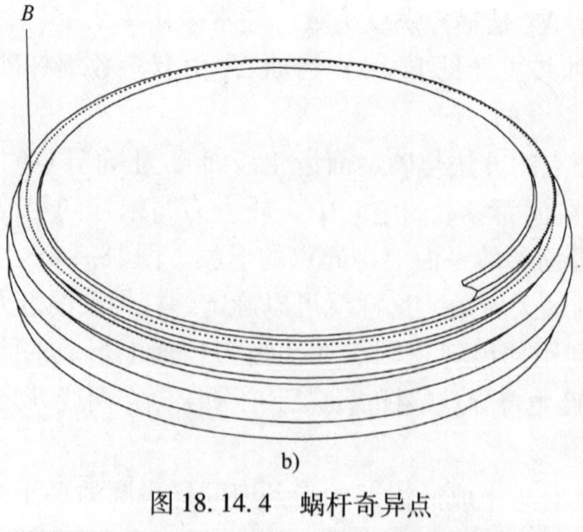

b)

图 18.14.4 蜗杆奇异点

a）加工蜗杆奇异点的插齿刀正则点 A b）蜗杆螺旋面上的奇异点 B

工出其齿面 Σ_w。平面或圆盘相对于蜗杆的运动是由计算机数控机床来完成的。需要使用计算机程序确定磨头相对于蜗杆的瞬时安装。

计算机程序如下所述。

步骤1：考虑矢量函数 $\boldsymbol{r}_w(\psi_r,\ \psi_r(\theta_r,\ \psi_w),\ \psi_w)$ [见方程（18.14.4）]，并取 ψ_r = 常数。

步骤2：指定 θ_r，并由 $\psi_w=\psi_w(\psi_r,\ \theta_r)$ 得 ψ_w。

步骤3：由 $\boldsymbol{r}_w(\psi_r,\ \theta_r,\ \psi_w(\psi_r,\ \theta_r))=\boldsymbol{R}_w(\psi_r,\ \theta_r)$ 计算 x_w、y_w、z_w。

步骤4：已知 ψ_r，容易求得确定为 $\boldsymbol{n}_s(\psi_r)$ 的插齿刀的单位法向矢量，然后，确定蜗杆齿面单位法向矢量为

$$\boldsymbol{n}_w(\psi_r,\psi_w)=\boldsymbol{L}_{ws}(\psi_w)\boldsymbol{n}_s(\psi_r) \tag{18.14.7}$$

步骤5：数据（x_w，y_w，z_w，$\boldsymbol{n}_w$）足够支持计算机数控机床安装工具（平面或圆盘）。

第二种几何型式允许采用较多的蜗杆螺纹头数。

18.15 应力分析

本节所述应力分析的目标如下：

1）两种几何型式的面齿轮传动的接触应力和弯曲应力的比较。

2）用带边缘和带齿顶圆弧的插齿刀加工的两种面齿轮方案弯曲应力的比较（见图18.8.1）。

3）确定接触应力和弯曲应力并考察在啮合周期中接触斑点的形成。

应力分析应基于采用有限元法（参见 Zienkiewicz 和 Taylor 2000 年的专著）和通用计算机程序（参见 Hibbit，Karlsson & siresen 公司 1998 年的成果）。作者采用有限元法是基于如下想法：

1）有限元模型的形成，是采用齿面方程自动完成的，并考虑相应的齿根过渡曲面、轮缘部分。避免了由于利用 CAD 计算机程序开发立体模型造成的精度损失。

2）采用这种方法，无须假设接触区的载荷分布。计算机通用程序的接触算法（参见 Hibbit，Karlsson & siresen 公司 1998 年的成果）用来对小齿轮施加转矩获得接触面积和应力的大小。面齿轮被认为在静止状态。

3）在选定的接触路径的接触点上以数值化的方式开发了有限元模型。由于在接触面间至少存在有一接触点，应力集中得到保证。

4）采用三对轮齿的有限元模型，使其临界工况与轮齿承载区域足够远。

已完成有限元分析的型式的面齿轮传动两种几何见表18.15.1和表18.15.2。对于第二种几何型式的面齿轮传动，还考虑了圆顶插齿刀加工（见图18.8.1），以便比较形成的面齿轮过渡曲面的弯曲应力。

表18.15.1　第一种几何型式的面齿轮设计参数

小齿轮齿数	$N_1=25$
插齿刀齿数	$N_s=28$
面齿轮齿数	$N_2=160$
模数	$m=6.35\text{mm}$

（续）

主动侧压力角	$\alpha_d=25.0°$
非工作侧压力角	$\alpha_c=25.0°$
轴交角	$\gamma_m=90.0°$
面齿轮内半径	471.0mm
面齿轮外半径	559.0mm

表 18.15.2　第二种几何型式的面齿轮设计参数

小齿轮齿数	$N_1=25$
插齿刀齿数	$N_s=28$
面齿轮齿数	$N_2=160$
模数	$m=6.35$mm
主动侧压力角	$\alpha_d=25.0°$
非工作侧压力角	$\alpha_c=25.0°$
轴交角	$\gamma_m=90.0°$
面齿轮内半径	493.0mm
面齿轮外半径	567.0mm
齿条刀尺寸系数	$\lambda_t=0.90$
齿条刀抛物线系数 A_s	$a_s=7.50\times10^{-3}\ \text{mm}^{-1}$
齿条刀抛物线系数 A_1	$a_1=3.00\times10^{-3}\ \text{mm}^{-1}$
主动侧抛物线偏置距	$f_d=2.00$mm
非工作侧抛物线偏置距	$f_c=0.00$mm
小齿轮螺旋角	$\Delta\beta=0.05°$

第二种几何型式的三对轮齿啮合的有限元模型如图 18.15.1 所示。采用一阶连续实体元素，通过引用不相容的节点来改善其弯曲性能，形成有限元网格。总共具有 58327 个节点和 44820 个元素。材料为钢，其弹性模量 $E=2.068\times10^5$ MPa，泊松比为 0.29。对于两种几何型式的面齿轮传动，小齿轮上施加的转矩都为 1600N·m。

图 18.15.2 和图 18.15.3 所示分别为第一种和第二种几何型式的中间接触点处获得的最大接触应力和弯曲应力。例如，使用传统的顶刃插齿刀。两者之间的比较如图 18.15.1 和图 18.15.2所示，则

1）可避免边缘接触，可将最大接触应力降低达 40%。

2）在啮合周期的相当一部分中，只有一对轮齿接触。第一种几何型式的面齿轮传动，其齿根过渡曲面最大弯曲应力要低 43%。

图 18.15.4 证实采用圆弧顶插齿刀（见图 18.8.1）加工的面齿轮传动，在啮合周期中弯曲应力可减小 6%~12%。这使我们能够将第二种几何型式的弯曲应力增量保持在 40% 以下。

在进行应力分析时，还考察了接触斑点的形成（图 18.15.2~图 18.15.5）。图 18.15.5 和图 18.15.6 分别表示用顶刃插齿刀和圆弧顶插齿刀加工的第二种几何型式的面齿轮传动，在啮合周期中面齿轮和小齿轮的弯曲应力、接触应力的变化。应力用无量纲参数 ϕ 的函数表示，参数 ϕ 表示如下：

$$\phi=\frac{\phi_P-\phi_m}{\phi_{\text{fin}}-\phi_{\text{in}}},0\leqslant\phi\leqslant1 \tag{18.15.1}$$

式中，ϕ_P 是小齿轮回转角；ϕ_{in} 和 ϕ_{fin} 分别是小齿轮在啮合周期中开始与结束时的角度位置。

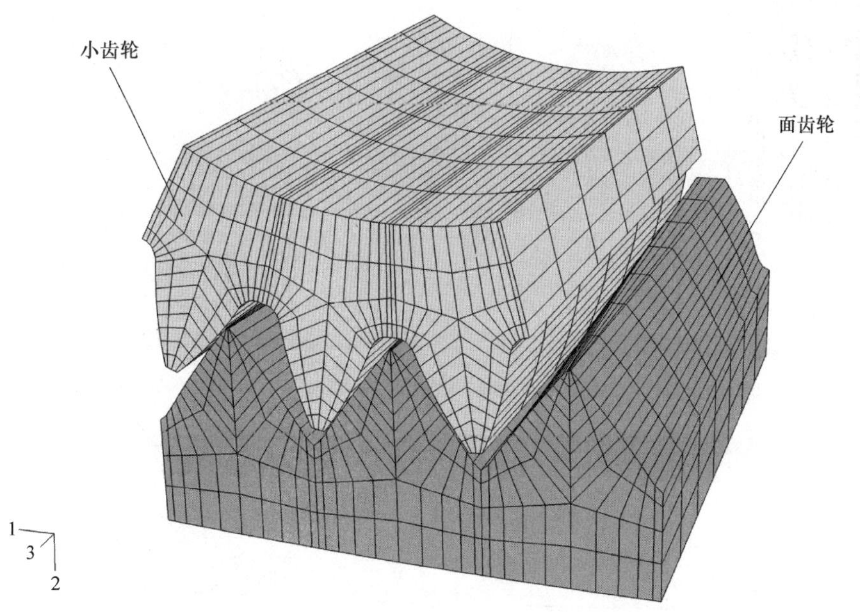

图 18. 15. 1　三对轮齿的面齿轮传动有限元模型

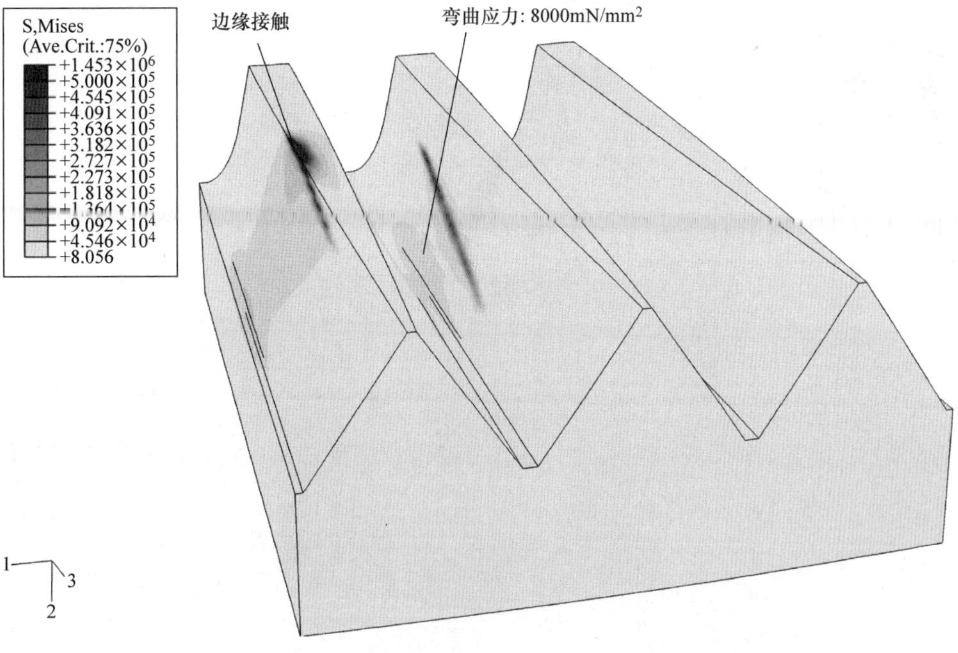

图 18. 15. 2　第一种几何型式的面齿轮传动的接触应力和弯曲应力

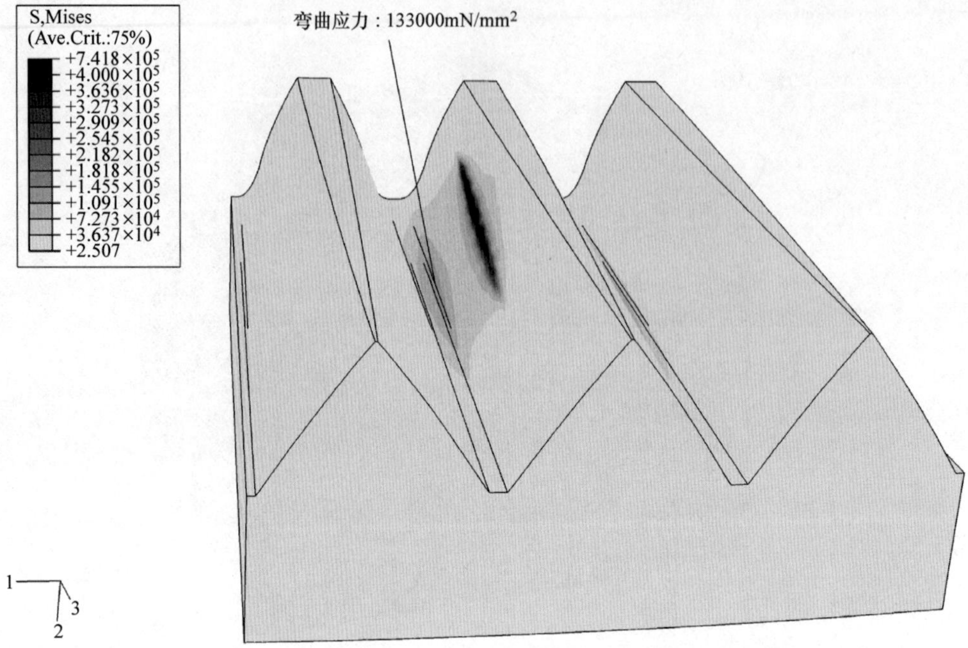

图 18.15.3　用有顶刃插齿刀加工的第二种几何型式面齿轮传动的接触应力和弯曲应力

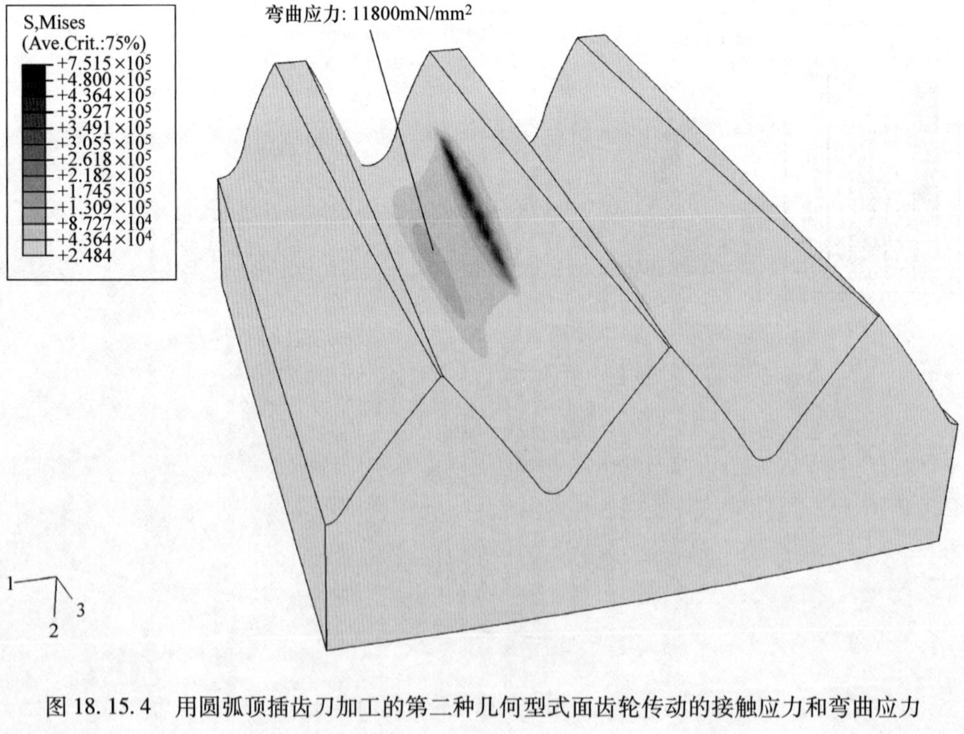

图 18.15.4　用圆弧顶插齿刀加工的第二种几何型式面齿轮传动的接触应力和弯曲应力

无量纲应力系数 σ（见图 18.15.5 和图 18.15.6）定义为

$$\sigma = \frac{\sigma_P}{\sigma_{P\max}} \quad (|\sigma| \leqslant 1) \tag{18.15.2}$$

式中，σ_P是应力的可变函数；$\sigma_{P\max}$是最大应力的大小。

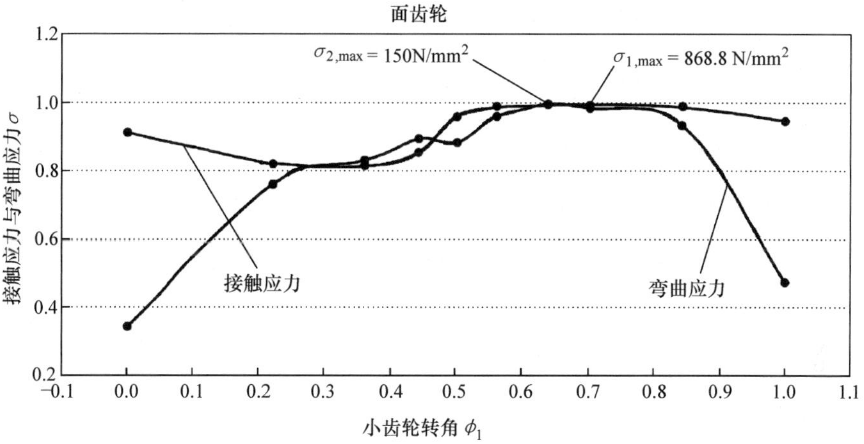

a)

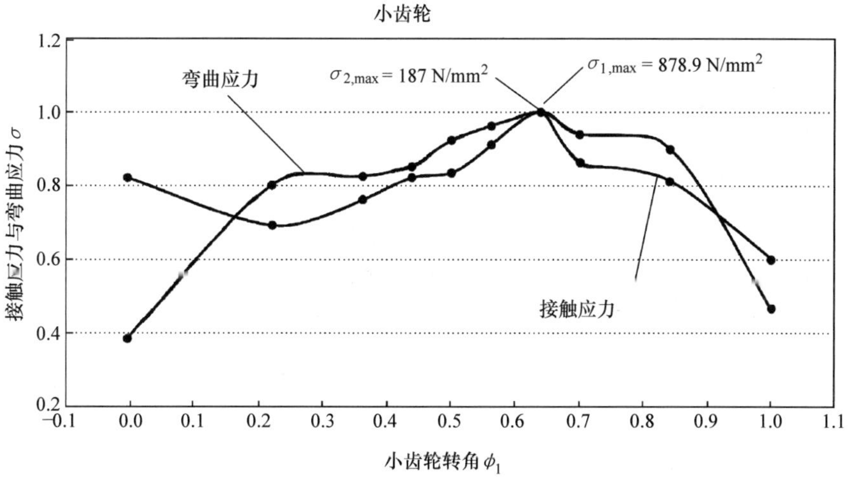

b)

图 18.15.5　啮合周期中接触应力和弯曲应力函数的变化—
a）面齿轮
b）第二种几何型式的小齿轮和顶刃插齿刀

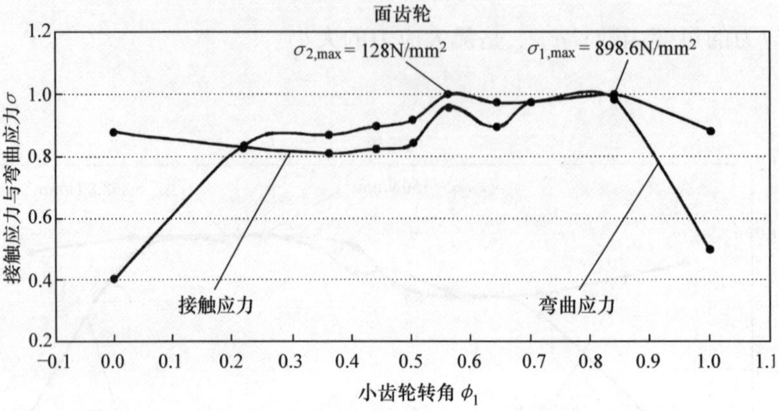

a)

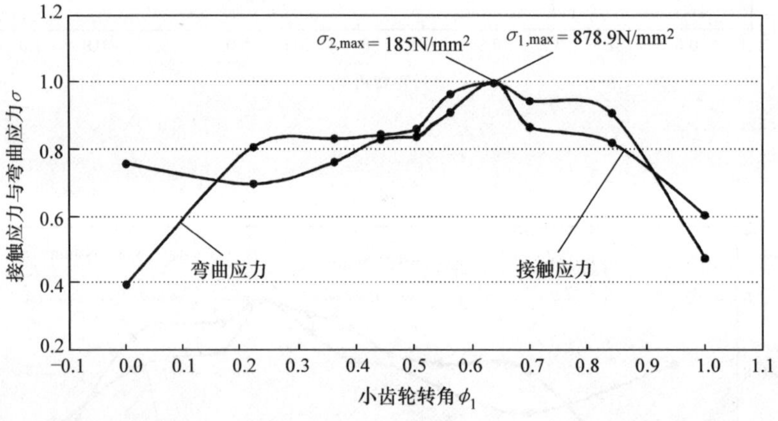

b)

图 18.15.6　啮合周期中接触应力和弯曲应力函数的变化二

a）面齿轮　b）第二种几何型式的小齿轮和圆弧齿顶插齿刀

第19章 圆柱蜗杆

19.1 引言

蜗杆传动有两种类型：a. 具有圆柱蜗杆的蜗杆传动（见图 19.1.1）（单包络蜗杆传动）；b. 具有环面蜗杆的蜗杆传动（参见第 20 章）（双包络环面蜗杆传动）。术语“单包络”和“双包络”常被混淆，因为在这两种情况下，蜗轮的齿面都是单参数蜗杆螺旋齿面族的包络，而该齿面族是在与蜗轮刚性固接的坐标系中形成的。圆柱蜗杆的螺旋齿面是螺旋面（我们记得，螺旋齿是由一条给定曲线做螺旋运动形成的）。

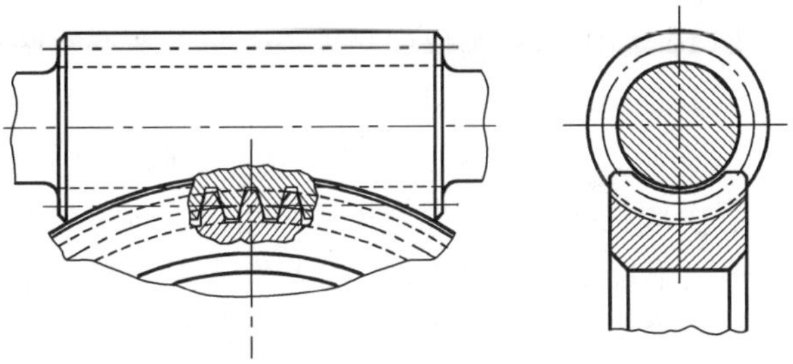

图 19.1.1　具有圆柱蜗杆的蜗杆传动

本章的内容包括：a. 圆柱蜗杆的加工和几何型式；b. 基本设计问题（设计参数间的关系式）。根据加工方法的不同，下面我们将圆柱蜗杆区分为如下类型（参见德国标准 DIN 3975）。

1）具有阿基米德螺旋面的 ZA 型螺杆。蜗杆齿面是直纹面，该直纹面是由一条直线相对于蜗杆轴线做螺旋运动而形的。产形线与蜗杆的轴线相交，因而蜗杆齿面的轴面截线是直线，而该直线恰恰是产形线。ZA 型蜗杆齿面的端面截面截线是阿基米德螺线（参见 19.4 节）。

2）具有法向直廓螺旋齿面的 ZN 型蜗杆。蜗杆齿面在法向截面也是直纹面。但是，产形线位于一平面，该平面通蜗杆轴线的垂线，并且与蜗杆轴线组成夹角 λ_p（参见 19.5 节）。这里的 λ_p 是蜗杆分度圆柱上的导程角。蜗杆齿面的端面截线是长幅渐开线（参见 19.5 节）。

3）具有渐开线螺旋齿面的 ZI 型蜗杆。蜗杆齿面是渐开线螺旋面，该面可以认为是直纹面的一个特例。这样的曲面可以用一条线绕蜗杆轴线做螺旋运动的直线来形成，并且该直线切于蜗杆基圆柱上的螺旋线。蜗杆齿面的端面截线是渐开线。ZI 型蜗杆与渐开线斜齿轮是相同的，后者的函数是蜗杆螺旋齿的头数。

4）具有克林贝格（Klingelnberg）螺旋齿面的 ZK 型蜗杆。蜗杆齿面不是直纹的，而是圆锥曲面族的包络。这样的曲面族是由绕蜗杆轴线做螺旋运动的圆锥曲面形成的（参见 19.7 节）。

5）具有凹形螺旋齿面的弗兰德（Flender）型蜗杆。蜗杆齿面也不是直纹面，而是产形面族的包络。产形面是回转曲面，并且其轴面截线是圆弧。产形面族是由刀具绕蜗杆轴线做螺旋运动形成的。

蜗杆传动对安装误差（中心距、两轴的交错角和蜗轮轴向位移的变化）是敏感的，这会导致接触痕迹向边缘移动，并且使传动误差为逐段近于线性函数。传动误差的周期和一对轮齿的啮合周期是相同的。利用蜗杆和滚刀的两螺旋齿面之间的适当失配，可以得到蜗杆传动比较稳定的接触痕迹和比较有利的传动误差函数。

19.2 节曲面和传动比

我们记得，在交错轴之间转换运动的情况下，相对运动是螺旋运动，并且瞬轴面是回转双曲面。蜗杆传动的节曲面和瞬轴面之间没有什么共同点。节曲面是两个圆柱，它们的交错角和蜗杆传动的相同。应用这样的节曲面的目的是通过综合方法提供一个蜗杆和蜗轮齿面的主要接触点，该点和两交错圆柱（节曲面）的切触点是相同的。

下面，我们将区分分度圆曲面和啮合节曲面。在分度圆曲面的情况下，交错轴的两圆柱就是蜗杆和蜗轮的分度圆柱。

图19.2.1a所示为蜗杆和蜗轮的两个啮合节圆柱。这两个圆柱的轴线 z_f 和 z_2 构成交错角 γ 和其最短距离 E（见图19.2.1）。

角 γ 从 z_f 到 z_2 沿顺时针方向测量。两啮合节圆柱在点 P 切触。我们假定蜗杆在蜗轮上面。各个圆柱面与蜗杆螺旋齿面和蜗轮齿面的交线是圆柱面上螺旋线；两个螺旋线的公切线是 t—t，单位切线矢量是 $\boldsymbol{\tau}_f$，而 $\lambda_1^{(O)}$ 是蜗杆啮合节圆柱上的导程角。图19.2.1a上的图形对应于蜗杆和蜗轮都是右旋时的情况。蜗杆螺旋线的方向表示在图19.2.1b中；切线 t—t 是在点 P 引至螺旋线的，而点 P 位于蜗杆圆柱的底部。

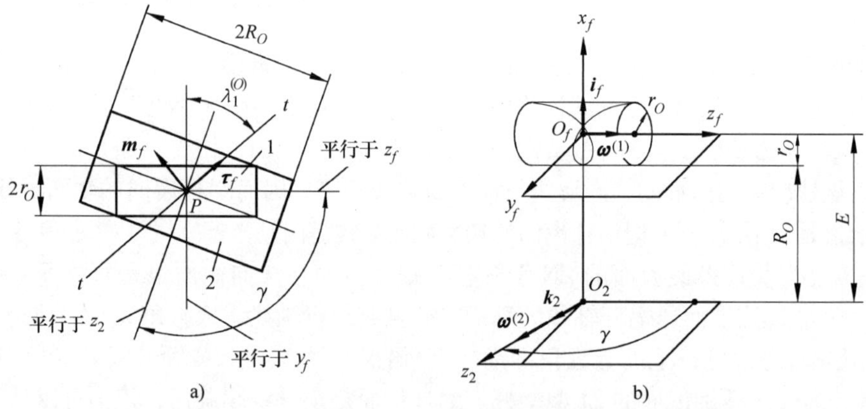

图19.2.1 蜗杆传动简图

a）蜗杆和蜗轮啮合节曲面 b）蜗杆螺旋线

我们的目标是给出蜗杆传动的传动比，假定两啮合节圆柱在点 P 相切触，并且输入数据是 r_O、R_O、$\lambda_1^{(O)}$ 和 γ。我们认为 $\boldsymbol{\omega}^{(1)}$ 的方向和大小已经选定，并且在 $\boldsymbol{\omega}^{(2)}$ 的作用线是蜗轮回转轴线 z_2 的情况下，需要确定 $\boldsymbol{\omega}^{(2)}$ 的大小和方向。

假定有一固定坐标系 $S_f(x_f, y_f, z_f)$，其中 z_f 是蜗杆的转动轴。两相应啮合节圆柱上的点 P_1 和点 P_2 相互重合于点 P。点 P_1 和点 P_2 的速度用如下方程表示：

$$\begin{cases}\boldsymbol{v}^{(1)}=\boldsymbol{\omega}^{(1)}\times\boldsymbol{r}_f\\ \boldsymbol{v}^{(2)}=(\boldsymbol{\omega}^{(2)}\times\boldsymbol{r}_f)+(\boldsymbol{E}\times\boldsymbol{\omega}^{(2)})\end{cases}\tag{19.2.1}$$

式中，$\boldsymbol{r}_f=\overrightarrow{O_fP}$；$\boldsymbol{E}=\overrightarrow{O_fO_2}$。

速度$\boldsymbol{v}^{(1)}$和$\boldsymbol{v}^{(2)}$位于与 x_f 轴相垂直的平面 Π 内；该平面在点 P 切于两啮合节圆柱。这样

$$\boldsymbol{v}^{(1)}\cdot\boldsymbol{i}_f=\boldsymbol{v}^{(2)}\cdot\boldsymbol{i}_f=0 \tag{19.2.2}$$

式中，$\boldsymbol{i}_f$ 是 x_f 轴的单位矢量。

为了确定传动比，我们可以利用以下两方程式之一

$$(\boldsymbol{v}_f^{(1)}-\boldsymbol{v}_f^{(2)})\times\boldsymbol{\tau}_f=\boldsymbol{v}_f^{(12)}\times\boldsymbol{\tau}_f=\boldsymbol{0} \tag{19.2.3}$$

或

$$\boldsymbol{v}_f^{(1)}\cdot\boldsymbol{m}_f=\boldsymbol{v}_f^{(2)}\cdot\boldsymbol{m}_f \tag{19.2.4}$$

其中

$$\boldsymbol{m}_f=\boldsymbol{i}_f\times\boldsymbol{\tau}_f \tag{19.2.5}$$

矢量 $\boldsymbol{m}_f$ 位于平面 Π 内，并且垂直于 $\boldsymbol{\tau}_f$（见图 19.2.1a）。下标 f 表明，所采用的矢量表示在 S_f 中。

方程（19.2.3）是从点 P 处的相对（滑动）速度与 $\boldsymbol{\tau}_f$ 共线这一事实得出的。方程（19.2.4）表明

$$(\boldsymbol{v}_f^{(1)}-\boldsymbol{v}_f^{(2)})\cdot\boldsymbol{m}_f=\boldsymbol{v}_f^{(12)}\cdot\boldsymbol{m}_f=0 \tag{19.2.6}$$

因为 $\boldsymbol{m}_f$ 垂直于 $\boldsymbol{\tau}_f$。

为了进一步推导，我们将利用方程（19.2.1）、方程（19.2.4）和方程（19.2.5），从这些方程可导出

$$\omega^{(1)}r_O\sin\lambda_1^{(O)}=\omega^{(2)}R_O\sin(\gamma-\lambda_1^{(O)}) \tag{19.2.7}$$

当 $\gamma>\lambda_1^{(O)}$ 时，$\omega^{(2)}$ 为正，并且 $\boldsymbol{\omega}^{(2)}$ 与 $\boldsymbol{k}_2$ 的方向相同（见图 19.2.1b）。当 $\gamma<\lambda_1^{(O)}$ 时，$\omega^{(2)}$ 的负号表示 $\boldsymbol{\omega}^{(2)}$ 与 $\boldsymbol{k}_2$ 的方向相反。当 $\gamma=\lambda_1^{(O)}$ 时，方程（19.2.7）不能满足，因为蜗杆啮合节圆柱上的螺旋线变成了圆，而且$\boldsymbol{v}^{(1)}\cdot\boldsymbol{m}\neq\boldsymbol{v}^{(2)}\cdot\boldsymbol{m}$。

方程（19.2.7）能够将传动比表示如下

$$m_{21}=\frac{|\omega^{(2)}|}{\omega^{(1)}}=\pm\frac{r_O\sin\lambda_1^{(O)}}{R_O\sin(\gamma-\lambda_1^{(O)})}\quad（假定 \gamma\neq\lambda_1^{(O)}） \tag{19.2.8}$$

这里，上面的符号对应于 $\gamma>\lambda_1^{(O)}$，而下面的符号对应于 $\gamma<\lambda_1^{(O)}$。

方程（19.2.3）和方程（19.2.4）可以用图 19.2.2 中所示的速度多边形加以几何解释。该图形证实，滑动速度$\boldsymbol{v}^{(12)}$与 $\boldsymbol{\tau}$ 共线，并且$\boldsymbol{v}^{(1)}$和$\boldsymbol{v}^{(2)}$在 $\boldsymbol{m}$ 上的投影具有同样的大小和方向。

图 19.2.3 表示左旋蜗杆和蜗轮的两个啮合节圆柱。从类似于以上讨论的那种推导中，可导出下面的传动比：

$$m_{21}=\frac{r_O\sin\lambda_1^{(O)}}{R_O\sin(\gamma+\lambda_1^{(O)})} \tag{19.2.9}$$

认为 $\lambda_1^{(O)}$ 的值是正的。从推导中得出，对于选定的 $\boldsymbol{\omega}^{(1)}$ 的方向（见图 19.2.3），矢量 $\boldsymbol{\omega}^{(2)}$ 与 $\boldsymbol{k}_2$ 方向相反。

速度多边形示于图 19.2.4。在最一般的情况下，交错角 γ 为 90°，并且

$$m_{21}=\frac{r_O}{R_O}\tan\lambda_1^{(O)} \tag{19.2.10}$$

用方程（19.2.8）~方程（19.2.10）表示的传动比，还有可能通过蜗杆的头数 N_1 和蜗

轮齿数 N_2 来表示［参见方程（19.3.11）］。

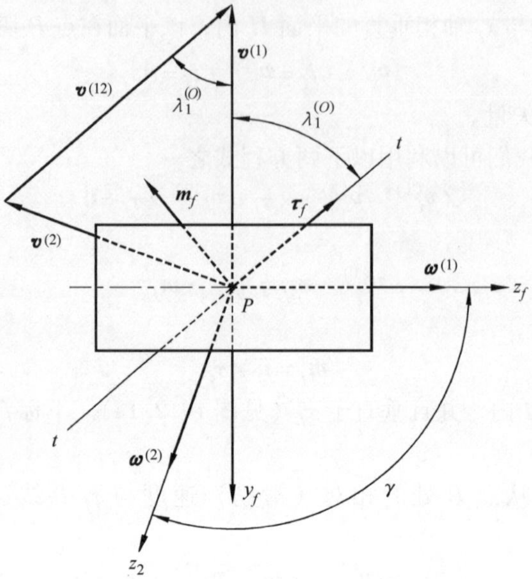

图 19.2.2　右旋蜗杆传动的速度多边形

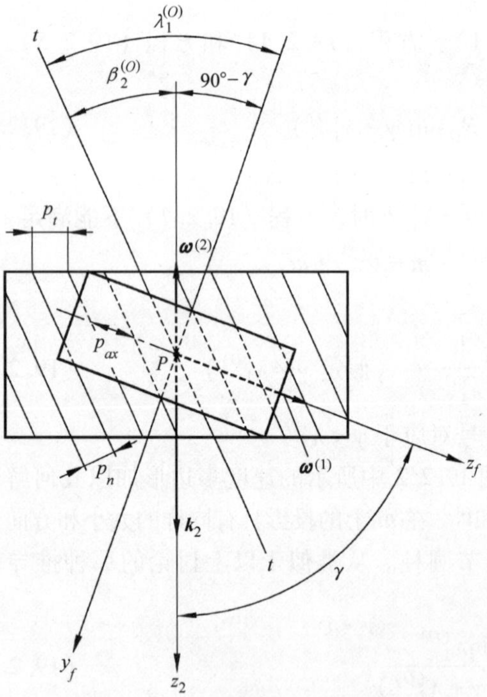

图 19.2.3　左旋蜗杆传动的啮合节圆柱

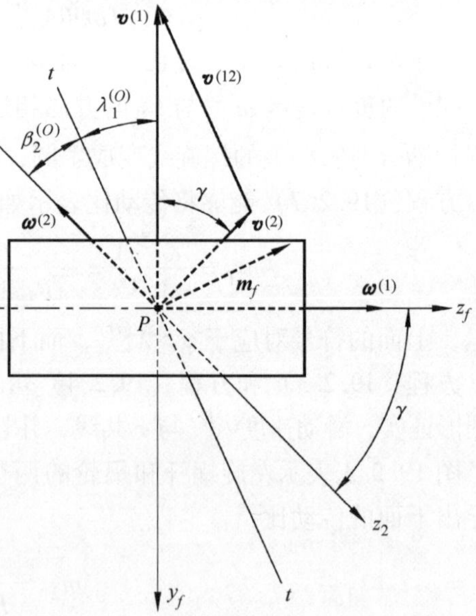

图 19.2.4　左旋蜗杆传动的速度多边形

19.3　设计参数及其关系式

1. 蜗杆的分度圆直径、导程角和轴向齿距

图 19.3.1a 所示蜗杆的分度圆柱的分度圆直径为 d_p，p_{ax} 是蜗杆相邻两螺旋齿的轴向距

离，该距离沿分度圆柱的素线测量。我们用 P_{ax} 标记比值 $P_{ax}=\pi/p_{ax}$。蜗杆的分度圆直径可选取为

$$d_p = 2r_p = \frac{q}{P_{ax}} \tag{19.3.1}$$

q 值由蜗杆的头数 N_1 和蜗轮齿数 N_2 决定，并且可以从一组推荐值（$7 \leqslant q \leqslant 25$）中选取。

我们将分度圆柱展开在一个平面上（见图 19.3.1b）。蜗杆每一个螺旋齿的螺旋线都将由一条直线表示。相邻两直线之间的距离 p_{ax} 为

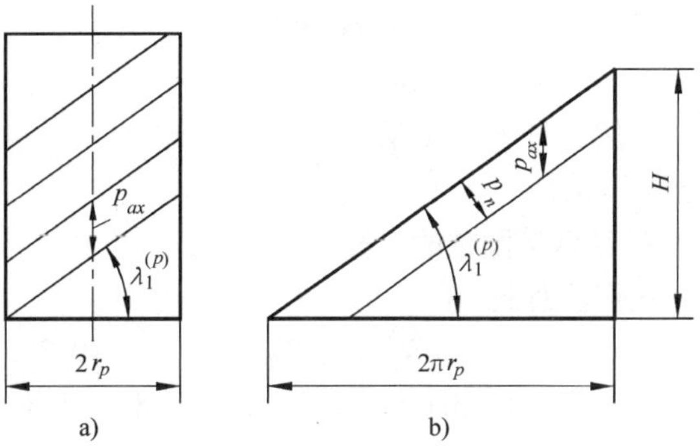

图 19.3.1 蜗杆分度圆柱
a）三维空间 b）在平面上展开

$$p_{ax} = \frac{H}{N_1} \tag{19.3.2}$$

式中，N_1 是蜗杆头数；H 是导程。

假定已知 r_p 和 P_{ax}，我们可以由如下方程确定分度圆柱上的导程角（见图 19.3.1b）

$$\tan\lambda_1^{(p)} = \frac{H}{\pi d_p} = \frac{p_{ax}N_1}{2\pi r_p} = \frac{N_1}{2P_{ax}r_p} \tag{19.3.3}$$

2. 蜗杆啮合节圆柱上的导程角

蜗杆啮合节圆柱和分度圆柱上的导程角有如下关系：

$$\tan\lambda_1^{(O)} r_O = \tan\lambda_1^{(p)} r_p = p \tag{19.3.4}$$

式中，$p = H/2\pi$ 是螺旋参数。

由方程（19.3.3）和方程（19.3.4）可得出

$$\tan\lambda_1^{(O)} = \frac{N_1}{2P_{ax}r_O} \tag{19.3.5}$$

式中，r_O 是选定的分度圆柱的半径。r_O 和 r_p 之间的差值将影响蜗杆和蜗轮之间的接触线形状。

3. 蜗杆和蜗轮齿距之间的关系式

我们强调一下，现在我们将考虑蜗杆和蜗轮在啮合节圆柱上的齿距（见图 19.3.2）。相邻两齿的轴面截线是两条平行曲线。因此，蜗杆的轴向齿距 p_{ax} 对于蜗杆分度圆柱和啮合节圆柱来说是相同的。对蜗杆和蜗轮来说，法面齿距 p_n 是相同的，并且表示为

$$p_n = p_{ax}\cos\lambda_1^{(O)}$$

蜗轮端面齿距 p_t 用如下方程表示（见图 19.3.2）：

$$p_t = \frac{p_n}{\cos\beta_2^{(O)}} = \frac{p_{ax}\cos\lambda_1^{(O)}}{\cos[90° \pm (\lambda_1^{(O)} - \gamma)]} = \pm\frac{p_{ax}\cos\lambda_1^{(O)}}{\sin(\gamma - \lambda_1^{(O)})} \quad （假定\ \gamma - \lambda_1^{(O)} \neq 0） \tag{19.3.6}$$

式中，$\beta_2^{(O)}$ 是蜗轮啮合节圆柱上蜗轮螺旋线的螺旋角。上面符号对应于 $\gamma > \lambda_1^{(O)}$，而下面符号对应于 $\gamma < \lambda_1^{(O)}$。方程（19.3.6）保证 p_t 为正号。

从对左旋蜗杆和蜗轮（见图 19.2.3）的类似推导中，可得

$$p_t = \frac{p_{ax}\cos\lambda_1^{(O)}}{\sin(\gamma+\lambda_1^{(O)})} \tag{19.3.7}$$

显然，对于正交蜗杆传动（$\gamma = 90°$），我们得到 $p_t = p_{ax}$。

4. 蜗轮啮合节圆柱的半径

我们注意到

$$p_t N_2 = 2\pi R_O \tag{19.3.8}$$

从方程（19.3.6）~方程（19.3.8）可导出如下方程：

1）对于右旋蜗杆和蜗轮来说，R_O 表示如下：

$$R_O = \pm\frac{p_{ax}N_2\cos\lambda_1^{(O)}}{2\pi\sin(\gamma-\lambda_1^{(O)})} \quad (\text{假定}\ \gamma-\lambda_1^{(O)} \neq 0) \tag{19.3.9}$$

上面符号对应于 $\gamma > \lambda_1^{(O)}$，而下面的符号对应于 $\gamma < \lambda_1^{(O)}$。

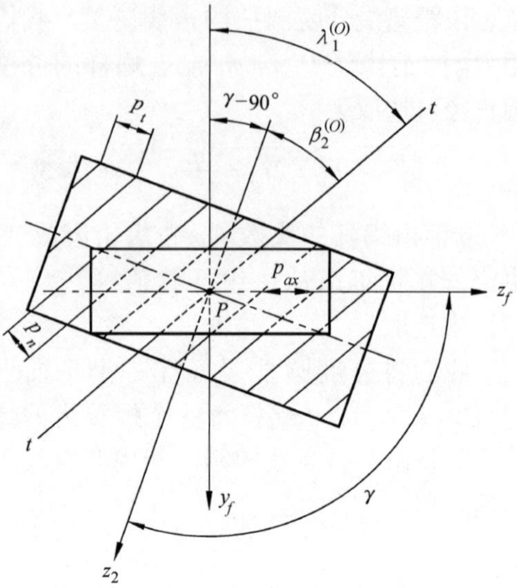

图 19.3.2　蜗杆和蜗轮啮合节圆柱

2）对于左旋蜗杆和蜗轮来说，我们有

$$R_O = \frac{p_{ax}N_2\cos\lambda_1^{(O)}}{2\pi\sin(\gamma+\lambda_1^{(O)})} \tag{19.3.10}$$

5. 用 N_1 和 N_2 表示 m_{21}

对右旋和左旋蜗杆和蜗轮，分别用方程（19.2.8）和方程（19.2.9）来表示传动比 m_{21}。从方程（19.2.8）、方程（19.2.9）、方程（19.3.9）和方程（19.3.10）可导出

$$m_{21} = \frac{N_1}{N_2} \tag{19.3.11}$$

6. 最短距离 E

蜗杆和蜗轮两轴线之间的最短距离为

$$E = r_O + R_O \tag{19.3.12}$$

其中

$$r_O = \frac{N_1 p_{ax}}{2\pi\tan\lambda_1^{(O)}} \tag{19.3.13}$$

R_O 用方程（19.3.9）或方程（19.3.10）表示。对于 $\gamma = 90°$ 和啮合节圆柱与分度圆柱相重合的情况，我们得

$$E = \frac{p_{ax}}{2\pi}\left(\frac{N_1}{\tan\lambda_1^{(O)}} + N_2\right) \tag{19.3.14}$$

7. 轴向截面、法向截面和端截面内各齿形角之间的关系式

考察蜗杆齿面的端截面、法向截面和轴向截面，用平面 $z=0$ 切割齿面，得到端截面（见图 19.3.3a）。用平面 $y=0$ 切割齿面，得到轴向截面（见图 19.3.3d）。图 19.3.3b 表示分度圆柱上螺旋线点 P 的螺旋线切线的单位矢量 $\boldsymbol{a}$。用通过 x 轴且垂直于矢量 $\boldsymbol{a}$ 的平面 Π 切割平面（见图 19.3.3b）可得法向截面（见图 19.3.3c）。法向截面表示在图 19.3.3c 中，齿

廓在点 P 处的单位切线矢量为 $\boldsymbol{b}$。

蜗杆齿面在点 P 处的单位法线矢量 $\boldsymbol{n}$ 表示为

$$\boldsymbol{n}=\boldsymbol{a}\times\boldsymbol{b} \tag{19.3.15}$$

其中

$$\boldsymbol{a}=[0 \quad \cos\lambda_p \quad \sin\lambda_p]^{\mathrm{T}}$$

$$\boldsymbol{b}=[\cos\alpha_n \quad \sin\alpha_n\sin\lambda_p \quad -\sin\alpha_n\cos\lambda_p]^{\mathrm{T}} \tag{19.3.16}$$

并且 λ_p 是分度圆柱上螺旋线的导程角。

从方程（19.3.15）和方程（19.3.16）导出

$$\boldsymbol{n}=[-\sin\alpha_n \quad \cos\alpha_n\sin\lambda_p \quad -\cos\alpha_n\cos\lambda_p]^{\mathrm{T}} \tag{19.3.17}$$

单位法线矢量的投影表示于图 19.3.3。在端截面、法向截面和轴向截面内齿廓切线的方向分别用 α_t、α_n 和 α_{ax} 表示。从图 19.3.3 的图形上，显然有

$$\tan\alpha_t=-\frac{n_x}{n_y}=\frac{\tan\alpha_n}{\sin\lambda_p}$$

$$\tan\alpha_{ax}=\frac{n_x}{n_z}=\frac{\tan\alpha_n}{\cos\lambda_p}$$

因此

$$\tan\alpha_n=\tan\alpha_t\sin\lambda_p=\tan\alpha_{ax}\cos\lambda_p \tag{19.3.18}$$

方程（19.3.18）建立了法向截面、端截面和轴向截面内各齿形角之间的关系。

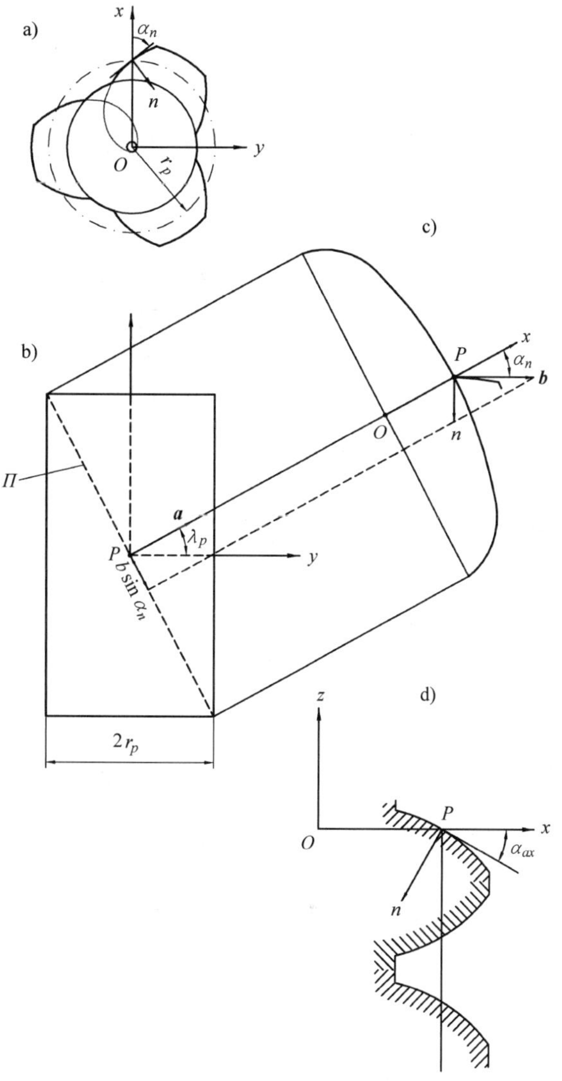

图 19.3.3 蜗杆齿面的截面

a）轮齿的横截面 b）三维空间蜗杆分度圆柱 c）平面的分度圆柱 d）蜗杆轮齿的轴向截面

现在我们考察一种特殊情况，即渐开线蜗杆。我们可以用螺旋参数 p、分度圆柱上的导程角 λ_p 和轴向截面齿形角 α_{ax} 来表示渐开线蜗杆基圆柱的半径 r_b。推导基于如下理由：

$$\cos\alpha_t=\frac{r_b}{r_p}=\frac{\tan\lambda_p}{\tan\lambda_b} \tag{19.3.19}$$

从方程（19.3.18）推出

$$\tan\alpha_t=\frac{\tan\alpha_{ax}}{\tan\lambda_p} \tag{19.3.20}$$

基圆柱的半径表示为

$$r_b=\frac{p}{\tan\lambda_b}=\frac{p}{\tan\lambda_p}\cos\alpha_t=\frac{p}{\tan\lambda_p(1+\tan^2\alpha_t)^{\frac{1}{2}}} \tag{19.3.21}$$

从方程（19.3.20）和方程（19.3.21）导出如下 r_b 最终表达式：

$$r_b = \frac{p}{(\tan^2\alpha_{ax} + \tan^2\lambda_p)^{\frac{1}{2}}} \tag{19.3.22}$$

19.4 ZA型蜗杆的加工及几何关系

这种蜗杆用直线刃车刀加工（见图19.4.1）。车刀切削刃安装在蜗杆轴向截面内。

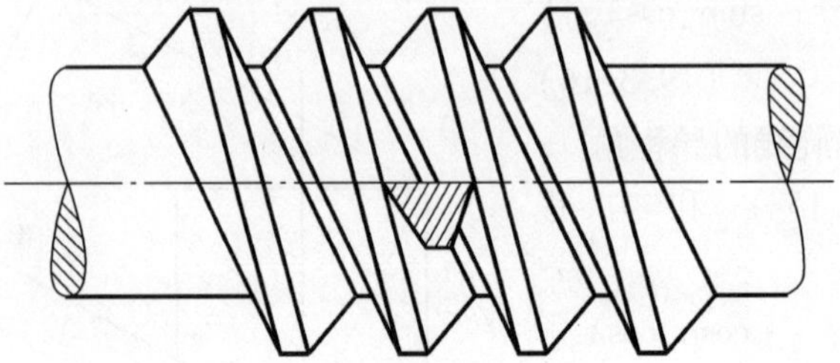

图19.4.1 安装用于加工阿基米德蜗杆的切削刃

下面，我们将考察两条产形线 *I* 和 *II*，它们分别形成蜗杆齿槽两侧的齿面 *I* 和 *II*（见图19.4.2）。两条产形线表示在与车刀刚性固接的坐标系 S_b 中。当坐标系 S_b 绕蜗杆轴线做螺旋运动时，相应的蜗杆螺旋齿两侧的齿面就被加工出来（见图19.4.3）。被加工出的齿面在坐标系 S_1 中用列矩阵方程表示

$$\boldsymbol{r}_1(u,\theta) = \boldsymbol{M}_{1b}(\theta)\boldsymbol{r}_b(u) \tag{19.4.1}$$

这里，坐标系 S_1 刚性固接于蜗杆；θ 是螺旋运动的回转角；参数 u 确定产形线上流动点的位置，并且从产形线与 z_b 轴的交点处测量 u。这样，对左产形线 *II* 上的流动点 B'，$u = |\overrightarrow{BB'}|$；同理，对于右产形线 *I* 上的流动点 A'，$u = |\overrightarrow{AA'}|$。

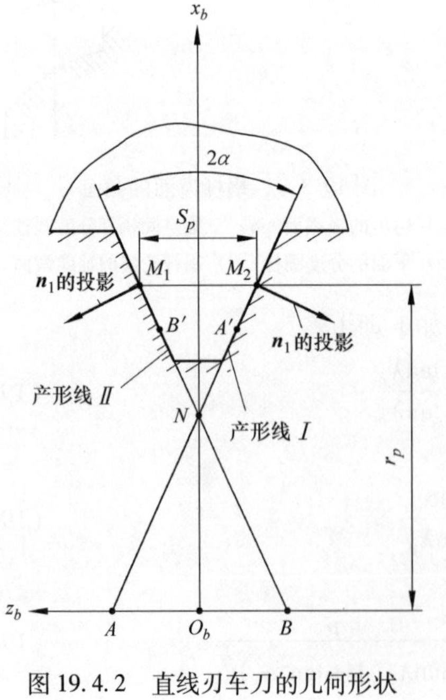

图19.4.2 直线刃车刀的几何形状

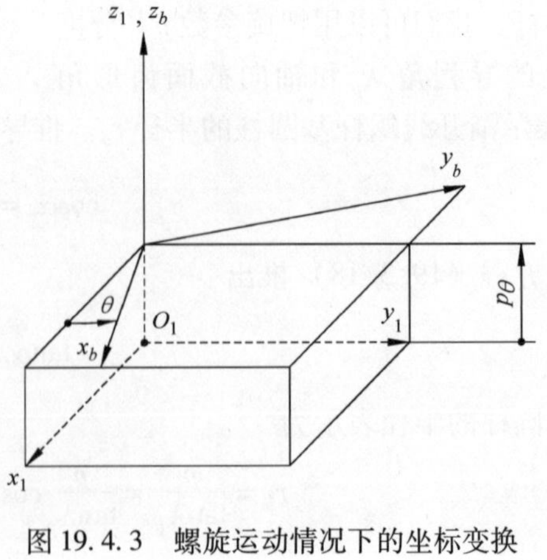

图19.4.3 螺旋运动情况下的坐标变换

在坐标系 S_1 中，曲面的单位法线矢量用如下方程表示：

$$\boldsymbol{n}_1(u,\theta) = \pm k\boldsymbol{N}_1 = \pm k\left(\frac{\partial \boldsymbol{r}_1}{\partial u} \times \frac{\partial \boldsymbol{r}_1}{\partial \theta}\right) \tag{19.4.2}$$

式中，$k=1/|\boldsymbol{N}_1|$。上面或下面符号的选取一定要使齿面的单位法线矢量指向蜗杆的螺旋面。

矩阵 $\boldsymbol{M}_{1b}$ 由下列方程表示（见图 19.4.3）

$$\boldsymbol{M}_{1b} = \begin{bmatrix} \cos\theta & -\sin\theta & 0 & 0 \\ \sin\theta & \cos\theta & 0 & 0 \\ 0 & 0 & 1 & \pm p\theta \\ 0 & 0 & 0 & 1 \end{bmatrix} \tag{19.4.3}$$

式中，p 是螺旋参数，为算术值（$p>0$）。$p\theta$ 的上面和下面的符号分别对应加工右旋蜗杆和左旋蜗杆时的情况。图 19.4.3 表示加工右旋蜗杆。

右旋和左旋蜗杆的两齿侧面 I 和 II 分别由产形线 I 和 II 形成。

利用方程（19.4.1）和方程（19.4.2），我们可以在 S_1 中将蜗杆齿槽两侧的齿面方程和齿面的单位法线矢量表示如下：

1）右旋蜗杆的齿侧面 I 为

$$\begin{cases} x_1 = u\cos\alpha\cos\theta \\ y_1 = u\cos\alpha\sin\theta \\ z_1 = -u\sin\alpha + \left(r_p\tan\alpha - \dfrac{s_p}{2}\right) + p\theta \end{cases} \tag{19.4.4}$$

齿面的单位法线矢量为

$$\boldsymbol{n}_1 = -k[(p\sin\theta + u\sin\alpha\cos\theta)\boldsymbol{i}_1 - (p\cos\theta - u\sin\alpha\sin\theta)\boldsymbol{j}_1 + u\cos\alpha\boldsymbol{k}_1] \quad (\text{假定} \cos \neq 0) \tag{19.4.5}$$

式中，$k=1/(p^2+u^2)^{\frac{1}{2}}$。

我们记得，参数 u 从产形线与 z_b 轴的交点 A 处沿产形线 I 测量（见图 19.4.2）。设计参数 s_p 等于蜗杆齿槽在轴向截面内的轴向宽度 w_{ax}。对于标准蜗杆传动，我们有

$$w_{ax} = \frac{\pi}{2P_{ax}} \tag{19.4.6}$$

式中，P_{ax} 是轴面径节。

2）右旋蜗杆的齿侧面 II 为

$$\begin{cases} x_1 = u\cos\alpha\cos\theta \\ y_1 = u\cos\alpha\sin\theta \\ z_1 = u\sin\alpha - \left(r_p\tan\alpha - \dfrac{s_p}{2}\right) + p\theta \end{cases} \tag{19.4.7}$$

齿面的单位法线矢量为

$$\boldsymbol{n}_1 = k[(p\sin\theta - u\sin\alpha\cos\theta)\boldsymbol{i}_1 - (p\cos\theta + u\sin\alpha\sin\theta)\boldsymbol{j}_1 + u\cos\alpha\boldsymbol{k}_1] \quad (\text{假定} \cos\alpha \neq 0) \tag{19.4.8}$$

式中，$k=1/(p^2+u^2)^{\frac{1}{2}}$。

3）左旋蜗杆的齿面 I 为

$$\begin{cases} x_1 = u\cos\alpha\cos\theta \\ y_1 = u\cos\alpha\sin\theta \\ z_1 = -u\sin\alpha + \left(r_p\tan\alpha - \dfrac{s_p}{2}\right) - p\theta \end{cases} \tag{19.4.9}$$

齿面的单位法线矢量为

$$\boldsymbol{n}_1 = -k[(-p\sin\theta + u\sin\alpha\cos\theta)\boldsymbol{i}_1 + (p\cos\theta + u\sin\alpha\cos\theta)\boldsymbol{j}_1 + u\cos\alpha\boldsymbol{k}_1] \quad (\text{假定} \cos\alpha \neq 0) \tag{19.4.10}$$

式中，$k = 1/(p^2 + u^2)^{\frac{1}{2}}$。

4）左旋蜗杆的齿侧面 II 为

$$\begin{cases} x_1 = u\cos\alpha\cos\theta \\ y_1 = u\cos\alpha\sin\theta \\ z_1 = u\sin\alpha - \left(r_p\tan\alpha - \dfrac{s_p}{2}\right) - p\theta \end{cases} \tag{19.4.11}$$

齿面的单位法线矢量为

$$\boldsymbol{n}_1 = k[-(p\sin\theta + u\sin\alpha\cos\theta)\boldsymbol{i}_1 + (p\cos\theta - u\sin\alpha\sin\theta)\boldsymbol{j}_1 + u\cos\alpha\boldsymbol{k}_1] \quad (\text{假定} \cos\alpha \neq 0) \tag{19.4.12}$$

式中，$k = 1/(p^2 + u^2)^{\frac{1}{2}}$。

例题 19.4.1

蜗杆齿面 Σ_1 用方程（19.4.7）表示。考察 Σ_1 的轴向截面线，即 Σ_1 与平面 $y_1 = 0$ 的交线。$y_1 = 0$ 时，方程（19.4.7）给出两个解：

（i）导出两条轴向截面线的方程，即 $x_1 = x_1(u)$ 和 $z_1 = z_1(u)$。

（ii）确定各轴向截面线与半径为 r_p 的分度圆柱交点的坐标 x_1 和 z_1。

解

（i）解 1

$$x_1 = u\cos\alpha$$
$$y_1 = 0$$
$$z_1 = u\sin\alpha - \left(r_p\tan\alpha - \frac{s_p}{2}\right)$$

解 2

$$x_1 = -u\cos\alpha$$
$$y_1 = 0$$
$$z_1 = u\sin\alpha - \left(r_p\tan\alpha - \frac{s_p}{2}\right) + p\pi$$

（ii）解 1

$$\theta = 0$$
$$x_1 = r_p$$
$$z_1 = \frac{s_p}{2}$$

解 2

$$\theta = \pi$$

$$x_1 = -r_p$$

$$z_1 = \frac{s_p}{2} + p\pi$$

例题 19.4.2

蜗杆齿面 Σ_1 用方程（19.4.7）表示。考察 Σ_1 被平面 $z_1=0$ 切割出的端面截线。研究方程 $r_1=r_1(\theta)$，这里，$r_1=(x_1^2+y_1^2)^{\frac{1}{2}}$，并且证明其表示阿基米德螺线。

解

从方程 $z_1=0$ 导出

$$u = \frac{r_p\tan\alpha - \dfrac{s_p}{2} - p\theta}{\sin\alpha} = \frac{a - p\theta}{\sin\alpha}$$

端面截线用如下方程表示

$$x_1 = (a - p\theta)\cot\alpha\cos\theta$$

$$y_1 = (a - p\theta)\cot\alpha\sin\theta$$

从方程

$$r_1 = (x_1^2 + y_1^2)^{\frac{1}{2}}$$

导出

$$r_1 = |a - p\theta|\cot\alpha$$

对 $\theta=0$，初始位置矢量的模为 $r_1=a\cot\alpha$。位置矢量模的增减与 θ 成正比，这就证明，端面截线是阿基米德螺线。图 19.4.4 表示具有三个螺旋齿的 ZA 型蜗杆的端截面。

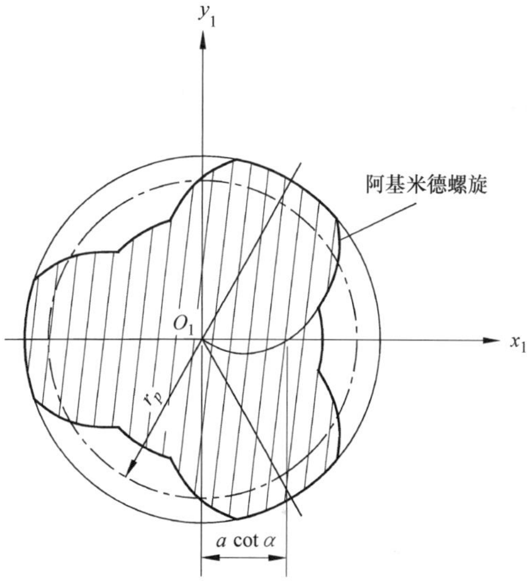

图 19.4.4 阿基米德蜗杆的端截面

19.5 ZN 型蜗杆的加工及几何关系

1. 加工

如果蜗杆的导程角足够小（$\lambda_p \leqslant 10°$），一般采用 ZA 型蜗杆。加工大导程角蜗杆时，为了保证较好的切割条件，车刀的安装如图 19.5.1a 或图 19.5.1b 所示。第一种安装方案（见图 19.5.1a）是使车刀的直线外形安装在螺旋齿的法向截面内（称为齿面直廓齿）。第二种方案中，车刀的直线外形安置在齿槽的法向截面内（称为齿槽直廓法）(见图 19.5.1b)。通过车刀相对于蜗杆做螺旋运动，加工出蜗杆齿面。

为了叙述车刀相对于蜗杆的安装情况，我们将使用刚性固接于车刀的蜗杆的坐标系 S_a 和 S_b。下面我们讨论蜗杆齿槽的加工（见图 19.5.2）。轴线 z_b 与蜗杆轴线相重合，轴线 z_a 和 z_b 构成夹角 λ_p，其是蜗杆分度圆柱上的导程角；原点 O_a 和 O_b 位于蜗杆的轴线上。

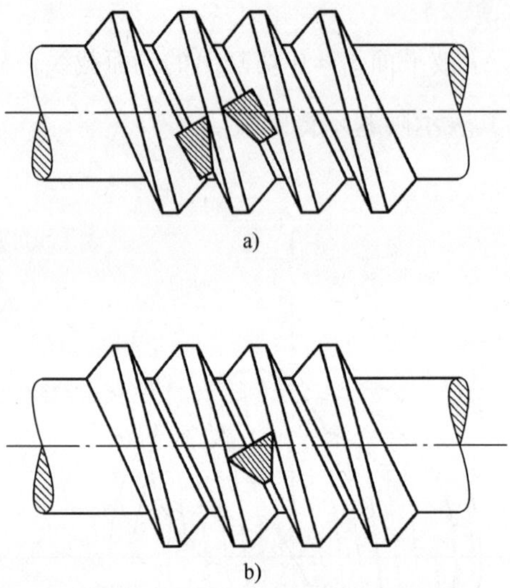

图 19.5.1　ZN 型蜗杆加工的车刀安装

a）用于螺旋齿的加工　b）用于齿槽的加工

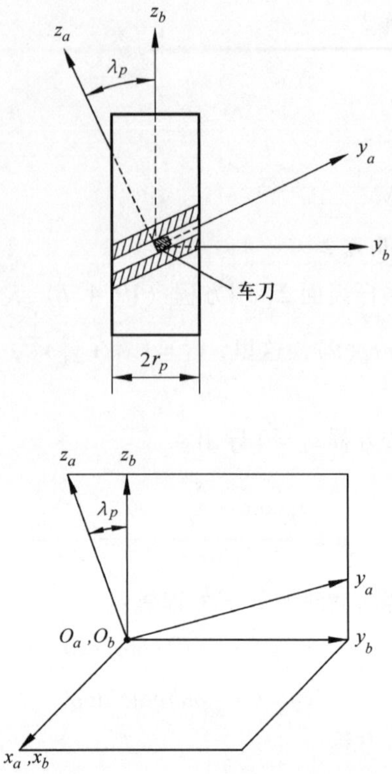

图 19.5.2　用于车刀安装的坐标系

车刀的直线外形示于图 19.5.3。两条直线的延长线切于待定半径为 ρ 的圆柱。坐标系 S_a 中的平面 $y_a=0$ 与该圆柱的交线是一个两轴为 2ρ 和 $2\rho/\sin\lambda_p$ 的椭圆。从 S_a 到 S_b 的坐标变换由矩阵 $\boldsymbol{M}_{ba}$ 表示如下：

$$\boldsymbol{M}_{ba}=\begin{bmatrix}1 & 0 & 0 & 0\\ 0 & \cos\lambda_p & \mp\sin\lambda_p & 0\\ 0 & \pm\sin\lambda_p & \cos\lambda_p & 0\\ 0 & 0 & 0 & 1\end{bmatrix} \tag{19.5.1}$$

上面和下面的符号分别对应于加工右旋蜗杆和左旋蜗杆。

2. 在坐标系 S_a 中表示产形线

下面，我们将考察产形线 I 和 II（见图 19.5.3）。每一条产形线都是椭圆的切线，该椭圆的方程在坐标系 S_a 中以参数形式表示为

$$\boldsymbol{R}_a=\left[\rho\sin\mu \quad 0 \quad \frac{\rho}{\sin\lambda_p}\cos\mu\right]^{\mathrm{T}} \tag{19.5.2}$$

图 19.5.4 上的图形说明了确定椭圆上流动点 C 的坐标的方法；μ 是变参数。

椭圆的单位切线矢量 $\boldsymbol{\tau}_a$ 用如下方程表示：

$$\boldsymbol{\tau}_a=\frac{\boldsymbol{T}_a}{|\boldsymbol{T}_a|}=\frac{\rho}{|\boldsymbol{T}_a|}\left[\cos\mu \quad 0 \quad -\frac{\sin\mu}{\sin\lambda_p}\right]^{\mathrm{T}} \quad \left(\boldsymbol{T}_a=\frac{\mathrm{d}\boldsymbol{R}_a}{\mathrm{d}\mu}\right) \tag{19.5.3}$$

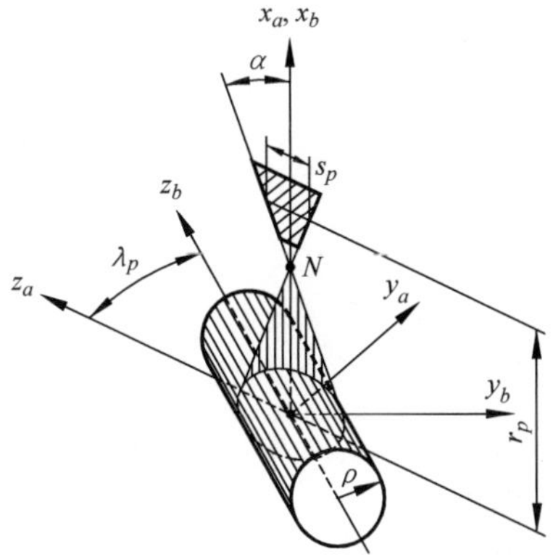

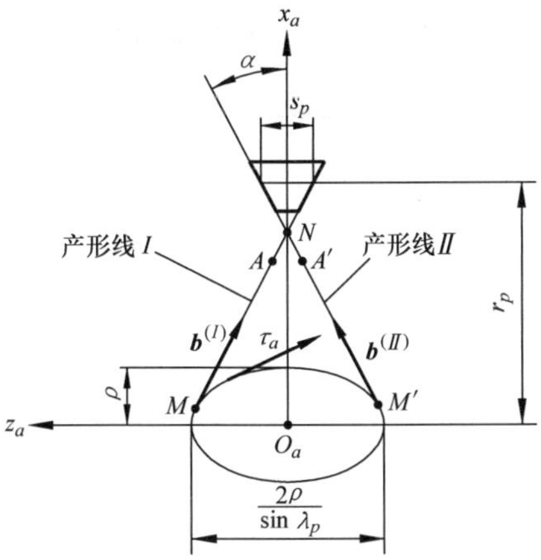

图 19.5.3 在坐标系 S_a 中表示产形线

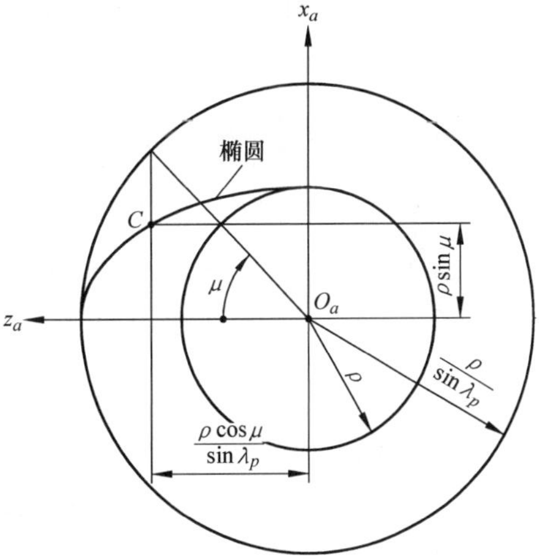

图 19.5.4 椭圆方程的说明

图 19.5.3 中所示的 $\boldsymbol{\tau}_a$ 的方向与参数 μ 增加的方向一致（见图 19.5.4）。

产形线 I 和 II 的单位矢量 $\boldsymbol{b}_a^{(i)}$（$i = I, II$）在 S_a 中表示如下：

$$\boldsymbol{b}_a^{(I)} = [\cos\alpha \quad 0 \quad -\sin\alpha]^{\mathrm{T}} \tag{19.5.4}$$

$$\boldsymbol{b}_a^{(II)} = [\cos\alpha \quad 0 \quad \sin\alpha]^{\mathrm{T}} \tag{19.5.5}$$

显然，在产形线与椭圆的切点（点 M 和对应的 M'）处，我们有 $\boldsymbol{b}_a^{(I)} = \boldsymbol{\tau}_a^{(I)}$ 和 $\boldsymbol{b}_a^{(II)} = -\boldsymbol{\tau}_a^{(II)}$。从方程（19.5.3）~方程（19.5.5）导出（参见注 1、注 2 中的补充解释）

$$\begin{aligned}
&\frac{\rho}{|\boldsymbol{T}_a|} = \cos\delta \\
&\cos\mu^{(I)} = \frac{\cos\alpha}{\cos\delta} \\
&\sin\mu^{(I)} = \frac{\sin\alpha\sin\lambda_p}{\cos\delta} = \tan\delta\tan\lambda_p \\
&\cos\mu^{(II)} = -\frac{\cos\alpha}{\cos\delta} \\
&\sin\mu^{(II)} = \frac{\sin\alpha\sin\lambda_p}{\cos\delta} = \tan\delta\tan\lambda_p
\end{aligned} \tag{19.5.6}$$

其中

$$\begin{cases}\cos\delta=(\cos^2\alpha+\sin^2\alpha\sin^2\lambda_p)^{\frac{1}{2}}\\ \sin\delta=\sin\alpha\cos\lambda_p\end{cases}\tag{19.5.7}$$

上标 I 和 II 分别表示产形线 I 和 II 。

产形线在 S_a 中用如下方程表示：

$$\begin{cases}x_a=\rho\sin\mu\pm u\cos\delta\cos\mu\\ y_a=0\\ z_a=\dfrac{\rho\cos\mu}{\sin\lambda_p}\mp u\dfrac{\cos\delta\sin\mu}{\sin\lambda_p}\end{cases}\tag{19.5.8}$$

方程（19.5.8）中，上面和下面的符号分别对应产形线 I 和 II 。我们去掉了上标 I 和 II ，但 μ 的大小对产形线 I 和 II 是不同的［参见方程（19.5.6）］。参数 μ 确定产形线上流动点 A（或 A'）的位置；$\mu=|\overrightarrow{MA}|$ 和 $u=|\overrightarrow{M'A'}|$ 如图19.5.3所示。

注1：确定 $\cos\delta$ 和 $\sin\delta$ 的表达式

利用等式 $\boldsymbol{b}_a^{(I)}=\boldsymbol{\tau}_a^{(I)}$，方程（19.5.3）和方程（19.5.4），我们得

$$\begin{cases}\dfrac{\rho}{|\boldsymbol{T}_a|}\cos\mu^{(I)}=\cos\alpha\\ \dfrac{\rho}{|\boldsymbol{T}_a|}\dfrac{\sin\mu^{(I)}}{\sin\lambda_p}=\sin\alpha\end{cases}\tag{19.5.9}$$

从方程（19.5.9）导出

$$\begin{cases}\cos\mu^{(I)}=\left(\dfrac{\rho}{|\boldsymbol{T}_a|}\right)^{-1}\cos\alpha\\ \sin\mu^{(I)}=\left(\dfrac{\rho}{|\boldsymbol{T}_a|}\right)^{-1}\sin\alpha\sin\lambda_p\end{cases}\tag{19.5.10}$$

利用方程（19.5.10），我们得

$$\frac{\rho}{|\boldsymbol{T}_a|}=(\cos^2\alpha+\sin^2\alpha\sin^2\lambda_p)^{\frac{1}{2}}\tag{19.5.11}$$

为了简化起见，利用记号

$$\frac{\rho}{|\boldsymbol{T}_a|}=\cos\delta\tag{19.5.12}$$

我们得到 $\cos\delta$ 和 $\sin\delta$ 的如下表达式：

$$\cos\delta=(\cos^2\alpha+\sin^2\alpha\sin^2\lambda_p)^{\frac{1}{2}}$$

$$\sin\delta=(1-\cos^2\delta)^{\frac{1}{2}}=\sin\alpha\cos\lambda_p$$

方程（19.5.7）被证实。

注2：推导 $\sin\mu$ 和 $\cos\mu$ 的表达式

从方程（19.5.9）导出

$$\begin{cases}\cos\mu^{(I)}=\dfrac{\cos\alpha}{\cos\delta}\\ \sin\mu^{(I)}=\dfrac{\sin\alpha\sin\lambda_p}{\cos\delta}\end{cases}\tag{19.5.13}$$

因为 $|\rho/\boldsymbol{T}_a| = \cos\delta$。

考虑到 $\sin\delta = \sin\alpha\cos\lambda_p$［参见方程（19.5.7）］，我们得

$$\begin{cases}\cos\mu^{(I)} = \dfrac{\cos\alpha}{\cos\delta} \\ \sin\mu^{(I)} = \tan\delta\tan\lambda_p\end{cases} \tag{19.5.14}$$

类似的，我们可导出 $\cos\mu^{(II)}$ 和 $\sin\mu^{(II)}$ 的表达式。$\cos\mu^{(i)}$、$\sin\mu^{(i)}$（$i = I, II$）的表达式已经表示在方程（19.5.6）中。

3. 确定 ρ

方程（19.5.8）表示两条产形线，其是图 19.5.3 中椭圆的两条切线，切点分别是 M 和 M'。产形线上点 N 的方程（19.5.8）（见图 19.5.3）表示如下：

$$\begin{cases}\rho\sin\mu \pm u^*\cos\delta\cos\mu = d \\ \dfrac{\rho\cos\mu}{\sin\lambda_p} \mp \dfrac{u^*\cos\delta\sin\mu}{\sin\lambda_p} = 0\end{cases} \tag{19.5.15}$$

式中，$u^* = |\overrightarrow{MN}| = |\overrightarrow{M'N'}|$，$d = O_aN = r_p - (s_p/2)\cot\alpha$。

我们把方程（19.5.15）看作是含有未知数 u^* 和 ρ 的具有两个线性方程的方程组，并且表示为

$$\begin{cases}a_{11}\rho + a_{12}u^* = d \\ a_{21}\rho + a_{22}u^* = 0\end{cases} \tag{19.5.16}$$

未知数 ρ 的解为

$$\rho = \frac{\Delta_1}{\Delta} \tag{19.5.17}$$

其中

$$\Delta_1 = \begin{vmatrix} d & a_{12} \\ 0 & a_{22}\end{vmatrix} = \mp\left(\frac{d\cos\delta\sin\mu}{\sin\lambda_p}\right) \tag{19.5.18}$$

$$\Delta = \begin{vmatrix} a_{11} & a_{12} \\ a_{21} & a_{22}\end{vmatrix} = \mp\left(\frac{\cos\delta}{\sin\lambda_p}\right) \tag{19.5.19}$$

从方程（19.5.16）~方程（19.5.19）导出

$$\rho = d\frac{\sin\alpha\sin\lambda_p}{(\cos^2\alpha + \sin^2\alpha\sin^2\lambda_p)^{\frac{1}{2}}} \tag{19.5.20}$$

其中

$$d = r_p - \frac{s_p}{2}\cot\alpha$$

对于图 19.5.1a 所示的车刀的安装情况，我们得（见图 19.5.5）

$$d = r_p + \frac{w_p}{2}\cot\alpha \tag{19.5.21}$$

这里，w_p 是按图 19.5.5 所示测得的两刀刃之间的距离。

4. 蜗杆螺旋齿面的方程

蜗杆的螺旋齿面是由车刀的刀刃（产形线）绕蜗杆轴线做螺旋运动加工出来的。齿面

的矢量方程由如下矩阵方程表示在 S_1 中：

$$\boldsymbol{r}_1(\theta,u)=\boldsymbol{M}_{1b}(\theta)\boldsymbol{M}_{ba}\boldsymbol{r}_a(u) \tag{19.5.22}$$

这里，矩阵 $\boldsymbol{M}_{1b}$ 用方程（19.4.3）表示；矩阵 $\boldsymbol{M}_{ba}$ 用方程（19.5.1）表示；$\boldsymbol{r}_a(u)$ 是表示在坐标系 S_a 中的产形线的矢量方程。

齿面的单位法线矢量表示如下

$$\begin{cases}\boldsymbol{n}_1(u,\theta)=\pm\dfrac{\boldsymbol{N}_1}{|\boldsymbol{N}_1|}\\ \boldsymbol{N}_1=\dfrac{\partial\boldsymbol{r}_1}{\partial u}\times\dfrac{\partial\boldsymbol{r}_1}{\partial\theta}\end{cases} \tag{19.5.23}$$

选取方程（19.5.23）中的适当符号，我们可以得到齿面法线矢量指向蜗杆的螺旋齿。

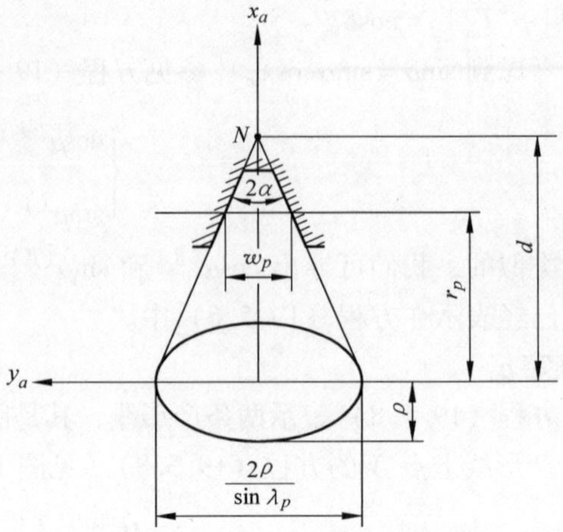

图 19.5.5　蜗杆螺旋齿的加工（见图 19.5.1a）：在 S_a 中表示产形线

ZN 型蜗杆的齿及其单位法线矢量表示如下：

1）右旋蜗杆的齿侧面 *I* 为

$$\begin{cases}x_1=\rho\sin(\theta+\mu)+u\cos\delta\cos(\theta+\mu)\\ y_1=-\rho\cos(\theta+\mu)+u\cos\delta\sin(\theta+\mu)\\ z_1=\rho\dfrac{\cos\alpha\cot\lambda_p}{\cos\delta}-u\sin\delta+\rho\theta\end{cases} \tag{19.5.24}$$

其中

$$\begin{cases}\cos\mu=\dfrac{\cos\alpha}{\cos\delta}\\ \sin\mu=\dfrac{\sin\alpha\sin\lambda_p}{\cos\delta}\\ \cos\delta=(\cos^2\alpha+\sin^2\alpha\sin^2\lambda_p)^{\frac{1}{2}}\\ \sin\delta=\sin\alpha\cos\lambda_p\end{cases} \tag{19.5.25}$$

齿面单位法线矢量的分量为

$$\begin{cases}n_{x1}=-\dfrac{1}{k}[(p+\rho\tan\delta)\sin(\theta+\mu)+\mu\sin\delta\cos(\theta+\mu)]\\ n_{y1}=-\dfrac{1}{k}[-(p+\rho\tan\delta)\cos(\theta+\mu)+u\sin\delta\sin(\theta+\mu)]\\ n_{z1}=-\dfrac{u\cos\delta}{k}\end{cases} \tag{19.5.26}$$

其中

$$k=[(p+\rho\tan\delta)^2+u^2]^{\frac{1}{2}}$$

2）右旋蜗杆的齿侧面 *II* 为

$$
\begin{cases}
x_1 = \rho\sin(\theta+\mu) - u\cos\delta\cos(\theta+\mu) \\
y_1 = -\rho\cos(\theta+\mu) - u\cos\delta\sin(\theta+\mu) \\
z_1 = -\rho\dfrac{\cos\alpha\cot\lambda_p}{\cos\delta} + u\sin\delta + p\theta
\end{cases}
\tag{19.5.27}
$$

这里，$\cos\mu = -\cos\alpha/\cos\delta$，$\sin\mu = \sin\alpha\sin\lambda_p/\cos\delta$；$\cos\delta$ 和 $\sin\delta$ 表达式与方程（19.5.25）中相同。

齿面单位法线矢量的分量为

$$
\begin{cases}
n_{x1} = \dfrac{1}{k}[-(p+\rho\tan\delta)\sin(\theta+\mu) + u\sin\delta\cos(\theta+\mu)] \\
n_{y1} = \dfrac{1}{k}[(p+\rho\tan\delta)\cos(\theta+\mu) + u\sin\delta\sin(\theta+\mu)] \\
n_{z1} = \dfrac{u\cos\delta}{k}
\end{cases}
\tag{19.5.28}
$$

3）左旋蜗杆的齿侧面 I 为

$$
\begin{cases}
x_1 = -\rho\sin(\theta-\mu) + u\cos\delta\cos(\theta-\mu) \\
y_1 = \rho\cos(\theta-\mu) + u\cos\delta\sin(\theta-\mu) \\
z_1 = \rho\dfrac{\cos\alpha\cot\lambda_p}{\cos\delta} - u\sin\delta - p\theta
\end{cases}
\tag{19.5.29}
$$

其中

$$
\begin{cases}
\cos\mu = \dfrac{\cos\alpha}{\cos\delta} \\
\sin\mu = \dfrac{\sin\alpha\sin\lambda_p}{\cos\delta} = \tan\delta\tan\lambda_p
\end{cases}
\tag{19.5.30}
$$

齿面单位法线矢量的分量为

$$
\begin{cases}
n_{x1} = \dfrac{1}{k}[(p+\rho\tan\delta)\sin(\theta-\mu) - u\sin\delta\cos(\theta-\mu)] \\
n_{y1} = \dfrac{1}{k}[-(p+\rho\tan\delta)\cos(\theta-\mu) - u\sin\delta\sin(\theta-\mu)] \\
n_{z1} = -\dfrac{u\cos\delta}{k}
\end{cases}
\tag{19.5.31}
$$

4）左旋蜗杆的齿侧面 II 为

$$
\begin{cases}
x_1 = -\rho\sin(\theta-\mu) - u\cos\delta\cos(\theta-\mu) \\
y_1 = \rho\cos(\theta-\mu) - u\cos\delta\sin(\theta-\mu) \\
z_1 = -\rho\dfrac{\cos\alpha\cot\lambda_p}{\cos\delta} + u\sin\delta - p\theta
\end{cases}
\tag{19.5.32}
$$

其中

$$
\begin{cases}
\cos\mu = -\dfrac{\cos\alpha}{\cos\delta} \\
\sin\mu = \dfrac{\sin\alpha\sin\lambda_p}{\cos\delta} = \tan\delta\tan\lambda_p
\end{cases}
\tag{19.5.33}
$$

齿面单位法线矢量的分量为

$$\begin{cases} n_{x1} = \dfrac{1}{k}[(p+\rho\tan\delta)\sin(\theta-\mu)+u\sin\delta\cos(\theta-\mu)] \\ n_{y1} = \dfrac{1}{k}[-(p+\rho\tan\delta)\cos(\theta-\mu)+u\sin\delta\sin(\theta-\mu)] \\ n_{z1} = \dfrac{u\cos\delta}{k} \end{cases} \tag{19.5.34}$$

5. 齿面加工方法的运动学解释

蜗杆齿面加工的具体形象基于下列所考虑的各点：

1）产形线 $L^{(j)}$（$j=I$，II）可以表示在切于半径为 ρ 的圆柱的平面 $\Pi^{(j)}$ 内（上标 I 和 II 分别表示产形线 I 和 II）。

2）$L^{(j)}$ 和蜗杆轴线为两条相错的直线。这样，$L^{(j)}$ 可以表示在坐标系 $S_\tau^{(j)}$ 中，其单位矢量记为 $\boldsymbol{e}_1^{(j)}$、$\boldsymbol{e}_2^{(j)}$ 和 $\boldsymbol{e}_3^{(j)}$。矢量 $\boldsymbol{e}_3^{(j)}$ 沿着蜗杆的轴线的方向，并且 $\boldsymbol{e}_3^{(j)}=\boldsymbol{k}_b$。单位矢量 $\boldsymbol{e}_1^{(j)}$ 沿着产形线和蜗杆轴线的单位矢量之间的最短距离的方向。单位矢量 $\boldsymbol{e}_2^{(j)}$ 由 $\boldsymbol{e}_1^{(j)}$ 和 $\boldsymbol{e}_3^{(j)}$ 的矢量积确定（参见下文）。

3）坐标系 $\boldsymbol{S}_\tau^{(j)}$（$j=I$，$II$）和 S_b（见图 19.5.6 和图 19.5.7）相互刚性固接，并且绕蜗杆轴线以螺旋参数 p 做螺旋运动。$L^{(j)}$ 与 $\boldsymbol{e}_1^{(j)}$ 的交点 $M^{(j)}$ 在螺旋运动中形成一条位于半径 ρ 的圆柱上的螺旋线。螺旋线在点 $M^{(j)}$ 处的单位切线矢量和 $L^{(j)}$ 的单位矢量 $\boldsymbol{b}^{(j)}$，在 ZN 型蜗杆的情况下不重合，并且构成一定的角度。

4）现在我们考察位于切平面 $\Pi^{(j)}$ 内的两条刚性固接的直线，其单位矢量为 $\boldsymbol{b}^{(j)}$ 和 $\boldsymbol{\tau}$，并且两直线相交于公共点 $M^{(j)}$。上述两条直线都做同一螺旋运动，并且直线 $L^{(j)}$ 形成蜗杆齿面，该面为一法向直廓螺旋面。如果 $L^{(j)}$ 与 $\boldsymbol{\tau}$ 重合，$L^{(j)}$ 将形成渐开线螺旋面。

为了进一步推导，我们考察如下面方程：

$$\overrightarrow{O_bN}=\overrightarrow{O_bO_\tau^{(j)}}+\overrightarrow{O_\tau^{(j)}M^{(j)}}+\overrightarrow{M^{(j)}N} \tag{19.5.35}$$

这里，N 是两条产形线的交点（见图 19.5.3），且

$$\overrightarrow{O_bN}=d\boldsymbol{i}_b \tag{19.5.36}$$

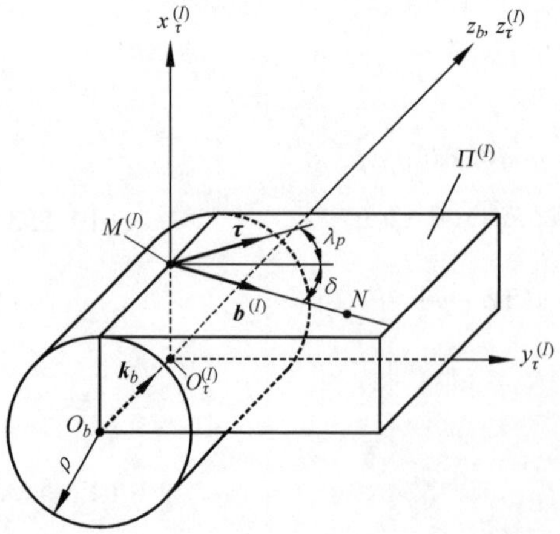

图 19.5.6 在 S_τ 中表示产形线 I

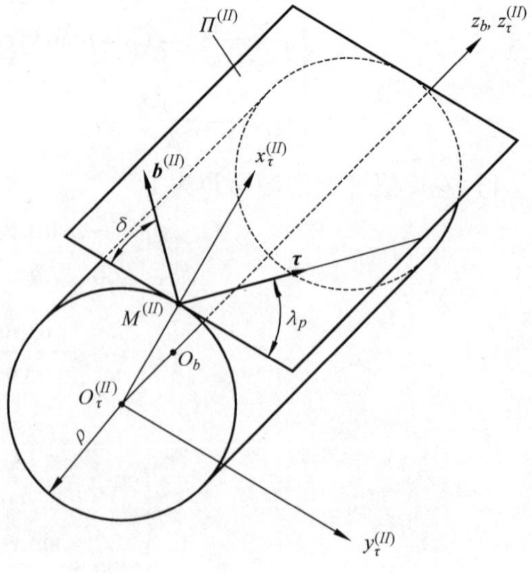

图 19.5.7 在 S_τ 中表示产形线 II

矢量$\overrightarrow{O_bO_\tau^{(j)}}$、$\overrightarrow{O_\tau^{(j)}M^{(j)}}$和$\overrightarrow{M^{(j)}N}$在 S_b 中可以表示如下：

$$\overrightarrow{O_bO_\tau^{(j)}}=\lambda^{(j)}\boldsymbol{k}_b \quad (j=\mathrm{I},\mathrm{II}) \tag{19.5.37}$$

$$\overrightarrow{O_\tau^{(j)}M^{(j)}}=\rho\boldsymbol{e}_{1b}^{(j)} \tag{19.5.38}$$

其中

$$\boldsymbol{e}_{1b}^{(j)}=\pm\frac{\boldsymbol{b}_b^{(j)}\times\boldsymbol{k}_b}{|\boldsymbol{b}_b^{(j)}\times\boldsymbol{k}_b|} \tag{19.5.39}$$

$$\overrightarrow{M^{(j)}N}=m\boldsymbol{b}_b^{(j)} \tag{19.5.40}$$

$$\boldsymbol{e}_{2b}^{(j)}=\boldsymbol{e}_{3b}^{(j)}\times\boldsymbol{e}_{1b}^{(j)} \tag{19.5.41}$$

$\boldsymbol{e}_{1b}^{(j)}$和$\boldsymbol{e}_{2b}^{(j)}$的下标 b 表明这些矢量表示在 S_b 中。

确定方程（19.5.39）中的适当符号基于如下考虑：

1）方程（19.5.35）~方程（19.5.39）导出

$$\mathrm{d}(\boldsymbol{i}_b\cdot\boldsymbol{e}_{1b}^{(j)})=\rho \tag{19.5.42}$$

2）考虑到 d 和 ρ 均为正的，我们得

$$\boldsymbol{i}_b\cdot\boldsymbol{e}_{1b}^{(j)}>0 \tag{19.5.43}$$

3）从方程（19.5.42）和方程（19.5.43）得出，方程（19.5.39）中上面（下面）的符号对应$j=\mathrm{I}$（$j=\mathrm{II}$）的情况。

利用表达式（19.5.39）和式（19.5.40），我们可以确定矢量$\boldsymbol{e}_{1b}^{(j)}$和$\boldsymbol{e}_{2b}^{(j)}$（$j=\mathrm{I}$，$\mathrm{II}$）在坐标系 S_b 中的方向余弦。利用矢量方程（19.5.35），我们还可以在 S_b 中确定原点 $O_\tau^{(j)}$（$j=\mathrm{I}$，II）的位置。这样，我们得到如下坐标变换矩阵：

$$\boldsymbol{M}_{\tau b}^{(\mathrm{I})}=\begin{bmatrix}\tan\lambda_p\tan\delta & -\dfrac{\cos\alpha}{\cos\delta} & 0 & 0\\ \dfrac{\cos\alpha}{\cos\delta} & \tan\lambda_p\tan\delta & 0 & 0\\ 0 & 0 & 1 & -\dfrac{d\cos\alpha\tan\delta}{\cos\delta}\\ 0 & 0 & 0 & 1\end{bmatrix} \tag{19.5.44}$$

$$\boldsymbol{M}_{\tau b}^{(\mathrm{II})}=\begin{bmatrix}\dfrac{\sin\alpha\sin\lambda_p}{\cos\delta} & \dfrac{\cos\alpha}{\cos\delta} & 0 & 0\\ -\dfrac{\cos\alpha}{\cos\delta} & \dfrac{\sin\alpha\sin\lambda_p}{\cos\delta} & 0 & 0\\ 0 & 0 & 1 & \dfrac{d\cos\alpha\tan\delta}{\cos\delta}\\ 0 & 0 & 0 & 1\end{bmatrix} \tag{19.5.45}$$

产形线用以下方程表示在 $S_\tau^{(j)}$ 中（见图 19.5.6 和图 19.5.7）：

$$\boldsymbol{b}_\tau^{(\mathrm{I})}=[0\quad \cos\delta\quad -\sin\delta]^{\mathrm{T}} \tag{19.5.46}$$

$$\boldsymbol{b}_\tau^{(\mathrm{II})}=[0\quad -\cos\delta\quad \sin\delta]^{\mathrm{T}} \tag{19.5.47}$$

螺旋线在点 $M^{(j)}$ 处的切线矢量在 $S_\tau^{(j)}$ 中表示为

$$\boldsymbol{\tau}_\tau^{(j)} = [0 \quad \cos\lambda_p \quad \sin\lambda_p]^{\mathrm{T}} \tag{19.5.48}$$

其中

$$\lambda_p = \arctan\left(\frac{p}{\rho}\right) \tag{19.5.49}$$

利用类似于对右旋蜗杆的推导，我们得到左旋蜗杆产形线的方程。产形线表示在坐标系 $S_\tau^{(j)}$（$j = \mathrm{I}$，II）中能够使我们确定产形线在与半径为 ρ 的圆柱相切平面 $\Pi^{(j)}$ 内的方向（见图 19.5.6 和图 19.5.7）。

右和左产形线的单位矢量在 $S_\tau^{(\mathrm{I})}$ 和 $S_\tau^{(\mathrm{II})}$ 中表示如下：

$$\boldsymbol{b}_\tau^{(\mathrm{I})} = [0 \quad -\cos\delta \quad -\sin\delta]^{\mathrm{T}} \tag{19.5.50}$$

$$\boldsymbol{b}_\tau^{(\mathrm{II})} = [0 \quad \cos\delta \quad \sin\delta]^{\mathrm{T}} \tag{19.5.51}$$

蜗杆齿面的端面截线是一条长幅渐开线（见图 19.5.8），其由线段 B_OM 上的点 B_O 给出；该线段与沿半径为 $p/\tan\delta_p$ 的圆做纯滚动的直线刚性固接。具有三个螺旋齿的 ZN 型蜗杆的端面截线表示在图 19.5.9 中。

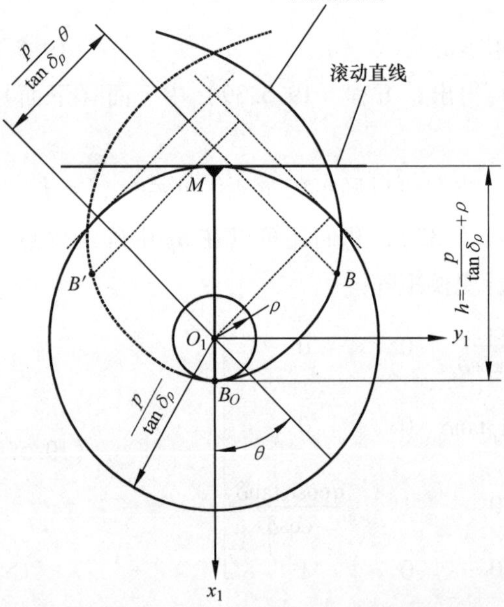

图 19.5.8　ZN 型蜗杆端截面上齿廓的长幅渐开线

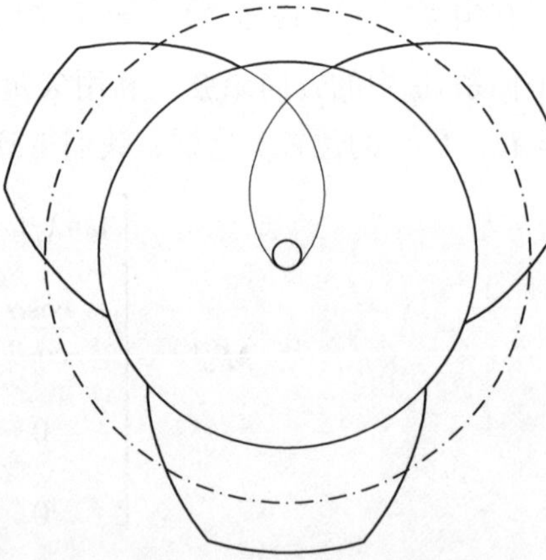

图 19.5.9　ZN 型蜗杆的端截面

6. 特例

阿基米德蜗杆（ZA）的齿面是法向直廓蜗杆螺旋面（ZN）的一个特例。根据齿面 ZN 的方程，分别对齿侧面 I 和 II 取 $\rho = 0$ 和 $\delta = \alpha$，$\mu = 0$ 和 $\mu = \pi$，便可导出齿面 ZA 的方程。

假定产形线是半径为 ρ 的圆柱上螺旋线的切线，从法向直廓螺旋面（ZN）的方程可推导出渐开线螺旋面（参见下文）。

例题 19.5.1

假定用方程（19.5.24）表示的蜗杆齿面被平面 $y_1 = 0$ 所切割。轴 x_1 是轴向截面内齿槽的对称轴。轴面齿廓与分度圆柱的交点用如下坐标确定：

$$x_1 = r_p$$

$$z_1 = -\frac{w_{ax}}{2} = -\frac{p_{ax}}{4} = -\frac{\pi}{4P_{ax}}$$

式中，w_{ax}是轴向截面内齿槽宽度的名义值，该宽度沿分度圆柱的素线测量；p_{ax}是相邻两螺旋面之间沿基圆柱素线的距离；$P_{ax} = \pi/p_{ax}$是蜗杆的轴向截面的径节。

假定r_p、p、w_{ax}和α是给定的，推导用来确定s_p（见图19.5.3）的方程组。

解

从如下方程可求出角θ：

$$r_p\left(\frac{\sin\theta}{\tan\lambda_p} + \tan\lambda_p\theta\right) + \frac{w_{ax}}{2} = 0 \tag{19.5.52}$$

这样，s_p可表示为

$$s_p = 2r_p\left[(1-\cos\theta)\tan\alpha - \frac{\sin\theta}{\sin\lambda_p}\right] \tag{19.5.53}$$

在解非线性方程时，对第一次估算我们取$\sin\theta \approx \theta$。

提示：

1）利用如下方程组，可推导出方程（19.5.52）：

$$x_1 = \rho\sin(\theta+\mu) + u\cos\delta\cos(\theta+\mu) = r_p \tag{19.5.54}$$

$$y_1 = -\rho\cos(\theta+\mu) + u\cos\delta\sin(\theta+\mu) = 0 \tag{19.5.55}$$

$$z_1 = \rho\frac{\cos\alpha\cot\lambda_p}{\cos\delta} - u\sin\delta + p\theta = -\frac{w_{ax}}{2} \tag{19.5.56}$$

从方程（19.5.55）可推导出

$$u\cos\delta = \frac{\rho}{\tan(\theta+\mu)} \tag{19.5.57}$$

将方程（19.5.54）和方程（19.5.55）加以联立，可推导出

$$\rho = r_p\sin(\theta+\mu) \tag{19.5.58}$$

我们可以认为方程（19.5.54）~方程（19.5.56）是一个含未知数u和ρ的具有三个线性方程的方程组。如果该方程组确实存在，增广矩阵的秩一定等于2。从这个条件可推导出与上述方程（19.5.52）相一致的方程。

2）推导方程（19.5.53）基于如下想法：

① 根据方程（19.5.20），我们有

$$\rho = \left(r_p - \frac{s_p}{2}\cot\alpha\right)\frac{\sin\alpha\sin\lambda_p}{(\cos^2\alpha + \sin^2\alpha\sin^2\lambda_p)^{\frac{1}{2}}}$$

② 利用替换式［参见方程（19.5.58）和方程（19.5.25）］：

$$\rho = r_p\sin(\theta+\mu)$$

$$\cos\mu\cos\delta = \cos\alpha$$

$$\sin\mu\cos\delta = \sin\alpha\sin\lambda_p$$

$$\cos\delta = (\cos^2\alpha + \sin^2\alpha\sin^2\lambda_p)^{\frac{1}{2}}$$

变换以上方程。经过变换以后，我们得到上面给出的方程（19.5.53）。

19.6　ZI（渐开线）型蜗杆的加工及几何关系

1. 齿面方程

蜗杆齿面是由切于基圆柱上螺旋线 M_OM 的直线做螺旋运动形成的（见图19.6.1）。右旋蜗杆齿侧面 I 上流动点的位置矢量 $\overrightarrow{O_1N}$ 可表示为

$$\overrightarrow{O_1N}=\overrightarrow{O_1K}+\overrightarrow{KM}+\overrightarrow{MN} \quad (19.6.1)$$

其中

$$\begin{cases}\overrightarrow{O_1K}=r_b(\cos\theta\boldsymbol{i}_1+\sin\theta\boldsymbol{j}_1)\\ \overrightarrow{KM}=p\theta\boldsymbol{k}_1\\ \overrightarrow{MN}=u\cos\lambda_b(\sin\theta\boldsymbol{i}_1-\cos\theta\boldsymbol{j}_1)-u\sin\lambda_b\boldsymbol{k}_1\end{cases} \quad (19.6.2)$$

式中，r_b 是基圆柱的半径；$p=r_b\tan\lambda_b$ 是螺旋参数；λ_b 是螺旋线的导程角；变量 u 和 θ 是齿面参数。

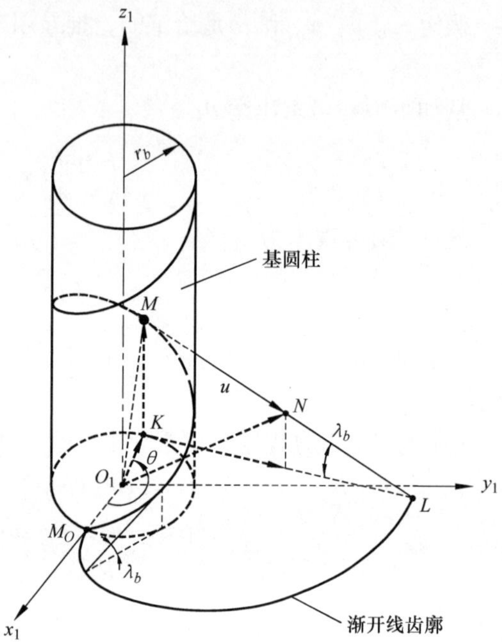

图19.6.1　右旋蜗杆齿侧面 I 的渐开线螺旋面的形成

从方程（19.6.1）和方程（19.6.2）可推导出

$$\begin{cases}x_1=r_b\cos\theta+u\cos\lambda_b\sin\theta\\ y_1=r_b\sin\theta-u\cos\lambda_b\cos\theta\\ z_1=-u\sin\lambda_b+p\theta\end{cases} \quad (19.6.3)$$

指向蜗杆螺旋齿的齿面单位法线矢量表示为

$$\begin{cases}\boldsymbol{n}_1=\dfrac{\boldsymbol{N}_1}{|\boldsymbol{N}_1|}\\ \boldsymbol{N}_1=\dfrac{\partial\boldsymbol{r}_1}{\partial\theta}\times\dfrac{\partial\boldsymbol{r}_1}{\partial u}\end{cases} \quad (19.6.4)$$

于是，我们可推导出

$$\boldsymbol{n}_1=[-\sin\lambda_b\sin\theta \quad \sin\lambda_b\cos\theta \quad -\cos\lambda_b]^{\mathrm{T}} \quad (\text{假定 } u\cos\lambda_b\neq 0) \quad (19.6.5)$$

齿面的单位法线矢量 $\boldsymbol{n}_1$ 的方向与 u 无关。这意味着，沿产形线的单位法线矢量具有相同的方向，并且蜗杆齿面是一直纹可展曲面（我们记得，ZA 型和 ZN 型蜗杆的齿面是直纹面，但不是可展曲面）。

容易证明，当 $u=0$ 时，$\boldsymbol{N}_1=\boldsymbol{0}$。因此，在产形线与螺纹线的切点处，齿面上的点是奇异点。在这样的点处，矢量 $\partial\boldsymbol{r}_1/\partial u$ 和 $\partial\boldsymbol{r}_1/\partial\theta$ 共线。

蜗杆齿面被 $z_1=c$ 切割出的端面截线是基圆半径为 r_b 的渐开线。

推导右旋蜗杆齿侧面Ⅱ的方程基于图19.6.2中的图形。利用类似于上面讨论的那些思路，我们得到该齿面及其单位法线矢量的如下方程：

$$\begin{cases} x_1 = r_b\cos\theta + u\cos\lambda_b\sin\theta \\ y_1 = -r_b\sin\theta + u\cos\lambda_b\cos\theta \\ z_1 = u\sin\lambda_b - p\theta \end{cases} \tag{19.6.6}$$

$$\boldsymbol{n}_1 = [\, -\sin\lambda_b\sin\theta \quad -\sin\lambda_b\cos\theta \quad \cos\lambda_b \,]^{\mathrm{T}} \quad (\text{假定 } u\cos\lambda_b \neq 0) \tag{19.6.7}$$

我们的下一目标是给出用轴 x_1 作为端截面 $z_1=0$ 对称轴的两侧齿面的方程。以图 19.6.3上的图形导出

$$\mu = \frac{w_t}{2r_p} - \mathrm{inv}\alpha_t \tag{19.6.8}$$

式中，w_t 是分度圆柱上端截面内的齿槽宽度；α_t 是端截面内的齿形角（由位置矢量 $\overrightarrow{O_1P}$ 和齿廓在点 P 处的切线构成）。由渐开线的三角关系知道

$$\begin{cases} \mathrm{inv}\alpha_t = \tan\alpha_t - \alpha_t \\ \alpha_t = \arccos\left(\dfrac{r_b}{r_p}\right) \end{cases} \tag{19.6.9}$$

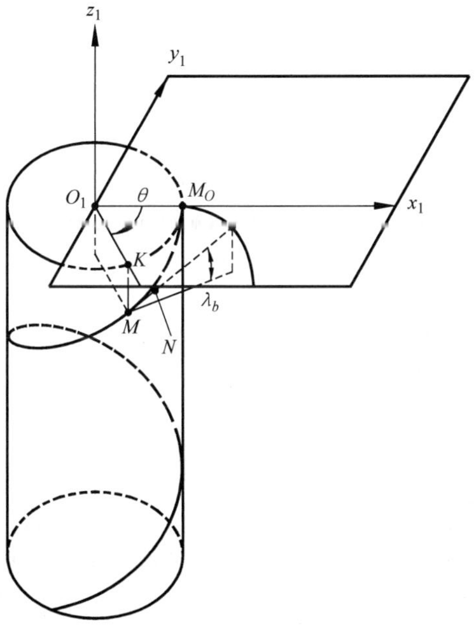

图 19.6.2 推导右旋蜗杆齿侧面 II 的渐开线螺旋面

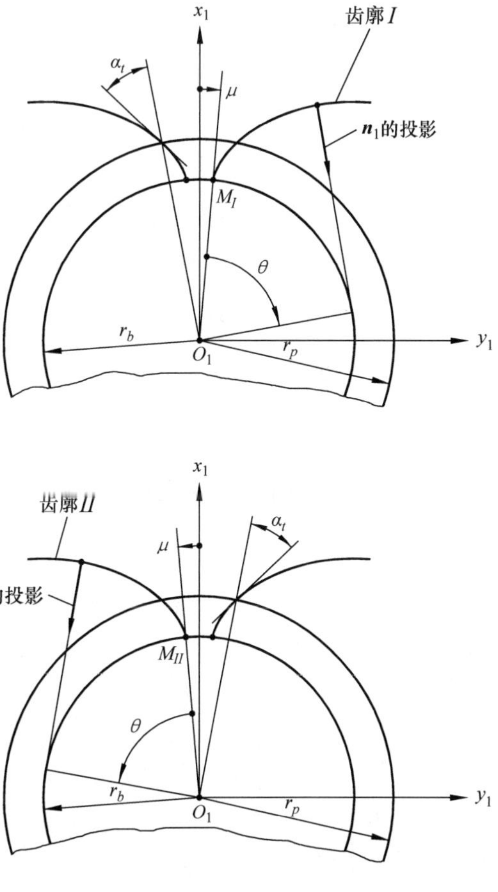

图 19.6.3 渐开线蜗杆的端截面

我们记得，端截面和轴向截面的齿形角 α_t 和 α_{ax} 用方程（19.3.20）来联系，而基圆柱的半径由方程（19.3.21）表示。右旋和左旋蜗杆的两侧齿面的最终表达式如下：

1）右旋蜗杆的齿侧面I为

$$\begin{cases}x_1=r_b\cos(\theta+\mu)+u\cos\lambda_b\sin(\theta+\mu)\\ y_1=r_b\sin(\theta+\mu)-u\cos\lambda_b\cos(\theta+\mu)\\ z_1=-u\sin\lambda_b+p\theta\end{cases}\tag{19.6.10}$$

$$\boldsymbol{n}_1=[-\sin\lambda_b\sin(\theta+\mu)\quad \sin\lambda_b\cos(\theta+\mu)\quad -\cos\lambda_b]^{\mathrm{T}}\tag{19.6.11}$$

对应于负z_1轴上的观察者，角度θ和μ以$\overrightarrow{O_1M_I}$至y_1轴的正向沿顺时针方向测量。

2）右旋蜗杆的齿侧II为

$$\begin{cases}x_1=r_b\cos(\theta+\mu)+u\cos\lambda_b\sin(\theta+\mu)\\ y_1=-r_b\sin(\theta+\mu)+u\cos\lambda_b\cos(\theta+\mu)\\ z_1=u\sin\lambda_b-p\theta\end{cases}\tag{19.6.12}$$

$$\boldsymbol{n}_1=[-\sin\lambda_b\sin(\theta+\mu)\quad -\sin\lambda_b\cos(\theta+\mu)\quad \cos\lambda_b]^{\mathrm{T}}\tag{19.6.13}$$

对位于负z_1轴上的观察者，角度θ和μ从$\overrightarrow{O_1M_{II}}$至$y_1$轴的负向沿逆时针方向测量。

3）左旋蜗杆的齿侧面I为

$$\begin{cases}x_1=r_b\cos(\theta+\mu)+u\cos\lambda_b\sin(\theta+\mu)\\ y_1=r_b\sin(\theta+\mu)-u\cos\lambda_b\cos(\theta+\mu)\\ z_1=u\sin\lambda_b-p\theta\end{cases}\tag{19.6.14}$$

$$\boldsymbol{n}_1=[-\sin\lambda_b\sin(\theta+\mu)\quad \sin\lambda_b\cos(\theta+\mu)\quad \cos\lambda_b]^{\mathrm{T}}\tag{19.6.15}$$

对位于负z_1轴上的观察者，角度θ和μ从$\overrightarrow{O_1M_I}$至y_1轴的正向沿顺时针方向测量。

4）左旋蜗杆的齿侧面II为

$$\begin{cases}x_1=r_b\cos(\theta+\mu)+u\cos\lambda_b\sin(\theta+\mu)\\ y_1=-r_b\sin(\theta+\mu)+u\cos\lambda_b\cos(\theta+\mu)\\ z_1=-u\sin\lambda_b+p\theta\end{cases}\tag{19.6.16}$$

$$\boldsymbol{n}_1=[-\sin\lambda_b\sin(\theta+\mu)\quad -\sin\lambda_b\cos(\theta+\mu)\quad -\cos\lambda_b]^{\mathrm{T}}\tag{19.6.17}$$

对位于负z_1轴上的观察者，角度θ和μ从$\overrightarrow{O_1M_{II}}$到$y_1$轴负向沿逆时针方向测量。

2. 加工方法

蜗杆齿面的加工可以采用直刃车刀、铣刀和平面砂轮。

用直刃车刀加工基于模拟产形直线的螺旋运动，该直线是基圆柱上螺旋线的切线（见图19.6.4）。如果车刀的前刀面切于蜗杆基圆柱，刀刃的齿形角等于导程角λ_b（见图19.6.4），则车刀刀刃就与产形线重合。蜗杆齿面的每一侧必须分别加工。

因为蜗杆齿面是可展直纹面，所以用平面加工是可能的。例如D. Brown公司（见图19.6.5）就采用这种方法进行磨削。磨削是利用平面完成的。装有砂轮的磨头具有两个自由度，并且可以利用绕相互垂直的两轴线$a—a$和$b—b$的转动，相对于蜗杆轴线进行安装。第三个自由度——砂轮绕$h—h$轴线的转动，与齿面形成无关，其仅提供所希望的磨削速度。砂轮绕$a—a$轴线和$b—b$轴线的转动，使得磨削平面Σ_t切于蜗杆齿面Σ_1。平面Σ_t和齿面Σ_1每一瞬时都沿一条直线，即产形线L相互接触。Σ_1上沿L的法线和砂轮轴线$h—h$具有相同的方向。蜗杆对砂轮的相对运动是绕蜗杆轴线的螺旋运动，该螺旋运动具有渐开线螺旋面的螺旋参数p。所产生的蜗杆齿面是上述螺旋运动直线L形成的直线族。

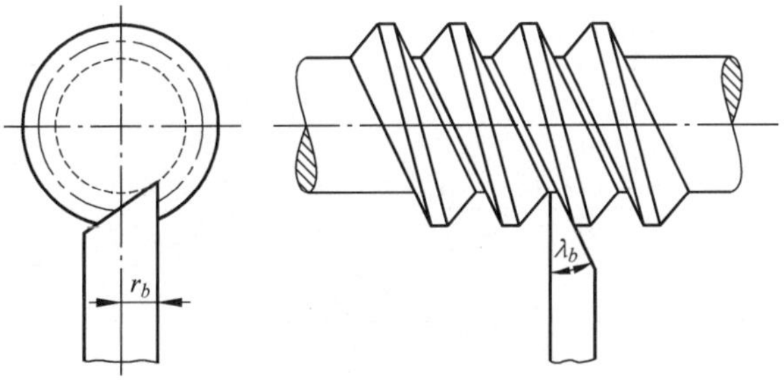

图 19.6.4　用车刀加工渐开线蜗杆

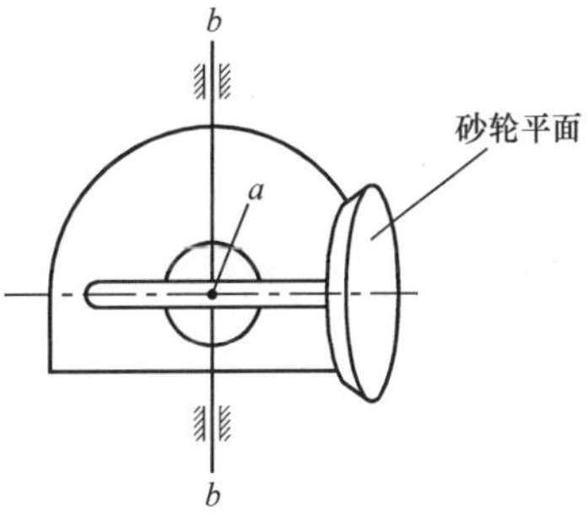

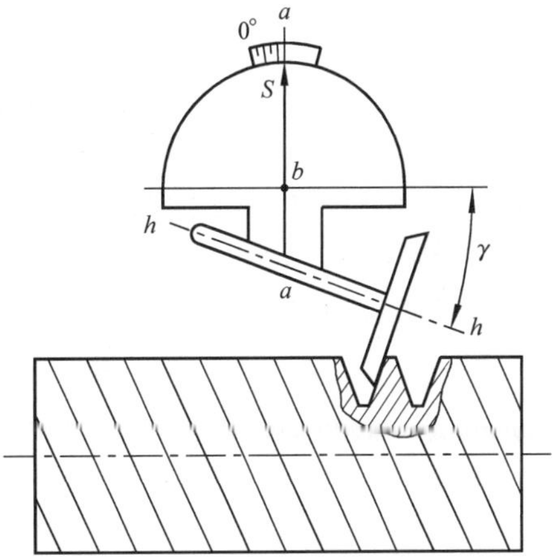

图 19.6.5　用砂轮平面加工渐开线蜗杆

砂轮相对蜗杆的安装基于如下思路：

1）我们设置三个坐标（见图 19.6.6）——与砂轮刚性固接的坐标系 S_a，与磨头刚性固接的动坐标 S_b 和固定坐标系 S_O。坐标系 S_O 与安装有砂轮磨头的机架刚性固接。坐标系 S_b 可以绕机架 b—b 轴转动，而坐标系 S_a 可以绕安装在 S_b 中的 a—a 轴转动。

2）假定砂轮轴线 h—h 和蜗杆的轴线最初位于平行平面，并且构成角 γ（见图 19.6.6a）。砂轮轴线的单位矢量 $\boldsymbol{c}$ 将在位置 l_1。

3）然后，我们假定坐标系 S_a 和 S_b 绕 x_b 轴（绕 b—b 轴）转过角 q（见图 19.6.6b）。单位矢量 $\boldsymbol{c}$ 将在位置 l_2。

4）图 19.6.6c 表示坐标系 S_a 绕 y_b 轴（a—a 轴）转过角 τ。单位矢量 $\boldsymbol{c}$ 将在位置 l_3。

利用矩阵方程

$$\boldsymbol{c}_O=\boldsymbol{M}_{Ob}\boldsymbol{M}_{ba}\boldsymbol{c}_a \tag{19.6.18}$$

可以将单位矢量 $\boldsymbol{c}$ 表示在 S_O 中。

从方程（19.6.18）可推导出

$$\boldsymbol{c}_O=\sin\tau\cos\gamma\boldsymbol{i}_O+(\sin\gamma\cos q+\cos\gamma\sin q\cos\tau)\boldsymbol{j}_O+(-\sin\gamma\sin q+\cos\gamma\cos q\cos\tau)\boldsymbol{k}_O \tag{19.6.19}$$

5）蜗杆齿面的单位法线矢量 $\boldsymbol{n}_1$ 在 S_1 中曾由方程（19.6.5）给出。改变 $\boldsymbol{n}_1$ 的方向为相反的方向，经过推导以后，我们可以在坐标系 S_O 中表示蜗杆齿面的单位法线矢量 $\boldsymbol{n}_O$ 如下

$$\boldsymbol{n}_O=[\sin\lambda_b\sin(\phi_1+\theta)\quad -\sin\lambda_b\cos(\phi_1+\theta)\quad \cos\lambda_b]^{\mathrm{T}} \tag{19.6.20}$$

式中，ϕ_1 是蜗杆在螺旋运动中的转角。

考虑 $\boldsymbol{n}_O=\boldsymbol{c}_O$，我们可以得到联系 $(\phi_1+\theta)$、γ、q 和 τ 四个参数的两个独立方程。必须先选定这四个参数中的两个，然后可求出其余两个参数。例如，假定 $(\phi_1+\theta)=\pi/2+\alpha_t$，并且选定 γ，我们可以利用下述计算步骤确定 τ 和 q。

步骤1：确定 τ。

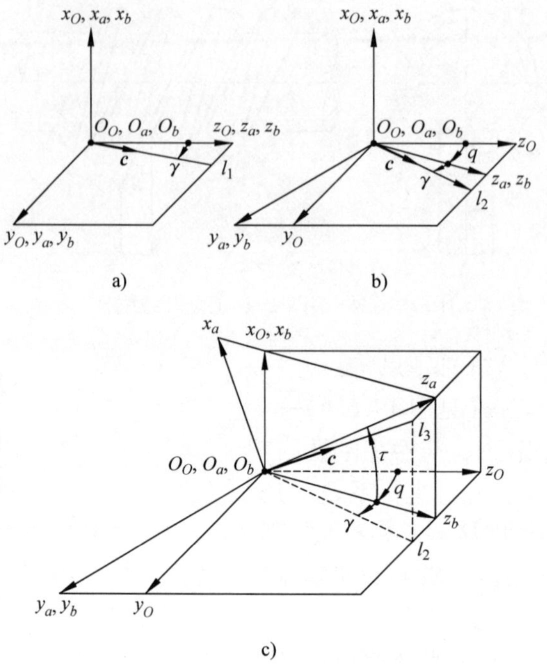

图 19.6.6　砂轮安装和使用的坐标系

a）砂轮初始安装矢量 $\boldsymbol{c}$ 位于 l_1　b）砂轮初始安装矢量 $\boldsymbol{c}$ 位于 l_2　c）砂轮初始安装矢量 $\boldsymbol{c}$ 位于 l_3

$$\sin\tau=\frac{\sin\lambda_b\cos\alpha_t}{\cos\gamma}=\frac{\sin\lambda_p\cos\alpha_n}{\cos\gamma} \tag{19.6.21}$$

方程（19.6.21）给出 τ 的两个解，然而假定具有较小 τ 值的解是要选定的。

步骤 2：确定 q。

利用如下方程确定 q 的唯一解：

$$\begin{aligned}\sin q&=\frac{\sin\lambda_b\sin\alpha_t\cos\gamma\cos\tau-\sin\gamma\cos\lambda_b}{1-\cos^2\gamma\sin^2\tau}\\&=\frac{\sin\alpha_n\cos\gamma\cos\tau-\sin\gamma\cos\lambda_b}{1-\sin^2\lambda_p\cos^2\alpha_n}\end{aligned} \tag{19.6.22}$$

$$\begin{aligned}\cos q&=\frac{\cos\gamma\cos\tau\cos\lambda_b+\sin\gamma\sin\lambda_b\sin\alpha_t}{1-\cos^2\gamma\sin^2\tau}\\&=\frac{\cos\gamma\cos\tau\cos\lambda_b+\sin\gamma\sin\alpha_n}{1-\sin^2\lambda_p\cos^2\alpha_n}\end{aligned} \tag{19.6.23}$$

在端截面和法向截面内的齿形角 α_t 和 α_n 通过方程（19.3.18）加以联系。

19.7　K 型蜗杆的几何关系及加工

1. 加工

渐开线蜗杆传动的最重要优点可用平面砂轮来磨削蜗杆齿面。对 ZK 型蜗杆开发出的另一种磨削方法，是基于应用磨削圆锥。砂轮和被加工蜗杆的两轴线是交错的。同样的加工方法可以用于铣刀铣削，如图19.7.1所示。刀具（砂轮或铣刀）的轴面截线具有用于加工N型蜗杆的车刀外形（见图19.5.3），但是K型蜗杆的齿面不同于N型蜗杆的齿面，因为K型蜗杆是由刀具的表面，而不是由车刀的直线刃形成的。

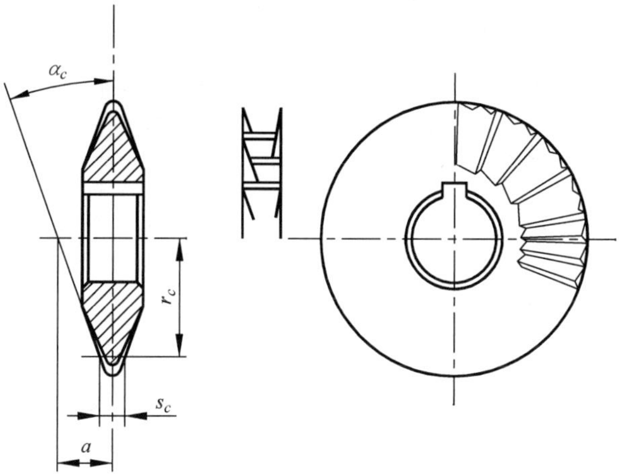

a)

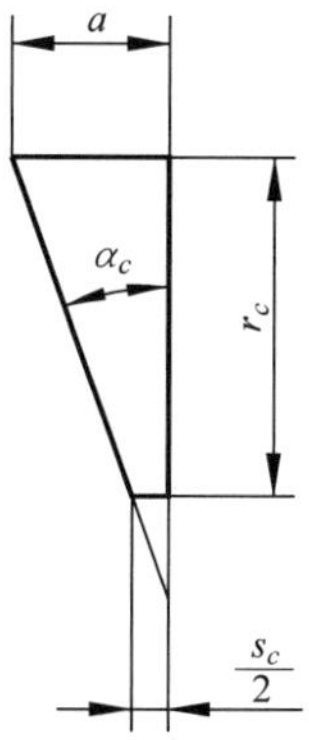

b)

图19.7.1　K型蜗杆的铣刀

a）铣刀的安装　b）刀具参数 a、$s_c/2$ 和 r_c

2. 使用的坐标系

我们利用刚性固接于铣刀和蜗杆的坐标系 S_c 和 S_1。S_O 是用来叙述所用刀具的安装和蜗杆运动的固定坐标系。我们假定在加工过程中刀具是静止的，而被加工的蜗杆绕其轴线以螺旋参数 p 做螺旋运动（见图19.7.2），刀具和蜗杆的两轴线是交错的，并且构成角 γ_c，通常 $\gamma_c=\lambda_p$，这里 λ_p 是蜗杆分度圆柱上的导程角。

在磨削过程中，刀具还绕其轴线转动，但是，这种转动仅与所希望的切削（磨削）速度有关，而在考察蜗杆加工的数学形状时可以忽略。

3. 蜗杆齿面方程

有一坐标系 S_1 中形成的刀具曲面 Σ_c 的曲面族。蜗杆齿面 Σ_1 作为刀具曲面族的包络来确定。齿面 Σ_1 作为曲面 Σ_c 和 Σ_1 的接触线接通过如下方程来表示：

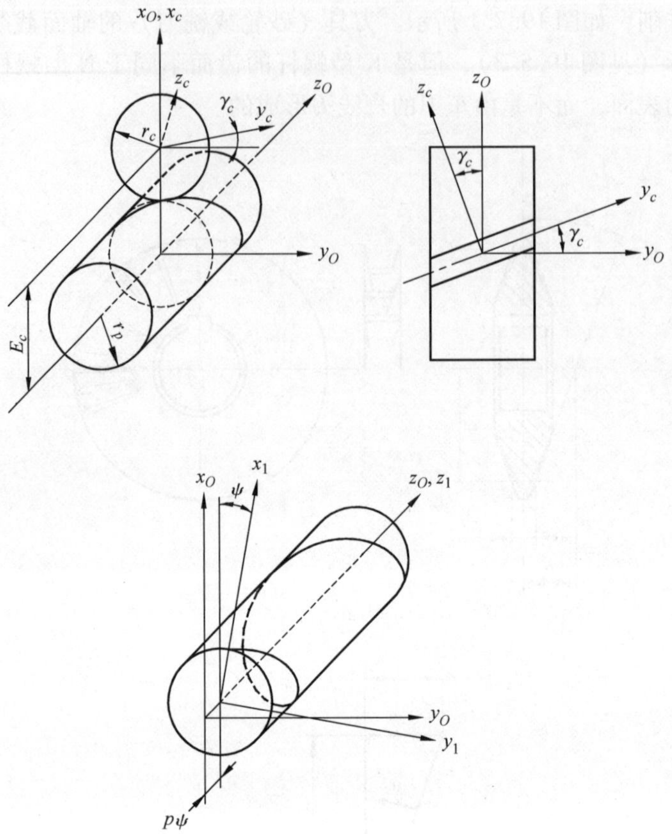

图 19.7.2　用于加工 K 型蜗杆的坐标系

$$\boldsymbol{r}_1(u_c,\theta_c,\psi)=\boldsymbol{M}_{1O}\boldsymbol{M}_{Oc}\boldsymbol{r}_c(u_c,\theta_c) \tag{19.7.1}$$

$$\boldsymbol{N}_c(\theta_c)\cdot\boldsymbol{v}_c^{(c1)}(u_c,\theta_c)=f(u_c,\theta_c)=0 \tag{19.7.2}$$

方程（19.7.1）表示刀具的曲面族；（u_c，θ_c）是刀具曲面的 Gaussian 坐标，而 ψ 是螺旋运动中的回转角。方程（19.7.2）是啮合方程。矢量 $\boldsymbol{N}_c$ 和$\boldsymbol{v}_c^{(c1)}$ 表示在 S_c 中，并且分别表示 Σ_c 的法线矢量和相对（滑动）速度。下面将证明［见方程（19.7.8)］，方程(19.7.2）不包含参数中 ψ。

将方程（19.7.1）和方程（19.7.2）联立起来，通过三个相关联的参数 u_c、θ_c 和 ψ 来表示蜗杆的齿面。

为了进一步推导，我们将考察加工右旋蜗杆的齿侧面 I。圆锥面由如下方程表示（见图 19.7.3)：

$$\boldsymbol{r}_c=u_c\cos\alpha_c(\cos\theta_c\boldsymbol{i}_c+\sin\theta_c\boldsymbol{j}_c)+(u_c\sin\alpha_c-a)\boldsymbol{k}_c \tag{19.7.3}$$

这里，u_c 确定流动点在圆锥素线上的位置；“a”确定圆锥顶点的位置。

圆锥面的单位法线矢量确定为

$$\begin{cases}\boldsymbol{n}_c=\dfrac{\boldsymbol{N}_c}{|\boldsymbol{N}_c|}\\[2ex]\boldsymbol{N}_c=\dfrac{\partial\boldsymbol{r}_c}{\partial u_c}\times\dfrac{\partial\boldsymbol{r}_c}{\partial\theta_c}\end{cases} \tag{19.7.4}$$

导出

$$\boldsymbol{n}_c = [\,-\sin\alpha_c\cos\theta_c \quad -\sin\alpha_c\sin\theta_c \quad \cos\alpha_c\,]^{\mathrm{T}} \tag{19.7.5}$$

相对速度用螺旋运动中的速度表示为（见图 19.7.4）

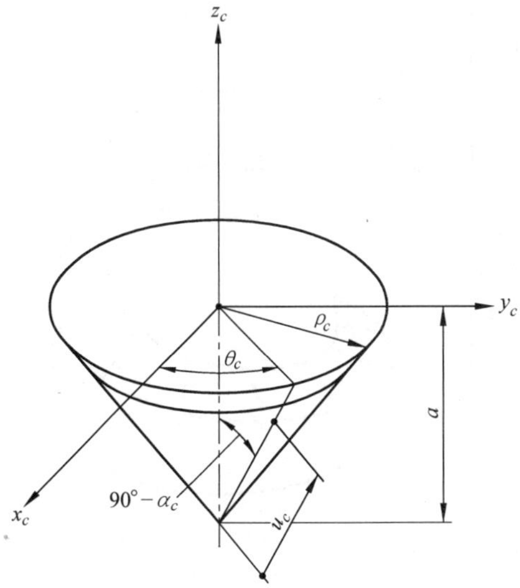

图 19.7.3　产形锥面

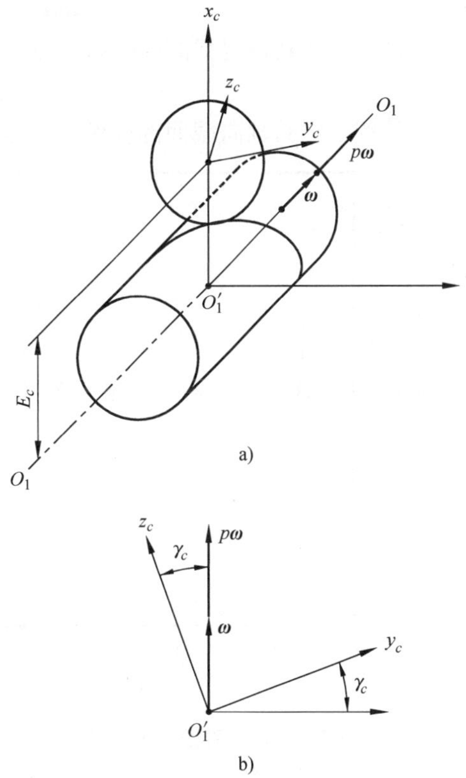

图 19.7.4　磨削圆锥的安装

a）参数 E_c 的安装　b）参数 γ_c 的安装

$$\boldsymbol{v}_c^{(c1)} = -\boldsymbol{\omega}_c \times \boldsymbol{r}_c - \boldsymbol{R}_c \times \boldsymbol{\omega}_c - p\boldsymbol{\omega}_c \tag{19.7.6}$$

式中，$\boldsymbol{R}_c = -E_c\boldsymbol{i}_c$ 是 $\boldsymbol{\omega}$ 的作用线上点 O'_1 的位置矢量。

由方程（19.7.6）可以导出

$$\boldsymbol{v}_c^{(c1)} = \omega\begin{bmatrix} -\sin\gamma_c z_c + \cos\gamma_c y_c \\ -\cos\gamma_c(x_c + E_c) - p\sin\gamma_c \\ \sin\gamma_c(x_c + E_c) - p\cos\gamma_c \end{bmatrix} \tag{19.7.7}$$

消去$(-\omega\sin\gamma_c\cos\theta_c)$以后，砂轮表面与蜗杆齿面的啮合方程表示为

$$\boldsymbol{n}_c \cdot \boldsymbol{v}_c^{(c1)} = f(u_c,\theta_c) = a\sin\alpha_c - (E_c\sin\alpha_c\cot\gamma_c + p\sin\alpha_c)\tan\theta_c - \frac{(E_c - p\cot\gamma_c)\cos\alpha_c}{\cos\theta_c} - u_c = 0 \tag{19.7.8}$$

式中，$u_c>0$。利用给定的 u_c 值，方程（19.7.8）给出 θ_c 的两个解，并且在平面（u_c，θ_c）上确定两条曲线 Ⅰ 和 Ⅱ（见图 19.7.5）。只有曲线 Ⅰ 是参数（u_c，θ_c）平面内真正的接触线。

将方程（19.7.3）和方程（19.7.8）联立起来，就表示 Σ_c 和 Σ_1 在 S_c 中的接触线。因为啮合方程（19.7.8）不含运动参数 ψ，所以在蜗杆的螺旋运动中接触线是不改变的。蜗杆

的齿面 Σ_1 由同时考虑的方程（19.7.1）和方程（19.7.8）表示。

图 19.7.6 示出了 Σ_1 和 Σ_c 之间在 Σ_1 上的接触线。蜗杆齿面设计参数之间的关系用如下方程表示

$$\tan\alpha_c = \tan\alpha_{ax}\cos\lambda_p \tag{19.7.9}$$

这里，α_{ax}是蜗杆在其轴向截面内的齿形角；λ_p 是蜗杆分度圆柱上的导程角，且

$$s_c \approx w_{ax}\cos\lambda_p \tag{19.7.10}$$

式中，w_{ax}是蜗杆在其轴向截面的齿槽宽，是在分度圆柱上测量的。

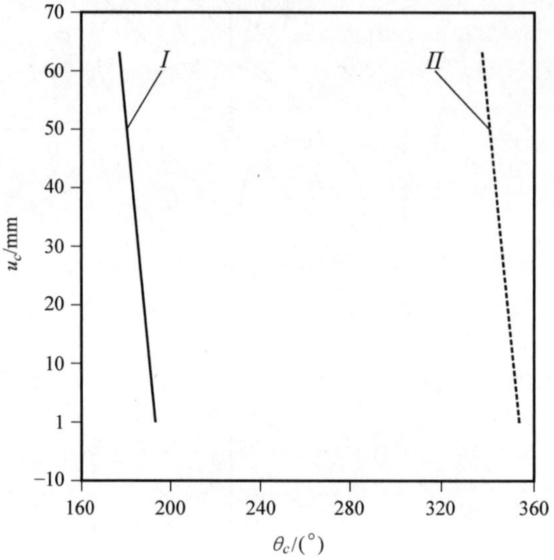

图 19.7.5　产形锥面与 K 型蜗杆齿面之间的接触线：在参数平面内表示

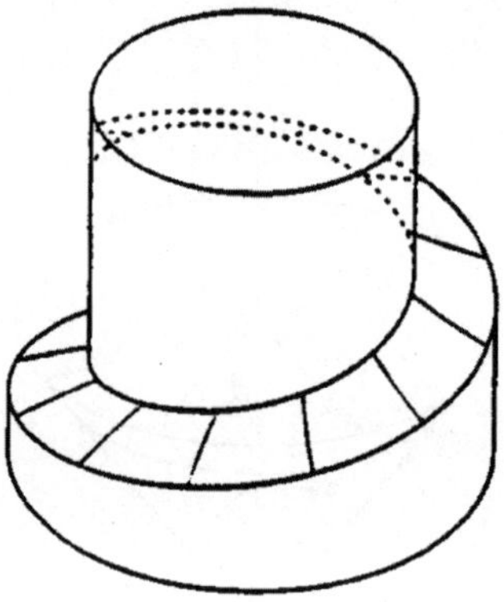

图 19.7.6　产形锥面与蜗杆之间在蜗杆齿面上的接触线

利用被加工蜗杆的轴向截线的方程，可以确定所需要的 s_c 的精确值。设计参数 r_c 和 a 表示为

$$r_c = E_c - r_p \tag{19.7.11}$$

$$a = r_c + \tan\alpha_c + \frac{s_c}{2} \tag{19.7.12}$$

推导方程（19.7.11）和方程（19.7.12）基于图 19.7.1 和图 19.7.2。

右旋和左旋蜗杆的两侧面及其单位法线矢量的最终表达式用如下方程表示：

1）右旋蜗杆的齿侧面 I 为

$$\begin{cases} x_1 = u_c(\cos\alpha_c\cos\theta_c\cos\psi + \cos\alpha_c\cos\gamma_c\sin\theta_c\sin\psi - \sin\alpha_c\sin\gamma_c\sin\psi) + a\sin\gamma_c\sin\psi + E_c\cos\psi \\ y_1 = u_c(-\cos\alpha_c\cos\theta_c\sin\psi + \cos\alpha_c\cos\gamma_c\sin\theta_c\cos\psi - \\ \quad \sin\alpha_c\sin\gamma_c\cos\psi) + a\sin\gamma_c\cos\psi - E_c\sin\psi \\ z_1 = u_c(\sin\alpha_c\cos\gamma_c + \cos\alpha_c\sin\gamma_c\sin\theta_c) - p\psi - a\cos\gamma_c \end{cases} \tag{19.7.13}$$

$$\begin{cases} n_{x1} = \cos\psi\sin\alpha_c\cos\theta_c + \sin\psi(\cos\gamma_c\sin\alpha_c\sin\theta_c + \sin\gamma_c\cos\alpha_c) \\ n_{y1} = -\sin\psi\sin\alpha_c\cos\theta_c + \cos\psi(\cos\gamma_c\sin\alpha_c\sin\theta_c + \sin\gamma_c\cos\alpha_c) \\ n_{z1} = \sin\gamma_c\sin\alpha_c\sin\theta_c - \cos\gamma_c\cos\alpha_c \end{cases} \tag{19.7.14}$$

其中

$$u_c = a\sin\alpha_c - (E_c\sin\alpha_c\cot\gamma_c + p\sin\alpha_c)\tan\theta_c - \frac{(E_c - p\cot\gamma_c)\cos\alpha_c}{\cos\theta_c} \tag{19.7.15}$$

2）右旋蜗杆的齿侧面Ⅱ为

$$\begin{cases} x_1 = u_c(\cos\alpha_c\cos\theta_c\cos\psi + \cos\alpha_c\cos\gamma_c\sin\theta_c\sin\psi + \\ \qquad \sin\alpha_c\sin\gamma_c\sin\psi) - a\sin\gamma_c\sin\psi + E_c\cos\psi \\ y_1 = u_c(-\cos\alpha_c\cos\theta_c\sin\psi + \cos\alpha_c\cos\gamma_c\sin\theta_c\cos\psi + \\ \qquad \sin\alpha_c\sin\gamma_c\cos\psi) - a\sin\gamma_c\cos\psi - E_c\sin\psi \\ z_1 = u_c(-\sin\alpha_c\sin\gamma_c + \cos\alpha_c\sin\gamma_c\sin\theta_c) - p\psi + a\cos\gamma_c \end{cases} \tag{19.7.16}$$

$$\begin{cases} n_{x1} = \cos\psi\sin\alpha_c\cos\theta_c + \sin\psi(\cos\gamma_c\sin\alpha_c\sin\theta_c - \sin\gamma_c\cos\alpha_c) \\ n_{y1} = -\sin\psi\sin\alpha_c\cos\theta_c + \cos\psi(\cos\gamma_c\sin\alpha_c\sin\theta_c - \sin\gamma_c\cos\alpha_c) \\ n_{z1} = \sin\gamma_c\sin\alpha_c\sin\theta_c + \cos\gamma_c\cos\alpha_c \end{cases} \tag{19.7.17}$$

其中

$$u_c = a\sin\alpha_c + (E_c\sin\alpha_c\cot\gamma_c + p\sin\alpha_c)\tan\theta_c - \frac{(E_c - p\cot\gamma_c)\cos\alpha_c}{\cos\theta_c} \tag{19.7.18}$$

3）左旋蜗杆的齿侧面Ⅰ为

$$\begin{cases} x_1 = u_c(\cos\alpha_c\cos\theta_c\cos\psi + \cos\alpha_c\cos\gamma_c\sin\theta_c\sin\psi + \\ \qquad \sin\alpha_c\sin\gamma_c\sin\psi) - a\sin\gamma_c\sin\psi + E_c\cos\psi \\ y_1 = u_c(-\cos\alpha_c\cos\theta_c\sin\psi + \cos\alpha_c\cos\gamma_c\sin\theta_c\cos\psi + \\ \qquad \sin\alpha_c\sin\gamma_c\cos\psi) - a\sin\gamma_c\cos\psi - E_c\sin\psi \\ z_1 = u_c(\sin\alpha_c\cos\gamma_c - \cos\alpha_c\sin\gamma_c\sin\theta_c + p\psi - a\cos\gamma_c) \end{cases} \tag{19.7.19}$$

$$\begin{cases} n_{x1} = \cos\psi\sin\alpha_c\cos\theta_c + \sin\psi(\cos\gamma_c\sin\alpha_c\sin\theta_c - \sin\gamma_c\cos\alpha_c) \\ n_{y1} = -\sin\psi\sin\alpha_c\cos\theta_c + \cos\psi(\cos\gamma_c\sin\alpha_c\sin\theta_c - \sin\gamma_c\cos\alpha_c) \\ n_{z1} = -\sin\gamma_c\sin\alpha_c\sin\theta_c - \cos\gamma_c\cos\alpha_c \end{cases} \tag{19.7.20}$$

其中

$$u_c = a\sin\alpha_c + (E_c\sin\alpha_c\cot\gamma_c + p\sin\alpha_c)\tan\theta_c - \frac{(E_c - p\cot\gamma_c)\cos\alpha_c}{\cos\theta_c} \tag{19.7.21}$$

4）左旋蜗杆的齿侧面Ⅱ为

$$\begin{cases} x_1 = u_c(\cos\alpha_c\cos\theta_c\cos\psi + \cos\alpha_c\cos\gamma_c\sin\theta_c\sin\psi - \\ \qquad \sin\alpha_c\sin\gamma_c\sin\psi) + a\sin\gamma_c\sin\psi + E_c\cos\psi \\ y_1 = u_c(-\cos\alpha_c\cos\theta_c\sin\psi + \cos\alpha_c\cos\gamma_c\sin\theta_c\cos\psi - \\ \qquad \sin\alpha_c\sin\gamma_c\cos\psi) + a\sin\gamma_c\cos\psi - E_c\sin\psi \\ z_1 = u_c(-\sin\alpha_c\cos\gamma_c - \cos\alpha_c\sin\gamma_c\sin\theta_c) + p\psi + a\cos\gamma_c \end{cases} \tag{19.7.22}$$

$$\begin{cases} n_{x1} = \cos\psi\sin\alpha_c\cos\theta_c + \sin\psi(\cos\gamma_c\sin\alpha_c\sin\theta_c + \sin\gamma_c\cos\alpha_c) \\ n_{y1} = -\sin\psi\sin\alpha_c\cos\theta_c + \cos\psi(\cos\gamma_c\sin\alpha_c\sin\theta_c + \sin\gamma_c\cos\alpha_c) \\ n_{z1} = -\sin\gamma_c\sin\alpha_c\sin\theta_c + \cos\gamma_c\cos\alpha_c \end{cases} \tag{19.7.23}$$

其中

$$u_c = a\sin\alpha_c - (E_c\sin\alpha_c\cot\gamma_c + p\sin\alpha_c)\tan\theta_c - \frac{(E_c - p\cot\gamma_c)\cos\alpha_c}{\cos\theta_c} \tag{19.7.24}$$

4. 特例

可以证明，对于 $\gamma_c=0$ 的情况，被加工成的蜗杆齿面是渐开线螺旋面。这个论点对于分别用方程（19.7.13）、方程（19.7.16）、方程（19.7.19）和方程（19.7.22）表示的所有四种型式的蜗杆齿面都是正确的。

证明基于如下的思路：

1）啮合方程（19.7.15）给出

$$\sin\theta_c=\frac{p\cot\alpha_c}{E_c} \tag{19.7.25}$$

这意味着，θ_c 是常数，并且 $\boldsymbol{\Sigma}_c$ 沿一条直线，即圆锥的素线，与 $\boldsymbol{\Sigma}_1$ 相接触。

2）蜗杆齿面用一条直线形成，也就是说，其是直纹面。因为曲面的法线与曲面坐标 u_c 无关，所以它又是一个可展曲面。我们记得，u_c 决定流动点在产形线上的位置。

3）假定有蜗杆齿面和齿面的单位法线矢量的方程，我们可以用如下方程表示齿面法线上的流动点

$$\boldsymbol{R}_1(u_c,\psi,m)=\boldsymbol{r}_1(u_c,\psi)+m\boldsymbol{n}_1(\psi) \tag{19.7.26}$$

这里，变参数 m 确定齿面法线上流动点的位置。

函数 $\boldsymbol{R}_1(u_c,\psi,m)$ 表示单参数曲线族，这些曲线是由齿法线上的流动点在 S_1 中绘出的。

4）曲线族的包络由方程（19.7.26）和如下方程（参见6.1节）确定

$$\left(\frac{\partial\boldsymbol{R}_1}{\partial u_c}\times\frac{\partial\boldsymbol{R}_1}{\partial\psi}\right)\cdot\frac{\partial\boldsymbol{R}_1}{\partial m}=0 \tag{19.7.27}$$

5）从方程（19.7.26）和方程（19.7.27）得到，蜗杆齿面的法线是半径为 r_b 的圆柱的切线，且与蜗杆构成 $90°-\lambda_b$ 的夹角。这里

$$\begin{cases}r_b=E_c\sin\theta_c=p\cot\alpha_c\\ \lambda_b=\alpha_c\end{cases} \tag{19.7.28}$$

例题 19.7.1

假定由方程（19.7.13）给出的蜗杆齿面被平面 $y_1=0$ 切割。轴线 x_1 是轴向截面内齿槽的对称轴。轴面截线与分度圆柱的交点由如下坐标确定：

$$x_1=r_p$$

$$y_1=0$$

$$z_1=-\frac{w_{ax}}{2}=-\frac{p_{ax}}{4}=-\frac{\pi}{4P_{ax}}$$

式中，w_{ax}是轴向截面齿槽宽度的名义值，沿分度圆柱的素线测量；p_{ax}是相邻两螺旋齿沿分度圆柱素线的距离；$P_{ax}=\pi/p_{ax}$是轴向截面内蜗杆的径节。

假定 r_p、r_c、E_c、α_c、p 和 w_{ax}是给定的，导出用于确定 s_c（见图19.7.1）的方程组。

解

$$u_c=a\sin\alpha_c-(E_c\sin\alpha_c\cot\gamma_c+p\sin\alpha_c)\tan\theta_c-\frac{(E_c-p\cot\gamma_c)\cos\alpha_c}{\cos\theta_c}$$

$$\tan\psi=\frac{u_c(\cos\alpha_c\sin\theta_c\cos\gamma_c-\sin\alpha_c\sin\gamma_c)+a\sin\gamma_c}{u_c\cos\alpha_c\cos\theta_c+E_c}$$

$$\frac{u_c\cos\alpha_c\cos\theta_c+E_c}{\cos\psi}-r_p=0$$

$$u_c(\sin\alpha_c\cos\gamma_c+\cos\alpha_c\sin\gamma_c\sin\theta_c)-p\psi-a\cos\gamma_c+\frac{w_{ax}}{2}=0$$

其中

$$a=r_c\tan\alpha_c+\frac{s_c}{2}$$

导出的方程且包括含有四个未知数 θ_c、ψ、u_c 和 a 的四个方程。方程组未知数的解给出所求的 s_c 值。

例题 19.7.2

考察 $\gamma_c=0$ 时刀具安装的特殊情况。

导出（i）啮合方程（19.7.27）；（ii）蜗杆齿面［参见方程（19.7.13）］法线族包括的方程。

提示：包络用联立起来的方程（19.7.26）和方程（19.7.27）表示。

解

（i）
$$u_c\cos\alpha_c+m\sin\alpha_c+E_c\cos\theta_c=0$$

（ii）
$$X_1=E_c\sin\theta_c\sin(\theta_c-\psi)$$
$$Y_1=-E_c\sin\theta_c\cos(\theta_c-\psi)$$
$$Z_1=\frac{u_c}{\sin\alpha_c}+E_c\cot\alpha_c\cos\theta_c-p\psi-a$$

19.8　F-I 型蜗杆（方案Ⅰ）的几何关系及加工

具有凹形齿面 F 型蜗杆是由 Niemam 和 Heyer 于 1953 年提出的，并由德国 Flender 公司投入实际应用。F 型蜗杆传动的最大优点是改善了润滑条件，这是由于蜗杆和蜗轮齿面之间的接触线具有合适的形状而得到的。我们将考察两种方案的 F 型蜗杆：原始的 F－Ⅰ型蜗杆；由 Litvin 于 1968 年提出的修正的 F－Ⅱ型蜗杆。蜗杆传动的这两种方案都设计成非标准型，蜗杆的啮合节圆柱半径 $r_p^{(O)}$ 与蜗杆的分度圆柱半径 r_p 是不同的，并且 $r_p^{(O)}-r_p\approx1.3/P_{ax}$。为了避免蜗轮轮齿变尖，蜗杆在分度圆柱上的齿厚设计成 $t_p=0.4p_{ax}=0.4\pi/P_{ax}$。

1. F－Ⅰ型砂轮的安装

砂轮的表面环面。砂轮的轴向截线是一个半径为 f 的圆弧 α—α（见图 19.8.1b）。在下面的讨论中，我们将考察右旋蜗杆齿面Ⅱ的加工。

选取砂轮的半径 ρ 近似地等于蜗杆分度圆柱 r_p。砂轮相对于蜗杆的安装如图 19.8.1a 所示。砂轮和蜗杆的两轴线构成 $\gamma_c=\lambda_p$，这里 λ_p 是蜗杆分度圆柱上的导程角，并且两轴线之间的最短距离为 E_c。图 19.8.2a 所示为砂轮和蜗杆的截面，该截面是由通过 z_c 轴，即砂轮的转动轴和最短距离 O_cO_1 引出的平面切割出的（见图 19.8.1b）。假定最短距离线通过蜗杆齿廓的中点 M，a 和 b 确定圆弧 α—α 的中心 O_b 相对于 O_c 的位置。这里

$$b=\rho\cos\alpha_n \tag{19.8.1}$$

式中，ρ 是圆弧 α—α 的半径。

2. 产形面 Σ_c 的方程

我们设置刚性固接于砂轮的坐标系 S_c 和 S_p；坐标系 S_b 和 S_a 刚性固接于半径为 ρ 的圆

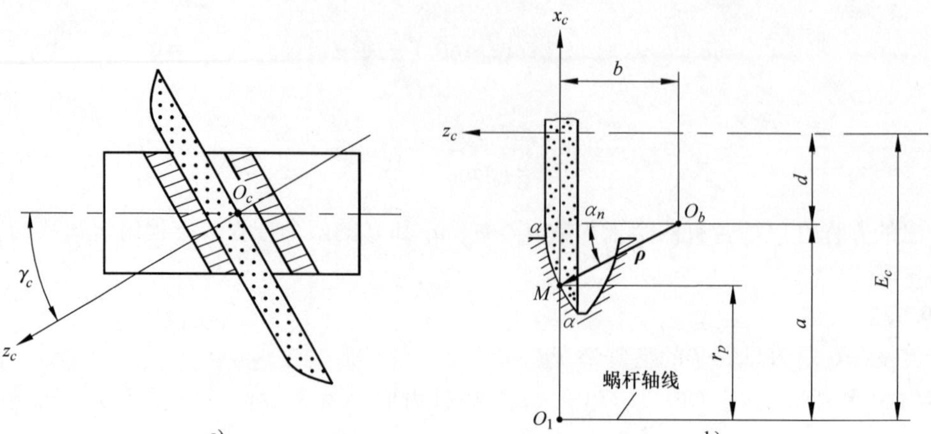

图 19. 8. 1　加工 F－Ⅰ型蜗杆砂轮的安装

a）安装参数 γ_c　b）安装参数 E_c

弧（见图 19. 8. 2）。圆弧 α—α 在 S_b 中由下式表示：

$$\boldsymbol{r}_b=\rho\ [\ -\sin\theta\quad 0\quad \cos\theta\quad 1\ ]^{\mathrm{T}} \tag{19.8.2}$$

图 19. 8. 2a 表示在初始位置的坐标系 S_a 和 S_b。当具有坐标系 S_a 和 S_b 的圆弧绕 z_p 轴转动时，在 S_c 中形成砂轮表面（见图 19. 8. 2b）。

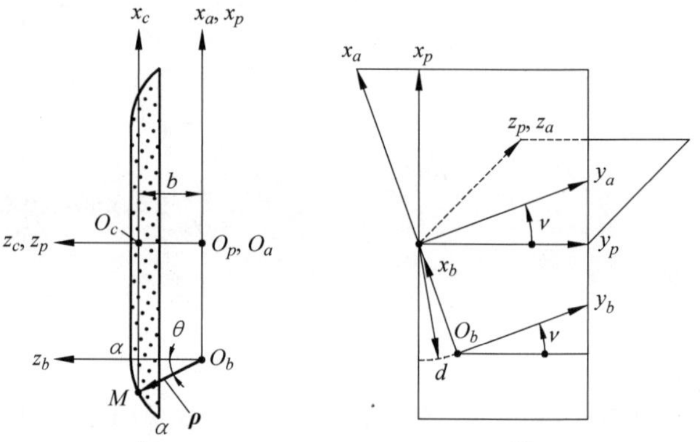

图 19. 8. 2　环面砂轮的形成

a）砂轮的截面　b）使用的坐标系

坐标变换基于如下的矩阵方程

$$\boldsymbol{r}_c(\theta,\nu)=\boldsymbol{M}_{cp}\boldsymbol{M}_{pa}\boldsymbol{M}_{ab}\boldsymbol{r}_b=\boldsymbol{M}_{cb}\boldsymbol{r}_b \tag{19.8.3}$$

其中

$$\boldsymbol{M}_{cp}=\begin{bmatrix}1&0&0&0\\0&1&0&0\\0&0&1&-b\\0&0&0&1\end{bmatrix}$$

$$\boldsymbol{M}_{pa}=\begin{bmatrix}\cos\nu&\sin\nu&0&0\\-\sin\nu&\cos\nu&0&0\\0&0&1&0\\0&0&0&1\end{bmatrix}$$

$$\boldsymbol{M}_{ab}=\begin{bmatrix}1&0&0&-d\\0&1&0&0\\0&0&1&0\\0&0&0&1\end{bmatrix} \tag{19.8.4}$$

$$\boldsymbol{M}_{cb}=\begin{bmatrix}\cos\nu&\sin\nu&0&-d\cos\nu\\-\sin\nu&\cos\nu&0&d\sin\nu\\0&0&1&-b\\0&0&0&1\end{bmatrix}$$

我们利用记号（见图 19.8.1b）

$$a = r_p + \rho\sin\alpha_n \tag{19.8.5}$$

$$d = E_c - a = E_c - (r_p + \rho\sin\alpha_n) \tag{19.8.6}$$

和

$$b = \rho\cos\alpha_n$$

由方程（19.8.2）~方程（19.8.4）导出

$$\begin{cases} x_c = -(\rho\sin\theta + d)\cos\nu \\ y_c = (\rho\sin\theta + d)\sin\nu \\ z_c = \rho\cos\theta - b \end{cases} \tag{19.8.7}$$

到 Σ_c 的单位法线矢量表示为

$$\boldsymbol{n}_c = \frac{\boldsymbol{N}_c}{|\boldsymbol{N}_c|}$$

$$\boldsymbol{N}_c = \frac{\partial \boldsymbol{r}_c}{\partial\theta} \times \frac{\partial \boldsymbol{r}_c}{\partial\nu}$$

于是，我们得

$$\boldsymbol{n}_c = [\sin\theta\cos\nu \quad -\sin\theta\sin\nu \quad -\cos\theta]^{\mathrm{T}} \tag{19.8.8}$$

3. 砂轮和蜗杆啮合方程

单位法线矢量 $\boldsymbol{n}_e$ 的方向是指向产形面，且向外到蜗杆齿面。蜗杆齿面被加工成由 Σ_c 在其对蜗杆齿面 Σ_1 的相对运动中于 S_1 内形成的曲面族的包络。坐标系 S_1 刚性固接于蜗杆。

啮合方程为

$$\boldsymbol{n}_c \cdot \boldsymbol{v}_c^{(c1)} = 0 \tag{19.8.9}$$

式中，$\boldsymbol{v}_c^{(c1)}$ 是砂轮相对于蜗杆的相对运动速度。方程（19.8.9）中的两个矢量的表示在 S_c 中。

我们假定蜗杆相对砂轮以螺旋参数 p 做螺旋运动（见图 19.7.4）。并且$\boldsymbol{v}_c^{(c1)}$ 由方程（19.7.7）表示。经过变换以后，砂轮表面与蜗杆齿面的啮合方程用下式表示：

$$f(\theta,\nu) = \tan\theta - \frac{E_c - p\cot\gamma_c - d\cos\nu}{b\cos\nu + (E_c\cot\gamma_c + p)\sin\nu} = 0 \tag{19.8.10}$$

因为相对运动是螺旋运动，所以啮合方程不含螺旋运动中的参数 ψ。

给定 θ 值的方程（19.8.10）提供 ν 的两个解，但是只有符合 $0 < \nu < 90°$的解应当用于进一步的推导。我们记得，方程（19.8.10）是在加工右旋蜗杆齿侧 *Ⅱ* 的情况下推导出来的。

4. 蜗杆齿面的接触线

Σ_c 和 Σ_1 之间的接触线是 Σ_c 上的单一线，在 S_c 中由联立方程（19.8.7）和方程（19.8.10）表示。图 19.8.3 表示在参数（θ，ν）空间内的接触线；虚线表示超出砂轮工作部分以外的接触线。

蜗杆的齿面在 S_1 中表示为曲面 Σ_c 和 Σ_1 之间的接触线集合。利用这种方法，我们在考察右旋和左旋蜗杆时已经导出了蜗杆两侧面的方程。在导出的方程中，轴 x_1 是蜗杆齿槽任意通过 x_1 轴引出的平面切割齿槽得出的截面的对称轴。用平面 $y_1 = 0$ 切割齿槽，可以得到蜗杆齿槽的轴面截线。为了保证 x_1 轴的上述位置为齿槽截面对称轴，我们必须遵守如下条件：

1）最初使用的坐标系 S_1^* 用一平行的坐标系 S_1 来代替，S_1 的原点沿 z_1^* 轴移动距离 a_O（见图 19.8.4）。

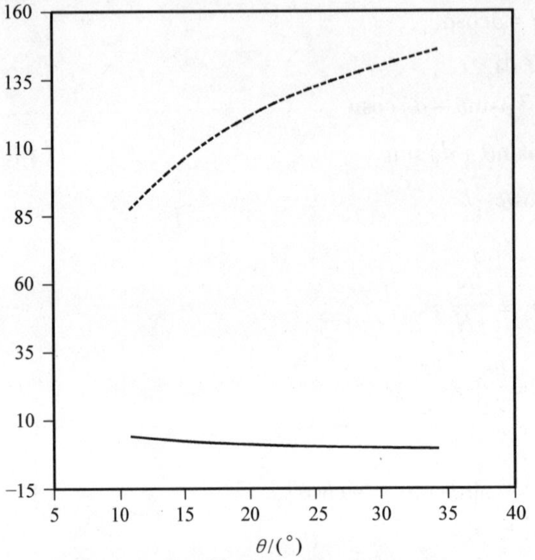

图 19.8.3 砂轮表面和 F－Ⅰ型蜗杆齿面之间的接触线

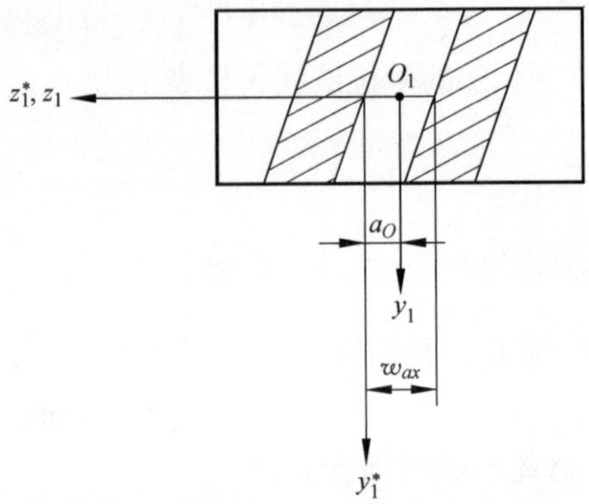

图 19.8.4 推导 F－Ⅰ型蜗杆轴向截面

2）蜗杆齿槽轴面截线与分度圆柱面的交点的坐标就必定为

$$\begin{cases} x_1 = r_p \\ y_1 = 0 \\ z_1 = \dfrac{w_{ax}}{2} \end{cases} \tag{19.8.11}$$

式中，w_{ax} 是分度圆柱上的齿槽宽度。

推导蜗杆齿面和齿面单位法线矢量的结果如下：

1）右旋蜗杆的齿侧面 I 为

$$\begin{cases} x_1 = (\rho\sin\theta_c + d)(-\cos\nu\cos\psi + \sin\nu\sin\psi\cos\gamma_c) + (\rho\cos\theta_c - b)\sin\psi\sin\gamma_c + E_c\cos\psi \\ y_1 = (\rho\sin\theta_c + d)(\cos\nu\sin\psi + \sin\nu\cos\psi\cos\gamma_c) + (\rho\cos\theta_c - b)\cos\psi\sin\gamma_c - E_c\sin\psi \\ z_1 = (\rho\sin\theta_c + d)\sin\nu\sin\gamma_c + (b - \rho\cos\theta_c)\cos\gamma_c - p\psi + a_O \end{cases} \tag{19.8.12}$$

其中

$$a_O = -\frac{w_{ax}}{2} - (\rho\sin\theta_c + d)\sin\nu\sin\gamma_c - (b - \rho\cos\theta_c)\cos\gamma_c + \rho\psi \tag{19.8.13}$$

$$\begin{cases} n_{x1} = \sin\theta_c(-\cos\nu\cos\psi + \sin\nu\sin\psi\cos\gamma_c) + \cos\theta_c\sin\psi\sin\gamma_c \\ n_{y1} = \sin\theta_c(\cos\nu\sin\psi + \sin\nu\cos\psi\cos\gamma_c) + \cos\theta_c\cos\psi\sin\gamma_c \\ n_{z1} = \sin\theta_c\sin\nu\sin\gamma_c - \cos\theta_c\cos\gamma_c \end{cases} \tag{19.8.14}$$

方程（19.8.12）和方程（19.8.14）中的参数 θ_c 和 ν 用啮合方程联系如下：

$$\tan\theta_c = \frac{E_c - p\cot\gamma_c - d\cos\nu}{b\cos\nu - (E_c\cot\gamma_c + p)\sin\nu} \tag{19.8.15}$$

2）右旋蜗杆的齿侧面Ⅱ为

$$\begin{cases} x_1 = (\rho\sin\theta_c + d)(-\cos\nu\cos\psi + \sin\nu\sin\psi\cos\gamma_c) - (\rho\cos\theta_c - b)\sin\psi\sin\gamma_c + E_c\cos\psi \\ y_1 = (\rho\sin\theta_c + d)(\cos\nu\sin\psi + \sin\nu\cos\psi\cos\gamma_c) - (\rho\cos\theta_c - b)\cos\psi\sin\gamma_c - E_c\sin\psi \\ z_1 = (\rho\sin\theta_c + d)\sin\nu\sin\gamma_c - (b - \rho\cos\theta_c)\cos\gamma_c - p\psi + a_O \end{cases} \tag{19.8.16}$$

其中

$$a_O = \frac{w_{ax}}{2} - (\rho\sin\theta_c + d)\sin\nu\sin\gamma_c + (b - \rho\cos\theta_c)\cos\gamma_c + p\psi \tag{19.8.17}$$

$$\begin{cases} n_{x1} = \sin\theta_c(-\cos\nu\cos\psi + \sin\nu\sin\psi\cos\gamma_c) - \cos\theta_c\sin\psi\sin\gamma_c \\ n_{y1} = \sin\theta_c(\cos\nu\sin\psi + \sin\nu\cos\psi\cos\gamma_c) - \cos\theta_c\cos\psi\sin\gamma_c \\ n_{z1} = \sin\theta_c\sin\nu\sin\gamma_c + \cos\theta_c\cos\gamma_c \end{cases} \tag{19.8.18}$$

方程（19.8.16）和方程（19.8.18）中的参数 θ_c 和 ν 用啮合方程联系如下：

$$\tan\theta_c = \frac{E_c - p\cot\gamma_c - d\cos\nu}{b\cos\nu + (E_c\cot\gamma_c + p)\sin\nu} \tag{19.8.19}$$

3）左旋蜗杆的齿侧面Ⅰ为

$$\begin{cases} x_1 = (\rho\sin\theta_c + d)(-\cos\nu\cos\psi + \sin\nu\sin\psi\cos\gamma_c) - (\rho\cos\theta_c - b)\sin\psi\sin\gamma_c + E_c\cos\psi \\ y_1 = (\rho\sin\theta_c + d)(\cos\nu\sin\psi + \sin\nu\cos\psi\cos\gamma_c) - (\rho\cos\theta_c - b)\cos\psi\sin\gamma_c - E_c\sin\psi \\ z_1 = -(\rho\sin\theta_c + d)\sin\nu\sin\gamma_c + (b - \rho\cos\theta_c)\cos\gamma_c + p\psi + a_O \end{cases} \tag{19.8.20}$$

其中

$$a_O = -\frac{w_{ax}}{2} + (\rho\sin\theta_c + d)\sin\nu\sin\gamma_c - (b - \rho\cos\theta_c)\cos\gamma_c - p\psi \tag{19.8.21}$$

$$\begin{cases} n_{x1} = \sin\theta_c(-\cos\nu\cos\psi + \sin\nu\sin\psi\cos\gamma_c) - \cos\theta_c\sin\psi\sin\gamma_c \\ n_{y1} = \sin\theta_c(\cos\nu\sin\psi + \sin\nu\cos\psi\cos\gamma_c) - \cos\theta_c\cos\psi\sin\gamma_c \\ n_{z1} = -\sin\theta_c\sin\nu\sin\gamma_c - \cos\theta_c\cos\gamma_c \end{cases} \tag{19.8.22}$$

方程（19.8.20）和方程（19.8.22）中的参数 θ_c 和 ν 用啮合方程联系如下：

$$\tan\theta_c = \frac{E_c - p\cot\gamma_c - d\cos\nu}{b\cos\nu + (E_c\cot\gamma_c + p)\sin\nu} \tag{19.8.23}$$

4）左旋蜗杆的齿侧面Ⅱ为

$$\begin{cases} x_1 = (\rho\sin\theta_c + d)(-\cos\nu\cos\psi + \sin\nu\sin\psi\cos\gamma_c) + (\rho\cos\theta_c - b)\sin\psi\sin\gamma_c + E_c\cos\psi \\ y_1 = (\rho\sin\theta_c + d)(\cos\nu\sin\psi + \sin\nu\cos\psi\cos\gamma_c) + (\rho\cos\theta_c - b)\cos\psi\sin\gamma_c - E_c\sin\psi \\ z_1 = -(\rho\sin\theta_c + d)\sin\nu\sin\gamma_c - (b - \rho\cos\theta_c)\cos\gamma_c + p\psi + a_O \end{cases} \tag{19.8.24}$$

其中

$$a_O = \frac{w_{ax}}{2} + (\rho\sin\theta_c + d)\sin\nu\sin\gamma_c + (b - \rho\cos\theta_c)\cos\gamma_c - p\psi \tag{19.8.25}$$

$$\begin{cases} n_{x1} = \sin\theta_c(-\cos\nu\cos\psi + \sin\nu\sin\psi\cos\gamma_c) + \cos\theta_c\sin\psi\sin\gamma_c \\ n_{y1} = \sin\theta_c(\cos\nu\sin\psi + \sin\nu\cos\psi\cos\gamma_c) + \cos\theta_c\cos\psi\sin\gamma_c \\ n_{z1} = -\sin\theta_c\sin\nu\sin\gamma_c + \cos\theta_c\cos\gamma_c \end{cases} \tag{19.8.26}$$

方程（19.8.24）和方程（19.8.26）中的参数 θ_c 和 ν 用啮合方程联系如下：

$$\tan\theta_c = \frac{E_c - p\cot\gamma_c - d\cos\nu}{b\cos\nu - (E_c\cot\gamma_c + p)\sin\nu} \tag{19.8.27}$$

图19.8.5表示F－Ⅰ型蜗杆的端截面和轴向截面，这些截面已获得如下输入参数：$N_1=3$，$N_2=31$，$r_p=46\text{mm}$，轴向模数 $m_{ax}=8\text{mm}$。啮合节圆柱的半径为 $r_{pO}=r_p+1.25m_{ax}=56\text{mm}$，$\rho=46\text{mm}$，$\gamma_c=\lambda_p=14°37'15''$，$\alpha_n=20°$，$a=r_p+\rho\sin\alpha_n=61.733\text{mm}$，$b=\rho\cos\alpha_n=43.226\text{mm}$。

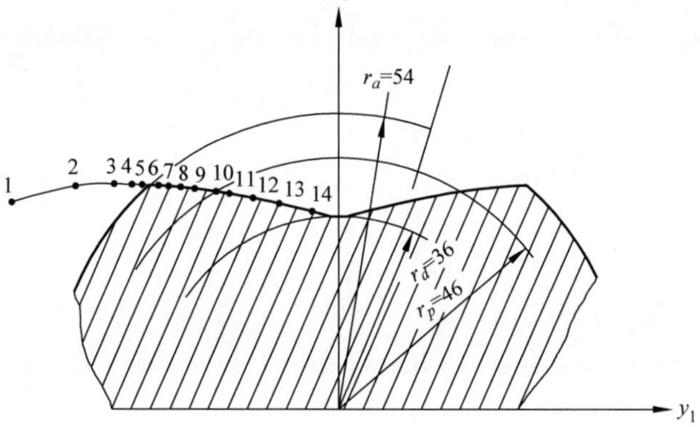

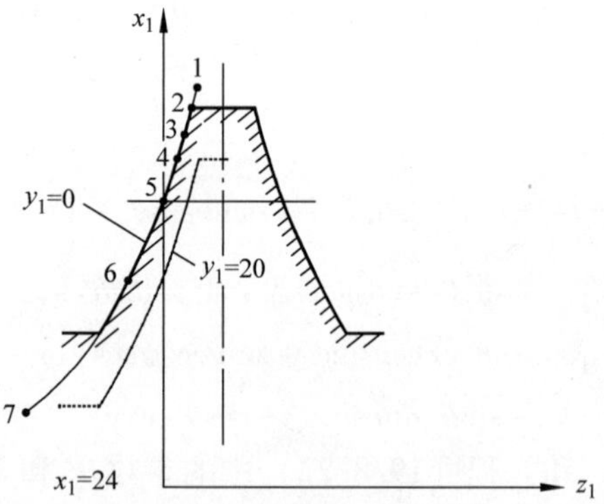

图19.8.5　F－Ⅰ型蜗杆的端截面和轴向截面

19.9　F－Ⅱ型蜗杆（方案Ⅱ）的几何关系及加工

1. 磨削方法

F－Ⅱ型蜗杆的磨削可以使用与加工F－Ⅰ型蜗杆相同的刀具来完成。不同之处是采用特殊的安装参数。

与F－Ⅰ型蜗杆相比，F－Ⅱ型蜗杆的几何形状具有如下优点：砂轮表面 Σ_c 和蜗杆齿面之间的接触线是一条平面曲线，即环面轴截面内的圆弧；接触线的形状与砂轮直径和最短中

心距 E_c 无关。

所推荐的磨削方法的主要思路基于利用啮合轴。当螺旋面用周缘有刃口的回转曲面刀具加工时，存在两根啮合轴。两啮合轴之一 $I-I$ ，与刀具的回转轴线重合（见图 19.9.1）；另一根啮合轴 $II-II$ 的位置和方向由如下方程决定：

$$a = p\cot\gamma_c \tag{19.9.1}$$

式中，p 是螺旋参数；γ_c 是砂轮和蜗杆的两轴线构成的夹角；且有

$$\delta = \arctan\left(\frac{p}{E_c}\right) \tag{19.9.2}$$

式中，E_c 是上述两轴线之间的最短距离。

砂轮的安装基于如下要求。

1）圆弧 α—α 的中心 O_b（见图 19.9.2）位于 x_c 轴，该轴是砂轮和蜗杆两轴线之间的最短距离线。

2）离蜗杆轴线的距离 a（见图 19.9.1）和交错角 γ_c 必须用如下方程来联系：

$$\gamma_c = \arctan\left(\frac{p}{a}\right) \tag{19.9.3}$$

式中，p 是磨削过程中蜗杆螺旋运动的螺旋参数。

对 Σ_c 的法线与砂轮轴线相交，该轴线还是啮合轴 $I-I$ 。由于圆弧 α—α 的圆心 O_b 位于 $II-II$ 上，所以对 Σ_c 的法线也与另一啮合轴 $II-II$ 相交。

方程（19.9.3）只是要求 a 和 γ_c 之间的关系，而 a 可任意选取。但是，蜗杆和蜗轮齿面 Σ_1 和 Σ_2 之间的接触线形状取决于 a。基于初步研究，推荐选取

$$a = r_p + p\sin\alpha_n \tag{19.9.4}$$

下面扼要表达加工 F－Ⅰ型和 F－Ⅱ型蜗杆的砂轮安装的不同之处。

方案Ⅰ：$b \neq 0$；最短距离线通过圆弧 α—α 的中点 M；$\gamma_c = \lambda_p$；$a = r_p + \rho\sin\alpha_n$（见图 19.9.1和图 19.9.2）。

方案Ⅱ：$b = 0$；最短距离线通过 O_b；$\gamma_c \neq \lambda_p$，但 γ_c 和 a 用方程（19.9.1）来联系（见图 19.9.1）。

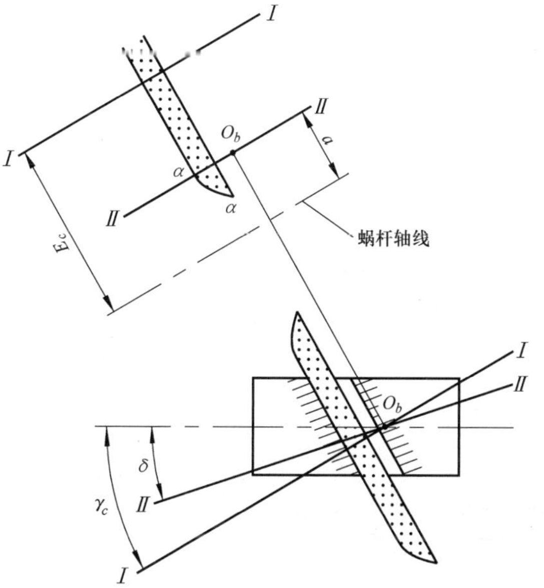

图 19.9.1　F－Ⅱ型蜗杆磨削情况下的啮合轴

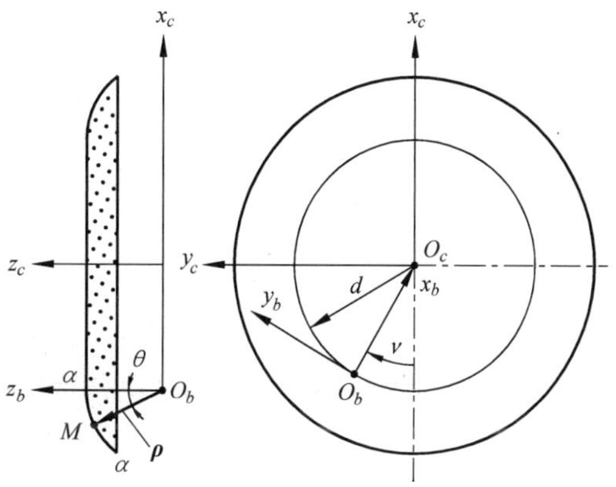

图 19.9.2　用于 F－Ⅱ型蜗杆的砂轮

2. 啮合方程

我们考虑前面导出的方程（19.8.10），并取 $b=0$，$d=E_c-a$，$a\tan\gamma_c=p$，便可对F－Ⅱ型蜗杆导出两齿面 Σ_c 和 Σ_1 之间的啮合方程。经过推导，我们得到F－Ⅱ型蜗杆的如下方程：

$$\sin\theta(E_c\cot\gamma_c+p)\sin\nu-(E_c-a)(1-\cos\nu)\cos\theta=0 \tag{19.9.5}$$

方程（19.9.5）有两个解：$\nu=0$ 和 θ 为任意值；θ 和 ν 之间的关系式确定为

$$\tan\frac{\nu}{2}=\frac{(E_c\cot\gamma_c+p)\tan\theta}{E_c-a}=0 \tag{19.9.6}$$

第一个解意味着 Σ_c 和 Σ_1 之间的接触线为圆弧 α—α，即砂轮的轴面截线。第二个解给出一条砂轮工作部分以外的 Σ_c 上的接触线。主参数 θ 和 ν 平面内的两个接触线表示在图19.9.3中。

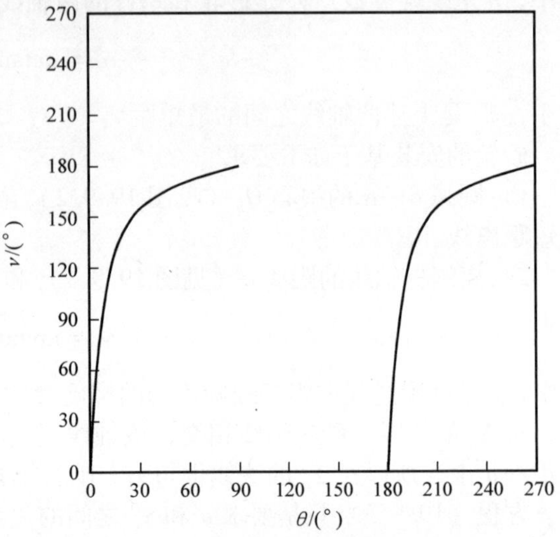

图19.9.3　蜗杆F－Ⅱ型齿面和砂轮表面之间的接触线

根据类似于应用在F－Ⅰ型蜗杆上的方法，我们已经导出了如下F－Ⅱ型蜗杆齿面和齿面单位法线矢量的方程：

1）右旋蜗杆的齿侧面 I 为

$$\begin{cases}x_1=-\rho(\sin\theta_c\cos\psi-\cos\theta_c\sin\psi\sin\gamma_c)+a\cos\psi\\ y_1=\rho(\sin\theta_c\sin\psi+\cos\theta_c\cos\psi\sin\gamma_c)-a\sin\psi\\ z_1=-\rho\cos\theta_c\cos\gamma_c-p\psi+a_O\end{cases} \tag{19.9.7}$$

其中

$$a_O=-\frac{w_{ax}}{2}+\rho\cos\theta_c\cos\gamma_c+p\psi \tag{19.9.8}$$

$$\begin{cases}n_{x1}=-\sin\theta_c\cos\psi+\sin\gamma_c\cos\theta_c\sin\psi\\ n_{y1}=\sin\theta_c\sin\psi+\sin\gamma_c\cos\theta_c\cos\psi\\ n_{z1}=-\cos\gamma_c\cos\theta_c\end{cases} \tag{19.9.9}$$

2）右旋蜗杆的齿侧面 II 为

$$\begin{cases}x_1=-\rho(\sin\theta_c\cos\psi+\cos\theta_c\sin\psi\sin\gamma_c)+a\cos\psi\\ y_1=\rho(\sin\theta_c\sin\psi-\cos\theta_c\cos\psi\sin\gamma_c)-a\sin\psi\\ z_1=\rho\cos\theta_c\cos\gamma_c-p\psi+a_O\end{cases} \tag{19.9.10}$$

其中

$$a_O=\frac{w_{ax}}{2}-\rho\cos\theta_c\cos\gamma_c+p\psi \tag{19.9.11}$$

$$\begin{cases}n_{x1}=-\sin\theta_c\cos\psi-\sin\gamma_c\cos\theta_c\sin\psi\\ n_{y1}=\sin\theta_c\sin\psi-\sin\gamma_c\cos\theta_c\cos\psi\\ n_{z1}=\cos\gamma_c\cos\theta_c\end{cases} \tag{19.9.12}$$

3）左旋蜗杆的齿侧面I为

$$\begin{cases}x_1 = -\rho(\sin\theta_c\cos\psi + \cos\theta_c\sin\psi\sin\gamma_c) + a\cos\psi \\ y_1 = \rho(\sin\theta_c\sin\psi - \cos\theta_c\cos\psi\sin\gamma_c) - a\sin\psi \\ z_1 = -\rho\cos\theta_c\cos\gamma_c + p\psi + a_O\end{cases} \tag{19.9.13}$$

其中

$$a_O = -\frac{w_{ax}}{2} + \rho\cos\theta_c\cos\gamma_c - p\psi \tag{19.9.14}$$

$$\begin{cases}n_{x1} = -\sin\theta_c\cos\psi - \sin\gamma_c\cos\theta_c\sin\psi \\ n_{y1} = \sin\theta_c\sin\psi - \sin\gamma_c\cos\theta_c\cos\psi \\ n_{z1} = -\cos\gamma_c\cos\theta_c\end{cases} \tag{19.9.15}$$

4）左旋蜗杆的齿侧面II为

$$\begin{cases}x_1 = -\rho(\sin\theta_c\cos\psi - \cos\theta_c\sin\psi\sin\gamma_c) + a\cos\psi \\ y_1 = \rho(\sin\theta_c\sin\psi + \cos\theta_c\cos\psi\sin\gamma_c) - a\sin\psi \\ z_1 = \rho\cos\theta_c\cos\gamma_c + p\psi + a_O\end{cases} \tag{19.9.16}$$

其中

$$a_O = \frac{w_{ax}}{2} - \rho\cos\theta_c\cos\gamma_c - p\psi \tag{19.9.17}$$

$$\begin{cases}n_{x1} = -\sin\theta_c\cos\psi + \sin\gamma_c\cos\theta_c\sin\psi \\ n_{y1} = \sin\theta_c\sin\psi + \sin\gamma_c\cos\theta_c\cos\psi \\ n_{z1} = \cos\gamma_c\cos\theta_c\end{cases} \tag{19.9.18}$$

所有四种情况下的x_1轴都是蜗杆齿槽轴向截面的对称轴（参见图19.8.4）。

19.10　螺旋面的普遍方程

假定蜗杆的端面截线在辅助坐标系S_a中以参数形式表示如下（见图19.10.1a）。

$$\boldsymbol{r}_a(\theta) = r(\theta)\cos\theta\boldsymbol{i}_a + r(\theta)\sin\theta\boldsymbol{j}_a \tag{19.10.1}$$

这里，$r(\theta)$是端面截线的报坐标方程。现在，蜗杆齿面可表示为曲线$\boldsymbol{r}_a(\theta)$绕蜗杆z_1轴做螺旋运动而形成的曲面（见图19.10.1b）。蜗杆齿面可由如下矩阵方程确定：

$$\boldsymbol{r}_1(\theta,\xi) = \boldsymbol{M}_{1a}(\xi)\boldsymbol{r}_a(\theta) \tag{19.10.2}$$

其中见图19.10.1b

$$\boldsymbol{M}_{1a} = \begin{bmatrix}\cos\xi & -\sin\xi & 0 & 0 \\ \sin\xi & \cos\xi & 0 & 0 \\ 0 & 0 & 0 & p\xi \\ 0 & 0 & 0 & 1\end{bmatrix} \tag{19.10.3}$$

利用方程（19.10.1）~方程（19.10.3），我们将蜗杆齿面表示如下

$$\boldsymbol{r}_1(\theta,\xi) = r\cos(\theta+\xi)\boldsymbol{i}_1 + r\sin(\theta+\xi)\boldsymbol{j}_1 + p\xi\boldsymbol{k}_1 \tag{19.10.4}$$

为了进一步推导，我们将需要位置矢量$\boldsymbol{r}_a(\theta)$与该曲线的切线构成的夹角μ（见图19.10.1a）。已知

$$\mu = \arctan\left(\frac{r(\theta)}{r_\theta}\right) \quad \left(r_\theta = \frac{\mathrm{d}r}{\mathrm{d}\theta}\right) \tag{19.10.5}$$

确定μ的另一方程基于如下表达式（见图19.10.1a）：

$$\mu = 90° - \theta + \delta = 90° - \theta + \arctan\left(\frac{N_{ya}}{N_{xa}}\right) \tag{19.10.6}$$

式中，N_{xa}和N_{ya}是平面曲线$\boldsymbol{r}_a(\theta)$的法线矢量$\boldsymbol{N}_a$的分量。

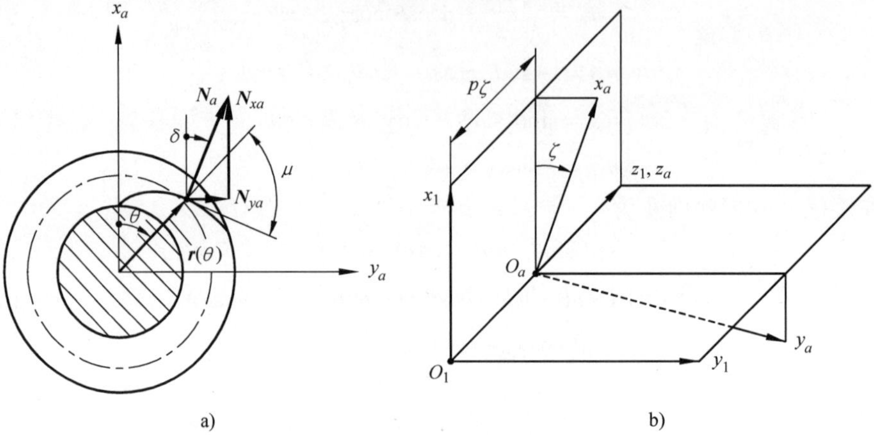

图19.10.1　用于推导螺旋面的普遍方程

a）蜗杆的端面截线　b）蜗杆齿面

曲面的单位法线矢量由如下方程确定：

$$\begin{cases} \boldsymbol{n}_1 = \dfrac{\boldsymbol{N}_1}{|\boldsymbol{N}_1|} \\ \boldsymbol{N}_1 = \dfrac{\partial \boldsymbol{r}_1}{\partial \theta} \times \dfrac{\partial \boldsymbol{r}_1}{\partial \xi} \end{cases} \tag{19.10.7}$$

由此导出

$$\boldsymbol{n}_1 = \frac{1}{(p^2 + r^2\cos^2\mu)^{\frac{1}{2}}}[p\sin(\theta + \xi + \mu)\boldsymbol{i}_1 - p\cos(\theta + \xi + \mu)\boldsymbol{j}_1 + r\cos\mu\boldsymbol{k}_1] \tag{19.10.8}$$

我们记得，由于蜗杆齿面是一个螺旋面，蜗杆齿面的坐标和齿面单位法线矢量的分量用如下方程来联系（参见5.5节）：

$$y_1 n_{x1} - x_1 n_{y1} - p n_{z1} = 0 \tag{19.10.9}$$

对于右旋蜗杆，螺旋参数p是正的。

方程（19.10.4）和方程（19.10.8）的优点是，蜗杆齿面及其单位法线矢量都用双参数形式表示。然而，这个方法需要解析地或数学地确定蜗杆的端面截线。当蜗杆用砂轮表面加工，并且蜗杆齿面用三个参数表示时，上述讨论的方法特别有效。

19.11　蜗杆和蜗轮齿面的啮合方程

啮合方程确定蜗杆齿面Σ_1的参数和蜗轮齿面Σ_2处于啮合的蜗杆的转角ϕ_1之间的关系。齿面Σ_1和Σ_2在每一瞬时都沿一条线（L）接触。确定L基于以下要求，即在L上的任一点，如下方程必须成立：

$$N_i \cdot v_i^{(12)}=0 \quad (i=1,\ 2,\ f) \tag{19.11.1}$$

这里，下标（1，2，f）表示刚体固接于蜗杆、蜗轮和机架（箱体）的坐标系 S_1、S_2 和 S_f；$\boldsymbol{N}_i$ 是蜗杆齿面的法线矢量；$\boldsymbol{v}_i^{(12)}$ 是 $\boldsymbol{\Sigma}_1$ 相对 $\boldsymbol{\Sigma}_2$ 的速度（参见第2章）。

考虑蜗杆是螺旋面，我们可以简化啮合方程。为此，我们可以利用啮合方程（19.10.9）或方程

$$y_f n_{xf} - x_f n_{yf} - p n_{zf} = 0 \tag{19.11.2}$$

利用 $i=1$ 时的方程（19.11.1）和方程（19.10.9），我们在 S_1 中将啮合方程表示为

$$\begin{aligned}&(z_1\cos\phi_1 + E\cot\gamma\sin\phi_1)N_{x1} + (-z_1\sin\phi_1 + E\cot\gamma\cos\phi_1)N_{y1} - \\&\left[(x_1\cos\phi_1 - y_1\sin\phi_1 + E) - p\frac{1-m_{21}\cos\gamma}{m_{21}\sin\gamma}\right]N_{z1} = 0\end{aligned} \tag{19.11.3}$$

式中，$m_{21}=N_1/N_2$ 是传动比；（x_1、y_1、z_1）是蜗杆齿面的坐标；（N_{x1}、N_{y1}、N_{z1}）是蜗杆齿面法线矢量 $\boldsymbol{N}_1$ 的投影；γ 是交错角。

在坐标系 S_f 中，啮合方程可表示为

$$z_f N_{xf} + E\cot\gamma N_{yf} - \left(x_f + E - p\frac{1-m_{21}\cos\gamma}{m_{21}\sin\gamma}\right)N_{zf} = 0 \tag{19.11.4}$$

现在考察当蜗杆齿面表示为普遍螺旋面（参见19.10节）时的情况。此时，啮合方程表示为

$$\begin{aligned}&r\left[r\cos(\theta+\xi+\phi_1) + E - p\frac{1-m_{21}\cos\gamma}{m_{21}\sin\gamma}\right]\cos\mu + Ep\cot\gamma\cos\tau\\&= p z_f \sin\tau\\&= p^2\xi\sin\tau\end{aligned} \tag{19.11.5}$$

这里，$r=r(\theta)$是蜗杆端截面上流动点位置矢量的模（见图19.10.1a）；$\tau=\theta+\xi+\phi_1+\mu$。

流动接触点的坐标在 S_f 中可由如下方程表示：

$$\begin{cases}x_f = r\cos(\theta+\xi+\phi_1)\\ y_f = r\sin(\theta+\xi+\phi_1)\\ z_f = p\xi\end{cases} \tag{19.11.6}$$

从方程（19.11.3）~方程（19.11.5）中任一方程都能导出螺杆齿面参数（μ、θ）和蜗杆转角 ϕ_1 之间的关系式，即

$$f(\mu,\theta,\phi_1)=0 \tag{19.11.7}$$

方程

$$\boldsymbol{r}_1 = \boldsymbol{r}_1(u,\theta) \quad (f(\mu,\theta,\phi_1)=0) \tag{19.11.8}$$

为表示在 S_1 中的曲面 $\boldsymbol{\Sigma}_1$ 上的接触线族。

式中，$\boldsymbol{r}_1=\boldsymbol{r}_1(\mu,\theta)$是蜗杆齿面 $\boldsymbol{\Sigma}_1$；ϕ_1 是固定的运动参数，即接触线族的参数。

蜗轮齿面上的接触线用如下方程表示：

$$\boldsymbol{r}_2(\mu,\theta,\phi_1) = \boldsymbol{M}_{21}\boldsymbol{r}_1(\mu,\theta) \quad (f(\mu,\theta,\phi_1)=0) \tag{19.11.9}$$

式中，$\boldsymbol{M}_{21}$是描述坐标系 S_1 到 S_2 的坐标变换矩阵。这里，S_1 和 S_2 分别刚性固接蜗杆和蜗轮。

图19.11.1表示阿基米德蜗杆齿面上的接触线。图19.11.2表示蜗轮齿面上的接触线。

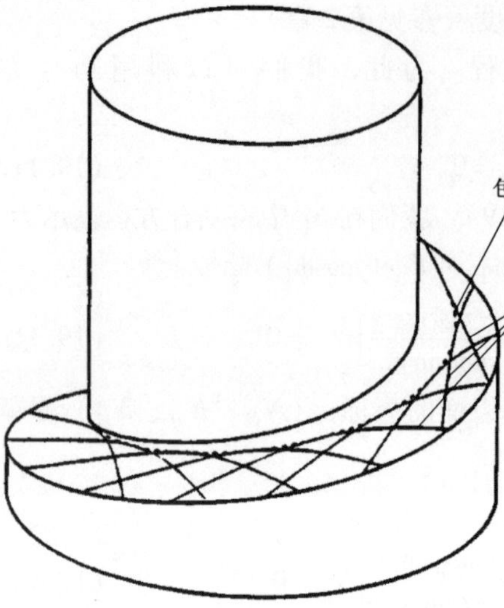

图 19.11.1　蜗杆齿面上的接触线

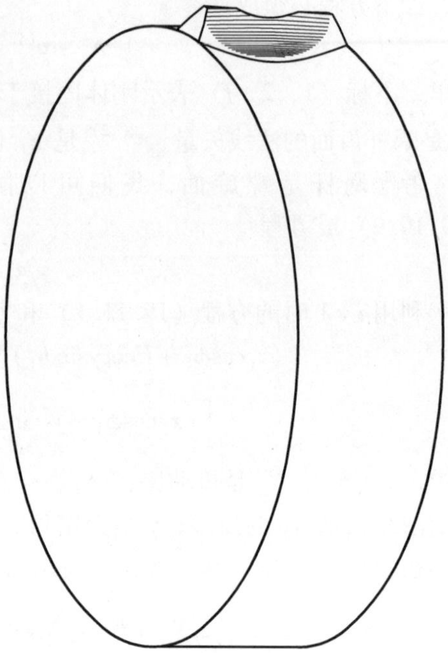

图 19.11.2　蜗轮齿面上的接触线

前文（6.6 节）提到，在产形面上的接触线可能有包络。在蜗杆传动的情况下，产形面是蜗杆齿面。阿基米德蜗杆齿面上接触线的包络表示在图 19.11.1 中。图 19.11.1 和图 19.11.2中的图形对应具有如下参数的蜗杆传动；蜗杆的头数和蜗轮的齿数分别为 $N_1=2$，$N_2=30$；蜗杆轴向模数为 $m_{ax}=8\text{mm}$；交错角 $\gamma=90°$；蜗杆和蜗轮两轴线之间的量短距离为 $E=176\text{mm}$。

只有没有安装误差和制造误差的理想的蜗杆传动，才存在瞬时线接触。实际上，齿面 Σ_1 和 Σ_2 的接触是瞬时点接触，这样会伴随着接触痕迹向边缘移动和不希望得到的传动误差函数的形状。在啮合过程中，这样的传动误差会引起振动。

为了使安装误差和制造误差的影响减至最低限度，有必要利用理论的与实际的蜗杆齿面之间的适当失配，使 Σ_1 和 Σ_2 之间的接触痕迹限制在局部。

19.12　啮合区

啮合区是啮合面的有效部分。啮合面是表示在固定坐标系 S_f 中的蜗杆和蜗轮齿面之间的接触线集合。知道了啮合区，我们可以确定蜗杆的轴向工作长度和蜗轮的轴向工作宽度（参见下文）。下面的推导基于将蜗杆齿面表示为普遍的螺旋面（参见 19.11 节）。

图 19.12.1b 表示一正交蜗杆传动的啮合区，其在平面（z_f，y_f）内用曲线 a—a 和 b—b 来限定。啮合区表示在固定坐标系 S_f 中。曲线 a—a 对应于蜗杆齿面上位于半径 r_a 的蜗杆顶圆柱上的那些点进入啮合（见图 19.12.1a）。曲线 b—b 对应于蜗轮齿面上位于蜗轮顶圆柱上的那些点进入啮合。曲线 a—a 上的流动点 M 由如下方程确定：

$$\sin(\theta_a+\xi+\phi_1)=\frac{y_f}{r_a} \tag{19.12.1}$$

$$z_f=\frac{r_a\left[r_a\cos(\theta_a+\xi+\phi_1)+E-\frac{p}{m_{21}}\right]\cos\mu_a}{p\sin[\mu_a+(\theta_a+\xi+\phi_1)]} \tag{19.12.2}$$

$$x_f=r_a\cos(\theta_a+\xi+\phi_1) \tag{19.12.3}$$

用来解方程（19.12.1）~方程（19.12.3）的输入值为流动值 y_f；r_a、θ_a 和 μ_a 被认为是已知的。以上方程组中的方程表示成梯次形式。改变 y_f，我们可确定出曲线 a—a 上的对应值 z_f 和 x_f。方程（19.12.1）对于角度（$\theta_a+\xi+\phi_1$）提两个解，但是，必须采用只对应于 $x_f<0$ 的解。这一见解是基于啮合区的有效位置而定的（见图 19.12.1 和图 19.12.2）。

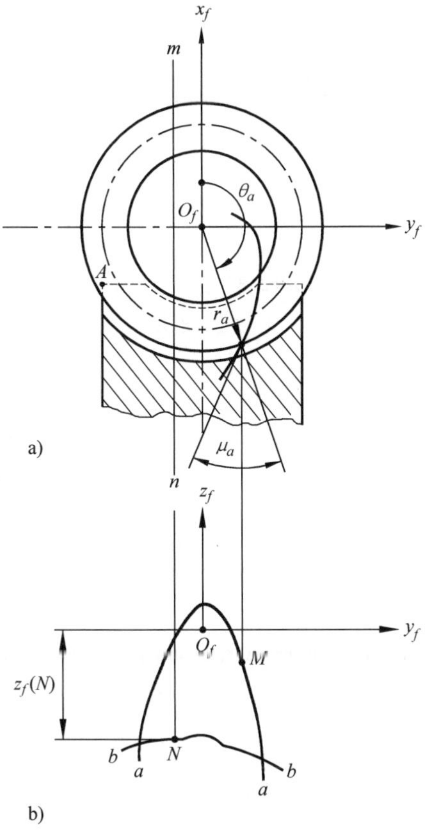

图 19.12.1 用于求啮合区

a）蜗杆的端面 b）啮合区

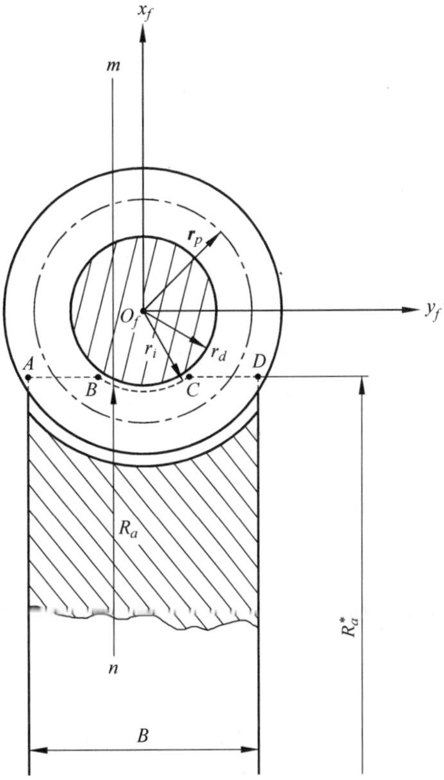

图 19.12.2 用平面 m—n 切割蜗杆和蜗栓的齿面

现在让我们如何确定曲线 b—b 上的流动点 N（见图 19.12.1b）。

我们限于讨论表示在图 19.2.2 上的蜗轮齿顶面的形状。蜗轮齿顶面上的曲面 AB（或 CD）是半径为 R_a^* 的圆柱面；该圆柱的轴线与蜗轮的轴线重合。蜗轮的齿顶面上的曲面 BC 是用半径为 r_i 的圆弧绕蜗轮轴线转动所形成的圆弧回转面。平面 m—n 切割齿面 BC 的交线是半径为 R_a 的圆弧（见图 19.12.2 和图 19.12.3）。曲线 b—b 上的 N 点可以作为曲线 $z_f(x_f)$ 和半径为 R_a 的圆弧的交点来确定（见图 19.12.3）。曲线 $z_f(x_f)$ 可用平面 y_f = 常数与啮合面的交线得出。

确定蜗轮齿顶面 BC 的曲线 $b—b$ 的流动点 N 基于如下方程：

$$y_f - r(\theta)\sin(\theta+\xi+\phi_1) = f_1(\theta,(\xi+\phi_1)) = 0 \tag{19.12.4}$$

$$z_f - \frac{r(\theta)\left\{r(\theta)\cos[\theta+(\xi+\phi_1)]+E-\dfrac{p}{m_{21}}\right\}\cos\mu(\theta)}{p\sin\{\mu(\theta)+[\theta+(\xi+\phi_1)]\}} = f_2(\theta,(\xi+\phi_1)) = 0 \tag{19.12.5}$$

$$x_f - r(\theta)\cos[\theta+(\xi+\phi_1)] = f_3(\theta,(\xi+\phi_1)) = 0 \tag{19.12.6}$$

$$\{[E+x_f(\theta,(\xi+\phi_1))]^2+z_f^2(\theta,(\xi+\phi_1))\}^{\frac{1}{2}} - E + [r_i^2 - y_f^2(\theta,(\xi+\phi_1))]^{\frac{1}{2}} = f_4(\theta,(\xi+\phi_1)) = 0 \tag{19.12.7}$$

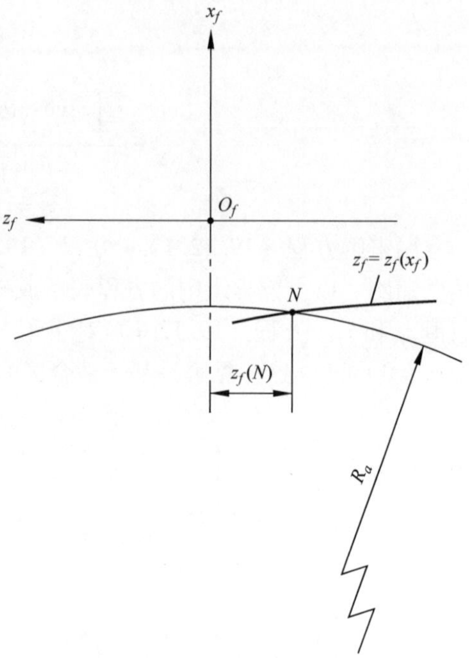

图 19.12.3　推导如图 19.12.1 所示的曲线 $b—b$

这里，$r_i = r_d + c$，其中 r_d 是蜗杆齿根圆柱的半径；c 是顶隙，通常，$c = 0.25/P$。方程（19.12.5）和方程（19.12.6）用来确定方程（19.12.7）中的 $x_f(\theta,(\xi+\phi_1))$ 和 $z_f(\theta,(\xi+\phi_1))$；坐标 y_f 是输入数据；$\tan\mu = r(\theta)/r_\theta$，其中 $r_\theta = \mathrm{d}r/\mathrm{d}\theta$。

方程组（19.12.4）~（19.12.7）可认为是含两个未知数 θ 和（$\xi+\phi_1$）的具有两个非线性方程的方程组，这个方程组由方程（19.2.4）和方程（19.2.7）组成，并且可以利用子程序求解［参见 More 等人 1980 年的专著；Visual Numerics 公司 1998 年的成果］。还可以利用基于如下步骤的迭代求解过程：

步骤1：利用方程（19.12.4），我们认为 y_f 是给定的，并且选取一 θ 值。然后，由方程（19.12.4），我们可以确定 $\sin(\theta+\xi+\phi_1)$。这个方程提供（$\theta+\xi+\phi_1$）的两个解，但是应当选取只适合 $x_f(\theta+\xi+\phi_1)<0$ 的解（参见图 19.12.1 和 19.12.2 中啮合区的位置）。

步骤2：利用方程（19.12.5）和方程（19.12.6），我们分别确定 $z_f(\theta+\xi+\phi_1)$ 和 $x_f(\theta+\xi+\phi_1)$ 的值。

步骤3：我们用选取的 θ 值和根据方程（19.12.4）确定出的（$\xi+\phi_1$）的相应值，检查是否满足方程（19.12.7）。如果不满足，必须用新的 θ 值，开始一个新的迭代过程。

确定蜗轮齿顶面 AB（和 CD）（见图 19.12.2）的曲线 $b—b$（图 19.12.1）的流动点 N 基于包含方程（19.12.4）~方程（19.12.6）和方程

$$R_a^* - [(E+x_f)^2 + z_f^2]^{\frac{1}{2}} = f_5(\theta,(\xi+\phi_1)) = 0 \tag{19.12.8}$$

的方程组。

方程（19.12.8）用来替代方程（19.12.7）。参数 R_a^* 表示在图 19.12.2 中。

将方程（19.12.4）和方程（19.12.8）加以联立，表示一个含两个未知数 θ 和（$\xi+$

ϕ_1）的具有两个非线性方程的方程组。在这种情况下，方程（19.2.5）和方程（19.12.6）用来确定曲线 $b—b$ 上流动点 N 的坐标 x_f 和 z_f。

确定出啮合区能使我们求蜗杆工作部分的长度 L 和蜗轮工作部分的宽度 B。具有 ZA 型蜗杆的蜗杆传动的啮合区表示在图 19.12.4 和图 19.12.5 中。计算用的输入数据如下：$N_1=2$，$N_2=30$，$r_p=46\text{mm}$，$m_{ax}=8\text{mm}$，啮合节圆半径 $r_p^{(0)}=r_p+\xi m_{ax}$，式中 $\xi=0$（见图 19.12.4）和$\xi=1$（见图 19.12.5）。中心距为 $E=r_p+N_2m_{ax}/2+\xi m_{ax}$。

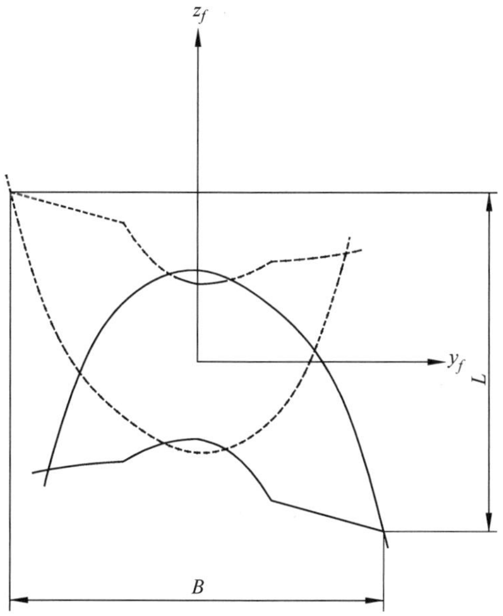

图 19.12.4 ZA（阿基米德）型蜗杆（$\xi=0$）的标准蜗杆传动的啮合区

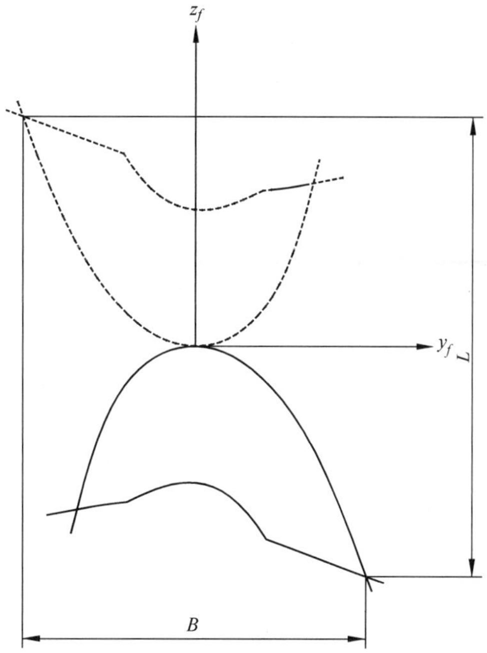

图 19.12.5 ZA（阿基米德）型蜗杆（$\xi=1$）的非标准蜗杆传动的啮合区

19.13 新的发展趋势

1. 引言

圆柱蜗杆传动仍是齿轮传动中一实例，在齿轮箱中加载研磨所获得的接触斑点是令人满意的。然而，这种研磨在时间上的花费是相当昂贵的，而且也不是十分有效。现有设计的传动的质量，实际上是取决于传动中滚刀与蜗杆的匹配。蜗杆与蜗轮的瞬时接触是一条线接触，接触斑迹局部化新的趋势仍忽视蜗杆传动接触区。在蜗杆传动中几何变位是不可避免的。本节前面介绍了圆柱蜗杆传动的几何结构中，蜗杆与蜗轮具有瞬时接触线。本节的目的是简要地描述一种新的几何关系。

2. 蜗杆的双鼓形修整

基于蜗杆相对于滚刀进行双鼓形修整，这种对蜗杆传动进行的几何变位具有光明前景。这意味着由滚刀面将在蜗杆齿面上产生一定的误差，现行设计的基本原理是基于应用彼此相同的蜗杆与滚刀。

在蜗杆上采用双鼓形修整进行几何变位的方法，是以前开发的在弧齿锥齿轮、准双曲面齿轮、斜齿轮和直齿轮上的应用的延伸。蜗杆的双鼓形修整的意思是，用滚刀面分别在蜗杆齿面的齿廓方向和纵向进行鼓形修整，以消除其齿面产生的误差。

蜗杆相对于滚刀的齿廓鼓形修整相当于采用两失配的螺旋面，其中之一为传动中的蜗杆，另外之一为蜗轮加工的滚刀。失配螺旋面的齿面是沿着公共螺旋线相切的，螺旋面的失配是传动中的蜗杆和蜗轮齿面之间接触的局部化先决条件。

如上所述，蜗杆的纵向鼓形修整是应用齿廓鼓形修整之外的事，纵向鼓形修整的目的是减小接触区的位移，避免边缘接触，减小传动误差，即由装配误差所引起的所有缺陷。蜗杆纵向鼓形修整提供蜗杆传动的啮合过程中的传动误差的抛物函数，这种函数能够吸收由装配误差引起的传动误差非连续性的线性函数。

蜗杆的双鼓形修整是齿廓鼓形修整和纵向鼓形修整的综合，对于多头蜗杆的蜗杆传动装置特别有效。具有多头蜗杆的蜗杆传动装置对装配误差引起的大的传动误差和振动尤为敏感，这些缺陷由于采用传动误差的抛物函数所起的作用而减小（见17.4节、17.6节和17.7节）。

3. 采用加大尺寸的滚刀

蜗杆传动中的几何变位以前是基于加大尺寸滚刀的使用（参见 Colbourne 1989 年的专著；Seol & Litvin 1996 年的专著）。加大尺寸滚刀设计的主要概念是基于在蜗杆传动中增加滚刀螺纹相对蜗杆的头数，这种方法要求增加滚刀的分度圆直径。

考虑传动中蜗杆与滚刀呈内啮合且轴线相交（见图19.13.1），我们可以用图解来说明加大尺寸滚刀的应用概念。加大尺寸滚刀的蜗杆啮合具有如下主要特征：

1）滚刀的分度圆柱大于蜗杆的分度圆柱，$\Delta\lambda$ 和 Δr 分别为交错角和两轴线之间的最短中心距（见图19.13.1）。

2）沿着滚刀和蜗轮之间最短中心距，滚刀与蜗杆分度圆柱相切于点 P，并与轴线Ⅱ—Ⅱ啮合（见6.11节）。很容易证明，滚刀、蜗杆和蜗轮的法线通过点“P”，所有这些面同时在啮合起始处相切。

3）滚刀具有与蜗杆相同型式的螺纹面。

4）显而易见，滚刀和蜗轮齿面的加工在任一瞬时呈线接触，而蜗杆与蜗轮在任何瞬时呈点接触。

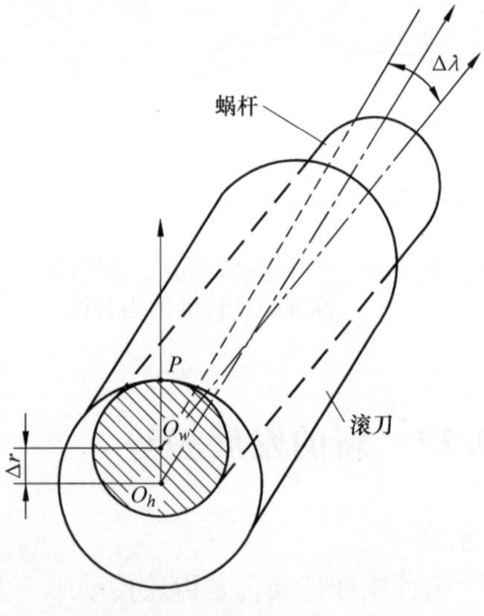

图19.13.1　蜗杆和滚刀的分度圆柱相切

5）选加大尺寸 Δr 影响瞬时接触椭圆长轴的大小和传动误差的等级。

6）用加大尺寸滚刀加工蜗轮应按如下安装参数进行：

$$E_{bg}=E_{wg}+\Delta r$$

$$\gamma_{bg}=90^\circ-\Delta\gamma$$

式中，E_{bg}和E_{wg}分别是滚刀与蜗轮之间的中心距和蜗杆与蜗轮之间的中心距；$\Delta r=r_{pb}-r_{pw}$，r_{pb}和r_{pw}分别是滚刀和蜗杆分度圆的半径；$\Delta\gamma=\lambda_w-\lambda_b$，$\lambda_w$ 和 λ_b 分别是蜗杆和滚刀的导程角。

例如，在渐开线蜗杆传动的情况下，滚刀和蜗杆是两个渐开线螺旋面。在K型蜗杆传

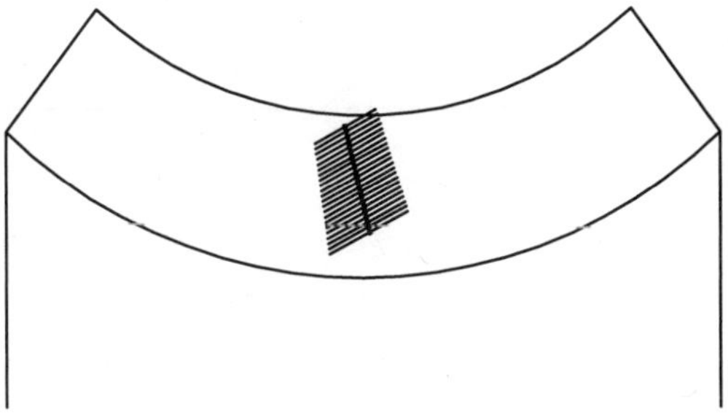

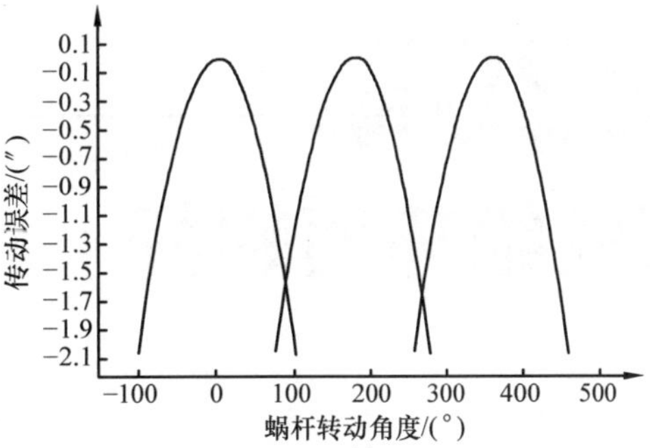

图 19. 13. 2　用加大尺寸滚动加工所得的接触局部化的轮齿接触分析的实例
a）接触轨迹　b）传动误差的抛物函数

动情况下，（见 19. 7 节），滚刀和蜗杆用相同齿形角的圆锥进行加工。

图 19. 13. 2 所示为 K 型蜗杆传动的轮齿接触分析的实例，其中蜗轮是用加大尺寸滚刀进行加工的（参见 Seol & Litvin 1996 年的专著）。接触轨迹在蜗轮齿面横向上，位于蜗轮齿面中间附近（见图 19. 13. 2a），传动误差的函数为抛物函数（见图 19. 13. 2b）。

对在某些情况下的装配误差，采用加大尺寸滚刀提供的传动误差的连续性函数有小的失效。本书的作者认为，采用蜗杆双鼓形修整的方法实现接触区局部化具有极大的可能性。

第20章 双包络环面蜗杆

20.1 引言

双包络环面蜗杆传动是由 Friedrich Wilhelm Lorenz（德国）和 Samuel I. Cone（美国）独立发明的，这是一个激动人心的故事，必须把它归功于他们两人（参见 Litvin 1998 年的专著）。Cone 的发明在美国已经被一家以发明者的名字命名的公司应用，名为 Cone Drive。

双包络环面蜗杆传动的发明是一项重大成就。蜗杆的特殊形状增加了同时处于啮合的齿数，改善了力传递的条件。与普通圆柱蜗杆传动相比较，这种发明的传动的润滑条件和效率要好得多，因为在蜗杆和蜗轮齿面间的接触线具有特殊形状（参阅下文）。

双包络环面蜗杆传动原理，曾是许多科学家深入研究的课题。本章内容基于作者过去的出版物（参见 Litvin 1994 年的专著）。在这一章中，我们将讨论 Cone 双包络环面蜗杆传动。

20.2 蜗杆和蜗轮齿面的加工

1. 蜗杆的加工

蜗杆的齿面是用具有直线刃口的刀具加工的（见图 20.2.1）。当蜗杆以角速度 $\boldsymbol{\Omega}^{(1)}=\mathrm{d}\boldsymbol{\Psi}_1/\mathrm{d}t$ 绕其轴线转动时，刀具以角速度 $\boldsymbol{\Omega}^{(b)}=\mathrm{d}\boldsymbol{\Psi}_b/\mathrm{d}t$ 绕轴线 O_b 做回转运动；ψ_b 和 ψ_1 是加工过程中刀具与蜗杆的回转角（见图 20.2.2）。刀具和蜗杆两回转轴之间的最短距离为 E_c。在加工过程中，刀具的产形线保持与半径为 R_O 的圆相切，图 20.2.1和图 20.2.2 所示的回转方向对应加工右旋蜗杆的情况。

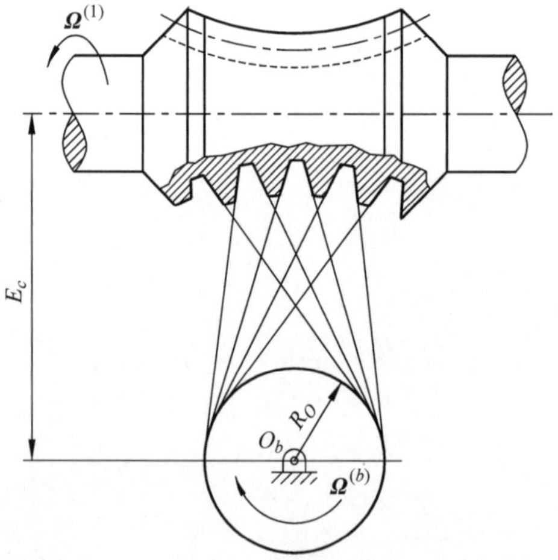

图 20.2.1　蜗杆的加工

2. 蜗轮的加工

在加工蜗轮的过程中，蜗轮的加工基于模拟蜗杆与蜗轮的啮合。与加工出的蜗杆完全相同的滚刀和在切齿机床上正在被加工的蜗轮相啮合。滚刀与蜗轮的两回转轴是交错的；两轴之间的最短距离 E 与所设计的蜗杆传动相同；滚刀（蜗杆）与蜗轮角速度之间的比值 m_{21} 也是相同的，这里

$$m_{21}=\frac{\omega^{(2)}}{\omega^{(1)}}=\frac{N_1}{N_2} \tag{20.2.1}$$

式中，N_1 和 N_2 是蜗杆头数和蜗轮齿数。

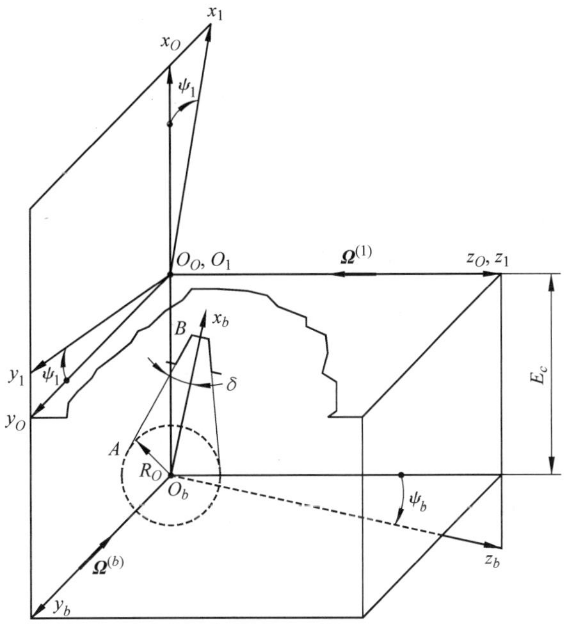

图 20.2.2　用于加工蜗杆的坐标系

3. 使用的坐标系

我们限于讨论交错角的90°的正交蜗杆传动。动坐标系 S_1 和 S_2 分别与蜗杆和蜗轮刚性固接（见图 20.2.3）；S_f 是与蜗杆传动的箱体刚性固接的固定坐标系；蜗轮绕 y_2 轴转动时，蜗杆绕 z_1 轴回转。

4. 蜗轮的齿面

用解析方法确定蜗轮的齿面 Σ_2 基于如下想法。

1）假定蜗杆（滚动）齿面 Σ_1 是已知的。

2）利用坐标变换方法，我们可以导出表示在坐标系 S_2 中 Σ_1 的曲面族。

3）齿面 Σ_2 是 Σ_1 的齿面族的包络。显然，Σ_1 和 Σ_2 在每一瞬时都处于线接触。

5. 非变位和变位的传动

齿面 Σ_1 和 Σ_2 的共轭需要应用与蜗杆齿面相同的滚刀齿面。如果加工蜗杆和滚刀采用的 m_{b1} 和 E_c 具有相同的值，则不会违反共轭原理。这里

$$m_{b1}=\frac{\dfrac{\mathrm{d}\psi_b}{\mathrm{d}t}}{\dfrac{\mathrm{d}\psi_1}{\mathrm{d}t}} \tag{20.2.2}$$

是切削时的传动比。然而，m_{b1} 和 E_c 可以不同于所设计的蜗杆传动的 m_{21} 和 E。

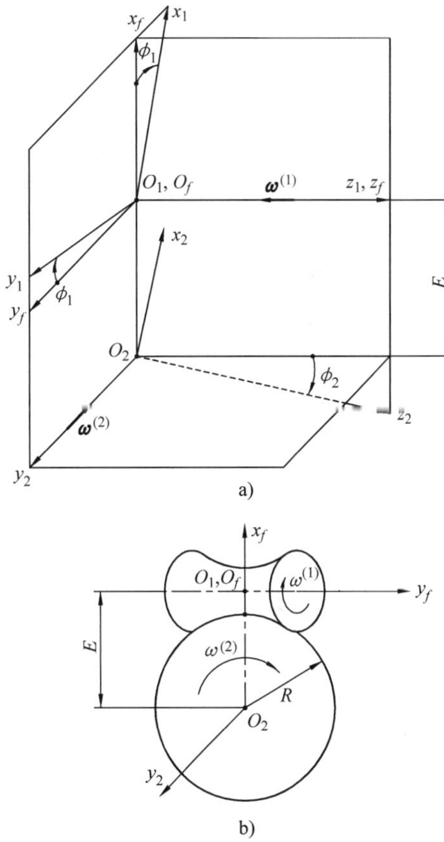

图 20.2.3　简图

a）应用坐标系 S_1、S_2 和 S_f

b）双包络环面蜗杆传动原理图

下面，我们将区分两种双包络环面蜗杆传动的齿合型式：非变位的传动，此时$m_{b1}=m_{21}$和$E_c=E$；变位的传动，此时$E_c\neq E(E_c>E)$。变位传动切削时的传动比m_{b1}可以选取等于或不等于m_{21}。在非变位的和变位的传动两种情况下，两齿面Σ_1和Σ_2都是共轭的，但在采用变位传动时有一些优点。

假定选取$E_c\neq E$。决定如何选取m_{b1}将影响到蜗杆（滚刀）喉部的半径ρ和蜗杆的其他尺寸。下面的论述将说明这一论点。

非变位和变位的传动分别示于图20.2.4a和图20.2.4b。正交传动的传动比满足如下方程：

$$m_{21}=\frac{\rho\tan\lambda}{E-\rho}=\frac{N_1}{N_2} \tag{20.2.3}$$

表示在图20.2.4b中的为一假想的蜗杆传动，可以据此确定切削时的传动比m_{b1}。认为切削蜗杆的刀齿是蜗轮的轮齿。于是，我们得

$$m_{b1}=\frac{\rho^*\tan\lambda^*}{E_c-\rho^*} \tag{20.2.4}$$

式中，λ和λ^*是蜗杆在点M和M^*处的导程角。

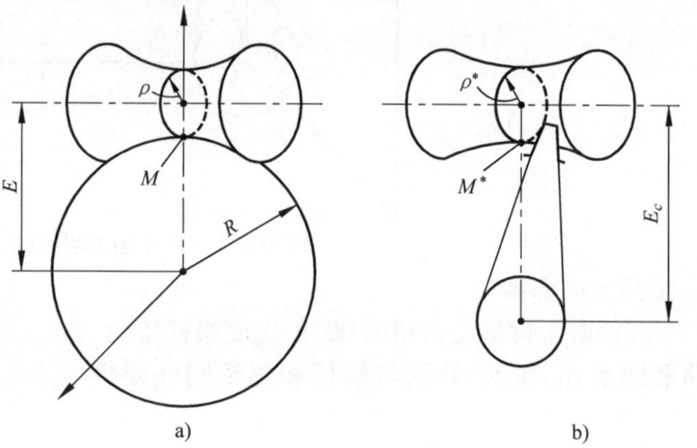

图20.2.4　传动简图

a）非变位蜗杆传动　b）变位蜗杆传动

根据现有的设计实践，两种设计方案在点M处选取了相同的导程角。我们认为N_1，N_2，E、ρ和E_c是给定的，目标是确定δ^*和m_{b1}。由方程（20.2.3）、方程（20.2.4）和$\lambda=\lambda^*$可导出

$$\frac{m_{b1}(E_c-\rho^*)}{\rho^*}=\frac{N_1(E-\rho)}{\rho N_2} \tag{20.2.5}$$

方程（20.2.5）恰好确立了参数m_{b1}和ρ^*的关系，而m_{b1}和ρ^*的解不是唯一的。我们可以考虑如下两种情况：

1）选取切削时的传动比m_{b1}等于m_{21}，这样我们得到ρ^*的如下解：

$$\rho^*=\frac{E_c}{E}\rho \tag{20.2.6}$$

这意味着，与非变位的蜗杆传动的蜗杆相比较，变位传动的蜗杆将具有增大的喉部半径ρ^*和其他尺寸。

变位蜗杆的轴面径节为

$$P^*=\frac{\rho}{\rho^*}P \tag{20.2.7}$$

2）对于两种设计方案，选取相同的喉部半径，这样，$\rho^*=\rho$，从而得

$$m_{b1}=\frac{N_1(E-\rho)}{N_2(E_c-\rho)} \tag{20.2.8}$$

$$P^* = P \tag{20.2.9}$$

两种设计方案蜗杆的尺寸相同的，只是 $m_{b1} \neq m_{21}$。

除以上所述，m_{b1} 和 ρ^* 还可能有其他的选择。

20.3　蜗杆齿面的方程

为了推导蜗杆齿面方程，我们建立三个坐标系（见图 20.2.2）：分别与蜗杆和刀具刚性固接的 S_1 和 S_b，以及与加工蜗杆的机床刚性固接的坐标系 S_O。产形直线 AB 在 S_b 中用如下方程表示（见图 20.3.1）：

$$\begin{cases} x_b = u\cos\delta + R_O\sin\delta \\ y_b = 0 \\ z_b = u\sin\delta - R_O\cos\delta \end{cases} \tag{20.3.1}$$

这里，变参数 u 确定流动点在刀刃上的位置，且

$$\delta = \arcsin\left(\frac{R_O}{R}\right) - \frac{s_p}{2R} \tag{20.3.2}$$

式中，R 是分度圆半径，在分度圆上刀齿的齿厚是给定的。

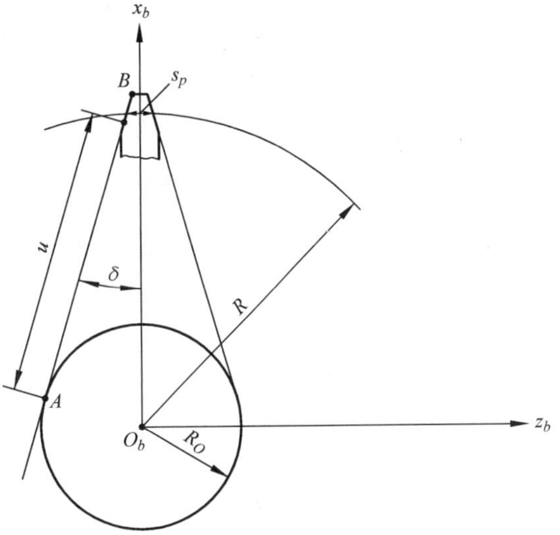

图 20.3.1　刀齿示意

蜗杆齿面 Σ_1 被加工成一直线族，并且是一直纹面。利用方程（20.3.1）和从 S_b 到 S_1 的坐标变换，我们可以导出蜗杆的齿面方程。然后我们得

$$\begin{cases} x_1 = \cos\psi_1[u\cos(\delta+\psi_b) + R_O\sin(\delta+\psi_b) - E_c] \\ y_1 = \sin\psi_1[u\cos(\delta+\psi_b) + R_O\sin(\delta+\psi_b) - E_c] \\ z_1 = u\sin(\delta+\psi_b) - R_O\cos(\delta+\psi_b) \end{cases} \tag{20.3.3}$$

式中，$\psi_b = \psi_1 m_{b1}$。

广义参数 $\psi \equiv \psi_1$ 和参数 u 表示曲面坐标（Gaussian 坐标）。具有固定 ψ 值的方程（20.3.3）表示 Σ_1 上的 u 坐标线，即产形直线。具有固定参数 u 的方程（20.3.3）表示 Σ_1 上的 ψ 坐标线，该线为空间曲线。这条曲线可以用圆环面截割 Σ_1 得出。圆环面的轴面截线是半径为 $(u^2 + R_O^2)^{\frac{1}{2}}$ 的圆。方程（20.3.3）对变位的或非变位的蜗杆都是适用的。对非变位的蜗杆传动，我们必须在这些方程中取 $E_c = E$ 和 $m_{b1} = m_{21}$。

齿面的法线用矢量方程 $\boldsymbol{N}_1 = \partial\boldsymbol{r}_1/\partial u \times \partial\boldsymbol{r}_1/\partial\psi_1$ 表示，从该矢量方程可导出

$$\begin{cases} N_{x1} = um_{b1}\sin\psi_1 - \sin(\delta+\psi_b)\cos\psi_1[u\cos(\delta+\psi_b) + R_O\sin(\delta+\psi_b) - E_c] \\ \quad\;\; = um_{b1}\sin\psi_1 - x_1\sin(\delta+\psi_b) \\ N_{y1} = -um_{b1}\cos\psi_1 - \sin(\delta+\psi_b)\sin\psi_1[u\cos(\delta+\psi_b) + R_O\sin(\delta+\psi_b) - E_c] \\ \quad\;\; = -um_{b1}\cos\psi_1 - y_1\sin(\delta+\psi_b) \\ N_{z1} = \cos(\delta+\psi_b)[u\cos(\delta+\psi_b) + R_O\sin(\delta+\psi_b) - E_c] \end{cases} \tag{20.3.4}$$

齿面（20.3.3）是一不可展曲面，因为沿产形线的曲面法线不是共线的（曲面法线的

方向取决于 u）。

20.4 啮合方程

我们考察两齿面 Σ_1 和 Σ_2 的啮合，蜗杆齿面 Σ_1 可以加工成非变位的或变位的。如图20.2.3所示，蜗杆和蜗轮绕交错轴做回转运动。曲面 Σ_2 是表示在 S_2 中的 Σ_1 齿面族的包络。包络存在的必要条件（参见6.1节）用啮合方程表示为

$$\boldsymbol{N}_1 \cdot \boldsymbol{v}_1^{(12)} = f(u, \psi_1, \phi) = 0 \tag{20.4.1}$$

下标1显示矢量 $\boldsymbol{N}_1$ 和 $\boldsymbol{v}_1^{(12)}$ 表示在 S_1 中。矢量 $\boldsymbol{N}_1$ 是 Σ_1 的法线矢量，而 $\boldsymbol{v}_1^{(12)}$ 是滑动速度，该速度用定参数 $\boldsymbol{\omega}^{(1)}$、$\boldsymbol{\omega}^{(2)}$、$E$ 和 m_{21}，以及变参数 $\phi \equiv \phi_1$ 来确定，这是因为 $\boldsymbol{v}_1^{(12)}$ 表示在 S_1 中（参见2.1节）。参数 ϕ 是广义运动参数。我们记得，蜗轮2的回转角 ϕ_2 表示为

$$\phi_2 = m_{12}\phi_1 \tag{20.4.2}$$

矢量 $\boldsymbol{N}_1$ 用方程（20.3.4）通过曲面的变参数 u 和 ψ_1 及参数 E_c 和 m_{b1} 来表示。记号 $f(u, \psi_1, \phi) = 0$ 表示变参数之间的关系式。利用这个关系式，我们能够确定 Σ_1 和 Σ_2 之间的接触线，并且将接触线表示在 S_1、S_2 和 S_f 中。对于非变位的或变位的两种啮合情况推导啮合方程。

1. 非变位传动

我们在蜗杆齿面啮线的方程（20.3.4）中，令 $m_{b1} = m_{21}$ 和 $E_c = E$。利用方程（20.4.1），经变换后，我们得

$$\begin{aligned} & u^2[(1-\cos\theta)\cos(\delta+\psi_b) + m_{21}\sin\theta\sin(\delta+\psi_b)] + \\ & u\{R_O[(1-\cos\theta)\sin(\delta+\psi_b) - m_{21}\sin\theta\cos(\delta+\psi_b)] - \\ & E(1-\cos\theta)[1+\cos^2(\delta+\psi_b)]\} \\ & + E\cos(\delta+\psi_b)(1-\cos\theta)[E - R_O\sin(\delta+\psi_b)] = 0 \end{aligned} \tag{20.4.3}$$

其中

$$\theta = \psi_1 - \phi_1$$

方程（20.4.3）可以表示为

$$2\sin\frac{\theta}{2}(u^2 P + uQ + M) = 0 \tag{20.4.4}$$

其中

$$P = \sin\frac{\theta}{2}\cos(\delta+\psi_b) + m_{21}\cos\frac{\theta}{2}\sin(\delta+\psi_b) \tag{20.4.5}$$

$$\begin{aligned} Q = & R_O\left[\sin\frac{\theta}{2}\sin(\delta+\psi_b) - m_{21}\cos\frac{\theta}{2}\cos(\delta+\psi_b)\right] - \\ & E\sin\frac{\theta}{2}[1+\cos^2(\delta+\psi_b)] \end{aligned} \tag{20.4.6}$$

$$M = E\sin\frac{\theta}{2}\cos(\delta+\psi_b)[E - R_O\sin(\delta+\psi_b)] \tag{20.4.7}$$

如果如下两种条件中至少有一个得到遵守，那么方程（20.4.4）得到满足：

①
$$\sin\frac{\theta}{2} = 0 \tag{20.4.8}$$

②
$$u^2P+uQ+M=0 \tag{20.4.9}$$

这种情况意味着，两种类型的接触线可以在 Σ_1 上同时存在——①直线（产形线）和②由方程（20.4.9）确定的空间曲线。与产形线 AB（见图 20.3.1）相重合的接触线在 Σ_1 上的存在与产形线的形状无关。如果蜗杆是用曲线刀刃加工的，则①型接触线也将与产形线重合。②型接触线的存在意味着齿面 Σ_2 的一部分被加工成 Σ_1 曲面族的包络。

2. 变位传动

在这种情况下，啮合方程的推导亦是基于方程（20.4.1），但是，这假定蜗杆齿面是在 $E_c \neq E$ 的情况下加工的。然而，切削时的传动比 m_{b1} 可以等于也可以不等于 m_{21}。所完成的推导使我们得到如下的 $m_{b1}=m_{21}$ 时的啮合方程：

$$\begin{aligned}&u^2[(1-\cos\theta)\cos(\delta+\psi_b)+m_{21}\sin\theta\sin(\delta+\psi_b)]+\\&u\{R_O[(1-\cos\theta)\sin(\delta+\psi_b)-m_{21}\sin\theta\cos(\delta+\psi_b)]-\\&E_c(1-\cos\theta)[1+\cos^2(\delta+\psi_b)-(E-E_c)\cos^2(\delta+\psi_b)]\}+\\&\cos(\delta+\psi_b)(E-E_c\cos\theta)[E_c-R_O\sin(\delta+\psi_b)]=0\end{aligned} \tag{20.4.10}$$

式中，$\psi_b=m_{b1}\psi_1$。

在方程（20.4.10）中取 $E=E_c$，我们得到非变位传动的啮合方程（20.4.3）。

20.5　接触线

我们将分别考察蜗杆齿面 Σ_1 上、蜗轮齿面 Σ_2 上和固定坐标系 S_f 中的接触线。

1. Σ_1 上的接触线

蜗杆齿面 Σ_1 上的接触线用如下方程表示：

$$\boldsymbol{r}_1=\boldsymbol{r}_1(u,\psi_1)\quad (f(u,\psi_1,\phi^{(i)})=0;\ i=1,2,\cdots,n) \tag{20.5.1}$$

方程（20.5.1）表示蜗杆齿面和啮合方程，并且这些方程是联立的。记号 $\phi^{(i)}(i=1,2,\cdots,n)$ 表示，考察瞬时接触线时，广义参数 ϕ 是被固定的。齿面 Σ_1 于每一瞬时都与 Σ_2 在两条线上相切触，一条是产形直线，另一条是齿面 Σ_1 和齿面 Σ_2 上为 Σ_1 的曲线族包络的那些部分之间的接触线。

2. Σ_2 上的接触线

Σ_2 上的接触线用如下方程表示：

$$\boldsymbol{r}_2(u,\psi_1,\phi^{(i)})=\boldsymbol{M}_{21}\boldsymbol{r}_1(u,\psi_1)\quad (f(u,\psi_1,\phi^{(i)})=0;i=1,2,\cdots,n) \tag{20.5.2}$$

矩阵 $\boldsymbol{M}_{21}$ 描述从 S_1 到 S_2 的坐标变换。齿面 Σ_2 用方程（20.5.2）表示为瞬时接触线族。我们可以预料到，Σ_2 由两部分表示，这是因为在每一瞬时同时存在看两条接触线。实际上，因为有根切，Σ_2 由三部分组成（参见下文）。

3. 啮合面上的接触线

在坐标系 S_f 中的全部接触线表示啮合面，我们用 Σ_f 标记。啮合面用如下方程表示：

$$\boldsymbol{r}_f(u,\psi_1,\phi)=\boldsymbol{M}_{f1}(\phi)\boldsymbol{r}_1(u,\psi_1)\quad (f(u,\psi_1,\phi)=0) \tag{20.5.3}$$

矩阵 $\boldsymbol{M}_{f1}$ 描述从 S_1 到 S_f 的坐标变换。

20.6 蜗轮齿面的方程

利用方程（20.5.2），我们可以通过三个相关联的变参数（u，ψ_1，ϕ）来表示 Σ_2。我们将分别考察非变位和变位的两种传动情况。

1. 非变位的传动

齿面 Σ_2 用如下方程表示：

$$\begin{cases} x_2 = u[\cos\theta\cos(\delta+\psi_b)\cos\phi_2 + \sin(\delta+\psi_b)\sin\phi_2] + \\ \quad R_O[\cos\theta\sin(\delta+\psi_b)\cos\phi_2 - \cos(\delta+\psi_b)\sin\phi_2] - \\ \quad E(\cos\theta\cos\phi_2 - \cos\phi_2) \\ y_2 = [u\cos(\delta+\psi_b) + R_O\sin(\delta+\psi_b) - E]\sin\theta \\ z_2 = u[-\cos\theta\cos(\delta+\psi_b)\sin\phi_2 + \sin(\delta+\psi_b)\cos\phi_2] - \\ \quad R_O[\cos\theta\sin(\delta+\psi_b)\sin\phi_2 + \cos(\delta+\psi_b)\cos\phi_2] + \\ \quad E(\cos\theta\cos\phi_2 - \sin\phi_2)\sin\dfrac{\theta}{2}(u^2P + uQ + M) = 0 \end{cases} \tag{20.6.1}$$

式中，$\theta = \psi_1 - \phi_1$；而 P、Q 和 M 分别用方程（20.4.5）、方程（20.4.6）和方程（20.4.7）表示。

前面已经指出，在 Σ_1 和 Σ_2 之间每一瞬时都有两条接触线。在方程（20.6.1）中，令 $\sin\dfrac{\theta}{2}=0$，我们得出，这些方程在 S_2 中表示一条直线 $A'B'$（见图 20.6.1），该直线位于蜗轮的中央平面。这个平面用 $y_2=0$ 来确定。当蜗杆与蜗轮处于啮合时，组成 Σ_1 的所有直线依次与蜗轮齿面上单一直线 $A'B'$相重合。

在方程（20.6.1）中，令 $\sin\dfrac{\theta}{2}\neq 0$，而 $u^2P+uQ+M=0$，我们得到 Σ_2 上是 Σ_1 曲线族包络的那一部分的方程。遗憾的是，齿面 Σ_2 的这一部分在加工 Σ_2 的过程中局部被根切掉。根切是由滚刀的刀刃造成的。在方程组（20.6.1）的前三个方程中，取 $\psi_b=-\delta$、$\psi_1=m_{1b}\psi_b$、$\phi_1=m_{12}\phi_2$ 和 $m_{1b}=m_{12}$，我们可以用如下的方程表示蜗轮齿面的根切部分：

$$\begin{cases} x_2 = (q\cos\tau + E)\cos\phi_2 - R_O\sin\phi_2 \\ y_2 = q\sin\tau \\ z_2 = -(q\cos\tau + E)\sin\phi_2 - R_O\cos\phi_2 \end{cases} \tag{20.6.2}$$

其中

$$q = u - E$$
$$\tau = -m_{12}(\delta + \phi_2)$$

方程（20.6.2）是由滚刀刀刃形成的直纹面。

图 20.6.1 表示齿面 Σ_2 上的三个部分。部分Ⅱ是 Σ_1 曲面族的包络。部分Ⅰ和Ⅲ表示由滚刀刀刃形成的直纹面。Σ_2 上的部分Ⅱ和Ⅲ彼此沿位于平面 $y_2=0$ 的直线 $A'B'$相交。

双包络环面蜗杆传动的非变位传动的缺点是齿面 Σ_2 的一部分被根切。然而，同时存在两条接触线是这种啮合型式的优点。这一论点基于如下的考虑：设 b 是接触线 $A'B'$上的点

（见图 20.6.2），而 a 是另一接触线上的点。在坐标系 S_f 中有一封闭空间，其在图 20.6.2 中的截面是 a—b。当蜗杆沿图 20.6.2 所示的方向旋转时，油被泵入空间 a—b，从而提高油膜内流体动压力。我们可以预料到，最好润滑条件存在于有阴影的象限内。非变位啮合的另一优点是瞬时接触线的形状（见图 20.6.3）。借助这种形状可提供有利的润滑条件，因为蜗杆的线速度与接触线的法线构成的夹角小。

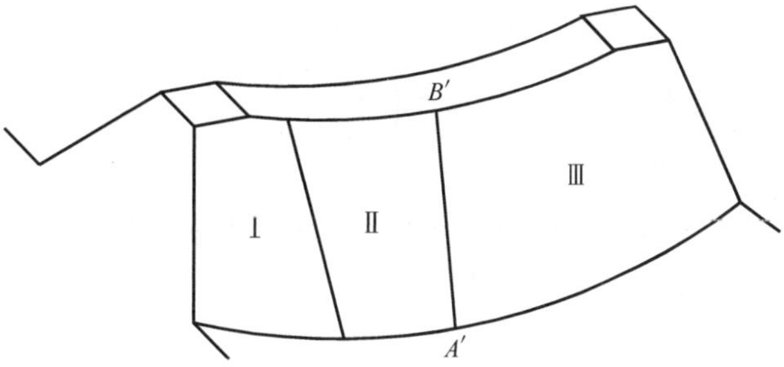

图 20.6.1　蜗轮齿面上的三个部分

2. 变位的传动

表示在图 20.6.3 中的接触线是针对具有以下参数的蜗杆传动确定的：模数 $m=2.5\text{mm}$ $\left(m=\dfrac{1}{P}\right)$；$N_1=1$；$N_2=47$；$\delta=20°$；$E=80\text{mm}$。我们用方程（20.4.10）表示啮合方程，可以借助方程（20.6.1）确定变位蜗轮的齿面 Σ_2。应用变位啮合能够使我们避免 Σ_2 的根切，但接触线的形状稍有不利（见图 20.6.4），至少在蜗杆用直线刀刃加工时是这种情况。我们可以预期，加工变位蜗杆传动的新方法将会消除这一障碍。

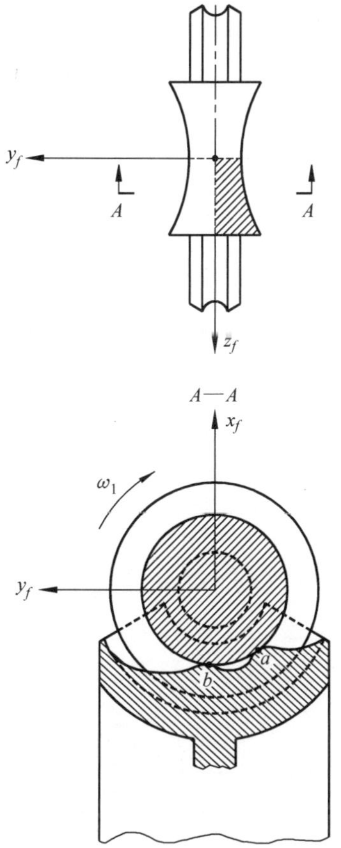

图 20.6.2　存在两条接触线的说明

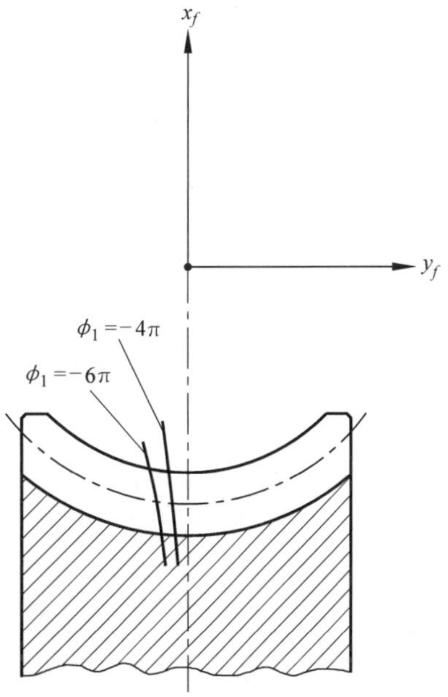

图 20.6.3　非变位蜗杆传动的接触线

表示在图 20.6.4 中的接触线是针对具有以下参数的蜗杆传动确定的：

1）模数 $m=2.5\text{mm}\left(m=\dfrac{1}{P}\right)$, $N_1=1$, $N_2=47$, $\delta=20^\circ$, $E=80\text{mm}$, $E_c=85\text{mm}$, $m_{b1}=0.0196$。

2）$E_c=90\text{mm}$，$m_{b1}=0.0182$，其他参数与情况 1）中的相同。

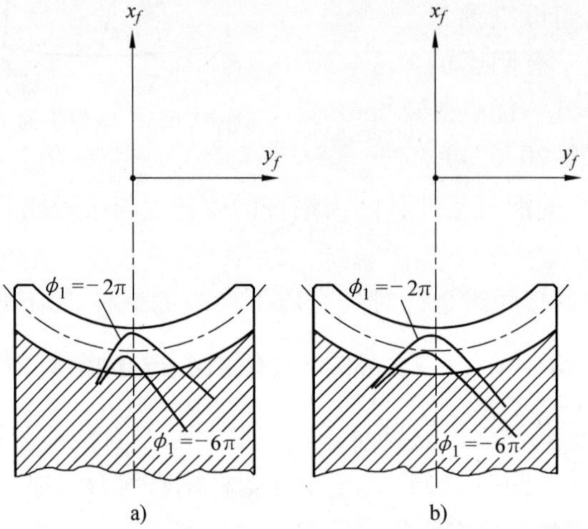

图 20.6.4　变位蜗杆传动的接触线

a）$E_c=85\text{mm}$，$m_{b1}=0.0196$　b）$E_c=90\text{mm}$，$m_{b1}=0.0182$

第21章 弧齿锥齿轮

21.1 引言

弧齿锥齿轮传动已广泛应用在直飞机和卡车的变速器与减速器中，用于相交轴之间的转速和转矩的变换。包括本书的作者内的许多科学家，其研究的目标为齿轮传动的设计和应力分析（参见 Krenzer 1981 年的专著，Handschuh 和 Litvin 1991 年的专著，Stadtfeld 1993 年、1995 年的专著，Zhang 等人 1995 年的专著，Gosselin 等人 1996 年的专著，Litvin 等人 1998 年、2002 年的专著，Argyris 等人 2002 年的专著，Fuentes 等人 2002 年的专著）。虽然齿轮制造公司［Gleason Works（美国），Klingelnberg - Oerlikon（德国 - 瑞士）］已开发了这种齿轮传动成熟的加工方法和先进的制造设备，但弧齿锥齿轮传动的装配误差引起的噪声降低和接触区的稳定性仍是非常关键的研究课题。

弧齿锥齿轮啮合和接触条件取决于机床上采用装置的坚固性，虽然这种装置不是标准化的，但是按每种设计工况进行确定，取决于齿轮的参数和保证齿轮传动质量要求的加工工具。本书的作者及其同事们共同开发了（见本章）包括弧齿锥齿轮传动整套设计方法和应力分析，提供如下问题的求解方法。

1）确定弧齿锥齿轮传动低噪声、稳定啮合区的机床设置。

2）齿轮齿面的啮合和接触分析电算化。

3）用有限元法确定接触应力和弯曲应力，并研究接触区的形成。

为上述的2）和3）项开发的程序，可以使我们对设计质量和正确性进行评价，如有必要时亦可纠正所采用的机床装置。这些电算过程在昂贵的制造过程之前执行。解决方案可提供给两种形式的弧齿锥齿轮传动：端面铣刀加工齿轮传动；成型切齿法加工弧齿锥齿轮传动。成型切齿法是 Gleason Works 的商业标志。

21.2 发展趋势的基本理念

1. 本章介绍的现行方法基本理念

1）齿轮机床设置考虑是给定的（举例改编自制造数据）。在确定小齿轮的机床设置之前，必须考虑齿轮传动的接触和啮合的满足条件。这是采用如下局部综合程序来实现的。

① 小齿轮和大齿轮齿面 Σ_2 和 Σ_2 相切的中点 M 选在 Σ_2 的齿面上，然后确定相应的小齿轮的机床设置，使 Σ_1 在点 M 处与 Σ_2 相切。

② 局部综合的输入参数为 a、η_2 和 M'_{21}，取在切线的中点 M（见图 21.2.1）。这里，$2a$ 为瞬时接触椭圆的长轴；η_2 确定在 M 点切于接触轨迹的方向；$m'_{21}=d^2(\phi_2(\phi_1))/\mathrm{d}\phi_1^2$ 为传

动函数 $\phi_2(\phi_1)$ 的第二次推导。

开发的局部综合程序，提供了由十个方程组成的方程组，用于确定小齿轮机床设置的十个参数（参见 Litvin 1994 年的专著、Litvin 等人 1998 年的专著）。指定参数 a 的观察是基于应用齿曲率之间的关系确定的（见第 8 章）。考虑已知的大齿轮和小齿轮机床设置和产形刀具，应用包络原理推导小齿轮和大齿轮齿面方程变为可能（Favard 1957 年的专著、Litvin 1968 年的著作、Zalgaller 1975 年的专著、Zalgaller 和 Litvin 1977 年的专著、Litvin 1994 年的专著）。

2）齿轮传动的低噪声缘于预设计的传动误差的抛物线函数的最大传动误差的极限值为 6″~8″（见 9.2 节）。由对中性误差产生的传动误差几乎线性的非连续函数能够被预设计的传动误差的抛物函数所吸收。这种传动误差是大的噪声和振动产生的原因。

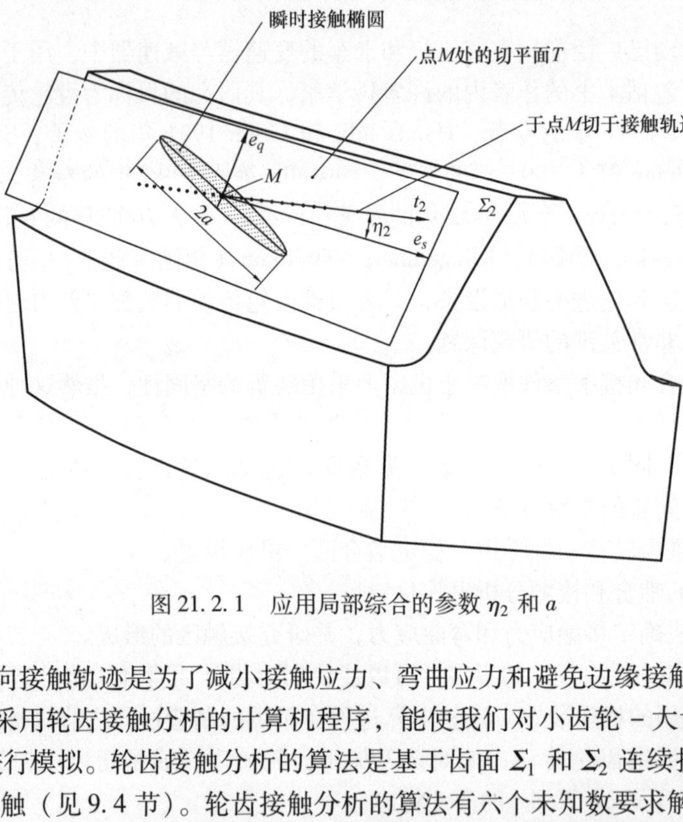

图 21.2.1　应用局部综合的参数 η_2 和 a

3）考虑纵向接触轨迹是为了减小接触应力、弯曲应力和避免边缘接触。

4）开发和采用轮齿接触分析的计算机程序，能使我们对小齿轮 - 大齿轮齿面 Σ_1 和 Σ_2 的接触和啮合进行模拟。轮齿接触分析的算法是基于齿面 Σ_1 和 Σ_2 连续接触进行的，其中 Σ_1 和 Σ_2 是点接触（见 9.4 节）。轮齿接触分析的算法有六个未知数要求解五个非线性方程。未知数之一表明角 ϕ_1 为小齿轮的转角，作为输入参数，由五个函数得解 ϕ_1。轮齿接触分析的电算过程是基于应用 Newton - Raphson 法的一种迭代过程（参见 Visual Numerics 公司 1998 年的成果）。

2. 四个阶段

电算程序基于同时采用局部综合、轮齿接触分析和有限元分析，按如下四个阶段进行。

阶段 1。获得所需形状和方向的接触轨迹，这一阶段应基于如下三个步骤进行。

步骤 1：局部综合输入参数 m'_{21} 是作为可变参数，其中参数 a 和 η_2 是被认为指定的，角 η_2 是提供纵向接触轨迹的然后我们用开发方程可得小齿轮加工机床设置。

步骤 2：用小齿轮和大齿轮机床设置，推导小齿轮和大齿轮齿面方程，用于轮齿接触分析过程。轮齿接触分析的输出是轮齿接触区和传动误差的函数。

步骤 3：通过改变参数 m'_{21}，用逐步迭代法改变接触轨迹，直至达到所得的接触轨迹形状符合要求为止。

图 21.2.2a 所示为接触轨迹 $L_T^{(1)}$、$L_T^{(2)}$ 和 $L_T^{(n)}$，可能是一些迭代的结果。我们在这一步骤表示接触轨迹在坐标系 S_t 的径向投影，其中坐标轴和沿着接触区点的半径分别以轴线 x_t 和 y_t 表示，如图 21.2.2b 所示。迭代过程的目标是得到图 21.2.2 所示的纵向接触轨迹 $L_T^{(n)}$ 直线形的径向投影。利用回归子程序（参见 Visual Numerics 公司 1998 年的成果），我们可以将坐标系 S_t 中 $L_T^{(i)}$ 表示（见图 21.2.2b）为如下抛物线：

$$y_t(x_t, m'_{21}) = \beta_0(m'_{21}) + \beta_1(m'_{21})x_t + \beta_2(m'_{21})x_t^2 \tag{21.2.1}$$

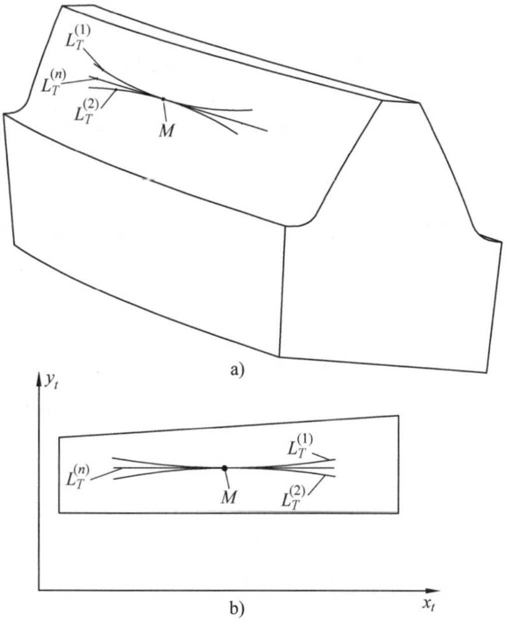

图 21.2.2　接触轨迹 a）齿轮齿面接触轨迹的变化 b）在坐标系 S_t 中接触轨迹的径向投影

目标通过在迭代过程中 m'_{21} 的变化来实现，直至 β_2 变为零。应用正割法（参见 Press 等人，1992 年的专著）可得 $\beta_2 = 0$ 时，方程（21.2.1）的解，如图 21.2.3 所示。设定 $\beta_2^{(i)}$ $(i=1,2,3,\cdots)$（见图 21.2.3）表示在迭代过程中得到所示的 β_2 大小。在图中表明，当参数 β_2 将变为零时，由 $(m'_{21})^{(i)}$ $(i=1,2,3,\cdots,n)$ 的误差，使函数 $\beta_2(m'_{21})^{(i)}$ 引起变化。

阶段 2。其中阶段 1 可使我们得到所要求的接触轨迹 L_T 形状，传动误差函数 $\Delta\phi_2^{(1)}(\phi_1)$ 的形状和最大传动误差的大小 $\Delta\Phi$，不能完全满足低噪声齿轮传动的设计要求。

第二阶段的目标是得到负传动误差和最大传动误差极限值 $\Delta\Phi$ 的抛物线函数。这个目标是通过小齿轮采用变位滚切和轮齿接触分析采用计算机程序来实现的。我们强调，小齿轮加工机床的设置已作为第一阶段的结果得到。采用变位滚切既不表明加工机床设置的变化也不表明接触轨迹形状的变化。以下是第二阶段的算法。

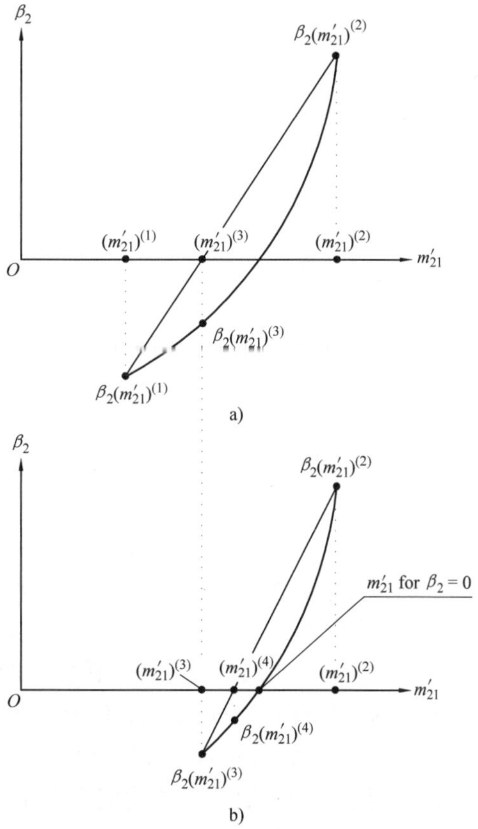

图 21.2.3　确定 $\beta_2(m'_{21})$ 的电算过程的原理

步骤1：第一阶段可得到数值函数 $\Delta\phi_2^{(1)}(\phi_1)$。我们以多项式函数 $\Delta\phi_2^{(1)}(\phi_1)$ 表示含第三元素在内的函数（参见 Visual Numerics 公司 1998 年的专著）：

$$\Delta\phi_2^{(1)}(\phi_1)=a_0+a_1\phi_1+a_2\phi_1^2+a_3\phi_1^3 \quad \left(-\frac{\pi}{N_1}\leqslant\phi_1\leqslant\frac{\pi}{N_1}\right) \tag{21.2.2}$$

函数（21.2.2）必须转换为具有最大误差极限值的传动误差预设计的抛物线函数。传动误差的抛物线函数的优点是，由装配误差引起的传动误差的线性函数能被这种函数所吸收，并有效地降低噪声水平（参见 Litvin 1989 年、1994 年、1998 年的专著）。

步骤2：小齿轮采用变位滚切，可实现函数 $\Delta\phi_2^{(1)}(\phi_1)$ 的变换。变位滚切意味着小齿轮的加工用如下函数实现：

$$\psi_1(\psi_{c1})=m_{1c}\psi_{c1}-b_2\psi_{c1}^2-b_3\psi_{c1}^3 \tag{21.2.3}$$

这里，ψ_1 是小齿轮加工期间的转角；ψ_{c1} 是切齿机的摇台转角（见 21.3 节和图 21.4.1）；m_{1c} 是取 $\psi_{c1}=0$ 时函数 $\psi_1(\psi_{c1})$ 的一阶导数（接触点 M 的中部），由局部综合过程而得（参见 Litvin 等人 1998 年的专著）。加工小齿轮的刀盘装在摇台上，与摇台一起回转（见 21.3 节）。

函数 $\Delta\phi_2^{(1)}(\phi_1)$ 变换为 $\Delta\phi_2(\phi_1)$ 是由函数（21.2.3）的系数 b_2 和 b_3 的变化而得的，这里

$$\Delta\phi_2(\phi_1)=-a_2\phi^2 \quad \left(-\frac{\pi}{N_1}\leqslant\phi_1\leqslant\frac{\pi}{N_1}\right) \tag{21.2.4}$$

$$|\Delta\phi_2(\phi_1)|_{\max}=a_2\left|\frac{\pi}{N_1}\right|^2=\Delta\Phi \tag{21.2.5}$$

b_2 和 b_3 的变化是单独确定的，如图 21.2.4 所示。图 21.2.4a 为变位滚切系数 b_3 的变化，用于函数（21.2.2）中得系数 $a_3=0$。函数 $a_3(b_3)$ 是按变位滚切误差的轮齿接触分析的输出确定的。图 21.2.4b 所示的变位滚切系数 b_2 的变化，用于确定按方程（21.2.5）确定的 $\Delta\varphi$ 特定值的传动误差的抛物线函数。

阶段3。阶段3的目的是选择刀片抛物线齿廓的最佳抛物线系数，用于加工齿轮齿面，避免在重载弧齿锥齿轮传动时出现严重接触的不可见区域。在第一次迭代中，将考虑刀片的直线齿廓（抛物线系数等于零）。进一步的迭代，将基于对接触区探求所得的结果（阶段4），选择较大的抛物线系数直至避免在这些区域有严重的接触应力，并减小整个接触轨的接触应力（见 21.9 节）。

我们记得，阶段1和2是同时应用局部综合和轮齿接触分析的电子计算机算法。在齿轮齿面上的接触区，通过选择合适的 η_2（见图 21.2.1），接触区被设计为纵向，它决定了在 M 处切于接触轨迹的方向，控制 L_T 的径向投影的形状（见图 21.2.2）。

阶段4。阶段4的目的是探求接触区的形成，并确定大于一个啮合周期的接触应力和弯曲应力。这些目标是通过工业用有限元分析的计算机程序应用有限元法来得到的（参见 Hibbit，Karlsson & Sirensen 公司 1998 年的成果）。

探求接触区的形成，可使我们发现由于齿轮轮齿的弹性变形产生的看不见的严重接触区。如果建立 n 对轮齿的有限元模型，分析一个啮合周期以上的啮合接触位置，就可能发现这种接触。这种位置是采用轮齿接触分析的计算机程序得到的。

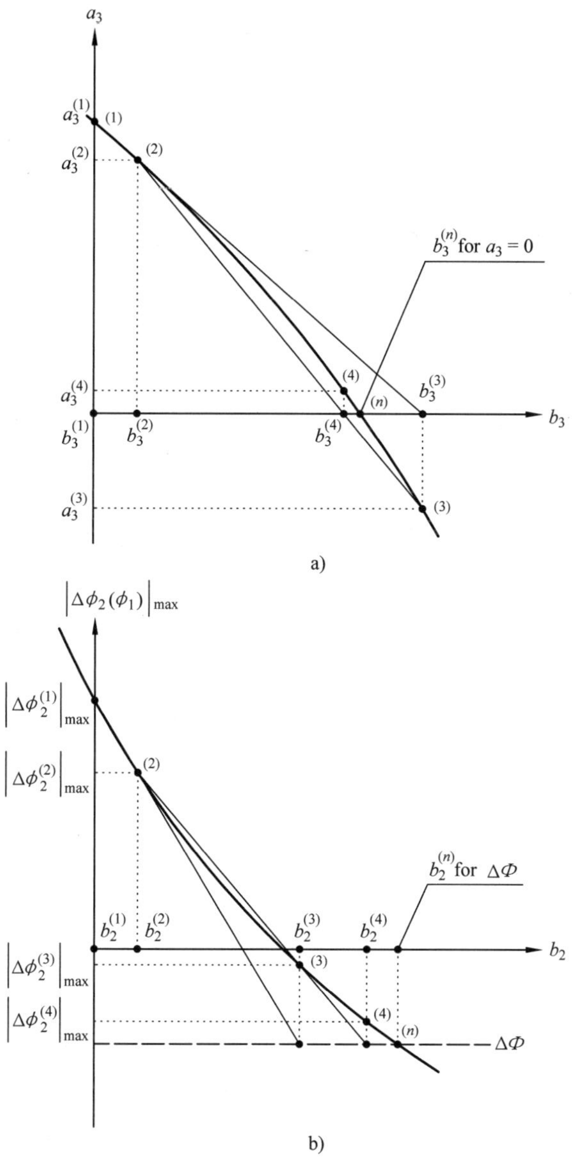

图 21. 2. 4　用于确定变位滚切的系数 b_2 和 b_3 的电算过程的原理

看不见的严重的接触区域，随着接触应力的大量增大（见 21.9 节）。这些严重接触区可以通过增加加工齿面的失配来避免。我们可采用直线齿廓的刀片和抛物线齿廓的刀片组合的刀盘副分别加工小齿轮和大齿轮，以达到这一目标（见 21. 9 节）。然而，在某些情况下（例如，齿轮传动的传动比封闭为 1），抛物线刀片可用于加工小齿轮或大齿轮的任何一个。抛物线刀片也可用于齿轮的成型切削，以得到更好的齿轮齿面共轭条件（见 21. 3 节）。

21. 3　齿轮齿面的推导

我们记得，弧齿锥齿轮传动的设计有两种方法，其中考虑齿轮齿面采用展成法和成型切齿法。图 21. 3. 1 所示为弧齿锥齿轮的加工原理，其作为加工盘面族的包络。刀盘固定在摇台上并做行星运动：随同刀盘绕摇台轴线做回转运动，绕刀盘轴线（相对于摇台）做相对的回转运动。将要加工的弧齿锥齿轮（小齿轮）安装在相关刀盘上的角度为 γ_{mi} 进行加工，并绕齿轮（小齿轮）轴线回转。角 γ_{mi} 称为加工根锥角，表示加工齿轮的设置。摇台和齿轮的转动是相关的。刀盘绕其轴线回转的角速度与加工过程无关，是按切削的速度的要求选定的。此后我们认为，用摇台其绕刀盘轴线回转时，刀盘提供加工齿面的成形。大齿轮或小齿轮的每一齿槽是分别加工的。加工过程是间歇的，一个齿槽加工完成后，加工中断，进行分度后加工另一齿槽，其加工过程是重复进行的。

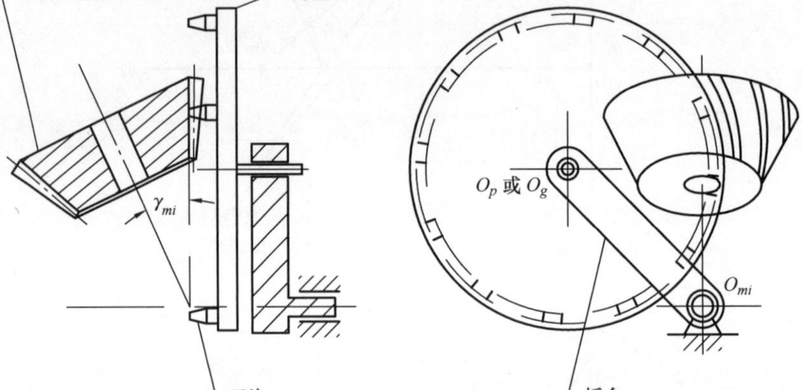

图 21. 3. 1　弧齿锥齿轮加工的原理

在成型切齿的加工情况下，摇台保持静止。刀盘装在摇台上绕其轴线转动，并加工齿轮齿面作为刀盘面的复制。成型切齿的加工过程中，齿轮不绕本身轴线或相对于摇台做回转运动。

1. 应用坐标系

坐标系 S_{m2}、S_{a2} 和 S_{b2} 是固定的，与加工机床刚性固接（见图 21. 3. 2）。动坐标系 S_2 和 S_{c2} 分别与齿轮和摇台刚性固接。坐标系 S_g 与齿轮的刀盘刚性固接。考虑刀盘是圆锥或回转曲面，刀盘绕 z_g 轴线转动并不影响加工过程。刀盘安装在摇台上，坐标系 S_g 刚性固接在摇台坐标系 S_{c2} 上。对于弧齿锥齿轮加工的情况，摇台和齿轮分别绕轴线 z_{m2} 和 z_{b2} 做相关的转动。角 ψ_{c2} 和 ψ_2 相关，表示摇台和齿轮的回转动角。齿轮滚切比为 m_{2c2}，其由下式确定：

$$m_{2c2}=\frac{\omega^{(2)}}{\omega^{(c2)}}=\frac{\dfrac{\mathrm{d}\psi_2}{\mathrm{d}t}}{\dfrac{\mathrm{d}\psi_{c2}}{\mathrm{d}t}} \tag{21.3.1}$$

方程（21. 3. 1）不用于弧齿锥齿轮成型加工的场合，因为加工期间齿轮或摇台是不转的。

刀具在摇台上的装配误差由参数 S_{r2} 和 q_2 确定，这两个参数称为径向距离和基摇台角。加工右旋或左旋齿轮的刀具在摇台上的安装分别如图 21. 3. 2a 和图 21. 3. 2b 所示。参数 ΔX_{B2}、ΔE_{m2}、ΔX_{D2} 和 γ_{m2} 分别表示加工弧齿锥齿轮的设置（见图 21. 3. 2c）。

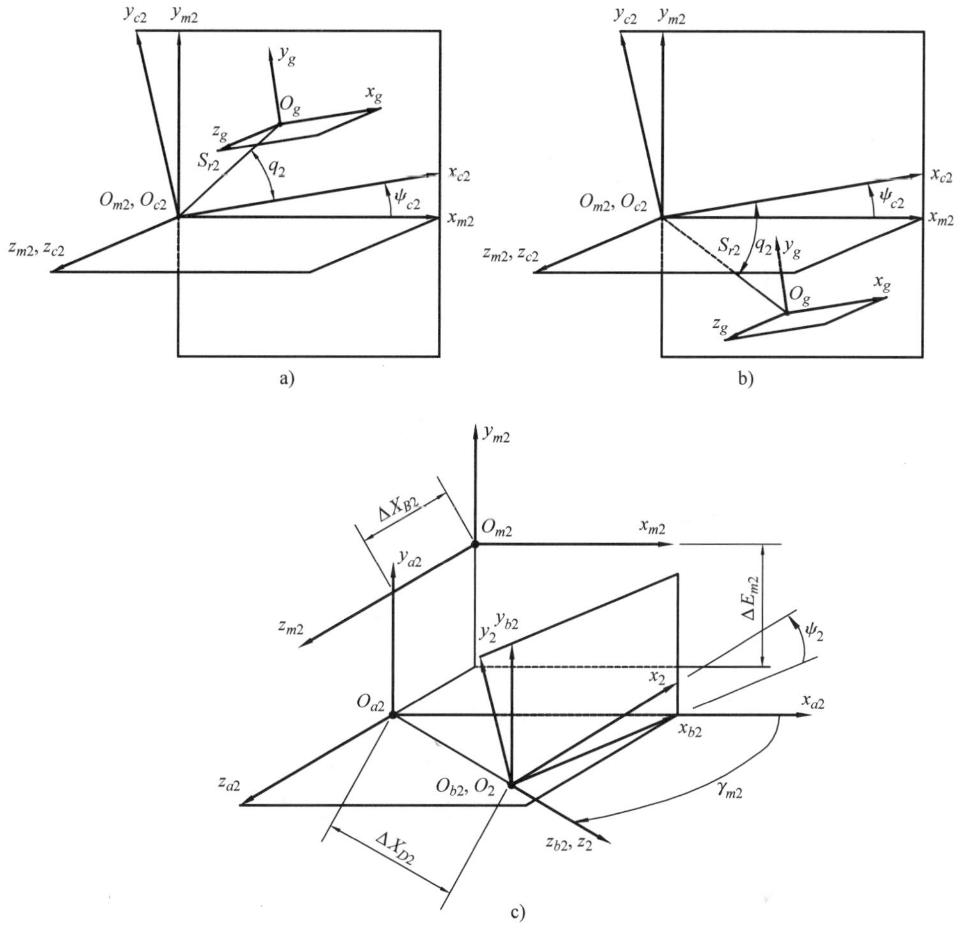

图 21.3.2　用于齿轮加工的坐标系

a）加工右旋齿轮的刀具安装图　b）加工左旋齿轮的刀具安装图　c）机床装置的安装图

2. 刀盘面

具有直线齿廓的刀盘的刀片如图 23. 3. 3a 所示。刀片的每一侧面都会加工两个面。具有齿形角 α_g 的直线段加工齿轮齿面的工作部分。加工齿轮齿面的过渡圆弧的半径为 ρ_w。加工刀盘的产形面是由刀片绕刀盘轴线 z_g 回转形成的；回转角为 θ_g。因此，产形面是锥面的，由圆弧形成的圆形面。在产形面上的 A 点是由锥面的参数 s_g 和 θ_g 确定的，圆环面是由 λ_w 和 θ_g 确定的。参数 s_g 考虑为正值，α_g 和 λ_w 为面的锐角。在磨削的情况下，如图 21. 3. 3a 所示齿廓是砂轮的轴向齿廓，用以代替刀盘。

刀盘的锥面和环面是刀盘产形面设计的 a 和 b 部分。刀盘齿面 $\Sigma_g^{(a)}$ 用矢量函数 $\boldsymbol{r}_g^{(a)}(s_g, \theta_g)$ 表示为

$$\boldsymbol{r}_g^{(a)}(s_g,\theta_g)=\begin{bmatrix}(R_g \pm s_g\sin\alpha_g)\cos\theta_g\\(R_g \pm s_g\cos\alpha_g)\sin\theta_g\\-s_g\cos\alpha_g\end{bmatrix} \tag{21.3.2}$$

式中，s_g 和 θ_g 是面的坐标；α_g 是刀片角；R_g 是刀具点的半径；方程（21.3.2）中的上、下符号分别对应加工齿轮齿面的凹面侧和凸面侧。

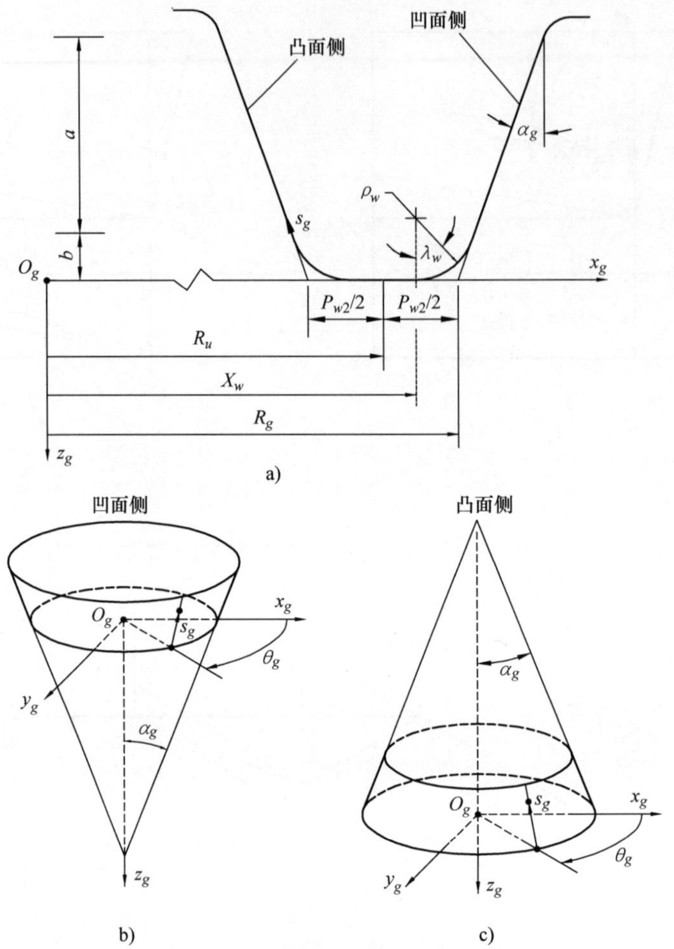

图 21.3.3　齿轮直线刀盘的刀片和基圆锥

a）直线齿廓刀片的安装　b）凹面侧的刀具基圆锥　c）凸面侧的刀具基圆锥

齿轮产形面 $\boldsymbol{\Sigma}_g^{(a)}$ 单位法向矢量用如下方程表示：

$$\begin{cases}\boldsymbol{n}_g^{(a)}(\theta_g)=\dfrac{\boldsymbol{N}_g}{|\boldsymbol{N}_g|}\\ \boldsymbol{N}_g=\dfrac{\partial\boldsymbol{r}_g^{(a)}}{\partial s_g}\times\dfrac{\partial\boldsymbol{r}_g^{(a)}}{\partial\theta_g}\end{cases}\tag{21.3.3}$$

由方程（21.3.2）和方程（21.3.3）得

$$\boldsymbol{n}_g^{(a)}(\theta_g)=\begin{bmatrix}\cos\alpha_g\cos\theta_g\\ \cos\alpha_g\sin\theta_g\\ \pm\sin\alpha_g\end{bmatrix}\tag{21.3.4}$$

齿面 $\boldsymbol{\Sigma}_g^{(b)}$ 在 s_g 中的表示如下：

$$\boldsymbol{r}_g^{(b)}(\lambda_m,\theta_g)=\begin{bmatrix}(X_w\pm\rho_w\sin\lambda_w)\cos\theta_g\\ (X_w\pm\rho_w\sin\lambda_w)\sin\theta_g\\ -\rho_w(1-\cos\lambda_w)\end{bmatrix}\quad\left(0\leqslant\lambda_w\leqslant\frac{\pi}{2}-\alpha_g\right)\tag{21.3.5}$$

其中

$$X_w = R_g \mp \rho_w(1-\sin\alpha_g)/\cos\alpha_g$$

这里，ρ_w 是齿轮刀盘的刀刃圆角半径。刀顶距的半径 R_g（见图21.3.3）分别由齿轮齿面凹面侧和凸面侧的产形刀具锥面确定，如下：

$$R_g = R_u \pm \frac{P_{w2}}{2}$$

式中，R_u 是刀具中点半径；P_{w2}是刀顶距。

齿轮产形面 $\boldsymbol{\Sigma}_g^{(b)}$ 的单位法向矢量用如下方程表示：

$$\begin{cases} \boldsymbol{n}_g^{(b)}(\theta_g) = \dfrac{\boldsymbol{N}_g^{(b)}}{|\boldsymbol{N}_g^{(b)}|} \\ \boldsymbol{N}_g = \dfrac{\partial \boldsymbol{r}_g^{(b)}}{\partial \boldsymbol{\lambda}_w} \times \dfrac{\partial \boldsymbol{r}_g^{(b)}}{\partial \theta_g} \end{cases} \tag{21.3.6}$$

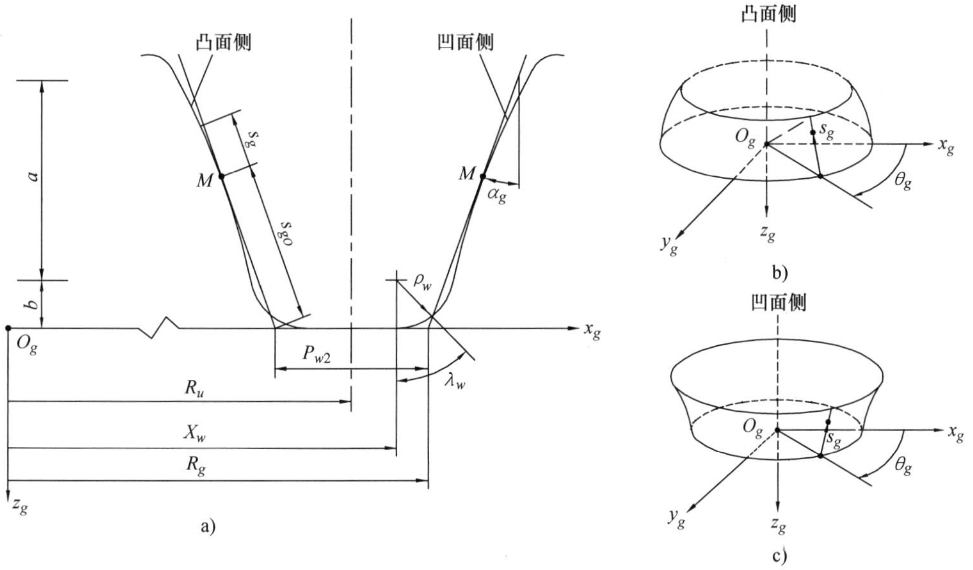

图21.3.4　齿轮抛物线齿廓刀盘的产形回转面和刀片

a）抛物线齿廓刀盘的刀片　b）凸面侧产形刀具面　c）凹面侧产形刀具面

由方程（21.3.6）得

$$\boldsymbol{n}_g^{(b)}(\theta_g) = \begin{bmatrix} \sin\boldsymbol{\lambda}_w\cos\boldsymbol{\theta}_g \\ \sin\boldsymbol{\lambda}_w\sin\boldsymbol{\theta}_g \\ \pm\cos\boldsymbol{\lambda}_w \end{bmatrix} \tag{21.3.7}$$

如前所述，我们采用抛物线齿廓的刀片可以避免小齿轮和大齿轮接触面之间看不出来的严重接触区。图21.3.4a所示为抛物齿廓刀盘的刀片，抛物线齿廓的弧面 a 加工工件齿轮齿面的工作部分。半径为 ρ_w 的圆弧加工齿轮齿面的齿根过渡曲面。刀盘抛物线齿廓的产形面是由刀片绕刀盘 z_g 轴的转动而形成的（见图21.3.4b和图21.3.4c）；其转角为 θ_g。因此，产形面是：由抛物线齿廓（a 部分）的刀片的转动而形成的回转面；由圆弧齿廓（b 部分）的转动而形成的圆环面。产形面上的 A 点是由工作面的参数 s_g 和 θ_g 与齿根过渡曲面的 $\boldsymbol{\lambda}_w$

和 θ_g 确定的。角 α_g 是由刀片在点 M 的切线与刀片的垂直中心线之间形成的。参数 s_g 沿所选方向从点 M 起始测量时为正值，且角 α_g 和 λ_w 为锐角。抛物线顶点位于由参数 s_{gO} 确定的点 M 处，称为抛物线顶点位置参数。如前所述，在磨削的情况下，齿廓如图 21.3.4a 所示，为砂轮的轴向齿廓。

刀盘的回转面和圆环面的设计被指定为刀盘的产形面的 a 和 b 部分。刀盘齿面 $\Sigma_g^{(a)}$ 用矢量函数表示如下：

$$\boldsymbol{r}_g^{(a)}(s_g,\theta_g)=\begin{bmatrix}[R_g\pm(s_g+s_{gO})\sin\alpha_g\pm a_c s_g^2\cos\alpha_g]\cos\theta_g\\ [R_a\pm(s_g+s_{gO})\sin\alpha_g\pm a_c s_g^2\cos\alpha_g]\sin\theta_g\\ -(s_g+s_{gO})\cos\alpha_g+a_c s_g^2\sin\alpha_g\end{bmatrix}\tag{21.3.8}$$

式中，s_g 和 θ_g 是面坐标；α_g 是在点 M 处的刀片角；a_c 是抛物线系数；R_g 是刀顶距半径（见图 21.3.4），给定为

$$R_g=R_u\pm\frac{P_{w2}}{2}\tag{21.3.9}$$

在方程（21.3.8）和方程（21.3.9）中上、下符号分别对应凹面侧和凸面侧。

齿轮产形面 $\Sigma_g^{(a)}$ 的单位矢量用如下方程表示：

$$\begin{cases}\boldsymbol{n}_g^{(a)}(s_g,\theta_g)=\dfrac{\boldsymbol{N}_g^{(a)}}{|\boldsymbol{N}_g^{(a)}|}\\[2ex] \boldsymbol{N}_g^{(a)}=\dfrac{\partial\boldsymbol{r}_g^{(a)}}{\partial s_g}\times\dfrac{\partial\boldsymbol{r}_g^{(a)}}{\partial\theta_g}\end{cases}\tag{21.3.10}$$

由方程（21.3.8）和方程（21.3.10）得

$$\boldsymbol{n}_g^{(a)}(s_g,\theta_g)=\begin{bmatrix}(\cos\alpha_g-2a_c s_g\sin\alpha_g)\cos\theta_g\\ (\cos\alpha_g-2a_c s_g\sin\alpha_g)\sin\theta_g\\ \pm\sin\alpha_g\pm2a_c s_g\cos\alpha_g\end{bmatrix}\frac{1}{\sqrt{1+4a_c^2 s_g^2}}\tag{21.3.11}$$

齿面 $\Sigma_g^{(b)}$ 在 S_g 中表示为

$$\boldsymbol{r}_g^{(b)}(\lambda_w,\theta_g)=\begin{bmatrix}(X_w\pm\rho_w\sin\lambda_w)\cos\theta_g\\ (X_w\pm\rho_w\sin\lambda_w)\sin\theta_g\\ -\rho_w(1-\cos\lambda_w)\end{bmatrix}\quad\left(0\leqslant\lambda_w\leqslant\frac{\pi}{2}-\alpha_w\right)\tag{21.3.12}$$

这里，α_w 是与齿根过渡曲面的半径为 ρ_w 的圆弧齿廓相连在点 E 的刀片抛物线齿廓的压力角（见图 21.3.5）。参数 X_w 和 α_w（见图 21.3.4 和图 21.3.5）取决于抛物线系数且必须由数值确定，以使具有系数 a_c 的抛物线与半径为 ρ_w 的圆弧相切。由方程（21.3.6）确定的齿产形面 $\Sigma_g^{(b)}$ 的单位法线矢量，用方程（21.3.7）表示。

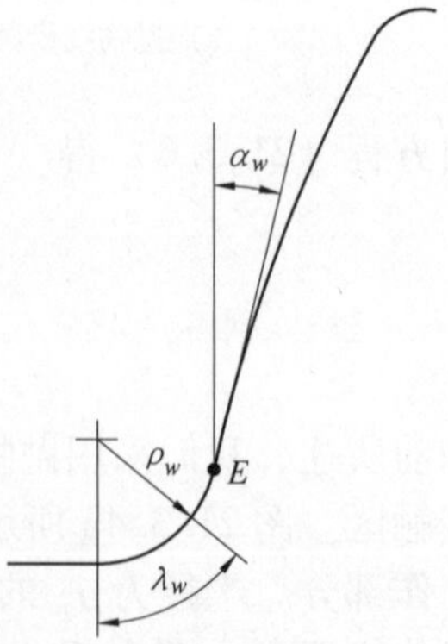

图 21.3.5　与齿根过渡曲面的圆弧齿廓相连在点 E 处的刀片抛物线齿廓的压力角 α_w

3. 齿轮齿面加工的方程

齿轮齿面加工方程的推导基于同时考虑采用两个方程：在坐标系 S_2 中表示刀盘面族的方程，啮合方程。对于表示齿面和齿根过渡曲面工作部分的齿面 $\Sigma_2^{(a)}$ 和 $\Sigma_2^{(b)}$，必须推导这些方程。

于是，齿面 $\Sigma_2^{(a)}$ 将表示如下：

$$\boldsymbol{r}_2^{(a)}(s_g,\theta_g,\psi_2)=\boldsymbol{M}_{2g}(\psi_2)\boldsymbol{r}_g^{(a)}(s_g,\theta_g) \tag{21.3.13}$$

$$\left(\frac{\partial \boldsymbol{r}_2^{(a)}}{\partial s_g}\times\frac{\partial \boldsymbol{r}_2^{(a)}}{\partial \theta_g}\right)\cdot\frac{\partial \boldsymbol{r}_2^{(a)}}{\partial \psi_2}=f_{2g}^{(a)}(s_g,\theta_g,\psi_2)=0 \tag{21.3.14}$$

这里，ψ_2 是运动的一般参数；矩阵 $\boldsymbol{M}_{2g}$ 表示由 S_g 变为 S_2 的坐标变换（见图 21.3.2）给定为

$$\boldsymbol{M}_{2g}(\psi_2)=\boldsymbol{M}_{2b2}\boldsymbol{M}_{b2a2}\boldsymbol{M}_{a2m2}\boldsymbol{M}_{m2c2}\boldsymbol{M}_{c2g} \tag{21.3.15}$$

其中

$$\boldsymbol{M}_{c2g}=\begin{bmatrix}1 & 0 & 0 & S_{r2}\cos q_2\\ 0 & 1 & 0 & S_{r2}\sin q_2\\ 0 & 0 & 1 & 0\\ 0 & 0 & 0 & 1\end{bmatrix}$$

$$\boldsymbol{M}_{m2c2}=\begin{bmatrix}\cos\psi_{c2} & -\sin\psi_{c2} & 0 & 0\\ \sin\psi_{c2} & \cos\psi_{c2} & 0 & 0\\ 0 & 0 & 1 & 0\\ 0 & 0 & 0 & 1\end{bmatrix}$$

$$\boldsymbol{M}_{a2m2}=\begin{bmatrix}1 & 0 & 0 & 0\\ 0 & 1 & 0 & \Delta E_{m2}\\ 0 & 0 & 1 & -\Delta X_{B2}\\ 0 & 0 & 0 & 1\end{bmatrix}$$

$$\boldsymbol{M}_{b2a2}=\begin{bmatrix}\sin\gamma_{m2} & 0 & -\cos\gamma_{m2} & 0\\ 0 & 1 & 0 & 0\\ \cos\gamma_{m2} & 0 & \sin\gamma_{m2} & -\Delta X_{D2}\\ 0 & 0 & 0 & 1\end{bmatrix}$$

$$\boldsymbol{M}_{2b2}=\begin{bmatrix}\cos\psi_2 & \sin\psi_2 & 0 & 0\\ -\sin\psi_2 & \cos\psi_2 & 0 & 0\\ 0 & 0 & 1 & 0\\ 0 & 0 & 0 & 1\end{bmatrix}$$

另一种推导啮合方程（21.3.14）的方法，根据6.1节给定如下

$$\boldsymbol{n}_g^{(a)}\cdot\boldsymbol{v}^{(g2)}=f_g^{(a)}(s_g,\theta_g,\psi_2)=0 \tag{21.3.16}$$

齿面 $\Sigma_2^{(a)}$ 用三参数形式表示。同时考虑方程（21.3.13）和方程（21.3.14）或方程（21.3.13）和方程（21.3.16），我们可以两参数形式表示 $\Sigma_2^{(a)}$，表示如下：

$$\boldsymbol{R}_2^{(a)}(\theta_2,\psi_2)=\boldsymbol{r}_2^{(a)}(s_g(\theta_g,\psi_2),\theta_g,\psi_2) \tag{21.3.17}$$

同理，考虑 $\Sigma_2^{(b)}$，我们可得

$$\boldsymbol{r}_2^{(b)}(\lambda_w,\theta_g,\psi_2)=\boldsymbol{M}_{2g}(\psi_2)\boldsymbol{r}_g^{(b)}(\lambda_w,\theta_g) \tag{21.3.18}$$

$$\left(\frac{\partial \boldsymbol{r}_2^{(b)}}{\partial \lambda_w}\times\frac{\partial \boldsymbol{r}_2^{(b)}}{\partial \theta_g}\right)\cdot\frac{\partial \boldsymbol{r}_2^{(b)}}{\partial \psi_2}=f_{2g}^{(b)}(\lambda_w,\theta_g,\psi_2)=0 \tag{21.3.19}$$

方程（21.3.19）亦可以如下形式表示：

$$\boldsymbol{n}_g^{(b)} \cdot \boldsymbol{v}^{(g2)} = f_g^{(b)}(\lambda_w, \theta_g, \psi_2) = 0 \tag{21.3.20}$$

齿面 $\boldsymbol{\Sigma}_2^{(b)}$ 可用双参数形式表示为

$$\boldsymbol{R}_2^{(b)}(\theta_g, \psi_2) = \boldsymbol{r}_2^{(b)}(\lambda_w(\theta_g, \psi_2), \theta_g, \psi_2) \tag{21.3.21}$$

齿轮齿面的推导要求有机床设置的知识，如刀盘或砂轮的设置，见表21.3.1。我们考虑齿轮机床的已知设置（例如改编自制造业的数据），但小齿轮机床的设置要在局部综合的过程中加以确定（见21.4节）。

表21.3.1　加工齿轮的机床调整

名称	代号	参考图或方程
刀片齿形角	α_g	图21.3.3
刀具(或砂轮)半径	R_u	图21.3.3
刀顶距	P_{w2}	图21.3.3
刀顶距半径$\left(R_g = R_u \pm \dfrac{P_{w2}}{2}\right)$	R_g	图21.3.3
径向调整	S_{r2}	图21.3.2
基摇台角	q_2	图21.3.2
轴向轮位	ΔX_{D2}	图21.3.2
滑座	ΔX_{B2}	图21.3.2
垂直轮位	ΔE_{m2}	图21.3.2
机床根锥角	γ_{m2}	图21.3.2
齿轮滚切比	m_{2c2}	方程（21.3.1）
刀盘的顶刃半径	ρ_w	图21.3.3

4. 成型法加工齿轮齿面的方程

如前所述，成型法加工齿轮的齿面是刀盘齿面的复制，其是一回转面。其中齿轮的刀盘装在摇台上（见图21.3.1），在加工或磨削过程中是静止的。在加工或磨削过程中，刀盘必须绕 z_g 轴转动，但不影响齿轮齿面的形状。

齿轮齿面的工作部分和成型法加工齿轮齿根过渡曲面，分别以齿面 $\boldsymbol{\Sigma}_2^{(a)}$ 和 $\boldsymbol{\Sigma}_2^{(b)}$ 表示如下：

$$\boldsymbol{r}_2^{(a)}(s_g, \theta_g) = \boldsymbol{M}_{2g}\boldsymbol{r}_g^{(a)}(s_g, \theta_g) \tag{21.3.22}$$

$$\boldsymbol{r}_2^{(b)}(\lambda_w, \theta_g) = \boldsymbol{M}_{2g}\boldsymbol{r}_g^{(b)}(\lambda_w, \theta_g) \tag{21.3.23}$$

其中

$$\boldsymbol{M}_{2g} = \boldsymbol{M}_{2a2}\boldsymbol{M}_{a2m2}\boldsymbol{M}_{m2g} \tag{21.3.24}$$

其中

$$\boldsymbol{M}_{m2g} = \begin{bmatrix} 1 & 0 & 0 & H_2 \\ 0 & 1 & 0 & \pm V_2 \\ 0 & 0 & 1 & 0 \\ 0 & 0 & 0 & 1 \end{bmatrix}$$

$$\boldsymbol{M}_{a2m2} = \begin{bmatrix} 1 & 0 & 0 & 0 \\ 0 & 1 & 0 & 0 \\ 0 & 0 & 1 & -\Delta X_{B2} \\ 0 & 0 & 0 & 1 \end{bmatrix}$$

$$
\boldsymbol{M}_{2a2}=\begin{bmatrix}\sin\gamma_{m2} & 0 & -\cos\gamma_{m2} & 0\\ 0 & 1 & 0 & 0\\ \cos\gamma_{m2} & 0 & \sin\gamma_{m2} & -\Delta X_{D2}\\ 0 & 0 & 0 & 1\end{bmatrix}
$$

参数 V_2、H_2、ΔX_{B2}、ΔX_{D2} 和 γ_{m2}（见图21.3.6）是齿轮机床的设置参数。V_2 前的上、下符号分别为相应的右旋和左旋齿轮。成型法加工齿轮机床的设置见表21.3.2。

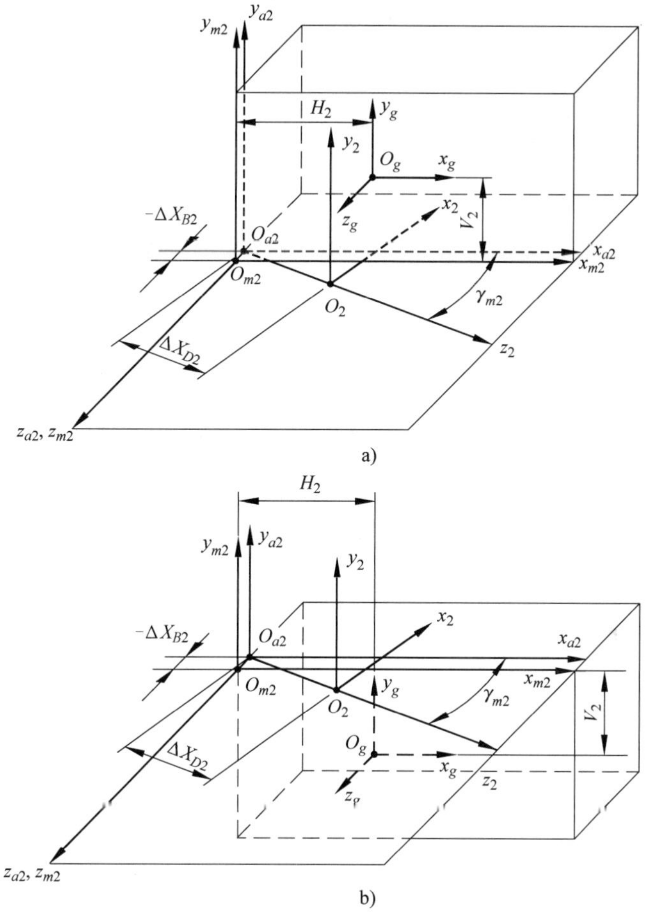

图21.3.6　成型法加工齿轮用于切削或磨削的坐标系

a）右旋齿轮　b）左旋齿轮

表21.3.2　成型法加工齿轮机床的设置

名称	代号	参考图或方程
刀片齿形角	α_g	图21.3.4
刀片抛物系数	a_c	方程(21.3.8)
抛物线顶点位置	S_{g0}	图21.3.4
刀具(砂轮)半径	R_u	图21.3.4
刀顶距	P_{w2}	图21.3.4
刀顶距半径 $R_g=R_u\pm P_{w2}/2$	R_g	图21.3.4

（续）

名称	代号	参考图或方程
水平调整	H_2	图21.3.6
垂直调整	V_2	图21.3.6
滑座	ΔX_{B2}	图21.3.6
轴向轮位	ΔX_{D2}	图21.3.6
机床根锥角	γ_{m2}	图21.3.6
齿盘的顶刃半径	ρ_w	图21.3.4

21.4 小齿轮齿面的推导

我们把讨论限于用刀盘的直线刀片加工小齿轮。然而，在某些情况下，采用抛物线齿廓的刀片加工小齿轮是有利的，例如传动比在1以内的设计。

1. 坐标系的应用

小齿轮加工应用的坐标系如图21.4.1所示。坐标系S_{m1}、S_{a1}、S_{b1}是固定的，其与加工机床刚性固接。动坐标系S_1和S_{c1}分别与小齿轮和摇台刚性固接。其分别绕z_{b1}轴和z_{m1}轴转动，其转向与采用变位滚切的多项式函数$\psi_1(\psi_{c1})$有关（见下文）。小齿轮和摇台的瞬时角速比为$m_{1c}(\psi_1(\psi_{c1}))=\omega^{(1)}(\psi_{c1})=\omega^{(c)}$。在$\psi_{c1}=0$时$m_{1c}(\psi_1)$的大小称为滚切比或速度比。参数$\Delta X_{D1}$、$\Delta X_{B1}$、$\Delta E_{m1}$和$\gamma_{m1}$为小齿轮加工时基本机床设置。

坐标系S_p(见图21.4.1a和图21.4.1b)分别用于说明加工相应的右旋和左旋小齿轮时刀盘在摇台上的安装。

2. 刀盘的齿面

小齿轮的产形齿面由刀片的直线和圆弧部分加工的齿面$\boldsymbol{\Sigma}_p^{(a)}$和$\boldsymbol{\Sigma}_p^{(b)}$形成，齿面$\boldsymbol{\Sigma}_p^{(a)}$表示为

$$\boldsymbol{r}_p^{(a)}(s_p,\theta_p)=\begin{bmatrix}(R_p\mp s_p\sin\alpha_p)\cos\theta_p\\(R_p\mp s_p\sin\alpha_p)\sin\theta_p\\-s_p\cos\alpha_p\end{bmatrix}\tag{21.4.1}$$

式中，s_p和θ_p是齿面坐标；α_p是刀片齿形角；R_p是刀顶距半径。方程（21.4.1）中上、下符号分别表示相应的小齿轮凸面侧和凹面侧，对应啮合时的齿轮凹面侧和凸面侧。

小齿轮产形面$\boldsymbol{\Sigma}_p^{(a)}$的单位法向矢量用如下方程表示：

$$\begin{cases}\boldsymbol{n}_p^{(a)}(\theta_p)=\dfrac{\boldsymbol{N}_p}{|\boldsymbol{N}_p|}\\\boldsymbol{N}_p=\dfrac{\partial\boldsymbol{r}_p^{(a)}}{\partial s_p}\times\dfrac{\partial\boldsymbol{r}_p^{(a)}}{\partial\theta_p}\end{cases}\tag{21.4.2}$$

由方程（21.4.1）和方程（21.4.2）得

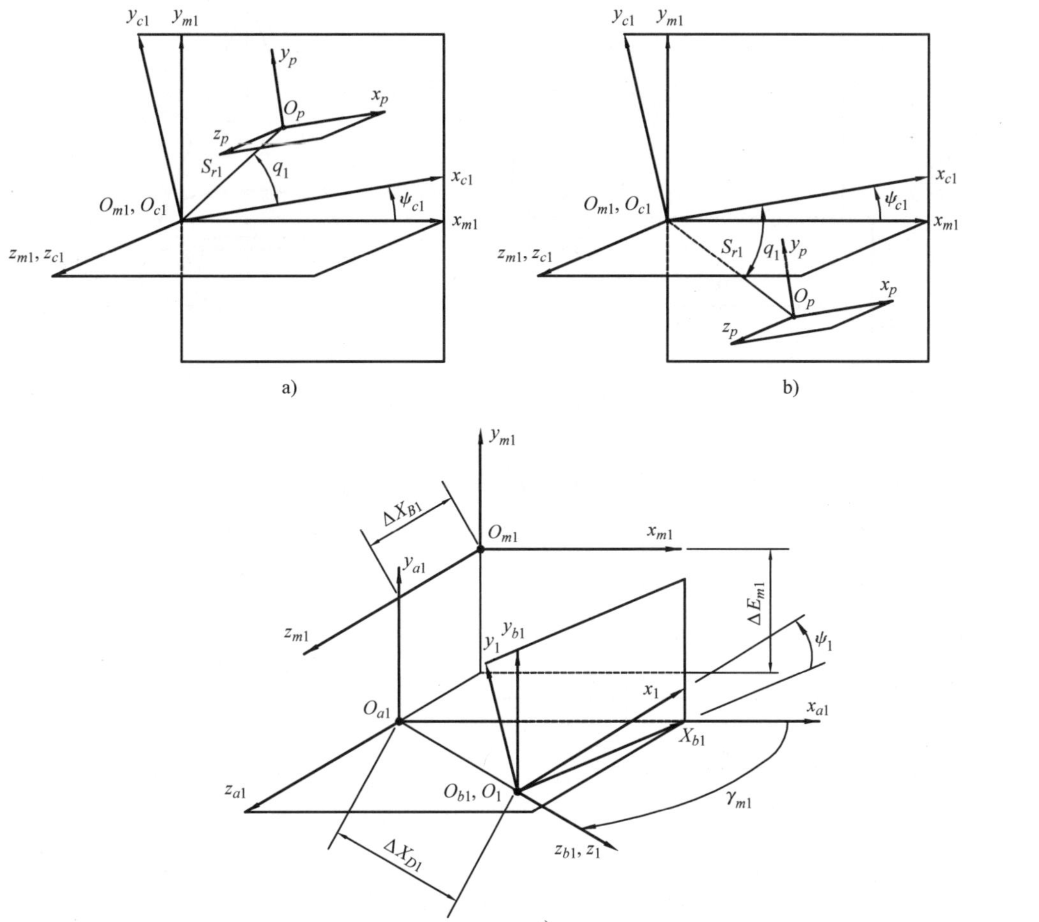

c)

图 21.4.1 用于小齿轮加工的坐标系

a）加工右旋小齿轮时刀具的安装图 b）加工左旋小齿轮时刀具的安装图 c）机床调整的安装图

$$\boldsymbol{n}_p^{(a)}(\theta_p)=\begin{bmatrix}\cos\alpha_p\cos\theta_p\\ \cos\alpha_p\sin\theta_p\\ \mp\sin\alpha_p\end{bmatrix} \tag{21.4.3}$$

对于齿面 $\boldsymbol{\Sigma}_p^{(b)}$，我们可得

$$\boldsymbol{r}_p^{(b)}(\lambda_f,\theta_p)=\begin{bmatrix}(X_f\mp\rho_f\sin\lambda_f)\cos\theta_p\\ (X_f\mp\rho_f\sin\lambda_f)\sin\theta_p\\ -\rho_f(1-\cos\lambda_f)\end{bmatrix}\quad\left(0\leqslant\lambda_f\leqslant\frac{\pi}{2}-\alpha_p\right) \tag{21.4.4}$$

其中

$$X_f=R_p\pm\rho_f(1-\sin\alpha_p)/\cos\alpha_p$$

式中，ρ_f 是小齿轮刀盘顶刃半径（见图 21.4.2）。

小齿轮产形面 b 部分的单位法线矢量用如下方程表示：

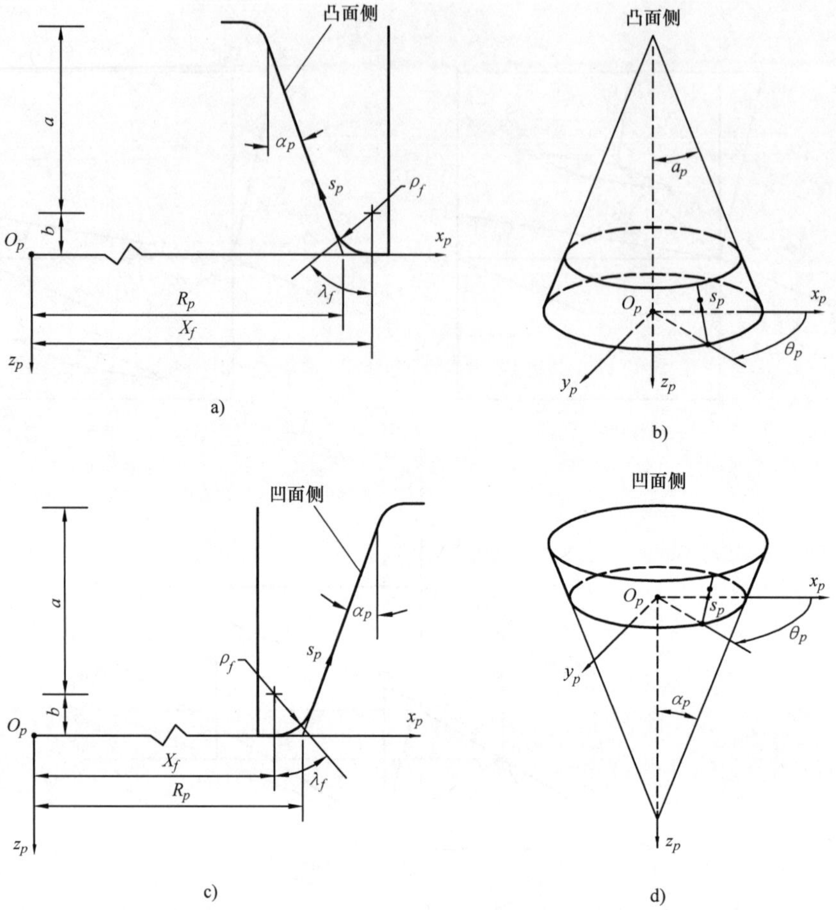

图 21.4.2　直线刀片小齿轮产形刀具的产形锥和刀片

a）凸面侧刀片　b）凸面侧产形锥　c）凹面侧刀片　d）凹面侧产形锥

$$\begin{cases} \boldsymbol{n}_p^{(b)}(\theta_p) = \dfrac{\boldsymbol{N}_p^{(b)}}{|\boldsymbol{N}_p^{(b)}|} \\ \boldsymbol{N}_p = \dfrac{\partial \boldsymbol{r}_p^{(b)}}{\partial \lambda_f} \times \dfrac{\partial \boldsymbol{r}_p^{(b)}}{\partial \theta_p} \end{cases} \tag{21.4.5}$$

由方程（21.4.4）和方程（21.4.5）得

$$\boldsymbol{n}_p^{(b)}(\theta_p) = \begin{bmatrix} \sin\lambda_f \cos\theta_p \\ \sin\lambda \sin\theta_p \\ \mp \cos\lambda_p \end{bmatrix} \tag{21.4.6}$$

3. 小齿轮齿面族

齿面族表示如下：

$$\boldsymbol{r}_1^{(a)}(s_p, \theta_p, \psi_{c1}) = \boldsymbol{M}_{1p}(\psi_{c1}) \boldsymbol{r}_p^{(a)}(s_p, \theta_p) \tag{21.4.7}$$

$$\boldsymbol{r}_1^{(b)}(\lambda_f, \theta_p, \psi_{c1}) = \boldsymbol{M}_{1p}(\psi_{c1}) \boldsymbol{r}_p^{(b)}(\lambda_f, \theta_p) \tag{21.4.8}$$

其中

$$\boldsymbol{M}_{1p} = \boldsymbol{M}_{1b1} \boldsymbol{M}_{b1a1} \boldsymbol{M}_{a1m1} \boldsymbol{M}_{m1c1} \boldsymbol{M}_{c1p}$$

$$\boldsymbol{M}_{c1p}=\begin{bmatrix}1&0&0&S_{r1}\cos q_1\\0&1&0&S_{r1}\sin q_1\\0&0&1&0\\0&0&0&1\end{bmatrix}$$

$$\boldsymbol{M}_{m1c1}=\begin{bmatrix}\cos\psi_{c1}&-\sin\psi_{c1}&0&0\\\sin\psi_{c1}&\cos\psi_{c1}&0&0\\0&0&1&0\\0&0&0&1\end{bmatrix}$$

$$\boldsymbol{M}_{a1m1}=\begin{bmatrix}1&0&0&0\\0&1&0&\Delta E_{m1}\\0&0&1&-\Delta X_{B1}\\0&0&0&1\end{bmatrix}$$

$$\boldsymbol{M}_{b1a1}=\begin{bmatrix}\sin\gamma_{m1}&0&-\cos\gamma_{m1}&0\\0&1&0&0\\\cos\gamma_{m1}&0&\sin\gamma_{m1}&-X_{P2}\\0&0&0&1\end{bmatrix}$$

$$\boldsymbol{M}_{1b1}=\begin{bmatrix}\cos\psi_1&\sin\psi_1&0&0\\-\sin\psi_1&\cos\psi_1&0&0\\0&0&1&0\\0&0&0&1\end{bmatrix}$$

在加工过程中应用变位滚切时，小齿轮的转角 ψ_1 和摇台的 ψ_{c1} 之间的关系为

$$\begin{aligned}\psi_1&=b_1\psi_{c1}-b_2\psi_{c1}^2-b_3\psi_{c1}^3\\&=b_1\left(\psi_{c1}-\frac{b_2}{b_1}\psi_{c1}^2-\frac{b_3}{b_1}\psi_{c1}^3\right)\\&=m_{1c}(\psi_{c1}-C\psi_{c1}^2-D\psi_{c1}^3)\end{aligned}\tag{21.4.9}$$

式中，b_1、b_2 和 b_3 是变位滚切参数，C 和 D 是单位滚切系数。当取 $\psi_{c1}=0$ 时，函数 $\psi_1(\psi_{c1})$的大小确定了所谓的滚切比或速度比，其是在方程（21.4.9）中由 b_1 或 m_{1c}确定的。

4. 啮合方程

小齿轮齿面 Σ_1 是刀具面族的包络，在加工过程中应用变位滚切，啮合方程表示为

$$\boldsymbol{n}_{m1}^{(a)}\cdot\boldsymbol{v}_{m1}^{(p1)}=f_{1p}^{(a)}(s_p,\theta_p,\psi_{c1})=0\tag{21.4.10}$$

式中，$\boldsymbol{n}_{m1}^{(a)}$是齿面的单位法线矢量；$\boldsymbol{v}_{m1}^{(p1)}$ 是相对运动速度。在固定坐标系 S_{m1} 中，矢量表示为

$$\boldsymbol{n}_{m1}^{(a)}=\boldsymbol{L}_{m1c1}\boldsymbol{L}_{c1p}\boldsymbol{n}_p^{(a)}(\theta_p)\tag{21.4.11}$$

$$\boldsymbol{v}_{m1}^{(p1)}=[(\boldsymbol{\omega}_{m1}^{(P)}-\boldsymbol{\omega}_{m1}^{(1)})\times\boldsymbol{r}_{m1}]-(\overrightarrow{O_{m1}O_{a2}}\times\boldsymbol{\omega}_{m1}^{(1)})\tag{21.4.12}$$

在方程（21.4.11）中的 3×3 矩阵 $\boldsymbol{L}_{m1c1}$ 和 $\boldsymbol{L}_{c1p}$ 和类似的推导，分别是 4×4 矩阵 $\boldsymbol{M}_{m1c1}$ 和 $\boldsymbol{M}_{c1p}$的子矩阵。它们是通过在 $\boldsymbol{M}_{m1c1}$ 和 $\boldsymbol{M}_{c1p}$ 中消去最后一行和最后一列得到的。矩阵 $\boldsymbol{L}_{m1c1}$ 和 $\boldsymbol{L}_{c1p}$的元素分别表示对于 $\boldsymbol{L}_{m1c1}$ 的坐标系 S_{m1} 和 S_{c1} 的轴形成的余弦方向和对于 $\boldsymbol{L}_{c1p}$ 的

坐标系 S_{c1} 和 S_p 的轴的形成的余弦方向（见第1章）。

在方程（21.4.12）中位置矢量 $\boldsymbol{r}_{m1}$ 确定为

$$\boldsymbol{r}_{m1}=\boldsymbol{M}_{m1c1}\boldsymbol{M}_{c1p}\boldsymbol{r}_p^{(a)}(s_p,\theta_p)$$

$$\overrightarrow{O_{m1}O_{a2}}=[0\quad -\Delta E_{m1}\quad \Delta X_{B1}]^{\mathrm{T}}$$

$$\boldsymbol{\omega}_{m1}^{(1)}=[\cos\gamma_{m1}\quad 0\quad \sin\gamma_{m1}]^{\mathrm{T}}$$

$$\boldsymbol{\omega}_{m1}^{(p)}=[0\quad 0\quad m_{1c}(\psi_{c1})]^{\mathrm{T}}$$

因为采用变位滚切，滚切比 $m_{1c}(\psi_{c1})$ 不是常数，可表示为

$$m_{1c}(\psi_{c1})=\frac{\omega_{c1}}{\omega_1}=\frac{\mathrm{d}\psi_{c1}/\mathrm{d}t}{\mathrm{d}\psi_1/\mathrm{d}t}=\frac{1}{\mathrm{d}\psi_1/\mathrm{d}\psi_{c1}}=\frac{1}{m_{1c}(1-2C\psi_{c1}-3D\psi_{c1}^2)}$$

$$=\frac{1}{m_{1c}-2b_2\psi_{c1}-3b_3\psi_{c1}^2} \tag{21.4.13}$$

式中，C 和 D 是变位滚切系数。

最后，我们得小齿轮齿面 a 部分方程为

$$\boldsymbol{r}_1^{(a)}(s_p,\theta_p,\psi_{c1})=\boldsymbol{M}_{1p}(\psi_{c1})\boldsymbol{r}_p^{(a)}(s_p,\theta_p) \tag{21.4.14}$$

$$f_{1p}(s_p,\theta_p,\psi_{c1})=0 \tag{21.4.15}$$

应用同样的推导，可得齿根过渡曲面方程如下

$$\boldsymbol{r}_1^{(b)}(\lambda_f,\theta_p,\psi_{c1})=\boldsymbol{M}_{1p}(\psi_{c1})\boldsymbol{r}_p^{(b)}(\lambda_f,\theta_p) \tag{21.4.16}$$

$$f_{1p}(\lambda_f,\theta_p,\psi_{c1})=0 \tag{21.4.17}$$

21.5 小齿轮机床调整和局部综合

局部综合的目的是在选定的中部接触点 M 处得到满意的接触和啮合的条件。这个在点 M 处的条件是由 η_2、a 和 m'_{21} 确定的（见图21.2.1）。齿轮机床的设置被认为是已知的，它们可通过如制造工艺那样的参数进行调整。

局部综合过程是提出的对弧齿锥齿轮传动的设计方法中的一部分，用于设计接触区局部化和减小振动、噪声水平的弧齿锥齿轮。该方法基于采用纵向接触轨迹和采用抛物线刀片来加工齿轮，避免产生看不见的严重接触区域。

局部综合过程可表示为三个阶段的程序：齿轮齿面 Σ_2 和齿轮刀盘面 Σ_g 在点 M 相切；大齿轮齿面 Σ_2 和小齿轮齿面 Σ_1 在点 M 相切；小齿轮齿面 Σ_1 和小齿轮刀盘面 Σ_p 在点 M 相切。最后，我们得所有四个面 Σ_2、Σ_g、Σ_1 和 Σ_p 都在点 M 相切。在所有阶段中，啮合面主曲率和主方向之间的关系均被采用（21.6节中提供），于是就有可能获得所需要的小齿轮机床设置。

两种弧齿锥齿轮传动设计中应用局部综合过程：用端面铣刀加工齿轮；用成型法加工弧齿锥齿轮。用端面铣刀加工弧齿锥齿轮的工况过程见下所述。用成型法加工弧齿锥齿轮传动的局部综合化过程可视为用端面铣刀加工弧齿锥齿轮传动的一个特例，在下文中具体讨论。

1. 端面铣刀加工弧齿锥齿轮传动的局部综合

端面铣刀加工弧齿锥齿轮传动的局部综合过程分为如下三个阶段。

阶段1。齿面 Σ_2 和 Σ_g 在选定点 A 相切。选择齿面 Σ_2 上的点 A，作为小齿轮－大齿轮齿

面接触中点 M 的另一选点。

步骤1：啮合面 Σ_2 和 Σ_g 在坐标系 S_{m2} 中（见图21.3.2）以如下方程表示：

$$\boldsymbol{r}_{m2}(s_g,\theta_g,\psi_2)=\boldsymbol{M}_{m2g}(\psi_2)\boldsymbol{r}_g(s_g,\theta_g) \tag{21.5.1}$$

$$f_{2g}(s_g,\theta_g,\psi_2)=0 \tag{21.5.2}$$

方程（21.5.1）表示在 S_{m2} 中的齿面 Σ_g 族，方程（21.5.2）为啮合方程。加工的齿面 Σ_2 在 S_2 中用矩阵方程

$$\boldsymbol{r}_2(s_g,\theta_g,\psi_2)=\boldsymbol{M}_{2g}(\psi_2)\boldsymbol{r}_g(s_g,\theta_g) \tag{21.5.3}$$

和啮合方程（21.5.2）表示。

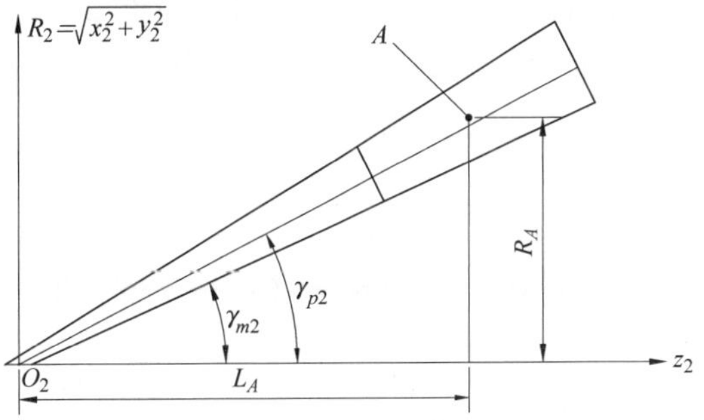

图21.5.1 在坐标系 S_2 中的点 A

步骤2：在齿面 Σ_2 的中点 A 是由指定参数 L_A 和 R_A 确定的（见图21.5.1），这里 A 是齿面 Σ_2 和 Σ_1 接触中点的另一选点。于是，我们得含三个未知数的两个方程：

$$\begin{cases}Z_2(s_g^*,\theta_g^*,\psi_2^*)=L_A\\ X_2^2(s_g^*,\theta_g^*,\psi_2^*)+Y_2^2(s_g^*,\theta_g^*,\psi_2^*)=R_A^2\end{cases} \tag{21.5.4}$$

式中，X_2、Y_2 和 Z_2 是位置矢量 $\boldsymbol{r}_2(s_g^*,\theta_g^*,\psi_2^*)$ 的投影［见方程（21.5.3)］。确定三个未知数的第三个方程是啮合方程（21.5.2）。

步骤3：方程（21.5.2）~方程（21.5.4）同时考虑允许确定点 A 的参数（s_g^*，θ_g^*，ψ_2^*）。矢量函数 $\boldsymbol{r}_g(s_g,\theta_g)$ 和 $\boldsymbol{n}_g(\theta_g)$ 确定齿面 Σ_g 上的动点的位置矢量和单位法向矢量。取这些矢量函数 $s_g=s_g^*$ 和 $\theta_g=\theta_g^*$，我们可确定点 A 的位置矢量 $\boldsymbol{r}_g^{(A)}$ 和在点 A 处的单位法向矢量。

步骤4：在齿面 Σ_g 上主方向的参数 s_g^* 和 θ_g^* 与单位矢量 $\boldsymbol{e}_g$ 和 $\boldsymbol{e}_u$ 是已知的。对于直线齿廓刀片的刀盘有

$$\boldsymbol{e}_g=\frac{\dfrac{\partial\boldsymbol{r}_g^{(a)}}{\partial s_g}}{\left|\dfrac{\partial\boldsymbol{r}_g^{(a)}}{\partial s_g}\right|}=\begin{bmatrix}\pm\sin\alpha_g\cos\theta_g\\ \pm\sin\alpha_g\sin\theta_g\\ -\cos\alpha_g\end{bmatrix} \tag{21.5.5}$$

$$\boldsymbol{e}_u=\frac{\dfrac{\partial\boldsymbol{r}_g^{(a)}}{\partial\theta_g}}{\left|\dfrac{\partial\boldsymbol{r}_g^{(a)}}{\partial\theta_g}\right|}=\begin{bmatrix}-\sin\theta_g\\ \cos\theta_g\\ 0\end{bmatrix} \tag{21.5.6}$$

在这种情况下，产形面是锥面时，齿面 Σ_g 上的主曲率 k_g 和 k_u 可由如下方程确定：

$$\begin{cases}k_g=0\\ k_u=\dfrac{\cos\alpha_g}{R_{cg}\pm s_g\sin\alpha_g}\end{cases} \tag{21.5.7}$$

式中，上、下符号分别对应齿轮齿面相应的凹面侧和凸面侧。

21.6节所讨论的方法可以确定在点 A 处的两个内容：齿面 Σ_2 上的主曲率 k_s 和 k_q；在齿面 Σ_2 上主方向的单位矢量 $\boldsymbol{e}_s$ 和 $\boldsymbol{e}_q$，单位矢量 $\boldsymbol{e}_s$ 和 $\boldsymbol{e}_q$ 表示在 S_{m2} 中。在8.4节给出的一般程序可用于抛物线齿廓刀片面上确定主曲率 k_g 和 k_u。

阶段2。齿面 Σ_2、Σ_g 和 Σ_1 在接触中点 M 相切。

步骤1：在完成阶段1的推导后，可确定位矢 $\boldsymbol{r}_2^{(A)}$ 和齿面 Σ_2、Σ_g 相切点 A 的曲面单位法线矢量 $\boldsymbol{n}_2^{(A)}$。现在目标是确定在固定坐标系 S_l 上的点 M（见图21.5.2）。其中三个齿面 Σ_2、Σ_g 和 Σ_1 相互间将是相切的。

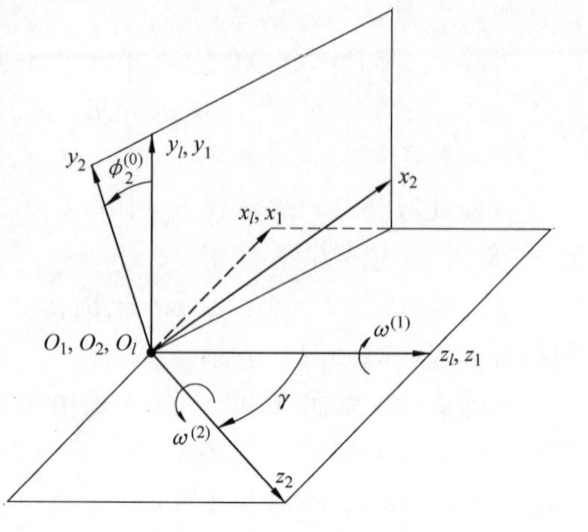

图21.5.2　用于局部综合的坐标系 S_2、S_l 和 S_1

可以假想齿面 Σ_g 刚性地附在齿面 Σ_2 上点 A 处，齿面 Σ_g 和 Σ_2 两者作为一刚体以一定角度 $\phi_2^{(0)}$ 绕齿轮轴线做回转运动。应用坐标从 S_2 至 S_l 做变换（见图21.5.2），我们可得 $\boldsymbol{r}_l^{(A)}$ 和 $\boldsymbol{n}_l^{(A)}$。点 A 在 S_l 中新的位置将是 Σ_2 和 Σ_1 的切点（设定为 M），前提是 Σ_2 和 Σ_1 之间的啮合方程遵守

$$\boldsymbol{n}_l^{(A)}(\phi_2^{(0)}) \cdot \boldsymbol{v}_l^{(21,A)}(\phi_2^{(0)}) = 0 \tag{21.5.8}$$

这里，$\boldsymbol{n}_l^{(A)} \equiv \boldsymbol{n}_l^{(M)}$；$\boldsymbol{v}_l^{(21,A)} \equiv \boldsymbol{v}_l^{(21,M)}$；$\boldsymbol{v}_l^{(21,A)}$ 是如下理想传动比确定的点 A 处的相对速度。

$$m_{21}^{(0)} = \frac{\omega^{(2)}}{\omega^{(1)}} \tag{21.5.9}$$

关于 $\phi_2^{(0)}$ 的方程（21.5.8）的解提供转角 $\phi_2^{(0)}$ 值。显而易见，现在三个齿面 Σ_2、Σ_g 和 Σ_1 相互间在点 M 处相切。我们强调在步骤1过程中，可使我们避免小齿轮加工时刀盘产生倾斜。

步骤2：我们已知在点 M 处的齿面 Σ_2 的主曲率 k_s 和 k_q，在 Σ_2 上主方向的单位矢量 $\boldsymbol{e}_s$ 和 $\boldsymbol{e}_q$，单位矢量 $\boldsymbol{e}_s$ 和 $\boldsymbol{e}_q$ 表示在 S_l 中。目标是在点 M 处确定齿面 Σ_1 的主曲率 k_f 和 k_b，以及 Σ_1 上主方向的单位矢量 $\boldsymbol{e}_f$ 和 $\boldsymbol{e}_b$。这一目标可通过采用21.6节所述的过程实现。在21.6节已表明，若参数 m'_{21}、η_2（或 η_1）和 a/δ 假定是已知的或用作输入数据，则 k_f、k_h、$\boldsymbol{e}_f$ 和 $\boldsymbol{e}_h$ 有可能确定。

阶段3。在接触中点 M 处齿面 Σ_2、Σ_g、Σ_1 和 Σ_p 相切。我们考虑在这个阶段分为两个分阶段：推导齿面相切的基本方程；确定满足齿面方程相切方程的小齿轮机床的设置。以前阶段已提供齿面 Σ_z、Σ_g 和 Σ_1 在接触中点 M 处的相切要求。在坐标系 S_l 中，点 M 的位置矢量 $\boldsymbol{r}_l^{(M)}$ 和点 M 处齿面上的单位法线矢量 $\boldsymbol{n}_l^{(M)}$ 已经确定。现在我们假想坐标系 S_1 与 S_l（见图21.5.2）重合，齿面 Σ_1 安装在坐标系 S_{m1}（见图21.4.1）内。图21.4.1所示的角 $\psi_1^{(0)}$ 为小齿轮的安装角。应用由 S_1 至 S_{m1} 的坐标变换，我们可确定在 S_{m1} 中点 M 的位置矢量 $\boldsymbol{r}_{m1}^{(M)}$ 和齿面上的单位法线矢量 $\boldsymbol{n}_{m1}^{(M)}$。21.6节所述考虑了小齿轮齿面 Σ_1 和大齿轮齿面 Σ_2 的接触和啮合的改善条件，在这种啮合与接触条件下［见方程（21.6.27）］，确定了齿面主曲率和主方向之间的关系。

齿面 Σ_1 和 Σ_p 的切点在21.6节中设定为点 B。小齿轮产形面 Σ_p 安装在 S_{m1} 中，取摇台角 ψ_{c1} 为零。则齿面 Σ_p 上的点 B 的位置矢量和点 B 齿面上的单位法线矢量，分别在 S_{m1} 中为 $\boldsymbol{r}_{m1}^{(B)}$ 和 $\boldsymbol{n}_{m1}^{(B)}$。如下矢量方程得到满足，则齿面 Σ_1 和 Σ_p 在接触中点 M 处相切如果

$$\boldsymbol{n}_{m1}^{(M)} = \boldsymbol{n}_{m1}^{(B)} \tag{21.5.10}$$

$$\boldsymbol{r}_{m1}^{(M)} = \boldsymbol{r}_{m1}^{(B)} \tag{21.5.11}$$

$$\boldsymbol{n}_{m1}^{(M)} \cdot \boldsymbol{v}_{m1}^{(1p)} = 0 \tag{21.5.12}$$

这里，方程（21.5.12）是啮合方程。满足方程（21.5.10）~方程（21.5.12）意味着所有四个面（Σ_2、Σ_g、Σ_1 和 Σ_p）均在点 M 相接触。

应用方程（21.5.10）~方程（21.5.12）和方程（21.6.27），可以获得小齿轮和刀盘的设置，以保证改善点 M 处接触和啮合条件。要确定的机床设置如下：

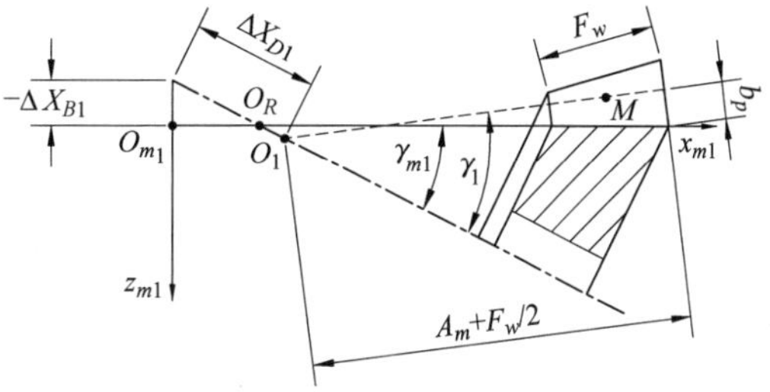

图 21.5.3　小齿轮机床设置的推导

1）ΔX_{B1}、ΔE_{m1}、ΔX_{D1}（见图 21.4.1 和图 21.5.3）和 $m_{1p} = \dfrac{\omega^{(1)}}{\omega^{(p)}}$。调整参数 ΔX_{B1} 和 ΔX_{D1} 的相互关系由方程（见图 21.5.3）确定如下：

$$\Delta X_{B1} = -(\Delta X_{D1} - |\overrightarrow{O_R O_1}|\sin\gamma_{m1}) \tag{21.5.13}$$

其中

$$|\overrightarrow{O_R O_1}| = \frac{\left[\left(A_m + \dfrac{F_w}{2}\right)\sin\gamma_1 - b_p\cos\gamma_1\right]}{\tan\gamma_{m1}} - \left[\left(A_m + \frac{F_w}{2}\right)\cos\gamma_1 + b_p\sin\gamma_1\right]$$

式中，A_m 是中点锥距；F_w 是齿宽；b_p 是小齿轮齿根高；γ_1 是小齿轮分锥角。方程（21.5.13）是针对不同的分锥顶点和根锥顶点的弧齿锥齿轮传动设计的。

2）刀盘（见图 21.4.2）的设计参数 R_p

3）参数 S_{r1} 和 q_1 确定了刀盘在摇台上的安装（见图 21.4.1）。

4）参数 $\psi_1^{(0)}$ 确定了刀盘面 Σ_p 的齿面参数 θ_p 和坐标系 S_1 相对于 S_{b1}（见图 21.4.1）的初始安装。

在完成第一分阶段后（齿面 Σ_2、Σ_g、Σ_1 和 Σ_p 的相切方程的推导），我们可以开始下一分阶段，提供上述的齿面相切、小齿轮机床设置的推导，电算过程如下。

步骤1：计算 θ_p 和 $\psi_1^{(0)}$ 数值（两个未知数），由方程（21.5.10）确定 θ_p 和 $\psi_1^{(0)}$，并考虑

$$\boldsymbol{n}_{m1}^{(B)}(\theta_p) = \begin{bmatrix} \cos\alpha_p\cos\theta_p \\ \cos\alpha_p\sin\theta_p \\ \mp\sin\alpha_p \end{bmatrix} \tag{21.5.14}$$

和（见图 21.4.1）

$$\boldsymbol{n}_{m1}^{(M)} = \boldsymbol{L}_{m1b1}\boldsymbol{L}_{b11}\boldsymbol{n}_1^{(M)} \tag{21.5.15}$$

式中，$\boldsymbol{n}_1^{(M)} \equiv \boldsymbol{n}_l^{(M)}$，因为 S_1 与 S_l 重合（见图 21.5.2）。这里（见图 21.4.1）

$$\boldsymbol{L}_{m1b1} = \begin{bmatrix} \sin\gamma_{m1} & 0 & \cos\gamma_{m1} \\ 0 & 1 & 0 \\ -\cos\gamma_{m1} & 0 & \sin\gamma_{m1} \end{bmatrix} \tag{21.5.16}$$

$$L_{b11}=\begin{bmatrix}\cos\psi_1^{(0)} & -\sin\psi_1^{(0)} & 0\\ \sin\psi_1^{(0)} & \cos\psi_1^{(0)} & 0\\ 0 & 0 & 1\end{bmatrix} \tag{21.5.17}$$

由方程（21.5.10）和方程（21.5.14）~方程（21.5.17）得如下关于 θ_p 和 $\psi_1^{(0)}$ 的公式：

$$\cos\theta_p=\frac{n_{lz}\pm\sin\gamma_{m1}\sin\alpha_p}{\cos\gamma_{m1}\cos\alpha_p} \tag{21.5.18}$$

$$\sin\psi_1^{(0)}=\frac{-n_{ly}\cos\theta_p\cos\alpha_p+n_{lx}\sin\gamma_{m1}\sin\theta_p\cos\alpha_p+n_{ly}n_{lz}\cos\gamma_{m1}}{\sin\gamma_{m1}(n_{lx}^2+n_{ly}^2)} \tag{21.5.19}$$

$$\cos\psi_1^{(0)}=\frac{\sin\theta_p\cos\alpha_p-n_{lx}\sin\psi_1^{(0)}}{n_{ly}} \tag{21.5.20}$$

式中，α_p 是给定的刀盘齿形角的值；n_{lx}、n_{ly}、n_{lz}是矢量 $\boldsymbol{n}_l^{(M)}$ 的三个分量。开发方法的最大优点是，其法向矢量保持一致并不要求非标准齿形 α_p 或刀盘相对于摇台的倾角。应用 θ_p 可以确定在点 M 处齿面 $\boldsymbol{\Sigma}_p$ 主方向的单位矢量 $\boldsymbol{e}_p$ 和 $\boldsymbol{e}_t$。

步骤2：确定机床的参数 $\Delta X_{B1}(\Delta X_{D1})$、$\Delta E_{m1}$、$m_{1p}$ 和刀盘的设计参数 R_p（五个未知数）。

应提醒，ΔX_{B1} 和 ΔX_{D1} 由方程（21.5.13）确定。上述机床设置的确定基于应用方程组（21.6.27）和方程（21.5.12），它们代表了含有四个未知数——ΔX_{D1}、ΔE_{m1}、m_{1p} 和 R_p 的四个非线性方程的方程组。而且，上述设计参数改善了接触中点 M 处的接触和啮合条件。

步骤3：确定机床设置的 S_{r1} 和 q_1（见图21.4.1）和小齿轮齿面参数 s_p（三个未知数）。

三个参数的确定基于应用方程（21.5.11），考虑加工齿面 $\boldsymbol{\Sigma}_p$ 是圆锥面，最后方程如下：

$$S_{r1}\cos q_1+(R_p\mp s_p\sin\alpha_p)\cos\theta_p=X_{m1}^{(M)} \tag{21.5.21}$$

$$S_{r1}\sin q_1+(R_p\mp s_p\sin\alpha_p)\sin\theta_p=Y_{m1}^{(M)} \tag{21.5.22}$$

$$-s_p\cos\alpha_p=Z_{m1}^{(M)} \tag{21.5.23}$$

所有阶段我们可总结如下：

1）必须确定十个未知数：六个机床设置（ΔX_{B1}、ΔE_{m1}、ΔX_{D1}、q_1、S_r、m_{1p}），两个齿面参数（θ_p，s_p），一个刀具参数 R_p 和一个位置参数 $\psi_1^{(0)}$，其中小齿轮规定为转动（见图21.4.1）。

2）确定未知数方程组的形式如下：

$$\boldsymbol{n}_{m1}^{(M)}=\boldsymbol{n}_{m1}^{(B)} \tag{21.5.24}$$

$$\boldsymbol{r}_{m1}^{(M)}=\boldsymbol{r}_{m1}^{(B)} \tag{21.5.25}$$

$$\boldsymbol{n}_{m1}^{(M)}\cdot\boldsymbol{v}_{m1}^{(1p)}=0 \tag{21.5.26}$$

$$\Delta X_{B1}=-(\Delta X_{D1}-|\overrightarrow{O_RO_1}|)\sin\gamma_{m1} \tag{21.5.27}$$

此外，应用如下三个曲率方程：

$$\tan2\sigma^{(1p)}=\frac{-2d_{13}d_{23}}{d_{23}^2-d_{13}^2-(k_f-k_h)d_{33}}$$

$$k_t-k_p=\frac{-2d_{13}d_{23}}{d_{33}\sin2\sigma^{(1p)}}$$

$$k_t + k_p = k_f + k_h + \frac{d_{13}^2 + d_{23}^2}{d_{33}} \tag{21.5.28}$$

方程（21.5.24）相当于两个独立的数量方程；方程（21.5.25）相当于三个数量方程；方程（21.5.26）~方程（21.5.28）表示五个数量方程。于是，方程组提供十个数量方程确定十个未知数。对未知数求解要求：四个非线性方程分系统的解（见步骤2）；其余六个方程的解呈阶梯形式（六个方程中的每一个都含有一个待确定的未知数）。

2. 成型法加工弧齿锥齿轮传动的局部综合

用成型法加工弧齿锥齿轮传动的局部综合的过程是基于以前所提的弧齿锥齿轮传动的四个相同阶段。弧齿锥齿轮传动的局部综合过程的唯一变位影响阶段 1，而阶段 2 ~ 阶段 4 适用于不采用变位的成型法加工弧齿锥齿轮传动。

成型法加工齿轮齿面是产形刀具面的复制。摇台和齿轮之间保持静止状态进行切削或磨削，仅刀盘以所需切削或磨削速度绕其自身的轴线做回转运动。因此，在 Σ_2 上的主曲率 k_s、k_q 和在 Σ_2 上的主方向的单位矢量 $\boldsymbol{e}_s$、$\boldsymbol{e}_q$ 分别与产形刀具的回转面 Σ_g 上主方向上的主曲率 k_g、k_u 和单位矢量 $\boldsymbol{e}_g$、$\boldsymbol{e}_u$ 重合。在 21.6 节中表示的过程用于确定：在 Σ_2 上的主曲率 k_s 和 k_q；在点 A 处齿面 Σ_2 上主方向的单位矢量 $\boldsymbol{e}_s$ 和 $\boldsymbol{e}_q$ 不适用于成型法加工弧齿锥齿轮传动。

21.6　配对齿面的主曲率和主方向之间的关系

以下关系用于确定小齿轮机床设置的局部综合过程。今后，考虑两种啮合面的瞬时接触：那些沿着一线的；那些在一点的。刀具面和被加工面的啮合为线接触。加工的小齿轮和大齿轮齿面提供点接触。

所需关系的确定是基于第 8 章提供的方法进行的。该方法的基本方程如下：

$$\boldsymbol{v}_r^{(2)} = \boldsymbol{v}_r^{(1)} + \boldsymbol{v}^{(12)} \tag{21.6.1}$$

$$\dot{\boldsymbol{n}}_r^{(2)} = \dot{\boldsymbol{n}}_r^{(1)} + \boldsymbol{\omega}^{(12)} \times \boldsymbol{n} \tag{21.6.2}$$

$$\frac{\mathrm{d}}{\mathrm{d}t}[\boldsymbol{n} \cdot \boldsymbol{v}^{(12)}] = 0 \tag{21.6.3}$$

方程（21.6.1）和方程（21.6.2）将接触点的速度和在接触面上运动的单位法线矢量的顶点的速度联系起来。方程（21.6.3）表示啮合的微分方程。由方程（21.6.1）和方程（21.6.2）得含有两个未知数 x_1 和 x_2 的由三个线性方程组成的斜对称方程组，其结构如下：

$$a_{i1}x_1 + a_{i2}x_2 = a_{i3} \quad (i = 1,2,3) \tag{21.6.4}$$

这里，x_1 和 x_2 是接触点在配对齿面的主方向之一面上的运动速度的投影。在齿面线接触的情况下，未知数的解是不确定的，线性方程组的矩阵的秩为 1。在齿面点接触的情况下，未知数的解是确定的，方程组矩阵的秩为 2。如上所述的特征用于推导啮合齿面的主曲率和主方向之间的关系。

1. 齿面 Σ_g 和 Σ_2 的啮合

刀具面 Σ_g 用于加工齿面 Σ_2，Σ_g 和齿面 Σ_2 为线接触，且在坐标系 S_{m2}（见图 21.3.2）中考虑它们的啮合。由方程（21.6.1）~方程（21.6.3）得三个线性方程的方程组

$$c_{i1}v_g^{(2)} + c_{i2}v_u^{(2)} = c_{i3} \tag{21.6.5}$$

其中

$$\begin{cases} v_g^{(2)} = \boldsymbol{v}_r^{(2)} \cdot \boldsymbol{e}_g \\ v_u^{(2)} = \boldsymbol{v}_r^{(2)} \cdot \boldsymbol{e}_u \end{cases} \tag{21.6.6}$$

式中，$\boldsymbol{e}_g$、$\boldsymbol{e}_u$ 是在 Σ_g 上主方向的单位矢量。

下列内容是已知的：Σ_g 和 Σ_2 在点 A 相切，共面上的单位法线矢量和相对速度 $v_g^{(g2)}$，在点 A 处的齿面 Σ_g 上的主方向和主曲率 k_g 和 k_u。目标是确定：齿面 Σ_2 上的主曲率 k_s 和 k_q；代表在 Σ_g 和 Σ_2 上的第一主方向的单位矢量 $\boldsymbol{e}_g$ 和 $\boldsymbol{e}_s$ 之间形成的角 $\sigma^{(g2)}$。其解基于方程组矩阵（21.6.5）的秩为1的特性，并表示如下：

$$\begin{aligned} \tan 2\sigma^{(g2)} &= \frac{-2c_{13}c_{23}}{c_{23}^2 - c_{13}^2 - (k_g - k_u)c_{33}} \\ k_q - k_s &= \frac{-2c_{13}c_{23}}{c_{33}\sin 2\sigma^{(g2)}} \\ k_q + k_s &= k_g + k_u + \frac{c_{13}^2 + c_{23}^2}{c_{33}} \end{aligned} \tag{21.6.7}$$

其中

$$\begin{cases} c_{13} = -k_g v_g^{(g2)} + [(\boldsymbol{n} \times \boldsymbol{\omega}^{(g2)}) \cdot \boldsymbol{e}_g] \\ c_{23} = -k_u v_u^{(g2)} + [(\boldsymbol{n} \times \boldsymbol{\omega}^{(g2)}) \cdot \boldsymbol{e}_u] \\ c_{33} = -k_g (v_g^{(g2)})^2 - k_u (v_u^{(g2)})^2 + [(\boldsymbol{n} \times \boldsymbol{\omega}^{(g2)}) \cdot \boldsymbol{v}^{(g2)}] - \\ \qquad \boldsymbol{n} \cdot [(\boldsymbol{\omega}^{(g)} \times \boldsymbol{v}_{tr}^{(2)}) - (\boldsymbol{\omega}^{(2)} \times \boldsymbol{v}_{tr}^{(g)})] \end{cases} \tag{21.6.8}$$

其中

$$\begin{cases} v_g^{(g2)} = \boldsymbol{v}^{(g2)} \cdot \boldsymbol{e}_g \\ v_u^{(g2)} = \boldsymbol{v}^{(g2)} \cdot \boldsymbol{e}_u \end{cases} \tag{21.6.9}$$

2. 齿面 Σ_2 和 Σ_1 的啮合

齿面 Σ_1 和 Σ_2 呈点接触，被认为在固定坐标系 S_l（见图25.5.2）中啮合。由方程（21.6.1）~方程（21.6.3）可得由三个线性方程组成的方程组（参见 Litvin 1989 年、1994 年的专著）：

$$a_{i1} v_s^{(1)} + q_{i2} v_q^{(1)} = a_{i3} \quad (i = 1, 2, 3) \tag{21.6.10}$$

其中

$$\begin{cases} v_s^{(1)} = \boldsymbol{v}_r^{(1)} \cdot \boldsymbol{e}_s \\ v_q^{(1)} = \boldsymbol{v}_r^{(1)} \cdot \boldsymbol{e}_q \end{cases} \tag{21.6.11}$$

$$\begin{cases} a_{11} = k_s - k_f \cos^2\sigma^{(12)} - k_h \sin^2\sigma^{(12)} \\ a_{12} = a_{21} = 0.5(k_f - k_h)\sin 2\sigma^{(12)} \\ a_{13} = a_{31} = -k_s v_s^{(12)} + [(\boldsymbol{n} \times \boldsymbol{\omega}^{(12)}) \cdot \boldsymbol{e}_s] \\ a_{22} = k_q - k_f \sin^2\sigma^{(12)} - k_h \cos^2\sigma^{(12)} \\ a_{23} = a_{32} = -k_q v_q^{(12)} + [(\boldsymbol{n} \times \boldsymbol{\omega}^{(12)}) \cdot \boldsymbol{e}_q] \\ a_{33} = k_s (v_s^{(12)})^2 + k_q (v_q^{(12)})^2 - [(\boldsymbol{n} \times \boldsymbol{\omega}^{(12)}) \cdot \boldsymbol{v}^{(12)}] - \\ \qquad \boldsymbol{n} \cdot [(\boldsymbol{\omega}^{(1)} \times \boldsymbol{v}_{tr}^{(2)}) - (\boldsymbol{\omega}^{(2)} \times \boldsymbol{v}_{tr}^{(1)})] + m'_{21}(\boldsymbol{n} \times \boldsymbol{k}_2) \cdot \boldsymbol{r} \end{cases} \tag{21.6.12}$$

已知如下信息：齿面 Σ_1 和 Σ_2 在点 M 相切，公共齿面上的单位法线矢量，相对速度 $\boldsymbol{v}^{(12)}$，在 Σ_2 上点 M 处的主曲率 k_s、k_q 和主方向，齿面上点 M 处的弹性变形 δ。目标是确定主曲率 k_f 和 k_h，以及由单位矢量 $\boldsymbol{e}_f$ 和 $\boldsymbol{e}_s$ 形成的夹角 $\sigma^{(12)}$。

在齿面 Σ_i 上的接触点的速度 $\boldsymbol{v}_r^{(i)}$ $(i=1,2)$ 有确定的方向，因此方程组（21.6.10）矩阵的秩为1，由这一特性得如下关系式：

$$\begin{vmatrix} a_{11} & a_{12} & a_{13} \\ a_{21} & a_{22} & a_{23} \\ a_{31} & a_{32} & a_{33} \end{vmatrix} = F(k_f,k_h,k_s,k_q,\sigma^{(12)},m'_{21}) = 0 \tag{21.6.13}$$

若选择如下参数，则可得 k_f、k_h 和 $\sigma^{(12)}$ 的解：导数 m'_{21}；比值 a/δ，这里 a 是接触椭圆的长轴；齿面 Σ_1 和 Σ_2 之一的接触轨迹在点 M 处相切的方向。两齿面的接触轨迹在点 M 处的切线方向之间的关系，用如下方程表示：

$$\tan\eta_1 = \frac{-a_{13}v_q^{(12)} + (a_{33} + a_{13}v_s^{(12)})\tan\eta_2}{a_{33} + a_{23}(v_q^{(12)} - v_s^{(12)}\tan\eta_2)} \tag{21.6.14}$$

在点 M 处选择 η_2，我们可以确定 η_1。

3. k_f、k_h 和 $\sigma^{(12)}$ 的确定过程

步骤1：选择 η_2 确定 η_1。

步骤2：

$$v_s^{(1)} = \frac{a_{33}}{a_{13} + a_{23}\tan\eta_1} \tag{21.6.15}$$

$$v_q^{(1)} = \frac{a_{33}\tan\eta_1}{a_{13} + a_{23}\tan\eta_1} \tag{21.6.16}$$

步骤3：

$$A = \frac{\delta}{a^2} \tag{21.6.17}$$

步骤4：

$$K_\Sigma = \frac{\dfrac{a_{13}^2 + a_{23}^2}{(v_s^{(1)})^2 + (v_q^{(1)})^2} - 4A^2}{\dfrac{a_{13}v_s^{(1)} + a_{23}v_q^{(1)}}{(v_s^{(1)})^2 + (v_q^{(1)})^2} + 2A} \tag{21.6.18}$$

步骤5：

$$\begin{bmatrix} a_{11} \\ a_{12} \\ a_{13} \end{bmatrix} = \frac{1}{(v_s^{(1)})^2 + (v_q^{(1)})^2} \begin{bmatrix} a_{13}v_s^{(1)} - a_{23}v_q^{(1)} + (v_q^{(1)})^2 K_\Sigma \\ a_{13}v_q^{(1)} + a_{23}v_s^{(1)} + v_s^{(1)}v_q^{(1)} K_\Sigma \\ -a_{13}v_s^{(1)} + a_{23}v_q^{(1)} + (v_s^{(1)})^2 K_\Sigma \end{bmatrix} \tag{21.6.19}$$

步骤6

$$\tan 2\sigma^{(12)} = \frac{2a_{12}}{g_2 - (a_{11} - a_{22})} \tag{21.6.20}$$

其中

$$g_2 = k_s - k_q$$

步骤7：

$$g_1 = \frac{2a_{12}}{\sin 2\sigma^{(12)}} \tag{21.6.21}$$

步骤8：

$$K_{\Sigma}^{(1)}=K_{\Sigma}^{(2)}-K_{\Sigma} \tag{21.6.22}$$

其中

$$K_{\Sigma}^{(2)}=k_s+k_q$$

步骤9：

$$k_f=\frac{K_{\Sigma}^{(1)}+g_1}{2} \tag{21.6.23}$$

步骤10：

$$k_h=\frac{K_{\Sigma}^{(1)}-g_1}{2} \tag{21.6.24}$$

上述过程可用以求得齿面 Σ_2 和 Σ_1 在点 M 处相切的曲率 k_f、k_h，和在 Σ_1 上的点 M 处的主方向。

4. 齿面 Σ_1 和 Σ_p 的啮合

刀具面 Σ_p 用于加工小齿轮齿面 Σ_1，齿面 Σ_p 和 Σ_1 呈线接触，点 B 处是瞬时接触线的指定点。在 S_{m1} 中考虑了（见图21.4.1）齿面啮合，在点 B 处如下数据假设是给定的：齿面 Σ_1 上的曲率 k_f 和 k_h；在齿面 Σ_1 上主方向的单位矢量 $\boldsymbol{e}_f$ 和 $\boldsymbol{e}_h$；齿面上的单位法线矢量；相对速度 $\boldsymbol{v}^{(12)}$。目标是确定齿面 Σ_p 上的主曲率 k_p 和 k_t，以及 由单位矢量 $\boldsymbol{e}_f$ 和 $\boldsymbol{e}_p$ 形成的夹角 $\sigma^{(1p)}$。

由方程（21.6.1）~方程（21.6.3）可得由三个线性方程组成的方程组

$$d_{i1}v_f^{(p)}+d_{i2}v_h^{(p)}=d_{i3}\quad(i=1,2,3) \tag{21.6.25}$$

其中

$$\begin{cases}v_f^{(p)}=\boldsymbol{v}_r^{(p)}\cdot\boldsymbol{e}_f\\ v_h^{(p)}=\boldsymbol{v}_r^{(p)}\cdot\boldsymbol{e}_h\end{cases} \tag{21.6.26}$$

因为齿面 Σ_p 和 Σ_1 是线接触，所以 $\boldsymbol{v}_r^{(p)}$ 方向是不定的，因此方程组矩阵的秩为1。应用这一特性，可得如下方程：

$$\begin{cases}\tan 2\sigma^{(1p)}=\dfrac{-2d_{13}d_{23}}{d_{23}^2-d_{13}^2-(k_f-k_h)d_{33}}\\ k_t-k_p=\dfrac{-2d_{13}d_{23}}{d_{33}\sin 2\sigma^{1p}}\\ k_t+k_p=k_f+k_h+\dfrac{d_{13}^2+d_{23}^2}{d_{33}}\end{cases} \tag{21.6.27}$$

其中

$$\begin{cases}d_{13}=-k_f v_f^{(1p)}+[(\boldsymbol{n}\times\boldsymbol{\omega}^{(1p)})\cdot\boldsymbol{e}_f]\\ d_{23}=-k_h v_h^{(1p)}+[(\boldsymbol{n}\times\boldsymbol{\omega}^{(1p)})\cdot\boldsymbol{e}_h]\\ d_{33}=-k_f(v_f^{(1p)})^2-k_h(v_h^{(1p)})^2+[(\boldsymbol{n}\times\boldsymbol{\omega}^{(1p)})\cdot\boldsymbol{v}^{(1p)}]-\\ \qquad\boldsymbol{n}\cdot[(\boldsymbol{\omega}^{(1)}\times\boldsymbol{v}_{tr}^{(p)})-(\boldsymbol{\omega}^{(p)}\times\boldsymbol{v}_{tr}^{(1)})]\end{cases} \tag{21.6.28}$$

其中

$$\begin{cases}v_f^{(1p)}=\boldsymbol{v}^{(1p)}\cdot\boldsymbol{e}_f\\ v_h^{(1p)}=\boldsymbol{v}^{(1p)}\cdot\boldsymbol{e}_h\end{cases} \tag{21.6.29}$$

21.7　接触和啮合模拟

接触和啮合模拟的主要目标是确定在 21.5 节中所得到的小齿轮机床设置相应的接触区。如前所述，齿轮机床的设置是基于齿轮的制造数据调整的。齿轮机床设置和确定的小齿轮机床设置的组合必须提供有利的接触与啮合条件。

由计算机进行接触和啮合模拟的测试，应用基于有限元法进行应力分析（见 21.8 节），验证了传动误差的函数的期望形状和接触区的形成。为模拟接触和啮合而开发的轮齿接触分析的计算机程序，可使我们得到接触轨迹和在每个阶段的迭代法的传动误差函数（见 9.4 节）。下面介绍轮齿接触分析（TCA）的方法。

1. 应用坐标系

齿轮齿面的啮合是在与箱体刚性固接的固定坐标系 S_h 中考虑的（见图 21.7.1）。动坐标系 S_1 和 S_2 分别与小齿轮和大齿轮刚性固接。辅助坐标系 S_{b1} 和 S_{b2} 分别用于表示小齿轮的回转（相对于 S_{b1}）和大齿轮的回转（相对于 S_{b2}）。对中性误差是由 S_{b1} 和 S_{b2} 分别相对于 S_h 的安装误差（见图 21.7.1）来模拟的。

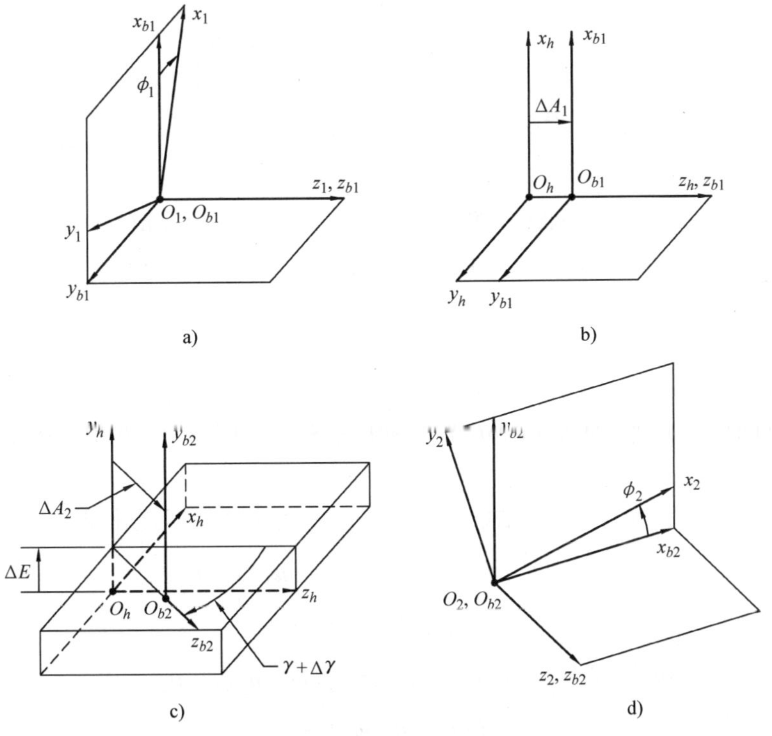

图 21.7.1　用于啮合模拟的坐标系

a）小齿轮回转图　b）装配误差 ΔA_1 图　c）装配误差 ΔA_2、ΔE 和 $\Delta\gamma$ 图　d）大齿轮回转图

安装误差 ΔA_1 为小齿轮的轴向偏差；$\Delta\gamma$ 为轴交角 γ 的变化；ΔE 为小齿轮 - 大齿轮轴线不相交而呈交错时，小齿轮和大齿轮轴线之间的最短距离误差；ΔA_2 为大齿轮的轴向偏差。在对中的齿轮传动的情况下，我们认为 ΔA_1、$\Delta\gamma$、ΔE 和 ΔA_2 均等于零。

2. 模拟算法

小齿轮和大齿轮齿面在啮合过程中必须连续相切，在任何瞬间若其位置矢量和法线矢量相重合，就满足这一条件。小齿轮和大齿轮齿面在坐标系 S_h 中表示如下：

$$\boldsymbol{r}_h^{(1)}(s_p,\theta_p,\psi_1,\phi_1)=\boldsymbol{M}_{hb1}\boldsymbol{M}_{b11}(\phi_1)\boldsymbol{r}_1(s_p,\theta_p,\psi_1) \tag{21.7.1}$$

$$f_{1p}(s_p,\theta_p,\psi_1)=0 \tag{21.7.2}$$

$$\boldsymbol{r}_h^{(2)}(s_g,\theta_g,\psi_2,\phi_2)=\boldsymbol{M}_{hb2}\boldsymbol{M}_{b22}(\phi_2)\boldsymbol{r}_2(s_g,\theta_g,\psi_2) \tag{21.7.3}$$

$$f_{2g}(s_g,\theta_g,\psi_2)=0 \tag{21.7.4}$$

其中

$$\boldsymbol{M}_{b11}=\begin{bmatrix}\cos\phi_1 & \sin\phi_1 & 0 & 0\\ -\sin\phi_1 & \cos\phi_1 & 0 & 0\\ 0 & 0 & 1 & 0\\ 0 & 0 & 0 & 1\end{bmatrix}$$

$$\boldsymbol{M}_{hb1}=\begin{bmatrix}1 & 0 & 0 & 0\\ 0 & 1 & 0 & 0\\ 0 & 0 & 1 & \Delta A_1\\ 0 & 0 & 0 & 1\end{bmatrix}$$

$$\boldsymbol{M}_{b22}=\begin{bmatrix}\cos\phi_2 & -\sin\phi_2 & 0 & 0\\ \sin\phi_2 & \cos\phi_2 & 0 & 0\\ 0 & 0 & 1 & 0\\ 0 & 0 & 0 & 1\end{bmatrix}$$

$$\boldsymbol{M}_{hb2}=\begin{bmatrix}\cos(\gamma+\Delta\gamma) & 0 & -\sin(\gamma+\Delta\gamma) & -\Delta A_2\sin(\gamma+\Delta\gamma)\\ 0 & 1 & 0 & \Delta E\\ \sin(\gamma+\Delta\gamma) & 0 & \cos(\gamma+\Delta\gamma) & \Delta A_2\cos(\gamma+\Delta\gamma)\\ 0 & 0 & 0 & 1\end{bmatrix}$$

矢量方程 $\boldsymbol{r}_1(s_p,\theta_p,\psi_1)$ 和方程 $f_{1p}(s_p,\theta_p,\psi_1)=0$ 用三个相关系数表示在坐标系 S_1 中的小齿轮齿面。同样，矢量方程 $\boldsymbol{r}_2(s_g,\theta_g,\psi_2)$ 和方程 $f_{2g}(s_g,\theta_g,\psi_2)=0$ 用三个相关参数表示在坐标系 S_2 中的大齿轮齿面。

小齿轮和大齿轮齿面上的单位法线矢量在坐标系 S_h 中用如下方程表示：

$$\boldsymbol{n}_h^{(1)}(s_p,\theta_p,\psi_1,\phi_1)=\boldsymbol{L}_{h1}(\phi_1)\boldsymbol{n}_1(s_p,\theta_p,\psi_1) \tag{21.7.5}$$

$$f_{1p}(s_p,\theta_p,\psi_1)=0 \tag{21.7.6}$$

$$\boldsymbol{n}_h^{(2)}(s_g,\theta_g,\psi_2,\phi_2)=\boldsymbol{L}_{hb2}\boldsymbol{L}_{b22}(\phi_2)\boldsymbol{n}_2(s_g,\theta_g,\psi_2) \tag{21.7.7}$$

$$f_{2g}(s_g,\theta_g,\psi_2)=0 \tag{21.7.8}$$

其中

$$\boldsymbol{L}_{h1}=\begin{bmatrix}\cos\phi_1 & \sin\phi_1 & 0\\ -\sin\phi_1 & \cos\phi_1 & 0\\ 0 & 0 & 1\end{bmatrix}$$

$$L_{b22}=\begin{bmatrix}\cos\phi_2 & -\sin\phi_2 & 0\\ \sin\phi_2 & \cos\phi_2 & 0\\ 0 & 0 & 1\end{bmatrix}$$

$$L_{hb2}=\begin{bmatrix}\cos(\gamma+\Delta\gamma) & 0 & -\sin(\gamma+\Delta\gamma)\\ 0 & 1 & 0\\ \sin(\gamma+\Delta\gamma) & 0 & \cos(\gamma+\Delta\gamma)\end{bmatrix}$$

小齿轮和大齿轮齿面连续相切的条件用如下方程表示：

$$\boldsymbol{r}_h^{(1)}(s_p,\theta_p,\psi_1,\phi_1)-\boldsymbol{r}_h^{(2)}(s_g,\theta_g,\psi_2,\phi_2)=0 \tag{21.7.9}$$

$$\boldsymbol{n}_h^{(1)}(s_p,\theta_p,\psi_1,\phi_1)-\boldsymbol{n}_h^{(2)}(\theta_g,\psi_2,\phi_2)=0 \tag{21.7.10}$$

$$f_{1p}(s_p,\theta_p,\psi_1)=0 \tag{21.7.11}$$

$$f_{2g}(s_g,\theta_g,\psi_2)=0 \tag{21.7.12}$$

齿面 Σ_1 和 Σ_2 是由三个相关参数表示在 S_h 中，方程（21.7.11）和方程（21.7.12）分别是齿面 Σ_1 和 Σ_p、Σ_2 和 Σ_g 的啮合方程。方程（21.7.9）~方程（21.7.12）描述齿面 Σ_1 和 Σ_2 在其切点上的位置矢量和齿面的单位法线矢量是重合的。矢量方程（21.7.9）和方程（21.7.10）可分别得三个和两个数量方程。

由方程（21.7.9）~方程（21.7.12）的方程组，提供七个方程来确定七个未知数。小齿轮转角 ϕ_1 被认为是在 $-\pi/N_1<\phi_1<\pi/N_1$ 范围内的输入参数。寻找的未知参数 s_p、θ_p、ψ_1、s_g、θ_g、ψ_2 和 ϕ_2，由上述的七个方程求解而得（参见 Visual Numerics 公司 1998 年的成果）。假设方程组（21.7.9）~（21.7.12）的雅可比行列式在每次迭代中不同于零。

在小齿轮和大齿轮齿面上的接触轨迹用如下函数表示：

$$\boldsymbol{r}_1(s_p(\phi_1),\theta_p(\phi_1),\psi_1(\phi_1)) \tag{21.7.13}$$

$$\boldsymbol{r}_2(s_g(\phi_1),\theta_g(\phi_1),\psi_2(\phi_2)) \tag{21.7.14}$$

传动误差的函数规定如下：

$$\Delta\phi_2(\phi_1)=\phi_2(\phi_1)-\frac{N_1}{N_2}\phi_1 \tag{21.7.15}$$

接触区形成一组瞬时接触椭圆，瞬时接触椭圆的长轴和短轴的长度和方向按 9.3 节提供的方法确定。电算过程是根据接触面的主曲率和主方向之间的关系确定的。齿面弹性方法被认为是已知的，为了避免在接触点 M 附近产生干涉，可用下列方法进行测试（参见 Litvin 等人 1998 年的专著）。弧齿锥齿轮传动的优化设计和实例见 21.9 节。

21.8　弧齿锥齿轮的设计有限元分析的应用

应用有限元分析（FEA）可以：

1）确定小齿轮和大齿轮的接触应力和弯曲应力。

2）研究接触区的形成，以及载荷的传递至下一轮齿的接触副的过程。

3）探测和避免重载齿轮传动中的严重接触应力区。应用有限元法要求建立由有限元啮合形成的有限元模型，定义接触齿面建立使齿轮传动具有所需的转矩的边界条件。作者应用通用的计算机程序（参见 Hibbit，Karlsson & Sirensen 公司 1998 年的成果）进行有限元分析。

弧齿锥齿轮传动的设计，已经采用了一种有限元分析的变位方法（见 9.5 节）。应用有限元分析法的主要思想之一是齿面直接应用齿轮轮齿的接触模型自动化（见 9.5 节），这种方法可使我们确定在整个啮合循环过程中的接触和弯曲应力，研究和确定接触区的形成，若存在看不见的严重接触区，其中接触应力显著增大（见 21.9 节）。

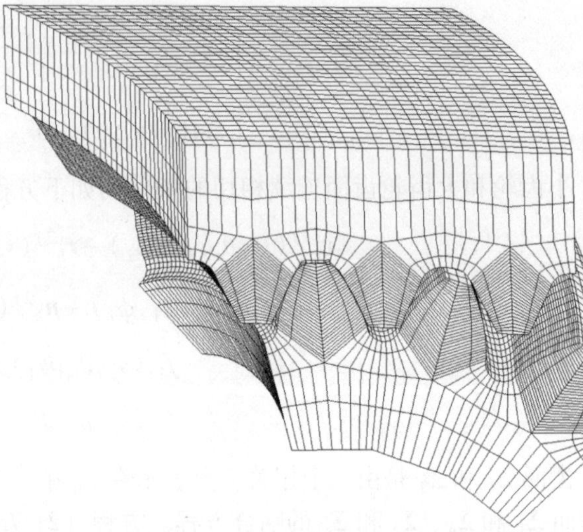

图 21.8.1　三对轮齿的有限元啮合模型

图 21.8.1 和图 21.8.2 所示分别为三对轮齿的有限元啮合模型和整个齿轮传动的有限元啮合。一阶有限元通过不协调的变形模型改善弯曲性能（参见 Hibbit，Karlsson & Sirensson 公司 1998 年的成果），用于建立有限元啮合模型。材料为钢，弹性模量 $E=2.068\times10^5$ MPa，泊松比 $\nu=0.29$。

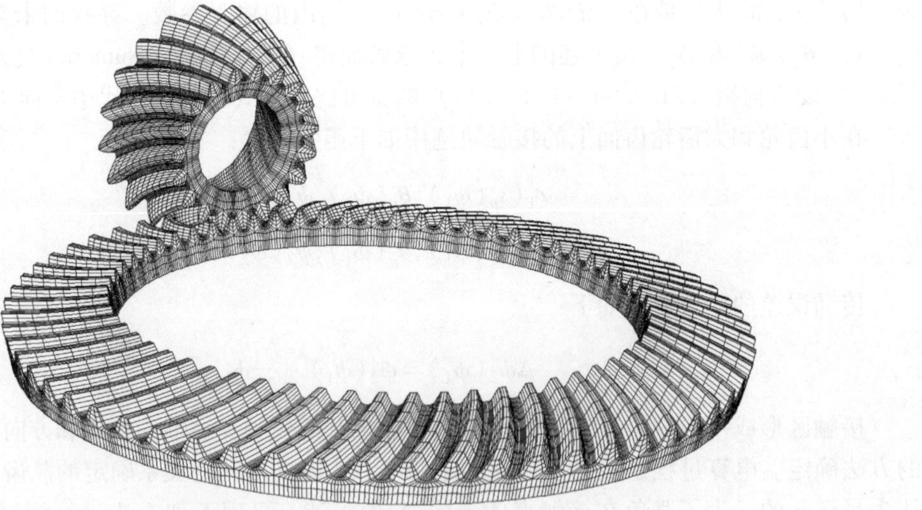

图 21.8.2　整个齿轮传动的有限元啮合模型

21.9　弧齿锥齿轮传动的优化设计实例

一个用端面铣刀加工的弧面锥齿轮传动的优化和设计实例，传动比为 9×33。齿轮传动的齿坯数据见表 21.9.1。设计考虑了三种不同的工况，现概括如下：

表 21.9.1　齿坯数据

设计特性	小齿轮	大齿轮
小齿轮和大齿轮的齿数	9	33
模数/mm	4.8338	4.8338
轴交角/(°)	90.0000	90.0000
中点螺旋角/(°)	32.0000	32.0000
旋向	右旋（RH）	左旋（LH）
全齿高/mm	27.5000	27.5000
中点锥距/mm	68.9200	68.9200
整体深度/mm	9.4300	9.4300
分锥角/(°)	15.2551	74.7449
根锥角/(°)	13.8833	69.5833
面锥角/(°)	20.4167	76.1167
顶隙/mm	1.0300	1.0300
齿顶高/mm	6.6400	1.7600
齿根高/mm	2.7900	7.6700

1）工况1a。目前的设计直接从齿轮传动中的大齿轮和小齿轮的制造数据得到，采用轮齿接触分析（TCA）和有限元分析（FEA），可以对目前的设计进行性能模拟，建立传动误差和优化前的应力的基线水平。

2）工况1b。应用21.2节所述阶段1至4的第一次迭代所得的结果，其中提供了纵向接触轨迹，并使用直线齿廓刀片加工小齿轮和大齿轮。

3）工况1c。应用阶段1至4所得的结果，其中提供了纵向接触轨迹，并使用抛物线齿廓刀片加工大齿轮，而用直线齿廓刀片加工小齿轮。抛物线系数已从对不可见的严重接触区中的避免获得。

对于所有工况下的设计，齿轮的齿槽的两侧是同时由刀盘进行加工的。对于三种工况下的设计，是用于加工齿轮齿面的齿轮刀盘的数据见表21.9.2。表21.9.3显示了目前的设计（工况1a）中考虑的小齿轮机床的设置，以及通过提供改善齿轮传动（工况1b和1c的设计）接触和啮合条件的电算获得的小齿轮机床的设置。

表 21.9.2　设计工况1a、1b和1c的齿轮刀盘的安装设置与参数

应用的调整	工况1a和1b	工况1c
刀盘平均刀尖直径/mm	127.0000	127.0000
刀顶距/mm	2.5400	2.5400
凸面侧压力角（刀片外侧）/(°)	22.0000	22.0000
凹面侧压力角（刀片内侧）/(°)	22.0000	22.0000
刀片齿廓抛物线系数，凹面侧/(1/mm)	0.0000	0.0020
刀片齿廓抛物线系数，凸面侧/(1/mm)	0.0000	0.0000
抛物线顶点定位，凹面侧/mm	0.0000	4.7279
抛物线顶点定位，凸面侧/mm	0.0000	4.7069
齿根过渡圆弧半径，凹面侧与凸面侧/mm	1.5240	1.5240
轴向轮位/mm	0.0000	0.0000

（续）

应用的调整	工况 1a 和 1b	工况 1c
滑座/mm	-0.2071	-0.2071
垂直轮位/mm	0.0000	0.0000
径向距离/mm	64.3718	64.3718
机床根锥角/(°)	69.5900	69.5900
摇台角/(°)	-56.7800	-56.7800
传动比	1.032331	1.032331

表 21.9.3 设计工况 1a、1b 和 1c 的小齿轮刀盘安装设置与参数

应用的调整	工况 1a		工况 1b		工况 1c	
	凹面齿	凸面齿	凹面齿	凸面齿	凹面齿	凸面齿
刀尖直径/mm	116.8400	138.6840	114.3483	136.1114	114.3483	138.9061
压力角/(°)	22.0000	22.0000	22.0000	22.0000	22.0000	22.0000
齿根过渡圆弧半径/mm	0.6350	0.6350	0.6350	0.6350	0.6350	0.6350
轴向轮位/mm	-0.7749	1.2739	-1.9793	5.4860	-1.9793	6.3096
滑座/mm	-6.0857	-6.2067	-0.3352	-2.1264	-0.3352	-2.3241
垂直轮位/mm	-0.6288	1.6201	-2.9984	-10.9672	-2.9984	-9.4557
径向距离/mm	62.7493	66.3276	62.2550	74.4459	62.2550	79.3430
机床根锥角/(°)	13.8833	13.8833	13.8833	13.8833	13.8833	13.8833
摇台角/(°)	53.0400	59.4500	59.3751	55.5190	59.3751	55.3037
转角/(°)	-20.8800	28.6300	0.0000	0.0000	0.00000	0.0000
刀倾角/(°)	-5.4400	4.1200	0.0000	0.0000	0.00000	0.0000
传动比	3.837460	3.779475	3.667770	4.543130	3.667770	4.546945
变位滚动系数 C	0.00000	0.0000	-0.001180	0.00704	-0.001180	0.00653
变位滚动系数 D	0.00000	0.0000	0.006460	-0.14949	0.006460	-0.15951

我们认为小齿轮齿面的凸面侧为主动侧，而齿轮齿面的凹面侧为从动侧。图 21.9.1 所示为与目前弧齿锥齿轮传动设计相应的工况 1a 的轮齿接触分析的结果。目前设计的接触轨迹直接穿过齿面，所得的传动误差函数的形状是抛物线，其最大水平为 8″。

应用有限元分析可让我们研究在整个啮合周期内啮合接触区的形成，并研究相邻齿副间的载荷传递。

图 21.9.2 和图 21.9.3 所示分别为按工况 1a 设计的，啮合位置最不利的情况下，小齿轮和大齿轮的弯曲应力与接触应力。作用于齿轮传动的小齿轮上转矩为 419.16N · m，在小齿轮和大齿轮的接触点上发现有严重的接触区，如图 21.9.2 和图 21.9.3 所示，其中出现高的接触应力。

在完成阶段 1 和 4 的第一次电算迭代后，我们得到工况 1b 时的小齿轮机床设置。采用有限元分析，我们可以研究这种新设计齿轮传动的接触区的形成，发现小齿轮和大齿轮在啮合周期内部有小的严重接触区。图 21.9.4 所示为按设计工况 1b 的，在啮合周期内，最不利的啮合点的小齿轮上的接触应力和弯曲弯力，其中出现小的严重接触区。图 21.9.5 所示为设计工况 1b 时齿轮的同样结果。然而，这种设计工况下，接触应力已大幅度地减小。

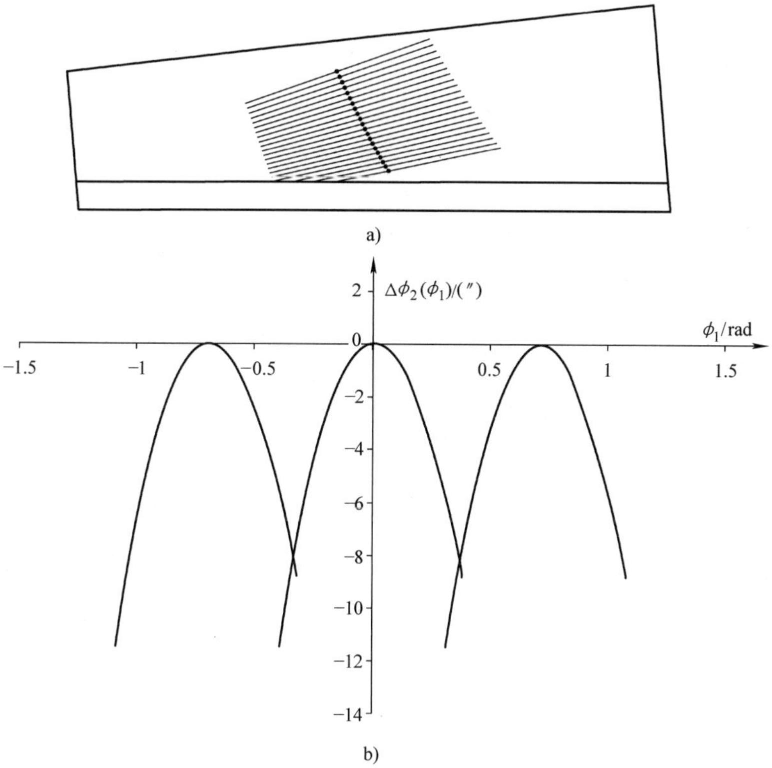

图 21.9.1　工况 1a 的轮齿接触分析的结果

a）接触区　b）目前设计（工况 1a）传动误差的函数

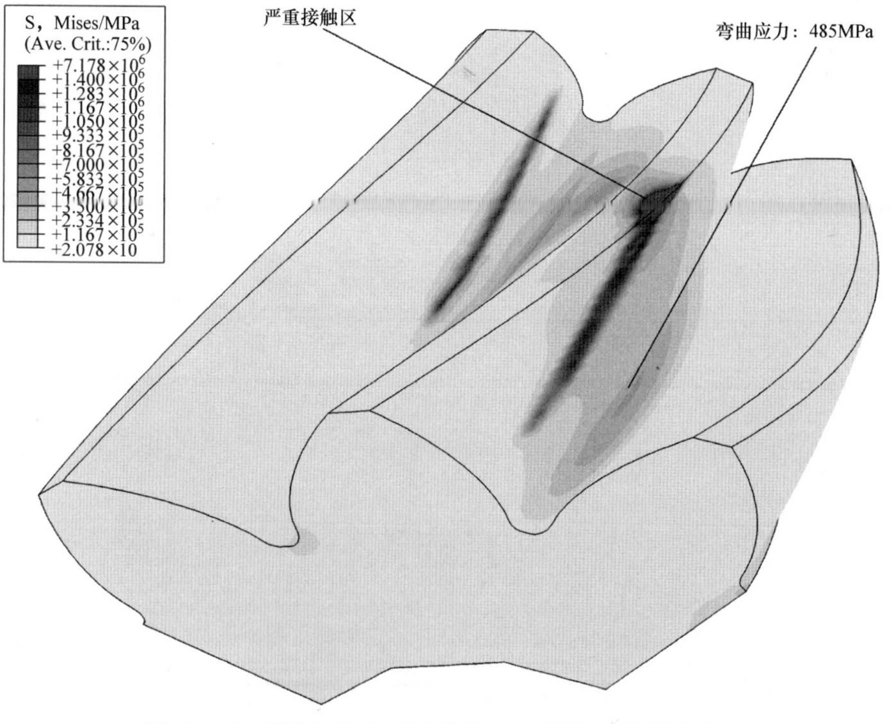

图 21.9.2　设计工况 1a 的小齿轮上的接触应力和弯曲应力

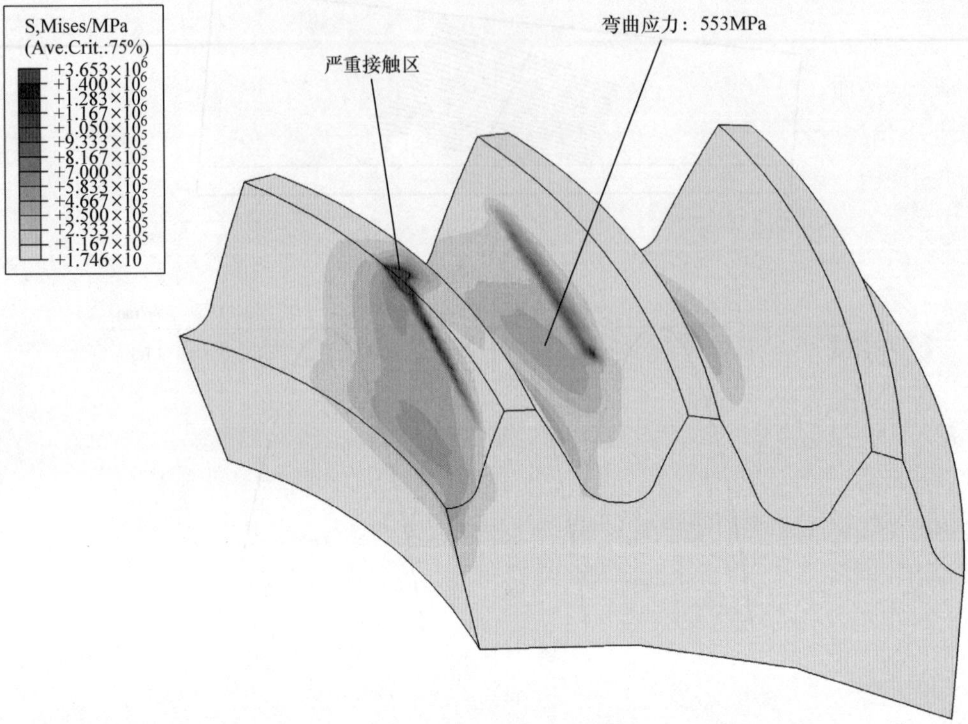

图 21.9.3　设计工况 1a 的大齿轮上的接触应力和弯曲应力

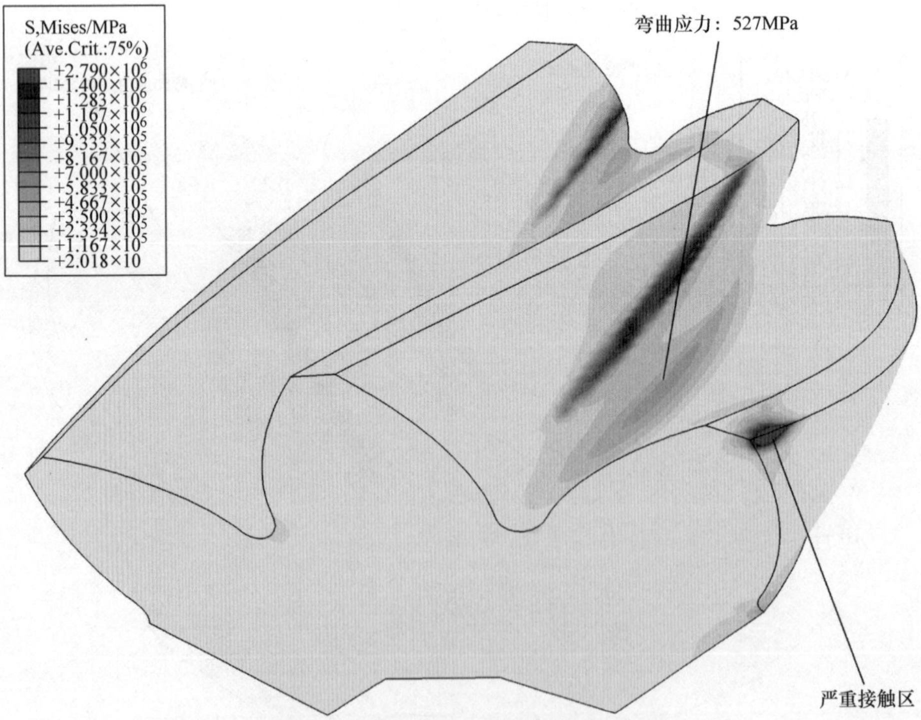

图 21.9.4　设计工况 1b 的小齿轮上的接触应力和弯曲应力

如果大齿轮和小齿轮的刀盘齿廓采用失配加工，则可以避免出现这种产生纵向接触轨迹的严重接触区。作者提供的方法基于采用抛物线刀片加工大齿轮，其中小齿轮仍用直线齿廓刀片加工。然而，如果需要更多的失配，也可用抛物线齿刀片加工小齿轮。

图21.9.6a和图21.9.6b所示分别为设计工况1b和1c的接触区。图21.9.6c所示为两种设计工况的传动误差预设计抛物线函数。图21.9.7所示为设计工况1c的小齿轮上的接触应力和弯曲应力，其接触位置与图21.9.4相同。图21.9.7所示为设计工况1c的小齿轮已避免严重接触区，其中抛物线刀片用于齿轮的加工。

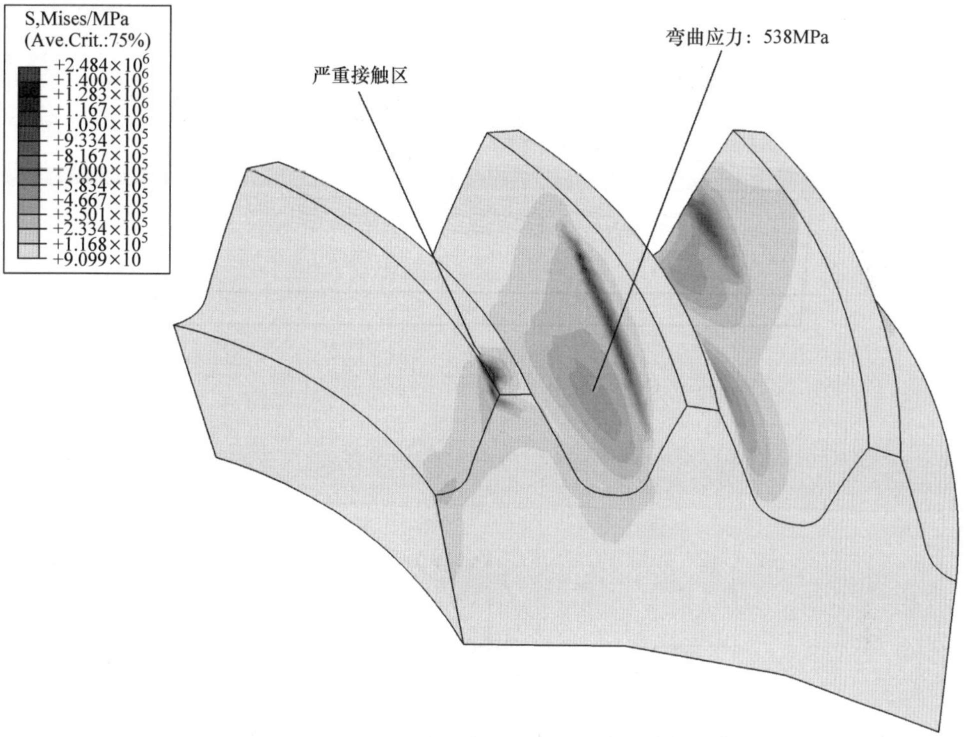

图21.9.5 设计工况1b的大齿轮上的接触应力和弯曲应力

图21.9.8所示为设计工况1c的大齿轮上的接触应力和弯曲应力，其接触位置与图21.9.5相同。图21.9.8所示为设计工况1c的大齿轮已避免严重接触区。图21.9.9和图21.9.10所示分别为设计工况1a、1b和1c的小齿轮和大齿轮的接触应力和弯曲应力的评定。

与目前设计的齿轮传动中的小齿轮相比，设计工况1b和1c中小齿轮的接触应力可大幅度地减小。设计工况1c使我们可以避免在小齿轮齿顶边缘出现小的严重接触区，有较高的接触应力，如图21.9.9所示。正相反，设计工况1b、1c的弯曲应力高于目前的设计工况，如图21.9.9所示。

设计工况1b和1c的大齿轮的接触应力，与现有齿轮传动设计相比大幅度减小。设计工况1b和1c中的大齿轮，获得与上述讨论的小齿轮相同的结果，如图21.9.10中所示。

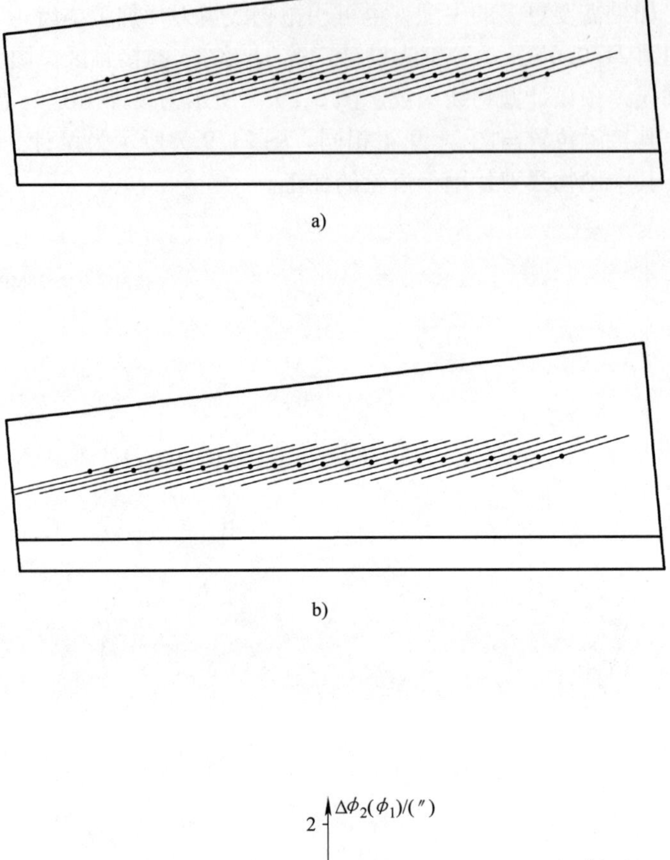

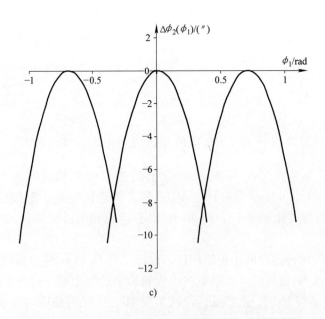

图 21.9.6　设计工况 1b 和 1c 的接触区和传动误差函数

a）设计工况 1b 的接触区

b）设计工况 1c 的接触区

c）两种设计工况的传动误差预设计抛物线函数

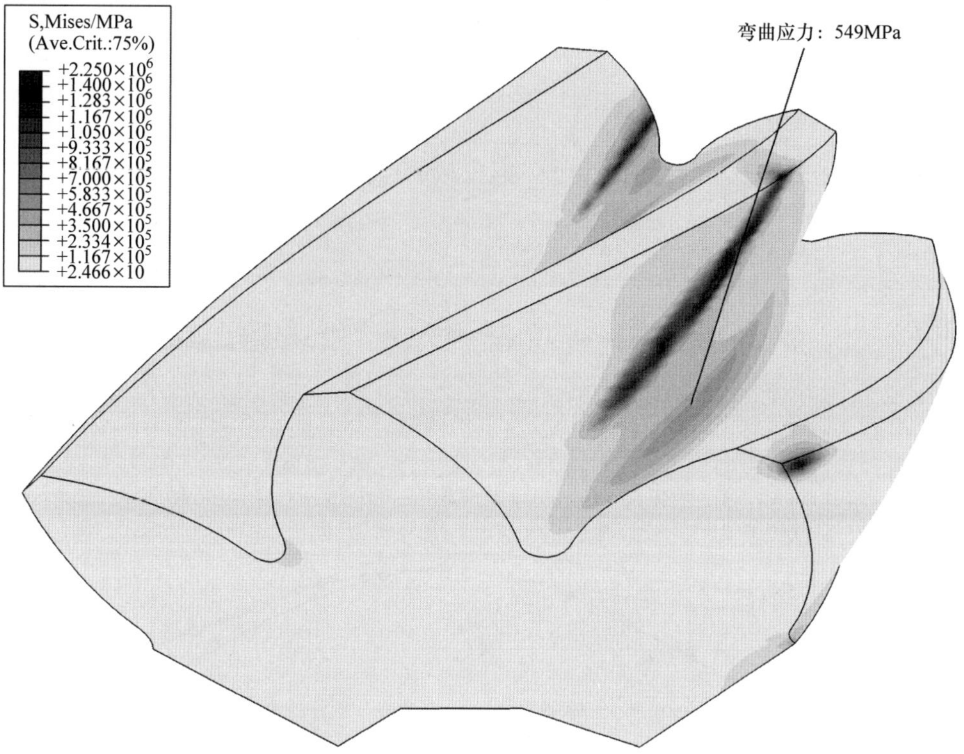

图21.9.7　设计工况1c的小齿轮上的接触应力和弯曲应力

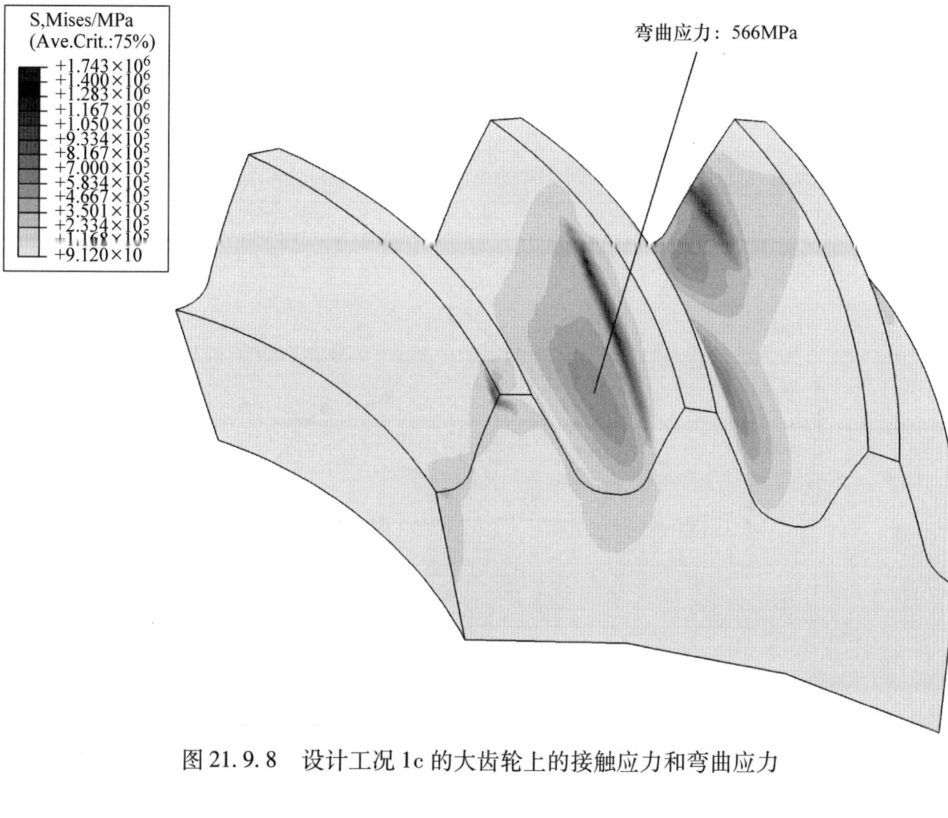

图21.9.8　设计工况1c的大齿轮上的接触应力和弯曲应力

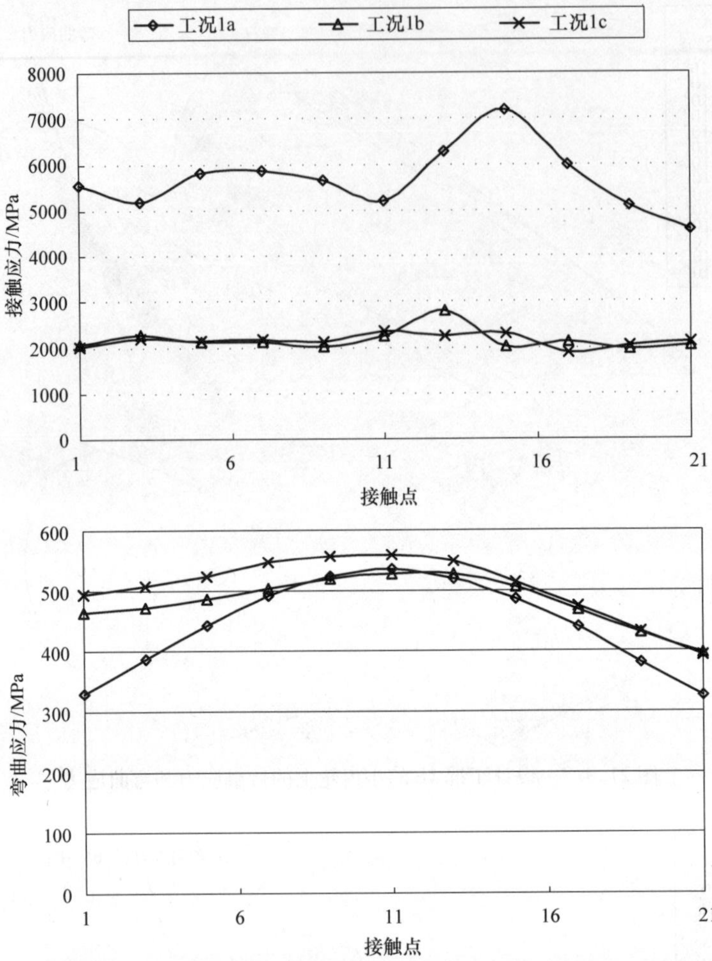

图 21.9.9　设计工况 1a、1b 和 1c 的小齿轮上的接触应力和弯曲应力的评定

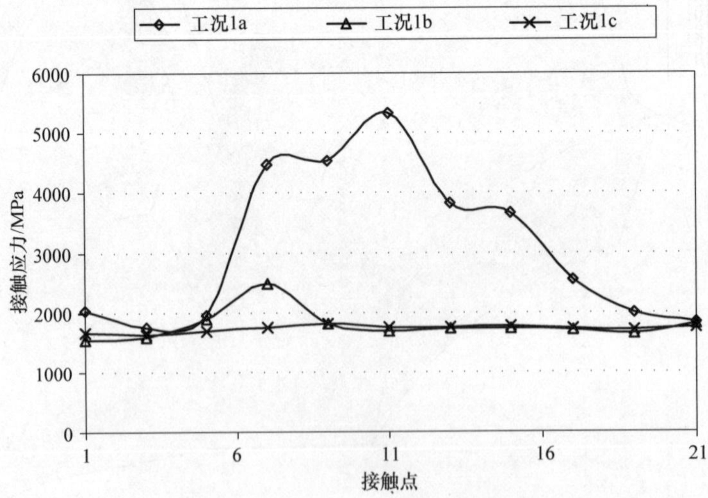

图 21.9.10　设计工况 1a、1b 和 1c 的大齿轮上的接触应力和弯曲应力的评定

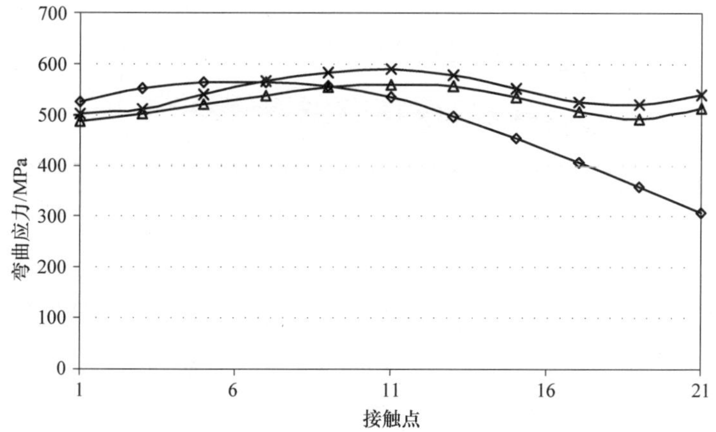

图 21.9.10　设计工况 1a、1b 和 1c 的大齿轮上的接触应力和弯曲应力的评定（续）

21.10　接触区位移的补偿

弧齿锥齿轮传动中，当小齿轮 - 大齿轮轴线既不相交也不相错时，对小齿轮和大齿轮的轴线之间最短距离的误差 ΔE 是非常敏感的。然而，对中性误差 ΔE 导致的接触区位移，可由小齿轮的轴线位移 ΔA_1 来补偿。图 21.10.1 所示为按工况 1c 设计的、对中性误差 ΔE = 0.02mm 的补偿实例。

图 21.10.1a 所示为设计工况 1c 无对中性误差时出现的接触区轨迹。图 21.10.1b 所示为对中性误差 ΔE = 0.02mm 时的接触轨迹。图 21.10.1c 所示为对中性误差 ΔE = 0.02mm、小齿轮轴线位移 ΔA = −0.05mm 时的接触轨迹。如图 21.10.1c 所示为小齿轮的轴线位移可以补偿由轴线之间的最短距离的误差 ΔE 产生的接触轨迹的位移。图 21.10.1d 所示为对中性误差 ΔE = 0.02mm 时，由小齿轮轴线位移 ΔA_1 = −0.05mm 进行补偿的传动误差函数，传动误差函数仍为抛物线形状。

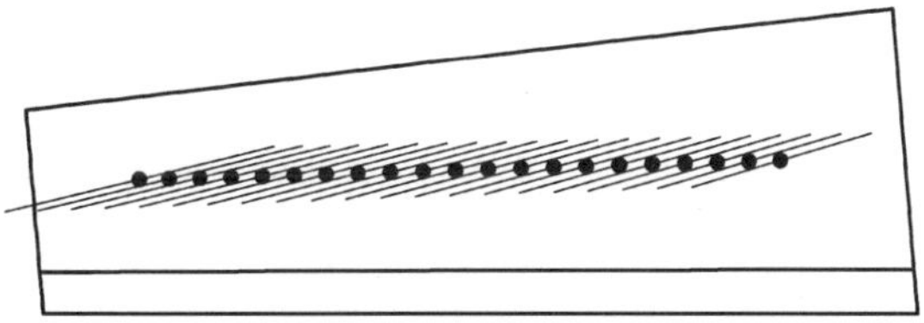

a)

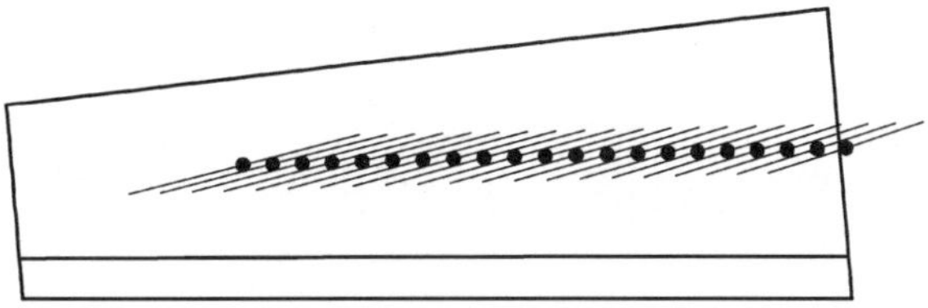

b)

图 21.10.1　按工况 1c 设计

a）无对中性误差出现的接触轨迹　b）对中性误差 ΔE = 0.02mm 时的接触轨迹

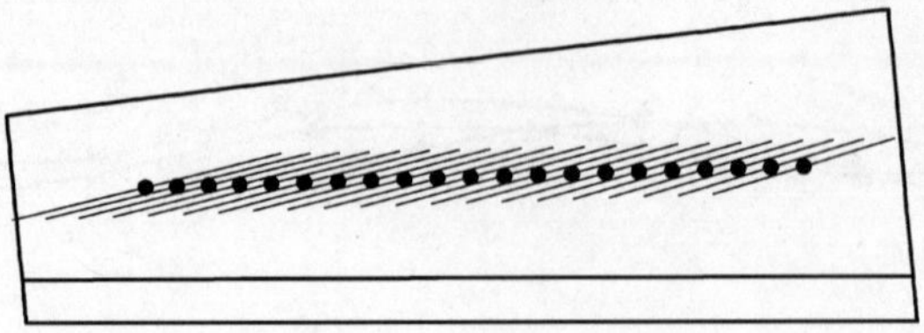

c)

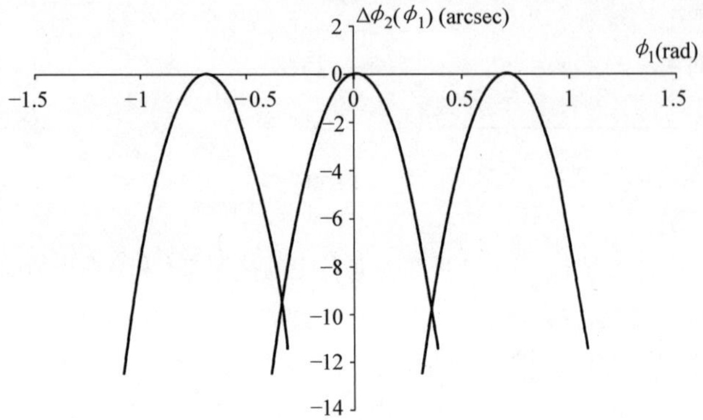

d)

图 21.10.1　按工况 1c 设计（续）

c）对中性误差 $\Delta E = 0.02\text{mm}$ 时，由 $\Delta A_1 = -0.05\text{mm}$ 进行补偿的接触轨迹

d）按项目 c）条件的传动误差函数

第22章

准双曲面齿轮

22.1 引言

准双曲面齿轮传动广泛应用于汽车工业，用于交错轴之间的转向变换。基于弧齿锥齿轮传动的深入研讨（见21章），是提高准双曲面锥传动的设计与制造水平一种有效的方法。

本章主要内容包括：节圆锥的设计；小齿轮和大齿轮加工机床的设置；小齿轮、大齿轮齿面方程。对于准双曲齿轮传动的设计，Baxter（参见1961年的专著）、Litvin 等人（参见1974年、1990年的专著）及 Litvin（参见1994年的专著）已进行了研究；对于准双曲齿轮传动制造中机床的设置，Litvin & Gutman（参见1981专著）已做了详细的说明。

22.2 瞬轴面和啮合节圆锥

弧齿锥齿轮传动绕相交轴进行回转运动，并且它们的瞬轴是两个圆锥（3.4节）。两圆锥的切触线是相对运动中的瞬时回转轴线。在标准弧齿锥齿轮传动的情况下，瞬轴面与分度圆锥重合。

准双曲面齿轮传动是绕交错轴进行回转运动，相对运动是螺旋运动，我们必须讨论瞬时螺旋轴 $s—s$（见3.5节），而不是瞬时回转轴。齿轮的两瞬轴面是沿螺旋运动轴 $s—s$（见图3.5.1）相切的两个回转双曲面。准双曲面的两齿轮的瞬轴面（两回转双曲面）在相对运动中绕着轴线 $s—s$ 进行回转和平移。

准双曲面齿轮传动瞬轴面的概念在设计中的应用是有限的，仅用来使相对速度形象化。产生这种情况的主要原因是，两瞬轴面的位置处于准双曲面齿轮的啮合区以外。

设计准双曲面齿轮传动的毛坯旨在确定啮合节圆锥，而不是回转双曲面，即准双曲面齿轮传动的瞬轴面。两啮合节圆锥（见图22.2.1）必须满足以下条件：

1）节圆锥的两轴本在两回转轴之间构成规定的交错角 γ（通常，$\gamma=90°$）。

2）节圆锥两轴线之间的最短距离 E 等于准双曲齿轴传动的规定值。

3）两节圆锥在规定点 P 处相切触，该点位于两齿轮齿面的啮合区。

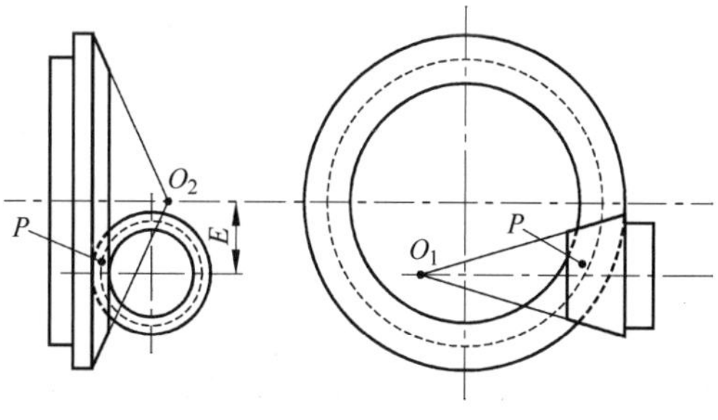

图22.2.1 准双曲齿轮传动的两啮合节圆锥

4）在点 P 处的相对滑动速度沿着两接触节圆锥上螺旋线的公切线的方向。

22.3 两准双曲面节圆锥的相切

圆锥面在坐标系 S_i 中用如下方程表示（见图22.3.1）：

$$\begin{cases} x_i = u_i \sin\gamma_i \cos\theta_i \\ y_i = u_i \sin\gamma_i \sin\theta_i \\ z_i = u_i \cos\gamma_i \end{cases} \quad (i=1,\ 2) \tag{22.3.1}$$

式中，$(u_i,\ \theta_i)$ 是曲面坐标（Gaussian 坐标）。曲面的单位法线矢量用如下方程表示：

$$\begin{cases} \boldsymbol{n}_i = \dfrac{\boldsymbol{N}_i}{|\boldsymbol{N}_i|} \\ \boldsymbol{N}_i = \dfrac{\partial \boldsymbol{r}_i}{\partial u_i} \times \dfrac{\partial \boldsymbol{r}_i}{\partial \theta_i} \end{cases} \tag{22.3.2}$$

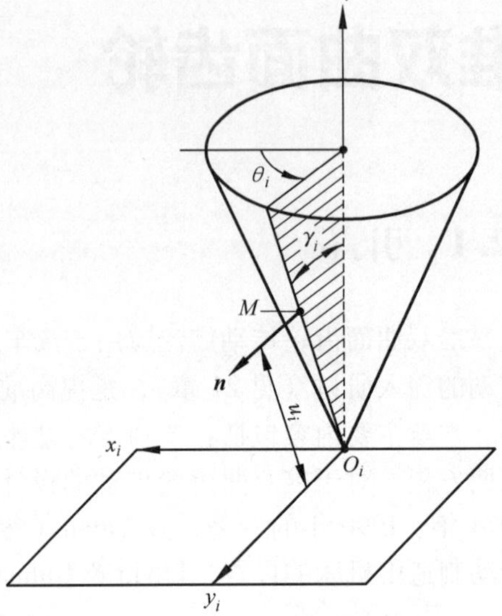

图22.3.1 啮合节圆锥及其参数

从方程（22.3.1）和方程（22.3.2）导出（假定 $u_i \sin\gamma_i \neq 0$）

$$\boldsymbol{n}_i = [\cos\theta_i \cos\gamma_i \quad \sin\theta_i \cos\gamma_i \quad -\sin\gamma_i]^{\mathrm{T}} \tag{22.3.3}$$

为了推导两节圆锥在节点 P 处的切触方程，我们将两节圆锥表示在固定坐标系 S_f 中。

坐标系 S_1 和 S_2 相对于 S_f 的位置和方向如图22.4.1所示。从 S_1 和 S_2 相对于 S_f 的坐标变换可使我们在坐标系 S_f 中用如下的矢量函数表示小轮和大轮的节圆锥及其单位法线矢量：

$$\boldsymbol{r}_f^{(1)}(u_1,\theta_1) = \begin{bmatrix} r_1\cos\theta_1 \\ r_1\sin\theta_1 \\ r_1\cot\gamma_1 - d_1 \end{bmatrix} \tag{22.3.4}$$

$$\boldsymbol{n}_f^{(1)}(\theta_1) = \begin{bmatrix} \cos\gamma_1\cos\theta_1 \\ \cos\gamma_1\sin\theta_1 \\ -\sin\gamma_1 \end{bmatrix} \tag{22.3.5}$$

$$\boldsymbol{r}_f^{(2)}(u_2,\theta_2) = \begin{bmatrix} r_2\cos\theta_2 + E \\ -r_2\cot\gamma_2 + d_2 \\ r_2\sin\theta_2 \end{bmatrix} \tag{22.3.6}$$

$$\boldsymbol{n}_f^{(2)}(\theta_2) = \begin{bmatrix} -\cos\gamma_2\cos\theta_2 \\ -\sin\gamma_2 \\ -\cot\gamma_2\sin\theta_2 \end{bmatrix} \tag{22.3.7}$$

这里，$d_i(i=1,2)$ 确定节圆锥顶点的位置。

两节圆锥在节点 P 处相切触，而切触方程表示如下：

$$\boldsymbol{r}_f^{(1)}(u_1,\theta_1) = \boldsymbol{r}_f^{(2)}(u_2,\theta_2) = \boldsymbol{r}_f^{(P)} \tag{22.3.8}$$

$$\boldsymbol{n}_f^{(1)}(\theta_1) = \boldsymbol{n}_f^{(2)}(\theta_2) = \boldsymbol{n}_f^{(p)} \tag{22.3.9}$$

式中，$\boldsymbol{r}_f^{(P)}$ 和 $\boldsymbol{n}_f^{(P)}$ 是节点 P 的位置矢量和两节圆锥在节点 P 处的单位公法线矢量。共轭的

两节圆锥分别位于节平面的上方和下方。所以，两锥面的单位法线矢量在点 P 处具有相反的方向，而保持两锥面单位法线矢量的一致性，则须在方程（22.3.9）中加一负号。

矢量方程（22.3.8）和方程（22.3.9）给出如下六个数量方程：

$$r_1\cos\theta_1 = r_2\cos\theta_2 + E = x_f^{(P)} \tag{22.3.10}$$

$$r_1\sin\theta_1 = -r_2\cos\theta_2 + d_2 = y_f^{(P)} \tag{22.3.11}$$

$$r_1\cot\gamma_1 - d_1 = r_2\sin\theta_2 = z_f^{(P)} \tag{22.3.12}$$

式中，$r_i = u_i\sin\gamma_i$ 是节圆锥在点 P 处的半径，且

$$\cos\gamma_i\cos\theta_i = -\cos\gamma_2\cos\theta_2 = n_{xf}^{(P)} \tag{22.3.13}$$

$$\cos\gamma_i\sin\theta_i = -\sin\gamma_2 = n_{yf}^{(P)} \tag{22.3.14}$$

$$-\sin\gamma_1 = -\cos\gamma_2\sin\theta_2 = n_{zf}^{(P)} \tag{22.3.15}$$

方程组（22.3.13）~（22.3.15）中，只有两个方程是独立的，因为 $|\boldsymbol{n}_f^{(1)}| = |\boldsymbol{n}_f^{(2)}| = 1$。消去 $\cos\theta_i$ 和 $\sin\theta_i$，经过某些变换后，我们得到

$$\frac{r_1}{r_2} = \frac{(E/r_2)\cos\gamma_1}{\sqrt{\cos^2\gamma_1 - \sin^2\gamma_2}} - \frac{\cos\gamma_1}{\cos\gamma_2} \tag{22.3.16}$$

$$d_1 = -\frac{r_2}{\cos\gamma_2\sin\gamma_1} + \frac{E\cos\gamma_1\cot\gamma_1}{\sqrt{\cos^2\gamma_1 - \sin^2\gamma_2}} \tag{22.3.17}$$

$$d_2 = \frac{r_2}{\cos\gamma_2\sin\gamma_2} - \frac{E\sin\gamma_2}{\sqrt{\cos^2\gamma_1 - \sin^2\gamma_2}} \tag{22.3.18}$$

$$x_f^{(P)} = E - \frac{r_2\sqrt{\cos^2\gamma_1 - \sin^2\gamma_2}}{\cos\gamma_2} \tag{22.3.19}$$

$$y_f^{(P)} = r_2\tan\gamma_2 - \frac{E\sin\gamma_2}{\sqrt{\cos^2\gamma_1 - \sin^2\gamma_2}} \tag{22.3.20}$$

$$z_f^{(P)} = \frac{r_2\sin\gamma_1}{\cos\gamma_2} \tag{22.3.21}$$

$$n_{xf}^{(P)} = \sqrt{\cos^2\gamma_2 - \sin^2\gamma_1} \tag{22.3.22}$$

$$n_{yf}^{(P)} = -\sin\gamma_2 \tag{23.3.23}$$

$$n_{zf}^{(P)} = -\sin\gamma_1 \tag{23.3.24}$$

所导出的方程是设计准双曲面齿轮传动节圆锥的基本公式（参见22.5节）

22.4 辅助方程

两节圆锥的切面确定为通过锥项点 O_1 和 O_2 以及节点 P 的平面（见图22.4.1）。单位矢量 $\boldsymbol{\tau}^{(1)}$ 和 $\boldsymbol{\tau}^{(2)}$ 表示两节圆锥的两条素线，这两条素线位于节平面，并且被此相交于点 P。为了进一步推导，我们将利用纵向齿形的概念和在节点 P 处的滑动速度。

1. 纵向齿形

在节平面上的纵向齿形是齿面与节平面的交线。图22.4.2所示为两纵向齿形在点 P 处相切触。节平面上的所谓“螺旋”角 β_i 是由纵向齿形的公切线和相应节圆锥通过点 P 的素线构成的。

两节圆锥上的两条素线构形夹角 $\boldsymbol{\eta}$，其可用如下方程表示：

$$\cos\boldsymbol{\eta} = \boldsymbol{\tau}^{(1)} \cdot \boldsymbol{\tau}^{(2)} \tag{22.4.1}$$

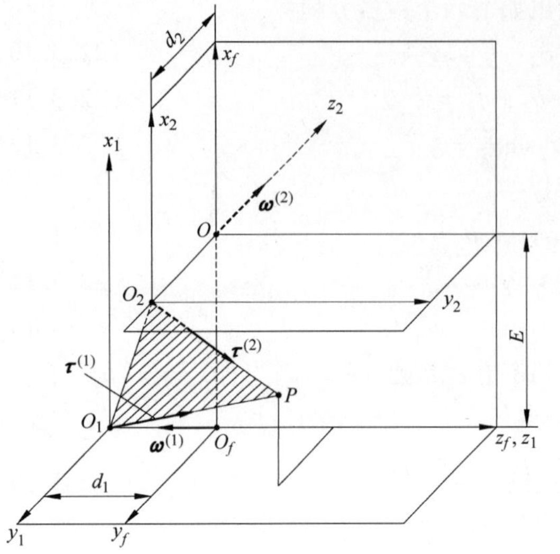

图 22.4.1　节平面

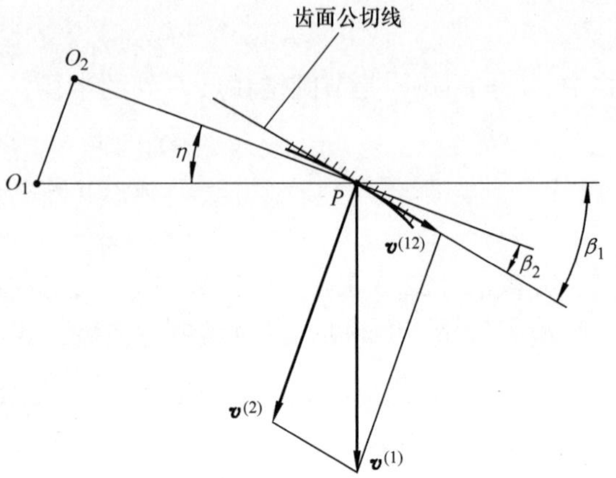

图 22.4.2　节点处相对速度的方向

素线$\overrightarrow{O_iP}$的单位矢量 $\boldsymbol{\tau}^{(i)}\ (i=1,2)$ 用如下方程表示：

$$\boldsymbol{\tau}^{(1)} = \frac{\overrightarrow{O_1P}}{|\overrightarrow{O_1P}|} = \frac{\dfrac{\partial \boldsymbol{r}_f^{(1)}}{\partial u_1}}{\left|\dfrac{\partial \boldsymbol{r}_f^{(1)}}{\partial u_1}\right|} = [\sin\gamma_1\cos\theta_1 \quad \sin\gamma_1\cos\theta_1 \quad \cos\gamma_1]^{\mathrm{T}} \tag{22.4.2}$$

$$\boldsymbol{\tau}^{(2)} = \frac{\overrightarrow{O_2P}}{|\overrightarrow{O_2P}|} = \frac{\dfrac{\partial \boldsymbol{r}_f^{(2)}}{\partial u_2}}{\left|\dfrac{\partial \boldsymbol{r}_f^{(2)}}{\partial u_2}\right|} = [\sin\gamma_2\cos\theta_2 \quad -\cos\gamma_2 \quad \sin\gamma_2\sin\theta_2]^{\mathrm{T}} \tag{22.4.3}$$

利用方程（22.4.1）~方程（22.4.3），我们得

$$\cos\boldsymbol{\eta} = \tan\gamma_1\tan\gamma_2 \tag{22.4.4}$$

考虑到 $\boldsymbol{\eta} = \beta_1 - \beta_2$，我们得

$$\cos(\beta_1 - \beta_2) = \tan\gamma_1\tan\gamma_2 \tag{22.4.5}$$

2. 节点处的滑动速度

小轮相对大轮在节点 P 处的滑动速度用如下方程表示：

$$\boldsymbol{v}^{(12)} = \boldsymbol{v}^{(1)} - \boldsymbol{v}^{(2)} = [(\boldsymbol{\omega}^{(1)} - \boldsymbol{\omega}^{(2)}) \times \boldsymbol{r}^{(P)}] - (\boldsymbol{E} \times \boldsymbol{\omega}^{(2)}) \tag{22.4.6}$$

这里，$\boldsymbol{r}^{(P)} = \overrightarrow{O_fP}$是点 P 在坐标系 S_f 中的位置矢量；角速度矢量 $\boldsymbol{\omega}^{(1)}$ 通过 S_f 的原点 O_f（见图 22.4.1）；$\boldsymbol{E}$ 是从 O_f 引至 $\boldsymbol{\omega}^{(2)}$ 的作用线上任一点的位置矢量。

因为两矢量$\boldsymbol{v}^{(1)}$和$\boldsymbol{v}^{(2)}$是在点 P 确定的，所以它们位于节平面，而且分别垂直于两节圆锥的素线$\overrightarrow{O_1P}$和$\overrightarrow{O_2P}$（见图 22.4.2）。利用方程（22.4.6），经过某些变换后，我们得到

$$\boldsymbol{v}^{(12)} = -\omega_1 r_1(\tan\beta_1 - \tan\beta_2)\cos\beta_1 \begin{bmatrix} 0 \\ \sin\beta_1 \\ \cos\beta_1 \end{bmatrix} \tag{22.4.7}$$

$$m_{12}=\frac{\omega_1}{\omega_2}=\frac{r_2\cos\beta_2}{r_1\cos\beta_1}=\frac{N_2}{N_1} \tag{22.4.8}$$

式中，N_1 和 N_2 是齿数。

矢量$\boldsymbol{v}^{(12)}$表示在坐标系 $S_e(\boldsymbol{e}_1,\boldsymbol{e}_2,\boldsymbol{e}_3)$中（参见 Litvin 等人 1989 年的专著和 Litvin 1994 年的专著）。这里，$\boldsymbol{e}_1$ 是节平面的单位法线矢量，$\boldsymbol{e}_3=\boldsymbol{\tau}^{(1)}$是小轮节圆锥素线的单位矢量（见图 22.4.1），而 $\boldsymbol{e}_2=\boldsymbol{e}_3\times\boldsymbol{e}_1$。

$$\tan\beta_1=\frac{m_{12}r_1-r_2\cos\eta}{r_2\sin\eta} \tag{22.4.9}$$

$$\tan\beta_2=\frac{r_1\cos\eta-m_{21}r_2}{r_1\sin\eta} \tag{22.4.10}$$

22.5 准双曲面节圆锥的设计

节圆锥的基本设计参数为β_i、γ_i 和 $d_i(i=1,2)$。这里，γ_i 是节圆锥角（见图 22.3.1）；β_i 是螺旋角（见图 22.4.2）；d_i 确定节圆锥顶点的位置（见图 22.4.1）。

1. β_i 和 γ_i（$i=1$，2）之间的关系式

四个参数β_i、γ_i 用具有如下结构的三个方程来联系：

$$f_1(\gamma_1,\gamma_2,\beta_1)=0 \tag{22.5.1}$$

$$f_2(\gamma_1,\gamma_2,\beta_1,\beta_2)=0 \tag{22.5.2}$$

$$f_3(\gamma_1,\gamma_2,\beta_1,\beta_2)=0 \tag{22.5.3}$$

参数 β_1 是给定的（通常，$\beta_1=45°$）。我们的目标是导出由方程（22.5.1）~ 方程（22.5.3)组成的方程组。对于具有端面铣刀分度加工的收缩齿和端面滚刀连续加工的等高齿两种型式的准双曲面齿轮传动来说，方程（22.5.1）和方程（22.5.2）是相同的。对每种型式的准双曲面齿轮传动必须分别推导第三个方程。端面铣刀分度加工的轮齿是由曲面，即刀盘的锥面形成的。端面滚刀连续加工的轮齿是由一条线，即刀片的刀刃形成的。

2. 推导方程（22.5.1）**和方程**（22.5.2）

推导基于如下步骤。

步骤 1：从方程（22.3.16）和方程（22.4.8）可导出

$$\frac{\dfrac{E}{r_2}\cos\gamma_1}{(\cos^2\gamma_1-\sin^2\gamma_2)^{\frac{1}{2}}}-\frac{\cos\gamma_1}{\cos\gamma_2}=\frac{N_1\cos\beta_2}{N_2\cos\beta_1} \tag{22.5.4}$$

于是

$$\cos\beta_2=\frac{\cos\beta_1}{b} \tag{22.5.5}$$

其中

$$b=\frac{N_1\cos\gamma_2(\cos^2\gamma_1-\sin^2\gamma_2)^{\frac{1}{2}}}{N_1\cos\gamma_1\left[\dfrac{E}{r_2}\cos\gamma_2-(\cos^2\gamma_1-\sin^2\gamma_2)^{\frac{1}{2}}\right]} \tag{22.5.6}$$

步骤 2：我们将方程（22.4.5）表示为

$$\cos(\beta_1-\beta_2)=\cos\beta_1\cos\beta_2+\sin\beta_1\sin\beta_2=a \tag{22.5.7}$$

其中

$$a=\tan\gamma_1\tan\gamma_2 \tag{22.5.8}$$

从方程（22.5.5）和方程（22.5.7）导出

$$\left(\frac{\cos^2\beta_1}{b}-a\right)^2=(-\sin\beta_1\sin\beta_2)^2=(1-\cos^2\beta_1)(1-\cos^2\beta_2)=(1-\cos^2\beta_1)\left(1-\frac{\cos^2\beta_1}{b^2}\right) \tag{22.5.9}$$

利用方程（22.5.9），经过简单变换后，我们得到

$$\cos^2\beta_1-\frac{(1-a^2)b^2}{1+b^2-2ab}=0 \tag{22.5.10}$$

我们记得，假定 N_1、N_2、E 和 r_2 是已知的，b 和 a 可用 γ_1 和 γ_2 来表示［参见方程（22.5.6）和方程（22.5.8）］。这意味着，方程（22.5.10）可以表示为

$$f_1(\gamma_1,\gamma_2,\beta_1)=\cos^2\beta_1-\frac{(1-a^2)b^2}{1+b^2-2ab}=0 \tag{22.5.11}$$

从而完成方程（22.5.1）的推导。

步骤3：早已得出方程（22.5.2）可以用方程（22.5.7）和方程（22.5.8）表示，从而得出

$$\cos(\beta_1-\beta_2)-\tan\gamma_1\tan\gamma_2=0$$

于是

$$f_2(\beta_1,\beta_2,\gamma_1,\gamma_2)=\cos(\beta_1-\beta_2)-\tan\gamma_1\tan\gamma_2=0 \tag{22.5.12}$$

于是又完成了方程（22.5.2）的推导。

3. 推导方程（22.5.3）

情况1：考虑轮齿用端面铣刀分度加工的准双曲面齿轮传动。

推导所需要的方程基于极限法线原理，这一原理是由 Wildhaber 提出的（见6.8节），并由 Gleason 公司用于设计端面铣刀分度加工的准双曲面齿轮传动。按照这种方法，齿面在点 P 处的极限法线与节平面构成夹角 α_n，该角用如下方程表示：

$$\tan\alpha_n=\frac{\dfrac{r_2}{\sin\gamma_2}\sin\beta_2-\dfrac{r_1}{\sin\gamma_1}\sin\beta_1}{\dfrac{r_2}{\cos\gamma_2}+\dfrac{r_1}{\cos\gamma_1}} \tag{22.5.13}$$

方程（22.5.13）可能给出 $\alpha_n<0$。我们以最终形式给出了方程（22.5.13），而略去了该方程的详细推导。这些推导可以利用基本方程（6.7.3）（见6.7节）来完成。

图22.5.1所示为轮齿两侧面通过节点 P 的法向截面内的齿廓。凹凸两侧面的单位法线矢量记为 $\boldsymbol{n}^{(1)}$ 和 $\boldsymbol{n}^{(2)}$；极限法线的单位矢量记为

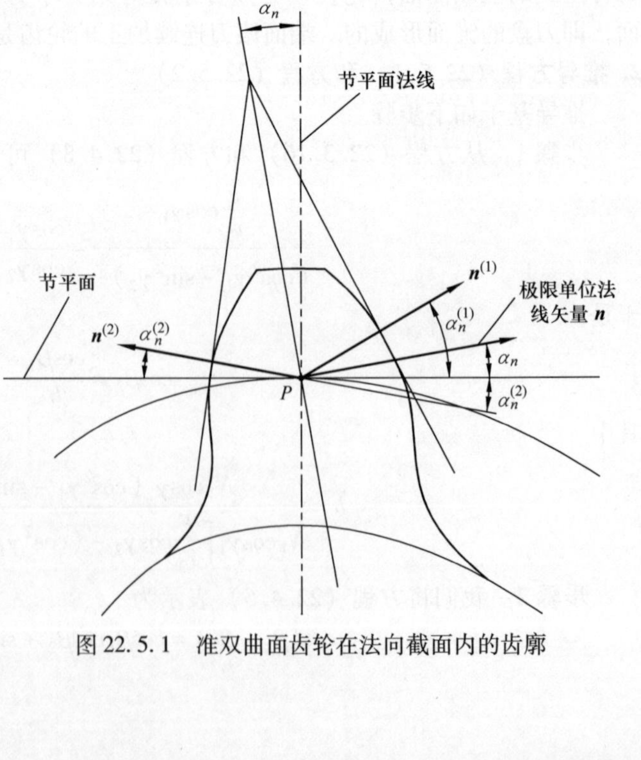

图22.5.1 准双曲面齿轮在法向截面内的齿廓

$\boldsymbol{n}$。单位法线矢量 $\boldsymbol{n}^{(1)}$ 和 $\boldsymbol{n}^{(2)}$ 与 $\boldsymbol{n}$ 的作用线构成相同的夹角。这样得到两齿廓的压力角 $\alpha_n^{(1)}$ 和 $\alpha_n^{(2)}$，它们之间的关系如下：

$$\alpha_n^{(1)} - |\alpha_n| = \alpha_n^{(2)} + |\alpha_n| \tag{22.5.14}$$

这意味着，按照 Gleason 公司的方法，轮齿凹凸两齿侧面具有不同的压力角。凹面侧的压力角 $\alpha_n^{(1)}$ 大于凸侧面的压力角 $\alpha_n^{(2)}$。

联系极限齿形角 α_n 和节圆锥设计参数的附加方法基于如下考虑。半滚切的准双曲面大齿轮具有不滚切的齿面，该齿面与刀盘的齿面重合。齿面与节平面的交线是半径为 r_c 的圆弧，这里的 r_c 是刀盘的平均半径。半径 r_c 用如下方程表示：

$$r_c = \frac{\tan\beta_1 - \tan\beta_2}{\dfrac{\sin\gamma_1}{r_1\cos\beta_1} - \dfrac{\sin\gamma_2}{r_2\cos\beta_2} - \left(\dfrac{\tan\beta_1\cos\gamma_1}{r_1} + \dfrac{\tan\beta_2\cos\gamma_2}{r_2}\right)\tan\alpha_n} \tag{22.5.15}$$

略去详细推导。将方程（22.5.13）和方程（22.5.15）加以联立，可给出所需要的方程（22.5.3）。

情况 2：轮齿用端面滚刀连续加工的准双曲面齿轮传动。

用端面滚刀连续加工的等高齿准双曲面齿轮，推导方程（22.5.3）基于刀盘的特定位置。图 22.5.2 所示为两个在点 P 相切触的节圆锥。两节圆锥的素线 $\overrightarrow{O_1P}$ 和 $\overrightarrow{O_2P}$ 位于节平面，该节平面切于两节圆锥，并且通过点 O_1、点 O_2 和点 P（见图 22.4.1 和图 22.5.2）。矢量 $\boldsymbol{\tau}_1$ 和 $\boldsymbol{\tau}_2$ 是节圆锥素线 $\overrightarrow{O_1P}$ 和 $\overrightarrow{O_2P}$ 的单位矢量。

现在认为点 C 是刀盘轴线与节平面的交点。我们假定刀盘的安装满足点 C 位于 O_1—O_2 延长线上这一条件，刀盘装有 N_w 个精切刀片。我们还可假定一个假想的产形齿轮，该轮同时与准双曲面齿轮传动的小轮和大轮相啮合（产形齿轮所起的作用和与两个直齿轮或两个斜齿轮相啮合的齿条相同）。与准双曲面小轮和大轮相啮合的产形齿轮的瞬轴面为节平面或圆锥面。我们还假定，当刀盘以角速度 ω_t 绕点 C 转动时，假想产形齿轮以角速度 ω_c 绕点 O_2 转动（刀盘和产形齿轮的转动轴线垂直于节平面）。刀盘相对于产形齿轮的瞬时回转中心为 I（见图 22.5.2a），并且其位置用如下方程确定：

$$\frac{O_2I}{IC} = \frac{\omega_t}{\omega_c} = \frac{N_c}{N_w} = \frac{N_2}{N_w\sin\gamma_2} \tag{22.5.16}$$

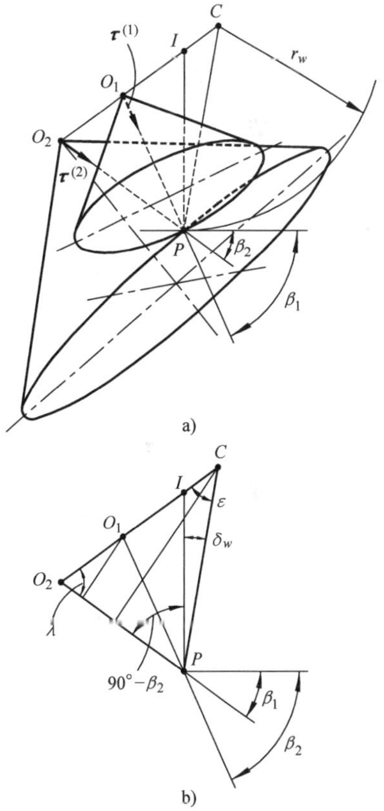

图 22.5.2　刀盘轴线在节平面的方向
a）确定瞬时回转中心 I 的位置
b）推导方程（22.5.26）

其中

$$N_c = \frac{N_2}{\sin\gamma_2} \tag{22.5.17}$$

式中，N_c 和 N_2 分别为产形齿轮、准双曲面大齿轮的齿数；γ_2 是大轮的节锥角；N_c 必须为整数。

精切刀片位于与节平面相垂直且通过直线 PI 的平面内。精切刀片上的点 P 在节平面上形成一条长幅外摆线，该线在点 P 处的法线与直线 PI 重合。显然（见图 22.5.2b）

$$\frac{O_1A}{O_2A}=\frac{CB}{O_2B} \tag{22.5.18}$$

进一步的推导基于如下的表达式：

$$O_2P=\frac{r_2}{\sin\gamma_2}=\frac{N_2m_n}{2\sin\gamma_2\cos\beta_2} \tag{22.5.19}$$

$$O_1P=\frac{r_1}{\sin\gamma_1}=\frac{N_1m_n}{2\sin\gamma_1\cos\beta_1} \tag{22.5.20}$$

$$CP=r_w \tag{22.5.21}$$

式中，m_n 是轮齿的法向模数。

$$O_1A=O_1P\sin(\beta_1-\beta_2) \tag{22.5.22}$$

$$O_2A=O_2P-O_1P\cos(\beta_1-\beta_2) \tag{22.5.23}$$

$$CB=r_w\cos(\beta_2-\delta_w) \tag{22.5.24}$$

$$O_2B=O_2P-r_w\sin(\beta_2-\delta_w) \tag{22.5.25}$$

方程（22.5.18）和表达式（22.5.19）~式（22.5.25）使我们得到所求的方程（22.5.3），该方程表示为

$$\begin{aligned} & f_3(\gamma_1,\gamma_2,\beta_1,\beta_2) \\ &=\frac{r_w\cos(\beta_2-\delta_w)}{r_2-r_w\sin\gamma_2\sin(\beta_2-\delta_w)}- \\ &\frac{N_1\cos\beta_2\sin(\beta_1-\beta_2)}{N_2\cos\beta_1\sin\gamma_1-N_1\cos\beta_2\sin\gamma_2\cos(\beta_1-\beta_2)}=0 \end{aligned} \tag{22.5.26}$$

其中

$$\sin\delta_w=\frac{N_wr_2\cos\beta_2}{N_2r_w} \tag{22.5.27}$$

推导方程（22.5.27）基于从图22.5.2b的图形得出的如下关系式：

$$\begin{cases} \dfrac{\sin\delta_w}{\sin\varepsilon}=\dfrac{CI}{PI} \\ \dfrac{O_2I}{PI}=\dfrac{\cos\beta_2}{\sin\lambda} \\ \dfrac{O_2P}{CP}=\dfrac{\sin\varepsilon}{\sin\lambda} \end{cases} \tag{22.5.28}$$

4. 确定 γ_1、γ_2 和 β_2 的计算步骤

方程组（22.5.1）~（22.5.3）由三个非线性方程组成。求解的输入数据是 β_1、r_2、E、N_1、N_2 和 N_w（N_w 是针对被端面滚刀连续加工的齿轮这一情况）。在给定节圆锥的外半径 r_2^* 和齿宽 F，而不是给定节圆锥平均半径 r_2 的情况下，在每次迭代时，必须利用 r_2^*、F 和 r_2 之间的如下关系式：

$$r_2=r_2^*-\frac{F\sin\gamma_2}{2}$$

解非线性方程未知数是一个迭代过程。我们可以认为，如未知数之一（例如 γ_2）是给定的，则在每一次迭代时，可将方程表示为梯次形式，且可以分别解这些方程。这样，在迭代过程中采用第三个非线性方程来进行校核。

未知数 γ_1、γ_2 和 β_2 的计算机辅解法基于应用解非线性方程的小程序，必须补充如下条件：

$$\tan\gamma_1\tan\gamma_2 < 1$$

$$\cos^2\gamma_1 - \sin^2\gamma_2 > 0$$

对于第一次估算，建议这样选取 γ_2 的初始值，使得 $\gamma_2 < \arctan(N_1/N_2)$。

22.6　用端面铣刀加工准双曲面齿轮传动

以下讨论小齿轮和大齿轮加工中机床的基本设置。

1. 大齿轮的加工

用端面铣刀加工大齿轮是一种成型切削法，齿面每一侧似乎是产形刀具（刀盘）面在齿面上的复制形状，并且刀具面是一个圆锥面。在制造过程中，大齿轮保持相对静止无加工运动。应用成型法加工大齿轮的优点是具有较高的制造生产率。图 22.6.1a 所示的两个圆锥体代表大齿轮齿槽两侧面。于是，我们考虑如下坐标系：与摇台刚性固接的 S_{t2}，与切齿机床刚性固接的 S_{m2}，与大齿轮刚性固接的 S_2。在半滚切加工情况下，我们可以认为所有三个坐标系 S_{t2}、S_{m2} 和 S_2 彼此是刚性固接的。下列的方程表示在坐标系 S_{t2} 中，用于加工两齿侧面的刀具曲面及其单位法线矢量（见图 22.6.1b）。

$$\boldsymbol{r}_{t2} = \begin{bmatrix} -s_G\cos\alpha_G \\ (r_c - s_G\sin\alpha_G)\sin\theta_G \\ (r_c - s_G\sin\alpha_G)\cos\theta_G \\ 1 \end{bmatrix} \tag{22.6.1}$$

$$\boldsymbol{n}_{t2} = \begin{bmatrix} \sin\alpha_G \\ -\cos\alpha_G\sin\theta_G \\ -\cos\alpha_G\cos\theta_G \end{bmatrix} \tag{22.6.2}$$

式中，$\boldsymbol{r}_{t2}$是位置矢量；而 $\boldsymbol{n}_{t2}$是圆锥面的单位法向矢量；r_c 是刀顶点的半径；α_G 是刀片的倾斜角（对凸侧面 $\alpha_G > 0$，对凹侧面 $\alpha_G < 0$）。

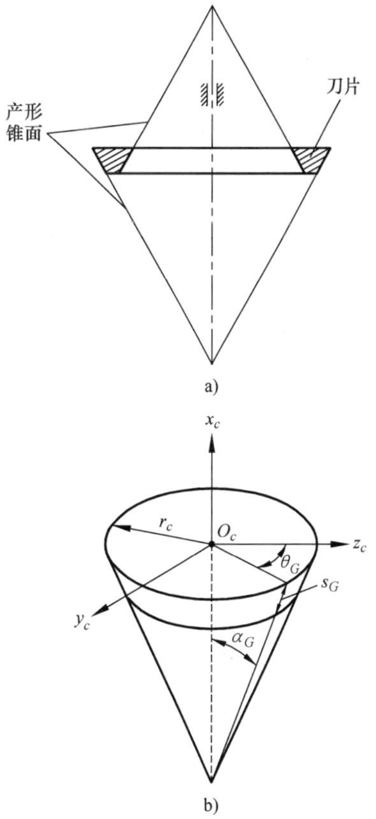

图 22.6.1　用成型法端面铣刀加工准双曲面大齿轮的产形锥面

a）产形锥面

b）用于推导产形锥面方程的参数

图 22.6.2 表示产形锥面在切齿机床上的安装位置。为了在 S_2 中表示大齿轮的理论齿面 Σ_2 和 Σ_2 的单位法线矢量，使用如下的矩阵方程：

$$\boldsymbol{r}_2(s_G,\theta_G,d_j) = \boldsymbol{M}_{2t2}\boldsymbol{r}_{t2}(s_G,\theta_G) \tag{22.6.3}$$

$$\boldsymbol{n}_2(s_G,\theta_G,d_j) = \boldsymbol{L}_{2t2}\boldsymbol{n}_{t2}(s_G,\theta_G) \tag{22.6.4}$$

其中

$$\boldsymbol{M}_{2t2} = \boldsymbol{M}_{2m2}\boldsymbol{M}_{m2t2} = \begin{bmatrix} \cos\gamma_{m2} & 0 & -\sin\gamma_{m2} & 0 \\ 0 & 1 & 0 & 0 \\ \sin\gamma_{m2} & 0 & \cos\gamma_{m2} & X_G \\ 0 & 0 & 0 & 0 \end{bmatrix}\begin{bmatrix} 1 & 0 & 0 & 0 \\ 0 & 1 & 0 & -V_2 \\ 0 & 0 & 1 & H_2 \\ 0 & 0 & 0 & 1 \end{bmatrix} \tag{22.6.5}$$

曲面 Gaussian 坐标是 s_G 和 θ_G，而 d_j $(\gamma_m, V_2, H_2$ 和 $X_G)$ 是机床刀具的设置参数。

2. 小齿轮的加工

小齿轮的加工不像大齿轮那样，不是采用成型法切削。小齿轮的齿面被加工成刀具锥形曲面族的包络（见图 22.6.3）。于是，我们认为有如下的坐标系：与切齿机床刚性固接的固定坐标系 S_{m1} 和 S_q（见图 22.6.4 和图 22.6.5）；分别与切齿机床的摇台和小齿轮刚性固接的动坐标系 S_c 和 S_1；与摇台刚性固接的坐标系 S_{t1}。在加工过程摇台与 S_c 以角速度 $\boldsymbol{\omega}^{(c)}$ 绕轴线 z_{m1} 做回转运动，而小齿轮与 S_1 以角速度 $\boldsymbol{\omega}^{(1)}$ 绕轴线 x_q 做回转运动（见图 22.6.5）。

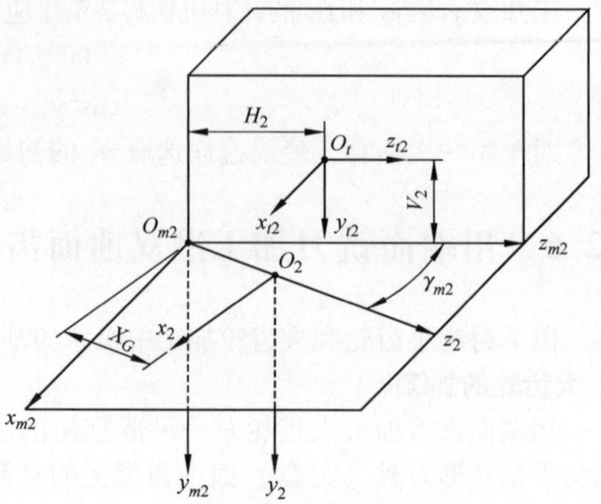

图 22.6.2　用成型法端面铣刀加工准双曲面大齿轮的切齿机床设置

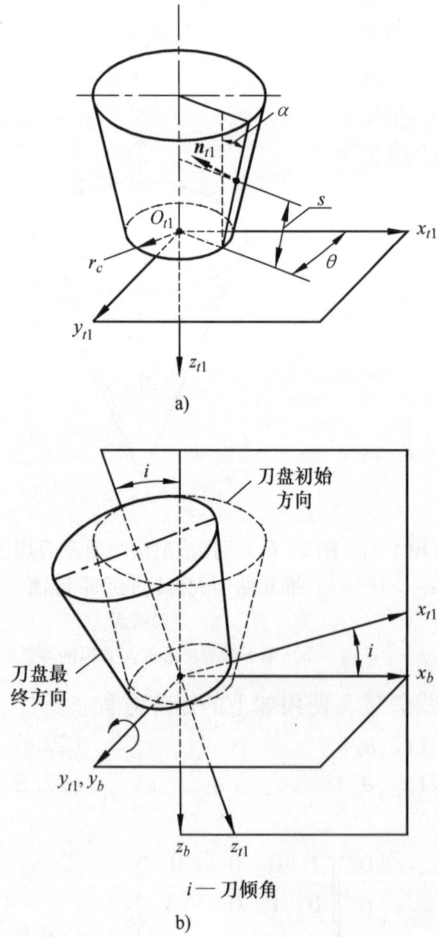

图 22.6.3　小齿轮的刀盘

a）在坐标系 S_{t1} 中刀盘初始方向

b）在 S_{t1} 后的刀倾角 i

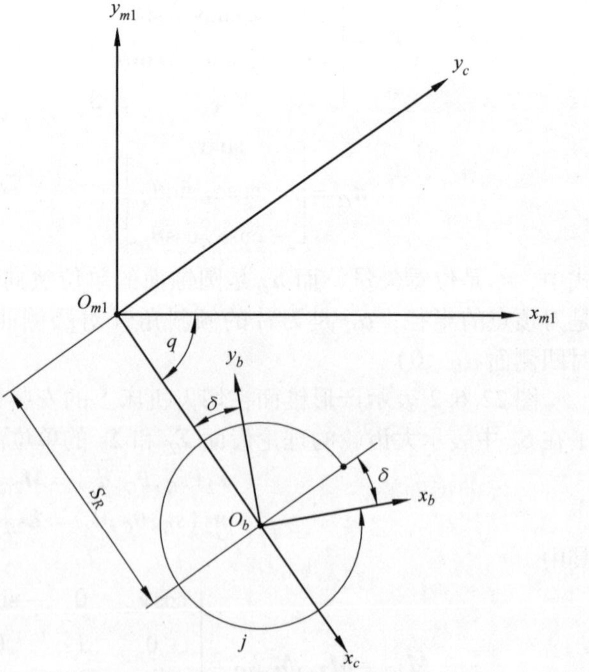

图 22.6.4　坐标系 S_{m1}、S_c 和 S_b

刀具（刀盘）装在摇台上，并与摇台一起做回转运动。坐标系 S_{t1} 与摇台刚性固接。为了表示刀具相对于摇台的安装位置，我们要利用坐标系 S_b（见图 22.6.3 和图 22.6.4）。所要求的刀盘相对于摇台的方向可按下列步骤完成：将坐标系 S_b 和 S_{t1} 刚性固接，然后将其作为一个刚体绕 z_c 转过一旋转角 $j=2\pi-\delta$（见图 22.6.4）；其次，刀盘与坐标系 S_{t1} 绕 y_b 轴倾斜一个角度 i（见图 22.6.3b）（关于可倾斜设置更详细的情况已在 Litvin 等人 1988 年的专著中给出）。刀盘绕其轴线 z_{t1} 进行转动，但是，在此运动中的角速度与产形过程无关，而只决定于所希望的切削速度。

小齿轮的设置参数：E_{m1} 是机床上轮坯的偏距；γ_{m1} 是机床上轮坯的安装角；ΔB 是滑座的移距；ΔA 是机床中心至轮坯支承面的距离（见图 22.6.5）。刀盘设置参数：S_R 是径向安装调整值；θ_c 是摇台角的初始值；j 是刀转角（见图 22.6.4）；i 是刀倾角（见图 22.6.3b）。

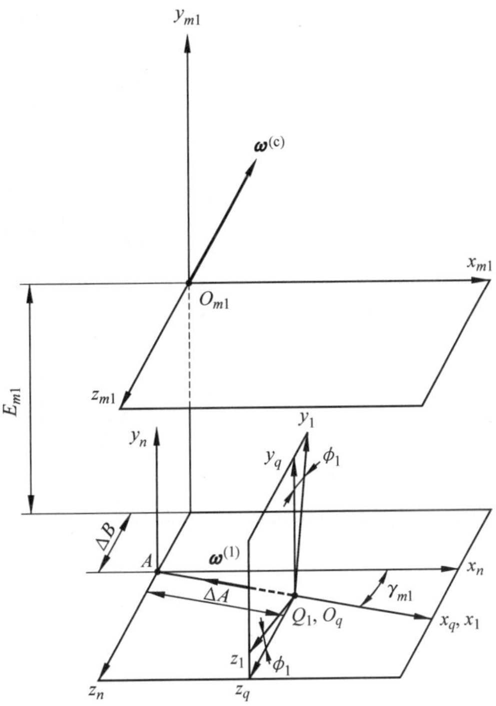

图 22.6.5 小齿轮的加工

3. 小齿轮刀具齿面的方程

刀盘的齿面是一个圆锥面，并且在 S_{t1}（见图 22.6.3a）中表示为

$$\boldsymbol{r}_{t1}(s,\theta)=\begin{bmatrix}(r_c+s\sin\alpha)\cos\theta\\(r_c+s\sin\alpha)\sin\theta\\-s\cos\alpha\\1\end{bmatrix} \tag{22.6.6}$$

式中，$(s,\ \theta)$ 是曲面坐标（Gaussian 坐标）；α 是刀片的斜角；r_c 是刀盘顶点的半径。具有正 α 和负 α 的矢量函数（22.6.6）分别表示用于加工小齿轮凹侧面和凸侧面的两个刀盘的齿面。

刀盘齿面的单位法线矢量在 S_{t1} 中用如下方程表示：

$$\boldsymbol{n}_{t1}=[-\cos\alpha\cos\theta\quad -\cos\alpha\sin\theta\quad -\sin\alpha]^{\mathrm{T}} \tag{22.6.7}$$

刀齿的齿面族在 S_1 中用如下矩阵方程表示：

$$\boldsymbol{r}_1(s,\theta,\phi_p)=\boldsymbol{M}_{1q}\boldsymbol{M}_{qn}\boldsymbol{M}_{nm1}\boldsymbol{M}_{m1c}\boldsymbol{M}_{cb}\boldsymbol{M}_{bt1}\boldsymbol{r}_{t1}(s,\theta) \tag{22.6.8}$$

这里，S_n 是固定的固定坐标系，其坐标轴与 S_{m1} 平行，且

$$\boldsymbol{M}_{bt1}=\begin{bmatrix}\cos i & 0 & \sin i & 0\\0 & 1 & 0 & 0\\-\sin i & 0 & \cos i & 0\\0 & 0 & 0 & 1\end{bmatrix}$$

$$\boldsymbol{M}_{cb}=\begin{bmatrix}-\sin j & -\cos j & 0 & S_R\\ \cos j & -\sin j & 0 & 0\\ 0 & 0 & 1 & 0\\ 0 & 0 & 0 & 1\end{bmatrix}$$

$$\boldsymbol{M}_{m1c}=\begin{bmatrix}\cos q & \sin q & 0 & 0\\ -\sin q & \cos q & 0 & 0\\ 0 & 0 & 1 & 0\\ 0 & 0 & 0 & 1\end{bmatrix}$$

$$\boldsymbol{M}_{nm1}=\begin{bmatrix}1 & 0 & 0 & 0\\ 0 & 1 & 0 & E_m\\ 0 & 0 & 1 & -\Delta B\\ 0 & 0 & 0 & 1\end{bmatrix}$$

$$\boldsymbol{M}_{qn}=\begin{bmatrix}\cos\gamma_m & 0 & \sin\gamma_m & -\Delta A\\ 0 & 1 & 0 & 0\\ -\sin\gamma_m & 0 & \cos\gamma_m & 0\\ 0 & 0 & 0 & 1\end{bmatrix}$$

$$\boldsymbol{M}_{1q}=\begin{bmatrix}1 & 0 & 0 & 0\\ 0 & \cos\phi_1 & -\sin\phi_1 & 0\\ 0 & \sin\phi_1 & \cos\phi_1 & 0\\ 0 & 0 & 0 & 1\end{bmatrix}$$

其中

$$q=\theta_c+m_{c1}\phi_1$$

式中，θ_c 是摇台初始角；$m_{c1}=\dfrac{\boldsymbol{\omega}^{(c)}}{\boldsymbol{\omega}^{(1)}}$。

4. 啮合方程

啮合方程表示为（参见6.1节）

$$\boldsymbol{n}^{(1)}\cdot\boldsymbol{v}^{(1)}=\boldsymbol{N}^{(1)}\cdot\boldsymbol{v}^{(c1)}=f(s,\theta,\phi_1)=0 \tag{22.6.9}$$

式中，$\boldsymbol{n}^{(1)}$和$\boldsymbol{N}^{(1)}$是刀具齿面的单位法线矢量和法线矢量；$\boldsymbol{v}^{(c1)}$是相对运动速度。

对于数性积的两矢量所在的坐标系，方程（22.6.9）是一个不等式。在推导中，这两个矢量在 S_{m1} 中表示为

$$\boldsymbol{n}_{m1}=\boldsymbol{L}_{m1c}\boldsymbol{L}_{cb}\boldsymbol{L}_{bt1}\boldsymbol{n}_{t1}$$

$$\boldsymbol{v}_{m1}^{(c1)}=[(\boldsymbol{\omega}_{m1}^{(c)}-\boldsymbol{\omega}_{m1}^{(1)})\times\boldsymbol{r}_{m1}]+(\overrightarrow{O_{m1}A}\times\boldsymbol{\omega}_{m1}^{(1)})$$

其中

$$\boldsymbol{r}_{m1}=\boldsymbol{M}_{m1c}\boldsymbol{M}_{cb}\boldsymbol{M}_{bt1}\boldsymbol{r}_{t1}$$

$$\overrightarrow{O_{m1}A}=[0\quad -E_{m1}\quad \Delta B]^{\mathrm{T}}$$

$$\boldsymbol{\omega}_{m1}^{(1)}=-[\cos\gamma_{m1}\quad 0\quad \sin\gamma_{m1}]^{\mathrm{T}}\quad(|\boldsymbol{\omega}_{m1}^{(1)}|=1)$$

$$\boldsymbol{\omega}_{m1}^{(c)}=-[0\quad 0\quad m_{c1}]^{\mathrm{T}}$$

5. 小齿轮的齿面

方程（22.6.8）和方程（22.6.9）用具有参数 s、θ 和 ϕ_1 的三参数形式表示小齿轮齿面。但是，因为方程（22.6.9）对 s 是线性的，所以我们可以消去 s，将小齿轮的齿面表示为如下双参数形式：

$$\boldsymbol{r}_1(\theta, \phi_1, d_j) \tag{22.6.10}$$

式中，$d_j(j=1,2,\cdots,8)$表示安装参数 E_{m1}、γ_{m1}、ΔB、ΔA、S_R、θ_c、j 和 i。

小齿轮齿面的单位法线矢量表示为

$$\boldsymbol{n}_1(\theta, \phi_1, d_k) \tag{22.6.11}$$

式中，$d_k(k=1,2,3,4)$表示安装参数 γ_{m1}、θ_c、j 和 i。

第23章 行星轮系

23.1 引言

行星轮系是一深入细致研究的学科，直接确定轮系的动力学响应、振动、载荷分布、传动效率、提高设计和其他重要的课题（参见 Lynwander 1983 年的专著，Ishida 和 Hidaka 1992 年的专著，Kudrjavtzev 等人 1993 年的专著，Kahraman 1994 年的专著，Saada 和 Velex 1995 年的专著，Chatterjee 和 Tsai 1996 年的专著，Hori 和 Hayashi 1996 年的专著，Velex 和 Flamand 1996 年的专著，Lin 和 Parker 1999 年的专著，Chen 和 Tseng 2000 年的专著，Kahraman 和 Vijajakar 2001 年的专著，Litvin 等人 2002 年的专著）。

本章包括传动比、装配条件、齿数关系、行星轮系的效率、推荐轮齿几何变位、确定传动误差等。特别注重控制侧隙，以改善载荷分布。

23.2 传动比

行星齿轮机构至少有一个在啮合过程中轴线可移动的齿轮。

1. 图 23.2.1 中的行星机构

图 23.2.1a 和图 23.2.1b 所示的为两个简单的行星齿轮机构，由分别为外啮合和内啮合的两齿轮 1 和 2 组成，行星架 c 上装有可绕轴线回转的齿轮。齿轮 1 是固定的，行星轮 2 沿两个分量水平面运动：随行星架做回转运动；绕行星架做相对运动。行星轮 2 综合的运动是绕固定齿轮 1 的瞬时中心 I 做回转运动，该点是齿轮 1 和 2 分度圆半径 r_1、r_2 的瞬心线的切点。

除了行星机构，我们可考虑由行星机构的齿轮组成的反向机构，反向机构的行星架是固定的。反向是基于两个机构的齿轮来说的，行星齿轮和反向齿轮绕行星架做回转运动的角速度是一样的。

行星机构构件的角速度以如下方程（参见 Willis 1984 年的专著）关联：

$$\frac{\omega_2-\omega_c}{\omega_1-\omega_c}=m_{21}^{(c)} \tag{23.2.1}$$

式中，$\omega_k(k=1,2)$是齿轮 k 相对于行星架运动的绝对角速度；（$\omega_k-\omega_c$）是齿轮 ω_k 相对于行星架运动的相对角速度；ω_c 是行星架的角速度；$m_{21}^{(c)}$ 是反向机构的传动比，其中运动的传递从齿轮 2 传至齿轮 1，而行星架保持静止。

传动比 $m_{21}^{(c)}$ 是一个代数量，如果从齿轮 2 到齿轮 1 的反向机构的回转方向是相反的，则 $m_{21}^{(c)}$ 是负的($m_{21}^{(c)}<0$)。同样，如果从齿轮 2 到齿轮 1 的反向机构的回转方向是相同的，则

$m_{21}^{(c)}$是正的。

于是，我们可得

1）图23.2.1a所示的反向行星轮系，$m_{21}^{(c)}=(-1)N_1/N_2$。

2）同理，图23.2.1b所示的反向行星轮系，$m_{21}^{(c)}=(+1)N_1/N_2$。

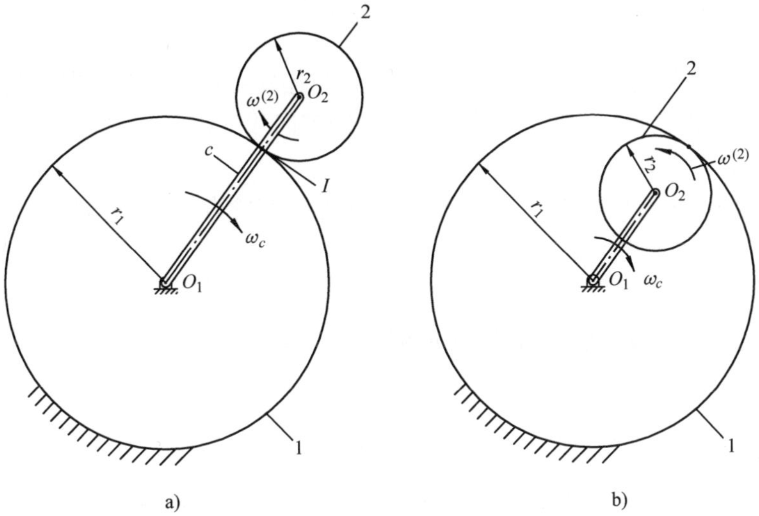

图23.2.1 三连杆行星机构

a）外啮合齿轮传动 b）内啮合齿轮传动

取$\omega_1=0$（齿轮1固定），我们从方程（23.2.1）中得：

$$\omega_2-\omega_c=\pm\left(\frac{N_1}{N_2}\right)\omega_c \tag{23.2.2}$$

$$\omega_2=\left(1\pm\frac{N_1}{N_2}\right)\omega_c \tag{23.2.3}$$

式中，$(\omega_2-\omega_c)$是齿轮2绕行星架c转动中的相对角速度；ω_2是齿轮2在绕瞬心I（见图23.2.1a和图23.2.1b）的转动中的绝对角速度。齿轮1绕行星架的回转角速度为$(-1)\ \omega_c$。方程（23.2.2）和方程（23.2.3）中的上面和下面的符号，分别对应图23.2.1a和图23.2.1b所示的相应行星轮系。

2. 图23.2.2中的行星机构

图23.2.2所示为由两对外啮合齿轮组成的行星机构，其中齿轮1是固定的，齿轮4和齿轮1之间的角速度关系为

$$\frac{\omega_4-\omega_c}{-\omega_c}=m_{41}^{(c)} \tag{23.2.4}$$

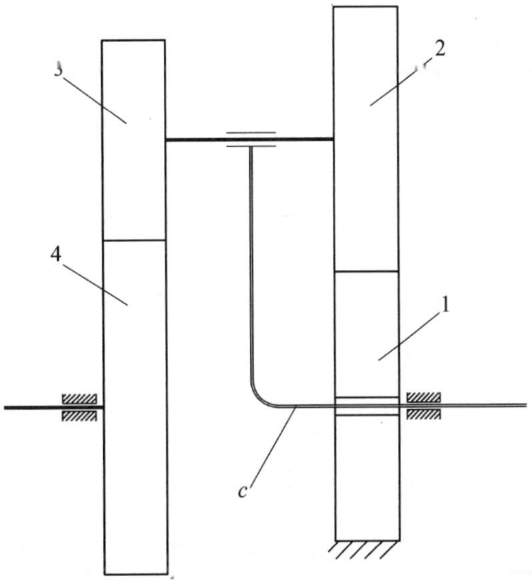

图23.2.2 外啮合齿轮组成的行星轮系

其中

$$m_{41}^{(c)}=m_{43}^{(c)}\cdot m_{21}^{(c)}=(-1)\left(\frac{N_3}{N_4}\right)\cdot(-1)\left(\frac{N_1}{N_2}\right)=\frac{(N_3)(N_1)}{(N_4)(N_2)} \qquad (23.2.5)$$

由方程（23.2.4）和方程（23.2.5）得

$$\frac{\omega_4}{\omega_c}=1-m_{41}^{(c)} \qquad (23.2.6)$$

比值 ω_4/ω_c 是行星轮系中，连杆4（齿轮4）与连杆 c（行星架 c）的角速度的比值，比值 ω_4/ω_c 的负号或正号是表示齿轮4和行星架 c 的转向相反或一致。

3. 数值实例 23.2.1

已知 $N_3=101$，$N_1=99$，$N_4=N_2=100$，应用非标准轮齿零件比例的传动要求，我们得

$$\frac{\omega_4}{\omega_c}=1-m_{41}^{(c)}=1-0.9999=0.0001$$

在 $N_3=N_1=100$，$N_2=99$，$N_4=101$ 的情况下，我们得

$$\frac{\omega_4}{\omega_c}=-\frac{1}{9999}=-0.0001$$

ω_4/ω_c 的负号表示齿轮4和行星架 c 的转向相反，上述讨论的轮系（见图23.2.2）中驱动连杆 c 的角速度有大幅度的降低（约1000倍）。然而，由于轮系中行星架 c 的速度如此大幅度的降低，轮系效平低，在实际中没有应用（见23.5节）。

4. 图 23.2.3 中的行星机构

图23.2.3所示的由两对内啮合齿轮组成的行星机构，齿轮1是固定的，行星轮2和3用轴连接，安装在行星架 c 上。由于齿轮1—2和齿轮3—4为内啮合，其行星轮系的效率与图23.2.2所示的行星轮系相比要高。此优势是因为在内啮合传动中相对的滑动速度较小，特别是少齿差行星齿轮传动中更是如此。

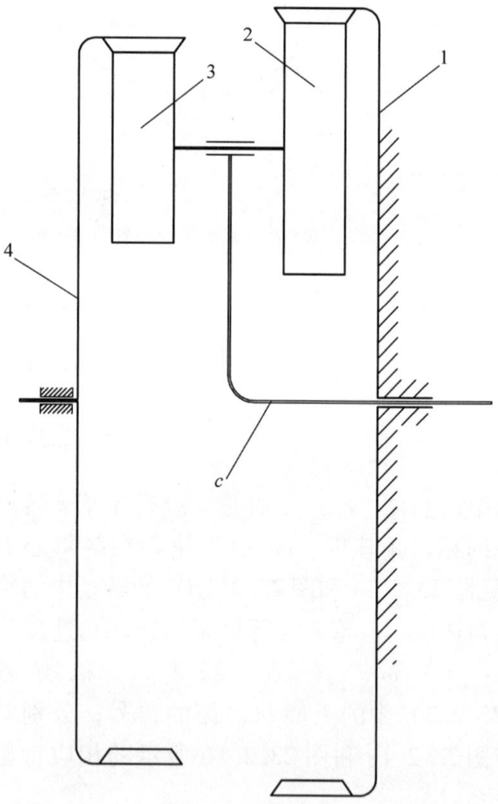

图23.2.3　由内啮合组成的行星轮系

驱动连杆和从动连杆之间的角速度之比 ω_4/ω_c 由如下方程确定：

$$\frac{\omega_4-\omega_c}{-\omega_c}=m_{41}^{(c)} \qquad (23.2.7)$$

反向机构的传动比 $m_{41}^{(c)}$ 由下式确定：

$$m_{41}^{(c)}=m_{43}^{(c)}\cdot m_{21}^{(c)}=(+1)\left(\frac{N_3}{N_4}\right)\cdot(+1)\left(\frac{N_1}{N_2}\right)=\frac{(N_3)(N_1)}{(N_4)(N_2)} \qquad (23.2.8)$$

于是我们得

$$\frac{\omega_4}{\omega_c}=1-\frac{(N_3)(N_1)}{(N_4)(N_2)} \tag{23.2.9}$$

在上述讨论的实例中，从动齿轮4的角速度相对于行星架 c 的角速度有大的减速，因为所得的 $m_{41}^{(c)}$ 是正的。这种说法对图23.2.2和图23.2.3所示的两行星齿轮机构都是正确的。对于齿轮1—2和3—4混合型啮合的行星齿轮的机构，因为接触齿轮的内、外啮合的组合，传动比 $m_{14}^{(c)}$ 是负的。在这种情况下，角速度 ω_4 不能大幅度的降低。

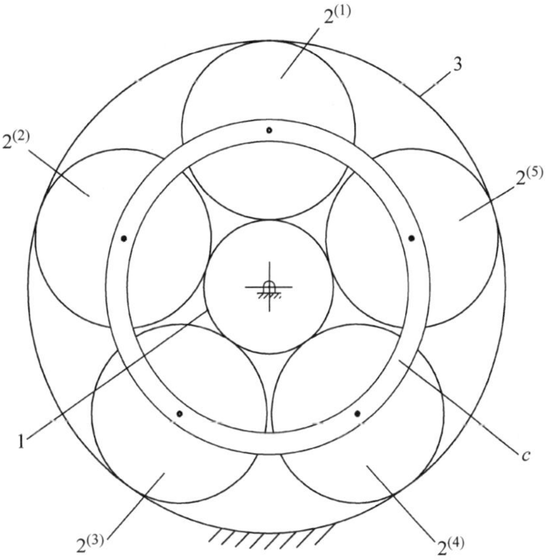

图23.2.4　直升机变速器中应用的行星轮系

5. 图23.2.4中的行星轮系

此设计用于直升机变速器和其他情况。齿轮3（称为齿圈）是固定的，行星架 c 上装有 n 个行星轮（图23.2.4中 $n=5$）。太阳轮的角速度 ω_1 与行星架 c 之间的相对关系基于如下方程：

$$\frac{\omega_1-\omega_c}{-\omega_c}=m_{13}^{(c)} \tag{23.2.10}$$

这里，$m_{13}^{(c)}$ 是反向机构的传动比。

$$m_{13}^{(c)}=m_{12}^{(c)}\cdot m_{23}^{(c)}=(-1)\left(\frac{N_2}{N_1}\right)\cdot(+1)\left(\frac{N_3}{N_2}\right)=(-1)\left(\frac{N_3}{N_1}\right) \tag{23.2.11}$$

由方程（23.2.10）和方程（23.2.11）得

$$\frac{\omega_c}{\omega_1}=\frac{N_1}{N_1+N_3} \tag{23.2.12}$$

所得的角速度 ω_c 降低，其中齿轮1和行星架 c 分别为主、从动连杆。

6. 图23.2.5中的锥齿轮差动机构

图23.2.5所示为锥齿轮差动机构，用于增加或减小两输入连杆的角速度。此机构含有四个可动的连杆——行星架 c，两个太阳轮1和3，安装在行星架上的行星轮2。通常，所讨论的差动机构中，在行星架上装有两个行星轮，但从运动学观点来说，采用第二个行星轮是没有必要的。所讨论机构是同轴差动机构，齿轮1、齿轮3和行星架的回转轴重合，但其回转角速度 ω_1、ω_3 和 ω_c 各不相同。齿轮1和齿轮3所具有的齿数 N_1、N_3 是相同的。

差动机构连杆的角速度的关系如下：

$$m_{31}^{(c)}=\frac{\omega_3-\omega_c}{\omega_1-\omega_c} \tag{23.2.13}$$

式中，$m_{31}^{(c)}$ 是反向机构的角速度之比。

很容易得出 $m_{31}^{(c)}=-1$，这一结果是经如下考虑（见图23.2.5b）得到的：假设行星架是固定的，齿轮1和齿轮2、齿轮3和齿轮2，分别在点 A 和点 B 接触。矢量 $\boldsymbol{V}_A$ 和 $\boldsymbol{V}_B$ 相应表示齿轮在点 A 和点 B 的线速度，取 $N_1=N_3$，$\boldsymbol{V}_A=-\boldsymbol{V}_B$，我们得 $m_{31}^{(c)}=-1$，$m_{31}^{(c)}$ 的负号

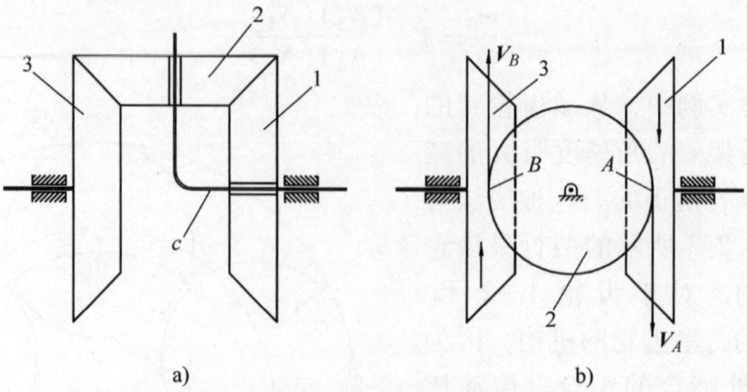

图 23.2.5　锥齿轮差动机构

a）轮系原理　b）传动比 $m_{31}^{(c)}$ 的推导

表示齿轮1和齿轮3，在反向机构中的回转方向相反。令方程（23.2.13）中 $m_{31}^{(c)}=-1$，则得

$$\omega_c=\frac{\omega_1+\omega_3}{2} \tag{23.2.14}$$

让我们考虑下列运动变换的例子：

1）设太阳轮（齿轮1和齿轮3）之一固定，例如齿轮1，由方程（23.2.14）中 $\omega_1=0$，则得

$$\omega_c=\frac{\omega_3}{2} \tag{23.2.15}$$

所讨论的机构作为行星轮系运转。

2）设现在齿轮1和齿轮3以相等角速度沿相同的方向转动，由方程（23.2.14）中 $\omega_1=\omega_3$，则得

$$\omega_c=\omega_1=\omega_3 \tag{23.2.16}$$

因此，齿轮1、齿轮3和行星架 c 以同一角速度转动。此轮系像个离合器，所有可动连杆像一个刚体一样转动。

3）设齿轮1和齿轮3以相同的角速度沿相反的方向转动（$\omega_1=-\omega_3$），我们得 $\omega_c=0$［见方程（23.2.14）］，这种机构作为具有固定回转轴的轮系运行。

23.3　装配条件

1. 行星轮之间侧隙分配的检测（参见 Litvin 等人2002年的专著）

我们考虑行星齿轮机构的装配条件如图23.2.4所示。所得的结果可扩大至其他行星齿轮传动。图23.3.1所示为具有侧隙 k_bm 的两相邻行星齿轮传动，这里 m 是齿轮的模数，k_b 是无量纲的系数。我们的目的是推导出包

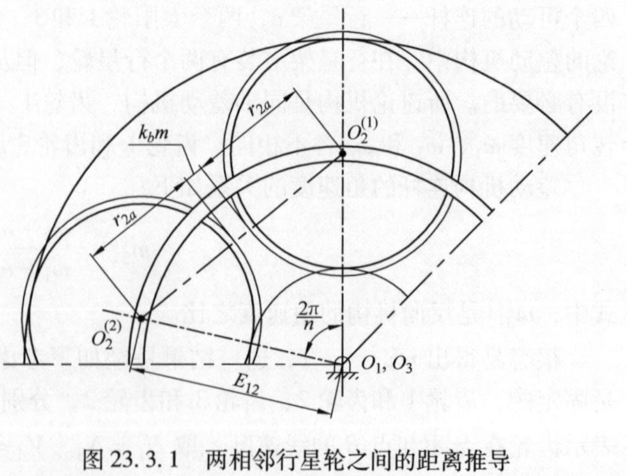

图 23.3.1　两相邻行星轮之间的距离推导

含 N_1、k_b 和传动比 $m_{c1}^{(3)}=\omega_c/\omega_1$ 关系的行星轮系的方程，其中齿轮 3 是固定的。此推导基于应用如下方程：

$$r_{2a}=E_{12}\sin\left(\frac{\pi}{n}\right)-\frac{k_b m}{2} \tag{23.3.1}$$

式中，r_{2a}是齿轮 2 的顶圆半径；E_{12}是最短中心距；n 是行星轮的个数。很容易证明如下关系式：

$$E_{12}=\frac{N_1+N_2}{2}m \tag{23.3.2}$$

$$r_{2a}=\left(\frac{N_2}{2}+1\right)m \tag{23.3.3}$$

此外，对方程（23.3.1）~方程（23.3.3），我们用如下方程：

$$N_2=\frac{N_3-N_1}{2} \tag{23.3.4}$$

由图 23.2.4 和方程（23.2.12），得

$$\frac{\omega_c}{\omega_1}=\frac{N_1}{N_1+N_3}=m_{c1}^{(3)} \tag{23.3.5}$$

应用方程组（23.3.1）~方程（23.3.5），我们得 N_1、$m_{c1}^{(3)}$ 和 k_b 之间关系式如下：

$$N_1=\frac{2m_{c1}^{(3)}(2+k_b)}{2m_{c1}^{(3)}+\sin\left(\frac{\pi}{n}\right)-1} \tag{23.3.6}$$

因为 $N_1>0$，我们得

$$m_{c1}^{(3)}>\frac{1-\sin\left(\frac{\pi}{n}\right)}{2} \tag{23.3.7}$$

不等式（23.3.7）表示考虑给定行星轮个数 n 时对 $m_{c1}^{(3)}$ 最小值的限制。

2. 图 23.2.4 中行星轮系齿数之间的关系

图 23.2.4 所示的行星轮系的装配条件可得如下所示的齿数 N_1、N_2 和行星轮个数 n 之间的关系，但行星轮 N_2 的齿数并不影响装配条件。基于下列考虑因素推导装配条件（参见 Litvin 等人 2002 年的专著）。

步骤 1：首先考虑由齿轮 1、齿轮 3 和行星轮 $2^{(1)}$ 组成的轮系的装配（见图 23.3.2a），行星架 c 位于图中所示的位置，齿轮 $2^{(1)}$ 轮齿对称的轴线与分度线 $O_3O_2^{(1)}$ 和齿轮 1、齿轮 3 齿槽轴线重合。

注意：在图中对应的情况下，齿轮 $2^{(1)}$ 的齿数（$i=1,\ \cdots,\ n$）是偶数，但下面的推导适用于奇数齿的齿轮 $2^{(1)}$。

步骤 2：现在考虑相邻行星轮 $2^{(2)}$ 安装在轮系中，其中齿轮 1、齿轮 3 和齿轮 $2^{(1)}$ 处于如图 23.3.2a 所示的位置。齿轮 $2^{(2)}$ 安装在行星架 c 上，齿轮 $2^{(2)}$ 轮齿的对称轴线与线 $O_3O_2^{(2)}$ 重合，后者与线 $O_3O_2^{(1)}$ 形成夹角 $\phi_c=2\pi/N$。齿轮 3 的齿槽对称轴线与ⓘ线 $O_3O_2{}^{(1)}$ 形成夹角 $m_3^{(2)}(2\pi/N_3)$（$m_3^{(2)}$ 为整数）；ⓘⓘ线 $O_3O_2^{(2)}$ 形成夹角 $\delta_3^{(2)}$。同理，齿轮 1 的齿槽对称轴线与ⓘ线 $O_3O_2^{(1)}$ 形成夹角 $m_1^{(2)}(2\pi/N_1)$（$m_1^{(2)}$ 为整数）；ⓘⓘ线 $O_3O_2^{(2)}$ 形成夹角 $\delta_1^{(2)}$。在 $m_3^{(2)}$ 和 $m_1^{(2)}$、$\delta_3^{(2)}$ 和 $\delta_1^{(2)}$ 中的上标（2）表示考虑行星轮 $2^{(2)}$。角 $m_k^{(2)}(2\pi/N_j)$、

$\delta_k^{(2)}$（$k=1,3$）和 ϕ_c 是从中心距线$O_3O_2^{(1)}$ 沿逆时针方向测量的。显而易见，行星轮 $2^{(2)}$ 不能与齿轮1和齿轮3同时进入啮合（见图23.3.2b），因为 $\delta_3^{(2)}$ 和 $\delta_1^{(2)}$ 不为零。

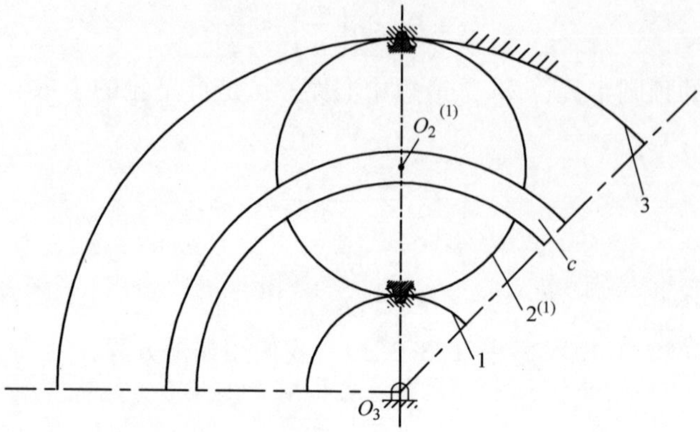

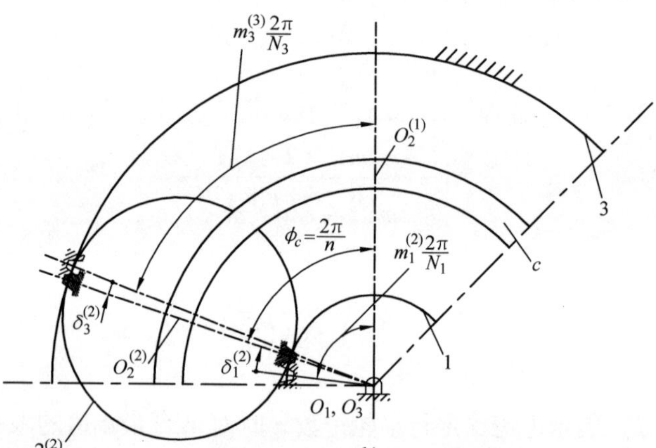

图23.3.2 行星轮 $2^{(1)}$ 和 $2^{(2)}$ 的安装

步骤3：要使齿轮2与齿轮1、齿轮3啮合，应转动静止行星架 c 上的齿轮1、齿轮3和齿轮 $2^{(2)}$。齿轮1、齿轮3呈相反方向转动，因此角 $\delta_1^{(2)}$、$\delta_3^{(3)}$ 表示齿轮1、齿轮3齿槽对称轴线在相反方向与 $O_3O_2^{(2)}$ 的偏差。比值 $\delta_3^{(2)}/\delta_1^{(2)}$ 确定为 N_1/N_3，即固定行星架 c 和可动齿轮1、齿轮 $2^{(1)}$、齿轮3组成的反向齿轮传动的传动比。$\delta_k^{(2)}$（$k=1,3$）的大小必须小于相邻轮齿的角节距，$m_k^{(2)}$（$k=1,3$）的大小表示齿轮1、齿轮3位于线 $O_3O_2^{(1)}$ 和 $O_3O_2^{(2)}$ 组成区间的齿槽数（整数）（见图23.3.2b）。

步骤4：图23.3.2b可使我们确定转动 $\delta_3^{(2)}$ 和 $\delta_1^{(2)}$ 相关的大小，以满足行星轮 $2^{(2)}$ 同齿轮1、齿轮3的装配要求。通常，行星轮 $2^{(k)}$（$k=2,\cdots,n$）在具有 n 个行星轮的齿轮传动中的装配条件由如下方程表示。

1）图23.3.2b扩大到 $2^{(k)}$ 个行星轮的装配，可得

$$m_1^{(k)}\frac{2\pi}{N_1}-\delta_1^{(k)}=\frac{(k-1)2\pi}{n}\qquad\left(\delta_1^{(k)}<\frac{2\pi}{N_1}\right)\tag{23.3.8}$$

$$m_3^{(k)}\frac{2\pi}{N_3}-\delta_3^{(k)}=\frac{(k-1)2\pi}{n}\quad\left(\delta_3^{(k)}<\frac{2\pi}{N_3}\right)\tag{23.3.9}$$

$$\frac{\delta_3^{(k)}}{\delta_1^{(k)}}=\frac{N_1}{N_3}\tag{23.3.10}$$

2）由方程（23.3.8）~方程（23.3.10），得如下相关方程：

$$\frac{(k-1)(N_1+N_3)}{n}=m_1^{(k)}+m_3^{(k)}\quad(k=2,\cdots,n)\tag{23.3.11}$$

3）取 $m_1^{(k)}+m_3^{(k)}$ 为整数，我们得（N_1+N_3）/n 为整数。例如，在 $N_1=62$，$N_3=228$，$n=5$ 的条件下，可以观察到这个情况。

3. $m_1^{(k)}$、$m_3^{(k)}$、$\delta_1^{(k)}$、$\delta_3^{(k)}$（$k=1,\cdots,n$）的确定

根据方程（23.3.8）和方程（23.3.9）和 $\delta_1^{(i)}$、$\delta_3^{(i)}$ 不等式，我们得如下确定 $m_1^{(k)}$、$m_3^{(k)}$ 的不等式：

$$m_1^{(k)}-\frac{(k-1)N_1}{n}<1\quad(k=2,\cdots,n)\tag{23.3.12}$$

$$\frac{(k-1)N_3}{n}-m_3^{(k)}<1\quad(k=2,\cdots,n)\tag{23.3.13}$$

这是，$m_1^{(k)}$、$m_3^{(k)}$ 是整数。我们记得 $m_1^{(i)}$、$m_3^{(i)}$ 为齿轮 1、齿轮 3 相邻中心距线 $O_3O_2^{(i)}$ 的齿槽数的整数。图 23.3.2b 所示为 $m_3^{(2)}$ 和 $m_1^{(2)}$ 相邻线 $O_3O_2^{(2)}$ 的齿槽。

行星轮 $2^{(i)}$ 与齿轮 1、齿轮 3 装配时，表示齿轮 1、齿轮 3 的转角 $\delta_1^{(k)}$、$\delta_3^{(k)}$ 用如下方程确定：

$$\delta_1^{(k)}=m_1^{(k)}\frac{2\pi}{N_1}-\frac{(k-1)2\pi}{n}\quad(k=2,\cdots,n)\tag{23.3.14}$$

$$\delta_3^{(k)}=\frac{(k-1)2\pi}{n}-m_3^{(k)}\frac{2\pi}{N_3}\quad(k=2,\cdots,n)\tag{23.3.15}$$

4. 数值实例 23.3.1

一行星齿轮传动，已知 $N_1=62$，$N_3=228$，$n=5$，很容易证明（N_1+N_3）/n 为整数，满足方程（23.3.11）的要求，电算结果 $m_1^{(k)}$、$m_3^{(k)}$、$\delta_1^{(k)}$ 和 $\delta_3^{(k)}$ 见表 23.3.1。

表 23.3.1 参数 $m_1^{(k)}$、$m_3^{(k)}$、$\delta_1^{(k)}$ 和 $\delta_3^{(k)}$ 电算结果

i	$m_1^{(k)}$	$m_3^{(k)}$	$\delta_1^{(k)}$	$\delta_3^{(k)}$
1	0	0	0	0
2	13	45	$\frac{3}{5.62}2\pi$	$\frac{3}{5.228}2\pi$
3	25	91	$\frac{1}{5.62}2\pi$	$\frac{1}{5.228}2\pi$
4	38	136	$\frac{4}{5.62}2\pi$	$\frac{4}{5.228}2\pi$
5	50	182	$\frac{2}{5.62}2\pi$	$\frac{2}{5.228}2\pi$

23.4 行星轮相位角

相位角的概念在本节用于确定电算传动误差（见23.7节和23.8节）。相位角确定了由相应的中心距线与轮齿（齿槽）的对称轴线所形成的角。相位角为零时，轮齿（齿槽）对称轴线与相应的中心距线重合，如图23.3.2a所示。

图23.3.2b所示为齿轮1、齿轮3转动角度 $\delta_1^{(2)}$、$\delta_3^{(2)}$ 后齿轮1、齿轮2、齿轮3轮齿（齿槽）的对称轴线与线 $O_3O_2^{(2)}$ 相重合（齿轮传动由齿轮1、齿轮 $2^{(1)}$ 和齿轮3组成）。然而，这样转动将产生相应齿轮1、齿轮 $2^{(1)}$ 和齿轮3轮齿（齿槽）的对称轴线与中心距线 $O_3O_2^{(2)}$ 的偏离。要修复如图23.3.2a所示的齿轮1、齿轮 $2^{(1)}$ 和齿轮3轮齿（齿槽）对称轴线的朝向，我们提供由齿轮1、齿轮 $2^{(1)}$、齿轮 $2^{(2)}$ 和齿轮3组成的齿轮传动中齿轮1和齿轮3和转动，其中行星架 c 是保持静止的。这是通过在齿轮传动中（齿轮1、齿轮 $2^{(1)}$、齿轮 $2^{(2)}$、齿轮3）按 $\delta_1^{(2)}$ 和 $\delta_2^{(2)}$ 的相反转动方向转动齿轮1和齿轮3实现的上述的转动由在齿轮传动中的齿轮1和齿轮3（齿轮1、齿轮 $2^{(1)}$、齿轮3）来实现。

图23.4.1所示为两组相关的转动完成后，轮齿（齿槽）对称轴线相应的方向。齿轮1、齿轮 $2^{(1)}$ 和齿轮3轮齿（齿槽）对称轴线位于线 $O_3O_2^{(1)}$ 上，角 $\mu_1^{(2)}$、$\mu_2^{(2)}$ 和 $\mu_3^{(2)}$ 分别表示齿轮1、齿轮 $2^{(2)}$ 和齿轮3轮齿（齿槽）的对称轴线与线 $O_3O_2^{(2)}$ 的偏差。

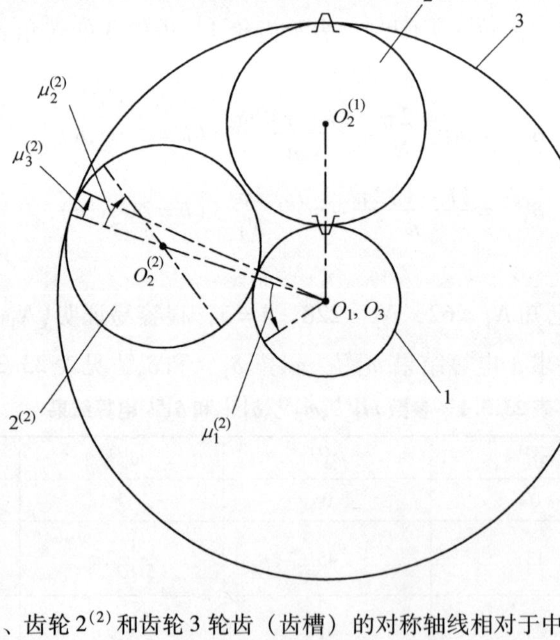

图23.4.1 齿轮1、齿轮 $2^{(2)}$ 和齿轮3轮齿（齿槽）的对称轴线相对于中心距线 $O_3O_2^{(2)}$ 的方向

图23.4.2所示为放大比例的齿轮1的齿槽在由齿槽数1和 $m_1^{(k)}$ $(k=2,3,4,5)$ 确定的区域内的方向。相位角 $\Delta_1^{(k)}$ 是由线 $O_3O_2^{(k)}$ 和与线 $O_3O_2^{(k)}$ 相邻的齿槽数 $(m_1^{(k)}-1)$ 构成的，在行星架固定的齿轮传动中，沿齿轮1的顺时针转动方向测量（见图23.2.4）。

根据图23.4.2可得如下确定相位角的方程：

$$\Delta_1^{(k)}=\frac{(k-1)2\pi}{n}-(m_1^{(k)}-1)\frac{2\pi}{N_1}\quad(k=2,\cdots,5)\tag{23.4.1}$$

对于数值实例23.3.1用输入数据，我们得

$$\begin{cases}\Delta_1^{(2)}=\dfrac{2}{5.62}2\pi\\ \Delta_1^{(3)}=\dfrac{4}{5.62}2\pi\\ \Delta_1^{(4)}=\dfrac{1}{5.62}2\pi\\ \Delta_1^{(5)}=\dfrac{3}{5.62}2\pi\end{cases}$$

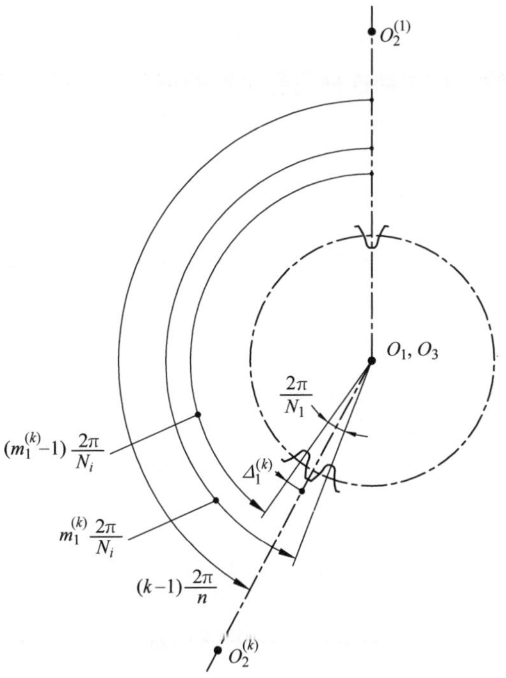

图23.4.2 相位角 $\Delta_1^{(k)}$ 的推导

23.5 行星轮系的效率

让我们比较行星轮系与普通的定轴齿轮传动，设定输入、输出机构连杆的角速度传动比一样，其结果如下：

1）与定轴传动相比，行星轮系有较小的尺寸，而普通传动的设计采用普通齿轮传动组，而不是用单轮系来实现减速布置。

2）然而，与普通轮系相比，行星轮系通常效率较低。但图23.2.4（见实例23.5.2）中所示的例外。

行星轮系效率的确定是一个复杂的问题，这个问题简单的解法由Kudrjavtzev等人（参见其1993年的专著）提供，并考虑如下因素：

1）当行星轮系的相对速度与在反向轮系上观察是一样时，行星轮系的效率和反向轮系的效率相关。反向轮系从行星轮系获得，是行星架静止和固定的齿轮 j 从行星轮系中松开所得。

2）行星轮系设定的两种效率 $\eta_{ic}^{(j)}$ 和 $\eta_{ci}^{(j)}$ 可以计及。在 $\eta_{ic}^{(j)}$ 中的符号表示行星轮系中齿轮 i 是主动连杆，行星架 c 是从动连杆。在 $\eta_{ci}^{(i)}$ 中的符号表示行星轮系中行星架 c 是主动连杆，齿轮 i 是从动连杆。在两种工况下，上标（j）表示齿轮 j 固定。

3）我们考虑齿轮 i 或行星架 c 作为行星轮系中主动连杆，设

$$M_k\omega_k > 0 \quad (k=1,\ c) \tag{23.5.1}$$

式中，M_k 是作用在连杆 k 上的转矩；ω_k 是连杆 i 在行星轮系中绕其机架回转的绝对运动的角速度。

4）设作用在行星轮系和反向轮系连杆 i 上的转矩 M_i 大小是相等的。如果 i（而不是 c）是主动连杆，则 M_i 是正的。在主动连杆是行星架的情况下，转矩 M_i 是阻力矩，$M_i<0$。传动比（ω_c/ω_i）可以根据行星轮系的运动学，应用如下具有固定齿轮 j 的轮系方程获得

$$\frac{\omega_1-\omega_c}{-\omega_c}=m_{ij}^{(c)} \tag{23.5.2}$$

行星轮系效率的确定可考虑两个典型实例。所讨论的方法可以扩展应用于行星轮系的各种实例。

实例 23.5.1

如图 23.2.4 所示的行星轮系考虑如下工况：

（i）齿轮 3 是固定的（$j=3$）。

（ii）齿轮 1 和行星架 c 相应为主、从动连杆。

由方程（23.5.2）得

$$\frac{\omega_c}{\omega_1}=\frac{N_1}{N_3+N_1} \tag{23.5.3}$$

现在考虑反向轮系是从齿轮 1 至齿轮 3 传递回转的，其中行星架是固定的。转矩 M_1 作用在齿轮 1 上，M_1 是正的，因为齿轮 1 在行星轮系中是主动齿轮。行星轮系中的齿轮 1 的角速度 ω_1 与 M_1 的转向相同，$M_1\omega_1>0$。

行星轮系的效率 $\eta_{1c}^{(3)}$ 由下式确定：

$$\eta_{1c}^{(3)}=\frac{M_1\omega_1-P_l}{M_1\omega_1} \tag{23.5.4}$$

这里，（$M_1\omega_1-P_l$）是输出功率；$M_1\omega_1$ 是输入功率（$M_1\omega_1>0$）。确定 $\eta_{1c}^{(3)}$ 的关键是将行星轮系中的功率损失 P_l 确定为在反向轮系中的功率损失。反向轮系的输入功率为 $M_1(\omega_1-\omega_c)>0$，因为 $M_1>0$ 且（$\omega_1-\omega_c$）>0。我们考虑已知反向轮系的系数 $\boldsymbol{\psi}^{(c)}=1-\eta^{(c)}$，然后我们可确定反向轮系中损失功率为

$$P_l=\boldsymbol{\psi}^{(c)}M_1(\omega_1-\omega_c) \tag{23.5.5}$$

由方程（23.5.3）~方程（23.5.5）得

$$\eta_{1c}^{(3)}=1-\psi^{(c)}\left(\frac{N_3}{N_1+N_3}\right) \tag{23.5.6}$$

实例 23.5.2

如果行星轮系中主、从动连杆分别为行星架和连杆 1，考虑同一行星轮系。齿轮 1 现在是行星轮中从动连杆；$M_1<0$，因为 M_1 是阻力矩。我们考虑现在的反向轮系计及 $M_1(\omega_1-\omega_c)<0$，因为 $M_1<0$ 且$(\omega_1-\omega_c)>0$。

在反向轮系中的损失功率 P_l 可用下式确定：

$$P_l=\frac{1}{\eta^{(c)}}(-M_1)(\omega_1-\omega_c)-(-M_1)(\omega_1-\omega_c)=\frac{1-\eta^{(c)}}{\eta^{(c)}}(-M_1)(\omega_1-\omega_c) \tag{23.5.7}$$

方程（23.5.7）提供的损失功率 P_l 是正的［记得 $M_1<0$ 且$(\omega_1-\omega_c)>0$］。

然后我们得

$$\eta_{c1}^{(3)}=\frac{P_{\text{driven}}}{P_{\text{driven}}+P_l}=\frac{-M_1\omega_1}{-M_1\omega_1+\dfrac{1-\eta^{(c)}}{\eta^{(c)}}(-M_1)(\omega_1-\omega_c)}=\frac{1}{1+\dfrac{1-\eta^{(c)}}{\eta^{(c)}}\left(1-\dfrac{\omega_c}{\omega_1}\right)}=\frac{1}{1+\dfrac{1-\eta^{(c)}}{\eta^{(c)}}\left(\dfrac{N_3}{N_1+N_3}\right)} \tag{23.5.8}$$

从方程（23.5.8）可看出 $\eta_{c1}^{(c)}>\eta^{(c)}$，其意思是如果在行星轮系中回转运动的传递从行星架 c 传给太阳轮 1，则图 23.2.4 所示的行星轮系的效率高于反向轮系。

23.6 齿轮轮齿几何的变化

我们限于讨论如图 23.2.4 所示行星轮系齿轮轮齿几何的变位。渐开线直齿轮齿廓应用于实际的设计，轮齿几何变位目的如下：

1）改善接触区，减小传动误差，此目的是通过对平面齿轮应用双鼓形修整实现的。

2）减小行星轮、太阳轮 1 和内齿圈 3 之间的侧隙，减小侧隙可使在行星轮之间的载荷分布更均衡（见下文）。

1. 行星轮的几何变位

变位开发是基于行星轮双鼓形修整进行的，是对齿廓进行鼓形修整和纵向鼓形修整的综合（参见 Litvin 等人 2001 年的专著和本书第 15 章）。通过刀具切入实现纵向鼓形修整，使我们能够用点接触代替齿面瞬时线接触，避免边缘接触。行星齿轮的齿廓鼓形修整使我们能够用与齿条刀具抛物线齿廓共轭的齿廓代替渐开线齿廓。然后，可预先设计传动误差的抛物线函数，这一传动误差的函数可完全吸收几乎所有对中性误差产生的传动误差的线性函数（见 9.2 节）。

2. 齿轮 1 和 3 轮齿几何的变位

由于行星轮在行星架上安装的角度误差会产生侧隙变化，变位的目的是使其达到标准侧隙（参见 Litvin 等人 2002 年的专著）。上述目的可实现如下：

1）齿面 Σ_1 设计成具有小螺旋角的渐开线外螺旋面，相应的齿面 Σ_3 设计成具有相同的

螺旋角和与 Σ_1 一致的旋向的渐开线内螺旋面。

2）行星轮 $2^{(i)}$ 和齿轮 1、齿轮 3 之间达到标准侧隙是通过在装配过程中齿轮 $2^{(i)}$ 的轴向位移来实现的。整个行星轮组必须达到标准侧隙的要求。

图 23.6.1 所示为行星轮 $2^{(i)}$ 和齿轮 1、齿轮 3 之间侧隙的调整原理。图 23.6.1a 所示的侧隙 $\Delta x^{(i)}$ 在调整前存在。图 23.6.1b 所示为通过行星轮 $2^{(i)}$ 的轴向位移 $\Delta z^{(i)}$ 来消除侧隙。上述调整必须对所有设置的行星轮组 $2^{(i)}(i=1,\cdots,n)$ 执行。

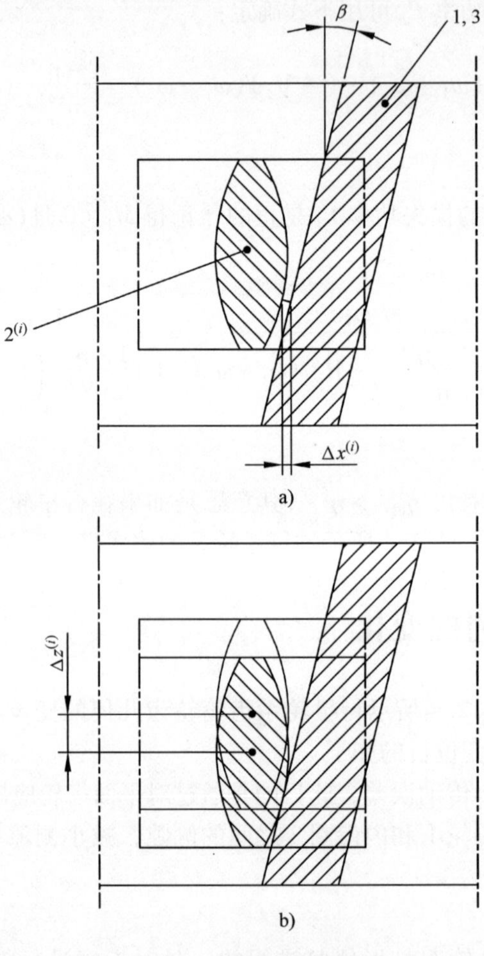

图 23.6.1　侧隙的调整原理

a）在齿轮 1、齿轮 3 和行星轮 $2^{(i)}$ 之间调整前的侧隙　b）由行星轮 $2^{(i)}$ 的轴向位移 $\Delta z^{(i)}$ 消除侧隙

23.7　轮齿接触分析（TCA）

轮齿接触分析计算机程序可模拟非对中齿轮传动，用于确定传动误差和啮合工况。

1. 普通齿轮传动

对于由两齿轮组成的普通齿轮传动存在两个轮齿接触面，啮合模拟基于如下过程（见 9.4 节）。

1）齿轮齿面表示在与在齿轮传动中的箱体呈刚性固接的互相坐标系 S_f 中。

2）齿轮齿面 Σ_1 和 Σ_2 瞬时相切，由如下矢量方程表示：

$$\boldsymbol{r}_f^{(1)}(u_1,\theta_1,\phi_1)-\boldsymbol{r}_f^{(2)}(u_2,\theta_2,\phi_2)=\boldsymbol{0} \tag{23.7.1}$$

$$\boldsymbol{n}_f^{(1)}(u_1,\theta_1,\phi_1)-\boldsymbol{n}_f^{(2)}(u_2,\theta_2,\phi_2)=\boldsymbol{0} \tag{23.7.2}$$

这里，$(u_i,\ \theta_i)$ $(i=1,\ 2)$ 表示齿面参数；$\phi_i(i=1,2)$是齿轮运动的一般参数。

矢量方程（23.7.1）意味着在点 M 相切，齿面 Σ_1 和 Σ_2 有共同的位置矢量。矢量方程（23.7.2）确认在齿面上有齿面法向的公共单位矢量。

由矢量方程（23.7.1）和方程（23.7.2）得仅五个独立数量方程的方程组，因为 $|\boldsymbol{n}_f^{(1)}|=|\boldsymbol{n}_f^{(2)}|=1$。参数之一，比方说 ϕ_1，可作为输入参数。如果方程组（23.7.1）和（23.7.2）的相应雅可比行列式不为零（见 9.4 节），则齿面 Σ_1 和 Σ_2 在点接触。于是，在 Σ_1 和 Σ_2 的相切点，方程组（23.7.1）和（23.7.2）可用如下函数求解（见 9.4 节）：

$$\{(u_1(\phi_1),\theta_1(\phi_1),u_2(\phi_1),\theta_2(\phi_1),\phi_2(\phi_1)\}\in C^1 \tag{23.7.3}$$

应用函数（23.7.3）和齿面方程，我们可以确定在齿面 Σ_1 和 Σ_2 上的接触轨迹和传动误差函数（见 9.4 节）。

2. 行星齿轮传动（见图 23.2.4）**给齿接触分析的应用**

行星齿轮传动是一个具有数个行星轮的多级体系。将非对中齿轮传动作为一刚体体系，我们可以发现在每一瞬时啮合仅有一个行星轮。确定相切的条件如下：

步骤 1：齿轮 1、齿轮 $2^{(i)}$ 和齿轮 3 的面分别表示在固定坐标系 S_3 上。

步骤 2：齿轮 1 和齿轮 $2^{(i)}$ 的回转是由三个参数 ϕ_1、$\phi_{2c}^{(i)}$ 和 ϕ_c 确定的。这里，ϕ_1 为齿轮 1 的转角，$\phi_{2c}^{(i)}$ 为行星轮 $2^{(i)}$ 相对于行星架 c 的转角，ϕ_c 为行星架 c 的转角。

步骤 3：齿轮 1 和齿轮 $2^{(i)}$ 的相切条件，齿轮 $2^{(i)}$ 和 3 提供十个独立的数量方程，这些方程含有齿轮 1、齿轮 $2^{(i)}$ 和齿轮 3 的八个齿面参数和三个运动参数 ϕ_1、$\phi_{2c}^{(i)}$ 和 ϕ_c。考虑 ϕ_1 作为输入参数，我们可以从轮齿接触分析的计算机程序中得到传动函数 $\phi_c(\phi_1)$，然后确定非对中行星轮系的传动误差的函数。

十个非线性方程的解可以简化为两个子方程组的五个方程来表示，然后应用迭代过程求解。对各种行星轮 $2^{(i)}$ 应用轮齿接触分析，我们可以确定哪个行星轮在考虑的位置角 ϕ_1 处啮合。

3. 分齿轮传动的传动误差函数

为了调整侧隙，我们可以考虑分齿轮传动而不是行星齿轮传动来确定侧隙。用于此方法的分齿轮传动是用齿轮组$(1,2^{(i)})$、齿轮组 $(2^{(i)},3)$ 和齿轮组 $(1,2^{(i)},3)$ $(i=1,n)$ 组成的。

分齿轮传动的回转变换中行星架是固定的。对于分齿轮传动应用轮齿接触分析，可以确定传动误差的函数及侧隙。于是可以通过调整使五个行星轮的侧隙最小化并一致。

分齿轮传动 $(1,2^{(i)},3)$ 的传动误差函数的结果确定如下：

$$\Delta\phi_3(\phi_1)=\phi_3(\phi_2(\phi_1))-\frac{N_1}{N_3}\phi_1 \tag{23.7.4}$$

这里，$\phi_3(\phi_2(\phi_1))$是由轮齿接触分析的计算机程序得到的。$\Delta\phi_3(\phi_1)$的近似解表示如下：

$$\Delta\phi_3(\phi_1)\approx\frac{N_2}{N_3}\Delta\phi_2(\phi_1)+\Delta\phi_3\left(\frac{N_1}{N_2}\phi_1\right) \tag{23.7.5}$$

应用所开发的轮齿接触分析的另一目的是分析通过调整行星轮的装配，来减小传动误差（见下文）。

23.8 侧隙调整的影响图

图23.2.4所示为 $n=5$ 的行星齿轮传动，考虑 $n=5$ 组的分齿轮传动，我们可得如图23.8.1所示的五个行星轮组的所有分齿轮传动的传动误差函数。传动误差的产生是行星轮双鼓形修整和行星轮在行星架上的位置误差的结果。符号 Δs_x 表示沿行星轮和齿轮1（见图23.2.4）之间的最短距离相垂直的方向上测量的行星轮位置误差。考虑行星轮的相位角（见23.4节），传动误差函数如图23.8.1所示。认识到误差函数 $\Delta\phi_3^{(i)}(\phi_1)$ 可正或可负（见图23.8.1）是非常重要的。

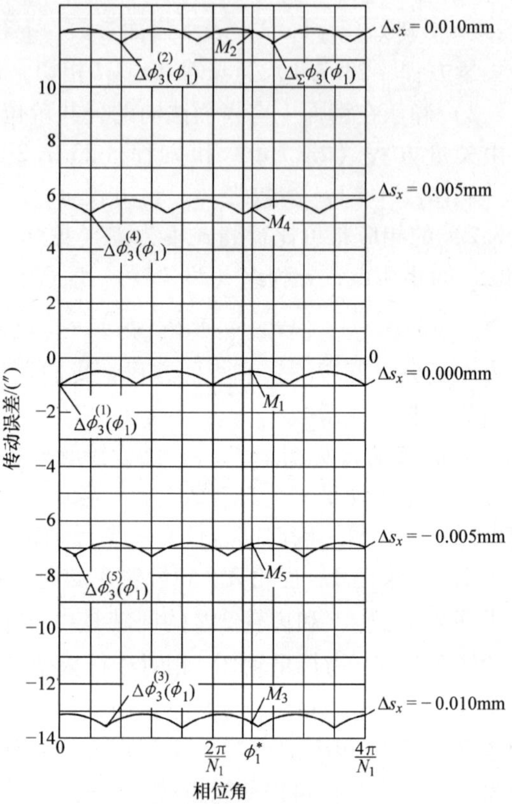

图23.8.1　由双鼓形修整和行星轮位置误差产生的传动误差函数 $\Delta\phi_3^{(i)}(\phi_1)$

对如图23.8.1所示传动误差函数的形状分析结果如下：

1）在五个行程轮组中，只有一个行星轮同齿轮3相切。

2）在图23.8.1中，能发生的情况是，五组中的同一行星轮与齿轮3是啮合的，但其余行星轮与齿轮3不啮合。图23.8.1表明啮合的行星轮是齿轮 $2^{(2)}$。

齿轮 $2^{(k)}(k=1,3,4,5)$ 之间在位置 $\phi_1=\phi_1^*$ 的侧隙由 $\Delta\phi_3=M_2M_k\quad(k=1,3,4,5)$ 确定。

调整行星轮在行星架上的安装可以减小在分齿轮传动中的侧隙（见图23.6.1）。图23.8.2所示为按上述调整后获得的传动误差积分函数。虽然侧隙不是固定不变的，但它啮合过程中的变化大幅度减小。计及在载荷作用下的弹性变形，我们可以预料载荷在行星轮上的分布几乎是均衡的。

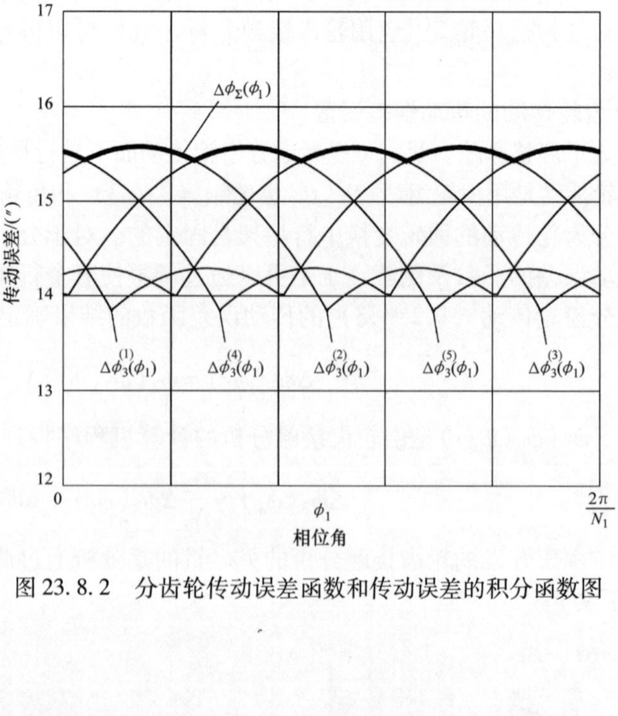

图23.8.2　分齿轮传动误差函数和传动误差的积分函数图

第24章 螺旋面的加工

24.1 引言

现在考察用铣刀或磨轮加工蜗杆、螺杆和斜齿轮。这种加工方法所使用的刀具有两种类型：指形刀具和盘形刀具。图 24. 1. 1a 和图 24. 1. 2 分别表示指形铣刀和盘形铣刀。

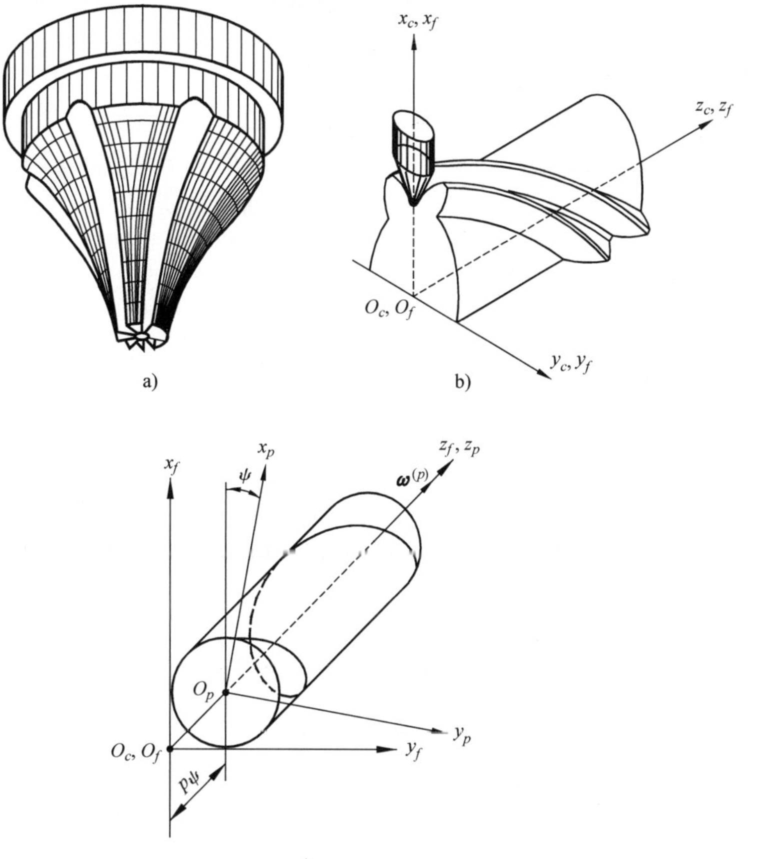

图 24. 1. 1 用指形铣刀加工

a）铣刀图 b）刀具安装 c）在坐标系 S_p 中做螺旋运动

在考察螺旋面加工时，要讨论两个主要问题：ⅰ刀具面 Σ_c 是给定的，必须确定工件的齿面 Σ_p；ⅱ逆命题——齿面 Σ_p 是给定的，需要确定 Σ_c。

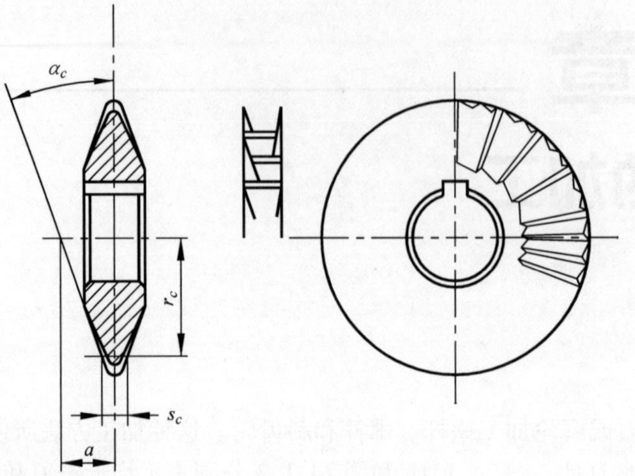

图 24. 1. 2　盘形铣刀

下面，我们要利用坐标系 S_c、S_p 和 S_f，其分别与刀具、工件和切齿机床的机座刚性固接。图 24. 1. 3 所示为盘形刀具的安装情况。这里，r_p 是工件分度圆柱的半径；r_c 是刀具的平均半径；E_c 和 γ_c 是刀具和工件两回转轴之间的最短距离和交错角（见图 24. 1. 1b）。在应用指形刀具的情况下，坐标系 S_c 和 S_f 重合，而刀具的轴线是 x_c。

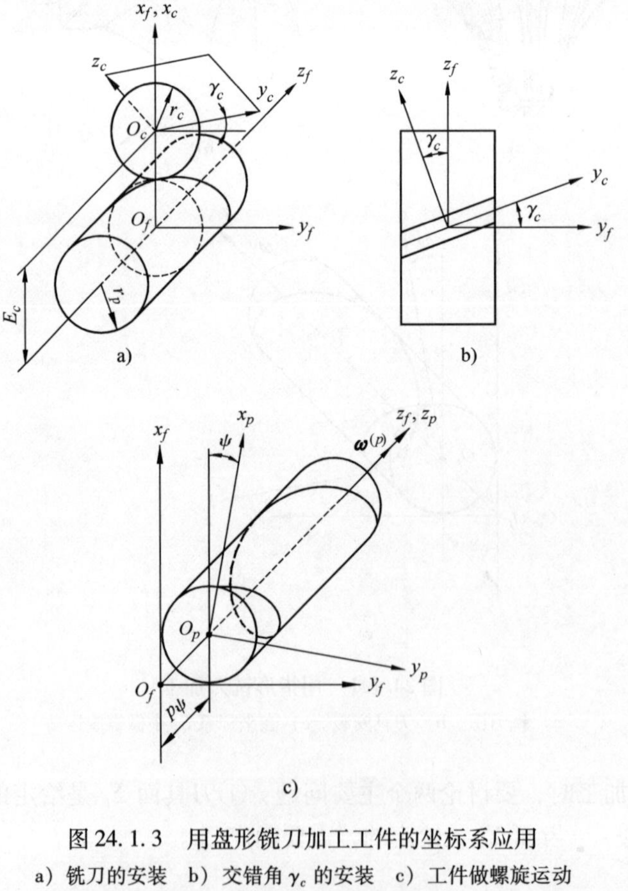

图 24. 1. 3　用盘形铣刀加工工件的坐标系应用

a）铣刀的安装　b）交错角 γ_c 的安装　c）工件做螺旋运动

在两种情况下，工件对工具的相对运动都是螺旋运动，如图 24.1.1c 所示；ψ 和 p 分别是螺旋运动的回转角和螺旋参数。

本章所讨论的加工螺旋面的方法是由 Litvin 1968 年的专著制定的。

24.2 用指形刀具加工：刀具面给定

刀具面 Σ_c 是在 S_c 中用如下矢量函数表示的回转曲面：

$$\boldsymbol{r}_c(u_c,\theta_c)=m(u_c)\boldsymbol{i}_c+g(u_c)\sin\theta_c\boldsymbol{j}_c+g(u_c)\cos\theta_c\boldsymbol{k}_c \tag{24.2.1}$$

这里，u_c 和 θ_c 是曲面坐标。函数 $m(u_c)$ 和 $g(u_c)$ 在平面 $y_c=0$ 中表示一条平面曲线，利用绕 x_c 轴的转动，该平面曲线将形成 Σ_c（参见 5.5 节）。

Σ_c 的法线矢量在 S_c 中表示为

$$\boldsymbol{N}_c=\frac{\partial\boldsymbol{r}_c}{\partial u_c}\times\frac{\partial\boldsymbol{r}_c}{\partial\theta_c}=-g_u g\boldsymbol{i}_c+m_u g\sin\theta_c\boldsymbol{j}_c+m_u g\cos\theta_c\boldsymbol{k}_c \tag{24.2.2}$$

式中，$m_u=\partial m(u_c)/\partial u_c$，$g_u=\partial g(u_c)/\partial u_c, g=g(u_c)$。

为了进一步推导，证明一下对于回转曲面来说存在下式是有益的：

$$y_c N_{zc}-z_c N_{yc}=0 \tag{24.2.3}$$

以下推导的目标是导出 Σ_c 和 Σ_p 之间的啮合方程和确定作为 Σ_c 曲面族包络的 Σ_p。

识别出指形刀具加工工件齿槽两侧的两个齿面是很重要的（见图 24.1.1b）。

1. 啮合方程

啮合方程表示为

$$\boldsymbol{N}_c\cdot\boldsymbol{v}_c^{(cp)}=0 \tag{24.2.4}$$

式中，$\boldsymbol{v}_c^{(cp)}$ 是相对速度。

工件做螺旋运动（见图 24.1.1c），并且

$$\boldsymbol{v}_c^{cp}=\boldsymbol{v}_c^{(c)}-\boldsymbol{v}_c^{(p)}=-\boldsymbol{v}_c^{(p)}=-(\boldsymbol{\omega}_c^{(p)}\times\boldsymbol{r}_c)-p\boldsymbol{\omega}_c^{(p)} \tag{24.2.5}$$

式中，p 是螺旋参数；$\boldsymbol{\omega}_c^{(p)}$ 是螺旋运动的角速度。

方程（24.2.1）~方程（24.2.5）导出

$$f(u_c,\theta_c)=(gg_u+mm_u)\sin\theta_c+pm_u\cos\theta_c=0 \tag{24.2.6}$$

方程（24.2.1）和方程（24.2.6）在刀具面 Σ_c 上确定出 Σ_c 和 Σ_p 之间的两条相切触线 L_c（已如前述，Σ_c 与工件两侧面相切触）。这两线 L_c 与螺旋运动的参数 ψ 无关，因为所加工的是螺旋面，并且 p 是常数。

方程

$$f(u_c,\theta_c)=0 \tag{24.2.7}$$

表示平面（u_c，θ_c）内的两条平面曲线。各曲线均是工件相应齿侧面上的接触线 L_c 的影像。

在更一般的情况下，当 p 是 ψ 的函数时，在 Σ_c 上将有一接触线 L_c 的线族。

2. 推导所加工的齿面 Σ_p

齿面 Σ_p 在 S_p 中确定为接触线 L_c 的线族；Σ_p 用如下方程表示：

$$\boldsymbol{r}_p(u_c,\theta_c,\psi)=\boldsymbol{M}_{pc}(\psi)\boldsymbol{r}_c(u_c,\theta_c)\quad(f(u_c,\theta_c)=0) \tag{24.2.8}$$

矩阵 $\boldsymbol{M}_{pc}$ 描述从 S_c 到 S_p 的坐标变换（见图 24.1.1b 和图 24.1.1c）。

方程（24.2.8）确定齿两侧的两个齿面，因为由方程（24.2.7）所确定的接触线 L_c 为两条。

例题 24.2.1

刀具面 Σ_c 是圆锥面。用平面 $y_c=0$ 截 Σ_c 得到轴面截线表示在图 24.2.1 中。刀具面 Σ_c 由绕 x_c 轴进行转动的直线 $\overline{NM}$ 形成。产形线上流动点 M 的位置用参数 $u_c=|\overrightarrow{NM}|$ 确定（见图 24.2.1）。

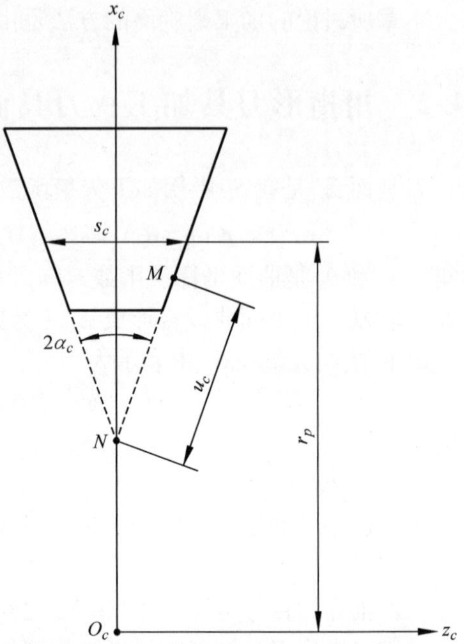

图 24.2.1　圆锥面的轴向截线

（i）利用平面 $y_c=0$ 内 $\overline{NM}$ 的方程，导出函数 $m(u_c)$ 和 $g(u_c)$。

（ii）导出 Σ_c 的法线矢量 N_c 的方程（24.2.2）。

（iii）导出啮合方程（24.2.6）。

（iv）啮合方程在曲面参数（u_c，θ_c）的平面内确定出 Σ_c 和 Σ_p 之间的两根切触线 L_c。在范围

$$\frac{s_c}{2\sin\alpha_c}+\frac{p_{ax}}{\pi\cos\alpha_c}>u_c>0 \quad (180°>\theta_c>-180°)$$

内表示出 L_c 的图线。这里，p_{ax} 是蜗杆相邻两螺旋齿之间的轴向距离，该距离确定为

$$p_{ax}=\frac{H}{N_1}=\pi m$$

式中，m 是蜗杆的轴向模数。

使用如下蜗杆参数：

$$N_1=3,\ r_p=46\text{mm},\ m=8\text{mm}$$

圆锥参数为 $\alpha_c=20°$，$s_c=12.1594\text{mm}$。

解

（i）
$$m(u_c)=\left(r_p-\frac{s_c}{2}\cot\alpha_c\right)+u_c\cos\alpha_c$$

$$g(u_c)=u_c\sin\alpha_c$$

（ii）
$$\boldsymbol{N}_c=u_c\sin\alpha_c(-\sin\alpha_c\boldsymbol{i}_c+\cos\alpha_c\sin\theta_c\boldsymbol{j}_c+\cos\alpha_c\cos\theta_c\boldsymbol{k}_c)$$

（iii）
$$f(u_c,\theta_c)=\left[u_c+\left(r_p-\frac{s_c}{2}\cot\alpha_c\right)\cos\alpha_c\right]\sin\theta_c+p\cos\alpha_c\cos\theta_c=0$$

（iv）在平面（u_c，θ_c）内的两条线 L_c 表示在图 24.2.2 中。在刀具面上的接触线 L_c 表示在图 24.2.3 中。

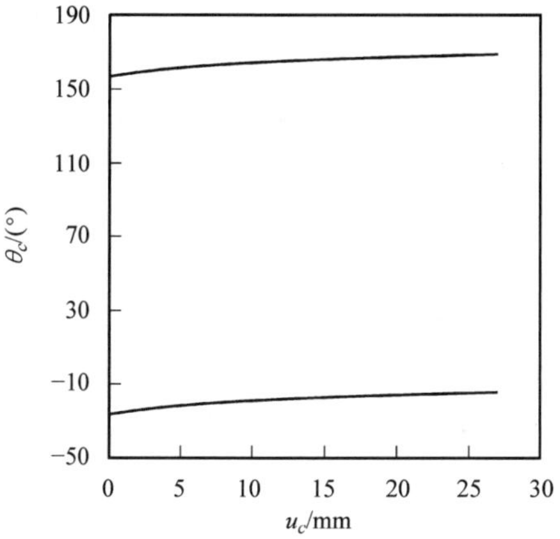

图 24.2.2　指形刀具：齿面参数（u_c，θ_c）空间内的接触线

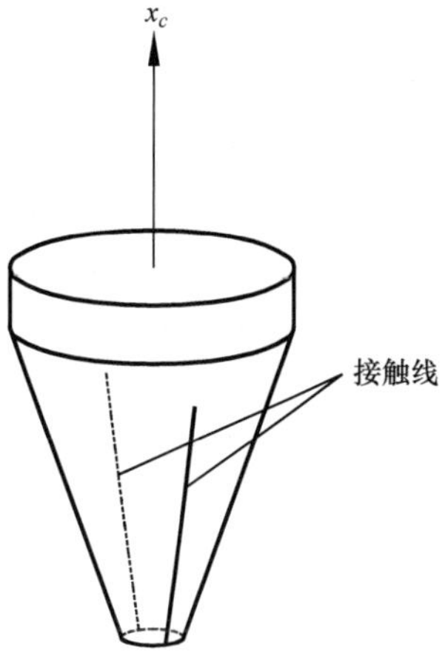

图 24.2.3　刀具圆锥面上的接触线

24.3　用指形刀具加工：工件的齿面给定

我们的目标是确定刀具面 $\boldsymbol{\Sigma}_c$，该面将形成工件的给定表面 $\boldsymbol{\Sigma}_p$。采用方法的关键是如下定理（由 Litvin 1968 年的专著提出）：

齿面 $\boldsymbol{\Sigma}_p$ 和刀具面 $\boldsymbol{\Sigma}_c$ 之间的切触线是这样的一条线，在这条线上的 $\boldsymbol{\Sigma}_p$ 的法线与指状刀具的回转轴线相交。

这个定理是根据以下事实提出的：刀具面 $\boldsymbol{\Sigma}_c$ 是回转曲面，$\boldsymbol{\Sigma}_c$ 的法线与刀具的回转轴线相交，从而 $\boldsymbol{\Sigma}_p$ 在其与 $\boldsymbol{\Sigma}_c$ 切触点处的法线也一定与指状刀具的轴线相交。

推导 $\boldsymbol{\Sigma}_c$ 方程的步骤如下。

步骤 1：假定 $\boldsymbol{\Sigma}_p$ 及其法线矢量在 S_p 中用以下矢量方程表示：

$$\boldsymbol{r}_p(u_p,\theta_p)=f_1(u_p,\theta_p)\boldsymbol{i}_p+f_2(u_p,\theta_p)\boldsymbol{j}_p+f_3(u_p,\theta_p)\boldsymbol{k}_p \tag{24.3.1}$$

$$\boldsymbol{N}_p=\frac{\partial \boldsymbol{r}_p}{\partial u_p}\times\frac{\partial \boldsymbol{r}_p}{\partial \theta_p}\quad（假设\ \boldsymbol{N}_p\neq\boldsymbol{0}） \tag{24.3.2}$$

步骤 2：$\boldsymbol{\Sigma}_c$ 的法线与 x_c 轴的流动交点 M 的坐标在 S_c 中表示为

$$\boldsymbol{r}_c^{(M)}=[X_c\quad 0\quad 0\quad 1]^{\mathrm{T}} \tag{24.3.3}$$

点 M 在 S_p 中用以下方程表示

$$\boldsymbol{r}_p^{(M)}=\boldsymbol{M}_{pc}\boldsymbol{r}_c^{(M)}=[X_c\cos\psi\quad -X_c\sin\psi\quad -p\psi\quad 1]^{\mathrm{T}} \tag{24.3.4}$$

矩阵 $\boldsymbol{M}_{pc}$ 描写从 S_c（S_c 与 S_f 相同）到 S_p 的坐标变换（见图 24.1.1c）。

步骤 3：$\boldsymbol{\Sigma}_p$ 与 $\boldsymbol{\Sigma}_c$ 的公法线方程为

$$\begin{aligned}\frac{X_c\cos\psi-x_p(u_p,\theta_p)}{N_{xp}(u_p,\theta_p)}&=\frac{-X_c\sin\psi-y_p(u_p,\theta_p)}{N_{yp}(u_p,\theta_p)}\\&=\frac{-p\psi-z_p(u_p,\theta_p)}{N_{zp}(u_p,\theta_p)}\end{aligned} \tag{24.3.5}$$

方程组（24.3.5）在消去 X_c 后给出关系式

$$F(u_p,\theta_p,\psi)=0 \tag{24.3.6}$$

利用被固定的参数 ψ，方程（24.3.1）和方程（24.3.6）可以在 Σ_p 上确定出曲面 Σ_p 和 Σ_c 之间的切触线 L_p 的线族。

步骤4：刀具面 Σ_c 上有唯一的一条线 L_c，该线是 Σ_c 与 Σ_p 的切触线，这里的 Σ_p 是工件螺旋齿相应侧的齿面。在加工过程中，覆盖齿面 Σ_p 的所有 L_p 线依次与 L_c 线重合。在方程（24.3.5）中取 $\psi=0$，并且假定在这一瞬时坐标系 S_c 与 S_p 重合，我们就可确定 L_c。

取 $\psi=0$，从方程（24.3.5）可导出

$$f(u_p,\theta_p)=y_pN_{zp}-z_pN_{yp}=0 \tag{24.3.7}$$

瞬时切触线 L_p（用 $\psi=0$ 确定的）表示为

$$\boldsymbol{r}_p=\boldsymbol{r}_p(u_p,\theta_p)\quad (f(u_p,\theta_p)=0) \tag{24.3.8}$$

步骤5：指状刀具的齿廓可以用函数 $\rho(x_c)$ 表示（见图24.3.1）。考虑到 $\psi=0$，我们有

$$x_c=x_p(u_p,\theta_p)$$

$$\rho_c=(y_p^2+z_p^2)^{\frac{1}{2}}=|y_p|\left[1+\left(\frac{N_{zp}}{N_{yp}}\right)^2\right]^{\frac{1}{2}}=|z_p|\left[1+\left(\frac{N_{yp}}{N_{zp}}\right)^2\right]^{\frac{1}{2}} \tag{24.3.9}$$

计算 $\rho(x_c)$ 的方程组如下：

$$\begin{cases}f(u_p,\theta_p)=0\\ x_c=x_p(u_p,\theta_p)\\ \rho_c=|z_p|\left[1+\left(\dfrac{N_{yp}}{N_{zp}}\right)^2\right]^{\frac{1}{2}}\end{cases} \tag{24.3.10}$$

例题 24.3.1

用指形铣刀加工渐开线蜗杆，右旋蜗杆齿侧面 I 的渐开线螺旋面用如下方程表示（参见19.6节）：

$$\begin{cases}x_p=r_b\cos(\theta_p+\mu)+u_p\cos\lambda_b\sin(\theta_p+\mu)\\ y_p=r_b\sin(\theta_p+\mu)-u_p\cos\lambda_b\cos(\theta_p+\mu)\\ z_p=-u_p\sin\lambda_b+p\theta_p\end{cases} \tag{24.3.11}$$

式中，r_b 是基圆柱半径；λ_b 是基圆柱上的导程角；μ 可以确定为

$$\mu=\frac{w_t}{2r_p}-\mathrm{inv}\alpha_t \tag{24.3.12}$$

式中，α_t 是端截面上的压力角；w_t 是分度圆柱测量出的端截面内的齿槽宽。

当分度圆柱上的齿槽宽等于齿厚时，我们有

$$\frac{w_t}{2r_p}=\frac{\pi}{2N_1}$$

我们还记得其他的蜗杆设计参数之间的关系式（参见19.3节）：

$$\tan\alpha_t=\frac{\tan\alpha_n}{\sin\lambda_p}$$

$$\tan\lambda_b=\frac{r_p\tan\lambda_p}{r_b}=\frac{\tan\lambda_p}{\cos\alpha_t}$$

$$P_t=P_n\sin\lambda_p$$

$$r_p=\frac{N_1}{2P_t}=\frac{N_1}{2P_n\sin\lambda_p}$$

$$r_b = r_p \cos\alpha_t$$

齿面的单位法线矢量为 $\boldsymbol{n}_p = \boldsymbol{N}_p / |\boldsymbol{N}_p|$，这里 $\boldsymbol{N}_p = \partial \boldsymbol{r}_p / \partial \theta_p \times \partial \boldsymbol{r}_p / \partial u_p$（假定 $\boldsymbol{N}_p \neq \boldsymbol{0}$）。

这样

$$\boldsymbol{n}_p = [\ -\sin\lambda_b \sin(\theta_p + \mu) \quad \sin\lambda_b \cos(\theta_p + \mu) \quad -\cos\lambda_b\ ]^{\mathrm{T}} \tag{24.3.13}$$

导出：

（i）啮合方程（24.3.7）。

（ii）确定刀具齿廓的方程组。

解

（i）$f(u_p, \theta_p) = u_p \cos(\theta_p + \mu) - r_b \cos\lambda_b \sin(\theta_p + \mu) - p\theta_p \sin\lambda_b \cos(\theta_p + \mu) = 0$

（ii）刀具齿廓用如下方程组确定：

$$f(u_p, \theta_p) = u_p \cos(\theta_p + \mu) - r_b \cos\lambda_b \sin(\theta_p + \mu) - p\theta_p \sin\lambda_b \cos(\theta_p + \mu) = 0$$

$$x_c = r_b \cos(\theta_p + \mu) + u_p \cos\lambda_b \sin(\theta_p + \mu)$$

$$z_p = -u_p \sin\lambda_b + p\theta_p$$

$$\rho = |z_p| [1 + \tan^2\lambda_b \cos^2(\theta_p + \mu)]^{\frac{1}{2}}$$

计算的输入数据为 θ_p，输出数据为 $\rho(x_c)$。

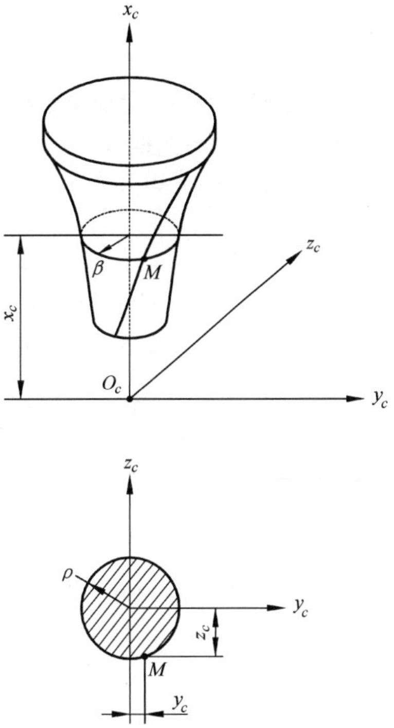

图 24.3.1　确定指形刀具的齿廓

24.4　用盘形刀具加工：刀具面给定

刀具面 Σ_c 是回转曲面。刀具的轴面截线是平面曲线 α—α，该线在辅助坐标系 S_a 中表示如下（见图 24.4.1a）：

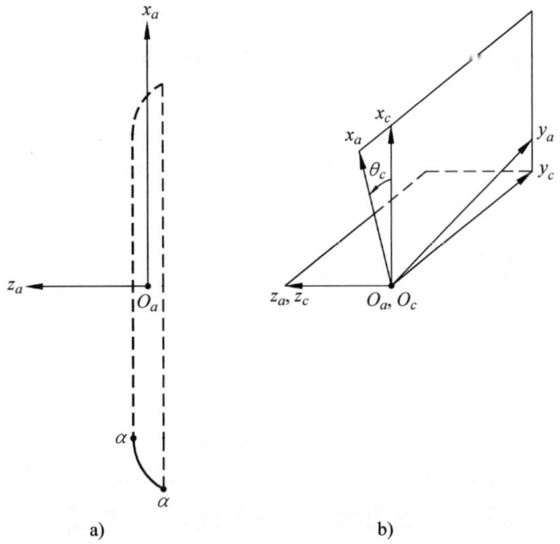

图 24.4.1　用平面曲线形成的盘形刀具面

a）刀具面图　b）坐标系 S_a 和 S_c

$$\begin{cases} x_a = m(u_c) \\ y_a = 0 \\ z_a = g(u_c) \end{cases} \tag{24.4.1}$$

式中，u_c 是确定 $\alpha—\alpha$ 上流动点位置的变参数。

当坐标系 S_a 与曲线 $\alpha—\alpha$ 一起绕 z_c 轴转动时，将形成刀具面 $\boldsymbol{\Sigma}_c$（见图 24.4.1b）。刀具面 $\boldsymbol{\Sigma}_c$ 在 S_c 中用如下矩阵表示：

$$\boldsymbol{r}_c(u_c,\theta_c) = \boldsymbol{M}_{ca}\boldsymbol{r}_a \tag{24.4.2}$$

从上式导出

$$\boldsymbol{r}_c(u_c,\theta_c) = m(u_c)\cos\theta_c\boldsymbol{i}_c - m(u_c)\sin\theta_c\boldsymbol{j}_c + g(u_c)\boldsymbol{k}_c \tag{24.4.3}$$

齿面的法线矢量在 S_c 中用如下方程表示：

$$\boldsymbol{N}_c = \frac{\partial \boldsymbol{r}_c}{\partial u_c} \times \frac{\partial \boldsymbol{r}_c}{\partial \theta_c} = g_u m\cos\theta_c\boldsymbol{i}_c - g_u m\sin\theta_c\boldsymbol{j}_c - mm_u\boldsymbol{k}_c \tag{24.4.4}$$

1. 啮合方程

啮合方程表示为

$$\boldsymbol{N}_c \cdot \boldsymbol{v}_c^{(cp)} = 0 \tag{24.4.5}$$

工件以角速度 $\boldsymbol{\omega}^{(p)}$ 和直移速度 $p\boldsymbol{\omega}^{(p)}$ 做螺旋运动（见图 24.1.3c）。相对速度 $\boldsymbol{v}_c^{(cp)}$ 由下式确定

$$\boldsymbol{v}_c^{(cp)} = \boldsymbol{v}_c^{(c)} - \boldsymbol{v}_c^{(p)} = -\boldsymbol{v}_c^{(p)} \tag{24.4.6}$$

因为铣刀保持静止，所以矢量 $\boldsymbol{v}_c^{(p)}$ 可用如下方程表示：

$$\boldsymbol{v}_c^{(p)} = (\boldsymbol{\omega}_c^{(p)} \times \boldsymbol{r}_c) + (\boldsymbol{R}_c \times \boldsymbol{\omega}_c^{(p)}) + p\boldsymbol{\omega}_c^{(p)} \tag{24.4.7}$$

其中（见图 24.1.3a）

$$\boldsymbol{R}_c = \overrightarrow{O_cO_f} = -E_c\boldsymbol{i}_c \tag{24.4.8}$$

考虑到 $\psi = 0$，我们有

$$\boldsymbol{\omega}_c^{(p)} = \boldsymbol{L}_{cp}\boldsymbol{\omega}_p^{(p)} = \boldsymbol{L}_{cf}\boldsymbol{L}_{fp}\boldsymbol{\omega}_p^{(p)} = \omega^{(p)}[0 \quad \sin\gamma_c \quad \cos\gamma_c]^{\mathrm{T}} \tag{24.4.9}$$

经过变换以后，我们得到

$$\boldsymbol{v}_c^{(cp)} = -\omega^{(p)}\begin{bmatrix} \sin\gamma_c z_c - \cos\gamma_c y_c \\ \cos\gamma_c(x_c + E_c) + p\sin\gamma_c \\ -\sin\gamma_c(x_c + E_c) + p\cos\gamma_c \end{bmatrix} \tag{24.4.10}$$

$$\begin{aligned} \boldsymbol{N}_c \cdot \boldsymbol{v}_c^{(cp)} = -\omega^{(p)}\big\{&(\sin\gamma_c z_c - \cos\gamma_c y_c)N_{xc} + [\cos\gamma_c(x_c + E_c) + p\sin\gamma_c]N_{yc} \\ &+ [-\sin\gamma_c(x_c + E_c) + p\cos\gamma_c]N_{zc}\big\} = 0 \end{aligned} \tag{24.4.11}$$

对于回转轴为 z_c 轴的回转曲面，存在如下关系式：

$$x_cN_{yc} - y_cN_{xc} = 0 \tag{24.4.12}$$

啮合方程的最终表达式为

$$f(u_c,\theta_c) = \sin\gamma_c z_c N_{xc} + (E_c\cos\gamma_c + p\sin\gamma_c)N_{yc} + [-\sin\gamma_c(x_c + E_c) + p\cos\gamma_c]N_{zc} = 0 \tag{24.4.13}$$

在参数平面 $E \in (u_c,\theta_c)$ 内，方程（24.4.13）可以确定出的平面曲线多于一条。但是，只应考虑在 E 的可使用区域内的一条曲线。这条曲线是 $\boldsymbol{\Sigma}_c$ 与 $\boldsymbol{\Sigma}_p$ 的切触线 L_c 在 E 内的影像。

2. 被加工的齿面

齿面 $\boldsymbol{\Sigma}_p$ 在 S_p 中用如下方程表示：

$$\boldsymbol{r}_p(u_c,\theta_c,\psi)=\boldsymbol{M}_{pf}\boldsymbol{M}_{fc}\boldsymbol{r}_c(u_c,\theta_c)\quad (f(u_c,\theta_c)=0) \tag{24.4.14}$$

矩阵 $\boldsymbol{M}_{fc}$ 描述从 S_c 到 S_f 的坐标变换，而 $\boldsymbol{M}_{pf}$ 描述从 S_f 到 S_p 的坐标变换（见图 24.1.3）。

方程（24.4.14）用三个参数（u_c，θ_c，ψ）表示被加工齿面，而（u_c，θ_c）用啮合方程来联系。

例题 24.4.1

曲线 α—α 是半径为 ρ 的圆弧（见图 24.4.2）。α—α 上的流动点用角 u_c 表示。圆弧的圆心 C 的位置用以下坐标表示

$$x_a^{(c)}=-d,\ y_a^{(c)}=0,\ z_a^{(c)}=-b$$

（i）在坐标系 S_c 中用矢量方程 $\boldsymbol{r}_c=\boldsymbol{r}_c(u_c,\theta_c)$ 表示刀具面。

（ii）导出啮合方程。

解

（i）

$$x_c=-(d+\rho\sin u_c)\cos\theta_c$$
$$y_c=(d+\rho\sin u_c)\sin\theta_c$$
$$z_c=-b+\rho\cos u_c$$

（ii）

$$f(u_c,\theta_c)=b\sin\gamma_c\sin u_c\cos\theta_c+d\sin\gamma_c\cos\theta_c\cos u_c+E_c(\sin\theta_c\cos\gamma_c\sin u_c-\sin\gamma_c\cos u_c)+p(\sin\gamma_c\sin\theta_c\sin u_c+\cos\gamma_c\cos u_c)=0$$

例题 24.4.2

砂轮用直线 α—α 形成（见图 24.4.3）。

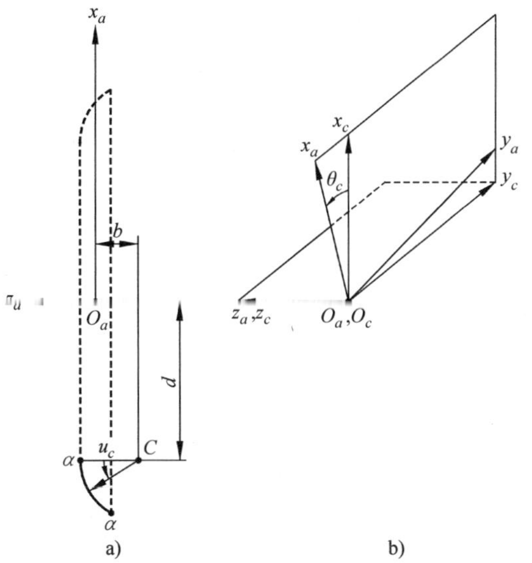

图 24.4.2　用圆弧曲线形成的盘形刀具面

a）圆弧齿廓图　b）S_a 和 S_c 的坐标系图

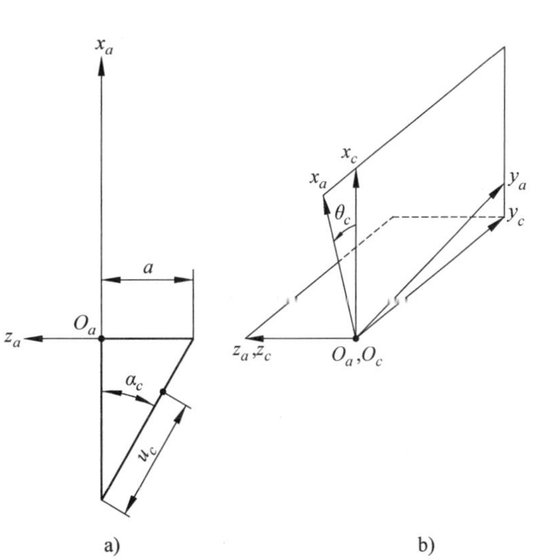

图 24.4.3　用直线形成的锥形刀具面

a）直线齿廓图　b）S_a 和 S_c 坐标系图

（i）用矢量函数 $\boldsymbol{r}_c=\boldsymbol{r}_c(u_c,\ \theta_c)$ 表示刀具面。

（ii）导出啮合方程。

解

（i）

$$x_c=(-a/\tan\alpha_c+u_c\cos\alpha_c)\cos\theta_c$$

$$y_c = (a/\tan\alpha_c - u_c\cos\alpha_c)\sin\theta_c$$

$$z_c = -u_c\sin\alpha_c$$

（ii）$u_c = -E_c\left(\cot\gamma_c\tan\theta_c\sin\alpha_c + \dfrac{\cos\alpha_c}{\cos\theta_c}\right) + p\left(\dfrac{\cot\gamma_c\cos\alpha_c}{\cos\theta_c} - \tan\theta_c\sin\alpha_c\right) + a\cot\alpha_c\cos\alpha_c$

24.5 用盘形刀具加工：工件的齿面给定

工件的齿面用如下矢量函数给定：

$$\boldsymbol{r}_p = \boldsymbol{r}_p(u_p, \theta_p) \tag{24.5.1}$$

工件的齿面法线矢量用如下方程确定：

$$\boldsymbol{N}_p = \frac{\partial \boldsymbol{r}_p}{\partial u_p} \times \frac{\partial \boldsymbol{r}_p}{\partial \theta_p} = \boldsymbol{N}_p(u_p, \theta_p) \tag{24.5.2}$$

1. 啮合方程

推导啮合方程是基于在24.3节中应用的相同定理：

齿面 $\boldsymbol{\Sigma}_p$ 与刀具面 $\boldsymbol{\Sigma}_c$ 之间的切触线是这样的一条线，在这条线上的 $\boldsymbol{\Sigma}_p$ 的法线与盘形刀具的回转轴线相交。

$\boldsymbol{\Sigma}_p$ 和 $\boldsymbol{\Sigma}_c$ 的公法线用如下方程表示：

$$\frac{X_p - x_p(u_p, \theta_p)}{N_{xp}(u_p, \theta_p)} = \frac{Y_p - y_p(u_p, \theta_p)}{N_{yp}(u_p - \theta_p)} = \frac{Z_p - z_p(u_p, \theta_p)}{N_{zp}(u_p, \theta_p)} \tag{24.5.3}$$

这里，(X_p，Y_p，Z_p) 是法线与刀具轴线 z_c 的交点在 S_p 中的坐标。

我们考察 S_p 与 $S_f(\psi=0)$重合时的位置。在这个位置，法线与 z_c 轴的交点可用如下方程表示：

$$\begin{bmatrix} X_p \\ Y_p \\ Z_p \\ 1 \end{bmatrix} = \boldsymbol{M}_{pc}\begin{bmatrix} 0 \\ 0 \\ Z_c \\ 1 \end{bmatrix} = \begin{bmatrix} 1 & 0 & 0 & E_c \\ 0 & \cos\gamma_c & -\sin\gamma_c & 0 \\ 0 & \sin\gamma_c & \cos\gamma_c & 0 \\ 0 & 0 & 0 & 1 \end{bmatrix}\begin{bmatrix} 0 \\ 0 \\ Z_c \\ 1 \end{bmatrix} \tag{24.5.4}$$

从方程（24.5.3）和方程（24.5.4）可导出

$$\frac{E_c - x_p}{N_{xp}} = \frac{-Z_c\sin\gamma_c - y_p}{N_{yp}} = \frac{Z_c\cos\gamma_c - z_p}{N_{zp}} \tag{24.5.5}$$

利用方程（24.5.5），我们可以消去 Z_c。然后，我们利用对螺旋齿得出的关系式（参见5.5节）

$$y_p N_{xp} - x_p N_{yp} - pN_{zp} = 0 \tag{24.5.6}$$

可以简化所得到的啮合方程。

啮合方程的最终表达式为

$$f(u_p, \theta_p) = (E_c - x_p + p\cot\gamma_c)N_{zp} + E_c\cot\gamma_c N_{yp} + z_p N_{xp} = 0 \tag{24.5.7}$$

2. 确定刀具面上的接触线

在工件齿面上存在一接触线族。我们考察用 $\psi=0$ 所确定的工件面上的一条单独的接触线。这条线在 $\boldsymbol{\Sigma}_p$ 上用如下方程来确定：

$$\boldsymbol{r}_p = \boldsymbol{r}_p(u_p, \theta_p) \quad (f(u_p, \theta_p) = 0) \tag{24.5.8}$$

刀具面上的接触线用如下方程来确定：

$$\boldsymbol{r}_c(u_p,\theta_p)=\boldsymbol{M}_{cf}\boldsymbol{M}_{fp}\boldsymbol{r}_p(u_p,\theta_p)\quad (f(u_p,\theta_p)=0) \tag{24.5.9}$$

因为 $\psi=0$ 时，坐标系 S_f 与 S_p 相重合，所以 $\boldsymbol{M}_{fp}$是酉矩阵（见图 24.1.3）。

3. 确定刀具的齿廓

图 24.5.1 所示为刀具面 $\boldsymbol{\Sigma}_c$ 上的两曲面 $\boldsymbol{\Sigma}_c$ 和 $\boldsymbol{\Sigma}_p$ 的切触线；M 是这条线上具有坐标（x_c，y_c，z_c）的流动点。用平面 $y_c=0$ 截刀具面所得到的刀具齿廓（轴面截线）可以用坐标（x_c，z_c）来表示。计算步骤如下：

步骤 1：利用啮合方程（24.5.7），并且认为 θ_p 为输入数据，从而可求出对应值 u_p。注意到，方程 $f(u_p,\theta_p)=0$ 在参数（u_p，θ_p）平面内确定的曲线多于一条。要去掉不在工件可使用部分以内的曲线。

步骤 2：知道了一对（u_p，θ_p），从如下矩阵方程可求接触线的坐标（x_c，y_c，z_c）：

$$\boldsymbol{r}_c(u_p,\theta_p)=\boldsymbol{M}_{cf}\boldsymbol{M}_{fp}\boldsymbol{r}_p(u_p,\theta_p)$$

（为了推导矩阵 $\boldsymbol{M}_{cf}$ 和 $\boldsymbol{M}_{fp}$，要利用图 24.1.3上的图形）。

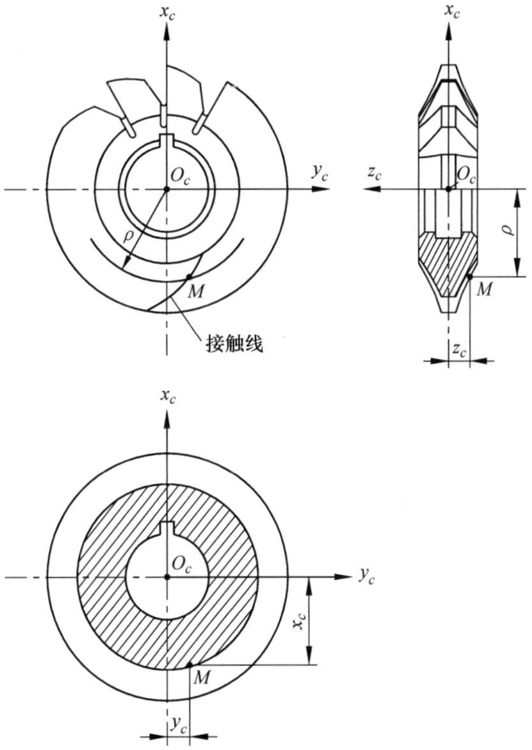

图 24.5.1　推导盘形刀具的齿廓

步骤 3：利用如下方程确定 ρ：

$$\rho=(x_c^2+y_c^2)^{\frac{1}{2}}=\rho(u_p,\theta_p) \tag{24.5.10}$$

步骤 4：假定 θ_p 为输入参数，并且利用方程（24.5.9）和方程（24.5.10），我们将求出刀具轴面齿廓的坐标：

$$x_c(\theta_p)=-\rho(\theta_p),z_c(\theta_p)$$

例题 24.5.1

渐开线斜齿轮的齿侧 I 用如下方程表示［参见方程（14.3.5）］。

$$\begin{cases}x_p=r_b\cos(\theta_p+\mu)+u_p\cos\lambda_p\sin(\theta_p+\mu)\\ y_p=r_b\sin(\theta_p+\mu)-u_p\cos\lambda_b\cos(\theta_p+\mu)\\ z_p=-u_p\sin\lambda_b+p\theta_p\end{cases} \tag{24.5.11}$$

式中，r_b 是基圆柱半径；λ_b 是基圆柱上导程角；μ 确定为

$$\mu=\frac{w_t}{2r_p}-\tan\alpha_t+\alpha_t$$

导出：

（i）啮合方程（24.5.7）。

（ii）确定刀具齿廓的方程组。

解

(i) $f(u_p,\theta_p)=(u_p-p\theta_p\sin\lambda_b)\sin(\theta_p+\mu)-(E_c+p\cos\gamma_c)\cos\lambda_b+$
$(E_c\cot\gamma_c\sin\lambda_b+r_b\cos\lambda_b)\cos(\theta_p+\mu)=0$

(ii)
$$x_c=r_b\cos(\theta_p+\mu)+u_p\cos\lambda_b\sin(\theta_p+\mu)-E_c$$
$$y_c=[r_b\sin(\theta_p+\mu)-u_p\cos\lambda_b\cos(\theta_p+\mu)]\cos\gamma_c+(-u_p\sin\lambda_b+p\theta_p)\sin\gamma_c$$
$$z_c=[-r_b\sin(\theta_p+\mu)+u_p\cos\lambda_b\cos(\theta_p+\mu)]\sin\gamma_c+[-u_p\sin\lambda_b+p\theta_p]\cos\gamma_c$$
$$f(u_p,\theta_p)=0$$

考虑到以上列出的方程组，并且选取 θ_p 为输入参数，我们将求出刀具轴面齿廓的坐标为

$$x_c(\theta_p)=-(x_c^2+y_c^2)^{\frac{1}{2}},z_c(\theta_p)$$

第25章
飞刀的设计

25.1 引言

在单件小批生产中经常会使用飞刀代替昂贵的滚刀来加工蜗轮。然而，使用飞刀加工蜗轮的效率远比使用滚刀低。飞刀的轮廓由蜗杆螺纹的法向截面 Π 上的轮廓确定（见图25.1.1）。平面 Π 的方向由蜗杆分度圆柱上的导程角 λ_p 决定。

在坐标系 S_1^* 中，如果 x_1^* 是蜗杆螺纹的对称轴，则可以找到一个飞刀齿廓的对称位置。在第19章中，基于坐标系 S_1 中 x_1 是蜗杆螺纹槽的对称轴的条件，我们推导了蜗杆表面的方程。为了获得 x_1^* 轴的位置（作为蜗杆螺纹的对称轴），必须将坐标系 S_1 的原点 O_1 在轴向上移动 $a_O = p_{ax}/2$，这里，p_{ax} 为蜗杆上两相邻齿的距离。

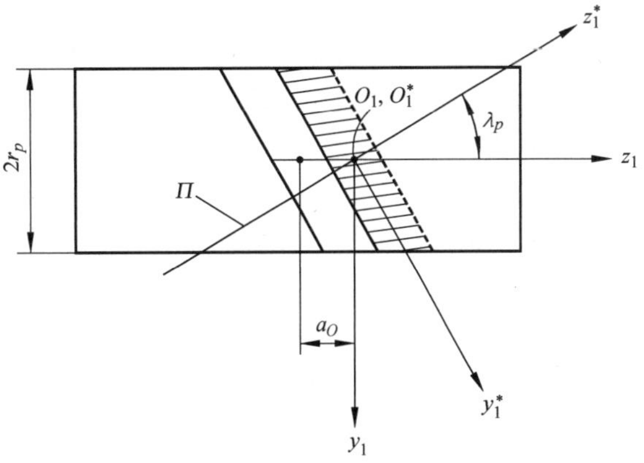

图25.1.1 确定飞刀的齿廓

在这个例子中，使用飞刀模拟蜗轮蜗杆啮合的过程来加工蜗轮，期间蜗杆沿着其轴向做平移运动，蜗轮绕其轴线转动。此加工过程中蜗轮的转动角 ϕ_2 是如下两个分量的和：

$$\phi_2 = \frac{\phi_1 N_1}{N_2} + \frac{s_{tr}}{p} \tag{25.1.1}$$

式中，ϕ_1 是蜗杆的转动角度；N_1 是蜗杆头数；N_2 是蜗轮齿数；s_{tr}是蜗杆（飞刀）轴向平移量，它是根据加工工艺考量确定的一个参数；$p = r_p \tan\lambda_p$ 是螺旋参数。

如果传动为多头蜗杆驱动，则飞刀只能加工到蜗杆上与相对应螺纹啮合的蜗轮齿槽。所以，为了能够一次加工到蜗轮上所有的齿，必须对蜗轮蜗杆的齿数头数配对做相应设计。我们可以选用一对互质的数作为蜗轮蜗杆齿数以及头数，比如说 $N_1 = 3$，$N_2 = 32$，它们没有公因子。这样，飞刀在蜗轮每次旋转一周后，会对下一条齿槽对应的蜗轮齿进行加工。

本章接下来的部分将讨论的是，选用各种蜗杆几何设计的蜗轮蜗杆传动时，如何确定相应的飞刀几何外形。以下计算过程覆盖了蜗杆几何设计的两种情况：蜗杆齿面的双参数表达形式；蜗杆齿面的三参数表达形式。

25.2 蜗杆齿面的双参数表示形式

步骤1：假定蜗杆螺旋齿面（譬如说，齿侧面 I）用如下的矢量方程表示（参见第19章）：

$$\boldsymbol{r}_1(u,\theta)=x_1(u,\theta)\boldsymbol{i}_1+y_1(u,\theta)\boldsymbol{j}_1+z_1(u,\theta)\boldsymbol{k}_1 \tag{25.2.1}$$

并且，x_1 轴是蜗杆齿槽的对称轴。为了保证 x_1 轴是蜗杆螺旋的对称轴，必须将坐标系 S_1 的原点 O_1 沿 z_1 轴移动一段距离 $a_O=p_{ax}/2$。这样，我们得

$$z_1=z_1(u,\theta)+a_O \tag{25.2.2}$$

步骤2：蜗杆螺旋齿的齿廓在法向截面的平面 Π 内进行考察，这样，我们有

$$y_1+z_1\tan\lambda_p=0 \tag{25.2.3}$$

从方程（25.2.2）和方程（25.2.3）导出

$$F(u,\theta)=y_1(u,\theta)+\tan\lambda_p[z_1(u,\theta)+a_O]=0 \tag{25.2.4}$$

步骤3：假定 θ 是输入参数。我们解方程（25.2.4）将得到函数 $u(\theta)$（假定 $\partial F/\partial\theta\neq0$）。条件 $\partial F/\partial\theta\neq0$ 是根据隐函数存在的定理得出的（参见 Korn 和 Korn 1968 年的专著和 Litvin 1989 年的文章）。

步骤4：现在利用如下方程可确定飞刀一侧的齿廓：

$$\begin{cases}x_1(u,\theta)=x_1(u(\theta),\theta)=x_1(\theta)\\ z_1^*(\theta)=-\dfrac{y_1(u(\theta),\theta)}{\sin\lambda_p}\end{cases} \tag{25.2.5}$$

步骤5：函数 $x_1(\theta)$ 和 $z_1^*(\theta)$ 确定飞刀的齿廓（见图25.2.1）。θ 角的范围用如下条件确定。

1）蜗杆螺旋齿法向截面的点 A 必须位于半径为 r_a 的圆柱上，且

$$\{[x_1(\theta)]^2+[y_1(\theta)]^2\}^{\frac{1}{2}}=r_a \tag{25.2.6}$$

式中，r_a 是蜗杆顶圆半径。

2）蜗杆螺旋齿法向截面的点 B 位于半径 (r_d+c) 的蜗杆圆柱上，并且用如下方程确定：

$$\{[x_1(\theta)]^2+[y_1(\theta)]^2\}^{\frac{1}{2}}=r_d+c \tag{25.2.7}$$

式中，r_d 是蜗杆根圆柱半径；c 是蜗杆和蜗轮之间的顶隙。

步骤6：飞刀齿廓的顶线必须加上顶部过渡圆弧（见图25.2.1a）。为了保证过渡圆弧与线段 AB 相切，我们必须确定平面曲线 AB 在点

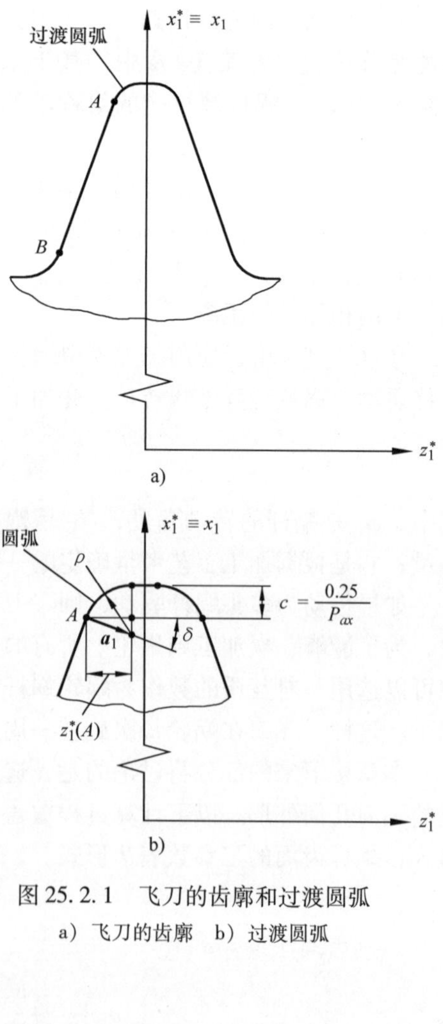

图25.2.1 飞刀的齿廓和过渡圆弧
a）飞刀的齿廓 b）过渡圆弧

A 的法线矢量 $\boldsymbol{a}_1$。假定蜗杆螺旋齿面的法线矢量 $\boldsymbol{N}_1$ 表示在坐标系 $S_1(x_1,y_1,z_1)$ 中。于是，利用从 S_1 到 $S_1^*(x_1^*,y_1^*,z_1^*)$ 的坐标变换，我们将求出法线矢量 $\boldsymbol{N}_1^*$，从而得到

$$\boldsymbol{a}_1 = N_{x1}^*\boldsymbol{i}_1^* + N_{z1}^*\boldsymbol{k}_1^* \tag{25.2.8}$$

步骤7：利用图25.2.1b中的图形，我们可以导出过渡圆弧半径 ρ 的如下方程：

$$\rho = \frac{c}{1-\sin\delta} \quad （假定\ \rho\cos\delta \leqslant |z_1^*(A)|） \tag{25.2.9}$$

其中

$$\tan\delta = \left|\frac{n_{x1}^*}{n_{z1}^*}\right| \quad \left(0<\delta<\frac{\pi}{2}\right) \tag{25.2.10}$$

过渡圆弧加工蜗轮齿槽的底部，飞刀的底部圆弧应以类似方式获得。上述的计算步骤可用ZA型、ZN型和ZI型蜗杆（参见第19章）。

25.3　蜗杆齿面的三参数表示形式

蜗杆的螺旋齿面是刀具曲面族的包络，并且用如下方程表示：

$$\boldsymbol{r}_1(u_c,\theta_c,\psi) = x_1(u_c,\theta_c,\psi)\boldsymbol{i}_1 + y_1(u_c,\theta_c,\psi)\boldsymbol{i}_1 + z_1(u_c,\theta_c,\psi,a_O)\boldsymbol{k}_1 \tag{25.3.1}$$

$$f(u_c,\theta_c)=0 \tag{25.3.2}$$

这里，u_c 和 θ_c 是刀具的曲面参数；ψ 是用刀具面加工蜗杆过程中的运动参数；方程(25.3.2)是啮合方程。

方程（25.3.1）和方程（25.3.2）表示ZK型和ZF型蜗杆螺旋齿的齿面（参见第19章）。

螺旋齿的齿廓位于平面 Π 内（见图25.1.1），并且

$$y_1(u_c,\theta_c,\psi) + z_1(u_c,\theta_c,\psi)\tan\lambda_p = 0 \tag{25.3.3}$$

从方程(25.3.1)和方程(25.3.3)导出

$$F(u_c,\theta_c,\psi)=0 \tag{25.3.4}$$

方程组（25.3.2）和方程（25.3.4）表示三参数组（u_c，θ_c，ψ）的两个关系式。选取三参数之一为输入参数，比方说 θ_c，我们可求出飞刀齿廓的坐标 $x_1(\theta_c)$ 和 $z_1^*(\theta_c)$。

下一节用上述的计算步骤确定飞刀的齿廓。

25.4　使用的方程

1. ZA（阿基米德）型蜗杆

右旋蜗杆螺旋的齿侧 I（见图25.1.1中的虚线）用如下方程表示（参见19.4节）：

$$\begin{cases} x_1 = u\cos\alpha\cos\theta \\ y_1 = u\cos\alpha\sin\theta \\ z_1 = -u\sin\alpha + \left(r_p\tan\alpha - \dfrac{s_p}{2}\right) + p\theta + \dfrac{p_{ax}}{2} \end{cases} \tag{25.4.1}$$

这里，s_p 的名义值等于 $p_{ax}/2$。

螺旋齿面法线矢量的分量用如下方程确定：

$$
\begin{cases}
N_{x1}=-(p\sin\theta+u\sin\alpha\cos\theta)\\
N_{y1}=p\cos\theta-u\sin\alpha\sin\theta\\
N_{z1}=-u\cos\alpha
\end{cases}
\tag{25.4.2}
$$

按照前述的推导步骤，我们得到

$$
u(\theta)=\frac{-\left(r_p\tan\alpha+\frac{s_p}{2}+p\theta\right)}{(\sin\theta\cot\lambda_p-\tan\alpha)\cos\alpha}
\tag{25.4.3}
$$

$$
\begin{cases}
x_1(\theta)=u(\theta)\cos\alpha\cos\theta\\
z_1^*=-\dfrac{u(\theta)\cos\alpha\sin\theta}{\sin\lambda_p}
\end{cases}
\tag{25.4.4}
$$

方程（25.4.3）和方程（25.4.4）能使我们求出飞刀的齿廓。用于计算的角 θ 的范围由方程（25.4.6）和方程（25.4.7）确定。利用方程（25.4.3）进行计算的角 θ 的初始值等于零。顶部过渡圆弧按25.2节所述的方法加以确定。

2. ZN（法向直廓）**型蜗杆**

右旋蜗杆螺旋齿的齿侧 I 表示为（参见19.5节）

$$
\begin{cases}
x_1=\rho\sin(\theta+\mu)+u\cos\delta\cos(\theta+\mu)\\
y_1=-\rho\cos(\theta+\mu)+u\cos\delta\sin(\theta+\mu)\\
z_1=\rho\dfrac{\cos\alpha\cot\lambda_p}{\cos\delta}-u\sin\delta+p\theta+\dfrac{p_{ax}}{2}
\end{cases}
\tag{25.4.5}
$$

式中，x_1 是螺旋齿的对称轴。

我们记得，蜗杆齿面是由绕蜗杆轴线做螺旋运动的直线形成的。这条直线切于蜗杆半径为 ρ 的圆柱，并且该产形直线的方向用参数 α 确定，这里（参见19.5.3中的记号 s_p 和 α）

$$
\cos\mu=\frac{\cos\alpha}{\cos\delta}
$$

$$
\cos\delta=(\cos^2\alpha+\sin^2\alpha\sin^2\lambda_p)^{\frac{1}{2}}
$$

$$
\rho=\left(r_p-\frac{s_p}{2}\cot\alpha\right)\frac{\sin\alpha\sin\lambda_p}{(\cos^2\alpha+\sin^2\alpha\sin^2\lambda_p)^{\frac{1}{2}}}
$$

蜗杆螺旋齿面法线矢量的分量用如下方程表示：

$$
\begin{cases}
N_{x1}=-[(p+\rho\tan\delta)\sin(\theta+\mu)+\mu\sin\delta\cos(\theta+\mu)]\\
N_{y1}=(p+\rho\tan\delta)\cos(\theta+\mu)-\mu\sin\delta\sin(\theta+\mu)\\
N_{z1}=-u\cos\delta
\end{cases}
\tag{25.4.6}
$$

飞刀的齿廓用如下方程组确定：

$$
\begin{cases}
u=\dfrac{\rho\left[\cos(\theta+\mu)-\dfrac{\cos\alpha}{\cos\delta}\right]\cot\lambda_p-p\theta-\dfrac{p_{ax}}{2}}{[\sin(\theta+\mu)\cot\lambda_p-\tan\delta]\cos\delta}\\
x_1=\rho\sin(\theta+\mu)+u\cos\delta\cos(\theta+\mu)\\
z_1^*=\dfrac{\rho\cos(\theta+\mu)-u\cos\delta\sin(\theta+\mu)}{\sin\lambda_p}
\end{cases}
\tag{25.4.7}
$$

用于计算的角 θ 的初始值等于零。θ 的范围用方程（25.2.6）和方程（25.2.7）确定。顶部过渡圆弧按25.2节所述方法加以确定。

3. ZI（渐开线）型蜗杆

右旋蜗杆螺旋齿的齿侧面 I 表示为（参见19.6节）

$$\begin{cases} x_1 = r_b\cos(\theta+\mu) + u\cos\lambda_b\sin(\theta+\mu) \\ y_1 = r_b\sin(\theta+\mu) - u\cos\lambda_b\cos(\theta+\mu) \\ z_1 = -u\sin\lambda_b + p\theta + \dfrac{p_{ax}}{2} \end{cases} \tag{25.4.8}$$

齿面法线矢量的分量用如下方程表示：

$$\begin{cases} N_{x1} = -\sin\lambda_b\sin(\theta+\mu) \\ N_{y1} = \sin\lambda_b\cos(\theta+\mu) \\ N_{z1} = -\cos\lambda_b \end{cases} \tag{25.4.9}$$

这里，轴线 x_1 是螺旋齿在平面 $y_1=0$ 中的对称轴；r_b 是基圆柱的半径，而 λ_b 是基圆柱上的导程角。

角 μ 确定为

$$\mu = \frac{w_t}{2r_p} - \mathrm{inv}\alpha_t$$

式中，w_t 是齿槽宽（参见图19.6.3）。

飞刀的齿廓用如下方程确定：

$$\begin{cases} u(\theta) = \dfrac{r_b\sin(\theta+\mu)\cot\lambda_p + p\theta + \dfrac{p_{ax}}{2}}{[\tan\lambda_b + \cos(\theta+\mu)\cot\lambda_p]\cos\lambda_b} \\ x_1 = r_b\cos(\theta+\mu) + u\cos\lambda_b\sin(\theta+\mu) \\ z_1^* = -\dfrac{r_b\sin(\theta+\mu) - u\cos\lambda_b\cos(\theta+\mu)}{\sin\lambda_p} \end{cases} \tag{25.4.10}$$

用于计算的角 θ 的初选值等于零。θ 的范围用方程（25.2.6）和方程（25.2.7）确定。顶部过渡圆弧按25.2节所述的方法加以确定。

4. ZK（克林贝格）型蜗杆

我们提醒读者，螺旋齿面是用锥形面加工的（参见19.7节）。

右旋蜗杆螺旋齿的齿侧 I 用如下方程表示：

$$\begin{cases} x_1 = u_c(\cos\alpha_c\cos\theta_c\cos\psi + \cos\alpha_c\cos\gamma_c\sin\theta_c\sin\psi - \sin\alpha_c\sin\gamma_c\sin\psi) + a\sin\gamma_c\sin\psi + E_c\cos\psi \\ y_1 = u_c(-\cos\alpha_c\cos\theta_c\sin\psi + \cos\alpha_c\cos\gamma_c\sin\theta_c\cos\psi - \sin\alpha_c\sin\gamma_c\cos\psi) + a\sin\gamma_c\cos\psi - E_c\sin\psi \\ z_1 = u_c(\sin\alpha_c\cos\gamma_c + \cos\alpha_c\sin\gamma_c\sin\theta_c) - p\psi - a\cos\gamma_c + \dfrac{p_{ax}}{2} \end{cases} \tag{25.4.11}$$

其中

$$u_c = a\sin\alpha_c - (E_c\sin\alpha_c\cot\gamma_c + p\sin\alpha_c)\tan\theta_c - \frac{(E_c - p\cot\gamma_c)\cos\alpha_c}{\cos\theta_c} \tag{25.4.12}$$

这里，方程（25.4.12）是刀具面和螺旋面的啮合方程。

螺旋齿面法线矢量的分量用如下方程表示：

$$\begin{cases} N_{x1} = \cos\psi\sin\alpha_c\cos\theta_c + \sin\psi(\cos\gamma_c\sin\alpha_c\sin\theta_c + \sin\gamma_c\cos\alpha_c) \\ N_{y1} = -\sin\psi\sin\alpha_c\cos\theta_c + \cos\psi(\cos\gamma_c\sin\alpha_c\sin\theta_c + \sin\gamma_c\cos\alpha_c) \\ N_{z1} = \sin\gamma_c\sin\alpha_c\sin\theta_c - \cos\gamma_c\cos\alpha_c \end{cases} \tag{25.4.13}$$

通常，$r_c = \lambda_p$。从方程

$$y_1 + z_1\tan\lambda_p = 0$$

导出

$$\begin{aligned} F(\psi, u_c, \theta_c) = {} & \cos\psi[u_c(\cos\alpha_c\cos\gamma_c\sin\theta_c - \sin\alpha_c\sin\gamma_c) + a\sin\gamma_c] - \\ & \sin\psi(u_c\cos\alpha_c\cos\theta_c + E_c) - p\tan\lambda_p\psi + \\ & \tan\lambda_p\left[u_c(\sin\alpha_c\cos\gamma_c + \cos\alpha_c\sin\gamma_c\sin\theta_c) - \right. \\ & \left. a\cos\gamma_c + \frac{p_{ax}}{2}\right] = 0 \end{aligned} \tag{25.4.14}$$

下面是计算步骤。

步骤1：将有未知数（ψ，u_c，θ_c）的非线性方程（25.4.12）和方程（25.4.14）加以联立。用数字方法按照函数 $u_c(\theta_c)$ 和 $\psi(\theta_c)$ 解以上方程组，这里的 θ_c 是输入变量。方程（25.4.12）和方程（25.4.14）的解的第一次估算基于如下的假定：$\theta_c = \pi$，$\sin\psi \approx \psi$，$\cos\psi \approx 1$。于是，利用方程（25.4.12）和方程（25.4.14）我们得

$$\psi = \frac{\frac{p_{ax}}{2}\tan\lambda_p}{E_c + p\tan\lambda_p - u_c\cos\alpha_c} \tag{25.4.15}$$

其中

$$u_c = a\sin\alpha_c + (E_c - p\cot\gamma_c)\cos\alpha_c \tag{25.4.16}$$

步骤2：利用方程（25.4.17）确定飞刀齿廓的坐标 $x_1^* \equiv x_1$ 和 z_1^*。

这里，$x_1^* = x_1(\psi, u_c, \theta_c)$是方程组（25.4.11）的第一个方程，而

$$z_1^* = \frac{-[u_c(-\cos\alpha_c\cos\theta_c\sin\psi + \cos\alpha_c\cos\gamma_c\sin\theta_c\cos\psi - \sin\alpha_c\sin\gamma_c\cos\psi) + a\sin\gamma_c\cos\psi - E_c\sin\psi]}{\sin\lambda_p} \tag{25.4.17}$$

用于计算的角 θ 的范围用方程（25.2.6）和方程（25.2.7）确定。顶部过渡圆弧按25.2节所述方法加以确定。

5. F-I（弗兰德方案I）型蜗杆

如前所述，蜗杆的螺旋齿面是刀具曲面族的包络（参见19.8节）。

右旋蜗杆螺旋齿的齿侧面 I 用如下方程表示（参见19.8节）。

$$\begin{cases} x_1 = (\rho\sin\theta_c + d)(-\cos v\cos\psi + \sin v\sin\psi\cos\gamma_c) + (\rho\cos\theta_c - b)\sin\psi\sin\gamma_c + E_c\cos\psi \\ y_1 = (\rho\sin\theta_c + d)(\cos v\sin\psi + \sin v\cos\psi\cos\gamma_c) + (\rho\cos\theta_c - b)\cos\psi\sin\gamma_c - E_c\sin\psi \\ z_1 = (\rho\sin\theta_c + d)\sin v\sin\gamma_c + (b - \rho\cos\theta_c)\cos\gamma_c - p\psi + a_O + \dfrac{p_{ax}}{2} \end{cases} \tag{25.4.18}$$

其中

$$\tan\theta_c = \frac{E_c - p\cot\gamma_c - d\cos v}{b\cos v - (E_c\cot\gamma_c + p)\sin v} \tag{25.4.19}$$

方程（25.4.19）是蜗杆螺旋齿面与刀具面的啮合方程。参数 a_O 能使我们得到这一结果，蜗杆齿槽轴面截线的对称轴将与 x_1 轴重合。在方程（25.4.18）中取 $y_1=0$，$x_1=r_p$ 和 $z_1=p_{ax}/4$，我们可得到

$$a_O = -(\rho\sin\theta_c + d)\sin v\sin\gamma_c - (b-\rho\cos\theta_c)\cos\gamma_c + p\psi - \frac{p_{ax}}{4} \tag{25.4.20}$$

蜗杆螺旋齿面法线矢量的分量用如下方程表示：

$$\begin{cases} N_{x1} = \sin\theta_c(-\cos v\cos\psi + \sin v\sin\psi\cos\gamma_c) + \cos\theta_c\sin\psi\sin\gamma_c \\ N_{y1} = \sin\theta_c(\cos v\sin\psi + \sin v\cos\psi\cos\gamma_c) + \cos\theta_c\sin\psi\sin\gamma_c \\ N_{z1} = \sin\theta_c\sin v\sin\gamma_c - \cos\theta_c\cos\gamma_c \end{cases} \tag{25.4.21}$$

从方程

$$y_1 + z_1\tan\lambda_p = 0$$

导出

$$\begin{aligned} F(\psi,\theta_c,v) = {} & \cos\psi[(\rho\sin\theta_c + d)\sin v\cos\gamma_c + (\rho\cos\theta_c - b)\sin\gamma_c] + \\ & \sin\psi[(\rho\sin\theta_c + d)\cos v - E_c] - p\tan\lambda_p\psi + \\ & \left[(\rho\sin\theta_c + d)\sin v\sin\gamma_c + (b-\rho\cos\theta_c)\cos\gamma_c + \right. \\ & \left. a_O + \frac{p_{ax}}{2}\right]\tan\lambda_p = 0 \end{aligned} \tag{25.4.22}$$

非线性方程（25.4.19）和方程（25.4.22）联系着三个未知数——v，θ_c 和 ψ。

下面是飞刀齿廓的计算步骤。

步骤1：利用方程（25.4.19），我们得到数字函数 $\theta_c(v)$。具有输入值 v 的方程（25.4.19）给出 θ_c 的两个解，但只有解 $0<\theta_c<180°$ 应当采用（参见19.8节）。

步骤2：知道了两个相关的参数 v 和 θ_c，我们可解方程（25.4.22）求 ψ。方程（25.4.22）解的第一次估算基于如下考虑：

1）取 $v=0$，$\rho=r_p$ 和 $\gamma_c=\lambda_p$，我们从方程（25.4.19）得

$$\tan\theta_c = \frac{E_c - p\cot\lambda_p - d}{b} = \tan\alpha_n$$

于是

$$\theta_c = \alpha_n$$

2）取 $\sin\psi\approx\psi$，$\cos\psi=1$，$\theta_c=\alpha_n$，我们从方程（25.4.22）得到 ψ 的初始值为

$$\psi = \frac{\left[(b-\rho\cos\alpha_n)\cos\gamma_c + a_O + \frac{p_{ax}}{2}\right]\tan\lambda_p + (\rho\cos\alpha_n - b)\sin\gamma_c}{p\tan\lambda_p - (\rho\sin\alpha_n + d - E_c)} \tag{25.4.23}$$

$$\psi = \frac{\left(a_O + \frac{p_{ax}}{2}\sin2\lambda_p\right)}{2r_p}$$

通常，$\gamma_c=\lambda_p$，并且选取 ρ 等于 r_p。

步骤3：知道了三个相关的参数 v，θ_c 和 ψ，并且利用方程组（25.4.18）的第一个方程，我们得到飞刀齿廓的坐标 $x_1^* = x_1(v,\theta_c,\psi)$。

飞刀齿廓的坐标 $z_1^*(v,\theta_c,\psi)$ 用如下方程表示：

$$z_1^* = \frac{-[(\rho\sin\theta_c + d)(\cos v\sin\psi + \sin v\cos\psi\cos\gamma_c) + (\rho\cos\theta_c - b)\cos\psi\sin\gamma_c - E_c\sin\psi]}{\sin\lambda_p} \tag{25.4.24}$$

用来确定坐标 x_1^* 和 z_1^* 的 v，θ_c 和 ψ 的范围由方程（25.2.6）和方程（25.2.7）确定。顶部过渡圆弧按25.2节所述的方法加以确定。

例题25.4.1

F－Ⅰ型右旋蜗杆螺旋齿的齿侧面 I 用方程（25.4.18）表示；x_1 是螺旋齿的对称轴。为了避免蜗轮轮齿变尖，蜗杆在分度圆柱上的齿厚设计成 $t_p = 0.4p_{ax} = 0.4\pi/p_{ax}$。

图25.4.1表示加工F－Ⅰ型蜗轮飞刀的齿廓。蜗杆的设计参数为 $N_1=3$，$r_p=46\text{mm}$，轴向模数 $m_{ax}=8\text{mm}$，$\rho=46\text{mm}$，$\gamma_c=\lambda_p=14°37'15''$，$\alpha_n=20°$，$a=r_p+\rho\sin\alpha_n=61.733\text{mm}$ 和 $b=\rho\cos\alpha_n=43.226\text{mm}$。

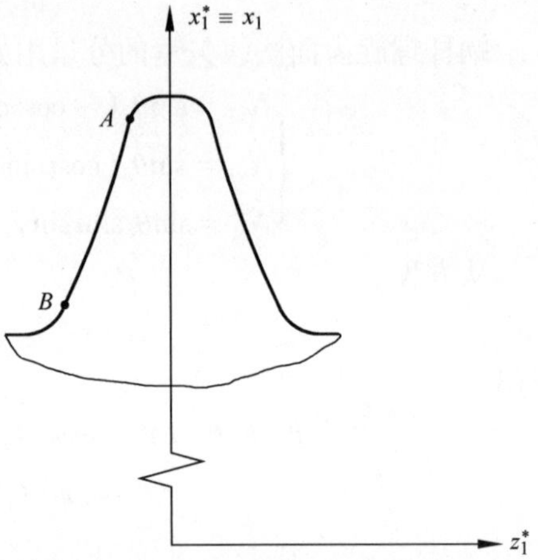

图25.4.1　F－Ⅰ型蜗轮飞刀

6. F－Ⅱ（弗兰德方案Ⅱ）型蜗杆

F－Ⅱ型蜗杆的螺旋齿面与F－Ⅰ型蜗杆的螺旋齿面不同，其用双参数（而不是三参数）形式来表示。齿面的方程为（参见19.9节）

$$\begin{cases} x_1 = -\rho(\sin\theta_c\cos\psi - \cos\theta_c\sin\psi\sin\gamma_c) + a\cos\psi \\ y_1 = \rho(\sin\theta_c\sin\psi + \cos\theta_c\cos\psi\sin\gamma_c) - a\sin\psi \\ z_1 = -\rho\cos\theta_c\cos\gamma_c - \rho\psi + a_O + \dfrac{p_{ax}}{2} \end{cases} \tag{25.4.25}$$

为了导出 a_O 的表达式，我们考虑用平面 $y_1=0$ 截得的蜗杆轴向截面内的一点，其坐标为 $x_1=r_p$，$y_1=0$，$z_1=p_{ax}/4$。于是，我们得

$$a_O = -\frac{p_{ax}}{4} + \rho\cos\theta_c\cos\gamma_c + p\psi \tag{25.4.26}$$

螺旋齿面法线矢量的分量用如下方程表示：

$$\begin{cases} N_{x1} = -\sin\theta_c\cos\psi + \sin\gamma_c\cos\theta_c\sin\psi \\ N_{y1} = \sin\theta_c\sin\psi + \sin\gamma_c\cos\theta_c\cos\psi \\ N_{z1} = -\cos\gamma_c\cos\theta_c \end{cases} \tag{25.4.27}$$

从方程

$$y_1 + z_1\tan\lambda_p = 0$$

导出

$$F(\psi,\theta_c) = \rho\cos\theta_c\sin\gamma_c\cos\psi + (\rho\sin\theta_c - a)\sin\psi - p\tan\lambda_p\psi + \left(a_O - \rho\cos\theta_c\cos\gamma_c + \frac{p_{ax}}{2}\right)\tan\lambda_p = 0 \tag{25.4.28}$$

通常，$\tan\gamma_c = p/a$。

以下是飞刀齿廓的计算步骤。

步骤1：假定 θ_c 为输入参数，并且解方程（25.4.28）求 ψ，我们得到数字函数 $\psi(\theta_c)$。方程（25.4.28）解的第一次估算基于如下考虑：

1）我们在方程（25.4.28）中取 $\sin\psi \approx \psi$，$\cos\psi \approx 1$ 和 $\theta_c = \alpha_n$。

2）于是，我们得到 ψ 的第一次估算的如下表达式：

$$\psi = \frac{\left[\left(a_O - \rho\cos\alpha_n\cos\gamma_c + \frac{p_{ax}}{2}\right)\tan\lambda_p + \rho\cos\alpha_n\sin\gamma_c\right]\cos^2\lambda_p}{r_p} \tag{25.4.29}$$

步骤2：飞刀齿廓的坐标 x_1^* 和 z_1^* 用如下方程确定：

$$\begin{cases} x_1^* = x_1 = -\rho(\sin\theta_c\cos\psi - \cos\theta_c\sin\psi\sin\gamma_c) + a\cos\psi \\ z_1^* = -\dfrac{\rho(\sin\theta_c\sin\psi + \cos\theta_c\cos\psi\sin\gamma_c) - a\sin\psi}{\sin\lambda_p} \end{cases} \tag{25.4.30}$$

确定 x_1^* 和 z_1^* 的角 ψ 和 θ_c 的范围用方程（25.2.6）和方程（25.2.7）确定。顶部过渡圆弧按25.2节所述的方法加以确定。

第26章 利用计算机数控机床加工齿面

26.1 引言

数控技术的发展使得开发齿轮的新拓扑结构成为可能。这种拓扑结构必须将齿面承压接触限制在局部，甚至必须适用于有一定安装误差的齿轮传动，并降低由传动误差引起的噪声。这种新拓扑结构针对抛物线型传动误差有预设计的功能——它能够吸收由于齿轮安装误差造成的分段线性函数型传动误差（参见9.2节）。这种拓扑几何的优势之所以能被我们使用，且不需要几何形状很复杂的刀具，只是因为数控机床能够随时控制机床刀具和工件之间的运动关系，以及它们的相对姿态位置。

使用数控机床的另一个优势是，能够更精确地对于机床刀具进行校准。一般情况下，我们需要六自由度的机床以加工齿轮齿面。其中五个自由度必须用来控制刀具和工件的相对运动。第六个自由度是用来调整切削（磨削）速度的，这个自由度与齿面的生成无关。

本章节之后的内容将讲述如下三种使用给定刀具曲面 Σ_t 加工工件曲面 Σ_p 的情况：

1）曲面 Σ_t 和曲面 Σ_p 连续相切，并且它们在任意时刻互相点接触而非线接触。

2）曲面 Σ_t 和曲面 Σ_p 连续相切，并且它们在任意时刻互相线接触。曲面 Σ_p 此时是作为曲面 Σ_t 表面族的包络线生成的。表面族是由曲面 Σ_t 对曲面 Σ_p 的相对运动生成的。

3）加工最佳近似曲面 Σ_g（磨削或切削），以尽可能贴近理论曲面 Σ_p。

情况1）的实例是齿轮的锻造模具。情况2）的实例是使用数控机床加工传统的弧齿锥齿轮。情况3）即是26.4节中齿面加工新方法的基础。

26.2 实现计算机数控机床的运动

1. Phoenix 型机床的简图

Phoenix 型计算机数控机床（见图26.2.1）是 Gleason 公司为加工弧齿锥齿轮和准双曲齿轮而设计的。这种机床设置六个自由度：三个回转运动和三个直移运动。三个直移运动是在三个相互垂直的方向内进行的。两个回转运动用来作为工件的转动和使机床改变工件和刀具两轴线之间的夹角的转动。第三个回转运动用来作为刀具绕其轴线的转动，一般说来，它与齿面的形成过程无关。其他五个自由度的运动用来作为齿面形成过程中相关联的运动。

2. 在 Phoenix 型机床上使用的坐标系

坐标系 $S_t(x_t, y_t, z_t)$ 和 $S_p(x_p, y_p, z_p)$ 分别刚性固接在刀具和工具上（见图26.2.2）。为了

进一步讨论，我们将区分一下表示在图 26.2.1 中记号为Ⅰ、Ⅱ、Ⅲ和Ⅳ的四个参考标架。参考标架Ⅳ是固定标架（它是机床的底座）。参考标架Ⅰ、Ⅱ和Ⅲ分别完成本个相互垂直方向内的直移运动。表示参考标架Ⅰ和Ⅲ的坐标系，我们分别标记为 S_h 和 S_m（见图 26.2.1 和图 26.2.2）。S_h 和 S_m 的坐标轴彼此是平行的，而 S_h 相对 S_m 的位置用 $(x_m^{(Oh)}, y_m^{(Oh)}, z_m^{(Oh)})$ 表示。坐标系 S_t 相对 S_h 完成绕 z_h 轴的回转运动。为了描述从 S_m 到 S_p 的坐标变换，我们利用坐标系 S_e 和 S_d（见图 26.2.2）。

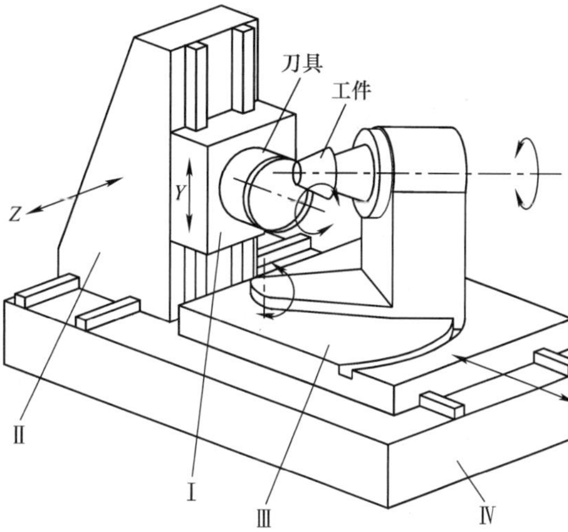

图 26.2.1　Phoenix 型机床简图

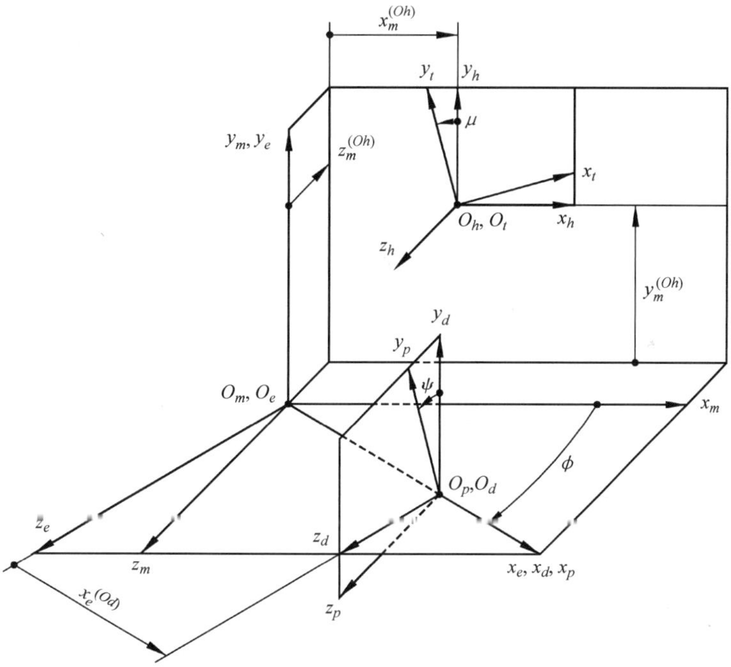

图 26.2.2　Phoenix 型机床上使用的坐标系

坐标系 S_e 相对于 S_m 完成绕 y_m 轴的回转运动。坐标系 S_d 的坐标轴平行于 S_e 的相应的坐标轴；原点 O_d 相对 O_e 的位置用参数 $x_e^{(Od)}$ = 常数来确定。坐标系 S_p 相对 S_d 完成绕 x_d 轴的回转运动。

3. Star 型计算机数控机床的简图

我们考察 Star 型计算机数控机床，这种机床设置有六个自由度（见图 26.2.3）。坐标系 $S_t(x_t, y_t, z_t)$，$S_p(x_p, y_p, z_p)$ 和 $S_f(x_f, y_f, z_f)$ 分别固接在刀具、工件和机架上。坐标系 S_d 平行于坐标系 S_f，而 S_d 相对 S_f 的位置在 S_f 中用 $(x_f^{(Od)}, 0, 0)$ 表示。坐标系 S_e 相对于 S_d 完成绕 y_d

轴的回转运动。坐标系 S_h 平行于 S_e，而 S_h 相对 S_e 的位置在 S_e 中用$(0, y_e^{(Oh)}, z_e^{(Oh)})$表示。坐标系 S_t 相对于固定坐标系 S_f 完成绕 x_f 轴的回转运动。总共有三个沿轴线 x_f，y_e 和 z_e 的直移运动和三个绕轴线 x_f，y_d 和 x_h 的回转运动。

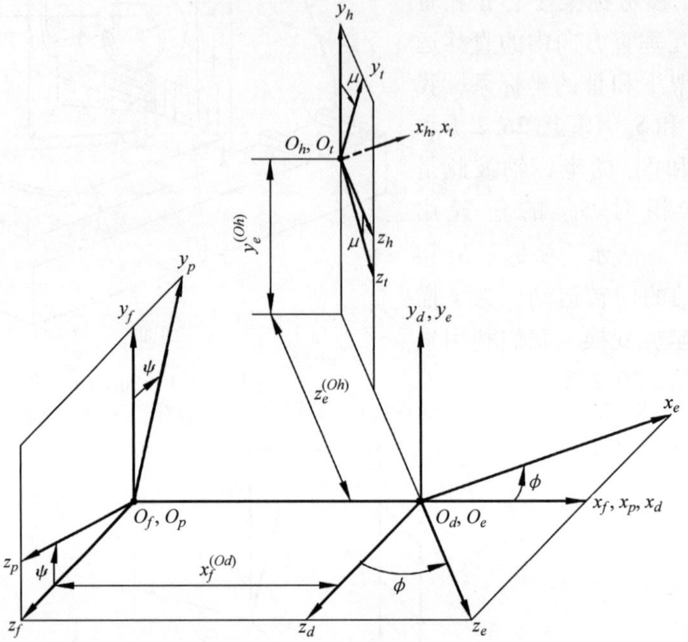

图 26.2.3 Star 型计算机数控机床的简图

4. 实现运动的基本原则

假定刀具相对于工件的位置和方向在通用切齿机床上的坐标系内（参见下文）或在抽象加工过程中的坐标系内是给定的。我们的目标是利用以上提出的这些初始情况来开发实现计算机数控机床运动的算法。为此目的，Goldrich 在 1989 年的著作中采用了这样的概念：对于分别用于计算机数控机床和加工过程的两对坐标系$(S_t^{(C)}, S_p^{(C)})$和$(S_t^{(G)}, S_p^{(G)})$存在公共的基本三棱形。本章所采用的方法如下：

1）假定 4×4 矩阵 $\boldsymbol{M}_{pt}^{(k)}$ 和 3×3 矩阵 $\boldsymbol{L}_{pt}^{(k)}$ $(k = C, G)$已经导出。上标的 C 和 G 分别表示计算机数控机床和抽象加工过程。

2）矩阵等式

$$\boldsymbol{L}_{pt}^{(C)} = \boldsymbol{L}_{pt}^{(G)} \tag{26.2.1}$$

将保证 $S_t^{(k)}$ 相对 $S_p^{(k)}$ $(k = C, G)$在两个参考标架中有相同的方向。

3）矩阵等式

$$\boldsymbol{M}_{pt}^{(C)} [0 \quad 0 \quad 0 \quad 1]^{\mathrm{T}} = \boldsymbol{M}_{pt}^{(G)} [0 \quad 0 \quad 0 \quad 1]^{\mathrm{T}} \tag{26.2.2}$$

将保证的两个参考标架有相同的位置矢量（$\overrightarrow{O_p O_t}$）。

我们对以下两种情况考察用方程（26.2.1）和方程（26.2.2）来实现 Phoenix 型机床的运动：利用通用切齿机床加工准曲面小齿轮；加工对理想齿面 $\boldsymbol{\Sigma}_p$ 具有最佳近似的齿面 $\boldsymbol{\Sigma}_g$。

5. 推导矩阵 $\boldsymbol{L}_{pt}^{(C)}$ 和位置矢量$(\overrightarrow{O_t O_p})_p^{(C)}$

利用坐标变换的例行步骤，我们得到

$$
\begin{aligned}
\boldsymbol{L}_{pt}^{(C)}(\mu,\phi,\psi) &= \boldsymbol{L}_{pd}(\psi)\boldsymbol{L}_{de}\boldsymbol{L}_{em}(\phi)\boldsymbol{L}_{mh}\boldsymbol{L}_{ht}(\mu) \\
&= \begin{bmatrix} \cos\mu\cos\phi & -\sin\mu\cos\phi & \sin\phi \\ -\cos\mu\sin\phi\sin\psi + \sin\mu\cos\psi & \sin\mu\sin\phi\sin\psi + \cos\mu\cos\psi & \cos\phi\sin\psi \\ -\cos\mu\sin\phi\cos\psi - \sin\mu\sin\psi & \sin\mu\sin\phi\cos\psi - \cos\mu\sin\psi & \cos\phi\cos\psi \end{bmatrix}
\end{aligned}
\tag{26.2.3}
$$

我们注意到，$\boldsymbol{L}_{de}$和$\boldsymbol{L}_{mh}$是酉矩阵。

推导在 S_p 中的位置矢量（$\overrightarrow{O_tO_p}$）$^{(C)}$基于如下想法：

1）

$$(\overrightarrow{O_mO_t})_p^{(C)} + (\overrightarrow{O_tO_p})_p^{(C)} = (\overrightarrow{O_mO_p})_p^{(C)}$$

于是

$$
\begin{aligned}
(\overrightarrow{O_tO_p})_p^{(C)} &= (\overrightarrow{O_mO_p})_p^{(C)} - (\overrightarrow{O_mO_t})_p^{(C)} = (\overrightarrow{O_eO_d})_p^{(C)} - (\overrightarrow{O_mO_h})_p^{(C)} \\
&= x_e^{(Od)}(\boldsymbol{i}_e)_p - x_m^{(Oh)}(\boldsymbol{i}_m)_p - y_m^{(Oh)}(\boldsymbol{j}_m)_p - z_m^{(Oh)}(\boldsymbol{k}_m)_p
\end{aligned}
\tag{26.2.4}
$$

这里，$x_e^{(Od)}$ = 常数，$x_m^{(Oh)}$，$y_m^{(Oh)}$ 和 $z_m^{(Oh)}$ 是代数值。

2）矢量（$\overrightarrow{O_tO_p}$）$^{(C)}$在坐标系 $S_p^{(C)}$ 中可以用如下矩阵方程表示：

$$(\overrightarrow{O_tO_p})_p^{(C)} = x_e^{(Od)}\boldsymbol{i}_p - x_m^{(Oh)}\boldsymbol{L}_{pm}[1\quad 0\quad 0]^{\mathrm{T}} - y_m^{(Oh)}\boldsymbol{L}_{pm}[0\quad 1\quad 0]^{\mathrm{T}} - z_m^{(Oh)}\boldsymbol{L}_{pm}[0\quad 0\quad 1]^{\mathrm{T}} \tag{26.2.5}$$

这里，$\boldsymbol{L}_{pm} = \boldsymbol{L}_{pd}\boldsymbol{L}_{de}\boldsymbol{L}_{em}$（$\boldsymbol{L}_{de}$是酉矩阵）。

方程（26.2.5）使我们得到

$$
(\overrightarrow{O_tO_p})_p^{(C)} = \begin{bmatrix} x_e^{(Od)} - x_m^{(Oh)}\cos\phi - z_m^{(Oh)}\sin\phi \\ x_m^{(Oh)}\sin\phi\sin\psi - y_m^{(Oh)}\cos\psi - z_m^{(Oh)}\cos\phi\sin\psi \\ x_m^{(Oh)}\sin\phi\cos\psi + y_m^{(Oh)}\sin\psi - z_m^{(Oh)}\cos\phi\cos\psi \end{bmatrix}
\tag{26.2.6}
$$

26.3　加工准双曲面小齿轮

1. 推导 $\boldsymbol{L}_{pt}^{(G)}$ 和 $(\overrightarrow{O_tO_p})^{(G)}$

在 22 章中讲述了利用通用切齿机床加工准双曲面小齿轮。计算机数控机床应用的坐标系表示在图 26.2.2 中。所完成的坐标变换使我们得到

$$(\boldsymbol{L}_{pt})^{(G)} = [a_{kl}(q)] \quad (k=1,2,3;l=1,2,3) \tag{26.3.1}$$

其中

$$
\begin{cases}
a_{11} = \cos i\cos\gamma_m\sin(q-j) - \sin i\sin\gamma_m \\
a_{12} = -\cos(q-j)\cos\gamma_m \\
a_{13} = \sin i\cos\gamma_m\sin(q-j) + \cos i\sin\gamma_m \\
a_{21} = \cos i\sin\gamma_m\sin\phi_p\sin(q-j) + \cos i\cos(q-j)\cos\phi_p + \sin i\cos\gamma_m\sin\phi_p \\
a_{22} = -\cos(q-j)\sin\gamma_m\sin\phi_p + \sin(q-j)\cos\phi_p \\
a_{23} = \sin i\sin\gamma_m\sin\phi_p\sin(q-j) + \sin i\cos(q-j)\cos\phi_p - \cos i\sin\gamma_m\sin\phi_p \\
a_{31} = -\cos i\sin\gamma_m\cos\phi_p\sin(q-j) + \cos i\cos(q-j)\sin\phi_p - \sin i\cos\gamma_m\cos\phi_p \\
a_{32} = \sin\gamma_m\cos\phi_p\cos(q-j) + \sin(q-j)\sin\phi_p \\
a_{33} = -\sin i\sin\gamma_m\sin(q-j)\cos\phi_p + \sin i\cos(q-j)\sin\phi_p + \cos i\cos\gamma_m\cos\phi_p
\end{cases}
\tag{26.3.2}
$$

变参数 q 和 ϕ_p 是有联系的，因此系数 a_{kl} （$k=1$，2，3；$l=1$，2，3）是 q 的函数。

位置矢量 $(\overrightarrow{O_tO_p})_p^{(G)}$ 表示如下：

$$(\overrightarrow{O_tO_p})_p^{(G)} = -(\boldsymbol{M}_{pt})^{(G)}[0 \quad 0 \quad 0 \quad 1]^{\mathrm{T}}$$

$$= -\begin{bmatrix} S_R\cos q\cos\gamma_m - \Delta B\sin\gamma_m - \Delta A \\ -S_R(\sin q\cos\phi_p - \cos q\sin\gamma_m\sin\phi_p) \\ +E_m\cos\phi_p + \Delta B\cos\gamma_m\sin\phi_p \\ -S_R(\sin q\sin\phi_p + \cos q\sin\gamma_m\cos\phi_p) \\ +E_m\sin\phi_p - \Delta B\cos\gamma_m\cos\phi_p \\ 1 \end{bmatrix} = -\begin{bmatrix} a_{14}(q) \\ a_{24}(q) \\ a_{34}(q) \\ 1 \end{bmatrix} \tag{26.3.3}$$

2. 计算机数控机床运动的实现

矩阵等式（26.2.1）给出确定函数 $\phi(q)$、$x(q)$ 和 $\mu(q)$ 的九个相关的方程。我们利用以下的步骤可以确定这些函数。

步骤1：确定 ϕ。

$$\sin\phi = a_{13}(q) \tag{26.3.4}$$

这个方程给出 ϕ 的两个解；可选取较小的 ϕ 值。

步骤2：确定 ψ。

$$\begin{cases} \cos\phi\sin\psi = a_{23}(q) \\ \cos\phi\cos\psi = a_{33}(q) \end{cases} \tag{26.3.5}$$

假定 ϕ 是给定的，这两个方程给出 ψ 的唯一解。

步骤3：确定 μ。

$$\begin{cases} \cos\mu\cos\phi = a_{11}(q) \\ -\sin\mu\cos\phi = a_{12}(q) \end{cases} \tag{26.3.6}$$

假定 ϕ 是给定的，这两个方程给出 μ 的唯一解。

在加工用端面铣刀分度切制准面双曲面小齿轮的情况下，所使用的刀具具有圆锥面。刀具面为回转曲面，刀具绕其轴线的转动与 μ 无关。仅仅在加工端面滚刀连续切制（即用单刀片切成）准双曲面小齿轮的情况下，必须应用和实现函数（26.3.6）。

矢量等式

$$(\overrightarrow{O_tO_p})_p^{(G)} = (\overrightarrow{O_tO_p})_p^{(C)} \tag{26.3.7}$$

能使我们求出函数 $x_m^{(Oh)}(q)$，$y_m^{(Oh)}(q)$ 和 $z_m^{(Oh)}(q)$。将方程（26.3.6）、方程（26.3.3）和方程（26.3.7）联立起来，组成一个含有未知数 $x_m^{(Oh)}$、$y_m^{(Oh)}$ 和 $z_m^{(Oh)}$ 的具有三个线性方程的方程组。这些方程的解可使我们确定出计算机数控机床的直移运动。

26.4 加工具有最佳近似的齿面

1. 引言

这一节的内容基于 Litvin、Chen、Zhang、Krenzer 和 Handschuh 所完成的研究工作（参见他们1993年的专著），并且其目的是讨论与理论（理想）齿面 Σ_p 必须最佳近似的齿面 Σ_g

的加工问题。

Σ_g 的加工方法基于如下想法：

1）在理想齿面 Σ_p 上选取中线 L_m，如图 26.4.1 所示。

2）刀具面 Σ_t 是专门设计的回转曲面（在特殊情况下，Σ_t 是圆锥面，如图 26.4.1 所示），该回转曲面沿 L_m 线运动。齿面 Σ_t 和 Σ_p 沿 L_m 线处于连续切触；M 是流动切触点（见图 26.4.1）。齿面 Σ_t 相对于 Σ_p 的方向（由角 β 确定）是不断变化的。流动切触点 M 处的角 β 是由 L_m 线的切线 $\boldsymbol{t}_f$ 和刀具母线的切线 $\boldsymbol{t}_b$ 构成的（见图 26.4.1）。切线 $\boldsymbol{t}_f$ 和 $\boldsymbol{t}_b$ 构成平面 Π，该面在点 M 处切于 Σ_t 和 Σ_p。

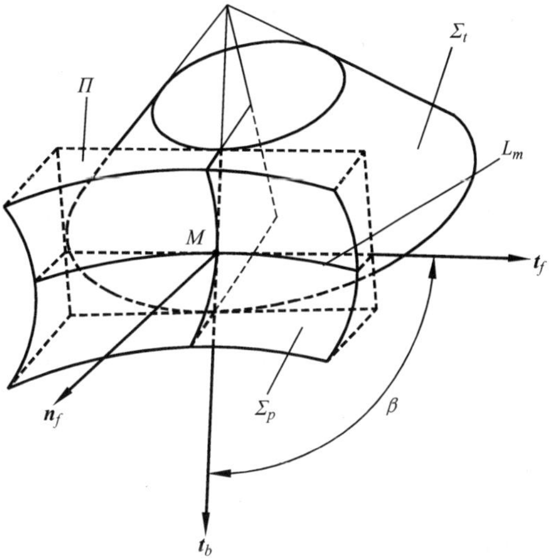

图 26.4.1　刀具面 Σ_t 相对理想齿面 Σ_p 的安装和方向

3）刀具 Σ_t 在相对于 Σ_p 的运动中以 Σ_t 曲面族的形式扫掉齿槽的区域。Σ_t 曲面族的包络是齿面 Σ_g（磨削的和切削的齿面），该齿面在 L_m 上的任一点 M 处与理想齿面 Σ_p 相切触，并且必须与 Σ_p 在不同于 L_m 的任一方向上处于最佳近似。

4）Σ_g 对 Σ_p 的最佳近似可以通过改变角 β 来得到（见图 26.4.1）。

5）刀具面 Σ_t 与 Σ_p 的连续切触和 Σ_t 方向的适当变化，可以通过多自由度计算机数控机床实现刀具所需的运动来达到。这些自由度之一的刀具绕其本身轴线转动，提供所期望的磨削（或切削）速度，而与 Σ_g 的形成过程无关。

本节的内容包括如下问题：

1）确定刀具面 Σ_t 与被加工齿面 Σ_g 之间的啮合方程。啮合方程提供曲面族包络存在的必要条件。

2）确定加工齿面 Σ_g，该齿面为用刀具扫出的 Σ_t 曲面族的包络。齿面 Σ_g 与理论（理想）齿面 Σ_p 沿中线 L_m 相吻合，而在 L_m 线以外偏离 Σ_p。

3）确定 Σ_g 离 Σ_p 的偏差（在 L_m 线以外的区域）和 Σ_g 对 Σ_p 最佳近似的偏差最小化。

4）确定在考察两配对齿面啮合和接触的计算机模拟时所需要的 Σ_g 的曲率。

5）应用多自由度的计算机数控机床实现所需要的 Σ_t 相对于 Σ_p 的运动。

现在讨论推导包络 Σ_g 存在的必要条件的有效方法。这种方法是基于 Darboux－Frenet 基本三棱形沿 Σ_p 上所选取的中线 L_m 进行运动这一设想得出的。还讨论另外一种确定被加工曲面 Σ_g 曲率的有效方法。这种方法基于这样的事实，Σ_g 的法曲率和曲面挠率（短程挠率）ⓘ等于 Σ_p 沿 L_m 的法曲率和曲面挠率，ⓘⓘ等于刀具面 Σ_t 沿特征线 L_g（Σ_t 和 Σ_g 的瞬时切触线）的法曲率和曲面挠率。

2. 理想齿面 Σ_p 上的中线

理想齿面 Σ_p 认为是正则曲面，并且表示为

$$\boldsymbol{r}_p(u_p,\theta_p)\in C^2\quad\left(\frac{\partial\boldsymbol{r}_p}{\partial u_p}\times\frac{\partial\boldsymbol{r}_p}{\partial\theta_p}\neq\boldsymbol{0},(u_p,\theta_p)\in E\right)\tag{26.4.1}$$

式中，(u_p, θ_p) 是 Σ_p 的 Caussian 坐标。

Σ_p 的单位法线矢量表示为

$$\begin{cases} \boldsymbol{n}_p = \dfrac{\boldsymbol{N}_p}{|\boldsymbol{N}_p|} \\ \boldsymbol{N}_p = \dfrac{\partial \boldsymbol{r}_p}{\partial u_p} \times \dfrac{\partial \boldsymbol{r}_p}{\partial \theta_p} \end{cases} \tag{26.4.2}$$

确定中线 L_m 基于如下步骤：

1）首先，我们在齿面 Σ_p 上确定 n 个点，这些点近似地位于所希望得到的中线 L_m 上。

2）然后，我们可以导出一多项式函数如下

$$u_{pi}(\theta_{pi}) = \sum_{j=1}^{n} a_j \theta_{p_i}^{(n-j)} \quad (i = 1, \cdots, n) \tag{26.4.3}$$

该多项式函数将联系 Σ_p 上中线的 n 个点的曲面参数 (u_p, θ_p)。

中线 L_m 及其切线矢量 $\boldsymbol{T}_p$ 和单位切线矢量 $\boldsymbol{t}_p$ 表示如下

$$\begin{cases} \boldsymbol{r}_p(u_p(\theta_p), \theta_p) \\ \boldsymbol{T}_p = \dfrac{\partial \boldsymbol{r}_p}{\partial \theta_p} + \dfrac{\partial \boldsymbol{r}_p}{\partial u_p} \dfrac{\mathrm{d}u_p}{\mathrm{d}\theta_p} \\ \boldsymbol{t}_p = \dfrac{\boldsymbol{T}_p}{|\boldsymbol{T}_p|} \end{cases} \tag{26.4.4}$$

$\boldsymbol{t}_p$ 的约束条件是这样的，在相同的插入间隔内 $\boldsymbol{t}_p$ 必须具有相同的符号，而且不等于零。

3. 刀具曲面

刀具曲面 Σ_t 与刀具刚性固接的坐标系 S_t 中用如下方程表示：

$$\begin{cases} x_t = x_t(u_t)\cos\theta_t \\ y_t = x_t(u_t)\sin\theta_t \\ z_t = z_t(u_t) \end{cases} \tag{26.4.5}$$

取 $\theta_t = 0$ 得出的 Σ_t 的轴面截线为一圆弧，或者在 Σ_t 为圆锥面的情况下为一条直线。并且刀具曲面是由 Σ_t 的轴面截线绕轴线 z_t 回转而形成的。

刀具曲面的单位法线矢量确定如下：

$$\begin{cases} \boldsymbol{n}_t = \dfrac{\boldsymbol{N}_t}{|\boldsymbol{N}_t|} \\ \boldsymbol{N}_t = \dfrac{\partial \boldsymbol{r}_t}{\partial \theta_t} \times \dfrac{\partial \boldsymbol{r}_t}{\partial u_t} \end{cases} \tag{26.4.6}$$

4. Σ_t 和 Σ_g 之间的啮合方程

啮合方程表示 Σ_t 曲面族的包络 Σ_g 存在的必要条件，该包络是由刀具曲面 Σ_t 扫出的。

如前所述，啮合方程可用如下方程导出（参见第6章）

$$\boldsymbol{N}_i^{(t)} \cdot \boldsymbol{v}_i^{(tg)} = 0 \tag{26.4.7}$$

这里，i 表示坐标系 S_i，数积的两个矢量表示在该坐标系中；$\boldsymbol{N}^{(t)}$ 是曲面 Σ_t 的法线矢量；$\boldsymbol{v}^{(tg)}$ 是 Σ_t 对 Σ_g 运动的相对速度。

下面，我们假设有两个基本坐标系 S_t 和 S_p，它们分别与刀具曲面 Σ_t 和理想齿面 Σ_p 刚性固接。另外，我们还假定有两个基本三棱形：$S_b(\boldsymbol{t}_b, \boldsymbol{d}_b, \boldsymbol{n}_b)$ 和 $S_f(\boldsymbol{t}_f, \boldsymbol{d}_f, \boldsymbol{n}_f)$。基本三棱形 S_b 与 Σ_t 及坐标系 S_t 刚性固接（见图 26.4.2）。这里，O_b 是所选取的 Σ_t 素线上的点，基本三棱形 S_b 位于该点；$\boldsymbol{t}_b$ 是素线在点 O_b 处的单位切线矢量；$\boldsymbol{n}_b$ 是曲面 Σ_t 在点 Q_b 的单位法线矢量；$\boldsymbol{d}_b = \boldsymbol{n}_b \times \boldsymbol{t}_b$；两矢量 $\boldsymbol{t}_b$ 和 $\boldsymbol{d}_b$ 构成 Σ_t 在点 O_b 处的切面。基本三棱形 S_f 沿中线 L_m 运动（见图 26.4.3）；$\boldsymbol{t}_f$ 是中线 L_m 在流动点 M 处的切线矢量（见图 26.4.3）；$\boldsymbol{n}_f$ 是曲面 Σ_p 在点 M 处的单位法线矢量；$\boldsymbol{d}_f = \boldsymbol{n}_f \times \boldsymbol{t}_f$；两矢量 $\boldsymbol{t}_f$ 和 $\boldsymbol{d}_f$ 构成 Σ_p 在点 M 处的切面。

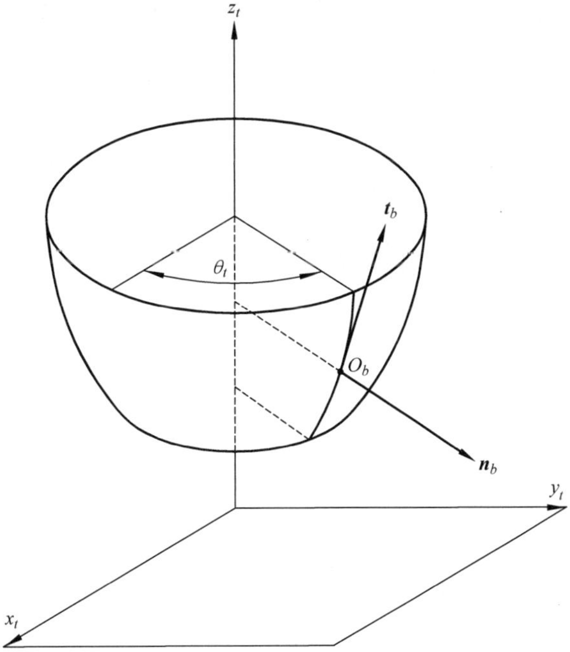

图 26.4.2　刀具面 Σ_t

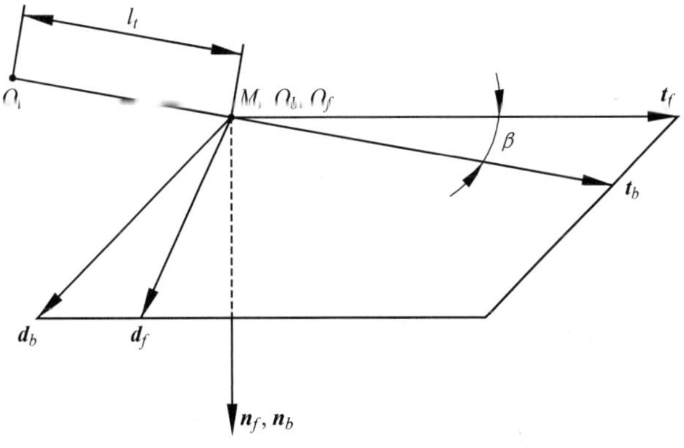

图 26.4.3　基本三棱形 S_b 相对于 S_f 的方向

刀具与曲面 Σ_t 和基本三棱形 S_t 一起沿 Σ_p 的中线 L_m 运动，并且点 O_b 与中线 L_m 的流动点 M 重合。两曲面 Σ_t 和 Σ_p 在中线 L_m 的任一流动点 M 处都切触。S_b 相对于 S_f 的方向用角 β 确定，该角在齿面形成过程中是变化的（见图 26.4.3）。

我们着手推导 Σ_t 为圆锥面情况下的啮合方程（见图 26.4.4）。S_f 相对于 S_p 转动的角速

度 $\boldsymbol{\omega}_f$ 表示为（参见第7章）

$$\boldsymbol{\omega}_f=(t\boldsymbol{t}_f-k_n\boldsymbol{d}_f+k_g\boldsymbol{n}_f)\frac{\mathrm{d}s}{\mathrm{d}t} \tag{26.4.8}$$

式中，t 是曲面挠率（短程挠率）；k_n 和 k_g 是曲面 $\boldsymbol{\Sigma}_p$ 在中线 L_m 的流动点 M 处的法曲率和短程曲率；ds 是沿 L_m 的无限小位移。

基本三棱形 S_b 的角速度 $\boldsymbol{\Omega}_f$ 在 S_f 中表示为

$$\boldsymbol{\Omega}_f=\boldsymbol{\omega}_f+\frac{\mathrm{d}\beta}{\mathrm{d}t}\boldsymbol{n}_f=\left[t\quad -k_n\quad k_g+\frac{\mathrm{d}\beta}{\mathrm{d}s}\right]^{\mathrm{T}}\frac{\mathrm{d}s}{\mathrm{d}t} \tag{26.4.9}$$

圆锥 $\boldsymbol{\Sigma}_t$ 的方向用函数 $\beta(\theta_p)$ 和

$$\frac{\mathrm{d}\beta}{\mathrm{d}s}=\frac{\mathrm{d}\beta}{\mathrm{d}\theta_p}\frac{\mathrm{d}\theta_p}{\mathrm{d}s}=\left(\frac{\mathrm{d}\beta}{\mathrm{d}\theta_p}\right)\frac{1}{|\boldsymbol{T}_p|} \tag{26.4.10}$$

确定，这里 $\boldsymbol{T}_p$ 是中线 L_m 在流动点 M 处的切线矢量。

矢量分量从 S_t 到 S_b 和从 S_b 到 S_f 的变换用 3×3矩阵算子 $\boldsymbol{L}_{bt}$ 和 $\boldsymbol{L}_{fb}$ 表示。这里

$$\boldsymbol{L}_{f\mathrm{b}}=\begin{bmatrix}\cos\beta & -\sin\beta & 0\\ \sin\beta & \cos\beta & 0\\ 0 & 0 & 1\end{bmatrix} \tag{26.4.11}$$

$$\boldsymbol{L}_{bt}=\begin{bmatrix}\sin\gamma_t\cos\theta_t & \sin\gamma_t\sin\theta_t & \cos\gamma_t\\ \sin\theta_t & -\cos\theta_t & 0\\ \cos\gamma_t\cos\theta_t & \cos\gamma_t\sin\theta_t & -\sin\gamma_t\end{bmatrix} \tag{26.4.12}$$

圆锥面 $\boldsymbol{\Sigma}_t$ 在 S_t 中表示如下（见图26.4.4）

$$\boldsymbol{r}_t=u_t[\sin\gamma_t\cos\theta_t\quad \sin\gamma_t\sin\theta_t\quad \cos\gamma_t]^{\mathrm{T}} \tag{26.4.13}$$

式中，$(u_t,\ \theta_t)$ 是曲面参数；γ_t 是锥顶角。

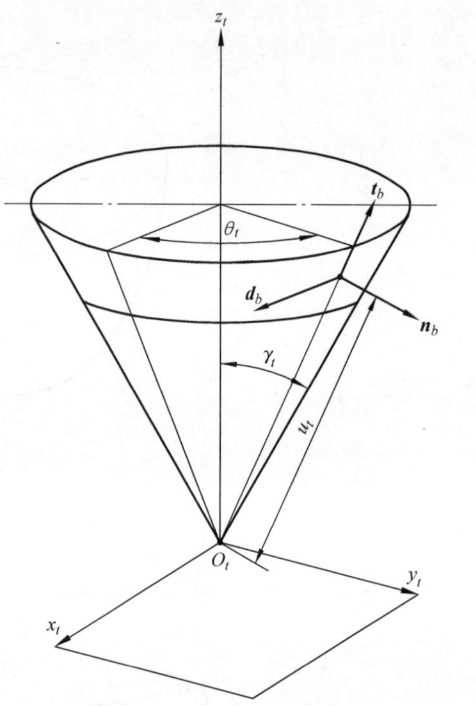

图26.4.4 磨削刀具的圆锥面

圆锥面的单位法线矢量为

$$\boldsymbol{n}_t=u_t\ [\cos\gamma_t\cos\theta_t\quad \cos\gamma_t\sin\theta_t\quad -\sin\gamma_t]^{\mathrm{T}} \tag{26.4.14}$$

所求的啮合方程（包括 $\boldsymbol{\Sigma}_g$ 存在的必要条件）表示为如下形式：

$$\boldsymbol{n}_f^{(t)}\cdot\boldsymbol{v}_f^{(tg)}=0 \tag{26.4.15}$$

其中

$$\boldsymbol{n}_f^{(t)}=\boldsymbol{L}_{ft}\boldsymbol{n}_t \tag{26.4.16}$$

考虑到下面的想法，可以简化表达式 $\boldsymbol{v}_f^{(tg)}$ 的推导。

1）相对速度矢量 $\boldsymbol{v}_f^{(tg)}$ 可表示为

$$\boldsymbol{v}_f^{(tg)}=\boldsymbol{\Omega}_f^{(s)}\boldsymbol{r}_f^{(t)}+\frac{\mathrm{d}s}{\mathrm{d}t}\boldsymbol{t}_f \tag{26.4.17}$$

这里，$\boldsymbol{\Omega}_f^{(s)}$ 是斜对称矩阵，表示为

$$\boldsymbol{\Omega}_f^{(s)}=\begin{bmatrix}0 & -\omega_3 & \omega_2\\ \omega_3 & 0 & -\omega_1\\ -\omega_2 & \omega_1 & 0\end{bmatrix} \tag{26.4.18}$$

矢量 $\boldsymbol{\Omega}_f$ 表示为

$$\boldsymbol{\Omega}_f=\omega_1\boldsymbol{t}_f+\omega_2\boldsymbol{d}_f+\omega_3\boldsymbol{n}_f=\begin{bmatrix} t & -k_n & k_g+\dfrac{\mathrm{d}\beta}{\mathrm{d}s}\end{bmatrix}^{\mathrm{T}}\frac{\mathrm{d}s}{\mathrm{d}t} \tag{26.4.19}$$

2）假定曲面 Σ_t 上的点 N 是特征线（Σ_t 与被加工齿面 Σ_g 的切触线）上的点。可以肯定，啮合方程对点 N 一定满足。

位置矢量 $\overrightarrow{O_fN}$ 可以表示为

$$\overrightarrow{O_fN}=\overrightarrow{O_tN}-\overrightarrow{O_tO_f} \tag{26.4.20}$$

这里，$\overrightarrow{O_tN}$ 是点 N 的位置矢量，该矢量是从 S_t 的原点 O_t 引至点 N。矢量 $\overrightarrow{O_tN}$ 在 S_t 中表示为

$$\overrightarrow{O_tN}=u_t\boldsymbol{e}_t=u_t(\sin\gamma_t\cos\theta_t\boldsymbol{i}_t+\sin\gamma_t\sin\theta_t\boldsymbol{j}_t+\cos\gamma_t\boldsymbol{k}_t) \tag{26.4.21}$$

其中

$$\boldsymbol{e}_t=\frac{\dfrac{\partial}{\partial u_t}(\boldsymbol{r}_t)}{\left|\dfrac{\partial}{\partial u_t}(\boldsymbol{r}_t)\right|} \tag{26.4.22}$$

是圆锥素线 $\overrightarrow{O_fN}$ 的单位矢量。

矢量 $\overrightarrow{O_tO_f}$（见图 26.4.3）在 S_b 中表示为

$$\overrightarrow{O_tO_f}=l_t\boldsymbol{i}_b \tag{26.4.23}$$

式中，$l_t=|\overrightarrow{O_tO_f}|$。矢量 $\overrightarrow{O_fN}$ 在 S_f 中用如下矩阵方程表示为

$$\boldsymbol{r}_f^{(t)}=u_t\boldsymbol{L}_{ft}\boldsymbol{e}_t-l_t\boldsymbol{L}_{fb}\boldsymbol{i}_b \tag{26.4.24}$$

3）我们现在将啮合方程表示为

$$\boldsymbol{n}_f^{(t)}\cdot\boldsymbol{v}_f^{(tg)}=\boldsymbol{n}_f^{(t)}\cdot[\boldsymbol{\Omega}_f^{(s)}(u_t\boldsymbol{L}_{ft}\boldsymbol{e}_t-l_t\boldsymbol{L}_{fb}\boldsymbol{i}_b)]+(\boldsymbol{n}_f^{(t)}\cdot\boldsymbol{t}_f)\frac{\mathrm{d}s}{\mathrm{d}t} \tag{26.4.25}$$

4）进一步简化啮合方程基于如下斜对称矩阵的运算规则（参见 Goldstein 1950 年的专著）

$$\boldsymbol{A}^{\mathrm{T}}\boldsymbol{B}^{(s)}\boldsymbol{A}=\boldsymbol{C}^{(s)} \tag{26.4.26}$$

这里，$\boldsymbol{B}^{(s)}$ 和 $\boldsymbol{C}^{(s)}$ 表示斜对称矩阵，$\boldsymbol{A}^{\mathrm{T}}$ 是 $\boldsymbol{A}$ 的转置矩阵。

假定 $\boldsymbol{B}^{(s)}$ 的元素用矢量的分量表示为

$$\boldsymbol{b}=[b_1\quad b_2\quad b_3]^{\mathrm{T}} \tag{26.4.27}$$

则我们提出，斜对称矩阵 $\boldsymbol{C}^{(s)}$ 的元素可用矢量 $\boldsymbol{c}$ 的分量表示，这里

$$[c_1\quad c_2\quad c_3]^{\mathrm{T}}=\boldsymbol{A}^{\mathrm{T}}[b_1\quad b_2\quad b_3]^{\mathrm{T}} \tag{26.4.28}$$

利用以上的条件，并且消去 $\mathrm{d}s/\mathrm{d}t$，啮合方程的最终表达式可以表示为

$$\boldsymbol{n}_f^{(t)}\cdot\boldsymbol{v}_f^{(tg)}=f(u_t,\theta_t,\theta_p)=u_t\boldsymbol{n}_t^{\mathrm{T}}\boldsymbol{A}^{(s)}\boldsymbol{e}_t-l_t\boldsymbol{n}_b^{\mathrm{T}}\boldsymbol{B}^{(s)}\boldsymbol{i}_b+\boldsymbol{n}_t^{\mathrm{T}}\boldsymbol{L}_{ft}^{\mathrm{T}}\boldsymbol{t}_f=0 \tag{26.4.29}$$

其中

$$\begin{cases}\boldsymbol{A}^{(s)}\dfrac{\mathrm{d}s}{\mathrm{d}t}=\boldsymbol{L}_{ft}^{\mathrm{T}}\boldsymbol{\Omega}_f^{(s)}\boldsymbol{L}_{ft}\\[2ex]\boldsymbol{B}^{(s)}\dfrac{\mathrm{d}s}{\mathrm{d}t}=\boldsymbol{L}_{fb}^{\mathrm{T}}\boldsymbol{\Omega}_f^{(s)}\boldsymbol{L}_{fb}\end{cases} \tag{26.4.30}$$

$$\boldsymbol{A}^{(s)}=\begin{bmatrix}0 & -a_3 & a_2\\ a_3 & 0 & -a_1\\ -a_2 & a_1 & 0\end{bmatrix} \tag{26.4.31}$$

$$\begin{bmatrix} a_1 \\ a_2 \\ a_3 \end{bmatrix} = \begin{bmatrix} t\cos\beta\sin\gamma_t - k_n\sin\beta\sin\gamma_t + \left(k_g + \dfrac{\mathrm{d}\beta}{\mathrm{d}s}\right)\cos\gamma_t \\ t\sin\beta + k_n\cos\beta \\ t\cos\beta\cos\gamma_t - k_n\sin\beta\cos\gamma_t - \left(k_g + \dfrac{\mathrm{d}\beta}{\mathrm{d}s}\right)\sin\gamma_t \end{bmatrix} \tag{26.4.32}$$

$$\begin{cases} \boldsymbol{B}^{(s)} = \begin{bmatrix} 0 & -b_3 & b_2 \\ b_3 & 0 & -b_1 \\ -b_2 & b_1 & 0 \end{bmatrix} \\ \begin{bmatrix} b_1 \\ b_2 \\ b_3 \end{bmatrix} = \begin{bmatrix} t\cos\beta - k_n\sin\beta \\ -t\sin\beta - k_n\cos\beta \\ \left(k_g + \dfrac{\mathrm{d}\beta}{\mathrm{d}s}\right) \end{bmatrix} \end{cases} \tag{26.4.33}$$

特征线 L_g（即 $\boldsymbol{\Sigma}_t$ 和 $\boldsymbol{\Sigma}_g$ 的瞬时切触线）的线族在坐标系 S_t 中用如下方程表示：

$$\boldsymbol{r}_t = \boldsymbol{r}_t(u_t, \theta_t) \quad (f(u_t, \theta_t, \theta_p) = 0) \tag{26.4.34}$$

式中，θ_p 是 L_g 的曲线族的参数。取 $\theta_p = \theta_p^{(i)}$ $(i = 1, 2, \cdots, n)$，我们得到面 $\boldsymbol{\Sigma}_t$ 上的流动特征线。

容易证明，$\boldsymbol{\Sigma}_t$ 和 $\boldsymbol{\Sigma}_g$ 之间的啮合方程对于理想曲面 $\boldsymbol{\Sigma}_p$ 上中线 L_m 的流动点 M 是满足的。这意味着特征线 L_g 交 L_m 于点 M，对该点我们可取 $\theta_t = 0$，因为 $\boldsymbol{\Sigma}_t$ 是回转曲面。在 $\boldsymbol{\Sigma}_t$ 是圆锥面的情况下（见图 26.4.4），对点 M 我们可以取 $u_t = |\overrightarrow{O_tO_b}| = l_t$。

以上讨论的推导啮合方程的方法，可以容易地推广应用到刀具曲面为一般回转曲面的更为普遍的情况。

5. 确定被加工齿面 $\boldsymbol{\Sigma}_g$

被磨削的齿面 $\boldsymbol{\Sigma}_g$ 是作为刀具面 $\boldsymbol{\Sigma}_t$ 的曲面族的包络加工出来的；齿面 $\boldsymbol{\Sigma}_g$ 在 S_p 中用如下方程表示：

$$\boldsymbol{r}_g^{(p)}(u_p(\theta_p), \theta_p, u_t, \theta_t) = \boldsymbol{L}_{pf}\boldsymbol{r}_f^{(t)} + \boldsymbol{r}_p^{(M)}(u_p(\theta_p), \theta_p) \quad (f(u_t, \theta_t, \theta_p) = 0) \tag{26.4.35}$$

这里，$f(u_t, \theta_t, \theta_p) = 0$ 是啮合方程；$\boldsymbol{r}_f^{(t)}(u_t, \theta_t)$ 是表示在 S_f 中的刀具面 $\boldsymbol{\Sigma}_t$ 的方程；$\boldsymbol{r}_p^{(M)}(u_p(\theta_p), \theta_p)$ 是在 S_p 中表示中线 L_m 的矢量函数；将矢量从 S_f 变换到 S_p 的 3×3 矩阵算子 $\boldsymbol{L}_{pf}$ 表示为

$$\boldsymbol{L}_{pf} = \begin{bmatrix} t_{px} & d_{px} & n_{px} \\ t_{py} & d_{py} & n_{py} \\ t_{pz} & d_{pz} & n_{pz} \end{bmatrix} \tag{26.4.36}$$

其中

$$\boldsymbol{t}_p = \frac{\dfrac{\partial}{\partial\theta_p}(\boldsymbol{r}_p^{(M)})}{\left|\dfrac{\partial}{\partial\theta_p}(\boldsymbol{r}_p^{(M)})\right|} \tag{26.4.37}$$

是中线 L_m 的单位切线矢量

$$\boldsymbol{n}_p = \pm \frac{\dfrac{\partial \boldsymbol{r}_p}{\partial u_p} \times \dfrac{\partial \boldsymbol{r}_p}{\partial \theta_p}}{\left| \dfrac{\partial \boldsymbol{r}_p}{\partial u_p} \times \dfrac{\partial \boldsymbol{r}_p}{\partial \theta_p} \right|} \tag{26.4.38}$$

$$\boldsymbol{d}_p = \boldsymbol{n}_p \times \boldsymbol{t}_p \tag{26.4.39}$$

在方程（26.4.38）中所选取的符号必须保证 $\boldsymbol{n}_p$ 的方向朝向曲面的“本体”。

方程（26.4.35）在 S_p 中以三参数形式表示被加工曲面 $\boldsymbol{\Sigma}_g$，但是，这些参数是有联系的。当 Σ_t 是圆锥面时，参数 u_t 在啮合方程中是线性的，所以这个参数可以消去，并且被加工齿面 $\boldsymbol{\Sigma}_g$ 在 S_p 中表示为

$$\boldsymbol{r}_p^{(g)} = \boldsymbol{r}_g = \boldsymbol{r}_g(\theta_p, \theta_t) \tag{26.4.40}$$

如前所述，齿面 $\boldsymbol{\Sigma}_g$ 和 $\boldsymbol{\Sigma}_p$ 有一公共线 L_m，并且它们沿此线相切触。齿面 $\boldsymbol{\Sigma}_g$ 沿普通通过 L_m 线上流动点 M 的瞬时接触线 L_g 与 Σ_t 相切触。L_g 和 L_m 的切线位于通过点 M 且同时切于三个曲面（Σ_p，Σ_g 和 Σ_t）的平面内。

6. 被加工齿面 $\boldsymbol{\Sigma}_g$ 对理想齿面 $\boldsymbol{\Sigma}_p$ 的最佳近似

$\boldsymbol{\Sigma}_g$ 对 $\boldsymbol{\Sigma}_p$ 最佳近似的方法可分为如下几个步骤：

1）设计 $\boldsymbol{\Sigma}_p$ 上的网格，即点网在这些点将确定出 $\boldsymbol{\Sigma}_g$ 离开 $\boldsymbol{\Sigma}_p$ 的偏差。

2）确定第一次迭代的初始函数 $\beta^{(1)}(\theta_p)$；角 β 确定刀具曲面 $\boldsymbol{\Sigma}_t$ 相对 $\boldsymbol{\Sigma}_p$ 的方向（见图26.4.1和图26.4.3）。

3）利用初始函数 $\beta^{(1)}(\theta_p)$确定 $\boldsymbol{\Sigma}_g$ 离开 $\boldsymbol{\Sigma}_p$ 的偏差。

4）最佳偏差的最小化。

（1）齿面 $\boldsymbol{\Sigma}_p$ 上的网络　图26.4.5a 表示齿面 $\boldsymbol{\Sigma}_p$ 上的网格，即（n，m）个点的网，在这些点考察 $\boldsymbol{\Sigma}_g$ 离开 $\boldsymbol{\Sigma}_p$ 的偏差。位置矢量为 $\overrightarrow{O_pQ_{i,j}} = \boldsymbol{r}_p^{(i,j)}$（见图26.4.5b）。计算基于如下的步骤：

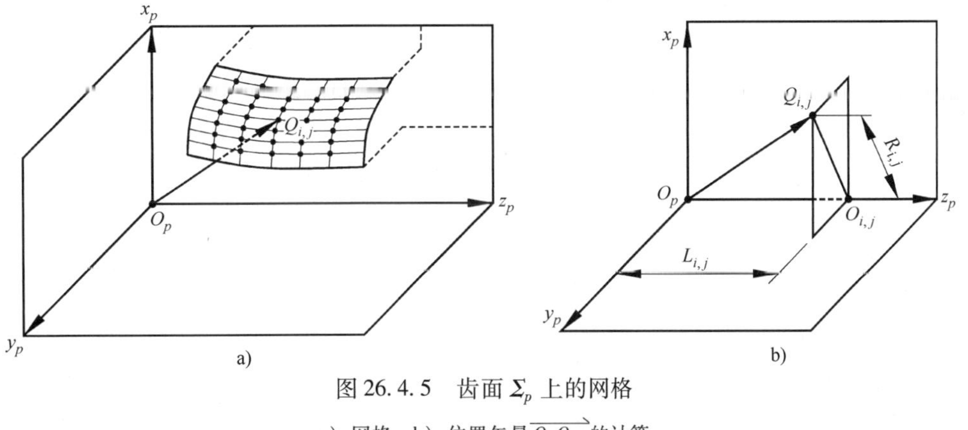

图26.4.5　齿面 Σ_p 上的网格

a）网格　b）位置矢量$\overrightarrow{O_pQ_{i,j}}$的计算

1）所期望的位置矢量 $\boldsymbol{r}_p^{(i,j)}$ 的分量 $L_{i,j}$和 $R_{i,j}$是已知的。

2）考虑到

$$\begin{cases} L_{i,j} = z_p^{(i,j)} \\ R_{i,j}^2 = [x_p^{(i,j)}(u_p, \theta_p)]^2 + [y_p^{(i,j)}(u_p, \theta_p)]^2 \end{cases} \tag{26.4.41}$$

我们将得到每一网格点的齿面 Σ_p 的参数 $(u_p^{(i,j)},\theta_p^{(i,j)})$。

（2）确定初始值函数 $\beta^{(1)}(\theta_p)$　确定 $\beta^{(1)}(\theta_p)$ 基于如下想法：$\boldsymbol{t}_b$（刀具素线）相对于中线 L_m 的单位切线矢量 $\boldsymbol{t}_f$ 的瞬时方向（见图 26.4.1）必须保证 $|k_n^{(r)}|$ 的最小值。这里，$k_n^{(r)}$ 是用式（26.4.42）确定的相对法曲率：

$$k_n^{(r)} = k_n^{(t)} - k_n^{(p)} \tag{26.4.42}$$

式中，$k_n^{(t)}$ 和 $k_n^{(p)}$ 是齿面 Σ_t 和 Σ_p 沿 $\boldsymbol{t}_b$ 方向的法曲率。在 Σ_p 为不可展直纹面的情况下，矢量 $\boldsymbol{t}_b$ 可以沿 Σ_p 的渐近线指向。

$|k_n^{(r)}|$ 为最小这一条件能使我们用数字求出函数 $\beta^{(1)}(\theta_p)$。因为我们需要进一步计算导数 $\mathrm{d}\beta/\mathrm{d}\theta_p$，所以将函数 $\beta^{(1)}(\theta_p)$ 表示为多项式函数，而且该多项式函数一定要满足对中线 L_m 上选取的点所得到的数据。

（3）确定 Σ_g 离开 Σ_p 的偏差　在这一研究步骤，我们可以确定前面讨论的齿面 Σ_t 和 Σ_g 之间的啮合方程及齿面 Σ_g。计算 Σ_g 在网格点离开 Σ_p 的偏差基于如下考虑：

1）齿面 Σ_p 和 Σ_g 用如下的矢量函数表示在同一坐标系（S_p）中：

$$\boldsymbol{r}_p(u_p,\theta_p),\boldsymbol{r}_g(\theta_g,\theta_t) \tag{26.4.43}$$

齿面 Σ_g 的参数 θ_g 确定齿面 Σ_g 上中线 L_m 的流动点的位置。

2）对于齿面 Σ_p 上网格的每一个点 $Q_p^{(i,j)}$，位置矢量 $\boldsymbol{r}_p^{(i,j)}$ 和曲面坐标 $(u_p^{i,j},\ \theta_p^{(i,j)})$ 是已知的。

3）齿面 Σ_g 的点 $Q_g^{(i,j)}$ 对应于齿面 Σ_p 上的点 $Q_p^{(i,j)}$。齿面 Σ_g 的参数（$\theta_g^{(i,j)},\theta_t^{(i,j)}$）可以用如下两个方程来确定：

$$\begin{cases} y_g^{(i,j)}(\theta_g^{(i,j)},\theta_t^{(i,j)}) = y_p^{(i,j)}(u_p^{(i,j)},\theta_p^{(i,j)}) \\ z_g^{(i,j)}(\theta_g^{(i,j)},\theta_t^{(i,j)}) = z_p^{(i,j)}(u_p^{(i,j)},\theta_p^{(i,j)}) \end{cases} \tag{26.4.44}$$

4）由于 Σ_g 离开 Σ_p 有偏差，我们有 $x_g^{(i,j)} \neq x_p^{(i,j)}$。在网格点 $Q_p^{(i,j)}$ 处 Σ_g 离开 Σ_p 的偏差用如下方程确定

$$\delta_{i,j} = \boldsymbol{n}_p^{(i,j)} \cdot (\boldsymbol{r}_g^{(i,j)} - \boldsymbol{r}_p^{(i,j)}) \tag{26.4.45}$$

式中，$\boldsymbol{n}_p^{(i,j)}$ 是齿面 Σ_p 在网格点 $Q_p^{(i,j)}$ 处的单位法线矢量。

偏差 $\delta_{i,j}$ 可能是正的，也可能是负的，假定 $\boldsymbol{n}_p^{(i,j)}$ 指向齿面 Σ_p 的“本体”且当 $\delta_{i,j}>0$ 时，这种的偏差我们记为正值。Σ_g 相对于 Σ_p 的正偏差将保证 Σ_g 在 Σ_p 以内，而且齿面 Σ_p 是“凸起的”。

不排除这样的情况，最初，对网格的所有点未都遵守不等式 $\delta_{i,j}>0$。然而，如果选取以下可供选择的方案，正偏差 $\delta_{i,j}$ 是可以得到的：

1）选取轴向截面内为圆弧的回转曲面以代替圆锥，并且要确定一合适的圆弧半径。

2）改变参数 $l_t = |\overrightarrow{O_tO_b}|$（见图 26.4.3），这意味着磨削圆锥相对中线 L_m 沿 $\boldsymbol{t}_b$ 进行移动。

3）改变最初选取的函数 $\beta^{(1)}(\theta_p)$。

（4）偏差 $\delta_{i,j}$ 的最小化　假定 Σ_g 相对 Σ_p 的偏差 $\delta_{i,j}(i=1,\cdots,n;j=1,\cdots,m)$ 已经在（n，m）个网格点处确定。通过修正前面求出的函数 $\beta^{(1)}(\theta_p)$，可以达到偏差的最小化。修正角 β 相当于修正由齿面 Σ_t 和 Σ_g 上的两个主方向所构成的夹角。通过刀具绕着齿面 Σ_t 和 Σ_p 在其瞬时切触点 M_k 处的公法线的转动，可以达到修正角 β。

偏差 $\delta_{i,j}$ 的最小化基于如下步骤。

步骤 1：假定有一特征线 L_{gk}，即齿面 Σ_t 和 Σ_g 之间的接触线，该线通过曲面 Σ_p 上中线 L_m 的流动点 M_k（见图 26.4.6）。沿 L_{gk} 线确定 Σ_t 和 Σ_p 之间偏差 δ_k，并且找出两个最大偏差，记为 $\delta_{k\max}^{(1)}$ 和 $\delta_{k\max}^{(2)}$。L_{gk} 上偏差为最大的两个点记为 $N_k^{(1)}$ 和 $N_k^{(2)}$。这两个点是在齿面 Σ_g 上以 L_m 线为分界线的两个区域 I 和 II 中确定的。同时考察两个区域内的最大偏差能使我们对整个齿面 Σ_g 的偏差加以最小化。

注意：Σ_t 沿 L_{gk} 离开 Σ_p 的偏差同时是 Σ_g 沿 L_{gk} 离开 Σ_p 的偏差，因为 L_{gk} 是 Σ_t 和 Σ_g 的切触线。

步骤 2：偏差的最小化可以通过修正在点 M_k 确定的角 β_k 来完成（见图 26.4.6）。偏差的最小化是在局部，是对具有特征线 L_{gk} 的齿面 Σ_g 的曲面片 k 来完成的。最小化的过程是基于如下想法的计算机迭代过程：

1）目标函数表示为

$$F_k = \min(\delta_{k\max}^{(1)} + \delta_{k\max}^{(2)}) \tag{26.4.46}$$

该式具有约束条件 $\delta_{i,j} \geqslant 0$。

2）目标函数的变量 $\Delta\beta_k$。这样，假定角

$$\beta_k^{(2)} = \beta_k^{(1)} + \Delta\beta_k \tag{26.4.47}$$

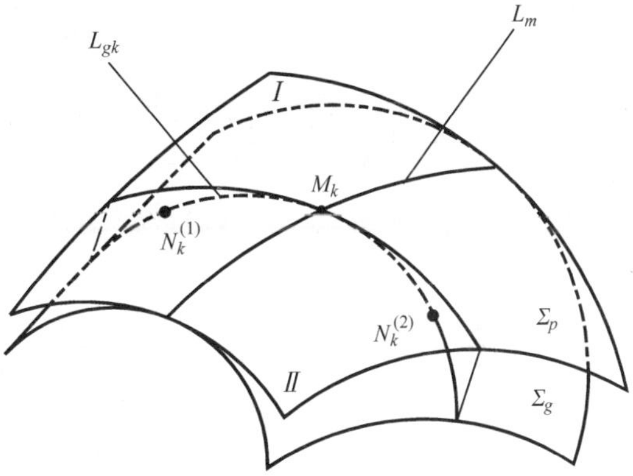

图 26.4.6　沿 L_{gk} 线确定最大偏差

并且，利用含有 β_k 的啮合方程，我们可以确定新的特征线、包络 $\Sigma_g^{(k)}$ 的曲面片和新的偏差。上面应用的迭代法给出所求的目标函数。角 β_k 的最终修正，我们记为 $\beta_k^{(\mathrm{opt})}$。

注意：新的接触线 $L_{gk}^{(2)}$（用 $\beta_k^{(2)}$ 确定的）稍为不同于实际的接触线，因为导数 $\mathrm{d}\beta_k^{(1)}/\mathrm{d}s$ 而不是 $\mathrm{d}\beta_k^{(2)}/\mathrm{d}s$ 被用来确定 $L_{gk}^{(2)}$。不过，$L_{gk}^{(2)}$ 非常接近实际的接触线。

步骤 3：必须对具有各自曲面片特征线 L_{gk} 的齿面 Σ_g 的曲面片组完成所讨论的步骤。

如前所述，整个曲面的偏差必须满足不等式 $\delta_{i,j} \geqslant 0$。优化程序用流程图如图 26.4.7 所示。

7. 被磨削齿面 Σ_g 的曲率

利用齿面 Σ_g 的方程直接确定 Σ_g 的曲率是一个复杂的课题。如果利用作者提出的如下条件，这个问题的解法可以显著地加以简化：齿面 Σ_p 和 Σ_g 的法曲率和曲面挠率（短程挠率）沿曲线 L_m 分别是相等的；齿面 Σ_t 和 Σ_g 的法曲率和曲面挠率沿曲线 L_g 是相等的。这样能使我们导出通过 Σ_p 和 Σ_t 的法曲率和曲面挠率表示出齿面 Σ_g 的主曲率的四个方程。然而，这些方程中只有三个独立的（参见下文）。

进一步的推导基于如下方程：

$$k_n = k_I \cos^2 q + k_{II} \sin^2 q = \frac{1}{2}(k_I + k_{II}) + \frac{1}{2}(k_I - k_{II})\cos 2q \tag{26.4.48}$$

$$t = \frac{1}{2}(k_{II} - k_I)\sin 2q \tag{26.4.49}$$

式中，k_I 和 k_{II} 是曲面的主曲率；角 q 是由单位 $\boldsymbol{e}_I$ 和 $\boldsymbol{e}$ 构成的夹角，该角从 $\boldsymbol{e}_I$ 到 $\boldsymbol{e}$ 沿逆时针方向测量；$\boldsymbol{e}_I$ 是具有主曲率 k_I 的主方向；$\boldsymbol{e}$ 是要考察的法曲率所在方向上的单位矢量；

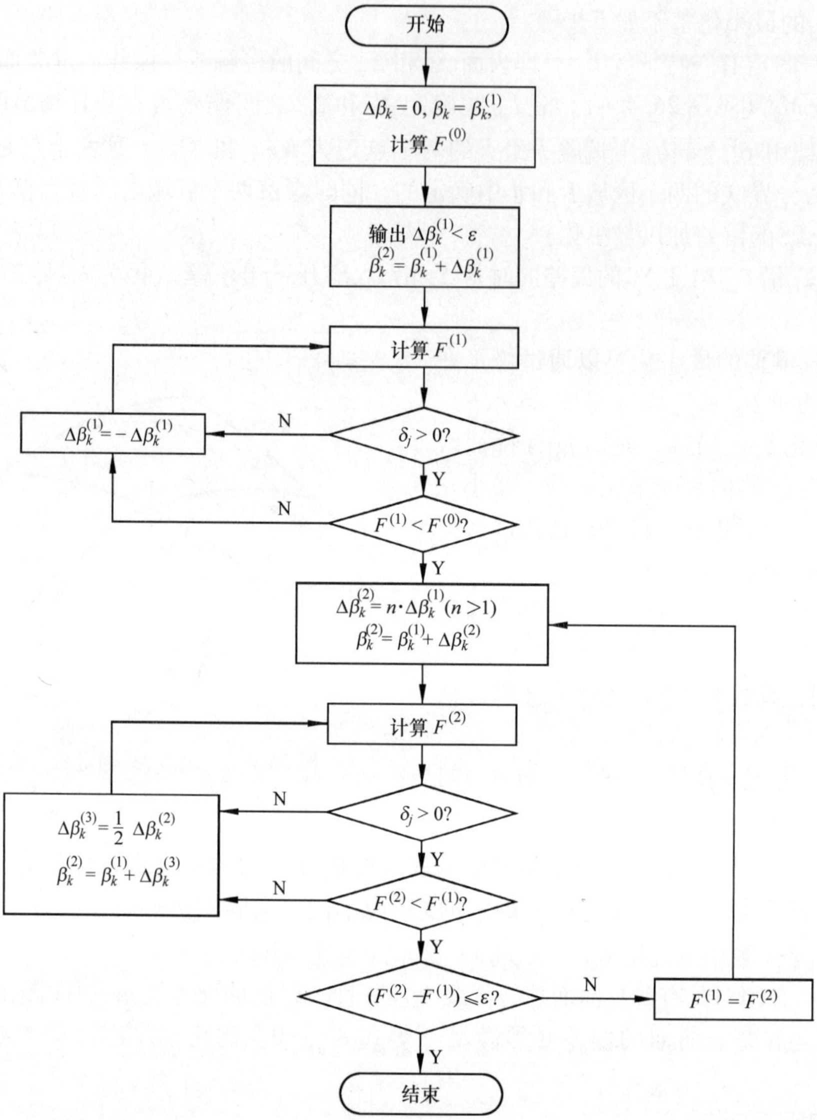

图 26.4.7　优化流程图

t 是 $\boldsymbol{e}$ 所表示的方向上的曲面挠率。

方程（26.4.48）称作 Euler 方程。方程（26.4.49）在微分几何中称为 Bonnet - Germain 方程（参见第 7 章）。

确定 $\boldsymbol{\Sigma}_g$ 的主曲率和主方向基于如下的计算步骤（参见 7.9 节）。

步骤 1：基于应用于齿面 $\boldsymbol{\Sigma}_p$ 的方程（26.4.48）和方程（26.4.49）来确定 L_m 切线方向上的齿面 $\boldsymbol{\Sigma}_g$ 的 $k_n^{(1)}$ 和 $t^{(1)}$。我们记得 $\boldsymbol{\Sigma}_p$ 和 $\boldsymbol{\Sigma}_g$ 沿上述方向具有相同的 $k_n^{(1)}$ 和 $t^{(1)}$ 值。

步骤 2：确定 $k_n^{(2)}$ 和 $t^{(2)}$。$k_n^{(2)}$ 和 $t^{(2)}$ 表示 $\boldsymbol{\Sigma}_g$ 沿 L_g 的切线的法曲率和曲面挠率。如前所述，$\boldsymbol{\Sigma}_t$ 和 $\boldsymbol{\Sigma}_g$ 沿 L_g 具有相同的 $k_n^{(2)}$ 和 $t^{(2)}$。利用方程（26.4.48）和方程（26.4.49）分别确定曲面 $\boldsymbol{\Sigma}_t$ 的 $k_n^{(2)}$ 和 $t^{(2)}$。

步骤 3：在这一计算步骤，我们假定 $\boldsymbol{\Sigma}_g$ 上对应的 $\boldsymbol{\tau}_1$ 和 $\boldsymbol{\tau}_2$ 两条切线方向的 $k_n^{(1)}$ 和 $t^{(1)}$ 以

及 $k_n^{(2)}$ 和 $t^{(2)}$ 是已知的，两条切线构成已知夹角 μ（见图 26.4.8）。我们的目标是确定主方向 $\boldsymbol{e}_I^{(g)}$ 的角 q_1（或 q_2）和主曲率 $k_I^{(g)}$ 和 $k_{II}^{(g)}$（见图 26.4.8）。

利用方程（26.4.48）和方程（26.4.49）可以证明，沿 $\boldsymbol{\tau}_1$ 和 $\boldsymbol{\tau}_2$ 两方向给出的 $k_n^{(i)}$ 和 $t^{(i)}$（$i=1,2$）由如下方程来联系：

$$\frac{t^{(1)}+t^{(2)}}{k_n^{(2)}-k_n^{(1)}}=\cot\mu \tag{26.4.50}$$

步骤 4：利用方程（26.4.48）和方程（26.4.49），我们可以导出如下确定 q_1、$k_I^{(g)}$, $k_{II}^{(g)}$ 的三个方程：

$$\tan 2q_1=\frac{t^{(1)}\sin 2\mu}{t^{(2)}-t^{(1)}\cos 2\mu} \tag{26.4.51}$$

$$k_I^{(g)}=k_n^{(1)}-t^{(1)}\tan q_1 \tag{26.4.52}$$

$$k_{II}^{(g)}=k_n^{(1)}+t^{(1)}\cot q_1 \tag{26.4.53}$$

方程（26.4.51）给出 q_1（$q_1^{(2)}=q_1^{(1)}+90°$）的两个解，而且两个解都是正确的。我们选取具有较小 q_1 值的解。

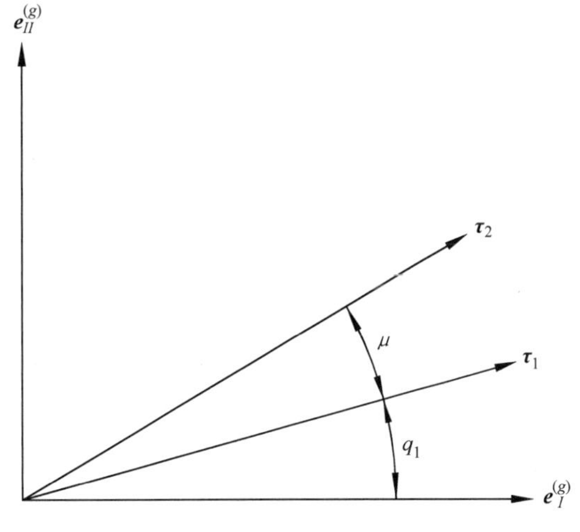

图 26.4.8　确定被加工齿面 Σ_g 的主方向

8. 数字实例：阿基米德蜗杆齿面的磨削

图 26.4.9 所示的蜗杆齿面是直线 $\overline{KN}$（$|\overline{KN}|=u_p$）做螺旋运动所形成的直纹不可展曲面。螺旋运动是在坐标系 S_p 中完成的（见图 26.4.9b）。被磨削的齿面 $\boldsymbol{\Sigma}_p$ 在 S_p 中表示为

$$\boldsymbol{r}_p=u_p\cos\alpha\cos\theta_p\boldsymbol{i}_p+u_p\cos\alpha\sin\theta_p\boldsymbol{j}_p+(p\theta_p-u_p\sin\alpha)\boldsymbol{k}_p \tag{26.4.54}$$

式中，u_p 和 θ_p 是曲面参数。

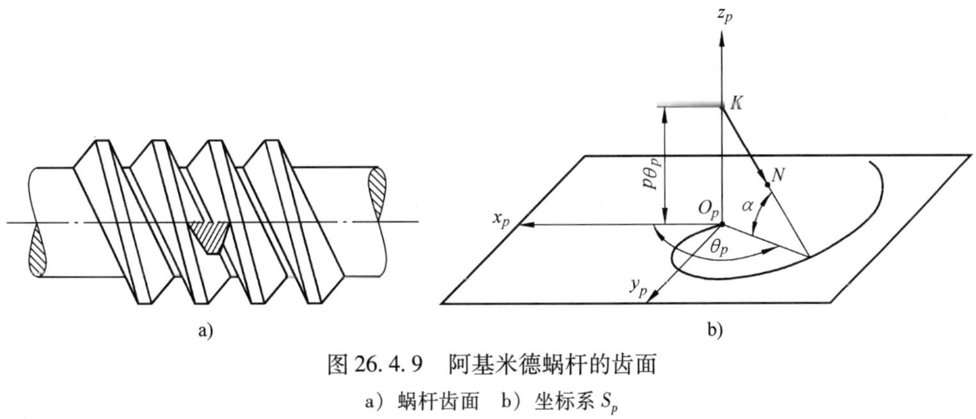

图 26.4.9　阿基米德蜗杆的齿面

a）蜗杆齿面　b）坐标系 S_p

曲面的单位矢量为

$$\begin{cases}\boldsymbol{n}_p=\dfrac{\boldsymbol{N}_p}{|\boldsymbol{N}_p|}\\[2ex]\boldsymbol{N}_p=\dfrac{\partial\boldsymbol{r}_p}{\partial u_p}\times\dfrac{\partial\boldsymbol{r}_p}{\partial\theta_p}\end{cases} \tag{26.4.55}$$

因此

$$\boldsymbol{n}_p = \frac{1}{(u_p^2 + p^2)^{\frac{1}{2}}} \begin{bmatrix} p\sin\theta_p + u_p\sin\alpha\cos\theta_p \\ -p\cos\theta_p + u_p\sin\alpha\sin\theta_p \\ u_p\cos\alpha \end{bmatrix} \quad (\text{假定 } \cos\alpha \neq 0) \tag{26.4.56}$$

设计数据：螺旋齿数 $N_1 = 2$；轴向径节 $P_{ax} = 8\text{in}$；$\alpha = 20°$；分度圆柱的半径为 1.25in。其余设计参数由如下方程确定：

螺旋参数为

$$p = \frac{N_1}{2P_{ax}} = 0.125\text{in}$$

导程角为

$$\tan\lambda_p = \frac{p}{r_p} = \frac{0.125}{1.25}$$
$$\lambda_p = 5.7106°$$

中线确定为

$$\boldsymbol{r}_p(u_m, \theta_p)$$
$$u_m = \frac{\left(r_p + \frac{1}{P_{ax}}\right) + \left(r_p - \frac{1.25}{P_{ax}}\right)}{2\cos\alpha} = \frac{r_p - \frac{0.125}{P_{ax}}}{\cos\alpha} = 1.3136\text{in}$$

这里，$1/P_{ax}$ 和 $1.25/P_{ax}$ 确定蜗杆的齿顶高和齿根高。

蜗杆是由锥顶角 $\gamma_t = 30°$ 和外径为 8in 的圆锥面磨成的。

初始角 $\beta^{(1)} = -88.0121°$ 保证圆锥和阿基米德蜗杆的两条素线相重合。具有以上 $\beta^{(1)}$ 值的被磨削齿面 Σ_g 离开理想齿面 Σ_p 的最大偏差为 3μm。

利用所开发的优化方法，确定出最佳角 $\beta^{(\text{opt})} = -94.6788°$。具有最佳角 $\beta^{(\text{opt})}$ 的被磨削齿面 Σ_g 离开 Σ_p 的偏差是正的，而且最大偏差已经减小到 0.35μm（见图 26.4.10）。

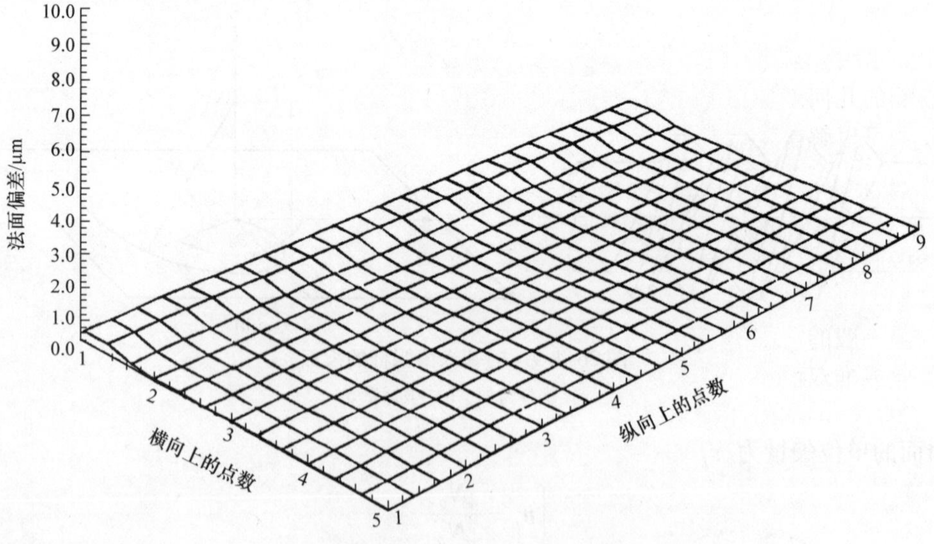

图 26.4.10　阿基米德蜗杆的被磨削齿面 Σ_g 离开理想齿面 Σ_p 的偏差

第27章 量柱（球）距测量法

27.1 引言

用量柱（球）测量法间接确定齿轮的齿厚已经得到广泛应用，这是很多科学家的研究课题。最早讨论怎样测量蜗杆和空间齿轮的出版物是 Litvin 的论文和他的专著。有关这一研究工作历史情况的详细参考文献已在 Litvin 1968 年的专著中给出。

应用计算机和子程序来解非线性方程组是在这一领域内向前迈出的重大一步。这项工作是近年来由 Litvin 等人完成的（见其 1998 年的专著）。本章涉及如下问题。

1）确定置于工件齿槽内量柱或球的位置的算法，该工件两齿面的位置是对称的和非对称的。

2）齿厚和量柱测量距之间的关系式。这个关系式能使我们利用针对具有不同公差的工件所制定的算法。

所提出的理论已用于测量蜗杆、螺杆和渐开线斜齿轮的齿厚。为此目的已经开发了计算机程序。

27.2 问题的说明

假定球（量柱）置于工件（蜗杆、螺杆或齿轮）的齿槽内。球表面与工件齿面在两点相接触，这两个总的位置决定于工件齿面的几何形状、齿槽的宽度和球（量柱）的直径。工件齿面的几何形状是用解析法表示的，而齿槽的宽度和球（量柱）的直径是给定的。这样，我们可以解析地确定球中心距工件轴线的距离，或量柱和工件两轴线之间的最短距离。通过跨球（量柱）的测量以及对所得到的数据与用解析法求出的数据加以比较，我们能发现齿槽的宽度是否满足要求。

已经制定了解析法用来确定球（量柱）与工件齿槽侧面的切触点，以下是对这种方法的说明。

在最一般的情况下，构成齿槽两侧面的位置和方向都没有对称性。例如，当工件是弧齿小锥齿轮或准双面小齿轮时，就是这样的典型情况。因此，在这种情况下，我们必须考虑球或量柱与齿槽两侧面同时切触的情况。

假定齿槽的两侧面和它们的单位法线矢量用如下的矢量方程表示：

$$\boldsymbol{r}^{(i)}=\boldsymbol{r}^{(i)}(u^{(i)},\theta^{(i)})\quad(i=1,2)\tag{27.2.1}$$

$$\begin{cases}\boldsymbol{n}^{(i)}=\dfrac{\boldsymbol{N}^{(i)}}{|\boldsymbol{N}^{(i)}|}\\ \boldsymbol{N}^{(i)}=\boldsymbol{r}_u^{(i)}\times\boldsymbol{r}_\theta^{(i)}\quad(i=1,2)\end{cases}\tag{27.2.2}$$

式中，$\boldsymbol{r}_u^{(i)}=\partial\boldsymbol{r}^{(i)}/\partial u^{(i)}$；$\boldsymbol{r}_\theta^{(i)}=\partial\boldsymbol{r}^{(i)}/\partial\theta^{(i)}$；$(u^{(i)},\theta^{(i)})$是曲面 Gaussian 坐标。

$i=1$，2 表示齿槽的两侧面。假定齿面的法线由齿槽向外指向轮齿内部，并且这样的方向可以利用矢性积 $\boldsymbol{N}^{(i)}$ 中的两个余因子的适当顺序来保证。

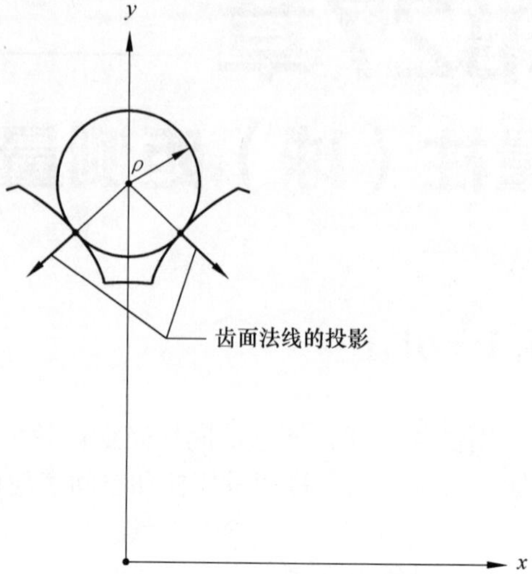

图 27.2.1　用单个球的测量

假定

$$\boldsymbol{U}=[X\quad Y\quad Z]^{\mathrm{T}} \tag{27.2.3}$$

是球中心 C 的位置矢量，或是两条法线与量柱轴线的交点。根据力的传递条件，通过测量，显然量柱的两条法线将与量柱的轴线相交于同一点。假定 z 是工件的轴线，而选取 Z 用来确定点 C 在垂直于工件轴线平面内的位置。

量柱（球）与齿槽两侧面的切触用如下方程（见图 27.2.1）表示：

$$\boldsymbol{U}+\rho\boldsymbol{n}^{(i)}=\boldsymbol{r}^{(i)}(u^{(i)},\theta^{(i)}) \tag{27.2.4}$$

式中，$\boldsymbol{U}=[X\quad Y\quad Z]^{\mathrm{T}}$。

从以上方程可推导出

$$\begin{aligned}\frac{X-x^{(i)}(u^{(i)},\theta^{(i)})}{n_x^{(i)}(u^{(i)},\theta^{(i)})}&=\frac{Y-y^{(i)}(u^{(i)},\theta^{(i)})}{n_y^{(i)}(u^{(i)},\theta^{(i)})}\\&=\frac{Z-z^{(i)}(u^{(i)},\theta^{(i)})}{n_z^{(i)}(u^{(i)},\theta^{(i)})}\\&=-\rho\qquad(i=1,2)\end{aligned} \tag{27.2.5}$$

式中，ρ 是量柱（球）的半径。

我们的目标是经确定点 C 至工件轴线的距离

$$R=(X^2+Y^2)^{\frac{1}{2}} \tag{27.2.6}$$

于是，知道了 R，我们便可以确定量柱（球）的测量距 M。采用三个量柱测量蜗杆和螺杆，在这种情况下

$$M=2(R+\rho) \tag{27.2.7}$$

方程（27.2.7）也适用于测量具有偶数齿的齿轮。当用两个球测量具有奇数齿的齿轮时，M 的方程表示如下（见图 27.2.2）：

$$M=2R\left(\cos\frac{90^\circ}{N}\right)+2\rho \tag{27.2.8}$$

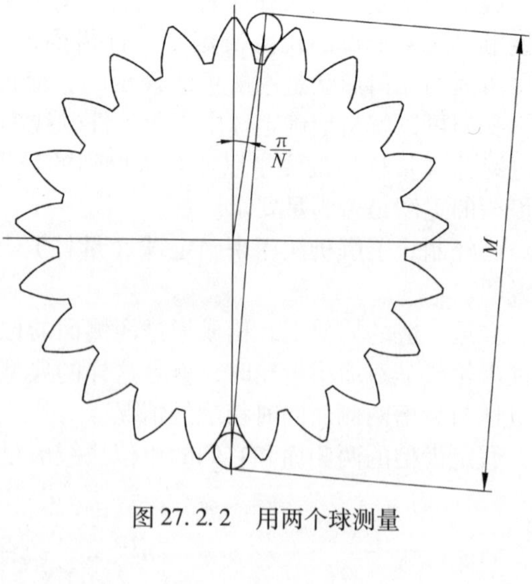

图 27.2.2　用两个球测量

式中，N 是齿轮的齿数。当齿数为奇数时，用两个量棒进行测量，有一种计算量柱距 M 的特殊的方法。

1. 计算步骤

量柱（球）测量法的计算步骤说明如下：

步骤1：方程（27.2.5）表示含有六个未知数X、Y、$u^{(i)}$、$\theta^{(i)}(i=1,2)$的具有六个方程的方程组。这个方程组可以用一个具有四个非线性方程的子方程组和一个具有两个线性方程的方程组来表示。具有四个非线性方程的子方程组为

$$\frac{Z-z^{(1)}(u^{(1)},\theta^{(1)})}{n_z^{(1)}(u^{(1)},\theta^{(1)})}=-\rho \tag{27.2.9}$$

$$\frac{Z-z^{(2)}(u^{(2)},\theta^{(2)})}{n_z^{(2)}(u^{(2)},\theta^{(2)})}=-\rho \tag{27.2.10}$$

$$x^{(1)}(u^{(1)},\theta^{(1)})-\rho n_x^{(1)}(u^{(1)},\theta^{(1)})=x^{(2)}(u^{(2)},\theta^{(2)})-\rho n_x^{(2)}(u^{(2)},\theta^{(2)}) \tag{27.2.11}$$

$$y^{(1)}(u^{(1)},\theta^{(1)})-\rho n_y^{(1)}(u^{(1)},\theta^{(1)})=y^{(2)}(u^{(2)},\theta^{(2)})-\rho n_y^{(2)}(u^{(2)},\theta^{(2)}) \tag{27.2.12}$$

将方程（27.2.9）~方程（27.2.12）加以联立，可以给出四个未知数$u^{(1)},\theta^{(1)},u^{(2)}$和$\theta^{(2)}$的解。为了解以上具有四个非线性方程的方程组，需要一个子程序。在IMSL库中有这种子程序（参见Visual Numerics公司1998年的成果）。

未知数X和Y可以用如下的两个线性方程来确定：

$$X=x^{(i)}(u^{(i)},\theta^{(i)})-\rho n_x^{(i)}(u^{(i)},\theta^{(i)}) \quad (i=1\text{ 或 }2) \tag{27.2.13}$$

$$Y=y^{(i)}(u^{(i)},\theta^{(i)})-\rho n_y^{(i)}(u^{(i)},\theta^{(i)}) \quad (i=1\text{ 或 }2) \tag{27.2.14}$$

步骤2：我们从球（量柱）的半径ρ是已知的。实际上，我们需要确定这样的ρ值，使其满足如下方程：

$$(R+\rho)-r_a=\delta \tag{27.2.15}$$

这里，r_a是平面$Z=d$内的齿顶圆半径；δ是所希望的（$R+\rho$）和r_a之间的差值。

通过改变方程（27.2.9）~方程（27.2.15）中的ρ，直到得出所要求的δ值，就可确定出合适的ρ值。这样，最终可以选取一个不变的ρ值，从而我们可以利用方程（27.2.9）~方程（27.2.14）着手进行计算。

步骤3：在半径为r_p的分度圆上的齿槽宽度w_t，可以根据规定的公差dw_t变化。M的名义值是对应w_t的名义值得出的。除了M的名义值以外，再求出dM/dw_t，便可使我们确定齿槽宽度的实际值。

2. 特殊情况1

齿槽的两侧面有一对称平面，比方说$Y=0$。这样，我们可以只考察量柱（球）与一个侧面的切触条件。应用于这种情况的方程（27.2.5），使我们得到

$$\frac{R-x(u,\theta)}{n_x(u,\theta)}=\frac{-y(u,\theta)}{n_y(u,\theta)}=\frac{Z-z(u,\theta)}{n_z(u,\theta)}=-\rho \tag{27.2.16}$$

式中，Z是选定的。

方程（27.2.16）是含有三个未知数具有三个方程的方程组。具有两个非线性方程的子方程组的解，能使我们求出未知数（u,θ）。这样，我们可以从剩余的方程中确定R，该方程对未知数R为线性方程。

3. 特殊情况2

我们考察具有非对称齿槽侧面螺杆。齿槽的两侧面都是螺旋面。螺杆的横截面绕螺杆轴线转过某一角度后将与另一横截面重合。因此，可以在方程（27.2.9）和方程（27.2.10）中选取任意的Z值，如$Z=0$。

4. 特殊情况3

齿槽的两侧面是对称的，并且它们是螺旋面。在这种情况下，我们可以利用方程（27.2.16）且取 $Z=0$。

27.3 渐开线蜗杆、渐开线斜齿轮和直齿轮的测量

1. 基本方程

渐开线蜗杆齿面方程在19.6节中已经给出。取 $Z=0$，从方程（27.2.16）可得出如下计算式：

$$\mathrm{inv}(\theta+\mu)=\mathrm{inv}\alpha_t+\frac{\rho}{r_b\sin\lambda_b}-\frac{w_t}{2r_p} \tag{27.3.1}$$

$$R=\frac{r_b}{\cos(\theta+\mu)} \tag{27.3.2}$$

$$\mathrm{d}R=\frac{\mathrm{d}w_t\cos\alpha_t}{2\sin(\theta+\mu)} \tag{27.3.3}$$

这些方程适用于右旋、左旋渐开线蜗杆和渐开线斜齿轮。在直齿轮的情况下，我们必须取 $\lambda_b=90°$。

2. 确定 M

在用三个量柱测量的情况下，根据方程（27.2.7）确定 M。同一方程还可用于以两个球（量柱）测量具有偶数齿的齿轮。方程（27.2.8）用于以两个球测量具有奇数齿的斜齿轮和直齿轮，以及用两个量柱测量具有奇数齿的直齿轮。

用两个量柱测量奇数齿的斜齿轮是基于Litvin制定的方法（参见他1968年的专著）。

3. 两量柱轴线的单位矢量和最短距离的表达式

假定量柱1置于齿轮的齿槽 $\Sigma_2^{(1)}$ 内。两矢量 $\boldsymbol{a}^{(1)}$ 和 $\boldsymbol{r}^{(1)}$（见图27.3.1），分别表示量柱轴线在 S_2 中的单位矢量和 $\boldsymbol{a}^{(1)}$ 与齿轮轴线之间的最短距离。这里

$$\boldsymbol{r}_2^{(1)}=R\boldsymbol{i}_2 \tag{27.3.4}$$

$$\boldsymbol{a}_2^{(1)}=\sin\beta_R\,\boldsymbol{j}_2+\cos\beta_R\boldsymbol{k}_2 \tag{27.3.5}$$

$$\cot\beta_R=\frac{p}{R} \tag{27.3.6}$$

式中，p 是螺旋面的螺旋参数。

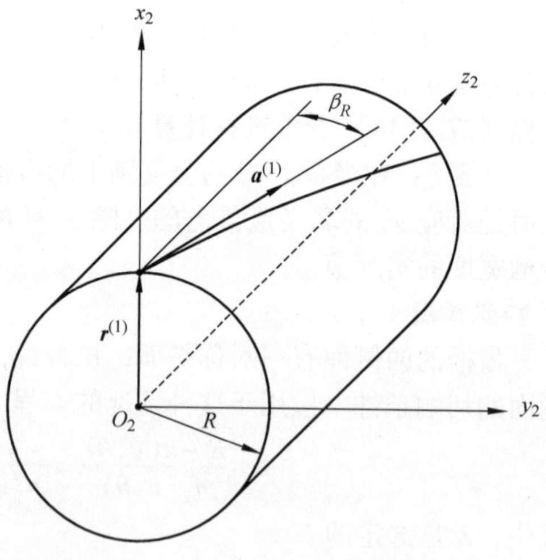

图27.3.1 量柱1在 S_2 中的位置和方向

现在假定量柱2置于齿槽 $\Sigma_2^{(2)}$ 内，该齿槽与第一个齿槽构成夹角 γ。在与齿轮轴线相垂直的平面内测量角 γ。这里

$$\gamma=\pi\left(1\pm\frac{1}{N}\right)$$

式中，N 为齿数。

我们设置两个与量柱2刚性固接的坐标系 S_a 和 S_b。坐标系 S_a 最初与 S_2 相重合。量柱2

在 S_b 中的安装情况用类似于方程（27.3.4）和方程（27.3.5）的方程表示在 S_b 中。

$$\boldsymbol{r}_b^{(2)} = R\ \boldsymbol{i}_b \tag{27.3.7}$$

$$\boldsymbol{a}_b^{(2)} = \sin\beta_R \boldsymbol{j}_b + \cos\beta_R \boldsymbol{k}_b \tag{27.3.8}$$

我们可以想象，量柱2在与齿槽 $\boldsymbol{\Sigma}_2^{(2)}$ 的两侧面相切触的情况下，坐标系 S_a 及 S_b 一起绕斜齿轮的轴线做螺旋运动。在 $\boldsymbol{a}_2^{(2)}$ 和齿轮轴线之间最短距离的矢量 $\boldsymbol{r}_2^{(2)}$ 以及单位矢量 $\boldsymbol{a}_2^{(2)}$ 在 S_2 中用如下方程表示：

$$\begin{cases} \boldsymbol{r}_2^{(2)} = \boldsymbol{M}_{2a}\boldsymbol{M}_{ab}\boldsymbol{r}_b^{(2)} \\ \boldsymbol{a}_2^{(2)} = \boldsymbol{L}_{2a}\boldsymbol{L}_{ab}\boldsymbol{a}_b^{(2)} \end{cases} \tag{27.3.9}$$

利用图27.3.2上的图形，可以导出矩阵 $\boldsymbol{M}_{2a}$ 和 $\boldsymbol{M}_{ab}$。图27.3.2a表示两坐标系 S_a 和 S_b 一个相对另一个的方向。坐标系 S_a 和 S_b 是刚性固接的，并且 S_a 最初与 S_2 相重合。图27.3.2b表示 S_a 在螺旋运动中转过角度 ϕ，移动距离 $p\phi$ 后相对于 S_2 的方向和位置。

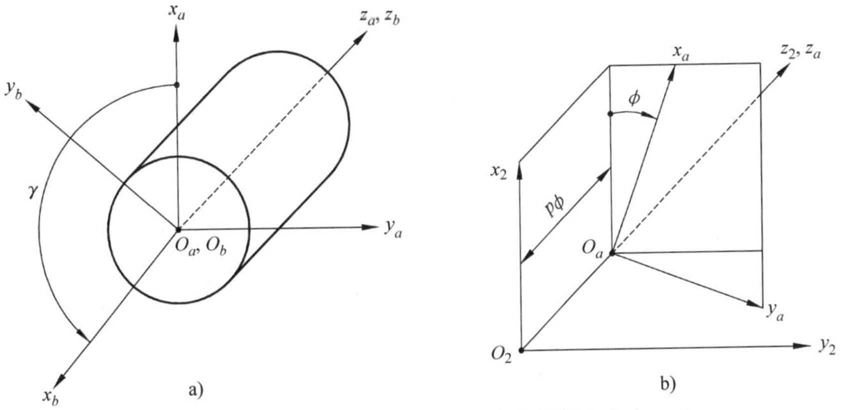

图27.3.2　确定量柱2在 S_2 中的位置和方向

a）坐标系 S_a 和 S_b 一个相对另一个的方向　b）S_a 在螺旋运动中转过角度 ϕ，移动距离 $p\phi$

从方程（27.3.9）推导出

$$\boldsymbol{r}_2^{(2)} = R[\cos(\gamma-\phi)\boldsymbol{i}_2 - \sin(\gamma-\phi)\boldsymbol{j}_2 + \phi\cot\beta_R\boldsymbol{k}_2] \tag{27.3.10}$$

$$\boldsymbol{a}_2^{(2)} = \sin\beta_R\sin(\gamma-\phi)\boldsymbol{i}_2 + \sin\beta_R\cos(\gamma-\phi)\boldsymbol{j}_2 + \cos\beta_R\boldsymbol{k}_2 \tag{27.3.11}$$

变参数 ϕ 表示量柱2在螺旋运动中绕齿轮轴线的转动。

4. 确定量柱的测量距 M

现在我们可以导出两矢量 $\boldsymbol{a}_2^{(1)}$ 和 $\boldsymbol{a}_2^{(2)}$ 之间最短距离的单位矢量 $\boldsymbol{c}_2$ 的方程（见图27.3.3）：

$$\boldsymbol{c}_2 = \frac{\boldsymbol{a}_2^{(1)} \times \boldsymbol{a}_2^{(2)}}{|\boldsymbol{a}_2^{(1)} \times \boldsymbol{a}_2^{(2)}|} = \frac{1}{\left[1 + \tan^2\beta_R\cos^2\left(\dfrac{\gamma-\phi}{2}\right)\right]^{\frac{1}{2}}}\begin{bmatrix} \sin\left(\dfrac{\gamma-\phi}{2}\right) \\ \cos\left(\dfrac{\gamma-\phi}{2}\right) \\ -\tan\beta_R\cos\left(\dfrac{\gamma-\phi}{2}\right) \end{bmatrix}$$

$$\left(假设\ \sin\left(\frac{\gamma-\phi}{2}\right) \neq 0\right)$$

（27.3.12）

两量柱之间的最短距离 C 表示为

$$C(\phi)=(\boldsymbol{r}_2^{(1)}-\boldsymbol{r}_2^{(2)})\cdot\boldsymbol{c}_2=\frac{2\sin\left(\dfrac{\gamma-\phi}{2}\right)+\phi\cos\left(\dfrac{\gamma-\phi}{2}\right)}{\left[1+\tan^2\beta_R\cos^2\left(\dfrac{\gamma-\phi}{2}\right)\right]^{\frac{1}{2}}}R \qquad (27.3.13)$$

参见下文的推导：

当函数 $C(\phi)$ 将要达到其极值，即

$$\frac{\mathrm{d}C(\phi)}{\mathrm{d}\phi}=0 \qquad (27.3.14)$$

时，进行量柱测量。

从方程（27.3.14）导出

$$\phi=\tan^2\beta_R\sin(\gamma-\phi) \qquad (27.3.15)$$

从方程（27.3.13）和方程（27.3.15）得出，C 的极限值为

$$C=2R\sin\left(\frac{\gamma-\phi}{2}\right)\left[1+\tan^2\beta_R\cos^2\left(\frac{\gamma-\phi}{2}\right)\right]^{\frac{1}{2}} \qquad (27.3.16)$$

和

$$M=C+2\rho \qquad (27.3.17)$$

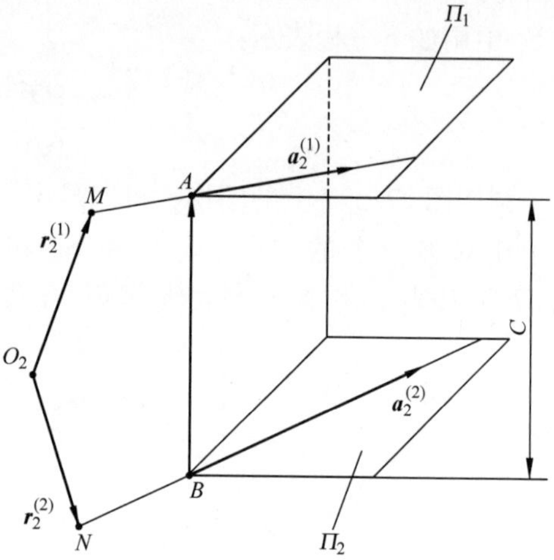

图 27.3.3　推导两量柱之间的最短距离

推导方程

$$(\boldsymbol{r}_2^{(1)}-\boldsymbol{r}_2^{(2)})\cdot\boldsymbol{c}_2=C \qquad (27.3.18)$$

基于如下考虑：

1）两量柱轴线的单位矢量 $\boldsymbol{a}_2^{(1)}$ 和 $\boldsymbol{a}_2^{(2)}$ 是相错的且位于平行面 Π_1 和 Π_2（见图 27.3.3）。$\boldsymbol{a}_2^{(1)}$ 和 $\boldsymbol{a}_2^{(2)}$ 之间的最短距离为

$$\boldsymbol{C}=\overrightarrow{BA}=C\frac{\boldsymbol{a}_2^{(1)}\times\boldsymbol{a}_2^{(2)}}{|\boldsymbol{a}_2^{(1)}\times\boldsymbol{a}_2^{(2)}|}$$

2）位置矢量 $\boldsymbol{r}_2^{(1)}=\overrightarrow{O_2M}$ 和 $\boldsymbol{r}_2^{(2)}=\overrightarrow{O_2N}$ 是从坐标系 S_2 的原点 O_2 引至两量柱轴线的流动点 M 和 N。

3）从图 27.3.3 上的图形得出

$$\boldsymbol{r}_2^{(1)}+\lambda_1\boldsymbol{a}_2^{(1)}=\boldsymbol{r}_2^{(2)}+\lambda_2\boldsymbol{a}_2^{(2)}+\boldsymbol{C} \qquad (27.3.19)$$

其中

$$\lambda_1\boldsymbol{a}_2^{(1)}=\overrightarrow{MA}$$

$$\lambda_2\boldsymbol{a}_2^{(2)}=\overrightarrow{NB}$$

于是，我们得到

$$\boldsymbol{r}_2^{(1)}-\boldsymbol{r}_2^{(2)}=\boldsymbol{C}+\lambda_2\boldsymbol{a}_2^{(2)}-\lambda_1\boldsymbol{a}_2^{(1)} \qquad (27.3.20)$$

在方程（27.3.20）的两边乘以单位矢量：

$$\boldsymbol{c}_2=\frac{\boldsymbol{a}_2^{(1)}\times\boldsymbol{a}_2^{(2)}}{|\boldsymbol{a}_2^{(1)}\times\boldsymbol{a}_2^{(2)}|}$$

并且考虑

$$\begin{cases}\boldsymbol{C}\cdot\boldsymbol{c}_2=C\\ \boldsymbol{a}_2^{(1)}\cdot(\boldsymbol{a}_2^{(1)}\times\boldsymbol{a}_2^{(2)})=\boldsymbol{a}_2^{(2)}\cdot(\boldsymbol{a}_2^{(1)}\times\boldsymbol{a}_2^{(2)})=0\end{cases} \qquad (27.3.21)$$

于是，我们得到方程（27.3.18）。

5. dM 和 dR 之间的关系式

dM 和 dR 之间的关系式可以通过微分方程（27.3.16）和方程（27.3.17）得出：

$$\mathrm{d}M=\left[\frac{C}{R}-\frac{2R}{C}\tan^2\beta_R\sin^2(\gamma-\phi)\right]\mathrm{d}R \tag{27.3.22}$$

式中，dR 用方程（27.3.3）表示。方程（27.3.22）的推导基于如下辅助关系：

$$\mathrm{d}\phi=\frac{2\tan\beta_R\sin(\gamma-\phi)}{\cos^2\beta_R[1+\tan^2\beta_R\cos(\gamma-\phi)]}\mathrm{d}\beta_R \tag{27.3.23}$$

$$\mathrm{d}\beta_R=\sin\beta_R\cos\beta_R\frac{\mathrm{d}R}{R} \tag{27.3.24}$$

6. 数字实例

测量渐开线斜齿轮实例见表 27.3.1。

表 27.3.1　测量渐开线斜齿轮实例

输入数据	齿条刀具在法向截面内的齿形角	$\alpha_m=20°$
	法向截面内的径节	$P_n=10.0$ 1/in
	分度圆上的螺旋角	$\beta_p=30°$
	齿数	$N_1=21$
辅助数据	端截面内的径节	$P_t=8.660254$ 1/in
	分度圆柱半径	$r_p=1.212436$in
	螺旋参数	$p=2.100000$in
	端截面上的齿距	$p_t=0.362760$in
	球顶点与渐开线斜齿轮齿顶点之间的距离［见方程（27.2.15）］	$\delta=0.0100$in
输出数据	球半径	$\delta=0.083000$in
	量柱轴线与渐开线斜齿轮轴线之间的距离	$R=1.237895$in
	两量柱轴线之间的最短距离	$C=2.465255$in
	跨量柱的测量距	$M=2.631225$in
	dM 与 dw_t 之间的关系式	$\frac{\mathrm{d}M}{\mathrm{d}w_t}=-2.116686$

表 27.3.1 中 R 与 M 的名义值是对应 w_t 的名义值得出的，w_t 是在分度圆上测量出的齿槽宽度。比值 dM/dw_t 能够使我们确定实际的齿槽宽度。

27.4　非对称阿基米德蜗杆的测量

图 27.4.1 所示为用于加工非对称齿面螺杆的车刀。螺杆齿槽的每一侧面都可视为阿基米德蜗杆的齿面。因车刀的两齿形角不同，所以螺杆两齿侧面的齿形角也不同（见图 27.4.1）。

车刀的两产形线表示在辅助坐标系 S_b 中（见图 27.4.1）。点 N 是两产形线的交点，而轴线 x_b 通过点 N。轴线 z_b 与被加工螺杆的轴线重合。

从图 27.4.1 上的图形得出

$$s_p=(r_p-m)(\tan\alpha_1+\tan\alpha_2) \tag{27.4.1}$$

s_p 的名义值确定为

$$s_p=\frac{p_{ax}}{2}=\frac{H}{2N_1}=\frac{\pi}{2P_{ax}} \tag{27.4.2}$$

式中，p_{ax}是蜗杆相邻两螺旋齿之间的轴向距离（见图 27.4.2）；$H=2\pi r_p\tan\lambda_p$ 是导程；r_p 是蜗杆分度圆半径；P_{ax}是对应 p_{ax}的径节。

利用方程（27.4.1），我们得到

$$m=r_p-\frac{s_p}{\tan\alpha_1+\tan\alpha_2} \tag{27.4.3}$$

产形线上的流动点 A（或 B）用如下方程表示在 S_b 中：

$$\boldsymbol{r}_b^{(A)}=[\,m+u_1\cos\alpha_1\quad 0\quad -u_1\sin\alpha_1\,]^{\mathrm{T}} \tag{27.4.4}$$

$$\boldsymbol{r}_b^{(B)}=[\,m+u_2\cos\alpha_2\quad 0\quad u_2\sin\alpha_2\,]^{\mathrm{T}} \tag{27.4.5}$$

式中，$u_1=|\overrightarrow{NA}|$，$u_2=|\overrightarrow{NB}|$。

当车刀以螺旋参数 $p=H/(2\pi)$绕螺杆轴线做螺旋运动时，将加工出螺杆的齿面（见图 19.4.3）。利用坐标变换方法，我们得到如下的螺杆齿槽侧面及其单位矢量的方程。

1）右旋蜗杆的齿侧面 I：

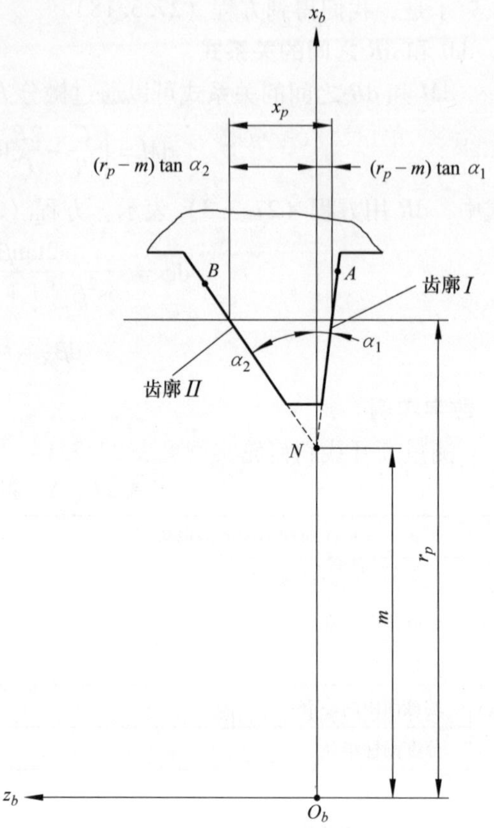

图 27.4.1　车刀的齿廓

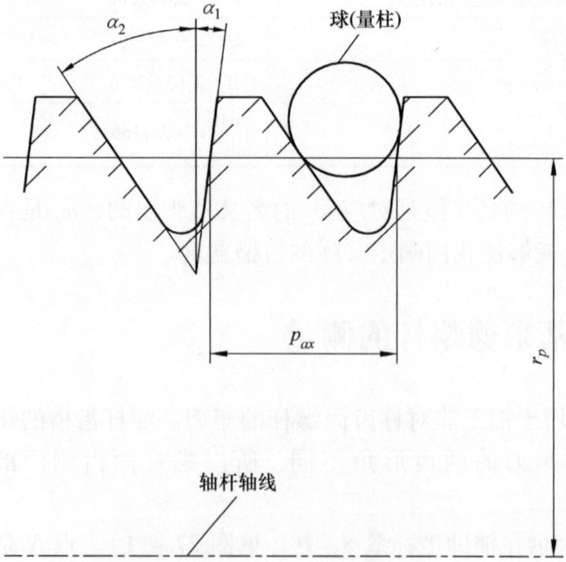

图 27.4.2　螺杆螺旋齿的轴向截面

$$\begin{cases}x_1=(m+u_1\cos\alpha_1)\cos\theta_1\\ y_1=(m+u_1\cos\alpha_1)\sin\theta_1\\ z_1=-u_1\sin\alpha_1+p\theta_1\end{cases} \tag{27.4.6}$$

齿面单位法线矢量的分量为

$$\begin{cases}n_{x1}=-k_1(d_1\cos\alpha_1\sin\theta_1+\sin\alpha_1\cos\theta_1)\\ n_{y1}=-k_1(-d_1\cos\alpha_1\cos\theta_1+\sin\alpha_1\sin\theta_1)\\ n_{z1}=-k_1\cos\alpha_1\end{cases} \tag{27.4.7}$$

其中

$$m=r_p-\frac{s_p}{\tan\alpha_1+\tan\alpha_2}$$

$$d_1=\frac{p}{m+u_1\cos\alpha_1}$$

$$k_1=\frac{1}{(1+d_1^2\cos^2\alpha_1)^{\frac{1}{2}}}$$

2）右旋蜗杆的齿侧面Ⅱ：

$$\begin{cases}x_2=(m+u_2\cos\alpha_2)\cos\theta_2\\ y_2=(m+u_2\cos\alpha_2)\sin\theta_2\\ z_2=u_2\sin\alpha_2+p\theta_2\end{cases} \tag{27.4.8}$$

齿面单位法线矢量的分量为

$$\begin{cases}n_{x2}=k_2(d_2\cos\alpha_2\sin\theta_2-\sin\alpha_2\cos\theta_2)\\ n_{y2}=k_2(-d_2\cos\alpha_2\sin\theta_2-\sin\alpha_2\sin\theta_2)\\ n_{z2}=k_2\cos\alpha_2\end{cases} \tag{27.4.9}$$

其中

$$d_2=\frac{p}{m+u_2\cos\alpha_2}$$

$$k_2=\frac{1}{(1+d_2^2\cos^2\alpha_2)^{\frac{1}{2}}}$$

数字实例：测量非对称蜗杆实例见表27.4.1。

表27.4.1 测量非对称蜗杆实例

输入数据	分度圆直径	$d_p=1.125\text{in}$
	径节	$P_{ax}=10.0\ 1/\text{in}$
	齿侧面 I 的轴面压力角	$\alpha_1=7°$
	齿侧面Ⅱ的轴面压力角	$\alpha_2=45°$
	头数	$N_1=8$
辅助数据	导程角	$\lambda_p=35.417055°$
	轴向截面内分度圆柱上的齿槽宽	$s_p=0.157080\text{in}$
	螺旋参数	$p=0.400000\text{in}$
	导程	$H=2.51327\text{in}$
输出数据	球（量柱）半径	$\rho=0.071000\text{in}$
	量柱轴线与蜗杆轴线之间的距离	$R=0.598838\text{in}$
	dR 与 ds_p 之间关系式	$\frac{dR}{ds_p}=-0.829939$

计算步骤基于27.2节中讨论的算法［参见方程（27.2.9）~方程（27.2.14）］。因为齿槽侧面是螺旋面，所以可选取任意的 Z 值，例如 $Z=0$。

第28章 齿轮实际齿面偏差最小化

28.1 引言

坐标测量技术使我们能够测量实际齿面以及理论齿面之间的偏差。我们的目的是通过适当的初始化来校准机床刀具，尽可能减小齿面偏差。

造成此问题的技术原因如下：

1）由于热处理、机床刀具的误差、加工制造造成的偏转等，上述原因都会造成加工面的扭曲，所以实际齿面相对于理论齿面的偏差是无法避免的。

2）相比于初始化校准机床刀具的方法，应用额外的精加工以消除齿面偏差太过昂贵。初始化校准机床刀具的方法的优点在于，无须使用额外的设备就可以减小实际齿面偏差。它也存在缺点，如果偏差不是可重复的系统性偏差，就无法应用本方法。

3）坐标测量对于测量环境的要求特别高，故以现在的技术条件，我们无法将坐标测量应用于生产在线测量（干扰，污染太过严重）。所以，坐标测量会在生产之后进行，并且在实际生产过程中只会对齿轮生产进行首件检查，而不是全检。

4）有些时候，我们会使用标准样品作为参照，使用坐标测量技术获得被测齿面和标准样品齿面之间的偏差。作者认为，使用标准样品作为参照的方法，不如使用计算机来确定齿面偏差并由此校准机床刀具的方法有效。

开发上述技术是为了满足对齿轮传动质量越来越高的要求。减小实际齿面偏差也有利于减少传动误差，进而降低运转噪声以及振动。本章内容基于 Litvin、Kuan、Wang、Handschuh、Masseth and Maruyama 1993 年的专著编撰。

28.2 测量和模拟方法概述

最初用笛卡儿坐标得出的齿面偏差要变换成沿理论齿面法线的偏差。坐标测量通常由一个具有四个或五个自由度的测量装置进行。在四个自由度的情况下，测头完成三个直移运动（见图 28.2.1），第四个运动（即回转运动）由回转台来完成。回转运动的轴线和工件轴线重合。在测量装置具有五个自由度情况下，第五个自由度用来执行测头在理论齿面法线方向上的偏移量。测头装有一个可更换的球面，其直径可在很宽的范围内选取。

通过坐标测量，测头和工件的运动由计算机控制，因此必须选取由齿面上一组待测量的点组成的网格（见图 28.2.2）。在网格上选定一参考点，该点对于测头的初始安装是必要的。根据节锥角大小的不同，测头的安装要有两个方位，用来测量大齿轮（见图 28.2.1a）和小齿轮（见图 28.2.1b）。

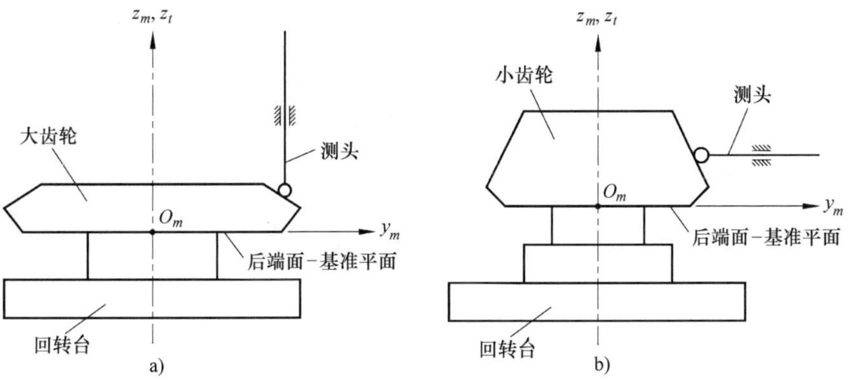

图 28. 2. 1　齿面的测量

a）测量大齿轮　b）测量小齿轮

现在讲述坐标测量数学方面的问题。首先，必须推导出齿面的方程；在许多情况下，这个齿面可以作为产形面曲面族的包络来导出，即刀具面。其次，坐标测量的结果必须变换成表示在齿面法线上的实际齿面的偏差。然后，必须确定齿面变化量和机床刀具安装调整值修正量之间的关系式。由坐标测量得到的齿面偏差和由机床刀具安装调整值的修正量所确定的齿面变化量，可以用一个超定线性方程组来表示。方程的个数 k 等于网格的点数，而未知数的个数 m 等于机床刀具安装调整值修正量的个数（$m \ll k$）。这个线性方程组的最佳解将确定出机床刀具安装调整值的修正量。

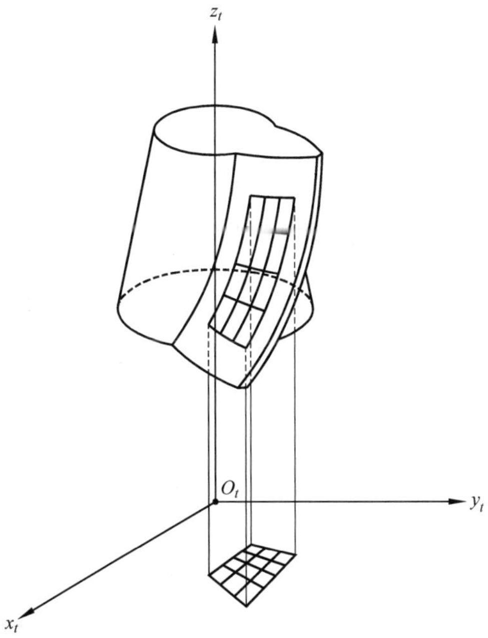

图 28. 2. 2　网格

28.3 理论齿面 Σ_t 的方程

假定理论齿面可以被直接地加以确定，并且在坐标系 S_t 中以双参数形式将其表示为

$$\boldsymbol{r}_t(u,\theta),\ \boldsymbol{n}_t(u,\theta) \tag{28.3.1}$$

式中，$\boldsymbol{r}_t$ 和 $\boldsymbol{n}_t$ 分别是位置矢量和齿面的单位法线矢量；（u，θ）是 Gaussian 坐标（曲面坐标）。

对于齿面 Σ_t 是产形面 Σ_c 曲面族包络的情况，我们在 S_t 中将齿面 Σ_t 和单位法线矢量 $\boldsymbol{n}_t$ 表示为

$$\boldsymbol{r}_t=\boldsymbol{M}_{tc}\boldsymbol{r}_c(u_c,\theta_c)\quad (f(u_c,\theta_c,\phi)=0) \tag{28.3.2}$$

$$\boldsymbol{n}_t=\boldsymbol{L}_{tc}\boldsymbol{n}_c(u_c,\theta_c)\quad (f(u_c,\theta_c,\phi)=0) \tag{28.3.3}$$

式中，（u_c，θ_c）是产形面 Σ_c 的 Gaussian 坐标；ϕ 是加工过程中的广义运动参数。啮合方程由下式给定：

$$f(u_c,\theta_c,\phi)=\boldsymbol{N}^{(c)}\cdot\boldsymbol{v}^{(ct)}=0 \tag{28.3.4}$$

式中，$\boldsymbol{N}^{(c)}$ 是 Σ_c 的法线矢量；$\boldsymbol{v}^{(ct)}$ 是 Σ_c 和 Σ_t 接触点的相对运动速度。4×4 矩阵 $\boldsymbol{M}_{tc}$ 和 3×3 矩阵 $\boldsymbol{L}_{tc}$ 分别表示位置矢量和齿面的单位法线矢量从 S_c 到 S_t 的坐标变换。

28.4 用于坐标测量的坐标系

坐标系 S_m 和 S_t 分别刚性固接到坐标测量装置和被测量的工件上（见图28.4.1）。齿轮的后端面与坐标测量装置的基准平面要安装得密贴。两原点 O_m 和 O_t 之间的距离 l 是已知的，而方向参数 δ 需要加以确定（参见28.5节）。从 S_t 到 S_m 的坐标变换用如下的矩阵方程表示：

$$\boldsymbol{r}_m=\boldsymbol{M}_{mt}\boldsymbol{r}_t \tag{28.4.1}$$

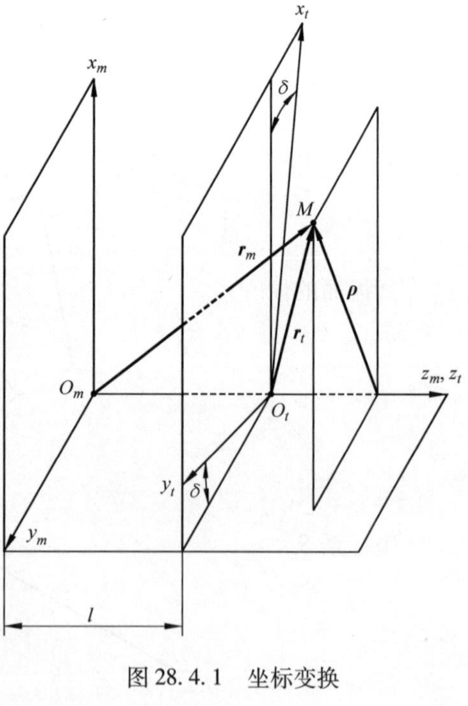

图28.4.1 坐标变换

28.5 网格和参考点

网格是 Σ_t 上的一组点，这些点被选取为测头与 Σ_t 之间的接触点（见图28.4.1）。我们固定网格点 z_t 的值和 y_t（或 x_t）的值，可以得到如下方程：

$$\begin{cases} y_t(u_{(i)},\theta_{(i)})=h_i \\ z_t(u_{(i)},\theta_{(i)})=l_i \end{cases}\quad (i=1,\cdots,k) \tag{28.5.1}$$

式中，k 是网格点的数目。

假定 h_i 和 l_i 是给定的，并且解方程（28.5.1），求出（$u_{(i)}$，$\theta_{(i)}$）。这样，我们可以利

用如下方程

$$\boldsymbol{r}_t^{(i)} = [x_t(u_{(i)},\theta_{(i)}) \quad y_t(u_{(i)},\theta_{(i)}) \quad z_t(u_{(i)},\theta_{(i)})]^{\mathrm{T}} \quad (i=1,\cdots,k) \tag{28.5.2}$$

$$\boldsymbol{n}_t^{(i)} = [n_{xt}(u_{(i)},\theta_{(i)}) \quad n_{yt}(u_{(i)},\theta_{(i)}) \quad n_{zt}(u_{(i)},\theta_{(i)})]^{\mathrm{T}} \quad (i=1,\cdots,k) \tag{28.5.3}$$

确定 k 个网点的位置矢量和单位法线矢量。

如果偏差为零，则测头中心的位置矢量用如下方程表示

$$\boldsymbol{R}_t^{(i)} = \boldsymbol{r}_t^{(i)} + \rho\boldsymbol{n}_t^{(i)} \tag{28.5.4}$$

式中，ρ 是测头顶端的半径；i 是网格点。

参考点

$$\boldsymbol{r}_t^{(0)} = [x_t(u^{(0)},\theta^{(0)}) \quad y_t(u^{(0)},\theta^{(0)}) \quad z_t(u^{(0)},\theta^{(0)})]^{\mathrm{T}} \tag{28.5.5}$$

通常选取为网格的中点。对应 $\boldsymbol{\Sigma}_t$ 上参考点的测头中心由方程（28.5.4）确定为

$$\boldsymbol{R}_t^{(0)} = [X_t(u^{(0)},\theta^{(0)}) \quad Y_t(u^{(0)},\theta^{(0)}) \quad Z_t(u^{(0)},\theta^{(0)})]^{\mathrm{T}} \tag{28.5.6}$$

这里，$(u^{(0)},\theta^{(0)})$是已知值。测头参考中心的坐标在测量装置的坐标系 S_m 中用如下矩阵方程表示

$$\boldsymbol{R}_m^{(0)} = \boldsymbol{M}_{mt}(\delta)\boldsymbol{R}_t^{(0)} \tag{28.5.7}$$

从方程（28.5.7）得到

$$\begin{cases} X_m^{(0)} = X_m^{(0)}(\delta,u^{(0)},\theta^{(0)}) \\ Y_m^{(0)} = Y_m^{(0)}(\delta,u^{(0)},\theta^{(0)}) \\ Z_m^{(0)} = Z_m^{(0)}(\delta,u^{(0)},\theta^{(0)}) \end{cases} \tag{28.5.8}$$

方程组（28.5.8）的三个方程含有四个未知数：δ、$X_m^{(0)}$、$Y_m^{(0)}$ 和 $Z_m^{(0)}$。为了解这些方程，我们认为可以选取测头中心参考点的一个坐标，例如说 $Y_m^{(0)}$ 等于零。这样，方程组（28.5.8）可使我们求出 δ、$X_m^{(0)}$ 和 $Z_m^{(0)}$。坐标 $X_m^{(0)}$、$Y_m^{(0)}=0$ 和 $Z_m^{(0)}$ 对于测头中心的初始安装来说是必须的。

28.6　实际齿面的偏差

实际齿面的偏差是由加工误差、热处理和其他原因造成的。理论齿面和实际齿面的测头中心的位置矢量可以表示如下：

$$\boldsymbol{R}_m = \boldsymbol{r}_m(u,\theta) + \rho\boldsymbol{n}_m(u,\theta) \tag{28.6.1}$$

$$\boldsymbol{R}_m^* = \boldsymbol{r}_m(u,\theta) + \lambda\boldsymbol{n}_m(u,\theta) \tag{28.6.2}$$

这里，$\boldsymbol{r}_m$ 和 $\boldsymbol{n}_m$ 分别表示在测量装置的坐标系 S_m 中的理论齿面的位置矢量和单位法线矢量；λ 确定测头中心的实际位置，并且认为这个位置在理论齿面的法线方向上；$\boldsymbol{R}_m$ 和 $\boldsymbol{R}_m^*$ 分别表示在坐标系 S_m 中的理论齿面和实际齿面的测头中心的位置矢量。从方程（28.6.1）和方程（28.6.2）得出

$$\boldsymbol{R}_m^* - \boldsymbol{R}_m = (\lambda - \rho)\boldsymbol{n}_m = \Delta n\boldsymbol{n}_m \tag{28.6.3}$$

$$\Delta n = (\boldsymbol{R}_m^* - \boldsymbol{R}_m)\cdot\boldsymbol{n}_m \tag{28.6.4}$$

位置矢量 $\boldsymbol{R}_m^*$ 用网格点的坐标测量值来确定。方程（28.6.4）可用数学方法确定函数

$$\Delta n_i = \Delta n_i(u_{(i)},\theta_{(i)}) \quad (i=1,\cdots,k) \tag{28.6.5}$$

其表示每个网格点处的实际齿面的误差。

28.7 偏差最小化

使偏差减到最小的方法，可分为两步来说明：确定由改变所应用的机床刀具安装调整值，引起的理论齿面的变化量；通过适当修正机床刀具安装调整值使实际齿面的偏差减到最小。

假定理论齿面在 S_t 中表示为

$$\boldsymbol{r}_t=\boldsymbol{r}_t(u,\theta,d_j)\quad(j=1,\cdots,m)\tag{28.7.1}$$

式中，参数 d_j 是机床刀具安装调整值。

齿面的变化量表示为

$$\delta\boldsymbol{r}_t=\frac{\partial\boldsymbol{r}_t}{\partial u}\delta u+\frac{\partial\boldsymbol{r}_t}{\partial\theta}\delta\theta+\sum_{j=1}^{m}\frac{\partial\boldsymbol{r}_t}{\partial d_j}\delta d_j\tag{28.7.2}$$

我们在方程（28.7.2）的两边乘以齿面的单位法线矢量 $\boldsymbol{n}_t$，并且考虑到由于$\partial\boldsymbol{r}_t/\partial\theta$ 和 $\partial\boldsymbol{r}_t/\partial u$位于与齿面相切的平面内，所以$\partial\boldsymbol{r}_t/\partial\theta\cdot\boldsymbol{n}_t=\partial\boldsymbol{r}_t/\partial u\cdot\boldsymbol{n}_t=0$，这样我们得到

$$\delta\boldsymbol{r}_t\cdot\boldsymbol{n}_t=\left(\sum_{j=1}^{m}\frac{\partial\boldsymbol{r}_t}{\partial d_j}\cdot\boldsymbol{n}_t\right)\delta d_j=\sum_{j=1}^{m}a_j\delta d_j\tag{28.7.3}$$

现在我们可以考虑一个具有如下结构的含 m 个未知数和 k 个线性方程（$m\ll k$）的方程

$$\begin{cases}a_{11}\delta d_1+a_{12}\delta d_2+\cdots+a_{1\mathrm{m}}\delta d_m=b_1\\ \vdots\\ a_{k1}\delta d_1+a_{k2}\delta d_2+\cdots+a_{km}\delta d_m=b_k\end{cases}\tag{28.7.4}$$

其中

$$b_i=\Delta n_i=(\boldsymbol{R}_{mi}^{*}-\boldsymbol{R}_{mi})\cdot\boldsymbol{n}_{mi}\tag{28.7.5}$$

式中，i 表示网格点的数目；$a_{ij}(i=1,\cdots,k,j=1,\cdots,m)$是偏导矢$\partial\boldsymbol{r}_t/\partial d_j$ 与单位法线矢量 $\boldsymbol{n}_t$ 的数积。

因为$m\ll k$，所以线性方程组（28.7.4）是超定的。偏差最小化方法的实质是确定使方程（28.7.4）左边和右边的差值降到最小的未知数 $\delta d_j(j=1,\cdots,m)$。求解可以通过最小二乘法来完成。

使偏差成功地降到最小，取决于参数的数量，这个数量是可以变化的（机床刀具安装调整值的数量可以修正）。小齿轮的机床刀具安装调整值的数量比大齿轮的要多。对小齿轮的每一侧齿面，使偏差降到最小要分别进行。但是，对大齿轮的两侧面使偏差降到最小必须同时进行，这是因为大齿轮通常用双面法切削。因此，小齿轮的偏差最小化要比大齿轮的更有效。

参考文献

Argyris, J., Litvin, F. L., Peng, A., & Stadtfeld, H. J. 1998. Axes of Meshing and Their Application in Theory of Gearing. *Computer Methods in Applied Mechanics and Engineering*, **163**(1–4), 293–310.

Argyris, J., Fuentes, A., & Litvin, F. L. 2002. Computerized Integrated Approach for Design and Stress Analysis of Spiral Bevel Gears. *Computer Methods in Applied Mechanics and Engineering*, **191**, 1057–1095.

Baxter, M. L. 1961. Basic Geometry and Tooth Contact of Hypoid Gears. *Industrial Mathematics*, 1–28.

Chatterjee, G., & Tsai, L.-W. 1996. Computer-Aided Sketching of Epicyclic-Type Automatic Transmission Gear Trains. *ASME Journal of Mechanical Design*, **118**(3), 405–411.

Chen, J.-L., & Tseng, C.-H. 2000. Design Considerations for Assembly in Planetary Gear Trains. *Proceedings of International Conference of Gearing, Transmissions, and Mechanical Systems*, pp. 157–166. Nothingham Trent University, UK.

Cheng, H. H. 1992. Derivation of Explicit Solution of the Inverse Involute Function and Its Application. *Advancing Power Transmission into the 21st Century, ASME DTC 1992*, **1**, 161–168.

Cheng, H. H., & Gupta, K. C. 1989. An Historical Note on Finite Rotations. *ASME Journal of Applied Mechanics*, **56**, 139–145.

Chironis, N. P. 1967. Design of Novikov Gears. In *Gear Design and Application*. New York: McGraw-Hill.

Colbourne, J. R. 1987. *The Geometry of Involute Gears*. Berlin: Springer-Verlag.

Colbourne, J. R. 1989. The Use of Oversize Hobs to Cut Worm Gears. *AGMA Paper 89FTM8*.

Davidov, J. S. 1950. *Noninvolute Gearing*. Mashgiz Moscow (in Russian).

Davidov, J. S. 1963. *The Generation of Conjugate Surfaces by Two Rigidly Connected Tool Surfaces*. Vestnik Mashinostroyenia (in Russian).

Demenego, A., Vecchiato, D., Litvin, F. L., Nervegna, N., & Manco, S. 2002. Design and Simulation of Meshing of a Cycloidal Pump. *Mechanism and Machine Theory*, **37**, 311–332.

Denavit, J., & Hartenberg, R. S. 1955. A Kinematic Notation for Lower Pair Mechanisms Based on Matrices. *ASME Journal of Applied Mechanics*, **22**, 215–221.

Dudley, D. W. 1962. *Gear Handbook. The Design, Manufacture, and Application of Gears*. New York: McGraw Hill.

Favard, J. 1957. *Course of Local Differential Geometry*. Paris: Gauthier-Villars (In French translated into Russian).

Feng, P.-H., Litvin, F. L., Townsend, D. P., & Handschuh, R. F. 1999. Determination of Principal Curvatures and Contact Ellipses for Profile Crowned Helical Gears. *ASME Journal of Mechanical Design*, **121**(1), 107–111.

Finikov, S. P. 1961. *Differential Geometry*. Moscow University (in Russian).

Fuentes, A., Litvin, F. L., Mullins, B. R., Woods, R., & Handschuh, R. F. 2002. Design and Stress Analysis of Low-Noise Adjusted Bearing Contact Spiral Bevel Gears. *ASME Journal of Mechanical Design*, **124**(Sep.), 524–532.

Goldrich, R. N. 1989. Theory of 6-axis CNC Geneneration of Spiral Bevel and Hypoid Gears. *AGMA Paper 89FTM9*.

Goldstein, H. 1950. *Classical Mechanics*, 2nd ed. Reading, MA: Addison-Wesley.

Gosselin, C., Shiono, Y., Nonaka, T., & Kubo, A. 1996. A Computer Based Approach Aimed at Reproducing Master Spiral Bevel and Hypoid Pinions and Gears. *AGMA Paper 96FTM1*.

Hall, A. S. 1966. *Kinematics and Linkage Design*. West Lafayette, IN: Balt Publishers.

Handschuh, R. F., & Litvin, F. L. 1991. A Method for Determining Spiral-Bevel Gear Tooth Geometry for Finite Element Analysis. *NASA Technical Paper 3096, AVSCOM Technical Report 91-C-020*.

Handschuh, R. F., Lewicki, D. G., Heath, G. F., & Bossler Jr., R. B. 1996. Experimental Evaluation of Face Gears for Aerospace Drive System Applications. *ASME Power Transmission and Gearing Conference*, 88, 581–588.

Hibbit, Karlsson & Sirensen, Inc. 1998. *ABAQUS/Standard User's Manual.* 1800 Main Street, Pawtucket, RI 20860–4847.

Hori, K., & Hayashi, I. 1996a. Improvement of Efficiency of 3K-Type Mechanical Paradox Planetary Gear Drive by Equalizing Approach and Recess-Contact Ratios. *Proceedings of ASME Power Transmission and Gearing Conference*, **88**.

Hori, K., & Hayashi, I. 1996b. Optimization of the Profile-Shift Coefficient of Conventional Mechanical Paradox Planetary Gear Drives to Obtain the Maximum Efficiency. *Proceedings of ASME Power Transmission and Gearing Conference*, **88**.

Ishida, T., & Hidaka, T. 1992. Effects of Assembly and Manufacturing Errors on Transmission Error of Planetary Gears. *Proceedings of ASME Power Transmission and Gearing Conference*, **43**.

Kahraman, A. 1994. Load Sharing Characteristics of Planetary Transmissions. *Mechanism and Machine Theory*, **129**(8), 1151–1165.

Kahraman, A., & Vijajakar, S. 2001. Effect of Internal Gear Flexibility on the Quasi-Static Behaviour of a Planetary Gear Set. *ASME Journal of Mechanical Design*, **123**(Sep.), 408–415.

Kislitsin, S. G. 1955. Aproximate Solution of Equation $\varphi(\varphi(x)) = f(x)$. *Proceedings of Leningrad Pedagogical Institute*, **90**.

Korn, G. A., & Korn, T. M. 1968. *Mathematics Handbook for Scientists and Engineers*, 2nd ed. New York: McGraw-Hill.

Krenzer, T. J. 1981. *Tooth Contact Analysis of Spiral Bevel and Hypoid Gears Under Load.* Rochester, New York: The Gleason Works.

Kudrjavtzev, V. N. *et al.* 1993. *Computation of Design of Gear Reducers.* Politechnika S. Peterburg (in Russian).

Lin, J., & Parker, R. G. 1999. Analytical Characterization of the Unique Properties of Planetary Gear Free Vibration. *Journal of Vibration and Acoustics*, **121**(July), 316–321.

Litvin, F. L. 1955. Application of Matrices and Dual Number Calculations to Analysis of Spatial Gearings. *Proceedings of Leningrad Polytechnic Institute*, **182** (in Russian).

Litvin, F. L. 1956. *Noncircular Gears: Design, Theory of Gearing, and Manufacture*, 2nd ed. Gos Tech Isdat, Leningrad, Moscow (in Russian).

Litvin, F. L. 1962. The Investigation of the Geometric Properties of a Variety of Novikov Gearing. *Proceedings of the Leningrad Mechanical Institute* (in Russian).

Litvin, F. L. 1968. *Theory of Gearing*, 2nd ed. Moscow: Nauka (in Russian).

Litvin, F. L. 1969. Die Beziehungen Zwischen den Krümmungen der Zahnoberflächen be Räumlichen Versahnungen (Relation Between Curvatures of Tooth Surfaces in Spatial Gearing). *Zeitschrift fur Angewandte Mathematik und Mechanik*, **49**, 685–690 (in German).

Litvin, F. L. 1975. Determination of Envelope of Characteristics of Mutually Enveloping Surfaces. *Mathematics*, **161**(10), 47–50 (in Russian).

Litvin, F. L. 1989. *Theory of Gearing.* Washington, D.C.: NASA RP-1212 (AVSCOM 88-C-C035).

Litvin, F. L. 1994. *Gear Geometry and Applied Theory.* Englewood Cliffs, New Jersey: Prentice Hall, Inc.

Litvin, F. L. 1998. Development of Gear Technology and Theory of Gearing. *NASA Reference Publication 1406, ARL-TR-1500.*

Litvin, F. L., & Pavlov, G. G., 1951. Machine for Hobbing of Noncircular Gears with Convex Centrodes. *Ministry of Machine Building of USSR, Invention No. 97454.*

Litvin, F. L., Petrov, K. M., & Ganshin, V. A. 1974. The Effect of Geometrical Parameters of Hypoid and Spiroid Gears on Their Quality Characteristics. *ASME Journal of Engineering for Industry*, **96**, 330–334.

Litvin, F. L., Krylov, N. N., & Erikhov, M. L. 1975. Generation of Tooth Surfaces by Two-Parameter Enveloping. *Mechanism and Machine Theory*, **10**(5), 365–373.

Litvin, F. L., & Gutman, Y. 1981. Methods of Synthesis and Analysis for Hypoid Gear Drives of Formate and Helixform. Parts 1, 2, and 3. *ASME Journal of Mechanical Design*, **103**(1), 83–113.

LITVIN, F. L., & TSAY, C.-B. 1985. Helical Gears with Circular Arc Teeth: Simulation of Conditions of Meshing and Bearing Contact. *ASME Journal of Mechanisms, Transmissions, and Automation in Design*, **107**, 556–564.

LITVIN, F. L., ZHANG, Y., LUNDY, M., & HEINE, C. 1988. Determination of Settings of a Tilted Head Cutter for Generation of Hypoid and Spiral Bevel Gears. *ASME Journal of Mechanism, Transmissions, and Automation in Design*, **110**, 495–500.

LITVIN, F. L., ZHANG, Y., KRENZER, T. J., & GOLDRICH, R. N. 1989. Hypoid Gear Drive with Face-Milled Teeth: Condition of Pinion Non-Undercutting and Fillet Generation. *AGMA Paper 89FTM7*.

LITVIN, F. L., CHAING, W.-S., LUNDY, M., & TSUNG, W.-J. 1990. Design of Pitch Cones for Face-hobbed Hypoid Gears. *ASME Journal of Mechanical Design*, **112**, 413–418.

LITVIN, F. L., & ZHANG, Y. 1991. Local Synthesis and Tooth Contact Analysis of Face-Milled Spiral Bevel Gears. *NASA Contractor Report 4342, AVSCOM Technical Report 90-C-028*.

LITVIN, F. L., & KIN, V. 1992. Computerized Simulation of Meshing and Bearing Contact for Single-Enveloping Worm-Gear Drives. *ASME Journal of Mechanical Design*, **114**, 313–316.

LITVIN, F. L., ZHANG, Y., WANG, J.-C., BOSSLER, R. B., & CHEN, Y.-J., D. 1992. Design and Geometry of Face-Gear Drives. *ASME Journal of Mechanical Design*, **114**, 642–647.

LITVIN, F. L., & HSIAO, C.-L. 1993. Computerized Simulation of Meshing and Bearing Contact of Enveloping Gear Tooth Surfaces. *Computer Methods in Applied Mechanics and Engineering*, **102**(Feb.), 337–366.

LITVIN, F. L., CHEN, N. X. ZHANG, Y., KRENZER, T. J., & HANDSCHUH, R. F. 1993a. Computerized Generation of Surfaces with Optimal Approximation to Ideal Surfaces. *Computer Methods in Applied Mechanics and Engineering*, **110**, 39–55.

LITVIN, F. L., KUAN, C., WANG, C. C., HANDSCHUH, R. F., MASSETH, J., & MARUYAMA, N. 1993b. Minimization of Deviations of Gear Real-Tooth Surfaces Determined by Coordinate Measurements. *ASME Journal of Mechanical Design*, **115**(4), 995–1001.

LITVIN, F. L., HSIAO, C.-L., WANG, J.-C. & ZHOU, X 1994. Computerized Simulation of Generation of Internal Involute Gears and Their Assembly. *ASME Journal of Mechanical Design*, **116**(3), 683–689.

LITVIN, F. L., & LU, J. 1995. Computerized Design and Generation of Double Circular-Arc Helical Gears With Low Transmission Errors. *ASME Journal of Mechanical Design*, **127**(1-4), 57–86.

LITVIN, F. L., CHEN, N. X., LU, J., & HANDSCHUH, R. F. 1995. Computerized Design and Generation of Low-Noise Helical Gears with Modified Surface Topology. *ASME Journal of Mechanical Design*, **117**(2), 254–261.

LITVIN, F. L., & SEOL, I. H. 1996. Computerized Determination of Gear Tooth Surface as Envelope to Two Parameter Family of Surfaces. *Computer Methods in Applied Mechanics and Engineering*, **138**(1-4), 213–225.

LITVIN, F. L., WANG, A. G., & HANDSCHUH, R. F. 1998a. Computerized Generation and Simulation of Meshing and Contact of Spiral Bevel Gears with Improved Geometry. *Journal of Computer Methods in Applied Mechanics and Engineering*, **158**(1–2), 35–64.

LITVIN, F. L., HSIAO, C.-L., & ZISKIND, M. D. 1998b. Computerized Overwire (Ball) Measurement of Tooth Thickness of Worms, Screws and Gears. *Mechanism and Machine Theory*, **33**(6), 851–877.

LITVIN, F. L., LU, J., TOWNSEND, D. P., & HOWKINS, M. 1999. Computerized Simulation of Meshing of Conventional Helical Involute Gears and Modification of Geometry. *Mechanism and Machine Theory*, **34**(1), 123–147.

LITVIN, F. L., CHEN, Y.-J., HEATH, G. F., SHETH, V. J., & CHEN, N. 2000a. Apparatus and Method for Precision Grinding Face Gears. *USA Patent 6,146,253*.

LITVIN, F. L., LIAN, Q., & KAPELEVICH, A. L. 2000b. Asymmetric Modified Spur Gear Drives: Reduction of Noise, Localization of Contact, Simulation of Meshing and Stress Analysis. *Computer Methods in Applied Mechanics and Engineering*, **188**(1–3), 363–390.

LITVIN, F. L., FENG, P.-H., & LAGUTIN, S. A. 2000c. Computerized Generation and Simulation of Meshing and Contact of New Type of Novikov–Wildhaber Helical Gear. *NASA/CR-2000-209415, ARL-CR-428.*

LITVIN, F. L., FAN, Q., VECCHIATO, D., DEMENEGO, A., HANDSCHUH, R. F., & SEP, T. M. 2001a. Computerized Generation and Simulation of Meshing of Modified Spur and Helical Gears Manufactured by Shaving. *Computer Methods in Applied Mechanics and Engineering*, **190**, 5037–5055.

LITVIN, F. L., DEMENEGO, A., & VECCHIATO, D. 2001b. Formation by Branches of Envelope to Parametric Families of Surfaces and Curves. *Computer Methods in Applied Mechanics and Engineering*, **190**, 4587–4608.

LITVIN, F. L., *et al.* 2001c. Helical and Spur Gear Drive with Double Crowned Pinion Tooth Surfaces and Conjugated Gear Tooth Surfaces. *US Patent Office, Patent No. 6,205,879*, March 27.

LITVIN, F. L., FUENTES, A., DEMENEGO, A., VECCHIATO, D., & FAN, Q. 2001d. New Developments in the Design and Generation of Gear Drives. *Mechanical Engineering Science, Part C., Proceedings of the Institution of Mechanical Engineers*, **215**(C7), 747–758.

LITVIN, F. L., FUENTES, A., FAN, Q., & HANDSCHUH, R. F. 2002a. Computerized Design, Simulation of Meshing and Contact, and Stress Analysis of Face-Milled Formate Generated Spiral Bevel Gears. *Mechanism and Machine Theory*, 37(5), 441–459.

LITVIN, F. L., FUENTES, A., ZANZI, C., & PONTIGGIA, M. 2002b. Design, Generation, and Stress Analysis of Two Versions of Geometry of Face-Gear Drives. *Mechanism and Machine Theory*, 37, 1179–1211.

LITVIN, F. L., FUENTES, A., ZANZI, C., PONTIGGIA, M., & HANDSCHUH, R. F. 2002c. Face Gear Drive with Spur Involute Pinion: Geometry, Generation by a Worm, Stress Analysis. *Computer Methods in Applied Mechanics and Engineering*, **191**, 2785–2813.

LITVIN, F. L., FUENTES, A., GONZALEZ-PEREZ, I., CARNEVALI, L., & SEP, T. M. 2002d. New Version of Novikov-Wildhaber Helical Gears: Computerized Design, Simulation of Meshing and Stress Analysis. *Computer Methods in Applied Mechanics and Engineering*, **191**, 5707–5740.

LITVIN, F. L., VECCHIATO, D., DEMENEGO, A., KAREDES, E., HANSEN, B., & HANDSCHUH, R. F. 2002e. One Stage Planetary Gear Train with Improved Conditions of Load Distribution and Reduced Transmission Errors. *ASME Journal of Mechanical Design*, **124**, 745–752.

LITVIN, F. L., FUENTES, A., GONZALEZ-PEREZ, I., CARNEVALI, L., KAWASAKI, K., & HANDSCHUH, R. F. 2003. Modified Involute Helical Gears: Computerized Design, Simulation of Meshing, and Stress Analysis. *Computer Methods in Applied Mechanics and Engineering*, **192**, 3619–3655.

LYNWANDER, P. 1983. Gear Drive System Design and Application. New York: Marcel Dekker Inc.

MILLER, E. W. 1942. Hob for Generation of Crown Gears. *USA Patent 2,304,588*, December 8.

MORE, J. J., GARBOW, B. S., & HILSTROM, K. E. 1980. User Guide for MINPACK-1. Argonne, IL: Argonne National Laboratory, Report ANL-80-74.

NIEMANN, G., & HEYER, E. 1953. Investigations of Worm Gears. *VDI 95*, 141–157.

NIEMANN, G. 1961. Novikov Gear System and Other Special Gear Systems for High Load Carrying Capacity. *VDI Berichte*, **47**.

NOVIKOV, M. L. 1956. USSR Patent No. 109,750.

NUTBOURNE, A. W., & MARTIN, R. R. 1988. *Differential Geometry Applied to Curve and Surface Design*. Vol. 1. Chichester, West Sussex, England: Ellis Horwood Limited.

POLDER, J. W. 1991. Interference of Internal Gears. In *Dudley's Gear Handbook*, P. Townsend, ed. New York: McGraw-Hill.

PRESS, W. H., TEUKOLSKY, S. A., VETTERLING, W. T., & FLANNERY, B. P. 1992. *Numerical Recipes in Fortran 77: The Art of Scientific Computing*, 2nd ed. New York: Cambridge University Press.

RASHEVSKI, P. K. 1956. *Course of Differential Geometry*, 4th ed. State Publishing House of Technical and Theoretical Literature, Moscow (in Russian).

SAADA, A., & VELEX, P. 1995. An Extended Model for the Analysis of the Dynamic Behavior of Planetary Trains. *ASME Journal of Mechanical Design*, **117**(June), 241–247.

SCHREIER, G. 1961. *Stirnrad-Verzahnung*. Berlin: *VEB Verlag "Technik."*

SEOL, I. H., & LITVIN, F. L. 1996. Computerized Design, Generation and Simulation of Meshing and Contact of Worm-Gear Drives with Improved Geometry. *Computer Methods in Applied Mechanics and Engineering*, **138**(1–4), 73–103.

SHABANA, A. A. 1989. *Dynamics of Multibody Systems*. New York: Wiley.

SHEVELEVA, G. I. 1999. *Theory of Formation and Contact of Moving Bodies*. Moscow State Technological University Stankin, Moscow (in Russian).

SMITH, W. C. 1995. The Math of Noncircular Gearing. *Gear Technology*, **1**(January/February).

STADTFELD, H. J. 1993. *Handbook of Bevel and Hypoid Gears: Calculation, Manufacturing, and Optimization*. Rochester, New York: Rochester Institute of Technology.

STADTFELD, H. J. 1995. *Gleason Bevel Gear Technology – Manufacturing, Inspection and Optimization, Collected Publications*. Rochester, New York: The Gleason Works.

STOSIC, N. 1998. On Gearing of Helical Screw Compressor Rotors. *Proceedings of IMechE, Journal of Mechanical Engineering Science*, **212**, 587–594.

STRANG, G. 1988. *Linear Algebra and Its Application* 3rd. ed. San Diego: Harcourt Brace Jovanovich.

SUH, C. H., & RADCLIFFE, E. 1978. Kinematics and Mechanism Design. New York: Wiley.

TOWNSEND, D. P. 1991. *Dudley's Gear Handbook*, 2nd ed. New York: McGraw-Hill.

VECCHIATO, D., DEMENEGO, A., ARGYRIS, J., & LITVIN, F. L. 2001. Geometry of a Cycloidal Pump. *Computer Methods in Applied Mechanics and Engineering*, **190**(18–19), 2309–2330.

VELEX, P., & FLAMAND, L. 1996. Dynamic Response of Planetary Trains to Mesh Parametric Excitations. *ASME Journal of Mechanical Design*, **118**(March), 7–14.

VIGODSKY, M. Y. 1949. *Differential Geometry*. Leningrad: Gos Tech Isdat.

VISUAL NUMERICS, INC. 1998. IMSL Fortran 90 MP Library, v. 3.0. info@boulder.vni.com.

WELLS, C. F., & SHOTTER, B. A. 1962. The Development of 'Circarc' Gearing. London: *AEI Engineering*.

WILDHABER, E. 1926. Helical Gearing. *United States Patent Office, Patent No. 1,601,750*.

WILDHABER, E. 1956. Surface Curvature. *Production Engineering*, **27**, 184–191.

WILLIS, R. I. 1841. *Principles of Mechanisms*. London: Longman, Green and Co.

WINTER, H., & JOOMAN, J. 1961. Tools for Making Helical Circular Arc Spur Gears. *VDI Berichte*, **47**.

ZALGALLER, V. A. 1975. *Theory of Envelopes*. Moscow: Publishing House Nauka (in Russian).

ZALGALLER, V. A., & LITVIN, F. L. 1977. Sufficient Condition of Existence of Envelope to Contact Lines and Edge of Regression on the Surface of the Envelope to the Parametric Family of Surfaces Represented in Parametric Form. *Proceedings of Universities: Mathematics* (in Russian), **178**(3), 20–23.

ZHANG, Y., LITVIN, F. L., & HANDSCHUH, R. F. 1995. Computerized Design of Low-Noise Face-Milled Spiral Bevel Gears. *Mechanism and Machine Theory*, **30**(8), 1171–1178.

ZIENKIEWICZ, O. C., & TAYLOR, R. L. 2000. *The Finite Element Method*, 5th ed. New York: Wiley.

图书在版编目（CIP）数据

齿轮几何与应用原理：原书第 2 版/（美）费多尔·L．李特文（Faydor L. Litvin），（美）阿方索·富恩特斯（Alfonso Fuentes）著；张展译．—北京：机械工业出版社，2022.9（2024.8 重印）

（国际制造业经典译丛）

书名原文：Gear Geometry and Applied Theory Second Edition

ISBN 978-7-111-71577-1

Ⅰ.①齿…　Ⅱ.①费…②阿…③张…　Ⅲ.①齿轮-几何学

Ⅳ.①TH132.4

中国版本图书馆 CIP 数据核字（2022）第 167884 号

机械工业出版社（北京市百万庄大街 22 号　邮政编码 100037）

策划编辑：雷云辉　　　　责任编辑：雷云辉　高依楠

责任校对：梁　静　贾立萍　封面设计：马精明

责任印制：邓　博

北京盛通印刷股份有限公司印刷

2024 年 8 月第 1 版第 4 次印刷

184mm×260mm·37.25 印张·2 插页·924 千字

标准书号：ISBN 978-7-111-71577-1

定价：198.00 元

电话服务　　　　　　　　网络服务

客服电话：010-88361066　　机　工　官　网：www.cmpbook.com

010-88379833　　机　工　官　博：weibo.com/cmp1952

010-68326294　　金　　书　　网：www.golden-book.com

封底无防伪标均为盗版　　机工教育服务网：www.cmpedu.com